新编
农药品种手册

孙家隆　主编

化学工业出版社
·北京·

本书按杀虫剂、杀菌剂、除草剂、植物生长调节剂、杀鼠剂五部分，详细介绍了每个农药品种的中英文通用名称、结构式、分子式、分子量、其他名称、化学名称、理化性质、毒性、应用、合成路线、常用剂型等内容。书后附有"农药原药毒性及中毒急救"、"农药及其敏感作物一览表"、"农药法规（禁限用农药）"等附录以及中英文农药名称等索引，便于查阅。

本书内容全面，实用性强，适合从事农药科研、生产、营销、应用的人员参考，也可作为大专院校农药学、植物保护等专业师生的学习资料。

图书在版编目(CIP)数据

新编农药品种手册/孙家隆主编 . —北京：化学工业出版社，2015.1
ISBN 978-7-122-22115-5

Ⅰ. ①新… Ⅱ. ①孙… Ⅲ. ①农药-品种-手册
Ⅳ. ①S482-62

中国版本图书馆 CIP 数据核字（2014）第 245686 号

责任编辑：刘　军　　　　　　　　　　　文字编辑：周　偶
责任校对：徐贞珍　　　　　　　　　　　装帧设计：刘丽华

出版发行：化学工业出版社（北京市东城区青年湖南街 13 号　邮政编码 100011）
印　　刷：北京永鑫印刷有限责任公司
装　　订：三河市胜利装订厂
787mm×1092mm　1/16　印张 67½　字数 1752 千字　2015 年 5 月北京第 1 版第 1 次印刷

购书咨询：010-64518888（传真：010-64519686）　售后服务：010-64518899
网　　址：http://www.cip.com.cn
凡购买本书，如有缺损质量问题，本社销售中心负责调换。

定　　价：288.00 元
京化广临字 2015——8 号

本书编写人员名单

主　　编　孙家隆

副 主 编　杨从军　罗　兰　张保华　赵　莉　杜春华

编写人员

　　　　　孙家隆　杨从军　罗　兰　张保华　赵　莉

　　　　　杜春华　齐军山　金　静　周凤艳　郑桂玲

　　　　　刘绍文　薛淑云　韩先正

前言

农药在保证农业丰收、有效控制有害生物、调节环境良性发展等方面起着不可替代的积极作用，已经成为科学技术、经济发展的重点之一。同时，农药也是发展十分迅速的学科，每年都有很多环境友好的现代农药新品种问世，对其及时、全面的总结与概括，将有助于农药的深入研究与科学使用。

近年来，农药学发展可谓日新月异，高质量的农药领域学术著作如雨后春笋般涌现，极大地推动了我国农药学科的发展和新农药创制水平的提高。其中，沈阳化工研究院刘长令先生主编的《世界农药大全》堪称集大成之佼佼者，成为诸多同仁著述之标杆。迄今为止，国内已经出版了多种关于农药品种方面的工具书，例如全国农药信息总站编写的《国外农药品种手册》、朱永和等人编写的《农药大典》、张玉聚等编写的《世界农药新品种技术大全》、张敏恒主编的《农药品种手册精编》等。这些大型的农药品种工具书，对于培养我国农药研究与应用人才起到了非常重要的作用。纵观以前出版的农药品种方面的工具书，有的侧重品种介绍，有的侧重使用技术。

本书则是从名称、结构、理化性质、毒性、应用、合成路线、常用剂型等方面较全面、系统的介绍农药品种，正文由杀虫剂、杀菌剂、除草剂、植物生长调节剂及杀鼠剂五部分构成，系统地介绍了 1475 种农药的相关数据。为了便于查阅，书后附有各种索引，如农药中文名称索引、英文通用名称索引以及国家相关法律法规。类似的著作目前国内品种不多。

我们的愿望是编写一本内容较为丰富、具有实用价值的农药品种参考书，希望通过本书向广大读者较全面地介绍当前农药品种方面的知识，以期对农药研究与应用以及农药工业发展起到一定的推动作用。

本书为"青岛农业大学应用型人才培养特色名校建设"相关专业研究课题研究成果之一。

本书编写过程中，吴锦淑、徐路明、袁静、张敏静、吴小倩、刘红、臧聪聪、刘巧玲、李文涛、郭明、王光华、刘凯、张吉洲、郑启龙、贾双志等给予了无私的帮助。另外，刘慧君同志在农药品种结构式和品种重复性核对方面做了大量工作，在此表示真挚的感谢。

农药研究发展突飞猛进，文献材料极其丰富。限于作者的水平和经验，只能从手头和感兴趣的资料中做一些选择与加工，疏漏与不妥之处在所难免，恳请广大读者批评指正，并将宝贵意见赐予 qauyaoxue12345@163.com，以便在重印和再版时作进一步修改和充实。

作者
2015 年元月

缩 略 语

缩略语	英文全名	中文译名
Ac	acetyl	乙酰基
Ar	aryl	芳基
Bu	butyl	丁基
t-Bu	t-butyl	叔丁基
n-Bu	n-butyl	正丁基
Bz	benzoyl	苯甲酰基
Bzl	benzyl	苄基
cat.	catalyst	催化剂
DCC	N,N'-dicyclohexylcarbodimide	二环己基碳二亚胺
DMF	dimethyl formamide	N,N'-二甲基甲酰胺
DMSO	dimethyl sulfoxide	二甲亚砜
Et	ethyl	乙基
FGI	functional group inversion	官能团转换
HMPA	hexamethylphosphoric triamide	六甲基磷酰胺
$h\gamma$	light irradiation	光照
LD_{50}	dose that is lethal in 50% of test subjects	致死中量(半致死量)
MCPBA	m-chloroperbenzoic acid	间氯过氧苯甲酸
Me	methyl	甲基
NBS	N-bromosuccinimide	N-溴丁二酰亚胺
Nu	nucleophile	亲核试剂
Ph	phenyl	苯基
PPA	poly(phosphoric acid)	多聚磷酸
Pr	propyl	丙基
PTC	phase transfer catalyst	相转移催化剂
Py	pyridine	吡啶
i-Pr	isopropyl	异丙基
R	rectus	R 构型
r. t.	room temperature	室温
S	sinister	S 构型
TFA	trifluoroacetic acid	三氟乙酸
Tbeoc	2,2,2-tribromoethoxycarbonyl	2,2,2-三溴乙氧羰基
Tbcoc	2,2,2-trichloroethoxycarbonyl	2,2,2-三氯乙氧羰基
Tfac	trifluoroacetyl	三氟乙酰基
THF	tetrahydrofuran	四氢呋喃
p-Ts	p-toluenesulfonyl	对甲苯磺酸

目录

杀 虫 剂

杀　菌　剂

除 草 剂

植物生长调节剂

杀 鼠 剂

附　录

参考文献

索　引

杀虫剂

阿维菌素（avermectins）

B1a, R=-CH$_2$CH$_3$
B1b, R=-CH$_3$

C$_{48}$H$_{72}$O$_{14}$(avermectin B1a), C$_{47}$H$_{70}$O$_{14}$(avermectin B1b)，71751-41-2

其他名称　爱力螨克（Agrimec），爱比菌素，害极灭（Dynamec），螨光光，爱福丁，灭虫灵，灭虫丁，灭虫王，7501，齐墩螨素，齐墩霉素，揭阳霉素，MK-0936，C-076，L-676863。

化学名称　mixture of ≥80%(10E,14E,16E)-(1R,4S,5$'S$,6S,6$'R$,8R,12S,13S,20R,21R,24S)-6$'$-[(S)-sec-butyl]-21,24-dihydroxy-5$'$,11,13,22-tetramethyl-2-oxo-(3,7,19-trioxatetracyclo[15.6.1.1^{4,8}.0^{20,24}]pentacosa-10,14,16,22-tetraene)-6-spiro-2$'$-(5$'$,6$'$-dihydro-2$'H$-pyran)-12-yl 2,6-dideoxy-4-O-(2,6-dideoxy-3-O-methyl-α-L-$arabino$-hexopyranosyl)-3-O-methyl-α-L-$arabino$-hexopyranoside and ≤20%(10E,14E,16E)-(1R,4S,5$'S$,6S,6$'R$,8R,12S,13S,20R,21R,24S)-21,24-dihydroxy-6$'$-isopropyl-5$'$,11,13,22-tetramethyl-2-oxo-(3,7,19-trioxatetracyclo[15.6.1.1^{4,8}.0^{20,24}]pentacosa-10,14,16,22-tetraene)-6-spiro-2$'$-(5$'$,6$'$-dihydro-2$'H$-pyran)-12-yl 2,6-dideoxy-4-O-(2,6-dideoxy-3-O-methyl-α-L-$arabino$-hexopyranosyl)-3-O-methyl-α-L-$arabino$-hexopyranoside。

理化性质　原药为白色至黄白色结晶粉，有效成分含量70%。无气味，相对密度1.16。熔点150～155℃。蒸气压0.2μPa。20℃时溶解度为：水7～10μg/L、丙酮100mg/mL、氯仿25mg/mL、正丁醇10mg/mL、环己烷6mg/mL、乙醇20mg/mL、甲醇19.5mg/mL、甲苯350mg/mL、煤油0.5mg/mL、异丙醇70mg/mL。在常温条件下贮存稳定。25℃时在pH5～9的溶液中不水解。光解迅速，半衰期约4h。

毒性　原药急性经口LD$_{50}$（mg/kg）：大鼠10、小鼠13.6。急性经皮LD$_{50}$（mg/kg）：大鼠＞380、兔＞2000。大鼠急性吸入LD$_{50}$为5.76mg/L。对皮肤无刺激作用，对眼睛有轻度刺激。在试验剂量内对动物无致畸、致突变和致癌作用。大鼠3代繁殖试验无作用剂量为0.12mg/(kg·d)，大鼠两年喂养试验无作用剂量为2mg/(kg·d)。对鱼类和水生生物高毒，虹鳟鱼96h LC$_{50}$为3.2μg/L，蓝鳃翻车鱼96h LD$_{50}$为9.6μg/L，水蚤48h为0.34μg/L。对蜜蜂高毒，急性经口LD$_{50}$为0.009μg/头，接触LD$_{50}$为0.002μg/头，但残留在叶面的LT$_{50}$为4h，4h后残留在叶面的药剂对蜜蜂低毒。对鸟类低毒，北美鹌鹑急性经口LD$_{50}$大于2g/kg，雌野鸭急性经口LD$_{50}$为84.6mg/kg。对皮肤有轻微的刺激性。

应用　有效成分为大环内酯双糖类化合物，是从土壤微生物中分离的天然产物。对昆虫和螨类具有触杀和胃毒作用，并有很微弱的熏蒸作用，无内吸作用，但它对叶片有很强的渗透作用，可杀死表皮下的害虫，且残效期长。不杀卵。对植物无药害。可防治柑橘锈壁虱、柑橘潜叶蛾、柑橘红蜘蛛、四斑黄蜘蛛、橘短须螨、番茄和蔬菜潜叶蝇等。

常用剂型　我国登记的剂型主要有乳油、可湿性粉剂、悬浮剂、水分散粒剂、微乳剂等。

艾氏剂（aldrin）

$C_{12}H_8Cl_6$，364.90，309-00-2

其他名称　阿特灵，Alandrin，Alderstan，Aldrec，Aldrex，Aldrine，Aldrite，Aldrosol，Algran，Alifin，Compound-118，Drinox，ENT-1594。

化学名称　1,2,3,4,10,10-六氯-1,4,4ₐ,5,8,8ₐ-六氢-1,4：5,8-二亚甲基萘；(1R,4S,4aS,5S,8R,8aR)-1,2,3,4,10,10-hexachloro-1,4,4a,5,8,8a-hexahydro-1,4：5,8-dimethanonaphthalene。

理化性质　白色无味结晶固体，熔点104～104.5℃，蒸气压1.4×10^{-4}mmHg❶（25℃）。25～29℃溶于水0.027mg/L，丙酮660g/L，苯830g/L，乙醇150g/L，四氯化碳1050g/L，二甲苯920g/L。工业品纯度≥85%，暗褐色固体，熔点49～60℃。对热碱和弱酸稳定，易挥发。

毒性　急性经口LD_{50}（mg/kg）：大白鼠67，小白鼠50，狗65～90，兔50～80，豚鼠33。急性经皮LD_{50}（mg/kg）：大白鼠98，兔15。饲喂大白鼠5mg/kg两年无病变，但饲喂25mg/kg时肝有病变。饲喂狗1mg/kg一年内死亡。能被皮肤所吸收。鱼TLm（mg/L）（48h）：鲤鱼0.056～0.12，泥鳅0.028。

应用　触杀性杀虫剂，还具有熏蒸和胃毒作用。氧化变为狄氏剂。主要用于防治蝼蛄、蛴螬、金针虫等地下害虫和白蚁，对种蝇、黄条跳甲、蚂蚁、蝗虫等也有效。由于能长期残留于土壤中，在国外被限制使用。禁用情况：伯利兹、哥伦比亚（1988年），厄瓜多尔（1985年），列支敦士登、墨西哥（1982年），巴拿马（1987年），新加坡（1984年），瑞典（1970年），瑞士（1986年）。

合成路线

常用剂型　粉剂、可湿性粉剂、乳剂等。我国20世纪80年代已经禁用，2002年全面禁止使用。

安果（formothion）

$C_6H_{12}NO_4PS_2$，257.27，2540-82-1

其他名称　安硫磷，福尔莫硫磷，玫瑰头香，Aflix，Anthio，J-38，SAN 69131。

---

❶ 1mmHg=133.322Pa。

3

化学名称 *S*-[2-(甲酰甲氨基)-2-氧代乙基]-*O*,*O*-二甲基二硫代磷酸酯；*S*-[2-(formyl-methylamino)-2-oxoethyl]-*O*,*O*-dimethyl phosphorodithioate。

理化性质 黄色黏稠液体，无臭味，纯品可以结晶；熔点 25～26℃；相对密度 1.361；折射率 1.5541；20℃时蒸气压 0.113mPa；在非极性溶剂中稳定，在碱中水解。在 24℃ 水中溶解度为 2600mg/L，能与醇、氯仿、乙醚、酮和苯混溶。蒸馏时分解。遇水和酸迅速分解，在 pH3～9、23℃的半衰期≤1d，生成乐果和乙酸。在碱性介质中水解更快。在非极性溶剂中的稀溶液稳定。

毒性 急性经口 LD$_{50}$（mg/kg）：大鼠 365～500，小鼠 190～195，兔 570，猫 213，鸽子 630。雄大鼠急性经皮 LD$_{50}$＞1g/kg，对兔皮肤有轻微刺激。大鼠急性吸入 LC$_{50}$（4h）为 3.2mg/L（空气）。以 80mg/kg（饲料）饲喂大白鼠和狗两年，未见有害影响。对人的 ADI 为 0.02mg/kg。鱼毒 LC$_{50}$ 为：鲤鱼（72h）10mg/L，虹鳟（96h）38.3mg/L。对蜜蜂有毒，LD$_{50}$（经口，mg/kg）：1.537，（局部）1.789，（接触）28.447。蚯蚓 LC$_{50}$（14d）为 157.7mg/kg。水蚤 LD$_{50}$（24h）为 16.1mg/L。

应用 是一种触杀性、内吸性杀虫和杀螨剂，对刺吸式口器害虫、果蝇、甜菜蝇和螨类有效。

合成路线

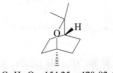

常用剂型 常用制剂主要有 36% 乳剂。

桉油精（eucalyptol）

C$_{10}$H$_{18}$O，154.25，470-82-6

其他名称 桉树脑，桉叶素，桉树醇，蚊菌清。

化学名称 1,3,3-三甲基-2-氧双环 [2.2.2] 辛烷；2-oxabicyclo [2.2.2] octane，1,3,3-trimethyl。

理化性质 无色至淡黄色油状透明液体。有樟脑气息和清凉的草药味道。沸点 176℃，熔点 1～1.5℃，凝固点 1℃，闪点 47～48℃。溶于乙醇、乙醚、氯仿、冰醋酸、丙二醇、甘油和大多数非挥发性油，微溶于水。

毒性 急性 LD$_{50}$（mg/kg）：经口 3160；经皮 2000。

应用 是一种新型植物源杀虫剂，以触杀作用为主，具有高效、低毒等特点。其有效成分能直接抑制昆虫体内乙酰胆碱酯酶的合成，阻碍神经系统的传导，干扰虫体水分的代谢而导致死亡。可用于防治十字花科蔬菜蚜虫。

常用剂型 桉油精在我国登记的主要产品有 70% 母药和 5% 可溶液剂。

4

胺丙畏（propetamphos）

$$C_{10}H_{20}NO_4PS, 281.3, 66996-10-9$$

其他名称 巴胺磷，烯虫磷，赛福丁，Safrotion。

化学名称 (E)O-甲基-O-(2-异丙氧羰基-1-甲基乙烯基)-N-乙基硫代磷酰胺；(E) O-methyl-O-(2-isopropoxycarbonyl-1-methylvinyl)-N-ethylphosphoramidothioate。

理化性质 外观为黄色液体，沸点87～89℃（0.666Pa）。溶于多种有机溶剂。常温下水中溶解度110mg/L，对光、热稳定性良好，20℃半衰期5年以上。

毒性 雄性大鼠急性 LD_{50}（mg/kg）：82（经口），2300（经皮）。

应用 具有触杀和胃毒作用，还有使雌蜚不育作用，主要用于防治苍蝇、蚊子和蟑螂等卫生害虫，也可用于防治家畜体外寄生螨类。

合成路线 有如下两种路线即路线 1→2→3 和路线 4→3，其中路线 1→2→3 较常用。

常用剂型 常用制剂主要有20％、40％、50％乳油和2％粉剂。

胺菊酯（tetramethrin）

$$C_{19}H_{25}NO_4, 331.4, 7696-12-0$$

其他名称 诺毕那命，拟菊酯，四甲菊酯，酞菊酯，酞胺菊酯，Neo-Pynamin，Phthalthrin，Ecothrin，Butamin，Duracide，Mulhcide。

化学名称 3,4,5,6-四氢苯邻二甲酰亚氨甲基-(±)顺式、反式菊酸酯；3,4,5,6-tetra-hydrophtha limidomethyl-(±) cis, trans-chrysanthemate。

理化性质 白色结晶固体，熔点65～80℃，沸点185～190℃/13.3Pa；溶解性（25℃，g/kg）：水0.0046，己烷20，甲醇53，二甲苯1000；对碱及强酸敏感，在乙醇中不稳定。工业品为白色或略带淡黄色的结晶或固体。

毒性 原药大白鼠急性经口 LD_{50}（mg/kg）：5840（雄）、2000（雌）；急性经皮 $LD_{50} > 5000$mg/kg。鹌鹑急性经口 $LD_{50} > 1000$mg/kg。对皮肤和眼睛无刺激性。对动物无

致畸、致突变、致癌作用，以剂量为 1250mg/kg、2500mg/kg 和 5000mg/kg（体重）的饲料饲狗 13 周，未出现病变；以 2000mg/kg 喂大鼠 3 个月无影响；大白鼠 6 个月饲喂试验的无作用剂量为 1500mg/kg 饲料。对鲤鱼 TLm（48h）为 0.18mg/L，蓝鳃 LC_{50}（96h）为 16μg/L。对蜜蜂和家蚕亦有毒。

应用 胺菊酯属于菊酸酯类拟除虫菊酯杀虫剂，1964 年日本住友化学公司合成，Fairfied American 公司开发。胺菊酯对蚊、蝇等卫生害虫具有快速击倒作用，但致死能力差，有复苏现象；常与杀死能力高的药剂如丙烯菊酯、氯菊酯等复配；对蟑螂有驱赶作用；是世界卫生组织推荐的用于公共卫生的主要杀虫剂之一。

合成路线

常用剂型 我国登记的剂型主要有：气雾剂、水乳剂、微乳剂、乳油、超低容量喷雾剂、悬浮剂、粉剂、喷射剂、可溶性液剂、烟剂、毒饵、热雾剂、烟片、片剂、膏剂等。可与高效氯氰菊酯、氯菊酯等复配。

八甲磷（schradan）

$C_8H_{24}N_4O_3P_2$，286.25，151-26-9

其他名称 殺丹，希拉登，双磷酰胺，八甲磷胺，OMPA，ompax，systam，ompatox，pestox3，ompacide，pestox66。

化学名称 八甲基焦磷酰胺；octamethyldiphosphoramide。

理化性质 无色黏稠状液体；沸点 118～122℃/40Pa；熔点 14～20℃；在 25℃时，蒸气压 0.133Pa；相对密度 d^{25}1.1343；折射率 1.4621。能与水和大多数有机溶剂混溶，微溶于石油；用氯仿很容易从水溶液中萃取出八甲磷。对水和碱稳定，但在酸性条件下水解，生成二甲胺和正磷酸。工业品是一种深棕色的黏稠液体，含有较高磷酰胺。

毒性 大鼠急性口服 LD_{50}（mg/kg）：9.1（雄），42（雌）；急性经皮 LD_{50}（mg/kg）：15（雄），44（雌）。用含有 30mg/kg 八甲磷的饲料喂大鼠 1 年，开始阶段有中毒症状，但结束时没有中毒症状。

应用 内吸性杀虫剂和杀螨剂。防治柑橘、酒花、花卉等植物上的蚜、螨类时，应在收获前 1 个月停止用药。由于毒性很高，在我国没有引用。禁用情况：前苏联、美国（1976 年）。

合成路线

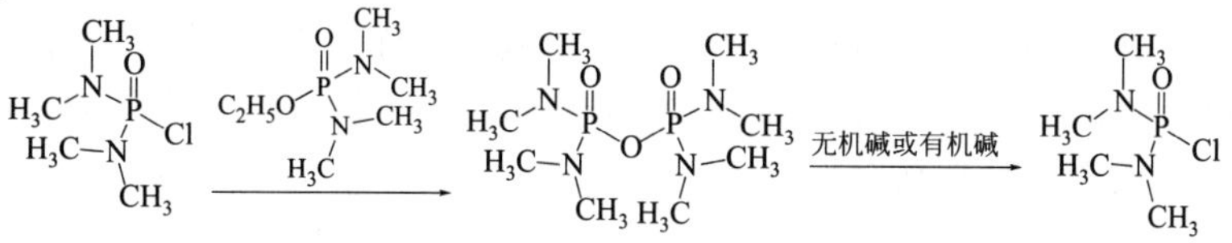

常用剂型　可加工成 30％水溶液，也可与无水表面活性剂一起加工成含量 60％或 75％～80％无水制剂。

巴毒磷（crotoxyphos）

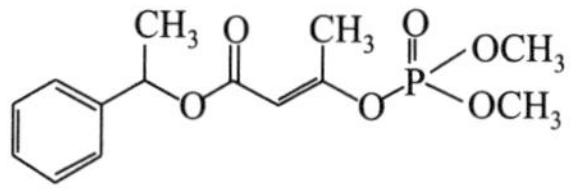

$C_{14}H_{19}O_6P$, 314.3, 7700-17-6

其他名称　丁烯磷，克罗氧磷。

化学名称　二甲基（E）-1-甲基-2-(1-苯基乙氧基羰基）乙烯基磷酸酯；（RS）-1-phenyl-ethyl 3-(dimethoxyphosphinoyloxy) isocrotonate。

理化性质　工业品纯度为 80％，淡草色液体，有酯味。沸点 135℃（0.03mmHg），蒸气压 1.4×10^{-5} mmHg（20℃），相对密度 $d_{15}^{15}1.2$，折射率 n_D^{25} 1.5505。室温下溶于水 1g/L；微溶于煤油和饱和烃；可溶于丙酮、氯仿、丙醇、乙醇和氯化烃；可与二甲苯混溶。38℃下pH9 和 pH1 的半衰期分别为 35h 和 87h。

毒性　急性口服 LD_{50}（mg/kg）：大白鼠 74，小白鼠 90，鸡 111。急性经皮 LD_{50}（mg/kg）：兔 385，小白鼠 15。小白鼠腹腔注射 LD_{50} 为 71mg/kg。小白鼠静脉注射 LD_{50} 为 4.5mg/kg。

应用　具触杀和胃毒作用，无内吸性，速效。可防治家畜体外寄生虫。对牛、山羊、绵羊、马和猪的蝇、虱、螨类和扁虱都有效。喷雾的有效浓度为 0.1％～0.3％。

合成路线

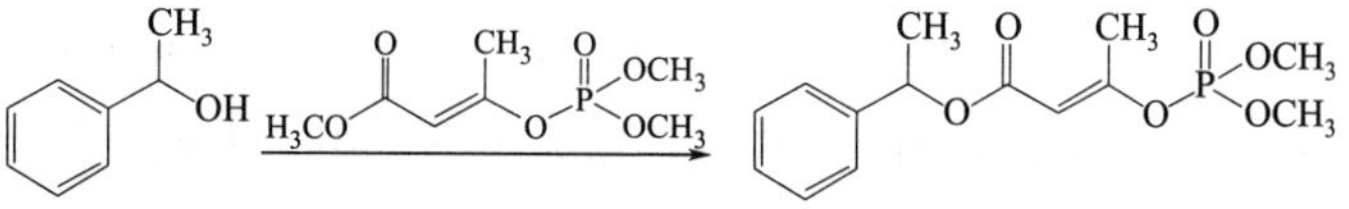

常用剂型　常见制剂有 240g/L 乳剂。

百部碱（tuberostemonine）

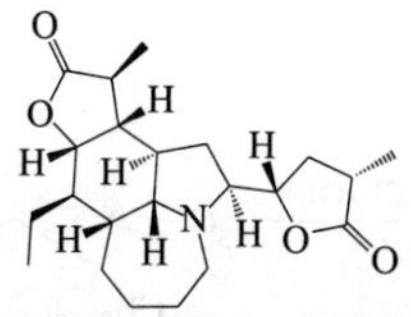

$C_{22}H_{33}NO_4$, 375.5, 6879-01-2

化学名称　2-(四氢化-4-甲基-5-氧代-2-呋喃）；2β-[(2S,4S)-tetrahydro-4-methyl-5-ox-

7

ofuran-2-yl] stenine。

理化性质 百部碱是百部属植物提取物中生物碱的总称，主要存在于根部。登记为杀虫剂成分的是对叶百部碱（tuberostemonine），熔点 88℃，在氯仿中 $[\alpha]_D^{20}$ 为 −47°。

毒性 本品属低毒，其制剂对小鼠急性经口 $LD_{50} > 1000mg/kg$，对兔急性经皮 $LD_{50} > 5000mg/kg$。对人、畜比较安全。

应用 植物源杀虫剂，对害虫具有触杀和胃毒作用，也可杀卵。杀虫作用迅速，用药后，害虫表现上吐下泻，2h 即见死虫。可防治卫生害虫蚊、虱、臭虫、蟑螂、蝇蛆等，农业害虫小菜蛾、菜青虫、蚜虫、害螨等。

常用剂型 百部碱常用制剂主要有与烟碱、印楝素复配的 1.1%、6% 乳油。

百治磷（dicrotophos）

(E型)　　　　(Z型)

$C_8H_{16}NO_5P$，237.22，141-66-2（E 型）、18250-63-0（Z 型）、3735-78-2（E 型 ＋ Z 型）

其他名称 必特灵，双特松［台］，百特磷，Bidrin［壳牌］，C 709［汽巴-嘉基］，Carbicron，Diapadrin，Ektafos［汽巴-嘉基］，SD 3562［壳牌］，Dimethyl pho。

化学名称 3-二甲基磷氧基-N,N-二甲基异丁烯酰胺；　　(E)-2-dimethylcarbamoyl-1-methylvinyl dimethyl phosphate or 3-dimethoxyphosphinoyloxy-N, N-dimethylisocrotonamide。

理化性质 黄色液体，沸点 400℃/760mmHg，130℃/0.1mmHg；蒸气压 9.3mPa（20℃）；相对密度 1.216（20℃）；完全与水、丙酮、乙醇、乙腈、氯仿、二甲苯相混溶，微溶于柴油、煤油（<10g/kg）；一般条件下贮存稳定，对酸碱稳定，对热易分解。

毒性 急性经口 LD_{50}（mg/kg）：大鼠 17～22，小鼠 15。急性经皮 LD_{50}（mg/kg）：大鼠 110～180 或 148～181（依赖给药方式和测试条件），兔 224。对兔皮肤和眼睛有轻微刺激作用。大鼠吸入急性毒性（4h）0.09mg/L 空气。两年喂养试验表明，以含 1.0mg/kg 百治磷饲料喂大鼠，以含 1.6mg/kg 百治磷饲料喂狗均无中毒作用。大鼠 3 代繁殖仔鼠的无作用剂量是 2mg/(kg·d)。对鸟有毒，急性经口 LD_{50} 为 1.2～12.5mg/kg。对母鸡无神经毒性。对食蚊鱼的 TLm（24h）值是 200mg/L，杂色鱼的 TLm（24h）值大于 1000mg/L。对蜜蜂毒性很高，但因为表面残留迅速降低，实际的影响很难发现。

应用 内吸性杀虫剂和杀螨剂，具有触杀和胃毒作用。E 型为高效体。具有中等残效。用于防治棉花、咖啡、大米、山核桃、甘蔗、柑橘、烟草、谷物、土豆、棕榈等上的吸吮式、咀嚼式和钻蛀性的昆虫和螨类。也可用来防治动物体外寄生虫。

合成路线

常用剂型 常见制剂有：85%、1.03kg/L 水溶性浓剂，24% 可湿性粉剂，40%、50% 乳剂等。

保米磷（bomyl）

$C_9H_{15}O_8P$，282.21，122-10-1

其他名称 GC-3707，ENT-24833，EHT-24833，Fly Bait Grits。

化学名称 O,O-二甲基-O-1,3-双（甲氧羰基）-1-丙烯-2-基磷酸酯；O,O-dimethyl-O-1,3-bis（carbomethoxyl）-1-propen-2-yl phosphate。

理化性质 无色或黄色油状物。沸点为155～164℃/2.27kPa，相对密度1.2。不溶于水和煤油，溶于乙醇、丙醇、乙二醇和二甲苯。遇碱分解。水解半衰期：pH5 时大于 10d，pH6 时大于 4d，pH9 时小于 1d。

毒性 大白鼠急性经口 LD_{50} 为 32mg/kg，兔急性经皮 LD_{50} 为 20～31mg/kg。

应用 广效性触杀剂，残效期较长，施于土壤中，尚可维持有效期长达 3 个月之久。在结构上它和马拉硫磷和速灭磷都有相似之处，从性能看，它具有内吸性，杀虫范围略同马拉硫磷，但它的持久性却为这两种药剂中任何一种所不能及。能防治棉铃虫、墨西哥棉铃象甲和蚜虫类。用于农场建筑物、垃圾堆和旅行区域作为拌饵（0.5％有效成分）诱杀害虫。

合成路线

常用剂型 25％可湿性粉剂，4lb（有效成分）/gal❶ 乳油，1％饵剂等。

保棉丰（thimet sulfoxide）

$C_7H_{17}O_3PS_3$，276.36，2588-03-6

其他名称 3911 亚砜，甲拌磷亚砜，Phoratesulfoxide。

化学名称 O,O-二乙基-S-（乙基亚砜基甲基）二硫代磷酸酯；phosphorodithioicacid-O,O-diethyl（ethylsulfinyl）methyl ester。

理化性质 原药为微黄色油状液体，微有蒜臭味，在水中难溶，可溶于苯、二甲苯、氯

---

❶ 1lb=0.45359237kg，1gal=3.78541L。

仿、酒精等有机溶剂。相对密度 1.230，折射率 1.5407。在酸性溶液中相当稳定，遇碱易水解失效。

毒性 小鼠急性经口 LD_{50} 为 6.7mg/kg；急性经皮 LD_{50} 为 65mg/kg。雄大鼠急性经口 LD_{50} 7.9mg/kg。

应用 具有触杀和胃毒作用，并具有一定的内吸性。主要用于防治棉蚜、红蜘蛛、蓟马、盲蝽象等刺吸式口器害虫。适于防治内吸磷产生耐药性的蚜虫和红蜘蛛。对防治棉铃虫、小造桥虫、卷叶虫、叶蝉、金刚钻、盲蝽象、大豆潜叶蝇、水稻二化螟、三化螟、稻飞虱、稻蓟马等害虫均有较好效果。

合成路线

常用剂型 50%乳油。

保棉磷（azinphos-methyl）

$C_{10}H_{12}N_3O_3PS_2$，317.32，86-50-0

其他名称 谷硫磷，甲基谷硫磷，谷赛昂，谷速松［台］，酷杀星，Azinphos methyl，Azinphosmethyl，Bayer 17147，Carfene，Gusathion M，Guthion，R1582。

化学名称 二硫代磷酸-O,O-二甲基-S-［（4-氧代-1，2，3-苯并三嗪-3-［4H］基）甲基］酯；O,O-dimethyl S-［（4-oxo-1，2，3-benzotriazin-3（4H）-yl）methyl］phosphorodithioate。

理化性质 淡黄色晶体，熔点 73℃，蒸气压 5×10^{-4} mPa（20℃），1×10^{-3} mPa（25℃），相对密度 1.44，折射率 1.6115（76℃）。溶解度：难溶于水，28mg/L（20℃）；溶于大多数有机溶剂，在二氯乙烷、丙酮、乙腈、乙酸乙酯、二甲亚砜中＞250g/L（20℃）。在碱性和酸性介质中快速水解。半衰期 DT_{50}（22℃）87d（pH4），50d（pH7），4d（pH9）。

毒性 急性经口 LD_{50}（mg/kg）：大鼠9，雄豚鼠80，小鼠11～20，狗＞10。大鼠急性经皮 LD_{50}，150～200mg/kg（24h）。对兔皮肤无刺激，对眼有轻度刺激。大鼠吸入毒性（4h）0.15mg/L 空气。对美洲鹑急性经口 LD_{50} 为 32mg/kg。对鱼毒性 LC_{50}（mg/L，96h）：虹鳟0.02，圆腹雅罗鱼0.12。对蜜蜂有毒。对水蚤 LC_{50}（48h）0.0011mg/L。对栅藻 EC_{50}（96h）7.15mg/L。

应用 具有胃毒作用和触杀作用的有机磷杀虫剂。用于防治棉花后期害虫，对棉铃虫有良好效果。也能杀螨。残效期长，杀虫谱广。有剧毒！使用时要注意安全。

合成路线 以邻氨基苯甲酸甲酯为起始原料，经重氮化、氨解环化制得 3-氢代-4-氧代-1，2，3-苯并三嗪，然后经羟甲基化、氯化后制得 3-氯甲基-4-氧代-1，2，3-苯并三嗪，最后经缩合反应得到保棉磷。

常用剂型 20%乳油、34%油悬浮剂、25%可湿性粉剂等。

保松噻（levamisole）

$C_{11}H_{12}N_2S \cdot HCl$，240.75，16595-80-5

其他名称 盐酸左旋咪唑。

化学名称 S-2,3,5,6-四氢-6-苯基咪唑[2,1-b]噻唑盐酸盐；(S)-2,3,5,6-tetrahydro-6-phenylimidazo[2,1-b]thiazole hydrochloride。

理化性质 白色至淡黄色结晶性粉末，无臭，味苦，熔点227～229℃。易溶于水、甲醇、乙醇和甘油，微溶于氯仿、乙醚，难溶于丙酮，水溶解性210g/L（20℃）。盐酸左旋咪唑在酸性水溶液中稳定，在碱性条件下易分解失效，贮存条件为0～6℃。

毒性 急性经口 LD_{50}（mg/kg）：雄大鼠431，雌大鼠419。鱼毒性：鲤鱼 LC_{50}（48h）为32mg/L。

应用 对线虫肌肉有麻痹作用，使虫体的肌肉持续不断收缩，是防止松树枯干的树注射剂。松树干枯的原因主要是松线虫的侵入，媒介昆虫为松斑天牛，该药剂注射树干1次，持效期两年。本品还是驱虫药剂，对反刍动物胃肠道寄生虫有效。对鞭虫驱虫率为96%、成熟和未成熟的肺蠕虫驱虫率为98%。对猪、鸡、马等的体内寄生虫也有效。

常用剂型 主要有水剂、可湿性粉剂和缓释剂。

保幼醚（epofenonane）

$C_{20}H_{32}O_2$，304.47，57342-02-6

化学名称 6,7-环氧-3-乙基-7-甲基壬基-4-乙基苯基醚；（±）-6,7-epoxy-3-ethyl-7-methylnonyl 4-ethylphenyl ether。

毒性 大鼠急性经口 $LD_{50}>3200$mg/kg。

应用 为昆虫生长调节剂，可用来防治果树害虫、贮藏谷物害虫和土壤螨类，对西方云杉卷叶蛾、橘粉蚧、卷叶虫、茶小卷叶蛾都有较好的抑制效果。

常用剂型 目前在我国未见相关制剂产品登记。

保幼炔 （JH-286）

C₁₇H₁₅ClO₂，286.6，74706-17-5

$C_{17}H_{15}ClO_2$，286.6，74706-17-5

化学名称　1-[5-氯（4-戊炔基）氧]-4-苯氧基苯；1-[（5-chloro-4-pentynyl）oxy]-4-phenoxy-benzene。

毒性　对温血动物无任何毒性或诱变作用。

应用　具有保幼激素活性的昆虫生长调节剂，可用于家蝇、蚊子、同翅目及双翅目害虫的防治。尤其是对大黄粉虫、杂拟谷盗、普通红螨、火蚁等特别有效。

常用剂型　主要有饵剂。

保幼烯酯 （juvenile hormone O）

$C_{18}H_{30}O_3$，294.44，55333-14-7

其他名称　C-18 JH。

化学名称　反,反,顺-10,11-环氧-7-乙基-3,11-二甲基-2,6-二烯十三羧酸甲酯；methyl *trans*, *trans*, *cis*-10,11-epoxy-7-ethyl-3,11-dimethyl-2,6-tridecadienoate。

应用　具有保幼激素作用的杀虫剂。

常用剂型　目前未见相关制剂产品登记。

倍硫磷 （fenthion）

$C_{10}H_{15}O_3PS_2$，278.3，55-38-9

其他名称　百治屠，倍太克斯，芬杀松，拜太斯，番硫磷，Baycid，Baytex，Mercaptophos，Lebaycid，Queletox，Bayer 29493。

化学名称　O,O-二甲基-O-（3-甲基-4-甲硫苯基）硫代磷酸酯；O,O-dimethyl-O-（3-methyl-4-methylthiophenyl）phosphorothioate。

理化性质　纯品为无色油状液体，沸点 87℃/1.333Pa，相对密度 1.250（20℃）。易溶于甲醇、乙醇、二甲苯、丙酮、氯化氢、脂肪油等有机溶剂，难溶于石油醚，水中溶解度54~56mg/L。工业品呈棕黄色，带特殊臭味，对光和热比较稳定。在 100℃时，pH 1.8~5介质中，水解半衰期为 36h；pH11 介质中，水解半衰期为 95min。用过氧化氢或高锰酸钾可使硫醚链氧化，生成相应的亚砜和砜类化合物。

毒性 大鼠急性经口 LD_{50} （mg/kg）：215（雄），245（雌）。大鼠急性经皮 LD_{50} 为 $330\sim500$ mg/kg。大鼠 60d 饲喂试验最大允许剂量为 10mg/kg。用 50mg/kg 剂量喂狗 1 年，其体重和摄食量无影响。对鱼 LC_{50} 约 1mg/L（48h）。

应用 广谱、速效、中毒有机磷杀虫剂，对螨类也有效。具触杀和胃毒作用，渗透性较强，有一定的内吸作用，残效期较长。可用于水稻、棉花、果树、大豆等作物防治二化螟、三化螟、稻叶蝉、稻苞虫、稻纵卷叶虫、棉红铃虫、棉铃虫、棉蚜、菜青虫、菜蚜、果树食心虫、介壳虫、柑橘锈壁虱、网椿象、茶毒虫、菜小绿叶蝉、大豆食心虫以及卫生害虫。对蜜蜂、寄生蜂、草蛉（蚜狮）等益虫高毒。

合成路线 在缚酸剂存在下，O,O-二甲基硫代磷酰氯与 3-甲基-4-甲硫基苯酚缩合反应生成倍硫磷。

常用剂型 主要有乳油、颗粒剂等，复配剂主要是与氰戊菊酯进行复配的 25% 乳油。

苯虫醚（diofenolan）

$C_{18}H_{20}O_4$，300.35，63837-33-2

化学名称 （2S，4R）-2-ethyl-4-[（4-phenoxyphenoxy）methyl]-1，3-dioxolane。

理化性质 清澈、淡黄色黏性液体。沸点 >250℃/101.325kPa，蒸气压 1.1×10^{-1} mPa（25℃）。在水中溶解性 4.9mg/L（25℃），溶于甲醇、丙酮、甲苯、正己烷、辛醇。在 pH$\geqslant$7 时稳定，但在光下迅速降解。

毒性 大鼠经口急性毒性 $LD_{50}>5000$ mg/kg，经皮 LD_{50}（24h）>2000 mg/kg。对兔皮肤和眼睛无刺激性。大鼠吸入毒性（4h）>3100 mg/m³。对鹌鹑和鸭子急性经口 $LC_{50}>2000$ mg/kg。蓝鳃太阳鱼、鲶鱼、鲤鱼、鲑鱼 LC_{50}（96h）$1.0\sim1.7$ mg/L。对蜜蜂急性经口 LD_{50} 和经皮 LC_{50}（48h）>96 mg/只蜜蜂。

应用 具有保幼激素活性的昆虫生长调节剂。抑制介壳虫幼虫第一龄和第二龄的生长发育。对大多数介壳虫、鳞翅目昆虫的卵有效，可用于防治柑橘、梨、葡萄、芒果、橄榄、坚果、茶和观赏植物的此类害虫。

合成路线

常用剂型　目前在我国未见相关产品登记。

苯丁锡（fenbutatin oxide）

$C_{60}H_{78}OSn_2$，1053，13356-08-6

其他名称　螨完锡，克螨锡，托尔克，螨烷锡，芬布锡，Torque，Vendex，Osadan，Neostanox。

化学名称　双［三（2-甲基-2-苯基丙基）锡］氧化物；bis［tris（2-metyl-2-phenylpropyl）tin］oxide。

理化性质　工业品苯丁锡为白色或淡黄色结晶，熔点138～139℃，纯品145℃。溶解性（23℃，g/L）：水0.000005，丙酮6，二氯甲烷380，苯140。水能使其分解成三（2-甲基-2-苯基丙基）锡氢氧化物，经加热或失水又返回氧化物。

毒性　苯丁锡原药急性LD_{50}（mg/kg）：经口大白鼠2630、小鼠1450，大白鼠经皮＞2000。

应用　苯丁锡是1974年英国壳牌公司开发的有机锡类高效、低毒选择性杀螨剂，具有胃毒和拒食作用，用于防治柑橘、苹果、梨、茶、葡萄以及观赏植物上的植食性螨；其特点是持效期长，对有机磷及菊酯类农药产生抗性的螨类也有效，对捕食性螨和益虫不利影响小。能与多种杀虫、杀螨剂混用，但不能与碱性较强的农药如波尔多液、石硫合剂等混用。

合成路线

常见剂型　主要有可湿性粉剂、悬浮剂、乳油等；可与四螨嗪、哒螨灵、炔螨特、硫黄等进行复配。

苯腈磷（cyanofenphos）

$C_{15}H_{14}NO_2PS$，303.3，13067-93-1

其他名称　S-4087，CYP，Cela S4087。

化学名称　O-4-对氰基苯基-O-乙基苯基硫代膦酸酯；O-4-cyanophenyl-O-ethylphenylphosphonothioate。

理化性质　白色结晶固体，熔点83℃，蒸气压$1.32×10^{-5}$ mmHg（25℃）。30℃下溶于水

0.6mg/L；易溶于丙酮和苯；适当溶于酮类和芳烃溶剂。工业品纯度为92%。对热稳定。

毒性 急性经口 LD_{50}（mg/kg）：大白鼠79，小白鼠43.7，鸡20。小白鼠皮下注射 LD_{50} 为122mg/kg。鲤鱼 LC_{50}（48h）为1.35mg/L。

应用 在热带，对稻螟虫、稻瘿蚊和棉铃虫有效；在温带，对鳞翅目幼虫和蔬菜上其他害虫有效。

合成路线

常用剂型 主要有25%乳油、1.5%粉剂。

苯硫磷（EPN）

$C_{14}H_{14}NO_4PS$，323.3，2104-64-5

其他名称 一品松［台］，伊皮恩，EPN-300。

化学名称 O-乙基-O-(4-硝基苯基)苯基硫代膦酸酯；O-ethyl-O-(4-nitrophenyl) phenylphosphonothioate。

理化性质 黄色晶体（原药为琥珀色液体），熔点34.5℃，沸点215℃/5mmHg，蒸气压 4.1×10^{-5} Pa，相对密度1.270（20℃）。几乎不溶于水，溶于有机溶剂如苯、甲苯、二甲苯、丙酮、异丙醇、甲醇，在中性和酸性中稳定，被碱释放出硝基苯。

毒性 急性经口 LD_{50}（mg/kg）：雄大鼠36，雌大鼠24，雄小鼠94.8，雌小鼠59.4。大鼠急性经皮 LD_{50}（mg/kg）：2850（雄），538（雌）。大鼠 NOEL 值（104周）：0.73mg/ (kg·d)。对母鸡有慢性神经毒性。

应用 是一种非内吸性杀虫剂和杀螨剂，具有触杀和胃毒活性，对鳞翅目幼虫有广泛的活性，尤其对棉花上的棉铃虫、棉红铃虫，水稻上的二化螟，蔬菜和果树上的其他食叶幼虫有活性。

合成路线

常用剂型 主要有45%乳油，25%可湿性粉剂，1%、1.5%、3%粉剂。

苯硫威（fenothiocarb）

$C_{13}H_{19}NO_2S$，253.4，62850-32-2

其他名称 排螨净，苯丁硫威，克螨威，芬硫克，Phenothiocarb，Panocon。

化学名称 *S*-(4-苯氧基丁基) 二甲基硫代氨基甲酸酯；*S*-(4-phenoxybutyl) dimethyl-thlocarbamate。

理化性质 纯品为白色结晶。熔点 40～41℃，蒸气压 0.166×10^{-3} Pa (20℃)，沸点 155℃ (2.76Pa)。易溶于丙酮、甲醇、乙醇、环己酮、二甲苯等有机溶剂，不溶于水。对热、酸稳定，对光、碱稍不稳定，40℃贮存一个月不分解。

毒性 急性经口 LD_{50} (mg/kg)：大鼠 1150（雄）、1200（雌），小鼠 7000（雄）、4875（雌），野鸭>2000；小鼠急性经皮 LD_{50}>8000mg/kg。鲤鱼 LC_{50} 为 7.9mg/L (48h)，蜜蜂经口 LD_{50} 为 0.047mg/只，蚕 LC_{50}>500mg/L。

应用 属氨基甲酸酯类杀螨剂，有强的杀卵活性，对雌成螨的活性不高，但在低浓度时能明显地降低雌螨的繁殖能力，并能进一步降低卵的孵化。

合成路线

常见剂型 主要有 35%乳油。

苯螨醚（ phenproxide ）

$C_{15}H_{14}ClNO_4S$, 339.79, 49828-75-3

其他名称 氯灭螨醚，NK 493。

化学名称 4-氯-3-(丙基亚磺酰基)-苯基-4'-硝基苯基醚；1-chloro-4-(4-nitrophenoxy)-2-(propyl sulfinyl) benzene。

理化性质 带黄色结晶，熔点 86～86.5℃，密度 1.42g/cm³，沸点 500.8℃ (760mmHg)，蒸气压 1.14×10^{-9} mmHg (25℃)，闪点 256.6℃。不溶于水，溶于有机溶剂。

毒性 急性经口 LD_{50} (mg/kg)：大鼠 1180，小鼠 6900；急性经皮 LD_{50} (mg/kg)：大鼠>4000。LC_{50}：鲤鱼 2.6mg/L (48h)，金鱼 3.5mg/L，水蚤 14.0mg/L。

应用 用来防治橘类、苹果和其他果树的螨类害虫。

合成路线

常见剂型 目前在我国未见相关产品登记。

苯螨特（benzoximate）

$$C_{18}H_8ClNO_5，363.8，29104-30-1$$

其他名称 西塔宗，西斗星，西脱螨，benzomate，Citrastar，Citrazon，Azomate，NA 53M。

化学名称 3-氯-2,6-二甲氧基-α-乙氧亚氨基苄基苯甲酸酯；3-chloro-2,6-dimethoxyl-α-ethoxyimino benzyl benzoate。

理化性质 溶解度（20℃，g/L）：苯650，DMF 1460，二甲苯710，乙醇70，己烷8，丙酮980，几乎不溶于水。在强碱介质中分解，80℃左右产生分解或异构化。

毒性 苯螨特原药急性 LD_{50}（mg/kg）：大、小鼠经口＞12000，经皮＞15000；对兔眼睛和皮肤无刺激性；以400mg/kg剂量饲喂大鼠两年，未发现异常现象；对动物无致畸、致突变、致癌作用。

应用 苯螨特是日本曹达公司1972年开发的非内吸性杀螨剂。具有触杀和胃毒作用，对螨的各个发育期均显示较高的防治效果；持效期长，能长时间地抑制螨类发生，对抗性螨类有优异的防治效果；对天敌和益虫无害；除波尔多液外可与其他杀虫剂、杀菌剂混用。

合成路线 以间二苯酚为原料，经过甲基化、羧基化、氯化、酰氯化等反应过程制得苯螨特。

常用剂型 主要有5％、10％、20％乳油。

苯醚菊酯（phenothrin）

$$C_{23}H_{26}O_3，350.46，26002-80-2$$

其他名称 苯诺茨林，苯氧司林，速灭灵，酚丁灭虱，Wellside。

化学名称　2,2-二甲基-3-(2-甲基-1-丙烯基) 环丙烷羧酸-3-苯氧基苄酯；（3-phenoxy-phenyl) methyl-2,2-dimethyl-3-(2-methyl-1-propen-1-yl) cyclopropanecarboxylate。

理化性质　外观为无色油状液体，相对密度 $d^{25}1.061$，折射率 $n_D^{23}1.5502$ 和 $n_D^{25}1.5483$（另有文献上为 $n_D^{25}1.5485$ 和 $n_D^{23}1.5502$）。20℃ 时的蒸气压为 0.16mPa（另有文献上为 0.53mPa）。极易溶于甲醇、异丙醇、乙基溶剂、二乙醚、二甲苯、正己烷、α-甲基萘、环己烷、氯仿、乙腈、二甲基甲酰胺、煤油等，但难溶于水，在 30℃ 水中仅溶解 1.4mg/L。在光照下，在大多数有机溶剂和无机缓释剂中是稳定的，但遇强碱分解。在室温下本品放置黑暗中 1 年后不分解，在中性及弱酸性条件下亦稳定。不易受紫外线的影响，在经过氙灯照射 24h 后，苯醚菊酯损失 12.3%。

毒性　对大鼠、小鼠长期饲药试验，无有害影响。致癌、致畸和三代繁殖研究，未出现异常。大鼠急性吸入 LC_{50}（4h）＞3760mg/m³。鱼毒性：鲕鱼 TLm（48h）为 11mg/L。鹌鹑急性经口 LD_{50}2.5g/kg。鱼毒 LC_{50}（μg/L，96h）：虹鳟 2.7，蓝鳃 16。对蜜蜂有毒。在水稻上施本品 0.375kg（a.i.）/hm² 6 次后，7d 和 14d 测定其最大残留量，在稻秆中为 1.58mg/kg，谷壳中为 0.078mg/kg。在哺乳动物体内能迅速水解成间苯氧基苄醇，再进一步氧化成间苯氧基苯甲酸，在此酸的苯氧基-4-位上羟基化后或与甘氨酸缀合后，即从尿和粪便中排出。

应用　非内吸性杀虫剂，对昆虫具触杀和胃毒作用，杀虫作用比除虫菊素高，但对害虫的击倒作用要比其他除虫菊酯差。适用于防治卫生害虫和体虱，也可用于保护贮存的谷物。防治家蝇、蚊子，每立方米用 10% 水基乳油 4～8mL [2～4mg（a.i.）/m³]；防治螫蠊，每平方米用 10% 水基乳油 40mL [20mg（a.i.）/m²] 喷雾。室内测定，本品对家蝇、黏虫和豌豆蚜的 LC_{50}分别为 220mg/kg、132mg/kg 和 250mg/kg。

合成路线

常用剂型　常与胺菊酯等农药混配，主要有气雾剂、乳剂和粉剂等。

苯醚氰菊酯（ cyphenothrin ）

$C_{24}H_{25}NO_3$，375.47，39515-40-7(未指明立体化学)

其他名称　高克螂 [住友]，右旋苯氰菊酯，赛灭灵，Gokilaht [住友]，S-2703 Forte。

化学名称　右旋-反式-2,2-二甲基-3-(2-甲基-1-丙烯基) 环丙烷羧酸-(＋)-α-氰基-3-苯氧基苄基酯；cyano（3-phenoxyphenyl) methyl-2,2-dimethyl-3-(2-methyl-1-propen-1-yl) cyclopropanecarboxylate。

理化性质　原药为具有特殊气味黄色黏稠液体，相对密度 1.080/25℃，蒸气压 0.12mPa，沸点 154℃/0.1mmHg。水中溶解度＜0.01mg/L（25℃），己烷、甲醇、二甲苯＞500g/kg（23～24℃），对热较稳定，正常条件下贮存至少两年稳定。

毒性 雌大鼠急性经口 LD_{50} 419mg/kg，雄大鼠急性经口 LD_{50} 318mg/kg，大鼠急性经皮 LD_{50} 5000mg/kg。对皮肤和眼睛无刺激。大鼠急性吸入 LC_{50}（3h）大于 1850mg/m^3。

应用 具有较强的触杀力和残效性，击倒活性中等。对主要危害木材和织物的卫生害虫有效，被用来防治家庭、公共卫生和工业害虫。于住宅、工业区和非食品加工地带，作空间接触喷射防治蚊蝇；制成熏烟剂对蟑螂有特效，尤其是对一些体形大的蟑螂，有显著的驱赶作用，所以是一种较理想的杀蟑螂药剂。

合成路线

常用剂型 主要制剂有 0.7% 气雾剂，此外还可以加工成烟剂和片剂等。

苯醚威（fenoxycarb）

C$_{17}$H$_{19}$NO$_4$，301.4，79127-80-3

其他名称 双氧威，苯氧威，Insegar，Torus，Pictyl。

化学名称 2-[(4-苯氧基苯氧基) 乙基] 氨基甲酸乙酯；ethyl [2-(4-phenoxyphenoxy) ethyl] carbamate ethyl ester。

理化性质 纯品为无色结晶，熔点 53～54℃。溶解性（mg/kg，20℃）：水 6，乙烷 5，大部分有机溶剂＞250。在室温下贮存在密闭容器中时，稳定期大于 2 年；在 pH 3～9，50℃下水解稳定，对光稳定。

毒性 大鼠急性经口毒性 LD_{50}＞10g/kg；大鼠急性经皮毒性 LD_{50}＞2g/kg。对豚鼠皮肤无刺激性，对兔眼有极轻微刺激性。大鼠吸入毒性 LD_{50}＞0.48mg/L 空气。鱼毒 LD_{50}（mg/L，96h）：鲤鱼 10.3，虹鳟鱼 1.6。饲喂试验无作用剂量：大鼠（2 年）为 8mg/kg，小鼠（18 个月）为 4mg/kg。对人的 ADI 为 0.04mg/kg。日本鹌鹑急性经口 LD_{50}＞7g/kg，山齿鹑 LD_{50}（8d）＞25g/kg。对蜜蜂无毒，经口 LD_{50}（24h）＞1g/kg。水蚤 LD_{50}（48h）为 0.4mg/L。

应用 苯醚威是一种高效低毒的非萜烯类氨基甲酸酯类杀虫剂，具有胃毒和触杀作用，杀虫谱广；但它的杀虫作用是非神经性的，表现为对多种昆虫有强烈的保幼激素活性，杀虫专一，对蜜蜂和有益生物无害。由于其作用的独特性和专一性，因而对哺乳动物毒性比较低，因而可以说是氨基甲酸酯类杀虫剂中为数不多的低毒农药，对环境的友好性也比较好。主要用于仓库防治仓储害虫，具有昆虫生长调节剂作用，如破坏昆虫特有的蜕变。喷洒谷仓防止鞘翅目、鳞翅目类害虫的繁殖，室内裂缝喷粉防治蟑螂、跳蚤等。可制成饵料防治火蚁、白蚁等多种蚁群，撒施于水中抑止蚊幼虫发育为成蚊。在棉田、果园、菜圃和观赏植物上，能有效地防治木虱、蚧类、卷叶蛾等，并对当前常用农药已有抗性的害虫亦有效。

合成路线 有氨解路线 1、缩合路线 2 和霍夫曼重排路线 3 三种路线。

常见剂型　主要有25％可湿性粉剂、5％粉剂、3％高渗苯醚·威乳油及5％苯氧·高氯乳油等。

苯噻螨 （triarathene）

$C_{22}H_{15}ClS$，346.8725，65961-00-1

其他名称　Micromite，UBI-T9f30。

化学名称　5-(4-氯苯基)-2,3-二苯噻吩；5-(4-chlorophenyl)-2,3-diphenylthiophene。

理化性质　无色结晶固体。熔点127℃，沸点462℃，蒸气压1×10^{-11}mmHg（25℃）。在熔点温度下对热稳定。光照几个月后表面变黄。

毒性　大白鼠急性经口$LD_{50} > 10000$mg/kg。兔经皮$LD_{50} > 2000$mg/kg。

应用　触杀性杀螨剂，能防治普通红叶螨、橘全爪螨和班真叶螨。对植物安全，可与其他药剂混用。

常用剂型　在我国未见相关制剂登记。

吡虫啉 （imidacloprid）

$C_9H_{10}ClN_5O_2$，255.7，105827-78-9

其他名称　咪蚜胺，大功臣，蚜虱净，扑虱蚜，高巧，康福多，比丹，一遍净，蚜虱毙，蚜虱宝，广虫立克，广克净，益达胺，灭虫精，艾美乐，虱蚜丹，黄粉灵，丰源，蚜虱清，金种子，必林，麦雨道，大丰收，净杀星，辟虱蚜，绿色通，一片青，江灵，扑蚜虱，蚜虱消，四季红，快杀虱，金大地，三虫净，一遍杀，虱蚜光，一泡净，蚜虱统杀，虫奇特，虱蚜净，虱蚜灵，蚜虫灵，蚜克西，蚜蓟清，蓟蚜敌，吡它净，施飞特，虱蚜清，扫蚜清，快灭净，大克虫，特灭蚜虱，立拔蚜，天灵，虱必克，乐山奇，大救星，爱美尔，绿时捷，必林一号等；Admire，Confidor，Gaucho，NTN 33893。

化学名称 1-(6-氯-3-吡啶甲基)-N-硝基亚咪唑烷-2-基胺；1-(6-chloro-3-pyridylmethyl)-N-nitroimidazolidin-2-ylideneamine。

理化性质 纯品为白色结晶，熔点 143.8℃；溶解性（20℃，g/L）：水 0.51，甲苯 0.5～1，甲醇 10，二氯甲烷 50～100，乙腈 20～50，丙酮 20～50。在 pH5～11 时稳定水解。

毒性 属低毒杀虫剂。急性经口 LD_{50}（mg/kg）：大鼠（雄、雌）450，小鼠 150。大鼠（雄、雌）急性经皮 LD_{50}＞5g/kg，大鼠急性吸入 LC_{50}（4h）＞5323mg/m³（粉剂）、69mg/m³ 空气（气溶胶）。两年饲喂试验无作用剂量：雄大鼠 100mg/kg 饲料，雌大鼠 300mg/kg 饲料，小鼠 330mg/kg 饲料。狗（52 周）饲喂试验无作用剂量为 500mg/kg 饲料。对人的 ADI 为 0.057mg/kg。对兔眼睛和皮肤无刺激作用，无致突变性、致畸性和致敏性。金色圆腹雅罗鱼 LC_{50}（96h）为 237mg/L。虹鳟 LC_{50}（96h）为 211mg/L。急性经口 LD_{50} 日本鹌鹑为 31mg/kg，白喉鹌为 152mg/kg。LD_{50}（mg/kg，5d）：鹌鹑 2225，野鸭＞5。直接接触对蜜蜂有毒。蚯蚓 LD_{50} 为 10.7mg/kg 干土壤，水蚤 LD_{50}（48h）＞85mg/L。

应用 吡虫啉是高效、低毒、内吸性强、持效期长、低残留、广谱性烟碱类杀虫剂，德国拜耳公司和日本特殊农药株式会社共同研究开发，1991 年投入市场，能够防治大多数重要的农业害虫，特别对刺吸式口器害虫高效，如蚜虫、叶蝉、飞虱、蓟马、粉虱及其抗性品系。对鞘翅目、双翅目和鳞翅目也有效。对线虫和红蜘蛛无活性。由于其优良的内吸性，特别适于种子处理和以颗粒剂施用。在禾谷类作物、玉米、马铃薯、甜菜和棉花上可早期持续防治害虫，上述作物及柑橘、落叶果树、蔬菜等生长后期的害虫可叶面喷雾。叶面喷雾对黑尾叶蝉、飞虱类（稻褐飞虱、灰飞虱、白背飞虱）、蚜虫类（桃蚜、棉蚜）和蓟马类有优异的防效，优于噻嗪酮、醚菊酯、抗蚜威和杀螟丹。

合成路线 吡虫啉的合成路线有多种，其中路线 1→2→3 较常用。

常用剂型 我国登记剂型有乳油、可湿性粉剂、悬浮剂、泡腾片剂、片剂、水分散粒剂、微乳剂、可溶性液剂、缓释粒、悬浮种衣剂、饵剂、胶饵、杀蝇纸等。复配登记中主要与丁硫克百威、异丙威、抗蚜威、阿维菌素、噻嗪酮、仲丁威、福美双、烯唑醇、毒死蜱、氯氟氰菊酯、三唑酮、杀虫单、杀虫环、氯氰菊酯、高效氯氰菊酯、三唑磷、多菌灵、辛硫磷、三唑锡、灭幼脲、敌敌畏、灭多威、氧乐果、苏云金杆菌、咪酰胺、杀虫安、矿物油、水胺硫磷、阿维菌素等进行复配。

吡硫磷（pyrazothion）

$C_8H_{15}N_2O_3PS$，250.2551，108-35-0

其他名称　BRN 0019355，G-23027。

化学名称　O,O-二乙基-O-（3-甲基-5-邻二氮杂茂）硫代磷酸酯；thiophosphoric acid-O,O-diethyl-O-(5-methyl-1H-pyrazol-3-yl) ester。

理化性质　原药为黄棕色液体。微溶于水，不溶于凡士林油，易溶于乙醇，能与二甲苯混溶。蒸馏时分解。

毒性　急性经口 LD_{50}（mg/kg）：小白鼠12，大白鼠36。

应用　吡硫磷为内吸性杀虫剂、杀螨剂，杀虫谱广，高效。

合成路线

常用剂型　目前在我国未见相关制剂产品登记。

吡氯氰菊酯（fenpirithrin）

$C_{21}H_{18}Cl_2N_2O_3$，417.29，68523-18-2

其他名称　氯吡氰菊酯，DC 417，Dowco 417，Vivithrin。

化学名称　(R,S)-α-氰基-（6-苯氧基-2-吡啶基）甲基 (R,S)-顺、反-3-(2,2-二氯乙烯基)-2,2-二甲基环丙烷羧酸酯；(R,S)-α-cyano-(6-phenoxy-2-pyridinyl) methyl (R,S)-cis、trans-3-(2,2-dichloroethenyl)-2,2-dimethyl cyclopropanecarboxylate。

理化性质　外观为黄色油状液体，折射率 n_D^{25} 1.5630，蒸气压 $2.05×10^{-4}$ Pa（26℃），能溶于有机溶剂，不溶于水。50℃时半衰期为4h（pH值7）。

毒性　大鼠急性经口 LD_{50} 为460mg/kg，小鼠急性经口 LD_{50} 为 100～200mg/kg，兔急性经皮 LD_{50} 为625mg/kg，对兔皮肤和眼睛无刺激作用。大鼠亚急性无作用剂量为50mg/kg。Ames 试验呈阴性。金鱼 LC_{50} 为 $4.8×10^{-9}$ mg/L。

应用　广谱性拟除虫菊酯，具有胃毒和触杀作用。防治棉红铃虫、棉铃虫、小卷叶蛾和棉粉虱有良好效果。

合成路线

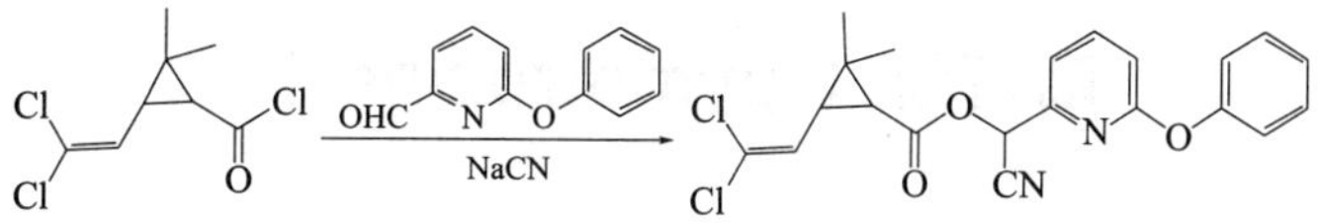

常用剂型 主要有 19％乳油。

吡螨胺（ tebufenpyrad ）

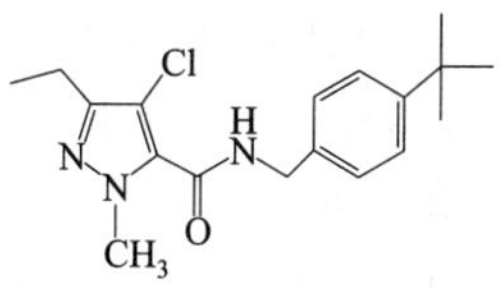

$C_{18}H_{24}ClN_3O$，333.8，119168-77-3

其他名称 必螨立克，Pyranica，Fenpyrad，Masai，MK 239。

化学名称 *N*-（4-叔丁基苄基)-4-氯-3-乙基-1-甲基-5-吡唑甲酰胺；*N*-（4-tert-brtylbenzyl)-4-chloro-3-ethyl-1-methyl-5-pyrazolemethylamide。

理化性质 纯品为白色结晶，熔点 61～62℃，蒸气压＜$1×10^{-2}$ mPa（25℃），相对密度 1.0214。25℃水中溶解度 2.6mg/L，溶于丙酮、甲醇、氯仿、乙腈、正己烷和苯等大部分有机溶剂。pH 3～11、37℃时，在水中可稳定 4 周。

毒性 吡螨胺原药急性 LD_{50} （mg/kg）：大鼠经口 595～997，大鼠经皮＞2000。对兔眼睛和皮肤无刺激性；以 100mg/kg 剂量饲喂大鼠两年，未发现异常现象；对动物无致畸、致突变、致癌作用。

应用 吡螨胺是 20 世纪 90 年代日本三菱化成株式会社开发的高效、快速杀螨剂，对各种螨和螨的发育全过程均具有卓越的防治效果，具有速效、高效、持效期长、毒性低、无内吸特性，主要用于防治果树、蔬菜、茶等作物害螨。

合成路线 以乙醇和甲苯为溶剂，于 0℃左右草酸二乙酯与丁酮反应制得丙酰丙酮酸乙酯后，再于 15℃与水合肼缩合反应 2h，制得中间体 3-乙基-吡唑-5-羧酸乙酯。该中间体用硫酸二甲酯甲基化得到 3-乙基-1-甲基吡唑-5-羧酸乙酯，该产物用氯化硫酰处理，制得的 4-氯-3-乙基-1-甲基吡唑-5-羧酸乙酯用氢氧化钠水解后再用氯化亚砜酰氯化，所得酰氯在三乙胺存在下与叔丁基苄胺反应制得目标物吡螨胺。

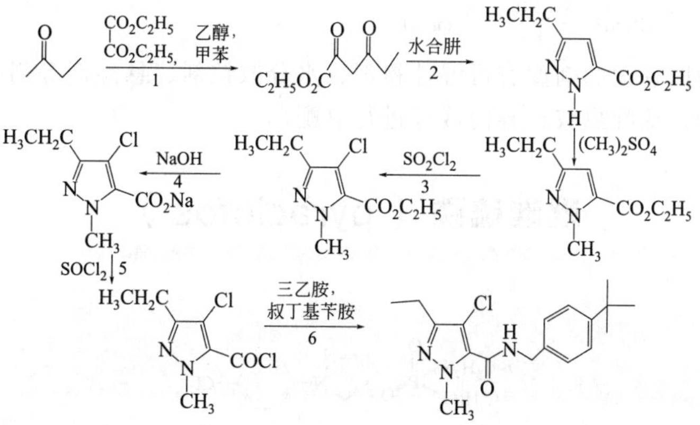

常用剂型 主要有 10％、20％可湿性粉剂，20％乳油和 60％水分散粒剂等。

23

吡蚜酮（pymetrozine）

$$C_{10}H_{11}N_5O, \quad 217.23, \quad 123312-89-0$$

其他名称　吡嗪酮，Plenum，Fulfill，Endeavor。

化学名称　(E)-4,5-二氢-6-甲基-4-(3-吡啶亚甲基胺)-1,2,4-三嗪-3(2H)酮；(E)-4,5-dihydro-6-methyl-4-(3-pyridinylmethylene amino)-1,2,4-triazin-3（2H)-one。

理化性质　纯品吡蚜酮为无色结晶，熔点217℃，25℃时蒸气压≤4×10^{-3} mPa，相对密度1.36（20℃）。溶解性（20℃，g/L）：水0.29，乙醇2.25。在空气中稳定。水解DT_{50}为4.3h（pH1），25d（pH5）。

毒性　吡蚜酮原药急性LD_{50}（mg/kg）：大鼠经口＞5000、经皮＞2000。大鼠急性吸入LD_{50}（4h）＞1800mg/m³空气。对兔眼睛和皮肤无刺激性，对豚鼠皮肤无致敏性。经Ames试验等5种不同试验表明，无诱变性。鹌鹑和野鸭急性经口LD_{50}＞2g/kg。鹌鹑LD_{50}（8d）＞5200mg/kg。虹鳟和鲤鱼LC_{50}（96h）＞100mg/L。蜜蜂经口LD_{50}（48h）＞117μg/只蜜蜂，接触LD_{50}（48h）＞200μg/只蜜蜂。水蚤LD_{50}（48h）＞100mg/L。对鸟类、鱼类和蜜蜂无毒，对水蚤有轻微毒性。在土壤中有一定移动性，并迅速降解（半衰期约5d）。

应用　吡蚜酮是先正达公司开发的新型杀虫剂，应用于蔬菜、园艺作物、棉花、大田作物、落叶果树、柑橘等防治蚜虫、粉虱和叶蝉等害虫有特效，使用剂量100~300g（a.i.)/hm²。

合成路线

常用剂型　我国登记的剂型有可湿性粉剂、水分散粒剂、悬浮剂等剂型；复配制剂主要与噻嗪酮、毒死蜱、烯啶虫胺、异丙威等进行复配。

吡唑硫磷（pyraclofos）

$$C_{14}H_{18}ClN_2O_3PS, \quad 360.8, \quad 77458-01-6$$

其他名称 氯吡唑磷，Voltage，Boltage，TIA 230，OMS 3034，SC 1069。

化学名称 (*RS*)-*O*-乙基-*S*-丙基-*O*-[1-(4-氯苯基）吡唑-4-基] 硫代磷酸酯；(*RS*)-*O*-ethyl-*S*-propyl-*O*-[1-(4-chlorophenyl) yrazol-4-yl] phosphorothioate。

理化性质 淡黄色油状液体。沸点164℃/1.332Pa，相对密度1.27/28℃。蒸气压1.6×10^{-6} Pa（20℃）。能与大多数有机溶剂互溶，微溶于正己烷，20℃时在水中溶解度33mg/L。25℃，pH 7条件下水解反应半衰期为29d，pH 5时为113d，pH 9时为11h。在土壤半衰期为50d。

毒性 急性经口LD_{50}（mg/kg）：237（大鼠），575（雄小鼠），420（雌小鼠）；大鼠急性经皮LD_{50}＞2000mg/kg；大鼠急性吸入LC_{50}：1.46mg/L（雌），1.69mg/L（雄）。对兔眼睛和皮肤无刺激作用。对鼠皮肤无过敏性。大鼠喂养试验无作用剂量为3mg/kg饲料。动物试验未见致癌、致畸、致突变作用，无延迟神经毒性。鲤鱼LC_{50}0.028mg/L（74h），鹌鹑急性经口LC_{50}164mg/kg饲料，野鸭LC_{50}348mg/kg饲料。

应用 本品对离体抗乙酰胆碱酯酶活性差，但对斜纹夜蛾有很好的杀虫活性，其幼虫的乙酰胆碱酯酶因本品中毒而导致抑制。本品对昆虫脂族酯酶（与神经系统的乙酰胆碱酯酶相比）显示较高的抑制活性。具触杀和胃毒作用。无内吸活性。对鳞翅目、鞘翅目、双翅目和蜚蠊等多种害虫均有效，对叶螨科螨、根螨属螨、蜱和线虫也有效。可有效防治蔬菜上的鳞翅目害虫夜蛾属和棉花的埃及棉夜蛾、棉铃虫、棉斑实蛾、红铃虫、粉虱、蓟马，马铃薯的马铃薯甲虫、块茎蛾，甘薯的甘薯潜夜蛾、麦蛾，茶的茶叶细蛾、黄蓟马等。

合成路线 1-(4-氯苯基)-4-羟基吡唑与*O*-乙基-*S*-正丙基磷酰氯发生缩合反应制得吡唑硫磷。

常用剂型 主要有35%可湿性粉剂、50%乳油、6%颗粒剂。

吡唑威（pyrolan）

$C_{13}H_{15}N_3O_2$，245.3，87-47-8

其他名称 L-羟基丙酸乙酯，2-羟基丙酸乙酯。

化学名称 3-甲基-l-苯基吡唑-5-基二甲基氨基甲酸酯；3-methyl-1-phenylpyrazol-5-yl dimethylcarbamate。

理化性质 原药为无色结晶，熔点50℃，沸点145℃/13.3Pa，微溶于水，在120℃时溶解0.1%，遇强酸、强碱水解。溶于乙醇、丙酮、苯，难溶于煤油。

毒性 急性经口LD_{50}（mg/kg）：大鼠62～90，鼹鼠46～90。有人用尼罗河水进行了1次甲萘威、残杀威、吡唑威和敌蝇威的降解及持久性试验，发现在pH为7.2时甲萘威及残杀威经1周即基本消失，而吡唑威及敌蝇威至少可存在3个月不变。另一试验在研究pH值对氨基甲酸酯杀虫剂在水溶液中光解作用的影响时，发现吡唑威在pH5～8，降解50%时为6～7.5min，比甲萘威、残杀威和敌蝇威所需的时间短。

应用 具内吸性，用于防治蚊、蝇和蚜虫。

合成路线 可以苯胺为起始原料经如下路线合成。

常用剂型 主要有可湿性粉剂、乳剂、喷雾剂等剂型。

吡氧磷（pyrazoxon）

$C_8H_{15}N_2O_4P$，234.19，108-34-9

其他名称 吡唑磷，福太农。

化学名称 O,O-二乙基-O-(3-甲基-5-吡唑基)磷酸酯；O,O-diethyl-O-(3-methyl-5-pyrazolyl) phosphate。

理化性质 原药为黄色液体，稍有气味，相对密度1.001。水中溶解度为1%，溶于二甲苯、丙酮、乙醇，不溶于石油。

毒性 小白鼠急性经口LD_{50}为4mg/kg。

应用 本品为内吸性杀虫剂。

合成路线

常用剂型 目前在我国未见相关制剂产品登记。

避蚊胺 （ diethyltoluamide ）

C$_{12}$H$_{17}$NO，191.3，134-62-3

其他名称 蚊怕水，雪梨驱蚊油，傲敌蚊怕水，傲敌蚊，金博蚊不叮，Metadelphene，Shirley Insect Repellent，Autan Insect Repellent。

化学名称 N,N-二乙基-3-甲基苯甲酰胺；N,N-diethyl-3-toluamide。

理化性质 纯品为无色至琥珀色液体，沸点 111℃ （1mmHg）、165～170℃ （15mmHg），折射率 n_D^{25} 1.5206。不溶于水，可与乙醇、苯、乙醚、丙醇、丙二醇和棉籽油混溶。工业品含 m-异构体 85%～95%，相对密度 d^{24} 0.996～0.998。

毒性 大白鼠急性经口 LD$_{50}$ 为 2000mg/kg。人经皮中毒最低量 35mg/（kg·5d）。兔急性经皮 LD$_{50}$ 3180mg/kg。人口服致死最低量 500mg/kg。兔静脉注射致死最低量 75mg/kg。

应用 蚊虫驱避剂，直接涂抹在皮肤上对蚊虫起驱避作用，持效期可达 4h 左右，属低毒物质，有芳香气味，对环境无污染。昆虫拒避剂，能驱避蚊虫、蚋、扁虱、跳蚤以及其他咬虫扰害。

合成路线

常用剂型 主要有气雾剂、驱蚊液、驱蚊露、驱蚊霜、驱蚊乳、喷射剂、水剂、涂抹剂、驱蚊花露水和液剂等剂型。

避蚊酮 （ butophronxyl ）

C$_{12}$H$_{18}$O$_4$，226.27，532-34-3

其他名称 避虫酮，Indalone （FMC Corp.）。

化学名称 3,4-二氢-2,2-二甲基-4-氧代-2H-吡喃-6-甲酸丁酯；butyl-3,4-dihydro-2,2-dimethyl-4-oxo-2H-pyran-6-carboxylate。

理化性质 工业品含量在 90% 以上，具有芳香气味，黄色至暗红色液体。在 256～270℃ 可以蒸馏，不溶于水，可溶于醇、氯仿、醚等有机溶剂，与冰醋酸混溶。

毒性 急性经口 LD$_{50}$ （mg/kg）：大鼠为 7840，豚鼠 3400。对兔的急性经皮 LD$_{50}$＞10000mg/kg。用含 8% 避蚊酮的饲料喂大鼠二年，发现对其生长有一定影响。

应用 本品为昆虫驱避剂，杀虫活性低，用于驱避蚊子。

常用剂型　目前在我国未见相关制剂产品登记，可加工成气雾剂使用。

苄呋菊酯（resmethrin）

C$_{22}$H$_{26}$O$_3$，338.44，10453-86-8

其他名称　灭虫菊，FMC-17370，NRDC-104，SBP-1382，OMS 1206。

化学名称　（1R，S）-顺，反式菊酸-5-苄基-3-呋喃甲基酯；5-benzyl-3-furylmethyl-(1R，S)-cis，trans-chrysanthemate。

理化性质　纯品为无色结晶，工业品为白色至浅黄色蜡状固体，有显著的除虫菊气味。相对密度 d^{20} 0.985～0.968，熔点 43～48℃，含顺式异构体 20%～30%、反式异构体70%～80%，沸点 43～48℃/330Pa，折射率 n_D^{20} 5305，蒸气压 200℃时为 0.347kPa。不溶于水（计算值 0.2mg/L），溶于多种有机溶剂。本品能为日光、空气、酸、碱等分解，但比除虫菊素和丙烯菊酯稳定，当贮存在干燥条件下，能保持 3～5 个月不变。纯品存放在铁质容器内，温度为 25～30℃，30d 内无变化。

毒性　大白鼠急性经口 LD$_{50}$＞2500mg/kg。大鼠急性经皮 LD$_{50}$＞3g/kg。对皮肤和眼睛无刺激。对豚鼠皮肤无致敏作用。大鼠急性吸入 LC$_{50}$（4h）＞9.49g/m^3 空气。大鼠 90d饲喂试验无作用剂量＞3g/kg，每天以 100mg/kg 饲喂兔、以 50mg/kg 饲喂小鼠和 80mg/kg饲喂大鼠均未产生致畸作用。对人的 ADI 为 0.125mg/kg。加利福尼亚州鹌鹑急性经口LD$_{50}$＞2g/kg。对鱼有毒，LC$_{50}$（96h）：蓝鳃 17μg/L，红鲈鱼 11μg/L，金鲈 2.36μg/L。对蜜蜂有毒，LD$_{50}$（经口）0.069μg/只蜜蜂，（接触）0.015μg/只蜜蜂。水蚤 LC$_{50}$（48h）为 3.7μg/L。当将 ^{14}C 标记的苄呋菊酯给鼠口服，药剂即通过肠胃道吸收，分布到组织中，但在动物的组织里很少能测到完整的苄呋菊酯。口服后 3 周，放射性物质即全部消失（从尿中排出约 36%，粪便中排出约 64%）。将尿中的苄呋菊酯代谢物用色层分离，检定出主要的代谢物是游离状态的或被包在葡萄糖醛酸内的 5-苄基-3-糠酸。

应用　有强烈的触杀作用，杀虫谱广，非常高效，对家蝇的毒力比除虫菊素高 2.5 倍；对淡色库蚊的毒力，比丙烯菊酯约高 3 倍；对德国小蠊的毒力，比胺菊酯约高 6 倍。且对哺乳动物的毒性，比除虫菊素低。适用于家庭、畜舍、园林、温室、蘑菇房、工场、仓库等场所，能有效地防治蝇类、蚊虫、蟑螂、蚤虱、蚋类、蛀蛾、谷蛾、甲虫、蚜虫、蟋蟀、黄蜂等害虫。

合成路线　可以 2-甲酰酯基-3-甲基呋喃为原料，经如下路线制得。

常用剂型　常与胺菊酯等农药混配，制成气雾剂、超低容量喷雾剂等。

28

苄呋烯菊酯 （ K-Othrin ）

$C_{24}H_{28}O_3$，364.50，22431-62-5

其他名称 *d-t*-戊环苄呋菊酯，RU-11679。

化学名称 5-苄基-3-呋喃甲基（1RS）顺，反-3-亚环戊二烯基甲基-2,2-二甲基环丙烷羧酸酯；5-benzyl-3-furylmethyl（1RS）*cis*，*trans*-3-cyclopentadienylidenemethyl-2,2-dimethylcy clopropanecarboxylate。

理化性质 淡黄色黏稠液体，不溶于水，能溶于多种有机溶剂，性质较稳定。折射率 n_D^{24} 1.5420。

毒性 对大鼠急性经口 LD_{50} 为 63mg/kg；静脉注射 LD_{50} 为 5～10mg/kg。对鱼毒性，水温 12℃时 LC_{50} （96h）为 24.6～114μg/L，比除虫菊素高约 10 倍。

应用 对德国小蠊、家蝇、锯谷盗、谷象等昆虫高效；对家蝇、德国小蠊和谷象的杀虫活性大于右旋丙烯菊酯和生物苄呋菊酯。本品对马铃薯象甲、梨木虱等亦有较好的防治效果。

常用剂型 目前在我国未见相关产品登记。

苄菊酯 （ dimethrin ）

$C_{19}H_{26}O_2$，286.41，70-38-2

其他名称 ENT-21170，Erit-21170。

化学名称 (1R,S)-顺，反式-2,2-二甲基-3-(2-甲基-丙-1-炳基)-环丙烷羧酸-2,4-二甲基苄基酯；（2,4-dimethylphenyl）methyl-2,2-dimethyl-3-(2-methyl-1-propen-1-yl) cyclopropanecarboxylate。

理化性质 工业品为琥珀色油状液体，沸点 167～170℃/267Pa 和 175℃/507Pa，相对密度 d^{20}0.986，折射率 n_D^{25}1.5161。不溶于水，可溶于石油烃、醇类和二氯甲烷。遇强碱能分解。

毒性 大鼠急性经口 LD_{50} 为 40g/kg，对人口服致死最低量为 500mg/kg。虹鳟 LC_{50} （48h）为 0.7mg/L。

应用 杀虫毒力一般不如天然除虫菊素，但稳定性较好。当与除虫菊素合用后有增效作用。对蚊幼虫、虱子和蝇类有良好的杀伤力，但对家蝇的毒力比天然除虫菊素差。

合成路线 通常有如下两条路线。

常用剂型 主要有颗粒剂、气雾剂等卫生杀虫剂型。

苄螨醚 （ halfenprox ）

$C_{24}H_{23}BrF_2O_3$，477.34，111872-58-3

其他名称 溴氧螨醚，扫螨宝，Fluproxyfen。

化学名称 2-(4-溴二氟甲氧基苯基)-2-甲基丙基-3-苯氧基苄基醚；2-(4-bromodifluoro-methoxyphenyl)-2-methylpropyl 3-phenoxybenzyl ether。

理化性质 原药外观为淡黄色油状液体，密度为 1.318g/mL（20℃），沸点为 291.2℃，蒸气压 $7.79×10^{-7}$Pa（25℃），能溶于大多数有机溶剂，蒸馏水中溶解度为 0.7mg/L（25℃）。

毒性 急性经口 LD_{50}（mg/kg）：雄大鼠 132，雌大鼠 159，雄小鼠 146，雌小鼠 121。大鼠经皮 $LD_{50}>2$g/kg。大鼠急性吸入 LC_{50}（mg/L）：雄性 1.38，雌性 0.36。对眼睛和皮肤有轻微刺激作用。鹌鹑 LD_{50} 为 1884mg/kg，鲤鱼 TLm（48h）为 0.0035mg/L，蜜蜂 LC_{50}27mg/kg，蚯蚓 LC_{50}（7d）为 218mg/kg，水蚤 LC_{50} 为 0.031μg/L（48h）。

应用 醚类杀螨剂，对成螨及幼若螨均有效，具有较强的触杀作用，对卵有一定抑制作用。主要用于防治苹果、柑橘上的害螨。可用于防治苹果树、柑橘树红蜘蛛，在活动态螨初盛期使用 5%乳油对水稀释 1000～2000 倍（有效浓度为 50～25mg/L），均匀喷雾。

常用剂型 主要有 5%乳油。

苄烯菊酯 （ butethrin ）

$C_{20}H_{25}ClO_2$，332.87，28288-05-3

化学名称 3-苄基-3-氯-2-丙烯基（1RS）顺，反-菊酸酯；3-benzyl-3-chloro-2-propenyl (1RS)-cis，trans-chrysanthemate。

理化性质 淡黄色油状液体，沸点 142～145℃/16Pa。不溶于水，能溶于丙酮等多种有机溶剂。

毒性 大鼠急性经口 $LD_{50}>20000$mg/kg。

应用 对烟草甲和药材甲具有有效的击倒和致死活性。

常用剂型 目前我国未见相关产品登记，可加工成喷雾剂使用。

丙胺氟磷 （ mipafox ）

C$_6$H$_{16}$FN$_2$OP，182.18，371-86-8

其他名称 Isopestoz，Isopestox。

化学名称 N,N'-氟磷酰二异丙胺；N,N'-diisopropylphosphorodiamidic fluoride。

理化性质 白色结晶体，熔点 61～62℃，沸点 125℃ （2mmHg），相对密度 d_4^{25}1.20，蒸气压 0.0025mmHg （25℃），有吸湿性。25℃下溶于水 80000mg/L，可溶于多数有机溶剂。在水溶液中逐渐分解，遇酸或碱分解快。

毒性 急性经口 LD$_{50}$ （mg/kg）：兔 100，豚鼠 80。大白鼠皮下注射 LD$_{50}$ 25～50mg/kg。腹腔注射 LD$_{50}$ （mg/kg）：大白鼠 90，小白鼠 14。人口服致死最低量为 50mg/kg。

应用 内吸性杀螨、杀虫剂。土壤施药，可防治蓟马、苹果绵蚜、蚧类、螨类、蝇类等害虫。

合成路线

常用剂型 目前在我国未见相关产品登记。

丙虫磷 （ propaphos ）

C$_{13}$H$_{23}$O$_4$PS，304.34，7292-16-2

其他名称 丙苯磷，Kayaphos，DPMP，NK-1158。

化学名称 O,O-二丙基-O-甲硫苯基磷酸酯；O,O-dipropyl-O-methylthiophenyl phosphate。

理化性质 丙虫磷纯品为无色无味油状液体，原油为淡黄色油状液体，难溶于水，能溶于许多有机溶剂，在中性和酸性介质中稳定，在碱性介质中缓慢分解。

毒性 纯品急性经口 LD$_{50}$ （mg/kg）：大鼠 70，小鼠 90，家兔 82.5；急性经皮 LD$_{50}$ （mg/kg）：大鼠 88.5，小鼠 156。大鼠 3 个月饲喂试验的无作用剂量为 100mg/kg，小鼠为 5mg/kg。大鼠急性吸入 LC$_{50}$ 为 39.2mg/m^3。两年饲喂试验无作用剂量 （mg/kg）：大鼠 0.08，小鼠 0.05。小鸡 LD$_{50}$ 为 2.5～5.0mg/kg。对蜜蜂和水蚤有毒。鲤鱼的 LC$_{50}$ （48h） 为 4.8mg/L。

应用 丙虫磷属于内吸性磷酸酯类杀虫剂。主要用于防治水稻黑尾叶蝉、灰飞虱、稻象甲幼虫、稻负泥虫、二化螟。可防治已对氨基甲酸酯类及其他有机磷杀虫剂产生耐药性的害虫。

合成路线

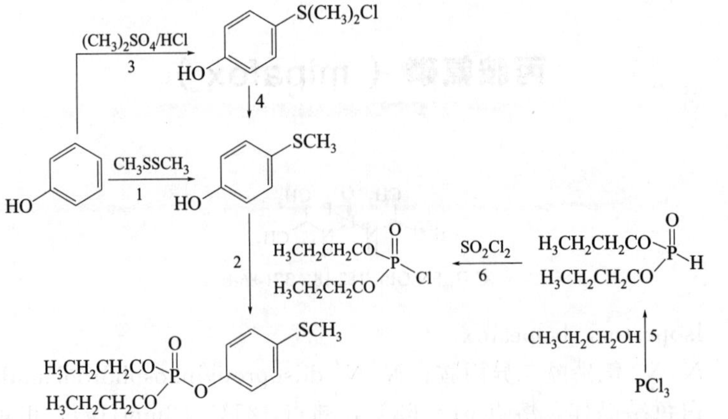

常用剂型 主要有 50％丙虫磷乳油、5％丙虫磷颗粒剂、2％丙虫磷粉剂。

丙硫克百威（benfuracarb）

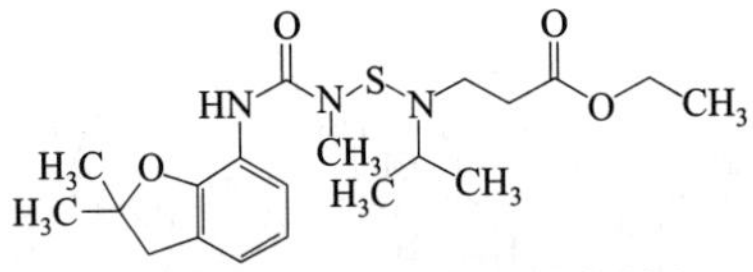

$C_{20}H_{30}N_2O_5S$，410.58，82560-54-1

其他名称 安可，安克力，丙硫威，免挟克，安克威，Oncol。

化学名称 N-[2,3-二氢-2,2-二甲基苯并呋喃-7-基氧羰基（甲基）氨硫基]-N-异丙基-β-丙氨酸乙酯；ethyl N-[2,3-dihydro-2,2-dimethylbenzofuran-7-yloxycarbonyl（methyl）aminothio]-N-isopropyl-β-alaninate。

理化性质 原药为红棕色黏稠液体。相对密度 1.142（20℃），蒸气压 26.7Pa（20℃）。能溶于苯、二甲苯、二氯甲烷、丙酮等多种有机溶剂，微溶于水，在水中溶解度为 8.1mg/L，分配系数（正辛醇/水）20000（20～22℃）。在中性或弱碱性介质中稳定，在强酸或碱性介质中不稳定，常温下贮存 2 年稳定，在 54℃条件下 30d 分解 0.5％～2.0％。

毒性 大鼠急性经口 LD_{50} 138mg/kg，急性经皮＞2000mg/kg。对兔皮肤无刺激性，对眼睛有轻度刺激作用，在试验条件下，对动物无致畸、致突变和致癌作用。中等毒。在动物体内代谢成高毒的克百威。

应用 是一种高效、广谱氨基甲酸酯类杀虫剂，通过抑制胆碱酯酶使害虫致死。丙硫克百威具有持效期长、对产生抗性害虫有防效的特点。具胃毒、触杀和内吸作用，以胃毒为主。主要用于防治水稻、棉花、玉米、大豆、蔬菜及果树的多种刺吸式口器和咀嚼式口器害虫，如螟虫、褐飞虱、棉蚜等多种害虫和线虫。此外，还可防治长角叶甲、跳甲、玉米黑独角仙、苹果蠹蛾、马铃薯甲虫、金针虫、小菜蛾、稻象甲和蚜虫等。

合成路线

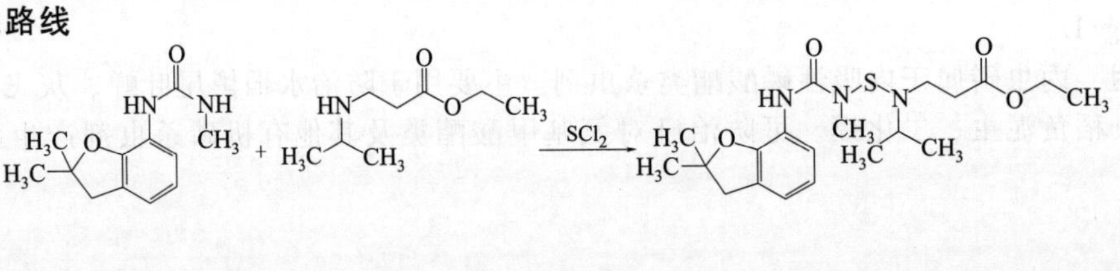

常用剂型 我国登记的制剂为50％种子处理乳剂。

丙硫磷（prothiofos）

$C_{11}H_{15}Cl_2O_2PS_2$, 345.24 , 34643-46-4

其他名称 低毒硫磷，Tokuthion，Tokution，Bayer123231。

化学名称 O-乙基-O-(2,4-二氯苯基)-S-丙基二硫代磷酸酯；O-ethyl-O-(2,4-dichloro-phenyl)-S-propyl phosphorodithioate。

理化性质 无色液体，13.3Pa压力下沸点125～128℃，20℃蒸气压为0.3mPa，20℃相对密度1.31，在20℃水中溶解度为0.07mg/kg，在二氯甲烷、异丙醇、甲苯＞200g/L。在缓冲溶液中DT_{50}（22℃）120d（pH4），280d（pH7），12d（pH 9）。光解DT_{50}为13h。闪点＞110℃。

毒性 急性经口LD_{50}（mg/kg）：雄大鼠1569，雌大鼠1390，小鼠约2200。急性经皮LD_{50}（24h）＞5g/kg。对兔皮肤和眼睛无刺激。大鼠急性吸入LC_{50}（4h）＞2.7mg/L空气（气溶胶）。两年饲喂试验无作用剂量为：大鼠5mg/kg饲料，小鼠1mg/kg饲料，狗0.4mg/kg饲料。对人的ADI为0.0001mg/kg。日本鹌鹑急性经口LD_{50}为100～200mg/kg。如果在指导下应用对蜜蜂无毒害。水蚤LC_{50}（48h）为0.014mg/L。

应用 丙硫磷属于高效、低毒、广谱、非内吸性、三元不对称二硫代磷酸酯类有机磷杀虫剂，1969年由日本特殊农药公司合成，其后与德国拜耳公司共同开发生产。丙硫磷对鳞翅目害虫幼虫有特效，主要用于防治水稻二化螟、三化螟、棉铃虫、玉米螟、马铃薯块茎蛾、甘薯夜蛾、梨小食心虫、烟青虫、白粉蝶、小菜蛾、菜蚜等作物害虫，也可用于防治土壤害虫及蚊蝇等卫生害虫。

合成路线 合成路线与丙溴磷类似，常用的有三氯硫磷路线即路线1→2→3、路线6→7→8和五硫化二磷路线即路线4→5。

常用剂型 主要有50％乳油、32％（40％）可湿性粉剂、2％粉剂和3％微粉剂。

丙硫特普（aspon）

$$n\text{-}C_3H_7O \underset{n\text{-}C_3H_7O}{\overset{S}{\diagdown}} P \overset{S}{\underset{O}{\diagdown}} P \underset{OC_3H_7\text{-}n}{\overset{OC_3H_7\text{-}n}{\diagup}}$$

$C_{12}H_{28}O_5P_2S_2$，378.46，3244-90-4

其他名称　NPD，Propyl thiopyrophosphate，Tetrapropyldithiodifosfat。

化学名称　O,O,O',O'-四丙基二硫代焦磷酸酯；O,O,O',O'-tetrapropyl dithiopyrophosphate。

理化性质　原药（纯度 93%～96%）为淡黄色至琥珀色液体，有轻微的芳香味。25℃蒸气压约 13mPa，相对密度 1.119～1.123。20℃时溶解性：水 30mg/L，与丙酮、乙醇、煤油、二甲苯互溶。在 pH7 的水缓冲液中，40℃下水解半衰期为 32d。在 100℃ 以下热稳定，对钢有腐蚀性。

毒性　大白鼠急性经口 LD_{50}：2800mg/kg（雄）、740mg/kg（雌）。兔急性经皮 $LD_{50}>$ 20000mg/kg。对皮肤有一定刺激作用，对眼睛无刺激作用。以亚致死剂量喂大白鼠 90d，发现血红细胞胆碱酯酶下降。

应用　非内吸性杀虫剂，对草皮上的美洲谷长蝽特别有效。在土壤中持效期长。

合成路线

$$n\text{-}C_3H_7O \underset{n\text{-}C_3H_7O}{\overset{S}{\diagdown}} P \text{—Cl} \xrightarrow{\text{H}_2\text{O,Na}_2\text{CO}_3} n\text{-}C_3H_7O \underset{n\text{-}C_3H_7O}{\overset{S}{\diagdown}} P \overset{S}{\underset{O}{\diagdown}} P \underset{OC_3H_7\text{-}n}{\overset{OC_3H_7\text{-}n}{\diagup}}$$

常用剂型　主要有乳油、颗粒剂。

丙烯腈（acrylonitrile）

C_3H_3N，53.7，107-13-1

其他名称　乙烯基氰，氰基乙烯。

化学名称　丙烯腈。

理化性质　芥末味，沸点 77℃，冰点 −82℃。相对密度：气体（空气=1）1.83；液体（在 4℃ 时，水=1）0.797（20℃）。空气中燃烧极限：3%～17%（按体积计）。易燃，常与四氯化碳混合，其量不得超过 34%。不同温度下的自然蒸气压力：0℃ 43.99kPa，10℃ 7.305kPa，20℃ 11.66kPa，30℃ 18.66kPa。1kg 体积为 125.7mL，1L 重 0.797kg。

毒性　对人剧毒，毒性与氢氰酸相当。对昆虫的毒性很强。在防治多种贮粮害虫的主要熏蒸剂中，其毒性最强。

用途　丙烯腈单独使用或者同四氯化碳混合使用，对多种蔬菜、谷物和花卉种子的发芽没有什么影响，但对玉米种子有一定的伤害。丙烯腈和四氯化碳合剂可用于防治贮藏谷物中的绝大部分害虫。试验证明，丙烯腈和四氯化碳按体积 1∶1 的比例配成混剂，可以用于防治贮藏马铃薯的马铃薯块茎蛾而不会损伤块茎。

常用剂型 目前我国未见相关制剂产品登记。

丙线磷（ ethoprophos or ethoprop ）

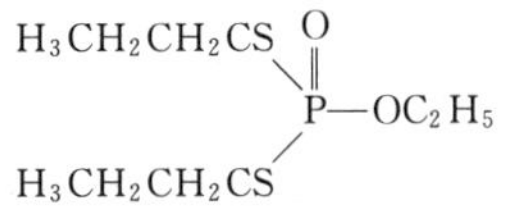

$$H_3CH_2CH_2CS\text{—}P(=O)\text{—}OC_2H_5, \quad H_3CH_2CH_2CS$$

C₈H₁₉O₂PS₂,242.3,13194-48-4

其他名称 灭克磷，益舒宝，虫线磷，益收宝，灭线磷，Mocap，Prophos，Jolt。

化学名称 O-乙基-S,S-二丙基二硫代磷酸酯；O-ethyl-S,S-diprophyl phosphorodi-thioate。

理化性质 原药为淡黄色透明液体，略带硫醇臭味，沸点 86～91℃/0.2mmHg，相对密度 1.094。溶解性：水 0.75g/kg，丙酮、环乙烷、乙醇、二甲苯＞300g/kg。在酸性溶液中稳定，在碱性溶液中易分解，对光和温度的稳定性好。在土壤内或水层下可在较长时间内保持药效，不易流失分解。

毒性 原药大鼠急性 LD_{50}（mg/kg）：62（经口）、226（经皮）；急性吸入 LC_{50} 249mg/L。对眼睛有轻微刺激作用，对皮肤无刺激作用，在试验剂量内对动物无致癌、致畸、致突变作用。对鸟类和鱼类高毒，对蜜蜂毒性中等。

应用 广谱性防治线虫和地下害虫，具有触杀作用但无明显内吸作用、无熏蒸作用的有机磷酸酯类杀线虫剂和土壤处理剂，不易做叶面处理。属于胆碱酯酶抑制剂。半衰期 14～28d。对花生、菠萝、香蕉、烟草及观赏植物线虫及地下害虫有效。用于防治根结、短体刺、螺旋轮、剑和毛刺等多种线虫，同时对地下害虫如鳞翅目、鞘翅目、双翅目的幼虫和直翅目、膜翅目的一些种类害虫如蛴螬、蝼蛄、金针虫、地老虎以及稻瘿蚊等也有效。

合成路线 有直接法路线即路线 1→2→3→4→5 和异构化路线即路线 7→8→9。

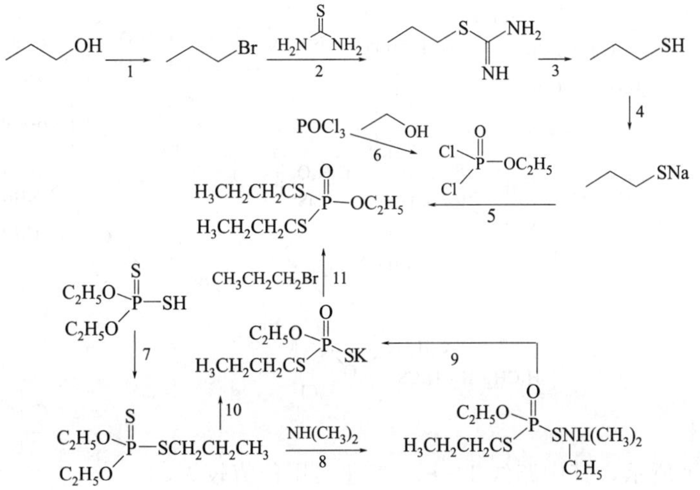

35

常用剂型　主要有 5％、10％、15％、20％颗粒剂，20％、50％、72％乳油。

丙溴磷（profenofos）

C₁₁H₁₅BrClO₃PS，373.63，41198-08-7

$C_{11}H_{15}BrClO_3PS$，373.63，41198-08-7

其他名称　多虫磷，溴氯磷，布飞松，菜乐康，Curacron，Polycron，Nonacron，CGA15324S。

化学名称　*O*-乙基-*S*-丙基-*O*-（4-溴-2-氯苯基）硫代磷酸酯；*O*-ethyl-*S*-propyl-*O*-（4-bromo-2-chlorphenyl）hposphorothioate。

理化性质　无色透明液体，沸点 110℃/0.13Pa；工业品原药为淡黄至黄褐色液体；20℃时水中溶解度为 20mg/L，能与大多数有机溶剂互溶。常温贮存会慢慢分解，高温更容易引起质量变化。

毒性　原药急性大鼠 LD_{50}（mg/kg）：358（经口）、3300（经皮），对鸟和鱼毒性较高。

应用　丙溴磷属于高效、广谱、非内吸性、三元不对称硫代磷酸酯类有机磷杀虫、杀螨剂。具有触杀和胃毒作用。能有效地防治棉花、果树、蔬菜作物上的害虫和害螨，如棉铃虫、烟青虫、红蜘蛛、棉蚜、叶蝉、小菜蛾等，尤其对抗性棉铃虫的防治效果显著。与拟除虫菊酯等农药复配，对害虫的防治效果更佳。

合成路线　丙溴磷的合成路线有三氯硫磷路线即路线 1→2→3→4、5→6 和五硫化二磷路线即路线 7→8→3→4、5→6。

其他路线如下所示，其中路线 14→15 工业实用价值较大。

常用剂型 主要是乳油和水乳剂，复配制剂主要与甲基阿维菌素、毒死蜱、辛硫磷、氟啶脲、氟铃脲、噻嗪酮、炔螨特、氯氟菊酯、氯氰菊酯、氰戊菊酯、灭多威、敌百虫、矿物油等进行复配。

丙酯杀螨醇（chloropropylate）

$C_{17}H_{16}Cl_2O_3$，339.21，5836-10-2

其他名称 鲁斯品，ENT26999，chloromite，Akaralate，G24163，gesakur，Rospan，Rospin。

化学名称 4-氯-α-(4-氯苯基)-α-羟基苯乙酸-1-甲基乙基酯；4-chloro-α-(4-chlorophenyl)-α-hydroxy-1-methylethyl ester。

理化性质 白色粉末，熔点73～75℃，在室温下，水中溶解度小于10mg/L，溶于包括乙醇、丙酮、二甲苯和石油溶剂在内的大多数有机溶剂中。蒸气压为106.6mPa（20℃），沸点148～150℃/66.7Pa。工业品纯度至少为90%，熔点69.7～71℃。在中性介质中稳定，在碱、酸性条件下稳定性较差，除与石硫合剂起碱性反应以外，能与大多数农药混用。

毒性 急性经口LD$_{50}$（g/kg）：大鼠为5，小鼠为5，母鸡约为2.5；以3g/kg丙酯杀螨醇喂狗3个月没有临床症状；对兔的急性经皮LD$_{50}$值大于4g/kg；在2年的大鼠饲喂试验中，无作用量为40mg/kg，对狗为500mg/kg。

应用 非内吸性、触杀性杀螨剂，用于水果、坚果、茶、棉花、甜菜、蔬菜和观赏植物。30～60g有效成分，对水100L，施用于植物叶丛全盛期。在该浓度范围内无药害，对天敌无害。

合成路线

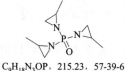

常用剂型 主要有 25％乳剂，25％、50％可湿性粉剂等。

不育胺 （ metepa ）

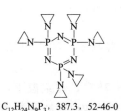

$C_9H_{18}N_3OP$，215.23，57-39-6

其他名称 MAPA，methapoxide，methyl aphoxide，MAPO，Aphomibe。

化学名称 三-(2-甲基氮丙啶) 氧化膦；tris-(2-methyl-1-aziridinyl) phosphine oxide。

理化性质 本品为液体。

毒性 对大鼠的急性经口 LD_{50} 为 136～313mg/kg；通过皮肤可以吸收。

应用 本品为化学不育剂、杀虫剂。

常用剂型 主要有 92％液剂。

不育特 （ apholate ）

$C_{12}H_{24}N_9P_3$，387.3，52-46-0

其他名称 ENT 26316，NSC-26812，OM-2174，SQ-8388。

化学名称 2,2,4,4,6,6-六(1-氮丙啶基)-2,2,4,4,6,6-六氢化-1,3,5,2,4,6-三唑三磷嗪；2,2,4,4,6,6-hexakis(1-aziridinyl)-2,2,4,4,6,6-hexahydro-1,3,5,2,4,6-triazatriphosphorine。

理化性质 白色无味结晶固体，熔点 155℃，但是由于高温时会聚合，不易得正确的熔点。可溶于水 20％、乙醇 70％和氯仿 20％；微溶于甲醇和丙酮。温度 100℃以上或遇酸性催化剂时分解。

毒性 急性经口 LD_{50} （mg/kg）：小白鼠 120～180，大白鼠98。口服致死最低量（mg/kg）：人 5，羊 50。羊肌内注射致死最低量为 5mg/kg。

应用 昆虫不孕剂。昆虫接触和口服均可造成绝育。对家蝇、棉象甲、库蚊、安蚊、螯蟓、豌豆象、瓜蝇、地中海果蝇、东方果蝇、墨西哥豆甲、刺舌蝇、日本金龟甲、八斑夜蛾、厩螫蝇、舞毒蛾、丝光绿蝇、梅象甲、蜜蜂、红蜘蛛等都有效。一般混入饲料的有效浓度为 0.1%～1%，棉象甲 0.02%～0.001%，家蝇 0.117%，都可造成 90% 不育。

常用剂型　主要有 5%、2% 糊剂。

菜青虫颗粒体病毒
（ *Pieris rapae granulosis virus, PrGV* ）

性质　菜青虫颗粒体病毒从染病死亡的菜青虫体内提取而来，为活体病毒杀虫剂，是由感染菜青虫颗粒体病毒死亡的虫体经加工制成。

毒性　该病毒专化性强，只对靶标害虫有效，不影响害虫的天敌，对人畜安全，不污染环境。

活性　菜青虫颗粒体病毒经害虫摄食后直接作用于害虫幼虫的脂肪体和中肠细胞核，并迅速复制，导致幼虫染病死亡。菜青虫感染颗粒体后，体色由青绿色逐渐变为黄绿色，最后变成黄白色，体节肿胀，食欲不振，最后停食死亡。死虫体壁常流出白色无臭液体，在叶上常倒吊或呈 "V" 字形悬吊，也有贴附在叶片上的。该病毒通过病虫粪便及死虫感染其他健康虫，导致大量害虫死亡。持效期长。

应用　可防治蔬菜害虫，如菜青虫、小菜蛾、银纹夜蛾、甜菜夜蛾、斜纹夜蛾、粉纹夜蛾、菜螟；还可防治棉花害虫，如棉铃虫、棉造桥虫、棉红铃虫；以及茶树害虫，如茶卷叶螟、茶尺蠖等害虫。

常用剂型　常用制剂主要有 10000PIB/mg 菜青虫颗粒体病毒·16000IU/mg 苏云金杆菌可湿性粉剂及悬浮剂等。

残杀威 （ propoxur ）

$$C_{11}H_{15}NO_3，209.2，114-26-1$$

其他名称　残杀畏，安丹，残虫畏，Baygon，Blattanex，Suncide，Tendex，Arprocarb，Unden，Bayer9010，Bayer39007。

化学名称　2-异丙氧基苯基-*N*-甲基氨基甲酸酯；2-*iso*-propoxyphenyl-*N*-methyl carbamate。

理化性质　无色结晶，熔点 90.7℃；溶解性（20℃，g/L）：水 1.9，二氯甲烷、异丙醇＞200，甲苯 100；高温及在碱性介质中分解。

毒性　原药急性 LD_{50}（mg/kg）：大白鼠经口 90～128（雄）、104（雌），小白鼠经口 100～109（雄）；大白鼠经皮＞800～1000；对动物无致畸、致突变、致癌作用；在家庭中使用安全；对蜜蜂高毒。

应用　残杀威属于 *N*-甲基氨基甲酸酯类农药；1959 年由德国拜耳公司开发，是世界卫生组织（WHO）推荐的家庭卫生害虫防治药剂之一，在国际市场上占有重要位置。残杀威是一种广谱杀虫剂，具有触杀和胃毒作用。主要用于防治蚊、蝇、蟑螂等卫生害虫，具有击倒快、致死率高、持效期长等特点；也可用于防治螨、白蚁和臭虫，对稻飞虱、稻叶蝉也有很好的防治效果；与大部分拟除虫菊酯类卫生杀虫剂复配有一定增效作用。

合成路线

常用剂型　目前在我国登记的剂型涵盖乳油、可湿性粉剂、悬浮剂、气雾剂、烟剂、微乳剂、笔剂、水乳剂、热雾剂、饵剂、涂抹剂等，可与高效氯氰菊酯等复配。

茶尺蠖核型多角体病毒
（ *Ectropis oblique* nuclear polyhedrosis virus ）

其他名称　EONPV，尺蠖清。

毒性　属于高度特异性病毒杀虫剂，对哺乳动物无毒，对植物没有任何药害。

活性　茶尺蠖核型多角体病毒进入茶尺蠖幼虫的脂肪体细胞和肠细胞核，病毒复制致使茶尺蠖染病死亡，再通过横向传染使种群不断引发流行病，并通过纵向传染杀蛹和卵，从而有效控制茶尺蠖的危害，抑制其蔓延。

应用　主要用于防治茶尺蠖、茶毛虫、茶小卷叶蛾。在阴天或晴天傍晚后施药，尽量避免晴天9～16时之间施药。桑园及养蚕场所不得使用。

常用剂型　茶尺蠖核型多角体病毒在我国登记的制剂产品主要有悬浮剂，可与苏云金杆菌复配。

茶毛虫核型多角体病毒
（ *Euproctis pseudoconspersa* nuclear polyhedrosis virus ）

其他名称　EupsNPV。

性质　在扫描电镜下大多为不规则的多面体，有似三角形、四角形、多角形等形状。表面光滑，少数有些皱褶，多角体大小不一，直径为$1.1～2.1\mu m$，多数为$1.8\mu m$。电镜下茶毛虫病毒粒子为杆状，大小约为$120nm\times340nm$。茶毛虫多角体不溶于水、酒精、氯仿、丙酮、乙醚、二甲苯，但易溶于碱性溶液。

毒性　大鼠急性LD_{50}（mg/kg）：经口（雌、雄）>5000；经皮（雌、雄）>5000。

活性　茶毛虫核型多角体病毒可直接作用于茶毛虫的脂肪体和中肠细胞核，并迅速复制导致幼虫死亡，还可在茶园害虫种群中引发流行病，从而长期有效地控制茶毛虫危害，但防治对象单一，对其他害虫无效。

应用 防治茶树的茶毛虫。以 10000PIB/μL 茶毛虫核型多角体病毒悬浮剂为例，用 10000PIB/μL 茶毛虫核型多角体病毒和 2000IU/μL 苏云金杆菌复配的悬浮剂 50～100μL/亩对水均匀喷雾。

常用剂型 主要制剂为与苏云金杆菌复配的悬浮剂（10000PIB/μL＋2000IU/μL）。

茶皂素（tea saponin）

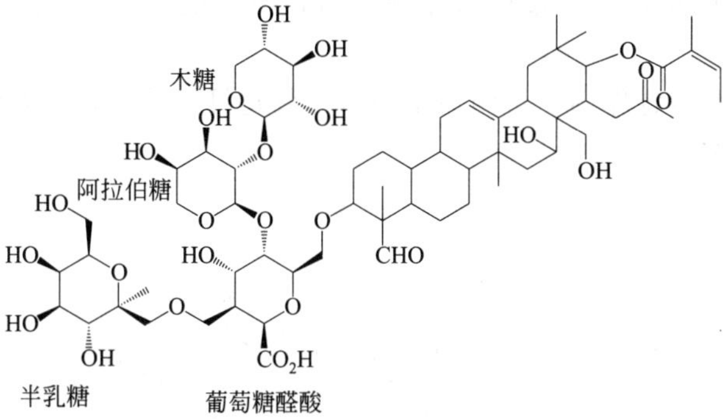

木糖　阿拉伯糖　半乳糖　葡萄糖醛酸

$C_{57}H_{90}O_{26}$，1191.28

其他名称 茶皂苷。

化学名称 五环三萜类植物皂苷。

理化性质 纯品为白色微细柱状晶体，具有苦辛辣味，易潮解。易溶于含水甲醇、含水乙醇以及冰醋酸、醋酐、吡啶等。难溶于无水甲醇、乙醇，不溶于乙醚、丙酮、苯、石油醚等有机溶剂。具有乳化、分散、润湿、去污、发泡、稳泡等多种表面活性，是性能优良的天然表面活性剂。当茶皂素溶液用盐酸酸化后会产生皂苷沉淀。

毒性 急性 LD_{50}（mg/kg）：经口 7940（制剂）；经皮＞10000（制剂）。

应用 主要是触杀作用。本身是一种表面活性剂，与其他杀虫剂混用，有明显增效作用。尚无单剂产品登记。茶皂素与烟碱组成制剂称保尔丰，具有胃毒和趋避作用，可防治柑橘介壳虫、全爪螨、蚜虫和菜青虫等。

常用剂型 常用制剂主要有 30％茶皂素烟碱水剂。

虫螨磷（chlorthiophos）

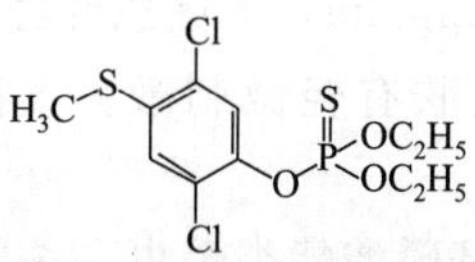

$C_{11}H_{15}Cl_2O_3PS_2$，361.24，60238-56-4（mixture），21923-23-9（major component）

其他名称 虫螨清，西拉硫磷，克硫松，chlormercaptofen，S2957，Celamerks，

CM2957，C-2957。

化学名称   *O*-2,5-二氯-4-甲硫基苯基二乙基硫代磷酸酯（Ⅰ），同时含有少量的 *O*-4,5-二氯-2-（Ⅱ）和 *O*-2,4-二氯-5-（甲硫基）苯基-乙基硫酸酯（Ⅲ）；a reaction mixture of the three isomers：（ⅰ）*O*-2,4-dichlorophenyl-5-methylthiophenyl-*O*,*O*-diethyl phosphorothioate，（ⅱ）*O*-2,5-dichlorophenyl-4-methylthiophenyl-*O*,*O*-diethyl phosphorothioate（major component），and（ⅲ）*O*-4,5-dichlorophenyl-2-methylthiophenyl-*O*,*O*-diethyl phosphorothioate。

理化性质   工业品纯度近 95%，主要成分为 2,5-虫螨清、4,5-虫螨清和 2,4-虫螨清。工业品为黑褐色液体，沸点 155℃（0.1mmHg）。不溶于水，可溶于苯、丙酮、乙醇等多数有机溶剂。

毒性   急性经口 LD_{50}（mg/kg）：大白鼠 9.1，小白鼠 91.4，兔 20。兔急性经皮 LD_{50} 55～58mg/kg。

应用   具有触杀和胃毒作用。可防治半翅目、双翅目、鳞翅目等刺吸式和咀嚼式口器害虫，潜叶性害虫和螨类。

合成路线

常用剂型   常用制剂有 50% 乳油以及超低容量喷雾剂等。

虫螨畏（methacrifos）

$C_7H_{13}O_5PS$, 240.2, 30864-28-9

其他名称   乙丁烯酰磷，CGA 20168，Damfin。

化学名称   （*E*）-3-（二甲氧基硫膦基氧）-2-甲基丙烯酸甲酯；methyl 3-[（dimethoxyphosphinothioyl）oxy]-2-methyl-2-propenoate。

理化性质   纯品为无色液体。沸点 90℃（1.3Pa）。微溶于水（400mg/L），可与苯、乙醇等混溶。

毒性   大鼠急性经口 LD_{50} 为 678mg/kg，大鼠急性经皮 LD_{50} 在 3100mg/kg 以上。对日本鹌鹑无毒。对兔眼睛无刺激，对皮肤有轻微刺激。大鼠吸入 LC_{50}（6h）为 2200mg/m³ 空气。

应用   20 世纪 70 年代出现的烯基磷酸酯类杀虫、杀螨剂。对昆虫具有触杀、胃毒及熏蒸作用，用于防治贮粮害虫。

常用剂型   主要有乳剂和粉剂。

42

虫酰肼（tebufenozide）

$$C_{22}H_{28}N_2O_2，352.5，112410-23-8$$

其他名称 抑虫肼，米满，米螨，Conform，Mimic。

化学名称 *N*-叔丁基-*N′*-(4-乙基苯甲酰基)-3,5-二甲苯甲酰肼；*N*-tert-butyl-*N′*-(4-ethylbenzoyl)-3,5-dimethyl benzohydrazide。

理化性质 纯品为白色结晶固体，熔点 191℃；溶解性（20℃）：微溶于普通有机溶剂，难溶于水。

毒性 虫酰肼原药急性 LD_{50}（mg/kg）：大鼠经口＞5000、经皮＞5000；对兔眼睛和皮肤无刺激性；对动物无致畸、致突变、致癌作用。

应用 虫酰肼属于新颖的昆虫蜕皮加速剂，由罗门哈斯公司开发；对鳞翅目昆虫以及幼虫有特效，对选择性的双翅目和水蚤昆虫有一定作用。可用于防治蔬菜、苹果、玉米、水稻、棉花、葡萄、高粱、甜菜、茶叶、花卉等作物害虫。

合成路线 其中路线 4→5→3 较常用。

常用剂型 我国登记剂型有悬浮剂、乳油和可湿性粉剂等。主要与甲维盐、毒死蜱、苏云金杆菌、阿维菌素、辛硫磷、高效氯氰菊酯等进行复配。

除虫菊素 （pyrethrins）

cinerin I (Z)-(S)-alcohol (1R)-trans-acid

cinerin II (Z)-(S)-alcohol (E)-(1R)-trans-acid

jasmolin I (Z)-(S)-alcohol (1R)-trans-acid

jasmolin II (Z)-(S)-alcohol (E)-(1R)-trans-acid

pyrethrin I (Z)-(S)-alcohol (1R)-trans-acid

pyrethrin II (Z)-(S)-alcohol (E)-(1R)-trans-acid

$C_{21}H_{28}O_3$（pyrethrin I）；$C_{22}H_{28}O_5$（pyrethrin II）；$C_{20}H_{28}O_3$（cinerin I）；$C_{21}H_{28}O_5$（cinerin II）；$C_{21}H_{30}O_3$（jasmolin I）；$C_{22}H_{30}O_5$（jasmolin II）。CAS：8003-34-7。其中：121-21-1（pyrethrin I）；121-29-9（pyrethrin II）；25402-06-6（cinerin I）；121-20-0（cinerin II）；4466-14-2（jasmolin I）；1172-63-0（jasmolin II）

其他名称 除虫菊酯，扑得。

理化性质 为天然除虫菊的提取物，内含除虫菊酯、瓜菊酯和茉莉菊酯。浅黄色油状黏稠物，蒸气压极低。水中几乎不溶。易溶于有机溶剂，如醇类、氯化烃类。活性在碱性液中迅速水解，并随之失去杀虫活性。增效剂有稳定作用。

毒性 每日允许摄入量为 0.04mg/kg。急性 LD_{50} （mg/kg）：经口 2370，经皮＞5000。对鱼高毒，LC_{50} （96h，mg/L，静态试验）：银大马哈鱼39，水渠鲶鱼114；LC_{50} （μg/L）：兰鳃太阳鱼10，虹鳟鱼5.2。对蜜蜂高毒，有忌避作用，LD_{50} （经口）22ng/只蜂，（接触）130～290ng/只蜂。

应用 除虫菊素兼有驱避、击倒和毒杀作用，触杀活性强，可麻痹昆虫的神经，在数分钟内有效。昆虫中毒后引起呕吐、下痢、身体前后蠕动，继而麻痹死亡。相对低毒、用量少、低残留。由于除虫菊素为多组分混合物，不易诱使昆虫产生抗性，抗性发展慢。可用于防治蔬菜害虫如蚜虫等；卫生害虫如蚊、蝇、蜚蠊、跳蚤等。不能与碱性农药混用，太阳光和紫外线加速分解，对蜜蜂、家蚕、鱼类、蛙类有毒，对鸟类安全。

常用剂型 除虫菊素在我国登记的主要制剂产品有 5％乳油，1.5％水乳剂，0.6％、0.9％、1.8％气雾剂，0.1％驱蚊乳和 40mg/片电热蚊香片。

除虫脲 （diflubenzuron）

C₁₄H₁₀ClF₂N₂O₂，310.7，35367-38-5

其他名称　灭幼脲一号，敌灭灵，二氟隆，二氟脲，二氟阻甲脲，Dimilin，Difluron，Largon。

化学名称　1-(4-氯苯基)-3-(2,6-二氟苯甲酰基)脲；1-(4-chlorophenyl)-3-(2,6-difluorobenzoyl)urea。

理化性质　纯品为白色晶体，熔点228℃。原药（有效成分含量95%）外观为白色至浅黄色结晶粉末，相对密度1.56，熔点210～230℃，25℃时蒸气压为 1.2×10^4 mPa。20℃时在水中溶解度为0.1mg/kg，丙酮中6.5g/L，易溶于极性溶剂如乙腈、二甲基砜，也可溶于一般溶剂如乙酸乙酯、二氯甲烷、乙醇。在非极性溶剂如乙醚、苯、石油醚等中很少溶解。遇碱易分解，对光比较稳定，对热也比较稳定。常温贮存稳定期至少两年。

毒性　原药对大鼠急性经口 LD_{50} ＞4640mg/kg。兔急性经皮 LD_{50} ＞2000mg/kg，急性吸入 LC_{50} ＞30mg/L。对兔的眼睛和皮肤有轻度刺激作用。大鼠经口无作用计量为每天125mg/kg。在试验计量内未见动物致畸、致突变作用。鹌鹑急性经口 LD_{50} ＞4640mg/kg，鲑鱼 LC_{50} ＞0.3mg/L（30d）。

应用　苯甲酰脲类杀虫剂。抑制昆虫多糖的合成。以胃毒作用为主，兼有触杀作用。用于防治鳞翅目多种害虫，尤对幼虫效果更佳。防治小菜蛾、斜纹夜蛾、甜菜夜蛾、菜青虫等卵孵盛期至1～2龄幼虫盛发期用500～1000倍液喷雾。防治玉米螟、玉米铁甲虫在幼虫初孵期或产卵高峰期用1000～2000倍液灌心叶或喷雾可杀卵及幼虫。另外还可防治黏虫、柑橘潜叶蛾、梨小食心虫、毒蛾、松毛虫等。

合成路线　路线1→2→3→4、路线1→2→5和路线1→6→7→8。

常见剂型　主要以可湿性粉剂为主，此外还有乳油、悬浮剂等，主要与辛硫磷、毒死蜱、阿维菌奈进行复配。

除害磷（lythidathion）

$$C_7H_{13}N_2O_4PS_3, \quad 321.4, \quad 2669-32-1$$

其他名称 GS 12968，NC2962，G 12968。

化学名称 O,O-二甲基-S-(5-乙氧基-2,3-二氢化-2-氧化-1,3,4-噻二唑-3-基甲基) 二硫代磷酸酯；O,O-dimethyl-S-(5-ethoxy-2,3-dihydro-2-oxo-1,3,4-thiadiazol-3-yl methyl) phosphorodithioate。

理化性质 其在水中的溶解度低于1%，极易溶于甲醇、丙酮、苯和其他有机溶剂。熔点 49~50℃；蒸气压极小。

毒性 对大鼠的急性经口 LD_{50} 值为 268~443mg/kg。大白鼠急性经皮 LD_{50} 为 750mg/kg。ADI：0.004mg/kg。

应用 杀虫谱广，特别对鳞翅目、双翅目和直翅目害虫有效。

合成路线

常用剂型 主要有 40%可湿性粉剂、40%乳剂、5%颗粒剂。

除害威（allyxycarb）

$$C_{16}H_{22}N_2O_2, \quad 274.36, \quad 6392-46-7$$

其他名称 丙烯威，除虫威，Hydrol，A546，Bay50282，OMS773。

化学名称 [4-(二(丙-2-烯基)氨基)-3,5-二甲基苯基]-N-甲基氨基甲酸酯；4-diallyl-amino-3,5-xylyl methylcarbamate。

理化性质 无色到淡黄色结晶固体。熔点 68~69℃，蒸气压 4.3×10^{-5} mmHg (50℃)。20℃溶于水 70mg/L；18℃溶于丙酮 48.1g/100mL；可溶于乙醇和苯。对光、热稳定，遇碱分解。

毒性 急性经口 LD_{50}（mg/kg）：大白鼠 90~99，小白鼠 48~71.2，鸟 13。大白鼠经皮 LD_{50} 为 500mg/kg。鲤鱼 TLm（48h）1.7mg/L。

应用 杀虫谱较广，对植物有渗透作用，稍迟效，残效期较长。低温下使用不减效。可防治落叶果树、柑橘、蔬菜、水稻、茶、桑等咀嚼式、刺吸式和钻蛀性害虫，例如蚜虫、飞虱、叶蝉、柑橘潜叶蛾、康氏粉蚧、桑螟、小菜蛾、菜蚜、菜青虫、苹果卷叶蛾、舞毒蛾、桃蛀螟、茶细蛾、桑绿头菱纹叶蝉和水稻黑尾叶蝉。使用浓度为30％乳剂600～800倍液，50％可湿性剂1000～1500倍液。

合成路线

常用剂型 主要有50％可湿性粉剂、30％乳油及3％乳剂等。

除螨灵（dienochlor）

$C_{10}Cl_{10}$，474.64，2227-17-0

其他名称 遍地克，片托克，得氯螨，Hooker HRS-16，ENT25718，SAN8041。

化学名称 1,1′,2,2′,3,3′,4,4′,5,5′-十氯双(2,4-环戊二烯-1-基);1,1′,2,2′,3,3′,4,4′,5,5′-decachlorobi-2,4-cyclopentadien-1-yl。

理化性质 纯品为淡黄色晶体，熔点122～123℃，25℃时的蒸气压为1.33mPa，无燃烧性，不溶于水，溶于苯、甲苯等。对含水酸和碱稳定，但在高温下，或在太阳光、紫外线直接照射下，会失去活性（130℃，6h活性低50％）。

毒性 工业品对雄、雌大白鼠急性经口 LD_{50} 大于 5g/kg，对大白兔经皮 $LD_{50}>$ 3160mg/kg，大鼠经皮 $LD_{50}>$2000mg/kg。3mg剂量处理兔眼睛，有轻微刺激作用，6d后消退。大鼠急性吸入 LD_{50}（4h）为 0.08mg/L 空气。鹌鹑急性经口为 4319mg/kg。野鸭 LD_{50}（8d）为 3966mg/kg 饲料，鹌鹑 LD_{50}（8d）为 5620mg/kg 饲料。鱼毒 LC_{50}（96h）：虹鳟0.05mg/L，蓝鳃0.6mg/L。蜜蜂 LD_{50}（接触）$>36\mu g$/只蜜蜂，水蚤 LD_{50}（48h）为 1.2mg/L。

应用 是一种高效低毒的有机氯杀螨剂。杀螨机理是干扰螨的产卵作用。具有持效地杀成虫、若虫和幼虫作用。对防治各类作物红蜘蛛有特效，除防治棉花、小麦、大豆、果树等作物上的红蜘蛛外，还可防治土壤害虫等。

合成路线

常用剂型 主要有50％可湿性粉剂。

除线磷 （ dichlofenthion ）

$C_{10}H_{13}Cl_2O_3PS$，315.15，97-17-6

其他名称 酚线磷，氯线磷，VC-13 Nemacide，ENT17470。

化学名称 O,O-二乙基-O-(2,4-二氯苯基) 硫代磷酸二乙酯；O，O-diethyl-O-(2，4-dichlorophenyl) phosphorothioate。

理化性质 原药为无色液体，沸点 $120\sim123℃/26.7Pa$，微溶于水 （0.245mg/L），可溶于多数有机溶剂。对热较稳定，除强碱外，化学性质稳定。

毒性 急性经口 LD_{50} （mg/kg）：大白鼠 250，雄小白鼠 272，鸡 148。人口服致死最低量 50mg/kg。兔经皮急性毒性 LD_{50} 6000mg/kg。狗每天口服 0.75mg/kg，90d，胆碱酯酶的活性不受影响，也不产生其他病变或烦躁。鲤鱼 TLm （48h） 为 5.1mg/L，水蚤 LD_{50} （3h） 为 0.005mg/L。

应用 用于土壤处理，用 50%乳油 $40\sim255g/hm^2$ 对水 750kg 喷洒在土壤上，防治大豆、豌豆、小豆、芸豆、黄瓜的瓜种蝇，萝卜的黄金跳甲，葱、圆葱的洋葱蝇，柑橘线虫。

合成路线

常用剂型 主要有 25%、50%、75%乳油和 10%颗粒剂。

除线威 （ cloethocarb ）

$C_{11}H_{14}ClNO_4$，259.69，51487-69-5

化学名称 2-(2-氯-1-甲氧乙氧基) 苯基甲基氨基甲酸酯；2-(2-chloro-1-methoxyethoxy) phenyl-N-methylcarbamate。

理化性质 无色结晶固体，熔点 80℃，蒸气压 0.01mPa。在 20℃溶解度：水 1.3g/kg；丙酮、氯仿 1kg/kg 以上；乙醇 153g/kg。在浓碱和酸性条件下水解。

毒性 大鼠急性经口 LD_{50} 为 35.4mg/kg，急性经皮 LD_{50} 为 4g/kg。对鱼和野生动物有毒。

应用 具有触杀和胃毒作用的内吸性杀虫、杀线虫剂。对多种土壤害虫和线虫有显著活性，主要防治对象有玉米根叶甲和长角叶甲、马陆、马铃薯叶甲、金针虫、蚜虫、介壳虫、梨木虱、毛虫、甜菜隐食甲、根结线虫、刺线虫等。主要用于玉米地，并在马铃薯、油菜、水稻、烟草、高粱、大豆、花生、甘蔗、小麦、咖啡、蔬菜等作物上试用。本品通过根系输导到植物叶部，残留活性为 3～7 周。可以在玉米或其他作物移植时，或苗期用颗粒剂撒施，或对各类作物作种子处理，亦可以在作物上作叶面喷射。以颗粒剂防治玉米、豆类和黄瓜地刺线虫，剂量为 0.3～2.0kg 有效成分/hm^2。作麦种处理，用量为 2.5～10g/kg 种子时，可使春小麦增产 12%～18%；叶面喷射，剂量为 0.25～0.75kg 有效成分/hm^2。

合成路线

常用剂型　主要有 5%、10%、15%颗粒剂，50%可湿性粉剂，480g/L 流动剂（供种子处理用）。

除蝇威 （ HRS 1422 ）

$C_{14}H_{21}NO_2$，235.3，330-64-3

其他名称　HRS1422。

化学名称　3,5-二异丙基苯基-N-甲基氨基甲酸；3,5-diisopropylphenyl-N-methylcarbamate。

理化性质　纯品为无色结晶，熔点 80～81℃。

毒性　对大鼠的急性经口 LD_{50} 为 350mg/kg。用 ^{14}C 标记的除蝇威做试验，在大鼠体内 48h 后可水解 50%，以 ^{14}C 二氧化碳排出，尿中 ^{14}C 量占 37%，粪便排出占 6%，体内约仍留有 4%。大鼠肝脏微粒体可将本品降解为 9 个代谢物，有 3 个是主要的，其中之一经鉴定为 3,5-二异丙基苯基-N-羟甲基氨基甲酸酯。据介绍，有几种代谢物对胆碱酯酶的抑制活性比母体化合物还强。本品对大鼠肝脏微粒体酶降解作用的抵抗力是氨基甲酸酯杀虫剂中最强的。家蝇腹部匀浆能经各种氧化方式使本品代谢，但如何变化未见报道。

应用　用于防治家蝇和蚊。

常用剂型　目前在我国未见相关制剂产品登记。

除幼脲 （ dichlorbenzuron ）

$C_{14}H_9Cl_3N_2O_2$，343.5，35409-97-3

其他名称 灭幼脲二号，氯脲杀，三氯脲，草虫脲，二氯苯隆，PH6038，TH6038。

化学名称 1-(2,6-二氯苯甲酰基)-3-(4-氯苯基) 脲；1-(4-chlorophenyl)-3-(2,6-dichlorobenzoyl) urea 或 2,6-dichloro-N-[(4-chlorophenyl) carbamoyl] benzamide。

理化性质 纯品为白色结晶，熔点199～201℃，不溶于水，在100mL丙酮中能溶解1g，易溶于 N,N-二甲基甲酰胺和吡啶等有机溶剂，遇碱和较强的酸易分解，常温下贮存稳定，对光热较稳定。

毒性 对膜翅目等天敌昆虫安全。由于高等动物身体结构无几丁质，因此对哺乳类、鸟类等动物安全。原药急性经口大鼠 $LD_{50} > 5g/kg$，小鼠 $LD_{50} > 3g/kg$，鹌鹑 $LD_{50} > 5g/kg$。

应用 以胃毒为主，兼具触杀作用。可抑制卵、幼虫及蛹表皮几丁质合成。防治谱广，对许多农、林、果树、蔬菜、贮粮、家畜及卫生害虫均有较好的毒杀效果，尤其对防治鳞翅目昆虫应用最广。对双翅目、直翅目、某些鞘翅目及螨类等许多害虫应用均有效。残效期达15～20d，耐雨水冲刷，在田间降解速度慢，对有益动物安全。

合成路线

常用剂型 目前在我国未见登记。

畜安磷

$C_7H_7O_2NCl_3PS, 306.53$

其他名称 Dow-ET15，OMW-3

化学名称 O-甲基-O-(2,4,5-三氯苯基) 酰胺硫代磷酸酯；O-methyl-O-(2, 4, 5-trichlorophenyl) amidothionophosphate。

理化性质 纯品为固体，熔点65℃。不溶于水，可溶于丙酮、二甲苯等有机溶剂。

毒性 大白鼠急性经口 $LD_{50} > 10mg/kg$，人口服致死最低量为500mg/kg。

防治对象 粮食害虫（米象等）、卫生害虫（如蜚蠊）和牲畜害虫（如牛皮蝇）等。

常用剂型 目前在我国未见相关制剂产品登记。

畜虫磷（ coumithoate ）

$$C_{17}H_{21}O_5PS，368.4，572-48-5$$

其他名称　Coumithioate。

化学名称　二乙基-3,4-四亚甲基-7-香豆素基硫代磷酸酯；diethyl-3,4-tetramethylene-7-coumarinyl phosphorothionate。

理化性质　固体结晶，熔点 88～89℃。不溶于水，易溶于多数有机溶剂。

毒性　急性经口 LD_{50} （mg/kg）：大白鼠 300，小白鼠 380，兔 500，狗 400，豚鼠 200。

应用　杀虫剂和杀螨剂。用于防治家畜害虫和卫生害虫。

常用剂型　目前在我国未见相关制剂产品登记。

畜虫威 （ butacarb ）

$$C_{16}H_{25}NO_2，263.4，2655-19-8$$

化学名称　3,5-二叔丁基苯基-N-甲基氨基甲酸酯；3,5-di-tert-butylphenyl methylcarbamate。

理化性质　白色结晶固体，熔点 102.5～103.3℃，蒸气压 $1.98×10^{-6}$ mmHg （20℃）。20℃溶于水 15mg/L；能溶于多数有机溶剂；微溶于石油醚。在正常条件下对光、热和水较稳定，遇碱水解。工业品为白色至棕色蜡状固体，纯度在 90% 以上。

毒性　急性经口 LD_{50} （mg/kg）：大白鼠>4000，小白鼠 3200，狗>1000。大白鼠经皮 LD_{50}>1000mg/kg。90d 饲养无作用水平，大白鼠为 8mg/kg，狗为 160mg/kg。300mg/kg 喂大白鼠两年无致癌作用。本品不论在昆虫或在哺乳动物体内都发生水解作用，出现 N-甲基羟基化和羰基上的羟基化。

应用　系牲畜体外用药，可用于羊浸浴防治丝光绿蝇，对有机磷农药产生抗性的蝇也有效，持效期较长，浸洗 1 次，有效防治可达 10～16 周，对羊身体安全。

合成路线

常用剂型　主要有 20%～25% 油剂，与氟硅酸镁混配的 20% 可湿性粉剂等。

畜蜱磷（cythioate）

$C_8H_{12}NO_5PS_2$，297.29，115-93-5

其他名称　赛灭磷，畜吡磷。

化学名称　O,O-二甲基-O-对磺酰氨基苯基硫代磷酸酯；O,O-dimethyl-O-4-sulfamoylphenyl phosphorothioate。

理化性质　白色结晶固体，熔点73.5~74.8℃。不溶于水；可溶于丙酮、苯、乙醚和乙醇。

毒性　急性经口 LD_{50}（mg/kg）：大鼠160，小鼠38~60。兔急性经皮 LD_{50}>2500mg/kg。

应用　内吸性杀虫剂。主要用于家畜体外寄生虫的防治。如防治长角血蜱、微小牛蜱、具环牛蜱，绵羊身上的疥螨、血红扇头蜱、扁虱，狗、猫身上的跳蚤等。狗和猫口服，可治跳蚤、虱和其他外寄生虫。

合成路线

常用剂型　目前在我国未见相关制剂产品登记。

川楝素（toosendanin）

$C_{30}H_{38}O_{11}$，574.6，58812-37-6

其他名称　楝素，蔬果净，仙草。

化学名称　呋喃三萜。

理化性质　川楝素是川楝和苦楝中的主要活性成分，为呋喃三萜类化合物。纯品为白色晶体，针状，无臭，味苦，易溶于乙醇、乙酸乙酯、丙酮、二氧六环、吡啶等，微溶于热水、氯仿、苯、乙醚等。熔点243~245℃（含一分子结晶水）。相对密度0.7161。

毒性　小白鼠急性经口 LD_{50}（mg/kg）>10000。

应用　川楝素对鳞翅目害虫具有普遍的杀虫活性。具有多作用位点，主要表现为拒食、趋避、干扰生长发育与胃毒作用，无明显的触杀和熏蒸作用。是蔬菜、果品、茶叶、烟草、中草药等作物生产的良好药剂。防治鳞翅目害虫的最佳时期是成虫产卵高峰后7d左右或幼虫2~3龄时。

常用剂型　川楝素常用制剂主要有 0.5% 乳油。

哒螨酮（pyridaben）

$C_{19}H_{25}ClN_2OS$，364.9，96489-71-3

其他名称　哒螨净，螨必死，灭螨灵，速慢酮，哒螨灵，牵牛星，扫螨净，Nexter，Sanmite，Prodosed，NC 129。

化学名称　2-叔丁基-5-叔丁基苄硫基-4-氯哒嗪-3-(2H) 酮；2-tertbutyl-5-(4-tertbutyl-benzylthio)-4-chloropyridazin-3-(2H)-one。

理化性质　纯品哒螨酮为白色结晶，熔点 111～112℃。溶解性（20℃，g/L）：丙酮 460，氯仿 1480，苯 110，二甲苯 390，乙醇 57，己烷 10，环己烷 320，正辛醇 63；水 0.012mg/L。对光不稳定，在强酸、强碱介质中不稳定。工业品为淡黄色或灰白色粉末，有特殊气味。

毒性　哒螨酮原药急性 LD_{50}（mg/kg）：小鼠经口 435（雄）、358（雌），大鼠和兔经皮 ＞2000。对兔眼睛和皮肤无刺激性。对动物无致畸、致突变、致癌作用。

应用　哒螨酮是 20 世纪 80 年代日本日产公司开发的高效杀螨、杀虫剂，主要用于防治果树、蔬菜、茶、烟草、棉花等作物的多种害螨，对螨的各发育阶段都有效，与其他杀螨剂无交互抗性。

合成路线

常用剂型　主要有 20% 可湿性粉剂、15% 乳油等。

哒嗪硫磷（pyridaphenthione）

$C_{14}H_{17}N_2O_4PS$，340.34，119-12-0

其他名称　哒净松，杀虫净，苯哒磷，必芬松，哒净硫磷，苯哒嗪硫磷，Ofunack，

Pyridafenthion。

化学名称 O,O-二乙基-O-（2,3-二氢-3-氧代-2-苯基-6-哒嗪基）硫代磷酸酯；O,O-di-ethyl-O-(2,3-dihydro-3-oxo-2-phenyl-dazine-6-yl) phosphorothionate。

理化性质 纯品为无色结晶，熔点 $54.5\sim56.5℃$。溶解度：乙醇 1.25%，异丙醇 58%，三氯甲烷 67.4%，乙醚 101%，甲醇 226%，难溶于水。对酸、热较稳定，在 $75℃$ 时加热 35h，分解率 0.9%；对强碱不稳定；对光线较稳定；在水田土壤中的半衰期为 21d。

毒性 急性经口 LD_{50}（mg/kg）：769.4（雄大鼠），850（雌大鼠），4800（兔），7120（狗）。急性经皮 LD_{50}（mg/kg）：2300（雄大鼠），2100（雌大鼠），660（雄小鼠），2100（雌小鼠）。大鼠腹腔注射 LD_{50} 105mg/kg。以每天 30mg/kg 计量喂养小鼠 6 个月，无特殊情况，大多数三代繁殖未发现致癌、致突变现象。鲤鱼 LC_{50} 10mg/L（48h），日本鹌鹑经口 LD_{50} 64.8mg/kg；野鸡经口 LD_{50} 1.162mg/kg。

应用 高效、低毒、低残留，广谱性有机磷杀虫剂，具有触杀和胃毒作用，无内吸作用，对刺吸式和咀嚼式害虫有较好的防治效果。用于防治水稻螟虫及稻仓虫、稻纵卷叶螟、稻飞虱、稻叶蝉、稻蓟马和棉花红蜘蛛及棉麻红铃虫等。对蔬菜、小麦、油料、果树、森林等作物多种害虫，也有良好的防治效果。防治水稻 $6\sim9$g（a.i.）/100m^2，防治棉花红蜘蛛 $2.2\sim3$g（a.i.）/100m^2。

合成路线 O,O-二乙基硫代磷酰氯与 6-羟基-2-苯基-3（2H）-哒嗪酮发生缩合反应制得哒嗪硫磷。

常用剂型 主要有 20% 乳油，2% 粉剂。

哒幼酮（dayoutong）

$C_{16}H_9Cl_4N_3O_2$，417.10；107360-34-9

其他名称 NC-170。

化学名称 4-氯-5-（6-氯吡啶-3-基甲氧基）-2-（3,4-二氯苯基)-哒嗪-3-（2H）-酮；4-chloro-5-[(6-chloro-3-pyridinyl) methoxy]-2-(3,4-dichlorophenyl)-3 (2H)-pyridazinone。

理化性质 熔点为 $180\sim181℃$。

毒性 Ames 试验和微核试验均为阴性。大鼠急性经口 $LD_{50}>10$g/kg，小鼠急性经口 $LD_{50}>10$g/kg，兔急性经皮 $LD_{50}>2$g/kg，对兔眼睛和皮肤无刺激作用。鱼毒 LC_{50}（48h）：鲤鱼 >40mg/L，虹鳟 >40mg/L。

应用　其可用来防治水稻的主要害虫，以 50mg（a.i.）/L 水溶液剂量喷雾，抑制黑尾叶蝉和褐飞虱变态的持效期达 40d 以上。具类保幼激素活性，选择性抑制叶蝉和飞虱的变态，低于 1mg（a.i.）/L 剂量抑制昆虫发育，使昆虫不能完成由若虫至成虫的变态和影响中间蜕皮，导致昆虫逐渐死亡。其他生理作用有抑制胚胎发生、促进色素合成、防止和终止若虫滞育、刺激卵巢发育、产生短翅型。4 种叶蝉和 3 种飞虱的 4 龄若虫释放在盆栽水稻植株上，喷雾哒幼酮，10d 后调查，强烈抑制其变态，LC_{50} [mg（a.i.）/L]：0.08（黑尾叶蝉）、0.03（二点黑尾叶蝉）、0.01 和 0.30（另两种叶蝉）、0.25（灰飞虱）、0.07（褐飞虱）、0.02（白背飞虱）。本品对褐飞虱的敏感性随 1 龄至 4 龄若虫增加，4 龄至 5 龄后迅速降低，临界时间是若虫末龄的 24h。其他 6 种害虫与此相似。

合成路线

常用剂型　目前在我国未见相关制剂产品登记。

单甲脒（ semiamitraz ）

$C_{10}H_{14}N_2$，162.23，33089-74-6

其他名称　锐索，津佳，络杀，满不错，螨虱克，卵螨双净，天环螨清，螨类净，天泽，anjiami。

化学名称　*N*-(2,4-二甲苯基)-*N*′-甲基甲脒（盐酸盐）；*N*-(2,4-dimethylphenyl)-*N*′-methylmethanimidamide。

理化性质　纯品为白色针状结晶，熔点为 163～165℃。易溶于水，微溶于低分子量的醇，难溶于苯和石油醚等有机溶剂。其游离碱为白色固体，熔点为 75～76℃，不溶于水，易溶于乙醇、乙醚、二甲苯、石油醚等有机溶剂，稳定性较差，在潮湿的空气中会水解变质。商品药为淡黄色或棕色液体，相对密度为 1.090～1.105，pH 值小于 1，不燃烧。对金属有腐蚀性。

毒性　大鼠急性经口 LD_{50}（mg/kg）：215（雄）、245（雌）。急性经皮 LD_{50}＞2g/kg。无致畸和致突变作用。蓄积毒性很小。对小鼠骨髓细胞微核有一定影响。对兔皮肤无刺激作用，对兔眼睛有轻微刺激作用。25％单甲脒水剂急性经口 LD_{50} 大白鼠雄性为 950mg/kg、雌性为 780mg/kg。其在气温高时对人脸和眼有轻微刺激作用。对瓢虫、草蛉、寄生蜂和蜜蜂等较安全。

应用　有机氮的甲脒类杀螨剂。具有触杀作用，无内吸性。其主要作用是抑制单胺氧化酶，对昆虫中枢神经系统的非胆碱能突触诱发直接兴奋作用。对若螨、成螨和卵均有较好效果。感温型杀螨剂，其在 20℃ 以下，作用慢，效果差。用于防治柑橘红蜘蛛、柑橘锈壁虱、四斑黄蜘蛛、苹果红蜘蛛、棉红蜘蛛、茄子和豆类上的红蜘蛛、茶橙瘿螨、矢尖蚧、红蜡蚧和吹绵蚧等的 1～2 龄若虫、蚜虫和木虱等。 亦可用于防治家畜体外壁虱、疥癣和蜂螨。

合成路线

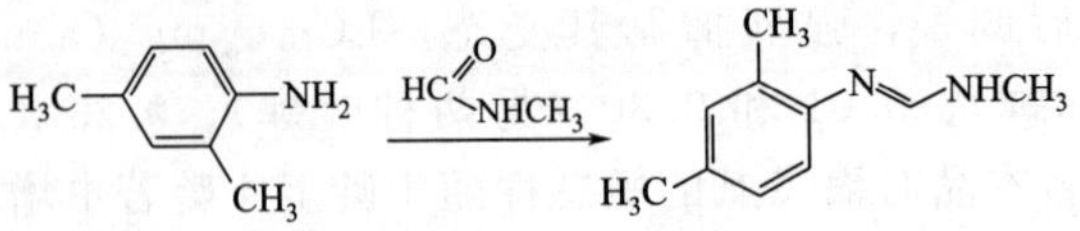

常用剂型 主要有 25％ 水剂。

稻丰散（phenthoate）

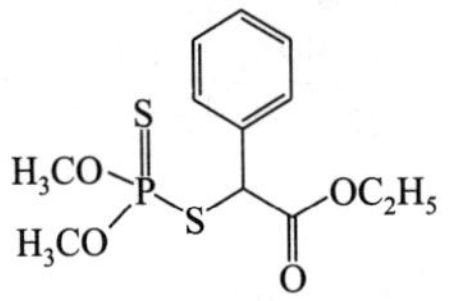

C_{12}H_{17}O_4PS_2, 320.4, 2597-03-7

其他名称 益尔散，爱乐散，甲基乙酯磷，Aimsan，Cidial，Elsan，Tanome，Popthion，Bayer 33051。

化学名称 O,O-二甲基-S-（乙氧基羰基苄基）二硫代磷酸酯；O,O-dimethyl-S-(ethoxycarbonyl benzyl) phosphorodithioate。

理化性质 纯品为白色结晶，具芳香味，相对密度 1.226（20℃），易溶于丙酮、苯等多种有机溶剂，在水中溶解度 11mg/L。工业品为黄褐色芳香味液体，在酸性与中性介质中稳定，碱性条件下易水解。

毒性 原药急性经口 LD_{50}（mg/kg）：300～400（大鼠），90～160（小鼠）。动物两年喂养试验无作用剂量为每天 1.72mg/kg。动物试验未见致畸、致癌变作用。对蜜蜂有毒。

应用 高效、广谱性有机磷杀虫、杀卵、杀螨剂。具有触杀和胃毒作用，无内吸作用。此外，还具有残效期长、速效性强、对作物安全的特点。可用于防治水稻、棉花、蔬菜、柑橘、茶叶、油料等作物的大螟、二化螟、三化螟、叶蝉、飞虱等多种害虫。

合成路线

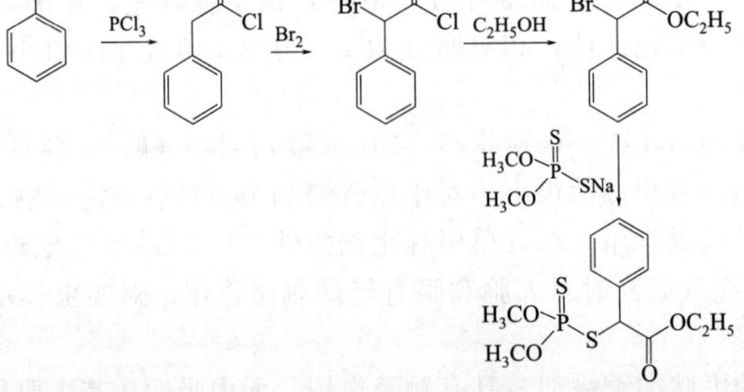

56

常用剂型　主要以乳油为主，此外还有水乳剂等，复配配方主要与阿维菌素、三唑磷、仲丁威等进行复配。

滴滴滴（TDE）

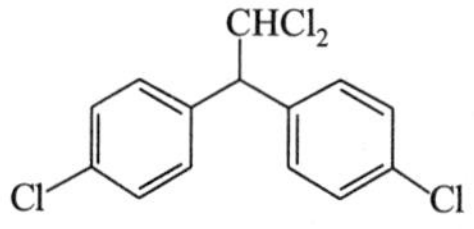

$C_{14}H_{10}Cl_4$，320.04，72-54-8

其他名称　涕滴伊，4,4-滴滴滴，p,p'-滴滴滴，p,p-DDD，4,4-DDD。

化学名称　2,2-双（对氯苯基)-1,1-二氯乙烷；1,1-dichloro-2,2-bis（4-chlorophenyl)ethane。

理化性质　纯品为无色结晶，熔点112℃，沸点185～193℃，相对密度1.385。工业品凝固点不低于86℃，含少量有关化合物，其中最大量是邻对异构体。滴滴滴不溶于水，在油类中溶解度低；溶于大多数脂肪和芳香烃溶剂。它的化学性质与滴滴涕类似，但在碱性溶液中水解缓慢。

毒性　大鼠急性经口 LD_{50} 为3400mg/kg，大鼠慢性经口毒性约为滴滴涕的1/3；小白鼠经口致死最低量为6000mg/kg；兔急性经皮 LD_{50} 为1200mg/kg，经皮毒性约为滴滴涕的1/4。试验动物口服100mg/kg两年，无中毒现象。

应用　是一种兼有触杀和胃毒作用、无内吸性的杀虫剂，杀虫谱广。对一般害虫虽不及滴滴涕，但对某些害虫，如卷叶虫和天蛾幼虫，其防效优于或与滴滴涕相等。对西红柿和烟草上的金龟甲防治效果优于滴滴涕。应用于防治果树和蔬菜害虫，对玉米螟、日本金龟子、跳甲、玉米穗虫、黏虫、棉铃虫、八斑夜蛾、地老虎、叶蝉、蓟马、毒蛾、桑叶甲、跳蚤、蚊虫等害虫，均有良好效果。

合成路线

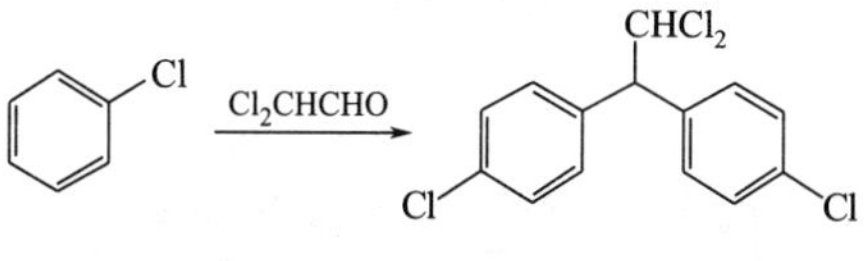

常用剂型　主要有50%可湿性粉剂、25%乳剂、5%和10%粉剂等。

滴滴涕（p,p'-DDT）

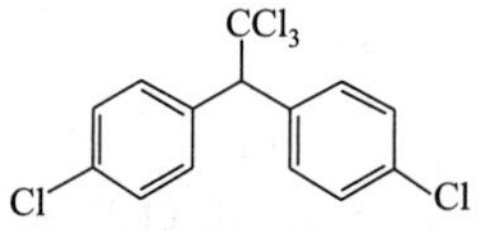

$C_{14}H_9Cl_5$，354.5，50-29-3

其他名称　二二三，Dichlorodiphenyltrichloroethane，Accotox，Anofex，Arkotine，Benzochloryl，Dicophane，Gesarol，Neocid。

化学名称 2,2-双（对氯苯基)-1,1,1-三氯乙烷；1,1,1-trichloro-2,2-bis(4-chlorophenyl)ethane。

理化性质 原药为无色蜡状固体，无确切熔点，沸点 $185\sim186℃/0.05mmHg$（分解），蒸气压 $0.025mPa$（20℃）。几乎不溶于水，易溶于大多数芳香烃和氯代烃溶剂，中度溶于极性有机溶剂和石油，溶解度（g/L，27℃）：环己烷 1000、二噁烷 1000、二氯甲烷 850、乙醇 60、甲醇 40。在碱液中和超过熔点的温度下发生脱氯化氢反应，生成 DDE。

毒性 急性经口 LD_{50}（mg/kg）：大鼠 87；小鼠 135。急性经皮 LD_{50}（mg/kg）：大鼠 2500，兔 300，两栖动物 35。亚急性毒性：$41\sim80mg/(kg \cdot d)$，狗经口，$39\sim49$ 个月内，全部死亡；$21\sim40mg/(kg \cdot d)$，狗经口，$39\sim49$ 个月内，25%死亡；$41\sim80mg/(kg \cdot d)$，狗经口，70d 内，全部死亡。致癌作用：$11\sim20mg/(kg \cdot d)$，小鼠经口，2 年，肝肿瘤危险性提高 4.4 倍；$0.16\sim0.31mg/(kg \cdot d)$，小鼠经口，2 代，雄性肝肿瘤危险性增加 2 倍，雌性中未变。DDT 有较高的稳定性和持久性，用药 6 个月后的农田里，仍可检测到 DDT 的蒸发。在人体内 DDT 转化成 DDE 相对较为缓慢，DDE 从体内排放尤为缓慢，生物半衰期约需 8 年。DDT 还可以通过一级还原作用生成 DDD，同时被转化成更易溶解于水的 DDA 而使其消除，它的生物半衰期只需约 1 年。环境中的 DDT 或经受一系列较为复杂的生物学和环境的降解变化，主要反应是脱去氯化氢生成 DDE。DDE 对昆虫和高等动物的毒性较低，几乎不为生物和环境所降解，因而 DDE 是贮存在组织中的主要残留物。DDT 在土壤环境中消失缓慢，一般情况下，约需 10 年。最近研究结果证明 DDT 在类似高空大气层实验室条件下，可降解成二氧化碳和盐酸。

应用 DDT 曾是广泛使用的杀虫剂之一，具有胃毒和触杀作用，加工成粉剂、乳剂或油剂使用，为 20 世纪上半叶防治农业病虫害，减轻疟疾、伤寒等蚊蝇传播的疾病危害起到了不小的作用。我国以前主要用于防治棉蕾铃期害虫、果树食心虫，农田作物黏虫、蔬菜菜青虫等。也用于环境卫生，防治蚊、蝇、臭虫等。DDT 不易被降解成无毒物质，使用中易造成积累从而污染环境。残留于植物中的 DDT，可通过食物链或其他途径进入人和动物体内，沉积中毒，影响人体健康，目前已禁止使用。但 DDT 的一些工业用途，包括以它为原料的农药，还需要以 DDT 作为中间体，例如三氯杀螨醇。

合成路线

常用剂型 主要有 25%乳油和 25%可湿性粉剂等。

狄氏剂（dieldrin）

$C_{12}H_8Cl_6O$，380.9，60-57-1

其他名称 地特灵，Octalox，Alvit。

化学名称 1,2,3,4,10,10-六氯-6,7-环氧-1,4,4a,5,6,7,8,8a-八氢-1,4-桥-5,8-二亚甲基萘;(1R,4S,4aS,5R,6R,7S,8S,8aR)-1,2,3,4,10,10-hexachloro-1,4,4a,5,6,7,8,8a-octahydro-6,7-epoxy-1,4：5,8-dimethanonaphthalene；1,2,3,4,10,10-hexachloro-6,7-epoxy-1,4,4a,5,6,7,8,8a-octahydro-endo-1,4-exo-5,8-dimethanonaphthalene。

理化性质 无色结晶，熔点 176～177℃，在 20℃ 时蒸气压 0.41μPa，25℃ 蒸气压 0.72μPa，相对密度 1.75，不溶于水，溶于苯、二甲苯和四氯化碳中，化学性质稳定。

毒性 大鼠的急性经口 LD$_{50}$ 46mg/kg，急性经皮 LD$_{50}$ 10～102mg/kg。狄氏剂在大鼠和狗体内的无毒作用量为 1mg/kg，对鱼有毒，对金鱼的 TLm（96h）值是 0.037mg/L，对鳀鱼的 TLm（96h）值为 0.008mg/L。工作场所狄氏剂的最高容许浓度为 0.25mg/m^3。

应用 本品是非内吸性的、有持效的杀虫剂，对大多数昆虫具有高的触杀和胃毒活性，而无药害。用于防治地下害虫和稻黄潜蝇、稻黑蟀、稻飞虱、螟虫、食心虫等。禁用情况：伯利兹、厄瓜多尔（1985 年），欧共体（1988 年），列支敦士登（1986 年），墨西哥（1982 年），巴拿马（1987 年），新加坡（1984 年），瑞典（1969 年），瑞士（1986 年），南斯拉夫（1982 年）。限用情况：多米尼加，毛里塔斯（1970 年），波兰（不再用于卫生），哥伦比亚（1988 年，仅用于木材），肯尼亚（1987 年，仅防治白蚁以及咖啡树上的蚂蚁），朝鲜（1986 年，工业用），多哥（1977 年，防治白蚁用），美国（防治白蚁），委内瑞拉（1983 年，卫生），智利（1983 年，禁止在种子，谷物，饲料等上使用），阿根廷（1968～1969 年，禁止在牲畜，食品上用），日本（1981 年特许用）。

合成路线

常用剂型 主要有粉剂、可湿性粉剂、乳油。

敌百虫（trichlorfon）

$C_3H_8Cl_3O_4P$，257.4，52-68-6

其他名称 毒霸，三氯松，Anthhon，Dipterex，Chlorphos，Dylox，Neguvon，Trichlorphon，Lepidex，Tugon，Bayer 15922，ENT-19763，BayerL13159，OMS800。

化学名称 O,O-二甲基（2,2,2-三氯-1-羟基乙基）膦酸酯；O,O-dimethyl-(2,2,2-trichloro-hydroxyethyl) phosphonate。

理化性质 白色晶状粉末，具有芳香气味，熔点 83～84℃；溶解度（g/L，25℃）：水 154，氯仿 750，乙醚 170，苯 152，正戊烷 1.0，正己烷 0.8；常温下稳定，遇水逐渐水解，受热分解，遇碱碱解生成敌敌畏。

毒性 雌、雄大鼠急性经口 LD$_{50}$ 250mg/kg，雌、雄大鼠急性经皮 LD$_{50}$＞5g/kg

（24h）；对兔皮肤和眼睛无刺激。雌、雄大鼠急性吸入 LC_{50}（4h）＞0.5mg/L 空气（气溶胶）。两年饲喂试验无作用剂量为：大鼠 100mg/kg 饲料，小鼠 300mg/kg 饲料。狗四年饲喂试验无作用剂量为 50mg/kg 饲料。对人的 ADI 为 0.01mg/kg。鱼毒 LC_{50}（96h）：虹鳟 0.7mg/L，金色圆腹雅罗鱼 0.52mg/L。对蜜蜂和其他益虫低毒。水蚤 LC_{50}（48h）为 0.00096mg/L。

应用 敌百虫是一种膦酸酯类有机磷杀虫剂，1952 年由德国拜耳公司研究开发。对昆虫以胃毒和触杀为主，广泛应用于农林、园艺、畜牧、渔业、卫生等方面防治双翅目、鞘翅目、膜翅目等害虫。对植物具有渗透性，无内吸传导作用。适用于水稻、麦类、蔬菜、茶树、果树、棉花等作物，也适用于林业害虫、地下害虫、家畜及卫生害虫的防治。

合成路线 以 PCl_3 为起始原料，通过一步法路线即路线 1、两步法路线即路线 2→3 和半缩醛法路线即路线 4→5→6 三种方法制得，如下所示。

常用剂型 我国登记剂型（含复配制剂）涵盖乳油、可溶性粉剂、颗粒剂、可溶性液剂和油剂等剂型。可与仲丁威、毒死蜱、联苯菊酯、三唑磷、辛硫磷、喹硫磷、克百威、马拉硫磷、氰戊菊酯、鱼藤酮、氯氰菊酯、乐果、氧乐果等复配。

敌敌钙（calvinphos）

$C_{10}H_{15}CaCl_6O_{12}P_3$（CAS version: $C_{14}H_{22}CaCl_8O_{16}P_4$），831.98，6465-92-5

其他名称 钙敌畏，钙杀威，钙杀畏。

化学名称 2,2-二氯乙烯基二甲基磷酸酯和双（2,2-二氯乙烯基甲基磷酸钙）的化合物；2,2-dichloroethenyl dimethyl phosphate compound with calcium bis（2,2-dichloroethenyl methyl phosphate）（2∶1）。

理化性质 白色结晶，熔点 64～75℃。易溶于水、乙醇、乙醚、甲苯，不溶于戊烷、己烷和煤油。

毒性 小鼠急性经口 LD_{50} 330mg/kg，急性经皮 LD_{50} 3400mg/kg。鲤鱼 LC_{50}（48h）为 122mg/L。

应用 钙敌畏具有熏蒸和触杀作用，可有效地防治农作物和家庭卫生害虫，防治蟑螂的效果尤为突出。

合成路线

常用剂型　主要有10％、65％敌敌钙水溶性粉剂。

敌敌磷（OS 1836）

$C_6H_{12}ClO_4P$，214.60，311-47-7

其他名称　棉宁，棉花宁。

化学名称　O,O-二乙基-O-（2-氯乙烯基）磷酸酯；O,O-diethyl-O-（2-chlorovinyl）-phosphater。

理化性质　无色透明流动性液体，沸点 $110\sim114℃/10mmHg$，相对密度（d_4^{20}）1.2081。稍溶于水，能溶于有机溶剂。

毒性　急性经口 LD_{50}（mg/kg）：大鼠10，小鼠30.5。

应用　敌敌磷具有内吸、触杀和熏蒸作用，挥发性高，作用迅速，持效期短。对棉铃虫有特效，对豆类作物的螨类、食心虫、豆长管蚜、欧洲家蝇及红粉介壳虫亦有效，也能防治东亚飞蝗、玉米螟、三化螟。

常用剂型　乳剂等。

敌敌畏（dichlorvos）

$C_4H_7Cl_2O_4P$，220.98，62-37-7

其他名称　二氯松，DDVP，DDVF，Dichlorfos，Dedevap，Napona，Nuvan，Apavap，Bayer-19149。

化学名称　O,O-二甲基-O-（2,2-二氯乙烯基）磷酸酯；O,O-dimethyl-O-（2,2-dechlorovinyl）phosphate。

理化性质　无色有芳香气味液体，相对密度 1.415（25℃），沸点 74℃（133.3Pa）；室温时水中溶解度为10g/L，与大多数有机溶剂和气溶胶推进剂混溶；对热稳定，遇水分解：室温时其饱和水溶液24h水解3％，在碱性溶液或沸水中1h可完全分解。对铁和软钢有腐蚀性，对不锈钢、铝、镍没有腐蚀性。

毒性 原药大鼠急性 LD_{50} （mg/kg）：经口 50 （雌）、80 （雄）；经皮 75 （雌）、107 （雄）；对蜜蜂高毒。用含敌敌畏小于 0.02mg/(kg·d) 饲料喂养兔子 24 周无异常现象，剂量在 0.2mg/(kg·d) 以上时引起慢性中毒。

应用 敌敌畏是一种广谱磷酸酯类有机磷杀虫、杀螨剂，具有胃毒、触杀、熏蒸和渗透作用，对咀嚼式口器和刺吸式口器害虫有效。对害虫击倒能力强而快，杀虫速度快但持效期短。主要用于蔬菜、果树、茶叶、桑、烟草、棉花、水稻、甘蔗、粮仓及卫生等害虫的防治。对钻蛀性害虫如棉铃虫、稻螟等防治效果较差；对高粱极易产生药害，不能使用；对果树花期也易发生药害；对瓜类、玉米、豆类、柳树比较敏感，使用浓度不能过高。

合成路线

常用剂型 我国登记剂型（含复配制剂）涵盖乳油、烟剂、块剂、缓释剂、粉剂等剂型。复配对象有仲丁威、毒死蜱、联苯菊酯、三唑磷、辛硫磷、喹硫磷、克百威、马拉硫磷、氰戊菊酯、氯氰菊酯、乐果、氧乐果、吡虫啉、阿维菌素、溴氰菊酯、噻嗪酮、高效氯氰菊酯和矿物油等。

敌噁磷 （dioxathion）

$C_{12}H_{26}O_6P_2S_4$，456.56，78-34-2

其他名称 虫满敌，恶硫磷，敌恶磷，Delnav，Dioxane phosphate，Hercules 258，SV 258。

化学名称 S,S'-(1,4-dioxane-2,3-diyl)-O,O,O',O'-tetraethyl bis （phosphorodithioate）；S,S'-(1,4- 二噁烷-2,3-二基)-O,O,O',O'-四乙基二（二硫代磷酸酯）。

理化性质 敌噁磷主要含有顺式和反式两种异构体。前者约占 24%，后者约占 48%，顺式体：反式体＝1：(1.5～2.0)，其他副产物约占 30%。工业品为褐色液体，相对密度 $d_4^{26}1.257$，折射率 $n_D^{20}1.5409$。不溶于水；溶于己烷和煤油 10g/kg；可溶于大多数有机溶剂。顺式体对热的稳定性优于反式体。在水中稳定，遇碱或加热时水解。

毒性 急性经口 LD_{50} （mg/kg）：雄大白鼠 43，雌大白鼠 23，小白鼠 50～176，狗 10，豚鼠 40，鸡 170。急性经皮 LD_{50} （mg/kg），雄大白鼠 235，雌大白鼠 63，兔 85。吸入 LC_{50} ［mg/(m³·h)］：大白鼠 1398，小白鼠 340。腹腔注射 LD_{50} （mg/kg）：大白鼠 30，小白鼠 33。皮下注射 LD_{50} （mg/kg）：顺式体为 65，反式体为 240。LC_{50} （48h）：鲤鱼 1.1mg/L，水蚤 0.075mg/L。人口服致死最低量 50mg/kg。顺式体对昆虫和哺乳动物的毒力大于反式体。狗 14d 内服 0.8mg/kg 剂量 10 次，除了降低血浆胆碱酯酶的活性外，无其

他病变。

应用 杀螨剂和杀虫剂，对螨的成虫、若虫和卵都有效，残效长，可控制螨的发生。除了可以防治螨类外，对蚜虫、叶蝉、蓟马、叶甲、马铃薯块茎蛾和菜青虫也有效。可在棉花、柑橘、葡萄、苹果、梨以及观赏植物上防治红蜘蛛。特别适合于牛、山羊、绵羊和猪喷射或浸渍防治体外寄生虫和虱、扁虱、虱蝇和血蝇。也适用于草地、庭院、文娱场所和工地等防治跳蚤、蜱螨等。

合成路线

常用剂型 目前在我国未见相关制剂产品登记。

敌螨死（DDDS）

$C_{12}H_8Cl_2S_2$，287.23，1142-19-4

化学名称 双（4-氯苯基）二硫醚；bis（*p*-chlorophenyl）disulfide。

理化性质 原药为黄色固体结晶。熔点 $69.5 \sim 70.50℃$。不溶于水，溶于醚、醇、丙酮及苯。对酸及碱稳定。

毒性 小白鼠急性经口 $LD_{50} > 3000mg/kg$。

应用 适用于防治果树、蔬菜和观赏植物上的成螨。主要以喷雾法使用。

常用剂型 主要有可湿性粉剂。

敌螨特（chlorfensulphide）

$C_{12}H_6Cl_4N_2S$，352.07，2274-74-0

其他名称 敌螨丹，azosulfide，chlorfensulfid。

化学名称 4-氯苯基-2,4,5-三氯苯基偶氮硫醚；4-chlorophenyl-(*EZ*)-2,4,5-trichloro-benzenediazosulfide。

理化性质 外观为亮黄色结晶。熔点 123.5～124℃（分解）。不溶于水，溶于醇、苯、石油溶剂，易溶于丙酮。对酸和碱稳定。

毒性 急性经口 LD$_{50}$（mg/kg）：大白鼠 2100，小白鼠＞3000。

应用 同杀螨醇的混剂对绝大多数植食性螨类有效，且能杀卵。该药可渗透到植物叶组织内，并保持较长时间。对天敌安全。主要以喷雾法使用。不能同有机磷农药混用，特别是对某些苹果树。混剂易对梨和桃产生药害，应谨慎使用。

合成路线

常用剂型 目前在我国未见相关制剂产品登记。

敌螨通（dinobuton）

$C_{14}H_{18}N_2O_7$，594.6108，973-21-7

其他名称 消螨通，Acrex，MC 1053，Sytasol。

化学名称 2-仲丁基-4,6-二硝基苯基异丙基碳酸酯；(*RS*)-2-sec-butyl-4,6-dinitrophenyl isopropyl carbonate。

理化性质 纯品为淡黄色结晶，熔点 61～62℃。不溶于水；可溶于脂肪族烃类、乙醇和脂肪油；易溶于低级脂肪族酮类和芳烃类。工业品纯度为 97%，熔点 58～60℃。无腐蚀性。为了避免水解，在它的加工品中必须避免有碱性物质。它可与酸性农药混用，但与西维因混合失效。

毒性 急性经口 LD$_{50}$（mg/kg）：大鼠 140，小鼠 2540，母鸡 150。大鼠经皮致死最低量 1500mg/kg。急性经皮 LD$_{50}$（mg/kg）：大鼠＞5000，兔 3200。小鼠腹腔注射 LD$_{50}$ 为 125mg/kg。最大无作用剂量，狗为每天 4.5mg/kg，大鼠每天 3～6mg/kg。本品作为一个代谢刺激物，高剂量能使体重减轻。在土壤中的残效期短。

应用 杀螨剂。可用于防治柑橘、落叶果树、棉花、胡瓜、蔬菜等植食性螨类。防治柑橘红蜘蛛和锈壁虱，使用 50% 可湿性粉剂 1500～2000 倍液喷雾，使用 50% 水悬浮剂 1000～1500 倍液喷雾；防治落叶果树、棉花、胡瓜的红蜘蛛，使用 50% 粉剂 1000～1500 倍液喷雾。

合成路线

常用剂型 主要有 50% 可湿性粉剂和 50% 水悬浮剂。

64

敌螟强

$C_9H_{12}NO_6PS$,293.24

其他名称　敌螟松，杀螟强。

化学名称　O,O-二甲基-O-（2-甲氧基-4-硝基苯基）硫代磷酸酯；O,O-dimethyl-O-（2-methoxy-4-nitrophenyl）thionophosphate

理化性质　熔点为54℃。

毒性　鼷鼠急性经口 LD_{50} 为 800mg/kg。

防治对象　包括鳞翅目、半翅目、直翅目、鞘翅目昆虫和螨类，特别对二化螟有强杀虫力。

常用剂型　主要有 50% 乳剂、2% 油剂、2% 粉剂和可湿性粉剂。

敌蝇威（dimetilan）

$C_{10}H_{16}N_4O_3$，240.26，644-64-4

其他名称　双甲胺替兰，Dimetilane，Geigy 22870，Snip Fly。

化学名称　2-二甲基氨基甲酰基-3-甲基-5-吡唑基-N,N-二甲基氨基甲酸酯；2-dimethylcarbamoyl-3-methyl-5-pyrazolyl dimethylcarbamate。

理化性质　原药为无色固体，熔点为 68～71℃，沸点为 200～210℃/13mmHg，蒸气压为 $1×10^{-4}$ mmHg（20℃）。易溶于水、氯仿、二甲基甲酰胺；溶于乙醇、丙酮、二甲苯和其他有机溶剂中。工业品为淡黄色至红棕色结晶（纯度不低于 96%），熔点 55～65℃，遇酸和碱水解。

毒性　急性经口 LD_{50}（mg/kg）：大鼠 47～64，小鼠 60～65；大鼠急性经皮 LD_{50} 为 4000mg/kg；在亚慢性试验中，测得对狗的无作用剂量为 200mg/kg。对家畜较敏感，对牛的急性经口 LD_{50} 值为 5mg/kg。

应用　具有胃毒作用的杀虫剂，用于防治果蝇和橄榄实蝇。

常用剂型　主要有 25% 乳剂，还可加工成可湿性粉剂、颗粒剂、除蝇带、除蝇盘等。

地胺磷（mephosfolan）

$C_8H_{16}NO_3PS_2$，269.34，950-10-7

其他名称 二噻磷，甲基环胺磷，稻棉磷，AC47470，ENT-25991，EI4747。

化学名称 二乙基-4-甲基-3,3-二硫戊环-2-叉氨基磷酸酯；O,O-diethyl (4-methyl-1,3-dithiolan-2-ylidene) phosphoramidate。

理化性质 黄色至琥珀色液体，沸点120℃（0.13Pa）。水中溶解度为57mg/L，可溶于苯、醇、酮等溶剂中。在通常条件下，在水中是稳定的，但遇碱（pH＞9）或酸（pH＜2）则水解。

毒性 工业品的急性经口 LD_{50}：大鼠（雌、雄）8.9mg/kg，小白鼠11.3mg/kg；工业品对雄白兔的急性经皮 LD_{50} 9.7mg/kg，颗粒剂对雄白兔的急性经皮 LD_{50} 5g/kg；以15mg/L 地胺磷对雄大白鼠的90d饲喂试验表明，对其体重的增加无明显影响，但其红细胞和脑胆碱酯酶有所降低。

应用 对昆虫有触杀、胃毒作用，通过植物的根和叶吸收，具有内吸活性。用于棉花、玉米、蔬菜、果树和大田作物，防治夜蛾类、茎钻孔虫、棉铃虫、粉虱科、螨类和蚜类。

合成路线

常用剂型 目前在我国未见登记产品。

地虫硫膦（fonofos）

$C_{10}H_{15}OPS_2$，246.3，944-22-9

其他名称 大风雷，地虫磷，地虫隆，大福松，Dyfonate，Captos。

化学名称 O-乙基-S-苯基二硫代膦酸乙酯，O-ethyl-S-phenyl rthylphosphonodithioate。

理化性质 浅黄色透明液体，具刺激性气味。沸点130℃（13.332Pa），凝固点 -31.7℃（含量93%），相对密度1.16（25℃），折射率1.5883，蒸气压0.02799Pa（25℃）。能溶于丙酮、二甲苯、异戊酮、煤油等有机溶剂。20℃时水中溶解度为13mg/L，40℃时为34mg/L。对光稳定，酸性介质中稳定，碱性介质中不稳定。

毒性 雄性大鼠急性经口 LD_{50} 7.94～17.5mg/kg；家兔急性经皮 LD_{50} 150mg/kg，豚鼠278mg/kg；大鼠吸入 LC_{50}＞0.46mg/L。对皮肤和眼睛无刺激作用。大鼠两年饲养试验无作用剂量为每天10mg/kg，狗为每天0.2mg/kg。动物试验未发现致癌、致畸、致突变作用，三代繁殖试验未见异常。虹鳟鱼 LC_{50} 为0.215mg/L，蓝鳃鱼 LC_{50} 为0.065mg/L。鹌鹑急性经口 LD_{50} 为133mg/kg，野鸭为1225mg/kg。

应用 高毒不对称膦酸酯，具强烈的触杀和胃毒作用。主要用于防治地下害虫，适于生长期较长的作物，如小麦、玉米、花生、甘蔗等。防治暗黑蚧蟥、小麦沟金针虫、华北蝼蛄。

合成路线 有亚磷酸三乙酯路线即路线 1→2→3→4 和三氯硫磷路线即路线 5→6→7，如下所示。

常用剂型 主要有 5% 颗粒剂。

地麦威（dimetan）

$C_{11}H_{17}NO_3$，211.1，122-15-6

其他名称 G-19258。

化学名称 5,5-二甲基-3-氧代-1-环己烯基氨基甲酸二甲酯；5,5-dimethyl-3-oxocyclohex-1-enyl dimethylcarbamate。

理化性质 原药为淡黄色结晶，熔点 43～45℃，经过重结晶熔点 45～46℃；在 20℃时水中溶解 3.15%，溶于丙酮、乙醇、二氯乙烷、氯仿。沸点 122～124℃/46.7Pa。遇酸、碱水解。

毒性 急性经口 LD_{50}（mg/kg）：大鼠 150，鼷鼠 120。

应用 略具内吸作用的杀虫剂。常用 0.01% 浓度杀蚜和全爪螨。

合成路线

常用剂型 主要有粉剂、颗粒剂、可湿性粉剂、油剂等。

碘苯磷（C 18244）

$C_{10}H_{12}Cl_2IO_2PS$，425.0503，25177-27-9

化学名称 O-乙基-O-(2,5-二氯-4-碘苯基）乙基硫代膦酸酯；phosphonothioic acid, *p*-ethyl-*O*-(2,5-dichloro-4-iodophenyl)-*O*-ethyl ester。

理化性质 纯品熔点为 60～61℃。

应用　具有杀虫、杀螨、杀线虫及杀软体动物的活性，也可用于防治地下害虫。

常用剂型　目前在我国未见相关制剂产品登记。

碘硫磷（jodfenphos）

C$_8$H$_8$Cl$_2$IO$_3$PS，413.00，18181-70-9

其他名称　磺硫磷，Iodofenphos，Jodfenphos，Nuvanol（R），C 9491。

化学名称　O,O-二甲基-O-(2,5-二氯代-4-碘苯基）硫代磷酸酯；O-(2,5-dichloro-4-iodophenyl)-O,O-dimethyl phosphorothioate。

理化性质　外观呈无色结晶状，微带气味，熔点76℃。在20℃时，蒸气压为0.107mPa。20℃时于水中的溶解度低于2mg/L，丙酮为480g/L，苯为610g/L，己烷为33g/L，丙醇为23g/L，二氯甲烷为860g/L。在中性或弱酸性或碱性介质中相对稳定，但对浓酸和浓碱不稳定。

毒性　急性经口LD$_{50}$：大鼠为2.1g/kg，狗大于3g/kg；大鼠的急性经皮LD$_{50}$值大于2g/kg；每天以300mg/kg涂抹皮肤，共21d，既未发生临床症状，也不刺激皮肤。以2g/kg剂量对母鸡间隔3周处理两次，未引起神经中毒症状。3个月的喂饲试验表明，无作用剂量大鼠为5mg/kg，狗为15mg/kg。对鸟类为低毒，但对蜜蜂有毒。对铜吻鳞鳃太阳鱼的TLm（96h）值为0.42～0.75mg/L；对鲶科鱼为0.13～0.25mg/L，对鲫鱼为1.00～1.33mg/L，对鳟鱼为0.06～1.00mg/L。

应用　非内吸性的触杀和胃毒杀虫剂。能有效地防治仓库害虫、卫生害虫。其以1～2g（a.i.）/m^{2}剂量，能维持3个月；而周剂量0.3g（a.i.）/m^{2}能防治垃圾堆上的苍蝇；对羊进行浴洗时，用0.05%有效成分；对农作物时，500～1500g（a.i.）/hm^{2}能有效地防治鞘翅目、双翅目和鳞翅目昆虫，持效为1～2周。

合成路线

常用剂型　主要有50%可湿性粉剂、200g/L乳剂、5%粉剂等。

丁苯吡氰菊酯

C$_{29}$H$_{30}$N$_2$O$_3$，454.6，75528-07-2

68

其他名称 NCI-85193，T-193。

化学名称 （1R，S）-反式-2,2-二甲基-3-(4-叔丁基苯基)-环丙烷羧酸-(±)-α-氰基-(6-苯氧基-2-吡啶基) 甲酯；（R，S）-α-cyano-(6-phenoxy-2-pyridinyl) methyl-(1R,S)-trans-2,2-dimethyl-3-(4-tert-butylphenyl) cyclopropanecarbo-xylate

理化性质 琥珀色黏稠液体，对热稳定。

毒性 大鼠（雄）急性经口 LD_{50} 为 108mg/kg，Ames 试验阴性。鱼毒性：鲈鱼 TLm (48h) ＜0.5mg/L。

应用 对多种螨类和刺吸式口器昆虫如蚜虫、粉虱、蓟马等有较高活性。在室内试验测定中，对刺吸式口器和咀嚼式口器害虫（如斜纹夜蛾）的活性均高于氯菊酯。

合成路线

常用剂型 主要有 20％乳油。

丁苯硫磷（fosmethilan）

$C_{13}H_{19}ClNO_3PS_2$，367.8，83733-82-8

其他名称 phosmethylan，Fosmetilan，NE-79168，Nevifos，Nevifos-50，Neviki-79168。

化学名称 S-[N-(2-氯苯基) 丁酰氨基甲基]-O,O-二甲基二硫代磷酸酯；S-[N-(2-chlorophenyl)-butyramidomethyl]-O,O-dimethyl-phosphorodithioate。

理化性质 无色晶体，熔点 42℃。微溶于水（2.3mg/L，20℃），可溶于大多数有机溶剂。

毒性 急性经口 LD_{50}（mg/kg）：雄大鼠 110，雌大鼠 49；急性经皮 LD_{50}（mg/kg）：雄大鼠＞11000，雌小鼠 6000。对兔眼睛和皮肤有轻微刺激作用。鱼毒 LC_{50}（96h）：鲤鱼 6mg/L，金鱼 12mg/L。

应用 20 世纪 80 年代问世的有机磷杀虫剂，用于果树、蔬菜及大田作物上防治鞘翅目、双翅目、鳞翅目、膜翅目的多种农业害虫。

合成路线

常用剂型 主要有 56.5％乳油。

丁氟螨酯（cyflumetofen）

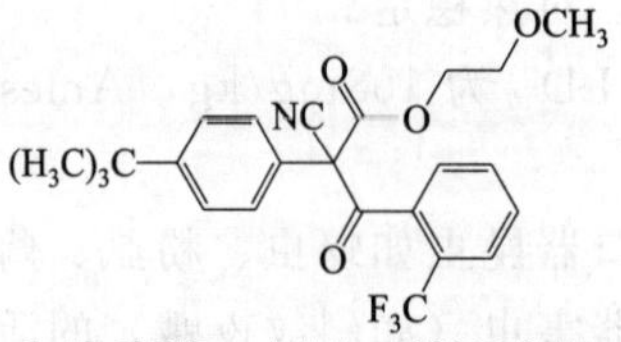

$C_{24}H_{24}F_3NO_4$，447.5，400882-07-7

化学名称 （RS）-2-(4-叔丁基苯基)-2-氰基-3-氧代-3-（α,α,α-三氟-邻甲苯基）丙酸-2-甲氧乙基酯；2-methoxyethyl-(RS)-2-(4-tert-butylphenyl)-2-cyano-3-oxo-3-(α,α,α-trifluoro-o-tolyl) propionate。

理化性质 熔点 77.9～81.7℃。溶解度：水 0.0281mg/L（pH 7，20℃）；正己烷5.23，甲醇99.9，丙酮、二氯甲烷、乙酸乙酯、甲苯＞500（g/L，20℃）。

毒性 低毒杀螨剂。

应用 主要用于防治果树、蔬菜、茶、观赏植物的害螨，与现有杀虫剂无交互抗性，对棉红蜘蛛和瘤皮红蜘蛛有效。丁氟螨酯阻止红蜘蛛卵的孵化作用较低，但对其各个生长阶段均有很高的活性，尤其对幼螨的活性更高，对卵、成螨、幼螨、第一阶段若螨、第二阶段若螨的 LC_{50} 值分别为30mg/L、4.8mg/L、0.9mg/L、1.0mg/L、1.9mg/L，对卵孵化前后的幼螨的 LC_{50} 值为 2.5mg/L，同时对各种植物均无药害，对哺乳动物及水生生物、有益物、天敌等非靶标生物均十分安全，在土壤和水中迅速代谢、分解，是对环境友好的农药。

合成路线

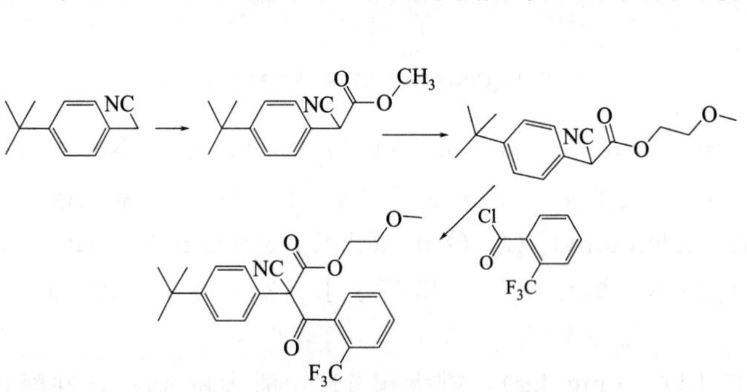

常用剂型 主要有20%悬浮剂。

丁基嘧啶磷（tebupirimfos）

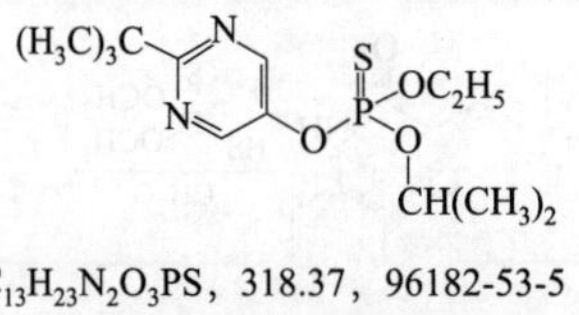

$C_{13}H_{23}N_2O_3PS$，318.37，96182-53-5

其他名称 丁嘧硫磷，MAT 7484。

70

化学名称 *O*-(2-叔丁基嘧啶-5-基)-*O*-乙基-*O*-异丙基磷酸酯； (*RS*)-[*O*-(2-tert-butylpyrimidin-5-yl)-*O*-ethyl-*O*-isopropyl phosphorothioate]。

理化性质 纯品为无色液体，沸点为135℃（0.2kPa），蒸气压为3.89mPa（20℃），在pH7、20℃下水中的溶解度为5.5mg/L。正辛醇/水分配系数为8500（200）。在碱性下水解，能溶于酮、醇、甲苯等多种有机溶剂。

毒性 大鼠急性经口 LD_{50}（mg/kg）：1.3～1.8（雌）；2.9～3.6（雄）。小鼠急性经口 LD_{50}（mg/kg）：14.0（雄），9.3（雌）。大鼠急性经皮 LD_{50}（24h，mg/kg）：31.0（雄），9.4（雌）。离体及活体试验表明无致畸、致突变和致癌作用。对水生生物进行的毒理学试验表明，对虹鳟鱼 LC_{50}（96h）为2.25mg/L，对蚤状水蚤 LC_{50}（48h）为0.078μg/L，对金鱼 LC_{50}（96h）为2.25mg/L。

应用 在多年的田间药效试验中，丁基嘧啶磷对叶甲属主要害虫、金针虫及双翅目蛆虫均有良好药效。极低浓度对鞘翅目害虫，如黄瓜条叶甲或叩甲属幼虫有触杀活性，对双翅目蛆虫也有良好防效。且有极好的持效性，持效期不受温度影响。由2%丁基嘧啶磷和0.1%氟氯氰菊酯组成的混剂，还可以把防治谱扩大到小地老虎及切根虫等地下害虫。

合成路线

常用剂型 可与氟氯氰菊酯复配成2.1%颗粒剂使用。

丁硫环磷 （fosthietan）

$C_6H_{12}NO_3PS_2$，241.3，21548-32-3

其他名称 代线磷，Acconem，Nem-A-Tak，Geofos。

化学名称 *O*，*O*-二乙基-*N*-（1，3-二噻丁环-2-叉）磷酰胺；*O*，*O*-diethyl-*N*-(1，3-dithietan-2-ylidene) phosphoramidate。

理化性质 纯品为黄色液体，具有硫醇味。25℃水中溶解度为50g/L，能溶于丙酮、氯仿、甲醇和甲苯中。在土壤中，化学降解50%需10～42d，取决于环境因子。

毒性 工业品大白鼠急性经口 LD_{50} 5.7mg/kg；兔急性经皮 LD_{50} 54mg/kg（24h，以有效成分计），3124mg/kg（以5%颗粒剂计）。对细菌无诱变活性。

应用 为广谱、内吸、触杀性有机磷杀线虫剂和杀虫剂，它是抗杀土壤线虫的有效杀线虫剂，应用于杀根结线虫，其效果尤为显著。可作土壤处理以防治烟草、花生、大豆、甜菜、马铃薯、浆果类等地的线虫及土壤害虫，剂量为1～5kg/hm²。

合成路线 在缚酸剂碳酸氢钠存在下，以丙酮为介质，由二乙氧基磷酰氯与硫氰酸铵、硫氰化钠和二溴甲烷作用制得。如下述路线1→2→3。

常用剂型 主要有 3%～15% 颗粒剂、250g/L 液剂、粉剂和可湿性粉剂等。

丁硫克百威（carbosulfan）

$C_{20}H_{32}N_2O_3S$，380.55，55285-14-8

其他名称 好年冬，克百丁威，丁硫威，Marshall，Adrantage。

化学名称 2,3-二氢-2,2-二甲基苯并呋喃基-7-基-N-甲基-N-（二丁基氨基硫）氨基甲酸酯；2,3-dihydro-2,2-dimethylbenzofuranyl-7-yl-N-methyl-N-(dibutyl aminothio) carbamate

理化性质 淡黄色油状液体，沸点 124～128℃；溶解度：水 0.3mg/L，与丙酮、二氯甲烷、乙醇、二甲苯等有机溶剂互溶；在中性或弱碱性介质中稳定，在酸性介质中不稳定，遇水分解。

毒性 原药急性 LD_{50}（mg/kg）：大鼠经口 250（雄）、185（雌），小鼠经口 129；大鼠、兔经皮＞2000。对兔眼睛无刺激性。以 20mg/kg 以下剂量饲喂大鼠两年，未发现异常现象；对动物无致畸、致突变、致癌作用。

应用 丁硫克百威属于高效、广谱、内吸性 N-酰基（烃硫基）-N-甲基氨基甲酸酯类农药杀虫、杀螨剂，是克百威低毒衍生物；1974 年美国 FMC 公司开发，1985 年产品上市，先后在美国、西欧、日本、巴西等 50 多个国家登记注册。丁硫克百威适于多种害虫同时发生时使用，可作叶面喷施、土壤处理或种子处理剂，用于防治柑橘、马铃薯、水稻、甜菜、小麦等作物上的害虫，能有效地防治蚜虫、螨类、金针虫、甜菜跳甲、马铃薯甲虫等。

合成路线

常用剂型 制剂涵盖悬浮剂、种衣剂、颗粒剂、乳油、水乳剂、微胶囊悬浮剂、种子处理干粉剂等，复配制剂主要与戊唑醇、吡虫啉、毒死蜱、辛硫磷、福美双、仲丁威、阿维菌素、矿物油等复配。

丁酮砜威（butoxycarboxim）

$C_7H_{14}N_2O_4S$，222.26，34681-23-7

其他名称 丁酮氧威，Bbutoxycarboxime，Co 859，Plant Pin。

化学名称 3-甲磺酰基-2-丁酮-O-甲基氨基甲酰肟；3-(methylsulfonyl)-2-butanone-O-[(methylamino) carbonyl] oxime。

理化性质 无色结晶固体，熔点 85～89℃，蒸气压为 0.267mPa（20℃），相对密度为 1.21。极易溶于水、甲醇、三氯甲烷、二甲基甲酰胺、二甲亚砜等，稍溶于苯、乙酸乙酯和脂肪烃，难溶于石油醚和四氯化碳。不同溶剂中的溶解性（g/L）：水 209，丙酮 172，四氯化碳 3，氯仿 186，环己烷 0.9，庚烷 100，异丙醇 101，甲苯 29。在中性介质中稳定，但易被强酸和碱水解。工业品是顺式和反式异构体的混合物，顺式：反式＝15：85。纯反式异构体的熔点为 83℃。本品无腐蚀性。

毒性 急性经口 LD_{50}（mg/kg）：大鼠 458，兔 275。大鼠急性经皮 LD_{50}＞2g/kg。皮下注射 LD_{50} 雌性大鼠为 288mg/kg。90d 喂饲大鼠的无作用剂量是 300mg/kg 饲料；1g/kg 饲料对红细胞和血浆胆碱酯酶有轻微抑制作用。本品无累积毒性。本品对母鸡的急性经口 LD_{50} 为 367mg/kg。对鲤鱼的 LC_{50}（96h）为 1.75g/L，虹鳟鱼为 170mg/L。对水蚤毒性亦低。本品对蜜蜂有毒。胶纸板条中 90％以上的活性物质可于两天内扩散到盆钵的土壤中，约在 40d 内可以保持无变化；当到了 80～90d 时，土壤中的有效成分才会减少到原先含量的 10％以下。本品进入人体、动物体内后，能很快从尿中排出。

应用 具有胃毒和触杀作用的内吸性杀虫剂。剂型：胶纸板条（40mm×8mm），每条含有效成分 50mg（含丁酮氧威有效成分相当于重量的 10％），药剂夹在两纸条的中间。将胶纸板条插入盆钵的土壤中，每棵植物周围插 1～3 支，有效成分即迅速分散到土壤的水分中，为植物根系吸收，在 3～7d 内就可以见效，持效期可达 6～8 周，可以防治观赏植物上的刺吸式口器害虫如蚜虫、蓟马、螨等。本品不能用于食用作物。

合成路线

常用剂型 可以加工成 40mm×80mm 胶板纸条，药剂夹在两纸条间，每条含有效成分 50mg 防治害虫。

丁酮威 (butocarboxim)

C₇H₁₄N₂O₂S, 190.26, 34681-10-2

其他名称 对羟基萎锈灵，Butocarboxim，Co 755，Drawin 755。

化学名称 *O*-(*N*-甲基氨甲酰)-3-甲巯基丁酮肟；（*EZ*）-3-(methylthio) butanone-*O*-methylcarbamoyloxime。

理化性质 工业品为浅棕色黏稠液体，在低温下可得白色结晶，熔点 37℃。20℃时相对密度为 1.12，蒸气压为 10.6mPa/20℃，蒸馏时分解。易溶于大多数有机溶剂，但略溶于四氯化碳和汽油。20℃时在水中溶解 3.5%。在 pH5～7 时稳定，能被强酸和碱水解。对水分、光照和氧均稳定。工业品是顺式和反式异构体的混合物，顺式：反式＝15：85。纯反式异构体的熔点为 37℃。无腐蚀性。

毒性 对大鼠急性口 LD₅₀ 为 153～215mg/kg；皮下注射 LD₅₀ 为 188mg/kg；吸入（气雾 4h）LC₅₀ 为 1mg/L 空气。对兔急性经皮 LD₅₀ 为 360mg/kg。大鼠 2 年饲喂试验的无作用剂量为 100mg/kg。90d 喂饲的无作用剂量：狗为 100mg/kg 饲料；大鼠为 5mg/(kg·d)。对日本鹌鹑的 LC₅₀ 值为 1180mg/kg 饲料。野鸭 LD₅₀ 为 64mg/kg。本品对眼有刺激。丁酮威高剂量（300mg/kg 饲料）喂白鼠两年，无致癌作用，对鼠的生育力和生长速度也无任何影响。对鼠伤寒沙门氏菌的试验，未出现有致突变作用。对鱼毒性（24h 的 LC₅₀）：虹鳟鱼 35mg/L，金鱼 55mg/L，鲱鱼 70mg/L。本品对蜜蜂有毒。

应用 具有触杀和胃毒作用的内吸性杀虫剂。对刺吸式口器害虫有特效，也能防治螨类。目前主要用以防治蔬菜和果树的害虫，如蚜虫、介壳虫、粉虱、蓟马等；也可防治棉花、烟草、麻、大田作物和观赏植物上的害虫。通常是以 50% 乳油稀释成 0.1% 浓度，或 5% 液剂稀释成 1% 的浓度作喷雾使用，剂量为 2.5～4.2kg 有效成分/hm²，持效期可达 15～20d。花卉作水溶液培养，每升水培养液中可加入 5% 液剂 1mL，以防治虫害。

合成路线

常用剂型 主要有 50% 乳油和 5% 液剂。

丁烯氟虫腈 (flufiprole)

C₁₆H₁₀Cl₂F₆N₄OS，491.23，704886-18-0

74

其他名称 丁虫腈。

化学名称 3-氰基-5-甲代烯丙基氨基-1-(2,6-二氯-4-三氟甲基苯基)-4-三氟甲基亚磺酰基吡唑；1-[2,6-dichloro-4-(trifluoromethyl) phenyl]-5-[(2-methyl-2-propen-1-yl) amino]-4-[(trifluoromethyl) sulfinyl]-1H-pyrazole-3-carbonitrile。

理化性质 纯品为白色疏松粉末，常温时对酸、碱稳定。熔点为172～174℃。溶解度（25℃，g/L）：水中0.02，乙酸乙酯中260。微溶于石油醚、正己烷，易溶于乙醚、丙酮、三氯甲烷、乙醇、N,N-二甲基甲酰胺。分配系数（正辛醇/水）：3.7。常温下稳定，在水及有机溶剂中稳定，在弱酸、弱碱及中性介质中稳定。

毒性 原药经过经口、经皮试验均为低毒，Ames试验及遗传毒性试验为阴性。其制剂（5％乳油）的急性经口大鼠（雄、雌）＞4640mg/kg；急性经皮（雄、雌）＞2150mg/kg。对眼睛刺激较重，对皮肤为弱致敏性。对蚕 LC_{50}＞5000mg/L；对蜜蜂高毒；对鹌鹑急性经口（雄、雌）＞2000mg/kg；对斑马鱼 LC_{50}（96h）为19.62mg/L，属低毒。

应用 丁烯氟虫腈是由大连瑞泽农药股份有限公司创制的苯基吡唑类杀虫剂。丁烯氟虫腈对鳞翅目等多种害虫，如对菜青虫、小菜蛾、螟虫、黏虫、褐飞虱、叶甲等多种害虫具有较高的活性，特别是对水稻、蔬菜害虫的活性显现了与锐劲特同等的效力，而且对鱼低毒，使其在水稻、蔬菜上的应用开辟了更广阔的前景。

合成路线

常用剂型 常用制剂有5％乳油，80％水分散粒剂和0.2％饵剂。

丁氧硫氰醚（Lethane 384）

$C_9H_{17}NO_2S$，203.3，112-56-1

其他名称 灭虫氰。

化学名称 2-(2-丁氧基乙氧基) 硫氰酸乙酯；2-(2-butoxyethoxy) ethyl thiocyanate。

理化性质 本品为浅棕色油状液体，沸点124℃/33.3Pa，相对密度 d_{20}^{25} 0.915～0.930，折射率 n_D^{25} 1.4675。不溶于水，能溶于矿油和丙酮、乙醇、乙醚、苯、氯仿等大多数有机溶剂。在常温下稳定，在较高温度下能发生分子重排。

毒性 大鼠急性经口 LD_{50} 为90mg/kg；兔急性经皮 LD_{50} 为125～500mg/kg。大鼠皮下注射最小致死剂量为0.6mg/kg。

应用 本品对多数昆虫有较高的触杀毒力，能杀卵，并具有快速击倒作用，可以和除虫菊酯（包括除虫菊素）、鱼藤酮、有机磷类的一些杀虫剂作为增效剂混用。当本品与丙烯菊酯以 3∶1 混用作为熏蒸剂杀虫，它的杀蚊效力比单用丙烯菊酯的要高出 1 倍。本品最适用于防治家庭害虫和牲畜害虫。由于它对农作物容易产生药害，故只能在植物冬眠和发芽初期使用。

常用剂型 主要有 50%、80% 煤油剂，1.5% 粉剂。

丁酯膦 （ butonate ）

$C_8H_{14}Cl_3O_5P$，327.5306，126-22-7

其他名称 布托酯，ENT20852。

化学名称 O,O-二甲基-三氯-1-正丁酰氧乙基磷酸酯；2,2,2-trichloro-1-(dimethoxy-phosphinyl) ethyl butanoate。

理化性质 外观为稍带酯味的无色油状液体，稍溶于水，易溶于二甲苯、乙醇、乙烷等有机溶剂，在去臭煤油中可溶解 2%～3%。4Pa 下沸点 112～114℃；相对密度 d_4^{20} 为 1.3998（工业品 1.3742）；折射率 n_D^{20} 为 1.4740。对光稳定，高于 150℃ 即分解。可被碱水解，能与非碱性农药混用。

毒性 大鼠急性经口 LD$_{50}$ 为 1100～1600mg/kg；大鼠急性经皮 LD$_{50}$ 为 7g/kg；以含 0.25% 的饲料喂养大鼠，除胆碱酯酶活性降低、失重 1% 之外，无其他影响。药剂进入昆虫和植物体内，可由酯酶作用转为敌百虫，而在动物体内主要降解为二甲基磷酸及去甲基丁酯膦。

应用 具触杀作用。能防治卫生害虫、家畜体外寄生虫、蚜虫、步行虫、螨类等。可用于室内喷洒防治卫生害虫；也可用于畜体喷雾或涂抹药液杀灭体外寄生虫。

合成路线

常用剂型 可以加工成涂抹剂、乳油等使用。

啶虫脒 （ acetamiprid ）

$C_{10}H_{11}ClN_4$，222.68，160430-64-8

其他名称 吡虫清，乙虫脒，莫比朗，Mosplan，NI 25。

化学名称 N-(6-氯-3-吡啶甲基)-N'-氰基-N-甲基乙脒；N-[(6-chloro-3-pyridinyl)methyl]-N'-cyano-N-methylethanimidamide。

理化性质 纯品为白色结晶，熔点 101～103.5℃；溶解性（20℃）：水 4.2g/L，易溶于丙酮、甲醇、乙醇、二氯甲烷、氯仿、乙腈、四氢呋喃等有机溶剂。

毒性 急性 LD_{50}（mg/kg）：经口大白鼠 217（雄）、146（雌），小鼠 198（雄）、184（雌），大白鼠经皮＞2000。

应用 啶虫脒属于氯代烟碱类杀虫剂，日本曹达株式会社研究开发；啶虫脒具有杀虫谱广、活性高、用量少、持效期长、速效等特点，具有触杀和胃毒作用，并有卓越的内吸活性；对半翅目（蚜虫、叶蝉等）、鳞翅目（小菜蛾、潜蛾等）以及总翅目（蓟马等）均有效。

合成路线 啶虫脒有如下所示的四种合成路线。

① N-甲基-2-氯-5-甲氨基吡啶法 N-甲基-2-氯-5-甲氨基吡啶与 N-氰基乙酰亚胺酸酯发生氨解反应制得。见路线 4。

② 2-氯-5-氨甲基吡啶法 2-氯-5-氨甲基吡啶与 N-氰基乙酰亚胺酸酯发生氨解反应，然后与硫酸二甲酯发生甲基化反应制得。见路线 5→6→2。

③ N-氰基乙脒法 N-氰基乙脒与 2-氯-5-氯甲基吡啶缩合，然后与硫酸二甲酯发生甲基化反应制得。见路线 1→2。

④ N-氰基-N'-甲基乙脒法 N-氰基-N'-甲基乙脒与 2-氯-5-氯甲基吡啶缩合。见路线 3。

常用剂型 我国登记剂型有微乳剂、水分散粒剂、乳油、可湿性粉剂、可溶性液剂、可溶性粉剂等。复配登记中主要与氯氟氰菊酯、高效氯氰菊酯、丁硫克百威、阿维菌素、毒死蜱、辛硫磷、联苯菊酯等进行复配。

啶蜱脲（fluazuron）

$C_{20}H_{10}Cl_2F_5N_3O_3$，506.21，86811-58-7

其他名称 吡虫隆，氟啶蜱脲，氟佐隆。

化学名称 1-[4-氯-3-(3-氯-5-三氟甲基-2-吡啶氧基）苯基]-3-(2,6-二氟苯甲酰）脲；1-[4-chloro-3-(3-chloro-5-trifluoromethyl-2-pyridyloxy) phenyl]-3-(2,6-difluorobenzoyl) urea。

理化性质 纯品为白色至粉色、无味结晶体。熔点 219℃，沸点 1.2×10^{-7} mPa。水中溶解度（20℃）小于 0.02mg/L，其他溶剂中溶解度：甲醇 2.4mg/L，异丙醇 0.9mg/L。219℃ 以下稳定。

毒性 大鼠急性 LD_{50}（mg/kg）：经口＞5000，经皮＞2000（24h）。无致畸、致突变、致癌作用。

应用 广谱抗寄生虫药。用于防治动物如牛等的害虫，包括抗性品系。也可以用于防治农作物害虫。

合成路线

常用剂型 目前在国内未见相关产品登记。

毒虫畏（chlorfenvinphos）

$C_{12}H_{14}Cl_3O_4P$，359.6，470-90-6

其他名称 硫氧戊威，*cis* and *trans*-Chlorfenvinphos，Apachlor，Birlane［壳牌］，C 8949［汽巴-嘉基］，CVP，GC 4072［Allied］，Sap。

化学名称 2-氯-1-(2,4-二氯苯基）乙烯基二乙基磷酸酯；（*EZ*)-2-chloro-1-(2,4-di-chlorophenyl) vinyl diethyl phosphate。

理化性质 原药为琥珀色液体，具有轻微的气味，熔点 19～23℃，沸点 167～170℃/0.5mmHg。纯品蒸气压 0.53mPa（20℃），相对密度 1.36（20℃）。溶解性（23℃）：水 145mg/L，与丙酮、己烷、乙醇、二氯甲烷、煤油、丙二醇、二甲苯混溶。

毒性 急性经口 LD_{50}（mg/kg）：大鼠 10，小鼠 117～200，兔 300～1000，狗＞12000。急性经皮：大鼠 31～108mg/kg，兔 400～4700mg/kg。对兔皮肤和眼睛无刺激性。大鼠急性吸入 LC_{50}（4h）0.05mg/L 空气。对禽类的急性经口 LD_{50}（mg/kg）：野鸡 107，鸽子 16。对古比鱼的 LC_{50}（96h）0.3～1.6mg/L。对蜜蜂急性 LD_{50}（24h），经口 0.55μg/只，经皮 4.1μg/只。

应用 毒虫畏为土壤杀虫剂，用于土壤，防治根蝇、根蛆和地老虎，剂量为 2～4kg（a.i.)/hm²，适用作物有水稻、小麦、玉米、蔬菜、番茄、苹果、柑橘、甘蔗、棉花、大豆等。还可以以 0.3～0.7g/L 防治牛体外寄生虫，以 0.5g/L 防治羊体外寄生虫。还可用于公共卫生方面，防治蚊幼虫。

合成路线

常用剂型 24％、50％乳油。

毒壤膦（trichloronat）

$C_{10}H_{12}Cl_3O_2PS$，333.59636，327-98-0

其他名称 5082a，agrisil，bay37289，bayer5081，bayers4400，chemagro37289。

化学名称 *O*-乙基-*O*-2，4，5-三氯苯基乙基硫代膦酸酯；*O*-ethyl-*O*-2，4，5-trichlorophenyl ethylphosphonothioate。

理化性质 琥珀色液体，沸点108℃/0.01mmHg。20℃下溶于水50mg/L；易溶于丙酮、乙醇、芳烃和氯化烃溶剂。遇碱分解。

毒性 急性经口 LD_{50}（mg/kg）：大白鼠16～37.5，兔25～50，小鸡45。雄大白鼠急性经皮 LD_{50}135～341mg/kg。以3mg/kg饲料饲喂大白鼠两年，未见中毒症状。虹鳟 LC_{50}（96h）为0.2mg/L，金鱼 LC_{50}（24h）>10mg/L。

应用 是一种非内吸性杀虫剂，可防治根蛆、金针虫和其他土壤害虫。

常用剂型 主要有乳剂、颗粒剂及种子包衣剂。

毒杀芬（camphechlor）

$C_{10}H_{10}Cl_8$，431.8，8001-35-2

其他名称 多氯化莰烯，氯化莰，3956，Toxaphene。

化学名称 八氯莰烯；polychlorcamphene。

理化性质 浅黄色蜡状固体，熔点70～95℃，蒸气压（25℃）$2.66 \times 10^{-2} \sim 5.32 \times 10^{-2}$kPa，相对密度1.65。不溶于水，溶于四氯化碳、苯及其他芳烃有机溶剂。带萜类气味，不易挥发，不可燃，温度高于155℃时逐步分解。

毒性 毒杀芬可通过无损伤皮肤被吸入体内，侵害神经系统和实质性器官。如皮肤接触，可引起皮炎、红肿、水泡。40mg/kg，1次，人口服，最低致死剂量；50mg/

kg，1 次，狗经口，最低致死量；175mg/kg，1 次，豚鼠经口，最低致死量；938mg/kg，1 次，小鼠经皮，最低致死量；2000mg/m³，2h，小鼠吸入，最低致死浓度。LD_{50} 45mg/kg，1 次，小鼠灌胃；LD_{50} 60mg/kg，1 次，大鼠经口；LD_{50} 1025mg/kg，1 次，兔经皮。人口服 5g，多数于 8h 内死亡。毒杀芬有致畸作用。35mg/kg，妊娠7～16d，小鼠经口，胎儿致畸；12mg/kg，妊娠大鼠灌胃，对胎儿的神经和形态有抑制效应。通常将毒杀芬归入高持久性农药之列，其生物代谢和环境降解速率较缓。有文献报道，毒杀芬的光化学性不太稳定，在紫外线、碱介质及金属化合物作用下，毒杀芬可分解转化，生成脱氯产物。

应用 杀虫谱广，为非内吸的持久性触杀和胃毒杀虫剂，也有杀螨作用。主要用于防治棉花铃期害虫，如棉铃象鼻虫、棉红铃虫、棉蚜虫；也可用于玉米、水稻、蔬菜、苎麻、果树、森林等方面的害虫，如水稻螟虫、稻苞虫、稻蓟马、稻尽虱、浮尘子、稻螟、稻铁虫、松毛虫、松毒蛾、柠檬恶性叶虫、柑橘凤蝶、苎麻黄夹蝶等；此外，还可杀灭牲畜、家禽体外寄生虫，拌种可防治地下害虫。禁用情况：以色列（1974 年），新西兰、巴基斯坦、菲律宾、孟加拉、丹麦、哥伦比亚、欧共体（1981 年），芬兰（1983 年），美国、加拿大（1980 年）。限用情况：土耳其（少数害虫用）、泰国、印度。

合成路线

常用剂型 主要有 50％乳剂、10％粉剂等，我国 2002 年已全面禁止使用。

毒死蜱（chlorpyrifos）

$C_9H_{11}Cl_3NO_3PS$，350.5，2921-88-2

其他名称 氯蜱硫磷，乐斯本，氯吡硫磷，Dursban，Lorsban，Dowco179，Chiorpyriphos。

化学名称 O,O-二乙基-O-(3,5,6-三氯-2-吡啶基) 硫代磷酸酯；O,O-diethyl-O-(3,5,6-trichloro-pyridyl) phosphorothioate。

理化性质 无色结晶，具有轻微的硫醇味，熔点 42.0～43.5℃；工业品为淡黄色固体，熔点 35～40℃；溶解性（25℃）：水 2mg/L，丙酮 0.65kg/kg，苯 0.79kg/kg，氯仿 0.63kg/kg，易溶于大多数有机溶剂；在 pH5～6 时最稳定；水解速率随温度、pH 值的升高而加速；对铜和黄铜有腐蚀性，铜离子的存在也加速其分解。

毒性 原药急性 LD_{50}（mg/kg）：大鼠经口 163（雄）、135（雌），兔经口 1000～2000、经皮 2000；在动物体内解毒很快，对动物无致畸、致突变、致癌作用；对鱼、小虾、蜜蜂毒性较大。

应用　毒死蜱属于高效、广谱、非内吸性硫代磷酸酯类有机磷杀虫剂，1965 年由美国 Dow 公司开发，该品种已经成为国际市场最大吨位的优良品种之一。毒死蜱具有触杀、胃毒、熏蒸作用，但无内吸作用，广泛用于大田作物和经济作物上多种害虫的防治，效果很好；由于毒死蜱可以吸附于土壤的有机物中，残效期长，因此对地下害虫有较高的防治效果；毒死蜱对牲畜寄生虫、卫生害虫也有优良的防治效果。

合成路线　以三氯硫磷或五硫化二磷为起始原料，制得中间体 O,O-二乙基硫代磷酰氯，该中间体与 2-羟钠-3,5,6-三氯吡啶发生缩合反应制得毒死蜱。

常用剂型　我国登记产品涵盖乳油、微乳剂、水乳剂、缓释剂、微胶囊剂、可湿性粉剂、颗粒剂、悬浮种衣剂、烟雾剂等剂型。复配对象有高效氯氰菊酯、氯氟氰菊酯、阿维菌素、啶虫脒、杀虫单、三唑磷、氟铃脲、啶虫脲、噻嗪酮、甲基阿维菌素、丙溴磷、丁硫克百威、虫酰肼、敌敌畏、辛硫磷、仲丁威、灭蝇胺、烯唑醇、吡虫啉、吡蚜酮、多杀菌素、敌百虫、灭多威、马拉硫磷、溴氰菊酯、矿物油等。

独效磷

$C_4H_{10}O_5NP$, 183.1, 995-17-5

其他名称　甲威胺磷，K20-35。

化学名称　O,O-二甲基磷基氨基甲酸甲酯；O,O-dimethyl phosphory methyl catbamat。

理化性质　熔点 63～65℃，溶于水、苯、二氯乙烷、甲醇。

毒性　LD_{50} 值为 5g/kg。

应用　对甜菜象鼻虫有效。

常用剂型　目前在我国未见相关制剂产品登记。

对二氯苯（para-dichlorobenzene）

$C_6H_4Cl_2$, 147.0, 106-46-7

其他名称　PDB, Paracide, Paracrystals, Paradow, Para-Nuggets, Parazene, Santo-chlor。

化学名称　对二氯苯；1,4-dichlorobenzene。

理化性质　原药为无色结晶，有特异气味。熔点 53℃，沸点 173.4℃，相对密度 d_4^{20}1.4581，蒸气压 133.3Pa/25℃。25℃水中溶 0.08g/L，稍溶于冷乙醇，易溶于有机溶剂。化学性质稳定，无腐蚀性。

毒性　急性经口 LD_{50}：大鼠 500～5000mg/kg，小鼠 2950mg/kg。在人体引起白内障的怀疑被排除了。当其剂量超过 300mg/kg 时，药剂对人的皮肤有刺激作用，空气中最大允许含量为 75mg/L。

应用　防治甜菜象鼻虫、葡萄根瘤蚜虫、桃透翅蛾等。在纺织物保护方面，防治网衣蛾、负袋衣蛾、毛毡衣蛾等。

常用剂型　主要作为卫生杀虫剂用，登记剂型为片剂、球剂、防蛀片、防蛀球等。

对磺胺硫磷（S-4115）

$C_{12}H_{19}ClNO_5PS_2$，274，21410-51-5

其他名称　磺胺磷，S-4115，OMS-868。

化学名称　O,O-二甲基-O-［4-(N,N-二乙基氨磺酰基)-3-氯苯基］硫代磷酸酯；O,O-dimethyl-O-[4-(N,N-diethylsulfamoyl)-3-chlorophenyl] phosphorothioate。

理化性质　纯品外观为白色结晶状；熔点 45～48℃；相对密度 d_4^{49} 为 1.3353；折射率 n_D^{31} 为 1.5189；可溶于大多数有机溶剂（如醇、醚、酮、芳烃等）中，难溶于烷烃和水。

毒性　急性经口 LD_{50}：鼷鼠 250mg/kg，大鼠 510mg/kg；对金鱼的 TLm（48h）为 1.15mg/L。

应用　对磺胺硫磷杀虫谱和一六零五相当。可防治水稻二化螟、黑尾叶蝉、蔬菜害虫。其实际使用浓度为 500mg/L。持效期约 1 周。500～2000mg/L 对水稻安全，但是，100mg/L 以上浓度对大豆和萝卜稍有药害。此外，对防治牛锥蝇幼虫等牲畜害虫有很好效果。

常用剂型　乳剂。

对硫磷（parathion）

$C_{10}H_{14}NO_5PS$，291.27，56-38-2

其他名称　福利多，1605，巴拉松［台］，一六零五，乙基对硫磷，乙基 1605，Parathion-ethyl，Thiophos，Ethyl parathion，S. N. P.，ACC 3422［氰胺］，Alleron［拜耳］，Aphamite，Bladan。

化学名称　O,O-二乙基-O-(对硝基苯基)-硫代磷酸酯；O,O-diethyl-O-(4-nitrophenyl) phosphorothioate。

理化性质　纯品为无色针状结晶，工业品为无色或浅黄色油状液体。熔点 6℃，沸点

375℃，相对密度 1.2656（25℃/4℃），折射率 1.5370（25℃），蒸气压（20℃）为 5×10^{-6} kPa。水中溶解度为 24mg/L（25℃）。微溶于石油醚及煤油，可与多数有机溶剂混溶。有蒜臭。在碱性介质中迅速地水解；在中性或微酸性溶液中较为稳定；对紫外线与空气都不稳定。

毒性　急性毒性：LD_{50} 13mg/kg（雄大鼠经口）；LD_{50} 3.6mg/kg（雌大鼠经口）；LC_{50} 31.5mg/m³，4h（大鼠吸入）；人口服 10～30mg/kg，致死剂量。亚急性和慢性毒性：大鼠吸入 0.4mg/m³×6h/d×4 个月，抑制血胆碱酯酶活性阈浓度。致突变性：微生物鼠伤寒沙门氏菌致突变 1mg/皿；人淋巴细胞姊妹染色单体交换 200μg/L。生殖毒性：大鼠经口最低中毒剂量 0.36mg/kg（孕 2～22d 或产后 15d），影响新生鼠生化和代谢；大鼠皮下最低中毒剂量 9.8mg/kg（孕 7～12d），致死胎。致癌性：大鼠经口最低中毒剂量 1260mg/kg，80 周（连续），疑致肾上腺皮质肿瘤。水生生物忍度限量（24h）：鲤鱼为 4.5mg/L。代谢和降解：对硫磷在环境中易受光、空气、水的影响，而分解为无毒物质，但比其他有机磷农药稳定。在自然环境下也易降解。在光照条件下，易进行光氧化反应，生成对氧磷，对氧磷的毒性比原母体对硫磷毒性更大。对硫磷在喷洒作物上消失很快，在短期内，少量的对硫磷已转变为对氧磷而增加毒性。残留与蓄积：对硫磷能通过消化道、呼吸道及完整的皮肤和黏膜进入人体。环境中的对硫磷也可以通过食物链发生生物富集作用，但体内蓄积的量远比有机氯农药要低。土壤中的对硫磷也可以通过植物根部吸收而进入植物体内。因而其从土壤中经植物再进入动物体内的可能性是非常大的。迁移转化：在土壤中，对硫磷可通过水的淋溶作用而稍向土壤深层迁移。一般情况下，年移动速度小于 20cm。它可以由土壤表面向大气蒸发，温度越高，蒸发量越大。

应用　对硫磷为广谱性杀虫剂，具有触杀、胃毒、熏蒸作用，无内吸传导作用，但能渗透入植物体内。对昆虫作用很快，高温时杀虫作用显著增快，用于防治水稻、棉花、玉米等作物的害虫，也可用于防治苹果、柑橘、梨、桃等果树及林木上多种咀嚼式和刺吸式口器害虫，如防治各种蚜虫、红蜘蛛等害虫。

合成路线

常用剂型　主要有 50%乳油、1%粉剂、15%颗粒剂、25%胶囊剂、25%油剂等。

对氧磷（paraoxon）

$C_{10}H_{14}NO_6P$，275.20，311-45-5

其他名称　E600。

化学名称　O,O-二乙基-O-（对硝基苯基）磷酸酯；O,O-diethyl-O-(4-nitrophenyl) phosphate。

理化性质　纯品为无色油状液体，稍带臭味，沸点 88℃（0.01mmHg）、169～170℃

（1mmHg），25℃溶于水 25g/L，易溶于多数有机溶剂，难溶于石油醚和石蜡油。在阳光下部分分解，变为暗黑色液体。遇碱分解。

毒性 急性经口 LD$_{50}$（mg/kg）：大白鼠 3.5，小白鼠 1.9，鸡 2。人口服致死最低量 5mg/kg。兔急性经皮 LD$_{50}$ 5mg/kg。腹腔注射 LD$_{50}$（mg/kg）：大白鼠 0.93，小白鼠 1.5。静脉注射 LD$_{50}$（mg/kg）：大白鼠 0.253，小白鼠 0.59。小白鼠皮下注射 LD$_{50}$ 0.6mg/kg。

应用 杀虫范围与对硫磷相同，由于对温血动物的毒性高，而未获得实际应用。

常用剂型 目前在我国未见相关制剂产品登记。

多氟脲（noviflumuron）

$C_{17}H_7Cl_2F_9N_2O_3$，529.141，121451-02-3

其他名称 DE-007，XDE-007，XR-007，X-550007。

化学名称 N-[[[3,5-二氯-2-氟-4-(1,1,2,3,3,3-六氟丙氧)苯]胺]羟基]-2,6-二氟苄胺；N-[[[3,5-dichloro-2-fluoro-4-(1,1,2,3,3,3-hexafluoropropoxy) phenyl] amino] carbonyl]-2,6-difluorobenzamide；(RS)-1-[3,5-dichloro-2-fluoro-4-(1,1,2,3,3,3-hexafluoropropoxy) phenyl]-3-(2,6-difluorobenzoyl) urea。

理化性质 原药外观为白色无味结晶物，密度 1.68g/cm^3（20℃），熔点 156.2℃，蒸气压为 7.19×10^{-10} Pa（25℃），在非极性溶剂中溶解度很低，在极性溶剂中溶解度较低。

毒性 急性经口（鼠）、急性经皮（兔）LD$_{50}$＞5000mg/kg，急性吸入（鼠）LC$_{50}$ 为 5.24mg/L。对眼轻微刺激，对皮肤无刺激。

应用 多氟脲是与氟铃脲结构类似的一种昆虫生长调节剂，由 Dow AgroSciences 公司在 1995 年开发，可作为白蚁和入侵红火蚁饵剂的有效成分，白蚁饵剂中常用的浓度为 0.5%。与氟铃脲相比，多氟脲用于白蚁饵剂时，表现出较快的致死速度和较高的致死率，这可能与多氟脲具有较慢的衰减性等内在特性有关。室内试验表明多氟脲在滤纸上的浓度高达 10000mg/L 没有拒食性。通过 ^{14}C 测定，多氟脲在白蚁体内的第一次半衰期约 29d，而氟铃脲为 8～9d。

合成路线

常用剂型 主要有 0.5% 杀白蚁饵剂。

多杀菌素（ spinosad ）

spinosynA,R=H,$C_{41}H_{65}NO_{10}$

spinosynD,R=CH_3,$C_{42}H_{67}NO_{10}$

$C_{41}H_{65}NO_{10}$ (spinosyn A) + $C_{42}H_{67}NO_{10}$ (spinosyn D)，732.0 (spinosyn A)，746.0 (spinosyn D)，168316-95-8 (131929-60-7 + 131929-63-0)

其他名称　艾克敌，菜喜，催杀。

化学名称　多杀菌素 A：（2R，3aS，5aR，5bS，9S，13S，14R，16aS，16bR）-13-｛[（2R，5S，6R）-5-（二甲氨基）四氢-6-甲基-2H-吡喃-2-基］丁氧基｝-9-乙基-2，3，3a，5a，5b，6，7，9，10，11，12，13，14，15，16a，16b-十六氢-14-甲基-7，15-二氧代-1H-as-茚戊烯并［3，2-d］氧杂十二环-2-基-6-去氧-2，3，4-三-O-甲基-α-L-吡喃甘露糖苷；多杀菌素 D：（2R，3aS，5aR，5bS，9S，13S，14R，16aS，16bR）-13-｛[（2R，5S，6R）-5-（二甲氨基）四氢-6-甲基-2H-吡喃-2-基］丁氧基｝-9-乙基-2，3，3a，5a，5b，6，7，9，10，11，12，13，14，15，16a，161）-十六氢-4，14-二甲基-7，15-二氧代-1H-as-茚戊烯并［3，2-d］氧杂十二环-2-基-6-去氧-2，3，4-三-O-甲基-α-L-吡喃甘露糖苷。mixture of 50%～95%（2R，3aS，5aR，5bS，9S，13S，14R，16aS，16bR）-2-[（6-deoxy-2，3，4-tri-O-methyl-α-L-mannopyranosyl）oxy]-13-（4-dimethylamino-2，3，4，6-tetradeoxy-β-D-erythropyranosyloxy)-9-ethyl-2，3，3a，5a，5b，6，7，9，10，11，12，13，14，15，16a，16b-hexadecahydro-14-methyl-1H-as-indaceno［3，2-d］oxacyclododecine-7，15-dione and 50%～5%（2S，3aR，5aS，5bS，9S，13S，14R，16aS，16bS）-2-[（6-deoxy-2，3，4-tri-O-methyl-α-L-mannopyranosyl）oxy]-13-（4-dimethylamino-2，3，4，6-tetradeoxy-β-D-erythropyranosyloxy)-9-ethyl-2，3，3a，5a，5b，6，7，9，10，11，12，13，14，15，16a，16b-hexadecahydro-4，14-dimethyl-1H-as-indaceno[3，2-d]oxacyclododecine-7，15-dione。

理化性质　浅灰白色晶体，带有一种类似于轻微陈腐泥土的气味。熔点：A 型 84～99.5℃，D 型 161.5～170℃。密度 0.512g/cm³（20℃）。水中溶解度：A 型 pH 为 5、7、9 时分别为 270mg/L、235mg/L 和 16mg/L，D 型 pH 为 5、7、9 时分别为 28.7mg/L、0.332mg/L 和 0.053mg/L。在水溶液中 pH 为 7.74，对金属和金属离子在 28d 内相对稳定。

毒性　多杀菌素对有益昆虫的高度选择性，使其在害虫综合治理中成为一个引人注目的农药。研究表明，多杀菌素能在大鼠、狗、猫等动物体内快速吸收和广泛代谢。据报道，在 48h 内，多杀菌素或其代谢产物的 60%～80% 通过尿或大便排泄出去。多杀菌素在动物的脂肪组织中含量最高，其次是肝、肾、奶和肌肉组织。动物体内多杀菌素的残留量主要通过 N-脱甲基化作用、O-脱甲基化作用和羟基化作用来代谢。多杀菌素在环境中通过多种组合途径快速降解，主要为光降解和微生物降解，最终分解为碳、氢、氧、氮等自然组分，因而对环境不会造成污染。多杀菌素的土壤光降解半衰期为 9～10d，叶面光降解的半衰期为 1.6～16d，而水中光降解的半衰期则小于 1d。当然，半衰期与光的强弱程度有关，在无光照的条件下，多杀菌素经有氧土壤代谢的半衰期为 9～17d。另外，多杀菌素的土壤传质系数为中等，它在水中的溶解度很低并能快速降解，由此可见多杀菌素的沥滤性能非常低，因此只要合理使用，它对地下水源是安全的。根据美国环保局（EPA）的规定，不需要设置任何缓冲区域。中国和美国农业部登记的安全采收期都只有 1d，最适合无公害蔬菜的生产应用。

应用 多杀菌素是一种广谱的生物农药，具有快速的触杀和胃毒作用，杀虫速度可与化学农药相媲美。杀虫活性远远超过有机磷、氨基甲酸酯、环戊二烯和其他杀虫剂，能有效控制的害虫包括鳞翅目、双翅目和缨翅目害虫，同时对鞘翅目、直翅目、膜翅目、等翅目、蚤目、革翅目和啮虫目的某些特定种类的害虫也有一定的毒杀作用，但对刺吸式口器昆虫和螨虫类防效不理想。

常用剂型 常用制剂主要有 2.5%、48%悬浮剂，并有 BT 和部分化学农药与之复配。

多杀威（toxisamate）

$C_{10}H_{13}NO_2S$，211.3，18809-57-9

其他名称 乙硫威，Toxamate，EMPC。

化学名称 4-乙硫基苯基-N-甲基氨基甲酸酯；4-(ethylthio) phenyl-N-methylcarbamate。

理化性质 工业品为无色结晶，略带有特殊气味，含量在 95%以上，熔点 83～84℃，难溶于水，可溶于丙酮等有机溶剂。对酸稳定，但对强碱不稳定。

毒性 对鼷鼠的急性经口 LD_{50} 为 109mg/kg，急性经皮 LD_{50} 为 2.6g/kg。本品化学结构的对位上与灭梭威类似，存在有一硫烷基（前者为乙硫基，后者为甲硫基），故在进入植物体内或土壤中，很可能变成亚砜和砜的类似物，对害虫仍有很强的毒力。残效期较长，一般可在 7d 左右。

应用 对防治苹果的桑粉蚧、蚜虫、橘粉蚧、柿粉蚧、橘蚜、橘黄粉虱等有一定特效。可用 20%乳油稀释的 1000 倍液喷洒。

合成路线

常用剂型 主要有 20%乳油。

蛾蝇腈 （thiapronil）

$C_{18}H_{11}ClN_2OS$，338.8，77768-58-2

其他名称　噻唑腈，SN72129。

化学名称　(*E*)-2-氯苯甲酰（2,3-二氢-4-苯基-1,3-噻唑-2-基叉）乙腈；(*E*)-2-chloro-benzoyl (2,3-dihydro-4-phenyl-1,3-thiazol-2-ylidene) acetonitrile。

理化性质　纯品白色结晶，熔点 182～183℃，25℃蒸气压＞13.3nPa。室温下溶解度 (mg/100mL)：丙酮为 1.5，异丙醇为 190，甲醇为 420，水为 6.9。在酸、碱性溶液中都稳定。

毒性　对哺乳动物的急性毒性很低，大白鼠急性经口 LD_{50}＞5g/kg，新西兰白兔急性经皮 LD_{50}＞2g/kg。Ames 试验结果无诱变性。在低剂量时，对蜜蜂最多是中等毒性，并对一些异翅亚目和 Chrysopid 食肉虫无毒。对鱼类低毒。

应用　为非内吸性的选择性杀虫剂，杀虫谱窄。可用于防治马铃薯甲虫、梨木虱、菜蛾等害虫，对抗性菜蛾等亦有效。

常用剂型　主要有粉剂和可湿性粉剂。

噁虫酮 （metoxadiazone）

$C_{10}H_{10}N_2O_4$，222.2，60589-06-2

其他名称　RP-32861，S-21074，害蟑灭，Elemic。

化学名称　5-甲氧基-3-(邻甲氧基苯基)-1,3,4-二唑-2-(3*H*)-酮；5-methoxy-3-(2-me-thoxyphenyl)-1,3,4-oxadiazol-2 (3*H*)-one。

理化性质　纯品为淡黄色至赤褐色结晶或结晶粉末。熔点 79.5℃，蒸气压 0.147Pa (25℃)，相对密度 1.401～1.410，引火点 160℃，发火温度 390℃。易溶于丙酮、氯仿、醋酸乙酯、氯甲烷、苯甲醚；较易溶于甲醇、二甲苯、三氯乙烷；可溶于乙醇、异丙醇、三甲苯、烷基苯等；几乎不溶于水、环己烷、煤油。常温下稳定，高于 50℃时不稳定。40℃时在下列溶剂中 6 个月后残存率为：丙酮 97.7%、甲醇 85.3%、异丙醇 95%、乙酸乙酯 99.8%、氯仿 93.2%，可见在甲醇中较易分解，在其他溶剂中稳定。药剂在膨润土和碳酸钠中不稳定（40℃，6 个月残存率分别为 85.7%和 16.0%），而在其他载体中均稳定。在光照下会逐渐分解，此外，湿度对药剂也有影响。其在植株中的 DT_{50} 约为 2d，在土壤中 DT_{50} 为 5～8d。

毒性 雄大鼠急性经口 LD_{50} 为 190mg/kg，雌大鼠为 175mg/kg；雄小鼠急性经口 LD_{50} 142mg/kg，雌小鼠为 139mg/kg；雄狗急性经口 LD_{50} 1～2g/kg。大鼠急性经皮 LD_{50} ＞2.5g/kg，小鼠＞5g/kg。雄大鼠急性吸入 LC_{50}（4h）2770mg/m³，雌大鼠为 1720～2820mg/m³；小鼠急性吸入 LC_{50}（4h）＞3400mg/m³。对兔眼睛黏膜有中等刺激作用，可恢复，对皮肤有轻度刺激作用，对豚鼠皮肤无过敏性。Ames 试验表明，无致突变性。大鼠 1 个月和 6 个月饲喂试验无作用剂量分别为 100mg/kg［雄 8.17mg/(kg·d)，雌 8.49mg/(kg·d)］和 20mg/kg［雄 1.2mg/(kg·d)，雌 1.27mg/(kg·d)］。鲤鱼 LC_{50}（72h）25mg/L。蜜蜂经口 LD_{50} 10mg/只蜜蜂，接触毒性很小。将具苯环¹⁴C放射标记的 Elemic 以 1mg/kg 的剂量，经口或皮下投予大鼠，均能被迅速吸收、代谢，在组织中不残留，且能以尿为主迅速从体内排出。以每天 1mg/kg 剂量连续经口投药大鼠 14d，其代谢、排泄并不延迟；停止用药后，除了血细胞和脾脏中¹⁴C的减少稍慢外，其他组织中的¹⁴C量均迅速减少。

应用 具有触杀和胃毒作用，击倒活性好。噁虫酮具有抑制乙酰胆碱酯酶和对神经轴索作用的双重特性，为防治对拟除虫菊酯类具抗性蜚蠊的有效药剂。300～800mg/L 能防治甘蓝、番茄、蚕豆、马铃薯、冬小麦、苹果和梨树上的蚜虫；对抗氨基甲酸酯杀虫剂的黑尾叶蝉，其 LC_{50} 为 23mg/L，而对稻褐飞虱和白背飞虱的 LC_{50} 为 26mg/L。以油剂喷洒，对德国小蠊和美国大蠊的致死效果优于杀螟硫磷和菊酯，对抗性品系德国小蠊也如此，而且持效期长，但对家蝇的效果不及上述两对照药剂。能单独、或与氯菊酯混用制成烟雾剂用于防治蜚蠊。

合成路线

常用剂型 主要有 50％可湿性粉剂、200g/L 乳油，还可加工成烟雾剂、油剂等。

噁虫威（bendiocarb）

$C_{11}H_{13}NO_4$，223.2，22781-23-3

其他名称 苯恶威［台］，高卫士［艾格福］，快康［艾格福］，免敌克［台］，苯氨威，Bendiocarbe，Bencarbate，Ficam［艾格福］，Garvox［艾格福］，NC 6897，Seedox。

化学名称 2,3-(异丙基叉二氧) 苯基-N-甲基氨基甲酸酯；2,3-isopropylidenedioxy-phenyl methylcarbamate。

理化性质 无色无臭固体，熔点 124.6～128.7℃，蒸气压 4.6mPa（25℃），相对密度

1.25（20℃）。溶解度：水 0.28g/L（20℃），丙酮 150～200、甲醇 75～100、二氯甲烷 200～300、苯和乙醇 40、甲醇 75～100、乙酸乙酯 60～70、正己烷 0.225、煤油＜1（均在 25℃，g/L）。碱性介质中迅速水解，对光和热稳定。

毒性 大鼠 LD_{50}：急性经口 40～156mg/kg，急性经皮 566～800mg/kg。对兔眼睛和皮肤有轻度刺激作用。在试验剂量上，对动物无致畸、致突变和致癌作用。对蜜蜂高毒，对鸟类有毒。

应用 具有触杀和胃毒作用，在植物体内有一定的内吸作用。杀虫谱广，可通过叶面喷雾控制缨翅目和其他害虫的危害，也可作为种子处理剂和颗粒剂控制土壤害虫的危害。

合成路线

常用剂型 20％可湿性粉剂。

噁唑磷 （isoxathion）

$C_{13}H_{16}NO_4PS$，313.31，18854-01-8

其他名称 异噁唑磷，E-48［三共］，Karphos［三共］，SI-6711，二乙基磷酰异噁唑苯。

化学名称 O,O-diethyl-O-5-苯基-1,2-噁唑-3-硫代磷酸酯，O,O-diethyl-O-(5-phenyl-3-isoxazolyl) phosphorothioate。

理化性质 纯品为浅黄色液体。沸点 160℃/0.15mmHg，蒸气压＜0.133mPa（25℃）。水中溶解度 1.9mg/L（25℃），易溶于有机溶剂。碱性介质中不稳定。160℃以上分解。

毒性 急性经口 LD_{50}（mg/kg）：大白鼠 112，小白鼠 98.4。急性经皮 LD_{50}（mg/kg）：大白鼠＞450，小白鼠 193。对皮肤有刺激。对鲤鱼毒性 LC_{50}（48h）2.13mg/L。在土壤中半衰期 DT_{50} 9～40d。

应用 20 世纪 60 年代后期开发成功的有机磷杀虫剂。对昆虫有触杀、胃毒作用。可用于柑橘、烟草、蔬菜等作物防治卷叶蛾、潜叶蛾、锈壁虱、烟青虫、果树食心虫等害虫。

合成路线

常用剂型 主要有 50％乳剂、40％可湿性粉剂、3％颗粒剂、2％和 3％粉剂。

二苯胺（diphenylamine）

$$C_{12}H_{11}N,\ 169.23,\ 122\text{-}39\text{-}4$$

其他名称　DPA，Scalip。

化学名称　N-苯基苯胺；N-phenylbenzenamine。

理化性质　结晶体，熔点 53～54℃，沸点 302℃，相对密度 1.16。经光变色。溶解度：不溶于水，易溶于苯、乙醚、乙酸和二硫化碳。

毒性　豚鼠急性经口 LD_{50} 为 300mg/kg。每日允许摄入量为 0.02mg/kg。

用途　对螺旋锥蝇有忌避作用，浸渍可用于苹果防霉。

常用剂型　目前在我国未见相关制剂产品登记，常用制剂主要有 31％乳油、35％液剂、83％可湿性粉剂。

二硫化碳（carbon disulfide）

$$CS_2,\ 76.1,\ 75\text{-}15\text{-}0$$

化学名称　二硫化碳；carbon disulphide。

理化性质　纯品稍有甜味，沸点 46.3℃，冰点 −111℃。相对密度：气体（空气＝1）2.64，液体（在 4℃时，水＝1）1.2628（20℃）。空气中的燃烧极限 1.25％～40％（按体积计）。水中溶解度 0.22g/100mL（22℃）。在 100℃左右自燃。熏蒸蒸气由液体蒸发产生，绝大多数情况下与其他不燃烧物混合使用。商品纯度 99％。不同温度下的自然蒸气压力：0℃ 16.97kPa，10℃ 26.41kPa，20℃ 39.66kPa，30℃ 57.78kPa。

毒性　由于二硫化碳的致死剂量很大，在熏蒸剂的毒性名次排列相当靠后。人处在二硫化碳高浓度条件下，具有麻醉作用，如果持续时间长，则可因呼吸中枢麻痹使失去知觉以致死。高浓度下，人体皮肤也能吸收，造成严重的烧伤或起泡。

应用　二硫化碳有良好的穿透性，熏蒸粮食时一般与不燃烧成分制成混剂使用。二硫化碳对干燥种子的熏蒸不降低种子的活力。对谷物如小麦、大麦、玉米、稻谷等，$250g/m^3$ 熏蒸 24h，发芽不受影响。气态二硫化碳会严重损害或杀死生长着的植物或苗木。但水稀释的二硫化碳乳剂处理常青树和落叶苗木根部周围的土壤，能有效地防治日本金龟子幼虫等多种地下害虫。

常用剂型　目前我国未见相关制剂产品登记。

二氯丙烷（propylene dichloride）

$$C_3H_6Cl_2,\ 113.0,\ 78\text{-}87\text{-}5$$

其他名称　　Dichlor，PDC。

化学名称　　1,2-二氯丙烷；1,2-dichloropropane

理化性质　　无色液体，沸点为 95.4℃，熔点－70℃，在 19.6℃时蒸气压为 28kPa，相对密度 d_{20}^{20}1.1595，折射率 n_D^{25} 为 1.437，在水中的溶解度为 0.27g/100g（20℃），可溶于乙醇、乙醚。易燃，闪点 21℃。

毒性　　为强麻醉剂，低浓度的二氯丙烷刺激呼吸道。在空气中最大允许浓度为 25mg/L。

应用　　一般与其他熏蒸剂混用，常用于贮粮熏蒸，用于土壤熏蒸可杀灭线虫、金针虫、金龟子幼虫等。

常用剂型　　目前在我国未见相关制剂产品登记。

二氯嗪虫脲（ EL 494 ）

$C_{19}H_{13}BrCl_2N_4O_2$，476.0，59489-59-7

化学名称　　N-[[[5-(4-溴苯基)-6-甲基-2-吡嗪基］氨基］羰基]-2,6-二氯苯甲酰胺；N-[[[5-(4-bromophenyl)-6-methyl-2-pyrazinyl] amino] carbonyl]-2,6-dichloro-benzamide。

应用　　本品为昆虫生长调节剂，对几丁质合成有抑制作用，可用来防治棉红铃虫、云杉卷叶蛾和舞毒蛾幼虫。

合成路线

常用剂型　　目前在我国未见相关制剂产品登记。

二氯戊烯菊酯

$C_{14}H_{20}Cl_2O_2$，291.22，63922-37-2

其他名称　　戊烯菊酯，PY-116。

化学名称　　(1R,S)-反式-2,2-二甲基-3-(2,2-二氯乙烯基) 环丙烷羧酸-2-甲基-戊-2-烯基酯；2-methyl-penten-2-yl-(1R,S)-trans-2,2-dimethyl-3-(2,2-dichlorovinyl) cyclopane-carboxylate。

理化性质 淡黄色油状液体，沸点 136～138℃/66.6Pa，易挥发，不溶于水，能溶于多种有机溶剂。

毒性 小鼠急性经口 $LD_{50}>1g/kg$。

应用 熏蒸击倒作用略低于右旋丙烯菊酯，而比甲醚菊酯快；对害虫的毒杀活性，低于右旋丙烯菊酯，约可与甲醚菊酯相当。本品立体异构体的杀虫活性，对库蚊成虫反式比顺式高 1 倍左右，对家蝇反式比顺式高 10 倍左右，对黏虫反式比顺式高 1.3 倍。

常用剂型 二氯戊烯菊酯目前在我国未见相关制剂产品登记。

二氯乙烷（ethylene dichloride）

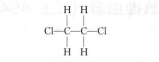

CH_2ClCH_2Cl，99，107-06-2

其他名称 ENT1656。

化学名称 1,2-二氯乙烷；1,2-dichloroethane。

理化性质 气味与氯仿相似，沸点 83.5℃，冰点-36℃，20℃蒸气压为 10.4kPa。相对密度：气体（空气＝1）3.42；液体（在 4℃时，水＝1）1.257（20℃）。稳定性：可燃，闪点 12～15℃，在空气中的可燃性下限和上限分别为 275mg/L 和 700mg/L。水中溶解度 4.3g/L（20℃）。稳定和无腐蚀性。熏蒸剂挥发方法是液体蒸发，并且总是同不燃烧的熏蒸剂或载体混合使用。不同温度下的自然蒸气压力：0℃ 3.06kPa；10℃ 5.33kPa；20℃ 8.66kPa；30℃ 13.7kPa。1kg 体积 795.5mL，1L 重 1.257kg。

毒性 急性经口 LD_{50}：大鼠 670～890mg/kg，小鼠 870～950mg/kg，兔 860～970mg/kg。人体一次性过量或反复接触二氯乙烷，肝脏和肾脏都会受到伤害。从急性毒性来看，比四氯化碳稍高一些。二氯乙烷也是中枢神经系统的抑制剂和肺部刺激剂。从慢性毒性来看，又比四氯化碳安全。实践中，大多数人对二氯乙烷的亚致死浓度都无法忍受或出现呕吐。二氯乙烷的毒性对昆虫不如其他常用的熏蒸剂。

应用 主要用于粮食熏蒸，用量为 321mL/L。

常用剂型 常以熏蒸剂使用。

二嗪磷（diazinon）

$C_{12}H_{21}N_2O_3PS$，304.35，333-41-5

其他名称 二嗪农，地亚农，太亚仙农，大利松，Basudin，Neocidol，Diazol，Diazide，DBD。

化学名称 *O,O*-二乙基-*O*-(2-异丙基-4-甲基嘧啶-6-基) 硫代磷酸酯；*O,O*-diethyl-*O*-

92

(2-isopropyl-4-methylpyrimidin-6-yl) phosphothioate。

理化性质 纯品为无色无臭油状液体，沸点为 83～840（26.7mPa），相对密度为 1.11（200），蒸气压为 12mPa（25℃）。20℃在水中溶解度为 60mg/L。在 50℃以上不稳定，对酸和碱不稳定，对光稳定。其他有害作用：该物质对环境可能有危害，对水体应给予特别注意。工业品为灰色至暗棕色液体，难溶于水，能溶于石油醚，可与乙醇、丙酮、二甲苯混溶，对碱、酸、热不稳定，对光稳定。在水及稀酸作用下会缓慢水解，变为高毒的四乙基硫代焦磷酸酯。

毒性 急性经口 LD_{50}（mg/kg）：大鼠 1250，小鼠 80～135，豚鼠 250～355。经皮毒性 LD_{50}：大鼠＞2150mg/kg，兔 540～650mg/kg。对兔皮肤和眼睛无刺激。大鼠吸入毒性 LC_{50}（4h）＞2330mg/m³。对禽类急性经口 LD_{50}：野鸭 3.5mg/kg，雏野鸡 4.3mg/kg。对鱼类 LC_{50}（96h）：蓝鳃太阳鱼 16mg/L，虹鳟 2.6～3.2mg/L，鲤鱼 7.6～23.4mg/L。对蜜蜂高毒。水蚤 LC_{50}（48h）0.96μg/L。

应用 广谱性杀虫剂。它具有触杀、胃毒、熏蒸和一定的内吸作用，也有较好的杀螨与杀卵作用。二嗪磷主要以乳油对水喷雾用于水稻、棉花、果树、蔬菜、甘蔗、玉米、烟草、马铃薯等作物，防治刺吸式口器害虫和食叶害虫，如鳞翅目、双翅目幼虫、蚜虫、叶蝉、飞虱、蓟马、介壳虫、二十八星瓢虫等及叶螨，对虫卵、螨卵也有一定的杀伤效果。小麦、玉米、高粱、花生等拌种，可防治蝼蛄、蛴螬等土壤害虫。颗粒剂灌心叶，可防治玉米螟。乳油对煤油喷雾，可防治蜚蠊、跳蚤、虱子、苍蝇、蚊子等卫生害虫。绵羊药液浸浴，可防治蝇、虱、稗、蚤等体外寄生虫。一般使用下无药害，但一些品种的苹果和莴苣较敏感。收获前禁用期一般为 10d。不能和铜制剂、除草剂敌稗混用，在施用敌稗前后 2 周内也不能使用。制剂不能用铜器、铜合金器或塑料容器盛装。

合成路线

常用剂型 主要有乳油、颗粒剂、水乳剂，复配制剂中主要与辛硫磷和阿维菌素复配。

二硝酚（DNOC）

$C_7H_6N_2O_5$, 198.1, 534-52-1

其他名称 二硝甲酚，4,6-二硝基-邻甲酚。

化学名称 4,6-二硝基邻甲苯酚；4,6-dinitro-*o*-cresol。

理化性质 黄色晶体，熔点 88.2～89.9℃。溶解性（g/L，20℃）：水中 6.94（pH 值 7），甲苯 251，甲醇 58.4，己烷 4.03，乙酸乙酯 338，丙酮 514，二氯甲烷 503。在水中二硝酚降解很慢，DT_{50}＞1 年。光解 DT_{50} 为 253h（20℃）。

毒性 急性经口 LD_{50}（mg/kg）：大鼠 25～40，小鼠 16～47，山羊 100，猫 50；急性经皮 LD_{50}（mg/kg）：大鼠 200～600，兔 1000，小鼠 187。对皮肤有刺激性，致毒剂量可通过皮肤吸收。对鱼的 LC_{50}（mg/L）：鲤鱼 6～13，鲑鱼 0.45，蓝鳃太阳鱼 0.95。对蜜蜂 LD_{50} 1.79～2.29mg/只。在田间条件下中毒到低毒。对水蚤 LC_{50}（24h）5.7mg/L，藻类 LC_{50}（96h）6mg/L。对蚯蚓 LC_{50}（14d）15mg/kg 土壤。

应用 呼吸电子传递抑制剂。非内吸性杀虫、杀螨剂，具有触杀和胃毒作用。可控制越冬阶段的蚜虫、冬蛾、灯蛾、卷叶蛾、介壳虫，以及果树上的螨类。

合成路线

常用剂型 常用剂型主要有钠盐水溶液、乳剂、可湿性粉剂。

二溴磷（naled）

$C_4H_7Br_2Cl_2O_4P$，380.80，300-76-5

其他名称 万丰灵，Bromchlophos，BRP，Dibrom［艾格福］，RE-4355。

化学名称 1,2-二溴-2,2-二氯乙基二甲基磷酸酯；(*RS*)-1,2-dibromo-2,2-dichloroethyl dimethyl phosphate。

理化性质 工业品为淡琥珀色液体，纯度 90%～93%。纯品为白色结晶，熔点 26～27.5℃，沸点 110℃/66.7Pa，相对密度 d_{20}^{20} 为 1.96，折射率 n_D^{20} 为 1.5108，蒸气压 0.267Pa，挥发度 4.5mg/m³。挥发性强，残效短。可溶于丙酮、丙二醇、芳香烃及含氧烃等有机溶剂中，稍溶于脂肪烃及水中。高温和碱性条件下水解速度更快，在玻璃容器中稳定。对金属具有腐蚀性；在金属和还原剂存在下失去溴，变成敌敌畏。

毒性 急性经口 300mg/kg；急性经皮 923mg/kg。

应用 本品系高效、低毒、低残留新型杀虫、杀螨剂。对昆虫具有触杀、熏蒸和胃毒作用，对家蝇击倒作用强。无内吸性。主要用于防治卫生害虫，也可用于防治仓库害虫和农业害虫，效果与敌敌畏相似。

合成路线

常用剂型 常用制剂主要有 50％乳油、4％粉剂等。

二溴乙烷（ ethylene dibromide ）

$$Br\diagdown\diagup Br$$

C$_2$H$_4$Br$_2$，187.86，106-93-4

其他名称 二溴化乙烯，溴化乙烯，亚乙基二溴，EDB，1,2-dibromoethane。

化学名称 1,2-二溴乙烷；ethylene dibromide；1,2-dibromoethane。

理化性质 似氯仿气味，沸点 131.5℃，熔点 9.3℃，25℃蒸气压 1.5kPa，48℃蒸气压为 5.2kPa，相对密度为 2.172（25℃）。30℃水中溶解度 4.3g/kg，溶于乙醚、乙醇和大多数有机溶剂。不易燃。碱性条件和光照条件下分解。

毒性 在一般使用的熏蒸剂中，二溴乙烷是对昆虫毒杀力较高的一种，受二溴乙烷伤害的害虫，在死亡之前要挣扎数日。对雄大鼠的急性经口 LD$_{50}$ 值为 146mg/kg；致畸、致癌。施用到皮肤上，将引起严重的烧伤。对人的毒性比溴甲烷强，在高浓度时能引起肺炎，但更容易造成肝和胃的损伤。

应用 二溴乙烷在美国曾有广泛应用，用于防治东方果蝇十分成功。因慢性毒性问题，现在已禁止使用。二溴乙烷容易被吸附，曾用作混合熏蒸剂的成分之一。农业上用作杀线虫剂、合成植物生长调节剂。

合成路线

$$\begin{bmatrix} Br\diagup CH_3 \\ H_2C{=}CH_2 \end{bmatrix} + Br_2 \longrightarrow Br\diagup\diagdown Br$$

常用剂型 二溴乙烷在我国 2002 年全面禁止使用。

二氧威（ dioxacarb ）

C$_{11}$H$_{13}$NO$_4$，223.23，6988-21-2

其他名称 法灭威，Elocron，Famid，MCDP，Phenol。

化学名称 2-(1,3-二氧戊环-2-基）苯基氨基甲酸甲酯；2-(1,3-dioxolan-2-yl) phenyl methylcarbamate。

理化性质 本品为白色结晶，微带臭味。熔点 114～115℃。在 20℃时，蒸气压为 0.04mPa。在 20℃的溶解度（g/L）：水 6、环己酮 235、丙酮 280、乙醇 80、二甲基甲酰胺 550、二氯甲烷 345、己烷 180、二甲苯 9。可与大多数农药混用，无腐蚀性。在 20℃，pH3 时，其半衰期为 40min；pH5 时为 3d；pH7 时为 60d；pH9 时为 20h；pH10 时为 2h。

毒性 工业品对大鼠的急性经口 LD$_{50}$ 值为 60～80mg/kg，兔为 1950mg/kg；大鼠急性经皮 LD$_{50}$ 值约为 3g/kg。每天以 100mg/kg 剂量用到兔皮肤上 21d，既未引起临床症状，也未局部刺激皮肤；以 10mg/kg 剂量喂大鼠或 2mg/kg 剂量喂狗 90d，未产生有害影响。对鸟类、鱼和野生动物的毒性低，但对蜜蜂有毒。当被哺乳动物口服后，即迅速吸收，并进行一连串的水解作用生成相应的酚，或生成 N-羟甲基化合物。两种断裂产物均作为缀合物（葡糖苷）而消失，其中有 85%～90% 的消失发生在 24h 之内。本品在土壤中能迅速降解，不适宜用来防治土壤害虫。

应用 对昆虫具有触杀、胃毒作用，主要用于防治蚊、蝇、臭虫等卫生害虫，亦可用于防治蚜虫、飞虱、盲椿象等农业害虫。

合成路线

常用剂型 常用制剂主要有 50% 可湿性粉剂、3% 粉剂。

发硫磷（prothoate）

C$_9$H$_{20}$NO$_3$PS$_2$，285.36，2275-18-5

其他名称 发果，乙基乐果，Fac，Fostin，Fostion。

化学名称 *O,O*-二乙基-*S*-(*N*-异丙基氨基甲酰甲基) 二硫代磷酸酯；*O,O*-diethyl-*S*-[2-[(1-methylethyl) amino]-2-oxoethyl] phosphorodithioate。

理化性质 纯品为无色结晶固体，带樟脑味，熔点 28.5℃，蒸气压 1×10^{-4} mmHg (40℃)，相对密度 d^{32}1.151，折射率 n_D^{32} 1.5128。20℃下溶于水 2500mg/L。工业品为琥珀色至黄色半固体，凝固点为 21～24℃，20℃可与多数有机溶剂混溶，溶于甘油<10g/kg、石油醚<20g/kg、己烷 30g/kg。在中性、酸性或碱性介质中稳定。但在 pH9.2 和温度 50℃的条件下，约 48h 即分解。

毒性 急性经口 LD$_{50}$（mg/kg）：雄大白鼠 8，雌大白鼠 8.9，雄小白鼠 19.8。大白鼠急性经皮 LD$_{50}$ 100mg/kg。

应用 内吸性杀螨、杀虫剂。因高毒被禁用。

合成路线

常用剂型 目前在我国未见相关产品登记。

伐虫脒（formetanate）

$C_{11}H_{15}N_3O_2$，221.3，22259-30-9

其他名称 威螨脒，敌克螨，敌螨脒，抗螨脒，Carzol，Dicarzol，EP-332，Schering 36056，ZK 10970。

化学名称 甲基氨基甲酸-3-{[（二甲基氨基）亚甲基]氨基}苯甲酯；3-[(*EZ*)-dimethylaminomethyleneamino] phenyl methylcarbamate。

理化性质 黄色结晶，熔点 101～103℃。20℃水中的溶解度为 0.1mg/L，易溶于苯、二氯甲烷。

毒性 大鼠急性经口 LD_{50} 5000mg/kg；急性经皮 LD_{50} 2000mg/kg。对皮肤刺激中等，对眼睛刺激强烈。

应用 杀螨剂，用于控制植物螨类危害。

合成路线

常用剂型 常用制剂主要有 50％和 82％可溶性粉剂。

伐灭磷（famphur）

$C_{10}H_{16}NO_5PS_2$，325.3，52-85-7

其他名称 氨磺磷，伐灭硫磷，Famophos，Bo-Ana［氰胺］，CL 38023，Warbex，Warbexol［FBC］，Bo-ana，Famophos，Famphur，Warbexol，Warbex（r），AC 38023。

化学名称 *O*,*O*-二甲基-*O*-（对二甲磺酰氨基苯基）硫代磷酸酯；*O*-[4-[(dimethylamino) sulfonyl]phenyl]-*O*,*O*-dimethyl phosphorothioate。

理化性质 外观呈结晶粉末状，熔点 52.5～55℃；在水中溶解 0.1％，溶于丙酮、四氯化碳、氯仿、环己酮、二氯甲烷、甲苯、二甲苯，微溶于脂肪烃；在室温下能稳定 19 个月以上。

毒性 急性经口 LD₅₀（mg/kg）：雄大鼠 35，雌大鼠 27。白兔急性经皮 LD₅₀ 为 2730mg/kg。大鼠在 24mg/L 空气中暴露 7.5h 无致死。

应用 可防治牲畜害虫，如肉蝇；以及蔬菜害虫，如螨类。

合成路线

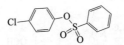

常用剂型 常用制剂主要有 20％可湿性粉剂等。

芬硫磷 （phenkapton）

$C_{11}H_{15}Cl_2O_2PS_3$，377.31，2275-14-1

其他名称 酚开普顿，fenkapton，g28029。

化学名称 O,O-二乙基-S-（2,5-二氯苯基硫代甲基）二硫代磷酸酯；O,O-diethyl-S-(2,5-dichlorophenylthiomethyl) phosphorodithioate。

理化性质 无色油状液体，熔点（16.2±0.3）℃。原药为琥珀色油状物，纯度 90％～95％。沸点为 120℃/0.001mmHg，蒸气压为 5.5μPa（20℃），相对密度 1.3507。几乎不溶于水，微溶于甲醇、乙醇、乙二醇、甘油等极性溶剂，可溶于非极性溶剂。对水稳定，不水解，但遇碱水解。

毒性 急性经口 LD₅₀（mg/kg）：大白鼠 182，小白鼠 256～283。对蜜蜂无毒。

应用 为触杀性杀螨剂，持效期长。可有效防治果树、蔬菜作物上的红蜘蛛，但对蚜虫效果不够理想。

常用剂型 常用制剂主要有 20％乳油、18％粉剂等。

芬螨酯（fenson）

$C_{12}H_9ClO_3S$，268.72，80-38-6

其他名称 毁螨酯，芬螨酯，除螨酯，CPBS，Aracid，Fenizon，Phenizon，Trifenson。

化学名称 苯磺酸对氯苯酯；4-chlorophenyl benzenesulfonate。

理化性质 白色结晶，熔点 61～62℃。工业品为灰白色至淡紫色粉末，熔点 56～59℃，相对密度 1.33。不溶于水，可溶于有机溶剂。

毒性 大白鼠急性经口 LD₅₀ 1350mg/kg。大白鼠和兔急性经皮 LD₅₀＞2000mg/kg。

应用 杀螨剂。用于防治桃、梨、苹果、柑橘、葡萄、麦类、豆类、瓜类和温室内的红蜘蛛。

常用剂型 目前在我国未见相关制剂产品登记。

吩噻嗪 （ phenothiazine ）

C$_{12}$H$_9$NS，199.3，92-84-2

其他名称　夹硫氮杂蒽，硫化二苯胺，硫氮杂蒽，Phenoxur，Phenothiazine，Vermitin，10H-Phenothiazine，Afi-Tiazin，Agrazine。

化学名称　亚硫基二苯胺；thiodiphenylamine。

理化性质　绿色结晶固体，在刚升华出来时几乎无色，见光变成深橄榄绿色。熔点185℃，沸点371℃。不溶于水和氯仿，微溶于乙醇、乙醚，可溶于丙酮和苯。

毒性　对温血动物低毒。

应用　具有触杀活性，可用作肠道驱虫剂，对蚊子（幼虫）也有防效。

常用剂型　常用剂型有粉剂、悬浮剂等。

丰丙磷 （ IPSP ）

C$_9$H$_{21}$O$_3$PS$_3$，304.4，5827-05-4

其他名称　异丙丰，P-204。

化学名称　S-乙基亚磺酰甲基-O,O-二异丙基二硫代磷酸酯；S-ethylsulphinylmethyl O,O-diisopropylphosphorodithioate。

理化性质　原药（纯度90%）为黄色液体，27℃蒸气压为2mPa。溶解性（15℃）：水1.5g/L，己烷71g/L；20℃时易溶于丙酮、二甲苯。25℃水解半衰期：pH 7 为 4d，pH 9 为 3d。在 100℃以下稳定。无腐蚀性。

毒性　急性经口 LD$_{50}$ （mg/kg）：雄大鼠 25，雄小白鼠 320。急性经皮 LD$_{50}$ （mg/kg）：雄大白鼠 28，雌小白鼠 1300。鲤鱼 LC$_{50}$ （48h）为 20mg/L。

应用　为内吸性杀虫剂，通过土壤处理能有效地防治马铃薯和蔬菜上的蚜虫。

常用剂型　常用制剂主要有 5% 颗粒剂。

丰索磷 （ fensulfothion ）

C$_{11}$H$_{17}$O$_4$PS$_2$，308.35，115-90-2

99

其他名称 线虫磷，繁福松，亚砜线磷，Bayer 25141，Fensulfothion，Dasanit（r），S 767，Terracurp（R）。

化学名称 O,O-二乙基-O-[4-(甲基亚磺酰基) 苯基] 硫代磷酸酯；O,O-diethyl-O-[4-(methylsulfinyl) phenyl] phosphorothioate。

理化性质 外观为黄色油状液体，沸点为 138～141℃/1.33Pa；折射率 n_D^{25} 为 1.540；相对密度 d_4^{20} 为 1.202；微溶于水（在 25℃时），于水中的溶解度为 1.54g/L；可溶于大多数有机溶剂；易被氧化成砜，很易异构化，变成 S-乙基异构体。

毒性 对雄大鼠的急性经口 LD_{50} 值为 4.7～10.5mg/kg；丰索磷的二甲苯溶液对雌大鼠的急性经皮 LD_{50} 值为 3.5mg/kg，对雄大鼠为 30mg/kg；用含 1mg/kg 丰索磷的饲料喂大鼠 70 周，未出现有害的影响。

应用 农用杀虫、杀线虫剂。土壤处理时持效期长，有一定的内吸活性。用于防治游离线虫、胞囊线虫和根瘤线虫等。

合成路线

常用剂型 常用制剂主要有 60％液剂，25％可湿性粉剂，2.5％、5％、10％水分散粒剂。

砜拌磷（oxydisulfoton）

$C_8H_{19}O_3PS_3$，290.42，2497-07-6

其他名称 乙拌磷亚砜，Disulfoton sulfoxide，Disulfoton disulide，Disyston sulfoxide，Disyston sulphoxide，Ethylthiometon sulfo。

化学名称 O,O-二乙基-S-[2-(乙基亚磺酰基) 乙基] 二硫代磷酸酯；O,O-diethyl-S-[2-(ethylsulfinyl) ethyl] phosphorodithioate。

理化性质 纯品为淡棕色液体，蒸气压 6.29×10^{-8} mmHg（20℃），相对密度 d^{20} 1.209，折射率 n^{20} 1.5402。在室温，水中溶解度为 100mg/L，除石油醚外，能溶于其他有机溶剂。

毒性 大白鼠急性经口 LD_{50} 3.5mg/kg。大白鼠腹腔注射 LD_{50} 5mg/kg。大白鼠急性经皮 LD_{50} 192～235mg/kg。

应用 内吸性杀虫、杀螨剂。可加工成各种有效成分含量的拌种剂，包括乳油和颗粒剂。适于种子处理防治传播病毒的害虫。

合成路线

常用剂型　常用剂型主要有拌种剂、乳油和颗粒剂。

砜吸磷（demeton-S-methylsulphon）

$C_6H_{15}O_5PS_2$，262.3，17040-19-6

其他名称　磺吸磷，甲基内吸磷砜，达拉朋，二氧吸磷，内吸磷-S-甲基磺隆，Bayer-20315。

化学名称　S-[2-(乙基磺酰基）乙基]-O,O-二甲基硫代磷酸酯；S-[2-(ethylsulfonyl) ethyl] O,O-dimethyl phosphorothioate。

理化性质　纯品为白色至淡黄色结晶固体，熔点51.6℃，沸点115℃（0.0075mmHg），蒸气压0.056mPa（20℃）。在水中溶解度＞200g/L（20℃），易溶于醇类、酮类、氯代烃类，难溶于芳族烃类。在pH＞7.0时易水解。

毒性　大白鼠急性经口LD_{50}37.5mg/kg。大白鼠腹腔注射LD_{50}20.8mg/kg。大白鼠吸入LD_{50}（4h）195mg/m³。大白鼠急性经皮LD_{50} 500mg/kg。大白鼠吸入LC_{50}（4h）195mg/m³。

应用　内吸性杀虫剂，也有触杀作用。适用于防治刺吸式口器害虫，如叶蜂、螨类等。其应用范围与内吸磷相同。与甲基谷硫磷混用（甲基谷硫磷25g＋砜吸磷7.5g/100L），可应用于苹果、梨等果树。

合成路线

常用剂型　砜吸磷常用制剂主要有500g/L可溶性粉剂和250g/L乳油。

呋虫胺（dinotefuran）

$C_7H_{14}N_4O_3$，202.2，165252-70-0

化学名称　1-甲基-2-硝基-3-四氢呋喃-3-基甲基胍；1-methyl-2-nitro-3-(tetrahydro-3-furyl methyl) guanidine。

理化性质　纯品熔点107.5℃。溶解度（20℃）：水40g/L、正己烷$9.0×10^{-6}$g/L、丙酮8g/L、甲醇57g/L。

毒性　急性经口LD_{50}（mg/kg）：大鼠2804（雄）、2000（雌），小鼠2450（雄）、2275（雌）。无致癌、致畸、致突变作用。

应用　呋虫胺是日本三井化学开发，并在2002年上市的新型烟碱类杀虫剂。它

101

对动植物安全，为一种结构新颖的药剂。由于它的残效长、杀虫谱广，故适用范围广泛，在水稻、蔬菜、果树、花卉上对半翅目、鳞翅目、双翅目、甲虫目和总翅目害虫有高效。呋虫胺为具有优良杀虫活性，并对植物有内吸性，杀虫谱广的高性能的杀虫剂。

合成路线　呋虫胺有下列所示的 3 种合成路线，即路线 1→2、路线 3→4 和路线 5。

常用剂型　主要有 25％可湿性粉剂，20％水分散粒剂，20％可溶粒剂等。

呋喃虫酰肼（furan tebufenozide）

$C_{24}H_{30}N_2O_3$，394.5，467427-81-1

化学名称　N-(2,3-二氢-2,7-二甲基苯并呋喃-6-甲酰基)-N′-叔丁基-N′-(3,5-二甲基苯甲酰基)-肼；N-(2,3-dihydro-2,7-dimethyl-6-benzo-furancarboxyl)-N′-(1,1-dimethylethyl)-N′-(3,5-dimethyl-benzoyl)-hydrazine。

理化性质　白色粉末状固体；熔点 146.0～48.0℃；溶于有机溶剂，不溶于水。

毒性　原药对大鼠急性经口 LD_{50}＞5000mg/kg（雄，雌），大鼠急性经皮 LD_{50}＞5000 mg/kg（雄，雌）。眼刺激试验为 1.5（1h），对眼无刺激（1∶100 稀释）。皮肤刺激试验为 0（4h），对皮肤无刺激性。Ames 试验无致基因突变作用。

应用　呋喃虫酰肼是江苏省农药研究所股份有限公司创制发明的、具有自主知识产权的、高效安全的新型杀虫剂。呋喃虫酰肼作为具有拟蜕皮激素作用的双酰肼类昆虫生长调节剂，该药剂具有胃毒、触杀、拒食等活性，其作用方式以胃毒为主，其次为触杀活性，但在胃毒和触杀活性同时存在时，综合毒力均高于两种分毒力。对目前农作物上多种危害严重的鳞翅目害虫如甜菜夜蛾、斜纹夜蛾、小菜蛾、二化螟等都表现出较高的生物活性。对经济作物上一些危害严重的鳞翅目害虫，如茶尺蠖、柑橘潜叶蛾等，同样也表现出较高的生物活性。但对哺乳动物和鸟类、鱼类、蜜蜂毒性极低，对环境友好。可有效防治小菜蛾、菜青虫、甜菜夜蛾等多种害虫。

合成路线

常用剂型 在我国登记原药为 98%，制剂为 10%悬浮剂。

呋线威（furathiocarb）

$C_{18}H_{26}N_2O_5S$，382.5，65907-30-4

其他名称 呋喃硫威，Deltanet，Promet。

化学名称 2,3-二氢-2,2-二甲基苯并呋喃-7-基-N,N'-二甲基-N,N'-硫代二氨基甲酸丁酯；butyl 2,3-dihydro-2,2-dimethylbenzofuran-7-yl-N,N'-dimethyl-N,N'-thiodicarbamate。

理化性质 纯品为黄色液体，沸点 160℃/1.33Pa，密度 1.16g/cm³（20℃），蒸气压 0.084mPa（20℃）。溶解度（20℃）：水 10mg/L，溶于丙酮、己烷、甲醇、正辛醇、异丙醇、甲苯。加热到 400℃稳定。

毒性 急性经口 LD_{50}（mg/kg）：53（大鼠），327（小鼠）。对皮肤稍有刺激，对眼睛的刺激极其轻微。大鼠急性吸入 LC_{50}（4h）0.214mg/L 空气。

应用 属于氨基甲酸酯类杀虫剂，是胆碱酯酶抑制剂。本品是杀虫剂、杀线虫剂，对土壤栖息昆虫是内吸杀虫剂。防治土壤寄生虫，在播种时施用，可保护玉米、油菜、甜菜和蔬菜的叶子和幼苗不受伤害，时间可达 42d。可保护玉米、蓖麻、油菜、甜菜、蔬菜、棉花、果树等多种作物，既可用于种子处理，又可作茎叶喷雾。呋线威的杀虫谱、用量和成本与克百威相似，但其毒性为克百威的 1/12，是有前途的克百威替代品。

合成路线

常用剂型 常用制剂有 5％、10％颗粒剂，40％粉剂等。

伏杀硫磷（phosalone）

$C_{12}H_{15}ClNO_4PS_2$，367.8，2310-17-0

其他名称 伏杀磷，佐罗纳，Embacide，Rubitox，Zolone，Azofene。

化学名称 O,O-二乙基-S-（6-氯-2-氧苯恶唑啉-3-基-甲基）二硫代磷酸酯；O,O-diethyl-S-(6-chloro-2-oxobenzoxazolin-3-yl-methyl) phosphorodithioate。

理化性质 纯品为白色结晶，带大蒜味。熔点 48℃，挥发性小，空气中饱和浓度小于 0.01mg/m³（24℃），约 0.02mg/m³（40℃），约 0.1mg/m³（50℃），约 0.3mg/m³（60℃）。易溶于丙酮、乙腈、苯乙酮、苯、氯仿、环己酮、二恶烷、乙酸乙酯、二氯乙烷、甲乙酮、甲苯、二甲苯等有机溶剂。可溶于甲醇、乙醇，溶解度 20％。不溶于水，溶解度约 0.1％。性质稳定，常温可贮存两年或 50℃贮存 30d 无明显失效，无腐蚀性。

毒性 急性经口 LD$_{50}$（mg/kg）：雄性大鼠 120，雌性大鼠 135～170，豚鼠 150。雌性大鼠急性经皮 LD$_{50}$1500mg/kg。大鼠和狗两年饲喂试验无作用剂量分别为 2.5mg/kg 和 10.0mg/kg。动物实验未见致癌、致畸、致突变作用。虹鳟鱼 LC$_{50}$ 0.3mg/L，鲤鱼 LC$_{50}$1.2mg/L（48h）。野鸡急性经口 LD$_{50}$290mg/kg。对蜜蜂中等毒性。

应用 有机磷杀虫、杀螨剂，具有广谱性、渗透性、高效性、低残留、无内吸等特点。对害虫以触杀和胃毒作用为主。用于棉花、水稻、果树、蔬菜等作物。防治小菜蛾、菜青虫、菜蚜、棉花红铃虫、棉铃虫、豆野螟、茄子红蜘蛛、小麦黏虫、蚜虫、苹果卷叶虫、梨小食心虫、黄木虱、红蜘蛛等。

合成路线 有 3 条合成路线。硫代磷酰氯路线即路线 6，二硫代磷酰氯路线即路线 1→2→3→4 和路线 1→2→5。其中路线 1→2→3→4 较常用。

常用剂型 伏杀硫磷目前在我国制剂登记为 35%伏杀硫磷乳油。

氟蚁灵 （ nifluridide ）

$C_{10}H_6F_7N_3O_3$，349.2，61444-62-0

其他名称 伏蚁灵，EL-468，LillyL-27，EL-968。

化学名称 N-[2-氨基-3-硝基-5-(三氟甲基) 苯基]-2,2,3,3-四氟丙酰胺；N-[2-amino-3-nitro-5-(trifluoromethyl) phenyl]-2,2,3,3-tetrafluoroopanamide。

理化性质 纯品为固体，熔点 144～145℃。在水中不稳定，易环化成 7-硝基-2-(1,1,2,2-甲氟乙基)-5-(三氟甲基) 苯并咪唑。在 20℃水中，pH5.0、7.0 和 9.0 时的 DT_{50} 分别为 15.5h、3.5h 和 2.0h。

毒性 大鼠急性经口 LD_{50} 为 48mg/kg。

应用 用于防治火蚁和白蚁。对火蚁的施用剂量为 10～20g/hm²，250mg/kg 可使白蚁死亡。

常用剂型 氟蚁灵常用剂型主要有饵剂。

氟胺氰菊酯 （ tau-fluvalinate ）

$C_{26}H_{22}ClF_3N_2O_3$，502.7，102851-06-9

其他名称 马扑立克，福化利，Mavrik，Apistan，Fluvalinate，Mavric，Klartan，Spur。

化学名称 N-(2-氯-4-三氟甲基苯基)-DL-2-氨基异戊酸-α-氰基-(3-苯氧苯基) 甲基酯；N-

(2-chloro-4-trinuoromethylphenyl)-DL-2-valine（alpha）cyano-(3-phenoxy-phenyl) methyl ester.

理化性质 原药为黄色黏稠液体；沸点大于 450℃，相对密度 1.29（25℃），闪点大于 120℃；易溶于丙酮、醇类、二氯甲烷、三氯甲烷、乙醚及芳香烃溶剂，难溶于水；对光、热稳定，酸性介质中稳定，碱性介质中分解；易被土壤有机质固定，无爆炸性。

毒性 原药对大鼠急性 LD_{50}（mg/kg）：260～280（经口），>2000（经皮）；急性吸入 LC_{50}>5.1mg/L。对皮肤和眼睛有轻度刺激作用。

应用 氟胺氰菊酯属于高效、广谱拟除虫菊酯类杀虫、杀螨剂，具胃毒和触杀作用，对作物安全，残效时间长。可用于防治棉铃虫、棉红铃虫、棉蚜、棉红蜘蛛、玉米螟、菜青虫、小菜蛾、柑橘潜叶蛾、茶毛虫、桃小食心虫、绿盲椿、叶蝉、粉虱、小麦黏虫、大豆食心虫、甜菜夜蛾等。

合成路线 氟胺氰菊酯有三种合成方法：路线 1→2→3→4，路线 5→6→7→8，路线 9→8。其中路线 9→8 较为常用。

常用剂型 氟胺氰菊酯常用制剂主要有 10%、20%乳油。

氟苯虫酰胺（flubendiamide）

$C_{23}H_{22}F_7IN_2O_4S$，682.3901，272451-65-7

其他名称 氟虫酰胺，氟虫双酰胺。

化学名称 3-碘-N'-(2-甲磺酰基-1,1-二甲基乙烷基)-N-{4-[1,2,2,2-四氟-1-(三氟甲基)乙基]-O-甲苯基} 邻苯二酰胺；3-iodo-N'-(2-mesyl-1,1-dimethylethyl)-N-{4-[1,2,2,2-tetrafluoro-1-(trifluoromethyl) ethyl]-O-tolyl} phthalamide。

理化性质 外观为白色结晶粉末。熔点 217.5～220.7℃；分解温度 255～260℃；蒸气压（25℃）＜1×10^{-1}mPa；水中溶解度 29.9μg/L（20℃）。

毒性 大鼠急性毒性 LD$_{50}$：经口＞2000mg/kg；经皮＞2000mg/kg。对蜜蜂毒性很低，对鲤鱼（水生生物的代表）毒性也很低。在一般用量下对有益虫几乎无毒。

应用 属新型邻苯二甲酰胺类杀虫剂，激活鱼尼丁受体细胞内钙释放通道，导致贮存钙离子的失控性释放。是目前为数不多的作用于昆虫细胞鱼尼丁受体的化合物。对几乎所有的鳞翅目类害虫均具有很好的活性，与现有杀虫剂无交互抗性产生，非常适宜于对现有杀虫剂产生抗性的害虫的防治。对幼虫有非常突出的防效，对成虫防效有限，没有杀卵作用。渗透植株体内后通过木质部略有传导。作用速度快、持效期长，耐雨水冲刷。

合成路线

常用剂型 氟苯虫酰胺登记的主要制剂有 12％微乳剂、20％水分散粒剂、10％悬浮剂、80％可湿性粉剂等，可与杀蝉、阿维菌素等复配。

氟苯脲（teflubenzuron）

C$_{14}$H$_6$Cl$_2$F$_4$N$_2$O$_2$，381.1，83121-18-0

其他名称 四氟脲，伏虫隆，得福隆，农梦特，Nomolt，Terfluron，Diaract。

化学名称 1-(3,5-二氯-2,4-二氟苯基)-3-(2,6-二氟苯甲酰基)脲；1-(3,5-dichloro-2, 4-difluoro- phenyl)-3-(2,6-difluorobenzoyl) urea。

理化性质 纯品氟苯脲为白色结晶固体，熔点 223~225℃。溶解性（20℃，g/L）：二甲亚砜 66，环己酮 20，丙酮 10，乙醇 1.4，甲苯 0.84。

毒性 氟苯脲原药急性 LD$_{50}$（mg/kg）：大鼠经口＞5000，小鼠经口 4947~5176，大鼠经皮＞2000。对兔眼睛和皮肤有轻度刺激性。以 800mg/(kg·d) 剂量饲喂大鼠 90d，未发现异常现象。对动物无致畸、致突变、致癌作用。

应用　氟苯脲属于昆虫几丁质合成抑制剂，是美国壳牌农业科学公司和日本三菱化成公司 1984 年联合开发的苯甲酰脲类杀虫剂。通过对幼虫的正常蜕皮和发育的控制来达到杀虫目的，对多种鳞翅目害虫活性很高，对粉虱科、双翅目、膜翅目、鞘翅目害虫的幼虫也有良好的防治效果，对许多寄生性昆虫、捕食性昆虫以及蜘蛛无效。

　　合成路线

　　常用剂型　氟苯脲常用制剂为 5% 乳油。

氟苄呋菊酯（fluorethrin）

$C_{20}H_{20}F_2O_3$，346.34，55821-55-1

　　其他名称　二氟苄呋菊酯。
　　化学名称　(1R,S)-反式-2,2-二甲基-3-(2,2-二氟乙烯基)环丙烷羧酸-5-苄基-3-呋喃甲酯；5-benzyl-3-furylmethyl-(1R,S)-trans-2,2-dimethyl-3-(2,2-difluorovinyl) cyclopropanecarboxylate。
　　应用　广谱高效杀虫剂，也可防治家蝇、埃及伊蚊、德国小蠊等卫生害虫。
　　常用剂型　氟苄呋菊酯常用剂型主要有气雾剂等。

氟丙菊酯（acrinathrin）

$C_{26}H_{21}F_6NO_5$，541.4，101007-06-1

　　其他名称　罗速发，杀螨菊酯，罗素发，Rufast，RU 38702。
　　化学名称　(S)-α-氰基-3-苯氧基苄基 (Z)-(1R,cis)-2,2-二甲基-[2-(2,2,2-三氟甲基乙氧基羧酸)乙烯基]环丙烷羧酸；(S)-α-氰基-3-苯氧基苄基 (Z)-(1R,3R)-2,2-二甲基-[2-

（2，2，2-三氟甲基乙氧基羧酸）乙烯基〕环丙烷羧酸；α-cyano-3-phenoxybenzyl-2，2-dimethyl-3-[2-（2，2，2-trifluoro-1-trifluoromethylethoxycarbonyl）vinyl] cyclopropanecarboxylate；cyano（3-phenoxyphenyl）methyl-2，2-dimethyl-3-[3-oxo-3-（2，2，2-trifluoro-l-trifluoromethyl ethoxy)-1-propenyl] cyclopropanecarboxylate。

理化性质 为无色晶体，熔点 81～82℃。溶解性（20℃，g/L）：丙酮、氯仿、二氯甲烷、DMF、乙酸乙酯＞500，乙醇 40，己烷 10，正辛醇 10。酸性介质中稳定。

毒性 原药急性 LD_{50}（mg/kg）：大、小鼠经口＞5000，大鼠经皮＞2000。对兔皮肤和眼睛无刺激性。以 2.4～3.1mg/kg 剂量饲喂大鼠 90d，未发现异常现象。对动物无致畸、致突变、致癌作用。

应用 属于卤代菊酯类拟除虫菊酯杀螨、杀虫剂，法国 Roussel Uclaf 公司开发，1990年投产。属低毒农药，对人、畜十分安全，对鸟类安全，对果园天敌如食螨瓢虫、小花蝽和草蛉等昆虫有良好的选择性，基本上不伤害。对害螨、害虫的作用方式主要是触杀及胃毒作用，无内吸和渗透作用，对刺吸式口器的害虫及鳞翅目害虫也有杀虫活性。氟丙菊酯主要作用于昆虫神经上的钠离子通道，干扰电压依赖的钠离子通道闸门开闭的动力学，使得钠离子通道延迟关闭，引起重复后放和突触传递的阻断，使昆虫中毒死亡。对成、若螨高效，击倒速度快，持效期 20d 以上，并对多种蚜虫、蓟马、潜叶蛾、卷叶蛾、小绿叶蝉、木虱等有良好的防治效果。本剂对叶螨科和细须螨属的幼、若和成螨以及蛀果害虫的初孵幼虫持效期很好。对害螨的持效期在 3 周以上；对食心虫初孵幼虫持效期 19d 以上。本药不污染环境，药液进入土壤后，99.8％的有效成分被固定在土壤胶体颗粒上，不会持留在环境中，然后很快被解除失效。

合成路线

常用剂型 氟丙菊酯常用制剂有 2％、6％、15％乳油和 3％可湿性粉剂，我国登记制剂为 0.4％气雾剂。

氟虫胺（sulfluramid）

$C_{10}H_6F_{17}NO_2S$，527.19，4151-50-2

其他名称 废蚁蟑，Finitron，GX 071 [Griffin]，FC-9。
化学名称 N-乙基-1,1,2,2,3,3,4,4,5,5,6,6,7,7,8,8,8-十七氟代-1-辛烷磺酰胺；N-

ethyl-1,1,2,2,3,3,4,4,5,5,6,6,7,7,8,8,8-heptadecafluoro-1-octanesulfonamide。

理化性质 纯品无色晶体，熔点为 96℃，工业品熔点 87～93℃。沸点 196℃，蒸气压 0.057mPa（25℃）。溶解度（25℃）：不溶于水，二氯甲烷 18.6g/L，己烷 1.4g/L，甲醇 833g/L。K_{ow}＞7090000。酸性，pK_a9.5。50℃下稳定＞90d。在密闭罐中，对光稳定＞90d。闪点＞93℃。

毒性 大鼠急性经口 LD_{50}＞5g/kg。兔急性经皮 LD_{50}＞2g/kg。对兔皮肤有轻微刺激性，对兔眼睛无刺激。大鼠急性吸入 LC_{50}（4h）＞4.4mg/L。90d 饲喂试验无作用剂量：雄狗 33mg/kg，雌狗 100mg/kg。鹌鹑急性经口 LD_{50}45mg/kg。鹌鹑 LC_{50}（8d）300mg/kg 饲料，野鸭 LC_{50}（8d）165mg/kg 饲料。鱼毒 LC_{50}（96h）：虹鳟＞7.99mg/L。水蚤 LC_{50}（48h）为 0.39mg/L。

应用 作为有机氟杀虫剂，主要以毒饵形式用于室内防治蚂蚁和蟑螂。

常用剂型 氟虫胺常用剂型主要有饵剂。

氟虫腈（fipronil）

$C_{12}H_4Cl_2F_6N_4OS$，437.2，120068-37-3

其他名称 氟苯唑，锐劲特，Regent，Combat F，MB 46030。

化学名称 5-氨基-1-(2,6-二氯-α,α,α-三氟-对甲基苯)-4-三氟甲基亚磺酰基吡唑-3-腈；（±）-5-amino-1-(2,6-dichloro-α,α,α,-trifluoro-p-tolyl)-4-frifluoromethylsulfinylpyrazole-3-carbonitrile。

理化性质 纯品氟虫腈为白色固体，熔点 200.5～201℃。溶解性（20℃，g/L）：丙酮 546，二氯甲烷 22.3，甲醇 137.5，己烷和甲苯 300，水 0.0019。

毒性 氟虫腈原药急性 LD_{50}（mg/kg）：大鼠经口 100、经皮＞2000。对兔眼睛和皮肤有极轻微刺激性。对动物无致畸、致突变、致癌作用。

应用 氟虫腈属于 GABA-氯通道抑制剂；法国罗纳-普朗克（现安万特）公司 1987～1989 年开发的一种超高效、广谱、安全的新型含氟吡唑类杀虫剂，适用于水稻、棉花、蔬菜、大豆、油菜、烟草、马铃薯、茶叶、高粱、玉米、果树、森林、公共卫生、畜牧业等防治鳞翅目、半翅目、缨翅目、鞘翅目等害虫以及对菊酯类、氨基甲酸酯类杀虫剂已经产生抗性的害虫如螟虫、飞虱、棉铃虫、黏虫、小菜蛾、菜青虫、夜蛾类等；使用剂量 12.5～150g（a.i.）/hm²。

合成路线 氟虫腈有如下 2 条合成路线。

常用剂型 氟虫腈目前在我国登记剂型包括乳油、悬浮剂、超低容量剂、水分散粒剂、种子处理剂、微乳剂、饵剂、胶饵等。复配登记主要与氟铃脲、高效氟氯氰菊酯、三唑磷、

110

溴氰菊酯等进行复配。

氟虫脲（flufenoxuron）

C$_{21}$H$_{11}$ClF$_6$N$_2$O$_3$，488.8，101463-69-8

其他名称　氟虫隆，卡死克，Cascade。

化学名称　1-[4-(2-氯-α,α,α-三氟-对甲苯氧基)-2-氟苯基]-3-(2,6-二氟苯甲酰) 脲；1-[4-(2-chloro-α,α,α-triftuoro-p-tolyloxy)-2-fluorophenyl]-3-(2,6-dinuorobenzoyl) urea。

理化性质　纯品为白色晶体，熔点 230～232℃，蒸气压 4.55×10^{-12}Pa。在有机溶剂中的溶解度：丙酮 82g/L，二氯甲烷 24g/L，二甲苯 6g/L，己烷 0.023g/L。不溶于水。自然如光照射下，在水中半衰期 11d，对光稳定，对热稳定。

毒性　大鼠和小鼠急性 LD$_{50}$（mg/kg）：>3000（经口），>2000（经皮）。大鼠急性吸入 LC$_{50}$>5mg/L，静脉注射 LD$_{50}$>1500mg/kg。对兔的眼睛和皮肤无刺激作用。大鼠和小鼠饲喂无作用剂量为 50mg/kg，狗为 100mg/kg。动物实验未发现致突变作用。鲑鱼 LC$_{50}$>100mg/L。对家蚕毒性较大。

应用　苯甲酰脲类昆虫生长调节剂，属于几丁质酶抑制剂，虫螨兼治，活性高，残效长。具有触杀和胃毒作用。通过抑制几丁质的形成，使害虫不能正常蜕皮和变态，而逐渐死亡。可用于防止柑橘、棉花、蔬菜、果树、玉米等作物田间未成熟的螨类和昆虫。如菜青虫、菜螟、小菜蛾等在卵孵盛期至 1～2 龄幼虫盛发期，用 5% 乳油 2000～4000 倍液喷雾。对棉花红蜘蛛发生初期，用 5% 乳液 1000～2000 倍液喷雾。

合成路线

常用剂型　氟虫脲目前在我国登记的制剂为 50% 可分散液剂，可与炔螨特复配。

氟滴滴滴（FDDT）

C$_{14}$H$_9$Cl$_3$F$_2$，321.5809，475-26-3

其他名称 bis(*p*-fluorophenyl)-2,2,2-trichloroethane，DFDT，Fluorogesarol，4,4′-Difluoro diphenyl trichloroethane，DFT。

化学名称 1,1,1-三氯代-2,2-双（对氟苯基）乙烷；1,1,1-trichloro-2,2-bis（*p*-fluorophenyl）ethane。

理化性质 白色针状结晶，熔点 41～45℃，沸点 177～178℃（9mmHg）。不溶于水，易溶于多数有机溶剂。工业品为无色黏稠状液体。

毒性 急性经口 LD_{50}（mg/kg）：大白鼠 1120，小白鼠 600。人口服致死最低量 500mg/kg。

应用 杀虫力比滴滴涕强，而残效期比较短。

常用剂型 氟滴滴滴目前在我国未见相关制剂产品登记。

氟啶虫胺腈（sulfoxaflor）

$C_{10}H_{10}F_3N_3OS$，277.2661，946578-00-3

其他名称 砜虫啶。

化学名称 [1-[6-(三氟甲基)吡啶-3-基]乙基]-4-巯基氨腈；[methyl(oxido)[1-[6-(trifluoromethyl)-3-pyridyl]ethyl]-4-sulfanylidene] cyanamide。

理化性质 沸点 363.8℃（760mmHg），折射率 1.519，闪光点 173.8℃，密度 1.34g/cm³。

毒性 原药对大鼠急性经口 LD_{50}（mg/kg）：1000（雌），1405（雄）。原药急性经皮 LD_{50}：大鼠（雌/雄）＞5000mg/kg。

应用 氟啶虫胺腈是美国陶氏益农公司于 2010 年 11 月 2 日在英国伦敦召开的世界农药研究会议上公布的新型烟碱类杀虫剂。防治吸汁害虫的新杀虫剂。该产品是磺酰亚胺杀虫剂，磺酰亚胺作用于昆虫的神经系统，即作用于胆碱受体内独特的结合位点而发挥杀虫功能。可经叶、茎、根吸收而进入植物体内。氟啶虫胺腈适用于防治棉花盲蝽、蚜虫、粉虱、飞虱和介壳虫等；高效、快速并且残效期长，能有效防治对烟碱类、菊酯类、有机磷类和氨基甲酸酯类农药产生抗性的刺吸式口器害虫。对非靶标节肢动物毒性低，是害虫综合防治优选药剂。美国陶氏益农公司 2010 年 6 月已在中国取得 50％氟啶虫胺腈水分散粒剂防治棉花粉虱、棉花盲蝽和小麦蚜虫的田间试验批准证。

合成路线

常用剂型 主要有 50％水分散粒剂，22％悬浮剂等。

氟啶虫酰胺 （ flonicamid ）

C₉H₆F₃N₃O，229.16，158062-67-0

$C_9H_6F_3N_3O$，229.16，158062-67-0

其他名称 氟烟酰胺，Teppeki，Ulala，Carbine，Aria（FMC）。

化学名称 N-氰甲基-4-(三氟甲基) 烟酰胺；N-cyanomethyl-4-(trifluoromethyl) nicotinamide。

理化性质 白色无味固体粉末，熔点 157.5℃，密度 1.377g/cm³，蒸气压（20℃）2.55×10⁻⁶Pa，沸点 406.57℃（760mmHg），闪点 199.687℃。溶解度（g/L，20℃）：水 5.2、丙酮 157.1、甲醇 89.0。对热稳定。

毒性 原药对大鼠（雄）急性经口 LD_{50} 为 884mg/kg，急性经皮 LD_{50} 大于 5000mg/kg。对大小鼠（雌、雄）急性吸入 LD_{50} 大于 4.90mg/L。对兔皮肤无刺激，对眼睛有极轻微刺激，无致敏性。其对变异性、染色体异常及 DNA 修复等均为阴性。该药剂对水生动植物无影响。对鲤鱼 LC_{50}（96h）大于 100mg/L；对大型水蚤 EC_{50}（48h）大于 100mg/L；对藻类 EC_{50}（0～72h）大于 100mg/L。该药剂以 100mg/kg 混饵对蚕无影响，对鹌鹑（雌、雄）急性经口大于 2000mg/kg，大于 1000mg/kg 的剂量对蚯蚓无影响。土壤中半衰期 DT_{50} 小于 3d。

应用 氟啶虫酰胺是一种新型低毒吡啶酰胺类昆虫生长调节剂类杀虫剂，2007 年获得我国农药产品临时登记证，制剂为 10％水分散粒剂。对各种刺吸式口器害虫有效，并具有良好的渗透作用。它可从根部向茎部、叶部渗透，但由叶部向茎、根部渗透作用相对较弱。该药剂通过阻碍害虫吮吸作用而致效。害虫摄入药剂后很快停止吮吸，最后饥饿而死。由于氟啶虫酰胺独特的作用机理和极高的生物活性，以及其对人、畜、环境极高的安全性，同时对其他杀虫剂具抗性的害虫有效，本剂有很大的发展余地。

合成路线

常用剂型 氟啶虫酰胺目前在我国登记制剂主要有 10％水分散粒剂。

氟啶脲 （ chlorfluazuron ）

C₂₀H₉Cl₃F₅N₃O₃，540.8，71422-67-8

$C_{20}H_9Cl_3F_5N_3O_3$，540.8，71422-67-8

其他名称　定虫隆，定虫脲，克福隆，抑太保，Atabron 5E，Jupiter。

化学名称　1-[3,5-二氯-4-(3-氯-5-三氟甲基-2-吡啶氧基) 苯基]-3-(2,6-二氟苯甲酰基) 脲；1-[3,5-dichloro-4-(3-chloro-5-trifluoromethyl-2-pyridyloxy) phenyl]-3-(2,6-difluorobenzoyl) urea。

理化性质　纯品氟啶脲为白色结晶固体，熔点 232～233.5℃。溶解性（20℃，g/L）：环己酮 110，二甲苯 3，丙酮 52.1，甲醇 2.5，乙醇 2.0，难溶于水。原药为黄棕色结晶。

毒性　氟啶脲原药急性 LD_{50}（mg/kg）：大、小鼠经口＞5000，大鼠经皮 1000。以 50mg/(kg·d) 剂量饲喂大鼠两年，未发现异常现象；对动物无致畸、致突变、致癌作用。

应用　氟啶脲商品名抑太保，又名定虫隆、定虫脲、克福隆，属于昆虫几丁质合成抑制剂，为日本石原产业公司开发的苯甲酰脲类杀虫剂。以胃毒为主，兼有较强的触杀作用，渗透性较差，无内吸作用；阻碍害虫正常蜕皮，使卵孵、幼虫蜕皮、蛹发育畸形，以及成虫羽化、产卵受阻，从而达到杀虫效果；该药剂活性高，作用速度较慢；属于广谱性杀虫剂，对多种鳞翅目害虫以及双翅目、直翅目、膜翅目害虫有效，可有效地防治小菜蛾、甜菜夜蛾、斜纹夜蛾、菜青虫等；对作物无药害，对蜜蜂等非靶标益虫安全。

合成路线

常用剂型　主要剂型是乳油，此外还有悬浮剂、水分散粒剂、水乳剂、浓饵剂等。复配制剂中主要与毒死蜱、高效氯氰菊酯、甲维盐、斜纹夜蛾核型多角体病毒、阿维菌素等进行复配。

氟硅菊酯（silafluofen）

$C_{25}H_{29}FO_2Si$，408.6，105024-66-6

其他名称　硅百灵，施乐宝，silonen，Silatop，Neophan。

化学名称　(4-乙氧苯基)[3-(4-氟-3-苯氧苯基) 丙基]（二甲基）硅烷；(4-ethoxyphenyl)[3-(4-fluoro-3-phenoxyphenyl)propyl](dimethyl) silane，4-[3-[(4-ethoxyphenyl) dimethylsilyl] propyl]-1-fluoro-2-phenoxy-silane。

理化性质　纯品为淡黄色液体，170℃以上分解而不沸腾，相对密度 1.08（20℃）。微溶于水，与有机溶剂互溶。常温贮藏两年，在碱条件下不分解。

毒性　大鼠急性经口、经皮 LD_{50}＞500mg/kg。

应用 主要用于水稻田中害虫防治，也可用于其他作物上害虫和螨类的防治；活性高，性质稳定；对蚂蚁具有良好驱避作用；对哺乳动物和鱼类有低毒。

合成路线

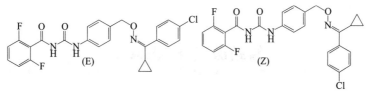

常用剂型 5％、80％乳油。

氟环脲（flucycloxuron）

$C_{25}H_{20}ClF_2N_3O_3$，483.9011，113036-88-7(未明确构型)、94050-52-9 (E型)、94050-53-0 (Z型)

其他名称 氟螨脲，氟苯绝胺，Andalin，PH70-23。

化学名称 1-[α-(4-氯-α-环丙基亚苄基氨基氧) 对甲苯基]-3-(2,6-二氟苯甲酰基) 脲；1-{α-[(EZ)-4-chloro-α-cyclopropylbenzylideneaminooxy]-p-tolyl} -3-(2,6-difluorobenzoyl)urea。

理化性质 原药为灰白色至黄色晶体，熔点 143.6℃ （分解），蒸气压＜4.4mPa(200)。溶解度 （20℃）：水＜0.001mg/L，环己烷 200mg/L，乙醇 3.9g/L，1-甲基-2-吡咯烷酮 940g/L，二甲苯 3.3g/L。在 50℃ 贮存 24h 后分解率＜2％。在人工日光下 DT_{50} 约15d，土壤中 DT_{50} 0.25～0.5 年。

毒性 其对捕食性螨类仅有轻微毒力。大鼠急性经口毒性 LD_{50}＞5g/kg，大鼠急性经皮LD_{50}＞2g/kg。对皮肤无刺激作用，对眼睛稍有刺激作用。大鼠急性吸入 LC_{50} （4h）3.3mg/L 空气。大鼠 90d 饲喂试验的无作用剂量为 200mg/kg 饲料，无致诱变和致畸作用。野鸭急性经口 LD_{50}＞2g/kg，对野鸭和鹌鹑的 LC_{50} （8d）＞6g/kg 饲料。蓝鳃和虹鳟 LC_{50}（96h）＞100mg/L，水蚤 LC_{50} （48h）0.27ng/L，虾 LC_{50} （96h）340ng/L。对蜜蜂的接触LD_{50}＞0.1mg/只蜜蜂。

应用 属苯甲酰脲类杀螨、杀虫剂，主要为触杀作用，可有效防治苹果的苹刺瘿螨、榆全爪螨和麦类红叶螨（对成虫无效），以及各种作物的普通红叶螨若虫，也可以防治某些害虫的幼虫，其中有大豆夜蛾、苹果蠹蛾、菜粉蝶和甘蓝小菜蛾。通过阻止昆虫体内的氨基葡萄糖形成几丁质，干扰幼虫或若虫蜕皮，使卵不能孵化或孵出的幼虫在 1 龄期死亡。

合成路线

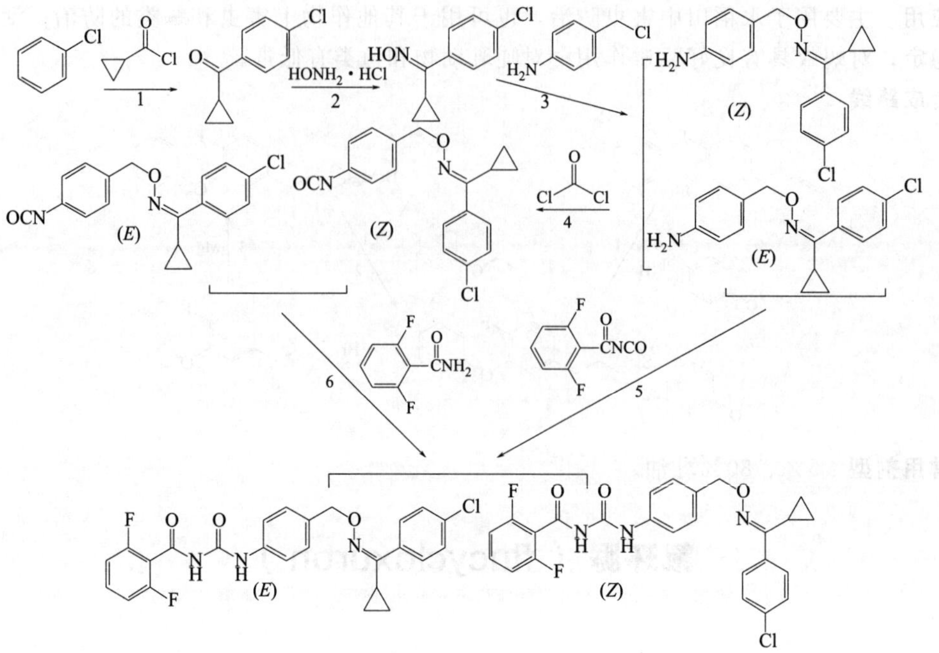

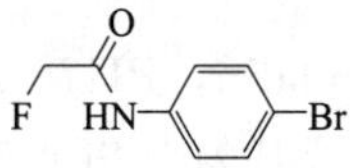

C8H7BrFNO，218.05，351-05-3

其他名称　氟乙酰溴苯胺。

化学名称　4′-溴-2-氟乙酰苯胺；4′-bromo-2-fluoroacetanilide。

理化性质　白色针状结晶，熔点 151℃。溶解度（23～25℃）：水 0.04％，丙酮 33g/100mL，甲醇 9.2g/100mL，乙醇 5g/100mL，苯 3.57g/100mL。

毒性　小白鼠急性经口 LD$_{50}$ 87mg/kg，经皮 LD$_{50}$ 169mg/kg。鲤鱼 LC$_{50}$（48h）＞10mg/L。

应用　内吸性杀虫、杀螨剂，对柑橘矢尖蚧和苹果、柑橘、梨的螨类有效，且具有优异的杀螨卵作用。

常用剂型　氟蚧胺目前在我国未见相关制剂产品登记。

氟铃脲（hexaflumuron）

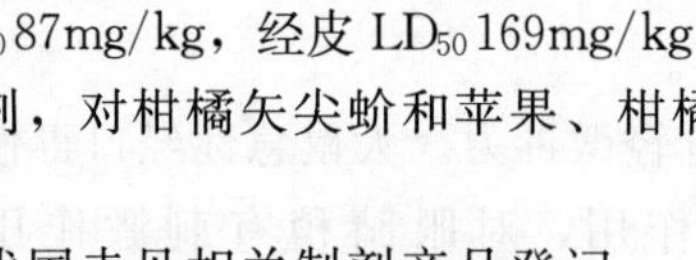

C16H8Cl2F6N2O3，461.1，86479-06-3

常用剂型　目前在我国未见相关产品登记。

氟蚧胺（FABA）

116

其他名称 盖虫散，六伏隆，Consult，Trueno，hezafluron。

化学名称 1-[3,5-二氯-4-(1,1,2,2-四氟氧乙基)苯基]-3-(2,6-二氟苯甲酰基)脲；1-[3,5-dichloro-4-(1,1,2,2-tetrafluoroethoxy)]phenyl-3-(2,6-dinuorobenzoyl)urea。

理化性质 纯品氟铃脲为白色固体（工业品略显粉红色），熔点202～205℃。溶解性（20℃，g/L）：甲醇11.3，二甲苯5.2，难溶于水。在酸和碱性介质中煮沸会分解。

毒性 原药急性 LD_{50}（mg/kg）：大鼠经口＞5000，大鼠经皮＞2100，兔经皮＞5000。对动物无致畸、致突变、致癌作用。

应用 氟铃脲属于昆虫几丁质合成抑制剂，美国陶氏益农公司1984年开发。具有很高的杀虫、杀卵活性，与一般苯甲酰脲类农药不同，其杀虫作用较快，用于防治棉铃虫、甜菜夜蛾、玉米黏虫、潜叶蛾、菜青虫以及小菜蛾等害虫，对益虫以及天敌影响小，对作物无药害。

合成路线

常用剂型 乳油、微乳剂、水分散粒剂、悬浮剂、可湿性粉剂等。复配制剂中主要与毒死蜱、阿维菌素、辛硫磷、甲维盐、高效氯氰菊酯、苏云金杆菌、丙溴磷、氟虫腈等进行复配。

氟氯苯菊酯（flumethrin）

$C_{28}H_{22}Cl_2FNO_3$，510.4，69770-45-2

其他名称　氯苯百治菊酯。

化学名称　α-氰基-(4-氟-3-苯氧基苯基)-3-[2-氯-2-(4-氯苯基)乙烯基]-2,2-二甲基环丙烷羧酸酯；cyano(4-fluoro-3-phenoxyphenyl)methyl-3-[2-chloro-2-(4-chlorophenyl)ethenyl]-2,2-dimethyl cyclopropane carboxylate。

理化性质　原药外观为棕色黏稠液体，在水中及其他羟基溶剂中的溶解度很小，能溶于甲苯、丙酮、环己烷等大多数有机溶剂。对光、热稳定，在中性及微酸性介质中稳定，在碱性条件下易分解。工业品为澄清棕色液体，有轻微的特殊气味。

毒性　大鼠急性经口 LD_{50} 584mg/kg，大鼠急性经皮 LD_{50} 2000mg/kg。

应用　本品高效安全，适用于禽畜体外寄生虫防治，并有抑制成虫产卵和抑制孵化的活性，能用于多种蜱、虱和鸡羽螨的防治。

合成路线

常用剂型　主要为 1％喷射剂。

氟氯菊酯（bifenthrin）

$C_{22}H_{23}ClF_3O_2$，422.9，82657-04-3

其他名称　天王星，虫螨灵，联苯菊酯，毕芬宁，Taltar，Biphenthrin，Capture，Brigade，Brookade，FMC 54800。

化学名称　2-甲基联苯基-3-基甲基-3-(2-氯-3,3,3-三氟丙-1-烯基)-2,2-二甲基环丙烷羧酸酯；2-methylbiphenyl-3-ylmethyl-3-(2-chloro-3,3,3-trifluoropro-1-enyl)-2,2-dimethyl cyclopropanecarboxylate。

理化性质　纯品氟氯菊酯为白色固体，熔点 68～71℃。溶解性（20℃）：水 0.1mg/L，丙酮 1.25kg/L，氯仿、二氯甲烷、乙醚、甲苯 89g/L。对光、热稳定。21℃时在 pH5～9 的介质中稳定 21d。

毒性　原药急性 LD_{50}（mg/kg）：大鼠经口 54.4，兔经皮＞2000。对鼠、兔皮肤和眼睛无刺激性；对动物无致畸、致突变、致癌作用。因其水溶性小且对土壤的亲和力强，在田间使用时对水生系统影响很小。

应用　氟氯菊酯属于卤代菊酯类拟除虫菊酯杀虫剂，由美国 FMC 公司开发。广泛用于防治禾谷类作物、棉花、果树、葡萄和蔬菜上的鞘翅目、双翅目、半翅目、同翅目、鳞翅目和直翅目害虫以及某些害螨。

合成路线

常用剂型 氟氯菊酯常用制剂主要有 2.5%、10% 乳油，80g/L 氟氯菊酯胶悬剂等。

氟氯氰菊酯（cyfluthrin）

C$_{22}$H$_{18}$Cl$_2$FNO$_3$，434.3，68359-37-5、86560-92-1 (I)、86560-93-2 (II)、86560-94-3 (III)、86560-95-4 (IV)

其他名称 百治菊酯，百树菊酯，百树得，拜虫杀，赛扶宁，杀飞克，保得，氟氯氰醚菊酯，高效百树等。

化学名称 (R,S)α-氰基-(4-氟-3-苯氧基苄基)(R,S)顺、反-3-(2,2-二氯乙烯基)-2,2-二甲基环丙烷羧酸酯；(R,S)α-cyano-(4-fuloro-3-phenoxybenzyl)(R,S)cis,trans-3-(2,2-dichlorovinyl)-2,2-dimethylcyclopropane carboxylate。

理化性质 氟氯氰菊酯为两个对映体的反应混合物，其比例为1:2。对映体Ⅱ(S,1R-顺-+R,1S-顺-)的熔点81℃。溶解性（20℃）：二氯甲烷、甲苯＞200g/L，己烷1～2g/L，异丙醇 2～5g/L。在弱酸性介质中稳定，在碱性介质中易分解。

毒性 原药对大鼠急性经口 LD_{50} 0.6～1.2g/kg，大鼠急性经皮 LD_{50} 大于 5g/kg。大鼠急性吸入 LC_{50}（1h）＞1g/m³，LC_{50}（4h）为 496～592mg/m³。对兔皮肤无刺激，但对眼睛有轻度刺激作用。对鱼高毒，96h，LC_{50} 鳟鱼为 0.6～2.9μg/L，金鱼为 3.2μg/L，鲤鱼＜10μg/L。鸟类经口 LD_{50} 为 0.25～1g/L，鹌鹑 LD_{50}＞5g/kg。对蜜蜂、蚕高毒。对鸟类低毒。

应用 具有触杀和胃毒作用，持效期长。适用于棉花、果树、蔬菜、茶树、烟草、大豆等植物的杀虫。能有效地防治禾谷类作物、棉花、果树和蔬菜上的鞘翅目、半翅目、同翅目和鳞翅目害虫，如棉铃虫、棉红铃虫、烟芽夜蛾、棉铃象甲、苜蓿叶象甲、菜粉蝶、尺蠖、苹果蠹蛾、菜青虫、小苹蛾、美洲黏虫、马铃薯甲虫、蚜虫、玉米螟、地老虎等害虫，剂量为 0.0125～0.05kg（以有效成分计）/hm²。目前已作为禁用渔药，禁止在水生动物防病中使用。

合成路线 通常有如下路线 1→3 和路线 2。

常用剂型 氟氯氰菊酯目前在我国的制剂登记涉及的剂型有乳油、微胶囊悬浮剂、水乳剂、气雾剂、可湿性粉剂、粉剂等剂型。复配登记配方主要与丙溴磷、马拉硫磷、三唑磷、辛硫磷、毒死蜱、啶虫脒等进行复配。

氟螨胺（FABB）

C_9H_9BrFNO, 246.1, 24312-44-5

其他名称 溴苄氟乙酰胺。

化学名称 N-(对溴苄基)-2-氟乙酰胺；N-[(4-bromophenyl)methyl]-2-fluoro-acetamide。

理化性质 白色结晶或蓝色粉末，熔点 115～116℃。难溶于水，可溶于丙酮、甲醇等有机溶剂。

毒性 小白鼠急性经口 LD_{50} 410mg/kg。急性经皮 LD_{50} 470mg/kg。小鼠皮下注射 LD_{50} 130mg/kg。鲤鱼 LC_{50}（48h）68.7mg/L。

应用 属苯甲酰脲类杀螨、杀虫剂，是几丁质合成抑制剂。以 0.001～0.002g（ai）/L 喷雾，防治瘿螨和叶螨若虫（对成虫无效），尤其是苹果上的苹刺瘿螨、榆（苹）全爪螨和麦克氏红叶螨以及各种作物上的普通红叶螨若虫，也可以防治大豆夜蛾、苹果蠹蛾、菜粉蝶和甘蓝小菜蛾等害虫的幼虫。

常用剂型 氟螨胺常用制剂主要有 40% 可湿性粉剂。

氟螨嗪 （ diflovidazin ）

$C_{14}H_7ClF_2N_4$，304.682，162320-67-4

其他名称 氟螨，Flumite（Agro-Chemie），szi-121，Flufenzine。

化学名称 3-(2-氯苯基)-6-(2,6-二氯苯基)-1,2,4,5-四嗪英；3-(3-chlorophenyl)-6-(2,6-difluorophenyl)-1,2,4,5-tetrazine。

理化性质 原药是紫红色晶体，提纯后的精品原药为乳白色。没有气味，密度 270g/L，熔点 187~189℃，蒸气压小于 10^{-5} Pa，较易溶于丙酮等有机溶剂。常温下贮存期为 2 年。

毒性 大鼠急性经口 LD_{50}（mg/kg）：979.09（雄），594.02（雌）。雌、雄大鼠急性经皮 LD_{50}＞2000mg/kg。对兔皮肤无刺激，对眼睛有轻微刺激。在 Ames、CHO 以及微核试验中无突变。

应用 具有较强的触杀作用，击倒力强，对成螨、若螨、幼螨及卵均有效。可用于果树、蔬菜，防治柑橘全爪螨、锈壁虱、茶黄螨、朱砂叶螨和二斑叶螨。避开果树开花时用药，以减少对蜜蜂的危害。

合成路线

常用剂型 氟螨嗪常用制剂主要有 20% 悬浮剂。

氟螨噻 （ flubenzimine ）

$C_{17}H_{10}F_6N_4S$，313.28，37893-02-0

化学名称 N-[3-苯基-4,5-双［（三氟甲基）亚氨基］2-噻唑烷撑］苯胺；N-[(2Z,4E, 5Z)-3-phenyl-4,5-bis［(trifluoromethyl) imino]-1,3-thiazolidin-2-ylidene] aniline。

理化性质 纯品为橙黄色粉末，熔点 118.70℃，蒸气压＜1mPa（20℃）。溶解度（20℃，mg/L）：水 1.6，二氯甲烷＞200，甲苯 5～10，22℃己烷、丙二醇 5～10。水解半衰期，在 pH4 时为 29.9h，pH7 时为 30min，pH9 时为 10min。

毒性 急性经口 LD_{50}（g/kg）：大鼠（雄）＞5，大鼠（雌）3.7～5，小鼠（雄）＞2.5。大鼠急性经皮 LD_{50}（24h）＞5g/kg，对兔皮肤无明显刺激。LC_{50}（96h）：金鱼 1mg/L，虹鳟鱼 0.12mg/L。对蜜蜂的无害口服剂量＜0.1mg/只。

应用 螨类生长调节剂。

合成路线

常用剂型 氟螨噻目前在我国未见相关产品登记。

氟氰戊菊酯（flucythrinate）

$C_{26}H_{23}F_2NO_4$，451.5，70124-77-5

其他名称 氟氰菊酯，中西氟氰菊酯，保好鸿，护赛宁，甲氟菊酯，Pay-off，Cythrin，Cybolt，Guardin。

化学名称 (R,S)-α-氰基-3-苯氧基苄基-(S)-2-(4-二氟甲氧基苯基)-3-甲基丁酸酯；(R,S)-α-cyano-3-phenoxybenzyl-(S)-2-(4-difluoromethoxy-phenyl)-3-methylbutyrate。

理化性质 纯品氟氰戊菊酯为液体，沸点 108℃/0.35mmHg。溶解性（20℃，g/L）：丙酮＞820，己烷 90，正丙醇＞780，二甲苯 1.81，水 0.5mg/L。原药为黏稠的暗琥珀色液体，具有轻微类似酯的气味。

毒性 原药急性 LD_{50}（mg/kg）：大鼠经口 81（雄）、67（雌），小鼠经口 76（雌）；兔经皮＞1000。对兔皮肤和眼睛无刺激性。以 60mg/kg 以下剂量饲喂大鼠两年，未发现异常现象。对动物无致畸、致突变、致癌作用。对蜜蜂有驱避作用。

应用 氟氰戊菊酯属于高效、非环烷酸酯类拟除虫菊酯杀虫剂，1982 年美国氰胺公司（American Cyanamid Co.）开发注册。氟氰戊菊酯具有触杀和胃毒作用，持效期比氰戊菊酯和氯菊酯长，杀虫活性受温度影响小，对作物安全；用于防治甘蓝、玉米、马铃薯、大豆、甜菜、烟草和蔬菜上的蚜虫和鳞翅目害虫如棉铃虫、椿象、叶蝉等。

合成路线 氟氰戊菊酯有多种合成路线，如下所示。

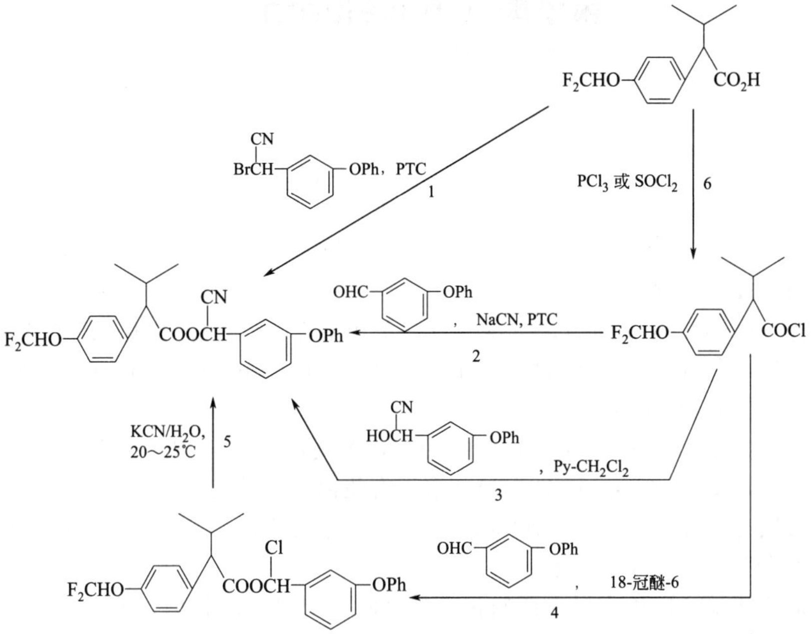

常用剂型 10％、20％、30％乳油及超低容量气雾剂等。

氟杀螨（fluorbenside）

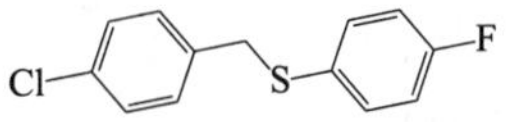

$C_{13}H_{10}ClFS$，252.4，405-30-1

其他名称 杀螨氟，HRS-942，RD-2454。

化学名称 4-氯苄基-4-氟苯基硫醚；4-chlorobenzyl-4-fluorophenyl sulfide。

理化性质 白色结晶，熔点 36℃，蒸气压 8×10^{-5} mmHg（20℃）。不溶于水，可溶于轻质石油醚烃，易溶于丙酮和芳烃溶剂。对酸和碱稳定。

毒性 大白鼠急性经口 LD_{50} 3000mg/kg。以 50mg/(kg·d) 剂量喂大鼠三周，仅肝和肾稍有扩大；用含 100mg/kg 的氟杀螨的饲料喂大鼠两年无严重影响。人口服致死最低量5000mg/kg。

应用 杀螨剂。对若螨和卵有效。

合成路线

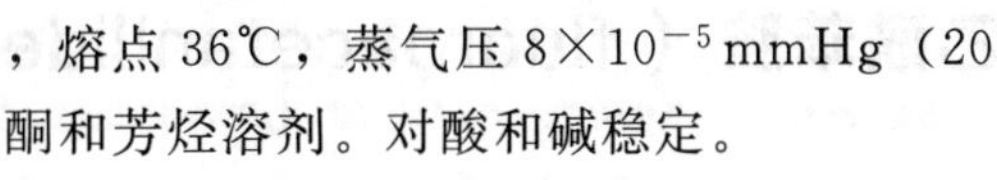

常用剂型 氟杀螨可加工成气雾剂使用。

123

氟酰脲（novaluron）

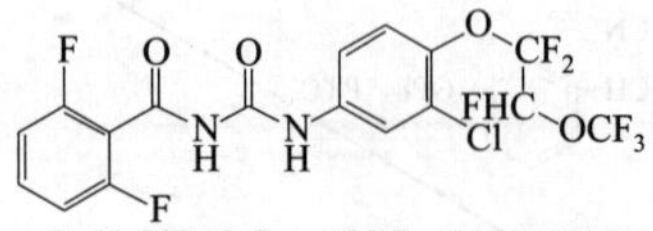

C₁₇H₉ClF₈N₂O₄，492.7，116714-46-6

其他名称　双苯氟脲。

化学名称　N-[[3-氯-4-[1,1,2-三氟-2-(三氟甲氧基)乙氧基]苯基]氨基甲酰基]-2,6-双氟苯甲酰胺；N-[[[3-chloro-4-[1,1,2-trifluoro-2-(trifluoromethoxy)ethoxy]phenyl]amino]carbonyl]-2,6-difluorobenzamide。

理化性质　含量96%原药熔点176～179℃，蒸气压＜0.5mPa（40℃），相对密度1.66（22℃），水中溶解度53.07µg/L（25℃），溶于有机溶剂，稳定。

毒性　大鼠急性经口 LD₅₀＞5000mg/kg，急性经皮 LD₅₀＞2000mg/kg；对兔眼睛和皮肤无刺激，吸入 LC₅₀＞5.15mg/L。

应用　氟酰脲是由以色列马克西姆化学品有限公司研发的新型含氟昆虫生长调节剂，它是苯甲酰脲类杀虫剂中活性最高的一种。在低剂量时，显示对鳞翅目、鞘翅目、半翅目以及双翅目昆虫的幼虫有明显的防除效果。用于控制水果、蔬菜、棉花和玉米的鳞翅目、粉虱等害虫。具有胃毒和触杀作用，阻止正常蜕皮而杀死害虫。

合成路线

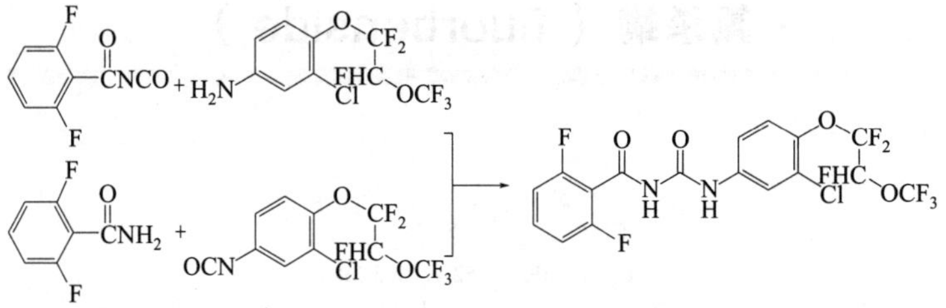

常用剂型　氟酰脲目前在我国登记有98.5%原药和10%乳油。

氟乙酰苯胺（fluoroacetanilide）

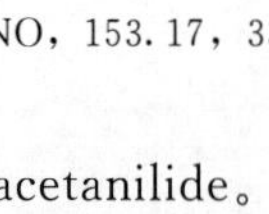

C₈H₈FNO，153.17，330-68-7

其他名称　灭蚜胺，ALF-1082。

化学名称　氟乙酰替苯胺；2-fluoroacetanilide。

理化性质　结晶体，熔点75～76℃。微溶于水，在水中溶解0.1%，可溶于植物油类（如可可酸乙酯和橄榄油）。

毒性　大白鼠急性经口 LD₅₀ 10～12mg/kg。大白鼠口服致死最低剂量3mg/kg。

应用　具有内吸性和触杀作用，还有一定的熏蒸作用。可防治蚜虫、菜青虫等，并对蚧类和红蜘蛛有效。

常用剂型 氟乙酰苯胺目前在我国未见相关制剂产品登记。

氟蚁腙（hydramethylnon）

$C_{25}H_{24}F_6N_4$，494.5，67485-29-4

其他名称 伏蚁腙，爱美松，猛力［嘉力］，威灭［嘉力］，AC 217300［氰胺］，Amdro，Combat［嘉力］，Maxforce［嘉力］。

化学名称 5,5-二甲基全氢化嘧啶-2-酮-4-三氟甲基-α-(4-三氟甲基苯乙烯基)肉桂叉腙；5,5-dimethylperhydropyrimidin-2-one-4-trifluoromethyl-α-(4-trifluoromethylstyryl) cinnam-ylidenehydrazone。

理化性质 黄色至橘黄色晶体，熔点185～190℃，蒸气压0.0027mPa（25℃）溶解度：水中0.005～0.007mg/L（25℃），丙酮360、乙醇72.1、二氯乙烷170、甲醇230、异丙醇12、二甲苯94、氯苯390（g/L，20℃）。贮存于未开盖的容器中可保存24个月（25℃），12个月（37℃），3个月（45℃）。水悬浮溶液中半衰期（25℃）24～33d（pH4.9），阳光下半衰期约1h。

毒性 大鼠急性经口LD_{50}（mg/kg）：1131mg（雄），1300（雌）。兔急性经皮$LD_{50}>$5g/kg。对兔和豚鼠皮肤无刺激，对兔眼有可逆刺激，对豚鼠皮肤无致敏作用。大鼠急性吸入LC_{50}（4h）$>$5mg/L空气（粉剂的气雾剂）。大鼠28d、90d、2年饲喂试验的无作用剂量为75mg/kg饲料、50mg/kg饲料、50mg/kg饲料，狗0.5年饲喂试验的无作用剂量为3mg/(kg·d)。在标准试验中，鼠、兔无致畸和胚胎毒性，Ames试验表明无诱变性。野鸭急性经口$LD_{50}>$2510mg/kg，北美鹌鹑急性经口$LD_{50}>$1828mg/kg。鱼毒（在实验室用溶剂试验）LC_{50}（96h）：蓝鳃鱼为1.70mg/L，虹鳟为0.16mg/L，斑点叉尾鮰0.10mg/L，鲤鱼LC_{50}为0.67mg/L、0.39mg/L、0.34mg/L（24h、48h、72h）。对蜜蜂无毒。水蚤LC_{50}（48h）1.14mg/L。

应用 伏蚁腙主要防治农业和家庭的蚁科和螱蠊科等害虫，一般做成胶饵，颗粒状物用于直接杀灭害虫。饵剂用量为1.12～1.68kg/hm²。

合成路线

常用剂型 氟蚁腙目前在我国制剂登记主要剂型有饵剂、饵膏、胶饵等。

氟幼脲（penfluron）

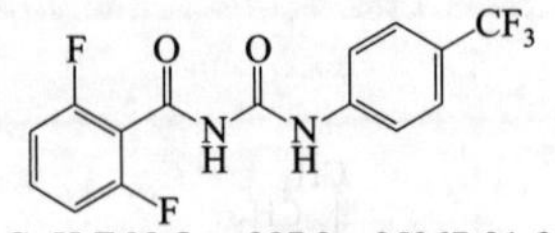

$C_{15}H_9F_5N_2O_2$，287.2，35367-31-8

其他名称 AI 3-63223，PH6044，TH 6044。

化学名称 1-(4-三氟甲基苯基)-3-(2,6-二氟苯甲酰基)脲；1-(4-trifluoromethylphenyl)-3-(2,6-dichlorobenzoyl)urea。

应用 防治蚊、蝇类的几丁质合成抑制剂，并具有化学不孕作用，防治棉铃象虫的繁殖，对橘锈螨也有一定防效，使家蝇卵的成活力下降，对伊蚊属蚊具有昆虫生长调节作用。对黏虫具有超高活性，比甲氨基阿维菌素苯甲酸盐对黏虫的活性高 1 倍。

合成路线

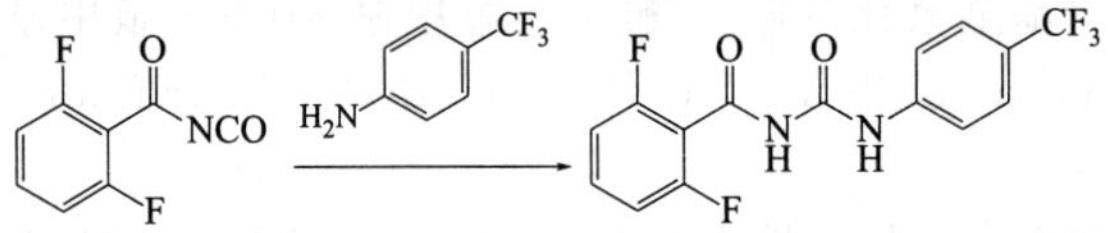

常用剂型 氟幼脲常用制剂有 10％乳油。

富表甲氨基阿维菌素（methylamineavermectin）

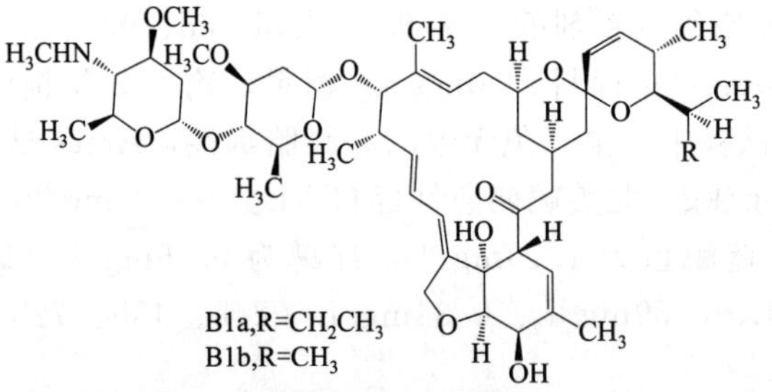

B1a,R=CH₂CH₃
B1b,R=CH₃

$C_{49}H_{75}NO_{12}$，$C_{48}H_{73}NO_{12}$

化学名称 4″-脱氧-4″-(表)甲氨基阿维菌素 B1。

理化性质 原药外观为淡黄色粉末，熔点 145～150℃。难溶于水，易溶于丙酮、二氯甲烷、乙酸乙酯、苯等有机溶剂。对热稳定，对紫外线敏感。制剂外观淡黄色乳油，pH5.0～7.0。常温贮存条件下稳定。

毒性 大鼠急性毒性 LD_{50}（mg/kg）：经口＞68.1；经皮＞4640。

应用 富表甲氨基阿维菌素是以阿维菌素为先导化合物，通过衍生合成，优化改进而开发成功的新型合成农药杀虫剂，性能优于阿维菌素，具有广谱、高效、用量低等特点。主要是胃毒和触杀作用。对防治高抗性小菜蛾等鳞翅目及夜蛾类害虫有较好的防效。对鱼、虾、蜜蜂毒性较高，使用时应注意。

常用剂型 富表甲氨基阿维菌素主要制剂为 0.5％乳油。

126

甘氨硫磷 （ phosglycin ）

$$C_{14}H_{31}N_2O_3PS, 338.4, 105084-66-0$$

化学名称　N'-二乙氧基硫膦基-N'-乙基-N',N'-二丙基甘氨酰胺；2-[(diethoxyphosphinothioyl)(ethyl) amino]-N,N-dipropylacetamide。

理化性质　固体，熔点 34℃，蒸气压 1.8mPa（25℃）。溶解度（20℃）：水 140mg/L，苯、丙酮、氯仿、乙醇、二氯甲烷、己烷＞200g/L（室温下）。K_{ow} 7940。稳定性：180℃以下稳定，在硅胶板上光降解 DT_{50} 18h。

毒性　急性经口 LD_{50}（mg/kg）：大鼠 2000，雌小鼠 1550，雄小鼠 1800。大鼠急性经皮 LD_{50}＞5000mg/kg。在 0.59mg/L 空气（可达到的最高浓度）浓度下，对大鼠无急性吸入毒性。鱼毒 LC_{50}：鲤鱼 9.47mg/L，须鲶鱼 12mg/L，草鱼 12.5mg/L。

应用　防治植食性螨的成虫和幼虫。用于柑橘 [1～2kg（a.i.）/hm²]、苹果 [2.5kg（a.i.）/hm²]、和葡萄 [2～3kg（a.i.）/hm²]。

合成路线

常用剂型　甘氨硫磷常用制剂有 50％乳油、40％可湿性粉剂。

甘蓝夜蛾核型多角体病毒 （ *Mamestra brassicae* NPV ）

性质　外观为白色固体，熔点 238～240℃，在水中溶解度为 1～2mg/L，相对密度 1.65。

毒性　低毒农药。急性 LD_{50}（mg/kg）：经口＞2000；经皮＞2000。

活性　病毒被幼虫摄食后，包涵体在寄主的高碱性中肠内溶解，释放出包有衣壳蛋白的病毒粒子，穿过围食膜并侵入中肠细胞。在细胞核内脱衣壳，然后进行增殖。最初产生未包埋的病毒粒子，加速幼虫死亡，最终大量的包涵体被释放到环境中。1～3 龄幼虫通常在施药 7d 后死亡，杀虫速度较慢。

应用　防治甘蓝夜蛾。以 20 亿 PIB/μL 甘蓝夜蛾核型多角体病毒悬浮剂为例，用 20 亿 PIB/μL 甘蓝夜蛾核型多角体病毒悬浮剂 1350～1800mL/hm² 对水均匀喷雾。也可用于防治棉铃虫、马铃薯块茎蛾、小菜蛾等。

常用剂型　甘蓝夜蛾核型多角体病毒在我国登记的主要制剂有 20 亿 PIB/mL 悬浮剂和 200 亿 PIB/g 母药。

高效反式氯氰菊酯（ *theta* -cypermethrin ）

(*R*)-alcohol(1*S*)-*trans*-acid   (*S*)-alcohol(1*R*)-*trans*-acid

C$_{22}$H$_{19}$Cl$_2$NO$_3$，416.30，71697-59-1

化学名称 （*S*）-α-氰基-3-苯氧基苄基（1*R*，3*S*）-3-(2，2-二氯二烯基)-2，2-二甲基环丙烷羧酸酯和（*R*）-α-氰基-3-苯氧基苄基（1*S*，3*R*）-3-(2，2-二氯乙烯基)-2，2-二甲基环丙烷羧酸酯；（*R*）-cyano（3-phenoxyphenyl）methyl（1*S*，3*R*）-rel-3-(2，2-dichloroethenyl)-2，2-dimethylcyclopropanecarboxylate。

理化性质 外观为白色或淡黄色结晶粉末，密度 1.219g/m^3（25℃）；熔点 78～81℃；蒸气压 2.3×10^{-7}Pa（20℃）；常温下在水中溶解度极低，可溶于酮类、醇类及芳香烃类溶剂。

毒性 急性经口 LD$_{50}$（mg/kg）：雄大鼠 7700，雌大鼠 3200～7700，雄小鼠 136，雌小鼠 106。大鼠急性经皮 LD$_{50}$＞5000mg/kg。对兔皮肤和眼睛有轻度刺激。

应用 高效反式氯氰菊酯属第三代拟除虫菊酯类杀虫剂，主要用于大田作物、经济作物、蔬菜、果树等农林害虫，蚊类、臭虫等家庭卫生害虫的防治，且有高效、广谱、对人畜低毒、作用迅速、持效长等特点，有触杀和胃毒、杀卵、对害虫有拒食活性等作用。对光、热稳定。耐雨水冲刷，特别对有机磷农药已达抗性的害虫有特效。

合成路线

(*R*)-alcohol(1*S*)-*trans*-acid   (*S*)-alcohol(1*R*)-*trans*-acid

常用剂型 高效反式氯氰菊酯在我国相关产品登记有 95％的原药和 5％、20％乳油。

高效氯氰菊酯（ *beta* -cypermethrin ）

(*S*)-α-氰基-3-苯氧基苄基-(1*R*)-顺-3-(2,2-二氯乙烯基)-2,2-二甲基环丙烷羧酸酯   (*R*)-α-氰基-3-苯氧基苄基-(1*S*)-顺-3-(2,2-二氯乙烯基)-2,2-二甲基环丙烷羧酸酯

(S)-α-氰基-3-苯氧基苄基-(1R)-反-3-(2,2-
二氯乙烯基)-2,2-二甲基环丙烷羧酸酯

(R)-α-氰基-3-苯氧基苄基-(1S)-反-3-(2,2-
二氯乙烯基)-2,2-二甲基环丙烷羧酸酯

$C_{22}H_{19}Cl_2NO_3$，416.2，65373-30-8

其他名称　高效百灭可，快杀敌，好防星，Fastac，Bcstox，Fendana，Renegade。

化学名称　(R,S)-α-氰基-3-苯氧苄基 (1R,3R)-顺、反-3-(2,2-二氯乙烯基)-2,2-二甲基环丙烷羧酸酯；(R,S)-α-cyano-3-phenoxybenzyl (1R,3R)-cist,rans-3-(2,2-dichlorovinyl)-2,2-dimethyl cyclopropanecarboxylate。

理化性质　高效氯氰菊酯原药分别为顺式体和反式体的两个对映体对组成（比例均为1:1）。原药为白色结晶，熔点63～65℃。溶解性（20℃，g/L）：己烷9，二甲苯370，难溶于水。在弱酸性和中性介质中稳定，在碱性介质中发生差向异构化，部分转为低效体，在强酸和强碱介质中水解。

毒性　原药大白鼠急性LD_{50}（mg/kg）：经口126（雄）、133（雌），经皮316（雄）、217（雌）。对兔皮肤和眼睛有刺激作用。对动物无致畸、致突变、致癌作用。对鸟类低毒，对鱼类高毒，田间使用剂量对蜜蜂无伤害。

应用　高效氯氰菊酯属于卤代菊酯类拟除虫菊酯杀虫剂，原药中高效体含量95%以上。1986年匈牙利 G. Hidasi 首次报道，1987年南开大学元素有机化学研究所和天津农药总厂合作开发。高效氯氰菊酯具有氯氰菊酯相同的应用范围和更好的杀虫效果。

合成路线

差向异构化反应：　　　　　氯氰菊酯——→高效氯氰菊酯

cis-β体 ⇌（碱催化，溶液中）cis-α体（结晶）　　trans-β体 ⇌（碱催化，溶液中）trans-α体（结晶）

原理与过程：氯氰菊酯原药含有8个光学异构体，其中高效异构体（顺式α体，反式α体）占45%，低效体（顺式β体，反式β体）占55%。α-氰基苄位碳原子上氢原子活泼性大，在碱性条件下该碳原子构型容易发生转化；在脂肪醇中α体溶解度小于β体，因此在有机溶剂（通常是乙醇或异丙醇或其二者混合剂）和有机碱（通常是三乙胺）存在下，在适宜温度（通常为-10～5℃）下，α体不断结晶离开溶液，同时β体不断转化为α体，经过一定时间（通常为7～10d），绝大部分β体转化为α体，从而使α体总量达到93%～95%。过滤则得到高效体原药，适当处理可得其高效体二甲苯溶液（含量通常为27%）。

常用剂型　高效氯氰菊酯目前在我国的制剂登记剂型主要有乳油、气雾剂、微乳剂、水乳剂、可湿性粉剂、悬浮剂、烟剂、粉剂、热雾剂、笔剂、可溶性液剂、饵剂、微胶囊悬浮剂等剂型，复配登记主要与毒死蜱、甲维盐、阿维菌素、杀虫单、丙溴磷、啶虫脒、氟啶脲、辛硫磷、氟铃脲、马拉硫磷、三唑磷、灭多威、氧乐果、硫丹、敌敌畏、灭幼脲、噻嗪酮、虫酰肼、甜核、棉核、斜夜核、矿物油、苏云菌、水胺硫磷、苯氰菊酯、胺菊酯、右胺菊酯、残杀威、烯丙菊酯、溴氰菊酯等进行复配。

格螨酯（ genit ）

$$C_{12}H_{18}Cl_2O_3S, \quad 303.1611, \quad 97-16-5$$

其他名称 杀螨磺，HSDB 1577，Latka 923，NSC 27323。

化学名称 苯磺酸-2,4-二氯苯基酯；2,4-dichlorophenyl benzenesulfonate。

理化性质 黄褐色蜡状固体，稍带苯酚气味。几乎不溶于水，溶于大多数有机溶剂。蒸气压为 36mPa（30C）。对热稳定，在酸性和中性介质中稳定，遇碱水解成 2,4-二氯酚盐和苯磺酸盐。

毒性 大鼠急性经口 LD_{50}（mg/kg）：1400（雄），1900（雌）；对兔的急性经皮 LD_{50} 值大于 940mg/kg。

应用 以胃毒为主，有一定触杀作用，无内吸性。适用于防治棉花、果树等作物上的螨类，对若螨及成螨均有效。用 50% 乳油对水 500～600 倍喷雾。

合成路线

常用剂型 格螨酯常用制剂主要有 50% 乳剂。

庚烯磷（ heptenophos ）

$$C_9H_{12}ClO_4P, \quad 250.62, \quad 23560-59-0$$

其他名称 蚜螨磷，二环庚磷，Heptanophos，Hoe 02982，Hostaquick，Ragaden。

化学名称 7-氯双环-[3.2.0] 庚-2,6-二烯-6-基-二甲基磷酸酯；7-chlorobicyclo [3.2.0] hepta-2,6-dien-6-yl dimethyl phosphate。

理化性质 其外观呈浅琥珀色液体，沸点为 64℃/0.075mmHg，15℃ 时蒸气压为 65mPa，25℃ 时蒸气压为 170mPa，相对密度 1.28（20℃），20℃ 在水中的溶解度 2.2g（工业品）/L。大多数有机溶剂迅速溶解，在丙酮、甲醇、二甲苯＞1kg/L，己烷 0.13kg/L（25℃）。在酸性和碱性介质中水解。闪点 165℃（Cleveland，敞开）、152℃（Pensky-Martens，封闭）。

毒性 急性经口 LD_{50}：大鼠 96～121mg/kg，狗 500～1000mg/kg。大鼠急性经皮 LD_{50} 值约为 2g/kg。对眼睛有中等刺激。大鼠急性吸入 LC_{50}（4h）0.95mg/L 空气。2 年饲喂试验的无作用剂量：狗 12mg/kg 饲料，大鼠 15mg/kg 饲料。对人的 ADI 为 0.003mg/kg。日本鹌鹑急性经口 LD_{50} 为 17～55mg/kg（与载体和性别有关）。鱼毒 LC_{50}（96h）：鳟鱼

0.056mg/L，鲤鱼 24mg/L。对蜜蜂有毒。水蚤 LC_{50}（48h）2.2μg/L。海藻 EC_{50}（72h）20mg/L。

应用　庚烯磷是 20 世纪 70 年代开发的新型有机磷杀虫剂，具有消毒、触杀和很强的内吸活性，用于杀灭豆蚜，还用于果树、蔬菜蚜虫的防治。其最突出的特点是高效、持效短、残留量低，所以最适用于临近收获期防治害虫。此外，它也是猪、狗、牛、羊、兔等体外寄生虫的有效防治剂。

合成路线

常用剂型　庚烯磷常用制剂主要有 250g/L、500 g/L 乳剂和 40％可湿性粉剂。

谷实夜蛾核型多角体病毒（Helicoverpa zea NPV）

其他名称　GemStar。

毒性　低毒。对人畜、环境及非靶标生物无影响。

活性　病毒被幼虫摄食后，包涵体在寄主的高碱性中肠内溶解，释放出包有衣壳蛋白的病毒粒子，进入寄主的血淋巴，侵染寄主体内几乎所有类型的细胞并增殖，最终导致幼虫死亡，表皮破裂，大量的包涵体释放到环境中。

应用　用于防治蔬菜、棉花上的棉铃虫等夜蛾属害虫。不能与防治同一种目标害虫的化学杀虫剂混用，不耐强氧化剂、还原剂等。

常用剂型　谷实夜蛾核型多角体病毒主要剂型为水乳剂。

果虫磷（cyanthoate）

$C_{10}H_{19}N_2O_4PS$，294.31，3734-95-0

其他名称　腈果，M-1568，Romerales，Tartan，TH-427-1。

化学名称　S-{2-[(1-氰基-1-甲基乙基)氨基]-2-氧代乙基}-O,O-二乙基硫代磷酸酯；S-[2-[(1-cyano-1-methylethyl) amino]-2-oxoethyl]-O,O-diethyl phosphorothioate。

理化性质　纯品为淡黄色液体，略带有令人不愉快的气味，相对密度 d_4^{19} 为 1.191，折射率 n_D^{25} 为 1.4845。工业品纯度为 90％，为橙色液体，具有苦杏仁味，相对密度 d_4^{20} 为 1.200，折射率 n_D^{25} 为 1.4850。在 20℃水中的溶解度为 70g/L，在大多数有机溶剂中微溶。

毒性　急性经口 LD_{50}（mg/kg）：大白鼠 3.5，小白鼠 12，豚鼠 13，兔 8，狗 20。大白鼠急性经皮 LD_{50} 105mg/kg（24h）。每天以 0.035mg/kg 喂大鼠 3 个月后，没有发现明显的中毒作用。

应用　杀螨、杀虫剂。具有触杀、胃毒和内吸作用。有一定的残效。

合成路线

常用剂型 果虫磷常用制剂主要有 20％液剂、25％可湿性粉剂、5％颗粒剂。

果满磷（amidothionate）

$C_{10}H_{15}ClNO_2PS_2$，311.78，54381-26-9

其他名称 果螨磷，Mitemate，Mitomate。

化学名称 N-乙基-O-甲基-O-(2-氯-4-甲硫基苯基) 硫代磷酰胺酯。

理化性质 浅黄色油状物，具有特异臭味。难溶于水，易溶于多数有机溶剂。对碱有水解，但遇强碱不稳定。对酸性物质稳定。

毒性 小白鼠急性经口 LD_{50} 为 33mg/kg，小白鼠经皮 LD_{50} 为 174mg/kg。TLm（48h）鲤鱼为 1.2mg/L，泥鳅为 1.2mg/L。

应用 有机磷类杀螨剂，具有杀卵、成螨、若螨的作用，在植物上有 40d 左右的药效。可防治各种作物及果树上发生的叶螨。

常用剂型 果满磷常用制剂主要有 50％乳油。

果乃胺（MNFA）

$C_{13}H_{12}FNO$，217.26，5903-13-9

其他名称 氟蚜螨，Nissol。

化学名称 2-氟-N-甲基-N-1-萘基乙酰胺；2-fluoro-N-methyl-N-naphthalen-1-yl-acetamide。

理化性质 本品为无色无臭粒状结晶。熔点 88～89℃，沸点 153～154℃/0.5mmHg。几乎不溶于水，难溶于正己烷、石油醚、煤油，易溶于苯、甲苯、环己酮、丙酮、二甲基甲酰胺。对酸、碱稳定。

毒性 大鼠急性经口 LD_{50} 为 115mg/kg。

应用 为杀虫和杀螨剂。可防治柑橘、苹果的叶螨、蚜虫、梨蚜、柑橘矢尖蚧、柑橘锈螨。

常用剂型 果乃胺常用制剂主要有 20％、25％乳剂，35％可湿性粉剂。

害扑威（CPMC）

$$\text{H}_3\text{CHN}\overset{O}{\overset{\|}{C}}-O-\bigcirc-Cl$$

$C_8H_8ClNO_2$，185.5，3942-54-9

其他名称　Bayer46146，Hoplide。

化学名称　2-氯苯基-N-甲基氨基甲酸酯；2-chlorophenyl-N-methylcarbamate。

理化性质　纯品为白色结晶，性质比较稳定，但在碱性介质中分解。熔点 90～91℃。具有微弱苯酚气味。溶于丙酮、甲醇、二甲基、乙醇、甲酰胺等，在水中的溶解度为 0.1%。

毒性　急性经口 LD_{50}（mg/kg）：小鼠 118～190，大鼠 648。对大鼠的急性经皮 $LD_{50}>$5000mg/kg，小白鼠 $>$2000mg/kg。对鲤鱼的 TLm 7.1mg/L（48h）。

应用　具有触杀作用，可用于防治水稻、棉花等作物的害虫，尤其对飞虱、水稻叶蝉、枣树龟蜡蚧效果较好。

合成路线

常用剂型　害扑威常用制剂主要有 20% 乳油，50% 可湿性粉剂，1%、2% 粉剂。

华光霉素（nikkomycin）

$C_{20}H_{25}N_5O_{10}$，531.5，59456-70-1

其他名称　尼可霉素，日光霉素。

化学名称　2-[2-氨基-4-羟基-4-(5-羟基-2-吡啶)3-甲基乙酰]氨基-6-(3-甲酰-4-咪唑啉-5-酮）己糖醛酸盐酸盐。

理化性质　无色粉末，溶于水和吡啶，不溶于丙酮、乙醇和非极性溶剂。

毒性　大鼠急性经口 $LD_{50}>$5000mg/kg，急性经皮 $LD_{50}>$100000mg/kg；无致突变、无致畸、无遗传效应，无蓄积毒性，无药害、无残留，对天敌无影响，对人、畜安全。

应用　对螨类有很高的活性。2.5% 华光霉素可湿性粉剂，用其 400～600 倍液可防治山楂红蜘蛛、苹果红蜘蛛和柑橘红蜘蛛等。由于其作用缓慢，故应在害物相对密度较低时使用效果才好。

常用剂型　华光霉素常用制剂主要有 2.5％可湿性粉剂。

环虫酰肼 （ chromafenozide ）

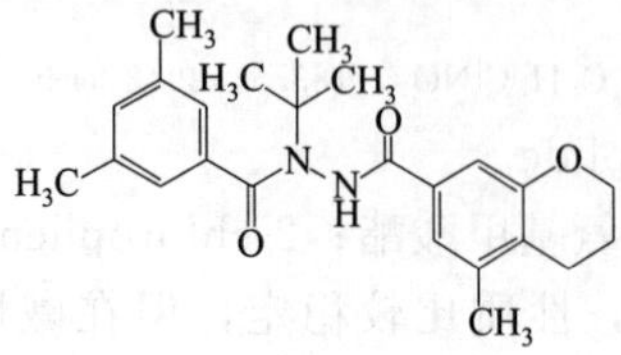

$C_{24}H_{30}N_2O_3$，394.51，143807-66-3

化学名称　$2'$-叔丁基-5-甲基-$2'$-（3,5-二甲基苯甲酰基）色满-6-甲酰肼；N'-tert-butyl-5-methyl-N'-(3,5-xyloyl) chromane-6-carbohydrazide。

理化性质　纯品为白色晶体，熔点为 186.4℃，蒸气压（25℃）为 $4×10^{-9}$ Pa，在水中溶解度（20℃）为 1.12mg/L。

毒性　大鼠经口 LD_{50}>5000mg/kg，小鼠经口 LD_{50}>5000mg/kg；小鼠经皮 LD_{50}>2000mg/kg，兔经皮 LD_{50}>2000mg/kg；小鼠吸入 LD_{50}>4.68mg/L（4h）。对兔皮肤无刺激性；对兔眼睛有轻微刺激作用，无致敏性。通过大小鼠试验，无致癌作用，对小鼠繁殖无影响；兔和小鼠致畸试验阴性。日本鹌鹑急性经口 LD_{50}>5000mg/kg。虹鳟鱼 LC_{50}>18.9mg/L，鲤鱼 LC_{50}>47.25mg/L，虾 LC_{50}>189mg/L，蚯蚓 LD_{50}（均 96h）>1000mg/kg。

应用　是双酰肼类昆虫生长调节剂，对鳞翅目幼虫有优异的杀虫活性。昆虫摄取后几小时内抑制昆虫进食，同时引起提前蜕皮导致死亡。可用于蔬菜、大田作物、果树、观赏植物。

合成路线

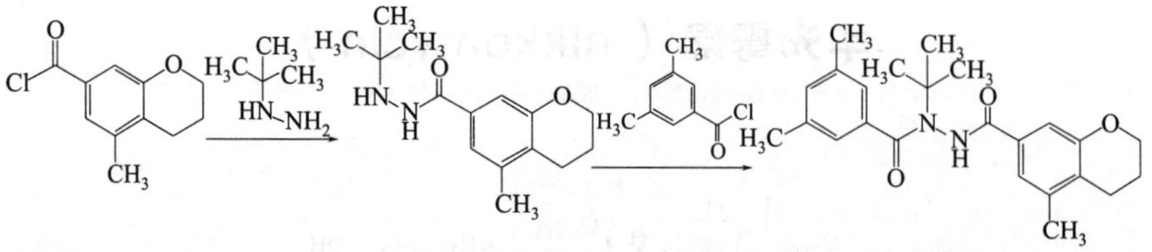

常用剂型　环虫酰肼常用制剂主要有 5％悬浮剂、5％乳油、0.3％粉剂等。

环菊酯 （ cyclethrin ）

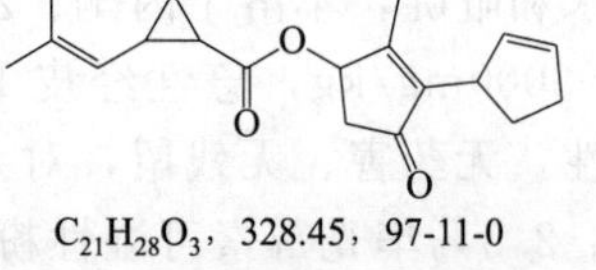

$C_{21}H_{28}O_3$，328.45，97-11-0

其他名称　环虫菊，环虫菊酯，环戊烯菊酯，AC43064，ENT-22952。

134

化学名称 (1-R,S)-顺，反式-2-二甲基-3-(2-甲基-丙-1-烯基)-环丙烷羧酸-(R,S)-2-甲基-3-(环戊-2-烯-1-基)-4-氧代-环戊-2-烯-1-基酯；2-methyl-3-(2-cyclopenten-1-yl)-4-oxo-2-cyclopenten-1-yl，dl-cis，$trans$-2，2-dimethyl-3-(2-methyl-1-propenyl)cyclo-propanecarbox-ylate。

理化性质 工业品为草黄色黏稠油状液，纯度 95%，相对密度 d^{20} 1.020，折射率 n_D^{30} 1.5170。不溶于水，可溶于煤油和二氯二氟甲烷等有机溶剂。高温时能分解。

毒性 雄大鼠急性经口 LD_{50} 1420~2800mg/kg，对人口服致死最低剂量为 500mg/kg。

应用 作为触杀性杀虫剂对家蝇和蟑螂比丙烯菊酯更有效。加工成保护剂用于小麦中防治米象，与丙烯菊酯效力相当。在本品的制剂中加用增效剂如增效醚、增效酯或增效砜后，其药效可高于丙烯菊酯。

常用剂型 可加工成气雾剂使用。

环羧螨 (cycloprate)

$C_{20}H_{38}O_2$，310.51，54460-46-7

其他名称 螨卵特，ZR 856，cycloprate，Zardex。

化学名称 环丙烷羧酸十六烷基酯；hexadecyl cyclopropanecarboxylate。

理化性质 稠状液体，熔点 19.8~20℃，沸点 136~137℃ (0.05mmHg)，密度 0.8809g/mL (25℃)，蒸气压 2.46×10^{-4}mmHg (20℃)。可溶于普通有机溶剂。在碱性介质中不稳定。

毒性 大鼠急性经口 LD_{50} 为 12200mg/kg，大鼠急性经皮 LD_{50} 为 6270mg/kg。奶牛 1 次口服 0.3mg/kg，使用剂量的 89%、5%、6% 分别从尿、便和奶汁中排泄，7d 后使用剂量的 65% 和 7% 以尿的 N-(环丙基羧基) 甘氨酸和游离的环丙烷羧酸而排除。鼠 1 次口服 21mg/kg，使用剂量的 2/3 在 ld 之内排泄，4d 后分别以 67% 和 15% 从尿和便中排泄，但 18% 仍留在组织内。

应用 选择性杀螨剂，有触杀作用，杀卵效果显著。对螨的各种活动时期都有效。应用于柑橘、梨、苹果等果树和棉花防治红蜘蛛。在 2000~2680g/hm² 剂量下，能很好地防治苹果上的榆爪螨（苹果红蜘蛛）、苹果刺锈螨、棉叶螨（棉红蜘蛛），以及橘全爪螨，杀卵活性也很高。

常用剂型 环羧螨目前在我国未见相关制剂产品登记。

环戊烯丙菊酯 (terallethrin)

$C_{17}H_{24}O_3$，276.37，15589-31-8

其他名称 甲烯菊酯，多甲丙烯菊酯。

化学名称 2,2,3,3-四甲基-环丙烷羧酸-(RS)-2-甲基-3-烯丙基-4-氧代-环戊-2-烯基酯；(RS)-3-allyl-2-methyl-4-oxocyclopent-2-enyl 2,2,3,3-tetramethylcyclopropanecarboxylate。

理化性质 淡黄色油状液体，在日光照射下不稳定，在碱性中易分解。在20℃时的蒸气压为0.027Pa。不溶于水（在水中溶解度计算值为15mg/L），能溶于多种有机溶剂中。

毒性 大鼠急性经口 LD_{50} 174～224mg/kg。当以 ^{14}C 在酸的部分 $\diagdown C=O$ 基团标记的甲烯菊酯，剂量为5mg/kg给大鼠1次口服或作皮下注入，即迅速吸收并输导进入肝肠和肾脏，从尿和粪便中排出。7d后 ^{14}C 的排出量约占总服入量的97%～100%，其中尿中占49%～62%，粪便中占38%～50%。在组织中残留的 ^{14}C，按甲烯菊酯计算，<0.09mg/kg，排泄物中未降解的菊酯计占总 ^{14}C 的0.2%～0.3%。代谢产物有10多种，其中有四甲基环丙烷羧酸的葡萄糖苷酸。

应用 剂型有蚊香、电热蚊香片、气雾剂。本品制剂中加入抗氧剂4,4-亚丁基-双-(6-叔丁基-3-甲基苯酚) 和稳定剂2,2-亚甲基-双-(6-叔丁基-4-乙基苯酚) 后，在145℃加热8h，可使有效成分缓慢释放而不分解。在加与不加抗氧剂和稳定剂的分解率，分别是4.9%和50%；在开始加热后8h所需击倒蚊虫的时间，分别是16.6min和>60min。

合成路线

常用剂型 环戊烯丙菊酯主要加工成蚊香防治卫生害虫，可与富右旋反式烯丙菊酯、烯丙菊酯、戊烯氰氯菊酯、氯烯炔丙菊酯等进行复配。

环氧乙烷（ethylene oxide）

$(CH_2)_2O$, 44.05

其他名称 虫菌畏，ETO，ETOC oxirane, carboxide, etox。

化学名称 1,2-环氧乙烷；1,2-epoxyethane。

理化性质 环氧乙烷为无色透明的液体，具有乙醚和蜂蜜的混合气味；气体相对密度（空气=1）为1.521，液体相对密度（水=1.4℃）0.887（7℃）；汽化潜热582J/g；在空气中燃烧极限3%～80%（体积分数）；无限溶于水（0℃）；沸点10.7℃，冰点-111.3℃；在10℃下蒸气压98.4kPa，20℃下146kPa；无腐蚀性；因为纯环氧乙烷易燃烧和爆炸，用于熏蒸杀虫、杀菌的环氧乙烷为1:9或2:8（环氧乙烷:CO_2，质量比）的混剂，实际使用较安全；用环氧乙烷熏蒸食品不会影响品质，但过量会影响种子的发芽率。

毒性 大鼠急性经口 LD_{50} 为330mg/kg，其毒性比磷化氢、溴甲烷、氯化苦、氢氰酸要低得多；空气中含有250mg/kg时对人尚无严重毒害，3g/L时人在其中呼吸30～60min就会有致命危险，但其在人体内不致引起积累性中毒，且无后遗症；空气中允许最高安全浓度为50mg/L；环氧乙烷的杀虫效果也低于溴甲烷，但对虫卵有较强的毒杀力。

应用 环氧乙烷虽然在杀虫方面曾被广泛运用，但因其对昆虫的毒力低于其他药剂和易燃爆性，作为杀虫剂的环氧乙烷常被溴甲烷和磷化氢所代替，但在杀菌方面，环氧乙烷一直起着不可替代的作用；在国内外被广泛用于调味料、塑料、卫生材料、化妆品原料、动物饲料、医疗器材、病房材料、原粮中植物病原真菌、羊毛、皮张等消毒灭菌。

常用剂型　环氧乙烷主要作为熏蒸剂使用。

黄地老虎颗粒体病毒（ *Agrotis segetum GV* ）

性质　属杆状病毒科，颗粒体病毒属。

毒性　该病毒专化性强，只对靶标害虫有效，不影响害虫的天敌，对人畜安全，不污染环境。

活性　感染的幼虫症状与 NPV 相仿，初期无明显症状，后出现反应迟钝和停止取食，已死幼虫体壁脆弱，破后流出大量 GV。

应用　可用于防治黄地老虎和警纹地老虎。在低龄阶段均匀喷雾。还可和细菌农药及化学农药混合使用。

常用剂型　黄地老虎颗粒体病毒常用剂型主要有可湿性粉剂和乳悬剂。

蝗虫微孢子虫（ *Nosema locustae Carrning* ）

性质　蝗虫微孢子虫是一种专门寄生在蝗虫体内的、一般肉眼看不到的单细胞生物。分类上归属微孢子虫门（Microspora）、微孢子虫纲（Microsporea）、微孢子虫目（Microsporida）、微孢子虫属（*Nosema*），是从感病蝗虫体内分离得到，采用自然寄主或替代寄主活体大量增殖获得。

毒性　专性寄生微生物，只对蝗虫和蟋蟀有致病作用，对人畜等无毒，不能渗透到植物体内，对作物没有药害，对害虫天敌安全。

活性　蝗虫微孢子虫被摄食后，进入感受性组织细胞并大量繁殖。蝗虫微孢子虫主要侵染蝗虫的脂肪体，当蝗虫幼虫吃下拌有微孢子虫的饵料后，两到三周即可发病。由于微孢子虫在寄生过程中消耗蝗虫体内大量能量，可导致其行动迟缓、飞翔能力差、繁殖能力下降，慢慢死掉。没有得病的蝗虫残食病虫尸体以后即开始得病，亦可通过病虫卵及粪便传染得病，微孢子虫病害就可以在蝗群中不断流行。因此，它可以年复一年地在治理过的蝗区长期流传下去。

应用　在我国主要使用蝗虫微孢子虫防治草原蝗虫，以及稻田稻蝗。通常在蝗虫 2～3 龄期用药。田间使用微孢子时常制成饵剂，撒施后 2h 饵料即可被蝗虫吃光，此后遇雨也不影响防效。

常用剂型　蝗虫微孢子虫主要应用产品为孢子浓缩液。

茴蒿素（ santonin ）

$C_{15}H_{18}O_3$，481-06-1

其他名称 山道年。

化学名称 3-氧化-5α-甲基环己二烯（16，4）并-8-甲基-9-氧化-八氢化苯并呋喃；（3S，3aS，5aS，9bS)-3a，5，5a，9b-tetrahydro-3，5a，9-trimethylnaphtho［1，2-b］furan-2，8(3H，4H)-dione。

理化性质 茴蒿素是从蒿属草本植物茴蒿中提取得到的。纯品为无色扁平的斜方形柱晶或白色结晶性粉末，无臭，有极微的苦味，在日光下易变成黄色。不溶于水，微溶于乙醚，略溶于乙醇，易溶于沸乙醇和氯仿，性质稳定，但遇酸碱分解。

毒性 小鼠急性经口 LD$_{50}$ 大于 15760mg/kg（制剂）。

应用 作用方式主要为胃毒，兼有触杀作用，害虫触药或食后麻醉神经，使气门窒息。主要用于防治菜青虫、小菜蛾、蚜虫、尺蠖等。

常用剂型 茴蒿素常用制剂主要有 0.65% 水剂，与百部碱复配的 0.88% 双素·碱水剂。

混灭威 （ trimethacarb ）

C$_{11}$H$_{15}$NO$_2$，193.24，2686-99-9(3,4,5-单体，I)、2655-15-4(2,3,5-单体，II)

其他名称 混杀威，三甲威，3,4,5-三甲威，混三甲苯基甲氨基甲酸酯，Broot［联碳］，Landrin［壳牌］。

化学名称 混三甲苯基甲氨基甲酸酯；3,4,5 (and/or 2,3,5)-trimethylphenyl methyl-carbamate；reaction product comprising 3,4,5-trimethylphenyl methylcarbamate（I）and 2,3,5-trimethylphenyl methylcarbamate（II）in a ratio between 3.5∶1 and 5.0∶1 m/m

理化性质 原药为淡黄色至棕色结晶，熔点 105~114℃。在水中溶解度＞58mg/kg（23℃）。遇羟酸、强碱分解，对光稳定。工业原油为淡黄色至棕红色油状至固状液体，微臭，当温度低于 10℃ 时有结晶析出，不溶于水，微溶于石油醚、汽油，易溶于甲醇、乙醇、丙酮、苯和甲苯等有机溶剂。

毒性 大鼠急性经口 LD$_{50}$ （mg/kg）：130。对天敌、蜜蜂有高毒。

应用 由两种同分异构体混合而成的氨基甲酸酯类杀虫剂，对飞虱、叶蝉有强烈的触杀作用。击倒速度快，一般施药后 1h 左右，大部分害虫即跌落水中，但残效期只有 2~3d。其药效不受温度的影响，在低温下仍有很好的防效。混灭威对鳞翅目和同翅目等害虫均有效，主要用于防治叶蝉、飞虱、蓟马等。

合成路线

常用剂型　混灭威目前在我国制剂登记主要是以乳油为主，可与噻嗪酮进行复配使用。此外还可加工成粉剂、速溶粉剂等。

几噻唑

$C_{19}H_{14}O_4F_5N_3S$，475.39，70057-62-4

其他名称　L-1215，EL-1215。

化学名称　{2,6-二甲氧基-N-[5-(4-五氟乙氧基) 苯基]-1,3,4-噻二唑-2-基} 苯甲酰胺；2,6-dimethoxy-N-{5-[4-(pentafluoroethoxy) phenyl]-1,3,4-thiadiazol-2-yl} benzamide。

应用　为几丁质合成抑制剂，用于防治卫生害虫，2.5mg/L 浓度在 7d 内对亚热带黏虫幼虫的防效为 100%，对甜菜夜蛾有中等毒力。

常用剂型　几噻唑常用制剂主要有 50%、80% 可湿性粉剂。

家蝇磷 （acethion）

$C_8H_{17}O_4PS_2$，272.32，919-54-0

其他名称　Acetoxon，Propoxon，Prothion。

化学名称　O,O-二乙基-S-(羰乙氧基甲基) 二硫代磷酸酯；O,O-diethyl-S-(carboethoxymethyl) dithiophosphate。

理化性质　浅黄色黏稠液体。沸点 92℃/1.33Pa；相对密度 d_4^{20} 为 1.176；折射率 n_D^{20} 为 1.4992；难溶于水，易溶解于大多数有机溶剂。

毒性　急性经口 LD_{50} （mg/kg）：大白鼠 1050，小白鼠 1200。大白鼠急性经皮 LD_{50} 3540mg/kg。

应用　为选择性杀虫剂，对家蝇有良好的作用，杀蝇效果及选择性均比马拉硫磷好。

合成路线

常用剂型　家蝇磷目前在我国未见相关产品登记。

甲氨基阿维菌素苯甲酸盐（evermectin benzoate）

B1a：$C_{49}H_{75}NO_{12} \cdot C_7H_6O_2$　B1b：$C_{48}H_{73}NO_{12} \cdot C_7H_6O_2$，B1a：991　B1b：977，155569-91-8

其他名称　甲维盐，埃玛菌素苯甲酸盐，因灭汀苯甲酸盐。

化学名称　4′-表-甲氨基-4′-脱氧阿维菌素苯甲酸盐。

理化性质　外观为白色或淡黄色结晶粉末，熔点141～146℃；稳定性：在通常贮存条件下本品稳定，对紫外线不稳定。溶于丙酮、甲苯，微溶于水，不溶于己烷。

毒性　原药中高毒。急性毒性 LD_{50}（mg/kg）：经口12，经皮126。制剂低毒（近无毒）。中毒后早期症状为瞳孔放大，行动失调，肌肉颤抖，严重时导致呕吐。

应用　甲维盐阻碍害虫运动神经信息传递而使虫体麻痹死亡，具有高效、广谱、残效期长的特点，为优良的杀虫、杀螨剂。作用方式以胃毒作用为主，兼有触杀作用，对作物无内吸性能。对防治螨类、鳞翅目、鞘翅目及半翅目害虫有极高活性，在土壤中易降解、无残留，不污染环境，在常规剂量范围内对有益昆虫及天敌、人、畜安全，可与大部分农药混用。对鱼高毒，应避免污染水源和池塘等。对蜜蜂有毒，不要在开花期使用。

常用剂型　主要有水乳剂、悬浮剂、可湿性粉剂、微乳剂、乳油、饵剂等。

甲胺磷（methamidophos）

$C_2H_8NO_2PS$，141.1，10265-92-6

其他名称　达马松〔台〕，多灭磷，克螨隆，托马隆，灭虫螨胺磷，亚西发甲，Methamidofos，Acephate-met，Bayer 71628，Monitor〔奇弗龙〕，Ortho 9006，Tamaron〔拜耳〕，SRA 5172。

化学名称　O,S-二甲基氨基硫代磷酸酯；(RS)-$(O,S$-dimethyl phosphoramidothioate)。

理化性质　白色针状结晶。熔点为44.5℃，蒸气压为0.4Pa（30℃）。易溶于水、醇，较易溶于氯仿、苯、醚，在甲苯、二甲苯中的溶解度不超过10%。在弱酸、弱碱介质中水解不快，在强碱性溶液中易水解。在100℃以上，随温度升高而加快分解，150℃以上全部分解。

毒性 急性经口 LD$_{50}$：大鼠 20mg/kg，豚鼠 30～50mg/kg。大鼠急性经皮 LD$_{50}$ 130mg/kg。对兔皮肤无刺激性，对眼睛有轻度刺激性。大鼠急性吸入毒性 LC$_{50}$（4h）为 0.2mg/L 空气。对鸟类急性经口 LD$_{50}$ 为：美洲鹑 10～11mg/kg，野鸭 29.5mg/kg。饲喂 5d 的 LC$_{50}$ 为：野鸭 1302mg/kg 饵料，美洲鹑 42～92mg/kg 饵料。对鱼的毒性 LC$_{50}$（96h）：虹鳟 40mg/L，圆腹雅罗鱼 47.7mg/L。对蜜蜂有毒。对水蚤的 LC$_{50}$（48h）0.27mg/L。

应用 广谱高效杀虫剂，主要用于防治棉花红蜘蛛、蚜虫、螨等，对耐药性虫害有良好防治效果。由于毒性强，在日本等国家已禁用，中国从 2007 年起亦公告停止生产及使用。

常用剂型 甲胺磷已经在我国禁止使用，制剂主要有 25％、50％乳油，5％、7.5％细粒剂，2％粉剂，60％可溶性固体等。

甲拌磷（phorate）

C$_7$H$_{17}$O$_2$PS$_3$，260.4，298-02-2

其他名称 伏螟，福瑞松，赛美特，三九一一，西梅脱，3911，Aastar，AC 3911，ac3911，Agrimet。

化学名称 O,O-二乙基-S-（乙硫基甲基）二硫代磷酸酯；O,O-diethyl-S-[（ethylthio）methyl] phosphorodithioate。

理化性质 纯品为透明液体，熔点＜－15℃，沸点 118～120℃/0.8mmHg，相对密度 1.16（25℃），蒸气压 85mPa（25℃）。溶解度：水 50mg/L（25℃），可与二噁烷、植物油、醇类、醚类、酯类、酮类、芳香烃、脂肪烃、氯代烃和其他有机溶剂混溶。一般贮存条件下可保存 2 年。对光不稳定，在 pH5～7 时稳定，强酸（pH＜2）或碱（pH＞9）介质中能促进水解，其速度取决于温度和酸碱度。

毒性 大鼠急性 LD$_{50}$：3.7mg/kg（经口），70～300mg/kg（经皮）。致突变性微核试验：小鼠腹腔注射 750μg/kg，5d，姊妹染色单体交换；人淋巴细胞 2mg/L；仓鼠肝细胞 40mg/L。沙鼠腹腔注射最低中毒剂量（TDL0）：2.5mg/kg（1d，雄性），引起精子形态、活力计数改变。水生生物忍度限量（48h）：鲤鱼为 1.2mg/L。原药喂大白鼠 90d，最大无作用剂量为 6mg/kg。

应用 高毒、高效、广谱的内吸性杀虫、杀螨剂，有触杀、胃毒、熏蒸作用，对刺吸式口器和咀嚼式口器害虫都有效，如蚜虫、飞虱、蓟马、红蜘蛛、潜叶蝇、拟步行甲、象甲、跳甲、蝼蛄、金针虫等。对鳞翅目幼虫药效较差。甲拌磷进入植物体后，受植物代谢的影响而转化成毒性更大的氧化物（亚砜、砜）。由于甲拌磷及其代谢物形成的更毒的氧化物，在植物体内能保持较长的时间（1～2 个月，甚至更长），因此药效期长，但也要特别注意残留毒性问题。

合成路线

$$C_2H_5SH + CH_2O$$

常用剂型 甲拌磷已经在我国禁止使用。主要剂型有乳油、悬浮种衣剂、颗粒剂、粉剂、粉粒剂等，可与辛硫磷、多菌灵、福美双、辛硫磷、三唑酮、克百威、三唑醇等进行复配。

甲呋炔菊酯（proparthrin）

$C_{19}H_{24}O_3$，300.4，27223-49-0

其他名称 甲呋菊酯，呋炔菊酯，甲基炔呋酯，kikuthrin。

化学名称 2-甲基-5-(2-丙炔基)-3-呋喃基甲基 (1RS) *cis*，*trans*-菊酸酯；［2-methyl-5-(2-propyn-1-yl)-3-furanyl］methyl-2,2-dimethyl-3-(2-methyl-1-propen-1-yl) cyclopropanecarboxylate。

理化性质 外观呈淡黄色透明油状液，20℃时的蒸气压为 0.08Pa，熔点 32～34℃，折射 n_D^{20} 1.5048。能溶于多种有机溶剂中而不溶于水（水中溶解度计算值为 3mg/L）。在强烈日光照射下能分解，在碱性乙醇溶液中亦容易水解；但在水悬液的状态下，它的水解速度相对较慢。在本品中加入 1‰的 BHT 后，在贮存条件下可保持足够的稳定性。用本品加工的蚊香，1 年内仍相当稳定。

毒性 本品（含有效成分 92％和 BHT1％）对大鼠和小鼠均无任何致畸作用。急性经口 LD_{50} 大鼠为 14g/kg，小鼠为 8g/kg。对受孕小鼠喂食 0.25～5g/(kg·d)，6d 没有或有微小的致畸作用。有时增加了胎鼠的死亡率，对兔、狗、小鼠呼吸循环和中枢神经系统的药剂效应比丙烯除虫菊小，对兔子皮肤无刺激，对敏感豚鼠也无抗原性作用。当吸入浓度＞1g/m³ 时，有几只小鼠肺上出现急性肺炎和轻微退化；在用同剂量的丙烯菊酯试验中，亦有相同情况出现。当大鼠口服 ^{3}H 标记的呋炔菊酯剂量为 1000mg/kg 时，4d 内在动物的尿和粪便中可分别排出 40％和 35％的放射性物质；当腹膜注入同等剂量的本品时，4d 内亦从尿和粪便中分别排出 38％和 28％的放射性物质。这一化合物和它的放射性代谢物分布到动物的各组织中，除在血液中的外，其余很快能从各组织中消失。血液中的放射性物质主要分布在血浆内，但很少是以炔呋菊酯的形态存在。

应用 呋炔菊酯不像炔呋菊酯那样容易挥发，但稳定性差，在制剂中必须与抗氧剂或其他稳定剂合用。其具有强烈的触杀活性和较高的击倒作用，而对动物非常低毒。防治蚊、蝇、蟑螂等室内害虫，药效优于丙烯菊酯。主要用于防治家蝇、蚊子幼虫和蟑螂。用直接接触施药法，本品对家蝇药效比丙烯菊酯高 3 倍，对德国小蠊比丙烯菊酯高 1.3 倍。在乳液配方中，本品对蚊幼虫的药效又比丙烯菊酯高 13.7 倍。加工成蚊香或电热蚊香片后，它对蚊成虫的迅速击倒和杀死作用大大超过丙烯菊酯。含本品 0.3％、增效酯 1.5％和 BHT1％的油基型气雾剂，与标准气雾剂（胺菊酯 0.3％＋增效醚 1.5％）相比，对家蝇有同等击倒活性，而杀死作用更高。

合成路线

常用剂型　甲呋炔菊酯可以加工成气雾剂、蚊香等防治卫生害虫。

甲氟磷 （dimefox）

$C_4H_{12}FN_2OP$，154.12，115-26-4

其他名称　四甲氟，氟甲胺磷，TERRE-SYTAM。

化学名称　N,N,N',N'-四甲基二氨基磷酰氟；N,N,N',N'-tetramethylphosphoro-diamidic fluoride。

理化性质　无色液体，沸点 67℃ （4mmHg），蒸气压 0.36mmHg （25℃），相对密度 d_4^{20}1.1151，折射率 n_D^{20}1.4171。易溶于水和有机溶剂。对碱稳定，遇酸慢慢水解。半衰期：pH4.2 为 8.6d，pH6 为 2 年，pH8 为 10 年以上。

毒性　剧毒。急性经口毒性LD_{50}：大鼠 1mg/kg，小鼠 2mg/kg。

应用　杀螨、杀虫剂。

常用剂型　甲氟磷常用制剂主要有 500g/L 液剂等。

甲基吡噁磷 （azamethiphos）

$C_9H_{10}ClN_2O_5PS$，324.68，35575-96-3

其他名称　蟑螂宁，氯吡噁唑磷，加强蝇必净，Alfracron。

化学名称　O,O-二甲基-S-6-氯-2,3-二氢-2-氧-1,3-噁唑［4,5-b］吡啶-3-基甲基硫代磷酸酯；O,O-dimethyl-S-6-chloro-2,3-dihydro-2-oxo-1,3-oxazolo［4,5-b］pyridin-3-ylmethyl phosphorothioate；6-chloro-3-dimethoxyphosphinoylthiomethyl-1,3-oxazolo［4,5-b］pyridin-2(3H)-one；O,O-dimethyl-S-[6-chloro-2-oxazolo［4,5-b］pyridin-3（2H)-yl] methyl phospho-rothioate。

理化性质　纯品为无色晶体，熔点 89℃。20℃时溶解度：苯 13g/L，甲醇 10g/kg，二氯甲烷 6.1g/kg，水 1.1g/kg。20℃时水解反应半衰期：800h （pH5），260h （pH7） 和 4.3h （pH8）。

毒性　大白鼠急性LD_{50} （mg/kg）：1180 （经口），＞2150 （经皮）。对兔皮肤无刺激作

用。但对眼睛有轻微刺激作用。90d 饲喂试验无作用剂量：大白鼠 20mg/kg 饲料（每天 2mg/kg），狗 10mg/kg 饲料（每天 0.3mg/kg）。鱼毒 LC_{50}（96h，mg/L）：虹鳟 0.2，鲤鱼 0.6，蓝鳃 8.0。对蜜蜂有毒，对日本鹌鹑无毒。

应用 有机磷杀虫、杀螨剂。有触杀和胃毒作用，是广谱杀虫剂，其击倒作用快和持效期长，主要在棉花、果树和蔬菜地以及卫生方面，防治苹果蠹蛾、螨、蚜虫、梨小食心虫、家蝇、蚊子、蟑螂等害虫。剂量为 $0.56\sim1.12kg/hm^2$。为一触杀、胃毒和内吸杀虫剂。

合成路线

常用剂型 主要有 10％、50％可湿性粉剂。

甲基毒死蜱（chlorpyrifos-methyl）

$C_7H_7Cl_3NO_3PS$，322.47，5598-13-0

其他名称 甲基氯蜱硫磷，Dowreldan，Graincot，Reldan，Dowco 214。

化学名称 O,O-二甲基-O-（3,5,6-三氯-2-吡啶基）硫代磷酸酯；O,O-dimethyl-O-(3,5,6-trichloro-2-pyridyl) phosphorothioate。

理化性质 外观为白色结晶，略有硫醇味。熔点 45.5～46.5℃。易溶于大多数有机溶剂；25℃时在水中的溶解度为 4mg/L。正常贮存条件稳定，在中性介质中相对稳定，在 pH＝4～6 和 pH＝8～10 介质中则水解，碱性条件下加热则水解加速。

毒性 急性经口 LD_{50}（mg/kg）：大鼠 2472（雄）、1828（雌），2250（豚鼠），2000（兔）。急性经皮 LD_{50}（mg/kg）：兔＞2000，大鼠＞2800。积蓄毒性试验属弱毒性，狗与大鼠 2 年饲喂试验最大无作用剂量为每天 1.19mg/kg，动物实验无致畸、致癌、致突变作用。对鱼和鸟安全，鲤鱼 LC_{50} 4.0mg/L（48h），虹鳟鱼 LC_{50} 0.3mg/L（96h），对虾有毒。

应用 广谱性有机磷杀虫剂，具有触杀、胃毒和熏蒸作用，无内吸作用。用于防治贮藏谷物中的害虫和各种叶类作物的害虫，也可用于防治蚊、蝇等卫生害虫，在土壤中无持效性。如药剂用于原粮贮藏时，可有效防治玉米象、杂拟谷盗、锯谷盗、赤拟谷盗等。对谷蠹和螨类、书虱的防治效果不理想。

合成路线

常用剂型 甲基毒死蜱制剂产品主要为 400g/L、40％乳油。

甲基对硫磷（parathion-methyl）

$C_8H_{10}NO_5PS$，263.21，298-0-0

其他名称 甲基巴拉松［台］，甲基 1605，甲基一六〇五，Parathion methyl，Methyl-parathion，Methyl parathion，Metaphos，Bladan M［拜耳］，Folidol-M，Metacide，Met。

化学名称 O,O-dimethyl-O-(4-nitrophenyl) phosphorothioate；O,O-二甲基-O-对硝基苯基硫代磷酸酯。

理化性质 无色无味晶体（原药为浅色至深褐色液体），熔点 35～36℃（原药约 29℃），沸点 154℃/136Pa，蒸气压 0.2mPa（20℃）、0.41mPa（25℃），相对密度 1.358（20℃）（原药 1.20～1.22）。溶解度：水 55mg/L（20℃），溶于大多数有机溶剂中，如二氯甲烷、甲苯＞200，己烷 10～20（g/L，20℃），几乎不溶于石油醚和某些矿物油。酸碱介质中水解（高于对硫磷约 5 倍），加热发生异构化，水中光解。

毒性 纯品大鼠急性经口 LD_{50} 为 61～67mg/kg，急性吸入 LC_{50} 为 120μg/m³，大鼠急性无作用剂量为 5mg/kg，狗经口无作用剂量为 0.1mg/(kg·d)。其作用机制及杀虫谱与对硫磷相似。但该药的药效比对硫磷低，且残效短，对人、畜的毒性也较低，但它仍属高毒农药。

应用 具触杀和胃毒作用，杀虫谱广，常加工成乳油或粉剂使用，防治对象与对硫磷（一六〇五）相似，能防治水稻、棉花、果树、茶叶、蔬菜等作物的多种害虫。但防治效果稍低于对硫磷，因此用量要增加。由于甲基对硫磷比对硫磷安全，常用于防治棉花、果树的害虫。

合成路线

常用剂型 甲基对硫磷主要制剂有 50％乳油、2％粉剂、25％水面漂浮剂和 25％微胶囊粉剂等。

甲基硫环磷（phosfolan-methyl）

$C_5H_{10}NO_3PS_2$，227.2416，5120-23-0

其他名称 甲基棉安磷。

化学名称 dimethyl-N-1,3-dithiolan-2-ylidenephosphoramidate。

理化性质 固态，密度 1.54g/cm³，沸点 309.5℃/760mmHg，蒸气压 0.00116mmHg

（25℃），闪点 141℃。易溶于水及丙酮、苯、乙醇等有机溶剂。常温下贮存较稳定。遇碱易分解，光和热也能加速其分解。

毒性　大白鼠急性经口 LD$_{50}$ 为 27～50mg/kg。大鼠经口无作用剂量为 0.4mg/(kg·d)。在试验剂量未见致突变、致癌、致畸作用。

应用　内吸性杀虫剂，主要用于拌种或土壤处理。防治棉花、粮食、甜菜、大豆、花生等作物地下害虫，也可防治苗期蚜虫等。

合成路线

常用剂型　甲基硫环磷常用制剂主要有 35％乳油、7％微粒剂。

甲基嘧啶磷（pirimiphos-methyl）

$C_{11}H_{20}N_3O_3PS$，305.33，29232-93-7

其他名称　安得力，保安定，亚特松，甲基嘧啶硫磷，甲基灭定磷，安定磷，Actellic，Actellifog，Silo San，Fernex，Blex，PP 511。

化学名称　O,O-二甲基-O-(2-二乙基氨基-6-甲基嘧啶-4-基）硫代磷酸酯；O,O-dimethyl-O-(2-diethylamino-6-methyl-primidin-4-yl) phosphorothioate。

理化性质　原药为黄色液体。熔点 15～17℃，纯品相对密度 1.157（30℃），折射率 n_D^{25} 1.527，蒸气压 1.333×10^{-2} Pa（30℃）。能溶于大多数有机溶剂，在水中溶解度为 5mg/L。在强酸和碱性介质中易水解，对光不稳定，在土壤中半衰期为 3d 左右。

毒性　急性经口 LD$_{50}$（mg/kg）：2050（雌大鼠），1180（雄小鼠），1150～2300（雄兔），1000～2000（雌豚鼠）。兔急性经皮 LD$_{50}$＞2000mg/kg。对眼睛和皮肤无刺激作用。大鼠 90d 饲喂试验无作用剂量为 8mg/kg 饲料，相当于每天 0.4mg/kg。动物试验未见致癌、致畸、致突变作用。三代繁殖试验未见异常。鲤鱼 LC$_{50}$ 1.6mg/L（24h），1.4mg/L（48h）。

应用　杀虫谱广，作用迅速，渗透力强，兼有触杀、胃毒和熏蒸作用。主要用于仓储害虫以及卫生害虫。如在室温 30℃、相对湿度 50％条件下，药效可达 45～70 周。东南亚地区每吨粮食施入 2％粉剂 200g，可保持 6 个月不生虫。用药剂喷雾麻袋，袋内粮食几个月内不受锯谷盗、米象、谷蠹、粉斑螟等侵害；若用浸渍法处理麻袋，则有效期更长。

合成路线

常用剂型 甲基嘧啶磷在我国的制剂登记主要有 2％、5％粉剂，500g/L 乳油，8.5％泡腾片剂，20％水乳剂，7％微乳剂等，可与溴氰菊酯、高效氯氟氰菊酯、高效氯氰菊酯等进行复配。

甲基内吸磷（ demeton-methyl ）

C6H15O3PS2，230.29，8022-00-2

其他名称 甲基一〇五九，Metasystox，Bay15203。

化学名称 O,O-二甲基-O-［2-(乙硫基）乙基］硫代磷酸酯；O,O-dimethyl-O and S-［2-(ethylthio) ethyl］phosphorothioates。

理化性质 纯品为淡黄色油状液体，具有特殊的蒜臭味，工业品含两种异构体，硫逐式异构体占 70％，硫赶式异构体占 30％。沸点 78℃（26.7Pa）、74℃（20Pa），蒸气压 0.61Pa。水溶解度为 330mg/L，易溶于多数有机溶剂。但遇碱易分解失效。

毒性 甲基一〇五九对人、畜的毒性低于一〇五九。硫逐内吸磷：大白鼠急性经口 LD_{50} 为 180mg/kg。大气中鼠急性经皮 LD_{50} 为 300mg/kg。空气中中毒极限值为 $500\mu g/m^3$（皮肤）。硫赶内吸磷：大白鼠急性经口 LD_{50} 为雌鼠 80mg/kg，雄鼠 57～106.5mg/kg。雄大白鼠急性经皮 LD_{50} 为 302.5mg/kg。大白鼠静脉注射致死最低剂量 40mg/kg。

应用 具有内吸、触杀、胃毒和熏蒸作用。可防治棉蚜、红蜘蛛、棉叶蝉、棉盲蝽、蓟马、柑橘吹绵蚧、糠片蚧、锈壁虱、潜叶蛾等。

常用剂型 甲基内吸磷常用制剂主要有 50％乳油。

甲基三硫磷（ trithion-methyl ）

C9H12ClO2PS3，314.8，953-17-3

其他名称 Methyl Trithion，Tri-Me，R-1492。

化学名称 S-4-氯苯基硫代甲基-O,O-二甲基二硫代磷酸酯；S-4-chlorophenylthiomethyl O,O-dimethylphosphorodithioate。

理化性质 本品为浅黄色至琥珀色液体，具有中度的硫醇气味。原药凝固点约-18℃，相对密度（20℃）1.34～1.35，25℃ 蒸气压为 0.4Pa。室温下水中溶解度约 1mg/L，可与大多数有机溶剂混溶。

毒性 急性经口 LD_{50}（mg/kg）：雄大白鼠 157，雄小白鼠 390。兔急性经皮 LD_{50} 为 2420mg/kg。

应用 为非内吸性杀虫剂和杀螨剂，生物活性类似于三硫磷，但防治墨西哥棉铃虫、象甲效果较好。

常用剂型　甲基三硫磷常用制剂主要有 480g/L 乳剂以及不同含量的粉剂。

甲基杀螟威 （dimethylvinphos）

$$C_{10}H_{10}Cl_3O_4P,\ 330,\ 2274-69-1$$

其他名称　虫畏磷，甲基毒虫畏，SD8280，SKI-13。

化学名称　O,O-二甲基-1-(2,5-二氯苯基)-2-氯-乙烯基磷酸酯；O,O-dimethyl-1-(2,5-dichlorophenyl)-2-chloro-vinyl phosphate。

理化性质　纯品为白色菱形结晶，熔点 101～102℃，室温下溶于丙酮、乙醇、氯仿等有机溶剂，几乎不溶于水。粗品略带黄色，熔点 70～80℃。

毒性　对人畜低毒，小白鼠急性经口 LD_{50} 值为 430mg/kg。

应用　强触杀性杀虫和杀螨剂，无内吸作用，但有一定的内渗效果。用于防治稻三化螟和抗性棉蚜螨；对棉铃虫、黏虫、稻蓟马、麦蚜、斜纹夜蛾等多种害虫也有一定兼治效果。

常用剂型　主要有 2% 粉剂、3% 粒剂、2% 微粒剂、25% 乳油、50% 可湿性粉剂。

甲基乙拌磷 （thiometon）

$$C_6H_{15}O_2PS_3,\ 246.35,\ 640-15-3$$

其他名称　二甲硫吸磷，蚜克丁，Bayer 23129，Dithiometon，Ekatin［Samdoz］，M-81。

化学名称　S-2-乙基硫代乙基-O,O-二甲基二硫代磷酸酯；S-[2-(ethylthio) ethyl]-O,O-dimethyl phosphorodithioate。

理化性质　无色油状物。在水中的溶解度为 200mg/L（25℃）。微溶于石油，可溶于一般有机溶剂。

毒性　急性经口 LD_{50}：雄大鼠 73mg/kg，雌大鼠 136mg/kg。急性经皮 LD_{50}：雄大鼠 1429mg/kg，雌大鼠 1997mg/kg。对皮肤无刺激作用。大鼠急性吸入毒性（4h）1.93mg/L 空气。对鱼 LC_{50}（96h）：鲤鱼 13.2mg/L，虹鳟鱼 8.0mg/L。对蜜蜂有毒，LD_{50}（经口）0.56μg/只。对水蚤 LC_{50}（24h）8.2mg/L，对绿藻 EC_{50}（96h）12.8mg/L。

应用　是一种内吸性杀虫、杀螨剂。可用于防治甜菜、果树的蚜、螨等。

合成路线

常用剂型　甲基乙拌磷常用制剂主要有 25%、50% 乳油，15% 超低容量喷雾剂。

甲基异柳磷（ isofenphos -methyl ）

C$_{14}$H$_{22}$NO$_4$PS，331，99675-03-3

化学名称　O-甲基-O-(二异丙氧基羰基苯基)-N-异丙基硫代磷酸酯；（RS）-(O-2-iso-propoxycarbonylphenyl-O-methyl isopropylphosphoramidothioate)。

理化性质　淡黄色油状液体，折射率 1.5221，原油为棕色油状液体，易溶于苯、甲苯、二甲苯、乙醚等有机溶剂，难溶于水。常温贮存稳定，遇强酸、碱、热、光易分解。

毒性　大白鼠急性经口 LD$_{50}$ 为 21mg/kg，大白鼠（雌）急性经皮 LD$_{50}$ 为 76.7mg/kg。在动物体中没有明显的蓄积毒性，未见致突变、致畸作用。甲基异柳磷属高毒杀虫剂。

应用　土壤杀虫剂，对害虫具有较强的触杀和胃毒作用。杀虫谱广、残效期长，是防治地下害虫的优良药剂。主要用于小麦、花生、大豆、玉米、地瓜、甜菜、苹果等作物防治蛴螬、蝼蛄、金针虫等地下害虫，也可用于防治黏虫、蚜虫、烟青虫、桃小食心虫、红蜘蛛等。防治蝼蛄、蛴螬、金针虫可用 40%乳油 500mL，加水 50～60kg，拌小麦、玉米或高粱等种子 500～600kg，有效控制期一般 30d 左右。地上害虫的防治如桃小食心虫，每亩用 40%乳油 500mL，对水 150L，喷洒于树盘内土面上。

合成路线

常用剂型　甲基异柳磷目前在我国制剂登记主要剂型是乳油、颗粒剂、悬浮种衣剂和粉剂，可与三唑酮、福美双、戊唑醇等进行复配。

甲硫磷（ GC 6506 ）

C$_9$H$_{13}$O$_4$PS，248.2，3254-63-5

其他名称　甲虫磷，ENT-25734。

化学名称　O,O-二甲基-4-(甲基硫代)苯基磷酸酯；dimethyl-4-(methylthio) phenyl phosphate。

理化性质　无色液体，在 269～284℃分解。相对密度 1.273。室温下水中溶解度为 987mg/L，有机溶剂中溶解度（g/L）：丙酮 890，四氯化碳 580，二甲苯＞1000。

毒性　对雄大白鼠的急性经口 LD$_{50}$ 为 6.5～7.5mg/kg；对白兔的经皮 LD$_{50}$ 值为 46～50mg/kg。以含 0.35mg/kg 甲硫磷的饲料喂大鼠 10d，处理组与对照组之间，未观察到对胆碱酯酶有显著的影响。对蜜蜂高毒。

应用　具有较强的触杀内吸活性，抑制胆碱酯酶的活性。防治多种蚜、螨和鳞翅目幼虫，用10％颗粒剂400～800g/亩，进行土壤处理。

常用剂型　甲硫磷常用制剂主要有25％可湿性粉剂、10％颗粒剂等。

甲醚菊酯（methothrin）

$C_{19}H_{26}O_3$，302.4，34388-29-9

其他名称　甲苄菊酯，对甲氧甲菊酯。

化学名称　4-甲氧甲基苄基（R,S）顺、反-2,2-二甲基-3-异丁烯基环丙烷羧酸酯；4-(methoxy methyl) benzyl（R,S)-2,2-dimethyl-3-(2-methyl-1-propenyl) cyclopropane carboxylate。

理化性质　工业品为（±）顺、反四种异构体的混合物，棕黄色油状液体。纯品为无色油状液体，沸点142～144℃（2.666Pa）、150～151℃（133.3Pa）、350℃（1.01×10⁻⁵ Pa），相对密度约0.9，折射率 n_D^{20} 1.5132。能溶于乙醇、苯、甲苯等多种有机溶剂；难溶于水。常温下贮存稳定，对光不稳定，遇碱易分解。

毒性　急性经口 LD_{50}（mg/kg）：大鼠＞5000，小鼠2296。对豚鼠皮肤无刺激和致敏作用。大鼠经口最大无作用剂量8.08mg/kg，吸入安全浓度9mg/m³。动物体内无明显蓄积毒性，未见致突变作用。对鱼类高毒。

应用　拟除虫菊酯类杀虫剂。具有沸点低、蒸气压高的特点，用于防治卫生害虫，可作为加工蚊香用，也是制作电热驱蚊片的重要原料。也可用1％甲醚菊酯煤油制剂，每立方米空间含药剂10mL时，蚊子在8min内全部击倒，24h内死亡率达100％。

合成路线

常用剂型　甲醚菊酯常用制剂有20％甲醚菊酯乳油、0.02％煤油喷射剂、蚊香和电热驱蚊片等。

甲萘威（carbaryl）

$C_{12}H_{11}NO_2$，201.2，63-25-2

其他名称 西维因，胺甲萘，Sevin，Bugmaster，Denapon，Dicarbam，Hexavin，Karbas-spray，Pantrin，Ravyon，Septen，Sevimol，Tricarnam。

化学名称 1-萘基-N-甲基氨基甲酸酯；1-naphthyl-N-methylcarbamate。

理化性质 白色晶体，熔点 142℃，易溶于丙酮、环己酮、苯、甲苯等大多数有机溶剂，30℃时在水中溶解度为 40mg/L；对光、热稳定，遇碱迅速分解。

毒性 原药急性 LD$_{50}$（mg/kg）：大鼠经口 283（雄），经皮＞4000，家兔经皮＞2000。以 200mg/kg 剂量饲喂大鼠两年，未发现异常现象。对动物无致畸、致突变、致癌作用。对蜜蜂毒性大。

应用 属于 N-甲基氨基甲酸酯类农药；1953 年合成，1958 年由美国 Union Carbide 公司商品化并工业生产；是氨基甲酸酯类杀虫剂中第一个商品化的品种，也是产量最大的品种，目前年销售额在 1 亿美元以上；用途很广，对 65 种粮食及纤维作物上的 160 种害虫有效。甲萘威具有触杀、胃毒作用，有轻微内吸性。用于防治水果、蔬菜、棉花、水稻、大豆等作物害虫，如鳞翅目害虫、双翅目害虫、谷蟓、蜚蠊、蚊子等。

合成路线 有异氰酸甲酯路线即路线 3、氯甲酸酯路线即路线 1→2 和氨基甲酰氯路线即路线 4→5。如下所示。

常用剂型 甲萘威在我国登记的剂型主要有可湿性粉剂、颗粒剂、毒饵等，可与吡蚜酮、四聚乙醛等复配。

甲氰菊酯（fenpropathrin）

C$_{22}$H$_{23}$NO$_3$，349.4，39515-41-8

其他名称 农螨丹，灭扫利，Meothrin，Fenpropanate，Danitol，Rody，Henald，FD706，WL41706，OMS1999，S-3206。

化学名称 （R,S）-α-氰基-3-苯氧苄基-2，2，3，3-四甲基环丙烷酸酯；（R,S）-α-cyano-3-phenoxy benzyl-2，2，3，3-tetramethyl cyclopropanecarboxylate。

理化性质 白色晶体，熔点 49～51℃。溶解性（20℃，g/L）：丙酮、环己酮、乙酸乙酯、乙腈、DMF＞500，正己烷 97，甲醇 173。在室温、烃类溶剂、水中和微酸性介质中稳定，在碱性介质中不稳定。甲氰菊酯原药为黄褐色固体，熔点 45～50℃。

毒性 原药急性 LD$_{50}$（mg/kg）：大鼠经口 69.1（雄）、58.4（雌），小鼠经口 68.1（雄、雌）；经皮大鼠 794（雄）、681（雌）。对兔皮肤和眼睛无明显刺激性，对动物无致畸、致突变、致癌作用。

应用 甲氰菊酯属于环丙烷酸酯类拟除虫菊酯农药，1973 年由日本住友化学公司开发；高效、低毒、低残留、广谱拟除虫菊酯类杀虫、杀螨剂，触杀作用为主，并有驱避和拒食作用；在 10～40℃温度范围，毒力呈负温度系数；可用于防治果树、蔬菜、茶叶、棉花、谷类等作物上的鳞翅目、半翅目、双翅目及螨类害虫，是目前使用的拟除虫菊酯类杀虫剂中杀螨效果较好的一种。

合成路线 甲氰菊酯合成主要有环丁酮路线，如下所示 1→2→3→4。

环丙烷羧酸路线，如下所示 5→6→7→8。

常用剂型 甲氰菊酯在我国登记的主要剂型为乳油，此外还有可湿性粉剂、微乳剂、水乳剂等剂型，复配配方登记主要与甲维盐、阿维菌素、炔螨特、辛硫磷、哒螨灵、噻螨酮、乐果、三唑磷、氧乐果、马拉松、敌敌畏、矿物油等进行复配。

甲氧苄氟菊酯（metofluthrin）

C$_{18}$H$_{20}$F$_4$O$_3$，360.34，240494-70-6

化学名称 2,3,5,6-四氟-4-(甲氧基甲基) 苄基-3-(1-丙烯基)-2,2-二甲基环丙烷羧酸酯；〔2,3,5,6-tetrafluoro-4-(methoxymethyl) phenyl〕methyl-2,2-dimethyl-3-(1-propen-1-yl) cyclopropanecarboxylate。

理化性质 原药为微黄色透明油状液体，几乎可溶于所有的有机溶剂，易与甲醇、乙醇和丙醇发生酯交换反应，水中溶解度 0.73mg/L（20℃）。相对密度 1.21（20℃），蒸气压 1.96mPa（25℃），闪点 178℃。

毒性 大鼠急性经口 LD$_{50}$（mg/kg）：＞2000（雄），2000（雌）。大鼠和小鼠急性经皮 LD$_{50}$＞2000mg/kg。大鼠急性吸入 LC$_{50}$（96h，mg/m^3）：1936（雄），1080（雌）。狗急性经口 LD$_{50}$＞2000mg/kg。

应用 是日本住友化学公司开发的挥发性高且杀虫活性卓越的拟除虫菊酯类杀虫剂，用于家庭卫生害虫防治，特别对蚊子有效。

合成路线

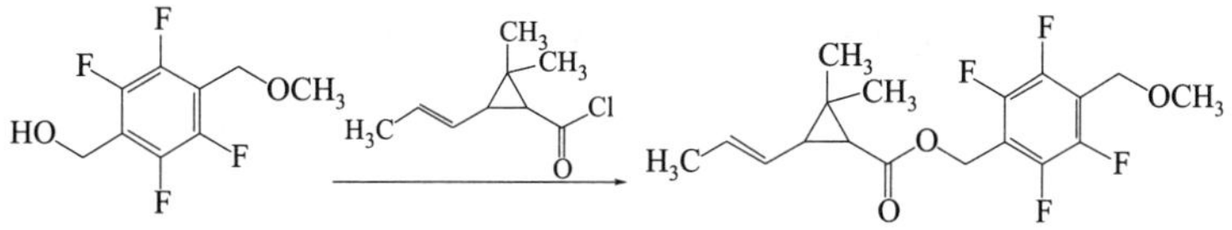

常用剂型 甲氧苄氟菊酯目前在我国制剂登记主要是 0.69％电热蚊香液和 80mg/片驱蚊片。

甲氧虫酰肼（ methoxyfenozide ）

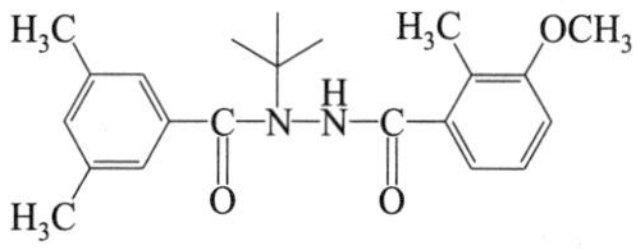

$C_{22}H_{28}N_2O_3$, 368.47, 161050-58-4

其他名称 Runner，Intrepid。

化学名称 *N*-叔丁基-*N′*-(3-甲氧基-2-甲基苯甲酰基)-3,5-二甲基苯甲酰肼；*N*-tert-butyl-*N′*-(3-methoxy-2-methylbenzoyl)-3,5-dimethylbenzohydrazide。

理化性质 纯品甲氧虫酰肼为白色粉末，熔点 202～205℃。溶解性（20℃，g/L）：二甲亚砜 110，环己酮 99，丙酮 90，难溶于水。

毒性 甲氧虫酰肼原药对大鼠急性 LD_{50}（mg/kg）：经口＞5000、经皮＞2000。对兔眼睛有轻微刺激性，对兔皮肤无刺激性；对动物无致畸、致突变、致癌作用。

应用 甲氧虫酰肼属于新颖的昆虫蜕皮加速剂，干扰昆虫的正常生长发育、抑制摄食，由罗门哈斯公司开发；主要用于防治蔬菜、苹果、玉米、水稻、棉花、葡萄、高粱、甜菜、茶叶、花卉以及大田作物害虫。

合成路线 其中路线 1→2→3 较常用。

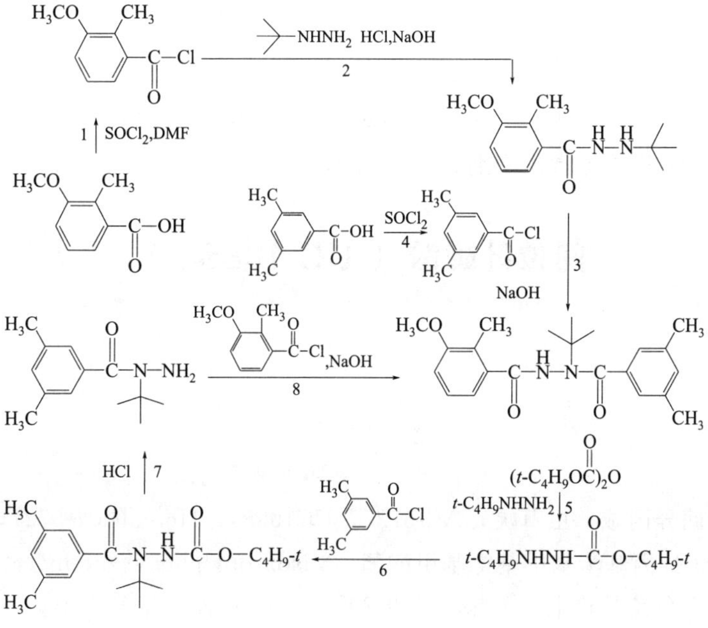

153

常用剂型　甲氧虫酰肼目前在我国登记的制剂为10％、12％、24％悬浮剂，可与阿维菌素、虫螨腈等复配。

甲氧滴滴涕 （ methoxychlor ）

$C_{16}H_{15}Cl_3O_2$, 345.65, 72-43-5

其他名称　甲氧氯，甲氧DDT，DMTD，Marlate［杜邦］，Methoxy DDT。

化学名称　1,1,1-三氯-2,2-双对甲氧苯基乙烷；1,1,1-trichloro-2,2-bis （4-methoxy-phenyl）ethane。

理化性质　纯品为无色晶体，熔点89℃，蒸气压很低，相对密度1.41（25℃）。溶解度：水中0.1mg/L（25℃），醇、氯代烃类、酮类溶剂、植物油和二甲苯中440，甲醇50（g/kg，22℃）。对氧化剂和紫外线稳定，与碱反应，特别是有催化剂条件下反应迅速，失去氯化氢，但比DDT慢。曝光下颜色变成粉红色或棕褐色。

毒性　急性经口毒性LD_{50}（mg/kg）：大鼠1855，小鼠510。

应用　具有触杀和胃毒作用，无内吸和熏蒸作用。其杀虫活性与滴滴涕相似，杀虫范围广。主要防治大田作物、果树、蔬菜等害虫，如防治玉米螟、造桥虫、豆甲、豌豆象、果树食心虫、苹果蠹蛾、日本金龟甲、小象虫、天幕毛虫、实蝇、叶蝉、蜻象、蔬菜叶跳甲、菜蛾、黄守瓜、种蝇等害虫。由于它在动物体内脂肪累积很少或在奶内排泄，因此用于防治卫生害虫以及家畜体外寄生虫。防治蚜、螨、蚧等效果优于滴滴涕。最大允许残留量：粮食2mg/kg；果树14mg/kg；饲料100mg/kg。在收获前21d禁止使用。

合成路线

常用剂型　甲氧滴滴涕常用制剂为25％乳油。

间位叶蝉散 （ UC 10854 ）

$C_{11}H_{15}NO_2$, 193.2423, 64-00-6

其他名称　间异丙威，虫草灵，AC-5727，UC10854，Herculesac-5727，Phenol。

化学名称　3-异丙基苯基甲基氨基甲酸酯；3-isopropylphenyl methylcarbamate。

理化性质　白色结晶粉末，无味，熔点70℃，30℃时水中溶解85mg/L，不溶于环己烷和精制煤油，在丙酮中溶解 50%，在二甲基甲酰胺中溶解 60%，在甲苯中溶解 20%，在二甲苯中溶解 10%。对光和热稳定，但不能与碱性物质混用。

毒性 急性经口 LD_{50}（mg/kg）：大鼠 $41\sim63$，豚鼠 10。对大鼠急性经皮 LD_{50} 为 113mg/kg。

应用 为杀虫剂，兼有杀螨作用。防治各种蚊的成虫有良好的持效性。对棉花、果树、蔬菜、玉米等害虫亦有效，如棉铃虫、稻飞虱、黄瓜条叶甲幼虫。

常用剂型 间位叶蝉散常用制剂主要有 50% 可湿性粉剂、14% 乳剂。

金龟子芽孢杆菌（*Bacillus popillae*）

其他名称 B. p.。

性质 B. p 为金龟甲幼虫的专性寄生菌，乳状芽孢杆菌之一；兼性好氧菌，但也能适应厌氧条件生长；专性极强，只能在寄主体内生长发育，形成营养体和芽孢；离开寄主后，芽孢能保存于土壤中多年，但营养体迅速死亡。感染 $14\sim21$d 后幼虫变为乳白色，芽孢大量积累结果（血淋巴约 95% 转变为芽孢，每毫升血淋巴可达 5×10^{10} 个），因芽孢有强烈折光性，故血淋巴呈现白垩色混浊，使罹病蛴螬呈乳白色。乳状病由此得名，此菌也因而得名。

毒性 为低毒类微生物农药，对人、畜无致病作用。

应用 是世界上第一个微生物杀虫剂，1948 年商品名 DooM 在美国注册。实践证明，该菌能寄生 50 多种金龟甲幼虫；自然传播能力强；芽孢抗干旱力强，在土壤中可保持几年活力，在适当时机再度感染蛴螬，造成乳状病的流行。

常用剂型 金龟子芽孢杆菌目前在我国未见相关制剂产品登记。

浸移磷（DAEP）

$$C_6H_{14}NO_3PS_2,\ 243,\ 13265-60-6$$

其他名称 Amiphos，ENT-27346，NSC-190945。

化学名称 S-2-乙酰氨基乙基-O,O-二甲基二硫代磷酸酯；phosphorodithioic acid，S-[2-(acetylamino) ethyl]-O,O-dimethyl ester。

理化性质 其外观呈无色晶体，工业品为浅棕色液体；纯品熔点为 $22\sim23$℃；折射率 n_D^{25} 为 1.5440，n_D^{20} 为 1.5369；在 $13.33\sim26.7$Pa 时沸点 110℃；不溶于水，溶于有机溶剂。

毒性 对鼠的急性经口 LD_{50} 值为 438mg/kg；对鼠的经皮 LD_{50} 值为 472mg/kg。不易被人的皮肤吸收，用量超过规定范围，达到高剂量时，会引起人的脑腺萎缩。

应用 具有速效和特效的内吸性杀虫、杀螨剂。可以防治蔬菜、果树上的蚜螨类刺吸式口器害虫。对柑橘介壳虫有特效。

常用剂型 浸移磷常用制剂主要有 40%、60% 乳剂，5% 粉剂。

精高效氯氟氰菊酯（ gamma -cyhalothrin ）

$C_{23}H_{19}ClF_3NO_3$，449.8501，76703-62-3

其他名称　普乐斯，γ-氟氯氰菌酯，γ-cyhalothrin。

化学名称　(S)-α-氰基-3-苯氧基苄基 (Z)-(1R,3R)-3-(2-氯-3,3,3-三氯丙烯基) 2,2-二甲基环丙烷羧酸酯；(S)-cyano (3-phenoxyphenyl) methyl (1R,3R)-3-[(1Z)-2-chloro-3,3,3-trifluoro-1-propen-1-yl]-2,2-dimethylcyclopropanecarboxylate。

理化性质　外观为白色、无味的绒毛状固体。在20℃时，密度1.319g/mL，熔点55.6℃。蒸气压20℃时7.73×10⁻¹⁰mmHg。溶解度（19℃）：在丙酮、乙酸乙酯、1,2-二氯乙烷、对二甲苯中＞500g/kg，庚烷0.0307g/mL，甲醇0.138g/mL，正辛醇0.0366g/mL。50℃时，在黑暗条件下，至少4年保持稳定。本品不易燃烧，无爆炸性。

毒性　大鼠急性经口 LD_{50} （mg/kg）：580（原药），＞5000（制剂）。大鼠急性经皮 LD_{50} （mg/kg）：1500（原药），＞5000mg/kg（制剂）。

应用　精高效氯氟氰菊酯仅含有一个异构体，即 (Z) 1R3RαS，其生物活性为高效氯氟氰菊酯的2倍，可以和溴氰菊酯媲美。可防治大多数作物上的鳞翅目、蚜虫、跳甲、果蝇等。对作物、人、畜安全，对环境友善，满足无公害果树、蔬菜种植者对效果稳定、击倒力强、杀虫谱广的无公害杀虫剂的需求。

常用剂型　精高效氯氟氰菊酯目前在我国登记主要有98％原药和1.5％微胶囊悬浮剂。

久效磷（ monocrotophos ）

$C_7H_{14}NO_5P$，223.2，6923-22-4

其他名称　铃杀［印度联合］，纽瓦克［汽巴-嘉基］，亚素灵［台］，Apadrin，Azobane，Azodrin［壳牌］，C 1414［汽巴-嘉基］，Crotos，Azodrin，Monocron，Nuvacron［汽巴-嘉基］。

化学名称　O,O-二甲基-O-[1-甲基-2-(甲基氨基甲酰)] 乙烯基磷酸酯；dimethyl (E)-1-methyl-2-(methylcarbamoyl) vinyl phosphate or 3-dimethoxyphosphinoyloxy-N-methyli-socrotonamide。

理化性质　无色具吸湿性晶体，熔点54～55℃，沸点125℃/0.0005mmHg，蒸气压0.29mPa（20℃），密度1.22kg/L（20℃），极易溶于水、甲醇、丙酮，在正辛醇、甲苯中溶解度分别为25％、6％（20℃），微溶于煤油和柴油，＞38℃分解。

毒性　大白鼠急性经口 LD_{50} 14mg/kg，鸟1.0～6.5mg/kg。大白鼠急性经皮 LD_{50} 336mg/kg。LC_{50} （24h）(mg/L)：虹鳟12，蓝鳃23。对蜜蜂高毒，LD_{50} 为0.033～0.084mg/L。

应用　久效磷是一种速效性杀虫剂，有内吸和触杀作用。用于各种作物上防治螨类、刺吸式口器害虫、食叶害虫、棉铃虫和其他鳞翅目幼虫。

合成路线

常用剂型　久效磷在我国已经禁止使用，主要制剂有 50％水溶剂、40％乳油。

久效威（thiofanox）

$C_9H_{18}N_2O_2S$，218.3，39196-18-4

其他名称　虫螨肟，肟吸威，己酮肟威，特氨叉威，DS-15647，Thiofanocarb，Dacamox，DF 15647，Thiofanocarb［赛纳］。

化学名称　3,3-二甲基-1-(甲硫基)-O-[(甲氨基) 羰基]-2-丁酮肟；（EZ）-3,3-dimethyl-1-methylthiobutanone-O-methylcarbamoyloxime；（EZ）-1-(2, 2-dimethyl-1-methylthiomethyl-propylideneaminooxy)-N-methylformamide。

理化性质　白色结晶固体，有刺激性气味，熔点 56.5～57.5℃，蒸气压 22.6mPa/25℃，闪燃点 136℃。22℃时在水中的溶解度为 5.2g/L，易溶于氯化烃、芳香烃、酮类和极性溶剂，微溶于脂肪族烃。常温贮存下对热稳定；在 pH5～9 低于 30℃的水中时稳定，但可以被强酸和碱分解。对金属无腐蚀性。

毒性　对大鼠急性经口 LD_{50} 为 8.5mg/kg（工业品），10％颗粒剂大鼠经口 LD_{50} 为 64.5mg/kg。兔急性经皮 LD_{50} 为 39.0mg/kg；对兔眼无刺激反应。兔急性吸入 LC_{50} 为 0.07mg/L 空气。用含有 100mg/kg 久效威的饲料喂大鼠 90d，不影响大鼠体重的增长。狗的 90d 喂食试验，在喂久效威 4mg/(kg·d) 的雄狗和喂 3mg/(kg·d) 的雌狗，出现胆碱酯酶被抑制的迹象。这种迹象在每天喂食后 3～4h 出现，而在次日消失。对狗 90d 饲养的无作用剂量为 1.0mg/(kg·d)。大鼠连续 3 代喂食含久效威 3mg/kg、6mg/kg 和 12mg/kg 的饲料，6mg/kg 和 12mg/kg 组大鼠的交配能力、妊娠、生活能力和产幼鼠量都下降；3mg/kg组的繁殖能力无变化，也不影响后代的生长发育。诱变研究结果为阴性。对禽急性经口 LD_{50}：野鸭 109mg/kg，北美鹑 43mg/kg。对鱼 TLm（96h）：大翻车鱼 0.33mg/L，虹鳟鱼 0.13mg/L。当按规定剂量使用，对蜜蜂无害。

应用　20 世纪 60 年代末出现的氨基甲酸酯类杀虫、杀螨剂。具有内吸性，可防治棉花、马铃薯、花生、油菜、甜菜、甘蔗、水稻、谷类作物、烟草、咖啡、茶树以及观赏植物上的多种食叶害虫和螨类。

合成路线

常用剂型 久效威常用制剂主要有 5％、10％、15％颗粒剂。

橘霉素（ milbemycin ）

R＝CH₂CH₃，$C_{31}H_{43}NO_7$（70％），R＝CH₃，$C_{32}H_{45}NO_7$（30％）；51596-10-2，51596-11-3

其他名称 密尔比霉素，粉蝶霉素，弥拜霉素，Mibleknoke。

化学名称 主要成分：$(10E,14E,16E,22Z)$-$(1R,4S,5'S,6R,6'R,8R,13R,20R,21R,24S)$-21,24-二氢-5′,6′,11,13,22-五甲基-3,7,19-三氧四环[15.6.1.1⁴,⁸.0²⁰,²⁴]二十五烷-10,14,16,22-四烯-6-螺-2′-四氢吡喃-2-酮；次要成分：$(10E,14E,16E,22Z)$-$(1R,4S,5'S,6R,6'R,8R,13R,20R,21R,24S)$-6′-乙基-21,24-二氢-5′,11,13,22-四甲基-3,7,19-三氧四环[15,6,1,1⁴,⁸0²⁰,²⁴]二十五烷-10,14,16,22-四烯-6-螺-2′-四氢吡喃-2-酮；

$(10E,14E,16E)$-$(1R,4S,5'S,6R,6'R,8R,13R,20R,24S)$-6′-ethyl-24-hydroxy-5′,11,13,22-tetramethyl-$(3,7,19$-trioxatetracyclo[15.6.1.1⁴,⁸.0²⁰,²⁴]pentacosa-10,14,16,22-tetraene)-6-spiro-2′-(tetrahydropyran)-2,21-dione 21-(EZ)-oxime；

$(10E,14E,16E)$-$(1R,4S,5'S,6R,6'R,8R,13R,20R,24S)$-24-hydroxy-5′,6′,11,13,22-pentamethyl-$(3,7,19$-trioxatetracyclo[15.6.1.1⁴,⁸.0²⁰,²⁴]pentacosa-10,14,16,22-tetraene)-6-spiro-2′-(tetrahydropyran)-2,21-dione 21-(EZ)-oxime

理化性质 与阿维菌素一样，属于十六元大环内酯类杀虫、杀螨抗生素，其结构仅比阿维菌素少一个双糖基，由 6 种组分组成，其中 A3 和 A4 为有效结构。

毒性 毒性比阿维菌素低得多，大鼠急性经口毒性 LD_{50} 为 313～324mg/kg。小鼠急性毒性 LD_{50}（mg/kg）：经口 456～762，经皮＞5000。无致癌、致畸和致突变效应。在正常使用条件下，不会对非靶标生物造成危害。

应用 杀虫、杀螨抗生素。作用方式与阿维菌素一样，但橘霉素杀虫谱较窄。对棉叶螨和橘全爪螨高效，但对卵的活性较差。推荐用于防治螨类，制剂中加入矿物油能增加渗透性，提高对螨卵的杀卵活性。

常用剂型 9.8％乳油。

拒食胺（ DTA ）

$C_{10}H_{14}ON_4$，206.2，1933-50-2

其他名称　拒食苯胺，ACC-24055，DTA。

化学名称　4-(二甲基三氮烯基) 乙酰替苯胺；4′-(dimethyltriazino) acetanilide；1-(*p*-acetamidophenyl)-3,3-dimethyltriazen。

理化性质　原药为乳白色晶体，微溶于水，能溶于乙醇、乙醚、丙酮、氯仿等有机溶剂，在强酸、强碱条件下分解。

毒性　对温血动物低毒，对大鼠的急性经口 LD_{50} 值为 510mg/kg。

应用　作为昆虫拒食剂，对防治某些鳞翅目幼虫极其有效，防治苜蓿草尺蠖、甘蓝尺蠖、莴苣尺蠖和黄蚊夜蛾、黏虫很有效。防治棉铃象、墨西哥豆瓢虫、十二星黄瓜瓢虫和棉铃虫亦有效。但对螨类、叶蝉和蚜虫无效。

常用剂型　拒食胺常用制剂主要有 50％粉剂、50％可湿性粉剂。

绝育磷（tepa）

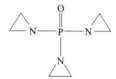

$C_6H_{12}N_3OP$，173.2，545-55-1

其他名称　ENT-24915，NSC-9717，SK-3818，TEF，APO。

化学名称　三-(1-氮杂环丙烯) 磷化氧；tri-(1-aziridinyl) phosphine oxide。

理化性质　本品为白色固体。

毒性　对大鼠的急性经口 LD_{50} 值为 37mg/kg；对皮肤有刺激作用。

应用　主要作用是胃毒和触杀，主要用于防治蝇类害虫。对成虫有致死作用，并能引起不育。使用1％浓度的绝育磷液剂防治家蝇，可直接杀死成蝇，并能使成蝇不育，所产的卵都不能孵化，绝育效果好。

常用剂型　绝育磷常用制剂主要有 85％液剂。

开蓬（chlordecone）

$C_{10}Cl_{10}O$，490.64，143-50-0

其他名称　十氯酮。

化学名称　十氯代八氢-亚甲基-环丁异 ［cd］戊搭烯-2-酮；1,1a,3,3a,4,5,5,5a,5b,6-decachlorooctahydro-1,3,4-metheno-2*H*-cyclobuta ［cd］pentalen-2-one。

理化性质 纯品为黄色或白色固体，工业品为奶黄色或淡灰色至白色的粉末，有刺激性气味，能使眼睛流泪。化学性质稳定，不溶于水，难溶于酒精、苯、二甲苯等有机溶剂，较易溶于石油类溶剂中。在碱性和酸性土壤中都可以使用。

毒性 大鼠经口 LD_{50}：95mg/kg。对眼有刺激作用，使用时要戴风镜和口罩，防止药粉侵入眼里或吸入口、鼻。

应用 对害虫有强烈的胃毒作用，也有一定的触杀作用。毒杀作用比较缓慢，而残效则较长，可拌种、土壤处理、喷雾，用于防治根蛆、蝼蛄、地老虎、马铃薯甲虫以及白蚁等。

常用剂型 开蓬常用制剂主要有50%可湿性粉剂，20%乳油，5%、10%颗粒剂及5%、10%粉剂等。

糠醛菊酯（furethrin）

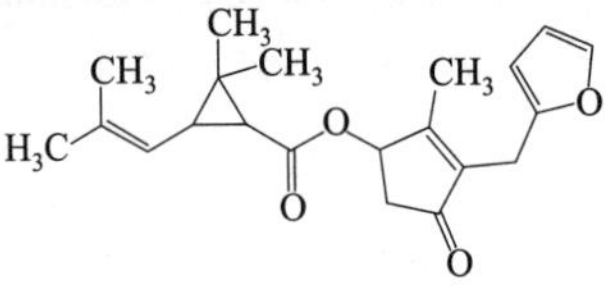

$C_{21}H_{26}O_4$，342.42，17080-02-3

其他名称 抗虫菊酯。

化学名称 (1RS)-顺、反式-2,2-二甲基-3-(2-甲基-丙-1-烯基)-环丙烷羧酸-(R,S)-2-甲基-3-(2-糠基)-4-氧代-环戊-2-烯-1-基酯；(1RS)-cis，trans-2,2-dimethyl-3-(2-methylprop-1-enyl) cyclopropanecarboxylate。

理化性质 工业品为浅黄色油状液体，沸点 187～188℃/5.333Pa，折射率 n_D^{25} 1.5202，不溶于水，可溶于精制煤油中。

毒性 大鼠急性经口 LD_{50} 为 700mg/kg。

应用 对家蝇有快速击倒作用，杀虫活性约与除虫菊素相当，但对家蝇的药效要比丙烯菊酯差。

合成路线

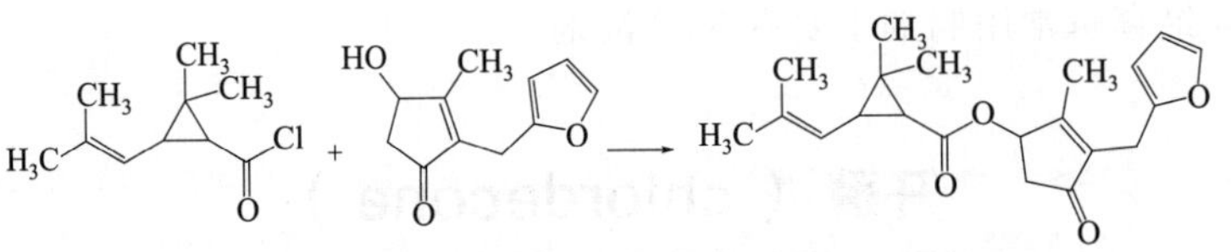

常用剂型 糠醛菊酯可以加工成气雾剂、蚊香等防治卫生害虫。

抗虫威（thiocarboxime）

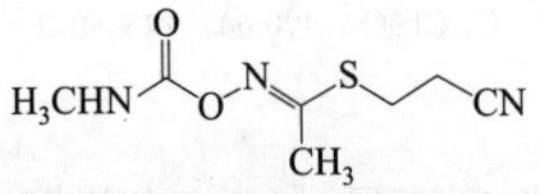

$C_7H_{11}N_3O_2S$，201.3，25171-63-5

化学名称 1-(2-氰基乙硫基)-亚乙基氨基甲基氨基甲酸酯；(EZ)-3-[1-(methylcar-

160

bamoyloxyimino) ethylthio〕propiononitrile。

理化性质 白色结晶固体，熔点 90～92℃。20℃溶于水溶解度约 13g/L。不溶于有机溶剂。

毒性 急性经口 LD$_{50}$（mg/kg）：大白鼠 5，小白鼠 13，兔 27。大白鼠急性经皮 LD$_{50}$（mg/kg）：雄＞1500，雌 400。

应用 杀虫剂和杀螨剂。主要应用于果树、蔬菜和棉花上的害虫防治。

合成路线

常用剂型 抗虫威常用制剂主要有 50％可湿性粉剂。

抗螨唑（fenazaflor）

C$_{15}$H$_7$Cl$_2$F$_3$N$_2$O$_2$，375.13，14255-88-0

其他名称 伏螨唑，BRN 0964952，Caswell No.654A，ENT 27438，NC 5016，NSC 191025，OMS 1243。

化学名称 苯基-5,6-二氯-2-三氟甲基苯并咪唑基-1-羧酸酯；phenyl 5,6-dichloro-2-trifluoromethylbenzimidazole-1-carboxylate。

理化性质 白色针状结晶，熔点 106℃，蒸气压 0.0147Pa（25℃）。工业品为灰黄色结晶粉末，熔点约 103℃。难溶于水（25℃时小于 1mg/L）；除丙酮、苯、二氧六环和三氯乙烯外，仅微溶于一般有机溶剂。水/环己烷的分配比为 1/15000。在干燥条件下稳定，但在碱性的悬浮液中将慢慢分解。

毒性 急性经口 LD$_{50}$（mg/kg）：大鼠 283，小鼠 1600，鼷鼠 59，兔 28，鸡 50。大鼠急性经皮 LD$_{50}$＞4g/kg。大鼠以含抗螨唑 250mg/kg 的饲料喂两年，未见临床症状。虹鳟鱼的 LC$_{50}$（24h）0.2mg/L。

应用 为非内吸性杀螨剂，对所有植食性螨类（包括对有机磷酸酯有抗性的害虫）的各个时期，包括卵，都具有良好的防治效果，并有较长的残效期。0.03％～0.04％的药液在作物上的控制期达 24d 以上，尤其对有机磷产生抗性的螨类，更显出良好的效果。对一般的昆虫和动物无害，可用于某些果树、蔬菜和经济作物的虫害防治。

合成路线

常用剂型　抗螨唑常用制剂主要有 20％、40％可湿性粉剂。

抗蚜威（pirimicarb）

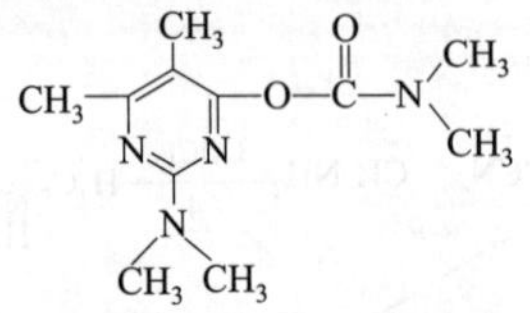

$C_{11}H_{18}N_4O_2$，238.3，23103-98-2

其他名称　辟蚜雾，辟蚜威，Pirimor，Rapid，Aphox。

化学名称　5,6-二甲基-2-二甲氨基-4-嘧啶基-N,N-二甲基氨基甲酸酯；5,6-dimethyl-2-dimethylamino-4-pyrimidinyl-N,N-dimethyl carbamate。

理化性质　白色粉末状固体，熔点 90.5℃，无味。工业品为浅黄色粉末状固体，熔点 >85℃。溶解性（25℃，g/L）：水 2.7，丙酮 4.0，氯仿 3.2，乙醇 2.5，二甲苯 2.0。与酸形成易溶于水的盐。

毒性　原药大白鼠急性 LD_{50}（mg/kg）：经口 130（雄）、143（雌），经皮>2000。对皮肤和眼睛无刺激性，对鱼、水生生物、蜜蜂、鸟类低毒。饲喂大鼠两年，未发现异常现象。对动物无致畸、致突变、致癌作用。

应用　抗蚜威属于 N,N-二甲氨基甲酸酯类农药，是一种高效、低毒、专一性杀蚜虫氨基甲酸酯杀虫剂，1965 年英国卜内门（ICI）公司开发，随后在世界 60 多个国家注册登记。抗蚜威具有触杀、内吸和熏蒸作用，对蚜虫（包括对拟除虫菊酯类农药等已经产生抗性的）有较高的杀伤作用，但对棉花蚜虫无效；对蚜虫天敌和蜜蜂在推荐浓度下无不良影响；对作物无药害，不影响产品自身风味；可用于防治小麦、大豆、高粱、花生、油菜、甜菜、甘蔗、苜蓿、烟草、果树、蔬菜等农作物和花卉上的蚜虫。

合成路线

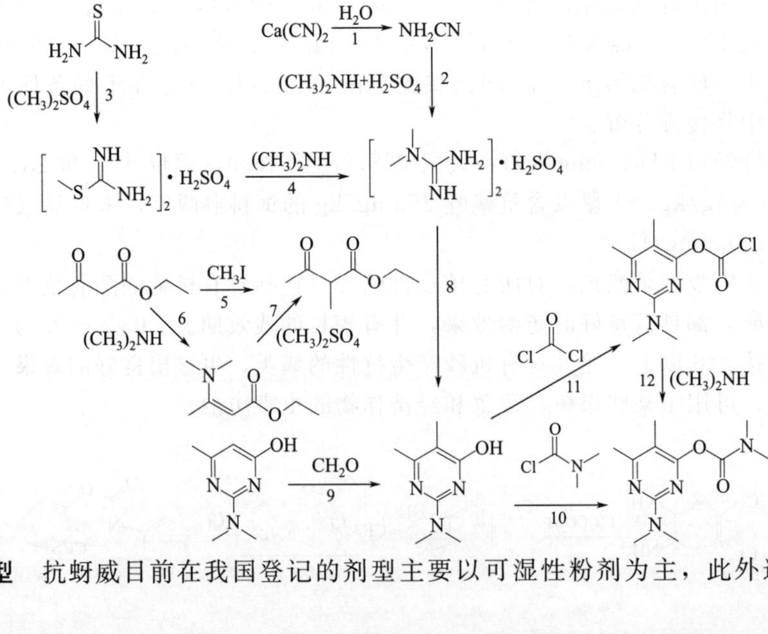

常用剂型　抗蚜威目前在我国登记的剂型主要以可湿性粉剂为主，此外还有水分散粒

162

剂，复配登记中主要与吡虫啉、多菌灵、三唑酮等复配。

抗幼烯（R-20458）

$C_{18}H_{26}O_2$，274.41，32766-80-6

其他名称　JTC-1，ACR2020。

化学名称　1-(4′-乙基苯氧基)-6,7-环氧-3,7-二甲基-2-辛烯；1-(4′-ethylphenoxy)-6,7-epoxy-3,7-dimethyl-2-octene。

理化性质　琥珀色油状液体，在沸点以下分解。溶解性：水中 8.3mg/L（25℃），溶于丙酮、二甲苯、甲醇、乙醇、煤油。

毒性　大鼠急性经口 LD_{50}＞4000mg/kg，大鼠急性经皮 LD_{50}＞4000mg/kg。

应用　具有保幼激素作用的昆虫生长调节剂。对黄粉虫的蛹高效；能阻止蜚蠊1龄若虫蜕皮；对厩螫蝇蛹的形态形成有作用，对幼虫、成虫均有效，对卵无效，并能抑制新孵化成虫的繁殖和发育；对棉红铃虫的幼虫也有效。

常用剂型　抗幼烯目前在我国未见相关制剂产品登记。

克百威（carbofuran）

$C_{12}H_{15}NO_3$，221.25，1563-66-2

其他名称　加保扶，大扶农［三菱］，呋喃丹［FMC］，扶农丹，卡巴呋喃，苯呋丹，呋灭威，虫螨威，Cabofuran，Bay 70143，Curaterr［拜耳］。

化学名称　2,3-二氢-2,2-二甲基-7-苯并呋喃基-甲-N-基氨基甲酸酯；2,3-dihydro-2,2-dimethyl-7-benzofuranyl-N-methylcarbamate。

理化性质　无色结晶，无臭味，熔点 153～154℃（纯品），蒸气压 0.031mPa（20℃），相对密度 1.180（20℃）。20℃时的溶解度：水 320mg/L，二氯甲烷＞200、异丙醇 20～50、甲苯 10～20（g/L）。在碱性介质中不稳定，在酸性、中性介质中稳定。

毒性　大鼠急性经口约 8mg/kg，急性经皮＞3000mg/kg。对兔眼睛和皮肤无刺激性。3％颗粒剂属中等毒。大鼠经口 LD_{50} 为 437mg/kg，兔经皮 LD_{50}＞10200mg/kg。使用时需小心从事，由于内吸性很强，施药后蔬菜等组织中积累极易造成人、畜食用中毒事故。

应用　为广谱性内吸杀虫、杀线虫剂。该药被植物根系吸收，输送到各器官，以叶部积累较多。稻田水面撒药，残效期较短。施于土壤中残效较长，在棉花和甘蔗田残效 40d。

合成路线

常用剂型 克百威目前在我国登记的剂型主要有颗粒剂、悬浮种衣剂、粉剂、种子处理干粉剂等，可与多菌灵、三唑酮、福美双、甲拌磷、戊唑醇、敌百虫、杀虫单、五氯硝基苯、甲基硫菌灵、马拉硫磷、腈菌唑、萎锈灵等进行复配。

克螨特（propargite）

$C_{19}H_{26}O_4S$，350.5，2312-35-8

其他名称 丙炔螨特，炔螨特，螨除净，Comite，Omite，BPPS，progi，ENT 27226。

化学名称 2-(4-叔丁基苯氧基）环己基丙-2-炔基亚硫酸酯；2-(4-tert-butylphenoxy) cyclohexyl prop-2-ynyl sulphite。

理化性质 工业品克螨特为深琥珀色黏稠液体，易燃，易溶于有机溶剂，不能与强碱、强酸混合。

毒性 原药对大白鼠急性经口 LD_{50} 为 2200mg/kg，对兔急性经皮 LD_{50} ＞3000mg/kg。

应用 克螨特是 1964 年美国 Uniiroyal Inc. 公司开发的广谱、低毒杀螨剂，具有胃毒和触杀作用，用于防治柑橘、苹果、玉米、蔬菜等多种作物害螨，对天敌较安全。

合成路线

常用剂型 克螨特目前在我国登记的剂型主要有乳油，此外还有微乳剂、水乳剂、可湿性粉剂等剂型。复配制剂登记中主要与阿维菌素、联苯菊酯、丙溴磷、溴螨酯、苯丁锡、唑螨酯、甲氰菊酯、噻嗪酮、四螨嗪、哒螨灵、矿物油等进行复配。

克杀螨 （thioquinox）

$C_9H_4N_2S_3$，236.34，93-75-4

其他名称 螨克杀，Bayer30686，ss1451，Chinothionat，Readex。

化学名称 喹噁啉-2,3-二基三硫代碳酸酯；quinoxaline-2,3-diyl trithiocarbonate。

理化性质 棕色无味粉末，熔点180℃。几乎不溶于水和大多数有机溶剂，微溶于丙酮、乙醇。工业品的熔点为165℃。200℃时稳定，对光稳定。耐水解，但对氧化敏感。氧化成的 S-氧化物的生物活性未减少。

毒性 对大鼠急性经口 LD_{50} 值为3400mg/kg；大鼠的腹腔注射 LD_{50} 值为231.5mg/kg；经皮施用3000mg/kg不影响大鼠，但工业品在8个人的试验中，有2个人的前臂引起刺激作用。

应用 非内吸性杀螨剂，能有效地杀卵。50%可湿性粉剂1000～2000倍液喷雾，防治蔬菜、果树、茶树害螨。作用迅速，对成虫、幼虫及卵均有效，残效期长。

常用剂型 克杀螨常用制剂主要有50%可湿性粉剂。

克线磷 （fenamiphos）

$C_{13}H_{22}NO_3PS$，303.4，22224-92-6

其他名称 虫胺磷，线威磷，力满库，苯胺磷，芬灭松，Nemacur，Phenamiphos，Bayer 68138。

化学名称 O-乙基-O-(3-甲基-4-甲硫苯基) 异丙氨基磷酸酯；O-ethyl-O-(3-methyl-4-methyl-thiophenyl) isopropylamino phosphate。

理化性质 原药为无色晶体，熔点49.2～49.5℃。工业品为淡棕色固体，熔点48～49℃。溶解性（20℃，mg/L）：水0.4，正己烷40，异丙醇＞120，二氯甲烷＞1200，甲苯＞1200，石油醚200～400 (80～100℃)。

毒性 原药大鼠急性经口 LD_{50} （mg/kg）：15.3（雄），19.4（雌）；急性经皮 LD_{50} 500mg/kg。对眼睛无刺激作用，对皮肤无刺激作用，在试验剂量内对动物无致癌、致畸、致突变作用。

应用 具有很强的杀虫及杀植物线虫作用，对多种自由线虫、根结线虫和胞囊线虫均有良好防治效果，对刺吸式口器害虫如蚜虫、蓟马以及叶螨科害虫也有良好的防治效果。克线磷具有内吸性，除经根进入植物体，也经叶吸收，并向顶部和向基部双向传导。该药不受土壤类型的影响，持效期56d以上，在推荐剂量下对植物安全，并对作物生长有良好的刺激作用，能促进作物早熟，改进产品质量，提高产量。该药主要用于花生、大豆、棉花、香蕉、菠萝、葡萄、蔬菜以及观赏植物等防治线虫。

合成路线

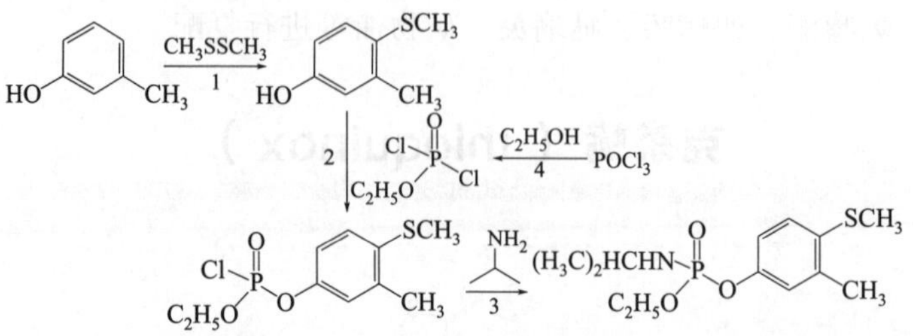

常用剂型 克线磷常用制剂有 25％、400g/L 乳油和 5％、10％颗粒剂。

苦参碱 （ matrine ）

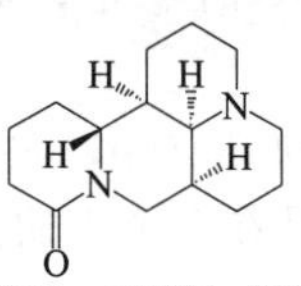

$C_{15}H_{24}N_2O$，248.37，519-02-8

其他名称 母菊碱，Alpha-Matrine，（＋）-Matrine，Alkaloids Sophora Flavescen，Matrine AS。

化学名称 （7aS,13aR,13bR,13cS）-dodecahydro-1H,5H,10H-dipyrido［2,1-f: 3′,2′,1′-ij］［1,6］naphthyridin-10-one。

来源 是从豆科槐属落叶灌木苦参的根、茎和果实中提取的一种生物碱，一般为苦参总碱，其成分主要有苦参碱、氧化苦参碱、槐果碱、氧化槐果碱、槐定碱等多种生物碱，以苦参碱、氧化苦参碱的含量最高。

理化性质 纯品为白色粉末。能溶于水、苯、氯仿、甲醇、乙醇，微溶于石油醚。

毒性 纯品毒性高，大鼠静脉注射 LD_{50} 为 0.4mg/kg，皮下注射为 125mg/kg。原药大鼠急性经口、经皮 LD_{50} 均大于 5000mg/kg。制剂低毒，经口、经皮 $LD_{50}＞10000mg/kg$。对动物和鱼类安全。为低毒杀虫剂。

应用 苦参碱是天然植物性农药，对人、畜低毒。杀虫谱广，具有触杀和胃毒作用。对各种作物上的黏虫、菜青虫、蚜虫、红蜘蛛有明显的防治效果。

常用剂型 苦参碱在我国登记主要剂型有水剂、乳油、水乳剂、可溶液剂等；主要制剂有 0.36％水剂、1％溶液、1.1 粉剂；可与烟碱、硫黄、印楝素等复配。

苦皮藤素 V （ celangulin V ）

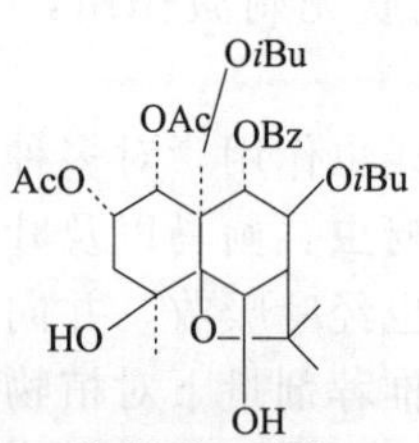

$C_{34}H_{46}O_{13}$，662

化学名称 β-二氢沉香呋喃多元酯。

理化性质 苦皮藤素是从卫矛科南蛇藤属野生灌木植物苦皮藤根皮或种子中提取出的有效成分，属倍半萜类化合物，是以二氢沉香呋喃为骨架的多元醇酯化合物，主要活性成分为苦皮藤素Ⅰ～Ⅴ，其中含量最高的是苦皮藤麻醉成分Ⅳ和毒杀成分Ⅴ。苦皮藤素Ⅴ纯品为无色结晶，熔点214～216℃，不溶于水，易溶于芳烃、乙酸乙酯等中等极性溶剂，能溶于甲醇等极性溶剂，在非极性溶剂中溶解度较小。稳定性：在中性或酸性介质中稳定，强碱性条件下易分解。

毒性 急性LD_{50}（mg/kg）：经口＞20000；经皮＞20000。

应用 该药属植物源农药，它是以苦皮藤根皮为原料，经有机溶剂（苯）提取后，将提取物、助剂和溶剂以适当比例混合而成的杀虫剂。作用机理独特，主要作用于昆虫消化道组织，破坏其消化系统正常功能，导致昆虫进食困难，饥饿而死。该药不易产生抗性和交互抗性。具有较强的胃毒作用，可有效防治菜青虫、小菜蛾、槐尺蠖等鳞翅目幼虫。本品不宜与碱性农药混用，在害虫发生初期，虫龄较小时用药，效果更佳。

常用剂型 苦皮藤素在我国登记的产品主要有0.15％微乳剂、1％乳油和6％母药。

块状耳霉菌（*Conidioblous thromboides*）

其他名称 杀蚜霉素，杀蚜菌剂。

性质 本剂为人工培养的块状耳霉菌活孢子制成。制剂为乳黄色液体，属活体真菌杀虫剂，施用后使蚜虫感病而死亡。具有一虫染病、祸及群体、持续传染、循环往复的杀蚜功能。

活性 可以防治各种蚜虫，对抗性蚜虫防效也高，专化性强，是灭蚜专用生物农药。

毒性 本剂为低毒杀虫剂。大鼠经口LD_{50}＞5000mg/kg。对人、畜、天敌安全，无残留，不污染环境。

应用 可用于各类作物防治各种蚜虫。块状耳霉菌无内吸作用，喷药时必须均匀、周到，尽可能喷到蚜虫虫体上。块状耳霉菌作为活体真菌不可与碱性农药和杀菌剂混用。

常用剂型 块状耳霉菌常用制剂主要有200万菌体/mL悬浮剂。

喹硫磷（quinalphos）

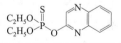

$C_{12}H_{15}N_2O_3PS$，298.30，13593-03-8

其他名称 喹恶磷，喹恶硫磷，克铃死，爱卡士，Kinalux，Bayrusil，Ekalux，Dilthchinalphion，Bayer 77049，SRA 7312。

化学名称 O,O-二乙基-O-（喹恶磷）硫代磷酸酯；O,O-二乙基-O-2-喹恶磷基硫代磷酸酯；O,O-二乙基-O-喹恶啉-2-基硫代磷酸酯；O,O-diethyl-O-quinoxalin-2-yl-phosphorothioate。

理化性质 纯品为白色晶体，熔点31～36℃，工业品为深褐色油状液体，120℃分解，不能蒸馏。相对密度（d_4^{20}）1.235。22～23℃时在水中溶解度为17.8mg/L，在正己烷中为

250g/L，易溶于甲苯、二甲苯、乙醚、乙酸乙酯、乙腈、甲醇、乙醇等，微溶于石油醚。工业品不稳定，在室温下，稳定期为14d，但在非极性溶剂中，并有稳定剂存在下稳定，遇碱易水解。

毒性　大鼠急性 LD_{50}（mg/kg）：71（经口），800～1750（经皮）；急性吸入 LC_{50} 0.71mg/L。对兔眼睛和皮肤无刺激作用。以含有160mg/kg剂量的饲料喂养大鼠90d，未见中毒现象。2年喂养无作用剂量大鼠为3mg/kg，狗为0.5mg/kg。在试验剂量内，未见致癌、致畸、致突变。鲤鱼 LC_{50} 3～10mg/L（24h）。对蜜蜂有毒。

应用　喹硫磷是一种对害虫具有触杀、胃毒作用的杀虫剂。对植物有良好的渗透作用。它的杀虫谱广，并具有一定的杀卵作用，对大多鳞翅目害虫的幼虫及同翅目、双翅目害虫均有良好的防效，对防治柑橘介壳虫有特效。主要用于防治水稻、棉花、柑橘、茶叶以及其他农作物上的害虫。

合成路线　如下所示路线1，经过 O,O-二乙基硫代磷酰氯与2-羟基喹恶磷缩合制得，而中间体邻苯二胺和2-羟基喹恶磷各有三条合成路线。

常用剂型　喹硫磷目前在我国登记的剂型主要是乳油，复配制剂主要与敌百虫、辛硫磷、氰戊菊酯等复配。

喹螨醚（fenazaquin）

$C_{20}H_{22}N_2O$，306.4，120928-09-8

化学名称　4-叔丁基苯乙基-喹唑啉-4-基醚；4-tert-butylphenethyl quinazolin-4-yl ether。

理化性质　纯品为晶体，熔点70～71℃，蒸气压0.013mPa（25℃）。溶解性（g/L）：丙酮400、乙腈33、氯仿大于500、己烷33、甲醇50、异丙醇50、甲苯50，水0.22mg/L。

毒性　急性经口 LD_{50}（mg/kg）：雄大鼠50～500，小鼠＞500，鹌鹑＞2000（用管饲法）。

应用　喹螨醚一方面兼有快速击倒作用和长期持效作用；另一方面，其作物的生物利用度低，减少了对迁移到施药作物上的有益节肢动物的伤害，并使害螨不易产生抗性，对作物未引起药害。本品属喹唑啉类杀螨剂，以25～250mg/L用于扁桃（杏仁）、苹果、柑橘、棉花、葡萄和观赏植物上，可有效地防治真叶螨、全爪螨和红叶螨以及紫红短须螨。该化合物亦具有杀菌活性。

合成路线

常用剂型 喹螨醚目前在我国制剂登记主要有 95g/L 乳油。

蜡蚧轮枝菌 (*Verticillium lecanii*)

性质 菌落圆形，白色，中央隆起呈笠状，较致密，扩展，呈绒毛状至絮状。菌落背面呈奶油黄色，无可溶性色素。分生孢子梗透明，基部膨大，向上逐渐变细，单生、对生、轮生在菌丝上，分生孢子在分生孢子梗顶端黏结成球形头状体，遇水解体，释放出分生孢子。

活性 寄主范围超过 200 种，主要寄生于同翅目昆虫，特别是蚜虫、粉虱、蚧类、蓟马，以及螨类。地理分布广，对环境、人、畜安全，易培养，极具发展潜能。当分生孢子或菌丝落于虫体表面时，在适温和空气相对湿度 85%～100%，或体表有自由水存在的条件下，孢子很容易萌发，并穿透寄主表皮（这一过程在 26～27℃ 及饱和湿度条件下，约经 4h 即可完成）。侵入体内的菌丝，形成菌丝体进行分枝生长，同时产生毒素对昆虫有较高的毒杀作用，如吡啶-2,6-二羧酸、白僵菌交酯及内毒素磷酸酯等。蜡蚧轮枝菌对昆虫的致病作用，可能是毒素导致的生理破坏与菌丝的机械破坏共同作用的结果。蜡蚧轮枝菌侵染昆虫后，4～6d 内杀死寄生昆虫。

毒性 对人、畜、家禽未发现毒性，不侵染天敌昆虫。

应用 利用孢子悬浮液喷雾，防治蚜虫、温室白粉虱、湿地松粉蚧。或采用菌土施药，每亩用菌剂 2kg，拌细土 50kg，中耕时撒入土中，可防治蛴螬、象甲、金针虫、蝽象等。

常用剂型 蜡蚧轮枝菌主要剂型有粉剂和可湿性粉剂。

蜡状芽孢杆菌 BP01 (*Bacillus cereus* strain BP01)

其他名称 Mepichlor/BP01 4-2。

性质 蜡状芽孢杆菌是一种好氧细菌杀虫剂，是从我国感病稻螟虫尸体内分离得到、经人工发酵生产制成。能在多种人工培养基上生长繁殖，适宜生长温度 23～32℃，最适宜酸碱度是中性到弱碱性。制剂为白色或灰黄色粉状物，有鱼腥味，一般每克含活孢子数 100 亿～300 亿，对高温有较强的耐受性，75℃ 下 15min 不会死亡。制成的菌剂可保存数年不丧失毒力。杀虫的有效成分是由细菌产生的毒素和芽孢。

毒性 按我国农药毒性分级标准，蜡状芽孢杆菌属低毒杀虫剂。对人、畜无毒，对作物没有药害，对害虫的天敌安全，对家蚕毒力较强。

活性 蜡状芽孢杆菌对害虫主要起胃毒作用，兼有一定的触杀作用。其作用机理是菌剂喷洒到作物上被害虫吞食后，其中含有的伴孢晶体能破坏胃肠，引起中毒，芽孢即进入害虫血液内进行大量繁殖，导致败血症。蜡状芽孢杆菌对鳞翅目害虫有很强毒杀能力，但毒杀速度较慢。如对稻苞虫和菜青虫施药24h死亡可达高峰。对老熟幼虫的防效比对幼龄虫好，有的老熟幼虫染病后不能立即死亡，但能提前化蛹，最终死亡。防治效果受温度影响，20℃以上效果较好。

应用　蜡状芽孢杆菌属于生物杀虫剂。蜡状芽孢杆菌主要用于防治水稻、玉米、蔬菜、茶叶等作物的鳞翅目害虫。包括稻苞虫、稻纵卷叶螟、玉米螟、菜青虫、小菜蛾、茶毛虫、刺蛾、灯蛾、大蓑蛾、甘薯天蛾等。

常用剂型　目前我国未见相关制剂产品登记。

辣椒碱（capsaicin）

$C_{18}H_{27}NO_3$，305.4，404-86-4

化学名称　反-8-甲基-N-香草基-6-壬烯酰胺；*trans*-8-methyl-N-vanillyl-6-nonenamide。

理化性质　外观为棕红色，相对密度1.12，熔点62～65℃。溶解性：不溶解于水，易溶于乙酸乙酯、甲醇、乙醇等。稳定性：辣椒碱在常温下和弱酸/弱碱（pH4～9）介质下稳定。在高温（>100℃）下易分解。

毒性　大鼠急性LD_{50}（mg/kg）：经口562（制剂），经皮>2000（制剂）。

应用　导致神经系统内取食激素的信息传递受到破坏而中断，使幼虫失去味觉功能而表现拒食反应。昆虫取食后表现出胃毒作用，抽搐、麻痹、昏迷，于12～24h后逐渐死亡。可用于防治十字花科的菜青虫、蚜虫等。对鱼类、家蚕、蜜蜂有毒性，禁止使用。

常用剂型　辣椒碱主要制剂有95%天然辣椒素粉、0.7%辣椒碱乳油。

狼毒素（neochamaejasmin）

$C_{30}H_{22}O_{10}$，90411-13-5

化学名称　[3,3'-双-4H-1-苯并吡喃]-4,4'-二酮-2,2',3,3'-四氢-5,5',7,7'-四羟基-2,2'-双（4-羟基苯基）；[3,3'-bi-4H-1-benzopyran]-4,4'-dione-2,2',3,3'-tetrahydro-5,5',7,7'-tetrahydroxy-2,2'-bis（4-hydroxyphenyl）。

理化性质　原药外观为黄色结晶粉末，熔点278℃，溶于甲醇、乙醇，不溶于三氯甲烷、甲苯。制剂外观为棕褐色，半透明，黏稠状，无霉变、无结块固体。

毒性　大鼠急性LD_{50}（mg/kg）：经口>5000；经皮>5000。

应用　属黄酮类化合物，物质具有旋光性，且多为左旋体。作用于虫体细胞，渗入细胞核抑制破坏新陈代谢系统，使受体能量传递失调、紊乱，导致死亡。用于防治十字花科蔬菜菜青虫。

常用剂型　狼毒素在我国登记主要产品有 9.5％母药和 1.6％水乳剂。

乐果（dimethoate）

$C_5H_{12}NO_3PS_2$，229.28，60-51-5

其他名称　乐戈，Rogor，Cygon，Dantox，Fosfamid，Rexion。

化学名称　O,O-二甲基-S-（N-甲基氨基甲酰甲基）二硫代磷酸酯；O,O-dimethyl-S-（N-methyl carbanoyl methyl）phosphorodithioate。

理化性质　无色结晶，熔点 51～52℃；含量在 95％以上的工业品为白色结晶固体，略带硫醇气味，熔点 43～46℃。乐果能溶解于多种有机溶剂，如乙醇＞300g/kg（20℃）、甲苯＞300g/kg（20℃）、苯、氯仿、四氯化碳、饱和烃、醚类等。在酸性介质中较稳定，在碱性介质中迅速分解；受氧化剂作用或在生物体内代谢后能生成氧乐果，在金属离子（Fe^{2+}、Cu^{2+}、Zn^{2+} 等）存在下，氧化作用更容易进行；对日光稳定，受热分解成 O,S-二甲基类似物。

毒性　原药 LD_{50}（mg/kg）：大鼠急性经口 320～380，小鼠经皮 700～1150。

应用　乐果是一种二硫代磷酸酯类具有内吸性广谱有机磷杀虫、杀螨剂，具有强烈的触杀和一定的胃毒作用，无熏蒸作用，在昆虫体内被氧化成毒性更高的氧乐果；适用于防治多种作物上的刺吸式口器害虫，如蚜虫、红蜘蛛、叶蝉、粉虱、蓟马、潜叶蝇及某些蚧类。

合成路线　乐果有如下四条合成路线：后氨解路线即路线 1→2→3，氯乙酰胺路线即路线 1、9→4，异氰酸酯路线即路线 1→5→6，二烷基氯代亚磷酸酯路线即路线 1→5→7→8。

常用剂型　乐果目前在我国登记的制剂主要以乳油为主，此外还有可湿性粉剂和粉剂等剂型，复配配方主要与稻丰散、三唑磷、杀扑磷、杀虫单、氯氰菊酯、甲氰菊酯、氰戊菊酯、三唑酮、多菌灵、哒螨灵、敌敌畏氯氟氰菊酯、仲丁威、敌百虫、矿物油等进行复配。

乐杀螨（binapacryl）

C₁₅H₁₈N₂O₆，322.3132，485-31-4

其他名称 Acricid，Morocide，Endosan。

化学名称 2-仲丁基-4,6-二硝基苯基-3-甲基丁烯酸酯；（RS）-2-sec-butyl-4,6-dinitro-phenyl 3-methylcrotonate。

理化性质 白色棱柱状结晶粉末，微有芳香味。熔点 $68\sim69℃$，相对密度 $d_4^{20}1.2307$，$60℃$ 时蒸气压 $0.013Pa$。不溶于水；可溶于多数有机溶剂，其溶解度：丙酮 78%（质量/体积，以下同此），乙醇 11%，异佛尔酮 57%，煤油 10.7%，二甲苯 70%，高级芳香石脑油 57%。工业品纯度为 98%，熔点在 $65\sim69℃$，相对密度 $1.25\sim1.28$，遇浓酸和稀碱不稳定，接触水逐渐水解，遇紫外线缓慢分解。

毒性 急性经口 LD_{50}（mg/kg）：雄大鼠 $150\sim225$，雌小鼠 $1600\sim3200$，雄豚鼠 300，狗 $450\sim640$。急性经皮 LD_{50}（mg/kg）：兔 750，大鼠 720。对眼有轻微的刺激性。鲤鱼 TLm（48h）$0.1mg/L$。最大耐药量：鲤鱼为 $1.0mg/L$；鳟鱼为 $2.0mg/L$。水蚤 LC_{50}（3h）$0.16mg/L$。

应用 对柑橘、苹果、梨、梅、李、核桃、茶和棉花等红蜘蛛和柑橘锈壁虱，速效且具有长效，对各时期的螨都有效，特别具有良好的杀螨卵作用。对蓟马、蚜虫和叶蝉也有极好防效。高温使用时易产生药害，须使用低浓度。茶的新梢嫩叶、西红柿幼苗和葡萄幼苗易产生药害，不宜使用。

合成路线

常用剂型 乐杀螨常用制剂有 50% 可湿性粉剂、40% 乳油、40% 粉剂。

雷皮藤素（lepimectin）

LA4,R=CH₂CH₃
LA3,R=CH₃

LA3：C₄₀H₅₁NO₁₀，705.8，171249-10-8；LA4：C₄₁H₅₃NO₁₀，719.9，171249-05-1

其他名称 Aniki。

化学名称 $(10E,14E,16E)$-$(1R,4S,5'S,6R,6'R,8R,12R,13S,20R,21R,24S)$-6'-[$(S)$-乙基]-21,24-二羟基-5',11,13,22-四甲基-2-氧-3,7,19-三噁四环[15.6.1.1^{4,8}.0^{20,24}]二十五烷-10,14,16,22-四烯-6-螺-2'-(四氢吡喃)-12-基(Z)-2-甲氧亚氨基-2-苯乙酸酯;

$(10E,14E,16E)$-$(1R,4S,5'S,6R,6'R,8R,12R,13S,20R,21R,24S)$-21,24-二羟基-5',6',11,13,22-五甲基-2-氧-3,7,19-三噁四环[15.6.1.1^{4,8}.0^{20,24}]二十五烷-10,14,16,22-四烯-6-螺-2'-(四氢吡喃)-12-基(Z)-2-甲氧亚氨基-2-苯乙酸酯;

$(10E,14E,16E)$-$(1R,4S,5'S,6R,6'R,8R,12R,13S,20R,21R,24S)$-6'-[$(S)$-ethyl]-21,24-dihydroxy-5',11,13,22-tetramethyl-2-oxo-3,7,19-trioxatetracyclo[15.6.1.1^{4,8}.0^{20,24}]pentacosa-10,14,16,22-tetraene-6-spiro-2'-(tetrahydropyran)-12-yl (Z)-2-methoxyimino-2-phenylacetate;

$(10E,14E,16E)$-$(1R,4S,5'S,6R,6'R,8R,12R,13S,20R,21R,24S)$-21,24-dihydroxy-5',6',11,13,22-pentramethyl-2-oxo-3,7,19-trioxatetracyclo[15.6.1.1^{4,8}.0^{20,24}]pentacosa-10,14,16,22-tetraene-6-spiro-2'-(tetrahydropyran)-12-yl (Z)-2-methoxyimino-2-phenylacetate。

理化性质 分配系数（25℃）：LA3 lg$P$=6.5，LA4 lg$P$=7.0。水中溶解度（20℃）：LA3 103.47μg/L，LA4 46.79μg/L。

毒性 LA3 急性经口 LD_{50}（mg/kg）：大鼠雄 506、雌>506。LA4 急性经口 LD_{50}（mg/kg）：大鼠雄>2000、雌>2000。鼠（雄、雌）急性经皮 LD_{50}>2000mg/kg。大鼠（雄、雌）吸入 LC_{50}>5.15mg/kg。大鼠最大无作用剂量200mg/(kg·d)。每日允许摄取量（日本）0.02mg/kg。无致畸、致突变、致癌作用。

应用 适宜于柑橘、草莓、番茄、茶、葡萄、苹果、梨、萝卜、莴苣、白菜、卷心菜、茄子等防治燕尾蝶、夜盗虫、桃毛兽、卷叶虫等。

常用剂型 1%乳油、可湿性粉剂等。

梨豆夜蛾核型多角体病毒（Anticarsia gemmatalis NPV）

毒性 对人、畜、非靶标生物和环境安全。

活性 利用梨豆夜蛾或小蔗杆草螟活体生产。病毒被摄入后，释放的病毒粒子侵染寄主体内几乎所有类型的细胞并增殖，最终导致幼虫死亡，表皮破裂，大量的包涵体释放到环境中。

应用 适用于防治森林中的叶蜂。施用一次可保护森林免受叶蜂危害。很少与其他农药混用，不耐强酸、强碱。

常用剂型 梨豆夜蛾核型多角体病毒在我国未见相关制剂产品登记。

藜芦碱（vertrine）

藜芦定（veratridine）$C_{36}H_{51}NO_{11}$，673.79，71-62-5；瑟瓦定（cevadine）$C_{32}H_{49}NO_9$，591.73，62-59-9

其他名称　虫敌。

化学名称　西伐丁-3,4,12,14,16,17,20-庚醇-4,9-环氧-3（2-甲基-2-丁烯酯）。

理化性质　藜芦碱属于异甾体类生物碱，主要存在百合科藜芦属植物根中。藜芦碱为一系列生物碱的总称，约有 30 种以上，主要成分为瑟瓦定和藜芦定。纯品为扁平针状结晶，熔点 213℃，微溶于水，在乙醇和乙醚中的溶解度为 1g/mL。

毒性　急性 LD_{50}（mg/kg）：经口＞20000；经皮＞5000。对人、畜安全，低毒、低污染。

应用　藜芦碱具有触杀和胃毒作用，兼有杀卵作用。药剂进入消化系统后，作用于 Na^+ 通道，造成局部刺激，引起反射性虫体兴奋，继之抑制虫体感觉神经末梢，抑制中枢神经而致害虫死亡。可用于防治棉花蚜虫、棉铃虫、甜菜夜蛾、小菜蛾、斜纹夜蛾、食心虫、梨木虱、潜叶蛾、二化螟、三化螟、黄曲条跳甲、大小猿叶虫、二十八星瓢虫、蓟马、叶蝉，以及卫生害虫家蝇、蜚蠊、蚤等。可与有机磷、菊酯类混用，但须现配现用。对蜜蜂、家蚕、鱼类有毒，使用时需注意。

常用剂型　藜芦碱常用制剂主要有 0.5% 水剂、0.5% 可溶性液剂。

联苯肼酯（bifenazate）

$C_{17}H_{20}N_2O_3$，300.3523，149877-41-8

其他名称　Acramite（Chemtura），Floramite（Chemtura），Mito-kohme（Nissan）。

化学名称　异丙基-3-(4-甲氧基联苯基-3-基）肼基甲酸酯；isopropyl-3-(4-methoxybi-phenyl-3-yl) carbazat。

理化性质　纯品外观为白色固体结晶。熔点 123～125℃。蒸气压 $3.8×10^{-4}$ mPa。在水中溶解度（20℃）为 2.1mg/L；20℃时有机溶剂中溶解度（g/L）：甲苯 24.7，乙酸乙酯 102，甲醇 44.7，乙腈 95.6。分配系数（正辛醇/水）：3.5。

毒性　原药对大鼠急性经口、经皮 LD_{50} 均大于 5000mg/kg，急性吸入 LC_{50}＞4.4mg/L（4h）。对兔眼睛、皮肤无刺激性，豚鼠皮肤致敏试验结果为无致敏性。大鼠 90d 亚慢性喂养试验结果最大无作用剂量：雄性大鼠为 2.7mg/(kg·d)，雌性大鼠为 3.2mg/(kg·d)。4 项致突变试验：Ames 试验、微核试验、体外哺乳动物基因突变试验、体外哺乳动物染色体畸变试验均为阴性，未见致突变作用。鱼类 LC_{50}（96h）：虹鳟鱼 0.76mg/L，大翻车鱼 0.58mg/L。蜜蜂 48h 急性经口 LD_{50}＞110μg/只。

应用　联苯肼酯是一种新型选择性叶面喷雾用杀螨剂。其作用机理为对螨类的中枢神经传导系统的 γ-氨基丁酸（GABA）受体的独特作用。其对各个生活阶段的螨有效，具有杀卵活性和对成螨的击倒活性（48～72h），且持效期长，持效期 14d 左右，推荐使用剂量范围内对作物安全。对寄生蜂、捕食螨、草蛉低风险。用于苹果、葡萄、柑橘、蔬菜、棉花、玉米和观赏植物等，防治叶类螨虫，如全爪螨、二斑叶螨各阶段。

合成路线

常用剂型 97％原药，43％悬浮剂，可与阿维菌素、螺螨酯等复配。

邻二氯苯（ ortho -dichlorobenzene ）

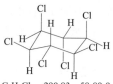

$C_6H_4Cl_2$，147.0，95-50-1

其他名称 Termitkil，DCB，ODB，Chloroben。

化学名称 1,2-dichlorobenzene。

理化性质 为无色液体，有强烈气味，具有挥发性。熔点－16.7℃，沸点180℃，相对密度 d_4 1.3058，折射率为1.5513。

毒性 对兔的静脉注射致死剂量为500mg/kg。

应用 杀树皮中的天牛、小蠹等害虫的卵、幼虫、蛹和成虫。

常用剂型 邻二氯苯目前在我国未见相关制剂产品登记。

林丹（ *gamma*-HCH ）

$C_6H_6Cl_6$，290.83，58-89-9

其他名称 高丙体六六六，灵丹，gamma BHC，ENT 7796，γ-HCH；gamma-BHC，gamma-HCH。

化学名称 丙体-1,2,3,4,5,6-六氯环己烷；$1\alpha,2\alpha,3\beta,4\alpha,5\alpha,6\beta$-hexachlorocyclohexane。

理化性质 无色晶体，熔点112.5～113.5℃，蒸气压5.6mPa（20℃）。溶解度：水7.3mg/L（25℃）、12mg/L（35℃）；丙酮43.5，甲醇7.4，乙醇6.4，苯28.9，甲苯27.6，二甲苯24.7，乙醚20.8，石油醚2.9，乙酸乙酯35.7，氯仿24.0，环己烷36.7，二噁烷31.4，醋酸12.8（g/L，20℃）。180℃以下对光、空气非常稳定，对酸稳定，在碱中发生脱氢反应，随pH值升高而加快。

毒性 在动物体内无蓄积作用，对皮肤有刺激性，会使皮肤发生斑疹。林丹制剂是从六六六原粉经过分离提纯得到的，它不含有一般六六六原粉中的大部分有毒异构体，克服了对植物易产生药害的缺点，降低了在植物体或土壤中的残留量。大鼠急性经口 LD_{50} 为88～270mg/kg，小鼠为59～246mg/kg。大鼠急性经皮 LD_{50} 900～1000mg/kg。对皮肤和眼睛有刺激。2年饲喂试验的无作用剂量：大鼠25mg/kg饲料，狗50mg/kg饲料。对人的ADI为0.008mg/kg。对鹌鹑急性经口 LD_{50} 为120～130mg/kg。鱼毒 LC_{50}（48h）：虹鳟为0.16～0.3mg/L。对蜜蜂有毒。

应用 作用于昆虫神经的广谱杀虫剂，对许多害虫具有较强的触杀、胃毒和熏蒸作用，杀虫力强。可用于小麦、大豆、果树、蔬菜、水稻、玉米、烟草、森林、粮食的害虫以及卫生害虫。在推荐浓度下对作物无药害。防治小麦吸浆虫有特效，具有防效高、兼治对象多、持效期长、成本低等优点。用 6% 林丹 15kg/hm² 土壤处理或 1125g/hm² 喷雾处理最为经济有效。我国主要用于草原灭蝗及地下害虫防治。

常用剂型 林丹常用制剂主要有 10%、20% 粉剂，20% 可湿性粉剂，10%、15% 乳油，20% 悬浮剂。

磷胺（phosphamidon）

$C_{10}H_{19}ClNO_5P$，299.7，13171-21-6(混合物)、23783-98-4(Z单体)、297-99-4(E单体)

其他名称 赐灭松〔台〕，大灭虫，迪莫克，Phosphamidone，Aphidamon，Ciba 570〔汽巴-嘉基〕，Dimecron，Phosron〔Hui Kwang〕。

化学名称 O,O-二甲基-O-[2-氯-2-(二乙基氨基甲酰基-1-甲基)]乙烯基磷酸酯；(EZ)-2-chloro-2-diethylcarbamoyl-1-methylvinyl dimethyl phosphate or (EZ)-2-chloro-3-dimethoxyphosphinoyloxy-N,N-diethylbut-2-enamide。

理化性质 无色油状液体。沸点 162℃ (0.2kPa)，相对密度 1.2132 (25℃/4℃)，折射率 1.4718 (25℃)。20℃ 时的挥发度为 0.41mg/m³，30℃ 为 1.33mg/m³。易溶于水、醇、丙酮、乙醚、二氯甲烷，微溶于芳香烃，不溶于石油醚及脂肪烃。磷胺水溶液不太稳定，在中性及酸性中缓慢水解，在碱性高温下迅速水解。工业品含顺式异构体 70%，反式异构体30%，顺式异构体具有较强活性。

毒性 急性经口 LD_{50} (mg/kg)：大鼠 8，小鼠 6。急性经皮 LD_{50}：374～530mg/kg。

应用 广谱内吸性有机磷杀虫剂，易被植物吸收，降解较快，对害虫以胃毒作用为主，兼有触杀作用。适用于棉花、水稻、麦类、果树等作物，防治刺吸式及咀嚼式口器害虫和害螨。对棉蚜、棉红蜘蛛等棉花害虫有较高防效，对稻飞虱、稻叶蝉、稻螟虫等也有优良杀伤效果。还用于防治甘蔗螟虫、大豆食心虫、梨小食心虫等。

合成路线

常用剂型 磷胺常用制剂主要有 50%、80% 水可溶粉剂，0.2% 烟剂。

磷硫灭多威（U-56295）

$C_{14}H_{28}N_3O_4PS_3$，429.55，72542-56-4

176

其他名称 磷硫威，U-56295，MK-7904。

化学名称 N-[[[[[(1,1-二甲基乙基)(5,5-二甲基-2-硫代-1,3,2-二氧磷杂己烷-2-基)氨基]硫基]-甲基氨基]羰基]氧基]亚氨代硫代乙酸甲酯；ethanimidothioic acid-N-[[[[[(1,1-dimethylethyl)(5,5-dimethyl-2-sulfido-1,3,2-dioxaphosphorinan-2-yl)amino]thio]methylamino]carbonyl]oxy]methyl ester。

理化性质 纯品为结晶固体，熔点166~168℃。

毒性 对大鼠的急性经口 LD_{50} 为8659mg/kg。

应用 该药为叶用氨基甲酸酯类杀虫剂，是灭多威的低毒化衍生物，有触杀和胃毒活性，还有一定的杀卵活性，在叶面上的残留性好，对许多有益昆虫毒性相当低。适用于棉花及其他农业和园艺作物上，防治棉铃虫、尺蠖、跳甲、黏虫、玉米螟、苹果蠹蛾、卷叶蛾等许多害虫。对螨类活性低。

合成路线

常用剂型 磷硫灭多威常用制剂有85%可湿性粉剂。

磷亚威（U-47319）

$C_{11}H_{24}N_3O_4PS_4$，403.5，66996-10-9

化学名称 N-[[[[[(二乙氧基硫代膦基)异丙基氨]硫]甲基氨]羰基]氧]硫代乙酰亚胺酸甲酯；N-[[[[[(dithoxyphosphinothioyl)isopropyl amino]thio]methyl amino]carbonyl]oxy]ethanimidothioate。

理化性质 本品为结晶，熔点72~73℃。化学性质不稳定，易水解，在碱性条件下易分解，因而不能和碱性物质混合；易氧化，热分解，易于在自然环境中或动植物体内降解，在高等动物体内无累积毒性。正确使用时残留小，不至于污染环境。

毒性 急性经口 LD_{50}（mg/kg）：大白鼠29，小白鼠16，豚鼠10，鸡12。大白鼠肌内注射 LD_{50} 14mg/kg。狗肌内注射致死最低剂量13mg/kg。大白鼠静脉注射 LD_{50} 3.15mg/kg。小白鼠腹腔注射致死最低剂量6mg/kg。兔急性经皮 LD_{50} 40mg/kg。

应用 本品是灭多威的硫代磷酰胺衍生物，其主要用途与灭多威一样，可用于棉花、蔬菜、果树、水稻等作物，防治鳞翅目害虫、甲虫和蜍象，推荐浓度为20%乳油稀释1000倍，对植物无药害。对抗性棉蚜的防效与灭多威基本一致，对抗性棉铃虫的防效优于灭多威，但急性毒性较灭多威低。

合成路线

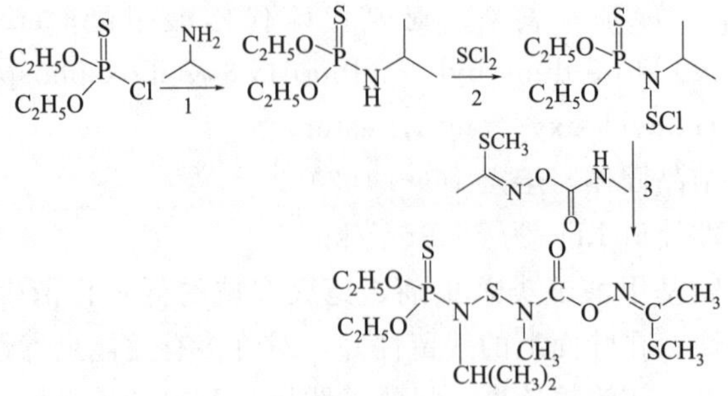

常用剂型　20％磷亚威乳油。

浏阳霉素（liuyangmycin）

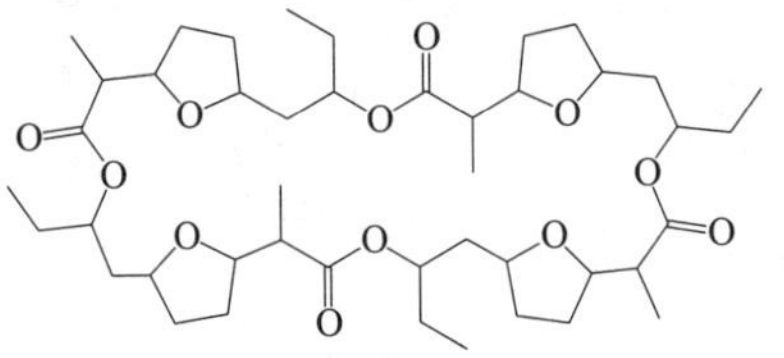

$C_{40}H_{64}O_{12}$，$C_{41}H_{66}O_{12}$，33956-61-5(tetranactin)，7561-71-9(trinatn)

其他名称　杀螨霉素，多活菌素，四活菌素，华秀绿，绿生。

化学名称　5,14,23,32-四乙基-2,11,20,29-四甲基-4,13,22,31,38,39,40-八氧五环 [32.2.1.1.1] 四十烷-3,12,21,30-四酮。

理化性质　是由灰色链霉菌浏阳变种所产生的具有大环内酯结构的杀螨抗生素，是通过微生物深层发酵提炼而成，是由 5 个组分组成的混合体，四活菌素为主要的活性成分。纯品为无色棱柱状结晶，熔点 112～113℃。易溶于苯、醋酸乙酯、氯仿、乙醚、丙酮，可溶于乙醇、正己烷等溶剂，不溶于水。对紫外线敏感，在阳光下照射 2d，可分解 50％。

毒性　大鼠急性 LD_{50}（mg/kg）：经口＞10000；经皮＞2000。无致畸、致癌、致突变性。但该药剂对鱼毒性较高，鲤鱼 LC_{50}＜0.5mg/L。高毒但对天敌昆虫及蜜蜂比较安全。

应用　可防治多种作物的多种螨类的广谱杀螨剂，触杀作用强，无内吸性。对成螨、幼螨、若螨高效，对螨卵也有一定的抑制作用，孵出的幼螨大多不能存活。

常用剂型　浏阳霉素常用制剂主要有 10％乳油。

硫丙磷（sulprofos）

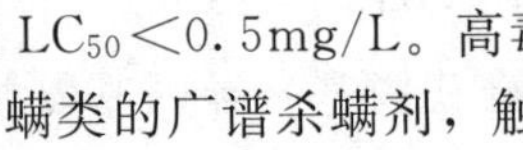

$C_{12}H_{19}O_2PS_3$，322.45，35400-43-2

其他名称　甲丙硫磷，棉铃磷，保达［拜耳］，虫螨消，Bolstar［拜耳］，Helothio，NTN-9306。

178

化学名称 O-乙基-O-(4-甲硫基）苯基-S-丙基二硫代磷酸酯；O-ethyl-O-[4-(methyl-thio) phenyl]-S-propyl phosphorodithioate。

理化性质 纯品为无色油状液体。沸点 $125℃/0.01Pa$，相对密度 1.20（$20℃$），蒸气压 $1×10^{-4}Pa$，折射率 $n_D^{20}1.5859$。$20℃$ 时溶解度：甲苯 $1200g/kg$，异丙醇 $>400g/kg$，环己酮 $120g/kg$，水 $5mg/kg$。一般条件下稳定。

毒性 急性经口 LD_{50}：雄大鼠 $140mg/kg$，雌大鼠 $120mg/kg$，雄小鼠 $580mg/kg$，雌小鼠 $490mg/kg$。雄大鼠急性经皮 $LD_{50}>2000mg/kg$，雌小鼠为 $2000mg/kg$ 左右。对皮肤无刺激作用。鲤鱼 $LC_{50}5.2mg/L$，鹌鹑 $LD_{50}25mg/kg$。

应用 广谱性三元不对称有机磷酸酯类杀虫剂，具有触杀和胃毒作用。主要用于棉田鳞翅目害虫。此外，对缨翅目、鞘翅目、双翅目等多种害虫有效。除棉田外，还可用于番茄、玉米、烟草等多种作物。推荐用量 $7.5\sim10.5g$ 有效成分$/100m^2$。

合成路线

常用剂型 硫丙磷常用制剂主要有 40% 乳油。

硫虫畏 （ akton ）

$C_{12}H_{14}Cl_3O_3PS$，375.64，$1757-18-2$

其他名称 硫毒虫畏，ENT-27102，SD-9098。

化学名称 O,O-二乙基-O-[2-氯-1-(2,5-二氯苯基）乙烯基] 硫逐磷酸酯；phosphoro-thioic acid-O-[2-chloro-1-(2,5-dichlorophenyl) ethenyl]-O,O-diethyl ester。

理化性质 纯品为褐色液体，熔点 $27℃$，沸点 $145℃/0.005mmHg$。

毒性 大白鼠急性经口 LD_{50} 为 $42mg/kg$，小鼠急性经口 LD_{50} 为 $89mg/kg$。

应用 本品是防治草坪长蝽和草皮螟亚科害虫的有效药剂。

常用剂型 硫虫畏常用制剂主要有 26% 乳油。

硫丹 （ endosulfan ）

$C_9H_6Cl_6O_3S$，406.93，$115-29-7$

其他名称 安都杀芬，安杀丹，安杀番，韩丹，赛丹，硕丹，硫二丹，Thiosulfan，

Thiodan，Benzoepin，Benziepin，Beosit，Cyclodan，Endocel，Hexasulfan，Malix。

化学名称　6，7，8，9，10，10-六氯-1，5，5a，6，9，9a 六氢-6，9-亚甲基-2，4，3-苯并-二噁噻频-3-氧化物；1，4，5，6，7，7-hexachloro-8，9，10-trinorborn-5-en-2，3-ylenebismethylene sulfite；6，7，8，9，10，10-hexachloro-1，5，5a，6，9，9a-hexahydro-6，9-methano-2，4，3-benzodioxathiepine 3-oxide。

理化性质　无色晶体，熔点≥80℃（原药），a-异构体109.2℃，b-异构体213.3℃，蒸气压0.83mPa（20℃，a-异构体、b-异构体以2∶1混合），相对密度约1.8（20℃，原药）。溶解度：水中 a-硫丹 0.32mg/L，b-硫丹 0.33mg/L（20℃），乙酸乙酯、二氯甲烷、甲苯 200g/L，乙醇约 65g/L，己烷约 24g/L（20℃）。光下稳定，酸、碱中缓慢水解。

毒性　大鼠急性经口 LD_{50} 为 40～50mg/kg［原药 22.7～160mg/kg（雄），22.7mg/kg（雌）］。大鼠急性经皮 LD_{50}＞500mg/kg，兔 359mg/kg。大鼠吸入 LC_{50} 为 34.5mg/L（雄，4h）、12.6mg/L（雌，4h）。对皮肤和眼睛有轻度刺激，无致敏性。大鼠13周喂养试验无作用剂量 10mg/kg 饲料或 0.7mg/kg 体重。大鼠 2 年喂养试验无作用剂量为 15mg/kg 饲料或 0.6～0.7mg/kg 体重。致突变试验阴性，大鼠 2 代繁殖无不良影响。试验条件下未见致癌作用。母鸡试验未见迟发性神经毒性。联合国粮农组织和世界卫生组织联席会议推荐 ADI 为 0.006mg/kg（1989 年）。药剂对鱼类高毒，LC_{50} 约 0.002mg/L（96h）。野鸭急性经口 LD_{50} 为 200～750mg/kg，野鸡 620～1000mg/kg，鹌鹑 85～106mg/kg。蜜蜂接触 LD_{50} 为 7.1μg/只，经口 LD_{50} 为 6.9μg/只。

应用　有机氯杀虫、杀螨剂。无内吸性，具有触杀和胃毒作用，杀虫谱广，持效期长。气温高于 20℃ 时，也可通过其蒸气起杀虫作用。可用于棉花、果树、蔬菜、烟草、马铃薯及苜蓿等作物，防治棉铃虫、红铃虫、棉卷叶蛾、金刚钻、金龟子、梨小食心虫、桃小食心虫、黏虫、蓟马和叶蝉等，用 20% 乳油 300～500 倍液喷雾。防治棉花和果树上的蚜虫、螨，则用 20% 乳油 500～1000 倍液喷雾。用 20% 乳油 200 倍液灌根可防治地老虎。近年来，硫丹用于防治抗性棉铃虫获得良好效果，尤其与氯氰菊酯混用，更是备受青睐。食用或饲料作物收获前 3 周停用。硫丹能渗透进入植物组织，但不能在植株体内传输，在昆虫体内能抑制单氨基氧化酶和提高肌酸激酶的活性。有很强的选择性，易分解，对天敌和许多有益生物无毒。注意应避免长期连续使用硫丹。

合成路线

常用剂型　硫丹目前在我国登记的剂型主要为乳油，可与氯氰菊酯、氰戊菊酯、溴氰菊酯、高效氯氰菊酯、辛硫磷、灭多威、水胺硫磷等进行复配。

硫环磷（phosfolan）

$C_7H_{14}NO_3PS_2$，255.29，947-02-4

其他名称　棉安磷，乙基硫环磷，Cyalane，Cylan，Cyolane，Cyolan。

化学名称　O,O-二乙基-N-(1,3-二硫杂茂-2-叉基) 硫酰胺；diethyl N-1,3-dithiolan-2-ylidenephosphoramidate。

180

理化性质 无色至黄色固体。熔点 37～45℃，沸点 115～118℃。可溶于水、丙酮、苯、乙醇、环己烷、甲苯，微溶于乙醚，难溶于己烷。在中性和弱酸条件下，其水溶液稳定，但碱性（pH＞9）或酸性（pH＜2）的条件下水解。

毒性 急性经口 LD_{50}（mg/kg）：大白鼠 8.9，小白鼠 12.1。急性经皮 LD_{50}（mg/kg）：豚鼠 54，兔 17～33，鸟 10。以 1mg/(kg·d) 饲喂狗 13 周以上，未观察到临床症状。该药剂在土壤、植物和动物体内无持效性，在 N-P 键处代谢，变成无毒的可溶于水的化合物。

应用 内吸性杀虫剂，具有高效、广谱、残效期长、残留量低的特点。用于防治刺吸式口器害虫、螨和鳞翅目幼虫。每亩以 50～66.7g 有效成分防治棉花作物上的夜蛾属害虫和海滨夜蛾；每亩以 33.4g 有效成分剂量能防治粉虱科害虫；每亩以 66.7g 有效成分剂量能防治斜纹夜蛾，以 30g 有效成分/100L 剂量能防治葱蓟马。20％、35％乳油防治棉花蚜虫、红蜘蛛的用量 135～270g/hm² （1000～2000 倍液），25％乳油防治小麦地下害虫的用量为 16.76～25g/100kg 种子。

合成路线

常用剂型 硫环磷常用制剂主要有 20％、30％、35％、36％乳油，20％高效氟氯氰·硫环磷乳油。

硫醚磷（diphenprophos）

$C_{17}H_{20}O_3PS_2$，367.26，59010-86-5

其他名称 RH 0994，RH 994，Stauffer MV 700。

化学名称 O-[4-[（4-氯苯基）硫赶］苯基]-O-乙基-S-丙基硫代磷酸酯；O-[4-[（4-chlorphenyl）thio] phenyl]-O-ethy S-propyl phosphorothioate。

理化性质 在碱性、中性条件下迅速分解，酸性条件下则很缓慢。0.5mg/L 本品在 pH10.0、pH7.0、pH4.0 的半衰期分别为＜1d、约 14d、28d 以上。

毒性 在奶牛，7d 内消失约 90％，其中约 67％从尿排出，约 22％从粪便排出。施药后 14 个月，在土壤中滞留约 0.1mg/kg。

应用 硫醚磷为杀虫剂和杀螨剂，对棉铃虫、烟蚜夜蛾有优异的防效，对普通红叶螨有优异的杀螨活性。在 200～400g/hm² 剂量下，在施药后的 10d 内能有效地防治大豆夜蛾的 3～6 龄幼虫。

合成路线

常用剂型 硫醚磷常用制剂主要有 40％可湿性粉剂。

硫双灭多威（thiodicarb）

$$C_{10}H_{18}N_4O_4S_3, \ 354.5, \ 59669-26-0$$

其他名称　拉维因，硫双威，双灭多威，Larvin，Semevin，Lepicron，Dicarbasulf。

化学名称　3,7,9,13-四甲基-5,11-二氧杂-2,8,14-三硫杂-4,7,9,12-四氮杂十五烷-3,12-二烯-6,10-二酮；3,7,9,13-tetramethyl-5,11-dioxa-2,8,14-trithia-4,7,9,12-tetrazapentadeca-3,12-diene-6,10-dione。

理化性质　白色针状晶体，熔点173℃。工业品为淡黄色粉末，熔点173~174℃。有轻微的硫黄气味。溶解性（25℃，g/kg）：水0.035，二氯甲烷150，丙酮8，甲醇5，二甲苯3。遇金属盐、黄铜、铁锈或在强碱、强酸介质中分解。

毒性　原药大白鼠急性LD_{50}（mg/kg）：经口143（雄）、119.7（雌），经皮>2000。对兔皮肤无刺激，对眼睛有轻微刺激性。以10mg/kg以下剂量饲喂大鼠两年，未发现异常现象。对动物无致畸、致突变、致癌作用。

应用　硫双灭多威属于高效、广谱、内吸性N-甲氨基甲酸肟酯类杀虫、杀螨剂，是灭多威低毒化衍生物之一；1977年由美国联碳公司和瑞士汽巴-嘉基公司同时开发，现已在30多个国家注册登记；硫双灭多威杀虫活性与灭多威相当，但毒性为灭多威的十分之一；对鳞翅目、鞘翅目和双翅目害虫都有防治效果，对有机磷、拟除虫菊酯类农药产生抗性的棉铃虫有很好的防治效果。

合成路线

常用剂型　主要有75%可湿性粉剂，5%悬浮剂，85%可湿性粉剂，44%胶悬剂，3%和10%粒剂，2%、10%饵剂，2%、3%粉剂。

硫酰氟（sulfuryl fluoride）

$$F_2O_2S, \ 102.06, \ 2699-79-8$$

其他名称 熏灭净，sultropene，Vikane。

理化性质 纯品在常温下为无色无味气体，沸点 55.2℃，熔点-136.7℃。相对密度：气体（空气＝1）2.88；液体（在 4℃时，水＝1）1.342。20℃时蒸气压为 1.7×10^3 kPa，25℃时蒸气压为 1.79×10^6 Pa，10℃（SOF）1.22MPa，1kg 体积为 745.1mL，1L 质量为 1.342kg。溶解性（25℃，1atm❶）：水中 750mg/kg，四氯化碳中 1.36～1.38L/L，乙醇中 240～270mL/L，甲苯中 2.1～2.2L/L。在干燥时大约 500℃下是稳定的，对光稳定，在碱溶液中易水解，但在水中水解缓慢。硫酰氟易于扩散和渗透，其渗透扩散能力比溴甲烷高 5～9 倍。易于解吸（即将吸附在被熏蒸物上的药剂通风移去），一般熏蒸后散气 8～12h 后就难以检测到药剂了。无腐蚀、不燃不爆。

毒性 大鼠急性经口 LD_{50} 为 100mg/kg。急性吸入 LC_{50}（4h）：雄大鼠 1122mg/L，雌大鼠 991mg/L；（1h）雄大鼠 3730mg/L，雌大鼠 3021mg/L。大鼠和兔 90d 吸入试验中，无作用剂量为 30mg/L（每天暴露 6h，每周 5d）。对人的急性接触毒性很强。硫酰氟的急性接触毒性为溴甲烷的 1/3。一般对昆虫胚胎期以后的所有发育阶段的毒性都很强。但是很多昆虫的卵对其有很强的抗性，这主要是因为硫酰氟不能渗透卵壳层的性质所决定。

应用 是广谱性熏蒸杀虫剂。杀虫谱广、渗透力强、用药量少、不燃不爆、适合低温下使用。硫酰氟对害虫有较强的熏杀作用，渗透性比溴甲烷好，对作物低毒，不影响种子发芽。可防治赤拟谷盗、谷象、谷蠹、麦蛾等仓库害虫，对白蚁、线虫也有效。该药不仅对木材钻蛀性害虫和白蚁有较理想的效果，而且对多种害虫的熏蒸也都有良好的效果，并且熏蒸文物档案、纸张、布匹和古董、古建筑内的害虫亦十分成功，同时对以上物品没有任何的伤害。

合成路线

常用剂型 硫酰氟目前在我国登记的气体制剂含量主要有 50％、99％、99.8％等规格。

硫线磷（cadusafos）

$C_{10}H_{23}O_2PS_2$，270.4，95465-99-9

其他名称 克线丹，丁线磷，Rugby，sebufos。

化学名称 O-乙基-S,S-二仲丁基二硫代磷酸酯；S,S-di-sec-butyl-O-ethyl phosphorodithioate。

理化性质 原药为淡黄色透明液体，沸点 122～114℃/107Pa，相对密度 1.054（20℃），蒸气压 0.12Pa（25℃），闪点 129.4℃。可与大多数有机溶剂完全混溶，水中溶解度 0.25g/L。对光、热稳定。

毒性 属于高毒杀线虫剂。原药对大鼠、小鼠急性经口 LD_{50} 分别为 37.1mg/kg 和

---

❶ 1atm＝101325Pa。

74.1mg/kg；雄、雌兔急性经皮 LD_{50} 分别为 24.4mg/kg 和 41.5mg/kg；大鼠急性吸入 LC_{50} 为 0.0329mg/L。对皮肤和眼睛无刺激作用。大鼠慢性饲喂试验无作用剂量 1mg/kg 饲料，雄小鼠为 0.5mg/kg 饲料，雌小鼠为 1mg/kg 饲料。动物试验未见致癌、致畸、致突变作用。虹鳟鱼 LC_{50} 为 0.13mg/L（96h），蓝鳃鱼 LC_{50} 为 0.17mg/L（96h）。野鸭急性经口 LD_{50} 为 230mg/kg，鹌鹑为 16mg/kg。

应用 广谱性、触杀型杀线虫剂，无熏蒸作用。对根结线虫和穿孔线虫具有较高的活性，对孢囊线虫属活性较差。适于防治柑橘、菠萝、咖啡、香蕉、花生、甘蔗、蔬菜、烟草及麻类作物线虫。可播种时施药或作物生长期施药，可沟施、穴施或撒施。本药剂还兼有杀虫作用，可防治多种作物夜蛾科幼虫、烟草潜叶蛾、马铃薯块茎蛾等。

合成路线

常用剂型 硫线磷常用制剂主要是 10％颗粒剂。

六六六（HCH）

$C_6H_6Cl_6$，290.8，608-73-1

其他名称 六氯环己烷（α-六六六、β-六六六、δ-六六六、ε-六六六、η-六六六、θ-六六六），Hexachlorocyclohexane，Benzene hexachloride，BHC（as total of α-BHC，β-BHC，γ-BHC and delt）。

化学名称 1,2,3,4,5,6-六氯环己烷；1,2,3,4,5,6-hexachlorocyclohexane。

理化性质 原药为白色或淡黄色无定形固体，有刺激性臭味，难溶于水，可溶于一般有机溶剂中，在光、热、酸性条件下稳定，碱性物质中易分解。

毒性 六六六急性毒性较小，急性经口 LD_{50} 100mg/kg。各异构体毒性比较，以 γ-六六六最大。六六六进入机体后主要蓄积于中枢神经和脂肪组织中，刺激大脑运动及小脑，还能通过皮层影响植物神经系统及周围神经，在脏器中影响细胞氧化磷酸化作用，使脏器营养失调，发生变性坏死。能诱导肝细胞微粒体氧化酶，影响内分泌活动，抑制 ATP 酶。致癌：80mg/kg，52 周，小鼠经口。六六六异构体的慢性毒性与在啮齿动物中观察到的致癌作用有关，影响最强烈的是 α-六六六，研究证明 α-六六六具有很高的致癌性。γ-六六六对小鼠是一种较弱的致肿瘤剂，而对大鼠迄今尚未证实。致突变：对 γ-六六六致突变性研究报告证明，无明显的致突变性。代谢和降解：六六六在植物、昆虫、微生物及动物体内可代谢生成多种产物，这些都作为硫和葡萄糖醛酸的共轭物而被排泄。在所有情况下，六六六代谢的最初产物都是五氯环乙烯，它以几种异构体的形式被分离出来。在温血动物体内生成的酚类以酸式硫酸盐或葡萄糖苷酸的形式随尿及粪便排出体外。在微生物影响下也能生成酚类，但它们在土壤中还要进一步分解而使分子整个被破坏。在动物（大鼠）体内，可生成二氯、三氯和四氯苯酚等各种异构体。在昆虫体内，六六六及五氯环己烯首先与氨基酸的硫氢基发生反应，生成环己烷系、环己烯系和芳香系的衍生物，苯硫酚和它们的衍生物是这些反应的最终产物。农药在环境中的分解，是通过生物学和化学两种途径进行的，农药的生物学分解是农药消失的重要原因。环境中的六六六在微生物的作用下会发生降解，一般认为六六六生物降解在厌氧条件下比有氧条件下进行得更快。不少微生物可分解六六六，如梭状芽孢杆菌、假单胞菌等。有机氯农药的化学性分解是在各种理化因素作用下进行的，这些理化因素包括阳光、碱性环境、空气、湿度等，其中阳光对有机氯农药的分解有重要作用。一般情况下有机氯农药中的六六六在土壤中消失时间需 6 年半。

残留和蓄积 环境中的六六六可以通过食物链而发生生物富集作用。日本对水稻的农药含量调查发现，水稻与一般水生植物有着共同性质，都具有富集作用。在稻草中六六六的残留量较高，约为其种植土壤含量的 4～6 倍；豆类对 γ-六六六的吸收率特别高，其含量为土壤残留量的数十倍之多。六六六在环境和生态系中的污染已远及南极的企鹅、北极格陵兰的冰块和 2000m 以上高山顶的积雪。调查表明，六六六主要蓄积在人体脂肪内，存留最久的是 β-六六六，它的蓄积作用最强。例如，在口服后可持续排泄 6 个月，而 γ-六六六在 1～2 周内即可排尽。迁移转化：六六六和其他有机氯农药一样，进入环境以后，在各种物理、化学和生物学因素的作用下，最终逐渐导致消失。而农药在环境中的最终消失是通过扩散、分解和生物富集途径进行的。六六六在环境中的扩散，有溶解、悬浮、挥发、沉降和渗透等几种形式。研究表明，在 25℃时，α-六六六在水中的溶解度为 1630μg/L，β-六六六为 700μg/L，γ-六六六为 7900μg/L，δ-六六六为 21300μg/L。进入水环境中的农药，可被水中的悬浮物（包括泥土、有机颗粒及浮游生物等）吸附；进入水体和土壤表面的农药也可通过挥发而进入到地面表层的大气中，而空气中的颗粒物或呈气态的农药又可随气流中的尘埃携带一定距离，沉降于底质环境中；土壤中的农药也可通过渗透的形式从土壤上层渗透到土壤下层，进而污染地下水。

应用 有机氯杀虫剂，杀虫谱广，具有胃毒、触杀及微弱的熏蒸活性。六六六是几种立体异构体的混合物，生物活性取决于丙体的含量。六六六是胆碱酯酶抑制剂，作用于神经膜上，使昆虫动作失调、痉挛、麻痹至死亡。对昆虫呼吸酶亦有一定作用。禁用情况：阿根廷（1980 年），加拿大（1971 年），日本（1988 年），列支敦士登（1986 年），巴拿马（1987 年），新加坡（1984 年），瑞士（1986 年），南斯拉夫（1972 年），美国（1978 年），中国（1983 年）。限用情况：墨西哥（1988 年，不能用于棉花、玉米），欧共体（1988 年，混合体中丙体含量低于 99％不准使用）。

常用剂型 六六六在我国已经禁止使用。常用剂型主要有粉剂、可湿性粉剂、乳剂、颗粒剂和烟熏剂等。

螺螨甲酯（spiromesifen）

$C_{23}H_{30}O_4$，370，283594-90-1

其他名称 Oberon。

化学名称 3-(2，4，6-三甲基苯基)-2-氧代-1-氧杂螺 [4.5]-壬-3-烯-4-基-3，3-二甲基丁酸酯；3-mesityl-2-oxo-1-oxaspiro [4.5] non-3-en-4-yl-3,3-dimethylbutyrate。

理化性质 纯品为无色粉末，熔点 98℃，蒸气压为 7×10^{-6} Pa（20℃）。水中溶解度 0.13mg/mL。分配系数（正辛醇/水）：4.55（pH2～7.5，20℃）。土壤降解时间为 5d。无土壤流动性问题。

毒性 大鼠急性经口 $LD_{50} > 2500$mg/kg（雌，雄），急性经皮 $LD_{50} > 2000$mg/kg（雌，雄）。对兔试验表明，对皮肤、眼睛无刺激性。

作用机制 影响粉虱和螨虫的发育，干扰其脂质体的生物合成，尤其对幼虫阶段有较好的活性，同时还可以产生卵巢管闭合作用，降低螨虫和粉虱成虫的繁殖能力，大大减少产卵数量。螺螨甲酯能有效地防治对吡丙醚产生抗性的粉虱，与灭虫威复配能有效地防治具有抗性的粉虱。与任何常用的杀虫剂、杀螨剂无交互抗性。通过室内和田间试验证明螺螨甲酯对有益生物是安全的，并且适合害虫综合防治，残效优异，植物相容性好，对环境安全。

应用 拜耳开发的螺环季酮酸类杀虫、杀螨剂，主要用于棉花、蔬菜和观赏植物防治粉虱和叶螨，使用剂量为 $100 \sim 150$g（a.i.）/hm^2，剂型主要为 240g/L 悬浮剂。专利号：DE19901943，专利授权日：2000-07-27，专利申请日：1999-01-20。螺螨甲酯也显示了很好的杀螨活性，并能防治叶螨的各个发育期，对幼虫阶段的作用较成虫更明显。在世界各地的不同气候条件下做田间试验，发现螺螨甲酯对粉虱和叶螨都有很好的防效。

合成路线

常用剂型 240g/L 悬浮剂。

螺螨酯（spirodiclofen）

$C_{21}H_{24}Cl_2O_4$，411.32，148477-71-8

其他名称 螨威多，季酮螨酯，alrinathrin。

化学名称 3-(2,4-二氯苯基)-2-氧代-1-氧杂螺 [4.5]-癸-3-烯-4-基-2,2-二甲基丁酯；[3-(2,4-dichlorophenyl)-2-oxo-1-oxaspiro [4.5] dec-3-en-4-yl] 2,2-dimethylbutanoate。

理化性质 外观白色粉末，无特殊气味，熔点 94.8℃。溶解性（g/L）：正己烷 20，二氯甲烷 > 250，异丙醇 47，二甲苯 > 250，水 0.05。

毒性 大鼠急性 LD_{50}（mg/kg）：经口 > 2500，经皮 > 4000。经兔试验表明，对皮肤有轻度刺激性，对眼睛无刺激性。豚鼠试验表明，无皮肤致敏性。对鲤鱼 $LC_{50} > 1000$mg/L

（72h）。对蜜蜂无影响，喷洒次日即可放饲。对蚕以 200mg/L 喷洒，安全日为 1d。

应用 具有全新作用机理。主要抑制螨的脂肪合成，阻断螨的能量代谢。通过触杀，对螨的各个发育阶段都有效，包括卵。用于果树、柑橘防治各种螨类。对植食性螨如全爪螨、二斑叶螨、锈壁虱、细须螨等都具有卓效，是一种广谱性杀螨剂。

合成路线

常用剂型 螺螨酯目前在我国登记的制剂主要有 240g/L、20％悬浮剂和 20％水乳剂等。主要与三唑磷进行复配。

绿僵菌（*Metarhizium anisopliae*）

其他名称 杀蝗绿僵菌，金龟子绿僵菌。

性质 属半知菌亚门（Deuteromycotina）、丝孢纲（Hyphomycetes）、丝孢目（Hyphomycetales）、丝孢科（Hyphomycetaceae）、绿僵菌属（*Metarhizium*）。我国目前主要承认有金龟子绿僵菌（*M. anisopliae*）、黄绿绿僵菌（*M. flavoviride*）、双型绿僵菌（*M. biformisporae*）、戴氏绿僵菌（*M. taii*）。菌丝生长温度范围为 15～35℃，以 30℃ 为最适，在 10℃ 以下菌丝生长明显受抑。孢子发芽率，以 30℃ 时最佳，但会随温度下降而降低，15℃ 以下则完全不发芽。以 YPDA、20％ V-8 果汁琼脂（20％V8）和 TSA 培养基培养，其孢子发芽率最高。以 SMYA、YPDA、SDBY、YDA、TSA 及 PDA 培养，均有较佳的产孢量。孢子发芽率随培养基水分含量下降而降低。当分生孢子风干后再给予水分，亦无法发芽。菌落初期为白色茸状，产孢阶段菌落中间成一丛丛不同程度绿色的分生孢子堆，菌落颜色会由绿色转变成灰绿或黄绿或至黑色，也有保持原先之绿色或翠绿色。

活性 杀虫谱广，能寄生昆虫 7 个目（直翅目、等翅目、半翅目、双翅目、鳞翅目、鞘翅目及膜翅目），30 科共约 200 余种，也能寄生螨类。诱发昆虫产生绿僵病。幼虫易感染，成虫难感染，特别是 4～5 龄虫很少感染。潜伏期长，绿僵菌病比白僵菌病潜伏期长，主要原因是孢子附着虫体到萌发时间长。当初感时，在体壁可见黄褐色的斑点。由于受到毒素作用，开始表现神经系统障碍现象，幼虫取食停止，对刺激的反应降低，最终死亡。死亡后的尸体僵化，虫体内的菌丝开始向体外伸延，虫尸很快被一层白色菌丝包被，之后一两天，在菌丝上形成分生孢子梗和分生孢子，则变为绿色或暗绿色。

毒性 产品外观为灰绿色微粉，疏水、油分散性。活孢率≥90.0％，有效成分（绿僵菌孢子）≤5×10^{10} 孢子/g，含水量≤5.0％，孢子粒径≤60μm，感杂率≤0.01％。急性 LD_{50}（mg/kg）：经口＞2000；经皮＞2000。

应用 该产品产生作用的是绿僵菌分生孢子和分泌的毒素。孢子萌发后可以侵入昆虫表皮，以触杀方式侵染寄主致死，环境条件适宜时，在寄主体内增殖产孢，绿僵菌可以再次侵染流行。可用于防治蝗虫、椰心叶甲、桃小食心虫、甜菜夜蛾、蛴螬、天牛、白蚁、柑橘吉丁虫、飞虱、叶蝉、稻绿蝽、象甲、蟑螂、蚕蛾等。

常用剂型 绿僵菌在我国登记的主要制剂产品有255亿孢子/g、100亿孢子/g可湿性粉剂，5005亿孢子/g母药，100亿孢子/g、100亿孢子/mL油悬浮剂，5亿孢子/g饵剂。

氯胺磷（chloramine phosphorus）

$C_4H_9Cl_3NO_3PS$，288.52，73447-20-8

其他名称 乐斯灵，氯甲胺磷，甲敌磷，SNA。

化学名称 O,S-二甲基（2,2,2-三氯-1-羟基乙基）硫代磷酰胺；O,S-dimethyl-N-(2,2,2-trichloro-1-hydroxyethyl) phosphoramidothioate。

理化性质 纯品为白色针状结晶，熔点99.2~101℃。溶解度（20℃）：水中<8g/L，苯、甲苯、二甲苯<300g/L，氯化烃、甲醇、DMF等极性溶剂中40~50g/L，煤油15g/L。在常温下稳定。pH=2时，40℃半衰期为145h；pH=9时，37℃半衰期为115h。

毒性 急性经口 LD_{50}316mg/kg（雄/雌），急性经皮 LD_{50}＞2000mg/kg（雄/雌）。对家兔皮肤无刺激性，对眼的刺激强度属轻度刺激性。对小鼠骨髓染红细胞微核试验结果为阴性。Ames试验结果表明对沙门氏组氨酸缺陷型菌株 TA97、TA98、TA100、TA102 不具有致突变性。对小鼠睾丸精母细胞染色体畸变试验结果为阴性。对大鼠亚慢性毒性试验的最大无作用浓度为105.30mg/kg饲料（雄性，雌性）。氯胺磷对鹌鹑、斑马鱼、蜜蜂、家蚕为中毒。

应用 是我国具有自主知识产权的创新品种，为广谱性有机磷杀虫、杀螨剂，对害虫具有触杀、胃毒和熏蒸作用，并有一定内吸传导作用，残效期较长，熏杀毒力强，是速效型杀虫剂，对螨类还有杀卵作用。主要用于水稻、棉花、果树、甘蔗等作物，对稻纵卷叶螟有特效。其药效相当或略优于甲胺磷和乙酰甲胺，能杀死稻纵卷叶螟高龄幼虫。

合成路线

常用剂型 氯胺磷常用制剂主要有30％乳油。

氯虫酰胺（chlorantraniliprole）

$C_{18}H_{14}BrCl_2N_5O_2$，501，500008-45-7

其他名称 氯虫苯甲酰胺，康宽。

化学名称 3-溴-N-[4-氯-2-甲基-6-[（甲氨基）甲酰基］苯]-1-(3-氯吡啶-2-基)-1-氢-吡啶-5-甲酰胺；3-bromo-N-[4-chloro-2-methyl-6-[（methylamino）carbonyl］phenyl]-1-(3-chloro-2-pyridinyl)-1H-pyrazole-5-carboxamide。

理化性质 纯品外观为白色结晶，熔点 208～210℃，分解温度 330℃。溶解度（20～25℃，mg/L）：水 1.023、丙酮 3.446、甲醇 1.714、乙腈 0.711、乙酸乙酯 1.144。

毒性 大鼠急性经口 LD_{50} ＞2000mg/kg（雌，雄），大鼠急性经皮 LD_{50} ＞2000mg/kg（雌，雄）。对兔眼睛轻微刺激，对兔皮肤没有刺激。Ames 试验呈阴性。

应用 氯虫酰胺是杜邦公司开发的邻甲酰氨基苯甲酰胺类化合物，属鱼尼丁受体抑制剂类杀虫剂。在很低质量浓度下仍具有相当好的杀虫活性，如对小菜蛾的 LC_{50} 值为 0.01mg/L，且广谱、残效期长、毒性低、与环境友好，是防治鳞翅目害虫的有效杀虫剂，2007 年上市。使用氟虫酰胺后，鳞翅目幼虫的典型症状是身体逐渐萎缩，相似的症状可以在经鱼尼丁处理后的害虫身上看到，而鱼尼丁是一个钙离子释放通道调节器，钙离子释放通道在肌肉收缩中充当关键的作用，这表明杀虫剂氟虫酰胺作用过程中涉及像鱼尼丁这样敏感的钙离子释放通道机制。氟虫酰胺对除虫菊酯类、苯甲酰脲类、有机磷类、氨基甲酸酯类已产生抗性的小菜蛾 3 龄幼虫具有很好的活性。氟虫酰胺对几乎所有的鳞翅目类害虫均具有很好的活性，用于防治主要害虫和螨类，在田间应用时，为了更有效地防治害虫，应在幼虫期使用。

合成路线

常用剂型 主要剂型有水分散粒剂、悬浮剂、微胶囊悬浮剂、颗粒剂等；可与高效氯氟氰菊酯、阿维菌素、噻虫嗪等进行复配。

氯虫酰肼（halofenozide）

$C_{18}H_{19}ClN_2O_2$，330.8，112226-61-6

化学名称 N-叔丁基-N'-(4-氯苯甲酰基）苯甲酰基；N-tert-butyl-N'-(4-chlorobenzoyl)benzohydrazide。

理化性质 原药外观为白色粉末，熔点＞200℃，蒸气压＜$1.3×10^{-5}$Pa（25℃），溶解度12.3mg/L（20℃）。

毒性 大鼠急性经口 LD_{50} 2214mg/kg；兔经皮 LD_{50}＞2000mg/kg。对兔眼中度刺激，对皮肤无刺激。大鼠吸入 LC_{50}＞2.7mg/L。鹌鹑急性经口 LD_{50}＞2250mg/kg。对鱼类的 LC_{50}（96h）：蓝鳃太阳鱼＞8.4mg/L，鲑鱼＞8.6mg/L，红鲈＞8.8mg/L。蜜蜂经皮 LD_{50}＞100μg/只。

应用 干扰蜕皮，主要影响昆虫的幼虫阶段，也可以降低成虫繁殖力，并具有一定的杀卵特性。可用于控制鞘翅目和鳞翅目害虫。

合成路线

常用剂型 氯虫酰肼可加工成10％微乳剂等使用，可与高效氯氰菊酯、氯虫酰胺等进去复配。

氯丹（chlordane）

$C_{10}H_6Cl_8$，409.8，57-74-9

其他名称 氯化茚，1068，八氯化茚，Aspon，Octachlor，Velsicol 1068。

化学名称 1,2,4,5,6,7,8,8-八氯-2,3,3a,4,7,7a-六氢化-4,7-亚甲茚；1,2,4,5,6,7,8,8-octachloro-2,3,3a,4,7,7a-hexahydro-4,7-methanoindene。

理化性质 原药为棕褐色黏稠液体，顺式异构体熔点为106～107℃，反式异构体熔点为104～105℃。相对密度1.59～1.63，沸点175℃（1mmHg）。精制产品蒸气压为1.3mPa（25℃）。25℃水中溶解度为0.1mg/L，可溶于多种有机溶剂。遇碱不稳定，分解失效。

毒性 氯丹在动物体内积累在脂肪组织中，可引起肝组织病变。属中等毒性杀虫剂，对大鼠急性经口 LD_{50} 为133～649mg/kg，小鼠为430mg/kg，兔为300mg/kg。大鼠经皮 LD_{50} 为217mg/kg。兔急性经皮 LD_{50}，200～2000mg/kg。对眼睛刺激严重，对皮肤刺激轻微，对豚鼠无过敏性。吸入 LC_{50}（4h）7200mg/L。狗2年饲喂试验的无作用剂量为3mg/kg饲料，以15mg/(kg·d)对兔无致畸作用。大鼠3代研究表明，无作用剂量为60mg/kg饲料。体内和体外研究结果表明，无诱变性。对人的 ADI 为0.0005mg/kg。野鸭 LC_{50}（8d）为795mg/kg饲料，鹌鹑 LC_{50}（8d）为421mg/kg饲料。鱼毒 LC_{50}（96h）：虹鳟为0.09mg/L，蓝鳃为0.070mg/L。水蚤 LC_{50}（48h）为0.59mg/L。

应用 本品一般只用于拌种或沟施，防治地下害虫。具有触杀、胃毒及熏蒸作用，杀虫谱广，残效期长。虽然该药防治高粱、玉米、小麦、大豆及林业苗圃等地下害虫效果良好，但由于该药残效期长，生物蓄积作用强，对高等动物有潜在致病变性，所以应慎用或不提倡使用该药。

合成路线

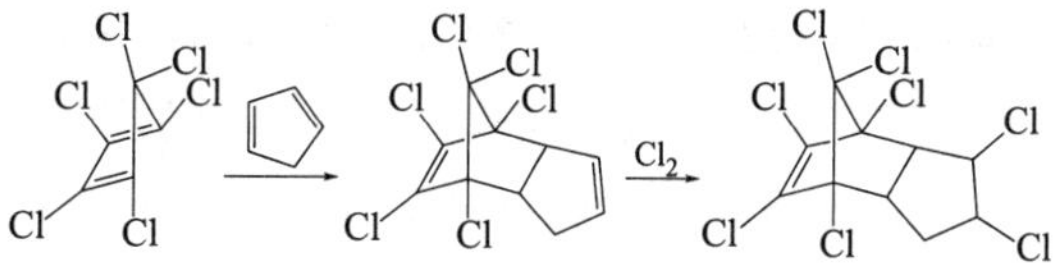

常用剂型 氯丹可加工成50％乳油、2％煤油溶液、5％粉剂。

氯氟醚菊酯（ meperfluthrin ）

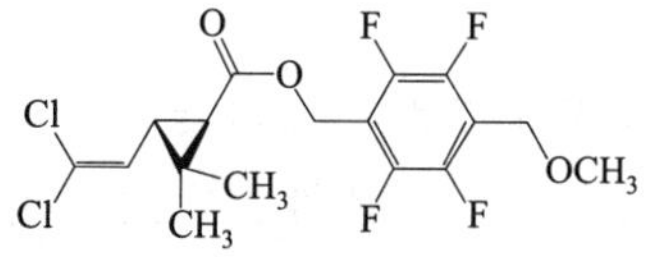

C₁₇H₁₆Cl₂F₄O₃，415.22，352271-52-4

化学名称 2,3,5,6-四氟-4-甲氧甲基苄基（1*R*,3*S*）-3-(2,2-二氯乙烯基)-2,2-二甲基环丙烷羧酸酯；［2,3,5,6-tetrafluoro-4-(methoxymethyl) phenyl］ methyl (1*R*,3*S*)-3-(2,2-dichloroethenyl)-2,2-dimethylcyclopropanecarboxylate。

理化性质 本品为淡灰色至淡棕色固体，熔点72～75℃，蒸气压686.2Pa（200℃），密度1.2329g/mL，难溶于水，易溶于甲苯、氯仿、丙酮、二氯甲烷、二甲基甲酰胺等有机溶剂中。在酸性和中性条件下稳定，但在碱性条件下水解较快。在常温下可稳定贮存两年。

毒性 大鼠急性经口 LD₅₀＞500mg/kg，属低毒。

应用 该产品为吸入和触杀型杀虫剂，对蚊、蝇等卫生害虫具有卓越的击倒和杀死活性。

合成路线

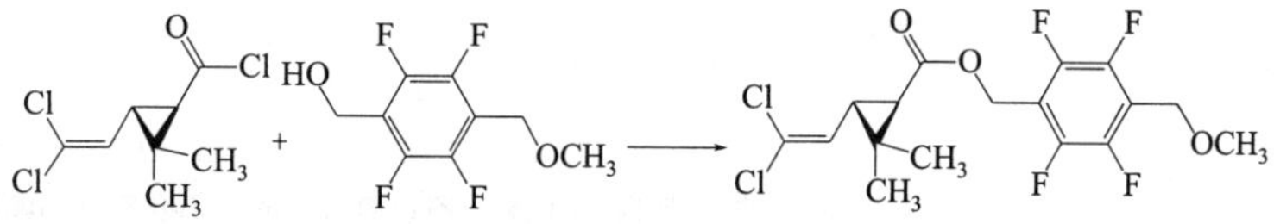

常用剂型 氯氟醚菊酯目前在我国登记的主要剂型有蚊香、电热蚊香液、电热蚊香片、气雾剂、滴加液等，可与炔丙菊酯等进行复配。

氯氟氰菊酯（ *lambda* -cyhalothrin ）

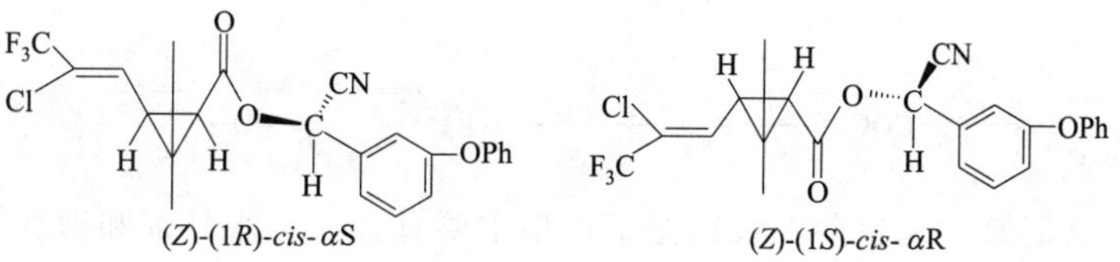

(Z)-(1R)-cis-αS   (Z)-(1S)-cis-αR

C₂₃H₁₉ClF₃NO₃，449.9，91465-08-6

其他名称 功夫，功夫菊酯，三氟氯氰菊酯，空手道，Cyhalon Kung Fu，Karate，lambda-cyhalothrin，Grenade，PP 321，OMS 3021，PP 563，ICI A0321。

化学名称 氰基-3-苯氧基苄基-3-(2-氯-3，3，3-三氟丙烯基)-2，2-二甲基环丙烷羧酸酯；cyano-3-phenoxybenzyl-3-(2-chloro-3，3，3-trifluoropropropenyl)-2，2-dimethylcyclopropanecarboxylate.

理化性质 氯氟氰菊酯纯品是（*Z*）-(1*R*)-*cis*-α*S* 与（*Z*）-(1*S*)-*cis*-α*R* 的 1∶1 混合物，为白色或无色固体，熔点 49.2℃。溶解性（21℃，g/L）：丙酮、乙酸乙酯、己烷、甲醇、甲苯>500。在弱酸性介质中稳定，在碱性介质中易发生皂化反应而分解。

毒性 原药急性 LD_{50}（mg/kg）：大鼠经口 68.1（雄）、56.2（雌），大鼠经皮 2000（雄）、1200（雌）。对兔眼睛有轻度刺激性，对皮肤无刺激性。对动物无致畸、致突变、致癌作用。

应用 氯氟氰菊酯属于卤代菊酯类手性拟除虫菊酯杀虫剂，1974 年英国 ICI 公司开发。氯氟氰菊酯具有极强的胃毒和触杀作用，高活性、广谱、速效且持效期长，属于“超高效杀虫剂”品种之一，也是目前最重要农药品种之一；5～30g（a.i.）/hm^2 即可有效地防治麦类、玉米、棉花、蔬菜、烟草等作物上的鳞翅目、鞘翅目和半翅目害虫，也可用来防治多种公共卫生害虫。

合成路线

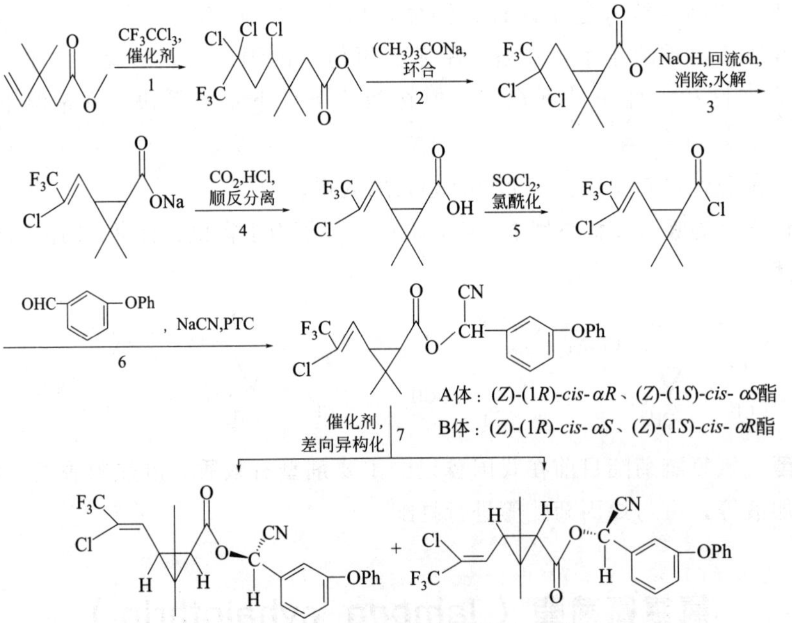

B体：(*Z*)-(1*R*)-*cis*-α*S*、(*Z*)-(1*S*)-*cis*-α*R*酯

其中 A、B 混合体氯氟氰菊酯的其他制备路线：

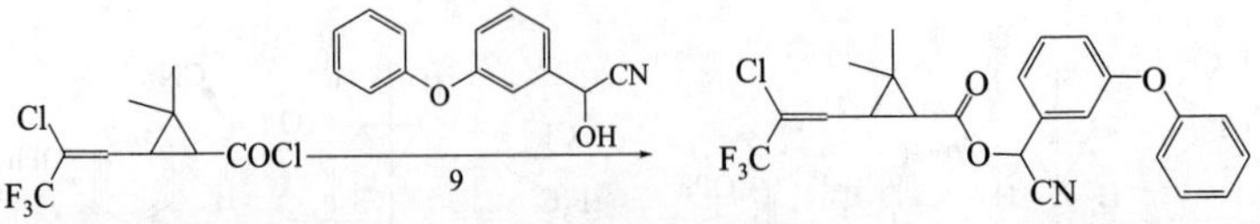

常用剂型 氯氟氰菊酯目前在我国登记剂型主要有乳油、水乳剂和微乳剂等，复配配方主要与辛硫磷、毒死蜱和阿维菌素进行复配。

氯化苦（chloropicrin）

CCl₃NO₂，164.4，76-06-2

其他名称 氯苦，硝基氯仿，氯化苦味酸，Chloropicrine，Niklor，Nitrochloroform。

化学名称 三氯硝基甲烷；trichloronitromethane。

理化性质 无色油状液体，具有特殊辛辣气味，易挥发，挥发度随温度上升而增大。它所产生的氯化苦气体比空气重5倍。纯品为白色液体，工业品纯度为98%～99%，为浅黄色液体。相对密度1.6558（20℃），熔点-64℃，沸点112.4℃/757mmHg，蒸气压3.2kPa（25℃）。溶解度：水中2.27g/L（0℃）、1.62g/L（25℃），能与大多有机溶剂如丙酮、苯、乙醇、甲醇、四氯化碳、乙醚、二硫化碳相混。酸性介质中稳定，碱性条件下不稳定。

毒性 属高毒熏蒸杀虫剂，具有强烈的催泪作用，接触皮肤可引起红肿、溃烂。急性毒性 LD₅₀：27.1mg/kg（小鼠经口，雄），126mg/kg（小鼠经口，雌）。LC₅₀ 119mg/m³，30min（人吸入）；猫吸入510mg/m³×25min，通常1d内死亡；人吸入5mg/m³，眼刺激症状；人吸入7.5mg/m³×10min，可耐受。家兔经眼：500mg（24h），轻度刺激。家兔经皮：500mg（24h），轻度刺激。

应用 主要用于熏蒸粮仓，防治贮粮害虫，对常见的贮粮害虫如米象、米蛾、拟谷盗、谷蠹、豆象等有良好杀伤力，对贮粮微生物也有一定抑制作用。但不能熏原粮，不能熏加工粮。其蒸气经昆虫气门进入虫体，水解成强酸性物质，引起细胞肿胀和腐烂，并可使细胞脱水和蛋白质沉淀，造成生理机能破坏而死亡。但对螨卵和休眠期的螨效果较差。也可用于土壤熏蒸防治土壤病虫害和线虫。用于鼠洞熏杀鼠类是因其气体比空气重，而能沉入洞道下部杀灭害鼠。氯化苦气体在鼠洞中一般能保持数小时，随后被土壤吸收而失效。

常用剂型 氯化苦目前在我国登记制剂主要有99.5%、80%熏蒸剂。

氯甲硫磷（chlormephos）

C₅H₁₂ClO₂PS₂，234.7，24934-91-6

其他名称 氯甲磷，Dodan，MC 2188。

化学名称 S-氯甲基-O,O-二乙基二硫代磷酸酯；S-(chloromethyl)-O,O-diethyl phosphorodithioate。

理化性质 纯品为无色液体，沸点81～85℃/0.1mmHg。30℃蒸气压为7.6 Pa。溶解性（20℃）：水中60mg/L，与大多数有机溶剂互溶。室温条件下，在中性、弱酸性介质中稳定，但在80℃条件下于稀酸、稀碱介质中迅速分解。

毒性 雌大鼠急性经口 LD₅₀ 为7mg/kg。急性经皮 LD₅₀（mg/kg）：大鼠27，兔>1600。大鼠 NOEL（90d）0.39mg/kg饲料。

应用 触杀性杀虫剂，作土壤处理措施能有效地防治金针虫、蛴螬和倍足亚纲害虫。

常用剂型 氯甲硫磷常用制剂主要有 5% 颗粒剂。

氯菊酯（permethrin）

$C_{21}H_{20}Cl_2O_3$，391.3，52645-53-1

其他名称 二氯苯醚菊酯，苄氯菊酯，除虫精，苯醚氯菊酯，久效菊酯，克死命，WL43479，NRDC143，OMS1821，Exmin，Matadan，Pounce，Ambushsog，Coopex。

化学名称 (3-苯氧苄基)-(1R,S)-顺，反-3-(2,2-二氯乙烯基)-2,2-二甲基环丙烷羧酸酯；（3-penoxybenzyl)-(1R,S)-cis，trans-3-(2,2-dichloroethnyl)-2,2-dimethylcycloprop anecarboxylate。

理化性质 氯菊酯纯品为白色晶体，熔点 34~35℃，沸点 200℃/1.33Pa。溶解性（20℃，g/kg）：己烷>1000，甲醇 258，二甲苯>1000，丙酮、乙醇、二氯甲烷、乙醚>50%，难溶于水。在酸性介质中稳定，在碱性介质中水解较快。

毒性 氯菊酯原药（顺反比 45∶55）大鼠急性 LD_{50}（mg/kg）：经口 2370（雌），经皮>2500。对兔皮肤无刺激性，对兔眼睛有轻度刺激性。对动物无致畸、致突变、致癌作用（不同顺反比的氯菊酯原药 LD_{50} 有差别）。

应用 氯菊酯属于卤代菊酯类拟除虫菊酯杀虫剂，是最早发现的光稳定性拟除虫菊酯类农药品种之一。1973 年英国 Elliott 发表了氯菊酯的杀虫活性，随后在英国、美国、日本投产使用。氯菊酯具有较强的触杀和胃毒作用，兼有杀卵和驱避活性，可用于防治农林和果蔬害虫如蚜虫、叶蝉、水稻蓟马、稻苞虫、斜纹夜蛾、桃蚜、小菜青虫、小菜蛾、松毛虫，以及卫生害虫如蚊、蝇等。

合成路线

常用剂型 氯菊酯目前在我国登记的制剂主要以气雾剂为主，另外其他剂型还有乳油、喷射剂、水乳剂、微乳剂、烟剂、可溶性液剂、粉剂、可湿性粉剂、毒饵等。复配登记配方主要与烯丙酰胺、氯氰菊酯、烯丙菊酯、胺菊酯等进行复配。

194

氯硫磷（chlorthion）

$$C_8H_9ClNO_5PS，297.6，500-28-7$$

其他名称　氯赛昂，氯松，BAY 22190，bay22190，bay22190 [qr]，Bayer 22/190，Chloorthion，chloorthion [dutch]，chlorothion。

化学名称　O,O-二甲基-O-(3-氯-4-硝基苯基) 硫代磷酸酯；3-chloro-4-nitrophenyldimethylphosphorothioate。

理化性质　纯品外观为黄色结晶粉末，熔点 21℃，沸点 136℃/26.7Pa，相对密度 d_4^{20} 为 1.437，折射率 n_D^{20} 1.5661。在室温下，1 份药剂约溶于 25000 份水中；易溶于苯、甲苯、醇及脂肪油类中，难溶于石油醚中。在 20℃ 时蒸气压为 0.56mPa；20℃ 时挥发度为 0.07mg/m³。工业品含有效成分 97%，中等黏度的棕黄色液体。对水解作用氯硫磷比甲基对硫磷要敏感，在 70℃ 下，20% 甲醇水溶液中 50% 水解时间为 7.3h。与甲基对硫磷相比，遇碱更易分解失效。

毒性　是一种作用很快的接触杀虫剂，雄性大白鼠经口 LD_{50} 为 880mg/kg，对人、畜低毒，对蜜蜂有强烈的毒害作用。

应用　用 50% 氯硫磷乳油 1000～2000 倍液喷雾，防治蚜虫、红蜘蛛、潜叶蛾、梨小食心虫、梨木虱、锯蜂等害虫。500～800 倍液可防治介壳虫和水稻害虫。此外，以 50mg/kg 体重的剂量给牛口服，可有效地防治牛瘤蝇和旋皮蝇蛆。其主要用于防治卫生害虫，对滴滴涕产生抗性的苍蝇有特效。也可防治牲畜寄生蝇。对黏虫、荔枝蝽象、麦蝽象、东方蜚蠊有良好效果，对桃小食心虫卵有良好效果。还可防治蚜、螨、蚧、潜叶蛾等。收获前禁用期为 7d。

常用剂型　主要有 10% 粉剂、5% 可湿性粉剂、50% 乳油等。

氯醚菊酯

$$C_{23}H_{23}ClO_2，366.5，80844-01-5$$

化学名称　2-(4-氯苯基)-2-甲基丙基-3-苯氧基苄基醚；2-(4-chlorophenyl)-2-methylpropyl-3-phenoxybenzyl ether。

理化性质　外观为无色透明液体，沸点 205～207℃ （20Pa），80℃ 三个月无明显分解，光照条件下室温一个月以上稳定。难溶于水，能溶于多种有机溶剂。

毒性　小鼠急性经口 $LD_{50}>500$mg/kg，鲤鱼 $LC_{50}>10$mg/L。

应用　防治作物有玉米、烟草、大豆、马铃薯、水稻、果树。防除对象为黏虫、棉大卷叶螟、蚜虫、豆荚盲蝽、温室粉虱、墨西哥棉铃象甲等，用量 0.9～2g/100m²；用于防治小菜蛾、一星黏虫、夜蛾、桃蚜等蔬菜害虫，用量 0.98～2g/100m²；用于防治玉米螟、大蟆、玉米蚜虫，用量 0.75～1.5g/100m²。此外，还可用于防治烟草、大豆、马铃薯、水稻、果树上的多种害虫。对螨类也有一定的杀灭能力。

合成路线

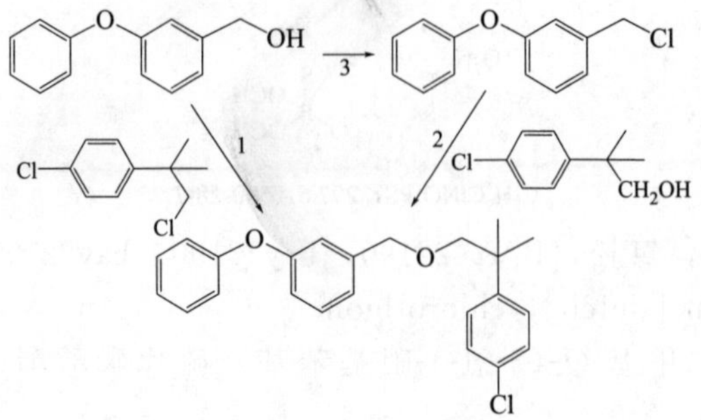

常用剂型　氯醚菊酯可加工成防治卫生害虫的蚊香、气雾剂。

氯灭杀威（carbanolate）

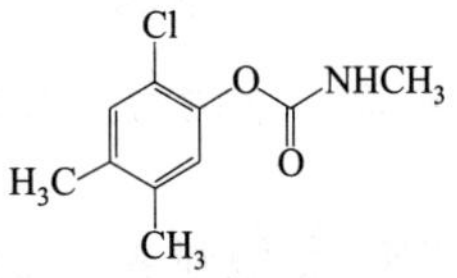

$C_{10}H_{12}ClNO_2$，213.6，671-04-5

化学名称　甲氨基甲酸-2-氯代-4,5-二甲基苯酯；2-chloro-4,5-dimethylphenyl methyl-carbamate。

理化性质　原药为白色结晶，纯度 98%，本品在 pH7 以上的溶液中不稳定，但对酸稳定，在熔点以上的温度不稳定。不能与石灰或其他碱性物质混用。熔点 122.5～124℃。不溶于水。在下列溶剂中的溶解度为：丙酮 25%、甲苯 10%、苯 14%、二甲苯 6.7%、氯仿 33%。

毒性　急性经口 LD_{50}（mg/kg）：大白鼠 30，鸽 4.2，鸭 2.4。大白鼠皮下注射 LD_{50} 564mg/kg。大白鼠静脉注射 LD_{50} 3mg/kg。以含 300mg/kg 氯灭杀威喂大鼠 2 年，对大鼠未显出明显的影响，此剂量下对胆碱酯酶的抑制作用是完全可逆的。

应用　广谱触杀性杀虫剂。对蔬菜和果树害虫、成蚊、土壤害虫有效。防治水稻黑尾叶蝉、稻黄背飞虱、白背飞虱，以 3～4kg/hm² 粉剂，或稀释 1500～2000 倍的可湿性粉剂喷施，具有速效性，其残效期同西维因。

合成路线

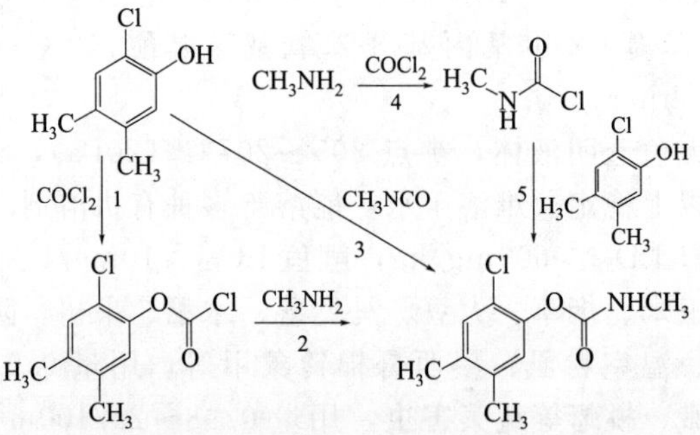

常用剂型　氯灭杀威可加工成 1.5% 粉剂、75% 可湿性粉剂等。

氯氰菊酯（cypermethrin）

$C_{22}H_{19}Cl_2NO_3$，416.2，52315-07-8(未指明立体构型)

其他名称　灭百可，安绿宝，兴棉宝，赛波凯，保尔青，轰敌，阿锐克，奥思它，格达，韩乐宝，氯氰全，桑米灵，田老大 8 号，Barricard，Cymbush，Ripcord，NRDC-149，Cyperkill，Afrothrin，WL43467，PP-383，CCN-52，Arrivo。

化学名称　(R,S)-α-氰基-3-苯氧苄基 $(1R,S)$-顺，反-3-(2,2-二氯乙烯基)-2,2-二甲基环丙烷羧酸酯；(R,S)-α-cyano-3-phenoxybenzyl $(1R,S)$-cis，$trans$-3-(2,2-dichlorovinyl)-2,2-dimethylcyclopropanecarboxylate。

理化性质　氯氰菊酯是 8 个氯氰菊酯异构体混合物，工业品为淡黄色至棕色黏稠液体或半固体，熔点 60～80℃，沸点 170～195℃，相对密度 1.12，蒸气压 $5.066×10^{-6}$ Pa（70℃）、$190×10^{-9}$ Pa（外推至 20℃），折射率 n_D^{20} 1.57，闪点 100℃。20℃ 时溶解度（g/L）：丙酮 >450，乙醇 337，二甲苯 >450，氯仿 >450，己烷 103。原药在水中溶解度 0.01～0.2mg/L（21℃）。对热稳定，220℃ 以下不分解，在酸性介质中较稳定，田间试验对光稳定，碱性条件不稳定。氯氰菊酯中 8 个光学异构体如下所示：

$$
\left.\begin{array}{l} 1R\text{-}cis,\alpha\text{-}S \\ 1S\text{-}cis,\alpha\text{-}R \end{array}\right\}cis\ \alpha \quad
\left.\begin{array}{l} 1R\text{-}cis,\alpha\text{-}R \\ 1S\text{-}cis,\alpha\text{-}S \end{array}\right\}cis\ \beta \quad
\left.\begin{array}{l} 1R\text{-}trans,\alpha\text{-}R \\ 1S\text{-}trans,\alpha\text{-}R \end{array}\right\}trans\ \alpha \quad
\left.\begin{array}{l} 1R\text{-}trans,\alpha\text{-}S \\ 1S\text{-}trans,\alpha\text{-}S \end{array}\right\}trans
$$

毒性　大鼠经口 LD_{50} 为 251mg/kg，小鼠为 138mg/kg（250～400mg/kg）。大鼠经皮 LD_{50} >1600mg/kg，兔大于 2400mg/kg。大鼠吸入 LC_{50} >0.048mg/L。对皮肤有轻微刺激作用，对眼睛有中度刺激作用。大鼠亚急性经口无作用剂量为每天 5mg/kg，慢性经口无作用剂量为每天 7mg/kg（100mg/kg）。动物试验未发现致畸、致癌、致突变作用，对蚕、蜜蜂高毒。慢性毒性：以 1600mg/kg 饲料喂大鼠 3 个月，在头 5 周有步态异常等中毒症状出现，自第 6 周起逐渐恢复。病理学检查发现少数染毒动物坐骨神经轴突变形。慢性经口无作用剂量为 5mg/(kg·d)。

应用　氯氰菊酯属于卤代菊酯类拟除虫菊酯杀虫剂，1974 年英国 M. Elliott 开发成功，1975 年起先后有英国 ICI、美国 FMC、瑞士 Ciba-Geigy、日本住友等公司进行生产。氯氰菊酯高效、广谱、低残留、对光和热稳定，具有触杀和胃毒作用，作用迅速；对鳞翅目、鞘翅目和双翅目害虫非常有效，对半翅目、异翅目、直翅目和膜翅目等害虫也有很好的防治效果，对螨类效果不好。主要用于防治棉花、烟草、大豆、蔬菜、玉米、果树、林木、葡萄等农林以及卫生害虫和工业害虫等。由于氯氰菊酯同时又是高效氯氰菊酯的合成原料，目前已成为我国产量最大的拟除虫菊酯杀虫剂品种。通常用药量为 0.3～0.9g/100m²。如防治棉铃虫和红铃虫，在卵孵盛期，幼虫蛀入蕾、铃之前，用 10% 乳油 1000～1500 倍液喷雾；对柑橘害虫用 30～100mg/L 浓度喷雾；防治茶叶害虫用 25～50mg/kg 浓度喷雾。注意不要在桑园、鱼塘、水源、养蜂场附近使用。

合成路线

常用剂型　氯氰菊酯目前在我国登记的主要剂型是乳油，此外还有气雾剂、微乳剂、微囊剂、水乳剂、悬浮种衣剂、可湿性粉剂、粉剂、烟剂、喷射剂、热雾剂、涂抹剂、毒饵等，复配登记中主要与胺菊酯、氯菊酯、氰戊菊酯、烯丙菊酯、敌敌畏、残杀威、敌百虫、辛硫磷、丙溴磷、矿物油、甲基阿维菌素、甲维盐、吡虫啉、福美双、毒死蜱、氯丙炔、硫丹、水胺硫磷、乐果、氧乐果、仲丁威、马拉松、啶虫脒、三唑磷等进行复配。

氯噻啉（imidaclothiz）

C$_7$H$_8$ClN$_5$O$_2$S，261.6887，105843-36-5

化学名称　1-(5-氯-噻唑基甲基)-N-硝基亚咪唑-2-基胺；（*EZ*）-1-(2-chloro-1,3-thiazol-5-ylmethyl)-*N*-nitroimidazolidin-2-ylideneamine。

理化性质　熔点 146.8～147.8℃。溶解度（g/L，25℃）：水 5、乙腈 50、二氯甲烷20～30、甲苯 0.6～1.5、二甲亚砜 260。

毒性 为低毒农药。

应用 氯噻啉活性是一般新烟碱类杀虫剂（如啶虫脒、吡虫啉）活性的 20 倍，不受温度高低限制，克服了啶虫脒、吡虫啉等产品在温度较低时防效差的缺点。低毒、广谱，符合无公害农业生产要求，可用在多种作物上除防治水稻叶蝉、飞虱、蓟马外，还对鞘翅目、双翅目和鳞翅目害虫也有效，尤其对水稻二化螟、三化螟毒力很高，其他新烟碱类杀虫剂（啶虫脒、吡虫啉）无法比拟。

合成路线

常用剂型 氯噻啉目前在我国登记主要制剂有 10％可湿性粉剂、40％水分散粒剂。

氯杀螨（chlorbenside）

$C_{13}H_{10}Cl_2S$，269.19，103-17-3

化学名称 对氯苄基对氯苯基硫醚；4-chlorobenzyl-4-chlorophenyl sulfide。

理化性质 纯品为白色无臭结晶。熔点 72℃，不溶于水，而溶于丙酮、甲苯、二甲苯、四氯化碳、氯仿、醋酸等多种有机溶剂，但在矿物油及醇类有机溶剂中溶解度小。工业品中因含有微量的对氯苯甲醛而带有杏仁的气味。化学性质稳定，可以抗强还原剂，在酸性和碱性溶液中都比较稳定，不易发生水解作用。喷洒后与空气接触易发生氧化作用，生成亚砜和砜化合物，两者对螨类都有毒死效果。

毒性 对人、畜低毒。对大白鼠经口致死中量为 1g/kg。

应用 用 20％可湿性粉剂 400～1000 倍液喷雾，防治果树、蔬菜和棉花上的螨类，对若螨和螨卵都有良好防效，残效期长。氯杀螨如单独使用，防治成螨的效果差，如与石硫合剂混合使用，效果则好，也可与其他杀螨剂混合使用。特别是对苹果红蜘蛛、苜蓿红蜘蛛，在开花前，或开花后各喷施 1～2 次，有着良好防治效果。如防治山楂红蜘蛛，可在开花后喷施 2～3 次，也有明显防效。

合成路线

常用剂型 氯杀螨可加工成乳油、粉剂、可湿性粉剂等剂型使用。

氯烯炔菊酯（chlorempenthrin）

$C_{16}H_{20}Cl_2O_2$，315.3，54407-47-5

其他名称 炔戊氯菊酯，二氯炔戊菊酯，中西气雾菊酯。

化学名称 (1*R*,*S*)-顺，反-2,2-二甲基-3-(2,2-二氯乙烯基) 环丙烷羧酸-1-乙炔基-2-甲基戊-2-烯基酯；1-ethynyl-2-methylpenten-2-yl-(1*R*,*S*)-*cis*，*trans*-2,2-dimethyl-3-(2,2-di-chlorovinyl) cycl propanecarboxylate。

理化性质 淡黄色油状液体，有清淡香味；沸点 128～130℃ (4Pa)，蒸气压 4.13×10^{-2} Pa (20℃)，折射率 n_D^{21} 1.5047；可溶于多种有机溶剂，不溶于水；对光、热和酸性介质较稳定，在碱性介质中易分解。

毒性 小鼠急性经口 LD_{50} 790mg/kg；常用剂量条件下对人、畜的眼、鼻、皮肤及呼吸道均无刺激；Ames 试验阴性。

应用 一种高效、低毒的新型拟除虫菊酯杀虫剂，具胃毒和触杀活性，并有一定的熏蒸作用，稳定性好，无残留。除防治卫生害虫外，亦可用于防治仓储害虫；喷雾法防治家蝇，剂量为 5.8～10mg/m³；每片含药剂 250mg 的电热蚊香片加热至 150℃，对淡色库蚊杀死率达 80%～100%；当剂量为 0.2mg 时，对黑大毛皮囊幼虫的杀死率达 100%。

合成路线

常用剂型 氯烯炔菊酯目前常用剂型主要是蚊香、电热片等卫生制剂。

氯辛硫磷 (chlorphoxim)

$C_{12}H_{14}ClN_2O_3PS$，332.74，14816-20-7

其他名称 Baythion C，SRA 7747。

化学名称 *O*,*O*-二乙基-*O*-(2-氯-α-氰基苄基亚氨基) 硫代磷酸酯；*O*,*O*-diethyl-*O*-(2-chloro-α-cyanobenzylidenemino-oxy) phosphorothioate。

理化性质 纯品为白色晶体，熔点 65～66℃，对光稳定。工业品通常为黄棕色液体，冷却或放置能析出白色固体结晶。其稳定性比辛硫磷好。20℃溶于水 1.7mg/kg，环丙酮 400～600g/kg，甲苯 400～600g/kg。

毒性 大白鼠急性 LD_{50} (mg/kg)：经口＞2500，经皮＞500。

应用 作为杀虫剂，具有触杀和胃毒作用。对各种鳞翅目幼虫和马铃薯甲虫有显著效果，对蚜虫、飞虱、叶蝉、蚧类、红蜘蛛等也有效，可用于防治仓储、土壤、卫生害虫及对辛硫磷产生抗性的害虫。对棉花的害虫等都表现出了广谱性的药效及高效、低毒、低残留的优点。

合成路线

常用剂型 氯辛硫磷可加工成 50％ 可湿性粉剂和 20％ 超低容量喷雾剂等。

氯溴氰菊酯 （ tralocythrin ）

$C_{22}H_{19}Br_2Cl_2NO_3$，576.1，66841-26-7(未指明立体构型)

其他名称 氯溴菊酯，CGA-74055，HAG-106。

化学名称 α-氰基-3-苯氧苄基-2,2-二甲基-3-(1,2-二溴-2,2-二氯乙基) 环丙烷羧酸酯；α-cyano-3-phenoxylbenzyl-dimethyl-3-(1,2-dibromo-2,2-dichloroethyl) cyclopropanecarboxylate。

应用 用作杀螨剂、杀虫剂、杀线虫剂和杀菌剂。用作马蝇如马鼻胃幼虫和羊虱的防治。还可用于羊毛织物的防蛀和防止微小牛蜱对牛犊的危害。如于 0.75mL 的乙二醇和甲醇的混合液中含有 0.4％本品，用排气法施于法蓝绒羊毛上，其织品可防止蛀蛾幼虫、羊毛虫和地毯圆皮蠹的侵害。如以本品 (5mg/kg) 加在 1∶1 的二甲基甲酰胺和橄榄油混合液中，用灌注法施于圆柱形牛房内，可完全控制微小牛蜱对牛体的危害。

常用剂型 氯溴氰菊酯目前在我国未见相关制剂产品登记。

氯亚胺硫磷 （ dialifos ）

$C_{14}H_{17}ClNO_4PS_2$，393.85，10311-84-9

其他名称 氯乙亚胺磷，氯亚磷，氯乙亚胺硫磷，酰亚胺，Dialifos，Dialiphos，ENT-27320，H-14503，Hercules-14503，Torak。

化学名称 S-(2-氯代-1-苯二甲酰亚氨基乙基)-O,O-二乙基硫代磷酸酯；S-(2-chloro-1-phthalimidoethyl)-O,O-diethylphosphorodithionate。

理化性质 无色结晶固体，熔点 67～69℃。易溶于丙酮、环己酮、异佛尔酮、氯仿、二甲苯和乙醚；对水、乙醇和己烷的溶解量<1％。遇碱水解。

毒性 急性经口 LD_{50} （mg/kg）：雄大白鼠 62，雌大白鼠 21，雄小白鼠 65，兔 35。兔急性经皮 LD_{50} 145mg/kg。鲤鱼 TLm （48h） 1.3mg/L。水蚤 LC_{50} （3h） 0.027mg/L。泥鳅 LC_{50} （48h） 3.0mg/L。

应用 杀螨、杀虫剂。对成螨、若螨和卵都有良好效果。迟效而残效长。防治红蜘蛛的同时，可兼治矢尖蚧。但是，由于对第二代桑白蚧和发生后期的柑橘锈壁虱的效果较差，当这两种害虫盛发时不宜使用。可应用于苹果、柑橘、葡萄、马铃薯、蔬菜等作物。防治红蜘蛛，可使用50％乳剂1000～2000倍液；防治矢尖蚧用800倍液。

合成路线

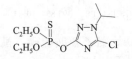

常用剂型 氯亚胺硫磷可加工成50％乳油等。

氯氧磷（chlorethoxyfos）

$$CH_3CH_2O \quad S$$
$$P—OCHClCCl_3$$
$$CH_3CH_2O$$

C₆H₁₁Cl₄O₃PS，336.0，54593-83-8

其他名称 四氯乙磷，Fortress。

化学名称 O,O-二乙基-O-1,2,2,2-四氯乙基硫逐磷酸酯；O,O-diethyl-O-(1,2,2,2-tetrachloroethyl) phosphorothioate。

理化性质 本品为白色结晶粉末，蒸气压约106.6mPa（20℃）。溶解性：水中＜1mg/L，可溶于己烷、乙醇、二甲苯、乙腈、氯仿。原药和制剂在常温下稳定。

毒性 大鼠急性经口 LD_{50} 为1～10mg/kg，小鼠急性经口 LD_{50} 为20～50mg/kg，兔经皮 LD_{50} 为20～200mg/kg。对皮肤和眼睛刺激很小。进入动物体内的本品，主要代谢物为二氧化碳和生物合成中间体，如丝氨酸、甘氨酸及甘氨酸聚合物。在植物体内降解为三氯乙酸和草酸。本品水溶性低，在土壤中很少流动，不会污染环境，并可滞留在需要防治害虫的土层。

应用 本品为广谱土壤杀虫剂，具有熏蒸作用。可防治玉米上的所有害虫，对叶甲、夜蛾、叩甲特别有效。对蔬菜的各种蝇科有极好的活性。

常用剂型 氯氧磷目前在我国未见相关制剂产品登记。

氯唑磷（isazofos）

$$C_2H_5O \quad S \qquad N—N$$
$$P—O \qquad$$
$$C_2H_5O \qquad \qquad Cl$$

C₆H₁₆ClN₃O₃PS，313.7，42509-80-8

其他名称 异唑磷，米乐尔，异丙三唑硫磷，Miral，Protriazophos，CGA 12223。

化学名称 O,O-二乙基-O-(5-氯-1-甲基乙基-1H-1,2,4-三唑-3-基) 硫代磷酸酯；O,O-diethyl-O-(5-chloro-1-methylethyl-1H-1,2,4-triazol-yl) phosphorthionate。

理化性质 纯品为黄色液体。沸点100℃/0.1333Pa，相对密度1.22（20℃），n_D^{20} 1.4867，蒸气压 $1.76×10^{-3}$ Pa（20℃）。可溶于甲醇、三氯甲烷等有机溶剂，水中溶解度150mg/L。中性及酸性介质中稳定，碱性条件下易分解。

毒性 大鼠急性 LD_{50}（mg/kg）：40～60（经口），250～700（经皮）；急性吸入 LC_{50} 250mg/L（4h）。对皮肤有刺激作用，动物试验无致畸、致癌、致突变作用，繁殖试验未见异常，对鸟类、鱼类、蜜蜂高毒。

应用　有机磷杀虫剂和杀线虫剂，有触杀、胃毒和内吸作用。用于花生、玉米、甘蔗、柑橘、香蕉、凤梨、蔬菜、观赏植物、豆类、咖啡、水稻、烟草、牧草等作物上的根结线虫、孔线虫、根腐线虫、茎线虫、纽带线虫、肾形线虫、螺旋线虫、半穿刺线虫、矮化线虫、刺线虫、轮线虫、盘旋线虫、针线虫、长针线虫、毛刺线虫等。此外，还可以有效防治稻螟、稻飞虱、稻瘿蚊、稻蓟马、金针虫、玉米螟、长椿象、地老虎等害虫。剂量一般为 $0.5\sim2kg/hm^2$。不能在烟草和马铃薯地施用，以防出现药害。该药半衰期在土壤中为 $1\sim3$ 个月，在作物上 $1\sim2d$。

合成路线　有异氰酸酯路线即路线 1→2→3→4、尿素路线即路线 5→6→7→4 和光气路线即 8→9→10→4。

常用剂型　氯唑磷常用制剂主要有 3% 颗粒剂。

马拉硫磷（malathion）

$C_{10}H_{19}O_6PS_2,330.35,121-75-5$

其他名称　马拉松，马拉塞昂，四零四九，Carbofos，Malathiozol，Maladrex，Maldison，Formol，Malastan。

化学名称　O,O-二甲基-S-（1,2-二乙氧羰基乙基）二硫代磷酸酯；O,O-dimethyl-S-[1,2-di（ethoxylcarbonyl）ethyl] phosphorodithioate。

理化性质　透明浅黄色油状液体。熔点 2.85℃，沸点 156~157℃（93Pa）。难溶于水，易溶于乙醇、丙酮、苯、氯仿、四氯化碳等有机溶剂。对光稳定，对热稳定性较差；在 pH<5 的介质中水解为硫化物和 α-硫醇基琥珀酸二乙酯，在 pH5~7 的介质中稳定，在 pH>7 的介质中水解成硫化物钠盐和反丁烯二酸二乙酯；可被硝酸等氧化剂氧化成马拉氧磷，但工业品马拉硫磷中加入 0.01%~1.0% 的有机氧化物，可增加其稳定性；对铁、铅、铜、锡制品容器有腐蚀性，此类物质也可降低马拉硫磷的稳定性。

毒性　原药急性大白鼠 LD_{50}（mg/kg）：经口 1751.5（雌）、1634.5（雄）；经皮 4000~6150。用含马拉硫磷 100mg/kg 的饲料喂养大鼠 92 周，无异常现象；对蜜蜂高毒，对眼睛、皮肤有刺激性。

应用 马拉硫磷是一种优良的非内吸广谱性二硫代磷酸酯类有机磷杀虫、杀螨剂。马拉硫磷具有良好的触杀作用和一定的熏蒸作用，残效期较短。马拉硫磷进入虫体后，首先被氧化成毒力更强的马拉氧磷，从而发挥强大的毒杀作用；而进入温血动物体内时，被昆虫体内所没有的羧酸酯酶水解而失去毒性，因而对人、畜毒性低。马拉硫磷对刺吸式口器和咀嚼式口器害虫都有效，适用于防治果树、茶叶、烟草、蔬菜、棉花、水稻等作物上的多种害虫，并可用于防治蛀食性的仓库害虫等。

合成路线

常用剂型 马拉硫磷目前在我国的制剂登记中主要以乳油为主，此外还有粉剂、油剂、颗粒剂、可湿性粉剂等，复配配方主要与氰戊菊酯、高效氯氰菊酯、溴氰菊酯、甲氰菊酯、杀螟松、敌敌畏、杀扑磷、联苯菊酯、三唑磷、三唑酮、辛硫磷、克百威、异丙威、吡虫啉、阿维菌素、水胺硫磷、矿物油等进行复配。

螨蜱胺（cymiazole）

$C_{12}H_{14}N_2S$，218.32，61676-87-7

其他名称 噻螨胺，Tifatol，Besuntol。

化学名称 N-3-甲基-4-亚噻唑-2-基-2,4-二甲基苯胺；2,4-dimethyl-N-(3-methyl-2(3H)-thiazolylidene) benzenamine。

理化性质 纯品为无色晶体，熔点44℃，密度1.19g/cm³（20℃）。20℃时在水中溶解度150mg/L（pH9）；在苯、二氯甲烷、甲醇中为800g/kg，在己烷中为110g/kg。在酸、碱性（温度低于70℃）介质中稳定。

毒性 大鼠急性经口 LD_{50} 为725mg/kg，急性经皮 LD_{50}＞3100mg/kg。对兔眼和皮肤有轻微刺激。大鼠急性吸入 LC_{50}（4h）＞2.8g/m³空气。两年饲喂试验无作用剂量为：大鼠10mg/kg，小鼠100mg/kg。无致癌和诱变作用。鱼毒 LC_{50}（96h）：虹鳟鱼12mg/L；鲤鱼32mg/L。对鸟无毒。日本鹌鹑急性经口 LD_{50} 为1212mg/kg，北京鸭540mg/kg。

应用 杀螨剂。用于浸泡或喷雾可防治各种蜱类，其中包括对有机磷、氨基甲酸酯有抗性的硬蜱，使用浓度＞0.1g（a.i.）/L。

常用剂型 螨蜱胺常用剂型主要有乳油等。

茂硫磷（morphothion）

$C_8H_{16}NO_4PS_2$，283.0，144-41-2

其他名称 茂果，吗啉硫磷，吗福松。

化学名称 O,O-二甲基-S-(吗啉代羰甲基)二硫代磷酸酯；O,O-dimethyl-S-morpholinocarbonylmethyl phosphorodithioate。

理化性质 外观呈无色结晶状，有特殊气味，熔点 $64\sim65\,℃$。在水中溶解度为 0.5%；难溶于石油；中度溶于醇类、苯；易溶于丙酮、乙腈、氯仿、二噁烷、甲乙酮。

毒性 急性经口 LD_{50}（mg/kg）：大鼠190，小鼠130。

应用 具有内吸性和触杀作用。主要用于防治棉蚜、菜蚜、棉红蜘蛛、棉蓟马等多种害虫，其药效与乐果相近。

合成路线

常用剂型 茂硫磷常用剂型主要有乳油等。

猛扑因

$C_{10}H_9NO_2S$，207.26，1079-33-0

其他名称 猛扑威，百亩威，噻嗯威，ENT 27041，MCA 600，Mobam，Mobam phenol，Mobil MC-A-600。

化学名称 4-苯并噻嗯基-N-甲基氨基甲酸酯；Benzo [b] thiophene-4-ol, 4-(N-methylcarbamate)。

理化性质 固体，熔点 $129\,℃$。

毒性 对大鼠的急性经口 LD_{50} 为 $234\,mg/kg$。本品在土壤中的半衰期约30d，在植株上平均 $3\sim7d$。本品在哺乳动物体内容易代谢，也很快排出。例如在山羊体中，24h 即有 75% 的本品水解，放出二氧化碳，并有 14% 随尿排出。从大鼠尿的分析表明有两种主要代谢物，即 4-苯并噻吩基硫酸酯和 4-苯并噻吩基葡糖醛酸苷。已有试验充分说明，猛扑因在各种哺乳动物体内的主要代谢途径为水解作用。

应用 为触杀性杀虫剂，主要推荐用于防治蟑螂、蚊蝇等，亦可用于棉花、玉米、柑橘、梨、花生、大豆、蔬菜上，防治象鼻虫、蓟马、蚜虫、棉铃象虫、棉铃虫、豆象甲。

常用剂型 猛扑因常用制剂主要有 50% 可湿性粉剂、10% 颗粒剂。

猛杀威（promecarb）

$C_{12}H_{17}NO_2$，207.27，2631-37-0

其他名称 ENT27300，EP316，OMS716，SN34615，UC-9880。

化学名称 5-异丙基间甲苯甲基氨基甲酸酯；5-methyl-*m*-cumenyl methylcarbamate；3-isopropyl-5-methylphenyl methylcarbamate。

理化性质 纯品为无色、几乎无味的结晶，熔点 87～88℃；工业品纯度＞98％，沸点为 117℃（在 13.3Pa）。蒸气压为 4.0Pa（25℃）。在一般情况下，耐光照、温度和水解，但在碱性介质中迅速水解。本品无腐蚀性。室温于水中的溶解度为 92mg/L。在有机溶剂中的溶解度：环己酮、环己醇、异丙醇、甲醇中为 20％～40％，四氯化碳、二甲苯中为 10％～20％，丙酮、二甲基甲酰胺、1,2-二氯己烷中为 40％～60％。50℃贮藏 140h 不变质。在 37℃，pH7 时，其半衰期为 310h；pH9 时，其半衰期为 5.7h。

毒性 急性经皮 LD_{50}：用 50％可湿性粉剂试验，兔＞1g/kg，大鼠＞2g/kg。急性经口 LD_{50} 值大鼠（在玉米胚芽油中调服）为 74（61～90）mg/kg；在金合欢胶的悬浮体中调服时，雌大鼠为 78（70～87）mg/kg，雄大鼠为 90（75～108）mg/kg。慢性毒性：以 5mg/kg 体重剂量，每周喂大鼠 5 次，共喂 1 年半，大鼠未遭受到有害影响。其中毒途径是接触中毒、胃毒，并有若干呼吸毒性。本品对鱼和蜜蜂均有毒。和其他一些氨基甲酸酯类杀虫剂一样，先是 *N*-甲基氨基甲酸酯部分的断裂，分解生成二氧化碳和甲胺。在哺乳动物体内，这个有取代基的酚在与葡萄糖醛酸缀合后，即排出体外。

应用 为非内吸性触杀性杀虫剂，并有胃毒和吸入杀虫作用。对水稻稻飞虱、白背飞虱、稻叶蝉、灰飞虱、稻蓟马、棉蚜虫、刺粉蚧、柑橘潜叶蛾、锈壁虱、茶树介壳虫、小绿叶蝉以及马铃薯甲虫等均有防效。

合成路线

常用剂型 猛杀威常用制剂主要有 20％乳油，5％、25％浓乳剂，37.5％、50％可湿性粉剂，2％颗粒剂，10％气雾剂等。

醚菊酯（etofenprox）

$C_{25}H_{28}O_3$，376.5，80844-07-1

其他名称 多来宝，苄醚菊酯，利来多，依芬宁，Trebon，Lenatop，MTI-500。

化学名称 2-(4-乙氧基苯基)-2-甲基丙基-3-苯氧基苄基醚；2-(4-ethoxyphenyl)-2-methylpropyl-3-phenoxybenzyl ether。

理化性质 纯品为白色结晶体，化学性质稳定，熔点 36.4～38℃，工业品熔点 34～

35℃，蒸气压 $32×10^{-3}$ Pa（100℃）、$8.0×10^{-3}$ Pa（25℃），沸点 208℃/719.8Pa、100℃/$3.2×10^{-2}$ Pa，相对密度 1.157（23℃）。在 25℃时溶解度为：氯仿 858g/L、丙酮 908g/L、醋酸乙酯 875g/L、乙醇 150g/L、甲醇 76.6g/L、二甲苯 84.8g/L、水 1mg/L。分配系数 11200000。于 80℃贮存 90d 未见明显分解，在 pH 值 2.8～11.9 土壤中半衰期约 6d。

毒性 原药急性 LD_{50}（mg/kg）：大鼠经口＞21440（雄）、＞42880（雌），小鼠经口＞53600（雄）、＞107200（雌）；经皮大鼠＞1072（雄）、小鼠＞2140（雌）。对兔皮肤和眼睛无刺激性，对蜜蜂无毒；以一定剂量饲喂大鼠、小鼠、狗，均未发现异常现象；对动物无致畸、致突变、致癌作用。

应用 醚菊酯属于非酯类拟除虫菊酯杀虫剂，1987 年日本东亚化学品公司开发。醚菊酯为内吸性杀虫剂，具有触杀和胃毒作用。主要作为农业和卫生用药，用于防治鳞翅目、半翅目、甲蛆、双翅目和直翅目等多种害虫，如褐色虱、白背飞虱、黑尾叶蝉、棉铃虫、红铃虫、桃蚜、瓜蚜、白粉虱、菜青虫、茶毛虫、茶尺蠖、茶刺蛾、桃和梨小食心虫、柑橘潜叶蛾、烟草夜蛾、小菜蛾、玉米螟、大螟、大豆食心虫、德国蜚蠊等。可与波尔多液等多种杀螨剂、杀菌剂及其他制剂混用，特别对于对有机磷及氨基甲酸酯类杀虫剂产生抗性的飞虱、叶蝉防效显著。

合成路线 醚菊酯有 3 种合成路线即路线 5、路线 14 和路线 20→21→22→23，但其中间体有多种合成路线，如下所示。

常用剂型 主要有 10%悬浮剂、10%水乳剂、4%油剂和 20%乳油等剂型。

嘧啶磷 （ pirimiphos -ethyl ）

$C_{13}H_{24}N_3O_3PS$, 333.43, 23505-41-1

其他名称　派灭赛，乙基虫螨磷，嘧硫磷，乙基安定磷，Primicid。

化学名称　O,O-二乙基-O-(2-二乙基氨基-6-甲基嘧啶-4-基) 硫代磷酸酯；O,O-diethyl-O-(2-diethyllamino-6-methyl-primidin-4-yl) phosphorothioate。

理化性质　纯品为淡黄色液体，相对密度 d_4^{20} 为 1.14，折射率 n_D^{25} 为 1.520。熔点 15～18℃ （工业品），约 194℃ 以上分解。25℃时蒸气压 39mPa。几乎不溶于水 （pH＝7.2 时水中溶解度 2.3mg/L），但可溶于大多数有机溶剂。在 80℃ 保存 5d 仍稳定，在室温下保存一年还稳定；130℃ 以上开始分解，无沸点；对铁容器有腐蚀性，可与多数杀虫剂混用。在强酸或强碱物质中易水解，工业品不稳定易降解。

毒性　大鼠急性 LD_{50} （mg/kg）：140～200 （经口），1000～2000 （经皮）。大鼠急性吸入 LC_{50} （6h） ＞5mg/L （三周以上无毒害作用）。对大鼠 90d 无作用剂量为 0.08mg/(kg・d)，对狗为 0.2mg/(kg・d)，仅影响其胆碱酯酶活性。兔皮肤隔日施药 24h，剂量 0.1g/kg，连续 10d 未发现有刺激作用，不是敏感药剂。对虹鳟鱼 TLm 为 0.2mg/L （96h），对鸟和蜜蜂毒性较低，对作物安全。野鸭急性经口 LD_{50} 2.5mg/kg，鹌鹑为 10～20mg/kg。鱼毒 LC_{50} （96h）：普通鲤鱼 0.22mg/L。水蚤 LC_{50} （48h） 0.3mg/L。

应用　有机磷杀虫、杀螨剂，对土壤中或土表的双翅目、鞘翅目害虫防效好，防治果树、水稻、棉花等作物的多种害虫以及仓储和地下害虫；无药害，可作种子处理剂，是防治稻飞虱、稻叶蝉的特效药。

合成路线

常用剂型　嘧啶磷常用剂型目前主要有 50％乳油、5％颗粒剂和 20％胶囊剂等。

嘧啶威 （ pyramat ）

$C_{11}H_{17}N_3O_2$, 223.3, 2532-49-2

其他名称　嘧啶兰，甲基嘧啶，胺甲嘧啶。

化学名称　二甲基氨基甲酸-6-甲基-2-丙基-4-嘧啶基酯；6-methyl-2-propylpyrimidin-4-

yl dimethylcarbamate。

理化性质　原药为淡黄色油状液体，易溶于水和多数有机溶剂。沸点为 108～109℃ (8.03kPa)。

毒性　急性经口 LD_{50}（mg/kg）：大白鼠 200，小白鼠 225，鸡 60。人口服致死最低量 50mg/kg。小白鼠注射致死最低量 96mg/kg。嘧啶威在大鼠、小鼠、豚鼠和家兔体内代谢，都在环上发生羟基化，形成 4-甲基-2-丙基-5-羟基-6-氧嘧啶基-N,N-二甲基氨基甲酸酯，也水解成 4-甲基-2-丙基-6-羟基嘧啶。在动物体内，还出现 4-甲基-2-丙基-5-羟基-6-氧嘧啶基-N,N-二甲基氨基甲酸酯的脱氨基甲酰类似物。

应用　对家蝇高效，此外还能防治果树、蔬菜、谷物上的某些害虫，如豆象鼻虫等。

合成路线

常用剂型　嘧啶威主要剂型有乳油、颗粒剂、可湿性粉剂和液剂。

嘧啶氧磷（pirimioxyphos）

$C_{10}H_{17}N_2O_4PS$，292.16

化学名称　O,O-二乙基-O-（2-甲氧基-4-甲基-6-嘧啶基）硫代磷酸酯；O,O-diethyl-O-(2-methoxy-4-methyl-6-pyrimidinyl) phosphorothioate。

理化性质　纯品为无色油状液体，稍带臭味，工业品带淡黄色，相对密度为 1.1977（20℃），在水中溶解度为 375mg/L（15℃），易溶于乙酸乙酯、乙醇、丙酮、甲苯、乙腈、乙醚、苯、二氯乙烷等多数有机溶剂，难溶于石油醚和石蜡油。在阳光下部分分解，变为暗黑色液体。受热或遇酸、遇碱分解。

毒性　大鼠急性 LD_{50}（mg/kg）：183.4（经口），1062（经皮）。大鼠急性吸入 LD_{50} 约 2000mg/kg。

应用　有机磷杀虫剂，具胃毒和触杀作用，有内吸性，对刺吸式口器害虫有效，对稻瘿蚊有特效。适用于水稻、棉花、柑橘、甘蔗、茶等作物。可用于防治水稻二化螟、三化螟、稻纵卷叶螟、稻瘿蚊、飞虱、叶蝉、棉蚜、红蜘蛛、桃小食心虫及其他果树害虫。对高粱敏感，不宜施用。还可以用于防治棉铃虫卵及地老虎等地下害虫。

合成路线

209

常用剂型　嘧啶氧磷常用制剂是 40％乳油。

嘧螨醚（pyrimidifen）

$C_{20}H_{28}ClN_3O_2$，377.9，105779-78-0

其他名称　毕汰芬，miteclen，pyrimidifen（bsi，iso），pyrimidifen standard。

化学名称　5-氯-N-{2-[4-(2-乙氧基)-2,3-二甲基苯氧基]乙基}-6-乙基嘧啶-4-胺；5-chloro-N-[2-[4-(2-ethoxyethyl)-2,3-dimethylphenoxy]ethyl]-6-ethyl-4pyrimidinamine。

理化性质　纯品嘧螨醚为无色晶体，熔点 69.4～70.9℃。溶解性（20℃，g/L）：水 0.000217。

毒性　嘧螨醚原药急性 LD_{50}（mg/kg）：大鼠经口 148（雄）、115（雌），小鼠经口 245（雄）、229（雌），大鼠经皮＞2000。

应用　嘧螨醚是日本三共公司和宇部工业公司 1992 年开发的高效新型嘧啶类杀螨剂，主要用于防治果树、蔬菜、茶等所有生长阶段的叶螨等害螨，对蔬菜上的菜蛾也有很好的活性，使用剂量 25～75g（a.i.）/hm²。

合成路线　以丙酰乙酸乙酯为起始原料，先与甲脒缩合、氯化制得 4,5-二氯-6-乙基嘧啶，再与取代胺反应制得目标物。

常用剂型　嘧螨醚常用制剂有 30％、50％悬浮剂和 30％乳油。

嘧螨酯（fluacrypyrim）

$C_{20}H_{21}F_3N_2O_5$，426.4，229977-93-9

其他名称　天达农，Titaron。

化学名称　甲基（E）-2-{α-[2-异丙氧基-6-(三氟甲基)嘧啶-4-苯氧基]-O-甲苯基}-3-甲氧丙烯酸酯；methyl（E）-2-{α-[2-isopropoxy-6-(tirfluoromethyl) pyrimidin-4-yloxy]-O-tolyl｝-3-methoxyacrylate。

理化性质 白色固体，熔点 107.2～108.6℃，相对密度 1.276（20℃）。蒸气压 2.69×10^{-6}Pa（20℃）。溶解度（g/L，20℃）：水 3.44×10^{-6}，二氯甲烷 579，丙酮 278，甲苯 192，二甲苯 119，乙腈 287，乙酸乙酯 232，甲醇 27.1，乙醇 1.6，正己烷 1.84。对热（200℃）稳定。

毒性 大鼠 3 个月亚慢性饲喂试验最大无作用剂量 5.9mg/(kg·d)。30％嘧螨酯悬浮剂鲤鱼 LC_{50}（96h）0.195mg/L，水蚤 LC_{50}（48h）0.18mg/L；鹌鹑经口 LD_{50}＞2250mg/kg；蜜蜂经口 LC_{50} 为 3500mg/L（接触 LD_{50}＞10μg/只蜂，对蜜蜂无影响）；对家蚕几乎无影响；蚯蚓 LC_{50} 23mg/kg 土壤。嘧螨酯虽属低毒产品，但对鱼类毒性较大，因此应用时要特别注意，勿将药液扩散至江河湖泊以及鱼塘。

应用 嘧螨酯对柑橘红蜘蛛雌成螨和卵均具有非常优秀的毒杀活性，并对柑橘红蜘蛛具有良好防效，嘧螨酯可防治各虫态的害螨，主要用于防治果树如苹果、柑橘、梨等的多种螨类如苹果红蜘蛛、柑橘红蜘蛛等。在柑橘中应用的浓度为 30％水悬剂稀释 3000 倍，在苹果和其他果树如梨中应用的浓度为 30％水悬剂稀释 2000 倍，喷液量根据果树的不同、防治螨类的不同差异较大。在柑橘和苹果收获前 7d 禁止使用，在梨收获前 3d 禁止使用。嘧螨酯除对螨类有效外，在 250mg/L 的剂量下对部分病害也有较好的活性。

合成路线

常用剂型 嘧螨酯常用制剂主要有 30％悬浮剂。

棉果威（tranid）

$C_{10}H_{12}ClN_3O_2$，241.7，15271-41-7

其他名称 肟杀威，Tranid，UC-20047A。

化学名称 桥-3-氯桥-6-氰基-2-降冰片酮-O-（甲基氨基甲酰基）肟；exo-3-chloro-endo-6-cyano-2-norbornanone-O-(methylcarbamoyl) oxime。

理化性质 熔点为 159～160℃（纯度 95％）。

毒性 对大白鼠急性经口 LD_{50} 为 17mg/kg。用含有 5mg/kg 棉果威的饲料喂 BACB/C 品系的近代繁殖的小鼠，做给药前 30d 和给药后 90d 的交配试验，发现两种条件下繁殖出的仔鼠没有可检出的影响。

应用 该药为杀虫、杀螨和杀软体动物剂。用于防治棉花、果树、甜菜、玉米、韭菜上的红蜘蛛、棉铃象虫、马铃薯甲虫。

合成路线

常用剂型　棉果威常用制剂主要有 50％可湿性粉剂、10％粉剂。

棉褐带卷蛾颗粒体病毒（Adoxophyes orana GV）

性质　从染病死亡的寄主上分离，利用棉褐带卷蛾幼虫活体生产。

毒性　对人、畜安全，不污染环境。

活性　病毒被幼虫摄食后，包涵体在寄主的中肠内溶解，释放出包有衣壳蛋白的病毒粒子，病毒穿过围食膜并侵入中肠上皮细胞，随后在细胞核内脱衣壳并进行增殖，最终在幼虫死后以包涵体的形式释放出来。杀虫效果较慢，通常需要 6～12d。

应用　可防治夏季果树上的棉褐带卷蛾。在棉褐带卷蛾成虫产卵到一龄阶段均匀喷雾，要求药液完全覆盖叶面。

常用剂型　棉褐带卷蛾颗粒体病毒常用剂型主要有悬浮剂。

棉铃虫核型多角体病毒（Heliothis armigera NPV）

性质　棉铃虫核型多角体病毒属杆状病毒科，不溶于水和有机溶剂，而溶于酸与碱。

毒性　低毒杀虫剂。专化性很强，只对靶标害虫有毒杀作用，不影响其他益虫。对人、畜无害，不影响环境，长期使用害虫也不会产生抗性。

活性　棉铃虫核型多角体病毒对棉铃虫主要是胃毒作用，也可由伤口感染。棉铃虫取食带病毒的棉叶或棉铃后，被碱性胃液溶解，通过中肠皮细胞进入体腔，在虫体腔内最初侵染气管皮膜组织、脂肪组织、肌肉和真皮等。随着病程进展，病毒在血细胞、神经、生殖巢、丝腺等几乎所有组织中增殖。棉铃虫幼虫染病不久就出现食欲减退和行动不活泼等症状，移行到植物体上部而停止行动，虫体显著软化，足失去握持力，仅以 1～2 个足附着植物体上，松弛无力地倒挂着死去。体内组织完全溶解，变为黑褐色。虫尸皮破裂后，尸体内的病毒可被风、雨、鸟类、蝇类和天敌昆虫携带而广泛传播，被活虫食入后又会感染发病致死，使病毒病在棉铃虫的种群中流行，从而可有效地控制棉铃虫的虫口相对密度。由于棉铃虫幼虫从感染病毒到死亡的时间，因虫龄、病毒感染剂量和环境温度的不同而有差异。初孵幼虫感染后 1～2d 就可死亡，3 龄幼虫感染后需 7～10d 才死亡。因此，施药时间要比化学农药提前 2～3d，即在卵期施药。由于药效作用慢，施药后头 3d 在棉田找不到死虫。施药后要认真进行虫情调查，当存活幼虫数超过防治指标时，要选用高效化学农药进行防治，或病毒制剂与化学农药混合喷雾，及时控制棉铃虫的危害。

应用　用于防治棉铃虫，也可用于烟青虫、舞毒蛾、天幕毛虫、苜蓿粉蝶、粉纹夜蛾、斜纹夜蛾、蓑蛾等防治。

常用剂型　棉铃虫核型多角体病毒在我国登记的主要剂型有悬浮剂、可湿性粉剂、水分散粒剂等，可与高效氯氰菊酯、辛硫磷、苏云金杆菌等复配。主要制剂有 20 亿 PIB/mL 悬浮剂，10 亿 PIB/g 可湿性粉剂，600 亿 PIB/g 水分散粒剂。

棉铃威 （ alanycarb ）

$C_{17}H_{25}N_3O_4S_2$，399.5，83130-01-2

其他名称　农虫威，Orion。

化学名称　乙基（Z）-N-苄基-N-［［甲基（1-甲硫基亚乙基氨基-氧羰基）氨基］硫]-β-丙氨酸酯；ethyl（Z）-N-benzyl-N-［［methyl（1-methylthio ethylideneaminoxycarbonyl）amino］thio]-β-alaninate。

理化性质　纯品为晶体，熔点 46.8～47.2℃，沸点 134℃/26.7Pa，蒸气压<0.0047mPa。溶解性（室温）：水 20mg/L，溶于苯、二氯甲烷、甲醇、丙酮、二甲苯、乙酸乙酯等有机溶剂。工业品为红棕色黏稠液体，相对密度 1.17，水中溶解约 60mg/L。在苯、二氯甲烷、甲醇、丙酮、二甲苯、乙酸乙酯中的溶解度均大于 50%。稳定性：100℃以下稳定，在 195℃分解，在 54℃，30d 分解 0.2%～1.0%；在中性和弱碱性条件下稳定，在强酸或强碱条件下不稳定。有效成分在玻璃板上的 DT_{50} 为 6h（日光下）。

毒性　急性经口 LD_{50}（mg/kg）：440（雄大鼠），220（小鼠）。雌小鼠皮下注射 LD_{50} 395mg/kg。大鼠急性经皮 LD_{50} 2000mg/kg。无致癌、致畸和致突变作用，对鸟、鱼有毒，但毒性较低。

应用　本品属氨基甲酰类杀虫剂，是胆碱酯酶抑制剂。本品杀虫谱广，具有触杀和胃毒作用。适用于蔬菜、葡萄、棉花上防治鞘翅目、半翅目和鳞翅目害虫。可用于防治玉米、大豆、花生、茶叶、烟草、棉花、苹果、马铃薯、甜菜、葡萄以及蔬菜等作物上的多种害虫。

合成路线

常用剂型　棉铃威常用制剂有 40%可湿性粉剂，30%、40%乳油，40%颗粒剂等。

棉隆 （ dazomet ）

$C_5H_{10}N_2S_2$，162.3，533-74-4

化学名称 3,5-二甲基-1,3,5-噻二嗪烷-2-硫酮；3,5-dimethyl-1,3,5-thiadia zinane-2-thione。

理化性质 原粉为灰白色针状结晶，熔点104～105℃。20℃时溶解度为：水0.3%，丙酮17.3%，氯仿39.1%，苯5.1%。工业品纯度98%，在常规条件下贮藏稳定，遇湿易分解。

毒性 属低毒杀线虫、杀菌剂。原药对雌、雄大鼠急性经口 LD_{50} 分别为710mg/kg 和550mg/kg，雌、雄兔急性经皮 LD_{50} 分别为2600mg/kg和2360mg/kg。对兔皮肤无刺激性，对眼睛有轻度刺激，对蜜蜂无毒，对鱼类有毒。

应用 为广谱性熏蒸杀线虫剂，并兼治土壤真菌、地下害虫。适用于防治果树多种线虫、土壤真菌及地下害虫。

合成路线

$$HCHO \xrightarrow{CH_3NH_2,CS_2} $$

常用剂型 棉隆目前在我国登记制剂主要是98%微粒剂，常用于土壤消毒。

灭虫脲 （ chlormethiuron ）

$C_{10}H_{13}ClN_2S$，228.7，28217-97-2

其他名称 畜螨灭，灭虫隆，螟蛉畏，Diopfene。

化学名称 3-(4-氯代-*o*-甲苯基)-1,1-二甲基硫脲；3-(4-chloro-*o*-tolyl)-1,1-dimethyl-thiourea。

理化性质 纯品为无色结晶，熔点175℃，蒸气压 1.1×10^{-8} mmHg（20℃）。水中溶解度50mg/L（20℃），其他溶剂中溶解度（20℃，g/kg）：丙酮37，二氯甲烷40，己烷0.05，异丙醇5。

毒性 大白鼠急性经口 LD_{50} 2500mg/kg（工业品），大白鼠急性经皮 LD_{50} 2150mg/kg。对兔皮肤无刺激，对眼睛有轻微刺激。

应用 一种高效、低毒、广谱的杀虫、杀螨剂。主要用于防治家畜如牛、马、羊和狗身上的扁虱。对蜱螨、水稻二化螟、棉铃虫、红铃虫也有很好的防治效果。

常用剂型 灭虫隆常用制剂有60%胶悬剂。

灭虫畏 （ temivinphos ）

$C_{11}H_{12}Cl_3O_4P$，345.55，35996-61-3

其他名称 稻丰磷。

化学名称 2-氯-1-(2,4-二氯苯基)乙烯基甲基乙基磷酸酯；2-chloro-1-(2,4-dichloro-phenyl) viny methylethyl phosphate。

理化性质 淡黄褐色液体，沸点 124～125℃（0.001mmHg），蒸气压 $1×10^{-6}$ mmHg（20℃）。难溶于水，可溶于丙酮、二甲苯等有机溶剂。对酸稳定，遇碱分解。

毒性 急性经口 LD_{50}（mg/kg）：雄大白鼠 130，雌大白鼠 150，雄小白鼠 250，雌小白鼠 210。急性经皮 LD_{50}（mg/kg）：雄大白鼠 70，雌大白鼠 60，雄小白鼠 60，雌小白鼠 95。LC_{50}（48h）为 0.58mg/L。

应用 防治二化螟、黑尾叶蝉、稻褐飞虱、稻灰飞虱。

常用剂型 灭虫畏目前在我国未见相关制剂产品登记。

灭除威（XMC）

$C_{10}H_{13}NO_2$，179.22，2655-14-3

其他名称 二甲威。

化学名称 3,5-二甲苯基-N-甲基氨基甲酸酯；3,5-dimethylphenyl-N-methylcarbamate。

理化性质 白色粉末或白色结晶，相对密度 0.54，工业品熔点 99℃，略溶于水，可溶于乙醇、丙酮、苯等大多数有机溶剂。20℃时的溶解度（g/L）：丙酮 5.74、乙醇 2.77、苯 2.04、乙酸乙酯 2.77、水 0.47。工业品含量 97% 在中性条件下稳定，遇碱和强酸易分解。

毒性 急性经口 LD_{50}（mg/kg）：大鼠 542，小鼠 245，兔 445，鸟 75。小鼠和大鼠 90d 无作用剂量分别为每日 230mg/kg。对人的 ADI 为 0.0034mg/kg。水蚤 LC_{50}（3h）0.05mg/L。通常使用不会产生危害。对鱼的毒性较弱，金鱼、鲤鱼、泥鳅、蝌蚪 TLm（48h）＞40mg/L。本品在土壤中降解的主要方式是水解作用，释出二氧化碳；但在水解前，亦可能发生环上或 N-甲基羟基化作用。用标记化合物做试验，水解作用导致产生 ^{14}C 二氧化碳量，在含有机质 4% 的黏质土壤中可达 40%，而在含有机质仅 1.5% 的沙质壤土中产生的二氧化碳量只有 18%。此外，本品还有一些抗微生物或抗水解酶的活性。

应用 触杀性杀虫剂，并有一定的内吸作用。可用以歼灭蛞蝓、蜗牛等。对蚜虫、蚧及水稻负泥虫等也有较好的防治效果。对稻飞虱、叶蝉有很好的防治效果。亦可用于木材防腐，以及海生物和森林害虫的防治。

合成路线

常用剂型 灭除威常用制剂主要有 50% 可湿性粉剂、20% 乳剂、2% 粉剂和 3% 颗粒剂。

灭多威（ methomyl ）

$C_5H_{10}N_2O_2S$, 162.2, 16752-77-5

其他名称 快灵，灭虫快［M.A农化］，灭多虫，纳乃得［台］，万灵［杜邦］，乙肟威，灭索威，Lannate［杜邦］，Methomex［M.A农化］，Nudrin［壳牌］，Mesomyl。

化学名称 1-（甲硫基）亚乙基氮-*N*-甲基氨基甲酸酯；S-methyl（*EZ*）-*N*-(methylcarbamoyloxy) thioacetimidate。

理化性质 无色晶体，有轻微硫黄味，熔点 78～79℃，蒸气压 6.65mPa（25℃），相对密度 1.2946（25℃）。溶解度（g/L，25℃）：水 57.9、甲醇 1000、丙酮 730、乙醇 420、异丙醇 220、甲苯 30。室温下，水溶液中缓慢水解，碱性介质参与条件下，随温度升高分解率提高。

毒性 大鼠经口 LD_{50} 17～24mg/kg，急性经皮＞5000mg/kg。美国和英国规定作业环境空气中最高容许浓度为 2.5mg/m³（皮肤吸收）。日本农药注册保留标准规定米、蔬菜中为 0.5mg/kg，果品中为 1mg/kg。

应用 灭多威具有触杀和胃毒作用，无内吸、熏蒸作用，具有一定的杀卵效果，对有机磷已经产生抗性的害虫也有较好的防效。1966 年由美国 Du Pont 公司首批推荐作为杀虫、杀线虫剂。昆虫的卵与药剂接触后通常不能活过黑头阶段，即使有孵化，也很快死亡。适用于棉花、烟草、果树、蔬菜防治蚜虫、蛾、地老虎等害虫，可用于防治耐药性棉蚜。

合成路线

常用剂型 灭多威目前在我国登记的主要剂型有乳油、可湿性粉剂、可溶性液剂、可溶性粉剂等，可与高效氯氰菊酯、辛硫磷、吡虫啉、氰戊菊酯、杀虫单、马拉硫磷、毒死蜱、丙溴磷、杀虫双、苏云金杆菌、水胺硫磷等进行复配。

灭害威（ aminocarb ）

$C_{11}H_{16}N_2O_2$, 208.3, 2032-59-9

其他名称 Matacil。

化学名称 甲基氨基甲酸-3-甲基-4-（二甲基氨基）苯基酯；4-dimethylamino-m-tolyl methylcarbamate。

理化性质 白色至黄褐色结晶体，熔点 93～94℃，无挥发性。稍溶于水，稍溶于芳香族溶剂，可溶于多数极性有机溶剂（乙醇等）。

毒性 急性经口 LD_{50}（mg/kg）：小白鼠 30，大白鼠 50，鸟 50。大白鼠腹腔注射 LD_{50} 21mg/kg。小白鼠腹腔注射致死最低量 7mg/kg。大白鼠急性经皮 LD_{50} 275ng/kg。200mg/kg 饲喂大白鼠两年无中毒现象。对蜜蜂有毒。

应用 非内吸性胃毒杀虫剂，亦有触杀作用，主要用于棉花、番茄、烟草和果树，防治鳞翅目幼虫和其他咀嚼式口器害虫。也可防治森林害虫。对软体动物有效，也有一定的杀螨作用。用量 75g/100L。

合成路线

常用剂型 灭害威常用制剂主要有 50％～70％可湿性粉剂、5％粉剂、18％乳剂、2％毒饵等。

灭螨胺（kumitox）

CH_4ClNO_2S，129.56，60408-19-7

其他名称 B-2643。

化学名称 氯甲基磺酰胺；chloromethyl sulfonic acid amide。

理化性质 白色柱状结晶体，熔点 70～73℃。溶解度（20℃，质量/体积）：水 40％、丙酮 4％、乙醇 4％。稳定性：对温度（80℃）、光及酸性均较稳定，但对碱不稳定。

毒性 急性毒性，对雄大白鼠经口 LD_{50} 为 400mg/kg，对雄小鼠经口 LD_{50} 为 6.3g/kg。

应用 具有内吸传导作用，并有杀卵作用。用于防治果树、花卉螨类。

常用剂型 灭螨胺常用制剂主要有 80％可湿性粉剂。

灭螨醌（acequinocyl）

$C_{24}H_{32}O_4$，384.51，57960-19-7

化学名称 3-十二烷基-1,4-二氧代-1,4-二氢萘-2-基-乙酸酯；3-dodecyl-1,4-dioxo-1,4-dihydronaphthalen-2-yl acetate。

理化性质 纯品为淡黄色粉状固体，蒸气压 2.75×10^{-10} mmHg（25℃），密度 1.08g/cm³，沸点 504℃（760mmHg），闪点 215.9℃。

毒性 大、小白鼠急性经口 LD_{50} 大于 5000，急性经皮 LD_{50}（24h）大于 2000。对兔皮肤无刺激，对眼睛有一些刺激作用。

应用 该药是触杀性杀螨剂，无内吸活性，适用于果树如梨、桃、柑橘、黄瓜、蔬菜、葡萄防治螨类危害。

合成路线

常用剂型 灭螨醌目前在我国未见相关产品登记。

灭螨猛（chinomethionate）

$C_{10}H_6N_2OS_2$，234.3，2439-01-2

其他名称 Morestan，oxythioquinox，quinomethionate，chinomethionat，quinoxalines。

化学名称 6-甲基-喹㗁啉-2,3-二硫醇环酸酯，6-methyl-quinoxaline-2,3-dithiolocyclocar bonate。

理化性质 黄色结晶体，熔点170℃，相对密度1.556（20℃）。溶解度（20℃，g/L）：甲苯25，二氯甲烷40，己烷1.8，异丙醇0.9，环己酮18，二甲基甲酰胺10，矿油4。稳定性：对高温、光照、水解、氧化均较稳定，对碱不稳定，水解（22℃）DT_{50}10d（pH=4）、80h（pH=7）、225min（pH=9）。

毒性 急性大白鼠经口 LD_{50} 1095～2541mg/kg，大鼠经皮 LD_{50}＞5g/kg。对兔皮肤有轻微刺激，对兔眼睛刺激严重。急性吸入 LC_{50}（4h）：雄大鼠＞4.7mg/L 粉剂，雌大鼠 2.2mg/L 粉剂。两年饲喂试验无作用剂量：大鼠40mg/kg 饲料，雄小鼠270mg/kg 饲料，雌小鼠＜90mg/kg 饲料。狗一年饲喂试验无作用剂量为 25mg/kg 饲料。对人的 ADI 值 0.006mg/kg。鹌鹑急性经口 LD_{50} 196mg/kg。LC_{50}（5d）：鹌鹑 2409mg/kg 饲料，野鸭＞5g/kg 饲料。鱼毒 LC_{50}（96h）：蓝鳃 0.0334mg/L，虹鳟 0.131mg/L，金色圆腹雅罗鱼 0.24mg/L。对蜜蜂无毒，LD_{50}＞100μg/只蜜蜂。水蚤 LC_{50}（48h）为 0.12mg/L。

应用 灭螨猛为高效、低毒、低残留、高选择性的非内吸性杀虫、杀螨、杀菌剂。对成虫、卵、幼虫都有效，对白粉病有特效。但对某些苹果、玫瑰的品种有药害。防治对象为苹果、柑橘的螨类（对成螨和卵均有效）及核果、葡萄、草莓、瓜类等的霜霉病、白粉病等。

合成路线

218

常用剂型 灭螨猛常用制剂有 25％乳油、25％可湿性粉剂等。

灭杀威（xylylcarb）

$C_{10}H_{13}NO_2$，179.22，2425-10-7

其他名称 Meobal〔住友〕，MPMC，S-1046。

化学名称 3,4-二甲苯基-*N*-甲基氨基甲酸酯；3,4-dimethylphenyl-*N*-methylcarbamate。

理化性质 无色固体，熔点 79～80℃，蒸气压 121mPa（25℃）。溶解性：水中 580mg/L（20℃），在乙腈中 48.3％、环己酮中 43.5％、二甲苯中 11.8％（均在室温下）。在碱性介质中水解。

毒性 急性经口 LD_{50}：雄性大鼠 375mg/kg，雌性大鼠 325mg/kg。小鼠急性经皮 LD_{50}＞1000mg/kg。

应用 非系统性的杀虫剂。用于防治水稻叶蝉、飞虱和果树上的介壳虫等。

合成路线

常用剂型 灭杀威主要制剂有 50％可湿性粉剂、30％乳油、25％粉剂和 3％微粒剂。

灭梭威（methiocarb）

$C_{11}H_{15}NO_2S$，225.31，2032-65-7

其他名称 甲硫威，灭旱螺，灭赐克，mercaptodimethur，mercapturon，Baysol，Draza，Mesurol。

化学名称 3,5-二甲基-4-甲硫基苯基-N-甲基氨基甲酸酯；3,5-dimethyl-4-methylthio-phenyl-N-methylcarbamate。

理化性质 纯品为白色结晶粉末，熔点121℃。工业品略带气味，熔点119℃。蒸气压1.49×10^{-3}Pa。20℃时溶解度：二氯甲烷50％，异丙醇8％，甲苯7％，正己烷0.2％，水27mg/L。碱性条件下不稳定。

毒性 大鼠急性经口LD_{50}（mg/kg）：100（雄），130（雌）。大鼠急性经皮LD_{50} 350～400mg/kg（雄），500mg/kg（雌）。大鼠急性吸入$LC_{50} > 20$mg/L。以每天100mg/kg剂量饲喂大鼠20个月，无不良反应。对蜜蜂有毒。

应用 氨基甲酸酯类杀虫剂、杀螨剂。具有广谱、长残效的特点，无内吸作用。可用于玉米、水稻、草莓、葡萄、柑橘、高粱、棉花、果树、蔬菜等作物，防治螨类、蚜虫、鳞翅目幼虫、象鼻虫、果蝇、蓟马、黄木虱、飞蝗等害虫。本品还对蜗牛等软体动物有效，因此可作为杀蜗牛剂，还可作为驱鸟剂。

合成路线

常用剂型 灭梭威常用制剂主要有50％、75％可湿性粉剂，3％粉剂和4％小药丸等。

灭蚊菊酯（pentmethrin）

$C_{15}H_{19}Cl_2NO_2$，316.1，79302-84-4

其他名称 氰戊烯氯菊酯，戊烯氰氯菊酯。

化学名称 （α-氰基-1-甲基）丁烯基-2,2-二甲基-3-(2,2-二氯乙烯基)环丙烷羧酸酯；（α-cyano-1-methyl) butenyl-2,2-dimethyl-3-(2,2-dichlorovinyl) cyclopropanecarboxylate。

理化性质 工业品原油为棕褐色液体，含量$>85％$，沸点150～152℃（4.2×10^2Pa），相对密度1.138（20℃），蒸气压1.37×10^{-2}Pa（20℃）。可溶于苯、甲苯、乙醇等有机溶剂，不溶于水。

毒性 急性经口LD_{50}（mg/kg）：4640（大鼠），1930（小鼠）。对皮肤无刺激，高浓度时对眼睛有刺激。Ames试验为阴性。

应用 触杀和胃毒。本品为防治成蚊用的卫生杀虫剂原药，不能直接使用，只能加工成不同剂型用于家庭防治成蚊。防治蚊子和家蝇，制作蚊香的原料。

合成路线

常用剂型 灭蚊菊酯常用制剂规格有 60％乳油、40％电热蚊香片（液）。

灭蚜磷（mecarbam）

$C_{10}H_{20}NO_5PS_2$，329.4，2595-54-2

其他名称 灭蚜蜱，灭蚜磷，灭蚜蜱，Afo，Mecarbam，Marfotoks，MC474，MS1053，MS1143，Muratox，Murfotox，P474，Pestan。

化学名称 O,O-二乙基-S-（N-乙氧基羰基-N-甲基氨基甲酰甲基）二硫代磷酸酯；S-(N-ethoxycarbonyl-N-methylcarbamoylmethyl)-O,O-diethyl phosphorodithioate。

理化性质 浅褐色至淡黄色油状液体。在水中的溶解度小于 1g/L（室温），在脂肪烃中溶解度小于 50g/kg。可与酒精、酮、酯、芳香烃混溶。工业品能缓慢腐蚀金属。可被水解。

毒性 急性经口 LD_{50}：大鼠 36mg/kg，小白鼠 106mg/kg。大鼠急性经皮 LD_{50}＞1220mg/kg。大鼠吸入 LC_{50}（6h）为 0.7mg/L 空气。对蜜蜂、水蚤等水生生物有毒。

应用 灭蚜磷又称灭蚜蜱，是一种有机磷杀虫、杀螨剂。可用于防治飞虱类、葱头蝇、介壳虫、油虫、叶螨等害虫。

合成路线

常用剂型 灭蚜磷可加工成乳油、可湿性粉剂等剂型使用。

灭蚜硫磷（menazon）

$C_6H_{12}N_5O_2PS_2$，265.23，78-57-9

其他名称 灭蚜松，灭那虫。

化学名称 S-（4,6-二氨基-1,3,5-三嗪-2-基）甲基-O,O-二甲基二硫代磷酸酯；S-4,6-

diamino-1,3,5-triazin-2-ylmethyl-*O*,*O*-dimethyl phosphorodithioate。

理化性质 纯品为棕黄色固体，熔点60℃，相对密度1.22，蒸气压0.640×10⁻³Pa（25℃）。可溶于二氯甲烷、乙酸乙酯等有机溶剂，丙酮300g/L，甲醇2470g/L，甲苯2450g/L，己烷80g/L。原药在水中的溶解度448mg/L（115mg/kg）（20℃）。在pH≤7.5条件下稳定，在土壤中半衰期为1d。

毒性 大鼠急性经口LD_{50} 890mg/kg。

应用 分子结构中含三唑基团，是广谱、高效、高选择性的杀蚜药剂，对抗性蚜虫也有良好的防效。由于该药剂能在作物脉管中形成上、下双相传导，因此土壤用药可防治食叶性蚜虫，而叶面喷施可防治食根性蚜虫，从而保护整个植株。推荐用药量为0.6～0.9g（a.i.）/100m²，防治抗性蚜虫及棉蚜需0.9～1.5g/100m²，防治伏蚜需1.8～2.3g/100m²。药剂持效期长达10～15d。

合成路线

常用剂型 灭蚜硫磷常用制剂主要有70％可湿性粉剂等。

灭蚁灵（mirex）

$C_{10}Cl_{12}$，545.54，2385-85-5

化学名称 灭蚁灵；1,1a,2,2,3,3a,4,5,5,5a,5b,6-dodecachlorooctahydro-1,3,4-metheno-1*H*-cyclobuta［*cd*］pentalene。

理化性质 白色固体，熔点485℃。不溶于水，溶于苯（12.2％）、四氯化碳（7.2％）、二甲苯（14.3％）。硫酸、硝酸和盐酸等都不能影响其稳定性。

毒性 大白鼠急性经口LD_{50}（mg/kg）：306（雄），600（雌）。兔急性经皮LD_{50}：850mg/kg。禁用情况：加拿大（禁止生产销售1977～1978年），美国（撤销登记1976年），丹麦（未批准），瑞典（未批准）。我国2009年5月17日起全面禁止灭蚁灵的生产、流通、使用和进出口。

应用 胃毒杀虫剂，略有触杀作用，采用毒饵广泛用于防治多种蚁。

合成路线

常用剂型 灭蚁灵常用制剂主要有70％可湿性粉剂。

灭蝇胺（cyromazine）

$$C_6H_{10}N_6, 166.2, 66215-27-8$$

其他名称 Armor，Bereazin，Trigard，Larvadex，Neoprox，Vetrazine，CGA 72662。

化学名称 *N*-环丙基-1,3,5-三嗪-2,4,6-三胺；*N*-cyclopropyl-1,3,5-triazine-2,4,6-tri-amine。

理化性质 纯品为白色结晶，熔点 220～222℃。在 20℃、pH＝7.5 时水中溶解度为 11000mg/L。pH＝5～9 时，水解不明显。

毒性 原药对大鼠急性经口 LD_{50} 3387mg/kg；急性吸入 LC_{50}＞2720mg/m³（4h）。对兔皮肤有轻微刺激作用，对眼睛无刺激性。虹鳟鱼和鲤鱼 LC_{50}＞100mg/L；蓝腮鱼和鲶鱼 LC_{50}＞90mg/L。对鸟类实际无毒，短尾白鹌鹑 LD_{50} 为 1785mg/kg，野鸭 LD_{50}＞2510mg/kg。

应用 防治潜叶蝇昆虫生长调节剂，能使双翅目幼虫和蛹在发育过程中发生形态畸变，成虫羽化受抑制或不完全，这说明是因干扰蜕皮和化蛹所致。不论是口服或局部施药，对成虫均无致死作用，但经口摄入后卵的孵化率降低。在植物上有内吸收作用，施到叶部有很强的传导作用，施到土壤由根系吸收，向顶传导。施于豆类、胡萝卜、芹菜、瓜类、莴苣、洋葱、豌豆、青椒、马铃薯、番茄用 12～30g/100L 药剂处理，或 75～225g/hm²。高剂量比低剂量明显地延长持效。土壤使用剂量为 200～1000g/hm²，用高剂量持效可达 8 周。

合成路线 灭蝇胺的合成路线有路线 1→2、路线 3→4 和路线 5→2。

常用剂型 灭蝇胺目前在我国的制剂登记中主要剂型有可湿性粉剂、悬浮剂和可溶性粉剂。复配制剂主要与毒死蜱、杀虫单、阿维菌素等进行复配。

灭蝇磷

$$C_7H_{13}Cl_2O_5PS, 311.0, 7076-53-1$$

其他名称 Nexion 1378，Nexion。

化学名称 2,2-二氯乙烯基-2-乙基亚磺酰乙基甲基磷酸酯；2,2-dichloroethenyl-2-ethylsulfinylethyl methyl phosphate。

理化性质 具有芳香味的油状液体，相对密度1.3552。能溶于大多数有机溶剂。

毒性 大白鼠急性经口 LD_{50} 110mg/kg，小白鼠急性经口 LD_{50} 200mg/kg。

应用 用于防治家蝇等卫生害虫。

常用剂型 灭蝇磷目前在我国未见相关制剂产品登记。

灭幼脲（chlorbenzuron）

$C_{14}H_{10}Cl_2N_2O_2$，308.9，57160-47-1

其他名称 苏脲一号，灭幼脲三号，一氯苯隆，Mieyouniao。

化学名称 1-邻氯苯甲酰基-3-(4-氯苯基) 脲；1-(2-chlorobenzoyl)-3-(4-chlorophenyl)urea。

理化性质 原药为白色结晶，熔点199～210℃；在丙酮中溶解度10mg/L，可溶于 N,N-二甲基甲酰胺和吡啶等有机溶剂，不溶于水。遇碱或遇酸易分解，通常条件下贮藏较稳定，对光、热也稳定。

毒性 原药对大鼠急性经口 LD_{50} > 20000mg/kg，对兔眼睛和皮肤无明显刺激作用。大鼠经口无作用剂量为每天125mg/kg。动物试验未见致畸、致癌、致突变作用。动物体内无积累作用。对鱼类、鸟类、天敌、蜜蜂安全。

应用 苯甲酰脲类杀虫剂，抑制昆虫壳多糖形成，阻碍幼虫蜕皮，使虫体发育不正常而死。以胃毒作用为主，也有触杀作用。药效速度较慢，但残效期较长。用于防治鳞翅目多种害虫如黏虫、甜菜夜蛾、斜纹夜蛾、毒蛾、菜青虫、松毛虫、小菜蛾、桃小食心虫、梨小食心虫等，在卵孵期与幼虫期使用。如防治小菜蛾、菜青虫用25%悬浮剂500～1000倍液喷雾，防治柑橘潜叶蛾用1000～2000倍液喷雾。防治黏虫、松毛虫用2500～5000倍液喷雾，不宜在桑园附近使用。

合成路线 有取代脲路线 1→2、草酰氯路线 5→6→7 和光气路线 3→4，如下所示。

常用剂型 灭幼脲目前在我国登记主要为悬浮剂、可湿性粉剂、乳油、胶饵、毒饵等。

复配制剂主要与阿维菌素、甲维盐、高效氯氰菊酯、哒螨灵、吡虫啉等进行复配。

苜蓿银纹夜蛾核型多角体病毒（ Autographa *californica* NPV ）

其他名称 奥绿一号，秀田蛾克，双料食毙，攻蛾。
性质 制剂外观为橘黄色可流动悬浮液体，pH6～7。
毒性 急性 LD_{50}（mg/kg）：经口>5000；经皮>4000。亚急性与慢性毒性试验未见各项指标改变，无肿瘤发生，无致病作用。皮肤致敏及小鼠骨髓微核试验均为阴性。
活性 触杀。杀虫谱广，对危害蔬菜等农作物的鳞翅目害虫有较好的防治效果，具有低毒、药效持久、对害虫不易产生抗性等特点，是生产无公害蔬菜的生物农药。
应用 主要用于防治十字花科蔬菜甜菜夜蛾、斜纹夜蛾、棉铃虫、小菜蛾等。
常用剂型 苜蓿银纹夜蛾核型多角体病毒在我国登记的主要制剂有 10 亿 PIB/mL 悬浮剂，1000 亿 PIB/mL 母药，以及与苏云金杆菌复配的悬浮剂。

萘氨磷

$C_{16}H_{16}NO_5PS$，365.4，2668-92-0

其他名称 萘氨硫磷，Bayer22408，ENT-24970，S-125。
化学名称 O,O-二乙基-O-（萘二甲酰亚氨基）硫逐磷酸酯；O,O-diethyl-O-(naphthuloximide) phosphovothionate。
理化性质 黄褐色结晶，熔点为 160℃；几乎不溶于水和煤油，易溶于大多数有机溶剂，在乙醇中溶解度低。
毒性 对哺乳动物低毒，大鼠急性经口 LD_{50} 为 500mg/kg。
应用 用于防治棉花害虫、马铃薯甲虫、蝇及蚊的幼虫。
合成路线

常用剂型 萘氨磷常用制剂主要有 50% 可湿性粉剂、5% 粉剂、2.5% 颗粒剂。

喃烯菊酯（ japothrins ）

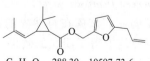

$C_{18}H_{24}O_3$，288.39，10597-73-6

225

其他名称 烯呋菊酯。

化学名称 5-(2-丙烯基)-2-呋喃基甲基（1*RS*）顺，反菊酸酯；5-(2-propen-1-yl)-2-furanyl methyl（1*RS*）*cis*，*trans*-chrysanthemata。

应用 由于其具有高的蒸气压和高的扩散速度，杀蚊活性较高，可以制作蚊香，也具有一定的杀蝇活性，还可用于防治芥菜甲虫。如作为滞留喷洒，对爬行害虫的持效差，且稳定性亦欠佳。

常用剂型 呋烯菊酯目前在我国未见相关制剂产品登记。

拟青霉（ Paecilomyces ）

性质 属半知菌亚门、丝孢纲、丝孢目、丛梗孢科、拟青霉属。拟青霉属虫生真菌，杀伤力强，多数种类具生命力强、适应性广、易于培养、孢子丰富、容易扩散等特点，并且代谢产物也具有较强的杀虫活性和生理效应，因此开发利用拟青霉虫生真菌有着广阔的前景。我国有记载的拟青霉虫生真菌有 16 个种（或变种），其中淡紫拟青霉（*P. lilacinus*）、粉质拟青霉（*Paecilomyces farinosus*）、玫烟色拟青霉（*Paecilomyces fumosoroseus*）研究报道较多。

活性 拟青霉的寄主范围广泛，寄主有鳞翅目、鞘翅目、膜翅目、同翅目、直翅目、双翅目、半翅目、等翅目、革翅目、脉翅目等多种昆虫，能有效防治松小蠹、松毛虫、松梢螟、松尽蠖、松卷中蛾、板栗象甲、螟、蝗、叶蜂、叶蝉、蚊、蚁、吉丁虫、天牛、叩头虫、蝼蛄、地老虎等。

毒性 对人、畜、家禽未发现毒性，是一类理想的绿色环保型生物杀虫剂。

应用

（1）淡紫拟青霉（*P. lilacinus*）

土壤兼性腐生菌，广泛存在于世界各国土壤中。1979 年，P. Jatala 首次从南方根结线虫的卵中分离。能防治多种线虫，其寄主有根结线虫、胞囊线虫、金色线虫、异皮线虫，甚至人、畜肠道蛔虫。被认为是最有前途的防治根结线虫等线虫的生物介体。同时，据文献资料，淡紫拟青霉可寄生半翅目的荔枝蝽象、稻黑蝽，同翅目的叶蝉、褐飞虱，等翅目的白蚁，鞘翅目的甘薯象鼻虫以及鳞翅目的茶蚕、灯蛾等。

常用剂型 拟青霉在我国登记的主要制剂产品有 100 亿活孢子/g、200 亿活孢子/g 母药、2 亿活孢子/g 粉剂、5 亿活孢子/g 颗粒剂。

（2）粉质拟青霉（*Paecilomyces farinosus*）

自 1958 年 Kolybajiv 发现其侵染冬梢卷叶蛾和松天蛾以来，各国学者纷纷研究利用该菌防治多种害虫，其中，以应用于森林害虫的防治为最多见。防治松毛虫等森林害虫，温室白粉虱，桑粉虱，水稻、蔬菜等多种作物上害虫，如螟虫、菜青虫、小菜蛾均取得了明显的效果。

常用剂型 粉质拟青霉在我国未见相关制剂产品登记。

（3）玫烟色拟青霉（*Paecilomyces fumosoroseus*）

是全球分布的烟粉虱上的常见病原。该菌在自然界的寄主十分广泛，能侵染 8 个目 40 多种昆虫。防治松毛虫和温室白粉虱均取得了明显的效果。

常用剂型 玫烟色拟青霉在我国未见相关制剂产品登记，常用剂型主要有孢子悬乳剂。

d-柠檬烯（d-limonene）

$$H_3C-\text{（环己烯结构）}-\overset{CH_3}{\underset{CH_2}{}}$$

$C_{10}H_{16}$，136.23，5989-27-5

其他名称　D-苧烯，(R)-(＋)-苧烯，右旋萜二烯，(＋)-柠蒙油精。

化学名称　1-甲基-4-异丙基环己烯；(R)-(＋)-对薄荷-1,8-二烯香芹烯；R-4-isopropenyl-1-methylcyclohexene or p-mentha-1,8-diene。

理化性质　无色油状液体。呈愉快新鲜橙子香气，无樟脑和萜的气味。在空气和潮气影响下，可自行氧化成香芹油萜酮和香芹油萜醇，从而导致变质。沸点177℃，闪点46℃。混溶于乙醇和大多数非挥发性油，微溶于甘油，不溶于水和丙二醇。

毒性　大鼠急性经口 LD_{50} 为4400mg/kg。

应用　①家庭卫生杀虫剂柠檬烯主要是从橙皮和柠檬皮中提炼出来的。可制成 d-柠檬烯生物增效杀虫剂，其有效成分（质量分数）为 d-柠檬烯10％～15％、拟除虫菊酯1％～4％，其余为乳化剂25％～32％、溶剂43％～64％，成品外观为水色透明液体，橙香味。该杀虫剂对各种作物上的鳞翅目、鞘翅目、半翅目、膜翅目等农业害虫均具有杀灭作用，可大量减少有机磷及化学农药在农业生产上的使用，与常规化学农药相比具有毒性低、残留低等特点，且速效性能与化学农药媲美，对保护生态、人类健康意义特别重大。②茶园及其他有较高附加值农作物的杀虫剂。

常用剂型　杀虫气雾剂等卫生杀虫剂。

农安磷

$$\text{（二硫戊环结构）}=N-\overset{S}{\underset{OC_2H_5}{P}}<^{OC_2H_5}_{OC_2H_5}$$

$C_7H_{14}O_2NS_3$，271.4，333-29-9

其他名称　环安磷，Cyolane，Cylan，ENT-25809，E.I.43064，America Cyanamid-43064。

化学名称　2-(二乙氧基硫逐磷酰亚氨基)-1,3-二硫戊环；2-(diethoxyphosphinothioy-limino)-1,3-ditholane。

理化性质　白色固体，熔点为37～39℃；30℃时，水中可溶300mg/L；可溶于丙酮、苯、甲苯、乙醇等有机溶剂。在中性和微酸性介质中稳定。

毒性　对雄大鼠的急性经口 LD_{50} 为29mg/kg。

应用　具有内吸性，可从根系吸收，输导到植物全株，对蚜、螨、棉铃象虫、杂拟谷盗和德国小蠊有效。

常用剂型　农安磷常用制剂主要有25％可湿性粉剂、35％乳剂、10％颗粒剂。

欧洲松木叶蜂核型多角体病毒（Neodiprion leconter NPV）

毒性　对人、畜、非靶标生物和环境安全。

活性 利用田间的叶蜂种群活体生产。选择经病毒处理过的高密度幼虫种群冷冻干燥、粉碎得到成品。病毒被摄入后，释放的病毒粒子侵染寄主体内几乎所有类型的细胞并增殖，最终导致幼虫死亡，表皮破裂，大量的包涵体释放到环境中。

应用 适用于防治森林中的叶蜂。施用一次可保护森林免受叶蜂危害。很少与其他农药混用，不耐强酸、强碱。

常用剂型 欧洲松木叶蜂核型多角体病毒主要剂型有粉剂。

哌虫啶（paichongding）

$C_{17}H_{23}ClN_4O_3$，366.76

化学名称 1-[（6-氯吡啶-3-基）甲基]-5-丙氧基-7-甲基-8-硝基-1，2，3，5，6，7-六氢咪唑〔1，2-a〕吡啶。1-[(6-chloro-3-pyridinyl) methyl]-1，2，3，5，6，7-hexahydro-7-methyl-8-nitro-5-propoxyimidazo〔1，2-a〕pyridine。

理化性质 哌虫啶原药外观为淡黄色粉末，熔点130.2～131.9℃，蒸气压（20℃）200mPa。溶解度（g/L，20℃）：水0.61，乙腈50，苯0.68，二氯甲烷55，异丙醇1.2。在常温条件下贮存及中性、微酸性介质中稳定，在碱性水介质中缓慢水解。

毒性 该药原药对雌、雄大鼠急性经口LD_{50}＞5000mg/kg。对雌、雄大鼠急性经皮LD_{50}＞51500mg/kg。对家兔眼睛、皮肤均无刺激性，对豚鼠皮肤有弱致敏性。对大鼠亚慢性（90d）经口毒性试验表明：最大无作用剂量为30mg/(kg·d)。对雌、雄小鼠微核或骨髓细胞染色体无影响，对骨髓细胞的分裂也未见明显的抑制作用，显性致死或生殖细胞染色体畸变结果为阴性，Ames试验结果为阴性。哌虫啶10％悬浮剂对斑马鱼（96h）LC_{50} 93.3mg/L；鹌鹑LD_{50}（7d）＞500mg/kg；蜜蜂（48h胃毒）LC_{50} 361mg/L；家蚕（2龄，带毒叶碟法）LC_{50} 758mg/kg桑叶。哌虫啶10％悬浮剂对鱼、鸟、蜜蜂和家蚕均为低毒；对蜜蜂为中等风险性，对家蚕为低风险性。使用时要注意对蜜蜂的影响，禁止在河塘等水域内清洗施药器具。

应用 哌虫啶为我国自主研发的新型高效、广谱、低毒烟碱类杀虫剂，主要用于防治同翅目害虫，对稻飞虱有良好的防治效果，防效达90％以上，对蔬菜蚜虫的防效达94％以上，明显优于已产生抗性的吡虫啉。该药剂可广泛用于果树、小麦、大豆、蔬菜、水稻和玉米等多种作物害虫的防治。同时环境相容性好，在当今吡虫啉抗性不断增长的情况下，该药剂极有可能成为一个大有发展前途的新颖杀虫剂。

合成路线

常用剂型 哌虫啶常用制剂主要有70％悬浮剂。

228

皮蝇磷（fenchlorphos）

$$C_8H_8Cl_3O_3PS，321.55，299-84-3$$

其他名称 芬氯磷，皮蝇硫磷，三氯苯磷，ENT-23284，OMS123，Ronnel，Dow ET-14，Dow ET-57，Korlan，Nankor，Trolene。

化学名称 O,O-二甲基-O-(2,4,5-三氯苯基)硫逐磷酸酯；O,O-dimethyl-O-(2,4,5-trichlorophenyl) phosphorothioate。

理化性质 外观呈白色粉末状。35～37℃软化，熔点为41℃，沸点97℃/1.33Pa，在25℃蒸气压为0.107Pa，相对密度d_4^{24}为1.4850，折射率n_D^{35}为1.5537。可溶于多种有机溶剂如丙酮、四氯化碳、氯仿、醚、二氯甲烷、甲苯和二甲苯等；室温下水中溶解度为44mg/L。在温度达60℃时仍稳定，但在碱性介质中不稳定，在弱碱溶液中分解成去甲基皮蝇磷，而在强碱性介质中则形成二甲基硫逐磷酸和2,4,5-三氯酚而失效。

毒性 皮蝇磷对人体低毒。急性经口LD_{50}（mg/kg）：大白鼠1740，小白鼠2000，兔420，豚鼠1400，鸡6500，鸭3500，鸟80，牛400～600。腹腔注射LD_{50}（mg/kg）：大白鼠2823，小白鼠118。急性经皮LD_{50}（mg/kg）：大白鼠2000，兔1000。

应用 内吸性杀虫剂，具有触杀作用，对多种害虫有很好的杀虫效果，兼具动物内吸和熏蒸作用。一般在驱虫上主要是利用动物内吸。家畜浸渍或喷雾，可防治牛皮蝇、纹皮蝇，马和羊的跳蚤、壁虱、虱、扁虱、螺旋蝇、丽蝇、羊虱蝇、蚱蝇等。由于蒸气压高，因此本品对卫生害虫，如家蝇很有效，放在开口的容器内保存12～16周有效。同时因毒性低，可用于食品加工厂灭蝇。残留防治居室害虫，如家蝇、蜚蠊、跳蚤、臭虫、衣鱼、蚂蚁以及蟋蟀。此外，使用本品熏蒸可有效防治粮食害虫。由于皮蝇磷对植物有很高的药害，切勿用于作物。

合成路线

常用剂型 皮蝇磷常用制剂主要有0.25%～0.5%乳剂、5%糊剂、1%～2%粉剂等。

蜱虱威（promacyl）

$$C_{16}H_{23}NO_3，277.37，34264-24-9$$

其他名称 Promecarb-A。

化学名称 3-异丙基-5-甲基-苯基甲基-丙基羰基氨基甲酸酯；3-isopropyl-5-methylphenyl butyryl (methyl) carbamate or 5-methyl-*m*-cumenyl butyryl (methyl) carbamate。

理化性质 无色液体，沸点158℃/0.67kPa，略有甜味，n_D^{24}1.5052，密度0.996g/mL (20℃)。可与有机溶剂混溶，不溶于水，室温下稳定。

毒性 原药急性毒性LD$_{50}$ (mg/kg)：小鼠2000～4000，大鼠1220，豚鼠250，兔8000。

应用 为杀虫剂和杀螨剂，强烈地抑制微牛蜱的产卵。与有机磷杀虫剂或拟除虫菊酯杀虫剂制成的混剂，对牛壁虱特别有效。如10g/kg蜱虱威与500mg/kg乙基溴硫磷制成混剂，能使微牛蜱100％死亡。

合成路线

常用剂型 蜱虱威常用剂型主要有可湿性粉剂、缓释剂，可与溴氰菊酯、乙基溴硫磷等复配。

苹果小卷蛾颗粒体病毒 （ *Cydia plmnella GV* ）

性质 从染病死亡的寄主上分离。

毒性 对人、畜安全，不污染环境。

活性 病毒被幼虫摄食后，包涵体在寄主的中肠内溶解，释放出包有衣壳蛋白的病毒粒子，病毒穿过围食膜并侵入中肠上皮细胞，随后在细胞核内脱衣壳并进行增殖，最终在幼虫死后以包涵体的形式释放出来。正确使用杀虫效果很快，通常为数小时。

应用 可防治苹果、梨、核桃上的苹果小卷蛾。喷雾防治初孵幼虫，老熟幼虫由于在果实内蛀食，很难被侵染。

常用剂型 苹果小卷蛾颗粒体病毒常用剂型主要有水乳剂和悬浮剂。

苹果小卷叶蛾性信息素 （ codlemone ）

C$_{12}$H$_{22}$O，182.3，33956-49-9

化学名称 (*E*,*E*)-8,10-十二碳二烯-1-醇；(*E*,*E*)-dodeca-8,10-dien-1-ol。

性质 最初是从苹果小卷叶蛾未交配雌虫腹末端分离。雄虫可沿着雌虫释放的性信息素寻找到雌虫，交配产卵，繁衍后代。

毒性 大鼠急性经口LD$_{50}$大于3250mg/kg。

应用 使用于仁果类果树，如苹果、梨和胡桃园，对苹果小卷叶蛾和胡桃小卷叶蛾很有效。诱杀时，可与触杀性杀虫剂如拟除虫菊酯类杀虫剂一起使用。

常用剂型 可制成缓慢释放激素气体的线圈或聚乙烯胶囊、片状塑料、塑料管等，常用干扰交配的典型组成为62.5％苹果小卷叶蛾性信息素、31％十二碳-1-醇和6％十四烷醇的复配剂。

扑杀磷 （ potasan ）

$C_{14}H_{17}O_5PS$，328.3，299-45-6

其他名称　扑打杀，扑打散。

化学名称　O,O-二乙基-O-(4-甲基香豆素基-7) 硫代磷酸酯；O,O-diethyl-O-(4-methylumdelliferone) phosphorothioate。

理化性质　本品为无色晶体，具有轻微的芳香气味，熔点 38℃。纯品在水中几乎不溶，中度溶于石油醚，易溶于大多数有机溶剂。室温下蒸气压极低，在 pH5～8 对水解稳定。

毒性　大白鼠急性经口 LD_{50}（mg/kg）：19（雄）、42（雌）。

应用　非内吸性杀虫剂，略有一些触杀活性。对咀嚼式口器害虫，尤其对马铃薯甲虫有效。

常用剂型　扑杀磷常用制剂主要有 40％乳油。

七氟菊酯 （ tefluthrin ）

(Z)-(1S)-cis-　　　　(Z)-(1R)-cis-
$C_{17}H_{14}ClF_7O_2$，418.7，79538-32-2

其他名称　efluthrin，tefluthrine，teflutrin，teflutrina。

化学名称　2,3,5,6-四氟-4-甲基苄基（Z）-(1RS，3RS)-3-(2-氯-3,3,3-三氟丙-1-烯基)-2,2-二甲基环丙烷羧酸酯；2,3,5,6-tetrafluoro-4-methylbenzyl (Z)-(1RS，3RS)-3-(2-chloro-3,3,3-trifluoroprop-1-enyl)-2,2-dimethylcyclopropanecarboxylate。

理化性质　纯品常温下为无色固体，熔点 44.6℃，120℃ 时蒸气压为 8mPa、20℃ 时为 2.5mPa。七氟菊酯微溶于水，20℃ 时水中溶解度为 0.02mg/L，能溶于大多数有机溶剂，21℃ 时，在丙酮、二氯甲烷、乙酸乙酯、甲苯中溶解度均大于 500g/L。在 15～25℃ 时，七氟菊酯至少稳定 9 个月，其水解半衰期为 30d。

毒性　对哺乳动物和水生生物毒性很高，对鸟类和蚯蚓的毒性较低。作为农作物的杀虫剂，对环境影响较小。急性经口 LD_{50}（mg/kg）：大鼠 22～35，小鼠 45～56。急性经皮 LD_{50}（mg/kg）：大鼠 148～1480（雄），小鼠 262。鱼毒性 LC_{50}（mg/L，96h）：虹鳟鱼 60，太阳鱼 130。

应用　用作土壤杀虫剂，土壤或种子处理防治各种土壤栖鞘翅目、鳞翅目和双翅目害虫。

合成路线

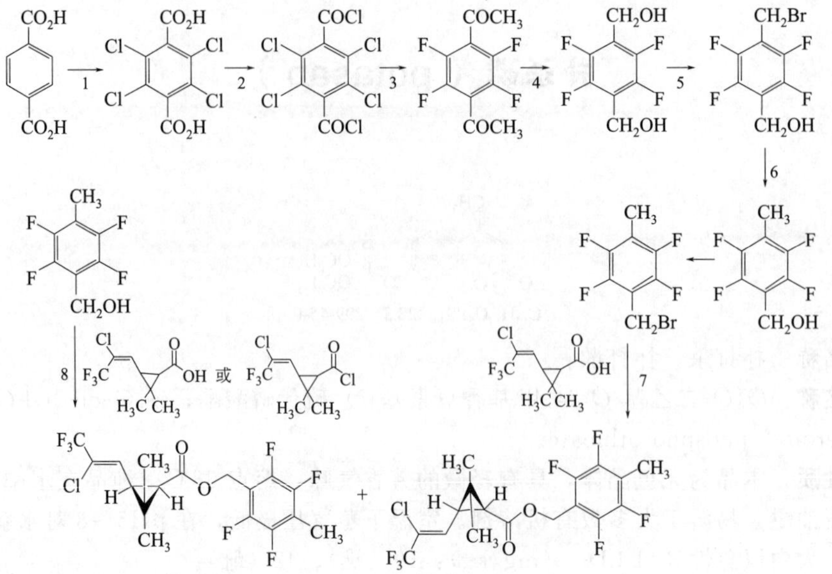

(Z)-(1S)-cis-   (Z)-(1R)-cis-

常用剂型 七氟菊酯常用制剂有 10％七氟菊酯乳油，0.5％、1.5％七氟菊酯颗粒剂，10％七氟菊酯干胶悬剂等。

七氯（heptachlor）

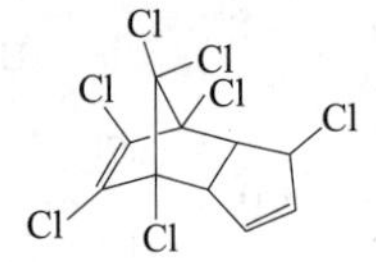

$C_{10}H_5Cl_7$，373.3，76-44-8

其他名称 七氯化茚。

化学名称 1,4,5,6,7,10,10-七氯-4,7,8,9-四氢-4,7-亚甲基茚；1,4,5,6,7,8,8-hepta-chloro-3a,4,7,7a-tetrahydro-4,7-methanoindene。

理化性质 纯品为晶体，原药为蜡状固体，熔点 95～96℃（纯品），46～47℃（工业品），沸点 135～145℃，蒸气压 53mPa（25℃，纯品），相对密度 1.65～1.67（25℃，原药）。溶解度：水 0.056mg/L（25～29℃），溶于许多有机溶剂，如丙酮 75g/100mL、苯 106g/100mL、二甲苯 102g/100mL、环己酮 119g/100mL、四氯化碳 113g/100mL、乙醇 4.5g/100mL。工业品溶解度：环己酮 1.65kg/L，乙醇 62.5g/L，脱臭煤油 263g/L，二甲苯 1.41kg/L（20～30℃）。日光、空气、潮湿和低于 160℃是稳定的，不容易发生脱氯反应，但对环氧化作用敏感。

毒性 急性经口 LD$_{50}$（mg/kg）：大鼠 40，小鼠 68。兔急性经皮 LD$_{50}$2000mg/kg。大鼠经口 7.5～10mg/kg，2 年，出现肝脏轻微的实质性退行性病变。七氯与氯丹类似，进入机体后很快转化为毒性较大的环氧化物并贮于脂肪中，主要影响中枢神经系统及肝脏等。

应用 非内吸性触杀、胃毒性杀虫剂，有一定熏蒸作用，常加工成乳剂与可湿性粉剂使用。用于防治地下害虫及蚁类，杀虫力比氯丹强。

合成路线

常用剂型 七氯常用制剂主要有 25％乳油、5％粉剂。

嗪虫脲

$C_{19}H_{14}BrClN_4O_2$，442.69，69816-57-5

其他名称 Lilly-7063，Ly-127063，L-7063，EL-127063。

化学名称 N-{［［5-(4-溴苯基)-6-甲基吡嗪基］氨基］羰基}-2-氯苯甲酰胺；N-［［［5-(4-bromophenyl)-6-methyl-2-pyrazinyl］amino］carbonyl］-2-chlorobenzamide。

应用 为几丁质合成抑制剂，主要用于防治卫生害虫及农业害虫。对高温、高压、日光、紫外线稳定，对非目标生物、水生生物相当安全。在 0.2～13.5mg/kg 浓度下，可有效地防治小麦上的谷蠹、杂氨谷盗、锯谷盗、印度谷螟、米象、粉斑螟、麦蛾等；5mg/kg 可100％杀死亚热带黏虫幼虫；对舞毒蛾 (3～4 龄) 的相对毒力 EC_{50} 为 0.176mg/kg，对云杉卷叶蛾 EC_{50} 为 0.05～0.14mg/kg。

常用剂型 主要为氯雾剂。

氰氟虫腙 (metaflumizone)

$C_{24}H_{16}F_6N_4O_2$，506.40，139968-49-3

其他名称 氟氰虫酰肼。

化学名称 $(E+Z)$-2-［2-(4-氰基苯)-1-(3-三氟甲基苯) 亚乙基］-N-(4-三氟甲氧基苯)联氨羰草酰胺；(EZ)-2′-［2-(4-cyanophenyl)-1-$(\alpha,\alpha,\alpha$-trifluoro-m-tolyl) ethylidene］-4-(trifluoromethoxy) carbanilohydrazide。

理化性质 原药呈白色晶体粉末状，含量为 96.13％，熔点为 190℃，蒸气压为 1.33×10^{-9}Pa (25℃，不挥发)，水中溶解度小于 0.5mg/L，油水分配系数 $\lg P=4.7\sim5.4$，水解 DT_{50} 为 10d (pH7 时)。在水中光解迅速，DT_{50} 为 2～3d，在土壤中光解 DT_{50} 为 19～21d。在有空气时光解迅速，$DT_{50}<1$d。在有光照时水中沉淀物的 DT_{50} 为 3～7d。

毒性 氰氟虫腙原药大鼠急性经口 $LD_{50}>5000$mg/kg、急性经皮 $LD_{50}>5000$mg/kg、急性吸入 $LC_{50}>5.2$mg/L。对兔眼睛、皮肤无刺激性，对猪皮肤无致敏性；对哺乳动物无神经毒性，Ames 试验呈阴性。鹌鹑经口 $LD_{50}>2000$mg/kg、蜜蜂经口 $LD_{50}>106\mu$g/只蜜

233

蜂（48h）、鲑鱼 $LC_{50} > 343ng/g$（96h）。氰氟虫腙对鸟类的急性毒性低，对蜜蜂低危险，由于在水中能迅速地水解和光解，对水生生物无实际危害。氰氟虫腙在 $110 \sim 196g$（a.i.）/ hm^2 剂量范围内，对多种天敌非常安全，在推荐剂量 [$240g$（a.i.）/hm^2] 下，对天敌也表现出毒性低、较安全的特点。氰氟虫腙对有益生物影响很小，由于低毒和对环境友好，氰氟虫腙被美国环保署（EPA）认定为降低风险的备选农药品种。

应用　氰氟虫腙对鳞翅目和鞘翅目具有明显的防治效果，如常见的种类有稻纵叶螟、甜菜夜蛾、棉铃虫、棉红铃虫、菜粉蝶、甘蓝夜蛾、小菜蛾、菜心野螟、小地老虎、水稻二化螟等，对卷叶蛾类的防效为中等；氰氟虫腙对鞘翅目害虫叶甲类如马铃薯叶甲防治效果较好，对跳甲类及种子象的防治为中等；氰氟虫腙对缨尾目、螨类及线虫无任何活性。该药用于防治蚂蚁、白蚁、红火蚁、蝇及蟑螂等非作物害虫方面很有潜力。

合成路线

常用剂型　氰氟虫腙目前在我国制剂产品登记主要有 36% 悬乳剂、22%、40% 悬浮剂，可与啶虫脒、毒死蜱等复配。

氰化钙（calcyan）

Ca(CN)₂，92.1，529-01-8

其他名称　Cyano gas。

理化性质　为深灰色无定形薄片或粉末。工业品含氰化钙不低于 42%。相对湿度低于 25%，即可分解出氰氢酸。在 350℃ 分解为氰氨化钙和碳。

毒性　对人极毒。

应用　用于熏杀粮仓、住宅及生产场所害虫，熏杀柑橘树上矢尖蚧、红蜡蚧，也可吹入鼠穴中熏杀草原害鼠。

常用剂型　氰化钙目前在我国未见相关制剂产品登记。

氰化氢（hydrogen cyanide）

CHN，27.03，74-90-8

其他名称　Acide cyanhydrique，Hydrocyanic acid，Prussic acid。

化学名称　氢氰酸；hydrogen cyanide。

理化性质　商品纯度 96% ~ 99% 的氢氰酸具苦杏仁味，基本为无警戒毒气，沸点 26.5℃，冰点 -15℃。相对密度：气体（空气 =1）0.9，液体（在 4℃ 时，水 =1）0.688（20℃）。空气中的燃烧极限：6% ~ 41%（按体积计）。在各种湿度下无限溶解。属弱酸，易溶于水和其他液体，对金属无腐蚀性，当液态贮存时，如无化学稳定剂存在，在容器内可分

234

解爆炸。作为熏蒸剂挥发，氢氰酸可由 3 种形式产生：①在压缩空气的协助下从钢瓶中放出；②以氰化钙在空气中解潮产生；③氰化物与硫酸反应产生。不同温度下的自燃蒸气压力：0℃（32T）35.23kPa，10℃（50T）53.32kPa，20℃（68T）81.31kPa，30℃（86T）121.3kPa。1kg 的体积为 1454.3mL；1L 重 0.688kg。

毒性 氢氰酸及氰化物对人类及温血动物有剧毒。氢氰酸内服 70mg、静脉注射 30mg，氰化钠内服 150mg，氰化钙内服 200mg，均足以致人于死地。空气中含有氰化氢浓度在 16mg/kg 以下时尚不致发生危险；20～40mg/kg 时数小时内即感不适，引起头痛、恶心、呕吐、心跳等现象；120～150mg/kg 时十分危险。

应用 氢氰酸是现代最早广泛使用的熏蒸剂之一。近年来对氢氰酸的使用有所减少，但在某些范围内仍是重要的熏蒸剂。氢氰酸可以用于防治各种仓储害虫的各种虫态（除螨类休眠体）。该药动物的毒性强于活性植物的毒性，所以用于对苗木、种子充分干燥的休眠体的熏蒸是较好的一种熏蒸剂。一般的种子经氢氰酸处理不会影响其发芽率，用氢氰酸处理已休眠的苗木来防治介壳虫具有良好的效果，但熏蒸后必须用清水冲洗，以防药害。该药易溶于水，在水中溶解成稀酸，不能安全地用于水果、蔬菜等含水量高的物品。氢氰酸对于许多的贮藏品和粮食、谷物等是常用的一种优良熏蒸剂，许多物体对氢氰酸有强烈的吸附性，如果被熏物品干燥，这种作用是可逆的，由于强烈的吸附性，而使该药的穿透性受到限制，因而建议多采用减压熏蒸。由于氢氰酸对温血动物有剧毒，常作为远洋船灭鼠的药剂。

常用剂型 氢化氢主要用作熏蒸剂。

氰戊菊酯（fenvalerate）

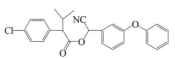

$C_{25}H_{22}ClNO_3$，419.9，51630-58-1

其他名称 中西杀灭菊酯，杀灭菊酯，速灭菊酯，戊酸氰菊酯，异戊氰菊酯，速灭杀丁，敌虫菊酯，杀虫菊酯，百虫灵，虫畏灵，分杀，芬化力，军星 10 号，杀灭虫净，Fenkill，Fenvalethrin，Sumitox，Sumicidin，Belmark，Pydrin。

化学名称 (R,S)-α-氰基-3-苯氧苄基 (R,S)-2-(4-氯苯基)-3-甲基丁酸酯；(R,S)-α-cyano-3-phenoxybenzyl (R,S)-2-(4-chlorophenyl)-3-methyl brtyrate。

理化性质 纯品为黄色油状液体，原药（含氯氰菊酯 92%）为黄色或棕色黏稠液体，熔点 39.5～53.7℃。易溶于丙酮、乙腈、氯仿、乙酸乙酯、二甲基甲酰胺、二甲亚砜、二甲苯等有机溶剂。在酸性介质中稳定，在碱性介质中会分解，加热 150～300℃时逐渐分解。常温下贮存 1 年分解率：40℃为 6.98%，60℃为 6.09%。30℃时 3d 分解率：pH=3.4 时为 8.7%，pH=7.3 时为 31.3%，pH=10.8 时为 97.3%。

毒性 鼠急性经口 LD_{50} 451mg/kg。对兔皮肤有轻度刺激作用，对眼睛有中度刺激性。动物试验未发现致癌和繁殖毒性。对鱼和水生动物有毒。

应用 氰戊菊酯属于非环羧酸酯类拟除虫菊酯杀虫剂，1976 年由日本住友化学公司开发。氰戊菊酯杀虫谱广、持效期长、对天敌无选择性，以触杀和胃毒为主，击倒力强、杀虫速度快，对鳞翅目害虫防治效果好，对同翅目、直翅目、半翅目等害虫也有较好的防治效果，对螨类无效。适用于棉花、果树、蔬菜、大豆及旱田和林业作物。目前已成为我国主要的拟除虫菊酯杀虫剂品种之一。由于其持效期长，我国已经禁止在茶叶上使用。

合成路线

常用剂型 氰戊菊酯在我国的制剂登记中主要剂型为乳油，此外还有水乳剂、可湿性粉剂、粉剂等。复配登记主要与辛硫磷、马拉松、敌敌畏、乐果、三唑酮、杀螟松、氧乐果、喹硫磷、灭多威、丙溴磷、鱼藤酮、吡虫啉、敌百虫、阿维菌素、水胺硫磷、硫丹等进行复配。

球孢白僵菌（ *Beauveria bassiana* ）

其他名称 Beauverial。

性质 白僵菌属半知菌亚门（Deuteromycotina）、丝孢菌纲（Eyphonycetes）、丛梗孢目（Moniliales）、丛梗孢科（Monililiaceae）、白僵菌属（*Beauveria*），寄主繁多，导致其形态学特征多样化。该属含有两个重要种：球孢白僵菌和卵孢白僵菌。可在合成培养基和天然培养基上生长，如土豆、胡萝卜、麦麸、玉米面等。在 24～28℃ 内菌丝生长最快，低于15℃或高于28℃时菌丝生长缓慢，但形成孢子较快。对高温抵抗能力差，50℃以上菌丝即大量死亡。在 0～5℃ 低温下生长缓慢，甚至休眠。生长发育需足够氧气，培养基一般pH6～7，生长湿度90%～95%为宜。在培养基上可存活1～2年，低温干燥下存活5年，虫体上可存活6个月。阳光直射很快失活。

活性 杀虫谱广，能侵染15个目（鳞翅目、鞘翅目、同翅目、直翅目、半翅目、膜翅目等）149科的700余种昆虫和螨类。不同来源的白僵菌菌株对害虫有不同的寄生能力。球孢白僵菌杀虫谱较广，用得较多，卵孢白僵菌对蛴螬等地下害虫有特效。刚死的昆虫皮肉松弛，身体柔软，过2～3h开始变硬，常变成粉红色，死亡1～2d后成白僵虫。在白僵菌菌丝广泛侵入器官和组织之前，病原菌就可战胜寄主的防卫反应，因此推测是白僵菌产生的毒素起了主要作用。最重要的毒素有白僵菌素、白僵菌交酯、球孢交酯。

毒性 急性 LD_{50}（mg/kg）：经口＞5000；经皮＞2000。

应用 孢子萌发、生长、繁殖受外界与环境影响，选择湿度适宜的傍晚使用菌剂比较合适。可用于防治林木害虫如光肩星天牛、美国白蛾、松毛虫、松褐天牛、杨小舟蛾等；棉花害虫如斜纹夜蛾等；茶树害虫如茶小绿叶蝉等；竹子害虫如竹蝗等；水稻害虫如稻纵卷叶螟等；蔬菜害虫如小菜蛾等；地下害虫如蛴螬等。本产品对人、畜安全，但应避免儿童误食。箱口一旦开启，应尽快用完，以免影响孢子活力；产品存放于低温阴凉处，避免阳光直射。

常用剂型 球孢白僵菌在我国登记的制剂产品主要有 150 亿孢子/g、400 亿孢子/g 可湿性粉剂，500 亿孢子/g 母药，400 亿孢子/g 水分散粒剂，300 亿孢子/g 可分散油悬浮剂，2 亿孢子/cm² 挂条。

球形芽孢杆菌（ *Bacillus sphearicus H5a5b* ）

其他名称 C3-41 杀蚊幼剂。

性质 普遍存在于土壤和水域中；当发育到孢子阶段时，孢子囊膨大而中间鼓起；芽孢端生，球形或近球形；有的含有伴孢晶体；严格需氧，易人工培养，生长不同步，收获的发酵液中有各生长期的菌体。已发现的 49 个鞭毛血清型中，有 9 个血清型的菌株对蚊科幼虫有毒杀作用，分别为：H1、H2、H3、H5、H6、H9、H25、H26 和 H48。B.s 对蚊幼虫的毒杀作用主要是由其产生的杀蚊毒素实现的。现已证明在其生长发育过程中能产生两类不同毒素：二元毒素（binary toxin，简称 Bin），存在于所有高毒力菌株中的晶体毒素，由 41.9kDa 和 51.4kDa 蛋白质组成；杀蚊毒素（mosquitocidal toxin，简称 Mtx），存在于低毒力和部分高毒力菌株中，如 Mtx1（100kDa）、Mtx2（31.8kDa）等，不能形成晶体，菌体生长发育过程中形成，可释放到培养基中，易被细菌分泌的蛋白酶降解。制剂外观为灰色-褐色悬浮液体；相对密度 1：1.08；酸碱度 5.0～6.0；悬浮率≥80％。

毒性 大鼠急性 LD_{50}（mg/kg）：经口>5000；经皮>2000。对人、畜、水生生物低毒。

应用 本品系球形芽孢杆菌发酵配制而成，是一种高效、安全、选择性杀蚊的生物杀蚊剂。广泛用于杀灭各种孳生地中的库蚊、按蚊幼虫、伊蚊幼虫，中毒症状在取食 1h 后出现。强光照射可使稳定性下降，即使在弱碱性条件下也会被迅速破坏。

常用剂型 球形芽孢杆菌在我国登记的主要制剂为 80ITU/mg、100ITU/mg 悬浮剂，200ITU/mg 母药。

驱虫膦（ naftalofos ）

$C_{16}H_{16}NO_6P$，349.28，1491-41-4

其他名称 萘肽磷。

化学名称 O,O-二乙基-O-萘二甲酰亚氨基磷酸酯；diethyl naphthalene-1,8-dicarbox-imidooxyphosphonate；diethyl-N-hydroxynaphthalimide phosphate。

理化性质 黄褐色结晶粉末，熔点 174～179℃。不溶于水，微溶于乙腈和多数有机溶剂，可溶于二氯甲烷。

毒性 急性经口 LD_{50}（mg/kg）：雄大白鼠 75，雌大白鼠 70，小白鼠 50，鸡 43。大白鼠急性经皮 LD_{50} 140mg/kg。

应用 内吸杀虫剂。①驱虫膦 75mg/kg 剂量，对羊捻转血矛线虫、普通奥斯特线虫、蛇形毛圆线虫和栉状古柏线虫和第 5 期幼虫特别有效，但对幼龄期虫体几乎无效。特别值得强调的是，对山羊、绵羊的血矛线虫，即使减量至 25mg/kg，驱除率仍达 90%～100%。②驱虫磷对牛的驱虫谱大致与羊相似，一次灌服 50～70mg/kg，可消除所有血矛线虫，对古柏线虫和蛇形毛圆线虫疗效超过 95%。对艾氏毛圆线虫（87%）和奥氏奥斯特线虫（78%）驱除效果较差，对辐射食道口线虫效果不定（22%～100%）。每天每千克体重喂 10mg 萘肽磷，连用 6d，对血矛线虫和毛圆线虫有效，但对古柏线虫，必需增量至 20mg，连用 6d。③35mg/kg 驱虫磷能成功地驱除驹的马副蛔虫，但对其他虫种无效。

合成路线

常用剂型　驱虫磷常用剂型主要有混悬剂、大丸剂等。

驱虫特 （ tabatrex ）

$C_{12}H_{22}O_4$，230.301，141-03-7

其他名称　畜虫避，Tabutrex。
化学名称　丁二酸二-*n*-丁酯；dibutyl butanedioate。
理化性质　无色液体，熔点-29℃，沸点 108℃（4mmHg），相对密度 d_4^9 0.9963。不溶于水；可与多数有机溶剂混溶。遇碱水解。无腐蚀性。
毒性　大白鼠急性经口 LD_{50} 8000mg/kg。人口服致死最低量 5000mg/kg。
应用　昆虫拒避剂。主要拒避家畜的咬刺害虫，防治房屋和牲口棚的蚂蚁和蜚蠊。
常用剂型　驱虫特常用制剂主要有 20% 乳油、2% 喷雾剂。

驱虫威 （ dibutyladipate ）

$C_{14}H_{26}O_4$，258.4，105-99-7

其他名称　忌尔灯，驱虫佳。
化学名称　己二酸二-*n*-丁酯；di-*n*-butyladipate。
理化性质　无色液体，沸点为 183℃/1.87kPa，相对密度 d_4^{20} 0.9652。不溶于水，可与乙醇、乙醚混溶。遇碱水解。
毒性　对大鼠的急性经口 LD_{50} 值为 12.9g/kg。兔急性经皮 LD_{50} 为 20g/kg。
应用　昆虫驱避剂。驱除变异矩头蜱、钝眼蜱、人体寄生恙螨和蚊以及牲畜寄生虫。用乳剂 1∶16 的水溶液泡衣服或刷畜体。
常用剂型　驱虫威常用制剂主要有 90% 乳剂、15% 气雾剂。

驱蚊醇 （ ethyl hexanediol ）

$$C_8H_{18}O_2，146.229，94-96-2$$

其他名称　驱虫醇。

化学名称　2-乙基-1,3-己二醇；2-ethyl-1,3-hexanediol。

理化性质　无色液体，沸点 244℃，相对密度 d_{20}^{20} 0.9422，折射率 n_D^{20} 1.4511，蒸气压 $<$0.01mmHg（20℃）。20℃下溶于水 0.6%；可与多数有机溶剂混溶。

毒性　急性经口 LD_{50}（mg/kg）：大白鼠 2400，小白鼠 3000，豚鼠 1900，鸡 1400，兔 2600。人口服致死最低量 500mg/kg。兔急性经皮 LD_{50} 2000mg/kg。

应用　昆虫拒避剂，对大多数咀嚼式口器昆虫有效，驱除叮人体的害虫。

常用剂型　驱蚊醇可加工成涂肤油剂使用。

驱蚊叮 （ dibutyl phthalate ）

$$C_{16}H_{22}O_4，278.3474，84-74-2$$

其他名称　邻苯二甲酸二丁酯，酞酸二丁酯，Dibutyl phthalate，Di-*n*-Butyl Phthalate，celluflex dpb，DBP，Elaol。

化学名称　1,2-苯二甲酸二丁酯；dibutyl-1,2-benzenedicarboxylate。

理化性质　无色至淡黄色黏状液体，沸点 $>$330℃，蒸气压 $<$0.01mmHg（20℃）、1.1mmHg（150℃），相对密度 d_{20}^{20} 1.0484，折射率 n_D^{20} 1.4926。室温下溶于水约 400mg/L；可与多数有机溶剂混溶。遇碱分解。

毒性　大白鼠急性经口 $LD_{50}>$2000mg/kg。人口服中毒最低量 140mg/kg；人口服致死最低量 5000mg/kg。大白鼠腹腔注射 LD_{50} 3050mg/kg。

应用　昆虫拒避剂。对昆虫的驱避作用小于避蚊油，但其挥发性较小，用之浸渍衣服耐洗，药效期比避蚊油长，主要用于浸渍衣物驱避恙螨。

常用剂型　驱蚊叮目前在我国未见相关制剂产品登记。

驱蚊灵 （ dimethylcarbate ）

$$C_{11}H_{14}O_4，210.2，5826-73-3$$

其他名称 Dimelone，NISY，Compound-3916。

化学名称 顺-双环［2.2.1］庚烯（5)-2,3-二甲酸二甲酯；*cis*-bicyclo［2.2.1］heptene（5)-2,3-dimethyldicarboxylte。

理化性质 纯品为无色结晶或无色油状液体，熔点 38℃。工业品熔点 32℃，沸点 115℃/0.2kPa（129～130℃/1.2kPa）。在水中，35℃时的溶解度为 13.2g/L，可溶于甲醇、乙醇、苯、二甲苯等有机溶剂，溶于酯类。

毒性 急性经口 LD_{50}（mg/kg）：大鼠 1000，小鼠 1400。对黏膜只有轻微的刺激性。

应用 驱避蚊类，特别是伊蚊。

常用剂型 常用制剂主要有气雾剂、涂抹剂，也可结合加工成驱蚊网。

驱蚊油（dimethyl phthalate）

$C_{10}H_{10}O_4$，194.1866，131-11-3

其他名称 酞酸二甲酯，避蚊酯，邻酞酸二甲酯，避蚊剂，跳蚤灵，Avolin，Arolin，Fermine，DMP，Methyl。

化学名称 邻苯二甲酸二甲酯；dimethyl-1,2-benzenedicarboxylate。

理化性质 无色至淡黄色黏状液体，熔点 55℃，沸点 282～285℃、147.6℃（10mmHg），相对密度 d_{20}^{20} 1.194，折射率 n_D^{20} 1.5168，蒸气压 0.01mmHg（20℃）、12.5mmHg（150℃）。100℃挥发性每小时 4.0mg/cm²。室温下溶于水 4.3g/kg；可与乙醇、乙醚和多数有机溶剂混溶。遇碱水解。

毒性 急性经口 LD_{50}（mg/kg）：大白鼠 6900，兔 4400，豚鼠 2400，鸡 8500。人口服致死最低量 5000mg/kg。腹腔注射 LD_{50}（mg/kg）：大白鼠 3375，小白鼠 1580。

应用 昆虫拒避剂。可驱避蚊、蚤、壁虱和沙蚤的侵害。

常用剂型 驱蚊油可做成酊剂、霜剂和油膏等。

驱蝇定（quyingding）

$C_{13}H_{17}NO_4$，251.27838，136-45-8

其他名称 丙蝇驱，丙辛克，MGK Repellent 326。

240

化学名称 吡啶-2,5-二甲酸二丙酯；2,5-pyridinedicarboxylic acid dipropyl ester。

理化性质 本品为琥珀色液体，带轻度的芳香气味，沸点150℃（1mmHg），不溶于水，与乙醇、煤油、甲醇、异丙醇混溶。在日光下分解和遇碱水解，在高湿度情况下为短效。不能与碱性农药或高浓度敌敌畏混用。

毒性 大鼠急性LD_{50}（mg/kg）：5230～7230（经口），9400（经皮）。大鼠90d饲喂试验无作用剂量≤20000mg/kg饲料。鱼毒LC_{50}（96h）：虹鳟1.59mg/L，蓝鳃为1.77mg/L。

应用 主要用作蝇的驱避剂，对家蝇、斑虻属和虻属有效。

常用剂型 驱蝇定目前在我国未见相关制剂产品登记。

炔呋菊酯（furamethrin）

$C_{18}H_{22}O_3$，286.4，23031-38-1

化学名称 2,2-二甲基-3-(2-甲基-1-丙烯基)-环丙烷羧酸-5-(2-丙炔基)-2-呋喃甲基酯；[5-(2-propyn-1-yl)-2-furanyl] methyl-2,2-dimethyl-3-(2-methyl-1-propen-1-yl) cyclo-propanecarboxylate。

理化性质 原药（有效成分＞76%）为黄褐色液体，25℃时相对密度1.01～125，20℃时蒸气压为1.73×10^{-2}Pa，沸点120～122℃/26.7Pa。微溶于水，可溶于有机溶剂。在冷暗处保存3年无变化，在中性和弱酸性条件下稳定，对光和碱性介质不稳定。

毒性 原药小鼠急性经口LD_{50}（mg/kg）：1950（雌）和1700（雄）。大鼠急性经皮LD_{50}＞3500mg/kg。大、小鼠急性吸入LC_{50}＞$2g/m^3$。对试验动物眼睛、皮肤无明显刺激性。大鼠亚急性经口无作用剂量为1.5g/kg，亚急性吸入LC_{50}为$40mg/m^3$。大鼠慢性经口最大无作用剂量为500mg/kg。在试验剂量下未见致畸、致突变、致癌作用。

应用 具有较强的触杀作用，且有很好的挥发性，对家蝇的击倒和杀死效果均高于右旋丙烯菊酯，适合于加工成蚊香、电热蚊香片等，是制造蚊香药片的主要原料。电蚊香加热表面温度为160～170℃，由于炔呋菊酯的蒸气压低，在此温度下将有效成分挥散到空气中。在加入调整剂后，可保持长达10h的杀虫效果。

合成路线

常用剂型 炔呋菊酯常用剂型主要有电热片用原液、乳油、油剂、粉剂、喷雾剂和气雾剂等。

炔咪菊酯（imiprothrin）

(1R)-cis-acid   (1R)-trans-acid

$C_{17}H_{22}N_2O_4$，318.37，72963-72-5

其他名称　脒唑菊酯，捕杀雷。

化学名称　(1R,S)-顺，反-2,2-二甲基-3-(2-甲基-1-丙烯基）环丙烷羧酸-[2,5-二氧-3-(2-丙炔基)]-1-咪唑烷基甲基酯；[2,5-dioxo-3-(2-propynyl)-1-imidazolidinyl] methyl (1R)-2,2-dimethyl-3-(2-methyl-1-propen-1-yl) cyclopropanecarboxylate。

理化性质　工业品为金黄色黏稠液体，蒸气压 $1.8×10^{-6}$ Pa（25℃），相对密度0.979，闪点110℃。水中溶解度93.5mg/L，可溶于甲醇、丙酮、二甲苯等有机溶剂。常温下贮存两年无变化。

毒性　急性经口 LD_{50}（mg/kg）：雄大鼠1800，雌大鼠900。雌、雄大鼠急性经皮 LD_{50}＞2000mg/kg。对兔皮肤和眼睛无刺激作用，对豚鼠皮肤无致敏性。大鼠吸入毒性 LC_{50}（4h）＞1200mg/m³。Ames试验显示此药剂无诱变剂作用。野鸭饲喂 LC_{50}（8d）＞5620mg/L；虹鳟鱼 LC_{50}（96）0.038mg/L。

应用　该品主要用于防治蟑螂、蚂蚁、蠹虫、蟋蟀、蜘蛛等害虫，对蟑螂有特效。

常用剂型　炔咪菊酯目前在我国制剂登记主要剂型为气雾剂。

炔酮菊酯（prallethrin）

$C_{19}H_{24}O_3$，300.4，23031-36-9

其他名称　炔丙菊酯，右旋丙炔菊酯，猎杀，威扑，榄菊，华力，Pralle，Etoc。

化学名称　2-甲基-4-氧代-3-丙-2-炔基环戊-2-烯基-2,2-二甲基-3-(2-甲基丙-1-烯基）环丙烷羧酸酯；2-methyl-4-oxo-3-prop-2-ynylcyclopent-2-enyl-2,2-dimethyl-3-(2-methylprop-1-enyl) cyclopro panecafboxylate。

理化性质　原药为油状液体，沸点＞313.5℃，相对密度1.03。溶解度：水 8mg/kg（25℃），己烷、甲醇＞500mg/kg。正常情况贮存稳定2年以上。

毒性　大鼠急性经口 LD_{50}（mg/kg）：640（雄），160（雌）。对皮肤和眼睛无刺激作用。

应用　本品性质有很多和右旋丙烯菊酯类似，在室内防治蚊蝇和蟑螂击倒和杀死活性比右旋丙烯菊酯好，对蟑螂有突出的驱赶作用。主要用于防治卫生害虫如蜚蠊、蚊子、苍蝇等。

合成路线

常用剂型　炔酮菊酯主要作为卫生杀虫剂用，常用的制剂主要是气雾剂。

壤虫威（fondaren）

$C_{13}H_{17}NO_4$，251.28，7122-04-5

其他名称　甲二恶威，Ciba C-10015，Ciba-10015，Sapecron C。

化学名称　2-(4,5-二甲基-1,3-二氧戊环-2-基）苯基氨基甲酸甲酯；2-(4,5-dimethyl-1,3-dioxolan-2-yl）phenyl methylcarbamate。

理化性质　熔点 81～83℃，顺式异构体熔点 123～125℃。在 25℃于水中的溶解度为 4g/L，溶于苯、丙酮、溶纤剂等。在中性条件下稳定，在强碱或强酸介质中稳定，在土壤中比较稳定。20℃，工业混合物的蒸气压为 8.4μPa。无色结晶，是一个立体异构体的混合物，主要成分是外消旋-反式异构体。

毒性　大鼠急性经口 LD_{50} 为 110mg/kg；大鼠急性经皮 LD_{50}＞2000mg/kg；狗 LD_{50} 为 300mg/kg。在对大鼠的 30d 喂养试验中，无作用剂量为 500mg/kg。对蜜蜂有毒。

应用　为触杀性、胃毒性杀虫剂。能穿透某些植物表面，可有效地防治叶面害虫，包括蚜虫、鳞翅目和鞘翅目害虫，使用剂量为 500～1000g 有效成分/hm²，有效期 5～7d。以 2～6kg 有效成分/hm² 剂量处理土壤，防治根蝇有特效，有效期约 6 周。

常用剂型　壤虫威常用制剂主要有 50％可湿性粉剂、10％颗粒剂。

噻虫胺（clothianidin）

$C_6H_8ClN_5O_2S$，249.7，210880-92-5

其他名称　frusuing，Dantostu。

化学名称　(E)-1-(2-氯-1,3-噻唑-5-基甲基)-3-甲基-2-硝基胍；(E)-1-(2-chloro-1,3-thiazol-5-ylmethyl)-3-methyl-2-nitroguanidine。

理化性质 相对密度 1.61 （20℃），熔点 176.8℃。溶解度（g/L）：水 0.327、丙酮 15.2、甲醇 6.26、乙酸乙酯 2.03、二氯甲烷 1.32、二甲苯 0.0128。

毒性 大鼠急性经口 $LD_{50} > 5000mg/kg$（雌、雄），急性经皮 $LD_{50} > 2000mg/kg$（雌、雄）；对兔皮肤无刺激性，对兔眼睛轻度刺激。

应用 噻虫胺和其他烟碱类化合物一样，作用于昆虫神经系统突触后膜的烟碱性乙酰胆碱受体，显示了激动剂作用。对有机磷、氨基甲酸酯和合成拟除虫菊酯具高抗性的害虫对噻虫胺无抗性。噻虫胺除了对危害水稻、小麦、杂粮、果树、蔬菜、芋类、豆类、茶等作物的半翅目害虫和蓟马目害虫，特别是吮吸性害虫高效外，对双翅目害虫、甲虫目害虫、直翅目害虫和鳞翅目害虫也具有低剂量高效的特点。非农耕地使用，对白蚁有高效。噻虫胺适用的防治对象有：半翅目的飞虱类、黑尾叶蝉、茶绿叶蝉、葡萄斑叶蝉、蚜虫类、蜻象类；蓟马目的南黄蓟马、茶黄蓟马、橘黄蓟马；双翅目的大豆潜叶蝇、番茄潜叶蝇；甲虫目的美洲象虫、稻负泥虫、星天牛、小青化金龟、茶条金龟；鳞翅目的茶细蛾、金纹细蛾、银纹潜蛾、桃潜蛾、二化螟、橘潜蛾、早熟禾草螟、淡剑夜蛾。

合成路线 噻虫胺的合成有如下所示的 4 条路线，即路线 1、路线 2→3、路线 4 和路线 5→6→7。

常用剂型 登记制剂为 0.5％、1％颗粒剂，20％、30％、48％悬浮剂，50％水分散粒剂，可与联苯菌酯复配。

噻虫啉（thiacloprid）

$C_{10}H_9ClN_4S$, 252.72, 111988-49-9

化学名称 3-(6-氯-3-吡啶甲基)-1,3-噻唑烷-2-亚氰胺；(Z)-3-(6-chloro-3-pyridylmethyl)-1,3-thiazolidin-2-ylidenecyanamide。

理化性质 微黄色粉末，熔点 128～129℃，蒸气压 $3×10^{-10}$ Pa（20℃），20℃时在水中的溶解度为 185mg/L。土壤中半衰期为 1～3 周。

毒性 大鼠急性经口 LD_{50}（mg/kg）：836（雄），444（雌）。大鼠急性吸入 LD_{50}（mg/m³）：2535（雄），1223（雌）。对兔眼睛和皮肤无刺激作用，对豚鼠皮肤无致敏性。

对大鼠试验无致癌作用和致突变作用。鹌鹑急性经口 LD_{50} 2716mg/kg，虹鳟鱼 LC_{50} 30.5mg/L（96h）。

应用 广谱、内吸性新烟碱类杀虫剂，对刺吸式口器害虫有良好的杀灭效果。作用于烟酸乙酰胆碱受体，与有机磷、氨基甲酸酯、拟除虫菊酯类常规杀虫剂无交互抗性，可用于抗性治理。药剂对棉花、蔬菜、马铃薯和梨果类水果上的重要害虫有优异的防效。除了对蚜虫和粉虱有效外，还对各种甲虫（如马铃薯甲虫、苹果象甲、稻象甲）和鳞翅目害虫（如苹果树上潜叶蛾和苹果蠹蛾）也有效，对相应的作物都适用。根据作物、害虫、使用方式的不同，推荐用量为 48～180g 有效成分/hm² 做叶面喷施，也有推荐 20～60g 有效成分/hm²。

合成路线

常用剂型 噻虫啉在我国的制剂登记主要剂型有悬浮剂、微胶囊粉剂、水分散粒剂、微胶囊悬浮剂、可湿性粉剂等，可与高效氯氟氰菊酯、烯啶虫胺、吡蚜威、联苯菊酯、螺虫酯等复配。

噻虫嗪（thiamethoxam）

$C_8H_{10}ClN_5O_3S$, 291.71, 153719-23-4

其他名称 阿克泰，快胜，Actara，Adage，Cruiser。

化学名称 3-（2-氯-1,3-噻唑-5-基甲基）-5-甲基-1,3,5-噁二嗪-4-基叉（硝基）胺；3-[(2-chloro-5-thiazolyl) methyl] tetrahydro-5-methyl-N-nitro-4H-1,3,5-oxadia-zin-4-imine。

理化性质 纯品噻虫嗪为白色结晶粉末，熔点 139.1℃，易溶于丙酮、甲醇、乙醇、二氯甲烷、氯仿、乙腈、四氢呋喃等有机溶剂。

毒性 对大鼠原药急性 LD_{50}（mg/kg）：经口 1563，经皮>2000。对兔眼睛和皮肤无刺激性。

应用 噻虫嗪属于第二代烟碱类杀虫剂，1991 年先正达公司开发上市；杀虫谱广、活性高、用量少、速效，具有触杀和胃毒作用，并有卓越的内吸活性，既能防治地上害虫，又能防治地下害虫；适宜于蔬菜、马铃薯、水稻、棉花、柑橘、烟草、油菜、大豆等茎叶处理和土壤处理以及玉米、高粱、小麦、水稻、棉花、花生等种子处理；可有效地防治鳞翅目、鞘翅目、同翅目等害虫，如各种蚜虫、叶蝉、粉虱、飞虱、跳甲、潜叶蛾等。

合成路线 噻虫嗪的合成路线主要有如下所示的 2 条路线。

245

$$R = \text{(benzene)}, \text{(cyclohexyl-CH}_2\text{)}, \text{(benzyl-CH}_2\text{)}$$

常用剂型 噻虫嗪目前在我国登记的剂型涵盖水分散粒剂、微胶囊悬浮剂、种子处理剂、悬浮剂、胶饵、饵粒等剂型。复配登记主要与高效氯氟氰菊酯、氯虫苯甲酰胺等进行复配。

噻虫醛（nithiazine）

$C_6H_8N_2O_3S$，188.1，58842-20-9

其他名称 WL 108477。

化学名称 2-硝基亚甲基-1，3-噻嗪烷-3-基甲醛；2-nireomethylene-1，3-thiazinan-3-yl formaldehyde。

理化性质 淡黄色晶体，熔点138～140℃（分解）。20℃时的溶解度：二甲苯2.5g/L。分配系数0.23。对光稳定。残效期7d左右。用量为100g/hm²，半衰期为1106d。

毒性 小鼠急性LD_{50}（mg/kg）：1000～2500（经口），>600（经皮）。硬头鳟LD_{50}>100mg/kg（96h）。

应用 有高效、广谱的杀虫活性，对多种抗性害虫有效，且对其他具抗性杀虫剂无交互抗性，是硝基亚甲基杂环化合物，新的神经毒剂。具有拟胆素作用，由中枢神经系统神经传递介质乙酰胆碱受体被激活而产生毒性作用。对感觉神经元、轴突传导、神经肌肉接头、骨骼肌、乙酰胆碱酯酶和钾离子通道输送均无作用。对有机磷、氨基甲酸酯和拟除虫菊酯杀虫剂的抗性品系害虫有高效。如每公顷500g有效成分防治雌性黑尾叶蝉成虫，防效达100%。此外还可以用于防治稻纵卷叶螟、稻飞虱、稻黑蝽及毛虫等鳞翅目幼虫。

合成路线 噻虫醛的合成有如下所示的4条路线，其中1→2→3→4较常用。

常用剂型 噻虫醛常用制剂有25%噻虫醛可湿性粉剂。

噻嗯菊酯（kadethrin）

C_{23}H_{24}O_4S，396.5，58769-20-3

其他名称　克敌菊酯，卡达菊酯，噻吩菊酯，硫戊苄呋菊酯，击倒菊酯，Kadethrine，AI 3-29117，Ru-15525，Spray-Tox，RU 15525。

化学名称　右旋-顺式-2,2-二甲基-3-(2,2,4,5-四氢-2-氧代-噻嗯-3-叉甲基）环丙烷羧酸（E）-5-苄基-3-呋喃甲基酯；［5-(phenylmethyl)-3-furanyl］methyl（$1R$,$3S$）-3-［（E）-［dihydro-2-oxo-3(2H)-thienylidene］methyl]-2,2-dimethylcyclopropanecarboxylate。

理化性质　棕黄色黏稠油状液体，密度 1.278g/cm³，20℃蒸气压 5.33μPa，工业品含量≥93%，能溶于乙醇、二氯甲烷、苯、丙酮、二甲苯和增效醚，微溶于煤油，不溶于水，对光、热不稳定，在碱液中水解，在矿物油中分解较慢。

毒性　急性经口 LD_{50}（mg/kg）：雄大鼠 1324，雌大鼠 650，狗＞1000。雌大鼠急性经皮 LD_{50}＞3200mg/kg。对皮肤、眼、呼吸道有轻度刺激。对鱼有毒，虹鳟鱼 LC_{50}（96h）0.13μg/L。对蜜蜂有毒。

应用　触杀性药剂，对昆虫主要有较高的击倒作用，但亦有一定的杀死活性，故常和生物苄呋菊酯混用，以增进其杀死效力。此外对蚊虫有驱赶和拒食作用。但热稳定性差，不宜加工成蚊香或电热蚊香片。

合成路线

常用剂型　噻嗯菊酯可以加工成气雾剂等使用。

噻螨酮（hexythiazox）

C_{17}H_{21}ClN_2O_2S，352.9，78587-05-0

其他名称　尼索朗，除螨威，己噻唑，合赛多，Nissoorum，Savey，Cobbre，Acarflor，Cesar，Zeldox，NA 73。

化学名称　(4RS,5RS)-5-(4-氯苯基)-N-环己基-4-甲基-2-氧代-1,3-噻唑烷-3-羧酰胺；

trans-5-(4-chlorophenyl)-*N*-cyclohexyl-4-methyl-2-oxo-3-thiazolidinecar boxamide。

理化性质 纯品噻螨酮为白色晶体，熔点 108～108.5℃。溶解性（20℃，g/L）：丙酮160、甲醇 20.6、乙腈 28、二甲苯 362、正己烷 3.9、水 0.0005。在酸、碱性介质中水解。

毒性 噻螨酮原药急性 LD_{50}（mg/kg）：大、小鼠经口＞5000，大鼠经皮＞2000。对兔眼睛有轻微刺激性，对兔皮肤无刺激性。以 23.1mg/kg 剂量饲喂大鼠两年，未发现异常现象。对动物无致畸、致突变、致癌作用。

应用 是日本曹达公司开发的噻唑烷酮类广谱杀螨剂，对多种叶螨的幼螨及若螨和卵有良好的作用，但对成螨效果较差。无内吸性，持效期长达 30d 以上；对作物、捕食性螨和益虫安全。

合成路线

路线一：赤-2-氨基-1-(对氯苯基) 丙醇在有机溶剂中与等摩尔的硫酸进行缩合脱水，生成赤-硫酸酯，然后在碱性条件下与氧硫化碳或二硫化碳反应，生成 4,5-反式噻唑烷酮，最后在强碱催化剂下与异氰酸环己酯反应制得噻螨酮。

路线二：以对氯苯丙酮为起始原料，先进行酮肟化反应生成肟化物，然后经催化氢化还原为醇胺物，再同二硫化碳、苄基氯经缩合和重排反应生成缩合物，再经环合反应生成反式噻唑烷酮，后者再同异氰酸环己酯进行加成而得到最终产物噻螨酮。

常用剂型 噻螨酮在我国的制剂登记中主要有乳油、可湿性粉剂、微乳剂、水乳剂等剂型，复配制剂中主要与甲氰菊酯、阿维菌素、哒螨灵、三氯杀螨醇、炔螨特等进行复配。

噻螨威（tazimcarb）

$C_8H_{13}N_3O_3S$，231.23，40085-57-2

其他名称　噻肟威，PP505。

化学名称　2-甲基氨基甲酰基氧亚氨基-3,5,5-三甲基-1,3-噻唑酮-4；2-methylcar-bamoyloxyimino-3,5,5-trimethyl-1,3-thiazolidin-4-one。

毒性　大鼠急性经口 LD_{50} 为 87mg/kg。

应用　防治螨类害虫。

常用剂型　噻螨威目前在我国未见相关制剂产品登记。

噻嗪酮（buprofezin）

$C_{16}H_{23}N_3OS$，305.4，69327-76-0

其他名称　稻虱灵，优乐得，捕虫净，稻虱净，扑虱灵，扑杀灵，布芬净，丁丙嗪，Applaud，Aproad，PP 618，NNI 750。

化学名称　2-叔丁基亚氨基-3-异丙基-5-苯基-3,4,5,6-四氢-2H-1,3,5-噻二嗪-4-酮；2-tert-buthylimino-3-isopropyl-5-phenyl-3,4,5,6-tetrahydro-2H-1,3,5-thiadiazinan-4-one。

理化性质　纯品噻嗪酮为白色晶体，熔点 104.5～105.5℃。溶解性（25℃，g/L）：丙酮 240，苯 327，乙醇 80，氯仿 520，己烷 20，水 0.0009。

毒性　噻嗪酮原药急性 LD_{50}（mg/kg）：大鼠经口 2198（雄）、2355（雌），小鼠经口 10000，大鼠经皮＞5000。对兔眼睛和皮肤有极轻微刺激性。以 0.9～1.12mg/(kg·d) 剂量饲喂大鼠两年，未发现异常现象；对动物无致畸、致突变、致癌作用。

应用　日本农药公司 1977 年开发的一种高效、高选择性、持效期长、安全的新型昆虫生长调节剂，抑制几丁质的生物合成，使若虫在蜕皮期死亡；该药作用缓慢，施药后 3～7d 才能控制害虫危害，不能直接杀死成虫，但可减少成虫产卵及抑制卵的孵化，致使繁殖后代锐减；持效期长达 35～40d，与常规化学农药没有交互抗性。噻嗪酮对同翅目飞虱科、叶蝉科、蚧总科等害虫有特效，主要用于防治水稻、蔬菜、大豆、果树、茶叶、花卉等作物上的害虫。

合成路线　噻嗪酮的合成分为光气路线即路线 4→5→3 和非光气路线即路线 1→2→3，如下所示。

常用剂型 噻嗪酮在我国登记的剂型包括可湿性粉剂、乳油、展膜油剂、水分散粒剂、悬浮剂等剂型。复配登记中主要与吡虫啉、杀虫单、毒死蜱、异丙威、杀扑磷、速灭威、仲丁威、井冈霉素、哒螨灵、氧乐果、阿维菌素、甲维盐、联苯菊酯、丙溴磷、稻丰散等进行复配。

噻唑磷（fosthiazate）

C$_9$H$_{18}$NO$_3$PS$_2$，283.3，98886-44-3

其他名称 福赛绝，Nemathorin。

化学名称 *O*-乙基-*S*-仲丁基-2-氧代-1,3-噻唑烷-3-基硫代磷酸酯或（*RS*）-*S*-仲丁基-*O*-乙基-2-氧代-1,3-噻唑啉-3-基硫代磷酸酯；（*RS*）-3-[仲丁基（乙氧基）磷酰基]-1,3-噻唑啉-2-酮；*O*-ethyl-*S*-sec-butyl-2-oxo-1,3-thiazolidin-3-yl phosphonothioate。

理化性质 纯品噻唑磷为深黄色液体，沸点198℃/66.7Pa。溶解性（20℃，g/L）：水9.85，正己烷15.1。

毒性 原药急性LD$_{50}$（mg/kg）：大鼠经口73（雄）、57（雌），经皮2396（雄）、861（雌）。对兔眼睛有刺激性，对兔皮肤无刺激性；对动物无致畸、致突变、致癌作用。

应用 噻唑磷是日本石原公司和先正达公司共同开发的硫代磷酸酯类内吸性杀虫、杀线虫剂，1984年申请专利；主要用于防治蔬菜、马铃薯、香蕉和棉花等各种虫、螨、线虫，使用剂量2.0～5.0kg（a.i.）/hm^2。

合成路线 有异构化路线即路线1→2→3和非异构化路线即路线4，如下所示。

常用剂型 噻唑磷常用制剂为10％颗粒剂。

赛硫磷（amidithion）

C$_7$H$_{16}$NO$_4$PS$_2$，273.33，919-76-6

其他名称 赛果，C2446，ENT27160。

化学名称 O,O-二甲基-S-(N-甲氧乙基)-氨基甲酰甲基二硫代磷酸酯；S-2-methoxy-ethylcarbamoylmethyl-O,O-dimethyl phosphorodithioate。

理化性质 白色固体，熔点46℃，溶于水2%，易溶于有机溶剂，微溶于饱和烃。

毒性 急性经口 LD_{50}（mg/kg）：大白鼠600~660，鸡94。大白鼠急性经皮 LD_{50} 1600mg/kg。对蜜蜂有毒。

应用 内吸性杀虫剂、杀螨剂和种子处理剂。可用于棉花、玉米、花生、甜菜、果树，防治刺吸式口器害虫，如蚜虫、蓟马、叶蝉和螨类。在土壤中易分解，半衰期2~3d。

合成路线

常用剂型 赛硫磷目前在我国未见相关产品登记。

三氟甲吡醚（pyridalyl）

$C_{18}H_{14}Cl_4F_3NO_3$，491.12，179101-81-6

其他名称 啶虫丙醚，氟氯吡啶。

化学名称 2-{3-[2,3-二氯-4-(3,3-二氯-2-丙烯基氧基）苯氧基]丙氧基}-5-（三氟甲基）嘧啶；2-[3-[2,6-dichloro-4-[（3,3-dichloro-2-propenyl）oxy]phenoxy]propoxy]-5-（trifluoromethyl）pyridine。

理化性质 三氟甲吡醚的化学结构独特。三氟甲吡醚原药（质量分数≥91%）外观为液体。沸点（纯品）：在沸腾前227℃分解。蒸气压（纯品，20℃）$6.24×10^{-8}$Pa。在水中溶解度为0.15μg/L（20℃）；在有机溶剂中溶解度（g/L，20℃）：辛醇、乙腈、己烷、二甲苯、氯仿、丙酮、乙酸乙酯、二甲基酰胺中均>1000，甲醛中>500。稳定性：在酸性、碱性溶液（pH5、7、9缓冲液）中稳定。pH7缓冲液中半衰期为4.2~4.6d。

毒性 三氟甲吡醚原药对大鼠（雄、雌）急性经口、经皮 LD_{50}>5000mg/kg，大鼠急性吸入 LC_{50}（4h）>2.01mg/L；对家兔眼睛结膜有轻度刺激性，对皮肤无刺激性；对豚鼠皮肤变态反应（致敏性）试验结果为有致敏性。大鼠90d亚慢性喂养试验最大无作用剂量：雄性5.56mg/（kg·d）；雌性6.45mg/（kg·d）。致突变试验：Ames试验、小鼠骨髓细胞微核试验、哺乳动物细胞基因突变试验、大鼠非程序DNA合成试验结果均为阴性，体外哺乳动物细胞染色体畸变试验为弱阳性，未见致突变作用。三氟甲吡醚10g/L乳油大鼠（雄、雌）急性经口、经皮 LD_{50}>2000mg/kg，急性吸入 LC_{50}>1.49mg/L；对家兔眼睛、皮肤有轻度刺激性；豚鼠皮肤变态反应（致敏）试验结果为无致敏性。三氟甲吡醚原药和100g/L乳油均属低毒杀虫剂。三氟甲吡醚100g/L乳油对淡水鲤鱼 LC_{50}（96h）为8.58mg/L；鸽子 LD_{50} 为2374.96mg/kg；蜜蜂（接触）LC_{50}（48h）为112.0μg（a.i.）/只蜂。家蚕（食下毒叶法）LC_{50} 为66.46mg/kg桑叶。该药（折成有效成分）对蜜蜂为低毒，鸟为低（或中等）毒，鱼为高毒，家蚕为中等毒。对天敌及有益生物影响较小。本剂对蚕有影响，勿喷洒在桑叶上，在桑园及蚕室附近禁用。注意远离河塘等水域施药，禁止在河塘等水域中清洗药器具，不要污染水源。

应用 三氟甲吡醚的化学结构独特，与常用农药的作用机理不同，主要用于防治危害作物的鳞翅目幼虫。经田间药效试验结果表明，三氟甲吡醚 $100g/L$ 乳油对大白菜、甘蓝的小菜蛾有较好的防治效果。使用药量为有效成分 $75\sim105g/hm^2$（折成 $100g/L$ 乳油商品量为 $50\sim70mL/$亩，一般加水 $50kg$ 稀释），于小菜蛾低龄幼虫期开始喷药。在推荐的试验剂量下未见对作物产生药害。

合成路线

常用剂型 三氟甲吡醚目前在我国登记的制剂主要有 10.5% 乳油。

三氟醚菊酯（flufenprox）

$C_{24}H_{22}ClF_3O_3$，450.8779，107713-58-6

化学名称 2-(4-氯苯氧基苄基)-2-(4-乙氧基苯基)-3,3,3-三氟丙基醚；3-(4-chlorophe-noxy) benzyl-2-(4-ethoxyphenyl)-3,3,3-trifluoropropyl ether。

理化性质 纯品为无味透明浅黄至绿色液体，沸点 $204℃/0.2mmHg$，相对密度 1.25（25℃），蒸气压 $1.3\times10^{-7}Pa$（20℃）。水中溶解度（20℃，pH＝7）$2.5\mu g/L$。在己烷、甲苯、丙酮、二氯甲烷、乙酸乙酯、乙腈、甲醇等中溶解度大于 $500g/L$。

毒性 大鼠急性经口 $LD_{50}>5000mg/kg$；大鼠急性经皮 $LD_{50}>2000mg/kg$。鲤鱼 LC_{50}（96h）$>10mg/L$。水蚤 LC_{50}（48h）$0.00035mg/L$。蜜蜂 LC_{50} $0.03\mu g/L$。对兔皮肤和眼睛有中度刺激。

应用 具有广谱的杀虫活性，且持效期长。施用剂量为 $150\sim400g$ 有效成分$/hm^2$。主要用于防治同翅目、异翅目、鳞翅目和鞘翅目等害虫，如水稻叶蝉、飞虱、二化螟、三化螟等。对蟑螂和白蚁亦有活性。

合成路线

常用剂型 主要有乳油、水乳剂等剂型。

三环锡（cyhexatin）

$C_{18}H_{34}Osn$, 385.16, 13121-70-5

其他名称 普特丹，Acarstin，Guarani，Triran Fa，Oxotin。

化学名称 三环己基氢氧化锡；tricyclohexyltin hydroxide。

理化性质 外观呈无色结晶粉末状，熔点 195～198℃，蒸气压（20℃）＜10^{-5}mPa。溶解度（25℃）：水 1mg/L，氯仿 216g/kg，甲醇 37g/kg，苯 16g/kg，甲苯 10g/kg，丙酮 1.3g/kg，二甲苯 3.6g/kg，四氯化碳 28g/kg，二氯甲烷 34g/kg。从弱酸（pH6）至碱性的水悬浮液中稳定，无腐蚀性，在紫外线下分解。

毒性 对大多数捕食性螨和天敌昆虫以及蜜蜂实际无害。制剂对皮肤和眼有刺激性。大量吸收时可损伤神经系统。急性经口 LD_{50}（mg/kg）：大鼠 540，小鼠 970，豚鼠 780，兔 500～1000，鸡 650，鹌鹑 520。经皮 LD_{50}（mg/kg）：兔＞2000，鸭 3189。对鲤鱼（48h）TLm 为 0.32mg/L。用含 200mg/kg 有效成分的饲料喂大鼠 16 周，体重轻微增加，无病兆。对狗喂饲两年无作用剂量为 0.75mg/(kg·d)，对小鼠 3mg/(kg·d)，大鼠为 1mg/(kg·d)。对人的 ADI 为 0.007mg/kg。毒性作用主要表现在大脑上：头痛、呕吐、头昏等。三环锡对动物有致畸作用。鱼毒 LC_{50}（24h）：金鱼为 0.55mg/L，大嘴鲈鱼为 0.06mg/L。

应用 为触杀作用较强的广谱杀螨剂。可杀灭幼螨、若螨、成螨和夏卵。尤其是对有机磷和有机氯农药已产生抗性的害螨更具有特效。具有速效性好、残效期长的特点。对光和雨水有较好的稳定性。在常用浓度下对作物安全。适用作物：苹果、柑橘、葡萄、梨、山楂、桃、茶树、花卉、棉花等作物。

合成路线

常用剂型 三环锡常用制剂主要有 50％可湿性粉剂。

三硫磷 （carbophenothion）

$C_{11}H_{16}ClO_2PS_3$，342.87，786-19-6

其他名称　三赛昂，卡波硫磷，Carbofenothion，Trithion，Dagadip，Garrathion，Acarithion，Akarithion，Karbofenothion。

化学名称　S-[[(4-氯苯基) 硫代] 甲基]-O,O-二乙基二硫代磷酸酯；S-[[(4-chlorophenyl) thio] methyl]-O,O-diethyl phosphorodithioate。

理化性质　几乎无色至淡琥珀色透明液体。沸点82℃（0.01mmHg），相对密度1.29（20℃），折射率1.5970（25℃）。蒸气压很低，20℃时为4.06×10^{-8}kPa。溶于大多数有机溶剂，水溶解度<40mg/L。对水比较稳定，对酸碱稳定。

毒性　急性经口LD_{50}（mg/kg）：大白鼠10，小白鼠218，鸡57，鸟6。人口服致死最低量5mg/kg。急性经皮LD_{50}（mg/kg）：兔1270，大白鼠27。腹腔注射LD_{50}（mg/kg）：大白鼠11，小白鼠27。

应用　具有强烈的触杀作用，并有较好的内吸性，为触杀性杀虫、杀螨剂。对螨类、同翅目（蚜虫等）、双翅目（蝇等）、虱目和弹尾目等昆虫有高效。在高浓度下有很好的杀卵作用，但对作物叶子有杀伤作用。使用浓度达0.2%对作物有害。

合成路线

常用剂型　三硫磷目前在我国未见相关产品登记。主要制剂有30%、50%乳油和25%可湿性粉剂。

三氯杀虫酯 （plifenate）

$C_{10}H_7Cl_5O_2$，336.3，21757-82-4

其他名称　蚊蝇净，蚊蝇灵，半滴乙酯，Baygon MEB，benzetthazet，Penfenate，Acetofenate。

化学名称　2,2,2-三氯-1-(3,4-二氯苯基) 乙基乙酸酯；2,2,2-trichloro-1-(3,4-dichlorophenyl) ethyl acetate。

理化性质　纯品为白色结晶。熔点84.5℃（83.7℃），蒸气压1.5×10^{-9}Pa（20℃）。20℃时溶解度：甲苯>60%，二氯甲烷>60%，环己酮>60%，异丙醇<1%，还能溶于丙酮、苯、甲苯、二甲苯、热的甲醇、乙醇等有机溶剂，水中溶解度0.005%。在中性和弱酸

性介质中较稳定，遇碱分解。

毒性 急性经口 LD_{50}（mg/kg）：雄、雌大鼠＞10000，雄、雌小鼠＞2500，雄狗＞1000，雄兔＞2500。雄大鼠急性经皮 LD_{50}＞1000mg/kg。雄大鼠急性吸入 LC_{50}＞561mg/m^3（4h），雄小鼠＞567mg/m^3（4h）。大鼠3个月喂养无作用剂量为1000mg/kg。动物试验无致畸、致突变作用。鱼毒 LC_{50} 为1.52mg/L。

应用 兼有触杀和熏蒸作用，防治卫生害虫的杀虫剂，且对哺乳动物低毒，容易降解，无积累作用。如室内灭蚊蝇用20％乳油10mL加水190mL，按0.4mL/m^3喷雾，按2g（a.i.）/m^2做室内墙壁滞留喷洒，对成蚊持效达25d以上。用3％粉剂防治头虱，1周后头虱全部死亡。此外母粉可用于制作蚊香；可湿性粉剂可用于猪圈、牛舍处理。也可制成喷雾剂、烟雾剂、电热熏蒸片、气雾剂等。

合成路线

常用剂型 三氯杀虫酯目前在我国的制剂登记主要有25％～50％的液剂、50％乳剂及2％杀蚊幼虫油剂，可与仲丁威混配。

三氯杀螨醇（dicofol）

$C_{14}H_9Cl_5O$，370.5，115-32-2

其他名称 凯尔生，大克螨，开乐散，Kelthane，Kelamite，Acarin，Mitigan，Akarin，Dikofag。

化学名称 2,2,2-三氯-1,1-双（4-氯苯基）乙醇；2,2,2-trichloro-1,1-di-(4-chlorpheoyl)ethanol。

理化性质 纯品三氯杀螨醇为白色晶体，熔点78.5～79.5℃，沸点180℃/13.33Pa。溶解性（20℃）：不溶于水，溶于大多数脂肪族和芳香族有机溶剂。遇碱水解成二氯二苯甲酮和氯仿，在酸性条件下稳定。工业品为深棕色高毒黏稠液体，有芳香味。

毒性 原药对大鼠急性经口 LD_{50}（mg/kg）：809（雄）、684（雌）。兔经皮 LD_{50}＞2000mg/kg。以300mg/（kg·d）剂量饲喂狗一年，未发现异常现象；对动物无致畸、致突变、致癌作用。

应用 三氯杀螨醇是20世纪50年代美国罗门哈斯公司开发的杀螨剂，对螨的成虫、若虫及卵均有很高的杀伤作用，具有速效、持效期长的特点，对天敌伤害小；广泛应用于棉花、果树等作物防治螨类。我国规定该产品不得用于茶树上。

合成路线 将工业滴滴涕称量后加入滴滴涕熔化釜内，用蒸汽加热，使其熔化，然后用空压压入氯化反应釜、通氯气，在引发剂的作用下，滴滴涕和氯气反应，生成氯化滴滴涕和氯化氢，后将氯化滴滴涕放入水解釜内与水反应，生成三氯杀螨醇和氯化氢。

常用剂型 三氯杀螨醇在我国制剂登记中主要是乳油和水乳剂，复配制剂中主要与噻螨酮、哒螨灵、甲氰菊酯等进行复配。

三氯杀螨砜（tetradifon）

$C_{12}H_6Cl_4O_2S$，356.1，116-29-0

其他名称 涕滴恩，天地红，得脱螨，退得完，天地安，Diphenylsulfon，Duphar，Tedion，Chlorodifon。

化学名称 4-氯苯基-2,4,5-三氯苯基砜；2,4,4′,5-tetrachlorodiphenylsulphone。

理化性质 纯品三氯杀螨砜为无色无味结晶，熔点148～149℃。工业品为淡黄色结晶，熔点144～148℃。溶解性（20℃）：在丙酮、醇类中溶解度较低，较易溶于芳烃、氯仿、二噁烷中。对酸碱、紫外线稳定。

毒性 原药急性LD_{50}（mg/kg）：大鼠经口14700，兔经皮＞10000。以500mg/kg剂量饲喂大鼠60d，未发现异常现象；对动物无致畸、致突变、致癌作用。

应用 三氯杀螨砜是1954年荷兰N.V.Phlips-Roxane开发的非内吸性杀螨剂，1964年我国开发成功并进行生产；广泛应用于棉花、果树、花卉等作物防治各发育阶段（成螨除外）的植食性螨及卵。

合成路线

常用剂型 三氯杀螨砜目前在我国登记的制剂主要是10％乳油。

三氯乙腈 （ tritox ）

$$CCl_3C \equiv N$$

C_2Cl_3N， 144.4， 545-06-2

化学名称 三氯乙腈；trichloroacetonitrile。

理化性质 为无色至黄色液体，熔点约−42℃，沸点约85℃，相对密度 d_4^{25} 1.44。不稳定，遇碱水解，湿度高时对铁有腐蚀性。

毒性 对温血动物有毒，有强烈的催泪作用。大鼠急性经口 LD_{50} 为 250mg/kg。

应用 为熏蒸剂。用于贮粮熏蒸杀虫和居室熏蒸杀虫。

常用剂型 三氯乙腈目前在我国未见相关产品登记。

三唑磷 （ triazophos ）

$C_{12}H_{16}N_3O_3PS$， 313.3， 24017-47-8

其他名称 特力克，三唑硫磷，Phentriazophos，Hostathion，Hoe2960，Trelka。

化学名称 O,O-二乙基-O-（1-苯基-1,2,4-三唑-3-基）硫代磷酸酯；O,O-diethyl-O-(1-phenyl-1,2,4-triazol-3-yl) phosphorothioate

理化性质 纯品为浅棕黄色油状液体，熔点 2～5℃。溶解性（20℃）：丙酮、乙酸乙酯＞1kg/kg，乙醇、甲苯＞330g/kg。工业品为浅棕色油状液体。

毒性 原药大白鼠急性 LD_{50} （mg/kg）：82（经口），1100（经皮）。对蜜蜂有毒。

应用 三唑磷属于高效、广谱硫代磷酸酯类有机磷杀虫、杀螨剂，1970 年由德国 Hoechst 公司开发，目前在国内属于一个大吨位的农药品种。三唑磷具有触杀和胃毒作用，可用于防治水稻二化螟、三化螟、蓟马、稻纵卷叶螟等，棉花棉铃虫、红铃虫、棉蚜、红蜘蛛，玉米玉米螟、钻心虫等，果树果螟、蚜虫、红蜘蛛，蔬菜菜青虫、蚜虫以及豆类食心虫等；也可用于防治地老虎和夜蛾等地下害虫；还可以用于防治土壤线虫。

合成路线

常用剂型 三唑磷目前在我国的制剂登记涵盖了乳油、微乳剂、水乳剂、可湿性粉剂等，复配剂主要与辛硫磷、阿维菌素、杀虫单、乙酰甲胺磷、毒死蜱、乐果、马拉硫磷、甲氨基阿维菌素苯甲酸盐、螺螨酯、氯氰菊酯、吡虫啉、敌百虫、氟虫腈、仲丁威、噻嗪酮、

257

稻丰散等复配。

三唑锡（ azocyclotin ）

$C_{20}H_{35}N_3Sn$，436.2，41083-11-8

其他名称　灭螨锡，亚环锡，倍乐霸，三唑环锡，Peropal，tricolotin，Clermait。

化学名称　1-(三环己基锡基)-1-氢-1,2,4-三唑；1-(tricylohexylstannyl)-1H-1,2,4-tri-azole。

理化性质　纯品三唑锡为白色无定形结晶，熔点 218.8℃。溶解性（25℃）：水 0.25mg/L，易溶于己烷，可溶于丙酮、乙醚、氯仿，在环己酮、异丙醇、甲苯、二氯甲烷中≤10g/L。在碱性介质中以及受热易分解成三环锡和三唑。

毒性　原药急性 LD_{50}（mg/kg）：大白鼠经口 100～150、经皮＞1000（雄），小鼠经口 410～450、经皮 1900～2450。对兔眼睛和皮肤有刺激性。

应用　三唑锡是 1964 年拜耳公司开发的有机锡类高效、低毒杀螨剂，具有胃毒和拒食作用，对柑橘叶螨、锈螨有很好的防治效果，广泛应用于防治落叶果树、蔬菜、花卉、棉花、葡萄上的各种螨类。三唑锡持效期一般可达 30d 以上。

合成路线

稻丰散等复配。合成路线图

$$\text{己基氯} \xrightarrow[1]{\text{Mg, THF}} \text{己基MgCl} \xrightarrow[2]{\text{SnCl}_4} \text{三环己基氯化锡} \xrightarrow[3]{\text{NaOH}} \text{三环己基羟基锡} \xrightarrow[4]{\text{三唑}} \text{三唑锡}$$

常用剂型　三唑锡目前在我国的制剂登记中主要有悬浮剂、可湿性粉剂、乳油等。复配制剂中主要与阿维菌素、联苯菊酯、吡虫啉、哒螨灵、四螨嗪等进行复配。

杀虫单（ monosultap ）

杀虫单结构式

$C_5H_{12}O_6NNaS_4 \cdot H_2O$，350.4，29547-00-0

化学名称　2-甲氨基-1-硫代磺酸钠基-3-硫代磺酸基丙烷；2-dimethylamino-1-thiosulphate-3-(sodium thiosulphate) proprane。

理化性质 纯品为白色针状结晶，工业品为白色粉末或无定形粒状固体。有吸潮性，易溶于水，能溶于热甲醇和乙醇，难溶于丙酮、乙醚等有机溶剂。室温下中性和微酸性介质中稳定。原粉不能与铁器接触，包装密封后，应贮存于干燥避光处。

毒性 杀虫单原粉急性经口 LD_{50}（mg/kg）：小鼠83（雄）、86（雌），大鼠142（雄）、137（雌）。在25％浓度范围内对家兔皮肤无任何刺激反应，对家兔眼黏膜无刺激作用。对大、小鼠蓄积系数 $K > 5.3$，属于轻度蓄积。用 ^{35}S 标记的杀虫单以水溶液灌胃鹌鹑或以颗粒剂喂鸡，杀虫单在其体内各脏器均有分布，在肠道肌肉中分布甚少，均能迅速地随粪便排出体外，在脂肪中无积蓄。

杀虫单对水生生物安全，无生物浓缩现象，对白鲢鱼 LC_{50}（48h）5.0mg/L。在土壤中的吸附性小，移动性能大。10mg/L浓度对土壤微生物无明显抑制影响，100mg/L有一定抑制影响。在植物体内降解较快。对鹌鹑急性经口 LD_{50} 27.8mg/kg，对家蚕剧毒。

应用 杀虫单对害虫具有胃毒、触杀和内吸传导作用，并有杀卵作用。其杀虫机理和杀虫双一样，是昆虫神经传导的阻断剂。防治对象与杀虫双相似。

合成路线 将杀虫双用盐酸酸化即可制得杀虫单。

常用剂型 杀虫单在我国登记的剂型主要有可湿性粉剂、微乳剂、可溶粉剂、颗粒剂、悬浮剂、粉剂、水剂、泡腾粒剂、水乳剂、乳油等。复配制剂登记中主要与高效氯氰菊酯、三唑磷、毒死蜱、阿维菌素、灭蝇胺、甲维盐、吡虫啉、井冈霉素、苏云金杆菌、噻嗪酮、三环唑、克百威、灭多威、福美双等进行复配。

杀虫环 （thiocyclam）

$C_7H_{13}NO_4S_3$，271.4，31895-21-3

其他名称 易卫杀，多噻烷，虫噻烷，甲硫环，类巴丹，Evisect，Sulfoxane，Eviseke。

化学名称 N,N-二甲基-1,2,3-三硫杂己-5-胺草酸盐；N,N-dimethyl-1,2,3-trithiaxan-5-ylamine oxalate。

理化性质 可溶性粉剂，外观为白色或微黄色粉末，熔点125～128℃。23℃水中溶解度84g/L，在丙酮（500mg/L）、乙醚、乙醇（1.9g/L）、二甲苯中的溶解度小于10g/L，甲醇中17g/L，不溶于煤油，能溶于苯、甲苯和松节油等溶剂。在正常条件下贮存稳定期至少2年。

毒性 雄性大鼠急性经口 LD_{50} 为310mg/kg，雄性小鼠为373mg/kg。雄性大鼠急性经皮 LD_{50} 为1000mg/kg，雄性大鼠急性吸入 $LC_{50} > 4.5$mg/L。对兔皮肤和眼睛有轻度刺激作用。大鼠90d饲喂试验无作用剂量为100mg/kg，狗为75mg/kg。无致畸、致癌、致突变作用。鲤鱼 LC_{50} 为 $1.03mg/L$（96h）。蜜蜂经口 LD_{50} 为 $11.9\mu g/$只。对人、畜为中等毒性，对皮肤、眼有轻度刺激作用，对鱼类和蚕的毒性大。对害虫具有触杀和胃毒作用，也有一定的内吸、熏蒸和杀卵作用，对害虫的药效较迟缓，中毒轻者有时能复活，持效期短。

应用 杀虫环为选择性杀虫剂，具有胃毒、触杀、内吸作用，能向顶传导，防治鳞翅目和鞘翅目害虫的持效期为 $7\sim14d$，也可防治寄生线虫，如水稻白尖线虫，对一些作物的锈病和白穗病也有一定防效。能防治三化螟、稻纵卷叶螟、二化螟、水稻蓟马、叶蝉、稻瘿蚊、飞虱、桃蚜、苹果蚜、苹果红蜘蛛、梨星毛虫、柑橘潜叶蛾等。也可防治菜蚜、菜青虫、小菜蛾幼虫、甘蓝夜蛾幼虫、螨类等。在豆类、蔬菜上不宜使用本剂。本剂可与速效农药混用，以提高击倒力。

合成路线

常用剂型 杀虫环在我国登记的制剂主要是 28%、50% 可溶性粉剂，复配制剂主要与啶虫脒进行复配。

杀虫磺（bensultap）

$C_{17}H_{21}NO_4S_4$，431.5，17606-31-4

其他名称 苯硫丹，苯硫杀虫酯。

化学名称 1,3-双-(氨基甲酰硫基)-2-二甲氨基丙烷盐酸盐；S,S'-[2-(dimethylamino)-1,3-propanediyl]dibenzenesulfonothioate。

理化性质 纯品杀虫磺为白色鳞片状晶体，熔点 $83\sim84℃$，约在 $150℃$ 开始分解。溶解性（$25℃$，g/L）：易溶于氯仿、二氯甲烷、乙醇、丙酮、乙腈等，稍溶于甲苯、苯、乙醚，不溶于水。在酸性介质中稳定，在碱性介质中分解转变成沙蚕毒。

毒性 原药急性经口 LD_{50}（mg/kg）：大白鼠 1105（雄）、1120（雌），小白鼠 516（雄）、484（雌）。对兔经皮 $LD_{50}>2000mg/kg$。对兔眼睛和皮肤无刺激性。以 $19.7mg/(kg\cdot d)$ 剂量饲喂大鼠 30d，未发现异常现象。对动物无致畸、致突变、致癌作用。

应用 杀虫磺 1970 年由日本武田公司研制开发，具有胃毒和触杀作用，能从植物根部吸收。主要用于防治水稻螟虫、蔬菜小菜蛾等害虫。

合成路线 通常以苯磺酰氯为原料，在甲苯中与硫化钠反应制得的硫代磺酸钠于无水乙醇中与 N,N-二甲基-1,2-二氯丙胺在 70℃ 反应 5h 制得杀虫磺。

常用剂型 杀虫磺常用制剂主要有 50% 可湿性粉剂、4% 颗粒剂等。

杀虫脒（chlordimeform）

$C_{10}H_{13}ClN_2$，196.68，6164-98-3

其他名称 克死螨，氯苯脒，杀螟螨，氯苯甲脒，杀螨脒，Chlorodimeform，Galecron。

化学名称 N'-(4-氯-2-甲基苯基)-N,N-二甲基甲脒；N'-(4-chloro-2-methylphenyl)-N,N-dimethylmethanimidamide。

理化性质 纯品为白色结晶，熔点 225～227℃（分解），蒸气压 22×10^{-7} mmHg，易溶于水和乙醇，难溶于有机溶剂，酸性介质中稳定，遇碱分解。

毒性 大鼠急性经口 LD_{50} 340mg/kg；急性经皮 LD_{50} 640mg/kg。

应用 杀螨、杀虫剂。防治畜禽各种螨病。禁用情况：哥伦比亚（1987 年），厄瓜多尔（1985 年），肯尼亚（1987 年），朝鲜（1986 年），墨西哥（1986 年），巴拿马（1987 年），前苏联，南斯拉夫（1976 年），美国（1989 年），中国（1993 年）。

合成路线

常用剂型 杀虫脒常用制剂主要有 20%、90% 可湿性粉剂和 25%、50% 水剂。

杀虫双（bisultap）

$C_5H_{11}O_6NNa_2S_4\cdot2H_2O$，391.4，15263-53-3

化学名称 1,3-双硫代磺酸钠基-2-二甲氨基丙烷（二水合物）；2-dimethylamino-1,3-di-(sodium thiosulphate) proprane。

理化性质 纯品杀虫双为白色结晶，含有两个结晶水的熔点169～171℃（开始分解），不含结晶水的熔点142～143℃。有很强的吸湿性。溶解性（20℃）：水1330g/L，能溶于甲醇、热乙醇，不溶于乙醚、苯、乙酸乙酯。水溶液显较强的碱性；常温下稳定，长时间见光以及遇强碱、强酸分解。

毒性 杀虫双原药急性 LD_{50}（mg/kg）：大白鼠经口451（雄）、342（雌），经皮＞1000。对兔眼睛和皮肤无刺激性。以250mg/（kg·d）剂量饲喂大鼠90d，未发现异常现象。对动物无致畸、致突变、致癌作用。

应用 杀虫双是一种高效、广谱、低毒、经济、安全的沙蚕毒素类农药，1975年由贵州省化工研究所研制开发；杀虫双对害虫具有胃毒、触杀作用，兼有内吸性能及杀卵作用。用于防治水稻、蔬菜、果树、甘蔗、玉米等作物害虫如水稻螟虫、菜青虫、小菜蛾、蓟马、玉米螟虫等。杀虫双对棉花有药害，不宜在棉花上使用。

合成路线 通常以氯丙烯和二甲胺为起始原料，在较低温度下二者发生反应生成 N,N-二甲基烯丙胺，该化合物在10℃以下与盐酸成盐后于50～60℃用氯气氯化，制得的 N,N-二甲基-2,3-二氯丙胺盐酸盐在碱性条件下于70～80℃发生磺化反应制得杀虫双。

常用剂型 杀虫双在我国登记的剂型有水剂、水乳剂、可溶性液剂、大粒剂、颗粒剂、微乳剂及母液等。复配制剂主要与井冈霉素、灭多威、吡虫啉、毒死蜱等进行复配。

杀虫畏（tetrachlorvinphos）

$C_{10}H_9Cl_4O_4P$，365.96，22248-79-9

其他名称 杀虫威，Rabona，Gardon，CAMP，Appex，Stirofos，D 301。

化学名称 O,O-二甲基-O-[1-(2,4,5-三氯苯基)-2-氯]乙烯基磷酸酯；O,O-dimethyl-O-[1-(2,4,5-trichlorophenyl)-2-chloro] vonylphosphate。

理化性质 纯品为白色结晶。沸点97～98℃。可溶于甲醇、三氯甲烷等有机溶剂，水中溶解度仅1501mg/L。水解半衰期1300h（pH=3）、1060h（pH=7）、80h（pH=10.5），中性及酸性介质中稳定，碱性条件下易分解。工业品为纯度98%的顺式异构体。

毒性 急性经口 LD_{50}（mg/kg）：大鼠4000～5000，小鼠＞5000，兔＞2500。对皮肤有刺激作用，动物试验无致畸、致癌、致突变作用，繁殖试验未见异常，对鱼类、蜜蜂高毒。

应用 高效、低毒有机磷杀虫剂和杀线虫剂，以触杀作用为主。对鳞翅目、双翅目、多种鞘翅目害虫有高效，对温血动物毒性低。用于花生、玉米、甘蔗、柑橘、香蕉、凤梨、蔬菜、观赏植物、豆类、咖啡、水稻、烟草、牧草等作物上的害虫防治。

合成路线

常用剂型 杀虫畏常用制剂主要有50%、75%可湿性粉剂，5%颗粒剂和15%杀虫畏乳油。

杀铃脲（triflumuron）

$C_{15}H_{10}ClF_3N_2O_2$，358.7，64628-44-0

其他名称 杀虫隆。

化学名称 1-(2-氯苯甲酰基)-3-(4-三氟甲氧基苯基）脲；1-(2-chlorobenzoyl)-3-(4-trifluoro methoxyphenyl）urea。

理化性质 纯品杀铃脲为白色结晶固体，熔点195.1℃。溶解性（20℃，g/L）：二氯甲烷20～50，甲苯2～5，异丙醇1～2。

毒性 杀铃脲原药急性LD_{50}（mg/kg）：大鼠经口>5000、经皮>5000。以20mg/kg剂量饲喂大鼠90d，未发现异常现象。对动物无致畸、致突变、致癌作用。

应用 杀铃脲属于昆虫几丁质合成抑制剂，由德国拜耳公司开发，是一种具有有限触杀非内吸性胃毒杀虫剂，适用于防治咀嚼式口器昆虫，对吸管式昆虫无效；杀铃脲阻碍幼虫蜕皮时外骨骼的形成，幼虫的不同龄期对药剂的敏感性无多大差异，所以可以在幼虫所有龄期使用；本药剂还具有杀卵活性。可用于玉米、果树、森林、棉花、大豆、蔬菜等作物，防治鞘翅目、鳞翅目、双翅目等害虫，还可以用于防治白蚁。使用剂量0.56g（a.i.）/100m²。

合成路线 路线一：

路线二：

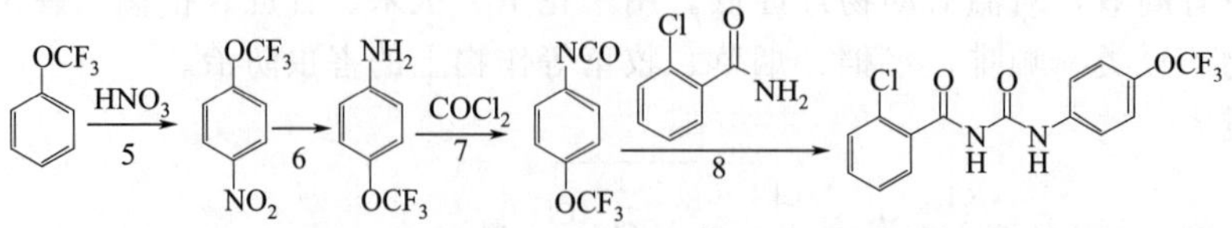

常用剂型　杀铃脲在我国登记的制剂为 5％、6％、20％、40％悬浮剂，可与阿维菌素等复配。

杀螨醇 （chlorfenethol）

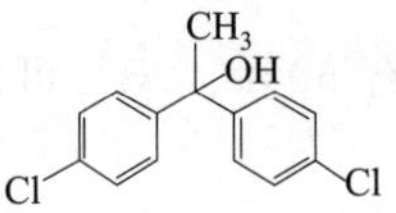

C₁₄H₁₂Cl₂O，267.15，80-06-8

其他名称　敌螨，滴灭特，Geigy-338。

化学名称　1,1-双（*p*-氯苯基）乙醇；1,1-bis（4-chlorophenyl）ethanol or 4,4′-dichloro-α-methylbenzhydryl alcohol。

理化性质　无色结晶，除对映异构体外，尚含有对位和邻位异构体，含氯量为 26.5％。熔点 69.5～70℃。可溶于多数有机溶剂，不溶于水，特别是极性溶剂。加热脱水变成 1,1-双（对氯苯基）乙烯，在强酸中不稳定。可与常用农药混用。

毒性　对大鼠的急性经口 LD₅₀值为 926～1391mg/kg；含 0.1％杀螨醇的饲料喂大鼠 10 周，能忍受。

应用　触杀性杀螨剂，无内吸性；有明显的杀卵效果。作滴滴涕的增效剂，能防治对滴滴涕产生抗性的害虫。可以和螨卵酯混用，增强药效，残效期也较长。

合成路线

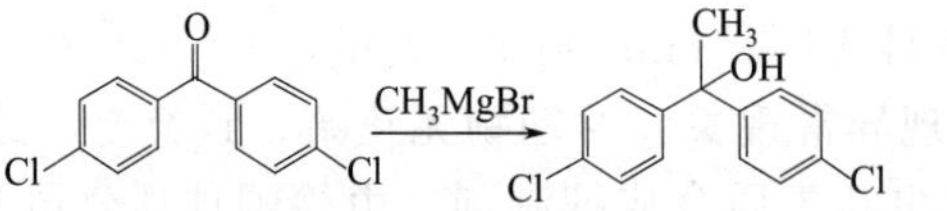

常用剂型　杀螨醇目前在我国没有相关登记。

杀螨砜 （DPS）

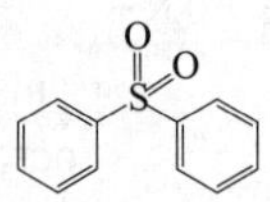

C₁₂H₁₀O₂S，218.27，93-21-0

其他名称　Sulfobenzide，1′-Sulfonyl bisbenzene。
化学名称　二苯基砜；diphenyl sulfone。

理化性质 无色结晶，熔点 123～124℃。工业品为白色至灰色粉末，熔点为 115℃。在室温，它对酸、碱、氧化剂和还原剂稳定。不溶于水，溶于极性及芳烃有机溶剂。能与大多数农药混用。

毒性 大鼠急性经口 LD_{50} 为 1390mg/kg。有刺激性。

应用 杀螨、杀卵剂。

常用剂型 杀螨砜目前在我国未见相关制剂产品登记。

杀螨好（tetrasul）

$C_{12}H_6Cl_4S$，324.05，2227-13-6

其他名称 杀螨硫醚，四氯杀螨硫。

化学名称 1,2,4-三氯-5-[（4-氯苯基）硫]苯；1,2,4-trichloro-5-[（4-chlorophenyl）thio]benzene。

理化性质 白色无味结晶，蒸气压为 $100\mu Pa$（20℃），熔点 87.3～87.7℃，微溶于水，中度溶于乙醚、丙酮，溶于苯和氯仿，在正常条件下稳定，但要防止长时间阳光下暴露。它能被氧化成它的砜或三氯杀螨砜，能与大多数农药混用，无腐蚀性。

毒性 急性经口 LD_{50}（mg/kg）：雌大鼠 6000，雌小鼠 5000，雌豚鼠 8800。兔的急性经皮 LD_{50} 值大于 2000mg/kg。

应用 非内吸性杀螨剂。除成螨外，对植食性螨类的卵及各阶段幼虫有高效。用于苹果树、梨树和瓜类上，以 18% 可湿性粉剂 1kg 加 400kg 水在越冬孵化时使用，在该浓度下无药害。本药具有高的选择性，对益虫和野生动物无危险。

合成路线

常用剂型 杀螨好常用制剂主要有 18% 可湿性粉剂、18% 乳油。

杀螨隆（diafenthiuron）

$C_{23}H_{32}N_2OS$，384.6，80060-09-9

其他名称 丁醚脲，宝路，Pegasus，Polo，CGA106630。

化学名称 1-叔丁基-3-(2,6-二异丙基-4-苯氧基苯基) 硫脲；1-tert-butyl-3-(2,6-di-iso-propyl-4-phenoxyphenyl) thiourea。

理化性质 纯品杀螨隆为白色晶体，熔点 149.6℃。溶解性（20℃，g/L）：二氯甲烷 600，环己酮 380，甲苯 320，丙酮 280，二甲苯 210，已烷 8。

毒性 原药急性 LD_{50}（mg/kg）：大鼠经口 2068、经皮＞2000。对兔眼睛和皮肤无刺激性。以 4mg/(kg·d) 剂量饲喂大鼠 90d，未发现异常现象。对动物无致畸、致突变、致癌作用。

应用 杀螨隆是瑞士汽巴-嘉基公司开发的硫脲类杀虫、杀螨剂，1981 年申请专利；主要用于棉花、果树、蔬菜、观赏植物、大豆等作物防治各种螨类、粉虱、小菜蛾、菜青虫、蚜虫、叶蝉、潜叶蛾等害虫、害螨；使用剂量 0.75～2.3g（a.i.）/100m²；持效期 21d，对天敌安全。

合成路线 以 4-溴-2,6-二异丙基苯胺和苯酚为原料，经过如下所示的路线制得杀螨隆。

常用剂型 杀螨隆常用制剂有 50％可湿性粉剂。

杀螨特（aramite）

$C_{15}H_{23}ClO_4S$, 334.86, 140-57-8

其他名称 螨灭得，Aramaite，Acaracide，Aeatron，Aracid，85-E，Aramite 15-W，BICS，CES，Compound 88 R，ENT-16519，Niagaramite，Ort。

化学名称 2-(对叔丁基苯氧基) 异丙基-2′-氯乙基亚硫酸酯；2-(4-tert-butylphenoxy) isopropyl-2-chloroethyl sulfite。

理化性质 纯品为无色黏稠状液体，沸点 175℃（0.1mmHg）。工业品呈深褐色，沸点 195℃（2mmHg），折射率 n_D^{27} 1.5075，相对密度 d_{20}^{20} 1.145～1.62。不溶于水，室温下易溶于丙酮、苯、已烷等有机溶剂。遇强酸和强碱不稳定。

毒性 急性经口 LD_{50}（mg/kg）：大白鼠和豚鼠 3900，小白鼠 2000。鲤鱼 LC_{50}（48h）2.3mg/L。对哺乳动物低毒，无明显慢性毒性。

应用 杀螨剂，对于多种果树螨类有良好效果，但杀卵力较差。迟效。在寒冷气候下，需几天才现药效。遇湿气和雨水迅速失效。由于有慢性毒性，局限于无残留的情况下使用。

常用剂型 杀螨特常用制剂有 35％乳油。

杀螨酯 （ chlorfenson ）

C₁₂H₈Cl₂O₃S, 303.16, 80-33-1

其他名称　螨卵酯，Acaricydol E 20，C-854 C-1006，CCS，Cemite，Corotran.

化学名称　对氯苯基磺酸对氯苯基酯；4-chlorophenyl-4-chlorobenzenesulfonate。

理化性质　纯品为白色结晶固体，熔点 86.5℃。工业品为黄褐色片状固体，熔点约 80℃。难溶于水；25℃下有机溶剂的溶解度（g/100g）：丙酮 130，二甲苯 78，乙醇 1，四氧化碳 41 和石油 2。有一定挥发性，具有腥味。化学性质稳定，遇碱性物质可被分解成为氯苯磺酸盐和对氯苯酚盐。

毒性　急性经口 LD₅₀（mg/kg）：大白鼠 2000～2050，兔 5660，豚鼠 640，鸡 3780。鲤鱼 LC₅₀（48h）3.2mg/L。水蚤 LC₅₀（3h）40mg/L。

应用　广泛应用于棉花、蔬菜、落叶果树和观赏植物上防治螨类。对卵和初孵若螨有良好效果，但对成螨的效果较差。对昆虫无作用。长效。也可用作毛纺织品防蛀剂。浓度过高时对苹果和梨的嫩叶有药害。

合成路线

常用剂型　杀螨酯常用制剂主要有 20％、50％可湿性粉剂和 25％乳油。

杀螟丹 （ cartap ）

C₇H₁₅N₃O₂S₂, 237.3, 15263-52-2

其他名称　巴丹，培丹，克螟丹，派丹，克虫普，卡达普，Cartapp，Cartap-hydrochloride，Padan，Cardan，Sanvex，Thiobel。

化学名称　1,3-双-(氨基甲酰硫基)-2-二甲氨基丙烷盐酸盐；1,3-di（carbamoylthio)-2-dimethyl aminoproprane。

理化性质　纯品杀螟丹为白色结晶，熔点 179～181℃（开始分解）。溶解性（25℃）：水 200g/L，微溶于甲醇和乙醇，不溶于丙酮、氯仿和苯。在酸性介质中稳定，在中性和碱性溶液中水解，稍有吸湿性，对铁等金属有腐蚀性。工业品为白色至微黄色粉末，有轻微臭味。

毒性 原药急性 LD_{50}（mg/kg）：大白鼠经口 325（雄）、345（雌），小鼠经皮＞1000。对兔眼睛和皮肤无刺激性。以 $10mg/(kg \cdot d)$ 剂量饲喂大鼠两年，未发现异常现象。对动物无致畸、致突变、致癌作用。

应用 杀螟丹 1964 年由日本药品工业株式会社研制开发。对害虫具有较强胃毒作用，兼有触杀和一定的拒食、杀卵作用，对害虫击倒快，有较长持效期，杀虫谱广，可用于防治鳞翅目、鞘翅目、半翅目、双翅目等多种害虫和线虫，如螟虫、菜青虫、小菜蛾以及果树害虫等。对蚕毒性大，对鱼有毒；水稻扬花期使用易产生药害；白菜、甘蓝等十字花科蔬菜幼苗对该药剂敏感。

合成路线

常用剂型 杀螟丹在我国制剂登记中主要有可溶性粉剂、可湿性粉剂、悬浮剂、水剂、颗粒剂等剂型。复配制剂登记中主要与咪酰胺、乙蒜素等进行复配。

杀螟腈（cyanophos）

$C_9H_{10}NO_3PS$，243.13，2636-26-2

其他名称 Cyanox。

化学名称 O,O-二甲基-O-(4-氰基苯基)硫代磷酸酯；O,O-dimethyl-O-(cyanophenyl)thionophosphate。

理化性质 外观为黄色透明油状液体。纯品熔点 14～15℃，相对密度 1.260（25℃）。在 30℃时，水中溶解度为 46mg/L。可溶于苯、氯仿、丙酮、甲醇、乙醇、环己醇等多种有机溶剂，可与大多数农药混用。对碱性水解的稳定性是甲基对硫磷的 2 倍，在 40% 碱液中 106min 后才分解。

毒性 急性经口 LD_{50}（mg/kg）：大鼠 610，小鼠 860。大鼠急性经皮 LD_{50} 为 800mg/kg。鲤鱼 LC_{50} 5mg/L（48h），金鱼 LC_{50} 6mg/L（24h）。

应用 有机磷杀虫剂，用于防治害虫及卫生害虫。用于防治二化螟、三化螟、纵卷叶螟、稻苞虫、稻叶蝉、稻蓟马、黏虫、蚜虫、黄条跳甲、叶螨等，也能防治果树、蔬菜和观赏植物上的鳞翅目害虫，苍蝇、蚊子等卫生害虫。制成毒饵并撒于土中可防治地老虎。

合成路线

常用剂型 杀螟腈常用剂型有 2%、3% 杀螟腈粉剂和 50% 杀螟腈乳油等。

杀螟硫磷（fenitrothion）

$C_9H_{12}NO_5PS$，277.14，122-14-5

其他名称 杀螟松，苏米硫磷，住硫磷，速灭虫，福利松，苏米松，杀螟磷，诺发松，富拉硫磷，Accothion，Agrothion，Sumithion，Novathion，Foliithion，S-5660，Bayer41831，S-110A，S-1102A。

化学名称 O,O-二甲基-O-（3-甲基-4-硝基苯基）硫代磷酸酯；O,O-dimethyl-O-（3-methyl-4-nitrophenyl）hposphorothioate。

理化性质 棕色液体，沸点 140～145℃（分解）/13.3Pa，工业品为浅黄色油状液体。溶解性（30℃）：水 14mg/L，二氯甲烷、甲醇、二甲苯＞1.0kg/kg，己烷 42g/kg。常温条件下稳定，高温分解，在碱性介质中水解。

毒性 原药急性 LD_{50}（mg/kg）：大白鼠经口 240（雄）、450（雌）；小白鼠经口 370，经皮 3000。无致癌、致畸作用，有较弱的致突变作用。

应用 杀螟硫磷属于高效、广谱硫代磷酸酯类有机磷杀虫剂，20 世纪 50 年代后期由日本住友及德国拜耳公司开发，随后世界上 30 多个国家注册登记，我国在 20 世纪 80 年代正式投产。主要用于防治水稻、玉米等粮食作物以及蔬菜、果树、森林害虫。对叶蝉、稻飞虱、稻象甲幼虫、稻潜蝇、稻螟等水稻害虫和菜青虫、小菜蛾、甘蓝夜蛾等蔬菜害虫，以及蟑螂、苍蝇、蚊子等卫生害虫均有较高的防效；对二化螟有特效；杀卵活性低；收获前 10d 禁止使用。

合成路线 通常以三氯硫磷为起始原料，制得的中间体 O,O-二甲基硫代磷酰氯与 4-硝基间甲基苯酚（即路线 1→2→3）或其钠盐（即路线 1→2→10）反应制得杀螟硫磷，如下所示。

常用剂型 杀螟硫磷我国登记的制剂（含复配制剂）剂型主要有乳油、粉剂、微胶囊粉剂、可湿性粉剂、饵剂、气雾剂等，可与三唑磷、马拉硫磷、溴氰菊酯等复配。

杀那特（thanite）

C$_{13}$H$_{19}$NO$_2$S，253.39，115-31-1

其他名称 敌稻瘟，杀那脱，硫氰冰片，硫氰醋酸冰片酯，硫氰基醋酸异龙脑酯，硫氰基乙酸异冰片酯。

化学名称 1,7,7-三甲基二环-[2.2.1]-庚-2-基氰硫基乙酸酯；1,7,7-trimethylbicyclo-[2.2.1]-hept-2-yl thiocyanatoacetate。

理化性质 淡红黄色油状液体，具有松节油味，相对密度 d_4^{25} 1.1465，折射率 n_D^{25} 1.512，闪点180℃。不溶于水；易溶于乙醇、苯、氯仿和乙醚。工业品纯度为82%。在正常贮藏条件下稳定。

毒性 急性经口 LD$_{50}$（mg/kg）：大白鼠1000～1603，兔630，豚鼠551。兔急性经皮 LD$_{50}$ 6000mg/kg。

应用 非内吸性的触杀性杀虫剂，对家蝇有迅速的击倒力，主要用于喷雾防治畜舍蝇类如家蝇、厩蝇和角蝇。还能防治人体上的虱子、跳蚤等。

常用剂型 杀那特常用制剂主要有40%乳油。

杀扑磷（methidathion）

C$_5$H$_9$N$_2$O$_4$PS$_3$，302.3，950-37-8

其他名称 速扑杀，灭达松，灭大松，速蚧克，甲噻硫磷，Supracide，Ultracide，Ciba-Geigy。

化学名称 O,O-二甲基-S-(2,3-二氢-5-甲氧基-2-氧代-1,3,4-硫二氮茂-3-基甲基)二硫代磷酸酯；O,O-dimethyl-S-(2,3-dihydro-5-methoxy-2-oxo-1,3,4-thiadiazol-3-ylmethyl)phosphorodithioate。

理化性质 纯品为无色结晶，熔点39～40℃（1.33Pa），相对密度1.495（20℃）。20℃时溶解度：环己酮850g/kg。常温贮存两年稳定，弱酸性及中性介质中稳定，碱性条件易水解，不易燃、不易爆。

毒性 急性经口 LD$_{50}$（mg/kg）：大白鼠20，小白鼠25，兔63，豚鼠25，仓鼠30，鸡80。急性经皮 LD$_{50}$（mg/kg）：大白鼠150，兔375。两年饲养无作用水平大白鼠为0.2mg/kg，猴为 0.25mg/kg。鲤鱼 TLm（48h）2.5mg/L，水蚤 LC_{50}（3h）0.007mg/L。ADI 0.005mg/kg。日本果实和蔬菜允许残留量 0.2mg/kg。

应用 杀虫剂，对蚧类有效，低浓度即能防治鳞翅目幼虫，也有一定的杀螨效果，有渗透性，残效较长，可应用于苹果、柑橘、杏、李、梅、樱桃、茶、棉花、向日葵、报春花、菊花、天竺葵、杜鹃、栀子花、月桂、木樨、黄杨等植物。防治柑橘矢尖蚧若虫、红蜡蚧若虫、角蜡蚧若虫、红圆蚧若虫、茶细蛾、桑蚧、茶蓟马、茶绿叶蝉、苹果康氏蚧、桃小食心虫、苹果卷叶蛾、蚜虫、粉虱、盲椿、红铃虫、棉铃虫、烟青虫、红蜘蛛等。

合成路线

常用剂型 杀扑磷目前在我国制剂登记中主要剂型有乳油、微胶囊剂、可湿性粉剂等剂型。复配配方中主要与马拉硫磷、乐果、噻嗪酮、毒死蜱、矿物油等进行复配。

杀线威 （oxamyl）

$C_7H_{13}N_3O_3S$, 219.29, 23135-22-0

其他名称 草安威，草肟威，甲胺叉威，Vydate，Pratt，Thioxamyl，Shaughnessy 103801。

化学名称 N,N-二甲基-2-甲基氨基甲酰氧基亚氨基-2-（甲硫基）乙酰胺；N,N-dimethyl-2-methylcarbamoyloxyimino-2-(methylthio) acetamide。

理化性质 白色结晶固体，略带硫的臭味。两种异构体：苯中重结晶的熔点是 109～110℃，水中重结晶的熔点是 101～103℃，在 100～102℃熔化，变化到另一种结晶时，熔点为 108～110℃。25℃时溶解度（g/100g）：水 28，丙酮 67，乙醇 33，异丙醇 11，甲醇 144，甲苯 1。其水溶液是无腐蚀性的。在固态和大多数溶剂中是稳定的。在天然水中和土壤中分解产物是无害的。通风、阳光、碱性介质、升高温度会加快其分解速度。

毒性 雄鼠急性经口 LD_{50}（mg/kg）：5.4（原药），37（24％溶剂）。雄兔急性经皮 LD_{50} 2960mg/kg。没见皮肤过敏者。吸入 LC_{50}：雾化喷射，雄大鼠和雌大鼠（空气中 1h）分别为 0.17mg/L 和 0.12mg/L，胆碱酯酶受到抑制。以 2.4mg/kg 剂量喂雄大鼠，二周间喂 10 次未发现累积毒性。鹌鹑急性经口 LD_{50} 4.64mg（原药）/kg；青鳃翻车鱼 LC_{50}（96h）5.6mg/L，金鱼 LC_{50}（96h）5.6mg/L，虹鳟鱼 LC_{50}（96h）4.2mg/L。

应用 棉花、马铃薯、柑橘、花生、烟草、苹果等作物及某些观赏植物，防治蓟马、蚜虫、跳甲、马铃薯瓢虫、棉斜纹夜蛾、螨等。作叶面喷雾，一般用量为 0.2～1.0kg/hm²，有一定持效性。同苯菌灵、克菌丹等混用，可防治苹果疮痂病。防治线虫有广谱性，可作叶面处理，亦可作土壤处理。在前苏联，杀线威 10％颗粒剂被推荐用于防治黄瓜和番茄地的根线虫。还被用以防治糖用甜菜的球形胞囊线虫、马铃薯的茎线虫、洋葱和大蒜的茎线虫，以及草莓茎线虫。

合成路线　杀线威有多种合成方法，常用的有三氯乙醛路线即路线 1→2→3→4→5 和双乙烯酮路线即路线 6→7→8→9→5，如下所示。

常用剂型　杀线威常用制剂有 24％可溶性粉剂、10％颗粒剂等。

蛇床子素（cnidiadin）

$C_{15}H_{16}O_3$，224.29，484-12-8

化学名称　7-甲氧基-8-(3′-甲基-2′-丁烯基)-1-二氢苯并吡喃酮-2；7-methoxy-8-(3-methylbut-2-en-1-yl)-2H-chromen-2-one。

理化性质　熔点 83～84℃，沸点 145～150℃，不溶于水和冷石油醚，易溶于丙酮、甲醇、乙醇、三氯甲烷、醋酸。稳定性：在普遍贮存条件下稳定，在 pH5～9 溶液中无分解现象。

毒性　急性 LD_{50}（mg/kg）：经口 3687；经皮 2000。

应用　蛇床子素作用方式以触杀作用为主，胃毒作用为辅，药液通过体表吸收进入昆虫体内，作用于其神经系统，导致害虫肌肉非功能性收缩，最终衰竭而死。对菜青虫、茶尺蠖、甜菜夜蛾、蚜虫等有较好的防效。对蜜蜂、鸟高毒，对家蚕剧毒。

常用剂型　蛇床子素常用制剂主要有 0.4％乳油、1％水乳剂。

生物苄呋菊酯（bioresmethrin）

$C_{22}H_{26}O_3$，338.44，28434-01-7

其他名称 百列灭宁，右旋反式苄呋菊酯，右旋反式灭菊酯，苦里斯伦。

化学名称 5-苄基-3-呋喃基甲基-(1R,3R)-2,2-二甲基-3-(2-甲基丙-1-烯基) 环丙烷羧酸酯；5-benzyl-3-furylmethyl-(1R，3R)-2,2-dimethyl-3-(2-methylprop-1-enyl) cyclopropanecarboxylate。

理化性质 纯品为白色固体，熔点 30～35℃。工业品为淡黄色至红棕色黏状液体，沸点 180℃（0.01mmHg），相对密度 d^{20} 1.05，折射率 n_D^{20} 1.530，旋光度 $[\alpha]_D^{23}$ -5°～-8°（乙醇）。不溶于水，可溶于普通有机溶剂。比除虫菊素较稳定，但遇空气和阳光也易分解。

毒性 急性经口 LD_{50}（mg/kg）：大白鼠 7070～8000，鼷鼠 5000，鸡 >10000。急性经皮 LD_{50}（mg/kg）：鼷鼠 50000，雌大白鼠 >10000。90d 饲养无作用水平，大白鼠为 1200mg/kg，狗 >500mg/kg。大白鼠饲喂 4000mg/kg 60d 仍能生存；从怀孕 8～16d 开始，每天饲喂 80mg/kg，无致畸，但有胎儿死亡。

应用 本品杀虫高效，而对哺乳动物极低毒。它对家蝇的毒力，要比除虫菊素高 55 倍，比地亚农高 5 倍；对辣根猿叶甲的毒力，比除虫菊素高 10 倍，比对硫磷高 13 倍。它比苄呋菊酯的其他 3 个异构体（左旋反式体、右旋顺式体和左旋顺式体）的活性都高，稳定性亦好。

合成路线

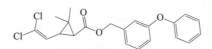

常用剂型 生物苄呋菊酯目前在我国相关产品登记主要有 0.25% 气雾剂。

生物氯菊酯（biopermethrin）

$C_{21}H_{20}Cl_2O_3$，391.30，51877-74-8

其他名称 右旋-反式氯菊酯（右反氯菊酯），NRDC-147，(1R)-trans-permethrin，D-trans-permethrin，(+)-trans-permethrin。

化学名称 （＋）-反式-2,2-二甲基-3-(2,2-二氯乙烯基) 环丙烷羧酸-3-苯氧基苄基酯；3-phenoxybenzyl (1R)-trans-2,2-dimethyl-3-(2,2-dichlorovinyl) cyclopropanecarboxylate。

理化性质 浅棕色液体。折射率 n_D^{20} 为 1.5638，比旋光度 $[\alpha]_D$ +5.2°（C=1.3，乙醇）。难溶于水，能溶于多种有机溶剂。对光稳定。

毒性 对小鼠（雌）急性经口 LD_{50} 为 3000mg/kg；鱼毒性 LC_{50}（48h）：虹鳟鱼为 0.017mg/L。

应用 广谱拟除虫菊酯类杀虫剂，对昆虫的毒力一般比氯菊酯高，对卫生害虫的药效远高于生物苄呋菊酯，持效亦较长。

常用剂型　生物氯菊酯目前在我国未见相关制剂产品登记。

S-生物烯丙菊酯（ S-bioallethrin ）

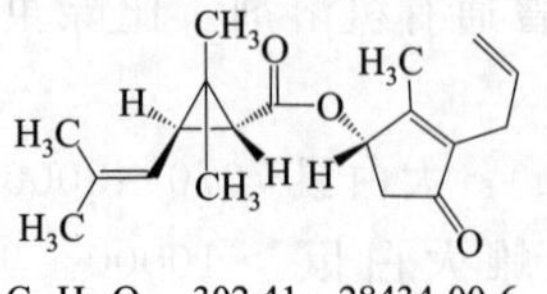

C$_{19}$H$_{26}$O$_3$，302.41，28434-00-6

其他名称　必扑，闯入者，esdepallethrin。

化学名称　（S）-3-烯丙基-2-甲基-4-氧代环戊-2-烯基-（1R，3R)-2,2-二甲基-3-（2-甲基丙-1-烯基）环丙烷羧酸酯；（S）-3-allyl-2-methyl-4-oxocyclopent-2-enyl （1R,3R)-2,2-dime-thyl-3-(2-methylprop-1-enyl) cyclopropanecarboxylate。

理化性质　外观为淡黄色油状液体。可溶于苯、乙醇、四氯化碳、乙醚等大多数有机溶剂，能与矿物油互溶，不溶于水。对光不稳定，碱性条件下水解失效，中性及弱酸性条件下稳定。沸点135～138℃/33.3Pa。相对密度（25℃）1.0～1.02，n_D^{25} 为1.504。熔点50.5～51℃，蒸气压（20℃）5.599×10^{-3}Pa，闪点130℃。

毒性　大鼠急性经口 LD$_{50}$ 为440～730mg/kg，急性经皮 LD$_{50}$＞2500mg/kg，急性吸入 LC$_{50}$＞2000mg/m³（5h）。对鲤鱼 LC$_{50}$ 为1.8mg/L（48h），水蚤 LC$_{50}$ 为40mg/L。对蜜蜂有轻微毒性，对鸟类低毒，对人、畜无害。

应用　用于制作蚊香、电热蚊香片、气雾剂的有效成分。主要用于消灭家蝇和蚊子等卫生害虫，有很强的触杀和驱避作用，击倒力较强。

合成路线

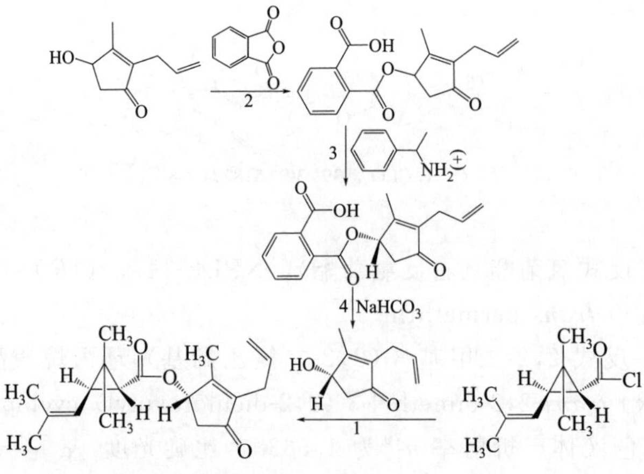

常用剂型　主要为水乳剂、乳油和电热蚊香片等。

274

虫螨脲（lufenuron）

C$_{17}$H$_8$Cl$_2$F$_8$N$_2$O$_3$，511.15，103055-07-8

其他名称　氟丙氧脲，美除，氟芬新，鲁芬奴隆，Axor，CGA 184699，Match。

化学名称　1-[2,5-二氯-4-(1,1,2,3,3,3-六氟丙氧基）苯基]-3-(2,6-二氟苯甲酰基)脲；(RS)-1-[2,5-dichloro-4-(1,1,2,3,3,3-hexafluoropropoxy) phenyl]-3-(2,6-difluoro-benzoyl) urea。

理化性质　原药外观白色粉末，密度（20℃，纯品）1.66g/cm^3，沸点242℃左右开始热解，熔点164.7～167.7℃。溶解度（25℃）：水＜0.06mg/L、丙酮460g/L、乙酸乙酯330g/L、正己烷100mg/L、甲醇52g/L、二氯甲烷84g/L、辛醇8.2g/L、甲苯66g/L。

毒性　大鼠急性经口 LD$_{50}$＞2000mg/kg，经皮＞2000mg/kg。对兔眼睛和皮肤无刺激性，豚鼠皮肤不敏感。大鼠吸入毒性（4h，20℃）＞2.35mg/L 空气。对美洲鹑和野鸭急性经口毒性 LD$_{50}$＞2000mg/kg。对鱼 LC$_{50}$（96h）：虹鳟＞73mg/L，鲤鱼＞63mg/L，蓝鳃太阳鱼＞29mg/L，鲶鱼＞45mg/L。蜜蜂经口 LC$_{50}$＞38μg/只，LD$_{50}$（点滴）＞8.0μg/只。

应用　主要用于防治棉花、玉米、蔬菜、果树等鳞翅目害虫的幼虫；也可作为卫生用药；还可用于防治动物如牛等的害虫。

合成路线

常用剂型　虫螨脲目前在我国制剂登记主要有悬浮剂、微乳剂、水分散粒剂、乳油等剂型，可与甲氨基阿维菌素苯甲酸盐、毒死蜱等复配。

蔬果磷（salithion）

C$_8$H$_9$O$_2$PS，216.19，3811-49-2

其他名称　水杨硫磷，杀抗松，Salibassa，Salibal，dioxabenzofos。

化学名称　2-甲氧基-4-[H]-1,3,2-苯并二氧杂磷-2-硫化物；2-methoxy-4-[H]-1,3,2-

benzo dioxaphosphorine-2-sulfide。

理化性质　纯品为白色针状结晶，熔点 55～56℃，蒸气压 0.63Pa。易溶于丙酮、甲苯、二甲苯、异丁基甲酮。30℃时在水中溶解度为 58mg/L，在弱酸性或碱性介质稳定。

毒性　急性经口 LD$_{50}$（mg/kg）：125～180（大鼠），91.3（小鼠）。大鼠经皮 LD$_{50}$ 490mg/kg；鲤鱼 LC$_{50}$ 3.55mg/L（48h）；鲫鱼 LC$_{50}$ 2.8mg/L（48h）；金鱼 LC$_{50}$ 3.2mg/L（48h）。

应用　有机磷杀虫剂，具有触杀和胃毒作用，并有杀卵作用，击倒作用快，高效低残留。用于防治水稻螟虫、稻瘿蚊、稻飞虱等害虫。对稻叶蝉效果不佳。用于防治棉铃虫、红铃虫、果树卷叶虫、柑橘介壳虫、蔬菜菜青虫及地下害虫，用药效果显著，收获前 10d 禁用。

合成路线

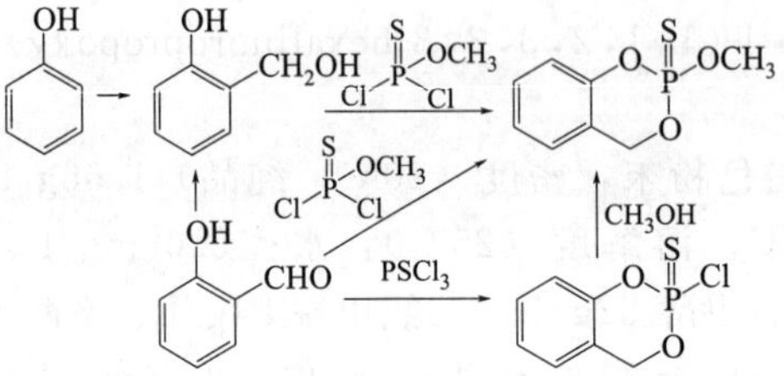

常用剂型　蔬果磷常用制剂主要有 5%、10% 蔬果磷颗粒剂，25% 蔬果磷可湿性粉剂，20%、25% 蔬果磷乳油。

双翅特（fenethacarb）

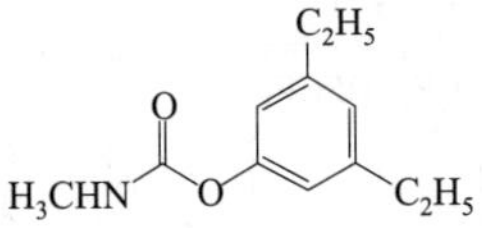

C$_{12}$H$_{17}$NO$_2$，207.2718，30087-47-9

化学名称　甲氨基甲酸-3,5-二乙基苯酯；3,5-diethylphenyl methylcarbamate。

理化性质　白色结晶，熔点 97℃。20℃下溶于水 100mg/L，氯仿 1250g/kg，苯 612g/kg，丙酮 987g/kg，乙醇 411g/kg。

毒性　大白鼠急性经口 LD$_{50}$（mg/kg）：2200（雄），1600（雌）。大白鼠急性经皮 LD$_{50}$（mg/kg）：2（雄），1.3（雌）。

应用　对双翅目昆虫有特效。

合成路线

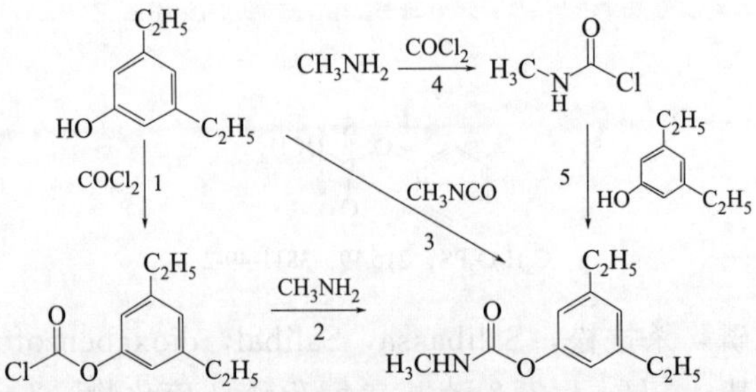

276

常用剂型 双翅特目前在我国未见相关产品登记。

双甲脒（amitraz）

$$H_3C \overset{}{\underset{}{\bigcirc}} N = \overset{C}{\underset{H}{C}} - \overset{N}{\underset{CH_3}{N}} - \overset{C}{\underset{H}{C}} = N \overset{}{\underset{H_3C}{\bigcirc}} CH_3$$

C₁₉H₂₃N₃，293.4，33089-61-1

其他名称 螨克，二甲脒，胺三氮螨，阿米德拉兹，果螨杀，杀伐螨，三亚螨，双二甲脒，梨星二号，Taktic，Mitac，Azaform，Danicut，Triatox，Triazid。

化学名称 N,N-双-（2,4-二甲苯基亚氨基甲基）甲胺；N,N-di-（2,4-xylyliminomethyl）methylamine。

理化性质 纯品双甲脒为白色单斜针状结晶，熔点 86～87℃。溶解性（20℃）：在丙酮和苯可溶解 30%。在酸性介质中不稳定，在潮湿环境中长期存放会慢慢分解。

毒性 双甲脒原药急性经口 LD_{50}：大白鼠 800mg/kg、小白鼠 1600mg/kg；兔经皮＞1600mg/kg。以 50mg/kg 剂量饲喂大鼠两年，未发现异常现象；对动物无致畸、致突变、致癌作用；对蜜蜂、鸟类及天敌较安全。

应用 双甲脒是 1973 年英国布兹（Boots）公司开发的杀螨剂，具有触杀和胃毒作用，广泛应用于棉花、果树、蔬菜、茶叶、大豆等作物，防治多种害螨以及牲畜体外的蜱螨，对螨类各个发育阶段的虫态以及其他杀螨剂产生抗性的螨类都有效，还可以防治梨黄木虱、橘黄粉虱、蚜虫、棉铃虫、红铃虫等害虫。

合成路线

$$H_3C \overset{}{\underset{CH_3}{\bigcirc}} NH_2 \xrightarrow[\quad 1 \quad]{HC(OC_2H_5)_3, HC\overset{O}{\underset{NHCH_3}{}}} H_3C \overset{}{\underset{CH_3}{\bigcirc}} N = \overset{C}{\underset{H}{C}} - \overset{N}{\underset{CH_3}{N}} - \overset{C}{\underset{H}{C}} = N \overset{}{\underset{H_3C}{\bigcirc}} CH_3$$

常用剂型 双甲脒在我国制剂登记中主要剂型是乳油，复配制剂中主要与高效氯氟氰菊酯和阿维菌素等进行复配。

双硫磷（temephos）

$$\overset{H_3CO}{\underset{H_3CO}{\bigg\rangle}} \overset{S}{\underset{}{P}} - O \overset{}{\underset{}{\bigcirc}} - S - \overset{}{\underset{}{\bigcirc}} - O \overset{S}{\underset{}{P}} \overset{OCH_3}{\underset{OCH_3}{\bigg\langle}}$$

C₁₆H₂₀O₆P₂S₃，466.47，3383-96-8

其他名称 替美福司，硫双苯硫磷，Abaphos，Abat，Abate，Abathion。

化学名称 O,O,O',O'-四甲基-O,O'-硫代-对亚苯基二硫代磷酸酯；O,O,O',O'-rerramethyl-O,O'-thiodi-4,1-phenylene phosphorothioate。

理化性质 双硫磷纯品为无色结晶固体，熔点为 30～30.5℃。工业品纯度 90%～95%，为棕色黏稠液体。可溶于大部分有机溶剂，如乙腈、四氯化碳、乙醚、二氯乙烷、甲苯、丙酮等，不溶于水。25℃时，在中性、弱酸性下稳定，强酸、强碱加速水解，水解速度受温度和酸碱度影响。

毒性　双硫磷为低毒农药品种。大白鼠急性经口 LD_{50}（mg/kg）：860（雄），13000（雌）；急性经皮 $LD_{50}>4000$mg/kg。虹鳟鱼 LC_{50} 31.8mg/L，蜜蜂 LC_{50} 0.0015mg/L。

应用　用于防治蚊虫等卫生害虫的幼虫和成虫。对防治人体上的虱，狗、猫等身上的跳蚤等亦有效，还可以防治水稻、棉花、玉米、花生等作物上的多种害虫。

合成路线

常用剂型　双硫磷在我国制剂登记剂型主要是颗粒剂。

双乙威（fenethocarb）

$C_{12}H_{17}NO$，207.28，30087-47-9

其他名称　蚊蝇氨，双苯威，BAS-2350，BASF-2350，BAS-2351。

化学名称　3,5-二乙基苯基-N-甲基氨基甲酸酯；3,5-diethylphenyl-N-methyl carbamate。

理化性质　无色无臭结晶，熔点101℃。不溶于水，能溶于乙醇、丙酮等有机溶剂。遇碱能分解，在室内和阳光直接照射下均稳定。

毒性　急性经口 LD_{50}（mg/kg）：大鼠998、小鼠240~300。急性经皮 LD_{50}（mg/kg）：大鼠200、小鼠2500。

应用　对双翅目昆虫有良好的防治效果，主要用于防治室内蚊蝇。

常用剂型　双乙威常用制剂有50%可湿性粉剂。

水胺硫磷（isocarbophos）

$C_{11}H_{16}NO_4PS$，289.3，24353-61-5

其他名称　羧胺磷，梨星一号，灭蛾净，羟胺磷，Optunal，Bayer 93820。

化学名称　O-甲基-O-(2-甲酸异丙酯苯基)硫代磷酰胺；O-methyl-O-(2-carboisopro-oxyphenyl) phosphoroamidothioate。

理化性质 纯品为无色棱形片状结晶；工业品为浅黄色至茶褐色黏稠油状液体，呈酸性，常温下放置逐渐会有结晶析出。熔点 $45\sim46℃$，能溶于乙醚、丙酮、乙酸乙酯、苯、乙醇等有机溶剂，难溶于石油醚，不溶于水。常温下贮存稳定。

毒性 大鼠急性经口 LD_{50}（mg/kg）：25（雄），36（雌）。小鼠急性经口 LD_{50}（mg/kg）：11（雄），13（雌）。大鼠急性经皮 LD_{50}（mg/kg）：197（雄），218（雌）。亚急性毒性试验表明，无作用剂量为每天 0.3mg/kg。慢性毒性试验表明，无作用剂量为每天 $<0.05\sim0.3$mg/kg。未发现致畸、致突变作用。对动物蓄积中毒作用很小。

应用 广谱性有机磷杀虫、杀螨剂。具有触杀、胃毒和杀卵作用。对螨类及鳞翅目、同翅目害虫具有良好的防治效果。主要用于防治棉花红蜘蛛、棉蚜、棉伏蚜、棉铃虫、红铃虫、斜纹夜蛾、水稻三化螟，对各类介壳虫也有良好效果。

合成路线 O-甲基硫代磷酰二氯与水杨酸异丙酯缩合后再发生氨解制得水胺硫磷，如下路线 1→2。

常用剂型 水胺硫磷目前在我国制剂登记中的剂型主要是乳油，可与辛硫磷、三唑磷、氯氰菊酯等复配。

顺式苄呋菊酯（cismethrin）

$C_{22}H_{26}O_3$，338.45，35764-59-1

其他名称 右旋顺式苄呋菊酯，FMC-26021，NIA-26021，NRDC-119，RU-12063。

化学名称 右旋-顺式-2,2-二甲基-3（2-甲基-1-丙烯基)-环丙烷羧酸-5-苄基-3-呋喃甲基酯；5-benzyl-3-furylmethyl-(1R)-cis-2，2-dimethyl-3-(2-methyl-1-propenyl) cyclopropane carboxylate。

理化性质 不溶于水，能溶于一般溶剂中，性质比苄呋菊酯和生物苄呋菊酯更稳定。

毒性 小鼠急性经口 LD_{50}（mg/kg）为 160（雌）和 150（雄），大鼠急性经口 LD_{50} 为 100mg/kg。当环境温度升高时，本品的急性经口毒性会下降，其对雌大鼠的急性经口 LD_{50} 值可以从 4℃时的 157mg/kg，降低到 20℃时的 197mg/kg，而到 30℃时则大于 1g/kg。大鼠静脉注射 LD_{50} 为 4.5mg/kg，这一毒性不随环境温度的改变而改变。本品对大鼠毒性，通常比生物苄呋菊酯约高 50 倍。

应用 对带喙伊蚊、埃及伊蚊、尖音库蚊、四斑按蚊和淡色按蚊雌成虫的毒力，一般要高出有机磷类杀虫剂 1～2 个数量级。以轻油为介质作非热气雾喷射，可有效地防治草地黑斑伊蚊成虫。

常用剂型 顺式苄呋菊酯可加工成气雾剂等使用。

顺式氯菊酯（ *cis*-permethrin ）

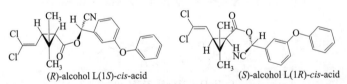

C$_{21}$H$_{20}$Cl$_2$O$_3$，391.30；54774-45-7

其他名称 右旋-顺式氯菊酯（右顺氯菊酯），NRDC-167，(1*R*)-*cis*-permethrin，D-*cis*-permethrin，（＋）-*cis*-permethrin。

化学名称 右旋-顺式-2,2-二甲基-3-(2,2-二氯乙烯基）环丙烷羧酸-3-苯氧基苄基酯；3-phenoxybenzyl-(1*R*)-*cis*-2,2-dimethyl-3-(2,2-dichlorovinyl) cyclopropanecarboxylate

理化性质 纯品为白色晶体，熔点 67～69℃，比旋光度 [α]$_D$＋0.1°（C＝1.1，乙醇）。难溶于水，能溶于多种有机溶剂。对光和热均稳定。

毒性 小鼠（雌）急性经口 LD$_{50}$ 为 107mg/kg。对鲑鱼的致死极限（96h）为 1.34μg/L；小龙虾为 0.4μg/L。

应用 广谱拟除虫菊酯类杀虫剂。

常用剂型 在我国未见相关制剂产品登记。

顺式氯氰菊酯（ *alpha*-cypermethrin ）

(*R*)-alcohol L(1*S*)-*cis*-acid　　　　(*S*)-alcohol L(1*R*)-*cis*-acid

C$_{22}$H$_{19}$Cl$_2$NO$_3$，416.30；67375-30-8

其他名称 百事达，奋斗呐 [氰胺]，高效安绿宝 [FMC]，高效灭百可 [氰胺]，Alphacypermethrin，Alfoxylate，Alphamethrin，Concord，Fastac [氰胺]，Fendana [氰胺]，Renegade，WL-85871。

化学名称 (*RS*)-氰基（3-苯氧苯基）甲基（1*RS*）顺式，反式-3-(2,2-二氯乙烯基)-2,2-二甲基环丙烷羧酸酯；(*RS*)-cyano-(3-phenoxyphenyl) methyl (1*RS*)-*cis*，*trans*-3-(2,2-dichloroethenyl) 2,2-dimethyl cylopropane carboxylate。

理化性质 纯品为白色至奶油色结晶。熔点 78～81℃，相对密度 1.12，闪点 100℃，贮存条件 20℃，20℃时蒸气压 170×10^{-6} Pa。易溶于醇类、酮类及芳香烃类有机溶剂，如环己酮 515g/L、二甲苯 315g/L，在水中溶解度 5～10mg/L。在酸性及中性条件下较稳定，在强碱性条件下易水解，热稳定性良好。

毒性 大鼠经口 LD$_{50}$（mg/kg）：126（雄），133（雌）。大鼠经皮 LD$_{50}$ 为 2l7～316mg/kg。

大鼠吸入 $LC_{50}>1.97mg/(L \cdot h)$。对皮肤有刺激作用，对眼睛有轻微刺激性，对豚鼠皮肤无过敏性，无致畸、致诱变作用，对鸟类低毒，蜜蜂 LD_{50} 为 0.0018mg/只（田间条件下，伤害不大）。顺式氯氰菊酯在土壤中快速降解，在使用规定剂量下，顺式氯氰菊酯不会在棉花种子中检出；在水果和蔬菜中，残留量很少会超过 0.2mg/kg。

应用 主要用于防治棉花、蔬菜、果树、茶叶上的多种作物害虫及卫生害虫。杀虫谱广，具有触杀和胃毒作用，击倒速率快，杀虫活性约为氯氰菊酯的 1～3 倍。

合成路线

(R)-alcohol L(1S)-cis-acid   (S)-alcohol L(1R)-cis-acid

常用剂型 顺式氯氰菊酯在我国的制剂登记主要剂型有乳油、种子处理悬浮剂、悬浮种衣剂、水乳剂、可湿性粉剂、驱蚊帐、饵剂、膏剂、悬浮剂等，可与啶虫脒、残杀威等复配。

顺式氰戊菊酯（esfenvalerate）

$C_{25}H_{22}ClNO_3$，419.9，66230-04-4

其他名称 高氰戊菊酯，强力农，辟杀高，白蚁灵，双爱士，益化利，来福灵，高效杀灭菊酯，Asana，Sumi-alfa，Fenvalerate-U，Sumi-alpha，Sumicidin-α。

化学名称 (S)-α-氰基-3-苯氧基苄基 (S)-2-(4-氯苯基)-3-甲基丁酸酯；(S)-α-cyano-3-phenoxy benzyl (S)-2-(4-chlorophenyl)-3-methylbutyrate。

理化性质 纯品为白色结晶固体，熔点 59～60.2℃，相对密度 1.26（26℃）。易溶于丙酮、乙腈、氯仿、乙酸乙酯、二甲基甲酰胺、二甲亚砜、二甲苯等有机溶剂，溶解度＞60%；在甲醇中的溶解度为 7%～10%，乙烷 1%～5%；在水中溶解度 0.3mg/L。在酸性介质中稳定，在碱性介质中会分解，常温下贮存 2 年稳定，对日光相对稳定。原药为棕褐色黏稠液体，在室温下为固体，熔点 49.5～55.7℃。

毒性 大鼠急性 LD_{50}（mg/kg）：经口 87～325，经皮＞5000。大鼠急性吸入 LC_{50}（mg/kg）：480（雄），570（雌）。对兔眼睛有轻度刺激作用。大鼠亚急性经口无作用剂量为 150mg/kg。动物试验未发现致癌和繁殖毒性。鲤鱼 LC_{50} 690mg/L（96h），对水生动物有毒。

应用　高效、广谱、快速拟除虫菊酯类杀虫剂，本品以触杀和胃毒为主，无内吸作用。对螨类无效，对鳞翅目幼虫、直翅目、半翅目、双翅目害虫有效，用于防治棉花蚜虫、叶蝉、蜡象、卷叶虫、菜青虫、大豆食心虫、小麦黏虫、红铃虫、棉铃虫、柑橘潜叶蛾幼虫，注意不要在桑园、鱼塘、蜂场附近使用，已产生抗性的棉蚜、棉铃虫应停止使用。

　　合成路线

　　常用剂型　顺式氰戊菊酯在我国的制剂登记以乳油为主，此外还有水乳剂和悬浮剂等剂型。复配制剂主要与硫丹、辛硫磷和氰戊菊酯进行复配。

四氟苯菊酯（transfluthrin）

$C_{15}H_{12}Cl_2F_4O_2$，371，118712-89-3

　　其他名称　四氟菊酯，NAK 4455，Baygon，Bayothrin。

　　化学名称　2,3,5,6-四氟苄基（1R,3S)-3-(2,2-二氯乙烯基)-2,2-二甲基环丙烷羧酸酯；2,3,5,6-tetrafluorobenzyl-(1R,S)-trans-3-(2,2-dichlorovinyl)-2,2-dimethyl-cyclopropane-carboxylate；3-(2,2-dichloroethenyl)-2,2-dimethyl-cyclopropanecarboxylic acid (2,3,5,6-tetrafluorophenyl) methylester。

　　理化性质　无色结晶，气味微弱、无特征，熔点32℃，沸点135℃/0.1mmHg（250℃/760mmHg）。降解力（不加稳定剂）：大于250℃时存在很短时间，200℃时存在5h以上，120℃时存在120h以上。水解半衰期：>1年（pH=5，25℃）、>1年（pH=7，25℃）、14d（pH=9，25℃）。溶解度（20℃，g/L）：水 $517×10^{-5}$，己烷、异丙醇、甲苯、二氯甲烷>200。

　　毒性　急性经口 LD_{50}（mg/kg）：大鼠>5000，小鼠583（雄）、688（雌）。急性经皮 LD_{50}（mg/kg）：大鼠>5000。鱼毒性 LC_{50}（μg/L，96h）：虹鳟鱼0.7，金圆腹雅罗鱼1.25。

　　应用　能有效地防治卫生害虫和贮藏害虫；对双翅目昆虫如蚊类有快速击倒作用，且对蟑螂、臭虫有很好的残留效果。可用于蚊香、气雾杀虫剂、电热蚊香片等多种制剂中。

合成路线

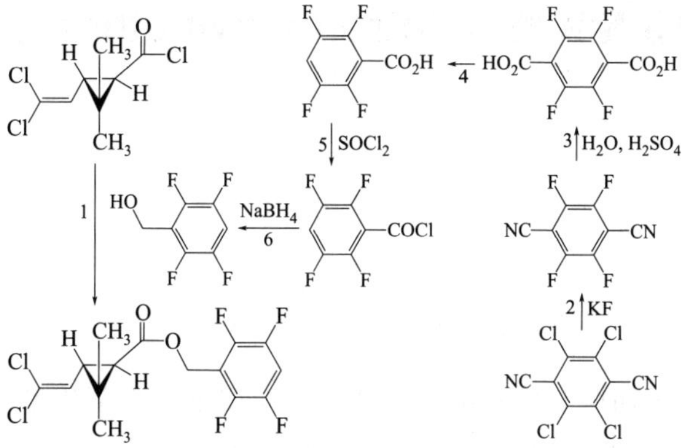

常用剂型 四氟苯菊酯在我国的制剂登记均为卫生杀虫剂，主要有蚊香、气雾剂、喷射剂、电热蚊香片（液）、驱蚊片（粒）等。

四氟甲醚菊酯（dimefluthrin）

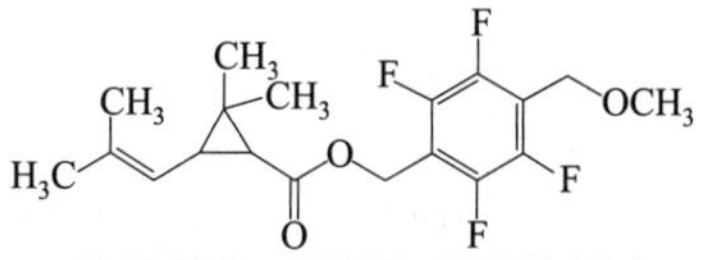

$C_{19}H_{22}F_4O_3$，374.37，271241-14-6

其他名称 甲醚苄氟菊酯。

化学名称 2,2-二甲基-3-（2-甲基-1-丙烯基）环丙烷羧酸-2,3,5,6-四氟-4-（甲氧基甲基）苄酯；[2,3,5,6-tetrafluoro-4-(methoxymethyl) phenyl] methyl-2,2-dimethyl-3-(2-methyl-1-propen-1-yl) cyclopropanecarboxylate。

理化性质 外观为浅黄色透明液体，具有特异气味。26.7Pa 条件下沸点 134～140℃，密度 1.18g/mL，25℃下蒸气压 0.91mPa，易与丙酮、乙醇、己烷、二甲亚砜混合。

毒性 急性经口 LD$_{50}$（mg/kg）：2036（雄），2295（雌）。急性经皮 LD$_{50}$：2000mg/kg。

应用 是一种高效、低毒的新型拟除虫菊酯类杀虫剂，杀虫效果明显有效，比老式的右旋反式烯丙菊酯和丙炔菊酯产品效力要高 20 倍左右，是最新一代的家用卫生杀虫剂。广泛用于蚊香及电热蚊香中，是常规蚊香原药用量的 1/10，杀虫效果是常规蚊香原料的 4 倍。

合成路线

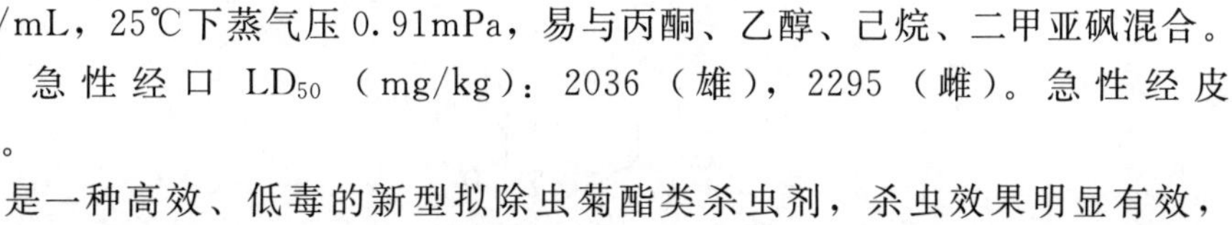

常用剂型 四氟甲醚菊酯目前在我国登记主要剂型有电热蚊香液（片）、蚊香等。

四氟醚菊酯 （ tetramethylfluthrin ）

$C_{17}H_{20}F_4O_3$，348.0，84937-88-2

化学名称　2,2,3,3-四甲基环丙烷羧酸-2,3,5,6-四氟-4-甲氧甲基苄基酯；2,3,5,6-tet-rafluoro-4-(methoxymethyl) benzyl-2,2,3,3-tetramethylcyclopropanecarboxylate。

理化性质　工业品为淡黄色透明液体，沸点为110℃（0.1mPa），熔点为10℃，相对密度 d_4^{28} 为1.5072，难溶于水，易溶于有机溶剂。在中性、弱酸性介质中稳定，但遇强酸和强碱能分解，对紫外线敏感。

毒性　属中等毒，大鼠急性经口 $LD_{50} < 500mg/kg$。

应用　该产品为吸入和触杀性杀虫剂，也用作驱避剂，是速效杀虫剂，具有很强的触杀作用，对蚊虫有卓越的击倒效果，其杀虫毒力是右旋烯丙菊酯的17倍以上。可防治蚊、苍蝇、蟑螂和白粉虱。建议用量：本品在盘式蚊香中的含量为0.02%～0.05%。

合成路线

常用剂型　四氟醚菊酯目前在我国登记剂型主要有蚊香、驱蚊片、电热蚊香液、气雾剂等，可与氯菊酯复配。

四甲磷 （ mecarphon ）

$C_7H_{14}NO_4PS_2$，271.297，29173-31-7

其他名称　MC-2420。

化学名称　S-(N-甲氧羰基-N-甲基氨基甲酰甲基)-O-甲基-甲基二硫代膦酸酯；S-(N-methoxycarbonyl-N-methylcarbamoylmethyl)-O-methyl-methylphosphonodithioate。

理化性质　本品为无色固体，熔点36℃，折射率1.5489。20℃时，水中溶解度为3mg/L，可溶于乙醇、芳香烃和氯代烃，但几乎不溶于己烷。稳定，无腐蚀性。

毒性　大鼠急性经口 LD_{50} 为57mg/kg；大白鼠急性经皮 LD_{50} 为720mg/kg。

应用　触杀性杀虫剂，可防治半翅目，包括梨、核果、柑橘和油橄榄的介壳虫和果蝇。

常用剂型　四甲磷目前在我国未见相关制剂产品登记。

四硫特普（ phostex ）

75%   25%

其他名称　蚜螨特，Bio-1137，NHT-23584，FMC-137，Niagara1137，NIA-1137。

化学名称　双（二乙基硫代膦酰基）二硫化物与双（二异丙基硫代膦酰基）二硫化物的混合物；mixture of bis（diethylphosphinothioyl）disulfide and bis（diisopropylphosphinothiyl）-disulfide。

理化性质　工业品为可流动的琥珀色液体，只能微溶于水，但可与大多数有机溶剂混溶。室温下几乎不挥发。

毒性　大鼠急性经口 LD_{50} 值为 250mg/kg；以 2500mg/kg 剂量涂敷到皮肤上，有轻微的刺激性；以 5000mg/kg 四硫特普喂大鼠 40d，体重减轻。

应用　本品为杀虫、杀螨剂，用于防治落叶树上的介壳虫、梨叶肿瘿螨和作杀蚜卵剂。在某些条件下，对核果树的叶有药害；收获后或冬眠期用药，对仁果树的叶有药害。

常用剂型　四硫特普目前在我国未见相关制剂产品登记。

四氯化碳（ carbon tetrachloride ）

CCl_4，153.8，56-23-5

其他名称　四氯甲烷。

理化性质　为无色液体，有明显的异味，沸点 76.8℃，熔点 23℃。相对密度：气体（空气＝1）5.22，液体（在 4℃时，水＝1）1.595（20℃）。在空气中不燃烧。水中溶解度 0.8g/L（20℃）。不着火，化学性质惰性，高温遇水分解。不同温度下的自然蒸气压力：0℃ 4.39kPa；10℃ 7.46kPa；20℃ 12.13kPa；30℃ 19.06kPa。1kg 体积 626.959mL，1L 重 1.595kg。

毒性　急性经口 LD_{50}（mg/kg）：大鼠 5730～9770，小鼠 12800，兔 6380～9975。长时期暴露则刺激黏膜、头痛和恶心。同其他普通熏蒸剂相比，尽管四氯化碳对昆虫的毒性不太大，但对人的毒性是非常强的，主要损害人的肝脏。人体处于高浓度中能引起急性中毒。美国政府工业卫生学家会议确定的四氯化碳浓度阈限降低到连续接触的浓度 10mg/(kg·d)。

应用　本品有低的杀虫活性，主要用作谷物消毒剂，其主要优点是被处理谷物对药剂的吸收很少。四氯化碳单独作为熏蒸剂使用时，对昆虫的毒性很低，需要高剂量或者延长密闭的时间。单独使用，不影响种子的发芽，但对生长着的植物、苗木及水果和蔬菜有一定的伤害。四氯化碳作为粮食或谷物熏蒸剂时，经常与其他熏蒸剂混用（例如 1,2-二氯乙烷），以防着火。

常用剂型 四氯化碳目前在我国未见相关制剂产品登记。

四螨嗪 （clofentezine）

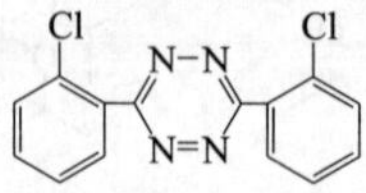

C₁₄H₈Cl₂N₄，303.1，74115-24-5

其他名称 螨死净，阿波罗，克螨芬，Apollo，Acaritop，NC 144，brsclofantazin，NC 21344。

化学名称 3,6-双（邻氯苯基）-1,2,4,5-四嗪；3,6-bis（2-chlorophenyl)-1,2,4,5-tertrazine。

理化性质 纯品四螨嗪为红色晶体，熔点179～182℃。溶解性（20℃）：在一般极性和非极性溶剂中溶解度都很小，在卤代烃中稍大。工业品为红色无定形粉末。

毒性 四螨嗪原药急性 LD_{50}（mg/kg）：大、小鼠经口＞10000，大鼠和兔经皮＞5000。对兔眼睛有极轻度刺激性，对兔皮肤无刺激性。以200mg/kg剂量饲喂大鼠90d，未发现异常现象；对动物无致畸、致突变、致癌作用。

应用 四螨嗪是1981年美国FBC公司开发的杀螨剂，对螨卵和若虫具有卓越的防治效果，主要用于防治果树、蔬菜、茶等作物以及观赏植物害螨，但对成螨无效。

合成路线

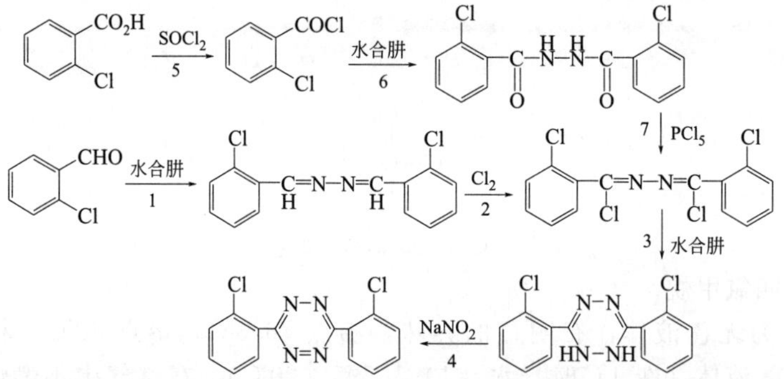

常用剂型 四螨嗪在我国登记产品主要有悬浮剂、可湿性粉剂、水分散粒剂等剂型。复配登记中主要与苯丁锡、哒螨灵、丁醚脲、四螨嗪、三唑锡、炔螨特、阿维菌素等进行复配。

四溴菊酯 （tralomethrin）

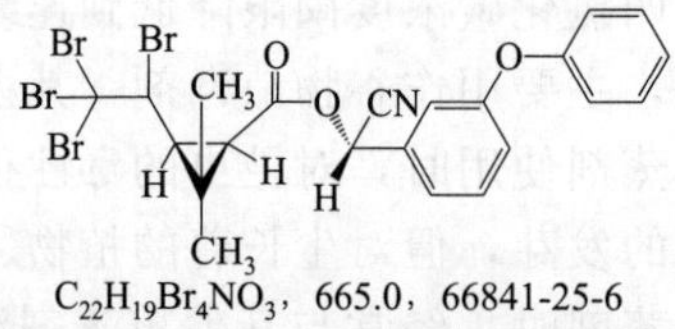

C₂₂H₁₉Br₄NO₃，665.0，66841-25-6

其他名称 四溴氰菊酯，凯撒，刹克，Cesar，Tralate，Tracker，Marwate，Saga，

Scout，NU 831，HAG 107，RU 25474。

化学名称 $(1R,3S)$-3-[(R,S)-(1′,2′,2′,2′-四溴乙基)]-2,2-二甲基环丙烷羧酸 (S)-α-氰基-3-苯氧苄基酯；(S)-α-cyano-3-phenoxybenzyl $(1R,3S)$-2,2-dimethyl-3-[(R,S)-1′,2′,2′,2′-tetrabromoethyl]cyclo propanecarboxylate。

理化性质 原药为黄色至橘黄色树脂状物质。相对密度 1.7（20℃）。能溶于丙酮、二甲苯、甲苯、二氯甲烷、二甲亚砜、乙醇等有机溶剂；在水中溶解度为 70mg/L。当 50℃时，6 个月不分解，对光稳定，无腐蚀性。

毒性 大鼠急性经口 LD_{50}（mg/kg）：99.2（雄），157.2（雌）。兔急性经皮 LD_{50}＞2000mg/kg。大鼠急性吸入 LC_{50} 0.286mg/kg（4h）。对兔皮肤和眼睛有轻微刺激作用。2 年饲喂试验无作用剂量：大鼠为每天 0.75mg/kg，小鼠为每天 3mg/kg，狗每天 1mg/kg。对大鼠、小鼠和兔无致畸作用。在大鼠三代繁殖试验中未见对繁殖有影响；在致癌试验剂量下，对大鼠和小鼠均呈阴性；Ames 试验、细菌生长抑制试验、微核试验、活体外细胞遗传试验、显性致死试验等均呈阴性。虹鳟鱼 LC_{50} 0.0016mg/kg（96h），蓝鳃鱼 LC_{50} 0.0043mg/kg（96h），水蚤 LC_{50} 38mg/kg（48h）。鹌鹑急性经口 LD_{50}＞2510mg/kg。蜜蜂接触 LD_{50} 0.00012mg/只。

应用 拟除虫菊酯类杀虫剂，具有触杀和胃杀作用。药剂通过昆虫表皮渗透或食取经药剂处理后叶子进入体内。四溴菊酯通过抑制离子通道关闭能力，干扰调节钠离子流的离子通道，导致过多的钠离子进入细胞，从而对神经细胞产生神经冲动振幅，最终导致神经细胞兴奋完全消失、麻痹、虚脱而死亡。可用于防治鞘翅目、同翅目、直翅目害虫，尤其是禾谷类、棉花、玉米、果树、烟草、蔬菜、水稻上的鳞翅目害虫。

合成路线

常用剂型 四溴菊酯常用制剂有 25％四溴菊酯母液、1.5％高渗四溴菊酯乳油、15％四溴菊酯·三唑磷乳油等配方。

松毛虫质型多角体病毒（ *Dendrolimus punctatus* CPV ）

性质 多角体一般为四边形、六边形等，大小变化在 0.5～10μm 范围。病毒粒子为球状正二十面体，具蛋白质包涵体，在宿主细胞质内增殖，病毒核酸为分段双链 RNA，分子质量为 $0.3\sim2.7\times10\mathrm{Da}$。

毒性 急性 LD_{50}（mg/kg）：经口＞5000；经皮＞5000。

活性 松毛虫质型多角体病毒是我国重大森林害虫松毛虫的致病原，对松毛虫有良好的控制效果。防治松毛虫，其最大的优点是对宿主专一性较强，对松毛虫天敌无直接杀伤作用，能较长时间存在于松毛虫种群内，并进行垂直传递，持续感染，使松毛虫种群数量长期保持在较低的水平。松毛虫质型多角体病毒主要感染昆虫中肠上皮细胞。

应用 主要防治松树松毛虫。盛卵期使用，与 Bt 混合使用效果较好。

常用剂型 松毛虫质型多角体病毒在我国登记的主要制剂产品有 50 亿 PIB/mL、100 亿 PIB/g 母药，与苏云金杆菌复配的可湿性粉剂，以及与赤眼蜂制备的杀虫卡。

苏硫磷（sophamide）

$C_6H_{14}NO_4PS_2$，259.3，37032-15-8

其他名称 苏果。

化学名称 O,O-二甲基-S-(N-甲氧基甲基) 氨基甲酰甲基二硫代磷酸酯；O,O-dimethyl-S-(N-methoxymethyl) carbamoylmethyl phosphorodithioate。

理化性质 白色结晶，熔点 $40\sim42℃$。溶于水 2.5%，可溶于乙醇、酮类和芳烃溶剂。遇碱和强酸水解。

毒性 急性经口 LD_{50}：大白鼠 600mg/kg，小白鼠 450mg/kg。

应用 杀虫剂和杀藻剂，有内吸和触杀作用。

合成路线

常用剂型 苏硫磷目前在我国未见相关产品登记。

苏云金素（thuringiensin）

$C_{22}H_{32}N_5O_{19}P$，701.5

其他名称 β-外毒素。

化学名称 2-[(2R,3R,4R,5S,6R)-5-[[(2S,3R,4S,5S)-5-(6-氨基-9H-嘌呤-9-基)-3，

288

4-二羟基四氢呋喃-2-基〕甲氧基]-3,4-二羟基-6-(羟甲基）四氢-2*H*-吡喃基-2-基氧]-3,5-二羟基-4-(磷酸基氧基）己二酸；

2-[(2*R*，3*R*，4*R*，5*S*，6*R*)-5-[[(2*S*，3*R*，4*S*，5*S*)-5-(6-amino-9*H*-purin-9-yl)-3,4-dihydroxytetrahydrofuran-2-yl] methoxy]-3,4-dihydroxy-6-(hydroxymethyl ） tetrahydro-2*H*-pyran-2-yloxy]-3,5-dihydroxy-4-(phosphonooxy) hexanedioic acid。

理化性质　对紫外线、酸、碱稳定。

毒性　小鼠急性经口 LD$_{50}$ 18mg/kg。对哺乳动物有较强的毒性，可能致突变。

应用　适宜于蔬菜、果树、棉花防治脉翅目、双翅目、膜翅目、等翅目、鳞翅目、直翅目、半翅目以及蚜虫、螨虫、家蝇等害虫。

常用剂型　主要为可湿性粉剂、悬浮剂。

苏云金芽孢杆菌 （ *Bacillus thuringiensis* ）

其他名称　敌宝，包杀敌，快来顺，B.t，Dipel，Ecotech-Bio。

性质　苏云金芽孢杆菌（*Bacillus thuringiensis*，简称 Bt）是一种革兰氏阳性细菌，它是一个多样性丰富的种群，按照其鞭毛抗原的差异，可将现有分离得到的 Bt 分成 71 个血清型，共 83 个亚种，即使在同一个血清型或亚种中，不同菌株的特性会有很大的差异。利用发酵培养生产的一种微生物制剂，黄褐色固体，不溶于水和有机溶剂，紫外线下分解，干粉在 40℃ 以下稳定，碱中分解。

毒性　雄、雌性大鼠急性经口 LD$_{50}$ 分别为 3830mg/kg、3160mg/kg。大鼠急性经皮 LD$_{50}$（4h）＞2150mg/kg。大鼠急性吸入 LC$_{50}$（2h）＞5000mg/m^3。对兔眼睛无刺激，对豚鼠无致敏性，不伤害蜜蜂和其他益虫，但对蚕有毒。

应用　Bt 能产生胞内或胞外的多种生物活性成分，如杀虫晶体蛋白、几丁质酶、VIP 杀虫蛋白、肠毒素、双效菌素等，其杀虫作用是包括芽孢在内的多种成分的辅助、协同作用。主要对鳞翅目、双翅目和鞘翅目昆虫有杀虫活性。对棉铃虫、菜青虫、小菜蛾、斜纹夜蛾、甜菜夜蛾、二化螟、三化螟、玉米螟、稻纵卷叶螟、尺蠖、松毛虫等多种害虫有致病和毒杀作用。在高温（20℃ 以上）多湿条件下使用效果好，避免阳光中紫外线对芽孢和 Bt 毒素晶体的破坏作用，使用时最好选择在阴天或下午 16 时后喷施。对害虫杀伤作用较慢，应比施用化学农药提前 2～3d 施药。

常用剂型　主要有水分散粒剂、可湿性粉剂、悬浮剂、粉剂、颗粒剂等，可与阿维菌素、吡虫啉等复配。

苏云金芽孢杆菌拟步甲亚种 （ *Bacillus thuringiensis* Berliner subsp. *tenebrioniss* ）

其他名称　B.t.t.。

性质及应用　广泛存在于自然界土壤中，在昆虫中含量非常高。B.t.t. 只产生一种 73kDa 的杀虫蛋白，无需激活就有活性。成虫和幼虫对该产品都敏感。用于茄科作物，主要是马铃薯上一些鞘翅目害虫如马铃薯甲虫的防治。EPA 认为无毒，在美国作物收获前后使用都无限制。

常用剂型 苏云金芽孢杆菌拟步甲亚种主要剂型为水分散粒剂。

苏云金芽孢杆菌以色列亚种 (*Bacillus thuringiensis* Berliner subsp. *israelensis*)

其他名称 B. t. i.。

性质及应用 产生于土壤中。从 B. t. i. 得到的晶体包涵体不能溶解，只有在比较高的 pH 值（pH＞11）下才能完全溶解。B. t. i. 产生的 5 种不同杀虫蛋白对双翅目昆虫具有活性，严重感染的蚊子团被漂浮的 B. t. i. 颗粒剂覆盖后，20min 后幼虫死亡。EPA 认为无毒，在美国作物收获前后使用无限制。

常用剂型 苏云金芽孢杆菌以色列亚种常用剂型主要有悬浮剂和可湿性粉剂。

苏云金芽孢杆菌库斯塔克亚种 (*Bacillus thuringiensis* Berliner subsp. *kurstaki*)

其他名称 B. t. k.。

性质及应用 该菌种在土壤、面粉场、仓库以及其他害虫集聚的环境中普遍存在。对鳞翅目有特效，低毒，安全，在美国作物收获前后使用都没有限制。

常用剂型 在我国未见相关产品登记。

苏云金芽孢杆菌鲇泽亚种 (*Bacillus thuringiensis* Berliner subsp. *aizawai*)

其他名称 B. t. a.。

性质及应用 产生于自然界土壤中。防治鳞翅目害虫。由于控制对 B. t. k. 产生抗性的害虫具有更好的防治效果而得到发展。

常用剂型 鲇泽亚种在我国未见相关产品登记。

速灭磷 (mevinphos)

$C_7H_{13}O_6P$，224.1，7786-34-7(混合物)、26718-65-0 (*E*型)、338-45-4 (*Z*型)

其他名称 灭虫螨未磷，磷君，美文松［台］，免得烂，Apavinphos，GMDP，OS-2046，Phosdrin［壳牌］，Mevidrin，Duraphos。

化学名称 2-甲氧羰基-1-甲基-乙烯基二甲基磷酸酯；（*EZ*）-2-methoxycarbonyl-1-

methylvinyl dimethyl phosphate or methyl（*EZ*）-3-（dimethoxyphosphinoyloxy） but-2-eno-ate。

理化性质 该品有反式异构体和顺式异构体。顺式熔点 6.9℃，相对密度 1.245，折射率 1.4524。反式熔点 21℃，相对密度 1.2345，折射率 1.4452。速灭磷为两者混合物，其中反式含量 60％，为淡黄色液体，沸点 99～103℃（40Pa），折射率 1.4494，蒸气压（20℃）$1.65×10^{-2}$Pa。易溶于水，能与醇、酮等多种溶剂混溶，微溶于脂肪烃。常温下贮存稳定，在水中水解，在碱性水溶液中水解加快。pH 6 时半衰期为 120d，pH 9 时半衰期为 3d，pH 11 时半衰期只有 1.4h。

毒性 大鼠急性经口 LD_{50} 3～12mg/kg；急性经皮 LD_{50} 4～90mg/kg。大鼠喂饲含本品400mg/kg 的饲料，喂至 13 周出现了中毒体征，肝、肾有退行性变，唾液腺、泪腺等腺体上皮细胞也有退行性变。200mg/kg 组仍见上述改变，但较轻；25mg/kg 组中毒体征极少；2mg/kg 相当于每天 0.1mg/kg，无明显临床效应，脑 ChE 无抑制，但红细胞 ChE 则降至正常 75％。

应用 速灭磷是水溶性触杀兼内吸的有机磷杀虫、杀螨剂。杀虫谱广，对棉蚜、棉铃虫、苹果蚜、苹果红蜘蛛、玉米螟、大豆蚜、菜青虫有较好的防效。可用于多种作物。

合成路线

常用剂型 速灭磷常用制剂主要有 40％、50％乳油。

速灭威（ metolcarb ）

$C_9H_{11}NO_2$, 165.2, 1129-41-5

其他名称 治灭虱，MTMC，Tsumacide，Metacrate，Kumiai。

化学名称 间甲苯基-*N*-甲基氨基甲酸酯；*m*-tolyl-*N*-methylcarbamate。

理化性质 白色晶体，熔点 76～77℃，溶于丙酮、乙醇、氯仿等多种有机溶剂，难溶于水；遇碱迅速分解，受热时有少量分解，分解速率随温度上升而增加。

毒性 原药急性 LD_{50}（mg/kg）：小白鼠经口 268，大鼠经口 498～580，大鼠经皮2000。对蜜蜂有毒。

应用 速灭威属于 *N*-甲基氨基甲酸酯类农药，1968 年由日本住友化学品公司开发。速灭威具有触杀、熏蒸和内吸作用，击倒力强，持效期长，对叶蝉、飞虱、蓟马等害虫有很好的防治效果，用于防治水稻、棉花、茶叶上的多种害虫。最后一次施药应在收获期前 14d进行。

合成路线 有异氰酸甲酯路线即路线 4、氯甲酸酯路线即路线 2→3 和氨基甲酰氯路线即路线 5。如下所示。

常用剂型　速灭威在我国登记的主要剂型有乳油、可湿性粉剂、水分散粒剂等，可与噻嗪酮、硫酸铜、吡蚜酮等进行复配。

速杀硫磷（heterophos）

$C_{11}H_{17}O_3PS$，260.31，40626-35-5

其他名称　Heterofos，Phostil。

化学名称　O-乙基-O-苯基-S-丙基硫代磷酸酯；O-ethyl-O-phenyl-S-propyl phosphorothioate。

理化性质　棕黄色均相液体，相对密度 1.2673，沸点 111～112℃/1mmHg，闪点 154.4℃。

毒性　急性经口 LD_{50} 92.6mg/kg；急性经皮 LD_{50} 392mg/kg。

应用　速杀硫磷为不对称有机磷杀虫、杀螨剂，杀虫谱广，对鳞翅目、同翅目、缨翅目、鞘翅目害虫及害螨均有效。对害虫以触杀和胃毒作用为主，具有渗透作用，但不能传导。毒性和残留较低，可用于蔬菜、果树、粮食及棉花等作物。防治棉铃虫，亩用 40% 乳油 25～32mL，对水 40～50kg 喷雾。

常用剂型　速杀硫磷常用制剂主要有 40% 速杀硫磷乳油、21% 氯氰菊酯·速杀硫磷乳油。

羧螨酮（UC-55248）

$C_{23}H_{32}O_3$，356.23，72619-67-1

化学名称　3-(2-乙基己酰基氧)-5,5-二甲基-2-(2′-甲基苯基)-2-环己烯-1-酮；5,5-dimethyl-2-(2-methylphenyl)-3-oxocyclohex-1-en-1-yl 2-ethylhexanoate。

毒性　急性经口 LD_{50}（mg/kg）：大鼠 1180，小鼠 6900。大鼠急性经皮 $LD_{50} >$ 4000mg/kg。鱼毒性 LC_{50}：鲤鱼 6mg/L（48h），金鱼 3.8mg/L。水蚤 LC_{50} 14.0mg/L。

应用　对柑橘螨、棉叶螨等螨类害虫有很好的杀卵、杀幼虫和杀若虫作用，但对成虫的杀螨作用较差。

合成路线

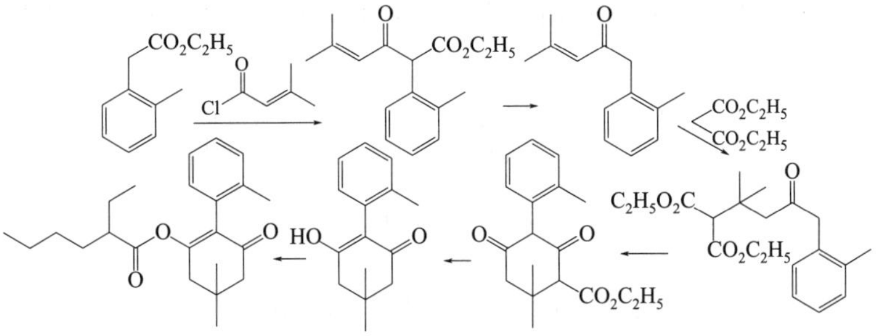

常用剂型　羧螨酮常用制剂主要有 50％乳油。

羧酸硫氰酯（ Lethane 60 ）

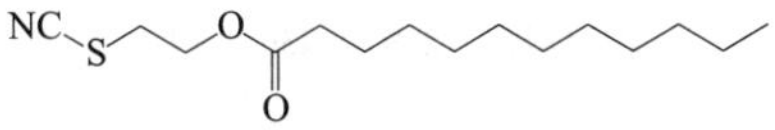

$C_{15}H_{27}NO_2S$，285.49，301-11-1

化学名称　2-硫氰基乙基月桂酸酯；2-thiocyanatoethyl laurate。

理化性质　本品沸点 160～190℃/0.1mmHg，20℃蒸气压为 120Pa。不溶于水，溶于矿物油和大多数有机溶剂。

毒性　大白鼠急性经口 $LD_{50} >$ 500mg/kg。

应用　触杀性杀虫剂，用于防治蔬菜、马铃薯作物上的害虫。

常用剂型　羧酸硫氰酯常用制剂主要有 50％煤油剂及与 Lethane 384 的混合油剂，这些制剂可以进一步加工成油喷射剂和气雾剂使用。

碳氯灵（ isobenzan ）

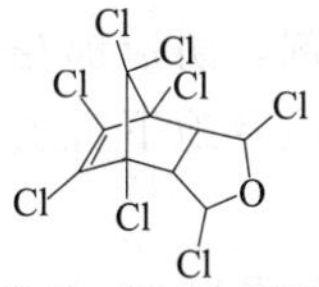

$C_9H_4Cl_8O$，411.75，297-78-9

其他名称　Telodrin。

化学名称　1,3,4,5,6,7,8,8-八氯代-1,3,3,4,7,7-六氢化-4,7-亚甲基异苯并呋喃；1,3,4,5,6,7,8,8-octachloro-1,3,3a,4,7,7a-hexahydro-4,7-methanoisobenzofuran。

理化性质　白色结晶，熔点 120～125℃，蒸气压 3×10^{-6} mmHg（20℃）、2.8×10^{-4}

mmHg（55℃）。相对密度 1.87。不溶于水，可溶于丙酮、苯等有机溶剂。对酸、碱和空气中氧气都较稳定。

毒性　急性经口 LD$_{50}$（mg/kg）：大白鼠 4.8，小白鼠 12.8，狗 1，兔 4，豚鼠 2，鸡 2。急性经皮 LD$_{50}$（mg/kg）：大白鼠 5，小白鼠 52.3，兔 12，豚鼠 2。腹腔注射 LD$_{50}$（mg/kg）：大白鼠 3.6，小白鼠 8.17。大白鼠静脉注射 LD$_{50}$ 1.8mg/kg。

应用　具有触杀、胃毒和熏蒸作用。用于防治土壤害虫，也可用于小麦拌种。

合成路线

常用剂型　碳氯灵常用制剂主要有 0.5%、2%、5% 粉剂。

特丁硫磷（terbufos）

$C_9H_{21}O_2PS_3$，288.4，13071-79-9

其他名称　抗虫得，叔丁硫磷，特丁磷，特福松［台］，地虫宁，AC 92100，Counter。

化学名称　*O,O*-二乙基-*S*-叔丁硫基甲基二硫代磷酸酯；*S*-tert-butylthiomethyl-*O,O*-diethyl phosphorodithioate。

理化性质　原药外观为浅黄至黄棕色透明液体，相对密度 1.105（24℃），沸点 69℃（0.01mmHg），熔点 -29.2℃，蒸气压 34.6mPa（25℃），水中溶解度 4.5mg/L（27℃），能溶于大多数有机溶剂。室温下贮存两年稳定，120℃以上分解，在强碱（pH>9）、强酸（pH<2）下水解。

毒性　急性经口 LD$_{50}$（mg/kg）：雄性大白鼠 1.6，雌性小白鼠 5.4。急性经皮 LD$_{50}$（mg/kg）：大白鼠 9.8，兔 1.0。对皮肤和眼睛无刺激性。大白鼠急性吸入 LC$_{50}$（4h）：0.0061mg/L（雄），0.0012mg/L（雌）。对鱼的 LC$_{50}$（96h，mg/L）：虹鳟鱼 0.01，蓝鳃太阳鱼 0.004。在动植物及土壤中容易降解，不积累在生物链和环境中。土壤中的半衰期为 9～27d。

应用　具触杀、胃毒、熏蒸作用的广谱性杀虫、杀线虫剂，有内吸性。由于高毒，只用作土壤处理或拌种，持效长。制成颗粒剂，防治棉花、甘蔗、玉米等作物的害虫，在种植时直接施于种子的犁沟内。对多种土壤线虫及地下害虫有优异的防效。

合成路线

常用剂型　特丁硫磷常用制剂主要有 2%、5%、15% 颗粒剂。

特螨腈（malonoben）

$C_{18}H_{22}N_2O$，282.38，10537-47-0

其他名称　丙螨氰，克螨腈，GCP 5126，NSC 242557，RG 50872，SF 6847，Tyrphostin 9。

化学名称　2-(3,5-二叔丁基-4-羟基苯亚甲基) 丙二腈；2-[[3,5-bis (1,1-dimethylethyl)-4-hydroxyphenyl] methylene] propanedinitrile。

理化性质　结晶固体，熔点 140～141℃，蒸气压 1.55×10^{-6} mmHg（25℃），沸点 386.8℃（760mmHg），密度 1.064g/cm³，闪点 187.7℃，是氧化磷酸化的解偶联剂。

毒性　大鼠急性经口 LD_{50} 为 87mg/kg。兔急性经皮 LD_{50} 为 2000mg/kg。对蜜蜂无毒。

应用　具触杀和胃毒作用的杀螨剂。对活动阶段的植食性螨类，包括对有机磷和氨基甲酸酯类杀螨剂有抗性的螨类均有效。可防治果树、棉花、豆类、观赏植物上的害螨，如红叶螨、橘全爪螨、刺瘿螨、橘锈螨、橘短须螨和东方叶螨等。对叶蝉、卷叶蛾和柑橘蓟马等害虫亦有效。

合成路线

常用剂型　特螨腈目前在我国未见相关产品登记。

特灭威（RE 5030）

$C_{12}H_{17}NO_2$，207.30，780-11-0

其他名称　叔丁威，knockbal，terbam。

化学名称　3-叔丁基苯基-N-甲基氨基甲酸酯；3-tert-butylphenyl methylcarbamate。

理化性质　白色粉末，原药熔点为 144.5℃。

毒性　对小鼠急性经口 LD_{50} 为 470mg/kg。

应用　能防治豆甲虫和黏虫。

常用剂型　特灭威常用制剂主要有 50%可湿性粉剂、2%粉剂。

特普（TEPP）

$$C_8H_{20}O_7P_2, \quad 290.19, \quad 107-49-3$$

其他名称　Ethylpyrophosate，Nifos，Vapofone，tetraethyl diphosphate。

化学名称　双-O,O-二乙基磷酸酐；tetraethyl pyrophosphate。

理化性质　无色液体，沸点 124℃/1mmHg，蒸气压 21mPa（20℃），相对密度 1.185（20℃），与水及许多有机溶剂混溶，微溶于石油中，水解很快。

毒性　急性经口 LD$_{50}$（mg/kg）：大鼠 0.5；小鼠 3。大鼠急性经皮 LD$_{50}$ 2.4mg/kg。急性中毒多在 12h 内发病，口服立即发病。轻度：头痛、头昏、恶心、呕吐、多汗、无力、胸闷、视力模糊、胃口不佳等，全血胆碱酯酶活力一般降至正常值的 50%～70%。中度：除上述症状外还出现轻度呼吸困难、肌肉震颤、瞳孔缩小、精神恍惚、步态不稳、大汗、流涎、腹疼、腹泻。重者还会出现昏迷、抽搐、呼吸困难、口吐白沫、大小便失禁、惊厥、呼吸麻痹。

应用　杀螨、杀虫剂。该药为高毒农药，不得喷雾使用，只能拌毒土撒施。稻田施药应在前一天调节水层 1 寸[1]左右，施药后 3～5d 不得放水，严防田水外流。收获前 20～30d 禁用。对鱼类毒性高，养鱼稻田不得施该药。施药时应注意安全防护措施，以免污染皮肤和眼睛，甚至中毒。

合成路线

$$\left.\begin{array}{l}(C_2H_5O)_3P{=}O + POCl_3 \\ (C_2H_5O)_3P{=}O + P_2O_5 \\ (C_2H_5O)_3P{=}O + (C_2H_5)_2P(O)Cl \\ C_2H_5OH + POCl_3\end{array}\right\} \longrightarrow$$

常用剂型　特普常用制剂主要有 40%粉剂，35%、40%乳剂以及气溶胶制剂等。

涕灭砜威（aldoxycarb）

$$C_7H_{14}N_2O_4S, \quad 222.3, \quad 1646-88-4$$

其他名称　灭线肟，涕灭氧威，涕灭威砜，Aldicarb Sulfone，Aldoxycarbe，Standak，Sulfocarb。

---

[1] 1 寸＝3.3333cm。

化学名称 2-甲磺酰-2-甲基丙醛-*O*-甲基氨基甲酰肟；（*EZ*）-2-mesyl-2-methylpropi-onaldehyde-*O*-methylcarbamoyloxime。

理化性质 无色结晶固体，微带刺激性。熔点 140～142℃，蒸气压 9×10^{-5} mmHg（25℃）。25℃下溶于水约 9g/L，丙酮 50g/L，乙腈 75g/L，二氯甲烷 41g/L。对热和光稳定，但遇强碱分解，无腐蚀性，无燃烧性。

毒性 急性经口 LD_{50}（mg/kg）：雄大白鼠 26.8，雄鸡 33.5，凫 33.5。雄大白鼠急性经皮 LD_{50} 700～1400mg/kg。大白鼠吸入 LC_{50}（在粉雾中 4h）120mg/m³。

应用 内吸性杀线虫剂和杀虫剂。植前或播前土壤处理，0.5～11.25kg（a.i.）/hm²，从根部吸收内导，防治蚜虫、蓟马和盲蝽象的效果达 25～26d。2～3kg（a.i.）/hm² 溶于水喷射，可防治根结线虫、短体线虫、云切根线虫等。对棉花和谷类作物可通过拌种发挥其杀线虫和杀虫作用，拌种量为 100kg 种子用原药 0.5～2.0kg。防治谷类作物和棉花线虫和害虫时，叶面施药量 3～4kg（a.i.）/hm²。

合成路线

常用剂型 涕灭砜威目前在我国未见相关产品登记。

涕灭威 （aldicarb）

$C_7H_{14}N_2O_2S$，190.3，116-06-3

其他名称 得灭克，铁灭克，Aldicarbe，AI 3-27093，Temik，UC 21149，Sanacarb。

化学名称 2-甲基-2-（甲硫基）丙醛-*O*-[（甲基氨基）甲酰基] 肟；（*EZ*）-2-methyl-2-（methylthio）propionaldehyde-*O*-methylcarbamoyloxime。

理化性质 纯品为无色结晶，熔点 98～100℃，蒸气压 13mPa（25℃），相对密度 1.195。溶解度：水 4.93g/L（pH7，20℃），可溶于丙酮、苯、四氯化碳等大多数有机溶剂，不溶于庚烷和矿物油中。在中性、酸性和微碱性中稳定。100℃以上分解。

毒性 大鼠急性经口 LD_{50} 0.93mg/kg；兔急性经皮 LD_{50} 20mg/kg。涕灭威在土壤中易被代谢和水解，但在黑暗条件下难于分解，在碱性条件下易被分解。在有机质中半衰期为 55d，在无机质中为 17d。

应用 是抑制昆虫胆碱酯酶的氨基甲酸酯类杀虫、杀螨、杀线虫剂，具有触杀、胃毒、内吸作用，能被植物根系吸收，传导到植物地上部各组织器官。可防治蚜虫、螨类、蓟马等刺吸式口器害虫和食叶性害虫，对作物各个生长期的线虫有良好防治效果，同时可防治昆虫为媒介传播的多种病害。涕灭威速效性好，一般在施药后数小时即能发挥作用，药效可持续 6～8 周。撒药量过多或集中撒布在种子及根部附近时，易出现药害。

合成路线

常用剂型 涕灭威目前在我国相关产品主要有 5% 颗粒剂。

甜菜夜蛾核型多角体病毒（ *Laphygma exigua*
nuclear polyhedrosis virus， LeNPV ）

理化性质 外观灰白色。稳定性：25℃以下贮藏二年生物活性稳定。

毒性 急性 LD_{50} （mg/kg）：经口>5000；经皮>2000。对人、畜、天敌及水生生物等安全无害。

活性 甜菜夜蛾核型多角体病毒属于高度特异性微生物病毒杀虫剂，起胃毒作用。病毒被幼虫摄食后，包涵体在寄主中肠内溶解，释放出包有衣壳蛋白的病毒粒子，进入寄主血淋巴并增殖，最终导致幼虫死亡，表皮破裂，大量的包涵体被释放到环境中。感病幼虫通常在5~10d 后死亡。

应用 用于十字花科蔬菜防治甜菜夜蛾。首次施药 7d 再施一次，使田间始终保持高浓度的昆虫病毒。当虫口密度大、世代重叠严重时，宜加大用药量及用药次数。尽量使用机动弥雾机喷洒。作物新生部位及叶片背面等害虫喜欢咬食的部位应重点喷洒。

常用剂型 甜菜夜蛾核型多角体病毒在我国登记的主要制剂有 5 亿 PIB/g 悬浮剂，30 亿 PIB/mL 悬浮剂，300 亿 PIB/g 水分散粒剂，16000IU/mg·1 万 PIB/mg 甜菜夜蛾核型多角体病毒·苏云金杆菌可湿性粉剂。

烃菊酯

$C_{26}H_{29}FO_2$，392.49，89764-44-3

其他名称 MTI-800。

化学名称 2-甲基-2-(4-乙氧基苯基)-5-(4-氟-3-苯氧基苯基) 戊烷；2-methyl-2-(4-ethoxyphenyl)-5-(4-fluoro-3-phenoxyphenyl) pentane。

理化性质 淡黄色黏稠液，折射率 $n_D^{23.2}1.15571$，不溶于水，能溶于多种有机溶剂。对光和热稳定，在碱性介质中亦稳定。

毒性 对鲤鱼 LC_{50} 为 5mg/L。

应用 广谱高效拟除虫菊酯类杀虫剂，杀虫活性比醚菊酯高得多，害虫对它产生抗性的周期也长（抗性周期约是溴氰菊酯的 3~5 倍），且比所有拟除虫菊酯的稳定性都好，耐酸和碱的能力亦强，但其鱼毒性比醚菊酯大。

常用剂型 烃菊酯目前在我国未见相关制剂产品登记。

a-桐酸甲酯（ bollex ）

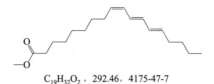

$C_{19}H_{32}O_2$ ，292.46，4175-47-7

其他名称 驱象酯。

化学名称 （反，顺，反）-9,11,13-十八碳三烯酸甲酯；(E,Z,E)-9,11,13-octadeca-trienoic acid，methyl ester。

理化性质 黄色油状液体；不溶于水，易溶于有机溶剂。沸点 160～165℃/1mmHg。

毒性 大鼠急性经口 LD_{50} 为 5000mg/kg。对豚鼠皮肤有中度过敏性。对兔眼睛有暂时性中度刺激。

应用 该药是棉铃象甲拒食剂，防止棉铃象甲危害棉花，但不能杀死象甲。

常用剂型 目前在我国未见相关制剂产品登记。

威尔磷（ veldrin ）

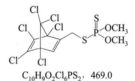

$C_{10}H_9O_2Cl_6PS_2$，469.0

化学名称 2-(O,O-二甲基二硫代磷酸甲酯基)-1,4,5,6,7,7-六氯双环-(2,2,1)-2,5-庚二烯；2-(O,O-dimethyldithophosporylmethyl)-1,4,5,6,7,7-hexachlorobicyclo-(2,2,1)-2,5-heptadiene。

理化性质 沸点为 135℃，不溶于水，易溶于丙酮、甲苯。

毒性 大鼠的急性经口 LD_{50} 值为 30～100mg/kg。

应用 为内吸性杀螨剂。能防治棉蚜、棉红蜘蛛，且有杀卵作用。杀家蝇的毒力是滴滴涕的 1.5 倍。

常用剂型 威尔磷目前在我国未见相关制剂产品登记。

蚊蝇醚（ pyriproxyfen ）

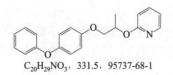

$C_{20}H_{29}NO_3$，331.5，95737-68-1

其他名称　Sumilarv；S-9318；S-31183。

　　化学名称　4-苯氧基苯基-(*RS*)-2-(2-吡啶氧基）丙基醚；4-(phenoxyphenyl)-(*RS*)-2-(2-pyridyloxy) propanylether。

　　理化性质　纯品蚊蝇醚为白色结晶，熔点 45～47℃。溶解性（20℃）：二甲苯 50％，已烷 40％，甲醇 20％。

　　毒性　原药急性 LD_{50}（mg/kg）：大鼠经口＞5000、经皮＞2000。

　　应用　蚊蝇醚属于苯醚类昆虫生长调节剂，是保幼激素类型的壳多糖合成抑制剂，日本住友株式会社开发；具有高效、持效期长、对作物安全、对鱼类低毒、对生态环境影响小的特点；可用于防治同翅目、缨翅目、双翅目、鳞翅目害虫。对蚊蝇类的害虫，四龄幼虫低剂量即可导致化蛹阶段死亡，抑制成虫生成。

　　合成路线　蚊蝇醚的合成如下所示路线 4，其中间体对苯氧基苯酚有多种合成路线。

　　常用剂型　蚊蝇醚常用制剂主要有 10％悬浮剂，5％、10％可湿性粉剂，4％油剂，20％乳油等。

肟螨酯（ETHN）

$C_{18}H_{17}Cl_2NO_4$，382.3，32389-43-8

　　化学名称　*N*-对甲苯酰-3,6-二氯-2-甲氧基苯酰肟酸乙酯；ethyl-*N*-*p*-toluoyl-3,6-di-chloro-2-methoxy benzohydroxamate。

　　毒性　急性经口 LD_{50}（mg/kg）：大鼠 4500，小鼠 3000。鲤鱼 LC_{50}（48h）＞40mg/L。

　　应用　用于柑橘和苹果上螨类防治，具杀卵、杀成虫作用，一般制成混剂使用。

　　常用剂型　肟螨酯目前在我国未见相关制剂产品登记。

肟醚菊酯

$C_{23}H_{22}ClNO_2$，379.87，69043-27-2

化学名称　1-(4-氯苯基)-异丙基酮肟-氧-(3-苯氧苄基)醚；1-(4-chlorophenyl)-isopropyl ketone oxime-O-(3-phenoxybenzyl) ether。

理化性质　淡黄色油状液体，折射率 n_D^{25} 为 1.5889，反式异构体（E）与顺式异构体（Z）之比为 3∶1。难溶于水，能溶于苯、二氯甲烷等有机溶剂。两个异构体的折射率：E n_D^{25} 为 1.5870，Z n_D^{25} 为 1.5828。

毒性　小鼠急性经口 LD_{50}＞5000mg/kg（E 和 Z 的 LD_{50} 均＞4500mg/kg）。对鲤鱼毒性：LC_{50}＞10mg/L。

应用　本品杀虫、杀螨剂，具有胃毒和触杀作用。对斜纹夜蛾和叶螨有活性，对黏虫有较高的杀虫活性。对黏虫的击倒速度比氰戊菊酯慢，但击倒后的黏虫在 24h 后无一复活，而氰戊菊酯在低剂量时击倒的黏虫能全部复活，在高剂量时也有 25％的黏虫复活。本品在加热成烟雾时对蚊成虫有熏杀作用，但熏杀毒力要略差于氰戊菊酯。

合成路线

常用剂型　肟醚菊酯目前在我国未见相关制剂产品登记。

五氟苯菊酯（fenfluthrin）

$C_{15}H_{11}Cl_2F_5O_2$，389.2，75867-00-4

其他名称　芬氟次林，芬氟司林，Remedor。

化学名称　1R-反式-3-(2,2-二氯乙烯基)-2,2-二甲基环丙烷羧酸-(2,3,4,5,6-五氟苯基)甲基酯；(pentafluorophenyl) methyl (1R,3S)-3-(2,2-dichloroethenyl)-2,2-dimethylcyclo-propanecarboxylate。

理化性质　纯品为有轻微气味的无色晶体，熔点 44.7℃，相对密度 d^{25} 1.38，沸点

130℃/10Pa，20℃时蒸气压约 1.0mPa，比旋光度 $[\alpha]_{20}^{0}-16.8°$（$C=1$，$CHCl_3$）和 $-7.9°$（$C=1$，C_2H_5OH）。在20℃时的溶解度（g/L）：水中 10^{-4}，正己烷、异丙醇、甲苯和二氯甲烷均＞1000。

毒性 急性经口 LD_{50}（mg/kg）：大鼠 90～105（雄），85～120（雌）；小鼠 119（雄），158（雌）。大鼠急性经皮 LD_{50}（mg/kg）：2500（雄），1535（雌）。小鼠皮下注射 LD_{50}（mg/kg）＞2500。大鼠吸入 LD_{50}：暴露 1h，雄鼠为 500～649mg/m^3，雌鼠为 335～500mg/m^3；暴露 4h，雄鼠为 134～193mg/m^3，雌鼠约 134mg/m^3；暴露 30h，雄、雌鼠＞97mg/m^3。对大鼠的试验表明，亚急性经口毒性的无作用剂量为 5mg/kg；亚急性吸入毒性的无作用浓度为 14mg/m^3；亚慢性经口毒性的无作用剂量为 200mg/L；亚慢性吸入毒性的无作用浓度为 4.2mg/m^3。对狗的试验表明，亚慢性经口毒性的无作用剂量为 100mg/L。本品在实验条件下无致畸，亦未显示有诱导作用。但对豚鼠和小鼠的试验，均出现过敏性。禽鸟毒性 LD_{50}（mg/kg）：母鸡＞2500；日本鹌鹑＞2000（雄）和 1500～2000（雌）。鱼毒性 LD_{50}（mg/L）：金色圆腹雅罗鱼 0.001～0.01（96h）；虹鳟＜0.0013（96h）。

应用 杀虫谱广，能有效地防治卫生昆虫和贮藏害虫；对双翅目昆虫如蚊类有意外的快速击倒作用，且对蟑螂、臭虫等爬行害虫有很好的残留活性。本品对有机磷或氨基甲酸酯类杀虫剂已产生抗性的昆虫亦能防治。但它和其他菊酯农药类似，对蜱螨类的防治效力不高，如与百治菊酯混合使用，可以互补短长。可用于蚊香、气雾杀虫剂、电热蚊香片等多种制剂中。

合成路线

常用剂型 五氟苯菊酯常用制剂主要有 0.02%、0.03% 蚊香，5mg、50mg 电热蚊香，0.04% 油基型喷射剂，0.04% 气雾剂和 5% 可湿性粉剂。

五氯酚（pentachlorophenol）

C_6HCl_5O，266.3，87-86-5

其他名称 PCP，Dowicice EC7，Penta。

化学名称 五氯苯酚；2,3,4,5,6-pentachlorophenol。

理化性质 外观为白色薄片或结晶状固体，常含一分子结晶水，稍热有极强辛辣臭味。溶于水时生成有腐蚀性的盐酸气。工业品为灰黑色粉末或片状固体，熔点 187～189℃，沸点 309～310℃（分解）。难溶于水，溶解度（20℃）20～25mg/L，溶于大多数有机溶剂如乙醇、乙醚、苯等，略溶于冷石油醚，但在四氯化碳和石蜡中溶解度不大。呈酸性，在无湿气存在时，对多数金属无腐蚀作用，与氢氧化钠反应生成能溶于水的白色钠盐晶体。与强氧化剂不相容。稳定性好，在 550℃空气中不着火。

毒性　急性经口 LD_{50}（mg/kg）：大鼠 27，小鼠 36。兔急性经皮 LD_{50} 10mg/kg（24h）。

应用　用作杀虫剂可有效防治白蚁、钉螺等，也可作为木材防腐剂，用于铁道枕木的防腐。禁用情况：印度（1991 年），印度尼西亚（1980 年），科威特（1975 年），新西兰（1991 年），瑞士（1988 年），瑞典（1978 年）。

合成路线

常用剂型　五氯酚常用制剂主要有 80%粉剂、25%颗粒剂等。

舞毒蛾核型多角体病毒（ *Lymantria dispar* NPV ）

性质　多角体呈近六面形或不规则形，直径为 0.5～4μm，表面不光滑，有很多窝儿。PIB 内含病毒束和病毒粒子，病毒束的大小为（60～120）nm×（180～360）nm，每一病毒束含 1～5 条病毒粒子。经碱处理所释放的病毒粒子呈杆状，弯曲或缠绕，其两端平截或稍钝圆，大小为（35～40）nm×（280～380）nm。

毒性　对人、畜、非靶标生物和环境无不良影响。

活性　病毒被摄入后，释放的病毒粒子侵染寄主体内几乎所有类型的细胞并增殖，最终导致幼虫死亡，表皮破裂，大量的包涵体释放到环境中。只能侵染苹果小卷叶蛾。

应用　用于防治森林及绿化植被上的苹果小卷叶蛾。很少与其他杀虫剂混用，不耐强氧化剂、酸、碱等。

常用剂型　舞毒蛾核型多角体病毒常用剂型为水乳剂。

戊菊酯（ valecate ）

$C_{24}H_{23}ClO_3$，399.9，51630-33-2

其他名称　多虫畏，戊酸醚酯，中西除虫菊酯，杀虫菊酶，valerathrin。

化学名称　（R,S）-2-(4-氯苯基)-3-甲基丁酸间苯氧基苄酯；O-phenoxybenzyl（R,S）-2-(4-chrolophenyl)-3-methylbutyrate。

理化性质　黄色或棕色油状液体，沸点 248～250℃（266.4Pa），相对密度 1.164（20℃），折射率 n_D^{20}1.5695。能溶于一般有机溶剂，如乙醇、丙酮、甲苯、二甲苯等；不溶于水。对光、热稳定，在酸性条件下稳定，遇碱分解。

毒性 原药急性经口 LD$_{50}$（mg/kg）：2416（雄大鼠），2129（小鼠）。小鼠急性经皮 LD$_{50}$＞4766mg/kg。大鼠无作用剂量为 250mg/kg。属中等蓄积性。动物试验未见致畸、致突变作用。对皮肤及黏膜无明显刺激作用。

应用 拟除虫菊酯杀虫剂，具有高效、安全的特点，且具有较强的触杀作用，还有胃毒和忌避作用，击倒力较强。可防治棉蚜、棉铃虫、菜蚜、小菜蛾、玉米螟、斜纹夜蛾、稻纵卷叶螟、柑橘潜叶蛾和卫生害虫等。

合成路线

常用剂型 戊菊酯常用制剂有 20％乳油。

戊氰威（nitriacarb）

C$_9$H$_{15}$Cl$_2$N$_3$O$_2$，258，29672-19-3

其他名称 腈叉威，Accotril（1∶1 氯化锌络合物），Cyanotril。

化学名称 二氯-[4,4-二甲基-5-[(甲基氨基甲酰基)-氧-亚氨基] 戊腈] 锌；4,4-二甲基-5-(甲基氨基甲酰氧亚氨基) 戊腈；4,4-dimethyl-5-(methyl carbamoyl-oxyimino) pentanenitrile。

理化性质 戊氰威二氯化锌络合物工业品为白色结晶，熔点 120～125℃。不溶于苯、乙醚、己烷、甲苯、二甲苯，微溶于氯仿，能溶于丙酮、乙腈、乙醇和水。易吸潮，在密闭容器中贮存比较稳定。

毒性 LD$_{50}$（mg/kg）：戊氰威二氯化锌络合物工业品对雄大鼠急性经口 9，小鼠 6～8；兔急性经皮 857（24h）、＞5000（4h）。可湿性粉剂对兔急性经皮 LD$_{50}$＞500mg/kg（24h），＞1250mg/kg（4h）。对兔皮肤有刺激作用，对兔眼睛有腐蚀性，但稀释后 10g/L 戊氰威水溶液无刺激作用。

应用 氨基甲酸酯类杀虫剂。能有效地防治对有机磷农药具有抗性的螨类和蚜虫，如植食性螨、蚜虫、粉虱、蓟马、叶蝉和马铃薯蚜虫。其最大特点是不易产生抗性，一般使用浓度以戊氰威计为 25～75g/100L。防治马铃薯甲虫剂量为 0.5kg/hm²。

合成路线

常用制剂 戊氰威常用制剂有 25％戊氰威二氯化锌络合物可湿性粉剂（以戊氰威计）。

烯丙菊酯（allethrin）

C$_{19}$H$_{26}$O$_3$，302.4，584-79-2；137-98-4

其他名称 丙烯菊酯，丙烯除虫菊，毕那命，益必添（右旋反式丙烯菊酯），杀蚊灵，S-生物丙烯菊酯，Pynamin，Pallethrin，Pyfesin，Pyrexcel，Pyrocide，AllylCinerin，Alleviate，Esbioi，Roussel-Uclaf，S-bioallethrin，d-allethrin。

化学名称 2-甲基-4-氧代-3-（2-丙烯基）-2-环戊烯-1-基-2′,2′-二甲基-3′-（2-甲基-1-丙烯基）环丙烷羧酸酯；2-methyl-4-oxo-3-（2-propenyl）-2-cyclopenten-1-yl-2′，2′-dimethyl-3′-（2-methyl-1- peopenyl）cycloprpanecarboxylate。

理化性质 淡黄色油状液体；沸点 281.5℃/760mmHg；蒸气压 0.16mPa（21℃）；能与石油互溶，易溶于乙醇、四氯化碳等大多数有机溶剂中，不溶于水。在中性和弱酸性条件下稳定，在碱性下水解失效，对光不稳定。

毒性 大鼠急性经口、经皮和小鼠腹腔、皮下注射的 LD$_{50}$（mg/kg）：雌性鼠分别为 619、4200、584、4300，雄性鼠分别为 1100、2700、671、3690；大鼠急性吸入 LC$_{50}$＞2500mg/m³（2h）；兔眼和皮肤刺激强度均属轻度刺激性；豚鼠皮肤致敏率为 14.3％。Ames 试验为阴性。鱼毒：鲤鱼 TLm（48h）为 1.5mg/L，水蚤为 40mg/L。

应用 具有熏杀、触杀作用，对于蚊虫还有很好的驱赶和拒避作用。右旋丙烯菊酯，特别是 ES-生物丙烯菊酯击倒作用非常显著，亦可作为气雾剂、喷射剂的原料，另外，与其他农药复配，可以防治其他飞行、爬行害虫及动物体外寄生虫。丙烯菊酯对蚊子有很强的触杀和驱避作用，击倒力强。主要用于制成蚊香或电热蚊片，可与溴氰菊酯混合制成气雾剂或液剂，防治室内蚊虫、蟑螂等卫生害虫。

合成路线

常用剂型 主要有 0.2%、0.3% 蚊香, 0.8% 气雾剂, 0.2% 烟雾剂。

烯虫炔酯（kinoprene）

$C_{18}H_{28}O_2$, 276.41, 42588-37-4

其他名称 Enstar, ZR 777。

化学名称 丙-2-炔基-(±)-(E, E)-3,7,11-三甲基十二碳-2,4-二烯酸酯; prop-2-ynyl (±)-(E, E)-3,7,11-trimethyl-dodeca-2,4-dienoate。

理化性质 为琥珀色液体, 沸点 115~116℃/6.67Pa, 蒸气压 0.96mPa（20℃）或 4.0mPa（30℃）, 密度 0.91829g/mL（20℃）。20℃ 条件下水中溶解度为 5.22mg/L, 可溶于有机溶剂。

毒性 大鼠急性经口 LD_{50}（mg/kg）: 4900（雄）, 5000（雌）。兔经皮 LD_{50} 为 9000mg/kg。

应用 昆虫生长调节剂, 对蚜虫及柑橘小粉蚧非常有效, 该药干扰昆虫的变态, 使昆虫不育, 并有抑制有毒唾液的作用。

常用剂型 烯虫炔酯常用制剂主要有 65.3% 乳油。

烯虫乙酯（hydroprene）

$C_{17}H_{30}O_2$, 264.4, 36557-30-9; 41096-46-2

其他名称 蒙五一二, 增丝素, Altozar, ZR-572, ENT-70459, Entocon, ZR-512, 氢

化保幼素，OMS1696。

化学名称 （2E，4E）-乙基-3,7,11-三甲基-十二碳-2,4-二烯酸乙酯；（2E，4E）-ethyl-3,7,11-trimethyldodeca-2,4-dienoate。

理化性质 琥珀色液体，沸点 174℃/19mmHg、138～140℃/1.25mmHg，25℃蒸气压为 25～40mPa，相对密度 0.892（25℃），水中溶解度为 2mg/L，溶于普通有机溶剂。在普通贮存条件下至少稳定 3 年以上。

毒性 急性经口 LD_{50}（mg/kg）：大鼠＞5000，狗＞10000。急性经皮 LD_{50}（mg/kg）：大鼠＞5000，兔＞5100。对皮肤无刺激，对眼睛有轻微刺激。急性吸入 LD_{50}（4h，mg/L）：大鼠＞5.5。大鼠 90d 饲喂试验的无作用剂量为 50mg/(kg·d)。无诱变、无致畸作用。鱼毒 LC_{50}（96h）：蓝鳃和鳟鱼＞100mg/L。蜜蜂 LD_{50}：成虫（经口或接触）＞1000μg/只蜜蜂。以 0.1μg/只蜜蜂对蜜蜂幼虫有作用。

应用 对鳞翅目和同翅目、双翅目以及鞘翅目的一些种类有显著活性。对德国蜚蠊有极好的效果，对梨黄木虱也有效。

常用剂型 烯虫乙酯常用剂型主要有颗粒剂和乳油。

烯虫酯（methoprene）

$C_{19}H_{34}O_3$，310.48，40596-69-8

其他名称 可保持，烯虫丙酯（ZR515），甲氧普烯。

化学名称 （E,E）-（R,S）-11-甲氧基-3,7,11-三甲基十二碳-2,4-二烯酸异丙酯；isopropyl-（E,E）-（R,S）-11-methoxy-3,7,11-trimethyldodeca-2,4-dienoate。

理化性质 工业品为琥珀色液体，沸点 100℃（6.64Pa），密度 0.926g/mL，25℃下蒸气压为 3.15mPa。难溶于水，水中仅溶 1.4mg/kg，与常用有机溶剂可混溶。稳定性好，但在紫外线下降解。

毒性 大鼠经口 LD_{50}＞34600mg/kg，对兔眼睛和皮肤无刺激作用。

应用 是联合国粮农组织和世界卫生组织推荐用于防治贮粮害虫的环保型无毒杀虫剂。对鳞翅目、双翅目、鞘翅目、同翅目多种昆虫有效，用于防治蚊、蝇等卫生害虫，以及烟草仓储害虫粉螟和甲虫等。

常用剂型 烯虫酯常用剂型主要有乳油、颗粒剂、缓释剂。

烯啶虫胺（nitenpyram）

$C_{11}H_{15}ClN_4O_2$，270.71，150824-47-8

其他名称 Bestyuard，TI 304。

化学名称 （E）-N-（6-氯-3-吡啶甲基）-N-乙基-N'-甲基-2-硝基亚乙烯基二胺；（E）-N-

(6-chloro-3-pyridylmethyl)-N-ethyl-N-methyl-2-nitrovinylidenediamine。

理化性质　纯品烯啶虫胺为浅黄色结晶固体，熔点 83～84℃。溶解性（20℃，g/L）：水 840，氯仿 700，丙酮 290，二甲苯 4.5。

毒性　原药急性经口 LD_{50}（mg/kg）：大鼠 1680（雄）、1574（雌），小鼠 867（雄）、1281（雌）。大鼠经皮 LD_{50}＞2000mg/kg。对兔眼睛和皮肤无刺激性。对动物无致畸、致突变、致癌作用。

应用　烯啶虫胺为日本武田公司开发的新型烟碱类杀虫剂，用于水稻、蔬菜等作物防治各种蚜虫、粉虱、叶蝉和蓟马等害虫，具有高效、低毒、内吸和无交互抗性等优点，并且持效期长。

合成路线

常用剂型　烯啶虫胺目前在我国登记主要剂型有水剂、可溶性粉剂、水分散粒剂、可溶性液剂、可溶性粒剂、可湿性粉剂等剂型，可与联苯菊酯、吡蚜酮、阿维菌素、噻虫啉等复配。

香芹酚（carvacrol）

$C_{10}H_{14}O$，150.22，499-75-2

其他名称　香荆芥酚，2-对伞花酚，异百里酚，2-羟基对伞花烃，2-methyl-5-(1-methylethyl) phenol。

化学名称　5-异丙基-2-甲基苯酚；5-isopropyl-2-methylphenol。

理化性质　无色至浅黄色液体。底香似百里香酚但焦苦气较重，香气浓烈，留香较长。天然存在于百里香属、牛至属、塔花属等，以及胡椒、薄荷、茶叶等的精油中。熔点 1℃，$d_{25}^{25}1.053～1.064$，$n_4^{20}1.380～1.5420$，沸点 236～238℃/0.1MPa，121℃/1333Pa，闪点＞94℃。溶于 1∶4 的 60%的乙醇、丙二醇，难溶于水。

毒性　急性经口 LD_{50}（mg/kg）：大鼠 810。兔经口致死剂量为 100mg/kg，经皮肤的最低致死剂量为 2700mg/kg，兔急性皮肤 LD_{50}＞5000mg/kg。用 4%浓度的凡士林制剂在人体进行 1 日封闭性皮肤接触试验未发现有刺激现象。同样剂量在人体进行最高限度试验不产生致敏反应现象。在封闭条件下，产品抹于兔皮肤上经 1 日后产生严重的刺激。该物质对环境可能有危害，对水体应给予特别注意。

应用　用于驱虫剂、杀螨剂、杀线虫剂、防腐剂、卫生杀菌剂、脱味剂、医药中间体、香料、食品添加剂、饲料添加剂、抗氧剂。也可作为杀菌剂、预防和治疗黄瓜灰霉病、水稻稻瘟病。

常用剂型　香芹酚目前在我国登记有 2.1%丁子·香芹酚水剂，可与丙烯酸混配成 5%水剂。

消螨多 （ dinopenton ）

C₁₅H₂₀N₂O₇，340，5386-57-2

其他名称　硝戊酯。

化学名称　［2-(1-甲基丁基)-4,6-二硝基苯基］碳酸异丙酯；isopropyl-2-(1-methylbu-tyl)-4,6-dinitrophenyl carbonate。

理化性质　原药为结晶体，熔点 62～64℃，含量 89%，蒸气压低，可溶于丙酮、苯。对酸稳定，遇碱便水解。

毒性　急性经口 LD_{50} 值为 3500mg/kg。

应用　对螨类具有快速触杀作用，能杀灭对有机磷具抗性的红蜘蛛。使用浓度为 0.05%。防治抗性螨类，收获前 14d 禁用。

常用剂型　消螨多常用制剂主要有 25% 可湿性粉剂、25% 混合溶液。

消螨酚 （ dinex ）

C₁₂H₁₄N₂O₅，266.45，131-89-5

其他名称　二硝环己酚。

化学名称　4,6-二硝邻环己苯酚；2-cyclohexyl-4,6-dinitrophenol。

理化性质　原药为浅黄色结晶，熔点 106℃。在室温下蒸气压低。几乎不溶于水，溶于有机溶剂和醋酸。可与胺类或碱金属离子生成水溶性盐。

毒性　小鼠和豚鼠急性经口 LD_{50} 值为 50～125mg/kg；皮下注射 LD_{50} 值为 20～45mg/kg。

应用　具有胃毒和触杀作用的杀虫、杀螨剂，并有杀卵作用。比 DNOC 药害小，但仍只能在休眠期喷药。0.5% 或 1% 粉剂 5～7kg/1000m² 剂量的消螨酚可杀果树、林木上叶螨、蚜和介壳虫幼虫。15% 乳剂或其醋酸酯 12.5% 乳剂，在夏季 1200～2000 倍液，冬季 1000 倍液，防治果树叶螨（幼虫、卵）、蚜和介壳虫幼虫。14.3% 熏烟剂在树林中熏杀杉叶螨，每筒 700g，每公顷 2～3 筒。也可杀人、畜体内寄生虫的卵。

合成路线

$$\xrightarrow{硝化}$$

常用剂型　消螨酚常用制剂主要有 0.5%、1%～2% 粉剂、15% 乳剂、14.3% 熏烟剂、

40％可湿性粉剂、醋酸酯乳剂等。

小菜蛾颗粒体病毒（ *Plutella xylostella* GV ）

性质　制剂外观为均匀疏松粉末，密度为2.6～2.7g/cm³，pH值6～10，54℃保存14d活性降低率不小于80％。

毒性　原药急性 LD_{50} （mg/kg）：经口 3174.7；经皮＞5000。制剂急性 LD_{50} （mg/kg）：经口＞5000；经皮＞10000。

活性　小菜蛾颗粒体病毒感染小菜蛾后在其肠中溶解，进入细胞核中复制、繁殖、感染细胞，使害虫神经失常，48h后可大量死亡。可长期造成施药地块的病毒水平传染和次代传染，对幼虫及成虫均有很强防效。对化学农药、Bt已产生抗性的小菜蛾具有明显的防治效果，对天敌安全。

应用　可用于防治小菜蛾、菜青虫、银纹夜蛾等。还可和Bt混合使用，具有增效作用。

常用剂型　小菜蛾颗粒体病毒在我国登记的制剂主要是 300 亿 OB/mL 悬浮剂。

斜纹夜蛾核型多角体病毒（ *Spodoptera litura* NPV ）

性质　病毒为杆状，伸长部分包围在透明的蛋白孢子体内。原药为黄褐色到棕色粉末，不溶于水。

毒性　对人、畜、天敌及水生生物等安全无害。

活性　斜纹夜蛾感染后 4d 停止进食，5～10d 后死亡。

应用　可用于防治十字花科蔬菜上的斜纹夜蛾。在 1～3 龄期，每亩病毒使用量为 300 亿～600 亿个包涵体。

常用剂型　10 亿 PIB/g 可湿性粉剂，200 亿 PIB/g 水分散粒剂，与高效氯氰菊酯复配的悬浮剂等。

辛硫磷（ phoxim ）

$$C_{12}H_{15}N_2O_3PS, \ 298.18, \ 14816-18-3$$

其他名称　肟硫磷，倍腈磷，倍腈松，腈肟磷，Baythion，Valaxon，Phoxime，Volaton，Bayer77488，BaySRA7502，Bay5621。

化学名称　*O,O*-二乙基-*O*-(α-氰基亚苯氨基氧) 硫代磷酸酯；*O,O*-diethyl-*O*-(α-cyanobenzy lideneamino) phosphorothioate。

理化性质　黄色透明液体，熔点 5～6℃。溶解性 (20℃)：水 700mg/L，二氯甲烷＞500g/kg，异丙醇＞600g/kg。蒸馏时分解，在水和酸性介质中稳定。工业品原药为浅红色油状液体。

毒性 原药对大白鼠急性经口 LD_{50}（mg/kg）：2170（雄）、1976（雌）。以 15mg/kg 剂量饲喂大白鼠两年，无异常现象。对蜜蜂有毒。

应用 辛硫磷属于高效、低毒、广谱硫代磷酸酯类有机磷杀虫剂，1965 年由德国拜耳公司开发，目前在国内属于一个大吨位的农药品种。辛硫磷具有触杀和胃毒作用，无内吸性，持效期短，可用于防治危害粮食、棉花、蔬菜、果树、茶叶、桑等的害虫，以及土壤害虫（在土壤中的持效期可达一个月以上）、仓储害虫、卫生害虫和家畜体内外的寄生虫。但光稳定性较差。

合成路线

＊式中 $R=C_5H_{11}$、C_3H_7、C_2H_5；催化剂为醇钠、醇＋NaOH、液碱等碱性物质，若以液碱为催化剂，反应温度 35～40℃。

常用剂型 辛硫磷在我国登记的主要剂型涵盖乳油、颗粒剂、种衣剂、微乳剂、微粒剂、粉粒剂、可湿性粉剂等。在登记的制剂中复配制剂占比例较大，主要与三唑磷、毒死蜱、丙溴磷、吡虫啉、阿维菌素、氟铃脲、氯氰菊酯、氰戊菊酯、甲氰菊酯、马拉硫磷、灭多威等复配。

新烟碱 （anabasine）

$C_{10}H_{14}N_2$，162.23，494-52-0

其他名称 假木贼碱，灭虫碱，毒藜碱，阿拉巴新碱，Neonicotine，β-piperidyl-pyridine。

化学名称 （S）-3-（哌啶-2-基）吡啶；（S）-3-(piperidin-2-yl) pyridine。

理化性质 无色黏稠状液体，沸点 280.9℃（738mmHg），相对密度 d^{20} 1.0481，折射率 n_D^{20} 1.5443，旋光度 $[\alpha]_D^{20}$ -82.2°。易溶于水；可溶于有机溶剂。遇空气和光变为暗色。

毒性 急性经口 LD_{50}（mg/kg）：大白鼠 563，哺乳动物 10000。口服致死最低量（mg/kg）：人 5，大白鼠 50。静脉注射致死最低量（mg/kg）：兔 1，狗 3。豚鼠皮下注射 LD_{50} 约 22mg/kg。鲤鱼 TLm（48h）＞10mg/L。泥鳅 LC_{50}（48h）10～40mg/L。

应用 在同一浓度时，其效果比硫酸烟碱较差。同尼古丁一样为神经中毒。对果树的潜叶虫、粉虱、蚜虫、康氏粉蚧、桃食心虫以及蔬菜蚜虫都有效。速效而药效短。使用浓度为 40%乳剂 300～800 倍，5%粉剂 2～4kg/亩。

常用剂型 新烟碱常用制剂主要有 40％乳剂、5％粉剂等。

溴苯磷（leptophos）

$$C_{13}H_{10}BrCl_2O_2PS，412.1，21609-90-5$$

其他名称 对溴磷，溴苯膦。

化学名称 O-(4-溴-2,5-二氯苯基)-O-甲基苯基硫代膦酸酯；O-4-bromo-2,5-dichloro-phenyl-O-methylphenyl phosphonothioate。

理化性质 本品为白色无定形固体，熔点 70.2～70.6℃，350℃以上分解。溶解性（25℃）：水 2.4mg/L，丙酮 470g/L，苯 1.3g/L，环己烷 142g/L，庚烷 59g/L，异丙醇 24g/L。对酸稳定，但在碱性条件下分解。

毒性 雄大白鼠急性经口 LD_{50} 约 50mg/kg，白兔急性经皮 $LD_{50}＞800mg/kg$。以 10mg/kg 饲料、30mg/kg 饲料分别饲喂大白鼠和狗 90d，均未见有所影响。LC_{50}（96h，mg/L）：虹鳟 0.01，鲫鱼 0.13。

应用 非内吸性杀虫剂，对鳞翅目害虫特效。

常用剂型 溴苯磷常用制剂主要有 360g/L 乳油、45％可湿性粉剂、3％粉剂、5％颗粒剂。

溴苄呋菊酯（bromethrin）

$$C_{20}H_{21}Br_2O_3，344，42789-03-7$$

其他名称 二溴苄呋菊酯，(±)-反式二溴苄菊酯。

化学名称 (1R,S)-反式-2,2-二甲基-3-(2,2-二溴乙烯基)-环丙烷羧酸-5-苄基-3-呋喃甲酯；5-benzyl-3-furylmethyl-(1R,S)-$trans$-2,2-dimethyl-3-(2,2-dibromovinyl) cyclopro-panecarboxylate。

理化性质 本品为淡黄色结晶固体，熔点 65℃；不溶于水，能溶于多种有机溶剂，对光较稳定。

应用 对德国小蠊、家蝇、埃及伊蚊、辣根猿叶甲等有效。

常用剂型 溴苄呋菊酯目前在我国未见相关制剂产品登记。

溴虫腈（chlorfenapyr）

$$C_{15}H_{11}BrClF_3N_2O，407.6，122453-73-0$$

312

其他名称　虫螨腈，除尽，Pirate，Alert，Sunfire，Citrex，CHU-JIN，AC303630，MK-242。

化学名称　4-溴-2-(4-氯苯基)-1-乙氧甲基-5-三氟甲基吡咯-3-腈；4-bromo-2-(*p*-chloro-penyl)-1-ethoxymethyl-5-(trifluoromethyl) pyrrle-3-carbonitrile。

理化性质　纯品溴虫腈为白色固体，熔点 100～101℃。溶解性（20℃）：溶于丙酮、乙醚、二甲亚砜、乙腈、四氢呋喃、醇类等有机溶剂，不溶于水。

毒性　溴虫腈原药急性 LD_{50}（mg/kg）：大鼠经口 441（雄）、223（雌）；大鼠经皮＞2000。对兔眼睛和皮肤有极轻微刺激性；对动物无致畸、致突变、致癌作用。

应用　溴虫腈属于氧化磷酰化反应的解偶联剂。美国氰胺（现巴斯夫）公司开发的一种高效、广谱、具有胃毒和触杀作用内吸活性的新型吡咯类杀虫、杀螨剂，该产品自 1994 年进入国际市场，已在美国、澳大利亚、巴西、埃及、日本等 30 多个国家登记应用，对 35 种害虫、害螨的防治达到满意水平。溴虫腈适用于水稻、棉花、蔬菜、大豆、油菜、烟草、马铃薯、果树等防治鳞翅目、半翅目、双翅目、鞘翅目等害虫和螨类以及对菊酯类、氨基甲酸酯类杀虫剂已经产生抗性的害虫如螟虫、飞虱、棉铃虫、黏虫、小菜蛾、菜青虫、夜蛾类等；使用剂量 40～100g（a.i.）/hm²。

合成路线　至目前，溴虫腈的合成方法有 16 种之多，其中较实用的合成路线是：以对氯苯基甘氨酸为起始原料，经过如下反应合成溴虫腈，即路线 1→2→3，实验结果是总收率 80%。该路线对设备要求不高，较适宜工业生产。

常用剂型　主要有悬浮剂、微乳剂、水分散粒剂、可湿性粉剂、水乳剂等。可与甲氧虫酰肼、茚虫威、丁醚脲等复配。

溴氟菊酯（ brofluthrinate ）

$C_{26}H_{22}BrF_3NO_4$，530.358，160791-64-0

其他名称　中西溴氟菊酯。

化学名称　(*R*,*S*)-α-氰基-3-(4-溴苯氧基) 苄基-(*R*,*S*)-2-(4-二氟甲氧基苯基)-3-甲基丁酸酯；(*R*,*S*)-3-(4-bromophenoxy)-α-cyanobenzyl-(*R*,*S*)-2-[4-(difluoromethoxy) phe-nyl]-3-methylbutyrate。

理化性质 原药外观为淡黄色至深棕色浓稠油状液体，能溶于苯、甲苯、丙酮、醚、醇等有机溶剂，不溶于水。密度 $1.373g/cm^3$，沸点 576.1℃（760mmHg），闪点 302.2℃。在微酸性介质中较稳定，在碱性介质中逐步水解，对光比较稳定。

毒性 急性经口 LD_{50}（mg/kg）：大鼠＞10000，小鼠＞12600。大鼠急性经皮 LD_{50}＞2000mg/kg。对家兔眼睛、皮肤无刺激性，对豚鼠有弱致敏作用。三项致突变试验均呈阴性，表明无致突变作用。90d 大鼠喂养试验的无作用剂量为 $20mg/(kg \cdot d)$（雄）和 $27mg/(kg \cdot d)$（雌），有一定亚急性毒性。溴氟菊酯对白鲢鱼 24h TLm 0.41mg/L，48h TLm0.22mg/L，96h TLm0.08mg/L，对鱼类有较高毒性。

应用 溴氟菊酯是我国自行开发研制的一种拟除虫菊酯类杀虫、杀螨剂，对多种害虫、害螨呈现了良好的效果，其中包括危害严重的棉铃虫、小菜蛾等，具有广谱、高效、残效较长和使用安全等特点，且对抗性害虫、害螨亦有卓效。该药剂对蜜蜂低毒，对蜂螨高效，是防治蜂螨的理想药剂。

合成路线

常用剂型 溴氟菊酯常用制剂主要是 10％悬浮剂。

溴甲烷（methyl bromide）

CH_3Br，94.94，74-83-9

其他名称 甲基溴，溴化甲烷［台］，溴灭泰［溴化学］，甲基溴化物，溴代甲烷。

化学名称 溴甲烷；methyl bromide；bromomethane。

理化性质 无色气体，通常无臭，高浓度时具有类似氯仿的甜气味，有辛辣味。熔点 -93.66℃，沸点 3.56℃，密度 3.974g/L，折射率 1.4432。易溶于乙醇、氯仿、乙醚、二硫化碳、四氯化碳、苯、液体溴甲烷能与醇、醚、酮等混溶。

毒性 大鼠急性经口 LD_{50} 为 21mg/kg，大鼠急性吸入 LC_{50}（4h）为 3.03mg/L 空气。对人类高毒，临界值为 0.019mg/L 空气。对人的 ADI 为 1mg 无机溴化物/kg 体重。在许多国家都限制，经过培训的人员才能使用。溴甲烷气体剧毒，且无警戒性，严重中毒后不易恢复。对人和其他高等动植物的影响，因接触强度不同而异，在不立即致命的浓度和时间条件下，能产生中毒症状。溴甲烷进入人体后，一部分由呼吸排出，一部分在体内积累引起中毒，在体内分解反应式如下：$CH_3Br \longrightarrow HBr + CH_3OH$。溴化物可以排出体外。根据美国工业卫生学家会议（1964）规定，溴甲烷在空气中安全浓度为 20mg/kg（0.089g/m³），在 2～4g/kg（8～16g/m³）条件下 30～60min 内可引起严重中毒死亡，在 5g/kg（32g/m³）20min 内可致人死亡。一般含量达 30mg/kg 时，必须戴防毒面具。溴甲烷液体直接与皮肤接触，能引起严重灼伤。食品经熏蒸后，大部分溴甲烷迅速解吸和消散，在正常情况下，溴甲烷气体不存在残留问题，但熏蒸剂和被熏蒸材料中的某些组分发生了化学反应，其反应产物一般是易检出的无机溴。研究表明，残留的溴化物并不能改变食品中的营养成分。

应用 具有强烈熏蒸作用，能杀死各种害虫的卵、幼虫、蛹和成虫。沸点低，汽化快，在冬季低温条件下也能熏蒸，渗透力仍很强。对菌、杂草、线虫、昆虫和鼠均有效，在空间熏蒸可熏死水稻、小麦和豆类中的谷象食蛾、赤拟谷盗、粉螨、豆象等害虫。土壤熏蒸可杀青枯病、立枯病、白绢病等病原菌和根瘤线虫。从 20 世纪 40 年代起，溴甲烷被广泛地用于进出境动植物检疫处理中的有害生物防除，国外大量地用于土壤的杀虫、灭菌、除草处理，还被用于大型建筑物和堤坝消灭白蚁和名贵古树的保护；对昆虫、螨类、哺乳动物、线虫、软体动物、植物寄生性真菌、植物（杂草）种子都有较强的杀伤力。

合成路线

$$CH_3OH \xrightarrow{HBr} CH_3Br \xleftarrow{Br_2} CH_3OH$$

常用剂型 溴甲烷在我国相关登记产品主要有 99％原药和 98％气体制剂。

溴硫磷（bromophos）

$C_8H_8BrCl_2O_3PS$，366.0，2104-96-3

其他名称 溴磷松，溴末福斯，甲基溴磷松，Brofene，Bromofos，Brophene，Nexion，Omexan。

化学名称 O-(4-溴-2,5-二氯苯基)-O,O-二甲基硫代磷酸酯；O-4-bromo-2,5-dichlorophenyl-O,O-dimethyl phosphorothioate。

理化性质 外观呈黄色结晶状，有霉臭味，熔点 53～54℃；在 20℃ 时，蒸气压为 0.017Pa。在室温下，水中的溶解度为 40mg/L，但能溶于大多数有机溶剂，特别是四氯化碳、乙醚、甲苯中。工业品纯度至少 90％，熔点在 51℃以上。在 pH 值 9 的介质中，它仍是稳定的。无腐蚀性，除硫黄粉和有机金属杀菌剂外，能与所有农药混用。

毒性 急性经口 LD_{50}（mg/kg）：大鼠 3750～7700，小鼠 2829～5850，母鸡 9700，兔 720。对兔的急性经皮 LD_{50} 值为 2181mg/kg。对大鼠以 350mg/(kg·d) 剂量，对狗以 44mg/(kg·d) 剂量饲喂两年，均没有临床症状。对蜜蜂 LD_{50} 值为 18.8～19.6mg/kg；对虹鳟的 TLm 值为 0.5mg/L；以 0.5～1.0mg/L 浓度，不能引起自然环境中食蚊鱼属的死亡。

应用 具有触杀和胃毒作用的非内吸性广谱性杀虫剂。可防治半翅目、双翅目、部分鳞翅目、鞘翅目等刺吸式或咀嚼式口器害虫和螨类。以 250～750mg(a.i.)/L 浓度用于作物保护。防治贮粮害虫、蚊、家蝇等以及大家畜体外寄生虫也有效，以 0.5g/m² 浓度防治蝇蚊。在杀虫范围内无药害，叶面喷雾持效期为 7～10d。

合成路线

常用剂型 溴硫磷目前在我国未见相关产品登记。

溴螨酯 （ bromopropylate ）

$C_{17}H_{16}Br_2O_3$, 428.1, 18181-80-1

其他名称　螨代治，新灵，溴杀螨醇，溴杀螨，新杀螨，溴丙螨醇，溴螨特，Pheniso-bromolate，Neoron，Acarol。

化学名称　4,4′-二溴代二苯乙醇酸异丙酯；iso-propyl-4,4′-dibromobenzilate。

理化性质　白色结晶，熔点77℃，相对密度1.59，蒸气压$1.066×10^{-6}$Pa（20℃）、0.7Pa（100℃）。能溶解于丙酮、苯、异丙醇、甲醇、二甲苯等多种有机溶剂；20℃时在水中溶解度＜0.5mg/kg。常温下贮存稳定，在中性介质中稳定，在酸性或碱性条件下不稳定。

毒性　急性经口LD_{50}（mg/kg）：5000（大鼠），8000（小鼠）。兔急性经皮LD_{50}＞4000mg/kg。大鼠急性经口无作用剂量为每天25mg/kg，小鼠每天143mg/kg。对兔皮肤有轻度刺激性，对眼睛无刺激作用。动物实验未见致癌、致畸、致突变作用。虹鳟鱼LC_{50}0.3mg/L，北京鸭LD_{50}＞601mg/kg（8d），对蜜蜂低毒。

应用　广谱性杀螨剂，有较强触杀作用，无内吸作用。对若螨、成螨和卵均有较高活性，温度变化对药效影响不大。可用于棉花、果树、蔬菜、茶树防治叶螨、瘿螨、线螨等害螨。本药剂残效期长，对作物、天敌、蜜蜂安全，与三氯杀螨醇有交互抗性。

合成路线

常用剂型　溴螨酯在我国登记的制剂主要是50g/L乳油，复配制剂有50％炔螨·溴螨酯乳油。

溴灭菊酯 （ brofenvalerate ）

$C_{25}H_{21}BrClNO_3$, 498.6, 65295-49-0

其他名称　溴氰戊菊酯，溴敌虫菊酯，赛特灵，Ethofenprox，Ethoproxyfen，Lenatop，

Trebon。

化学名称　(R,S)-α-氰基-3-(4′-溴苯氧基) 苄基-(R,S)-2-(4-氯苯基) 异戊酸酯；(R,S)-α-cyano-3-(4′-bromophenoxybenzyl)-(R,S)-2-(4-chlorophenyl)-3-methylbutyrate。

理化性质　原药为暗琥珀色油状液体，相对密度 1.367，折射率 n_D^{24} 1.575。可溶于二甲亚砜及食用油等有机溶剂，不溶于水。对光、热稳定，酸性条件稳定，碱性条件易分解。

毒性　急性 LD_{50}（mg/kg）：大鼠经口＞10000，大鼠经皮＞10000。对眼睛和皮肤无刺激，亚慢性无作用剂量为 5000mg/kg。致突变实验阴性，无致突变作用。鲤鱼 LC_{50} 为 3.6mg/kg（48h）。

应用　拟除虫菊酯杀虫剂。具有一般拟除虫菊酯农药的特点，对多种害虫有良好的灭杀效果，且毒性低，兼有防螨类的作用。如防治柑橘蚜虫、柑橘潜夜蛾，用 20％乳油 1000～2000 倍液喷雾，苹果蚜虫用 2000～40000 倍液喷雾；棉花蚜虫、棉铃虫、棉红铃虫用药量 75～150g(a.i.)/hm²，20％乳油 375～750mL/hm²。

合成路线

常用剂型　溴灭菊酯常用制剂有 20％乳油、33％多·溴灭可湿性粉剂（多菌灵、溴灭菊酯）、26％辛·溴灭菊酯乳油（辛硫磷、溴灭菊酯）等。

溴氰虫酰胺（cyantraniliprole）

$C_{19}H_{14}BrClN_6O_2$，　473.7，　736994-63-1

其他名称　氰虫酰胺。

化学名称　3-bromo-1-(3-chloro-2-pyridyl)-4′-cyano-2′-methyl-6′-(methylcarbamoyl)pyrazole-5-carboxanilide。

理化性质　白色或浅黄色粉末。熔点 305.31℃，沸点 561.256℃（760mmHg）。

毒性　本品对蜜蜂、鱼类等水生生物、家蚕有毒，施药期间应避免对周围蜂群的影响，蜜源作物花期、蚕室和桑园附近禁用。远离水产养殖区施药，禁止在河塘等水体中清洗施药

317

器具，鸟类保护区禁用，瓢虫、赤眼蜂等天敌放飞区域禁用。本品在水稻上每季最多使用2次，安全间隔期为28d。

应用 系继氯虫酰胺类又一个品种，通过激活靶标害虫的鱼尼丁受体，释放横纹肌和平滑肌细胞内的钙，导致害虫麻痹死亡的杀虫剂。通过氰基代替氯虫苯甲酰胺含氯基团并经过修饰而成，与氯虫苯甲酰胺相比有着更高的杀虫活性和更广的杀虫谱。对鳞翅目害虫和刺吸式害虫均有较好的防治效果，如小菜蛾、菜青虫、菜蚜、斜纹夜蛾、跳甲、美洲斑潜蝇、豆荚螟、瓜蚜、烟粉虱、斑潜蝇、蓟马、甜菜夜蛾、棉铃虫等。且对试验作物和天敌生物安全，是目前防治蔬菜上多种害虫的理想药剂之一，推荐剂量为 $21\sim60g$（a.i.）$/hm^2$。

合成路线

常用剂型 溴氰虫酰胺目前在我国登记的制剂主要有10%可分散油悬浮剂。

溴氰菊酯（deltamethrin）

$C_{22}H_{17}Br_2NO_3$，422.9，52918-63-5

其他名称 敌杀死，凯安保，凯素灵，倍特，康素灵，克敌，扑虫净，氰苯菊酯，第灭宁，敌苄菊酯，Decamethrin，K-Othrin，Decis，NRDC-161，FMC45498，K-Obiol，Butox。

化学名称 （S)-α-氰基-3-苯氧苄基（1R，3R)-3-(2,2-二溴乙烯基)-2,2-二甲基环丙烷羧酸酯；（S)-α-cyano-3-phenoxybenzyl（1R，3R)-cistrans-3-(2,2-dibromoethenyl)-2,2-dimethyl cyclopropanecar boxylate。

理化性质 溴氰菊酯纯品为白色斜方形针状结晶，熔点 $101\sim102$℃；工业原药有效成分含量98%，为无色结晶粉末，熔点 $98\sim101$℃；难溶于水，可溶于丙酮、DMF、苯、二甲苯、环己烷等有机溶剂；对光、空气稳定；在弱酸性介质中稳定，在碱性介质中易发生皂化反应而分解。

毒性 原药急性 LD_{50}（mg/kg）：大鼠经口128（雄）、138（雌），小鼠经口33（雄）、34（雌）；经皮大鼠＞2000。对皮肤、眼睛、鼻黏膜刺激性较大；对鱼、蜜蜂、家蚕高毒；对动物无致畸、致突变、致癌作用。

应用 溴氰菊酯属于卤代菊酯类手性拟除虫菊酯杀虫剂，1974年英国 Rothamethrin 实验站研制，1975年法国罗素·优可福（Roussel-Uclaf）公司开发。属于超高效杀虫剂品种之一，也是目前最重要农药品种之一。溴氰菊酯为神经毒剂，以触杀、胃毒为主，有一定的驱避与拒食作用；击倒力强，杀虫谱广，对鳞翅目幼虫特别高效。应用范围极广，可用于农业、林业、仓储、卫生、牲畜等各方面多种害虫的防治，并且防治效果优良。

318

合成路线

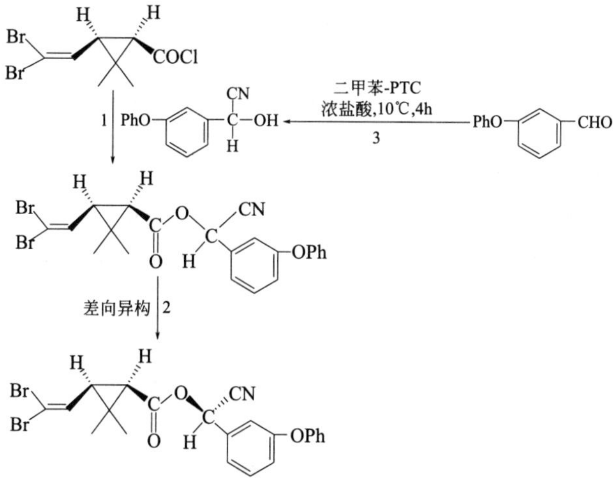

差向异构过程：

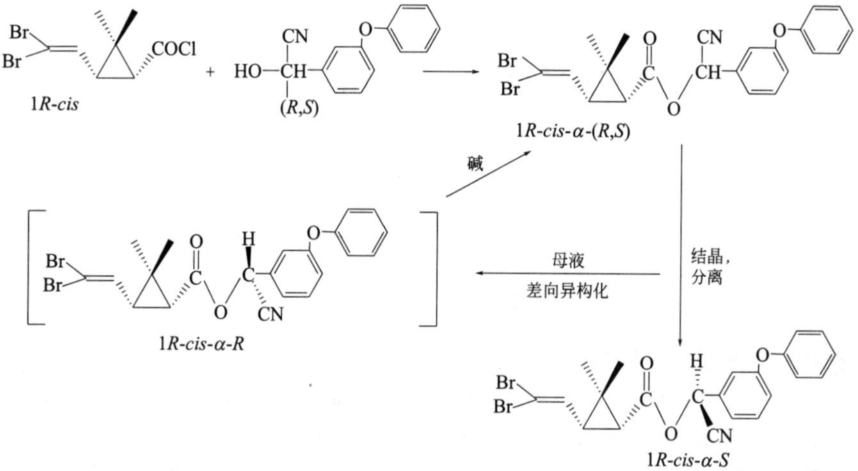

常用剂型　溴氰菊酯在我国登记的剂型涉及乳油、微乳剂、水乳剂、微胶囊粉剂、可湿性粉剂、悬浮剂、笔剂、粉剂、气雾剂、涂抹剂、饵剂等，复配登记配方主要与氟虫腈、八角油、杀螟松、辛硫磷、氧乐果、马拉松、敌敌畏、硫丹、乐果、毒死蜱、仲丁威、氯氰菊酯、矿物油、高效氟氯氰菊酯、高效氯氰菊酯等进行复配。

溴西杀（bromocyclen）

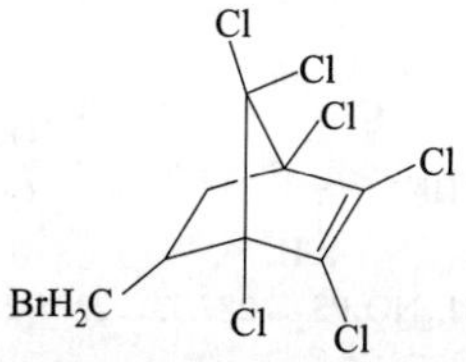

$C_8H_5BrCl_6$，393.75，1715-40-8

其他名称　溴杀烯，溴西克林，保满丹，溴氯丹，溴环烯，Bromocylen，Alugan，

Bromodan, Norbornene。

化学名称 2-溴甲基-1,2,3,4,7,7-六氯代-2-降冰片烯；5-bromomethyl-1,2,3,4,7,7-hexachloro-8,9,10-trinorborn-2-ene。

理化性质 褐色固体，熔点 75～79℃，沸点 154℃/133.3～266.7Pa，不溶于水，可溶于苯等。

毒性 大白鼠急性经口 LD_{50} 12500mg/kg。

应用 本品为杀螨剂和杀虫剂。用于防治麦类谷象、杂拟谷盗及牲畜体外寄生虫（主要用于杀虫和杀螨）。1%粉剂用 1 份/1000 份麦子对谷象有高效，其 5%粉剂能杀杂拟谷盗。此外对牲畜体外寄生虫有效。

合成路线

常用剂型 溴西杀常用制剂主要有 1%、5%粉剂等。

熏菊酯 （ barthrin ）

$C_{18}H_{21}ClO_4$，336.8，70-43-9

其他名称 熏虫菊酯，椒菊酯。

化学名称 6-氯胡椒基-2,2-二甲基-3-(2-甲基丙烯基) 环丙烷羧酸酯；6-chlroppiperonyl-2,2-dimethyl-3-(2-methylpropenyl) cyclpropanecarboxylate。

理化性质 工业品为淡黄色油状液体，蒸气压为 l.33mPa（20℃），折射率 n_D^{25} 1.5378。熔点：158～169℃/66.7Pa 和 184～206℃/93.3Pa。不溶于水（计算值，3mg/L），能溶于丙酮、煤油和多种有机溶剂。

毒性 大鼠急性经口 LD_{50} 1500mg/kg。

应用 本品杀虫活性低于丙烯菊酯而高于除虫菊素，但稳定性较好。

常用剂型 熏菊酯目前在我国未见相关制剂产品登记。

蚜灭磷 （ vamidothion ）

$C_8H_{18}NO_4PS_2$，287.33，2275-23-2

其他名称 完灭硫磷，蚜灭多，除虫雷，Kilval ［罗纳-普朗克］，NPH 83，RP 10465，Kilval Trucidor Vamidoate。

化学名称 O,O-二甲基-S-[2-(1-甲氨基甲酰乙硫基）乙基］硫代磷酸酯；O,O-dimethyl-S-[2-[[1-methyl-2-(methylamino)-2-oxoethyl] thio]ethyl] phosphorothioate。

理化性质 纯品为无色针状结晶体，熔点为 $43℃$。工业品为白色蜡状固体，熔点约 $40℃$。$20℃$时的蒸气压很小，易溶于水（在水中溶解度 4kg/L）和大多数有机溶剂，但不溶于石油醚和环己烷。工业品和纯品在室温下都有轻微分解，但纯品分解少。有些溶剂如苯甲醚或丁酮可以阻止分解，没有腐蚀性。

毒性 急性经口 LD_{50}（mg/kg）：雄大鼠 $100\sim105$，雌大鼠 $64\sim77$，小鼠 $34\sim37$。急性经皮 LD_{50}（mg/kg）：小鼠 l460，兔 1160。蚜灭磷的亚砜的口服毒性雄大鼠为 160mg/kg，小鼠为 80mg/kg。大鼠急性吸入 LC_{50}（4h）为 1.73mg/L 空气。以含有 50mg/kg 蚜灭磷或含 100mg/kg 蚜灭磷亚砜的饲料喂大鼠 90d，对大鼠的生长无影响。野鸡的急性经口 LD_{50} 值为 35mg/kg。金鱼在含有 10mg/L 蚜灭磷的水中能活 14d。斑马鱼的 LC_{50}（96h）为 590mg/L。对蜜蜂有毒。水蚤 EC_{50}（48h）为 0.19mg/L。

应用 具内吸性，用于防治各种蚜、螨、稻飞虱、叶蝉等。药效与乐果大致相同，但残效较为持久。对苹绵蚜特别有效。以 $0.37\sim0.5g(a.i.)/L$ 能防治苹果、梨、桃、李、水稻、棉花等作物上的刺吸式口器害虫。在植物中能代谢成它的亚砜，亚砜的生物活性类似于蚜灭多，但有较长的残效期。

合成路线

常用剂型 蚜灭磷常用制剂主要有 40％乳油等。

亚胺硫磷 （ phosmet ）

$C_{11}H_{12}NO_4PS_2$, 317.3, 732-11-6

其他名称 亚氨硫磷，酞胺硫磷，亚胺磷，Appa, Fosdan, Prolate, Ineovat, Imidan, phthalophos。

化学名称 O,O-二甲基-S-酞酰亚氨基甲基二硫代磷酸酯；O,O-dimethyl-S-phthalimidomethyl phosphorodioate。

理化性质 纯品为白色无臭结晶；工业品为淡黄色固体，有特殊刺激性气味。熔点 72.5℃。25℃在有机溶剂中溶解度：丙酮 650g/L，苯 600g/L，甲苯 300g/L，二甲苯 250g/L，甲醇 50g/L，煤油 5g/L；在水中溶解度为 22mg/L。遇碱和高温易水解，有轻微腐蚀性。

毒性 急性经口 LD_{50}（mg/kg）：147（大鼠），34（鹌鹑），45（小鼠）。急性经皮 LD_{50}（mg/kg）：兔＞3160，小鼠＞1000。大鼠及狗慢性无作用剂量为 45mg/kg。对鱼类中等毒性，鲤鱼 LC_{50} 5.3mg/L。蜜蜂 LD_{50} 0.0181mg/只。

应用 广谱有机磷杀虫剂，具有触杀和胃毒作用，对植物组织有一定的渗透。用于水稻、棉花、果树等作物。可防治棉铃虫、棉红蜘蛛、红铃虫、稻叶蝉、稻飞虱、稻纵卷叶螟。防治棉蚜、菜蚜、果树叶螨、柑橘介壳虫、地老虎，在幼虫三龄期进行防治。

合成路线

常用剂型　亚胺硫磷在我国登记的制剂主要有20％乳油制剂和20％亚胺·高氯乳油。

亚砜吸磷（oxydemeton-methyl）

$C_6H_{15}O_4PS_2$，246.3，301-12-2

其他名称　亚砜磷，甲基一〇五九亚砜，砜吸硫磷，甲基内吸磷亚砜，Oxydemeton-methyl，Demeton-S-methyl sulfoxide，Demeton-S-methyl sulfoxide，Oxydemeton-metyl，Aimcosystox。

化学名称　S-2-乙基亚磺酰基乙基-O,O-二甲基硫赶磷酸酯；S-[2-(ethylsulfinyl)ethyl]-O,O-dimethyl phosphorothioate；S-[2-(ethylsulfinyl) ethyl]-O,O-dimethyl phos。

理化性质　本品为透明琥珀色液体，熔点＜－10℃，沸点106℃/0.01mmHg，蒸气压为3.8mPa（20℃）。溶解性（20℃）：与水互溶，二氯甲烷、异丙醇100～1000g/L，稍溶于石油醚。在碱性介质中水解。

毒性　大白鼠急性经口LD_{50}为65～80mg/kg，大白鼠腹腔注射LD_{50}为20mg/kg，雄大白鼠急性经皮LD_{50}为250mg/kg。虹鳟和蓝鳃鱼的LC_{50}（24h）为10mg/L。在动物体内代谢很快，48h内几乎99％通过尿排出体外。在植物体内通过氧化和氢化代谢也很快，除了氧化为具有活性的甲基内吸磷外，主要的代谢反应为水解及随后的二聚反应。在土壤中代谢途径为亚砜氧化为砜，以及侧链的氧化和氢解，很快代谢为二甲基磷酸和磷酸。

应用　亚砜吸磷为内吸性的胃毒、触杀杀虫剂，适用于防治刺吸式口器害虫和螨类，应用范围类似于甲基内吸磷。

常用剂型　亚砜吸磷常用制剂主要有50g/L水可溶制剂和25g/L乳剂。

烟碱（nicotine）

$C_{10}H_{14}N_2$，162.23，54-11-5

其他名称　1-甲基-2-(3-吡啶基) 吡咯烷，尼古丁，N-甲基-2$[\alpha(\beta,\gamma)]$-吡啶基四氢吡咯，Nicotine sulfate，Sulfate de nicotine。

化学名称　(S)-3-(1-甲基-2-吡咯烷基) 吡啶；3-$[$(2S)-1-methylpyrrolidin-2-yl$]$ pyridine。

理化性质　无色液体，见光和空气中很快变深色，熔点-80℃，沸点246～247℃，蒸气压5.65Pa（25℃），相对密度1.01（20℃）。60℃以下与水混溶，形成水合物。与乙醚、乙醇混溶，迅速溶于大多有机溶剂。暴露于空气中颜色变深，发黏。与酸形成盐，pK_b：pK_{b1}为6.16，pK_{b2}为10.96。能与无机酸、有机酸成盐。

毒性　大鼠急性经口LD_{50} 50～60mg/kg；兔急性经皮LD_{50} 50mg/kg。

应用　对害虫有胃毒、触杀、熏蒸作用，并有杀卵作用。其主要作用机理是麻痹神经，烟碱的蒸气可从虫体任何部分侵入体内而发挥毒杀作用。烟碱易挥发，故残效期短。主要用于蔬菜、果树、茶树、水稻等，具很广的防治谱，如防治蚜虫、蓟马、木虱、孑孓、禽虱、飞虱、螨等；甘蓝夜蛾、蛴螬、大豆食心虫、菜青虫、潜叶蝇、潜叶蛾、桃小、梨小、黄条跳甲、稻螟、三化螟、叶蝉等。

常用剂型　烟碱在我国登记的制剂主要有0.6%、1.2%乳油，0.5%水剂，4%水乳剂，1.2%烟剂和3.6%烟碱·苦参碱微胶囊悬乳剂。

氧化苦参碱 （oxymatrine）

$C_{15}H_{24}N_2O_2$，264.36，16837-52-8

化学名称　(7aS，13aR，13bR，13cS)-dodecahydro-1H，5H，10H-dipyrido $[2,1$-f：$3',2',1'$-ij$]$ $[1.6]$ naphthyridin-10-one-4-oxide。

理化性质　熔点207℃，水合物熔点162～163℃。溶于水、甲醇、乙醇、氯仿和苯，难溶于乙醚、甲醚、石油醚。

毒性　大鼠急性经口LD_{50}大于10000mg/kg（制剂），急性经皮LD_{50}大于4000mg/kg（制剂），制剂属低毒。

应用　可用于防治菜青虫、黏虫、蚜虫以及红蜘蛛等农业害虫。

合成路线

常用剂型　氧化苦参碱常用制剂有0.1%氧化苦参碱水剂。

氧乐果 （omethoate）

$C_5H_{12}NO_4PS$，213.2，1113-02-6

其他名称 欧灭松，华果，克蚧灵，Bayer 45432，Dimethoate-met，Folimat，S 6876。

化学名称 O,O-二甲基-S-(N-甲基氨基甲酰甲基) 硫代磷酸酯；O,O-dimethyl-S-[2-(methylamino)-2-oxoethyl] phosphorothioate。

理化性质 纯品为无色油状液体，沸点135℃（有分解）、100～110℃/133.3×10^{-3}Pa，相对密度1.32（20℃），折射率n_D^{20}1.4987，蒸气压3.333×10^{-3}Pa（20℃）。易溶于水、乙醇、丙酮和烃类，微溶于乙醚，不溶于石油醚。对热不稳定，在中性和偏酸性介质中较稳定。在pH值7和24℃时，半衰期为611h。遇碱迅速分解。工业品常带黄色。

毒性 大鼠急性经口LD_{50}为50mg/kg，急性经皮LD_{50}为700mg/kg。工业品对大鼠急性经口LD_{50}为30～60mg/kg，急性经皮LD_{50}为700～1400mg/kg。鲤鱼LC_{50}＞500mg/L（96h）。对蜜蜂及瓢虫、食蚜蝇等有毒。

应用 本品为高效、高毒、广谱性杀虫、杀螨剂，具有较强的内吸、触杀和胃毒作用。主要用于防治刺吸式口器害虫，对咀嚼式口器害虫也有效。主要用于棉花、小麦、果树、蔬菜、高粱等作物防治各种蚜虫、红蜘蛛，用于水稻可防治飞虱、蓟马、稻纵卷叶螟等。对于各种蚧虫如柑橘红蜡蚧、桦干蚧等防治效果也很显著。由于氧乐果抗性系数较小，因此特别适宜防治抗性蚜螨。

合成路线

常用剂型 氧乐果目前在我国的制剂登记主要剂型为乳油，可与三唑酮、高效氯氰菊酯、溴氰菊酯、氰戊菊酯、甲氰菊酯、敌敌畏、噻嗪酮、吡虫啉、敌百虫、辛硫磷等复配。

一氯杀螨砜 （sulphenone）

$C_{12}H_9ClO_2S$，252.71，80-00-2

其他名称 氯苯砜，对氯苯基苯基砜。

化学名称 4-氯苯基苯基砜；4-chlorophenyl phenyl sulfone。

理化性质 纯品为无色晶体，熔点98℃。工业品为带有芳香气味的白色固体，约含有80%的杀螨砜和20%的类似化合物如双（对氯苯）砜、二苯砜、邻位或间位苯基苯砜等。不溶于水，微溶于石油，溶于异丙醇、甲苯、四氯化碳，易溶于丙酮、苯等。对酸、碱、氧化剂、还原剂都很稳定。

毒性 大鼠经口LD_{50}为1430～3650mg/kg。低毒农药。对人、畜及天敌昆虫较安全。

应用 对成螨及螨卵有效，可防治棉花、果树、蔬菜等作物的各种螨类，对蜜蜂寄生螨也有良好的防治效果。

常用剂型 一氯杀螨砜常用制剂主要有20%可湿性粉剂。

伊比磷（EPBP）

$C_{14}H_{13}O_2Cl_2PS$, 315.2, 3792-59-4

其他名称 氯苯磷。

化学名称 O-乙基-O-(2,4-二氯苯基)苯基硫代膦酸酯；O-ethyl-O-(2,4-dichlorophe-nyl) phenyl phosphonothioate。

理化性质 淡黄色油状物，沸点 206℃/0.667kPa、200℃/0.51kPa 和 175℃/5.33Pa；相对密度 d_4^{24} 为 1.312，d_4^{20} 为 1.294；折射率 n_D^{20} 为 1.5956，n_D^{31} 为 1.5970；不溶于水，溶于有机溶剂。在碱性介质中分解。工业品纯度约 90%，无腐蚀性。

毒性 小鼠急性经口 LD_{50} 值为 274.5mg/kg；急性皮下注射 LD_{50} 值为 783.8mg/kg。

应用 主要用于防治土壤害虫，如种蝇、跳甲、地老虎、葱根瘿螨等。

常用剂型 伊比磷常用制剂有 3% 粉剂。

伊维菌素（ivermectin）

B_{1a}, R=CH₂CH₃
B_{1b}, R=CH₃

B_{1a}：$C_{48}H_{74}O_{14}$, 875.1, 70161-11-4；B_{1b}：$C_{47}H_{72}O_{14}$, 861.1, 70209-81-3

化学名称 $(10E,14E,16E)$-$(1R,4S,5'S,6R,6'R,8R,12S,13S,20R,21R,24S)$-6'-[$(S)$-仲丁基]-21,24-二羟基-5',11,13,22-四甲基-2-氧代-3,7,19-三氧四环 [15.6.1.1^{4,8}.0^{20,24}] 二十五烷-10,14,16,22-四烯-6-螺-2'-(四氢吡喃)-12-基-2,6-二脱氧-4-氧-(2,6-二脱氧-3-甲氧基-α-L-阿拉伯糖-己吡喃糖)-3-甲氧基-α-L-阿拉伯糖-己吡喃糖苷；

$(10E,14E,16E)$-$(1R,4S,5'S,6R,6'R,8R,12S,13S,20R,21R,24S)$-6'-[$(S)$-异丙基]-21,24-二羟基-5',11,13,22-四甲基-2-氧代-3,7,19-三氧四环 [15.6.1.1^{4,8}.0^{20,24}] 二十五烷-10,14,16,22-四烯-6-螺-2'-(四氢吡喃)-12-基-2,6-二脱氧-4-氧-(2,6-二脱氧-3-甲氧基-α-L-阿拉伯糖-己吡喃糖)-3-甲氧基-α-L-阿拉伯糖-己吡喃糖苷；

$(10E,14E,16E)$-$(1R,4S,5'S,6R,6'R,8R,12S,13S,20R,21R,24S)$-6'-[$(S)$-sec-butyl]-21,24-dihydroxy-5',11,13,22-tetramethyl-2-oxo-3,7,19-trioxatetracyclo [15.6.1.1^{4,8}.0^{20,24}] pentacosa-10,14,16,22-tetraene-6-spiro-2'-(tetra hydropyran)-12-yl-2,6-dideoxy-4-O-(2,6-dideoxy-3-O-methyl-α-L-arabino-hexopyranosyl)-3-O-methyl-α-L-arabino-hexopyranoside；

$(10E,14E,16E)$-$(1R,4S,5'S,6R,6'R,8R,12S,13S,20R,21R,24S)$-$6'$-[$(S)$-isopropyl]-21,24-dihydroxy-$5'$,11,13,22-tetramethyl-2-oxo-3,7,19-trioxatetracyclo [15.6.1.1^{4,8}.0^{20,24}] pentacosa-10,14,16,22-tetraene-6-spiro-2'-(tetrahydropyran)-12-yl-2,6-dideoxy-4-O-(2,6-dideoxy-3-O-methyl-α-L-arabino-hexopyranosyl)-3-O-methyl-α-L-arabino-hexopyranoside。

理化性质 白色或微黄色结晶粉末，稳定性好，熔点155℃。溶解度：水 4mg/kg，丁醇 30g/L。

毒性 大鼠经口 LD_{50} （mg/kg）：雄 11.6，雌 24.6～41.6。对皮肤、眼睛轻微刺激，无诱变效应。

应用 适宜于奶牛、狗、猫、猪、马、羊等防治体内寄生虫、盘尾丝虫病、线虫、螨虫等。

常用剂型 主要有 5％针剂。

伊蚊避 （TMPD）

$C_8H_{18}O_2$，146.2，144-19-4

化学名称 2,2,4-三甲基-1,3-戊二醇；2,2,4-trimethyl-1,3-pentanediol。

理化性质 纯品为白色结晶，熔点为 64～65℃，沸点 215℃，相对密度 d_{15}^{55} 0.9280，微溶于水和煤油，溶于醇类和丙酮等有机溶剂。

毒性 对大鼠的急性经口 LD_{50} 值为 3200mg/kg。

应用 驱避伊蚊。

常用剂型 伊蚊避目前在我国未见相关制剂产品登记。

乙拌磷 （disulfoton）

$C_8H_{19}O_2PS_3$，274.4，298-04-4

其他名称 敌死通，二硫松 ［台］。

化学名称 O,O-二乙基-S-[2-（乙硫基）乙基] 二硫代磷酸酯；O,O-diethyl-S-[2-(ethylthio) ethyl] phosphorodithioate。

理化性质 纯品为带有特殊气味的无色油状物，熔点＜－25℃，沸点 128℃/1mmHg，蒸气压 7.2mPa （20℃）、13mPa （25℃）、22mPa （30℃），相对密度 1.144 （20℃），水中溶解度12mg/L （20℃），易与正己烷、二氯甲烷、异丙醇、甲苯混溶，常温下贮存稳定，酸性和中性介质中稳定，碱性介质中水解。

毒性 急性经口 LD_{50} （mg/kg）：大白鼠 2～12，小白鼠 7.5。大白鼠急性经皮 LD_{50} （mg/kg）：雄 15.9，雌 3.6。对兔皮肤和眼睛无刺激性。对美洲鹑急性经口 LD_{50} （mg/kg）为 39。对鱼类的毒性LC_{50} （96h）：蓝鳃太阳鱼 0.039mg/L，虹鳟 3mg/L。对蜜蜂的毒性依赖于给药模式。对水蚤 LC_{50} （48h）0.013～0.064mg/L。

应用 具有内吸作用。一般用作拌种和土壤处理。乙拌磷主要以颗粒剂随播种土壤处理或乳油配成药液作种子处理，用于棉花及其他大田作物防治土壤害虫及苗期刺吸式口器害虫，也能兼治线虫。用于棉花种子处理或土壤处理防治棉苗蚜虫、叶螨，持效期可达45～50d。小麦用粉粒剂种子处理防治土壤害虫及麦苗蚜虫，持效期可达30d以上。对甜菜作种子处理，可防治蒙古灰象甲及土壤害虫。高粱地用颗粒剂配成毒土撒施，每12垄施药土1垄，可熏蒸防治蚜虫。乙拌磷使用时要特别注意安全操作，不可用于叶面喷雾，药剂处理过的种子不可作其他用途。并严禁在果树、蔬菜、烟草、茶树、桑树、药材的生长期使用。

合成路线

常用剂型 乙拌磷常用制剂主要有50％乳油、50％活性炭粉、5％颗粒剂等。

乙虫腈（ethiprole）

$C_{13}H_9Cl_2F_3N_4OS$，397.2，181587-01-9

化学名称 5-氨基-1-(2,6-二氯-对三氟甲基苯基)-4-乙基亚磺（硫）酰基吡唑-3-腈；5-amino-1-[2,6-dichloro-4-(trifluoromethyl) phenyl]-4-(ethylsulfinyl)-1H-pyrazole-3-carbonitrile。

理化性质 纯品外观为白色无特殊气味晶体粉末；分解温度165.1℃前，没有观测到熔点；蒸气压（25℃）$9.1×10^{-8}$Pa；水中溶解度（20℃）为9.2mg/L；中性和酸性条件下稳定。乙虫腈原药质量分数≥94％，外观为浅褐色结晶粉；在有机溶剂中的溶解度（g/L，20℃）：丙酮90.7，甲醇47.2，乙腈24.5，乙酸乙酯24.0，二氯甲烷19.9，正辛醇2.4，甲苯1.0，正庚烷0.004。

毒性 原药大鼠急性经口 $LD_{50}>7080$mg/kg，急性经皮 $LD_{50}>2000$mg/kg，急性吸入 $LC_{50}>5.21$mg/L；对兔皮肤和眼睛无刺激性；豚鼠皮肤变态反应（致敏性）试验结果属无致敏性；大鼠90d亚慢性喂养毒性试验最大无作用剂量：雄性大鼠为1.2mg/(kg·d)，雌性大鼠为1.5mg/(kg·d)；致突变试验：Ames试验、小鼠骨髓细胞微核试验、体外哺乳动物细胞基因突变试验、体外哺乳动物细胞染色体畸变试验等4项致突变试验结果均为阴性，未见致突变作用。100g/L悬浮剂大鼠急性经口和经皮 LD_{50} 均>5000mg/kg，急性吸入 $LC_{50}>4.65$mg/L；对兔皮肤和眼睛均无刺激性；豚鼠皮肤变态反应（致敏性）试验结果均为无致敏性。乙虫腈原药和100g/L悬浮剂均为低毒性杀虫剂。环境生物安全性评价：乙虫腈100g/L悬浮剂对虹鳟鱼 LC_{50}（96h）2.4mg/L；鹌鹑 $LD_{50}>1000$mg/kg；蜜蜂接触 LD_{50}（48h）0.067μg（a.i.）/只蜂，经口 LD_{50}（48h）0.015μg（a.i.）/只蜂；家蚕 LD_{50}（二龄，96h）21.7mg/L；蚯蚓 LC_{50}（14d）>1000mg制剂/kg土壤。该制剂对鱼中毒，有一定风险；对鸟低毒；对蜜蜂接触和经口均为高毒，高风险；对家蚕中毒，中等风险。使用时应注意蜜源作物花期禁用；养鱼稻田禁用，施药后田水不得直接排入水体，不得在河塘等水域清洗施药器具。

应用 由罗纳普朗克发现、拜耳公司开发的广谱杀虫、杀螨剂，属于第二代作用于 GABA 的杀虫剂。低用量下对多种咀嚼式和刺吸式害虫有效，可用于种子处理和叶面喷雾，持效期长达 21～28d。主要用于防治蓟马、螨、象虫、甜菜麦蛾、蚜虫、飞虱和蝗虫等，对某些粉虱也表现出活性，特别是对极难防治的水稻害虫稻绿蝽有很强的活性。

合成路线

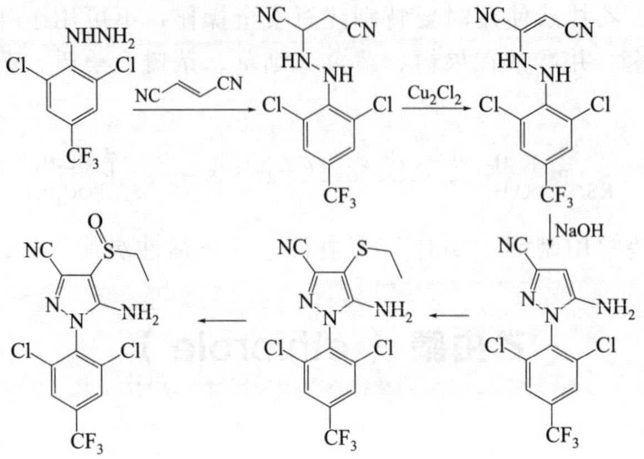

常用剂型 乙虫腈目前在我国登记的制剂主要有 9.7％、100g/L 悬浮剂，30％悬浮剂，60％乙虫·异丙威可湿性粉剂。

乙滴涕 （ethyl-DDD）

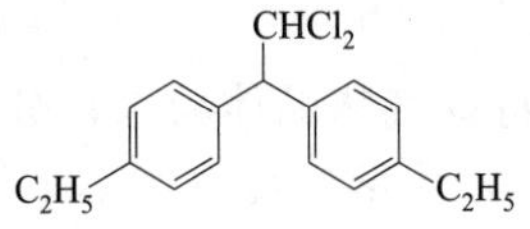

$C_{18}H_{20}Cl_2$，307.262，72-56-0

其他名称 乙滴滴，Perthane，p,p'-Ethyl-DDD，B-63138，Ethylan，Ethyl DDD，p,p-Ethyl DDD，Q-137。

化学名称 1，1-二氯代-2，2-二（4-乙基苯基）乙烷；1，1-dichloro-2，2-bis（4-ethylphenyl）ethane。

理化性质 纯品为结晶固体，熔点 60～61℃。工业品为蜡状固体，熔点不低于 40℃，在 52℃以上，则有部分分解。不溶于水，但溶于大多数芳烃溶剂和二氯甲烷。

毒性 急性经口 LD_{50}：大鼠 8170mg/kg，小鼠 6600mg/kg。

应用 非内吸性杀虫剂。杀虫活性低于滴滴涕，但有专门的用途。主要用于防治梨木虱和蔬菜作物上的叶蝉及家用防治蛀虫等。以有效成分 1～16kg/hm² 剂量来防治梨黄木虱、叶蝉和蔬菜作物上的各种害虫的幼虫，还可用于家庭防治衣蛾和皮蠹，无药害。在土壤中有中度持效。

合成路线

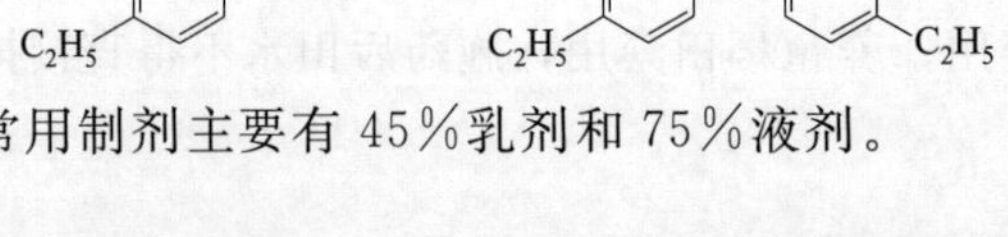

常用剂型 乙滴涕常用制剂主要有 45％乳剂和 75％液剂。

乙基稻丰散 (phenthoate ethyl)

$C_{14}H_{21}O_4PS_2$，348.42，14211-00-8，65524-46-1

化学名称 O,O-二乙基-S-(苯基乙酸酯基)二硫代磷酸酯。

理化性质 纯品在常温下为无色透明油状液体。工业品为黄色油状液体，具有辛辣刺激臭味。不溶于水，易溶于乙醇、丙酮、苯等溶剂。在酸性和中性条件下稳定，遇碱性物质易分解失效。

毒性 对人、畜毒性高于稻丰散。小白鼠经口致死中量为 $100 \sim 160 \mathrm{mg/kg}$。

应用 具触杀和胃毒，无内吸作用。作用速度快，残效期较短。适用于防治棉花、水稻、果树、豆类和蔬菜上的多种害虫，如稻叶蝉、稻飞虱、稻苞虫、负泥虫、稻蝽象、大豆食心虫、豆荚螟、斜纹夜蛾、黏虫、烟青虫、烟蓟马、菜青虫、卷叶蛾、叶甲、麦叶蜂、瓢甲、天社蛾、各种蚜虫、水稻螟虫、棉花红蜘蛛、果树介壳虫、潜叶蛾、潜叶蝇等。对蛀食性害虫和各种瘤蚜效果较差。

常用剂型 乙基稻丰散常用制剂主要有 3% 粉剂、50% 乳油。

乙基多杀菌素 (spinetoram)

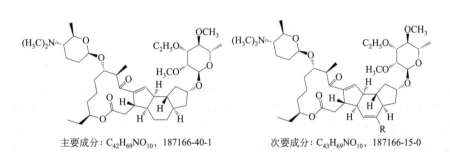

主要成分：$C_{42}H_{69}NO_{10}$，187166-40-1　　　次要成分：$C_{43}H_{69}NO_{10}$，187166-15-0

其他名称 spinetoram-J，spinetoram-L，XDE-175-J，XDE-175-L。

化学名称 mixture of 50%～90% （2R,3aR,5aR,5bS,9S,13S,14R,16aS,16bR)-2-(6-deoxy-3-O-ethyl-2,4-di-O-methyl-α-L-mannopyranosyloxy)-13-[(2R,5S,6R)-5-(dimethylamino) tetrahydro-6-methylpyran-2-yloxy]-9-ethyl-2,3,3a,4,5,5a,5b,6,9,10,11,12,13,14,16a,16b-hexadecahydro-14-methyl-1H-as-indaceno［3,2-d] oxacyclododecine-7,15-dione and 50%～10% （2S,3aR,5aS,5bS,9S,13S,14R,16aS,16bS)-2-(6-deoxy-3-O-ethyl-2,4-di-O-methyl-α-L-mannopyranosyloxy)-13-[(2R,5S,6R)-5-(dimethylamino) tetrahydro-6-methylpyran-2-yloxy]-9-ethyl-2,3,3a,5a,5b,6,9,10,11,12,13,14,16a,16b-tetradecahydro-4,14-dimethyl-1H-as-indaceno［3,2-d] oxacyclododecine-7,15-dione。

理化性质 乙基多杀菌素-J（22.5℃）外观为白色粉末，乙基多杀菌素-L（22.9℃）外观为白色至黄色晶体，带苦杏仁味。密度：XDE-175-J，（1.1495±0.0015）g/cm³（1.150kg/m³）（19.5℃±0.4℃）；XDE-175-L，（1.1807±0.0167）g/cm³（1.181kg/m³）（20.1℃±0.6℃）。熔点：XDE-175-J，143.4℃；XDE-175-L，70.8℃。分解温度：XDE-175-J，497.8℃；XDE-175-L，290.7℃。溶解度（20～25℃）：XDE-175-J，水中 10.0mg/L；XDE-175-L，水中 31.9mg/L；在甲醇、丙酮、乙酸乙酯、1,2-二氯乙烷、二甲苯中＞250mg/L。在 pH5～7 缓冲溶液中乙基多杀菌素-J 和乙基多杀菌素-L 都是稳定的，但在pH9 的缓冲溶液中乙基多杀菌素-L 的半衰期为 154d，降解为 N-脱甲基多杀菌素-L。光解。

毒性 大鼠急性 LD_{50}（mg/kg）：经口＞5000（雌/雄）；经皮＞5000（雌/雄）。每日允许摄入量：0.008～0.06mg/kg。

应用 乙基多杀菌素由乙基多杀菌素-J 和乙基多杀菌素-L 两种组分组成，作用于昆虫的神经系统，对小菜蛾、甜菜夜蛾、潜叶蝇、蓟马、斜纹夜蛾、豆荚螟有好的防治效果。

常用剂型 乙基多杀菌素在我国登记的制剂主要有 60g/L 悬浮剂。

乙基溴硫磷（bromophos-ethyl）

$C_{10}H_{12}BrCl_2O_3PS$，394.0，4824-78-6

其他名称 乙溴硫磷，Bromofos-ethyl，Ethyl bromophos，Filariol，Nexagan。

化学名称 O-(4-溴-2,5-二氯苯基)-O,O-二乙基硫代磷酸酯；O-(4-bromo-2,5-dichlorophenyl)-O,O-diethyl phosphorothioate。

理化性质 纯品外观为无色至淡黄色液体，几乎无味；沸点为 122～133℃/0.133Pa；30℃时蒸气压为 6.13mPa。工业品的相对密度 d^{20} 为 1.52～1.55。在室温下，纯品于水中的溶解度为 2mg/L，能与所有普通有机溶剂混溶。在水悬浮液中稳定，但在 pH9 的溶液中缓慢水解。在均相的乙醇水溶液中，pH 为 9 时，出现脱乙基作用，在较高 pH 值溶液中，能脱掉苯酚。乙基溴硫磷无腐蚀性；除硫黄粉和有机金属杀菌剂外，能与其他农药混用。

毒性 急性经口 LD_{50}：大鼠为 71～127mg/kg，小鼠为 225～550mg/kg。口服 100mg/kg剂量的乙基溴硫磷能杀死豚鼠，羊口服 125mg/kg 乙基溴硫磷也能致死。对白兔做 24h 贴敷试验表明，急性经皮 LD_{50} 值为 1.366mg/kg。以约 1.5mg/(kg·d) 剂量喂大鼠 12d，约1mg/(kg·d) 喂狗 42d，对大鼠和狗均无害。

应用 非内吸性触杀和胃毒杀虫剂，具有一定的杀螨活性。无药害。其以 0.4～0.6g(a.i.)/L 剂量用于作物保护；以 0.4～0.8g (a.i.)/L 剂量防治螨类；以 0.5～1g (a.i.)/L防治家畜身上的蜱类。

合成路线

常用剂型 乙基溴硫磷常用制剂主要有 40%、80%乳油，25%可湿性粉剂，5%颗粒剂，80%～90%浓雾剂，30%浸液。

乙硫苯威（ ethiofencarb ）

C$_{13}$H$_{15}$NO$_2$S，225.3，29973-13-5

其他名称　除蚜威，蔬蚜威，苯虫威，Croneton，ethiofencarber。

化学名称　2-(乙硫甲基) 苯基-N-甲基氨基甲酸酯；2-(ethylthiomethyl) phenyl-N-methyl carbamate。

理化性质　原药在冬天为白色结晶，在夏天为淡黄色油状液体。熔点 33.4℃，蒸馏时分解。蒸气压 0.45mPa (25℃)、26mPa (50℃)。溶解性 (20℃)：在水中 1.8g/L，二氯甲烷、异丙醇、甲苯中＞200g/L，己烷 5～10g/L。在普通条件下和酸性条件下稳定，在碱性条件下水解。水中光解非常迅速，闪点 123℃。

毒性　急性经口 LD$_{50}$ (mg/kg)：大鼠 200，小鼠 240，雌狗＞50。大鼠经皮 LD$_{50}$＞1000mg/kg。对兔皮肤和眼睛无刺激。大鼠急性吸入 LC$_{50}$ (4h)＞0.2mg/L 空气（气溶胶）。两年饲喂试验的无作用剂量：大鼠 330mg/kg 饲料，小鼠 600mg/kg 饲料，狗 1g/kg 饲料。对人的 ADI 为 0.1mg/kg。急性经口 LD$_{50}$：日本鹌鹑 155mg/kg，野鸭 140～275mg/kg。鱼毒 LC$_{50}$ (96h)：虹鳟鱼 12.8mg/L；金色圆腹雅罗鱼 61.8mg/L。对蜜蜂无毒。水蚤 LC$_{50}$ (48h) 0.22mg/L。

应用　为氨基甲酸酯类高效、低毒、低残留杀虫剂，具内吸，兼有触杀作用。优良的杀蚜剂，用于防治果树、蔬菜、粮食、马铃薯、甜菜、烟草、观赏植物上的各种蚜虫。对有机磷农药产生抗性的蚜虫也十分有效。

合成路线　有如下路线 1→2→3、4→3 和路线 5→6→7→8，其中路线 1→2→3、4→3 较常用。

常用剂型　乙硫苯威常用制剂有 25％乳油、2％粉剂、10％颗粒剂等。

乙硫磷 （ ethion ）

$$C_9H_{22}O_4P_2S_4, \quad 384.5, \quad 563-12-2$$

其他名称 爱杀松，益赛昂，灭蟑灵，乙赛昂，昂杀拉，蚜螨立死。

化学名称 O,O,O',O'-四乙基-S,S'-亚甲基双（二硫代磷酸酯）；O,O,O',O'-tetra-ethyl-S,S'-methylene bis（phosphorodithioate）。

理化性质 白色至琥珀色液体，熔点 $15\sim12℃$，沸点 $164\sim165℃/0.3$mmHg，蒸气压 0.20mPa（$25℃$），相对密度 1.22（$20℃$），原药相对密度为 $1.215\sim1.230$。水中溶解度 2mg/L（$25℃$），与大多数有机溶剂，如丙酮、乙醇、甲醇、二甲苯、煤油、石油相混。酸碱液中水解，空气中缓慢氧化。

毒性 急性经口 LD_{50}（mg/kg）：大白鼠 20.8，小白鼠和豚鼠 $40\sim45$。急性经皮 LD_{50}（mg/kg）：豚鼠和兔 915（原药，兔 1084）。对鱼的平均致死浓度为 0.72mg/L（24h）、0.52mg/L（48h）。对蜜蜂、水蚤、藻类蠕虫等水生生物有毒。

应用 有机磷杀虫、杀螨剂。具有较强的触杀作用，一定的杀螨卵作用。用于防治棉花、水稻、果树作物上的害虫和害螨，也可用于拌种，防治蛴螬、蝼蛄等地下害虫。如防治棉红蜘蛛，在成、若螨发生期或螨卵盛孵期施药，用 50%乳油 $1500\sim2000$ 倍液喷雾同时防治叶蝉、盲蝽等害虫。防治棉蚜用 50%乳油 $1000\sim1500$ 倍液喷雾；防治水稻飞虱、蓟马，用 50%乳油 $2000\sim2500$ 倍液喷雾。不能在蔬菜和茶树上使用。

合成路线

常用剂型 常用制剂主要有 25%可湿性粉剂、48%乳油、10%颗粒剂。

乙螨唑 （ etoxazole ）

$$C_{21}H_{23}F_2NO_2, \quad 359.4, \quad 153233-91-1$$

化学名称 （RS）-5-叔丁基-2-[2-（2,6-二氟苯基）-4,5-二氢-1,3-噁唑-4-基] 苯乙醚；2-（2,6-difluorophenyl）-4-[4-（1,1-dimethylethyl）-2-ethoxyphenyl]-4,5-dihydrooxazole。

理化性质 纯品乙螨唑为白色粉末，熔点 $101\sim102℃$。溶解性（$20℃$，g/L）：甲醇 90，乙醇 90，丙酮 300，环己酮 500，乙酸乙酯 250，二甲苯 250，正己烷 13，乙腈 80，四氢呋喃 750。

毒性 乙螨唑原药急性 LD_{50}（mg/kg）：大、小鼠经口 >5000，大鼠经皮 >2000。对兔眼睛和皮肤无刺激性；对动物无致畸、致突变、致癌作用。

应用 乙螨唑是日本八州化学公司开发的高效新型触杀型噁唑啉类杀螨剂，属于螨和蚜虫蜕皮抑制剂，防治水果、蔬菜、茶、果树等多种螨的卵、幼虫和若虫有卓效，对成螨无效，使用剂量 $50\sim100g$ （a.i.）/hm^2。

合成路线

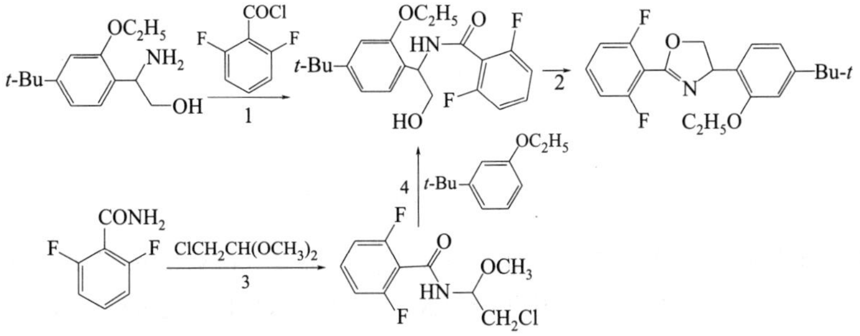

常用剂型 乙螨唑在我国登记的制剂主要是 110g/L 悬浮剂。

乙嘧硫磷 （ etrimfos ）

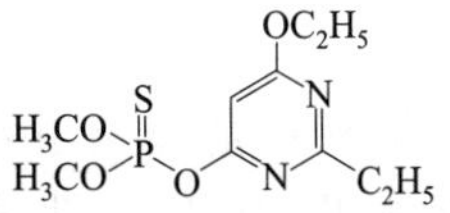

$C_{10}H_{17}N_2O_4PS$, 292.29, 38260-54-7

其他名称 乙氧嘧啶磷，Ekamet，Satisfar，SAN 1971。

化学名称 O,O-二甲基-O-（6-乙氧基-2-乙基-4-嘧啶基）硫代磷酸酯；O,O-dimethyl-O-(6-ethoxy-2-ethyl-4-pyridinyl) phosphorothioate。

理化性质 纯品为无色油状液体，熔点 $-3.4℃$，能与丙酮、氯仿、乙醇、甲醇、己醇、二甲亚砜、甲苯互溶，在水中溶解度为 10g/L，25℃水解半衰期为 0.4d （pH=3）、16d （pH=6）、14d （pH=9）。乙嘧硫磷纯品不稳定，但在非极性溶剂中的稀溶液中稳定。

毒性 大鼠急性 LD_{50} （mg/kg）：1800 （经口），＞2000 （经皮）。亚慢性试验无作用剂量为 9mg/kg；鲤鱼 LC_{50} 为 13.3mg/L （96h）。

应用 高效、广谱、非内吸性触杀和胃毒杀虫剂。主要用于果树、蔬菜、稻田、马铃薯、玉米、橄榄和苜蓿上防治鞘翅目、半翅目、齿虫目害虫。

合成路线

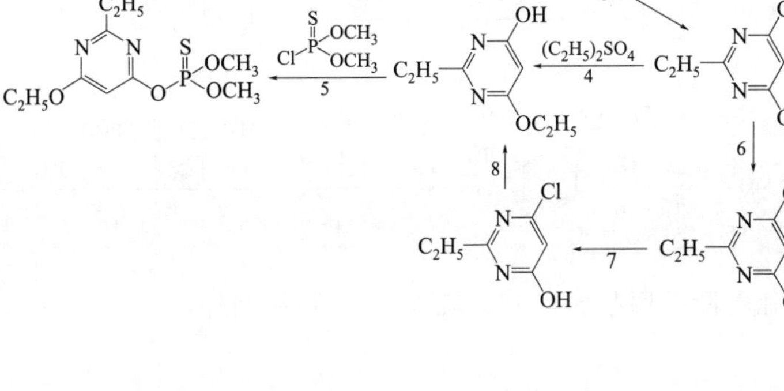

常用剂型　乙嘧硫磷常用制剂主要有 400g/L 超低容量喷雾剂、2％粉剂和 50％乳油。

乙氰菊酯（cycloprothrin）

$C_{26}H_{21}Cl_2NO_4$，482.4，6993-38-6

其他名称　杀螟菊酯，赛乐收，稻虫菊酯，Cyclosal，fencyclate，NK 8116，GH414。

化学名称　(RS)-α-氰基-3-苯氧基苄基-(RS)-2,2-二氯-1-(4-乙氧基苯基) 环丙烷羧酸酯；(RS)-α-cyano-3-phenoxybenzyl-(RS)-2,2-dichloro-1-(4-thoxyphenyl)-cyclopropanecarboxylate。

理化性质　乙氰菊酯原药为透明黏稠液体，沸点 180～184℃/1.33Pa。溶解性（25℃，g/L）：丙酮、氯仿、苯、乙酸乙酯、乙醚、二甲苯＞2000，甲醇 467，乙醇 101。在弱酸性介质中稳定，在碱性介质中易分解，对光稳定。

毒性　原药急性 LD_{50}（mg/kg）：大、小鼠（雄、雌）经口＞5000。对动物无致畸、致突变、致癌作用；对蜜蜂和蚕有毒。

应用　乙氰菊酯属于卤代菊酯类拟除虫菊酯杀虫剂，1987 年日本化药公司开始生产；乙氰菊酯具有触杀活性，几乎无胃毒作用。是广谱性杀虫剂，能有效防治二化螟、斜纹夜蛾、小菜蛾、桃蚜等害虫；对有机磷和氨基甲酸酯类杀虫剂产生抗性的黑尾叶蝉品系的活性高于敏感品系。

合成路线

常用剂型　乙氰菊酯常用制剂有 10％乳油、2％颗粒剂等。

乙酰甲胺磷 （ acephate ）

$C_4H_{10}NO_3PS$，183.16，30560-19-1

其他名称　高灭磷，杀虫灵，酰胺磷，益士磷，Aceprate，Ortran，Ortho12420，Torndo，Orthene。

化学名称　O,S-二甲基-N-乙酰基硫代磷酰胺；O,S-dimethyl-N-acethyl phosphoramidothioate。

理化性质　白色针状结晶，熔点90～91℃，分解温度为147℃；易溶于水、丙酮、醇等极性溶剂及二氯甲烷、二氯乙烷等氯代烷烃中；低温贮藏比较稳定，酸性、碱性及水介质中均可分解；工业品为白色吸湿性固体，有刺激性臭味。

毒性　原药急性经口LD_{50}（mg/kg）：大白鼠945（雄）、866（雌），小白鼠361。低剂量饲喂狗、鼠两年，无异常现象。在动物体内解毒很快，对动物无致畸、致突变、致癌作用。对禽类和鱼类低毒。能很快被植物和土壤分解，所以不会污染环境。

应用　乙酰甲胺磷属于高效、低毒、低残留、广谱硫代磷酰胺类有机磷杀虫剂，1964年德国拜耳公司首先合成，1972年美国Chevron化学公司正式商品化。

乙酰甲胺磷具有触杀、胃毒和内吸性作用，主要用于防治麦、棉花、蔬菜、豆类、果树、甘蔗、烟草等作物害虫，如稻纵卷叶螟、稻叶蝉、稻飞虱、二化螟、三化螟、菜青虫、菜蚜、斜纹夜蛾、豆荚螟、棉蚜、梨小食心虫、桃小食心虫等。

合成路线

常用剂型　乙酰甲胺磷目前在我国登记剂型涵盖乳油、种子处理剂、可溶性粉剂、可溶性粒剂、悬浮种衣剂、饵剂、胶饵、毒饵等，可与敌白虫、矿物油、拌种灵、福美双等复配。

乙氧杀螨醇 （ etoxinol ）

$C_{16}H_{16}Cl_2O_2$，311.2，6012-83-5

其他名称 G-23645，Geigy-337。

化学名称 1,1-双（4-氯苯基)-2-乙氧基乙醇；1,1-bis（4-chlorophenyl)-2-ethoxyethanol。

理化性质 褐色结晶固体，熔点 58～59℃，沸点 155～157℃ （0.06mmHg）。不溶于水；可溶于多数有机溶剂。遇强碱或强酸水解。

毒性 大白鼠急性经口 $LD_{50}>5000mg/kg$。在哺乳动物体内积累不大。

应用 杀螨剂。对昆虫毒性低，无内吸作用。对红蜘蛛的各时期都有效。

合成路线

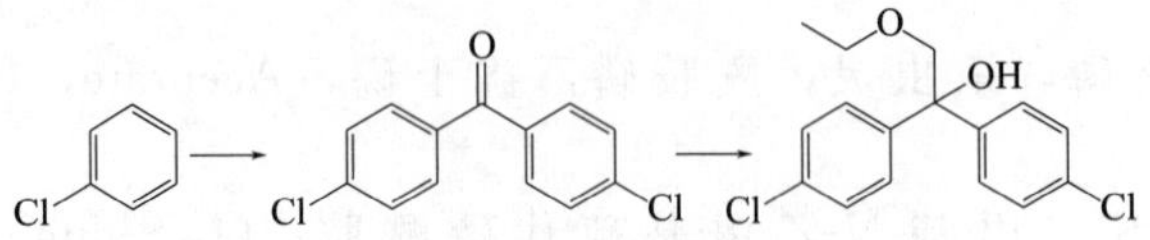

常用剂型 乙氧杀螨醇目前在我国未见相关制剂产品登记。

乙酯磷 （ acetophos ）

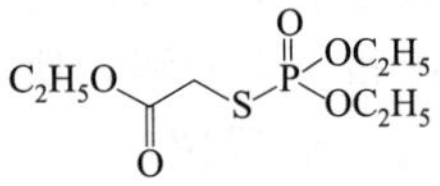

$C_8H_{17}O_5PS$，256.28，2425-25-4

化学名称 O,O-二乙基-S-乙氧羰基甲基硫赶磷酸酯；S-(ethoxycarbonylmethyl)-O, O-diethyl phosphorothioate or ethyl（diethoxyphosphinoylthio) acetate。

理化性质 液体，密度 $1.192g/cm^3$，沸点 299.8℃/760mmHg，闪点 135.1℃，可溶于水和大多数有机溶剂。

毒性 急性经口 LD_{50}（mg/kg）：大白鼠 45，小白鼠 1200，其他各种动物 300～700。

应用 触杀性杀虫剂和杀螨剂。

合成路线

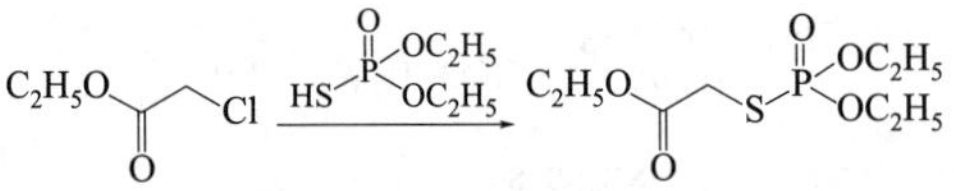

常用剂型 乙酯磷目前在我国未见相关产品登记。

乙酯杀螨醇 （ chlorobenzilate ）

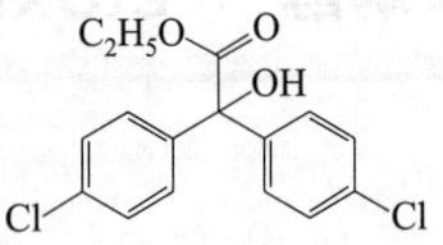

$C_{16}H_{14}Cl_2O_3$，325.19，510-15-6

其他名称 乙基杀螨醇，亚加，敌螨酯，Acaraben，Acarbenm，Akar，Akar 338，Benzilan，Benz-O-Chlor，Chlorbenzylate，Compound 337，ENT-18596，Folbex。

336

化学名称 4,4′-二氯二苯乙醇酸乙酯；ethyl-4,4′-dichlorobenzilate。

理化性质 淡黄色或无色固体，沸点为 156～158℃/9.33Pa，蒸气压为 2.93mPa（20℃），熔点为 35～37℃。工业品是棕色液体，相对密度 d_4^{20} 1.2816，纯度约为 90%，折射率 n_D^{20} 为 1.5727。几乎不溶于水，但溶于大多数有机溶剂，包括矿油。遇碱和强酸水解。

毒性 大鼠急性经口 LD_{50} 值为 700～3100mg/kg，急性经皮 LD_{50} ＞10000mg/kg；小鼠急性经口 LD_{50}725～4850mg/kg（以上数字因供给药剂的物理形态而有差别）。兔急性经皮 LD_{50} 值大于 5000mg/kg。在两年的喂养试验中，对狗无作用剂量为 500mg/L，对大鼠无作用剂量是 40mg/kg。对鱼 LC_{50}：蓝鳃太阳鱼 1.8mg/L，虹鳟鱼 0.6mg/L。对鸟和蜜蜂较安全。对人的 ADI 为 0.02mg/kg。

应用 非内吸性杀螨剂，略有杀虫活性。以 300～600g（a.i.）/L 浓度用于防治柑橘和落叶果树、蔬菜、棉花、茶、大豆上植食性螨类，此浓度对梨、李有一些损害，对苹果果实的味道有影响。作为烟熏剂用于蜂群处理防治气管寄生螨类。

合成路线

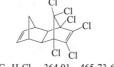

常用剂型 乙酯杀螨醇常用制剂主要有 25%、50%乳油，25%可湿性粉剂，烟雾发生剂等。

异艾氏剂（isodrin）

$C_{12}H_8Cl_6$，364.91，465-73-6

其他名称 异艾剂。

化学名称 1,2,3,4,10,0-六氯代-1,4,4,5,8,8-六氢化-1,4-桥-桥-5,8-二亚甲基萘；(1R,4S,5R,8S)-1,2,3,4,10,10-hexachloro-1,4,4a,5,8,8a-hexahydro-1,4,5,8-dimethanonaphthalene。

理化性质 为艾氏剂的异构体。纯品为白色结晶固体，熔点 240～242℃，温度在 100℃以上时分解。不溶于水；可溶于苯、二甲苯等有机溶剂。对酸、碱稳定，但较艾氏剂稍差。

毒性 急性经口 LD_{50}（mg/kg）：大白鼠 7，小白鼠 12～17。大白鼠急性经皮 LD_{50} 23mg/kg。人口服致死最低量 5mg/kg。

应用 杀虫力一般比艾氏剂强大，但对家蝇的效果较差。对菜粉蝶、甘蓝夜蛾、鳞翅目昆虫等有效。

合成路线

常用剂型 异艾氏剂目前在我国未见相关产品登记。

异拌磷 （isothioate）

$$C_7H_{17}O_2PS_3，260.38，36614-38-7$$

其他名称 异丙吸磷，甲丙乙拌磷，叶蚜磷，异丙硫磷。

化学名称 O,O-二甲基-S-（异丙基硫基）乙基二硫代磷酸酯；O,O-dimethyl-S-[2-[(1-methylethyl) thio]ethyl] phosphorodithioate。

理化性质 具有芳香味的淡黄褐色液体，20℃时的蒸气压为 0.29Pa，在水中的溶解度为 97mg/L（25℃），沸点 53～56℃（1.33Pa）。

毒性 急性经口 LD_{50}（mg/kg）：大鼠 150，小鼠 50。

应用 该品为内吸性杀虫剂，兼有熏蒸作用，能有效地防治蚜虫。主要防治萝卜、白菜、甘蓝、葱、黄瓜、西瓜、茄子、番茄、马铃薯、菊科的蚜虫类。对各种蔬菜类可进行土壤处理或叶面施用。

合成路线

常用剂型 异拌磷常用制剂主要有 300g/L 拌种剂和 5％颗粒剂。

异丙威 （isoprocarb）

$$C_{11}H_{15}NO_2，193.2，2631-40-5$$

其他名称 叶蝉散，异灭威，灭必虱，灭扑威，灭扑散，Hytox，Entrofolan，Mipcin，Mobucin，Mipcide，Bayer 105807。

化学名称 2-异丙基苯基-N-甲基氨基甲酸酯；2-iso-propylphenyl-N-methyl carbamate。

理化性质 纯品为白色结晶状粉末，熔点 96～97℃，20℃蒸气压为 2.8mPa。原粉为浅红色片状结晶，相对密度 0.62，熔点 89～91℃，闪点 156℃，分解温度为 180℃，蒸气压 0.13Pa。20℃时，在丙酮中溶解度为 400g/L，在甲醇中 125g/L，在二甲苯中＜50g/L，在水中 265mg/L。在碱液和强酸性介质中易分解，但在弱酸中稳定。对阳光和热稳定。

毒性 急性经口 LD_{50}（mg/kg）：大鼠 403～485，小鼠 487～512，兔 500。雄性大鼠急性经皮 LD_{50}＞500mg/kg。雄性大鼠急性吸入 LD_{50}＞0.4mg/kg。大鼠两年饲喂试验无作用

剂量为每天 0.5mg/kg。对兔皮肤和眼睛刺激性甚小，动物试验显示无明显蓄积性。在试验剂量内，动物无致癌、致畸、致突变作用。对蜜蜂有害。

应用 用于防治果树、蔬菜、粮食、马铃薯、甜菜、烟草、观赏植物上的各种蚜虫，对有机磷农药产生抗性的蚜虫十分有效。对大多数蚊虫及棉花、果树、蔬菜和大田作物的多种害虫有效。但是，对螨类效果较差。防治稻飞虱、稻叶蝉效果达 90%以上。也可用于防治棉花蟒象、水稻蓟马、瓜类蓟马、马铃薯甲虫等。对芋有药害。作物收获前 2 周停止使用。

合成路线

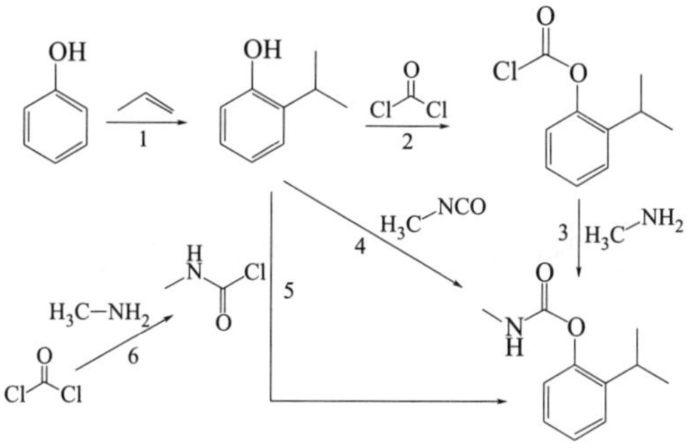

常用剂型 异丙威在我国登记的主要剂型有乳油、粉剂、可湿性粉剂，此外还有悬浮剂、烟剂等，复配制剂中主要与吡虫啉、毒死蜱、哒螨灵、噻嗪酮、吡蚜酮、马拉硫磷、噻虫嗪、乙虫腈等复配。

异狄氏剂（endrin）

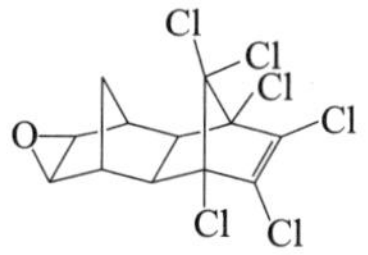

$C_{12}H_8Cl_6O$，380.91，72-20-8

其他名称 安特灵，Compound-269，Endrex，Endrine，ENT-17251，Experimental Insecticide-269，Hexadrin，Mendrin，Nendri。

化学名称 1,2,3,4,10,10-六氯代-6,7-环氧-1,4,4a,5,6,7,8,8a-八氢化-挂-1,4-挂-5,8-二亚甲基；(1*R*,4*S*,4a*S*,5*S*,6*S*,7*R*,8*R*,8a*R*)-1,2,3,4,10,10-hexachloro-1,4,4a,5,6,7,8,8a-octahydro-6,7-epoxy-1,4,5,8-dimethanonaphthalene；1,2,3,4,10,10-hexachloro-6,7-epoxy-1,4,4a,5,6,7,8,8a-octahydro-exo-1,4-exo-5,8-dimethanonaphthalene。

理化性质 纯品为白色结晶固体，熔点 226～230℃（分解），蒸气压 2×10^{-7} mmHg (25℃)。工业品纯度≥92%，淡黄褐色粉末，相对密度 d_4^{25} 1.75。不溶于水；微溶于醇类和石油烃；可溶于苯、二甲苯和丙酮。对酸和碱稳定。

毒性 急性经口 LD_{50} (mg/kg)：大白鼠 3，小白鼠 1.37，猴 3，兔 7，豚鼠 16，鸽 5.6，鸭 5.33，家禽 1.8，仓鼠 10，鸟类 2。静脉注射 LD_{50}：小白鼠 2.3mg/kg，鸽 1.5mg/kg。兔经皮致死最低量 94mg/kg。急性经皮 LD_{50} (mg/kg)：大白鼠 15，小白鼠 140，兔 60～120。

应用 具有触杀和胃毒作用。杀虫效力比狄氏剂强，迟效，残效长，一次施药的药效 10～15d。可应用于棉花、高粱、甜菜、甘蔗、小麦、大麦、裸麦、燕麦、蔬菜、苹果和梨防治蚜虫、叶蝉、沫蝉、苹果绵蚜、蓟马、盲蝽象、玉米螟、黏虫、八字地老虎、棉铃虫、玉米穗虫、黄守瓜、跳甲、草莓叶甲、棉铃象甲、柑橘潜叶蛾、果树食心虫、卷叶蛾和金龟甲、蚱蜢、蟋蟀和蚂蚁。

合成路线

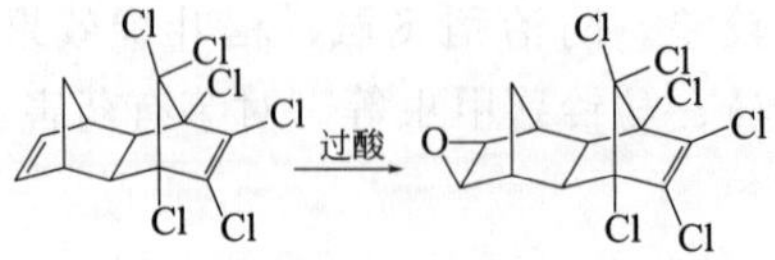

常用剂型 异狄氏剂常用制剂主要有 192g/L、200g/L 乳油，50％可湿性粉剂，1％～5％颗粒剂，1％、2％粉剂等。

异柳磷（isofenphos）

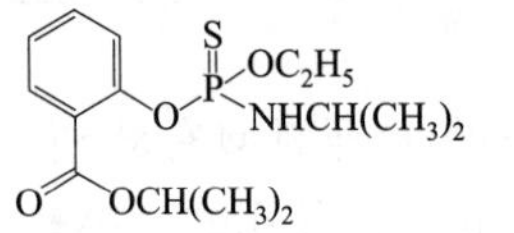

$C_{15}H_{24}NO_4PS$，345.4，25311-71-1

其他名称 丙胺磷，丰稻松，水杨胺磷，亚芬松［台］，乙基异柳磷，乙基异柳磷胺，异丙胺磷，地虫畏，Isophenphos，Amaze［Mobay］，Bay 92114，BAY SRA 12869，iso-phenphos，Oftanol［拜耳］。

化学名称 O-甲基-O-(2-异丙氧基羰基苯基)-N-异丙基硫代磷酸酰酯；(RS)-O-ethyl O-2-isopropoxycarbonylphenyl isopropylphosphoramidothioate。

理化性质 产品为无色液体，熔点－12℃。气态有一定毒性。水中溶解度为 18mg/kg，易溶于二氯甲烷、环己酮。

毒性 大鼠急性经口 LD_{50} 20mg/kg。

应用 对昆虫有触杀、胃毒作用，用于防治稻螟、叶蝉、蚜虫、红蜘蛛及金针虫、蛴螬、根蛆等地下害虫。

合成路线

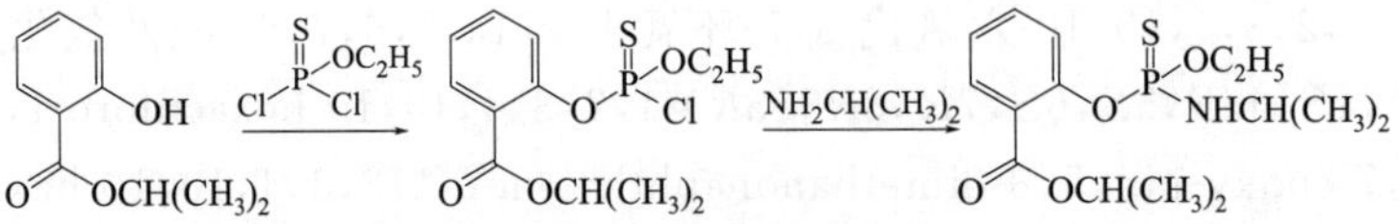

常用剂型 异柳磷常用剂型主要有乳油、颗粒剂等。

异氯磷（dicapthon）

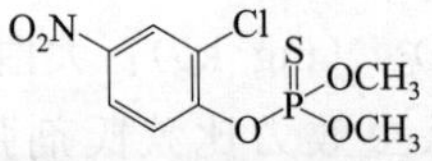

$C_8H_9ClNO_5PS$，297.66，2463-84-5

其他名称 异硫磷，异氯硫磷，地卡通，Dicaptan，Isochlorthion，Isomeric，Disaptan，Isomeric，chlorthion。

化学名称 O-(2-氯-4-硝基苯基)-O,O-二甲基硫化磷酸酯；O-(2-chloro-4-nitrophenyl)-O,O-dimethyl phosphorothioate。

理化性质 纯品为白色结晶粉末，熔点 $51\sim52$℃。工业品纯度为 97%，淡黄色油状液体，沸点 112℃（0.04mmHg），相对密度 $d_4^{20}1.4370$，折射率 $n_D^{20}1.5680$。难溶于水（溶解约 40mg/L），微溶于石油醚，可溶于苯、甲苯、乙醇、乙醚等。对酸稳定，在 pH1$\sim$5 的水溶液中半衰期为 138d。遇碱分解。

毒性 大鼠急性经口 LD_{50} 为 $284\sim330$mg/kg，经皮 LD_{50} 为 790mg/kg。小鼠经口 LD_{50} 为 331mg/kg。豚鼠经皮 $LD_{50}>2000$mg/kg。

应用 触杀性杀虫剂。可应用于棉花、大麦、燕麦、小麦、水稻等作物上防治蚜虫、飞虱、时蝉、象甲、蚧类、梨小食心虫、梨木虱、跳甲、家蝇、蚊等。

合成路线

常用剂型 异氯磷常用制剂主要有 $1\%\sim2\%$、50% 可湿性粉剂，1% 乳剂，4% 粉剂等。

异索威（isolan）

$C_{10}H_{17}N_3O_2$，211.26088，119-38-0

其他名称 异兰，异索兰。

化学名称 O-(1-异丙基-3-甲基-5-吡唑基)-N,N-二甲基氨基甲酸酯；1-isopropyl-3-methylpyrazol-5-yl dimethylcarbamate。

理化性质 无色液体，沸点 103℃（0.7mmHg），相对密度（水=1）1.07。

毒性 急性经口 LD_{50}（mg/kg）：大鼠10.8，小鼠9.8。

应用 具有速效、内吸、触杀、残留期短的优点，已被广泛用于杀灭农业及卫生害虫。

合成路线

常用剂型 异索威可加工成乳剂、颗粒剂和水剂等剂型。

异吸磷（demeton-S-methyl）

$$C_6H_{15}O_3PS_2，246.3，916-86-8$$

其他名称　Metasystox（i），Azotoz，Duratoz，Bayer18436，Bayer25/154，Metasys-tox55，Isometasystox，Isomethylsystox，Metaiso-sytox Detox。

化学名称　O,O-二甲基-S-[2-(乙硫基)-乙基]硫赶磷酸酯；O,O-dimethyl-S-[2-(eth-ylthio) ethyl] thiophos-phate。

理化性质　浅黄色油状物，沸点为89℃/20Pa，20℃时的蒸气压为0.048Pa，相对密度 d_4^{20} 为1.207，折射率 n_D^{25} 为1.5065。20℃于水中的溶解度为22g/L，可溶于大多数有机溶剂中。

毒性　大鼠急性经口 LD_{50} 约为30mg/kg，大鼠急性经皮 LD_{50} 约为30mg/kg。对兔眼睛无刺激，对兔皮肤有中等刺激。大鼠急性吸入 LC_{50}（4h）约为0.13mg/L空气（气溶胶）。饲喂试验无作用剂量：大鼠和小鼠（2年）均为1mg/kg饲料，狗（1年）为1mg/kg饲料。对人的ADI为0.0003mg/kg。雄日本鹌鹑 LD_{50} 为50mg/kg，雌日本鹌鹑 LD_{50} 为44mg/kg。虹鳟 LC_{50}（96h）为6.4mg/L，金色圆腹雅罗鱼 LC_{50}（96h）为23.2mg/L。对蜜蜂有毒。水蚤 LC_{50}（48h）为0.023mg/L。在植物中代谢成亚砜和砜。

应用　具内吸和触杀作用，可防虫、防螨。

常用剂型　异吸磷可加工成不同含量的乳剂。

异亚砜磷（oxydeprofos）

$$C_7H_{17}O_4PS_2，260.31，2674-91-1$$

其他名称　Bay 23655，5410，EHT25674。

化学名称　S-(2-乙基亚硫酰基-1-甲基乙基)-O,O-二甲基硫赶磷酸酯；S-[2-(ethylsul-finyl)-1-methylethyl]-O,O-dimethyl phosphorothioate。

理化性质　容易氧化为砜。对碱不稳定。黄色无味油状液体，沸点115℃/2.67Pa，蒸气压0.627mPa（20℃）。可溶于水、氯化烃、乙醇和酮类，稍溶于石油醚。

毒性　急性经口 LD_{50}（mg/kg）：大白鼠103，雄小白鼠264。腹腔注射 LD_{50}（mg/kg）：大白鼠50，豚鼠100。大鼠每天吃10mg/kg，50d不影响其生长。鲤鱼 TLm（48h）40mg/L。

应用　内吸性有机磷杀虫、杀螨剂，并有触杀作用。对果树害虫如柑橘介壳虫、锈壁虱、恶性叶虫、花蕾蛆、潜叶蛾、红蜘蛛、黄蜘蛛等，对苹果、梨、桃、梅、葡萄、茶树等的蚜虫类、螨类、叶蝉类、梨茎蜂，以及十字花科蔬菜、瓜类等蚜虫、菜白蝶、黄守瓜防治均有效。药液喷布后会迅速渗透植物体内，不受雨水冲刷和阳光照射的影响，残效期为15～20d。

合成路线

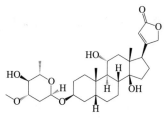

常用剂型 异亚砜磷目前在我国未见相关产品登记。

异羊角拗苷（divostroside）

$C_{30}H_{46}O_8$，534.68，76704-78-04

化学名称 3β-[[3-O-methyl-2，6-dideoxy-α-L-lyxo-hexopyranosyl] oxy]-11α，14-dihydroxy-5β-card-20（22）-enolide。

理化性质 是从夹竹桃科植物羊角拗种子中提取得到的，是羊角拗苷的主要成分。原药黑色稠状，有异臭味。

毒性 对哺乳动物中毒。

应用 具有触杀和胃毒作用，同时具有内吸性，杀虫谱广，活性高。可用于十字花科蔬菜菜青虫的防治。

常用剂型 异羊角拗苷常用制剂有0.05％水剂。

抑食肼（RH-5849）

$C_{18}H_{20}N_2O_2$，296.4，112225-87-3

其他名称 虫死净。

化学名称 2′-苯甲酰基-1′-叔丁基苯甲酰肼；2′-benzoyl-1′-tert-butylben-zoylhydrazine。

理化性质 抑食肼工业品为白色粉末状固体，纯品为白色结晶，无臭味。熔点174～176℃，蒸气压0.24×10^{-3}Pa（25℃）。在环己酮中溶解度为50g/L，水中溶解度50mg/L。分配系数（正辛醇/水）212。常温下贮存稳定，在土壤中的半衰期为27d（23℃）。在正常贮存条件下稳定。

毒性 抑食肼原药属中等毒性。大鼠急性LD_{50}（mg/kg）：435（经口），500（经皮）。Ames试验为阴性。对眼睛和皮肤无刺激。

应用 是非甾类，具有蜕皮激素活性的昆虫生长调节剂，抑制进食。对害虫以胃毒为主，还具有较强的内吸性，作用迅速，持效期长，无残留。对鳞翅目、鞘翅目、双翅目幼虫具有抑制进食、加快蜕皮和产卵作用。对水稻、蔬菜、茶叶、果树的多种害虫，如二化螟、舞毒蛾、卷叶蛾、苹果蛾有良好的防治效果。应用时可采用叶面喷雾或其他施药方法。

合成路线

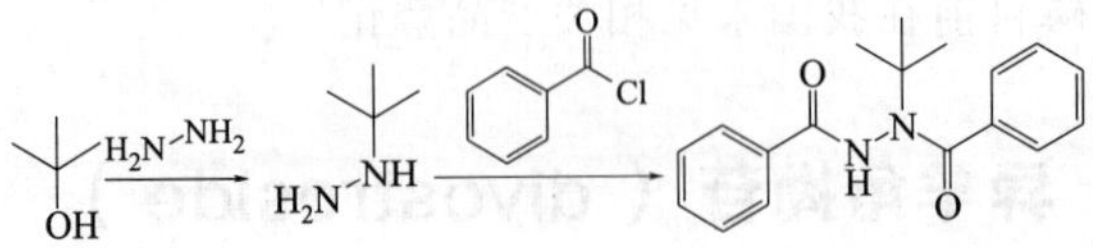

常用剂型 抑食肼在我国制剂登记为20％、30％、33％的可湿性粉剂。

益硫磷（ethoate-methyl）

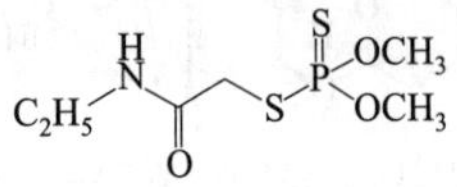

$C_6H_{14}NO_3PS_2$，243.1，116-01-8

其他名称 益果，CL-18706，Fitios B/77，OMS252，EMF25506。

化学名称 *S*-乙基氨基甲酰甲基-二甲基二硫代磷酸酯；*S*-[2-(ethylamino)-2-oxoethyl]-*O*,*O*-dimethyl phosphorodithioate。

理化性质 纯品为白色结晶固体，微带芳香气味，熔点65.5～66.7℃，相对密度d^{70}为1.1640，折射率n_D^{70}为1.5225。在25℃水中的溶解度为8.5g/L，橄榄油中为0.95％，苯中为630g/kg；易溶于丙酮、乙醇。在水溶液中稳定，但在室温下，遇碱则分解。

毒性 急性经口LD_{50}（mg/kg）：雄大白鼠340，小白鼠350，鸡79。急性经皮LD_{50}（mg/kg）：大白鼠1000，兔＞2000。无刺激性。以含300mg/kg饲料喂大鼠50d，无中毒症状。

应用 内吸性杀虫剂和杀螨剂，具有触杀活性。推荐以0.15～0.375kg（a.i.）/hm²剂量用于果树和蔬菜作物上，防治蚜类和红蜘蛛。以0.6g（a.i.）/L防治橄榄蝇、0.5g（a.i.）/L防治果蝇特别有效。

合成路线

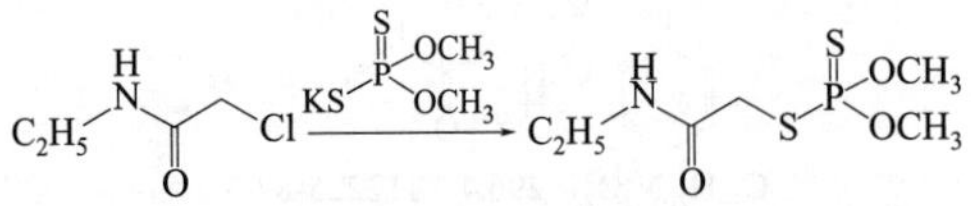

常用剂型 益硫磷目前在我国未见相关产品登记。

益棉磷（azinphos-ethyl）

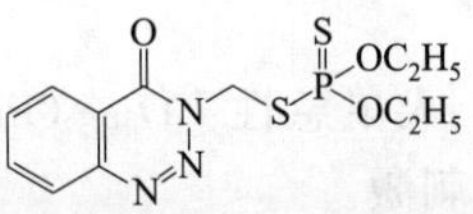

$C_{12}H_{16}N_3O_3PS_2$，345.4，2642-71-9

344

其他名称 谷硫磷 A，乙基保棉磷，乙基谷硫磷，乙基谷赛昂，Azinphos ethyl，Bayer 16259，Gusathion A，R 1513，Azinphosethyl，Triazotion。

化学名称 S-3,4-二氢-4-氧代-1,2,3-苯并三嗪-3-基甲基-O,O-二乙基二硫代磷酸酯；S-(3,4-dihydro-4-oxobenzo $[d]$-$[1.2.3]$-triazin-3-ylmethyl)-O,O-diethyl phos。

理化性质 白色针状结晶。熔点 53℃，沸点 111℃（0.13kPa），相对密度 1.284（20℃/4℃），折射率 1.5928（25℃）。溶于苯、丙酮，不溶于水。20℃的蒸气压为 0.293×10^{-4}Pa。对热稳定性好，遇碱易水解。

毒性 急性经口 LD_{50}（mg/kg）：雄大白鼠 17.5，雌大白鼠 12.5。大白鼠急性经皮 LD_{50}（2h）为 250mg/kg。每天以 2mg/kg 饲料饲喂大白鼠 90d，未出现中毒症状。LC_{50}（96h）：金鱼 0.1mg/L，虹鳟 $0.01\sim0.1$mg/L。

应用 非内吸性杀虫剂和杀螨剂，具有很好的杀卵特性和持效性。用于大田、果园杀虫、杀螨，对抗性螨也有效。对棉红蜘蛛的防效比保棉磷稍高。

常用剂型 益棉磷常用制剂主要有 $200\sim400$g/L 乳剂、$25\%\sim40\%$ 可湿性粉剂、500g/L 超低容量喷雾剂。

因毒磷（endothion）

$C_9H_{13}O_6PS$，280.236，2778-04-3

其他名称 AC-18737，Endocide，Niagara 5767。

化学名称 O,O-二甲基-S-(5-甲氧基-4-吡喃酮基-2-甲基)硫赶磷酸酯；S-[(5-methoxy-4-oxo-4H-pyran-2-yl) methyl]-O,O-dimethyl phosphorothioate。

理化性质 白色结晶，有轻微的香味，熔点 96℃，工业品熔点 $91\sim93$℃。沸点 411.3℃/760mmHg，密度 1.35g/cm³。20℃溶于水 1.5kg/L；易溶于氯仿和橄榄油；不溶于石油醚和环己烷。

毒性 急性经口 LD_{50}（mg/kg）：大白鼠 23，小白鼠 17，豚鼠 60，鸡 89。大白鼠急性经皮 LD_{50}130mg/kg。

应用 内吸性杀虫剂和杀螨剂。

合成路线

常用剂型 因毒磷常用制剂主要有 25% 可溶性粉剂。

印楝素（azadirachtin）

$C_{35}H_{44}O_{16}$，720.7143，11141-17-6

其他名称 印苦楝子素，neemolin，neemazad，neemazal，neemix，azad，azadiracchtina，azadirachtina。

化学名称 dimethyl（2aR，3S，4S，4aR，5S，7aS，8S，10R，10aS，10bR）-10-acetoxy-3,5-dihydroxy-4-[(1aR,2S,3aS,6aS,7S,7aS)-6a-hydroxy-7a-methyl-3a,6a,7,7a-tetrahydro-2,7-methanofuro［2，3-b］oxireno［e］oxepin-1a（2H）-yl]-4-methyl-8-{[（2E）-2-methylbut-2-enoyl]oxy} octahydro-1H-naphtho［1,8a-c：4,5-b′c′]difuran-5,10a（8H）-dicarboxylate。

理化性质 纯品为白色非结晶物质；易溶于甲醇、乙醇、丙酮等极性有机溶剂，微溶于水、乙酸乙酯；对光、热不稳定；在环境中易降解。原药外观为深棕色半固体状，相对密度1.1～1.3。制剂外观为棕色均相液体，相对密度0.9～0.98，pH4.5～7.5。

毒性 大鼠急性经口 LD_{50}（mg/kg）：雄＞1780，雌＞2150。兔急性经皮 LD_{50}＞2150mg/kg（雌）。

应用 该药是从印楝树中提取的植物性杀虫剂，具有拒食、忌避、内吸和抑制生长发育作用。主要作用于昆虫的内分泌系统，降低蜕皮激素的释放量；也可以直接破坏表皮结构，阻止表皮几丁质的形成；或干扰呼吸代谢，影响生殖系统发育等。印楝素等成分是目前世界公认的广谱、高效、低毒、易降解、无残留的杀虫剂，且没有耐药性，对几乎所有植物害虫都具有驱杀效果。印楝素防治10目400多种农林、仓储和卫生害虫，特别是对鳞翅目、鞘翅目等害虫有特效，而对人、畜安全对周围环境无任何污染。

常用剂型 印楝素目前在我国制剂登记主要有可溶液剂、乳油、水分散粒剂和微乳剂，可与阿维菌素、苦参碱复配。

茚虫威（indoxacarb）

$C_{22}H_{17}ClF_3N_3O_7$，527.83，144171-61-9；173584-44-6

其他名称 安打，全垒打。

化学名称 7-氯-2,3,4a,5-四氢-2-[甲氧基羰基（4-三氟甲氧基苯基）氨基甲酰基］茚并

[1,2-e][1,3,4] 噁二嗪-4a-羧酸甲酯；methyl-7-chloro-2,5-dihydro-2-[N-(methoxycarbonyl)-4-(trifluoro methoxy) anilinocarbonyl] indeno [1,2-e][1,3,4] oxadiazine-4a(3H)carboxylate。

理化性质 纯品茚虫威（DPX-JW062）为白色结晶，熔点 140～141℃。溶解性（20℃，g/L）：甲醇 0.39，乙腈 76，丙酮 140。在碱性介质中分解速度加快。

毒性 大鼠急性 LD_{50}（mg/kg）：经口＞5000、经皮＞2000。对兔眼睛和皮肤无刺激性；对动物无致畸、致突变、致癌作用。

应用 茚虫威属于钠通道抑制剂；杜邦公司开发，1991 年申请专利。茚虫威主要是阻断害虫神经细胞中的钠通道，导致靶标害虫协调性差、麻痹、死亡。用于棉花、果树、蔬菜等，防治几乎所有鳞翅目害虫如棉铃虫以及小菜蛾、夜蛾等。茚虫威结构中仅 S 异构体有活性。DPX-JW062：S 异构体和 R 异构体的比例为 1∶1；DPX-MP062：S 异构体和 R 异构体的比例为 3∶1；DPX-KN128：S 异构体；DPX-KN127：R 异构体。DPX-JW062 使用剂量 12.5～70g（a.i.）/hm²。

合成路线 根据成环与取代反应进行的先后顺序，茚虫威有三条合成路线。先缩合再成环即路线 1→2→3、先成环再缩合即路线 4→5→6→7、先缩合成环再取代即路线 1→8→9→10。

茚虫威的手性合成路线：

347

常用剂型 茚虫威在我国制剂登记中主要剂型有悬浮剂、水分散粒剂、乳油、饵剂、微乳剂和可湿性粉剂。

蝇毒磷（coumaphos）

$C_{14}H_{16}ClO_5PS$，362.77，56-72-4

其他名称 蝇毒硫磷，库马福司，Coumaphos，Asuntol［Dow］，Co-Ral，Cumafos，Muscatox，Negashunt，Resitox［拜耳］。

化学名称 O,O-二乙基-O-(3-氯-4-甲基-2-氧代-$2H$-1-苯并吡喃-7-基) 硫代磷酸酯；O-(3-chloro-4-methyl-2-oxo-$2H$-1-benzopyran-7-yl)-O,O-diethyl phosphorothioate。

理化性质 纯品为无色结晶，熔点95℃，相对密度1.4741（20℃），蒸气压0.013mPa（20℃），水中溶解度1.5mg/L（室温），略溶于有机溶剂，水溶液中水解，稀碱中吡喃酮环被打开。

毒性 急性经口LD$_{50}$（mg/kg）：雄大鼠41，雌大鼠16（花生油中）。雄大鼠急性经皮LD$_{50}$860mg/kg。大鼠吸入毒性LC$_{50}$（1h，mg/m^3）：雄＞1081，雌341。对鸟类的急性LD$_{50}$（mg/kg）：美洲鹑4.3，野鸭29.8。对鱼的LC$_{50}$（96h，μg/L）：蓝鳃太阳鱼340，斑点叉尾鮰840。

应用 蝇毒磷系非内吸性杀虫剂，对双翅目害虫特别有效，还用于防治家畜体外寄生虫，防治皮蝇效果显著，用于蚕药、兽药的配制。禁止在蔬菜等上防治蝇蛆和种蛆。严格按使用说明配药液，随配随用，用不完的药液要妥善处理。

合成路线

常用剂型 蝇毒磷常用制剂主要有16％乳油，20％、30％可湿性粉剂。

油桐尺蠖核型多角体病毒（*Buzura suppressaria* NPV）

性质 多角体在光学显微镜下观察折光性强、发亮，能被伊红着色。在电子显微镜下观察呈三角形、四边形、五边形、六边形等多种形状，多角体大小平均2μm，变异范围0.6～2.6μm，相差很大。病毒粒子呈杆状，两端钝圆，大小约73nm×330nm。

毒性 低毒，对人、畜、环境和非靶标生物安全。

348

活性 幼虫取食病毒后食量减退，行动迟缓，发育减慢，体节明显肿胀，身体由褐色变为浅褐色，最后多爬在茶枝顶端倒挂而死。死虫躯体一触即破，流出淡褐色浓液，无臭味。在气温30℃以上时，感染性强，致死率高。专一性强，仅对油桐尺蠖感染致毒。

应用 用于防治茶树和油桐上的油桐尺蠖。油桐尺蠖又名大尺蠖，是茶树的主要害虫之一。幼虫咬食叶片，是一种暴食性害虫，发生猖獗时，使茶叶生产受到严重损失。在病毒制剂中加入少量硫酸铜、硫酸亚铁或尿素有一定的增效作用，且以含有硫酸铜的制剂杀虫效果最好。

常用剂型 油桐尺蠖核型多角体病毒在我国未见相关制剂产品登记。

右旋胺菊酯（ *d*-tetramethrin ）

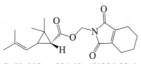

C₁₉H₂₅NO₄，331.42，51384-99-4

其他名称 OMS3035，SP-1103Forte。

化学名称 右旋-顺，反式-2,2-二甲基-3-（2-甲基-1-丙烯基）环丙烷羧酸-3,4,5,6-四氢酞酰亚氨基甲基酯；3,4,5,6-tetrahadrophthalimidomethyl-(1*R*)-*cis*, *trans*-2,2-dimethyl-3-(2-methyl-2-propenyl) cyclopropanecarboxylate。

理化性质 原药（富1*R*异构体产品）为黄色或褐色黏性固体，熔点40～60℃。含量在92%以上，相对密度d_4^{20}为1.11，30℃时的蒸气压为0.95mPa、20℃时为0.32mPa。溶解度（23℃）：水2～4mg/L，己烷、甲醇、二甲苯＞500g/kg。对热相当稳定，在光照下逐渐分解，与碱和某些乳化剂接触后也能分解。

毒性 原药大鼠急性经口LD₅₀＞5000mg/kg，大鼠急性经皮LD₅₀＞5000mg/kg。蓝鳃鱼LC₅₀为（96h）0.069mg/L。

应用 可用作接触喷射和滞留喷射以防治室内、工场和非食品加工地害虫。

常用剂型 右旋胺菊酯目前在我国登记主要剂型有气雾剂、喷射剂、热雾剂、水乳剂、微乳剂、乳油等，可与氯菊酯、高效氯氰菊酯、残杀威、苯醚氰菊酯等复配。

右旋苯醚菊酯（ *d*-phenothrin ）

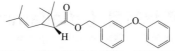

C₂₃H₂₆O₃，350.46，26046-85-5(*d*-反式体)，51186-88-0(*d*-顺式体)

其他名称 Sumithrin，S-2539Forte，OMS1810，ENT27972。

化学名称 右旋-顺，反式-2,2-二甲基-3-（2-甲基-1-丙烯基）-环丙烷羧酸-3-苯氧基苄基酯；3-phenoxy benzyl-(1*R*)-*cis*, *trans*-2,2-dimethyl-3-(2-methyl-1-propenyl)cyclopropane-carboxylate。

理化性质 淡黄色油状液体，工业品含量在92%以上。相对密度d_4^{22}为1.06，折射率

n_D^{23} 为 1.5482（d-反式体）和 1.5504（d-顺式体）。30℃ 时的蒸气压为 0.5mPa，黏度 190.9×10^{-3}Pa·s（20℃），闪点 180℃。不溶于水（30℃溶解 2.2mg/L），在丙酮、正己烷、苯、二甲苯、氯仿、乙醚、甲醇、乙醇中溶解度都大于 50%。在 60℃ 保持 3 个月或常温下放置 2 年均无变化；在醇类、酯类、酮类和芳烃中，40℃ 保持 3 个月亦无变化。

毒性　急性经口 LD$_{50}$：大鼠＞10g/kg，小鼠＞10g/kg（d-反式体＞10g/kg，d-顺式体 480mg/kg）。急性经皮 LD$_{50}$ 大鼠＞10g/kg，小鼠＞5g/kg。大鼠和小鼠皮下注射 LD$_{50}$ 和腹膜下注射 LD$_{50}$ 亦均＞10g/kg。

应用　杀虫谱广，对害虫的致死力远比苯醚菊酯强。它对家蝇的活性要比除虫菊素高 8.5～20 倍，但击倒作用差，故需与胺菊酯等复配使用。

常用剂型　右旋苯醚菊酯目前在我国登记的主要剂型有粉剂、防虫罩、喷射剂、气雾剂、水乳剂、微胶囊悬浮剂、饵剂、杀螨纸等。

右旋苄呋菊酯（ *d*-resmethrin ）

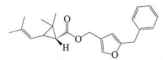

C$_{22}$H$_{26}$O$_3$，338.45，86090-37-1

其他名称　Chrysron Forte，d-Chrysron。

化学名称　右旋-顺，反式-2,2-二甲基-3-(2-甲基-1-丙烯基)-环丙烷羧酸-5-苄基-3-呋喃甲基酯；5-benzyl-3-furylmethyl-(1R)-cis，trans-2,2-dimethyl-3-(2-methyl-1-propenyl)-cyclopropanecarboxylate。

理化性质　无色至黄色澄明的油状液体，有时会有部分结晶析出，但在 40～50℃ 时可熔化。有微弱的特异气味。工业品含量≥88%，并含有≤2%的稳定剂（C$_{15}$H$_{24}$O）。本品可和甲醇、无水乙醇、丙酮、正己烷、氯仿以及二甲苯等有机溶剂混溶，不溶于水（30℃时水中溶解度为 1.2mg/L）。相对密度 d_{25}^{25}1.045，折射率 n_D^{20} 为 1.527～1.530，蒸气压 20℃时为 0.452mPa、30℃时为 1.47mPa。其他性质可参见生物苄呋菊酯和顺式苄呋菊酯。

毒性　大鼠急性经口 LD$_{50}$＞5000mg/kg，急性经皮 LD$_{50}$＞5000mg/kg。

应用　适用于家庭、畜舍、园林、温室、蘑菇房、工场、仓库等场所，能有效地防治蝇类、蚊虫、蟑螂、蚤虱、蚋类、蛀蛾、谷蛾、甲虫、蚜虫、蟋蟀、黄蜂等害虫。

常用剂型　右旋苄呋菊酯目前在我国相关产品登记主要有 0.26%气雾剂。

右旋丙烯菊酯（ *d*-allethrin ）

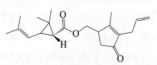

C$_{19}$H$_{26}$O$_3$，302.4，42534-61-2

其他名称　强力毕那命，Allethrin Forte，Pynamin-Forte。

化学名称 右旋-顺，反式-2,2-二甲基-3-(2-甲基-1-丙烯基)环丙烷羧酸-(*R,S*)-2-甲基-3-烯丙基-4-氧代-环戊-2-烯基酯；(*R,S*)-3-allyl-2-methyl-4-oxo-cyclopent-2-enyl-(1*R*)-*cis*, *trans*-chrysanthemate。

理化性质 黄褐色油状液体，工业品含量在 92％以上，沸点 153℃/53.3Pa，相对密度 d_4^{25} 1.010，30℃蒸气压为 0.016Pa，黏度 $63.6×10^{-3}$ Pa·s（20℃），闪点 190℃，燃点 175℃。不溶于水，室温时在丙酮、甲醇、异丙醇、二甲苯、氯仿和煤油中的溶解度均大于 50％（质量分数）。在煤油中 40℃下放置 2 个月，分解率仅 0.2％；但在甲醇中的分解率在 40℃时 1 个月为 2.2％，2 个月达 11.8％。工业品在室温下贮存 3 个月，残存率为 98.8％，40℃时 3 个月为 95.5％，60℃时为 95.0％。室温下贮存 1 年残存率为 97.4％，2 年为 94.8％。本品在大多数油基或水基型喷射剂或气雾剂中稳定，遇碱易分解。

毒性 大鼠急性经口 LD_{50} 为 440～1320mg/kg，急性经皮 LD_{50}＞2500mg/kg，急性吸入 LC_{50}＞1.65g/m³（3h）。对试验动物眼睛有轻度刺激性，对试验动物皮肤无刺激作用。大鼠两年慢性试验无作用剂量为 4g/kg。在试验剂量下未见致畸、致突变、致癌作用。原药野鸭和鹌鹑急性经口 LD_{50}＞5.6g/kg。强力毕那命 40％液剂大鼠急性吸入 LC_{50}＞5.6g/m³，对眼睛有轻度刺激，对皮肤无刺激作用。

应用 和丙烯菊酯相同，但其杀虫毒力是丙烯菊酯的 2 倍。具有触杀、胃毒作用，是制造蚊香和电热蚊香片的原料，对蚊成虫有驱除和杀伤作用。

常用剂型 右旋丙烯菊酯主要剂型有蚊香、电热蚊香片（液）、滴加液、母液等。

右旋反式氯丙炔菊酯（*d-t*-chloroprallethrin）

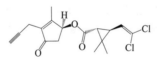

C₁₇H₁₈Cl₂O₃，341，23031-36-9

其他名称 倍速菊酯。

化学名称 右旋-2,2-二甲基-3-反式-(2,2-二氯乙烯基)环丙烷羧酸-(*S*)-2-甲基-3-(2-炔丙基)-4-氧代-环戊-2 烯基酯；(*S*)-2-methyl-4-oxo-3-(2-propynyl)-cyclopent-2-enyl（1*R*)-*trans*-3-(2,2-dichlorovinyl)-2,2-dimethylcyclopropanecarboxylate。

理化性质 原药为浅黄色晶体，熔点 90℃，几乎不溶于水及其他羟基溶剂，可溶于甲苯、丙酮、环己烷等众多有机溶剂，其对光、热均稳定，在中性及微酸性介质中亦稳定，但在碱性条件下易分解。

毒性 大鼠急性经口 LD_{50}（mg/kg）：1470（雄），794（雌）。对大鼠（雄、雌）急性经皮 LD_{50}＞5000mg/kg。对兔眼睛和皮肤均无刺激性。大鼠（雄、雌）急性吸入 LC_{50} 4300mg/m³。对豚鼠试验表明无致敏。对小鼠致突变试验表明为阴性，并无致畸、致癌性。经对大鼠 90d 亚慢性毒性试验表明，其最大无作用剂量为 60mg/kg（雄）和 10mg/kg（雌）。

应用 右旋反式氯丙炔菊酯系由江苏扬农化工股份有限公司自行创制、开发的拟除虫菊酯类新农药，已于 2003 年获得国家专利。该药剂主要作为卫生害虫防治中的气雾剂，对蚊、蝇等害虫具有卓著的击倒效果，其击倒速度为胺菊酯的 10 倍以上。与右旋炔丙菊酯和胺菊酯一样，右旋反式氯丙炔菊酯对蚊、蝇的致死活性较差，故应与氯菊酯、苯氯菊酯复配使用为宜。

合成路线

常用剂型　右旋反式氯丙炔菊酯在我国制剂登记均为气雾剂。

右旋炔呋菊酯（*d-t*-furamethrin）

$C_{18}H_{22}O_3$，286.4，51348-88-0

其他名称　右旋反式炔呋菊酯，右旋呋喃菊酯。

化学名称　右旋-反式-2,2-二甲基-3-(2-甲基-1-丙烯基)-环丙烷羧酸-5-(2-丙炔基)-2-呋喃甲基酯；5-(2-propynyl)-2-furylmethyl-(1R)-*trans*-2,2-dimethyl-3-(2-methyl-1-propenyl) cyclopropane carboxylate。

理化性质　沸点 120～122℃/26.7Pa，蒸气压 1.84kPa（200℃）。原药（有效成分＞76%）为黄褐色液体，25℃时相对密度 1.01～125，20℃时蒸气压为 1.73×10^{-2} Pa。微溶于水，可溶于有机溶剂。在冷暗处保存 3 年无变化，在中性和弱酸性条件下稳定，对光和碱性介质不稳定。

毒性　原药小鼠急性经口 LD_{50} 1950mg/kg（雌）和 1700mg/kg（雄），大鼠急性经皮 LD_{50}＞3500mg/kg，大、小鼠急性吸入 LC_{50}＞2000mg/m³。对试验动物眼睛、皮肤无明显刺激性。大鼠亚急性经口无作用剂量为 1500g/kg，亚急性吸入 LC_{50} 为 40mg/m³。大鼠慢性经口最大无作用剂量为 500mg/kg。在试验剂量下未见致畸、致突变、致癌作用。

应用　具有较强的触杀作用，且有很好的挥发性，对家蝇的击倒和杀死效果均高于右旋丙烯菊酯，适合于加工成蚊香、电热蚊香片等，是制造蚊香药片的主要原料。

常用剂型　右旋炔呋菊酯常用剂型主要有蚊香液、蚊香片，此外还可加工成气雾剂或喷射剂等。

右旋烯炔菊酯（empenthrin）

$C_{18}H_{26}O_2$，274.4，54406-48-3

其他名称 炔戊菊酯，烯炔菊酯，百扑灵，empenthrine，Vaporthrin。

化学名称 (E)-(R,S)-1-乙炔基-2-甲基戊-2-烯基-(1R,S)-顺，反-2,2-二甲基-3-(2-甲基丙-1-烯基)-环丙烷羧酸酯；(E)-(R,S)-1-ethynyl-2-methylpent-2-enyl-(1R,S)-cis，trans-2,2-dimethyl-3-(2-methylprop-1-enyl) cyclopropanecarboxylate。

理化性质 淡黄色油状液体，沸点 295.5℃，能溶于丙酮、乙醇、二甲苯等有机溶剂中，常温下贮存 2 年稳定。

毒性 大鼠急性经口 LD_{50}（mg/kg）：雄＞5000，雌＞3500。急性经皮 LD_{50}＞2000mg/kg。对皮肤和眼睛无刺激性。

应用 因其蒸气压高而对昆虫有快速击倒作用、熏杀和趋避作用。对谷蛾科有强拒食活性。对德国小蠊有强拒避作用。主要用于防治蚊子、家蝇、蟑螂等卫生害虫。对夜蛾有强的拒食作用。可代替樟脑丸防除衣服的蛀虫。可用作加热或不加热熏蒸剂于家庭和禽舍防治蚊蝇和谷蛾科等害虫。熏杀成蚊，击倒作用优于胺菊酯。

合成路线

常用剂型 右旋烯炔菊酯在我国的制剂登记主要是防蛀剂、防蛀片剂等杀虫制剂。

诱虫烯（muscalure）

$C_{23}H_{46}$，322.6，27519-02-4

其他名称 Muscamone，9-tricosene。

化学名称 (Z)-二十三碳-9-烯；(Z)-9-tricos-9-ene。

理化性质 油状物，熔点＜0℃，沸点 378℃，蒸气压 4.7mPa（27℃），折射率 201.46，密度 0.800g/cm³。25℃在水中的溶解度为 0.3mg/L（pH 7 时），可溶于烃类、醇类、酮类、酯类。对光稳定。50℃以下至少稳定 1 年。闪点＞113℃（闭杯）。

毒性 大鼠急性经口 LD_{50}＞5000mg/kg。兔急性经皮 LD_{50}＞2000mg/kg。对兔皮肤和眼睛无刺激。对豚鼠皮肤有中度过敏性。急性吸入 LC_{50}（4h）＞5710mg/m³。在 Ames 试验中，无诱变作用。大鼠大于 5000mg/kg 无致畸作用。野鸭急性经口 LD_{50}＞4640mg/kg。野鸭和鹌鹑 LC_{50}＞4640mg/kg。在 1 代繁殖试验中，无作用剂量鹌鹑大于 20mg/kg；野鸭为 0.1mg/kg，在 2mg/kg 时对繁殖有害。虹鳟和野鸭的 LC_{50}（96h）＞1000mg/L。水蚤 LC_{50}（48h）265.7μg/L。

应用 用作雌、雄家蝇的性引诱剂，干扰交配，有时作为毒物和杀虫剂混用。

常用剂型　诱虫烯目前在我国登记的制剂主要有 1.1％饵粒和 10.084％吡虫·诱虫烯水分散粒剂。

诱蝇酮（cuelure）

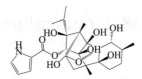

$C_{12}H_{14}O_3$，205.8，3572-06-3

其他名称　乙酸覆盆子酮酯，Pherocon，QFF，Q-lure。

化学名称　4-(对羟基苯基)-2-丁酮乙酸酯；4-(p-hydroxyphenyl)-2-butanone acetate。

理化性质　液体。沸点 125～135℃，相对密度 d_4^{20} 0.94。不溶于水；可溶于多数有机溶剂。

毒性　大白鼠急性经口 LD_{50} 3038mg/kg。兔经皮 LD_{50}＞2050mg/kg。

应用　昆虫引诱剂。与甲基丁香酚和二溴磷或杀螟松混用，应用于柑橘、桃、瓜类、豆类、番茄等诱杀瓜蝇和柑橘蝇。

常用剂型　诱蝇酮在我国未见相关制剂产品登记。

鱼尼丁（ryanodine）

$C_{22}H_{35}NO_9$，493.6，15662-33-6

化学名称　1H-pyrrole-2-carboxylic acid，（3S，4R，4aR，6S，6aS，7S，8R，8aS，8bR，9S，9aS)-dodecahydro-4，6，7，8a，8b，9a-hexahydroxy-3，6a，9-trimethyl-7-(1-methylethyl)-6，9-methanobenzo [1，2] pentaleno [1,6-bc]furan-8-ylester。

理化性质　鱼尼丁是优良的天然杀虫剂，来源大枫子科灌木尼那亚属植物，主产南美。水溶性的植物提取物鱼尼丁，以及热带灌木尼那亚 *Ryania speciosa* 茎粉用作杀虫剂已有约 50 年的历史。已从尼那亚中分离鉴定了 10 多个化合物，杀虫活性成分主要是鱼尼丁、脱氢鱼尼丁。

毒性　对人、畜高毒，引起哺乳动物僵直性麻痹，同时对鸟类和水生生物毒性也较高。

应用　鱼尼丁具有触杀和胃毒作用，是一种肌肉毒剂，主要作用于钙离子通道，影响肌肉收缩，使昆虫肌肉松弛性麻痹。鱼尼丁对 Ca^{2+} 通道有两种作用：在微物质的量浓度水平，它打开通道；而在毫物质的量浓度水平，它关闭通道。对鳞翅目害虫，包括欧洲玉米螟、甘蔗螟、苹果小卷叶蛾、苹果食心虫、舞毒蛾等十分有效，也可防治家蝇、致倦库蚊、德国蜚蠊等卫生害虫。

常用剂型　鱼尼丁常用制剂主要有 22％粉剂和可湿性粉剂。

鱼藤酮（rotenone）

$$C_{23}H_{22}O_6，394.42，83-79-4$$

其他名称 鱼藤氰，毒鱼藤。

化学名称 1,2,6,6a,12,12a-六氢-2-(1-甲基乙烯基)-8,9-二甲氧基苯并吡喃［3,4-b］呋喃并［2,3-h］苯并吡喃-6-酮；（2R，6aS，12aS）-1，2，6，6a，12，12a-hexahydro-2-isopropenyl-8,9-dimethoxychromeno［3,4-b］furo［2,3-h］chromen-6-one。

理化性质 无色晶体，熔点163℃、181℃（双晶体），蒸气压＜1mPa（20℃），不易溶于水（15mg/L，100℃），易溶于丙酮、二硫化碳、乙酸乙酯和氯仿，较难溶于乙醚、醇类、石油醚和四氯化碳，暴露于日光和空气中分解，外消旋体杀虫活性减弱。

毒性 急性经口 LD_{50}（mg/kg）：大白鼠132～1500，小白鼠350。对鱼 LC_{50}（96h）：虹鳟鱼31μg/L，蓝鳃太阳鱼23μg/L。对蜜蜂无毒。对猪有毒，并对鱼类水生生物和家蚕毒性极高。

应用 杀虫谱极广，可防治800多种害虫，对鳞翅目、同翅目、鞘翅目、双翅目、膜翅目、缨翅目、蜱螨目等多种害虫有效。用于蔬菜、果树、茶树、花卉，防治蚜虫、螨、网蝽、瓜蝇、甘蓝夜蛾、斜纹夜蛾、蓟马、黄守瓜、二十八星瓢虫、茶毛虫、茶尺蠖等。易氧化，在光、空气、水、碱性条件下氧化加快，在光照下易氧化成去氢鱼藤酮而失去杀虫活性。残效一般5～6d，夏季仅2～3d。

常用剂型 鱼藤酮目前在我国制剂登记主要剂型为乳油、微乳剂、悬浮剂，可与辛硫磷、氰戊菊酯、阿维菌素、敌百虫等复配。

玉米螟微孢子虫（*Nosema pyrausta*）

性质 玉米螟微孢子虫是一种单细胞原生动物，专性寄生微生物杀虫剂。分类上归属微孢子虫门（Microspora）、微孢子虫纲（Microsporea）、微孢子虫目（Microsporida）、微孢子虫属（*Nosema*），是从感病玉米螟体内分离得到，采用自然寄主活体大量增殖获得。

毒性 专性寄生微生物，对人、畜等无毒，不能渗透到植物体内，对作物没有药害，对害虫天敌安全。

活性 玉米螟微孢子虫被摄食后，进入感受性组织细胞并大量繁殖。玉米螟微孢子虫主要侵染马氏管、丝腺、涎腺、神经、消化管等易感组织。玉米螟微孢子虫主要通过玉米螟虫粪、虫尸污染食物经口进行水平传播，也可通过产卵进行垂直传播，造成在玉米螟种群中的流行和延续。

应用 主要用于防治玉米螟，以及稻田稻蝗。在玉米螟密度高而发病少的地方，采用喷雾方法人工散布玉米螟微孢子虫。在玉米吐丝期施药。

常用剂型 玉米螟微孢子虫在我国未见相关制剂产品登记，可直接喷施孢子粉或孢子液防治。

育畜磷（crufomate）

$$C_{12}H_{19}ClNO_3P，291.7，299-86-5$$

其他名称 Dowco132，Hypolin，Kempak，Ruelene。

化学名称 4-叔丁基-2-氯苯基甲基甲基氨基磷酸酯；4-tert-butyl-2-chlorophenyl methyl methylphos-phoramidate。

理化性质 白色结晶，熔点60℃。工业品亦为白色结晶，加热到沸点以前就分解。它不溶于水和石油醚，但易溶于丙酮、乙腈、苯和四氯化碳。在pH7.0左右时稳定，但在强酸介质中不稳定，不能与碱性农药混用。

毒性 急性经口LD_{50}（mg/kg）：雄大鼠950，雌大鼠770，兔400～600。家畜以100mg/kg剂量口服育畜磷，观察到皮肤轻度到中度抑制胆碱酯酶的症状。在体内脂肪中无积累，对野生动物无危险。

应用 内吸性杀虫剂和驱虫药。主要用于处理家畜，以防皮蝇、体外寄生虫和肠虫。不能用于作物保护。

常用剂型 育畜磷常用制剂主要有0.25％～0.37％乳剂。

治螟磷（sulfotep）

$$C_8H_{20}O_5P_2S_2，322.3，3689-24-5$$

其他名称 硫特普，苏化203，双1605，治螟灵，Sulfotepp，Dithio，Dithione，Thio-tep，ASP-47，STEPP，Bayer E 393，Bladafum。

化学名称 O,O,O',O'-四乙基二硫代焦磷酸酯；O,O,O',O'-tetraethyl dithiopyro-phosphate。

理化性质 浅黄色液体，沸点136～139℃/2mmHg、92℃/0.1mmHg，蒸气压14mPa（20℃），相对密度1.196（20℃），水中溶解度10mg/L（20℃），与大多数有机溶剂混溶，微溶于石油和石油醚，水解相当缓慢。

毒性 大鼠急性经口LD_{50}7～10mg/kg。大鼠急性经皮LD_{50}：65mg/kg（7d），262mg/kg（4h）。对兔眼睛和皮肤无刺激性。对大鼠的吸入毒性LD_{50}（4h）为0.05mg/L空气。对鱼的LC_{50}（96h，mg/L）：圆腹雅罗鱼0.071，虹鳟鱼0.00361。对水蚤LC_{50}（48h）0.002mg/L。

应用 属非内吸性杀虫剂，有较强的触杀作用，杀虫谱较广，在叶面持效期短，因此多用来混制毒土撒施。主要用于防治水稻、棉花害虫，如水稻螟虫、稻叶蝉、飞虱、棉红蜘蛛、棉蚜等，也可防治油菜蚜、豆蚜、茄红蜘蛛、象鼻虫、谷子钻心虫、介壳虫等。对钉螺和蚂蟥有很好的杀灭效果。亦可用于温室熏蒸杀虫、杀螨。

合成路线

$$C_2H_5O\overset{O}{\underset{C_2H_5O}{P}}-O-\overset{O}{\underset{OC_2H_5}{P}}OC_2H_5 \xrightarrow{S} C_2H_5O\overset{S}{\underset{C_2H_5O}{P}}-O-\overset{S}{\underset{OC_2H_5}{P}}OC_2H_5$$

常用剂型　治螟磷常用制剂主要有40％乳油和3％粉剂、烟雾剂等。

仲丁威（fenobucarb）

$C_{12}H_{17}NO_2$，207.27，3766-81-2

其他名称　扑杀威，巴沙，丁苯威，丁基灭必虱，Bassa，Osbac，Hopcin，Bayer41637，Baycarb，Carvil，Brodan。

化学名称　2-仲丁基苯基-N-甲基氨基甲酸酯；2-sec-butylphenyl-N-methyl carbamate。

理化性质　白色结晶，熔点31～32℃，沸点106～110℃/1.33Pa。溶解性（20℃）：水42mg/L，二氯甲烷、异丙醇、甲苯＞200g/L。在弱酸性介质中稳定，在浓酸、强碱性介质中或受热易分解。工业品为淡黄色、有芳香味的油状黏稠液体。

毒性　原药急性LD_{50}（mg/kg）：大鼠经口623（雄）、657（雌），小鼠经口182.3（雄）、172.8（雌）；经皮大鼠＞5000。对兔皮肤和眼睛刺激性很小，对鱼低毒。以100mg/kg以下剂量饲喂大鼠两年，未发现异常现象；对动物无致畸、致突变、致癌作用。

应用　仲丁威属于N-甲基氨基甲酸酯类农药；1959年由德国拜耳公司开发，随后在德国、瑞士、日本等国生产。仲丁威高效、低毒、低残留，具有强烈的触杀作用，并有一定的胃毒、熏蒸和杀卵作用；可用于防治棉花、水稻、茶叶、甘蔗、小麦、蔬菜上的害虫，以及蚊、蝇等卫生害虫；对叶蝉、飞虱有特效；杀虫迅速，持效期短；对蜘蛛等捕食性天敌杀伤力较小。

合成路线

常用剂型　仲丁威目前在我国登记的剂型主要以乳油为主，另外还有微乳剂和悬浮剂，复配制剂主要与啶虫脒、噻嗪酮、毒死蜱、敌百虫、吡虫啉、敌敌畏、丁硫克百威、三唑磷、辛硫磷、氯氰菊酯、溴氰菊酯、乐果、稻丰散等复配。

兹克威 （ mexacarbate ）

$C_{12}H_{18}N_2O_2$, 222.3, 315-18-4

其他名称　自克威，治克威，净草威，Zectran。

化学名称　甲氧基甲酸-4-(二甲氨基) 酯；4-dimethylamino-3,5-xylyl methylcarbamate。

理化性质　白色无味结晶固体，熔点85℃，蒸气压 0.1mmHg（139℃）。25℃溶于水 100mg/L；易溶于多数有机溶剂。在正常贮藏条件下，化学性质稳定。遇强碱分解。

毒性　急性经口 LD_{50}（mg/kg）：大白鼠 15～63，小白鼠 39，兔 37，狗 15～30。小白鼠腹腔注射致死最低量 15mg/kg。急性经皮 LD_{50}（mg/kg）：大白鼠 1500，兔＞500。

应用　杀虫剂和杀螨剂。具有一定的内吸作用。

合成路线

常用剂型　兹克威常用制剂主要有 25％可湿性粉剂和 22.3％乳剂。

唑虫酰胺 （ tolfenpxrad ）

$C_{21}H_{22}ClN_3O_2$, 383.9, 129558-76-5

化学名称　N-[4-(4-甲基苯氧基) 苄基]-1-甲基-3-乙基-4-氯-5-吡唑甲酰胺；4-chloro-3-ethyl-1-methyl-N-[4-(p-tolyloxy) benzyl] pyrazole-5-carboxamide。

理化性质　纯品为类白色固体粉末，密度（25℃）1.18g/cm³，蒸气压（25℃）＜50Pa。溶解度（25℃）：水 0.037mg/L，正己烷 7.41g/L，甲苯 366g/L，甲醇 59.6g/L。分配系数（正辛醇/水）(25℃)：$\lg P_{ow}$ 5.61。

毒性　制剂急性毒性大鼠经口 LD_{50}（mg/kg）：102（雄）、83（雌）。小鼠经口 LD_{50}（mg/kg）：104（雄）、108（雌）。急性经皮毒性相对较低，对大鼠、小鼠 LD_{50} 均＞

2000mg/kg。对兔眼睛和皮肤有中等程度刺激作用。

    应用   唑虫酰胺是日本三菱化学公司开发的新型吡唑杂环类杀虫、杀螨剂，它的主要作用机制是阻止昆虫的氧化磷酸化作用，而昆虫正是利用该作用，经氧化代谢使腺苷二磷酸（ADP）转变成相应的腺苷三磷酸（ATP），从而提供和贮存能量。该药剂还具杀卵、抑食、抑制产卵及杀菌作用。唑虫酰胺的杀虫谱很广，对各种鳞翅目（菜蛾、橄榄夜蛾、斜纹夜蛾、瓜绢螟等）、半翅目（桃蚜、棉蚜、温室粉虱、康氏粉蚧等）、甲虫目（黄条桃甲、黄守瓜等）、膜翅目（菜叶蜂）、双翅目（茄斑潜蝇、豆斑潜蝇等）、蓟马目（稻黄蓟马、花蓟马等）及螨类（茶半附线螨、橘锈螨等）均有效，对半翅目中的蚜虫、蓟马目的蓟马类具有种间差异小的特点。

    合成路线

    常用剂型   主要有15％乳油。

唑螨酯（fenpyroximate）

$C_{24}H_{27}N_3O_4$，421.5，134098-61-6

    其他名称   杀螨王，霸螨灵，Trophloabul，Danitrophloabul，Danitron，fenproximate，Phenproximate，NNI 850。

    化学名称   (*E*)-*α*-(1,3-二甲基-5-苯氧基吡唑-4-亚甲基氨基氧) 对甲苯甲酸叔丁酯；tert-butyl-(*E*)-*α*-(1,3-dimethyl-5-phenoxypyrazol-4-ylmethyleneamino-oxy)-*p*-toluate。

    理化性质   纯品唑螨酯为白色晶体，熔点101.7℃。溶解性（20℃，g/L）：甲苯0.61，丙酮154，甲醇15.1，己烷4.0，难溶于水。

    毒性   唑螨酯原药急性LD_{50}（mg/kg）：大、小鼠经口245～480，大鼠经皮＞2000。对兔眼睛和皮肤轻度刺激性。以25mg/kg剂量饲喂大鼠两年，未发现异常现象；对动物无致畸、致突变、致癌作用。

    应用   是日本农药株式会社开发的高效、广谱吡唑类杀螨剂，对多种害螨有强烈的触杀作用，对幼螨活性最高，且持效期长。

    合成路线   乙酰乙酸乙酯与甲肼作用生成1,3-二甲基吡唑-5-酮，然后加入到三氯氧磷-

二甲基甲酰胺溶液中，于 110~115℃反应 8h 制得 5-氯-1,3-二甲基吡唑甲醛，该中间体与盐酸羟胺反应生成对应的肟，该肟在 DMF 中于 100℃条件下与苯酚、甲醇钠反应 4h 制得 1,3-二甲基-5-苯氧基-4-吡唑甲醛肟，所得甲醛肟与 4-溴甲基苯甲酸叔丁酯于丙酮中在缚酸剂作用下生成唑螨酯。

常用剂型　唑螨酯在我国的制剂登记中主要有悬浮剂、乳油和水乳剂等剂型，可与四螨嗪、炔螨特等进行复配。

唑蚜威（triazamate）

C13H22N4O3S，214.4；112143-82-5

其他名称　灭蚜唑，Aztec，Triaguron。

化学名称　（3-叔丁基-1-二甲基氨基甲酰-1H-1,2,4-三唑-5-基硫）乙酸乙酯；（3-tert-butyl-1-dimethylcarbamoyl-1H-1,2,4-triazol-5-ylsulfur）acetate。

理化性质　纯品为无色针状结晶，熔点 60℃。工业品为微黄色晶体，熔点 52~54℃。溶解度：原药在水中 < 1%，易溶于二氯乙烷、乙酸乙酯等有机溶剂。

毒性　急性经口 LD_{50}（mg/kg）：大鼠 50~200，小鼠 61。大鼠急性经皮 LD_{50} > 5000mg/kg。对兔眼睛刺激不明显，对兔皮肤有刺激作用。在哺乳动物体内和土壤中能迅速代谢、降解而不积累。在试验剂量范围内，对动物无致畸、致突变、致癌作用。对野鸭 LD_{50}（8d 饲养）368mg/kg，鹌鹑 LD_{50}（21d）530mg/kg；蜜蜂 LC_{50}（24h）27μg/只。

应用　本品属唑类高选择性内吸杀蚜剂，其对胆碱酯酶有快速抑制作用，对多种作物上的各种蚜虫均有效，适用于防治各种蚜虫。也能防治抗性蚜虫，尤其是棉花上的抗性棉蚜。土壤施药可防治食根性蚜虫，叶面施药可防治食叶性蚜虫。由于在作物脉管中能形成向上、向下的迁移，因此能保护整个植株。持效期 5~10d。在推荐剂量下未见药害，对天敌安全。应根据不同作物和不同蚜虫品种而适当调整施药方法和施药量。

合成路线

常用剂型 主要有 15%、25% 乳油等。

杀菌剂

安种宁

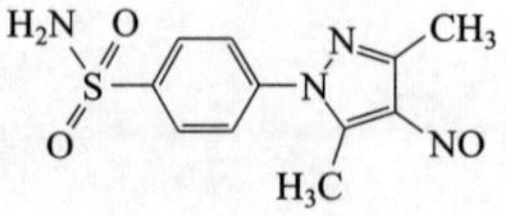

$C_{10}H_{12}N_4O_3S$, 268.3

其他名称 36L。

化学名称 1-(对磺酰氨基苯基)-3,5-二甲基-4-亚硝基吡唑；1-(*p*-sulfamoylphenyl)-3,5-dimethyl-4-nitrosopyrazole。

理化性质 工业品为绿色结晶，熔点198℃（在189℃以上即开始分解），在水中溶515mg/kg。对碱不稳定。

应用 本品在植物体内有内吸输导作用，可用作内吸性杀菌剂和拌种剂。

合成路线

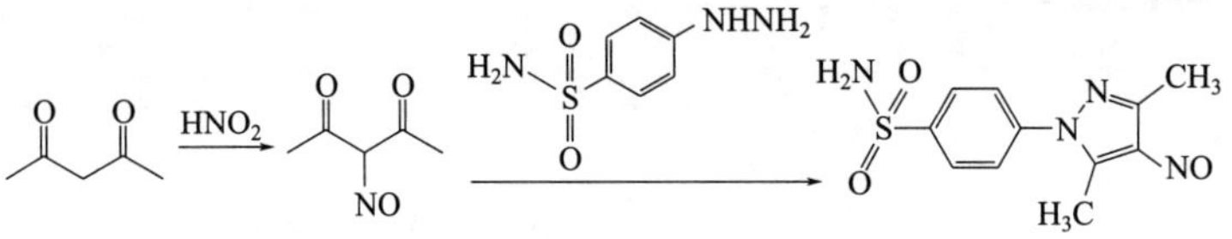

常用剂型 我国未见相关制剂产品登记。

氨基寡糖素（oligosaccharins）

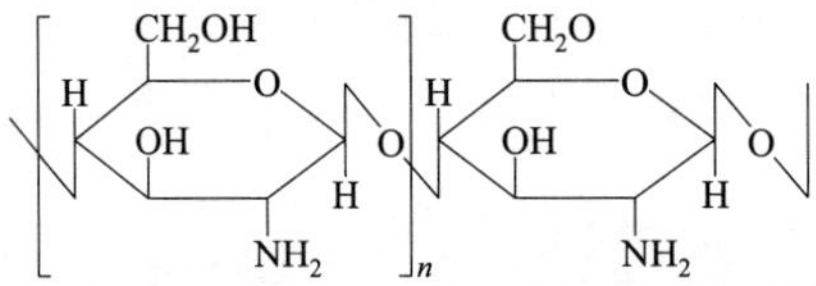

$(C_6H_{11}O_4N)_n (n \geqslant 2)$

其他名称 施特灵，好普，净土灵。

化学名称 (1-4)-2-氨基-2-脱氧-D-寡聚糖。

理化性质 本品是以蟹壳、虾壳为原料，采用现代生物工程技术加工而成的纯天然生物制剂。原药外观为黄色或淡黄色粉末，密度1.002g/cm³（20℃），熔点190~194℃。

毒性 低毒杀菌剂。大鼠急性经口 LD_{50} ＞5000mg/kg（制剂），大鼠急性经皮 LD_{50} ＞5000mg/kg（制剂）。

应用 氨基寡糖素，也称为农业专用壳寡糖，是根据植物的生长需要，采用独特的生物技术生产而成，分为固态和液态两种类型。壳寡糖本身含有丰富的 C、N，可被微生物分解利用并作为植物生长的养分。不仅对真菌、细菌、病毒具有极强的防治和铲除作用，而且还具有营养、调节、解毒、抗菌的功效。可广泛用于防治果树、蔬菜、地下根茎、烟草、中药材及粮棉作物的病毒、细菌、真菌引起的花叶病、小叶病、斑点病、炭疽病、霜霉病、疫病、蔓枯病、黄矮病、稻瘟病、青枯病、软腐病等病害。

常用剂型 主要有水剂、悬浮剂、微乳剂、可湿性粉剂等，可与嘧霉胺、氟硅唑、烯酰吗啉、戊唑醇、嘧菌酯、乙蒜素等混配。

白帘霉菌 QST 20799 菌株

拉丁文名称　*Muscodor albus* strain QST 20799。

理化性质　白帘霉菌 QST 20799 菌株是自然界中存在的一种菌，最初是从洪都拉斯的一种肉桂树的茎皮中分离得到。该菌以不育菌丝体的形式生长，不产生任何有性和无性孢子，也不产生厚垣孢子、菌核等繁殖组织，其产生一些挥发性物质，能够有效抑制植物病原菌的生长。

毒性　白帘霉菌 QST 20799 菌株制剂中的有效成分不会对哺乳动物、鸟类、蜜蜂及非靶标生物和植物产生不良反应，该药剂不会用于水体中，减少了对水体生物的不良反应。

应用　白帘霉菌 QST 20799 菌株能有效地防治植物根部、种子、繁殖体中的细菌、真菌及线虫。

常用剂型　我国未见相关制剂产品登记。

百菌清（chlorothalonil）

$C_8Cl_4N_2$，265.9，1897-45-6

其他名称　达科宁，大克灵，打克尼尔，克劳优，四氯异苯腈，顺天星一号，霉必清，桑瓦特，Bravo，Colonil，Rover，Danconil，Forturf，Termil，Dacotech。

化学名称　2,4,5,6-四氯-1,3-苯二腈，2,4,5,6-tetrachlorobenzenedicarbonitril。

理化性质　纯品百菌清为白色无味结晶，原药略带刺激臭味。熔点 250～251℃，沸点 350℃，蒸气压 0.076mPa（25℃），正辛醇/水分配系数 $K_{ow}lgP=2.29$（25℃），Henry 常数 $2.5×10^{-2}$ Pa·m³/mol（25℃），相对密度 2.0。水中溶解度（25℃）0.81mg/L。有机溶剂中溶解度（25℃，g/kg）：二甲苯 80，丙酮 20，苯 42，环己酮 30，四氯化碳 4，氯仿 19，DMF 40，DMSO 20。稳定性：室温贮存稳定，弱碱性和酸性水溶液对紫外线的照射均稳定。pH＞9 缓慢水解。

毒性　百菌清原药，大鼠急性经皮 LD_{50}＞10000mg/kg。对兔眼睛具有严重刺激性，对兔皮肤中等刺激性。大鼠急性吸入 LC_{50}（1h）＞4.7mg/L。NOEL 数据（mg/kg）：大鼠 1.8，小鼠 1.6，狗 3。ADI 值 0.03mg/kg。野鸭急性经口 LD_{50}＞4640mg/kg，山齿鹑和野鸭饲喂 LC_{50}（8d）＞10000mg/L 饲料。鱼毒 LC_{50}（96h，μg/L）：大翻车鱼 60，鲶鱼 43，虹鳟鱼 47。水蚤 LC_{50}（48h）70μg/L。海藻 EC_{50}（120h）0.21mg/L。对蜜蜂无害。蚯蚓 LC_{50}（14d）＞1000mg/kg（土壤）。

应用　百菌清是一种广谱、低毒、低残留杀菌剂，具有预防和治疗双重作用，持效期长而且稳定；对蔬菜、瓜果、花生、麦类、森林、花卉等植物的多种真菌性病害均有较好的防治效果，可用于防治蔬菜、瓜类疫病、霜霉病、白粉病，花生叶斑病、锈病，果树炭疽病、黑星病、霜霉病，棉花立枯病等。

合成路线 主要有如下三条合成路线。

常用剂型 原药登记规格有 90％、96％、98％、98.5％等，制剂有可湿性粉剂、悬浮剂、烟剂、水分散粒剂、烟雾剂等，可与乙霉威、嘧霉胺、双炔酰菌胺、霜脲氰、代森锰锌、腐霉利、乙膦铝、多菌灵、福美双、甲霜灵、烯酰吗啉、硫黄、异菌脲、甲基硫菌灵、咪鲜胺、三唑酮、琥胶肥酸铜、精甲霜灵等混配。常用制剂有 75％可湿性粉剂、75％水分散粒剂、40％悬浮剂、30％和 45％烟剂等。

拌种胺（furmecyclox）

C$_{14}$H$_{21}$NO$_3$，251.3，60568-05-0

其他名称 Campogram，Xyligen B，BAS 389F，BAS 389，BAS 389-01F，Furmecyclox，Furmetamid，N-Cyclohexyl-N-methoxy-2,5-dimethyl-3-furancarboxamide。

化学名称 N-环己基-N-甲氧基-2,5-二甲基-3-糠酰胺；N-环己基-N-甲氧基-2,5-二甲基呋喃-3-氧肟酸甲酯；N-cyclohexyl-N-methoxy-2,5-dimethyl-3-furamide；methyl-N-xyx-lohexyl-2,5-dimethylfuran-3-carbohydroxamate。

理化性质 本品为结晶固体，熔点 33℃，蒸气压 84mPa（20℃）。溶解度（20℃）：水 1.3mg/kg，丙酮、氯仿、乙醇＞1kg/kg。在日光下分解，在强酸或强碱条件下水解。

毒性 大鼠急性经口 LD$_{50}$ 3780mg/kg，急性经皮 LD$_{50}$＞5000mg/kg。对皮肤可能有刺激性。

应用 本品对担子菌纲真菌具有特殊活性，用作种衣剂可防治蔬菜腐烂病、棉花立枯病、麦类散黑穗病、腥黑粉菌和立枯丝核菌引起的病害，土壤施用 5g/m^2 可 95％～100％防治立枯丝核菌对百合属、郁金香属和鸢尾的侵染。与三丁基氧化锡的混剂（0.5∶10 质量比），可抑制枯草杆菌、芽孢杆菌和普通变形杆菌。还用作木材防腐剂。

366

合成路线

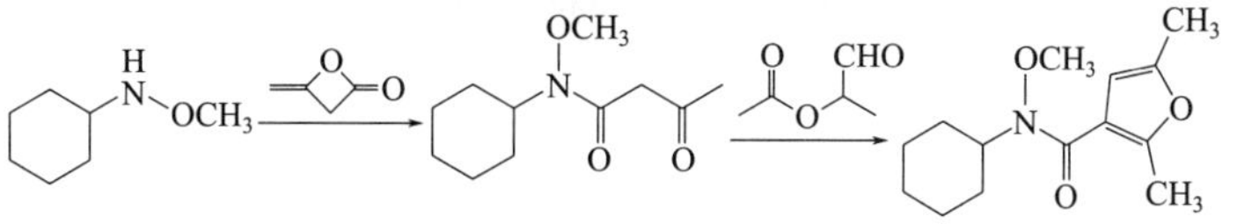

常用剂型　我国未见相关制剂产品登记。

拌种灵（amicarthiazol）

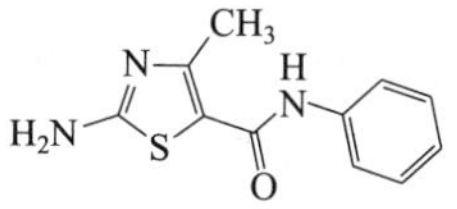

$C_{11}H_{11}N_3OS$，233.3，21452-14-2

其他名称　Seedavay，Sivax。

化学名称　2-氨基-4-甲基-5-甲酰苯氨基噻唑；2-amino-4-methyl-1,3-thiazol-5-carboxa-nilide。

理化性质　纯品为白色粉末状结晶，熔点 222～223℃，于 270～285℃分解。微溶于水，在一般有机溶剂中溶解度也很小，易溶于二甲基甲酰胺。溶解度（g/L）：水 0.08，苯 0.5，甲苯 2.1，乙醇 17.2，甲醇 35.2，二甲基甲酰胺 510。遇碱易分解，遇酸生成对应的盐，其盐酸盐可溶于乙醇和热水。粗品呈米黄色或淡粉红色固体，熔点 210℃左右。

毒性　拌种灵属低等毒性，大白鼠急性经口 LD_{50} 820mg/kg（雄）、817.9mg/kg（雌）。大白鼠经皮急性 LD_{50} ＞820mg/kg。三个月饲喂试验的无作用剂量为 220mg/kg。对胚胎及仔鼠生长发育无不良影响。初步建议 ADI 5mg/kg。

应用　拌种灵属高效、广谱内吸性杀菌剂。对由种子带菌或土壤带菌引起的各种禾谷类黑穗病、红麻炭疽病、黄麻黑点炭疽病、棉花立枯、炭疽病等真菌病害，都表现出优异的防治效果。除作为种子处理剂外，拌种灵亦可用于叶面喷洒防治橡胶炭疽病、花生锈病等。此外，拌种灵对某些细菌性病害，如棉花角斑病等也具有一定的防治效果。此药剂与福美双复配成拌种双胶悬剂或拌种双可湿性粉剂，更能显示出其优良的药效。

合成路线

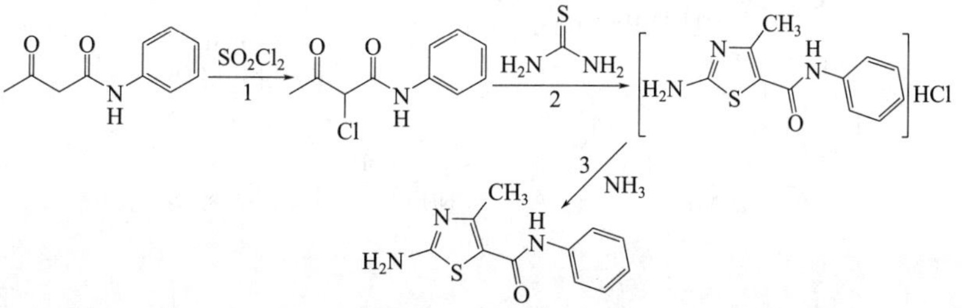

常用剂型　拌种灵目前在我国登记的原药规格为 90％，剂型主要有悬浮种衣剂、可湿性粉剂，与吡虫啉、福美双、乙酰甲胺磷等复配。

拌种咯（fenpiclonil）

C$_{11}$H$_6$Cl$_2$N$_2$，237.1，74738-17-3

其他名称 Beret，Gallbas，CGA 142705。

化学名称 4-(2,3-二氯苯基) 吡咯-3-腈；4-(2,3-dichlorophenyl) pyrrole-3-carbonitrile。

理化性质 纯品为无色晶体，熔点 144.9～151.1℃，蒸气压 1.1×10^{-2} Pa（25℃），分配系数 $K_{ow}\lg P=3.86$（25℃），Henry 常数 5.4×10^{-4} Pa·m^3/mol（计算值），相对密度 1.53（20℃）。水中溶解度（25℃）4.8mg/L。有机溶剂溶解度（25℃，g/L）：乙醇 73，丙酮 360，甲苯 7.2，正己烷 0.026，正辛醇 41。稳定性：250℃以下稳定，100℃、pH3～9 下 6h 不水解。在土壤中移动性小，DT$_{50}$150～250d。

毒性 大鼠、小鼠和兔的急性经口 LD$_{50}$＞5000mg/kg。大鼠急性经皮 LD$_{50}$＞2000mg/kg。对兔眼睛和皮肤均无刺激作用。大鼠急性吸入 LC$_{50}$（4h）1.5mg/L。NOEL 值［mg/(kg·d)］：大鼠 1.25，小鼠 20，狗 100。ADI 值 0.0125mg/(kg·d)。无致畸、无突变、无胚胎毒性。山齿鹑急性经口 LD$_{50}$＞2510mg/kg，山齿鹑急性经皮 LD$_{50}$＞3976mg/kg。野鸭急性经口 LD$_{50}$＞5620mg/kg。鱼毒 LC$_{50}$（96h，mg/L）：虹鳟鱼 0.8，鲤鱼 1.2，翻车鱼 0.76，鲶鱼 1.3。水蚤 LC$_{50}$1.3mg/L（48h）。对蜜蜂无害，LD$_{50}$（经口和接触）(48h)＞5μg/只。蚯蚓 LC$_{50}$（14d）67mg/kg（干土）。

应用 拌种咯属保护性杀菌剂，种子处理对禾谷类作物种传病原菌高效，尤其是雪腐镰孢菌（包括对多菌灵等杀菌剂产生抗性的雪腐镰孢菌）和小麦网腥黑粉菌。对非禾谷类作物的种传和土传病菌（链格孢属、壳二孢属、曲霉属、镰孢霉属、长蠕孢属、丝核菌属和青霉属菌）亦有良好的防治效果。主要用于防治小麦、大麦、玉米、棉花、大豆、花生、水稻、油菜、马铃薯、蔬菜等作物的许多病害。

合成路线 以取代的苯甲醛为起始原料，经缩合、闭环即得目的物。

常用剂型 目前我国未见相关产品登记。常用制剂 20%、50% 水分散剂，5%、40% 胶悬剂等，混剂剂型主要为悬浮种衣剂，复配对象主要有抑霉唑等。

保果鲜（dehydroacetic acid）

$C_8H_8O_4$，168.1，520-45-6，771-03-9，16807-48-0

其他名称 甲基乙酰吡喃二酮，脱氢醋酸，DHA。

化学名称 2-乙酰基-5-甲基-3-氧代戊-4-烯-5-交酯；3-乙酰基-5-甲基吡喃-2,4-二酮；2-aceryl-5-methyl-3-oxopent-4-en-5-olide；3-aceryl-5-methylpyran-2,4-dione。

理化性质 工业品为无色无味的粉末，熔点109～111℃（升华），蒸气压1.9mmHg/100℃，可随水蒸气蒸出。不溶于水，稍溶于醇、醚，中度溶于苯、丙酮。成钠盐后带一个分子结晶水。

毒性 大鼠急性经口 LD_{50} 为1000mg/kg。对大鼠用300mg/(kg·d) 的药剂喂34d后，鼠的体重减轻，但用100mg/(kg·d) 的药剂喂大鼠2年后没发现不利影响。人体每日吸收10mg/kg，180d后没出现不利影响。对皮肤无刺激，也无显著的过敏现象。

应用 主要用于防止新鲜水果以及干果和蔬菜上霉菌的生长，也可用于浸泡食品包装纸。

合成路线

常用剂型 主要为原粉和钠盐。

苯磺菌胺（dichlofluanid）

$C_9H_{11}Cl_2FN_2O_2S_2$，333.23，1085-98-9

其他名称 Elvaron，Euparen

化学名称 N-二氯氟甲硫基-N',N'-二甲基-N-苯基（氨基）磺酰胺；N-dichlorofluoromethylthio-N',N'-dimethyl-N-phenylsulfamide；CA：1,1-dichloro-N-[（dimethylamino）sulfonyl]-1-fluoro-N-phenyl-methanesulfenamide。

理化性质 纯品为无色无臭结晶状固体，熔点106℃，蒸气压0.014mPa（20℃），分配系数 $K_{ow}\lg P=3.7$（21℃），Henry 常数 3.6×10^{-3} Pa·m³/mol（计算值）。水中溶解度1.3mg/L（20℃）。有机溶剂中溶解度（g/L，20℃）：二氯甲烷＞200，甲苯145，异丙醇10.8，己烷2.6。对碱不稳定。

毒性 大鼠急性经口 LD_{50}＞5000mg/kg，急性经皮 LD_{50}＞5000mg/kg，急性吸入 LC_{50}

（4h）1.2mg/L。对兔眼睛有中度刺激，对兔皮肤有轻微刺激。喂养试验无作用剂量［mg/（kg·d）］：大鼠＜180（2年），狗1.25（1年）。日本鹌鹑急性经口 LD_{50} ＞5000mg/kg。鱼毒 LC_{50} （96h，mg/L）：虹鳟鱼0.01，蓝鳃太阳鱼0.03，金鱼0.12。水蚤 LC_{50} （48h）1.8mg/L。对蜜蜂无毒。蚯蚓 LC_{50} （14d）890mg/kg（土壤）。

应用　主要用于防治果树如葡萄、柑橘，蔬菜如番茄、黄瓜等，观赏植物及大田作物的各种灰霉病、黑斑病、腐烂病、黑星病、苗枯病、霜霉病以及仓储病害等多种病害。同时对某些螨类也有一定的活性，对益螨安全。

合成路线

常用剂型　目前我国未见相关产品登记。剂型主要有粉剂、水分散粒剂、可湿性粉剂。

苯菌灵（benomyl）

$C_{14}H_{18}N_4O_3$，290.3，17804-35-2

其他名称　苯莱特，苯乃特，免赖得，Benlate，Fitomyl PB，Tersan 1991，Agrocit，Arbortriute。

化学名称　1-(正丁基氨基甲酰基)苯并咪唑-2-基氨基甲酸甲酯；methyl-1-(butylcarbamoyl) benzimidazol-2-ylcarbemate。

理化性质　纯品为无色结晶固体，熔点140℃（分解），蒸气压＜ 5.0×10^{-3} mPa（25℃），分配系数 K_{ow} lg$P$ ＝1.37，相对密度0.38。水中溶解度（μg/L，室温）：3.6（pH5），2.9（pH7），1.9（pH9）。有机溶剂中的溶解度（g/kg，25℃）：氯仿94，二甲基甲酰胺53，丙酮18，二甲苯10，乙醇4，庚烷0.4。稳定性：水解 DT_{50} 3.5h（pH5），1.5h（pH7），＜1h（pH9）。在某些溶剂中离解形成多菌灵和异氰酸酯。在水中溶解，并在各种pH值下稳定，对光稳定，遇水及在潮湿土壤中分解。

毒性　苯菌灵原药大鼠急性经口 LD_{50} ＞5000mg/kg。兔急性经皮 LD_{50} ＞5000mg/kg。对兔皮肤轻微刺激，对兔眼睛暂时刺激性。大鼠急性吸入 LC_{50} （4h）＞2mg/L。NOEL数据（2年）：大鼠＞2500mg/kg饲料（最大试验剂量），狗500mg/kg饲料。ADI值0.1mg/kg。野鸭和山齿鹑饲喂 LC_{50} （8d）＞10000mg/kg饲料（50％制剂）。鱼毒（96h，mg/L）：虹鳟鱼0.27，金鱼4.2。水蚤 LC_{50} （48h）0.64mg/L。海藻 EC_{50} 2.0mg/L（72h）、3.1mg/L（120h）。对蜜蜂无毒，LD_{50} （接触）＞50μg/只。蚯蚓 LC_{50} （14d）10.5mg/kg（土壤）。

应用　该品是高效、广谱、内吸性杀菌剂，具有保护、铲除和治疗作用，可用于喷洒、拌种和土壤处理。主要用于防治蔬菜、果树、油料作物病害。主要用于防治禾谷类作物白粉病，以及葡萄树的葡萄白粉病。

合成路线

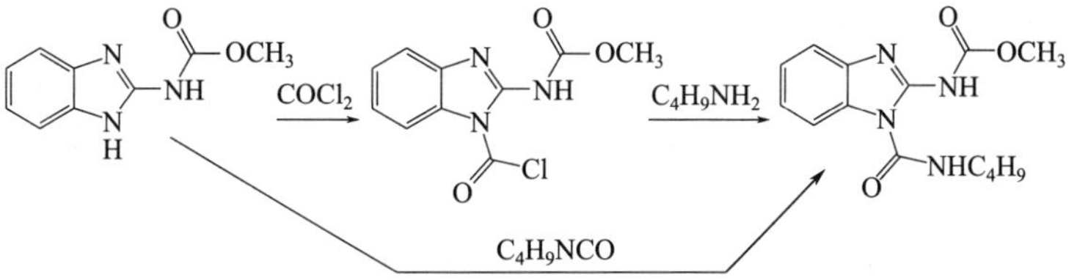

常用剂型 目前我国登记的原药规格为 95%，登记的主要剂型是可湿性粉剂，复配制剂有 50%苯菌灵·福美双·代森锰锌可湿性粉剂。

苯菌酮 （ metrafenone ）

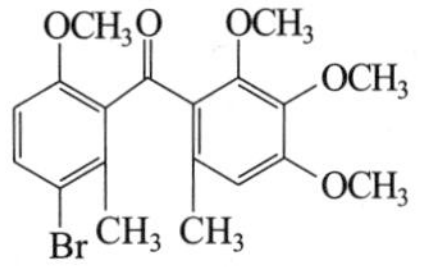

C$_{19}$H$_{21}$BrO$_5$，409.27，220899-03-6

其他名称 Vivando，Flexity。

化学名称 3′-溴-2,3,4,6′-四甲氧基-2′,6-二甲基二苯酮；3′-bromo-2,3,4,6′-tetramethoxy-2′,6-dimethylbenzophenone；CA：（3-bromo-6-methoxy-2-methylphenyl）（2,3,4-trimethoxy-6-methylphenyl） methanone。

应用 主要用于防治众多的子囊菌类病害，对各类白粉病有良好的治疗、铲除和抑制产孢的作用，尤其对禾谷类作物白粉病有特效。

合成路线

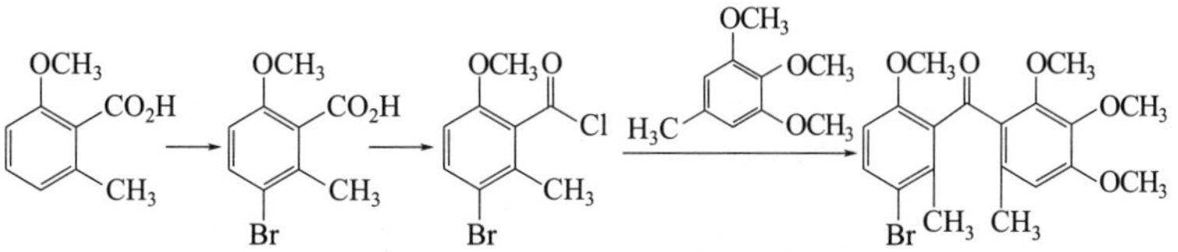

常用剂型 目前我国未见相关产品登记。

苯醚甲环唑 （ difenoconazole ）

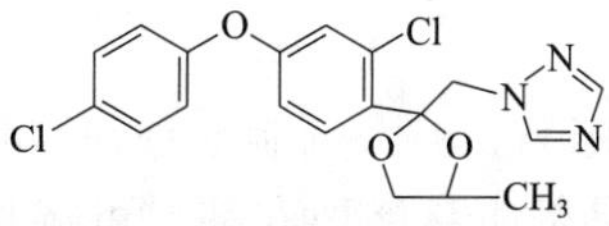

C$_{19}$H$_{17}$Cl$_2$N$_3$O$_3$，406.30，119446-68-3

其他名称 噁醚唑，敌萎丹，世高，Dividend，Score，CGA169374。

化学名称 顺,反-3-氯-4-[4-甲基-2-(1H-1,2,4-三唑-1-基甲基)-1,3-二氧戊环-2-基] 苯

371

基-4-氯苯基醚；*cis*，*trans*-3-chloro-4-[4-methyl-2-(1*H*-1,2,4-triazol-1-ylmethyl)-1,3-diox-olan-2-yl] phenyl-4-chlorophenyl ether.

理化性质 苯醚甲环唑为顺反异构体混合物，顺反异构体比例 0.7～1.5，纯品白色至米色结晶固体，熔点 78.6℃，蒸气压 3.3×10^{-5} mPa（25℃）。分配系数 $K_{ow} lgP = 4.2$（25℃），Henry 常数 1.5×10^{-6} Pa·m^3/mol。相对密度 1.40（20℃）。水中溶解度 15mg/L（25℃）。其他溶剂中的溶解度（g/L，25℃）：丙酮 610，乙醇 330，甲苯 490，正辛醇 95。稳定性：150℃以下稳定，不易水解。pK_a 1.1。

毒性 苯醚甲环唑原药急性经口 LD$_{50}$（mg/kg）：大鼠 1453，小鼠＞2000。兔急性经皮 LD$_{50}$＞2010mg/kg。对兔眼睛和皮肤无刺激性。对豚鼠皮肤有过敏现象。大鼠急性吸入 LC$_{50}$（4h）≥3300mg/L。大鼠 2 年喂养试验无作用剂量 1mg/(kg·d)，小鼠 1.5 年喂养试验无作用剂量为 4.7mg/(kg·d)，狗 1 年喂养试验无作用剂量为 3.4mg/(kg·d)。无致畸、致突变。野鸭急性经口 LD$_{50}$（9～11d）＞2150mg/kg。山齿鹑饲喂 LC$_{50}$（8d）＞4760mg/L（饲料），野鸭饲喂 LC$_{50}$（8d）＞5000mg/L（饲料）。鱼毒 LC$_{50}$（96h，mg/L）：虹鳟鱼 0.8，蓝鳃太阳鱼 1.2。水蚤 LC$_{50}$（48h）为 0.77mg/L。对蜜蜂无毒，LD$_{50}$（经口）＞187μg/只，LD$_{50}$（接触）＞100μg/只。蚯蚓 LC$_{50}$（14d）＞610mg/kg（土壤）。

应用 适用作物为番茄、甜菜、香蕉、禾谷类作物、水稻、大豆、园艺作物及各种蔬菜等。对小麦、大麦进行茎叶（小麦株高 24～42cm）处理时，有时叶片会出现变色现象，但不会影响产量。对子囊亚门，担子菌亚门和包括链格孢属、壳二孢属、尾孢霉属、刺盘孢属、球座菌属、茎点霉属、柱隔孢属、壳针孢属、黑星菌属在内的半知菌，白粉菌科，锈菌目和某些种传病原菌有持久的保护和治疗活性，同时对甜菜褐斑病，小麦颖枯病、叶枯病、锈病和由几种致病菌引起的霉病，苹果黑星病、白粉病，葡萄白粉病，马铃薯早疫病，花生叶斑病、网斑病等均有较好的治疗效果。使用剂量 30～125g（a. i.）/hm^2。

合成路线

常用剂型 原药登记规格为 95％、97％，制剂登记（包括复配登记）剂型涵盖悬浮剂、水分散粒剂、乳油、水乳剂、微乳剂、悬浮种衣剂、可湿性粉剂，复配对象主要有丙环唑、甲基硫菌灵、多菌灵、咯菌腈、咪酰胺、井冈霉素、代森锰锌、丙森锌、中生菌素、嘧菌酯等。主要制剂为 25％乳油、10％微乳剂、20％微乳剂、15％水分散粒剂、37％水分散粒剂等。

苯醚菌酯（ZJ0712）

$C_{20}H_{22}O_4$，326.4

化学名称 （E）-2-[2-（2,5-二甲基苯甲氧基）-苯基]-3-甲氧基丙烯酸甲酯；2-[2-（2,5-dimethyl-phenoxy methyl）-phenyl]-3-methoxy-acrylic acid methyl ester。

理化性质 纯品外观为白色粉末。熔点108~110℃，蒸气压（25℃）1.5×10^{-6}Pa。溶解度（g/L，20℃）：水中3.60×10^{-3}，甲醇中15.56，乙醇中11.04，二甲苯中24.57，丙酮中143.61。$K_{ow}lgP = 3.382 \times 10^4$（25℃）。在酸性介质中易分解，对光稳定。

毒性 低毒杀菌剂。原药和制剂大鼠急性经口LD_{50}均>5000mg/kg，急性经皮LD_{50}均>2000mg/kg。家兔皮肤无刺激性，眼睛有轻度刺激性。豚鼠皮肤变态反应（致敏性）试验结果属弱致敏物。原药大鼠90d亚慢性喂养毒性试验最大无作用剂量为10mg/（kg·d）。3项致突变试验：Ames试验、小鼠骨髓细胞微核试验、小鼠睾丸细胞染色体畸变试验均为阴性，未见致突变作用。斑马鱼LC_{50}（96h）0.026mg/L；鹌鹑急性经口LD_{50}>2000mg/kg；蜜蜂接触染毒LD_{50}（24h）>100pg/只蜂；家蚕LC_{50}（食下毒叶法，48h）573.90mg/L。对鱼高毒，对蜜蜂、鸟、家蚕均为低毒。使用时注意远离水产养殖区，禁止在河塘等水域清洗施药器械和倾倒剩余药液，以免污染水源。

应用 该药为甲氧基丙烯酸甲酯类广谱、内吸性杀菌剂，杀菌活性较高，兼具保护和治疗作用。可用于防治白粉病、霜霉病、炭疽病等病害。

合成路线

常用剂型 主要有10%悬浮剂。

苯噻菌胺（benthiavalicarb-isopropyl）

$C_{18}H_{24}N_3SO_3F$，381.46，177406-68-7

化学名称 ［(S)-1-［(R)-1-(6-氟苯并噻唑-2-基) 乙基氨基甲酰基]-2-甲基丙基] 氨基甲酸异丙酯；isopropyl ［(S)-1-［(R)-1-(6-fluorobenzothiazol-2-yl) ethylcarbemoyl]-2-methyl-propyl] carbamate。

理化性质 纯品为白色粉状固体，熔点 152℃，蒸气压＜3.0×10^{-1} mPa（25℃），相对密度 1.25（20.5℃），分配系数 $K_{ow} \lg P = 2.52$，Henry 常数 8.72×10^{-3} Pa·m³/mol（计算值）。水中溶解度（20℃）13.14 mg/L。

毒性 原药大鼠急性经口 $LD_{50}>5000$ mg/kg，小鼠急性经口 $LD_{50}>5000$ mg/kg。大鼠急性经皮 $LD_{50}>2000$ mg/kg。大鼠急性吸入 LC_{50}（4h）>4.6 mg/L。对兔眼睛和皮肤无刺激作用；对豚鼠皮肤无过敏现象，诱发性 Ames 试验为阴性，对大鼠和兔无致畸性、无致癌性。NOEL 数据 ［2 年，mg/(kg·d)］：雄大鼠 9.9，雌大鼠 12.5。山齿鹑和野鸭急性经口 $LD_{50}>2000$ mg/kg。鱼毒 LC_{50}（96h，mg/L）：虹鳟鱼>10，蓝鳃太阳鱼>10，鲤鱼>10。水蚤 LC_{50}（96h）$\geqslant 10$ mg/L。蜜蜂 LD_{50}（48h）100 μg/只（经口和接触）。蚯蚓 LC_{50}（14d）>1000 mg/kg（土壤）。

应用 苯噻菌胺属于高效、低毒、广谱细胞合成抑制杀菌剂，由日本组合化学公司研制与拜耳公司共同开发，1995 年申请专利。苯噻菌胺具有很强的预防、治疗、渗透活性，而且有很好的持效性和耐雨水冲刷性，25～75g（a.i.）/hm² 剂量即可有效地控制马铃薯和番茄的晚疫病、葡萄和其他作物的霜霉病。并且可以和多种杀菌剂复配。

合成路线 氯甲酸异丙酯与氢氧化钠、水和 L-氨基酸混合物室温反应 2h，然后在缚酸剂氢氧化钠存在下与 (R)-1-(6-氟苯并噻唑-2-基) 乙胺室温反应 2h，即可制得苯噻菌胺。

常用剂型 我国未见相关产品登记。可与代森锰锌和灭菌丹等制成混剂。

苯噻氰（benthiazole）

$C_9H_6N_2S_3$，281.5，21564-17-0

其他名称 苯噻硫氰，苯噻菌清，倍生，苯噻清，Busan。

化学名称 2-(硫氰基甲基硫基）苯并噻唑；2-(thio-cyanomethylthio) benzothiazole。

理化性质 原药为棕红色液体，纯度80%，相对密度1.38，130℃以上分解，闪点不低于120.7℃，蒸气压小于1.33Pa。在碱性条件下分解，贮存有效期1年以上。

毒性 原药大鼠急性经口LD_{50} 2664mg/kg，兔急性经皮LD_{50} 2000mg/kg。对兔眼睛、皮肤有刺激性。在试验剂量下，未见对动物有致畸、致突变、致癌作用。虹鳟鱼LC_{50}（96h）0.029mg/L，野鸭经口LD_{50} 10000mg/kg。

应用 是一种广谱性种子保护剂，可以预防及治疗经由土壤及种子传播的真菌或细菌性病害。适宜作物有水稻、小麦、瓜类、甜菜、棉花等。防治瓜类猝倒病、蔓割病、立枯病等，水稻稻瘟病、苗期叶瘟病、胡麻叶斑病、白叶枯病、纹枯病等，甘蔗凤梨病，蔬菜炭疽病、立枯病、柑橘溃疡病等。

合成路线 最为常见的有如下3种。

常用剂型 目前我国未见相关产品登记。常用制剂有30%乳油等。

苯霜灵（benalaxyl）

$C_{20}H_{23}NO_3$，325.4，71626-11-4

其他名称 Galben（Farmoplant）。

化学名称 N-(2,6-二甲苯基)-N-(2-苯乙酰基)-DL-α-氨基丙酸甲酯；methyl-N-phenylacetyl-N-2,6-dimethyl phenyl-DL-alaninate。

理化性质 纯品苯霜灵为无色固体粉末，熔点78～80℃，具有轻度挥发性。相对密度1.181（20℃）。蒸气压0.66mPa（25℃）。分配系数K_{ow} $lgP=3.54$（20℃）。Henery常数$6.5×10^{-3}$Pa·m³/mol（计算值）。水中溶解度28.6g/L（20℃）；二氯甲烷、丙酮、甲酯、乙酸乙酯、二甲苯溶解度（22℃）>250g/L。室温下，在中性和酸性介质中稳定；在pH4～9水溶液中稳定；DT_{50} 86d（pH9，25℃）。

毒性 苯霜灵原药急性经口LD_{50}（mg/kg）：大鼠4200，小鼠680。大鼠急性经皮LD_{50}>5000mg/kg。对兔眼睛和皮肤无刺激性，对豚鼠皮肤无致敏性。大鼠急性吸入LC_{50}（4h）>10mg/L。NOEL数据［mg/(kg·d)］：大鼠100（2年），小鼠250（1.5年），狗200（2年）。ADI值0.05mg/kg。无致畸、致突变、致癌作用。急性经口LD_{50}（mg/kg）：日本鹌鹑>5000，野鸭>4500。日本鹌鹑、山齿鹑和野鸭饲喂LC_{50}（5d）>5000mg/kg（饲料）。鱼毒LC_{50}（96h，mg/L）：虹鳟鱼3.75，鲤鱼6.0。水蚤LC_{50}（48h）>0.59mg/L。

对蜜蜂无毒，LD_{50}（48h）＞100μg/只（接触和经口）。

应用 苯霜灵属于核糖体 RNA 合成抑制剂，抑制真菌蛋白的合成，高效、低毒，治疗性、保护和铲除作用的可双向传导、耐雨水冲刷的内吸性杀菌剂，由意大利 Isecatol 公司开发。苯霜灵对卵菌病原菌引起的病害有很好的防治效果，防治多种作物的霜霉病和疫霉病皆有特效，如马铃薯晚疫病、葡萄霜霉病、甜菜疫病、油菜白锈病、烟草黑茎病、黄瓜霜霉病等。使用剂量 100～240g（a.i.）/hm²。

合成路线

常用剂型 目前我国未见相关产品登记。常用制剂有 50g/kg 颗粒剂，可以与硫酸铜、灭菌丹、代森锰锌等许多保护性杀菌剂制成混配农药。

苯酰菌胺（zoxamide）

$C_{14}H_{16}Cl_3NO_2$，336.64，156052-68-5

其他名称 Zoxium（单剂），Electis（苯酰菌胺与代森锰锌的混剂）。

化学名称 （RS）-3,5-二氯-N-(3-氯-1-乙基-1-甲基-2-氧丙基）对甲基苯甲酰胺；（RS）-3,5-dichloro-N-(3-chloro-1-ethyl-1-methyl-2-oxopropyl)-p-toluamide。

理化性质 原药含量≥950g/kg（欧盟的标准要求）；白色精细粉末，具有类似甘草的气味；熔点 159.5～161℃；蒸气压＜1×10⁻² mPa（≤45℃）；分配系数 K_{ow} lg$P$ = 3.76（20℃）；相对密度 1.38（20℃）。溶解度：在水中溶解度为 0.681mg/L（20℃）；在丙酮中溶解度为 55.7g/L（25℃）。稳定性：水溶液中水解 DT_{50} 约为 15d（pH 4 和 7），约为 8d（pH 9）。水溶液中光解 DT_{50} 为 7.8d。土壤半衰期 DT_{50} 为 2～10d。二氧化碳为主要代谢产物。K_{oc} 为 1166～1224；移动性低，不发生淋溶。

毒性 大鼠急性经口 LD_{50}＞5000mg/kg；急性经皮 LD_{50}＞2000mg/kg。对兔皮肤无刺激性，对兔眼睛有中度刺激性。对豚鼠皮肤有致敏作用。大鼠吸入 LC_{50}（4h）＞5.3mg/L。饲喂 NOEL（1 年）：狗 50mg/(kg·d)。ADI 2.6mg/kg（建议）。4 种致突变性试验均呈阴性，无致畸作用，对生殖无不良影响，无致癌作用。鹌鹑急性经口 LD_{50}＞2000mg/kg；野鸭和鹌鹑饲喂 LC_{50} 均＞5250mg/kg（饲料）。野鸭和鹌鹑生殖 NOEL 均为 1000mg/kg（饲料）。鱼类 LC_{50}（96h）：虹鳟为 160μg/L，蓝鳃太阳鱼＞790μg/L，羊头原鲷＞855μg/L，斑马鱼＞730μg/L（均大于溶解度）。黑头呆鱼生命周期 NOEC 为 60μg/L。水蚤 EC_{50}（48h）＞780μg/L（溶解度）。生殖 NOEC（21d）为 39μg/L。藻类 EC_{50}（120h，细胞密度）：羊角月牙藻（*Selenastrum capricornutum*）为 19μg/L，栅藻（*Scenedesmus subspica-*

tus）为 $11\mu g/L$，水华鱼腥藻（*Anabaena flosaquae*）$>860\mu g/L$，舟形藻（*Navicula pelliculosa*）$>930\mu g/L$，中肋骨条藻（*Skeletonema costatum*）$>910\mu g/L$（均大于溶解度）。其他水生生物：东方牡蛎 EC_{50}（48h）为 $703\mu g/L$；糠虾 LC_{50}（96h）为 $76\mu g/L$。浮萍（*Lemna gibba*）EC_{50}（14d）为 $17\mu g/L$。蜜蜂 LD_{50}（接触）$>100\mu g/$只蜂。蚯蚓 LC_{50}（14d）$>1070mg/kg$（土壤）；亚致死生长和生殖 NOEC 为 $7mg/kg$（天然土壤）。其他有益生物（IOBC 分类）：在 $0.15kg/hm^2$（1×典型剂量）时，对梨盲走螨（*Typhlodromus pyri*）、缢管蚜茧蜂（*Aphidius rhopalosiphi*）、安氏钝绥螨（*Amblyseius andersoni*）、豹蛛（*Pardosa* spp.）、步甲（*Poecilus cupreus*）、草蛉（*Chrysoperla carnea*）和小花蝽（*Orius insidiosus*）等无害；在 $0.3kg/hm^2$（2×典型剂量）时，对蚜茧蜂（*Aphidius*）和草蛉（*Chrysoperla*）有微害。

应用　是一种高效的保护性杀菌剂，主要用于茎叶处理，适宜作物有马铃薯、葡萄、黄瓜等。主要用于防治卵菌纲病害如马铃薯和番茄晚疫病、黄瓜霜霉病和葡萄霜霉病等。

合成路线

常用剂型　我国只有 97％原药登记。常用制剂主要有 24％悬浮剂、80％可湿性粉剂。

苯锈啶（fenpropidin）

$C_{19}H_{31}N$，273.5，67306-00-7

其他名称　Tern，Columbia。

化学名称　（*RS*）-1-［3-(4-叔丁基苯基)-2-甲基苯基］哌啶；（*RS*）-1-［3-(4-*tert*-butylphenyl)-2-methylpropyl］piperidine；CA：1-［3-［4-(1,1-dimethylethyl) phenyl]-2-methylpropyl］piperidine。

理化性质　纯品为淡黄色、黏稠、无臭液体。沸点 $>250℃$，$70.2℃/1.1Pa$。蒸气压 $17mPa$（25℃），分配系数 $K_{ow}\lg P$（22℃，pH7）$=2.9$，Henry 常数 $10.7Pa\cdot m^3/mol$（25℃，计算值）。相对密度 0.91（20℃）。溶解度（25℃）：水 $0.53g/L$（pH7）、$0.0062g/L$（pH9），易溶于丙酮、乙醇、甲苯、正辛醇、正己烷等有机溶剂。在室温下密闭容器中稳定至少 3 年，其水溶液对紫外线稳定。呈强碱性，$pK_a 10.1$。闪点 $156℃$。

毒性　大鼠急性经口 $LD_{50} >1447mg/kg$。大鼠急性经皮 $LD_{50} >4000mg/kg$。对兔皮肤和眼睛有刺激性，对豚鼠皮肤无过敏性。大鼠急性吸入 LC_{50}（4h）$1220mg/L$（空气）。NOEL 值：大鼠（2 年）$0.5mg/(kg\cdot d)$，小鼠（1.5 年）$4.5mg/(kg\cdot d)$，狗（1 年）$2mg/(kg\cdot d)$。ADI 值 $0.005mg/kg$。无致畸、致癌、致突变作用，对繁殖无影响。野鸭急性经口 $LD_{50} 1900mg/kg$，野鸡急性经口 $LD_{50} 370mg/kg$。鱼毒 LC_{50}（96h，mg/L）：虹鳟鱼 2.6，鲤鱼 3.6，蓝鳃翻车鱼 1.9。水蚤 LC_{50}（48h）$0.5mg/L$。对蜜蜂无害，LD_{50}（48h）：$>0.01mg/$只（经口），$0.046mg/$只（接触）。蚯蚓 LC_{50}（14d）$>1000\mu g/kg$（土壤）。

应用　麦角甾醇生物合成抑制剂。具有保护、治疗和铲除活性的内吸性杀菌剂。用于防治禾谷类作物的白粉病、锈病。持效期约28d。

合成路线

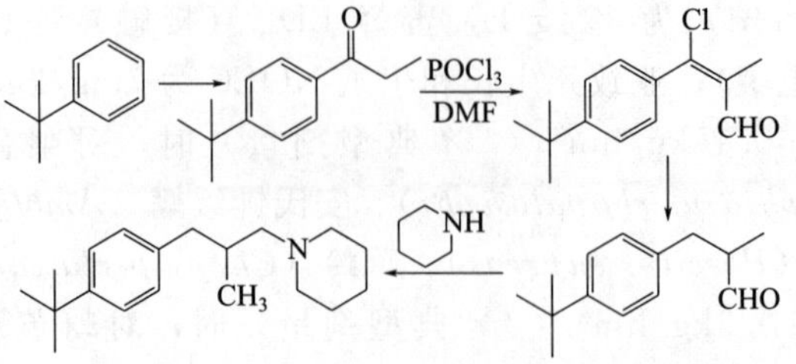

常用剂型　目前我国有96%原药登记。常用制剂有50%乳油，可与丁苯吗啉、咪鲜胺等复配。

苯氧菌胺（metominostrobin）

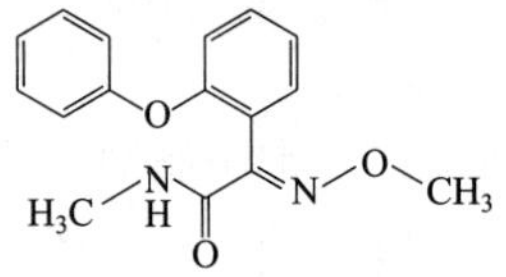

$C_{18}H_{19}N_2O_3$，313.35，133408-50-1

其他名称　Oribright。

化学名称　(E)-2-甲氧亚氨基-N-甲基-2-(2-苯氧苯基) 乙酰胺；(E)-2-methoxyimino-N-methyl-2-(2-phenoxyphenyl) acetamide；CA：(E)-α-(methoxyimino)-N-methyl-2-phenoxybenzeneacetamide。

理化性质　纯品为白色结晶状固体，熔点87～89℃，相对密度1.27～1.30 (20℃)。蒸气压$1.85×10^{-5}$Pa (25℃)，分配系数 (20℃) $K_{ow}\lg P=2.32$。溶解度 (20℃，g/L)：水0.128，二氯甲烷1380，氯仿1280，二甲亚砜940。对热、酸、碱稳定，遇光稍有分解。

毒性　大鼠急性经口LD_{50}：雄776mg/kg，雌708mg/kg。大鼠急性经皮$LD_{50}>$2000mg/kg。大鼠急性吸入LD_{50} (4h) $>$1880mg/L。对兔皮肤无刺激。鲤鱼LC_{50} (96h) 17.5mg/L。水蚤LC_{50} (48h) 1.4mg/L。

应用　线粒体呼吸抑制剂，具有保护、治疗、铲除、渗透、内吸活性。用于防治水稻稻瘟病。在推荐剂量下对作物安全、无药害。

合成路线

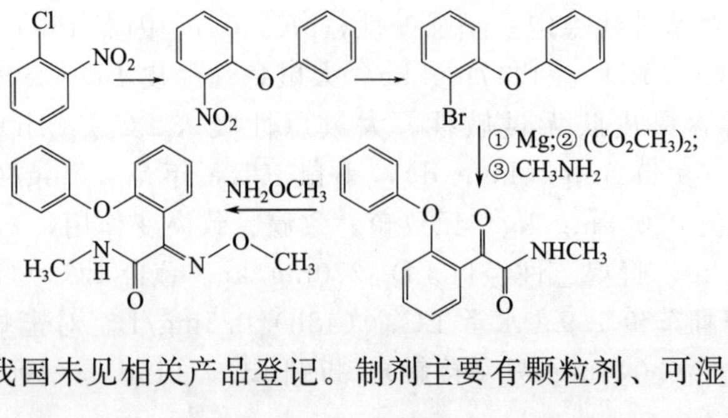

常用剂型　目前我国未见相关产品登记。制剂主要有颗粒剂、可湿性粉剂等。

378

苯氧喹啉（quinoxyfen）

C₁₅H₈Cl₂FNO，308.1，124495-18-7

C$_{15}$H$_8$Cl$_2$FNO，308.1，124495-18-7

其他名称　Legend。

化学名称　5,7-二氯-4-喹啉基-4-氟苯基醚或 5,7-二氯-4-(对氟苯氧基)-喹啉；5,7-di-chloro-4-quinolyl-4-fluorophenyl 或 5,7-dichloro-4-(p-fluorophenoxy)-quinoline；CA：5,7-dichloro-4-(4-fluorophenoxy) quinoline。

理化性质　原药纯度≥97％。纯品为灰白色固体，熔点 106～107.5℃。蒸气压 1.2×10^{-2}mPa（20℃）、2.0×10^{-2}mPa（25℃）。分配系数 K_{ow}lg$P$＝4.66（pH 约 6.6，20℃）。Henry 常数 3.19×10^{-2}Pa・m^3/mol。相对密度 1.56。水中溶解度（pH6.45，20℃）116μg/L。有机溶剂溶解度（g/L，20℃）：二氯甲烷 589，甲苯 272，二甲苯 200，丙酮 116，正辛醇 37.9，己烷 9.46。在 25℃、黑暗条件下稳定，遇光分解。

毒性　大鼠急性经口 LD$_{50}$＞5000mg/kg，兔急性经皮 LD$_{50}$＞2000mg/kg。大鼠急性吸入 LC$_{50}$（4h）3.38mg/L。对兔眼睛有中度刺激，对兔皮肤无刺激。NOEL 数据［mg/(kg・d)］：大鼠 20（2 年），狗 20（1 年）。ADI 值 0.2mg/kg。山齿鹑急性经口 LD$_{50}$＞2250mg/kg。山齿鹑和野鸭饲喂 LC$_{50}$（5d）＞5620mg/kg（饲料）。鱼毒 LC$_{50}$（96h，mg/L）：虹鳟鱼 0.27，蓝鳃太阳鱼＞0.28，鲤鱼 0.41。蜜蜂 LD$_{50}$（48h）＞100μg/只（经口和接触）。蚯蚓 LC$_{50}$（14d）＞923mg/kg（土壤）。

应用　内吸性杀菌剂，主要用于各种作物白粉病的防治，对谷物类白粉病有特效。叶面施药后，药剂可迅速地渗入到植物组织中，并向顶转移，持效期长达 70d。

合成路线

常用剂型　目前我国未见相关产品登记。

吡氟菌酯（ZJ2211）

C₁₇H₁₃Cl₃FNO₄，488.7

C$_{17}$H$_{13}$Cl$_3$FNO$_4$，488.7

其他名称 ZJ2211。

化学名称 3-氟甲氧基-2-[2-(3,5,6-三氯吡啶基-2-氧基甲基)-苯基]-丙烯酸甲酯。

应用 属于甲氧基丙烯酸酯类化合物，对黄瓜霜霉病、白粉病有很好的预防效果。

常用剂型 我国未见相关制剂产品登记。

吡菌磷（pyrazophos）

C₁₄H₁₉N₃O₅PS, 373, 13457-18-6

其他名称 吡嘧磷，粉菌磷，定菌磷，Afugan，Curamil，Missile，Siganex。

化学名称 O,O-二乙基-O-(6-乙氧羰基-5-甲基吡唑[1,5a]并嘧啶基)-2-硫代磷酸酯；O,O-diethyl-O-(6-ethoxyearbonyl-5-methylpyrazolo[1,5a] pyrimidin)-2-yl-thionophosphate。

理化性质 原药纯度为 94%。纯品为无色结晶状固体，熔点 51～52℃，沸点 160℃开始分解。蒸气压 0.22mPa（50℃）。分配系数 K_{ow} lg$P=3.8$，Henry 常数 $2.578×10^{-4}$ Pa·m³/mol（计算值）。相对密度 1.348（25℃）。水中溶解度 4.2mg/L（25℃），易溶于大多数有机溶剂，如二甲苯、苯、四氯化碳、二氯甲烷、三氯乙烯等，丙酮、甲苯、乙酸乙酯中＞400g/L（20℃），正己烷 16.6g/L（20℃）。在碱性介质中容易水解。

毒性 吡菌磷原药大鼠急性经口 LD₅₀ 151～778mg/kg（取决于性别和载体）。大鼠急性经皮 LD₅₀＞2000mg/kg。对兔皮肤无刺激性，对兔眼睛有轻微刺激性。大鼠急性吸入 LC₅₀（4h）1220mg/L（空气）。大鼠 2 年喂养试验无作用剂量 5mg/(kg·d)。以 50mg/kg 浓度喂养大鼠所进行的三代试验，未发现异常现象。鹌鹑急性经口 LD₅₀ 118～480mg/kg（取决于性别和载体）。饲喂 LC₅₀（14d，mg/kg 饲料）：野鸭 340，山齿鹑 300。鱼毒 LC₅₀（96h，mg/L）：鲤鱼 2.8～6.1，虹鳟鱼 0.48～1.14，蓝鳃太阳鱼 0.28。水蚤 LC₅₀（48h，μg/L）：0.36（软水），0.63（硬水）。蜜蜂 LD₅₀（24h，接触）0.25μg/只。蚯蚓 LC₅₀（14d）＞1000mg/kg（土壤）。

应用 吡菌磷属于黑色素合成抑制剂，具有保护、治疗作用及内吸作用，安万特（现拜耳）公司开发；适宜于禾谷类、蔬菜、果树等作物，防治各种白粉病以及根腐病和云纹病等。

合成路线 以乙酰乙酸乙酯、氰基乙酸乙酯、原甲酸三乙酯、水合肼等为原料，经过如下路线合成目标物吡菌磷。

常用剂型 目前我国未见相关产品登记。常用制剂主要有 30% 乳油、30% 可湿性粉剂。

吡喃灵 （ pyracarbolid ）

$C_{13}H_{15}NO_2$, 217.3，24691-79-7

其他名称　Sicarol，比锈灵。

化学名称　3,4-二氢-6-甲基-2H-吡喃-5-酰替苯胺；3,4-dihydro-6-methyl-2H-pyran-5-carboxanilide。

理化性质　纯品为亮灰色粉末，熔点 106～107℃，在甲醇中重结晶后，熔点为 108～109℃，沸点 105～108℃/14mmHg，蒸气压 16μPa（25℃），闪点 160～165℃。90℃在水中溶解度为 0.34g/100mL，25℃在乙醇中溶解度为 89g/100mL，乙酸乙酯中为 86g/100mL，三氯甲烷中为 36.6g/100mL，二甲苯中为 1.3g/100mL，正己烷中为 0.01g/100mL。对光、热均稳定，在常温下贮存两年不变质，但遇酸则分解。

毒性　大鼠急性经口 $LD_{50}>15000$mg/kg，狗口服最高无毒剂量为 500mg/kg，对雌大鼠经皮给药 1000mg/kg 无不良影响。5%～10%溶液对兔皮肤和黏膜无刺激。分别以 800mg/L 和 1350mg/L 剂量对大鼠和狗进行 90d 喂养试验无不良影响。硬头鳟鱼接触药物 24h LC_{50} 为 126.3mg/L，96h LC_{50} 为 88.5mg/L。对鲤鱼 24h LC_{50} 为 118mg/L，96h LC_{50} 为 114mg/L。

应用　吡喃灵是内吸性杀真菌剂，既有预防又有治疗作用，它对受担子菌纲感染的植物具有特殊的作用。1969 年以来它广泛地应用于防治茶饼病、咖啡锈病和豆类锈病以及防治棉花和蔬菜的立枯病。如用 0.1～5g/L 药剂拌种、浸根或喷叶能防治豆锈病、黄瓜霜霉病、小麦秆锈病和条锈病、燕麦叶锈病、花生叶斑病、茶饼病。

合成路线

常用剂型　主要有 50%可湿性粉剂，15%悬浮剂，75%拌种剂，15%、20%超低容量剂，可与多菌灵等复配。

吡噻菌胺 （ penthiopyrad ）

$C_{16}H_{20}F_3N_3OS$, 359.42，183675-82-3

化学名称　(RS)-N-[2-(1,3-二甲基丁基)-3-噻吩基]-1-甲基-3-(三氟甲基)-1H-吡唑-4-甲

酰胺；(RS)-N-[2-(1,3-dimethylbutyl)-3-thienyl]-1-methyl-3-(trifluoromethyl)-1H-pyrazole-4-carboxamide。

理化性质　纯品熔点 103~105℃，蒸气压 6.43×10^{-6}Pa（25℃），在水中的溶解度 7.53mg/L（20℃）。

毒性　大鼠（雌/雄）急性经口 LD$_{50}$>2000mg/kg，小鼠（雌/雄）急性经皮 LD$_{50}$>2000mg/kg，大鼠（雌/雄）急性吸入毒性 LD$_{50}$（4h）>5669mg/L。对兔眼睛有轻微刺激性，对兔皮肤无刺激性，无致敏性。Ames 试验阴性，致癌变试验阴性。鲤鱼 LD$_{50}$（96h）1.17mg/L，水蚤 LD$_{50}$（24h）40mg/L，水藻 EC$_{50}$（72h）2.72mg/L。

应用　对作物和环境安全。可防治锈病、菌核病、灰霉病、霜霉病、苹果黑星病和白粉病等。在 100~200g（a.i.）/hm^2 剂量下，茎叶处理可有效防治苹果黑星病、白粉病等。在 100mg/L 浓度下对葡萄灰霉病有很好活性。25mg/L 浓度下对黄瓜霜霉病防治效果好。

合成路线

常用剂型　目前我国未见相关产品登记。制剂主要有 20％和 15％悬浮剂。

苄氯三唑醇（diclobutrazol）

C$_{15}$H$_{19}$Cl$_2$N$_3$O，328.24，75736-33-3

其他名称 敌力脱，propiconazole，Vigil，Banner，Radar，Til，Dadar，粉锈清。

化学名称 （2RS,3RS)-1-(2,4-二氯苯基)-4,4-二甲基-2-(1H-1,2,4-三唑-1-基)戊-3-醇；(2RS,3RS)-1-(2,4-dichlorophenyl)-4,4-dimethyl-2-(1H-1,2,4-triazol-1-yl) pentan-3-ol。

理化性质 纯品为白色结晶，熔点 $147\sim149℃$。蒸气压为 $0.0027×10^{-3}$ Pa（20℃），相对密度为 1.25，$pK_a<2$。可溶于丙酮、氯仿、甲醇、乙醇等有机溶剂，溶解度大于或等于 50g/L。在水中溶解度为 9mg/L。分配系数（正辛醇）为 6460。对酸、碱、光、热稳定。在强酸、强碱条件下，80℃时水解半衰期为 5d。在 pH＝4～9 条件下其水溶液对自然光稳定性 33d 以上。在 50℃、37℃条件下原药稳定性分别在 90d、182d 以上。

毒性 急性经口 LD_{50}（mg/kg）：大鼠 4000，小鼠＞1000，豚鼠 4000，家兔 4000。兔和大鼠急性经皮 $LD_{50}>1000$mg/kg。对兔皮肤有轻微刺激作用，对兔眼睛有中度刺激性。大鼠三个月饲喂试验无作用剂量为 2.5mg/(kg·d)，狗半年饲喂试验无作用剂量为 15mg/(kg·d)。虹鳟鱼 LC_{50} 为 9.6mg/kg，蜜蜂经口（或接触）LD_{50} 为 0.05mg/kg。

应用 三唑类杀菌剂，具有用量少、杀菌谱广、内吸性强的特点，对禾谷类作用的白粉病、锈病以及许多其他病原菌引起的病害有优良的防治效果。以 1000mg/L 浓度能完全抑制锈病菌和大麦白粉病菌。对冬小麦有防治作用，可用于防治苹果白粉病、黑星病、葡萄白粉病、咖啡锈病等。对蘑菇、香蕉和柑橘真菌病害的防治也是一个有效的药剂。本品还可以作为植物生长调节剂使用。

合成路线

常用剂型 目前我国未见相关产品登记。常用制剂有 125g/L 胶悬剂，可与多菌灵等杀菌剂进行复配。

丙环唑（propiconazole）

$C_{15}H_{17}Cl_2N_3O_2$，342.2，60207-90-1

其他名称 敌力脱，必扑尔，Banner，Radar，Tilt，propiconazole，Dadar。

化学名称 1-[2-(2,4-二氯苯基)-4-丙基-1,3-二氧戊环-2-甲基]-1H-1,2,4-三唑；1-[2-(2,4-dichloro phenyl)-4-propyl-1,3-dioxolan-2-yl methyl]-1H-1,2,4-triazo-le。

理化性质 纯品为淡黄色无臭黏稠液体。沸点 120℃（1.9Pa）、＞250℃（101Pa）。蒸气压 $2.7×10^{-2}$ mPa（20℃）、$5.6×10^{-2}$ mPa（20℃）。相对密度 1.29（20℃），折射率 1.5468。分配系数 K_{ow} lg$P＝3.72$（pH6.6，25℃），Henry 常数 $9.2×10^{-5}$ Pa·m^3/mol（20℃）。水中溶解度 100mg/L（20℃）。其他溶剂中的溶解度（g/L，25℃）：正己烷 47，与丙酮、乙醇、甲苯和正丁醇互溶。稳定性：320℃以下稳定，水解不明显。$pK_a＝1.09$，弱碱性。

毒性 急性经口 LD_{50}（mg/kg）：大鼠 1517，小鼠 1490。急性经皮 LD_{50}（mg/kg）：大鼠＞4000，兔＞6000。对兔眼睛黏膜和皮肤有轻度刺激，对豚鼠皮肤无过敏。大鼠急性吸入 LC_{50}（4h）＞5800mg/L。2 年喂养试验无作用剂量：大鼠 3.6mg/（kg·d），小鼠 10mg/（kg·d）。狗 1 年喂养试验无作用剂量为 1.9mg/（kg·d）。ADI 值为 0.02mg/kg。无致畸、致突变，对人安全。急性经口 LD_{50}（mg/kg）：日本鹌鹑 2223，山齿鹑 2825，野鸭＞2510，北京鸭＞6000。饲喂 LC_{50}（8d，mg/L 饲料）：日本鹌鹑＞1000，山齿鹑＞5620，野鸭＞5620，北京鸭＞1000。鱼毒 LC_{50}（96h，mg/L）：虹鳟鱼 5.3，鲤鱼 6.8。对蜜蜂无毒，LD_{50}＞100μg/只（经口和接触）。蚯蚓 LC_{50}（14d）686mg/kg（干土）。

应用 具有保护和治疗作用的内吸性杀菌剂。属麦角甾醇生物合成抑制剂，干扰 C14 去甲基化，妨碍真菌生长。对子囊菌属、担子菌属、半知菌属在粮食作物、蔬菜、水果以及观赏植物上引起的多种病害有效。对小麦根腐病、白粉病，水稻恶苗病，各种锈病、叶斑病、颖枯病等有特效。对卵菌病害无效。

合成路线 丙环唑有多种合成路线，如下所示。

常用剂型 原药登记规格有 88％、90％、93％、95％、98％，制剂登记（包括复配制剂）剂型涵盖乳油、悬浮剂、微乳剂、可湿性粉剂、水分散粒剂等，复配对象主要有苯醚甲环唑、井冈霉素、咪酰胺、嘧菌酯、多菌灵等，主要制剂有 25％乳油、50％微乳剂。

丙硫多菌灵（ albendazole ）

$C_{12}H_{15}N_3O_2S$，265.33，54965-21-8

其他名称　施宝灵，丙硫咪唑，阿草达唑。

化学名称　N-(5-丙硫基-$1H$-苯并咪唑-2-基) 氨基甲酸甲酯。

理化性质　丙硫多菌灵为无臭无味、白色粉末，微溶于乙醇、氯仿、热稀盐酸和稀硫酸，溶于冰醋酸，在水中不溶，熔点 206～212℃，熔融时分解。

毒性　大鼠急性经口 LD_{50} 为 4287mg/kg，急性经皮 LD_{50} 为 608mg/kg，小鼠急性经口 LD_{50} 为 17531mg/kg。对眼睛有轻微刺激作用。

应用　本品具有保护和治疗作用。作用机制与苯并咪唑类杀菌剂相似，对病原菌孢子萌发有较强的抑制作用。可有效防治霜霉科、白粉科和腐霉科引起的病害。

常用剂型　主要有 10％、20％悬浮剂，20％可湿性粉剂。

丙硫菌唑（prothioconazole）

$C_{14}H_{15}Cl_2N_3OS$，344.27，178928-70-6

其他名称　Proline，Input。

化学名称　(RS)-2-[2-(1-氯环丙基)-3-(2-氯苯基)-2-羟基丙基]-2,4-二氢-1,2,4-三唑-3-硫酮；(RS)-2-[2-(1-chlorocyclopropyl)-3-(2-chlorophenyl)-2-hydroxoypropyl]-2,4-dihydro-1,2,4-triazole-3-thione。

理化性质　纯品为白色或浅灰棕色粉末状晶体，熔点 139.1～144.5℃。蒸气压（20℃）$<4\times10^{-7}$Pa。分配系数 $K_{ow}\lg P=4.05$（20℃）。Henry 常数$<3\times10^{-5}$Pa·m³/mol。水中溶解度 0.3g/L（20℃）。解离常数 $pK_a=6.9$。

毒性　大鼠急性经口 $LD_{50}>6200$mg/kg。大鼠急性经皮 $LD_{50}>2000$mg/kg。对兔皮肤和眼睛无刺激，对豚鼠皮肤无过敏现象。大鼠急性吸入 $LC_{50}>4990$mg/L。无致畸、致突变性，对胚胎无毒性。鹌鹑急性经口 $LD_{50}>2000$mg/kg。虹鳟鱼 LC_{50}（96h）1.83mg/L。藻类慢性 EC_{50}（72h）2.18mg/L。蚯蚓 LC_{50}（14d）>1000mg/kg（干土）。对蜜蜂无毒，对非靶标生物/土壤有机体无影响。丙硫菌唑及其代谢物在土壤中表现出相当低的淋溶和积累作用。丙硫菌唑具有良好的生物安全性和生态安全性，对使用者和环境安全。

应用　丙硫菌唑主要用于防治禾谷类作物（如小麦、大麦）、油菜、花生和豆类作物等众多病害。几乎对所有麦类病害都有很好的防治效果，如小麦和大麦的白粉病、纹枯病、枯萎病、叶斑病、锈病、菌核病、网斑病、云纹病等。还能防治油菜和花生的土传病害，如菌核病，以及主要叶面病害，如灰霉病、黑斑病、褐斑病、黑胫病、菌核病和锈病等。使用剂量通常为 200g（a.i.）/hm²，在此剂量下，活性优于或等于常规杀菌剂如氟环唑、戊唑醇、嘧菌环胺等。

合成路线　丙硫菌唑有 4 种合成路线即路线 1→2→3→4、路线 8→9→4、路线 1→2→5→6→7 和路线 10→11→12→4。如下所示。

常用剂型 目前在我国未见相关产品登记。可与氟嘧菌酯、戊唑醇、肟菌酯、螺环菌胺等进行复配。

丙森锌 （propineb）

$[C_5H_8S_4N_2Zn]_x$，$(289.8)_x$，12071-83-9

其他名称 安泰生。

化学名称 多亚丙基双（二硫代氨基甲酸）锌；polymeric zinc propylenebis (dithiocarbamate)。

理化性质 纯品为略带特殊气味的白色或微黄色粉末。150℃以上分解。蒸气压＜1mPa（20℃）。密度 1.813g/mL。水中溶解度（20℃）0.01g/L。有机溶剂中溶解度（g/L）：甲苯、正己烷、二氯甲烷均＜0.1，二甲基甲酰胺、二甲亚砜＞200。稳定性：在冷、干燥条件下贮存时稳定，在潮湿、强酸、强碱介质中分解。DT_{50}（22℃）：1d（pH4）、约1d（pH＞7）、＞2d（pH9）。

毒性 大鼠急性经口 LD_{50}＞5000mg/kg。大鼠急性经皮 LD_{50}＞5000mg/kg。对兔眼睛和皮肤无刺激性。大鼠急性吸入 LC_{50}（4h）＞0.7mg/L（气溶胶）。NOEL 值（2 年，mg/kg 饲料）：大鼠 50，小鼠 800，狗 1000。ADI 值 0.007mg/kg。日本鹌鹑急性经口 LD_{50}＞5000mg/kg。虹鳟鱼 LC_{50}（96h）1.9mg/L。水蚤 LC_{50}（48h）4.7mg/L。对蜜蜂无害，LD_{50}（经口，70％WP，70％WG）＞100μg/只。蚯蚓 LC_{50}（14d）＞1000μg/kg（干土）（70％WP 和 70％WG）。

应用 丙森锌是一种速效、残效期长、广谱的保护性杀菌剂，对蔬菜、烟草、啤酒花等作物的霜霉病以及番茄和马铃薯的早、晚疫病均有良好的保护作用，并且对白粉病、锈病和葡萄孢属病菌引起的病害也有一定的抑制作用。适用于番茄、白菜、黄瓜、芒果和花卉等作物。防治白菜霜霉病、黄瓜霜霉病、番茄早晚疫病、芒果炭疽病。

合成路线

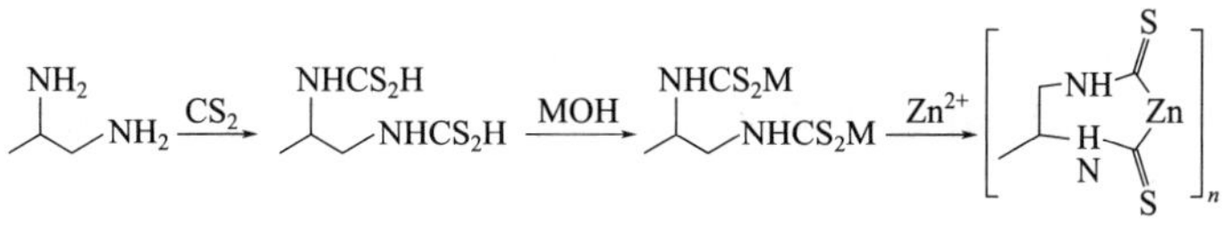

常用剂型　原药规格为 85%、89%。制剂登记主要以可湿性粉剂为主。复配制剂中主要与甲霜灵、霜脲氰、异菌脲、咪酰胺、多菌灵、烯酰吗啉、膦酸铝、苯醚甲环唑、戊唑醇、缬霉威等进行复配。

丙烷脒（propamidine）

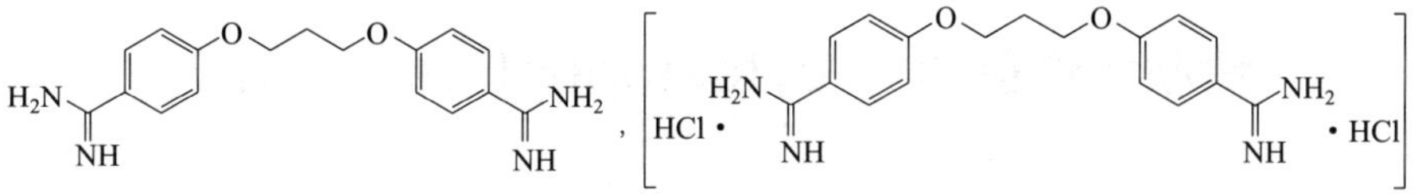

$C_{17}H_{20}N_4O_2$，312.41

其他名称　恩泽霉，Monceren。

化学名称　1,3-二（4-脒基苯氧基）丙烷。

理化性质　原药外观为白色到微黄色固体，熔点 188～189℃，蒸气压<$1.0×10^{-6}$Pa。溶解度（20℃）：水 100g/L、甲醇 150g/L。不溶于苯、甲苯。稳定性：酸性稳定，碱性条件下分解，对光、热稳定。

毒性　大鼠急性经口 LD_{50}（mg/kg）：雄 1470，雌 681。大鼠急性经皮 LD_{50}>4640mg/kg。无致癌、致畸、致突变作用。丙烷脒对鲤鱼 LC_{50} 72.4mg/L；蜜蜂 LD_{50} 为 58.9μg/只；家蚕 LD_{50} 为 114.4mg/kg（桑叶）。

应用　对多种植物病菌具有独特治疗和预防作用，可在植物体内吸收、分布和代谢，具有保护和治疗双重功效。可有效防治番茄、黄瓜、草莓等作物上的灰霉病害。

合成路线

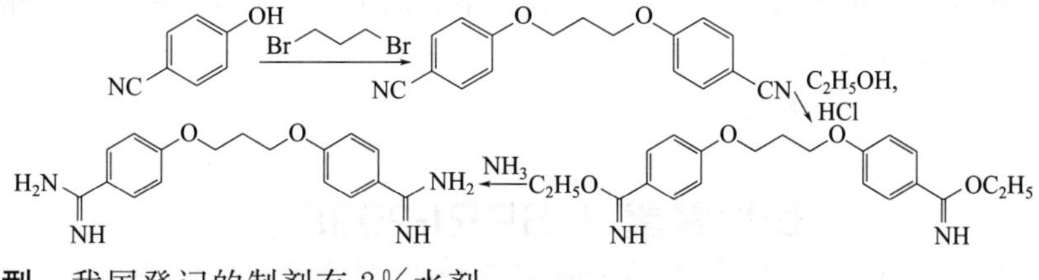

常用剂型　我国登记的制剂有 2% 水剂。

病花灵（piperalin）

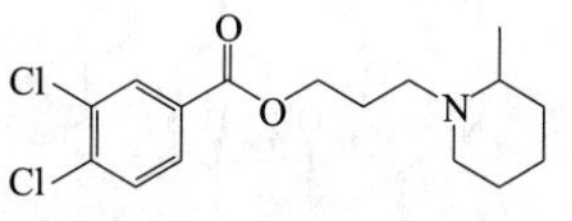

$C_{16}H_{21}Cl_2NO_2$，330.3，3478-94-2

其他名称　Pipron，Benzoic acid，粉病灵，白粉灵，哌啶宁，胡椒灵。

化学名称 3-(2-甲基哌啶子基）丙基-3,4-二氯苯甲酸酯；3-(2-methyl piperidion) propyl 3,4-dichlorobenzoate。

理化性质 本品为琥珀色黏稠液体，沸点 $156 \sim 157℃/0.2mmHg$、$160 \sim 166℃/0.3mmHg$。n_D^{25} $1.5344 \sim 5$。

毒性 大鼠急性经口 LD_{50} 为 2500mg/kg。

应用 防治玫瑰、紫丁香、牡丹、夹竹桃、百日草、菊花和其他观赏植物上的白粉病。

合成路线

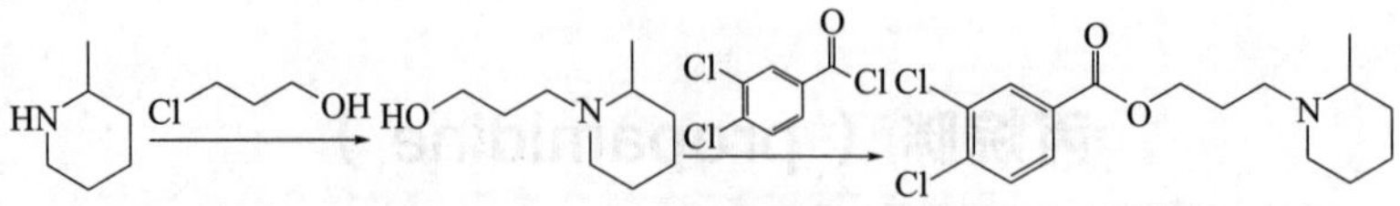

常用剂型 主要有 82.4%液剂。

博联生物菌素（ cytosinpeptidemycin ）

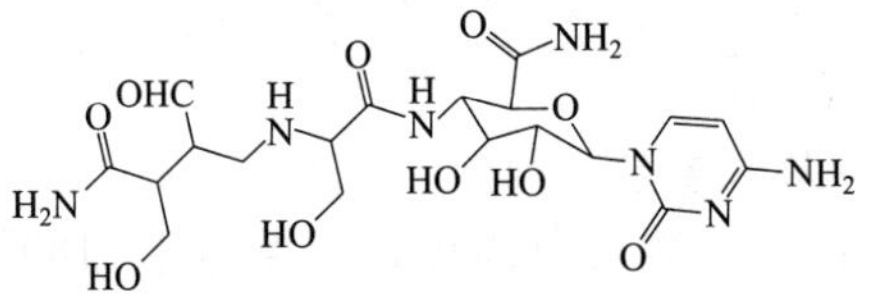

$C_{19}H_{27}N_7O_{10}$, 513.5

其他名称 嘧肽霉素。

化学名称 胞嘧啶核苷肽。

理化性质 由一种链霉菌新变种产生的嘧啶核苷肽类新型抗病毒农用抗生素。外观为稳定的褐色均相液体，无可见的悬浮物和沉淀物。熔点 195℃。对光、热、酸稳定，在碱性状态不稳定。

毒性 大鼠急性经口 LD_{50} 为 4640mg/kg, 对人、畜无刺激，无公害，无致突变、致癌、致畸作用。

应用 本剂为微毒抗植物病毒剂。有抑制蔬菜、瓜果、作物等植物病毒增殖的作用和调节、促进植物生长发育的功能。

常用剂型 主要有 4%水剂。

长川霉素（ SPRI-2098 ）

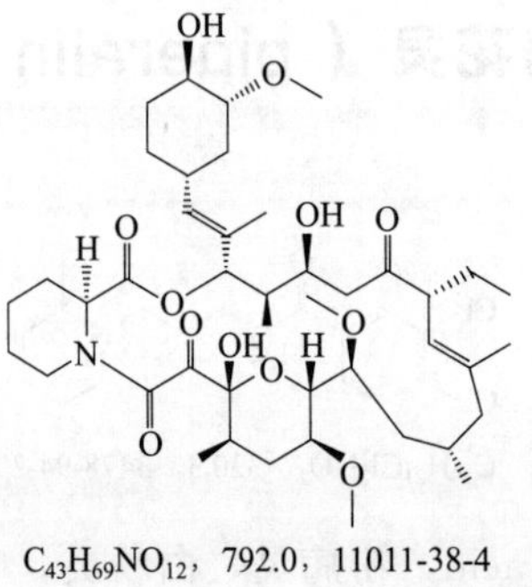

$C_{43}H_{69}NO_{12}$, 792.0, 11011-38-4

388

其他名称　子囊霉素，Ascomycin。

化学名称　8-乙基-3-[2-(4-羟基-3-甲氧环己基)-1-甲基乙烯基]-14,16-二甲烷。

理化性质　外观为白色或淡黄色粉末。熔点163~164℃。溶解于甲醇、乙腈、丙酮、乙酸乙酯等大部分溶剂，微溶于水。

毒性　大鼠急性经口LD_{50}：雄270mg/kg，雌126mg/kg（制剂）。大鼠急性经皮$LD_{50} >$2000mg/kg（制剂）。

应用　长川霉素是从一株链霉菌的培养基中分离获得的，具有良好的抗真菌活性，对玉米小斑病、稻瘟病、炭疽病、白粉病、菌核病和灰霉病等多种植物病害真菌有很好的防治效果。

常用剂型　主要制剂有1%乳油。

成团泛菌 C9-1 菌株

拉丁文名称　*Pantoea agglomerans* strain C9-1。

其他名称　BlightBan C9-1。

理化性质　该药在治疗火疫病方面是链霉素的替代选择。其状态为白色、无臭无味粉末状活体生物型制剂。其质量要求达到1×10^{11}cfu/g。

毒性　低毒。

应用　成团泛菌 C9-1 菌株可用于苹果、梨等苗木的火疫病的防治。通过寄居于花及果树的其他部位，从而使火疫病菌（*Eiwinia amylovora*）无法入侵。

常用剂型　我国未见相关产品登记。

成团泛菌 E 325 菌株

拉丁文名称　*Pantoea agglomerans* strain E 325。

其他名称　Bloomtime。

理化性质　制剂中含7%有效成分。该药与铜基配方不兼容，与链霉素可兼容，可与链霉素共用，防治火疫病。

毒性　低毒。

应用　成团泛菌 E 325 菌株用于防治苹果及梨火疫病。通过竞争营养和分泌酸性物质来抑制火疫病菌（*Eiwinia amylovora*）侵染。

常用剂型　我国未见相关产品登记。

春雷霉素（kasugamycin）

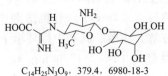

$C_{14}H_{25}N_3O_9$，379.4，6980-18-3

其他名称 Kasugamin, Kasumin, 加收米, 加瑞农, 加收热必, 春日霉素。

化学名称 1L-1,3,4/2,5,6-1-脱氧-2,3,4,5,6-五羟基环己基-2-氨基-2,3,4,6-四脱氧-4-(α-亚氨基甘氨酸基)-α-D-阿拉伯糖基吡喃糖苷或[5-氨基-2-甲基-6-(2,3,4,5,6-五羟基环己基氧基)四氢吡喃-3-基]氨基-α-亚氨基乙酸,1L-1,3,4/2,5,6-1-deoxy-2,3,4,5,6-pentahydroxycyclohexyl-2-amino-2,3,4,6-tetradeoxy-4-(α-iminoglycino)-α-D-arabino-hexopyranoside 或[5-amino-2-methyl-6-(2,3,4,5,6-pentahydroxycyclohexyloxy)tetrahydropyran-3-yl]amino-α-iminoacetic acid;CA:3-O-[2-amino-4-[(carboxyiminomethyl)amino]-2,3,4,6-tetradeoxy-α-D-arabino-hexopyranosyl]。

理化性质 纯品为无色结晶固体,熔点 202～204℃(分解)。相对密度 0.43(25℃),蒸气压 $<1.3\times10^{-8}$Pa(25℃)。分配系数 $K_{ow}\lg P<1$,Henry 常数 $<4.51\times10^{-11}$Pa·m³/mol(计算值)。溶解度(mg/L,25℃):水 125000,甲醇 2.76,丙酮、二甲苯 <1。室温条件下非常稳定,在弱酸性条件下稳定,但在强酸和碱性条件下不稳定。DT_{50}(50℃):47d(pH5)、14d(pH9)。

毒性 大鼠急性经口 $LD_{50}>5000$mg/kg。兔急性经皮 $LD_{50}>2000$mg/kg。对兔皮肤和眼睛无刺激。大鼠急性经皮 $LD_{50}>2000$mg/kg。无致畸、致突变、致癌作用。NOEL 数据 [mg/(kg·d)]:大鼠(90d)4.24,小鼠(90d)62.4,狗(90d)1.3,狗(1年)1.2,小鼠(1年)95.6,大鼠(1年)1.62。

应用 具有保护、治疗及较强的内吸活性,是防治蔬菜、瓜果和水稻等作物的多种细菌和真菌病害的理想药剂。渗透性强并能在植物体内移动,喷药后见效快,耐雨水冲刷,持效期长,且能使施药后的瓜类叶色浓绿并延长收获期。适宜作物有黄瓜、水稻、马铃薯、芹菜、菜豆、柑橘、果树。可防治水稻稻瘟、马铃薯和胡萝卜细菌病害、黄瓜角斑病、番茄叶霉病。

常用剂型 原药登记规格有 55%、65%;制剂主要有可湿性粉剂、水剂、液剂等,如 2%水剂、2%液剂、4%可湿性粉剂、6%可湿性粉剂;可与咪鲜胺锰盐、王铜、三环唑、稻瘟灵、多菌灵等复配。

哒菌酮（diclomezine）

$C_{11}H_8Cl_2N_2O$,255.10,62865-36-5

其他名称 哒菌清, 达灭净, Monguard, F 850, SF 7531。

化学名称 6-(3,5-二氯-4-甲苯基)-3-(2H)-哒嗪酮;6-(3,5-dichloro-4-methylphenyl)-3-(2H)-pyridazinone。

理化性质 纯品哒菌酮为无色结晶状固体,熔点 250.5～253.5℃。蒸气压 $<1.3\times10^{-2}$ mPa(60℃)。水中溶解度(25℃)0.74mg/L。有机溶剂中的溶解度(23℃,g/L):甲醇 2.0,丙酮 3.4。在光照下缓慢分解。在酸、碱和中性环境下稳定。可被土壤颗粒稳定吸附。

毒性 哒菌酮原药大鼠急性经口 $LD_{50}>12000$mg/kg。大鼠急性经皮 $LD_{50}>5000$mg/kg。对兔皮肤和眼睛无刺激作用。大鼠急性吸入 LC_{50}(4h)0.82mg/L。两年喂养试验无作用剂量：雄大鼠 98.9mg/(kg·d)，雌大鼠 99.5mg/(kg·d)。无致畸和致突变作用。山齿鹑和野鸭饲喂 LC_{50}（8d）＞7000mg/L 饲料。山齿鹑急性经口 LD_{50}＞3000mg/kg。鲤鱼 LC_{50}（48h）＞300mg/L。水蚤 LC_{50}（5h）＞300mg/L。蜜蜂 LD_{50}（口服和接触）＞100μg/只。

应用 哒菌酮为日本三共公司于 1976 年开发的一种具有治疗和保护性的哒嗪酮类杀菌剂，适用于水稻、花生、草坪等，主要用于防治水稻纹枯病和各种菌核病、花生的白霉病和菌核病等；使用剂量 360～480（a.i.）/hm²。

合成路线 琥珀酸酐与甲苯进行 Friedel-Crafts 反应，然后于低温氯化生成 4-甲基-3,5-二氯苯甲酰丙酸，再于 50℃氯化，最后与肼反应生成哒菌酮。

常用剂型 目前我国未见相关产品登记。常用制剂有 1.2％粉剂，2％、5％颗粒剂，20％悬浮剂，20％可湿性粉剂等。

代森铵（amobam）

$C_4H_{14}N_4S_4$，246.62，356610-7

其他名称 铵乃浦，Dithane，Stainless，Amoban，Chem-o-Bam。

化学名称 亚乙基双二硫代氨基甲酸铵；diammonirm ethytene bisdithiocarbamate。

理化性质 纯品为无色结晶，工业品为淡黄色液体，呈中性或弱碱性，有臭鸡蛋味。熔点 72.5～72.8℃。易溶于水，微溶于乙醇、丙酮，不溶于苯等。化学性质较稳定，超过 40℃的高温以后易分解。

毒性 LD_{50}（mg/kg）：大鼠经口 450。鱼毒 TLm（48h）：鲤鱼＞40mg/L，水虱8.7mg/L。允许残留：果实 0.4mg/kg，茶 2.0mg/kg。对人的皮肤有刺激性。对人、畜低毒。

应用 代森铵属有机硫制剂。代森铵防治病害主要是起保护作用，因药液能渗入植物表皮，又兼有治疗作用。对多种作物真菌性病害有效，可作种子处理、叶面喷雾、土壤处理、农用器材的消毒等。防治水稻白叶枯病、纹枯病、稻瘟病，玉米大、小斑病，橡胶条溃疡病，甘蔗黑斑病，棉花炭疽病、立枯病等；防治蔬菜苗期立枯病、猝倒病；防治瓜类枯萎病、茄果类青枯病；防治蔬菜霜霉病、白粉病、疫病、叶斑病。

合成路线

常用剂型 主要有 45%水剂、20%悬浮剂，可与多菌灵复配。

代森环 （ milneb ）

C_{12}H_{22}N_4S_4，350.598，3773-49-7

其他名称 Sanipa，Banlate，Dupont 328。

化学名称 4,4′,6,6′-四甲基-3,3′-亚乙基二-1,3,5-噻二嗪烷二硫酮；4,4′,6,6′-tetramethyl-3,3′-ethyllenedi-1,3,5-thiadiazine-2-thione。

理化性质 纯品为无色结晶，原药为黄色或灰白色粉末，在 160℃以上分解。溶解度 (20℃)：水<0.1mg/L，二氯甲烷、己烷、甲苯<0.1mg/L。干燥、低温条件贮存稳定。

毒性 大鼠急性经口 LD_{50} 5000mg/kg。

应用 广谱性杀菌剂，对蔬菜病害防效好。与代森系列其他品种相比，除药效高外，还能刺激植物生长。对多种病害有良好防治效果，主要用于防治蔬菜、果树、烟草、麦类、水稻等作物上的藻菌纲和半知菌类所引起的霜霉病、斑病、疫病、赤霉病等。

合成路线

常用剂型 目前我国未见相关产品登记。常用制剂有 50%、70%、75%、80%可湿性粉剂。

代森联 （ metriam ）

(C_{16}H_{33}N_{11}S_{16}Zn_3)_x，(1088.8)_x，9006-42-2

其他名称 品润，代森连。

化学名称 亚乙基双二硫代氨基甲酸锌聚（亚乙基秋拉姆二硫化物）。

理化性质 纯品为白色粉末，原药为灰白色或淡黄色粉末，150℃下分解，工业品含量 95%以上，蒸气压<0.010mPa（20℃），分配系数 $K_{ow} \lg P = 0.3$（pH7），Henry 常数

$<5.4\times10^{-3}$ Pa・m³/mol（计算值），相对密度 1.860（20℃）。难溶于水，不溶于大多数有机溶剂，但能溶于吡啶中并分解。对光、热、潮湿不稳定，易分解出二硫化碳，遇碱性物质或铜、汞等物质均易分解放出二硫化碳而减效。水解 DT_{50} 17.4h（pH7）。

毒性 急性经口 $LD_{50}>5000$ mg/kg。大鼠急性经皮 $LD_{50}>2000$ mg/kg。大鼠吸入毒性 LC_{50}（4h）>5.7 mg/L（空气）。无作用剂量 [mg/(kg・d)，2 年]：大鼠 3.1。鹌鹑 $LD_{50}>2150$ mg/kg。鱼类 LC_{50}（96h）：虹鳟鱼 0.33mg/L（测量平均值）。水蚤 LC_{50}（48h）0.11mg/L（测量平均值）。藻类 EC_{50}（4d）0.3mg/L。蜜蜂 LD_{50}（接触，经口）$>80\mu$g/只。蚯蚓 LC_{50}（14d）>1000 mg/L。

应用 保护性杀菌剂，对卵菌纲真菌引起的各种病害有很好的防效。代森联使用范围非常广泛，常应用于番茄、茄子、辣椒等茄果类蔬菜，黄瓜、甜瓜、西瓜、苦瓜等瓜类，十字花科蔬菜，芹菜、洋葱、大葱、蒜、芦笋等蔬菜，苹果、梨、葡萄、桃、杏、李、柑橘、香蕉、草莓、芒果等果树，花生、大豆等，马铃薯、烟草、大田作物、花卉等；对早疫病、晚疫病、疫病、霜霉病、黑胫病、叶霉病、叶斑病、紫斑病、斑枯病、褐斑病、黑斑病、黑星病、疮痂病、炭疽病、轮纹病、斑点落叶病、锈病等多种真菌性病害均具有很好的预防效果。由于其杀菌范围广，不易产生抗性。防治效果明显优于其他同类杀菌剂，所以在国际上用量一直是大吨位产品。代森联含有一定量的锌离子，防治病害的同时还具有一定的补锌作用。

合成路线

常用剂型 主要制剂有 65％、70％可湿性粉剂，70％水分散粒剂，以及与吡唑醚菌酯复配的 60％水分散粒剂。

代森锰锌（mancozeb）

$(C_4H_6N_2S_4Mn)_xZn_y$，330.67，8018-01-7

其他名称 叶斑青，百乐，大生，速克净，新万生，喷克，大富生，大丰，Manzeb，Carmazine，Dumate，Trimanin Dithane M 45。

化学名称 1,2-亚乙基双二硫代氨基甲酰锰和锌离子的配位化合物；mangaese ethylenebis（dithocarbamate）（polymeric）complex with zinc salt。

理化性质 ISO 确定的代森锰锌组成是代森锰与锌组成的配位化合物，其中含有 20％锰和 2.55％锌，并申明有盐的存在（如氯化代森锰盐）。原药为灰黄色粉末，熔点 192～

204℃（分解），分解时放出二硫化碳等有毒气体；相对密度1.92。水中溶解度（pH7.5，25℃）6.2mg/L。不溶于大多数有机溶剂。在正常、干燥条件下贮存稳定。水解（25℃）DT_{50}：20d（pH5）、17h（pH7）、34h（pH9）。

毒性　急性经口LD_{50}（mg/kg）：大鼠10000（雄），小鼠＞7000。急性经皮LD_{50}（mg/kg）：大鼠＞10000，兔＞5000。对兔眼睛具有严重刺激性，对兔皮肤中等刺激性。大鼠急性吸入LC_{50}（4h）＞5.14mg/L。ADI值0.03mg/kg（代森锰、代森联和代森锌）。10d饲养试验无致死剂量：野鸭6400mg/(kg·d)，日本鹌鹑3200mg/(kg·d)。鱼毒LC_{50}（48h，mg/L）：金鱼9.0，虹鳟鱼2.2，鲤鱼4.0。蜜蜂LD_{50}0.193mg/只。以16mg/kg剂量饲喂大鼠90d，未发现异常现象。对动物无致畸、致突变、致癌作用。

应用　代森锰锌于1961年由美国罗门哈斯公司与杜邦公司开发，是目前我国杀菌剂主要品种之一。代森锰锌广谱、低毒，属于保护性有机硫杀菌剂，对藻菌纲的疫霉属、半知菌类的尾孢属、壳二孢属等引起的多种植物病害以及各种作物的叶斑病、花腐病等均有良好的防治效果。

合成路线

常用剂型　代森锰锌目前在我国原药登记有85％、88％、90％等规格；制剂登记剂型主要以可湿性粉剂为主，另外还有水分散粒剂、烟剂、悬浮剂等剂型。复配制剂登记主要与甲基硫菌灵、烯唑醇、烯酰吗啉、甲霜灵、多抗霉素、苯醚甲环唑、氟硅唑、噁霜灵、霜脲氰、福吗啉、多菌灵、福美双、三唑酮、乙膦铝、腈菌唑、百菌清、硫黄、精甲霜、异菌脲、波尔多液、吗啉噁酮等进行复配。主要制剂有80％可湿性粉剂、70％水分散粒剂、30％悬浮剂。

代森锌（zineb）

$C_4H_6N_2S_4Zn$，276.78，12122-67-7

其他名称　锌乃浦，培金，Parzate Zineb，Aspor，ZEB，Dipher，Dithane Z 78。

化学名称　亚乙基双-(二硫代氨基甲酸)锌；zinc ethylene-1,2-bisdithiocarbamate。

理化性质　纯品代森锌为白色粉末，工业品为灰白色或淡黄色粉末，有臭鸡蛋味；难溶于水，除吡啶外，不溶于大多数有机溶剂；对光、热、潮湿不稳定，易分解放出二氧化碳；在温度高于100℃时分解自燃，在酸、碱性介质中易分解，在空气中缓慢分解。

毒性　代森锌原药急性LD_{50}（mg/kg）：大鼠经口＞5000、经皮＞2500。对皮肤黏膜有刺激作用。以2000mg/kg剂量饲喂狗一年，未发现异常现象。对动物无致畸、致突变、致癌作用。对植物安全，不易引起药害。

应用 代森锌是早期使用的杀菌剂之一，1943 年由美国罗门哈斯公司开发。代森锌广谱、低毒，属于保护性有机硫杀菌剂，用于防治多种作物的许多病害，如麦类锈病、赤霉病、水稻稻瘟病、白叶枯病，苹果和梨的赤星病、黑点病、花腐病，葡萄霜霉病、黑豆病，桃树的炭疽病，黄瓜的霜霉病，烟草立枯病，甜菜褐斑病等。

合成路线 代森钠与硫酸锌反应即可制得代森锌。其中代森钠的合成有一步法和两步法。两步法有利于控制副产物三硫代碳酸钠的生成，产品质量好、收率较高，国内多采用此法：在 25～35℃往乙二胺中滴加二硫化碳，之后继续搅拌 0.5h，再于 35℃左右滴加氢氧化钠，控制 pH≤9，之后继续搅拌 1h。

常用剂型 代森锌目前在我国原药登记规格为 90％、95％；制剂登记中主要剂型有可湿性粉剂、水分散粒剂等，主要制剂有 80％可湿性粉剂；复配制剂主要与甲霜灵、乙膦铝、王铜等进行复配。

稻丰宁（KF 1501）

$C_8H_3Cl_5O_2$, 308.4, 1441-02-7

其他名称 Rabkon。

化学名称 醋酸五氯苯酯，pentachorophenyl acetate。

理化性质 原药为针状结晶（从乙醇中结晶）或单斜晶系柱状结晶，熔点 151～152℃，易升华，在水中仅溶解 0.7mg/L，易溶于热乙醇。在 100℃以下稳定，遇酸稳定，在碱性条件下 120℃长时间加热时水解。

毒性 对鹌鹑经口中毒 LD_{50} 为 5000mg/kg，鱼毒 TLm（幼鲤 48h）为 8.6mg/L。不刺激皮肤。

应用 稻丰宁是保护性杀菌剂，500mg/L 对水稻稻瘟病有效。

合成路线

常用剂型 主要制剂有 50％可湿性粉剂、50％乳油、4％粉剂。

稻可丰 （ cereton A ）

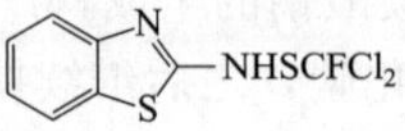

$C_8H_5Cl_2FN_2S_2$，283.2

其他名称 Cereton A，Bayer 5467。

化学名称 N-氟二氯甲硫基-2-氨基苯并噻唑；N-fluorodichloromethylsulfenyl-2-ami-nobenzothiazole。

应用 用于防治稻瘟病。用含有效成分 400～600mg/L 喷雾液，其效果等于汞剂；粉剂的用量为 3～4kg/10hm²。

合成路线

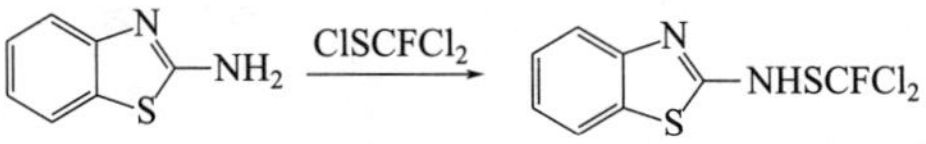

常用剂型 稻可丰可加工成粉剂和可湿性粉剂。

稻瘟醇 （ blastin ）

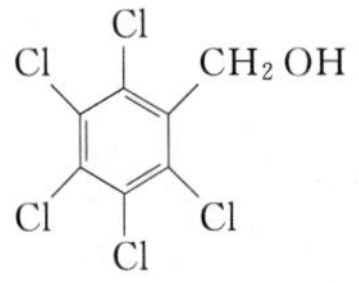

$C_7H_3Cl_5O$，280.4，16022-69-8

其他名称 PCBA。

化学名称 五氯苄醇，pentachlorobenzyl alcohol。

理化性质 原药为灰色或灰褐色粉末，含量 80％～85％。熔点 193℃。溶解度（25℃，mg/L）：二甲苯 3350、灯油 32.6、丙酮 6418，在水中不溶。

毒性 鼷鼠经口急性中毒 LD_{50} 为 3600mg/kg。溶液浓度在 10mg/L 时对幼鲤无害。对人的眼鼻无刺激性。

应用 500mg/L 防稻瘟病有很好的效果，残效期长，特别对穗稻瘟效果好。因稻瘟醇能发生药害，现已停用。

合成路线

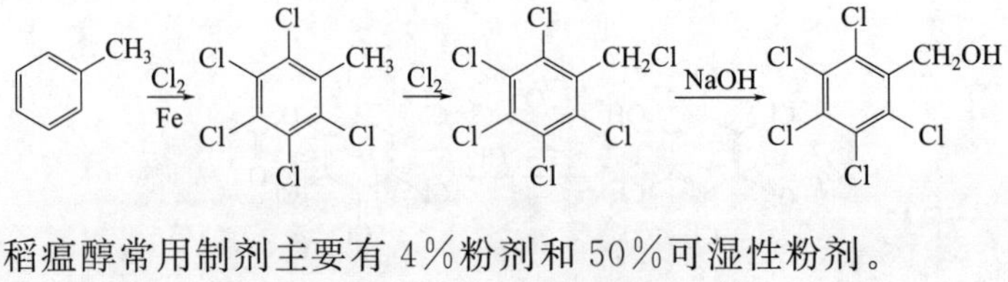

常用剂型 稻瘟醇常用制剂主要有 4％粉剂和 50％可湿性粉剂。

稻瘟净（kitazinc）

$$\begin{array}{c} C_2H_5O \\ \diagdown \\ P-SCH_2Ph \\ \diagup \quad \parallel \\ C_2H_5O \quad O \end{array}$$

$C_{11}H_{17}O_3PS$，260.3，13266-32-3

其他名称　喜乐松，Kitazin，Kitazine。

化学名称　O,O-二乙基-S-苄基硫代磷酸酯；O,O-diethy-S-benzylphosphorothiolate。

理化性质　纯品为无色透明液体，原药为淡黄色液体，稍有特殊臭味。沸点 120～130℃（3.3～20Pa）。蒸气压为 0.0099mPa（20℃）。相对密度 1.5258，折射率 n_D^{20} 1.1569，闪点 25～32℃。易溶于乙醇、乙醚、二甲苯、环己酮等有机溶剂，难溶于水。对光较稳定，遇碱性物质易分解，高温易分解。

毒性　大鼠急性经口 LD_{50} 238mg/kg。大鼠急性经皮 LD_{50} 570mg/kg。蓄积毒性低，大鼠 90d 饲喂无作用剂量为 5mg/kg。对鱼、贝类无药害，对兔眼睛和皮肤无刺激作用。

应用　对植物有内吸传导作用，可阻止菌丝生长和孢子形成，兼有预防和治疗作用，主要用于防治稻瘟病。对水稻苗瘟、叶瘟均有较好的疗效。

合成路线　与异稻瘟净合成相似。过程 2 分"钠盐法"和"铵盐法"，操作和成本接近。

$$CH_3CH_2OH \xrightarrow[1]{PCl_3} \begin{array}{c} C_2H_5O \\ \diagdown \\ \diagup \\ C_2H_5O \end{array}\!\!P-OH \xrightarrow{2} \begin{array}{c} C_2H_5O \quad O \\ \diagdown \parallel \\ P-SNa/NH_4 \\ \diagup \\ C_2H_5O \end{array}$$

$$\xrightarrow[\quad]{3\;\; ClCH_2Ph}$$

$$\begin{array}{c} C_2H_5O \quad O \\ \diagdown \parallel \\ P-Cl \\ \diagup \\ C_2H_5O \end{array} \xrightarrow[4]{HSCH_2Ph} \begin{array}{c} C_2H_5O \quad O \\ \diagdown \parallel \\ P-SCH_2Ph \\ \diagup \\ C_2H_5O \end{array}$$

常用剂型　常用制剂是 40％乳油，其他剂型还有粉剂和乳剂等。

稻瘟灵（isoprothiolane）

$$\begin{array}{c} S \\ \diagup \quad \diagdown \\ \quad\quad C=C \begin{array}{l} CO_2CH(CH_3)_2 \\ CO_2CH(CH_3)_2 \end{array} \\ \diagdown \quad \diagup \\ S \end{array}$$

$C_{12}H_{18}O_4S_2$，290.4，50512-35-1

其他名称　富士一号，异丙硫环，Fuji-One，NNF 109，Fudiolan，SS 11946。

化学名称　1,3-二硫戊环-2-亚基丙二酸二异丙酯；diisopropyl-1,3-dithiolan-2-ylidene-malonate。

理化性质　纯品稻瘟灵为无色、无臭晶体，原药为略带刺激性气味的黄色固体。熔点 54～54.5℃（原药 50～51℃），沸点 167～169℃（66.7Pa）。蒸气压 18.8mPa（25℃）。分配系数 $K_{ow}\lg P = 3.3$（25℃）。Henry 常数 0.1Pa·m^3/mol（计算值）。相对密度 1.044。水中溶解度（25℃）54mg/L。有机溶剂溶解度（25℃，g/kg）：甲醇 1510，乙醇 760，丙酮 4060，氯仿 4130，苯 2770，正己烷 10。稳定性：对酸、碱、光和热稳定。

毒性　稻瘟灵原药急性经口 LD_{50}（mg/kg）：大白鼠 1190（雄）、1340（雌），雄小鼠 1340。大鼠急性经皮 LD_{50}＞10250mg/kg。对兔皮肤无刺激性，对兔眼睛有轻微刺激性。大鼠急性吸入 LC_{50}（4h）＞2.7mg/L。Ames 试验无致突变作用。对大鼠繁殖无影响。急性经口 LD_{50}（mg/kg）：雄日本鹌鹑 4710，雌日本鹌鹑 4180。鱼毒 LC_{50}（48h，mg/L）：虹鳟鱼 6.8，鲤鱼 6.7。水蚤 LC_{50}（3h）62mg/L。NOEL 数据 [2 年，mg/(kg·d)]：雄大鼠 10.9，雌大鼠 12.6。蜜蜂急性经口和接触毒性 LD_{50}＞100μg/只。蚯蚓 LC_{50}（14d）440mg/kg（土壤）。

　　应用　稻瘟灵为日本农药株式会社 1968 年开发的一种高效、低毒、渗透性很强的有机硫杀菌剂，对稻瘟病有很好的预防和治疗作用，对菌核病、云纹病也有良好的防治效果。

　　合成路线　以氯乙酸为起始原料，制得丙二酸二异丙酯后在氢氧化钠存在下与二硫化碳于室温发生缩合反应，然后与二氯乙烷于 40～60℃缩合成环。

　　常用剂型　稻瘟灵目前在我国原药登记规格有 80％、95％、98％。制剂登记剂型主要有乳油、可湿性粉剂、微乳剂等；40％乳油、40％可湿性粉剂、40％泡腾粒剂、30％展膜油剂等。主要复配对象有咪鲜胺、己唑醇、异稻瘟净、噁霉灵、甲霜灵、福美双、硫黄、春雷霉素等。

稻瘟清（oryzone）

$C_8H_2Cl_5NO$，305.4

　　其他名称　oryzone，PCMN。

　　化学名称　五氯苯乙醇腈；pentachloromandelonitrile。

　　理化性质　原药为白色结晶粉末，熔点 189℃，不溶于水，难溶于苯、二甲苯，可溶于丙酮、乙醇和醋酸乙酯。对自然界环境条件（紫外线、pH、雨露等）稳定。

　　毒性　鼷鼠经口急性中毒 LD_{50} 为 3000mg/kg。对皮肤无刺激性。鲤鱼 20.5～22℃以下接触 48h，TLm 值为 7.57mg/L。

　　应用　可预防稻瘟病。稻瘟清有一定的渗透作用，持效期较长。

　　合成路线

常用剂型 稻瘟清常用制剂主要有 3％粉剂和 50％可湿性粉剂。

稻瘟酰胺（fenoxanil）

$C_{15}H_{18}Cl_2N_2O_2$，329.2，115852-48-7

其他名称 Achieve，Achi-Bu，Helmet。

化学名称 N-(1-腈基-1,2-二甲基丙基)-2-(2,4-二氯苯氧基）丙酰胺；N-(1-cyano-1,2-dimethylpropyl)-2-(2,4-dichlorophenoxy) propionamide。

理化性质 纯品为白色固体。熔点 69.0～71.5℃，蒸气压（25℃）（0.21±0.021）×10^{-4}mPa。分配系数 $K_{ow}\lg P$=3.53±0.02（25℃），相对密度 1.23（20℃）。水中溶解度为（30.7±0.3）×10^{-3}g/L（20℃）。易溶于大多数有机溶剂。

毒性 急性经口 LD_{50}（mg/kg）：雄大鼠>5000，雌大鼠 4211，小鼠>5000。大鼠急性经皮 LD_{50}>2000mg/kg。对皮肤和眼睛均无刺激性（兔）。对豚鼠皮肤无致敏性。大鼠吸入毒性 LC_{50}（4h）>5.18mg/L。NOEL 数据［mg/(kg·d)］：狗 1（1 年）；雄大鼠 0.698，雌大鼠 0.857。无致突变、致畸作用。鹌鹑急性经口 LD_{50}>2000mg/kg。鲤鱼 LC_{50}（96h）10.2mg/L。水蚤 EC_{50}（48h）6.0mg/L。羊角月牙藻 EC_{50}（72h）>7.0mg/L。蚯蚓 LC_{50}（14d）71mg/kg（土壤）。

应用 主要用于水稻稻瘟病，包括叶瘟和穗瘟。对水稻穗瘟病防效优异。茎叶处理，耐雨水冲刷性能佳，持效期长，这都源于氰菌胺良好的内吸活性，用药后 14d 仍可保护新叶免受病害侵染。抑制继发性感染，在水稻抽穗前 5～30d 水中施药，施药后氰菌胺的活性可持续 50～60d，或持续到水稻抽穗后 30～40d。药效不受环境和土壤如渗水田的影响。适用范围广，且使用方便，既可撒施，也可灌施，还可茎叶喷雾。

合成路线

常用剂型 稻瘟酰胺在我国登记的主要制剂有 20％、40％悬浮剂和 20％可湿性粉剂。

稻瘟酯（pefurazoate）

CH_3CH_2—CH—$CO_2(CH_2)_3$CH =CH_2

$C_{18}H_{23}N_3O_4$，345.4，101903-30-4

其他名称 净种灵，Healthied，UHF 8615，UR 0003。

化学名称 N-糠基-N-咪唑-1-基羰基-DL-高丙氨酸（戊-4-烯）酯或 N-(呋喃-2-基）甲

基-N-咪唑-1-基羰基-DL-高丙氨酸（戊-4-烯）酯；4-pentenyl-N-furfuryl-N-imidazol-1-yl-carbonyl-DL-homoalaninate。

理化性质 纯品稻瘟酯为淡棕色液体，沸点 235℃（分解）。相对密度（20℃）1.152。蒸气压 0.648mPa（23℃）。分配系数 $K_{ow} \lg P = 3$。水中溶解度 0.443g/L（25℃）。在有机溶剂中溶解度（25℃，g/L）：正己烷 12.0，环己烷 36.9，二甲亚砜、乙醇、丙酮、乙腈、氯仿、乙酸乙酯、甲苯＞1000。稳定性：40℃放置 90d 后分解 1％，在酸性介质中稳定，在碱性和阳光下稍不稳定。

毒性 稻瘟酯原药大鼠急性经口 LD_{50}（mg/kg）：981（雄）、1051（雌）。小鼠急性经口 LD_{50}（mg/kg）：1299（雄）、946（雌）。大鼠急性经皮 LD_{50}＞2000mg/kg。大鼠急性吸入 LC_{50}（4h）＞345mg/L。对兔眼睛有轻微刺激性，对兔皮肤无刺激性，对豚鼠皮肤无过敏性。日本鹌鹑急性经口 LD_{50} 2380mg/kg。鸡急性经口 LD_{50} 4220mg/kg。鱼毒 LC_{50}（48h，mg/L）：鲤鱼 16.9，青鳉鱼 12，鲫鱼 20.0，雅罗鱼 16.5，虹鳟鱼 4.0，太阳鱼 12.0，泥鳅 15.0。蜜蜂（局部施药）LD_{50}＞100μg/只。

应用 稻瘟酯属于麦角甾醇生物合成抑制剂，由日本北兴化学工业公司和日本宇部兴产工业公司共同开发的广谱、高效咪唑类杀菌剂，1984 年申请专利。对众多的植物真菌具有较高活性，其中包括子囊菌纲、担子菌纲和半知菌类；对水稻恶苗病、稻瘟病及胡麻叶斑病等病害有特效。

合成路线 N-(1-戊-4-烯氧基羰基丙基)-N-糠基氨基甲酰氯溶解在 DMF 中，加入咪唑和碳酸钾，于 70℃搅拌反应 1h。

常用剂型 稻瘟酯目前在我国未见相关产品登记。常用制剂有 20％可湿性粉剂，其他剂型有乳油、悬浮剂等。

敌磺钠（fenaminosulf）

$C_8H_{10}N_3NaO_3S$，251.2，140-56-7

其他名称 敌克松，地可松，地爽，diazoben，Dexon，Lesan，Bayer 5072，Bayer 22555。

化学名称 对二甲氨基苯重氮磺酸钠；sodium-p-dimethylaminobenzenediazosulfphonate。

理化性质 纯品为淡黄色结晶。工业品为黄棕色无味粉末，约 200℃分解。25℃水中溶解度为 20～30g/L；溶于高极性溶剂，如二甲基甲酰胺、乙醇等，不溶于苯、乙醚、石油。水溶液呈深橙色，见光易分解，可加亚硫酸钠使之稳定，在碱性介质中稳定。

毒性 属中等毒性杀菌剂。纯品大鼠急性经口 LD_{50} 75mg/kg，豚鼠急性经口 LD_{50} 150mg/kg。大鼠急性经皮 LD_{50}＞100mg/kg。LC_{50}：鲤鱼 1.2mg/L，鲫鱼 2mg/L。对皮肤有刺激作用。95％敌克松可溶性粉剂雄性大鼠急性经口 LD_{50} 68.28～70.11mg/kg，雌大鼠

经口 LD_{50} 66.53mg/kg。75%敌克松可溶性粉剂雄大鼠经口 LD_{50} 75.86～77.86mg/kg，雌大鼠经口 LD_{50} 73.89mg/kg。

应用 是较好的种子和土壤处理剂，具有一定内吸渗透作用，主要用于蔬菜、棉花、烟草、水稻等作物的种子处理和土壤处理，兼有一定的治疗作用。防治稻瘟病、稻恶苗病、锈病、猝倒病、白粉病、疫病、黑斑病、炭疽病、霜霉病、立枯病、根腐病和茎腐病，以及粮食作物的小麦网腥黑穗病、腥黑穗病。

合成路线

常用剂型 敌磺钠目前在我国原药登记规格为 90%，制剂登记中主要剂型有可湿性粉剂、可溶性粉剂、湿粉、粉剂等剂型，复配对象有福美双、甲霜灵、硫黄等。

敌菌丹（captafol）

$C_{10}H_9Cl_4NO_2S$，376.2，2425-06-1

其他名称 Difolatan, Foltaf。

化学名称 N-(1,1,2,2-四氯乙硫基) 环己-4-烯-1,2-二甲酰亚胺；N-(1,1,2,2-tetrachloroethylthio) cyclohex-4-ene-1,2-dicarboximide 或 3a,4,7,7a-tetrahydro-N-(1,1,2,2-tetrachloroethanesulfenyl) phthalimide；CA: 3a,4,7,7a-tetrahydro-2-[(1,1,2,2-tetrachloroethyl) thio]-1H-isoindole-1,3 (2H)-dione。

理化性质 纯品为无色或淡黄色固体（工业品为具有特殊气味的亮黄褐色粉末），熔点 160～161℃。蒸气压可忽略不计。分配系数 $K_{ow} lgP = 3.8$。溶解度（20℃，g/L）：水 0.0014，异丙醇 13，苯 25，甲苯 17，二甲苯 100，丙酮 43，甲乙酮 44，二甲亚砜 170。在乳状液或悬浮液中缓慢分解，在酸性和碱性介质中迅速分解，温度为熔点时缓慢分解。

毒性 大鼠急性经口 LD_{50} 5000～6200mg/kg。兔急性经皮 LD_{50} >15400mg/kg。对兔皮肤中度刺激，对眼睛重度损伤。吸入毒性 LC_{50}（4h，mg/L）：雄大鼠>0.72，雌大鼠0.87（工业品）。粉尘能引起呼吸系统损伤。每日用 500mg/L 对大鼠或以 100mg/kg 剂量对狗经两年饲养试验均没有产生中毒现象。饲喂 LC_{50} [10d，mg/(kg·d)]：家鸭>23070，野鸭>101700。鱼毒 LC_{50}（96h，mg/L）：大翻车鱼 0.15，虹鳟鱼 0.5，金鱼 3.0。水蚤 LC_{50}（48h）3.34mg/L。对蜜蜂无害。

应用 是一种多作用点的广谱、保护性杀菌剂。适宜作物有蔬菜、果树和经济作物。可防治果树、蔬菜和经济作物的根腐病、立枯病、霜霉病、疫病和炭疽病。防治番茄叶和果实病害，马铃薯枯萎病，咖啡、仁果病害以及防治其他农业、园艺和森林作物病害，也可作为木材防腐。

合成路线

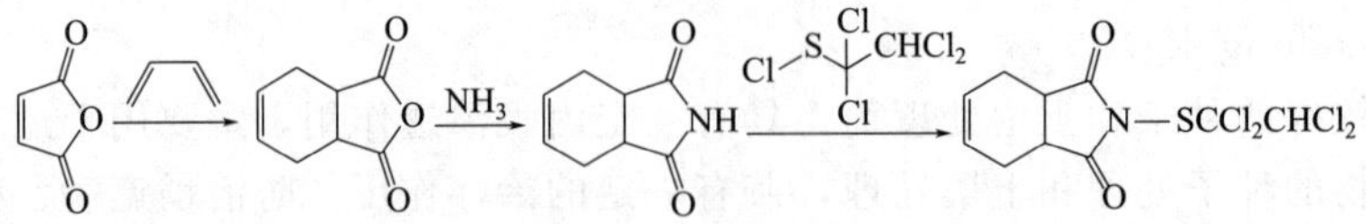

常用剂型 敌菌丹目前在我国未见相关产品登记。常用制剂主要有80％可湿性粉剂。

敌菌灵（anilazine）

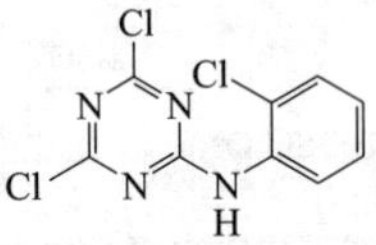

$C_9H_5Cl_3N_4$，275.52，101-05-3

其他名称 防霉灵，代灵，Dyrene，Kemate，Triasyn，Direz。

化学名称 2,4-二氯-6-(2-氯代苯氨基)均三氮苯；2,4-dichloro-6-(2-chloroanilino)-S-triazine。

理化性质 白色至黄色结晶，熔点159～160℃（从苯与环己烷混合溶剂中析出结晶），20℃蒸气压为0.826μPa。不溶于水。但易水解。30℃时在100mL有机溶剂中的溶解度：氯苯6g，苯5g，二甲苯4g，丙酮10g。常温下贮存2年，有效成分含量变化不大。敌菌灵在中性和弱酸性介质中较稳定，在碱性介质中加热会分解。

毒性 属低毒杀菌剂。原粉对大鼠急性经口LD_{50}＞5000mg/kg，对兔急性经皮LD_{50}＞9400mg/kg，长时间与皮肤接触有刺激作用。在试验条件下，未见致癌作用。对大鼠经口无作用剂量为5000mg/kg。鱼毒LC_{50}：虹鳟150mg/kg（48h），蓝鳃＜1000mg/kg（96h）。鹌鹑LD_{50}＞2000mg/kg。对蜜蜂无毒。

应用 主要用于叶面喷雾。防治黄瓜霜霉病、水稻稻瘟病、烟草赤星病、番茄斑枯病等。对交链孢属、尾孢属、葡柄霉属、葡萄孢属等真菌特别有效。对水稻瘟病，胡麻叶斑病，瓜类炭疽病、霜霉病、黑星病，烟草赤星病，番茄斑枯病等有效。

合成路线

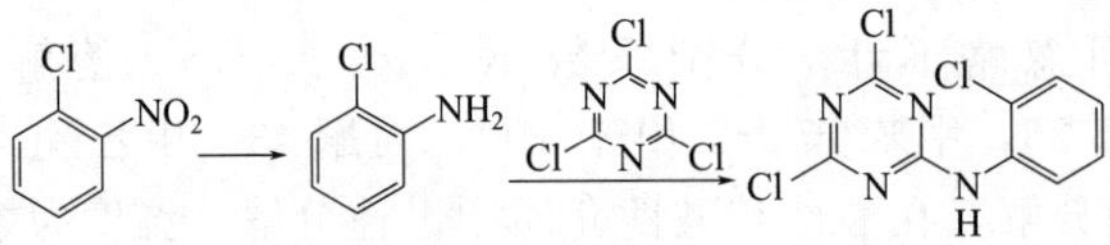

常用剂型 敌菌灵目前在我国未见相关产品登记。常用制剂有50％可湿性粉剂。

敌菌威

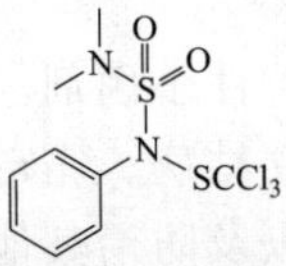

$C_9H_{11}Cl_3N_2O_2S_2$，349.69

其他名称 Bayer 4681。

化学名称 *N*-三氯甲硫基-*N*-二甲氨基磺酰替苯胺；*N*-trichlorosulfenyl-*N*-dimethylami nosul fonanilide。

理化性质 纯品为无色晶体。熔点137.5～138.5℃。溶解度：水480mg/L。溶于苯和丙酮。

毒性 大鼠急性经口LD_{50}（mg/kg）：119（雄）、112（雌）。小鼠急性经口LD_{50}（mg/kg）：342（雄）、262（雌）。Ames试验染色体畸变和微核试验均为阴性，对小鼠无诱变性，对大鼠无致畸作用。

应用 防治番茄早疫病、晚疫病优于克菌丹、灭菌丹。防治果树葡萄的主要真菌病害的效果同上述两药剂。另外用于拌种及土壤处理，以杀死土壤真菌（棉花立枯病原菌、腐霉属及镰刀霉属），可防治棉花苗期病害及豆科植物苗期病害。

合成路线

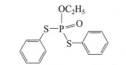

常用剂型 敌菌威可加工成可湿性粉剂。

敌瘟磷（edifenphos）

$$C_{14}H_{15}O_2PS_2, \quad 310.4, \quad 17109-49-8$$

其他名称 克瘟散，稻瘟光，护粒松，Hinosan，Bayer 78418。

化学名称 *O*-乙基-*S*,*S*-二苯基二硫代磷酸酯；*O*-ethyl-*S*,*S*-diphenyl dithiophosphate。

理化性质 敌瘟磷纯品为浅黄色至浅棕色油状液体，有硫酚气味。熔点-25℃，沸点154℃（1.33Pa）。蒸气压3.2×10^{-2}mPa（20℃）。分配系数$K_{ow} \lg P = 3.83$（20℃），Henry常数2×10^{-4}Pa·m³/mol（20℃），密度1.251g/L（20℃）。水中溶解度56mg/L（20℃）。在有机溶剂中溶解度（g/L，20℃）：正己烷20～50，二氯甲烷、异丙醇和甲苯200，易溶于甲醇、丙酮、苯和二甲苯。在酸性条件下较稳定；在碱性条件下，特别是温度较高时，易发生水解、皂化、酯交换反应。对紫外线不稳定。25℃水解半衰期19d（pH7）、2d（pH9）。闪点115℃。

毒性 原药大鼠急性经口LD_{50}（mg/kg）：大鼠100～260，小鼠220～670，豚鼠和兔350～1000。大鼠急性经皮LD_{50}700～800mg/kg。对兔皮肤有轻微刺激，对兔眼睛无刺激作用。大鼠急性吸入LC_{50}（4h）0.32～0.36mg/L（空气）。2年喂养试验无作用剂量：雄大鼠5mg/kg，雌大鼠15mg/kg，狗20mg/kg。小鼠18个月喂养试验无作用剂量2mg/kg。山齿鹑急性经口LD_{50}290mg/kg，野鸭急性经口LD_{50}2700mg/kg。鱼毒LC_{50}（96h，mg/L）：虹鳟鱼0.43，蓝鳃太阳鱼0.49，鲤鱼2.5。水蚤LC_{50}（48h）0.032μg/L。在推荐剂量下对蜜蜂无毒。

应用　敌瘟磷对水稻稻瘟病有良好的预防和治疗作用。其作用机理是对稻瘟病的病菌"几丁质"合成和脂质代谢起抑制作用，破坏细胞的结构，并间接影响细胞壁的形成。对其他作物的多种病菌都有良好的防治效果，对一些害虫也有防治作用。可用于水稻的叶瘟、穗颈瘟、节稻瘟等的防治，同时对水稻纹枯病、胡麻叶斑病、谷子瘟病、玉米大斑病和小斑病以及麦类赤霉病、小球菌核病、穗枯病等均有良好的防治效果。对飞虱、叶蝉及鳞翅目害虫兼有一定的防治作用。

合成路线

$$POCl_3 \xrightarrow{C_2H_5OH} Cl-\overset{OC_2H_5}{\underset{Cl}{\overset{O}{P}}} \xrightarrow{\text{SH}} \overset{OC_2H_5}{\underset{S}{\overset{O}{P}}}$$

常用剂型　敌瘟磷目前在我国登记的主要是94％原药和30％、40％乳油等。

敌锈钠（ sodium *p*-aminobenzen sulfonate ）

$$C_6H_6NNaO_3S, 196.18, 515-74-2$$

化学名称　4-氨基苯磺酸钠；sulfanilic acid sodium salt；sodium sulfanilate odium sulphanilate。

理化性质　工业品为粉红色或浅玫瑰色结晶，含对氨基苯磺酸97％以上，能溶于水。

毒性　小鼠急性经口 LD_{50} 3000mg/kg。对皮肤无刺激性。鲤鱼 LC_{50} 7.57mg/L（48h）。

应用　具有保护和治疗作用。有一定渗透性，残效期长，主要用于防治小麦锈病及其他作物锈病。防治麦类锈病，用原药250倍液喷雾，隔7～10d再喷1次，共2～3次。若在50kg药液中加0.05kg肥皂粉，可增加黏稠性，提高防效。

合成路线

$$\text{H}_2\text{N}-\text{C}_6\text{H}_5 \longrightarrow \text{H}_2\text{N}-\text{C}_6\text{H}_4-\text{SO}_3\text{H} \longrightarrow \text{H}_2\text{N}-\text{C}_6\text{H}_4-\text{SO}_3\text{Na}$$

常用剂型　敌锈钠主要有97％粉剂。

敌锈酸（ *p*-aminobenzen sulfonic acid ）

$$C_6H_7NO_3S, 173.19, 121-57-3$$

其他名称　磺胺酸，苯胺-4-磺酸。

化学名称　对氨基苯磺酸，*p*-aminobenzen sulfonic acid。

理化性质 纯品为白色结晶体，工业品呈灰白色，没有气味，在空气中易风化，在100℃失水，熔点288℃。能溶于发烟硫酸中，微溶于水，几乎不溶于醇、醚和苯中。

毒性 大鼠急性经口 LD$_{50}$ 12300 mg/kg。对兔皮肤有轻度刺激性，对兔眼睛中度刺激性。

应用 该药剂具有内吸杀菌作用，主要用作防治锈病，对小麦秆、叶、条三种锈病都有防治效果。

常用剂型 90％原粉。

地茂散 （ chloroneb ）

C$_8$H$_8$Cl$_2$O$_2$，207.05，2675-77-6

其他名称 Demosan, Soil Fungicide 1823。

化学名称 1,4-二氯-2,5-二甲氧基苯；1,4-dichloro-2,5-dimethoxy benzene。

理化性质 地茂散是一种具有发霉臭味的白色结晶固体，熔点 133～135℃，沸点268℃，25℃时的蒸气压为 400mPa。25℃溶解度：水 8mg/L，丙酮 115g/kg，二甲基甲酰胺 118g/kg，二氯甲烷 133g/kg，二甲苯 89g/kg。地茂散在沸点前和在稀碱、稀酸存在下是稳定的。在潮湿土壤中易被微生物分解。

毒性 大鼠急性经口 LD$_{50}$＞11000mg/kg，兔急性经皮 LD$_{50}$＞5000mg/kg。可湿性粉剂的 50％水悬液对豚鼠皮肤无刺激；不发生皮肤过敏反应。大鼠在两年饲喂试验中无作用剂量为 2500mg/kg 饲料。野鸭和鹌鹑急性经口 LD$_{50}$＞5000mg/kg。

应用 地茂散是内吸性杀菌剂，它能经根部吸收，在根和离根较近的茎中有较高浓度。地茂散对丝核菌属活性最高，对腐霉属有中等活性，对镰孢属活性差。可用作种子处理剂，对蚕豆和大豆剂量为 1.63g（a.i.）/kg，对棉花 2.44g/kg；用于垅施大豆和蚕豆剂量为 68g/hm^2，棉花 90～135g/hm^2。还可用于草坪防除雪霉（1.3～2.0kg/hm^2）或腐霉属（880g/hm^2）引起的凋萎病。

常用剂型 地茂散常用制剂主要有 65％可湿性粉剂、22.5％种子处理剂。

地茂酮 （ hercules 3944 ）

C$_9$H$_5$ClOS$_2$，288.5，2425-05-0

其他名称 Hercules 3944，苯氯噻酮，噻苦茂酮。

化学名称 5-氯-4-苯基-1,2-二噻茂-3-酮-3；5-chloro-4-phenyl-1,2-dithiol-3-one。

理化性质 熔点98℃。

毒性 家兔急性经口 LD_{50} 10000mg/kg。

应用 地茂酮是广谱土壤和种子处理用的杀菌剂。拌种或灌根可防治小麦腥黑粉病、大麦坚黑粉病、花生黑曲霉和根霉病、豌豆根腐病和链孢病及立枯病、黄瓜腐霉和立枯病、番茄果腐病和炭疽病、菜豆立枯病和小菌核病。还可作为工业用水的防污剂以及用于配制防船污的涂料。

合成路线

常用剂型 地茂酮常用制剂主要有 5％粉剂，可与克菌丹、硫酸铜复配。

地青散（N-244）

$C_{10}H_8ClNO_2S$，257.8，6012-92-6

其他名称 氯苯绕丹，Exierimental Fungicide N-244。

化学名称 3-(对氯苯基)-5-甲基绕丹宁；3-(p-chlorophenyl)-5-methyl rhodanine；3-(4-chlorophenyl)-5-methyl-2-thioxo-4-thiazolidinone。

理化性质 工业品为黄色结晶性固体，稍带芳香味。熔点 106～110℃；不溶于水和烃质链烃，稍溶于乙醚，溶于丙酮、三氯甲烷、四氯化碳和苯。

毒性 雄白鼷鼠急性经口 LD_{50} 为 690mg/kg。

应用 杀菌，杀线虫。它抑制孢子发芽的力量很强。对果生核盘菌孢子的 LC_{50} 为 12mg/L。马铃薯葡萄糖琼脂中含 10mg/L 原药即可抑制早疫病孢子发芽。0.01％喷雾防芽豆锈病，0.1％喷雾防菜豆白粉病。土壤中用 5mg/L 可防根瘤线虫，用量高至 56kg/hm² 亦不伤害番茄或柑橘幼株。

合成路线

常用剂型 地青散在我国未见相关制剂登记。

地衣芽孢杆菌 SB3086 菌株

拉丁文名称 *Bacillus licheniformis* strain SB3086。

其他名称 EcoGuard，Novozymes Biofungicide Green Releaf。

理化性质 地衣芽孢杆菌 SB3086 菌株为腐生生物，最适生长温度为 18～50℃，沸点 100℃，

100%溶于水，相对密度为 1.09（15.56℃），蒸气压与水相同；外观为淡黄色液体，气味淡。

毒性 被美国环保署（EPA）归类为低风险杀菌剂。对昆虫、鸟类、植物及海洋生物无毒。急性经口每只大鼠给药 1×10^8 cfu，对大鼠无毒性、传染性及致病性。急性经口 LD$_{50}$ >5000mg/kg。兔急性经皮 LD$_{50}$ >5050mg/kg。

应用 地衣芽孢杆菌 SB3086 菌株是一种普通的土壤微生物，它有助于营养循环，并表现出抗真菌活性。用于防治高尔夫草坪、草皮、观赏植物、针叶树、树苗等因真菌引起的叶斑和叶枯性病害，尤以控制圆斑病和炭疽病为主，具有防病和提高草坪质量的双重作用。

常用剂型 地衣芽孢杆菌 SB3086 菌株在我国未见相关制剂登记。

淀粉液化芽孢杆菌 FZB24 菌株

拉丁文名称 *Bacillus subtilis* var. *amyloliquefaciens* strain FZB24。

其他名称 Taegro™，Tae-Technical，Rhizo-Plus，Rhizo-Plus Konz。

理化性质 淀粉液化芽孢杆菌 FZB24 菌株在土壤和落叶层中发现，易大量生长。

毒性 对人类无害。适宜的动物试验并未表明淀粉液化芽孢杆菌 FZB24 菌株对人类有毒或有传染性。

应用 淀粉液化芽孢杆菌 FZB24 菌株在根际通过产生消化酶而抑制病原真菌生长。还能诱导植物对病原菌产生抗性。该菌株应用于温室及其他室内场所种植的非食用植物上防治土传真菌病害，如引起植物腐烂病和枯萎病的丝核菌和镰刀菌。

常用剂型 淀粉液化芽孢杆菌 FZB24 菌株在我国未见相关制剂登记。

丁苯吗啉（fenpropimorph）

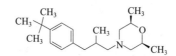

C$_{20}$H$_{33}$NO，303.5，67306-03-0；67564-91-4(*cis*-异构体)

其他名称 Funbas，Mildofix，Mistral T，Corbel。

化学名称 (*RS*)-顺式-4-[3-(叔丁基苯基)-2-甲基丙基]-2,6-二甲基吗啉；（±）-*cis*-4-[3-(4-tert-butylphenyl)-2-methyl]-2,6-dimethylmorpholine。

理化性质 纯品丁苯吗啉为无色无臭具有芳香气味的油状液体，沸点 >300℃/101.3kPa。蒸气压 3.5mPa（20℃）。分配系数 K_{ow} lg$P$ = 3.3（pH5，25℃）、4.2（pH7，25℃）。Henry 常数 0.3Pa·m^3/mol（计算值）。相对密度 0.933。水中溶解度（20℃，pH7）为 4.3mg/kg。有机溶剂中溶解度（20℃，g/kg）：丙酮、氯仿、环己烷、甲苯、乙醇、乙醚 >1000。稳定性：在室温下、密闭容器中可稳定 3 年以上，对光稳定。50℃时，在pH3、pH7、pH9 条件下不水解。呈碱性，pK_a6.98（20℃）。

毒性 丁苯吗啉原药大鼠急性经口 LD$_{50}$ >3000mg/kg，大鼠急性经皮 LD$_{50}$ >4000mg/kg。对兔眼睛无刺激性，对兔皮肤有刺激作用，对豚鼠皮肤无刺激性。大鼠急性吸入 LC$_{50}$（4h）>3580mg/m^3。对兔呼吸器官有中等程度刺激性。饲喂试验的无作用剂量：大鼠

0.3mg/(kg·d)，小鼠 3.0mg/(kg·d)，狗 3.2mg/(kg·d)。ADI 值 0.003mg/kg。无致畸、致突变、致癌作用。急性经口 LD_{50}：野鸭＞17776mg/kg，野鸡 3900mg/kg。饲养 LC_{50}（5d）：野鸭 5000mg/kg（饲料），山齿鹑＞5000mg/kg（饲料）。鱼毒 LC_{50}（96h）：虹鳟鱼 9.5mg/L，蓝鳃翻车鱼 3.2～4.6mg/L，鲤鱼 3.2mg/L。水蚤 LC_{50}（48h）2.4mg/L。蜜蜂经口 LD_{50} 100μg/只。蚯蚓 LC_{50}（14d）≥562mg/kg（土壤）。

应用　丁苯吗啉属于甾醇生物合成抑制剂，具有预防、治疗作用的内吸性吗啉类杀菌剂，由巴斯夫公司和先正达公司开发；适用于禾谷类作物以及豆科、甜菜、棉花和向日葵等作物，防治白粉病、叶锈病、条锈病、黑穗病、立枯病等多种病害。

合成路线

常用剂型　丁苯吗啉常用制剂有乳油和悬浮剂，单剂如 75% 乳油，混剂可与苯锈啶、百菌清、多菌灵、代森锰锌、咪酰胺、异菌脲等进行复配。

丁赛特（buthiobate）

$C_{21}H_{28}N_2S_2$，372.6，51308-54-4

其他名称　Denmert，S-1358，粉病定。

化学名称　4-叔丁基苄基-N-(3-吡啶基) 亚胺逐二硫代碳酸丁酯；butyl 4-tert-butylbenzyl-N-(3-pyridyl) dithiocarbonimidate；CA：butyl ［4-(1,1-dimethylethyl) phenyl］ methyl-3-pyridylcarbonimidodithioate。

理化性质　原药为棕红色油状液体，熔点 31～33℃，20℃ 蒸气压为 60μPa，不溶于水，溶于大多数有机溶剂。

毒性　大鼠急性经口 LD_{50} 为 3200～4400mg/kg，小鼠 4500～4550mg/kg。野鸭急性经口 LD_{50}＞10000mg/kg，鹌鹑急性经口 LD_{50} 21804mg/kg。大鼠急性经皮 LD_{50}＞5000mg/kg。对兔皮肤和眼睛无刺激。鲤鱼 LC_{50}（48h）为 6.4mg/L。

应用　本品为一种预防、治疗和持效期长的杀菌剂。它对蔬菜、菜豆和其他作物的白粉病有防效。

合成路线

408

常用剂型 丁赛特常用制剂主要有 100g/L 乳油、20％可湿性粉剂等。

丁香酚 （ eugenol ）

$$H_3CO$$

$C_{10}H_{12}O_2$，164.20，97-53-0

其他名称 丁香油酚，丁子香酚，丁子香酸，烯丙基甲氧基苯酚，异丁香酚苯乙醚，灰霉特。

化学名称 4-烯丙基-2-甲氧基苯酚；4-allyl-2-methoxyphenol；1-allyl-3-methoxy-4-hydroxybenzene。

理化性质 丁香酚为深褐色液体，可溶于水。pH 值为 4.5～6.0。沸点 255℃，熔点－9.2～－9.1℃，闪点 110℃，相对密度 d_4^{20} 1.061～1.071，折射率 1.537～1.542。与乙醇、氯、乙醚及油可混溶，1mL 溶于 2mL 70％乙醇，溶于冰醋酸。有强烈的丁香香气和温和的辛香香气。

毒性 对人、畜及环境安全。

应用 丁香酚是从丁香等植物中提取的杀菌成分，辅以多种助剂配制而成，有效成分为丁香酚。丁香酚对作物病害有预防和治疗的作用，能迅速治疗多种农作物感染的真菌、细菌性病害，对灰霉病、霜霉病、白粉病、疫病等多种真菌病害有特效。对各种叶斑病也有良好的防治作用。

常用剂型 丁香酚主要剂型有微乳剂。

丁香菌酯 （ coumoxystrobin ）

$C_{26}H_{28}O_6$，436.5，850881-70-8

化学名称 (E)-2-[2-[（3-丁基-4-甲基-香豆素-7-基-氧基）甲基］苯基]-3-甲氧基丙烯酸甲酯。

理化性质 原药外观为乳白色或淡黄色固体，熔点 109～111℃，pH 6.5～8.5。溶解性：易溶于二甲基甲酰胺、丙酮、乙酸乙酯、甲醇，微溶于石油醚，几乎不溶于水。稳定性：常温条件下不易分解。

毒性 丁香菌酯原药大鼠急性经口 LD_{50}、雄 1260mg/kg、雌 926mg/kg；经皮（雌、雄）$LD_{50} > 2150mg/kg$。对兔皮肤单次刺激强度为中度刺激性，对眼睛刺激分级为中度刺激性。对豚鼠皮肤无致敏作用，属弱致敏物。亚慢性毒性试验临床观察未见异常表现。该药属低毒杀菌剂。蜜蜂半数致死量 LD_{50}（48h）$> 100\mu g$/只，为低毒级。家蚕 LC_{50}（96h）$> 13.3mg/kg$（桑叶），为高毒级。斑马鱼 LC_{50}（96h）为 0.0064mg/L，为剧毒级。鹌鹑 $LD_{50} > 5000mg/kg$，为低毒级。

应用 为甲氧基丙烯酸酯类杀菌剂。系由沈阳化工研究院研制。具有免疫、预防、治疗、增产增收作用。对苹果树腐烂病特效，是全国防治腐烂病最具权威的药剂。杀菌谱广，对瓜果、蔬菜、果树霜霉病、晚疫病、黑星病、炭疽病、叶霉病有效；同时对轮纹病、棉花枯萎病、水稻瘟疫病和枯纹病、小麦根腐病、玉米小斑病亦有效。

合成路线

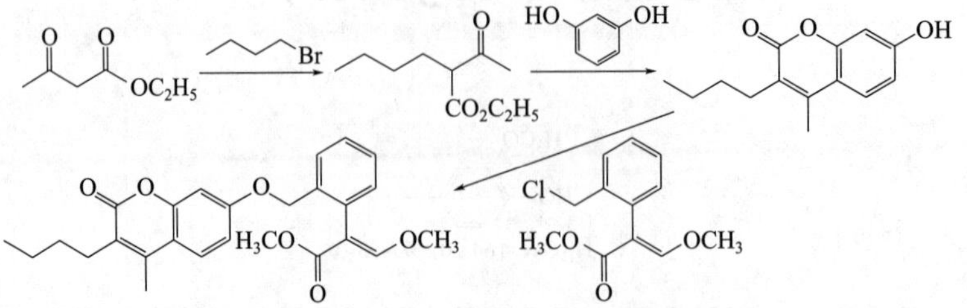

常用剂型 丁香菌酯在我国登记的主要制剂有 20%悬浮剂。

定菌清（pyridinitril）

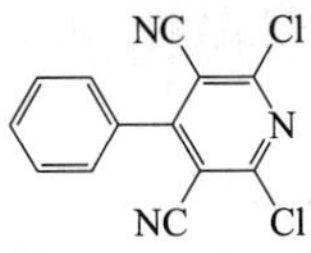

C$_{13}$H$_5$Cl$_2$N$_3$，274.1，1086-02-8

其他名称 Ciluan，IT3296，啶菌腈，病定清，多果安，吡二腈。

化学名称 2,6-二氯-4-苯基吡啶-3,5-二腈；2,6-dichloro-4-phenylpridine-3,5-dicarbonitrle。

理化性质 本品为无色结晶，熔点 208~210℃，在 0.1mmHg 下的沸点为 218℃，20℃下的蒸气压为 8×10^{-7}mmHg，相对密度 d^{25}1.46。难溶于水，微溶于丙酮、苯、氯仿、二氯甲烷、乙酸乙酯。工业品纯度在 97%以上。常温下对酸稳定。

毒性 大鼠急性经口 LD$_{50}$＞5000mg/kg；狗急性经口 LD$_{50}$ 为 6400mg/kg。无刺激性。以 1000mg/(kg·d) 剂量喂养大鼠 120d，没有出现临床血液学变化和生物化学变化，也无病理学损伤。

应用 定菌清是保护性杀菌剂，能防治仁果、核果、葡萄、啤酒花和蔬菜上的多种病害，也能防治苹果的黑星病和白粉病。对作物无药害。

合成路线

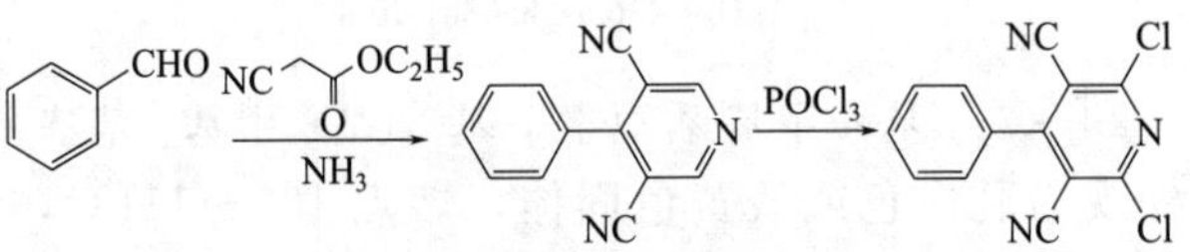

常用剂型 定菌清主要制剂有 75%可湿性粉剂。

啶斑肟（pyrifenox）

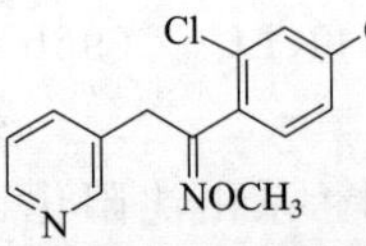

C$_{14}$H$_{12}$Cl$_2$N$_2$O，295.17，888283-41-4

410

其他名称 Dorado，Podigrol，Corado，NRK 297，Ro 151297，ACR 3651。

化学名称 2′,4′-二氯-2-（3-吡啶基）苯乙酮-O-甲基肟；2′,4′-dichloro-2-(3-pyridyl) actophenone-O-methyloxime。

理化性质 啶斑肟为 E、Z 异构体混合物，纯品为略带芳香气味的褐色液体，闪点 106℃（1013mPa），沸点 212.1℃，蒸气压 1.7mPa（25℃）。分配系数 $K_{ow}lgP$（25℃）＝3.4（pH5）、3.7（pH7）、3.7（pH9）。Henry 常数为 $4.15.8×10^{-3}Pa·m^3/mol$。相对密度 1.28。水中溶解度（25℃，mg/L）：300（pH5）、150（pH7）、130（pH9）。有机溶剂中溶解度（25℃）：正己烷 210g/L，易溶于乙醇、丙酮、甲苯、正辛醇等。稳定性：室温下在密闭容器中稳定 3 年以上，对光稳定，在 pH3、pH7、pH9 条件下于 50℃水解。pK_a4.61，呈弱碱性。

毒性 啶斑肟原药急性经口 LD_{50}（mg/kg）：大鼠 2912，小鼠＞2000。大鼠急性经皮 LD_{50}＞5000mg/kg。大鼠急性吸入 LC_{50}（4h）2048mg/m³。对兔眼睛无刺激性，对兔皮肤有轻微刺激性，对豚鼠皮肤有轻微刺激，但对豚鼠皮肤无过敏性。无致突变、致畸或胚胎毒性作用。NOEL 数据：大鼠（2 年）15mg/(kg·d)，小鼠（1.5 年）45mg/(kg·d)，狗（1 年）10mg/(kg·d)。ADI 值 0.1mg/(kg·d)。野鸭急性经口 LD_{50}（14d）＞2000mg/kg，山齿鹑急性经口 LD_{50}（14d）＞2000mg/kg。鱼毒 LC_{50}（96h，mg/L）：虹鳟鱼 7.1，太阳鱼 6.6，鲤鱼 12.2。水蚤 LC_{50}（48h）3.6mg/L。蜜蜂 LD_{50}（48h）59μg/只（经口），70μg/只（接触）。蚯蚓 LC_{50}（14d）733mg/kg（干土）。

应用 啶斑肟属于麦角甾醇合成抑制剂，具有保护和治疗作用的内吸杀菌剂，由先正达公司开发，1980 年申请专利；可有效地防治香蕉、葡萄、花生、蔬菜等的尾孢菌属、丛梗孢属和黑星菌属病原菌。使用剂量 40～150g（ai）/hm²。

合成路线

常用剂型 啶斑肟目前在我国未见相关产品登记。常用制剂有 200g/L 乳油、25％可湿性粉剂。

啶菌噁唑（SYP-Z048）

$C_{16}H_{17}ClN_2O$，288.5，291771-99-8(3R,5R)；291771-83-0(3R,5S)

化学名称 5-(4-氯苯胺)-3-(吡啶-3-基)-2,3-二甲基-异噁唑啉或 3-[[5-(4-氯苯基)-2,3-二甲基]-3-异噁唑啉基] 吡啶；5-(4-chlorophenyl)-3-(pyridin-3-yl)-2,3-dimethyllisoxazolidine 或 3-[[5-(4-chlorophenyl)-2,3-di-methyl]-3-isoxazolidinyl] pyridine。

理化性质 纯品为浅黄色黏稠油状物，易溶于丙酮、乙酸乙酯、氯仿、乙醚，微溶于石油醚，不溶于水。

毒性 大鼠急性经口 LD_{50}：2000mg/kg（雄），1710mg/kg（雌）。大鼠急性经皮 LD_{50}：>2000mg/kg（雄），>2000mg/kg（雌）。对大白兔皮肤刺激为无刺激，对大白兔眼睛刺激为无刺激。Ames 试验结果为阴性，推测无致癌的潜在危险。

应用 在离体情况下，对植物病原菌有极强的杀菌活性。通过叶片接种防治黄瓜灰霉病，在 125～500mg（a.i.）/L 的浓度下防治效果为 90.67%～100%。其乳油对小麦、黄瓜白粉病也有很好的防治作用，在 125～500mg（a.i.）/L 浓度下对黄瓜白粉病的防治效果为 95% 以上。

合成路线

常用剂型 啶菌噁唑目前在我国未见相关产品登记。常用制剂有 25% 乳油、10% 微乳剂等。

啶酰菌胺（ boscalid ）

$C_{18}H_{12}Cl_2N_2O$，343.21，188425-85-6

其他名称 Cantus，merald，AS510F，nicobifen。

化学名称 N-(4'-氯联苯-2-基)-2-氯烟酰胺；N-(4'-chlorobiphenyl-2-yl)-2-chloronicotinamide。

理化性质 纯品啶酰菌胺为无色无臭晶体，熔点 142.8～143.8℃。蒸气压（20℃）<7.2×10^{-4} mPa。分配系数 K_{ow} lg$P$=2.96（pH7，20℃）。水中溶解度 4.6mg/L（25℃）。有机溶剂中溶解度（20℃，g/L）：正庚烷<10，甲醇 40～50，丙酮 160～200。啶酰菌胺在室温下的空气中稳定，54℃可以放置 14d，在水中不光解。

毒性 啶酰菌胺原药大鼠急性经口 LD_{50}>5000mg/kg。大鼠急性经皮 LD_{50}>2000mg/kg。对兔眼睛和皮肤无刺激性。大鼠急性吸入 LC_{50}（4h）>6.7mg/L。NOEL 数据：大鼠（2 年）5mg/kg。ADI 值 0.04mg/(kg·d)。山齿鹑急性经口 LD_{50}>2000mg/kg。虹鳟鱼 LC_{50}（96h）2.7mg/L。水蚤 LC_{50}（48h）5.33mg/L。藻类 EC_{50}（96h）3.75mg/L。其他水生藻类 NOEC 2.0mg/L。蜜蜂 NOEC：166μg/只（经口），200μg/只（接触）。蚯蚓 LC_{50}

（14d）＞1000mg/kg（干土）。

应用　啶酰菌胺属于线粒体呼吸链中琥珀酸辅酶 Q 还原酶抑制剂，德国巴斯夫公司开发，1992 年申请专利；适宜油菜、豆类、蔬菜、花生、马铃薯、草莓、甘蓝、向日葵、葡萄、草坪、果树等防治白粉病、灰霉病、各种腐烂病、褐腐病和根腐病等；使用剂量 40～150g（a.i.）/hm^2。

合成路线　通常以邻卤硝基苯为起始原料，首先与对氯苯硼酸发生 Suzuki 反应，再经还原后与 2-氯烟酰氯缩合制得啶酰菌胺。或以邻碘苯胺为起始原料经过缩合反应制得目标物。

常用剂型　啶酰菌胺目前在我国原药登记规格是 96％，制剂登记主要有 50％水分散粒剂和复配制剂 300g/L 醚菌酯·啶酰菌胺悬浮剂。

啶氧菌酯（picoxystrobin）

C$_{18}$H$_{16}$F$_3$NO$_4$，367.32，117428-22-5

其他名称　Acanto，Acapela（先正达）。

化学名称　（E）-3-甲氧基-2-［2-（6-三氟甲基-2-吡啶基氧甲基）苯基］丙烯酸甲酯；methyl（E）-3-methoxy-2-［2-（6-trifluoromethyl-2-pyridyloxymethyl）phenyl］acrylate。

理化性质　原药含量≥950g/kg（欧盟的标准要求）；无色粉末（原药为乳白色固体）。熔点 75℃；蒸气压 5.5×10^{-3}mPa（20℃）；分配系数 K_{ow}lg$P$＝3.6（20℃）；亨利常数 6.5×10^{-4}Pa·m^3/mol（计算值）；相对密度 1.4（20℃）。水中溶解度为 0.128g/L（20℃）。

毒性　大鼠急性经口 LD$_{50}$＞5000mg/kg；大鼠急性经皮 LD$_{50}$＞2000mg/kg。对兔皮肤和眼睛无刺激性。对豚鼠皮肤无致敏作用。大鼠急性吸入 LC$_{50}$（4h）＞2.12mg/L。NOEL（亚慢性）：狗每日 4.3mg/kg 体重。ADI：0.04mg/kg 体重。无遗传毒性，无发育毒性（大鼠和兔），无生殖毒性（大鼠），无致癌作用（大鼠和小鼠）。鹌鹑急性经口 LD$_{50}$＞5200mg/kg。野鸭 NOEC（21 周）为 1350mg/kg。鱼类 LC$_{50}$（96h，两个品种）为 65～75μg/L。水蚤 EC$_{50}$（48h）为 18μg/L。羊角月牙藻（*Selenastrum capricornutum*）EC$_{50}$（72h）为 56μg/L。摇蚊（*Chironomus riparius*）EC$_{50}$ 为 19mg/kg（28d，相对于沉积物的剂量），140μg/L

（25d，相对于水的剂量）。蜜蜂 LD_{50}（48h，接触和经口）＞200μg/只蜂。蚯蚓（*Eisenia foetida*）LC_{50}（14d）为 6.7mg/kg（土壤）。

应用　线粒体呼吸抑制剂，具有内吸和熏蒸作用，主要用于防治麦类的叶面病害如叶枯病、叶锈病、颖枯病、褐斑病、白粉病等。茎叶喷雾，使用剂量250g（a.i.）/hm²。

合成路线

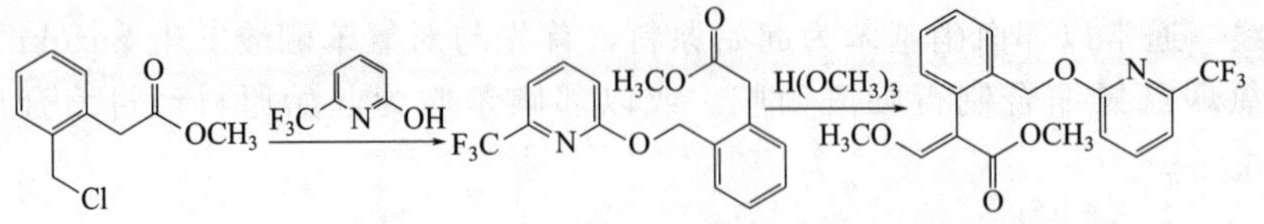

常用剂型　啶氧菌酯目前在我国未见相关产品登记。常用制剂有 25％悬浮剂。

毒菌酚（hexachlorophene）

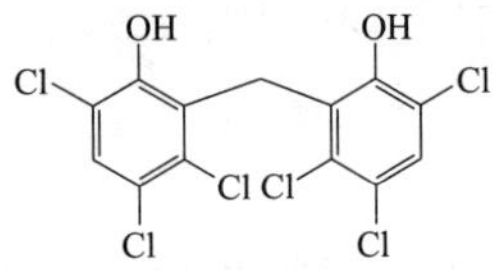

$C_{13}H_6Cl_6O_2$，406.9，70-30-4

其他名称　甲双三氯酚，六氯芬，Nabace，Phenol。

化学名称　2,2'-二羟基-3,5,6,3',5',6'-六氯二苯基甲烷；2,2'-dihydroxy-3,5,6,3',5',6'-hexa chlorodiphenylmethane。

理化性质　白色或浅黄色结晶性自由流动粉末，无味或略带苯酚气味。熔点 164～167℃。溶于醇、醚、丙酮、氯仿、丙二醇、橄榄油、棉籽油和稀碱液，不溶于水，在氢氧化钠溶液中生成可溶性钠盐。

毒性　对农作物比较安全，但不适用于甜菜。对哺乳动物低毒，对皮肤有轻微刺激。大鼠急性经口 LD_{50} 80～300mg/kg。小鼠急性经口 LD_{50} 67mg/kg。

应用　本品低毒，可用于痱子、褟裸癣疹、面疱的治疗药和婴儿扑粉、药皂等以及外科手术时的消毒。本品种于 1959 年开始在农业上使用。对多种植物的细菌性病害和真菌性病害有较好的防治效果。对黄瓜角斑病、白粉病、猝倒病、霜霉病，番茄、胡椒斑点病等有效。

合成路线

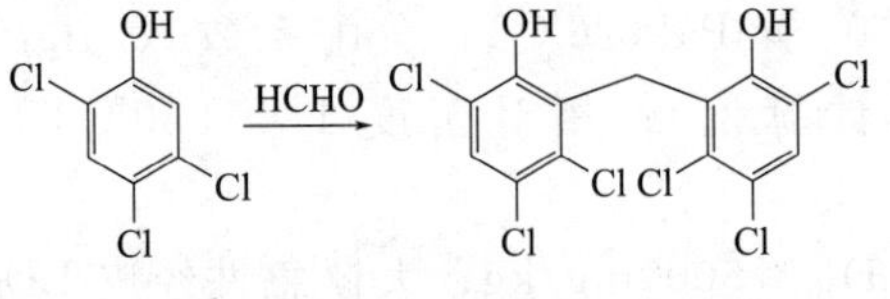

常用剂型　毒菌酚常用制剂主要有可湿性粉剂和 25％乳剂。

短小芽孢杆菌 GB34 菌株

拉丁文名称　*Bacillus pumilus* strain GB34。

其他名称 Yield Shield。

理化性质 外观为粉状，可与水形成悬浮液，与水形成1%悬浮液的pH值为5.5，密度为469～551kg/m³，灰白至灰褐色，霉臭气味。

毒性 大鼠急性经口$LD_{50}>5000mg/kg$，对眼睛有极微刺激作用，对皮肤无刺激作用。急性毒性，引起极微的眼睛刺激，反复或长时间过多接触可能会引起敏感个体的皮肤及肺部致敏作用。慢性毒性，其填料经吸入对大鼠表现致癌性，但对小鼠并未表现出致癌性。暴露于较高剂量的Yield Shield中，易造成肺部负担过重，缓慢吸入填料可能造成肺部伤疤。

应用 短小芽孢杆菌GB34菌株普遍存在于土壤及死亡的植物组织中，对植物自身无危害，其可抑制丝核菌和镰刀菌的孢子萌发，随后生长于真菌孢子上。短小芽孢杆菌GB34菌株可防治胡萝卜、玉米、棉花、黄瓜、花生、南瓜、甜菜、大麦、小麦及菜豆、蚕豆和大豆等植物由丝核菌和镰刀菌引起的根部病害。

常用剂型 短小芽孢杆菌GB34菌株在我国未见相关制剂产品登记。

短小芽孢杆菌 QST2808 菌株

拉丁文名称 *Bacillus pumilus* strain QST2808。

其他名称 Sonata，Sonata-ASO，Ballad-Plus，QST 2808，ASorganic，QRD288 ASO。

理化性质 浅棕色至棕色水分散体，甜泥土味，熔点接近0℃，沸点>100℃，密度1.02～1.06g/cm³；可分散于水中；pH5.0～6.0。

毒性 吸收途径为呼吸、眼睛和皮肤，过敏接触对健康有潜在影响。大鼠急性经口$LD_{50}>5000mg/kg$，兔急性经皮$LD_{50}>5000mg/kg$，大鼠急性吸入$LD_{50}>1.06mg/L$。对兔眼睛无刺激作用，对兔皮肤有轻微至中等的刺激作用，对供试动物为非致敏物质。对环境不存在风险。

应用 短小芽孢杆菌QST2808菌株是土壤和水中的普通微生物，通过抑制植物体上真菌孢子的生长发育而发挥杀菌作用。短小芽孢杆菌QST2808菌株在植物叶片与真菌孢子之间形成物理障碍，随后在这些真菌孢子上增殖，同时也能通过诱导系统获得抗性（SAR）激发植物自身的抗病系统。短小芽孢杆菌QST2808菌株广泛用于防治棉花、花生、大豆、小麦、大麦、玉米、结籽或结荚蔬菜等由霜霉菌、锈菌、白粉菌等引起的真菌性植物病害。

常用剂型 短小芽孢杆菌QST2808菌株在我国未见相关制剂产品登记。

盾壳霉 CON/M/91-08 菌株

拉丁文名称 *Coniothyrium minitans* strain CON/M/91-08。

理化性质 盾壳霉是从核盘菌的菌核上首次分离发现并描述的，盾壳霉是核盘菌的重要寄生菌。盾壳霉菌丝生长及分生孢子萌发的温度范围为0～30℃，以20℃最为适宜，在空气相对湿度为90%以上时分生孢子能迅速萌发。

毒性 盾壳霉为低毒杀菌剂。对鸟类、鱼类、水生生物及蜜蜂的影响很小，对人、畜无毒，对作物没有药害。

应用 盾壳霉 CON/M/91-08 菌株主要用于土壤防治油菜菌核病、番茄萎蔫病和根腐病。可以用水冲施或直接向土壤撒播。

常用剂型 盾壳霉 CON/M/91-08 菌株在我国未见相关制剂产品登记。

多孢木霉 ATCC 2047 和哈茨木霉 ATCC 20476

拉丁文名称 *T. polysporum* and *T. harzianum*。

其他名称 Trichoderma species。

理化性质 这两种菌广泛存在于土壤中，寄生于各种各样的真菌中，其中大部分真菌可引起植物病害。一般施用于植物的伤口处避免真菌感染。

毒性 低毒杀菌剂。

应用 木霉不仅可以有效防止病原菌的滋生，还可以促进植物生长。通过重寄生作用杀死寄主病原菌，其次生代谢产物可激活植物的防御反应。可以施用于作物根系，也可施用于作物叶部。

常用剂型 多孢木霉 ATCC 2047 和哈茨木霉 ATCC 20476 在我国未见相关制剂产品登记。

多果定（dodine）

$$NH_2^+CH_3CO_2^-$$

$$H_3C(H_2C)_{11}HN \quad NH_2$$

$C_{15}H_{33}N_3O_2$, 287.4, 2439-10-3

其他名称 Cyprex，Melprex，Venturol，Dodene，Efuzin，Guanidol。

化学名称 1-正十二烷基胍乙酸盐；1-dodecylguanidinium acetate；CA：dodecylguanidine monoacetate。

理化性质 纯品为无色结晶固体，熔点 136℃。蒸气压 $< 1 \times 10^{-2}$ mPa（50℃）。水中溶解度 630mg/L（25℃）。在大多数极性有机溶剂中溶解度 >250g/L（25℃）。

毒性 大鼠急性经口 LD_{50} 1000mg/kg。急性经皮 LD_{50}（mg/kg）：兔 >1500，大鼠 >6000。雄、雌大鼠 2 年喂养试验无作用剂量 800mg/(kg·d)。ADI 值 0.1mg/kg。日本鹌鹑急性经口 LD_{50} 788mg/kg，野鸭急性经口 LD_{50} 1142mg/kg。

应用 茎叶处理用保护性杀菌剂，也有一定的治疗作用。主要用于果树如苹果、梨、桃、橄榄等，蔬菜，观赏植物等黑星病、叶斑病、软腐病等多种病害。使用剂量为 $250\sim 1500$g（a.i.）/hm^2。

合成路线

$$\text{H}_2\text{N}\underset{\text{NH}_2}{\overset{\text{NH}}{\diagup}} \xrightarrow{\text{CH}_3\text{CO}_2\text{H}} \text{H}_2\text{N}\underset{\text{NH}_2}{\overset{\text{NH}_2^+\text{CH}_3\text{CO}_2^-}{\diagup}} \xrightarrow{\text{CH}_3(\text{CH}_2)_{10}\text{CH}_2\text{Cl}} \text{H}_3\text{C}(\text{H}_2\text{C})_{11}\text{HN}\underset{\text{NH}_2}{\overset{\text{NH}_2^+\text{CH}_3\text{CO}_2^-}{\diagup}}$$

常用剂型 多果定目前在我国未见相关产品登记。常用制剂主要有 65% 可湿性粉剂。

多菌灵（carbendazim）

$C_9H_9N_3O_2$, 191.18, 10605-21-7

其他名称 棉萎丹，棉萎灵，贝芬替（台湾），枯萎立克（草酸盐），溶菌灵（磺酸盐），防霉宝（盐酸盐），Delsence，Bavistin，Sanmate，Derosal，Hoe 17411。

化学名称 N-(2-苯并咪唑基）氨基甲酸甲酯；N-(benzimidazolyl-2) methylcarbamate。

理化性质 纯品多菌灵为无色结晶粉状，熔点 302～307℃（分解）。蒸气压 0.09mPa（20℃）、0.15mPa（25℃）、1.3mPa（50℃）。分配系数 $K_{ow} \lg P = 1.38$（pH5）、1.51（pH7）、1.49（pH9）。Henry 常数 3.6×10^{-3} Pa·m³/mol（计算值）。水中溶解度（24℃）：29mg/L（pH4）、8mg/L（pH7）、7mg/L（pH8）。有机溶剂中的溶解度（24℃，g/L）：二甲基甲酰胺（DFM）5，丙酮 0.3，乙醇 0.3，氯仿 0.1，乙酸乙酯 0.135，二氯甲烷 0.068，苯 0.036，环己烷＜0.01，乙醚＜0.01，正己烷 0.0005。熔点以下不分解，50℃以下贮存稳定 2 年。在 20000lx 光线下稳定 7d，在碱性介质中缓慢水解（22℃），DT_{50}＞350d（pH5 和 pH7）、124d（pH9）；在酸性介质中稳定，可形成水溶性盐。

毒性 多菌灵原药急性经口 LD_{50}（mg/kg）：大鼠＞15000，狗＞2500。急性经皮 LD_{50}（mg/kg）：兔＞10000。对兔眼睛和皮肤无刺激性，对豚鼠皮肤致敏性。NOEL 数据（2年）：狗 300mg/kg 饲料或 6～7mg/(kg·d)。ADI 值 0.03mg/kg。鹌鹑急性经口 LD_{50} 5826～15595mg/kg。鱼毒 LC_{50}（96h，mg/L）：虹鳟鱼 0.83，鲤鱼 0.61，大翻车鱼＞17.25。水蚤 LC_{50}（48h）0.13～0.22mg/L。蜜蜂 LD_{50}（接触）＞50μg/只。蚯蚓 LC_{50}（4周）6mg/kg（土壤）。

应用 多菌灵属于细胞有丝分裂抑制剂，巴斯夫公司和杜邦公司合作开发的苯并咪唑类杀菌剂，可用于棉花、禾谷类、果树、烟草、番茄、甜菜以及水稻等，防治由立枯丝核菌引起的棉花立枯病，黑根霉引起的棉花烂铃病，花生黑斑病，小麦黑穗病和白粉病，谷类茎腐病，苹果、梨、葡萄以及桃的白粉病，烟草炭疽病，番茄褐斑病、灰霉病，葡萄灰霉病，甜菜褐斑病，水稻稻瘟病、纹枯病等病害。

合成路线 多菌灵合成路线达 10 种之多，如下所示。其中石灰氮（氰胺化钙）路线为工业常用：首先以甲醇与光气反应制得氯甲酸甲酯，然后用石灰氮、水、氢氧化钙与氯甲酸甲酯反应生成氰氨基甲酸甲酯钙盐，最后在盐酸存在下氰氨基甲酸甲酯钙盐与邻苯二胺反应即可制得目标物。

常用剂型　多菌灵目前在我国原药登记规格主要是95%、98%；制剂登记（包括复配登记）剂型主要有可湿性粉剂、悬浮剂、悬浮种衣剂、水分散粒剂、烟剂等；主要制剂有25%可湿性粉剂、40%可湿性粉剂、50%可湿性粉剂、80%可湿性粉剂、40%悬浮剂、50%悬浮剂、50%水分散粒剂、75%水分散粒剂、12%悬浮种衣剂、15%烟剂；复配对象主要有氟硅唑、苯醚甲环唑、氟环唑、溴菌腈、咪酰胺、乙霉威、丙森锌、戊唑醇、嘧霉胺、己唑醇、甲拌磷、戊唑醇、三唑酮、吡虫啉、硫黄、代森锰锌、福美双、三环唑、丙环唑、异菌脲、腐霉利、井冈霉素、克菌丹、克百威、咪鲜胺锰盐、氢氧化铜、乙膦铝、立枯磷、烯唑醇、烯肟菌胺、毒死蜱、五氯硝基苯、溴菌腈、硫酸铜钙、抗蚜威、混合氨基酸铜、萎锈灵、甲霜灵、代森铵等。

418

多菌灵膦酸酯（Lignasan-BLP）

$C_9H_{12}N_3O_5P$，273，52316-55-9

其他名称 MBC-P，Carbendazim phosphate。

化学名称 2-苯并咪唑基氨基甲酸甲酯膦酸酯；methyl-2-benzimidazolylcarbamate phosphate。

毒性 大鼠急性经口 LD_{50} 为 7500mg/kg。

应用 本品具有内吸性，可用于防治榆树长喙壳属病菌、板栗凋萎病等。

常用剂型 多菌灵磷酸酯在我国未见相关制剂产品登记。

多抗霉素 A、B（polyoxin）

$C_{23}H_{32}N_6O_{14}$，616.5(A)，19396-03-3(A)；$C_{17}H_{25}N_5O_{13}$，507.4(B)，19396-06-6(B)

其他名称 多效霉素，宝丽安，保利霉素，科生霉素，灭腐灵，多克菌，polyoxinAL，Kakengel，polyoxinZ，Stopit。

化学名称 多抗霉素 A：5-(2-amino-2-deoxy-l-xylonamido)-1,5-dideoxy-1-[3,4-dihydro-5-(hydroxymethyl)-2,4-dioxo-1（2H）-pyr]-azetidinecarboxylic acid。多抗霉素 B：5-(2-氨基-5-O-氨基甲酰-2-脱氧-L-木质酰胺基)-1,5-脱氧-1-(1,2,3,4-四氢-5-羟基甲基-2,4-二氧代嘧啶-1-基)-β-D-别呋喃糖醛酸；5-(2-amino-5-O-carbamoyl-2-deoxy-L-xylonamido)-1,5-deoxy-1-(1,2,3,4-tetra-hydro-5-hydroxymethyl-2,4-dioxopyrimidin-1-yl-)-β-D-allofuranuronic acid。

理化性质 纯品为无定形粉末，熔点>160℃（分解）。水中溶解度为 1kg/L（20℃），在丙酮、甲醇和普通有机溶剂中溶解度<100mg/L。在 pH1～8 下稳定，应贮存在干燥、密闭的容器中。

毒性 急性经口 LD_{50}（mg/kg）：雄大鼠 21000，雌大鼠 21200，雄小鼠 27300，雌小鼠 22500。大鼠急性经皮 LD_{50}>2000mg/kg。对兔黏膜组织和皮肤无刺激。无致畸、致突变、致癌作用。NOEL 数据［mg/(kg·d)］：大鼠（90d）4.24，小鼠（90d）62.4，狗（90d）1.3，狗（1 年）1.2，小鼠（1 年）95.6，大鼠（1 年）1.62。

应用 属于广谱性抗生素类杀菌剂。它具有较好的内吸性，干扰菌体细胞壁的生物合成，还能抑制病菌产孢和病斑扩大。对黄瓜霜霉病和白粉病、人参黑斑病、苹果斑点落叶病、梨黑星病以及水稻纹枯病都有较好的防效。

常用剂型 多抗霉素 A、B 目前在我国原药登记规格有 32％、34％、35％；制剂登记主要剂型有可湿性粉剂和水剂；制剂主要有 1％水剂、3％水剂、3％可湿性粉剂、10％可湿性粉剂；可与福美双、代森锰锌复配。

噁霉灵（hymexazol）

$C_4H_5NO_2$，99.2，10004-44-1

其他名称 土菌消，立枯灵，F-319，SF-6505，Tachigaren。

化学名称 3-羟基-5-甲基异噁唑；3-hydroxy-5-methylisoxazole。

理化性质 纯品噁霉灵为无色晶体，熔点 86～87℃，沸点 200～204℃，蒸气压 182mPa（25℃）。分配系数 $K_{ow}\lg P＝0.480$。Henry 常数为 $2.77×10^{-4}$ Pa·m³/mol（20℃，计算值）。相对密度 0.551。溶解度（20℃，g/L）：水 65.1（纯水）、58.2（pH3）、67.8（pH9），丙酮 730，二氯甲烷 602，乙酸乙酯 437，甲醇 968，甲苯 176，正己烷 12.2。在碱性条件下稳定，在酸性条件下相对稳定。呈弱酸性，pK_a95.92。闪点 203～207℃。

毒性 噁霉灵原药大鼠急性经口 LD_{50}：4678mg/kg（雄）、3909mg/kg（雌）。小鼠急性经口 LD_{50}：2148mg/kg（雄）、1968mg/kg（雌）。大鼠急性经皮 $LD_{50}＞10000mg/kg$。兔急性经皮 $LD_{50}＞2000mg/kg$。对兔眼睛及黏膜有刺激性，对兔皮肤无刺激性。大鼠急性吸入 LC_{50}（4h）＞2.47mg/L。无作用剂量［2 年，mg/(kg·d)］：雄大鼠 19，雌大鼠 20，狗 15。对动物无致畸、致癌作用。日本鹌鹑急性经口 LD_{50}1085mg/kg。野鸭急性经口 $LD_{50}＞2000mg/kg$。鱼毒 LC_{50}（96h，mg/L）：虹鳟鱼 460，鲤鱼 165。水蚤 LC_{50}（48h）28mg/L。对蜜蜂无毒，LD_{50}（48h，经口与接触）＞100μg/只。蚯蚓 LC_{50}（14d）24.6mg/kg（土壤）。

应用 噁霉灵属于孢子萌发抑制剂，1970 年由日本三共公司开发的内吸性、同时具有植物生长调节作用和土壤消毒作用的噁唑类杀菌剂。适宜于水稻、蔬菜以及苗圃等；对立枯病等病害有特效。

合成路线 以双乙烯酮、乙酰乙酸乙酯或丙炔为起始原料，在一定条件下与羟胺反应，生成目标物噁霉灵。共有四条合成路线。

常用剂型 噁霉灵目前在我国原药登记规格有 95％、99％；制剂登记主要剂型有水剂、可湿性粉剂、微乳剂、乳油等；有 15％水剂、30％水剂、70％可湿性粉剂、70％可溶性粉剂。复配对象主要有福美双、乙蒜素、甲霜灵、稻瘟灵、甲基硫菌灵、络氨铜等。

噁霜灵 （ oxadixyl ）

$C_{14}H_{18}N_2O_4$，278.3，77732-09-3

其他名称 杀毒矾，噁唑烷酮，噁酰胺，Anchor，Sandofan，M 10797，ASN 371-F。

化学名称 N-(2-甲氧基-甲基-羰基)-N-(2-氧代-1,3-噁唑烷-3-基)-2,6-二甲基苯胺；2-methoxy-N-(2-oxo-1,3-oxazolidin-3-yl) ace-2',6'-xylidide。

理化性质 本品无色、无臭晶体，熔点104～105℃。密度（松堆密度）0.5kg/L。蒸气压0.0033mPa（20℃）。分配系数 K_{ow} lg$P$ = 0.65～0.8（22～24℃）。Henery 常数 2.70×10^{-7}Pa·m^3/mol（计算值）。水中溶解度3.4g/kg（25℃）。有机溶剂中溶解度（25℃，g/kg）：丙酮、氯仿344，DMSO 390，乙醇50，甲醇112，二甲苯17，乙醚6。稳定性：正常条件下稳定；在室温，pH5、pH7和pH9的缓冲溶液中，水溶液稳定。

毒性 噁霜灵原药急性经口 LD_{50}（mg/kg）：雄大鼠3480，雌大鼠1860。大鼠和兔急性经皮 LD_{50} ＞2000mg/kg。对兔眼睛和皮肤无刺激性，对豚鼠皮肤无致敏性。雄性大鼠和雌性大鼠急性吸入 LC_{50}（6h）＞5.6mg/L。NOEL 数据：狗（1年）500mg/kg（饲料）；兔（90d 或生存期）250mg/kg（饲料）。对兔200mg/(kg·d) 或大鼠1000mg/(kg·d) 以下无致畸性，对大鼠繁殖1000mg/(kg·d) 以下无影响。微核和其他正常试验下无致突变。野鸭急性经口 LD_{50} ＞2510mg/kg，野鸭和日本鹌鹑饲喂 LC_{50}（8d）＞5620mg/kg（饲料）。鱼毒 LC_{50}（96h，mg/L）：虹鳟鱼＞320，鲤鱼＞300，蓝鳃太阳鱼360。在鱼体中不积累。水蚤 LC_{50}（48h）530mg/L。海藻 IC_{50} 46mg/L。蜜蜂 LD_{50}：＞200μg/只（经口），100μg/只（接触）。蚯蚓 LC_{50}（14d）＞1000mg/kg（干土）。

应用 噁霜灵属于治疗性和保护内吸性杀菌剂，由山道士公司开发。与甲霜灵和苯霜灵有相似的杀菌效果，防治多种作物的霜霉病有特效，与代森锰锌复配有明显的增效和扩大杀菌谱的作用，能有效地防除蔬菜、烟草、马铃薯、谷物和葡萄等作物上的多种病害，如黑胫病、猝倒病、早疫病、霜霉病和晚疫病等。

常用剂型 噁霜灵目前在我国原药登记规格主要是含量96％；制剂登记剂型主要是可湿性粉剂，复配制剂主要与代森锰锌进行复配，均为64％可湿性粉剂。

噁唑菌酮 （ famoxadone ）

$C_{22}H_{18}N_2O_4$，374.4，131807-57-3

其他名称 易保，抑快净，Famoxate（杜邦公司）

化学名称 3-苯氨基-5-甲基-5-(4-苯氧基苯基)-1,3-噁唑烷-2,4-二酮；3-anilino-5-methyl-5-(4-phenoxyphenyl)-1,3-oxazolidine-2,4-dione。

理化性质 乳白色粉末。原药含量≥960g/kg（欧盟的标准要求）。成分：外消旋体。熔点141.3～142.3℃；蒸气压$6.4×10^{-4}$mPa（20℃）；分配系数$K_{ow}lgP=4.65$（pH 7）；亨利常数$4.61×10^{-3}$Pa·m³/mol（计算值，20℃）；相对密度1.31（22℃）。在水中溶解度为0.052mg/L（非缓冲水，pH 7.8～8.9，20℃）。固体噁唑菌酮原药在25℃或54℃时黑暗中贮存14d稳定。在水中无光条件下，DT_{50}为41d（pH 5）、2d（pH 7）、0.0646d（pH 9）（25℃）；在水中有光条件下，DT_{50}为4.6d（pH 5，25℃）。

毒性 大鼠急性经口LD_{50}＞5000mg/kg；大鼠急性经皮LD_{50}＞2000mg/kg。对兔眼睛和皮肤无刺激性，对豚鼠皮肤无致敏作用。大鼠LC_{50}（4h）＞5.3mg/L。NOEL［mg/(kg·d)］：雄性大鼠1.62，雌性大鼠2.15，雄性小鼠95.6，雌性小鼠130，雄性狗1.2，雌性狗1.2。ADI：0.012mg/kg（体重）。对生殖或发育无毒性，急性和亚慢性神经毒性研究呈阴性。无致癌作用，也无遗传毒性危害。鹌鹑急性经口LD_{50}＞2250mg/kg；鹌鹑和野鸭饲喂LC_{50}（5d）＞5260mg/kg。鱼类LC_{50}（96h）：虹鳟为0.011mg/L，羊头原鲷为0.049mg/L，鲤鱼为0.17mg/L。水蚤EC_{50}（48h）为0.012mg/L。羊角月牙藻（*Selenastrum capricornutum*）EC_{50}（72h）为0.022mg/L。糠虾（*Mysidopsis bahia*）LC_{50}（96h）为0.0039mg/L；美洲牡蛎（*Crassostrea virginica*）EC_{50}（96h，贝壳沉积物）为0.0014mg/L。蜜蜂：LD_{50}＞25μg/只蜂，LC_{50}（48h）＞1000mg/kg。蚯蚓LC_{50}（14d）为470mg/kg（土壤）。

应用 新型高效、广谱杀菌剂。适宜作物如小麦、大麦、豌豆、甜菜、油菜、葡萄、马铃薯、瓜类、辣椒、番茄等。主要用于防治子囊菌纲、担子菌纲、卵菌纲中的重要病害如白粉病、锈病、颖枯病、网斑病、霜霉病、晚疫病等。与氟硅唑混用对防治小麦颖枯病、网斑病、白粉病、锈病效果更好。具有亲脂性，喷施作物叶片上后，易黏附，有不被雨水冲刷特效。

合成路线

常用剂型 噁唑菌酮目前在我国原药登记规格是98%；制剂登记主要剂型有水分散粒剂和乳油；可与霜脲氰、氟硅唑、代森锰锌等复配。

噁咪唑 （oxpoconazole）

C$_{19}$H$_{24}$ClN$_3$O$_2$，361.87，134074-64-9

其他名称　All-shine。

化学名称　（RS）-2-[3-（4-氯苯基）丙基]-2,4,4-三甲基-1,3-噁唑啉-3-基-咪唑-1-基酮；（RS）-2-[3-（4-chlorophenyl）propyl]-2,4,4-trimethyl-1,3-oxazolidin-3-yl-imidazol-1-yl-ketone；CA：2-[3-（4-chlorophenyl）propyl]-3-（1H-imidazol-1-ylcarbonyl）-2,4,4-trimethyloxazolidine。

应用　噁咪唑属于真菌麦角甾醇生物合成中 C14 脱甲基抑制剂，由日本宇部兴产化学公司和日本大冢药品工业株式会社联合开发的广谱、高效新型噁唑啉类杀菌剂，1990 年申请专利。对灰葡萄孢属、盘单孢属、黑星菌属、枝孢属、胶锈孢属、交链孢属等病原菌均有极好的抑菌活性，对灰霉病菌有突出的杀菌活性。一般使用噁咪唑富马酸盐。

合成路线　见噁咪唑富马酸盐。

常用剂型　噁咪唑目前在我国未见相关产品登记。常用制剂主要有 20％可湿性粉剂。

噁咪唑富马酸盐 （oxpoconazole fumarate）

C$_{42}$H$_{52}$Cl$_2$N$_6$O$_8$，839.82，174212-12-5

化学名称　bis[（RS）-1-[2-[3-（4-chlorophenyl）propyl]-2,4,4-trimethy-1,3-oxazolidin-3-yl-carbonyl]imidazolium]fumarate。

理化性质　噁咪唑富马酸盐为无色透明结晶状固体，熔点 123.6～124.5℃，蒸气压 5.42×10^{-6}Pa（25℃），水中溶解度 0.0895g/L（25℃）。

毒性　噁咪唑富马酸盐对哺乳动物、鸟类、水生生物、有益生物毒性低。各种毒理研究表明，其没有任何不良毒性。

应用　真菌麦角甾醇生物合成抑制剂。可防治葡萄白粉病、灰霉病，柑橘灰霉病、炭疽病等。

合成路线　以取代酮和取代氨基乙醇为原料，通过如下路线合成制得。

常用剂型 噁咪唑富马酸盐目前在我国未见相关产品登记。常用制剂主要有 20％可湿性粉剂。

二苯胺（diphenylamine）

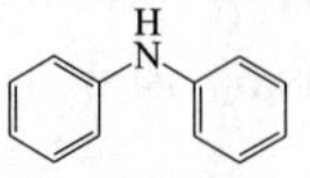

C₁₂H₁₁N，169.2，122-39-4

应用 具有杀菌作用，可用于收获后的梨果防止真菌的侵染。

详见杀虫剂"二苯胺"。

二甲呋酰苯胺（furcarbanil）

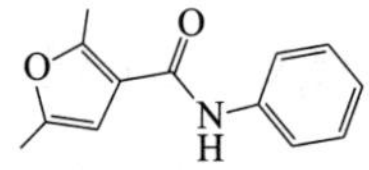

C₁₃H₁₃NO₂，215，28562-70-1

其他名称 BAS3190，BAS3191F，furcarbanide，Benodil，灭菌胺。

化学名称 2,5-二甲基呋喃-3-甲基替苯胺；2,5-dimethyl-3-furanilide。

应用 内吸性杀真菌拌种剂，防治麦类散黑穗病、腥黑穗病、小麦株腐病、洋葱条黑粉病。BASF 的实验品种，现已停产。

合成路线

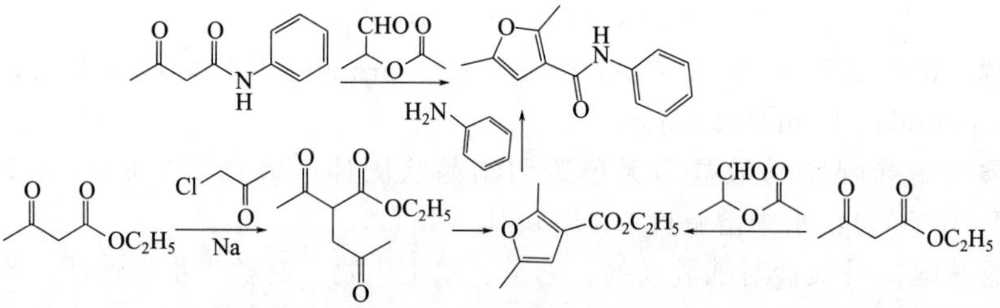

常用剂型 二甲呋酰苯胺与喹啉铜、代森锰、代森锰锌和福美双均能配成合剂。

6,7-二甲氧基香豆素

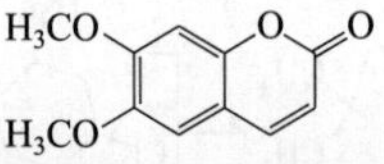

C₁₁H₁₀O₄，206.19，120-08-1

其他名称 香豆素二甲醚，滨蒿内酯，Scoparone。

化学名称 6,7-二甲氧基香豆素；6,7-dimethoxycoumanine。

理化性质 白色或黄白色针状结晶，熔点144℃。易溶于丙酮、氯仿，溶于乙醇和热氢氧化钠溶液，不溶于水和石油醚。无臭，味苦。

应用 可用作安全农药，对环境没有污染。用0.025%～0.05%浓度的6,7-二甲氧基香豆素可有效地防治柑橘黑点病和溃疡病、黄瓜炭疽病、杨梅灰霉病、芝麻叶枯病以及水稻稻瘟病等。本品也是一种医药，名称东喘宁，具有平喘、祛痰、镇咳作用。

合成路线

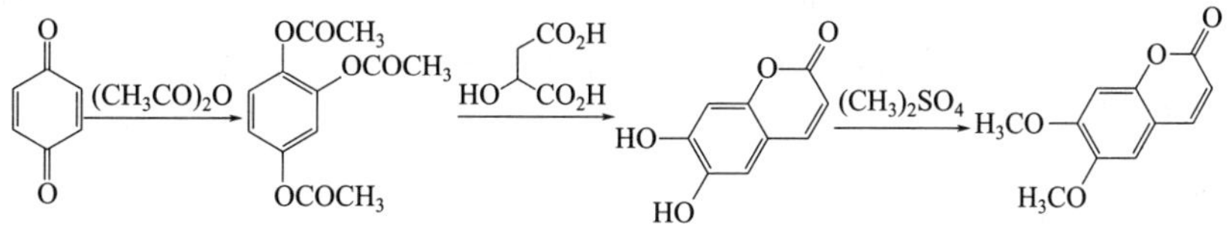

常用剂型 未见相关农药制剂报道，常用中药制剂0.1g/片的东喘宁片。

二硫氰基甲烷 （methane dithiocyanate）

$C_3H_2N_2S_2$, 130.2, 6317-18-6

其他名称 浸种灵，MBT。

化学名称 双异硫氰酸甲酯；methylene dithiocyanate。

理化性质 白色至微黄色针状晶体，有刺激性气味，熔点101～103℃，可溶于1,4-二氧氯环、N,N-二甲基甲酰胺，微溶于其他有机溶剂，微溶于水，水中溶解度2.3g/L。在酸性条件下稳定。

毒性 小鼠急性经口LD_{50}为50.19mg/kg。大鼠急性经皮LD_{50}292mg/kg。

应用 主要用于稻、麦种子处理，防治种传细菌、真菌病害。如水稻恶苗病和干尖线虫病，大麦条纹病、坚黑穗病和网斑病。同时也可作为柑橘收获后的杀菌保鲜处理、甘薯等繁殖材料以及土壤的消毒处理等。

合成路线

$$CH_2I_2/CH_2Br_2/CH_2Cl_2 \xrightarrow{NaSCN/KSCN} NCS \diagup SCN$$

常用剂型 主要有水剂、分散剂或与其他杀菌剂复配使用。

二氯萘醌 （dichlone）

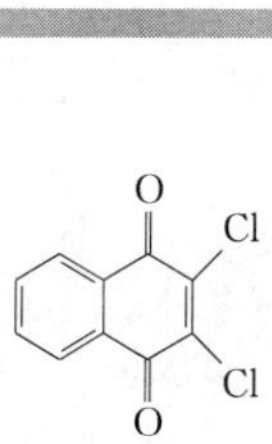

$C_{10}H_4Cl_2O_2$, 227.0, 117-80-6

其他名称 phygon，非冈。

化学名称 2,3-二氯-1,4-萘醌；2,3-dichloro-1,4-naphthoquinone。

理化性质 纯品为黄色结晶，熔点193℃，在32℃以上时缓慢升华。工业品纯度约为95%，熔点不低于188℃。在25℃水中溶解度为0.1mg/L，微溶于丙酮和苯，溶于二甲苯和二氯苯。对光和酸稳定，遇碱水解，不能与矿油、二硝基甲酚和石硫合剂混用，无腐蚀性。

毒性 大鼠急性经口 LD_{50} 1300mg/kg。在温暖条件下对皮肤有刺激性。用含1500mg/kg药剂的饲料喂大鼠两年无致病影响。

应用 二氯萘醌是非内吸性杀菌剂。主要用于种子处理和叶面喷洒，但不能用于豆科植物种子处理，因其对固氮细菌有毒。叶面喷洒对苹果的黑星病、核果棕腐病、豆的炭疽病、番茄晚疫病有效。

合成路线

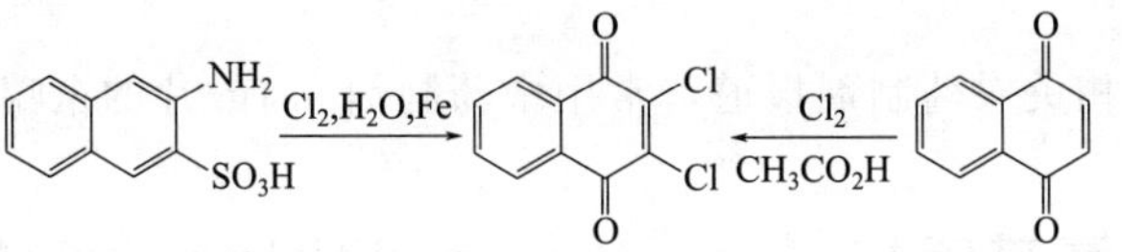

常用剂型 二氯萘醌常用制剂主要有50%可湿性粉剂。

二氯三唑醇（ vigil ）

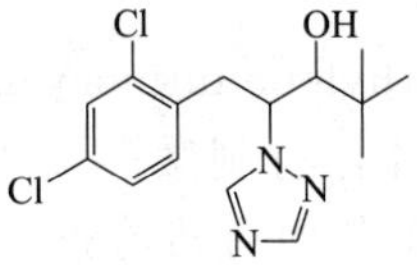

$C_{15}H_{19}ON_3Cl_2$, 342.9

化学名称 (1RS,2RS)-1-(2,4-二氯苯基)-4,4-二甲基-2-(1,2,4-三唑-1-基) 戊-3-醇。

理化性质 白色结晶，熔点149～150℃。

毒性 与三唑醇类似，属于低毒杀菌剂。

应用 高效、内吸、广谱杀菌剂，对禾谷类作物的白粉病、锈病等病害有优异防治效果。对植物生长具有调节作用，可使作物增产。此外，对苹果白粉病和黑星病、葡萄白粉病、咖啡锈病也有显著防治效果。

合成路线 相关中间体合成与三唑酮、三唑醇中间体合成非常相似。二氯三唑醇合成路线如下，有酚路线1→2和醛路线3→4。

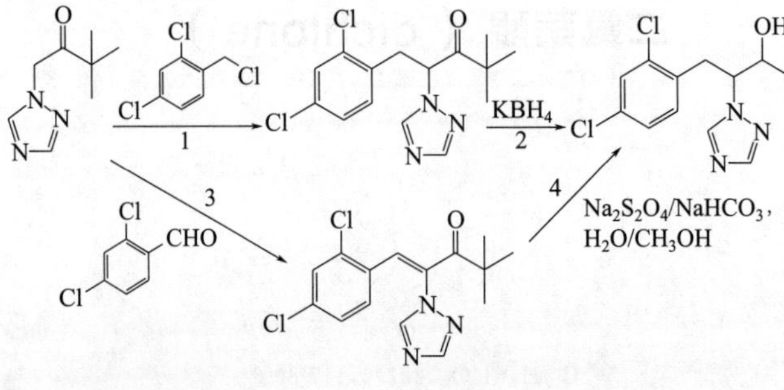

426

常用剂型 二氯三唑醇目前在我国未见相关产品登记。常用制剂有 125g/L 胶悬剂。

二氯异氰尿酸钠（ sodium dichloroisocyanurate ）

$C_3O_3N_3Cl_2Na$，220.0，2893-78-9

其他名称 优氯净，优氯克霉灵，SDIC。

理化性质 本品为白色结晶粉末或粒状物，具有一种特殊的刺激性气味，熔点 240～250℃，溶于水，难溶于有机溶剂。

毒性 低毒，小鼠急性经口 LD_{50} 为 2270mg/kg。对人基本无毒。

应用 对人、畜、禽等动物性病原细菌、芽孢、真菌和病毒，对虾池中的细菌、真菌、病毒及部分原虫，对蔬菜、瓜类、果树、小麦、水稻、花生、棉花等田间作物的病原细菌、真菌、病毒均有极强的杀灭能力。对食用菌栽培过程中易发生的霉菌及多种病害有较强消毒和杀菌能力。

常用剂型 主要有 20%、40%、50% 可溶粉剂，66% 烟剂。

二氰蒽醌（ dithianon ）

$C_{14}H_4N_2O_2S_2$，296.32，3347-22-6

其他名称 Delan，Ditianroc，Aktuan，二噻农。

化学名称 5,10-二氢-5,10-二氧代萘 [2,3-b]-1,4-二硫杂苯-2,3-二腈；5,10-dihydro-5,10-dioxonaphtho [2,3-b]-1,4-dithiin-2,3-dicarbonitrile。

理化性质 纯品为深棕色结晶状固体，熔点 225℃，蒸气压 2.7×10^{-6} mPa（25℃）。分配系数 $K_{ow} lgP = 3.2$（25℃）。Henry 常数 5.71×10^{-6} Pa·m³/mol。密度 1.576kg/m³（20℃）。水中溶解度（pH7，25℃）0.14mg/L。有机溶剂溶解度（g/L，20℃）：甲苯 8，二氯甲烷 12，丙酮 10，苯 8，微溶于甲醇和乙酸乙酯。在碱性、强酸和长时间加热条件下易分解，DT_{50} 12.2h（pH7，25℃），80℃以下稳定，水溶液（0.1mg/L）在人造阳光下 DT_{50} 为 19h。

毒性 大鼠急性经口 LD_{50} 678mg/kg。大鼠急性经皮 LD_{50} ＞2000mg/kg。对兔皮肤和眼睛有中度刺激性。大鼠急性吸入 LC_{50}（4h）2.1mg/L。NOEL 数据 [2 年，mg/(kg·d)]：大鼠 20，小鼠 2.8，狗 40。ADI 值 0.01mg/kg。山齿鹑和野鸭急性经口 LC_{50} 分别为 430mg/kg 和 290mg/kg。鲤鱼 LC_{50}（96h）0.1mg/L。蜜蜂 LD_{50}（48h）＞0.1mg/只（接触）。蚯蚓 LC_{50}（mg/kg 土壤）：588.4（7d），578.4（14d）。

应用 用于仁果、核果的多种叶部病害的保护性杀菌剂，对白粉病无效。还能防治苹果、梨的黑星病，苹果污斑病和煤点病，樱桃的叶斑病、锈病、炭疽病和穿孔病，桃、杏的缩叶病、褐腐病和锈病，啤酒花和葡萄藤的霜霉病，柑橘的疮痂病和沙皮病，草莓叶斑病和叶焦病。

合成路线

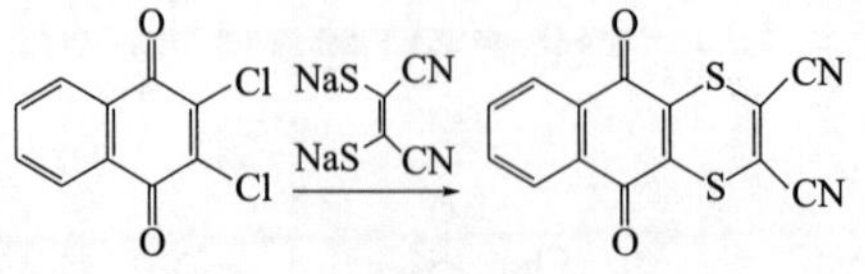

常用剂型　二氰蒽醌目前在我国相关产品登记有95％原药；制剂登记主要有70％水分散粒剂，22.7％、50％悬浮剂和65％可湿性粉剂。

二硝巴豆酸酯（dinocap）

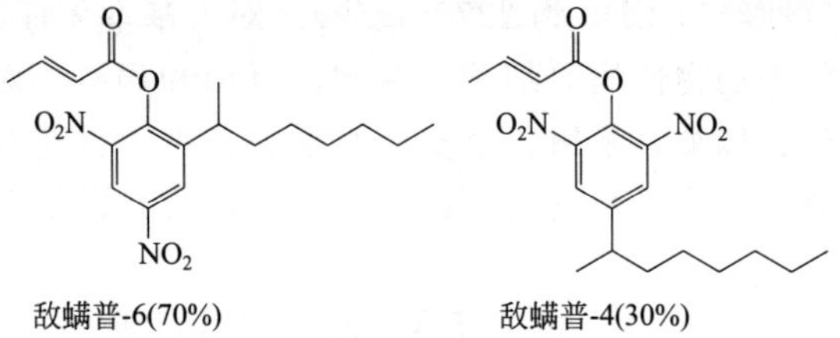

敌螨普-6(70%)　　　　　敌螨普-4(30%)

$C_{18}H_{24}N_2O_6$，364.3，131-72-6，34300-45-3

其他名称　Karathane，消螨普，敌螨普。

化学名称　2-(1-甲基庚基)-4,6-二硝基苯基巴豆酸酯；2-(1-methyl heptyl)-4,6-dinitrophenyl crotonate。实际上是多种异构体的混合物。

理化性质　通过巴豆酰氯酯化得到的二硝巴豆酸酯为暗褐色液体，沸点138～140℃/0.05mmHg，相对密度1.10，不溶于水，易溶于有机溶剂。无腐蚀性。在碱性介质中酯基水解。

毒性　大鼠急性经口 LD_{50} 为980～1190mg/kg。1年饲喂试验以50mg/kg（饲料）的剂量未引起体重下降，同样剂量对北京鸭导致白内障。

应用　防治苹果、葡萄、烟草、蔷薇、菊花、黄瓜、啤酒花上的白粉病。防治苹全爪螨（*Panonychus ulmi*），还可用作种子处理剂。

合成路线

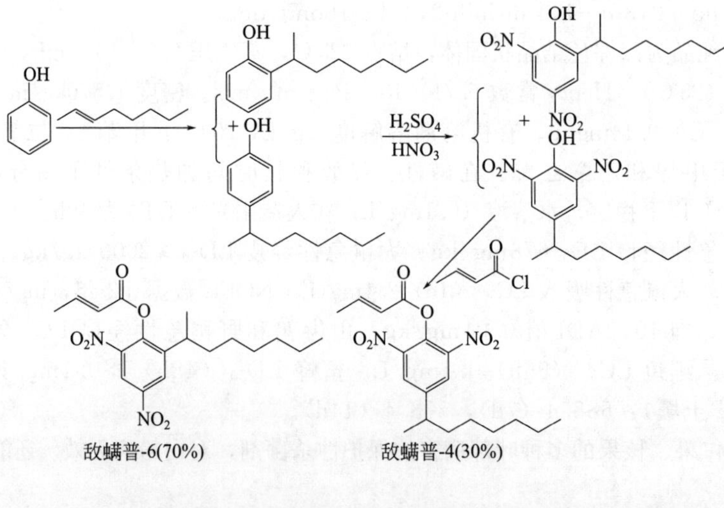

敌螨普-6(70%)　　　　　敌螨普-4(30%)

常用剂型 二硝巴豆酸酯常用制剂主要有 19.5%乳油、37%乳剂、50%乳油、37%水剂、19.5%可湿性粉剂、25%可湿性粉剂；可与三氯杀螨醇等混用或制成混剂。

二硝散 （NBT）

$C_7H_3N_3O_4S, 225.2, 1594-56-5$

化学名称 2,4-二硝基硫氰基苯；2,4-dinitro-1-thiocyanobenzene。

理化性质 原药为黄色结晶，熔点 139～140℃，不溶于水，溶于有机溶剂。溶解度（20℃，g/L）：乙醇 0.198，甲醇 2.26，$CHCl_3$ 3.77，氯苯 9.23，苯 9.48，丙酮 15.42。在强碱性下不稳定。

毒性 大白鼠急性经口 LD_{50} 为 3100mg/kg。

应用 0.15%～0.25%浓度可防治白粉病和霜霉病。对蔬菜的白斑、白锈、菌核、霜霉、炭疽及锈病，瓜类的疫病，小麦的白粉病等都有效。

合成路线

常用剂型 二硝散主要制剂有 15%、30%、50%的粉剂，15%、50%可湿性粉剂，10%乳油。

二硝酯 （dinocton）

$C_{16}H_{22}N_2O_7$，354，32534-96-6；19000-58-9；19000-52-3；32535-08-3；6465-51-6；6465-60-7

其他名称 MC1945，MC1947，dinocton-6，dinocton-4，对敌菌消，敌菌消。

化学名称 一种混合物，其主要成分是：2,4-二硝基-6-(1-丙基苯基) 苯基甲酸甲酯（Ⅰ）；2-(1-乙基己基)-4,6-二硝基苯甲酸甲酯（Ⅱ）；2,6-二硝基-4-(1-丙基苯基) 苯甲酸甲酯（Ⅲ）；4-(1-乙基己基)-2,6-二硝基苯甲酸甲酯（Ⅳ）；2,4-dintro-6-(1-propylpentyl) phenylmethyl carbonate（Ⅰ）；2-(1-ethylhexyl)-4,6-dinitrophenyl methyl carbonate（Ⅱ）；2,6-dintro-4-(1-propylpentyl) phenyl methyl carbonate（Ⅲ）；4-(1-ethylhexyl)-2,6-dinitrophenyl methyl carbonate（Ⅳ）。

理化性质 本品为液体，相对密度（d_{20}^{20}）1.17，微溶于水，溶于丙酮和芳烃溶剂。对酸稳定，碱水解生成二硝基酚，并能和许多非碱性农药混配。

毒性 大鼠急性经口 LD_{50} 为 460mg/kg；大鼠急性经皮 LD_{50} > 300mg/kg。

应用 以 0.0125%～0.025%的二硝酯可防治白粉病和稻瘟病。对植物药害较小。

合成路线

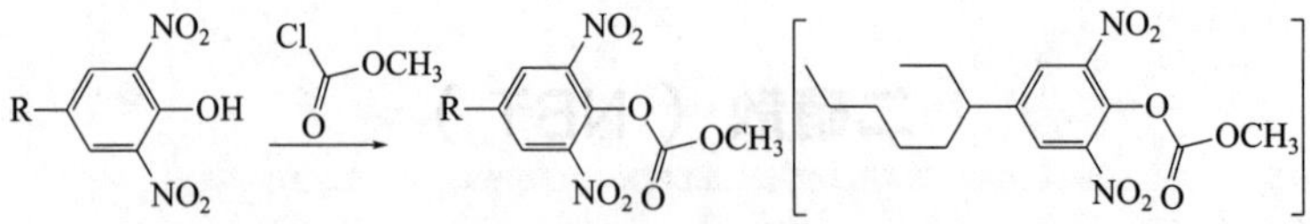

常用剂型　二硝酯主要制剂有 25％可湿性粉剂和 50％乳剂。

防霉胺（salicylanilide）

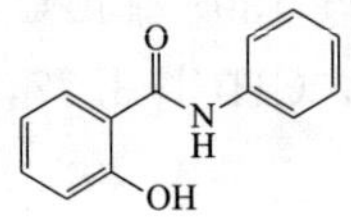

$C_{13}H_{11}NO_2$，213.2，87-17-2

其他名称　Shirlan，水杨酰替苯胺，水杨酰苯胺。

化学名称　水杨酸苯胺；salicylanilide。

理化性质　白色叶片状结晶。原药为奶油色粉末。熔点 135.8～136.2℃。易溶于醇、醚、苯和氯仿，微溶于水，25℃在水中的溶解度为 55mg/L。在空气中稳定，遇光颜色变深，在强碱高温下易水解。

毒性　小鼠急性经口 LD_{50} 2400mg/kg，急性经皮 LD_{50} 1300mg/kg。对人、畜低毒，对皮肤有刺激性。

应用　主要用于纺织品防霉，也是选择性保护性杀菌剂，其碱金属盐对作物有药害。

合成路线

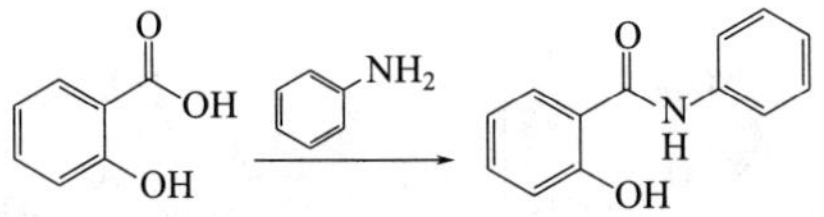

常用剂型　防霉胺主要剂型有可湿性粉剂和乳膏。

放射形土壤杆菌 K1026 菌株

拉丁文名称　*Agrobacterium radiobacter* strain K1026。

其他名称　NOGALL。

理化性质　放射形土壤杆菌 K1026 菌株是 K84 菌株的转移缺失遗传工程菌株，达到最大生长量的温度为 29～37℃，最适 pH6.5～7.0。制剂外观为棕色至黑色的湿炭粉，泥土气味，含水量 50％±2％，95％颗粒粒径＜75μm，密度（0.675±0.075）g/cm³，可分散的菌悬液（不溶于水）。

毒性　无毒。对皮肤没有刺激作用。会引起轻微至中度的眼睛刺激，不会损伤角膜。

应用　K1026 菌株是将放射形土壤杆菌 K84 通过遗传工程的限制酶切和 DNA 重组而得到的遗传工程菌株。它的各方面特性和抑瘤效果与 K84 没有区别，但是不会将产细菌素质粒转移到病原菌内，所以不会使病原菌产生抗性。

常用剂型　放射形土壤杆菌 K1026 菌株在我国未见相关制剂产品登记。

放射形土壤杆菌 K84 菌株

拉丁文名称　*Agrobacterium radiobacter* strain K84。

其他名称　根癌宁，GALLTROL。

理化性质　工业级别活性成分为奶油色，制剂产品为浅绿色。放射形土壤杆菌 K84 菌株的物态可被认为是琼脂培养基上培养的细菌细胞。气味淡，工业级别活性成分及其制剂产品的 pH 均为 6.8～7.1。该细菌培养物可混溶于水，在干燥、pH 高于 9 及温度超过 35℃时失活，在冷藏条件下保质期为 120d。

毒性　对眼睛有中等程度的刺激作用。对人、畜无毒。

应用　放射形土壤杆菌 K84 菌株普遍存在于各种土壤和植物根际，能分泌一种抑制物——二取代腺嘌呤核苷，它能抑制病原菌 DNA 合成。通过直接与根癌土壤杆菌竞争营养与空间而控制由其引起的根癌病。主要用于果树根癌病（冠缨病）的防治，可通过浸核育苗、浸根育苗、移栽前蘸根、生长期浇灌、切瘤浇根等方法使用。

常用剂型　放射形土壤杆菌 K84 菌株在我国未见相关制剂产品登记。

放线菌酮（actidione）

$C_{15}H_{23}NO_4$，281.3，66-81-9

其他名称　Acti-dione RE，Acti-dione TGF，Acti-dione PM，KaKen，Actispray，Hizarocin，Naramycin A，农抗 101，环己酰亚胺。

化学名称　4-{(2R)-2-[(1S,3S,5S)-(3,5-二甲基-2-氧代环己基)]-2-羟基乙基}-哌啶-2,6-二酮；{1S-[1α(S*),3α,5β]}-4-{2-[(3,5-dimethyl)-2-oxocyclohexyl]- 2-hydroxyethyl}-2,6-piperidinedione。

理化性质　纯品是无色、薄片状的结晶体，熔点 119～121℃。相对密度 0.945（20℃）。其稳定性与 pH 有关，在 pH4～5 最稳定，pH 5～7 较稳定，pH＞7 时分解。溶解度（g/kg）：在 25℃条件下，丙酮 330，异丙醇 55，水 20，环己胺 190，苯＜5。

毒性　急性经口 LD_{50}：小鼠 133mg/kg，豚鼠 65mg/kg，猴子 60mg/kg。

应用　放线菌酮是从灰色链霉菌（*Streptomyces griseus*）的发酵液中分离获得的。可作为杀菌剂，用于防治樱桃叶斑病、樱桃穿孔病、桃树菌核病、橡树立枯病、薄荷及松树的疱锈病、甘薯黑疤病、菊花黑星病和玫瑰灰霉病等。

常用剂型　放线菌酮在我国未见相关制剂产品登记。

非致病尖镰孢菌 47

拉丁文名称 *Fusarium oxysporum* 47。

其他名称 尖镰孢菌 47。

理化性质 尖镰孢菌 47 是一种自然产生的突变体，其亲本株是在具有抑制活性的土壤中分离得到的，由于它没有植物病原性并且能与真菌的病原菌竞争，因此被作为杀菌剂使用。能在 PDA 上生长繁殖，适宜的温度是 23～25℃。

毒性 无毒，对人、畜及环境安全。

应用 尖镰孢菌 47 菌株用于防治尖镰孢病原菌和串球镰孢引起的枯萎病，还能促进西瓜的生长发育。防治瓜类枯萎病、番茄枯萎病。

常用剂型 非致病尖镰孢菌 47 在我国未见相关制剂产品登记。

菲醌（9,10-phenanthraquinone）

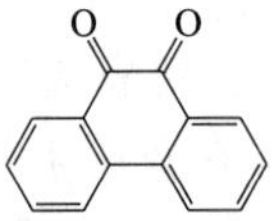

$C_{14}H_8O_2$，208.2，84-11-7

其他名称 9,10-菲醌，Phenanthrenequinone。

理化性质 纯品为黄色针状结晶，熔点 206～207.5℃；相对密度 1.045；沸点 360℃（升华）；不溶于水，可溶于苯、乙醚、冰醋酸中。菲醌与亚硫酸氢钠作用，生成可溶性加成物。

毒性 菲醌对低温动物低毒，鼠急性经口 LD_{50} 为 2200mg/kg。

应用 用于处理小麦种子，防治赤霉病和黑星病，其效果和有机汞剂差不多，因而可代替部分有机汞剂使用。

合成路线

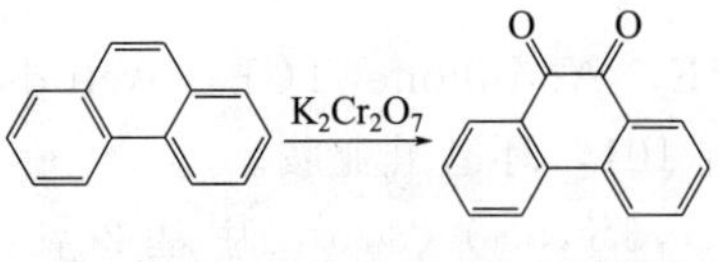

常用剂型 菲醌主要制剂有 30% 可湿性粉剂和 35% 粉剂。

粉唑醇（flutriafol）

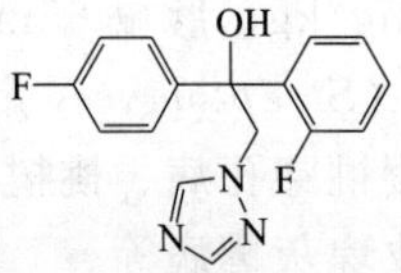

$C_{16}H_{13}F_2N_3O$，301.29，76674-21-0

其他名称 Armour，Impact，Vaspact。

化学名称 (RS)-2,4′-二氟-α-(1H-1,2,4-三唑-1-基甲基) 二苯基乙醇；(RS)-2,4′-dif-luoro-α-(1H-1,2,4-triazol-1-ylmethyl) benzhydryl alcohol。

理化性质 纯品为无色结晶固体，熔点130℃。蒸气压 7.1×10^{-6} mPa（20℃）。分配系数 $K_{ow}lgP = 2.3$（20℃），Henry 常数 1.65×10^{-8} Pa·m³/mol（20℃）。相对密度1.41。水中溶解度为130mg/L（pH7，20℃）。有机溶剂中溶解度（20℃，g/L）：丙酮190、二氯化碳150、甲醇69、二甲苯12、己烷0.3。

毒性 雄、雌大鼠急性经口 LD_{50} 分别为 1140mg/kg、1480mg/kg。大鼠急性经皮 $LD_{50} > 1000$mg/kg，兔急性经皮 $LD_{50} > 2000$mg/kg。对大鼠和兔的皮肤无刺激，但对兔眼睛有严重刺激性。大鼠急性吸入 LC_{50}（4h）> 3.5mg/L。90d 喂养无作用剂量：大鼠2mg/kg，狗5mg/kg。对大鼠和兔无致畸性，体内研究无细胞遗传性，在 Ames 试验中无致突变性。雌性野鸭急性经口 $LD_{50} > 5000$mg/kg。饲喂 LC_{50}（5d，mg/kg 饲料）：野鸭 3940，日本鹌鹑 6350。鱼毒 LC_{50}（96h，mg/L）：虹鳟鱼61、鲤鱼77。水蚤 LC_{50}（48h）78mg/L。对蜜蜂低毒，急性经口 $LD_{50} > 5\mu g$/只。蚯蚓 LC_{50}（14d）1000mg/kg（干土）。

应用 本品为三唑类杀菌剂，是甾醇脱甲基化抑制剂，具内吸性，在植物体内向顶性传导，对病害有保护和治疗作用。以 125g（a.i.）/hm² 喷雾，可防治禾谷类作物白粉病、黑麦喙孢、长蠕孢属、壳针孢属病原菌。也可作种子处理剂，防治土传病害（用量75mg/kg 种子）和种传病害（200～300mg/kg 种子）。粉唑醇具有广谱的杀菌活性，可防治禾谷类作物茎叶穗部病害，还可防治禾谷类作物土传和种传病害，如白粉病、锈病、云纹病、叶斑病、网斑病、黑穗病等。对谷物白粉病有特效。

合成路线 有环氧丙烷路线即路线 1→2→3 和格氏试剂路线即路线 4→5，如下所示。

常用剂型 粉唑醇目前在我国原药登记规格为95%，制剂登记主要是125g/L、250g/L、12.5%、25%等规格的悬浮剂，此外常用剂型还有12.5%乳油，可与抑菌唑、噻菌灵三元复配。

呋吡菌胺（furametpyr）

C₁₇H₂₀O₂N₃Cl，333.8，123572-88-3

其他名称 氟吡酰胺，Limber。

化学名称 (*RS*)-5-氯-*N*-(1,3-二氢-1,1,3-三甲基异苯并呋喃-4-基)-1,3-二甲基吡唑-4-甲酰胺或 *N*-(1,1,3-三甲基-2-氧-4-二氢化茚基)-5-氯-1,3-二甲基吡唑-4-甲酰胺；(*RS*)-5-chloro-*N*-(1,3-dihydro-1,1,3-trimethylisobenzofuran-4-yl)-1,3-dimethylpyrazole-4-carboxamide 或 *N*-(1,1,3-trimethyl-2-oxa-4-indanyl)-5-chlor-1,3-dimethylpyrazole-4-carboxamide。

理化性质 纯品呋吡菌胺为无色或浅棕色固体，熔点 150.2℃，蒸气压 $4.7×10^{-3}$ mPa（25℃），分配系数 K_{ow}lg$P$=2.36（25℃），Henery 常数 $6.97×10^{-6}$ Pa·m³/mol。水中溶解度（25℃）225mg/L。在大多数有机溶剂中稳定。原药在 40℃ 放置 6 个月仍较稳定，在 60℃ 放置 1 个月几乎无分解，在太阳光下分解较迅速。原药在 pH 3～11 水中（100mg/L 溶液，黑暗环境）较稳定，14d 分解率＜2%。在加热条件下，原药于碳酸钠介质中易分解，在其他填料中均较稳定。

毒性 呋吡菌胺原药大鼠急性经口 LD$_{50}$（mg/kg）：640（雄）、590（雌）。大鼠急性经皮 LD$_{50}$＞2000mg/kg（雌、雄）。对兔眼睛有轻微刺激，对兔皮肤无刺激作用。无致癌、致畸性，对繁殖无影响。在环境中对非靶标生物影响小，较为安全。

应用 呋吡菌胺属于内吸性、传导优良的杀菌剂，由日本住友公司开发，1988 年申请专利。用于防治水稻纹枯病，对担子菌纲的大多数病菌有优良的活性，特别是对丝核菌属和伏革菌属引起的植物病害具有优异的防治效果；对丝核菌属、伏革菌属引起的植物病害如水稻纹枯病、多种水稻菌核病、白绢病等有特效；使用剂量 450～600g（ai）/hm²。

合成路线

常用剂型 呋吡菌胺目前在我国原药登记规格为 97%，制剂登记为 687.5g/L 悬浮剂。

呋菌胺（methfuroxam）

C$_{14}$H$_{15}$NO$_2$，229.3，28730-17-8

其他名称 Aabosan，Trivax，Furavax，Granovax，H719（Uniroyal），担菌胺，三甲

呋酰胺。

化学名称　2,4,5-三甲基-3-呋喃基酰苯胺；2,4,5-trimethyl-3-furanilide。

理化性质　本品为白色固体，熔点 138～140℃，略有气味。25℃溶解度：水中 0.01g/kg，二甲基甲酰胺 412g/kg，丙酮 125g/kg，甲酸 64g/kg，苯 36g/kg。25℃蒸气压＜0.13mPa。在强酸、强碱中水解，对金属无腐蚀作用。

毒性　大鼠急性经口 LD_{50}：1470mg/kg（雌），4300mg/kg（雄）。小鼠急性经口 LD_{50}：620mg/kg（雄），880mg/kg（雌）。兔经皮 LD_{50} 3160mg/kg。大鼠吸入 LD_{50} 17.39mg/L（空气）。对兔皮肤无刺激，对眼稍有刺激。虹鳟鱼 LC_{50} 0.36mg/L。

应用　该杀菌剂由 K. T. Alcock 报道，由 Uniroyal Chemical Ltd. 开发。本品属酰胺类杀菌剂，用于禾谷类作物的种子处理 [最高 50g（a. i.）/100kg 种子]，防治腥黑粉菌属和黑粉菌属病菌引起的病害。

合成路线

常用剂型　呋菌胺可做拌种剂使用，可与抑霉唑、噻菌灵等复配。

呋菌隆（ furophanate ）

$C_{14}H_{13}N_3O_3S$，303.33，53878-17-4

其他名称　Thiocure，Thyfural。

化学名称　3-(2-呋喃基亚甲基氨基苯基)-1-甲氧基羰基硫脲；4-(2-呋喃基亚甲基氨基苯基)-3-硫代脲基甲酸甲酯；3-(2-furfurylideneaminophenyl)-1-methoxycarbonylthiourea；4-(2-furfurylideneaminophenyl)-3-thioal-lophanate。

毒性　大鼠急性经口 LD_{50} 为 10000mg/kg。

应用　本品可用于防治苹果黑星病、甜瓜白粉病等。0.06％可完全保护收获后的葡萄，防止灰葡萄孢的侵染。

合成路线

常用剂型　目前在我国未见相关产品登记。

呋醚唑（ cis-furconazole ）

C$_{15}$H$_{14}$Cl$_2$F$_3$N$_3$O$_2$，396.2，112839-32-4

化学名称 （2RS,5RS)-5-(2,4-二氯苯基）四氢-5-(1H-1,2,4-三唑-1-基甲基)-2-呋喃基-2,2,2-三氟乙醚基；（2RS,5RS)-5-(2,4-dichlorophenyl) tetrahydro-5-(1H-1,2,4-triazol-1-ylmethyl)-2-furyl-2,2,2-trifluoroethyl ether。

理化性质 无色晶体，熔点86℃，25℃时蒸气压0.014MPa。溶解度：水21mg/L，有机溶剂370～1400g/L。

毒性 大鼠急性LD$_{50}$（mg/kg）：450～900（经口），＞2000（经皮）。对兔眼睛和皮肤无刺激作用。

应用 对子囊菌纲、担子菌纲和半知菌类的致病菌有优异活性，对禾谷类作物、葡萄、果树、热带作物的主要病害有效，如白锈病、锈病、疮痂病、叶斑病和其他叶部病害。

合成路线

常用剂型 呋醚唑目前在我国未见相关产品登记。常用剂型有可湿性粉剂、乳油和悬浮剂。

呋霜灵（ furalaxyl ）

C$_{17}$H$_{19}$NO$_4$，301.34，57646-30-7

其他名称 Fongarid。

化学名称 N-(2-呋喃甲酰基)-N-(2,6-二甲苯基)-DL-丙氨酸甲酯；methyl-N-2-furoyl-N-2,

6-xylyl-DL-alaninate；CA：*N*-(2, 6-dimethylphenyl)-*N*-(2-furanylcarbonyl)-DL-alaninate。

理化性质 纯品为白色无臭结晶状固体，熔点84℃。相对密度1.22（20℃）。蒸气压0.07mPa（20℃）。分配系数K_{ow} lg$P$＝2.7（25℃）。Henry常数9.3×10^{-5} Pa·m³/mol（计算值）。水中溶解度230mg/L（20℃）。有机溶剂中溶解度（g/kg，20℃）：二氯甲烷600，丙酮520，甲醇500，己烷4。土壤降解DT_{50} 31～65d（20～25℃）。

毒性 急性经口LD_{50}（mg/kg）：大鼠940，小鼠603。急性经皮LD_{50}（mg/kg）：大鼠＞3100，兔5508。对兔皮肤和眼睛有轻微刺激作用，对豚鼠皮肤无致敏性。NOEL数据［90d，mg/（kg·d）］：狗1.8。日本鹌鹑急性经口LD_{50}（8d）＞6000mg/kg。日本鹌鹑饲喂LC_{50}（8d）＞6000mg/L（饲料）。虹鳟鱼LC_{50}（96h）32.5mg/L。水蚤LC_{50}（48h）27mg/L。对蜜蜂无毒，LD_{50}（24h）＞200μg/只（经口）。蚯蚓LC_{50}（14d）510mg/kg（土壤）。

应用 内吸性杀菌剂，具有保护和治疗作用。可被植物根、茎、叶迅速吸收，并在植物体内运转到各个部位，因而耐雨水冲刷。主要用于防治由腐霉菌和疫霉菌引起的各种植物病害，如瓜果、蔬菜的猝倒病、腐烂病、疫病等。可土壤处理和叶面喷洒。

合成路线

常用剂型 呋霜灵目前在我国未见相关产品登记。常用剂型主要有颗粒剂和可湿性粉剂。

呋酰胺（ofurace）

$C_{14}H_{16}ClNO_3$，281.73，58810-48-3

其他名称 Vamin，Patafol。

化学名称 （*RS*）-α-(2-氯-*N*-2,6-二甲基乙酰胺基)-γ-丁内酯；（*RS*）-α-(2-chloro-*N*-2,6-xylylacetamido)-γ-butyrolactone。

理化性质 原药为灰白色粉状固体，纯度≥97％。纯品为无色结晶状固体，熔点145～146℃。相对密度1.43（20℃）。蒸气压2×10^{-2} mPa（25℃）。分配系数K_{ow} lg$P$＝1.39（20℃）。Henery常数3.90×10^{-5} Pa·m³/mol（计算值）。水中溶解度146mg/L（20℃）。有机溶剂中溶解度（g/L，20℃）：二氯乙烷300～600，氯仿255，环己酮141，二甲基甲酰胺336，丙酮60～70，乙酸乙酯25～30，甲醇25～30，对二甲苯8.6。碱性条件下水解。

毒性 急性经口LD_{50}（mg/kg）：雄大鼠3500，雌大鼠2600，小鼠＞5000，兔＞5000。大鼠急性经皮LD_{50}＞5000mg/kg。对兔皮肤和眼睛有中度刺激作用，对豚鼠皮肤无致敏性。大鼠急性吸入LC_{50}（4h）2060mg/L。NOEL数据（2年）：大鼠2.5mg/（kg·d）。ADI值0.03mg/kg。无致畸、致突变、致癌作用。虹鳟鱼LC_{50}（96h）29mg/L。水蚤LC_{50}（48h）46mg/L。对蜜蜂无毒，LD_{50}（48h）＞58μg/只（接触和经口）。

应用 呋酰胺是一种具有内吸作用、代替汞制剂的新的拌种剂，可用于防治种子胚内带菌的麦类散黑穗病，也可用于防治高粱丝黑穗病。但对侵染期较长的玉米丝黑穗病菌的防治效果差。适宜作物小麦、大麦、高粱和谷子等。防治对象为小麦和大麦散黑穗病、小麦光腥黑穗病和网腥黑穗病、高粱丝黑穗病和谷子粒黑穗病。

常用剂型　呋酰胺目前在我国未见相关产品登记。混剂主要与灭菌丹、代森锰锌、代森联、霜脲氰等复配，常用剂型有乳油、可湿性粉剂、悬浮剂等。

氟苯嘧啶醇（nuarimol）

$C_{17}H_{12}ClFN_2O$，314.7，63284-71-9

其他名称　环菌灵，Trimidal，Trimiol。

化学名称　(RS)-2-氯-4′-氟-α-(嘧啶-5-基) 苯基苄醇；(RS)-2-chloro-4′-fluoro-α-(pyrimidin-5-yl) benzhydryl alcohol。

理化性质　纯品为无色晶体，熔点 126～127℃。蒸气压＜2.7×10^{-3}mPa（25℃）。分配系数 K_{ow} lg$P=3.18$（pH7）。Henry 常数＜3.27×10^{-5} Pa·m³/mol。相对密度 0.6～0.8。水中溶解度（pH7，25℃）为 26mg/L。有机溶剂中溶解度（25℃，g/L）：丙酮 170，甲醇 55，二甲苯 20。极易溶解在乙腈、苯和氯仿中，微溶于己烷。在试验的最高贮存温度 52℃下稳定，在紫外线下迅速分解。

毒性　急性经口 LD$_{50}$（mg/kg）：雄大鼠 1250，雌大鼠 2500，雌小鼠 3000，雄小鼠 2500，小猎犬 500。兔急性经皮 LD$_{50}$＞2000mg/kg。对兔皮肤无刺激作用，对眼睛有轻微刺激作用。对豚鼠皮肤无过敏现象。原药大鼠急性吸入 LC$_{50}$（1h）0.37mg/L（空气）。在 2 年饲喂实验中，对大鼠和小鼠的无作用剂量为 50mg/kg（饲料）。鹌鹑急性经口 LD$_{50}$ 200mg/kg。在连续流动系统中，浓度 1.1mg/L，在 7d 的试验中，未观察到对蓝鳃的影响。蓝鳃太阳鱼 LC$_{50}$（96h）约 12.1mg/L。对蜜蜂无毒，LC$_{50}$（接触）＞1g/L。水蚤 LC$_{50}$（48h）＞25mg/L。蚯蚓 14d 喂养无作用剂量为 100g/kg（土壤）。

应用　为内吸性杀菌剂，具有保护和治疗作用，其作用机理为抑制甾醇脱甲基化，对多种植物病原菌有活性。适用于禾谷类作物、苹果、石榴、核果、葡萄、蛇麻草、葫芦和其他作物。对禾谷类作物由病原真菌引起的病害，如斑点病、叶枯病、黑穗病、白粉病、黑星菌等有广谱抑制作用。对苹果、石榴、核果、葡萄等的白粉病和苹果的疮痂病也有抑制作用。

合成路线

常用剂型　氟苯嘧啶醇目前在我国未见相关产品登记。常用制剂有乳油、悬浮剂、可溶性液剂、可湿性粉剂等，可与抑霉唑、克菌丹、百菌清、代森锰锌、蒽醌、硫黄、十三吗啉

438

等进行复配。

氟吡菌酰胺（fluopyram）

$C_{16}H_{11}ClF_6N_2O$，396.7，658066-35-4

化学名称　N-[2-[3-氯-5-(三氟甲基)-2-吡啶基]乙基]-α,α,α-三氟-邻甲苯酰胺。

应用　一种广谱杀菌剂。可用于防治70多种作物如葡萄、梨果、核果、蔬菜以及大田作物等的多种病害，包括灰霉病、白粉病、菌核病、褐腐病。

合成路线

常用剂型　氟吡菌酰胺在我国登记的主要制剂有41.7%、42.8%悬浮剂，可与肟菌酯复配。

氟啶胺（fluazinam）

$C_{13}H_4Cl_2F_6O_4N_4$，465.09，79622-59-6

其他名称　福农帅，Shirlan，Frowncide。

化学名称　N-(3-氯-5-三氟甲基-2-吡啶基)-α,α,α-三氟-3-氯-2,6-二硝基对甲苯胺；N-(3-chloro-5-trifluoromethyl-2-pyridyl)-α,α,α-trifluoro-3-chloro-2,6-dinitro-p-toluidine。

理化性质　纯品氟啶胺为黄色结晶粉末，熔点115～117℃，蒸气压1.5mPa（25℃）。相对密度0.366（25℃，堆积）。分配系数$K_{ow}\lg P=3.56$（25℃）。Henry常数为4.1×10^{-1}Pa·m³/mol。水中溶解度1.7mg/L（pH7，25℃）。有机溶剂中溶解度（20℃，g/L）：丙酮470，甲苯410，二氯甲烷330，乙醚320，乙醇150，正己烷12。对热、酸、碱稳定。水溶液中光解DT_{50}2.5d。水解DT_{50}：42d（pH7）、6d（pH9）。pH5时稳定。土壤DT_{50}26.5d，土壤光解DT_{50}22d。pK_a7.34（20℃）。

毒性　氟啶胺原药大鼠急性经口$LD_{50}>5000$mg/kg。大鼠急性经皮$LD_{50}>2000$mg/kg。大鼠急性吸入LC_{50}（4h）0.463mg/L。对兔眼睛有刺激性，对兔皮肤有轻微刺激性。山齿鹑急性经口LD_{50}1782mg/kg，野鸭急性经口LD_{50}4190mg/kg。虹鳟鱼LC_{50}（96h）

0.036mg/L。水蚤 LC_{50}（48h）0.22mg/L。蜜蜂 $LD_{50} > 100\mu g$/只（经口），$> 200\mu g$/只（接触）。蚯蚓 LC_{50}（28d）$> 1000\text{mg/kg}$（土壤）。

应用　氟啶胺属于线粒体氧化磷酰化解偶联剂，无内吸活性，是广谱、高效的保护性杀菌剂，由日本石原产业公司开发，1980 年申请专利；适用于葡萄、苹果、梨、柑橘、小麦、大豆、马铃薯、蔬菜、水稻、茶和草坪等，同时还具有杀螨活性；防治的病害有黄瓜灰霉病、腐烂病、霜霉病、炭疽病、白粉病，番茄晚疫病，苹果黑星病、叶斑病，梨黑斑病、锈病，水稻稻瘟病、纹枯病，葡萄灰霉病、霜霉病，马铃薯晚疫病等；使用剂量 $125\sim250\text{g}$（a.i.）/hm^2。

合成路线

常用剂型　氟啶胺目前在我国原药登记规格为 94.5%，制剂登记主要是 500g/L 悬浮剂和复配制剂 4.65% 高氯·氟啶胺乳油。

氟啶酰菌胺（fluopicolide）

$C_{14}H_8Cl_3F_3N_2O$，383.58，239110-15-7

其他名称　氟吡菌胺，银法利，AE C638206，acylpicolide，picobenzamid。

化学名称　2,6-二氯-N-（3-氯-5-三氟甲基-2-吡啶甲基）苯甲酰胺；2,6-dichloro-N-(3-chloro-5-triflouromethyl-2-pyridylmethyl) benzamide；CA：2,6-dichloro-N-[[3-chloro-5-(triflouromethyl)-2-pyridinyl] methyl] benzamide。

理化性质　白色粉末，熔点 150℃。蒸气压为 $3.03\times10^{-7}\text{Pa}$（20℃）。分配系数 K_{ow} $\lg P = 2.9$（20℃）。水中溶解度 2.8mg/L（20℃）。有机溶剂溶解度（g/L，20℃）：乙酸乙酯 37.7，二氯甲烷 126，二甲亚砜 183，丙酮 74.7，正己烷 0.20，乙醇 19.2，甲苯 20.5。原药（含量 97.0%）外观为米色粉末，在常温以及各 pH 条件下，在水中稳定（水中半衰期可达 365d），对光照也较稳定。

毒性　大鼠（雄/雌）急性经口 $LD_{50} > 5000\text{mg/kg}$。大鼠（雄/雌）急性经皮 $LD_{50} > 5000\text{mg/kg}$。大鼠（雄/雌）急性吸入（4h）$LC_{50} > 5160\text{mg}$（a.i.）$/\text{m}^3$。对兔眼睛无刺激性，对兔皮肤无刺激性，对豚鼠皮肤无致敏性。无潜在诱变性。对兔、大鼠无潜在致畸性。对大鼠无致癌作用。山齿鹑急性经口 $LD_{50} > 2250\text{mg/kg}$。鸭急性经口 $LD_{50} > 2250\text{mg/kg}$。虹鳟鱼 LC_{50} 0.36mg/L（96h），蓝鳃 LC_{50} 0.75mg/L（96h）。大型溞 $EC_{50} > 1.8\text{mg/L}$（48h），水藻 $EC_{50} > 4.3\text{mg/L}$（72h）。蚯蚓 $LC_{50} > 1000\text{mg}$（a.i.）/kg（14d）。蜜蜂触杀 $LD_{50} > 100\mu g$/只。

应用　内吸性杀菌剂。主要用于防治卵菌纲病害，如马铃薯晚疫病、葡萄霜霉病等，还对稻瘟病、灰霉病、白粉病等有一定的防效。

合成路线

常用剂型 97％原药，687.5g/L 氟菌·霜霉威悬浮剂。

氟硅唑（ flusilazole ）

$C_{16}H_{15}F_2N_3Si$，315.39，85509-19-9

其他名称 福星，克菌星，护矽得，Nustar，Olymp，Punch，DPX-H 6573。

化学名称 双（4-氟苯基）甲基（1H-1,2,4-三唑-1-基亚甲基）硅烷；bis（4-fluoro-phenyl）methyl（1H-1,2,4-triazol-1-ylmethylene）silane。

理化性质 原药为淡黄色晶体，纯度 92.5％。纯品氟硅唑为白色晶体，熔点 53～55℃。蒸气压 3.9×10^{-2} mPa（25℃）。分配系数 $K_{ow} \lg P = 3.74$（pH7，25℃），Henry 常数 2.7×10^{-4} Pa·m³/mol（pH8，25℃）。相对密度 1.3。水中溶解度（mg/L，20℃）：45（pH7.8）、54（pH7.2）、900（pH1.1）。易溶于多种有机溶剂，溶解度＞2kg/L。对光稳定，在 310℃以下稳定，pK_a2.5（弱碱）。

毒性 氟硅唑原药急性经口 LD_{50}（mg/kg）：大鼠 1100（雄）、674（雌）。兔急性经皮 LD_{50}＞2000mg/kg。对兔眼睛和皮肤中度刺激，但无皮肤过敏现象。无致突变性。急性吸入 LC_{50}（4h，mg/L）：雄大鼠 27，雌大鼠 3.7。雄大鼠 2 年喂养试验无作用剂量为 10mg/kg，小鼠 1.5 年喂养试验无作用剂量为 25mg/kg，狗 1 年喂养试验无作用剂量为 5mg/kg。ADI 值为 0.001mg/kg。野鸭急性经口 LD_{50}＞1590mg/kg。鱼毒 LC_{50}（96h，mg/L）：虹鳟鱼 1.2，蓝鳃太阳鱼 1.7。水蚤 LC_{50}（48h）3.4mg/L。对蜜蜂无毒，LD_{50}＞150μg/只。

应用 氟硅唑属三唑类杀菌剂，主要作用机理是破坏和阻止病菌的细胞膜重要组成成分麦角甾醇的生物合成，导致细胞膜不能形成，使病菌死亡。对子囊菌、担子菌和半知菌所致病害有效，对卵菌无效，对梨黑星病有特效，并有兼治梨赤星病作用。氟硅唑属于甾醇脱甲基化酶抑制剂，高效、内吸，具有保护和治疗作用。适用于果树、黄瓜、番茄以及禾谷类等作物，防治梨黑星病、苹果黑星病和白粉病、葡萄白粉病、黄瓜黑星病、番茄叶霉病、甜菜病害、花生病害、禾谷类病害都有很好的效果。使用剂量 60～200g（a.i.）/hm²。

合成路线 氯代甲基二氯硅烷在低温条件下与氟苯、丁基锂或对应的格氏试剂反应，制得双（4-氟苯基）甲基氯代甲基硅烷，再于极性溶剂 DMF 中与 1,2,4-三唑钠盐 80℃反应 2h，即可制得氟硅唑。

常用剂型 氟硅唑目前在我国原药登记规格有 92％、92.5％、93％、95％，制剂登记（包括复配登记）剂型涵盖乳油、水乳剂、可溶液剂、悬浮剂、微乳剂、水分散粒剂、可湿性粉剂，复配对象主要有咪酰胺、多菌灵、代森锰锌、噁唑菌酮等。

氟环唑（epoxiconazole）

C₁₇H₁₃ClFN₃O，329.76，106325-08-0

其他名称 环氧菌唑，欧霸，Opus。

化学名称 (2RS,3RS)-1-[3-(2-氯苯基)-2,3-环氧-2（4-氟苯基）丙基]-1H-1,2,4-三唑；(2RS,3RS)-1-[3-(2-chlorophenyl)-2,3-epoxy-2(4-fluorophenyl)propyl]-1H-1,2,4-triazole。

理化性质 纯品氟环唑为无色结晶固体，熔点 136.2℃，相对密度 1.384（25℃），蒸气压$<1.0 \times 10^{-5}$Pa（25℃）。分配系数 $K_{ow}\lg P = 3.1$。溶解度（20℃）：水中 6.63mg/L，丙酮 14.4g/L，二氯甲烷 29.1g/L。在 pH7 和 pH9 条件下 12d 不水解。

毒性 氟环唑原药大鼠急性经口 $LD_{50} > 5000$mg/kg，大鼠急性经皮 $LD_{50} > 2000$mg/kg，大鼠急性吸入 LC_{50}（4h）> 5.3mg/L。对兔眼睛和皮肤无刺激性。鹌鹑急性经口 $LD_{50} > 2000$mg/kg；鹌鹑 8d 饲喂 LC_{50} 5000mg/kg（饲料）。鱼毒 LC_{50}（96h，mg/L）：虹鳟鱼 2.2～2.4，大翻车鱼 4.6～6.8。水蚤 LC_{50}（48h）8.7mg/L。绿藻 EC_{50}（72h）2.3mg/L。蜜蜂 LD_{50} 100μg/只。蚯蚓 LD_{50}（14d）> 1000mg/kg。对动物无致畸、致突变、致癌作用。

应用 氟环唑属于甾醇生物合成中 C14 脱甲基化酶抑制剂，高效、内吸，具有保护、治疗和铲除作用，巴斯夫公司开发，1983 年申请专利；适用于禾谷类作物、甜菜、油菜、草坪、水稻等，防治白粉病、立枯病、眼纹病等十多种病害有很好的效果；使用剂量 75～125g（a.i.）/hm²。

合成路线 氟环唑有多种合成路线，如下所示。

① 以邻氯苯甲醛、4-氟苯乙醛为起始原料。

② 以氟苯为起始原料，经过格氏反应制得。

③ 以邻氯甲苯、氟苯为起始原料，经过硫叶立德反应制得。

442

④ 以邻氯甲苯、氟苯为起始原料，经过磷叶立德反应制得。

常用剂型　氟环唑目前在我国原药登记规格有93%、95%、96%，制剂登记（包括复配制剂）主要剂型有悬浮剂、水分散粒剂，复配对象有甲基硫菌灵、烯肟菌酯等。

氟菌唑（triflumizole）

$C_{15}H_{15}ClF_3N_3O$，345.7，99387-89-0

其他名称　特富灵，三氟咪唑，Trifmine，Procure。

化学名称　(E)-4-氯-α,α,α-三氟-N-(1-咪唑-1-基-2-正丙氧基亚乙基)邻甲苯胺；(E)-4-chloro-α,α,α-trifluoro-N-(1-imidazol-1-yl-2-propoxyrthylidene)-o-toluidine。

理化性质　纯品氟菌唑为无色结晶固体，熔点63.5℃。蒸气压0.186mPa（25℃）。分配系数$K_{ow}lgP=5.06$（pH6.5）、5.10（pH6.9）、5.12（pH7.9）。Henry常数$5.6×10^{-6}Pa·m^3/mol$（25℃）。相对密度1.384。水中溶解度（20℃）为12.5g/L。有机溶剂中溶解度（20℃，g/L）：氯仿2220，己烷17.6，二甲苯639，丙酮1440，甲醇496。在强碱、强酸介质中不稳定，水溶液遇日光降解，DT_{50}29h。土壤（黏土）中DT_{50}14d，呈碱性，pK_a3.7（25℃）。

毒性　大鼠急性经口LD_{50}：715mg/kg（雄），695mg/kg（雌）。大鼠急性经皮$LD_{50}>$5000mg/kg。大鼠急性吸入LC_{50}（4h）>3.2mg/L（空气）。大鼠2年饲喂试验无作用剂量为3.7mg/kg（饲料）。对兔皮肤无刺激作用，对兔眼睛、黏膜有中等程度刺激。日本鹌鹑急性经口LD_{50}：雄2467mg/kg，雌4308mg/kg。鲤鱼LC_{50}（96h）0.869mg/L，水蚤LC_{50}（48h）1.71mg/L，藻类EC_{50}（72h）1.29mg/L。蜜蜂LD_{50}0.14mg/只。人体每日允许摄

入（ADI）为 0.018mg/kg。

应用 氟菌唑属于甾醇脱甲基化抑制剂，日本曹达公司开发，具有保护、治疗和铲除作用的广谱、高效咪唑类杀菌剂，1978 年申请专利。可用于麦类、各种蔬菜、果树等，防治对象为白粉病、锈病、炭疽病、褐斑病等病害。

合成路线 2-三氟甲基-4-氯苯胺与 α-正丙氧基乙酸等摩尔混合，在五氯化磷存在下反应，生成的酰胺化合物在三乙胺存在下通入光气进行亚氨基氯化，最后与咪唑反应制得氟菌唑。

常用剂型 氟菌唑目前在我国原药登记规格为 95％、97％，制剂登记主要是 30％可湿性粉剂；此外常用剂型还有 15％乳油、10％烟剂等。

氟氯菌核利（ fluoroimide ）

$C_{10}H_4Cl_2FNO_2$，260.05，41205-21-4

其他名称 Spartcide。

化学名称 2,3-二氯-N-4-氟苯基马来酰亚胺或 2,3-二氯-N-4-氟苯基丁烯二酰亚胺；2,3-dichloro-N-4-fluorophenylmaleimide；CA：3,4-dichloro-1-(4-fluorophenyl)-1H-pyrrole-2,5-dione。

理化性质 纯品为淡黄色结晶，熔点 240.7～241.8℃。蒸气压 3.4mPa（25℃）、8.1mPa（40℃）。分配系数 $K_{ow}\lg P=2.3$。相对密度 1.59。水中溶解度 5.9mg/L（20℃）。丙酮中溶解度 19.2g/L（20℃）。温度达 50℃ 能稳定存在。对光稳定。水解稳定性 DT$_{50}$：52.9min（pH3）、7.5min（pH7）、1.4min（pH8）。

毒性 大鼠和小鼠急性经口 LD$_{50}$＞15000mg/kg。大鼠急性经皮 LD$_{50}$＞5000mg/kg。大鼠急性吸入 LC$_{50}$（4h，mg/L）：雄＞0.57，雌 0.72。大鼠 2 年喂养试验无作用剂量 600～2000mg/kg。鲤鱼 LC$_{50}$（48h）5.6mg/L。水蚤 LC$_{50}$（3h）13.5mg/L。

应用 主要作为保护剂使用。茎叶喷雾，使用剂量为 2～5kg（a.i.）/hm^2。适宜作物有果树如苹果、柑橘、梨，蔬菜如黄瓜、葱、马铃薯，茶等。防治苹果花腐病、黑星病，柑橘溃疡病、树脂病、疮痂病、蒂腐病，梨黑星病、轮纹病，马铃薯晚疫病，番茄晚疫病，瓜类白粉病、炭疽病，洋葱灰霉病和霜霉病，茶叶炭疽病等。

合成路线

常用剂型 氟氯菌核利在我国未见相关制剂产品登记。

氟吗啉（flumorph）

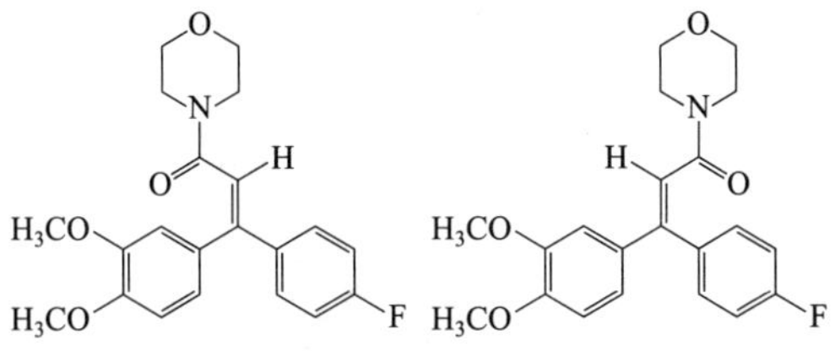

$C_{21}H_{22}FNO_4$，371.4，211867-47-9

其他名称 福吗啉，SYP-190。

化学名称 （*E*,*Z*)-4-[3-(4-氟苯基)-3-(3,4-二甲氧基苯基）丙酰基］吗啉或（*E*,*Z*）3-(4-氟苯基)-3-(3,4-二甲氧基苯基)-1-吗啉丙烯酮，（*E*,*Z*)-4-[3-(4-fluorophenyl)-3-(3,4-dimethoxy phenyl) acryloyl] morpholine 或（*E*，*Z*）3-(4-fluorophenyl)-3-(3，4-dimethoxyphenyl)-1-morpho linopropenone。

理化性质 原药为棕色固体。纯品为白色固体，熔点 110～115℃。分配系数 $K_{ow}\lg P$=2.2。微溶于已烷，易溶于甲醇、甲苯、丙酮、乙酸乙酯、乙腈、二氯甲烷。一般条件下，水解、光解、热稳定（20～40℃）。

毒性 大鼠急性经口 LD_{50}（mg/kg）：＞2710（雄），＞3160（雌）。大鼠急性经皮 LD_{50}＞2150mg/kg（雌，雄）。对兔皮肤和兔眼睛无刺激性，无致畸、致突变、致癌作用。NOEL 数据（2 年，mg/kg）：雄大鼠 63.64，雌大鼠 16.65。日本鹌鹑急性经口 LD_{50}（7d）＞5000mg/kg。鲤鱼 LC_{50}（96h）45.12mg/L。蜜蜂 LD_{50}（24h，接触）＞170μg/只。

应用 适宜作物与安全性为葡萄、板蓝根、烟草、啤酒花、谷子、甜菜、花生、大豆、马铃薯、番茄、黄瓜、白菜、南瓜、甘蓝、大葱、大蒜、辣椒、橡胶、柑橘、菠萝、荔枝、可可、玫瑰等。推荐剂量下对作物安全、无毒害。对地下水、环境安全。主要用于防治卵菌纲病原菌产生的病害如霜霉病、晚疫病、霜疫病等。具体的如黄瓜霜霉病、葡萄霜霉病、白菜霜霉病、番茄晚疫病、马铃薯晚疫病、辣椒疫病、荔枝霜疫霉病、大豆疫霉根腐病等。

合成路线

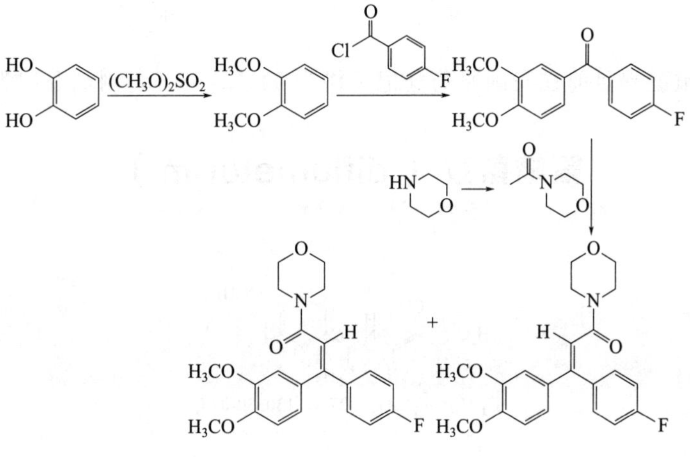

常用剂型 氟吗啉目前在我国原药登记规格主要是 95%。制剂登记主要有可湿性粉剂和水分散粒剂，主要制剂有 35%烟剂、60%可湿性粉剂。复配制剂主要与代森锰锌、乙膦铝等进行复配。

氟醚唑（tetraconazole）

$C_{13}H_{11}Cl_2F_4N_3O$，372.1，112281-77-3

其他名称 四氟醚唑，朵麦克，Arpege，Buonjiorno，Concorde，Defender，Domark，Emerald，Eminent，Greman，Hokugyard，Juggler，Lospel，Soltiz，Thor，Timbel。

化学名称 2-(2,4-二氯苯基)-3-(1H-1,2,4-三唑-1-基) 丙基-1,1,2,2-四氟乙烯醚；2-(2,4-dichlorophenyl)-3-(1H-1,2,4-triazol-1-yl) propryl-1,1,2,2-tetrafluoroethyl。

理化性质 原药为黄色或棕黄色液体。纯品为无色黏稠油状物，熔点 6℃，沸点 240℃（分解）。相对密度 1.432（21℃）。蒸气压 0.018mPa（20℃）。分配系数 K_{ow} lg$P$ = 3.56（20℃），Henry 常数 $3.6×10^{-4}$ Pa・m³/mol（计算值）。水中溶解度为156mg/L（pH7，20℃）。可快速溶解于丙酮、二氯甲烷、甲醇中。稳定性：水溶液对日光稳定，在 pH 4~9 下水解稳定，对铜轻微腐蚀性。

毒性 大鼠急性经口 LD_{50}（mg/kg）：1248（雄），1031（雌）。大鼠急性经皮 LD_{50}＞2000mg/kg。对兔皮肤无刺激，但对兔眼睛有轻微刺激性。大鼠急性吸入 LC_{50}（4h）＞3.66mg/L。NOEL 数据（2 年）：大鼠 80mg/(kg・d)。山齿鹑急性经口 LD_{50}（5d）＞650mg/kg，野鸭急性经口 LD_{50}（5d）422mg/kg。鱼毒 LC_{50}（96h，mg/L）：虹鳟鱼 4.8，蓝鳃太阳鱼 4.0。蜜蜂 LD_{50}（48h）＞130μg/只（经口）。

应用 内吸性杀菌剂，抑制甾醇脱甲基化，喷雾或种子处理。防治多种植物白粉病和锈病，对尾孢病和黑星病等也有效。

合成路线

常用剂型 氟醚唑目前在我国原药登记规格为 94%、95%，制剂登记为 4%水乳剂。

氟嘧菌胺（diflumetorim）

$C_{15}H_{16}ClF_2N_3O$，327.8，130339-07-0

其他名称 Pyricut。

化学名称 (*RS*)-5-氯-*N*-[1-(4-二氟甲氧基苯基) 丙基]-6-甲基嘧啶-4-胺；(*RS*)-5-chloro-*N*-[1-(4-difluoromethoxyphenyl) propyl]-6-methylpyrimidin-4-amine；CA：5-chloro-*N*-[4-(difluoromethoxy) phenyl] propyl]-6-methyl-4-pyrimidin-amine。

理化性质 纯品为淡黄色结晶状固体，熔点 $46.9\sim48.7$℃，蒸气压 3.21×10^{-1} mPa（25℃）。$K_{ow}\lg P=4.17$（pH6.86）。Henry 常数 3.19×10^{-3} Pa·m^3/mol（计算值）。相对密度 0.490（25℃）。水中溶解度为 33mg/L（25℃），易溶于大部分有机溶剂。稳定性：在 pH4～9 范围内稳定，pK_a 4.5，闪点 201.3℃。

毒性 大鼠急性经口 LD_{50}：雄 448mg/kg，雌 534mg/kg。小鼠急性经口 LD_{50}：雄 468mg/kg，雌 387mg/kg。大鼠急性经皮 LD_{50}：雄＞2000mg/kg，雌＞2000mg/kg。大鼠急性吸入 LC_{50}（4h）：雄 0.61mg/L，雌 0.61mg/L。对兔眼睛和皮肤有轻微刺激，对豚鼠皮肤有轻微刺激。日本鹌鹑急性经口 LD_{50} 881mg/kg，野鸭急性经口 LD_{50} 1979mg/kg。鱼毒 LC_{50}：虹鳟鱼 0.25mg/L，鲤鱼 0.098mg/L。水蚤 LC_{50}（3h）0.96mg/L。蜜蜂 LD_{50}＞10μg/只（经口），29μg/只（接触）。Ames 试验呈阴性，微核及细胞体外试验呈阴性。

应用 氟嘧菌胺是由日本宇部兴产公司和日本日产化学公司共同开发的嘧啶胺类杀菌剂，于 1997 年 4 月在日本获准登记。氟嘧菌胺具有良好的保护作用和治疗作用，主要用于白粉病和锈病的防治。如小麦白粉病、小麦锈病、玫瑰白粉病、菊花锈病等。使用浓度为 50～100mg（a.i.）/L。

合成路线

常用剂型 氟嘧菌胺目前在我国未见相关产品登记。常用制剂主要有 10％乳油。

氟嘧菌酯（fluoxastrobin）

$C_{21}H_{16}ClFN_4O_5$，458.8，193740-76-0

其他名称 Fandango。

化学名称 {2-[6-(2-氯苯氧基)-5-氟嘧啶-4-基氧] 苯基}（5,6-二氢-1,4,2-二噁嗪-3-基)-甲酮-*O*-甲基肟；{2-[6-(2-chlorophenoxy)-5-fluoropyrimidin-4-yloxy] phenyl}（5,6-dihydro-1,4,2-dioxazin-3-yl) methanone-*O*-methyloxme。

理化性质 纯品氟嘧菌酯为白色结晶状固体，熔点 75℃。蒸气压 6×10^{-10} mPa（20℃）。分配系数 $K_{ow}\lg P=2.86$（20℃）。水中溶解度 2.29mg/L（20℃，pH7）。土壤中

的降解半衰期为 16～119d。

毒性 大鼠急性经口 LD_{50}＞2500mg/kg，大鼠急性经皮 LD_{50}＞2000mg/kg。对兔眼睛有刺激性，对兔皮肤无刺激性，对豚鼠皮肤无过敏现象。对大鼠或兔未发现胚胎毒性、繁殖毒性和致畸作用，无致癌作用和神经毒性。鹌鹑急性经口 LD_{50}＞2000mg/kg。鳟鱼 LC_{50}（96h）＞0.44mg/L。水蚤 EC_{50}（48h）＞0.48mg/L。蜜蜂 LD_{50}＞843μg/只（经口），＞200μg/只（接触）。蚯蚓 LC_{50}（14h）＞1000mg/kg 土壤。

应用 氟嘧菌酯是拜耳公司开发的丙烯酸酯类杀菌剂，专利申请日 1998-07-16，专利授权日 2000-08-15。氟嘧菌酯具有广谱杀菌剂活性，属甲氧基丙烯酸酯类杀菌剂。线粒体呼吸抑制剂，对甾醇抑制剂、苯基酰胺类、二羧酰胺类和苯并咪唑类产生抗性的菌株有效。具有优异的内吸活性和很好的耐雨水冲刷能力。氟嘧菌酯对所有真菌纲病害如锈病、颖枯病、网斑病、白粉病、霜霉病等数十种病害均有较好的活性。主要用作茎叶处理，也做禾谷类作物种子的处理剂。做种子处理时，对幼苗和种传病害具有特好的杀灭和持效作用。不过对大麦白粉病或网斑病等气传病害则无能为力。

合成路线

常用剂型 氟嘧菌酯目前在我国未见相关产品登记。常用制剂有 10％乳油。

氟酰胺（flutolanil）

$C_{17}H_{16}F_3NO_2$，323.31，66332-96-5

其他名称 望佳多，氟纹胺，福多宁，Moncut。

化学名称 3′-异丙氧基-2-(三氟甲基) 苯甲酰苯胺 或 α,α,α-三氟-3′-异丙氧基邻甲苯甲酰胺；3′-isopropoxy-2-(trifluoromethyl) benzanilide 或 α,α,α-trifluoro-3′-isopropoxy-o-toluanilide。

理化性质 纯品氟酰胺为无色无臭结晶状固体，熔点 104～105℃。蒸气压 6.5×10^{-3} mPa（25℃）。分配系数 K_{ow} lg$P$ ＝ 3.7（25℃）。相对密度 1.32（20℃）。水中溶解度（20℃）6.53mg/L。有机溶剂溶解度（20℃，g/L）：丙酮 1439，甲醇 832，乙醇 374，氯仿 674，苯 135，二甲苯 29。在酸、碱介质中稳定（pH3～11）。对热和日光稳定。

毒性 氟酰胺原药大、小鼠急性经口 LD_{50}＞10000mg/kg。大、小鼠急性经皮 LD_{50}＞

5000mg/kg。对兔眼睛有轻微刺激性，对兔皮肤无刺激性。大鼠急性吸入 LC_{50}（4h）＞75.98mg/L。Ames 试验表明无致畸、致突变、致癌作用。山齿鹑和野鸭急性经口 LD_{50}＞2000mg/kg。鱼毒 LC_{50}（96h，mg/L）：蓝鳃太阳鱼 5.4，虹鳟鱼 5.4，鲤鱼 2.3（72h）。水蚤 LC_{50}（6h）50mg/L。对蜜蜂无影响，LD_{50}（48h）：＞208.7μg/只（经口），＞200μg/只（接触）。蚯蚓 LC_{50}（14d）＞1000mg/kg（土壤）。

应用　氟酰胺属于呼吸作用的电子传递链中琥珀酸脱氢酶抑制剂，具有保护性和治疗性的内吸性杀菌剂，由日本农药公司开发；用于防治水稻、谷类、马铃薯、甜菜、花生、水果等作物各种立枯病、纹枯病等，对水稻纹枯病有特效。使用剂量 300～1000g（a. i.）/hm²。

合成路线　3-(2-三氟甲基苯甲酰胺)苯酚与 2-氯代丙烷反应或 2-三氟甲基苯甲酰氟在冰冷却下，加到四氢呋喃中，在三乙胺存在及室温条件下，与 3-异丙氧基苯胺反应 2h。

常用剂型　氟酰胺目前在我国原药登记规格为 98％、97.5％。制剂登记是 20％氟酰胺可湿性粉剂。

福美甲胂（urbacid）

$C_7H_{15}AsN_2S_4$，330.4，2445-07-0

其他名称　退菌特，艾佳，斑尔，达葡宁，风范，福露，果洁净，恒康，蓝迪，绿伞，农宁，努可，葡青，三克斯，透习脱。

化学名称　双-(二甲基二硫代氨基甲酰硫基)甲基胂；monzet methylarsine bis-dimethyl dithiocarbamate。

理化性质　原药为无色无味的结晶固体。熔点 144℃。挥发性较低，不溶于水，易溶于丙酮、乙醇等有机溶剂。

毒性　大鼠急性经口 LD_{50} 为 175mg/kg。对皮肤和黏膜有刺激作用。

应用　保护性杀菌剂。可用于防治水稻纹枯病、苹果黑星病、葡萄晚腐病及作种子处理。

合成路线

常用剂型 福美甲胂主要制剂有 80％可湿性粉剂，可与福美双和福美锌复配。

福美胂（asomate）

$C_9H_{18}AsN_3S_6$，435.5，3586-60-5

其他名称 阿苏妙，三福胂，福美砷，TTCA。

化学名称 三（N-二甲基二硫代氨基甲酸）胂；carbamodithioic acid，N,N-dimethyl-，anhydrosulfide with arsenotrithious acid（3∶1）。

理化性质 原药纯品为黄绿色棱柱状结晶，熔点 224～226℃。不溶于水，微溶于丙酮、甲醇中，在沸腾的苯中可溶解 60％。在常温下稳定，遇浓酸或热易分解。

毒性 小白鼠急性经口毒性 LD_{50} 335～370mg/kg。对皮肤有强刺激作用，在试验剂量内对动物未见致突变、致畸作用。

应用 有预防和治疗作用。对黄瓜、甜瓜和草莓的白粉病有效，对稻瘟病也有预防作用。主要用来防治苹果腐烂病，也可防治各种白粉病、梨黑星病、水稻稻瘟病、玉米大斑病、大豆灰斑病等。

合成路线

常用剂型 福美胂在我国登记的主要制剂有 40％可湿性粉剂。

福美双（thiram）

$C_6H_{12}N_2S_4$，240.4，137-26-8

其他名称 秋兰姆，阿锐生，赛欧散，Mercuam，Nomersan，Tersan，Thiosan，Thirasan，Pomarsol，Arasan。

化学名称 双（二甲基硫代氨基甲酰基）二硫物；tetramethylthiuramdisulphide。

理化性质 纯品福美双为无色结晶，熔点 $155\sim156℃$，蒸气压 2.3mPa（25℃）。分配系数 $K_{ow}\lg P=1.73$。相对密度 1.29（20℃）。室温下水中溶解度 18mg/L。有机溶剂中溶解度（g/L，20℃）：正己烷 0.04，二氯甲烷 170，甲苯 18，异丙醇 0.7。在酸性介质中分解，长期暴露在热、空气和潮湿条件下部分变质。DT_{50}（22℃）：128d（pH4）、18d（pH7）、9h（pH9）。工业品为白色或淡黄色粉末。

毒性 急性经口 LD_{50}（mg/kg）：大鼠 2600，小鼠 $1500\sim2000$，兔 210。兔急性经皮 $LD_{50}>2000mg/kg$。对兔眼睛有中等刺激性，对皮肤有稍微刺激性。大鼠急性吸入 LC_{50}（4h）4.42mg/L。NOEL 数据 $[mg/(kg\cdot d)]$：大鼠（2 年）1.5，狗（1 年）0.75。ADI 值 0.01mg/kg。急性经口 LD_{50}（mg/kg）：雄性圆颈野鸡 673，野鸭 >2800，欧椋鸟 >100。饲喂 LC_{50}（8d，mg/L 饲料）：野鸭 >5000，山齿鹑 >3950，日本鹌鹑 >5000。鱼毒 LC_{50}（96h，mg/L）：大翻车鱼 0.0445，虹鳟鱼 0.128。水蚤 LC_{50}（48h）0.21mg/L。蜜蜂 LD_{50}（经口）$>2000\mu g/$只（80% 制剂），（接触）$73.7\mu g/$只（75% 制剂）。蚯蚓 LC_{50}（14d）540mg/kg（土壤）。对皮肤黏膜有刺激作用，长期接触的人饮酒有过敏反应。

应用 福美双是早期使用的杀菌剂之一，1931 年由美国杜邦公司开发，是目前我国杀菌剂主要品种之一。福美双广谱、低毒，属于保护性有机硫杀菌剂，茎叶喷雾可以防治果树、蔬菜的真菌性病害，如白菜、黄瓜的霜霉病，葡萄的白腐病、炭疽病，梨黑星病，苹果黑点病等；拌种使用防治水稻稻瘟病等；土壤处理蔬菜苗床，可防治黄瓜立枯病、猝倒病等。

合成路线 以二甲胺为起始原料，制得福美盐（钠盐或铵盐等）后，可以经过 4 种方法制得福美双，目前工业生产常用氯气氧化法。

常用剂型 福美双目前在我国原药登记规格为 95% 和 96%。制剂登记中的剂型主要以可湿性粉剂为主，此外还有悬浮种衣剂、干粉种衣剂、悬浮剂、水分散粒剂、粉剂、微粒剂等剂型。复配制剂中主要与福美锌、拌种灵、甲霜灵、多菌灵、氯氰菊酯、辛硫磷、福美胂、萎锈灵、溴菌腈、甲基硫菌灵、腐霉利、咪酰胺、烯酰吗啉、代森锰锌、戊唑醇、五氯硝基苯、苯菌灵、异菌脲、腈菌唑、毒死蜱、硫黄、多抗霉素、乙膦铝、克百威、三唑酮、敌磺钠、烯唑醇、丁硫克百威、吡虫啉、甲基立枯磷、嘧霉胺、噁霉灵、啶菌唑、甲拌磷、百菌清、甲基异柳磷、甲维盐等进行复配。

福美锌（ziram）

$C_6H_{12}N_2S_4Zn$，305.81，137-30-4

其他名称 锌来特，什来特，Fuklasin，Nibam，Milbam，Zerlate，Cuman。

化学名称 二甲基二硫代氨基甲酸锌；zine dimethyl dithiocarbamate。

理化性质 无色固体粉末，纯品为白色粉末，熔点246℃，无气味，相对密度2.00。25℃时蒸气压很小。能溶于丙酮、二硫化碳、氨水和稀碱溶液；难溶于一般有机溶剂；常温下水中溶解度为65mg/L。在空气中易吸潮分解，但速度缓慢，高温和酸性加速分解，长期贮存或与铁接触会分解而降低药效。

毒性 大白鼠急性经口LD_{50}2068mg/kg，兔急性经口LD_{50}＞2000mg/kg。对皮肤和黏膜有刺激作用，对眼睛有强刺激性；对豚鼠皮肤有致敏性。大白鼠急性吸入LC_{50}（4h）0.07mg/L。大鼠无作用剂量5mg/(kg·d)。山齿鹑LD_{50}97mg/kg。虹鳟鱼LC_{50}（96h）1.9mg/L。水蚤EC_{50}（48h）0.048mg/L。对蜜蜂无毒，LD_{50}＞100μg/只。蚯蚓LC_{50}（7d）190mg/kg（土壤）。ADI为0.02mg/kg。

应用 保护性杀菌剂。对多种真菌引起的病害有抑制和预防作用，兼有刺激生长、促进早熟的作用。用于防治苹果花腐病、黑星病、白粉病，梨黑斑病、赤星病、黑星病，柑橘溃疡病、疮痂病，葡萄晚腐病、褐斑病；黄瓜霜霉病，炭疽病，番茄褐色斑点病等。通常与福美甲肿、福美双混配成退菌特使用。还可用作橡胶促进剂及工业水处理用的杀生剂。

合成路线

常用剂型 福美锌目前在我国原药登记规格为90％和95％，制剂登记剂型主要以可湿性粉剂为主，其他制剂有水分散粒剂。复配制剂中主要与福美双、多菌灵、百菌清、甲霜灵、氢氧化铜、福美肿等进行复配。

腐霉利（procymidone）

$C_{13}H_{11}Cl_2NO_2$，284.14，32809-16-8

其他名称 速克灵，二甲菌核利，杀力利，杀霉利，扑灭宁，Sunilex，Sumisclex，procymidox。

化学名称 *N*-(3,5-二氯苯基)-1,2-二甲基环丙烷-1,2-二羧基亚胺；*N*-(3,5-dichlorophenyl)-1,2-dimethylcyclopropane-1,2-dicarboximide。

理化性质 纯品腐霉利为白色或棕色结晶，熔点164～166.5℃，蒸气压18mPa（25℃）、10.5mPa（20℃）。分配系数K_{ow}lg$P$＝3.14（25℃），相对密度1.452（25℃）。水中溶解度4.5mg/L（25℃）。有机溶剂溶解度（25℃，g/L）：微溶于乙醇，丙酮180，二甲苯43，氯仿210，二甲基甲酰胺230，甲醇16。通常贮存条件下稳定，对光、热和潮湿均稳定。

毒性 腐霉利原药大鼠急性经口LD_{50}（mg/kg）：雄6800，雌7700。大鼠急性经皮

$LD_{50} > 250mg/kg$。对兔眼睛和皮肤没有刺激作用。大鼠急性吸入 LC_{50}（4h）$>1500mg/L$。90d 喂养试验无作用剂量为 $3000mg/kg$；大鼠两年喂养试验无作用剂量为 $1000mg/kg$（雄）、$300mg/kg$（雌）。无突变和致癌作用。鱼毒 LC_{50}（96h，mg/L）：蓝鳃太阳鱼 10.3，虹鳟鱼 7.2。对蜜蜂无毒性。

应用 腐霉利属于菌体内甘油三酯合成抑制剂，具有保护、治疗和一定内吸作用，由日本住友公司开发。能有效地防治由葡萄孢属、旋孢腔菌属、核盘菌属病原菌引起的作物病害，可用于大田作物、蔬菜、果树、葡萄以及观赏作物防治灰霉病、菌核病等。

合成路线

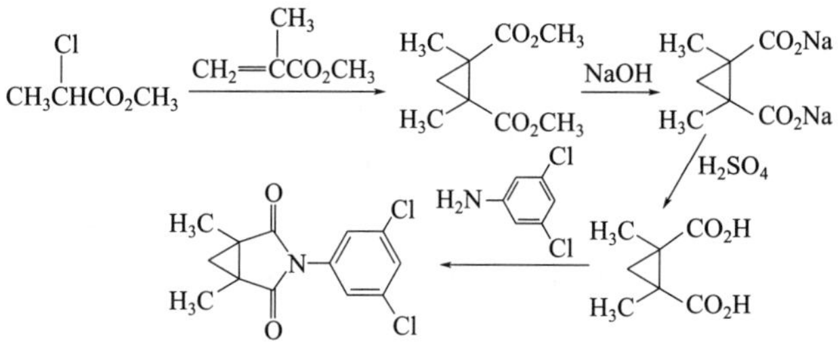

常用剂型 腐霉利目前在我国原药登记规格均为 98.5%，制剂登记主要剂型有可湿性粉剂、水分散粒剂、烟剂、悬浮剂等，复配制剂中主要与福美双、百菌清、多菌灵、己唑醇等进行复配。

腐植酸（humic acid）

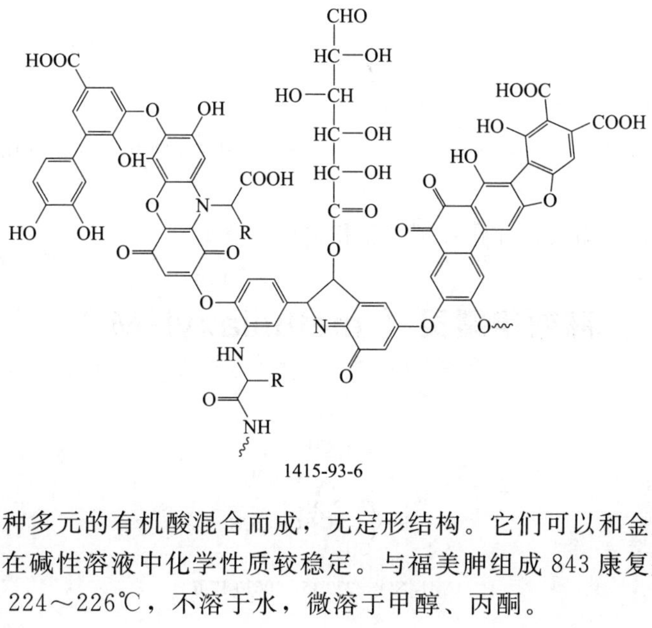

1415-93-6

理化性质 一种多元的有机酸混合而成，无定形结构。它们可以和金属离子反应形成螯合物，这些螯合物在碱性溶液中化学性质较稳定。与福美胂组成 843 康复剂，康复剂原药为黄绿色粉末，熔点 224～226℃，不溶于水，微溶于甲醇、丙酮。

毒性 大鼠急性经口 $LD_{50} > 4640mg/kg$（制剂），大鼠急性经皮 $LD_{50} > 843mg/kg$

（制剂），对眼睛有刺激作用。

应用 刺激作物生长、改善农产品质量等功能；硝基腐植酸可用作水稻育秧调酸剂；腐植酸镁、腐植酸锌、腐植酸尿素铁分别在补充土壤缺镁、玉米缺锌、果树缺铁上有良好的效果；腐植酸和除草醚、莠去津等农药混用，可以提高药效、抑制残毒；腐植酸钠对治疗苹果树腐烂病有效。

常用剂型 腐植酸常用制剂主要有颗粒剂。

高效苯霜灵（benalaxyl-M）

$C_{20}H_{23}NO_3$，325.41，98243-83-5

化学名称 N-(2,6-二甲苯基)-N-(2-苯乙酰基)-D-α-氨基丙酸甲酯；methyl-N-(2,6-dimethyl phenyl)-N-(2-phenylacetyl)-D-α-alaninate。

应用 高效苯霜灵作用机制和应用与苯霜灵相似，生物活性是苯霜灵的2倍，用药量是苯霜灵的一半。

合成路线 与高效甲霜灵合成方法类似：以L-乳酸甲酯与对甲苯磺酸反应，再与二甲苯胺反应，最后酰化制得高效苯霜灵，或者L-α-氯代丙酸甲酯先与二甲苯胺反应，再与苯乙酰氯缩合制得高效苯霜灵。

常用剂型 高效苯霜灵目前在我国未见相关产品登记。

高效甲霜灵（methalaxyl-M）

$C_{15}H_{21}NO_4$，279.35，70630-17-0

其他名称 mefenoxam，R-metalaxyl，Ridomil Gold，Apron XL，Folio Gold，Santhal。

化学名称 N-(2,6-二甲苯基)-N-(2-甲氧基乙酰基)-D-α-氨基丙酸甲酯或（R）-2-{[（2，6-二甲苯基）甲氧乙酰基］氨基｝丙酸甲酯；methy-N-methoxyacetyl-N-2，6-xyly-D-alaninate or metyl（R）-2-[[（2,6-dimethylphenyl）methoxyacetyl］amino] propionate。

理化性质 纯品为淡黄色或浅棕色黏稠液体，工业品熔点为 $63.5\sim72.3℃$，沸点 270℃（分解）。相对密度 1.125（20℃），蒸气压 3.3mPa（25℃）。水中溶解度（25℃）：26g/L。分配系数 $K_{ow}\lg P=1.71$。易溶于大多数有机溶剂。在酸性及中性介质中稳定，遇强碱分解。

毒性 大鼠急性经口 LD_{50}667mg/kg，大鼠急性经皮 $LD_{50}>2000$mg/kg，大鼠急性吸入 LC_{50}（4h）>2.29g/L。对兔皮肤无刺激，对兔眼睛有强烈的刺激性。对动物无致畸、致突变、致癌作用。以 250mg/kg 剂量饲喂大鼠两年，未发现异常现象。山齿鹑急性经口 LD_{50} $981\sim1419$mg/kg。虹鳟鱼（96h）$LC_{50}>100$mg/L。水蚤（48h）$LC_{50}>100$mg/L。蜜蜂 $LD_{50}>25\mu$g/只（接触）。

应用 高效甲霜灵作用机制和应用与甲霜灵类似，生物活性是甲霜灵的 2 倍，用药量是甲霜灵的一半。适宜作物有豆科作物（如豌豆、大豆、苜蓿等）、棉花、水稻、玉米、高粱、甜菜、向日葵、苹果、柑橘、葡萄、牧草、草坪、观赏植物、辣椒、胡椒、马铃薯、番茄、草莓、胡萝卜、洋葱、南瓜、黄瓜、西瓜等。可以防治霜霉菌、疫霉菌、腐霉菌所引起的病害如烟草黑胫病、黄瓜霜霉病、白菜霜霉病、葡萄霜霉病、马铃薯晚疫病、啤酒花霜霉病、稻苗软腐病等。

合成路线 高效甲霜灵有如下 2 种合成路线。

常用剂型 高效甲霜灵制剂登记剂型涵盖悬浮种衣剂、种子处理剂、水分散粒剂等剂型。复配制剂主要与嘧菌胺、咯菌腈、代森锰锌、百菌清等进行复配。

高效烯唑醇（diniconazole -M）

$C_{15}H_{17}Cl_2N_3O$，326.22，83657-18-5

化学名称 （E）-（R）-1-(2,4-二氯苯基)-4,4-二甲基-2-(1H-1,2,4-三唑-1-基)-1-戊烯-3-醇；（E）-（R）-1-(2,4-dichlorophenyl)-4,4-dimethyl-2-(1H-1,2,4-triazol-1-yl) pent-1-en-3-ol。

理化性质 原药为无色结晶状固体，熔点 169～170℃。

毒性 同烯唑醇。

应用 高效烯唑醇为烯唑醇的单一光学活性有效体，应用范围与烯唑醇一样，但活性高于烯唑醇。

合成路线

常用剂型 高效烯唑醇目前在我国的登记主要有 74.5% 的原药，单剂有 12.5% 可湿性粉剂、5% 种子处理剂；复配制剂有 47% 烯唑·甲硫灵可湿性粉剂和 27% 烯唑·多菌灵可湿性粉剂。

GY-81

CNa_2S_4，186.23，7345-69-9

其他名称 Enzone。

化学名称 sodium tetrathio（peroxocarbonate）；CA：disodium carbon（dithioperoxo）dithioate。

理化性质 纯品为橘黄色，带有臭鸡蛋气味的结晶固体，极易吸潮，在空气中易被氧化。易溶于水（>50%，20℃）。常温和低温下，光解半衰期为 175～1013min。

毒性 大鼠急性经口 LD_{50} 631mg/kg。兔急性经皮 LD_{50} >2000mg/kg。对兔眼睛有中度刺激作用，对兔皮肤有严重刺激作用。对豚鼠皮肤无过敏现象。急性吸入 LC_{50}（4h）：雄大鼠 4.73mg/L，雌大鼠 3.17mg/L。Ames 试验无致突变作用，对大鼠和兔无致畸作用。山齿鹑急性经口 LD_{50} 1180mg/kg。山齿鹑和野鸭饲喂 LC_{50}（5d）>5620mg/L（饲料）。鱼毒 LC_{50}（96h，mg/L）：虹鳟鱼 6.7，蓝鳃太阳鱼 21。水蚤 LC_{50}（48h）6.6mg/L。蜜蜂 LD_{50} >25μg/只（经口和接触）。

应用 GY-81 可作为释放 CS_2 的运载物，在土壤中降解放出广谱的杀微生物剂二硫化碳。主要用于防治土壤线虫、植物寄生虫等。

合成路线

$$CS_2 + H_2S + S + 2NaOH \longrightarrow CNa_2S_4 + 2H_2O$$

常用剂型 目前我国未见相关产品登记，主要有可溶性液剂。

公主岭霉素

其他名称 农抗 109，公主霉素，农抗 769。

理化性质 精制品为无定形白色粉末，工业品带淡黄色。是一种碱性水溶性抗生素，由脱水放线酮、异放线酮、制菌霉素、荧光霉素、奈良霉素 B 及苯甲酸等多种组分组成的混合物。易溶于多种有机溶剂。对酸、热、光稳定，如酸性条件下日光照射 7d 或 100℃煮沸 30min 活性基本不变，但在碱性条件下煮沸 10min，活性破坏。土壤中半衰期 6～10d。

毒性 中毒。本品注射小白鼠腹腔 LD_{50} 为（132.2 ± 17.2）mg/kg。在试验剂量内未见突变作用。雄小白鼠 48d 亚急性毒性试验无作用剂量为 1.3mg/kg。易被其他微生物和理化因素所降解，不存在土壤、环境污染。

应用 公主岭霉素是吉林农科院分离的放线菌 No.769 产生的代谢产物。其产生菌为不吸水链霉菌公主岭新变种。广谱性抗生素，具有保护作用的杀菌剂，有一定的内吸作用，主要作种子消毒用。处理时药剂渗入种子的种皮、种仁和种胚内，能抑制禾谷类黑穗病的厚垣孢子萌发、抑制已萌发的厚垣孢子的菌丝伸长，甚至杀死厚垣孢子。主要用于防治小麦光腥黑穗病和网腥黑穗病、高粱散黑穗病和坚黑穗病、谷子糜子黑穗病等，防治效果显著。

常用剂型 公主岭霉素主要制剂有 0.25％可湿性粉剂。

菇类蛋白多糖（mushroom polysaccharide）

$$(C_6H_{12}O_6)_m(C_5H_{10}O_5)_nRNH_2$$

其他名称 抗毒剂 1 号，抗毒丰，菌毒宁，真菌多糖。

化学名称 主要成分是菌类多糖，是由葡萄糖、甘露糖、半乳糖、木糖与蛋白质片段组成的复合体。

理化性质 原药为乳白色粉末，溶于水，制剂外观为深棕色，稍有沉淀，无异味，pH 为 4.5～5.5，常温贮存稳定。

毒性 低毒，小鼠急性经口和急性经皮 LD_{50} 均大于 5000mg/kg。对人、畜无毒，不污染环境，对植物安全。

应用 菇类蛋白多糖通过钝化病毒活性，有效地破坏植物病毒基因和病毒细胞，抑制病毒复制。为预防性抗病毒生物制剂，对由 TMV、CMV 等引起的病毒病害有显著的防治效果，宜在病毒病发生前施用，可使作物生育期内不感染病毒；且含丰富的蛋白多糖、氨基酸及微量元素等物质，并对植物生长发育有良好的促进作用。

常用剂型 菇类蛋白多糖在我国登记的制剂主要有 0.25％、0.5％水剂。

寡雄腐霉 DV 74 菌株

拉丁文名称 *Pythium oligandrum* strain DV 74。

理化性质 寡雄腐霉菌属微生物杀菌剂。生物分类属茸鞭生物界、卵菌门、卵菌纲、霜霉目、霜霉科、腐霉属、寡雄腐霉种，品种 DV 74 菌株收藏在美国模式菌种收集中心（ATCC），同时也存放于捷克生物菌种库中。寡雄腐霉 DV 74 菌株至少可抑制 20 种土生病原菌的生长，包括链格孢属、葡萄孢属、镰孢属、茎点霉属、腐霉属、核盘霉属等。制剂外观为白色粉末。

毒性　寡雄腐霉 DV 74 菌株属于低毒杀菌剂。寡雄腐霉 500 万孢子/g 原药和 100 万孢子/g 可湿性粉剂大鼠急性经口、经皮 LD_{50} ＞5000mg/kg，原药急性吸入 LC_{50} ＞5mg/L，有轻微致敏性。100 万孢子/g 可湿性粉剂对兔眼睛有轻微刺激性，对皮肤无刺激性。

应用　寡雄腐霉能够在多种重要农作物根围定植，能有效地防治由终极腐霉（$P.ultimum$）、瓜果腐霉（$P.aphanidermatum$）和畸雌腐霉（$P.irregolar$）引起的黄瓜、番茄、甜菜等的种腐和幼苗猝倒病，以及由灰葡萄孢引起的番茄灰霉病和葡萄灰霉病。可通过拌种、浸种、苗床及土壤、喷施和灌根等进行病害的防治。

常用剂型　目前我国未见相关制剂产品登记。

硅氟唑（simeconazole）

$C_{14}H_{20}FN_3OSi$，293.41，149508-90-7

其他名称　Mongarit，Patchikoron，Sanlit，sipconazole。

化学名称　（RS）-2-(4-氯苄基)-1-(1H-1,2,4-三唑-1-基)-3-（三甲基硅基）丙-2-醇；（RS）-2-(4-fluorophenyl)-1-(1H-1,2,4-triazol-1-yl)-3-(trimethylsilyl) propan-2-ol；CA：α-(4-fluorophenyl)-α-[(trimethylsilyl) methyl]-1H-1,2,4-trazole-1-ethanol。

理化性质　纯品为白色结晶状固体，熔点 118.5～120.5℃。水中溶解度 57.5mg/L（20℃）。溶于大多数有机溶剂。

毒性　急性经口 LD_{50} （mg/kg）：雄大鼠 611，雌大鼠 682；雄小鼠 1178，雌小鼠 1018。大鼠急性经皮 LD_{50} ＞5000mg/kg。对兔皮肤和兔眼睛无刺激作用。大鼠急性吸入 LC_{50} （4h）＞5.17mg/L。ADI 值 0.0085mg/kg。

应用　硅氟唑为高效新型含氟含硅三唑类杀菌剂，由日本三共公司开发，1992 年申请专利；主要用于水稻、小麦、果树、蔬菜、草坪等防治众多子囊菌、担子菌和半知菌所致病害，尤其对各类白粉病、黑星病、锈病、立枯病、纹枯病等都有很好的效果。使用剂量 25～100g（a.i.）/hm² 及 4～100g（a.i.）/100kg 种子。

合成路线

常用剂型　硅氟唑目前在我国未见相关产品登记。常用剂型主要有颗粒剂和可湿性粉剂。

458

硅噻菌胺（ silthiopham ）

$C_{13}H_{21}NOSSi$，267.5，175217-20-6

其他名称　全食净，silthiofam，Latitude。

化学名称　N-烯丙基-4,5-二甲基-2-（三甲基硅烷基）噻吩-3-甲酰胺；N-ally-4,5-dimethyl-2-(trimethylsilyl) thiophene-3-carboxamide。

理化性质　纯品硅噻菌胺为白色颗粒状固体，熔点 86.1～88.3℃，蒸气压 8.1×10mPa（20℃）。分配系数 $K_{ow}\lg P=3.72$（20℃），Henry 常数 $5.4×10^{-1}$Pa·m³/mol，相对密度 1.07（20℃）。溶解性（20℃，g/L）：水 0.0353，正庚烷 5.5，对二甲苯、1,2-二氯乙烷、甲醇、丙酮和乙酸乙酯＞250。稳定性（25℃）：DT_{50} 61d（pH5），448d（pH7），314d（pH9）。

毒性　硅噻菌胺原药急性 LD_{50}（mg/kg）：大鼠经口＞5000，大鼠经皮＞5000。对兔眼睛和皮肤无刺激性。大鼠吸入毒性 LC_{50}＞2.8mg/L。NOEL 数据［mg/(kg·d)］：大鼠 6.42（2 年），小鼠 141（18 个月），狗 10（90d）。对动物无致畸、致突变、致癌作用。Ames 试验、小鼠微核试验呈阴性。山齿鹑急性经口 LD_{50}＞2250mg/kg。LD_{50}（5d）：山齿鹑＞5670，野鸭＞5400。鱼类 LC_{50}（96h）：蓝鳃太阳鱼 11mg/L，虹鳟鱼 14mg/L。水蚤 LD_{50}（48h）14mg/L。绿藻 EC_{50}（120h）6.7mg/L。蜜蜂 LD_{50}：＞104μg/只（经口），＞100μg/只（接触）。蚯蚓 LD_{50}（14d）66.5mg/kg（干土）。

应用　硅噻菌胺属于保护性内吸性杀菌剂，由孟山都公司开发，1994 年申请专利；用于防治小麦全蚀病，主要作种子处理剂，使用剂量 5～40g（a.i.）/100kg 种子。

合成路线　以丁酮、氰基乙酸乙酯为起始原料，首先在吗啉和硫黄存在下发生 Gewald 关环反应生成中间体噻吩胺，经重氮化取代制得溴化物，再经水解制得羧酸，然后在丁基锂存在下与三甲基氯化硅反应，最后与烯丙基胺酰胺化即可合成硅噻菌胺。

常用剂型　硅噻菌胺目前在我国制剂登记有 125g/L 硅噻菌胺悬浮剂。

果丰定

$C_{22}H_{44}N_2O$，351.24，95-19-2

其他名称　Amin-225，Fungicide 337。

化学名称 1-羟乙基-2-十七烷基咪唑啉；1-hydroxyethyl-2-heptadecylimidazoline。

理化性质 工业品为柔软皂状物，熔点50℃，沸点240～250℃；75℃在水中可溶0.01%，可溶于异丙醇；可水解开环。

应用 具有较强的杀菌作用，用于防治苹果黑星病。

合成路线

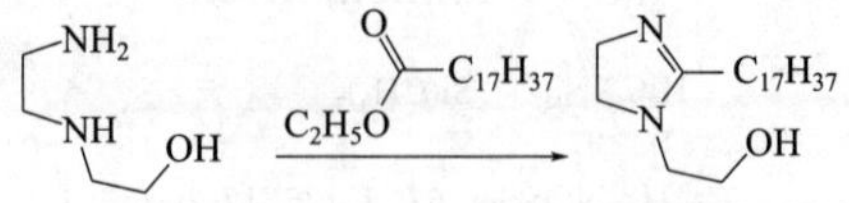

常用剂型 目前在我国未见相关制剂产品登记，可加工成30%可湿性粉剂。

果绿啶（glyodin）

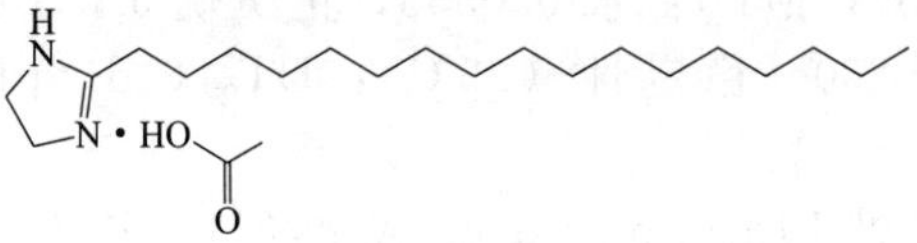

C$_{22}$H$_{44}$N$_2$O$_2$，368.6，556-22-9

其他名称 果绿定 Crag Fruit Fungicide 341。

化学名称 醋酸-2-十七烷基-2-咪唑啉（1:1）；acetic acid-2-heptadecyl-2-imidazoline（1:1）；2-十七烷基-2-咪唑啉乙酸盐；2-heptadecyl-2-imidazoline acetate。

理化性质 果绿定为软蜡状物，熔点94℃。其醋酸盐为橘色粉末，熔点62～68℃。相对密度 d^{20} 1.035，不溶于水，可溶于丙烯二醇和二氯乙烯中，在异丙醇中溶解30%。在强碱下分解成硬脂酰胺。

毒性 大鼠急性经口 LD$_{50}$ 为372mg/kg。

应用 属于保护性杀菌剂，应用在水果和蔬菜上，如防治苹果的黑星病、斑点病、黑腐病，樱桃的叶斑病，菊科作物的斑枯病等。另外对植物寄生螨类亦有效。其通常使用剂量为1.68～3.36kg（原药）/hm^2。

合成路线

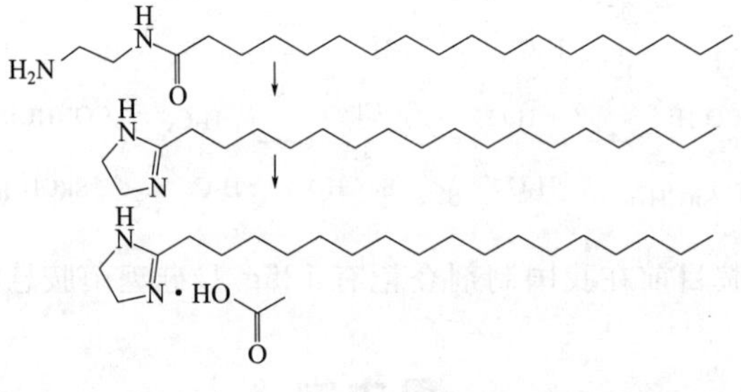

常用剂型 目前在我国尚未见相关制剂产品登记，可加工成70%盐基可湿性粉剂和30%醋酸盐异丙醇溶液。

哈茨木霉 T-22 菌株

拉丁文名称 *Trichoderma harzianum* Tul，Variety TH11（Harzan），strain T-22。

其他名称 RootShield，Topshiel

理化性质 哈茨木霉 T-22 菌株是纯微生物杀菌剂，是由 T95 株系和 T12 株通过细胞融合技术获得的人工杂交株系。适宜生长的 pH4～8，土壤温度 8.9～36.1℃，与植物根系共生后可以改变土壤的微结构，使其更适宜于根系的生长。其制剂可以与肥料、杀虫剂、杀螨剂、除草剂、消毒剂、生长调节剂及大部分杀菌剂兼容。

毒性 哈茨木霉 T-22 菌株是一种能够增强作物抗病、抗逆性，增进营养吸收的有益微生物。因其安全无害、持效期长、效果好，美国有机材料认证协会（OMRI）认定其为有机生产资料。

应用 哈茨木霉 T-22 菌株防治立枯病、猝倒病、根腐病等真菌性根部病害及灰霉病等叶部病害。可苗床淋喷、蘸根、灌根、喷雾和种子处理。

常用剂型 哈茨木霉 T-22 菌株在我国未见相关产品登记。

哈茨木霉 T-39 菌株

拉丁文名称 *Trichoderma harzianum* Tul Variety TH11（Harzan）；strain T-39。

其他名称 Trichodex。

理化性质 产品有效成分为哈茨木霉的孢子，可通过发酵进行生产。可在干燥的环境中密封保存，20℃真空包装有效期为 1 年。

毒性 小鼠急性经口 LD_{50}＞500mg/kg，对眼睛有刺激性，对皮肤无刺激。吸入 LD_{50}＞0.89mg/L 时，对高等动物无致病性。野鸭及鹌鹑急性经口 LD_{50}＞2000mg/kg。斑马鱼（96h）LD_{50} 为 $1.23×10^5$ 菌落单位（cfu）/mL。水蚤 10d 的 LD_{50} 为 $1.6×10^4$ 菌落单位（cfu）/mL。1000mg/L 时对蜜蜂无毒。

应用 哈茨木霉是广泛存在于土壤中的微生物，通过与植物病原真菌竞争营养及周围根系的生态位对其产生拮抗作用。哈茨木霉 T-39 菌株防治危害葡萄和蔬菜的土生灰霉菌和菌核病菌。通常用于土壤处理。

常用剂型 哈茨木霉 T-39 菌株在我国未见相关产品登记。

黑星 21

其他名称 黑星灵。

理化性质 制剂为无色透明液体，在常温下性质稳定。

毒性 低毒杀菌剂。大鼠急性经口 LD_{50}＞10000mg/kg。对人、畜和天敌安全，无残留，不污染环境，适用于生产 AA 级绿色食品使用。

应用 黑星 21 是甲壳素系列产品之一，具有诱导抗性、抑制病菌侵染、增加生物产量、改善果实品质等作用。主要用于防治苹果树和梨树黑星病，生产无公害水果。

常用剂型 黑星 21 主要制剂有 2% 水剂。

琥胶肥酸铜（DT）

$$(CH_2)_n(COO)_2Cu(n=2,3,4)$$

其他名称 二元酸铜，丁戊己二元酸铜，琥珀酸铜，施多富，科丰。

化学名称 丁二酸铜，戊二酸铜，己二酸铜。

理化性质 本品是丁二酸、戊二酸和己二酸络合铜的混合物，纯品外观为淡蓝色粉末，相对密度1.43～1.61，水中溶解度<0.1%，中性时稳定。

毒性 小鼠急性经口 LD_{50} 为2646mg/kg。

应用 本品为杀菌剂，可用于防治黄瓜细菌性角斑病、柑橘溃疡病、辣椒炭疽病、冬瓜枯萎病等。

常用剂型 琥胶肥酸铜在我国登记的主要制剂有可湿性粉剂和悬浮剂，可与甲霜灵、三乙膦酸铝、盐酸吗啉胍、百菌清等复配。

环丙酰菌胺（carpropamid）

$C_{15}H_{18}Cl_3NO$，334.7，混合物104030-54-8，AR异构体127641-62-7，BR异构体127640-90-8

其他名称 Arcado，Cleaness，Protega，Seed One，Carrena，Win Admire。

化学名称 四种组分：$(1R,3S)$-2,2-二氯-N-[(R)-1-(4-氯苯基)乙基]-1-乙基-3-甲基环丙酰胺（AR型）；$(1S,3R)$-2,2-二氯-N-[(R)-1-(4-氯苯基)乙基]-1-乙基-3-甲基环丙酰胺（BR型）；$(1S,3R)$-2,2-二氯-N-[(S)-1-(4-氯苯基)乙基]-1-乙基-3-甲基环丙酰胺；$(1R,3S)$-2,2-二氯-N-[(S)-1-(4-氯苯基)乙基]-1-乙基-3-甲基环丙酰胺。

理化性质 环丙酰菌胺为非对映异构的混合物（A:B大约为1:1，R:S大约为95:5）。纯品为无色结晶状固体（原药为淡黄色粉末）。熔点147～149℃。蒸气压：AR为2×10^{-3} mPa，BR为3×10^{-3} mPa（均在20℃，气体饱和法，OECD104）。分配系数：AR，$K_{ow}lgP=4.23$；BR，$K_{ow}lgP=4.28$（均在22℃）。Henry常数：AR为4×10^{-4} Pa·m³/mol，BR为5×10^{-4} Pa·m³/mol（均在20℃）。相对密度1.17。水中溶解度（mg/L，pH7，20℃）：1.7（AR），1.9（BR）。有机溶剂中溶解度（g/L，20℃）：丙酮153，甲醇106，甲苯38，乙烷0.9。

毒性 雄、雌大鼠急性经口 LD_{50} >5000mg/kg，雄、雌小鼠急性经口 LD_{50} >5000mg/kg。雄、雌大鼠急性经皮 LD_{50} >5000mg/kg。对兔皮肤和眼睛无刺激，对豚鼠皮肤无过敏现象。雄、雌大鼠急性吸入 LD_{50}（4h）>5000mg/kg（灰尘）。大鼠和小鼠2年喂养试验无作用剂量为400mg/kg；狗1年喂养试验无作用剂量为200mg/kg。体内和体外试验均无致突变性。日本鹌鹑饲喂 LD_{50}（5d）>2000mg/kg，鲤鱼 LC_{50}（48/72h）5.6mg/L，虹鳟鱼 LC_{50}（96h）10mg/L。水蚤 LC_{50}（3h）410mg/L。蚯蚓 LD_{50}（14d）>1000mg/kg（干土）。

应用 用于水稻上防治稻瘟病，在推荐剂量下对作物安全、无药害。以防治为主，几乎没有治疗活性，具有内吸活性。在接种后6h内用环丙酰菌胺处理，则可完全控制稻瘟病的侵害，但超过6h或8h后处理，几乎无活性。在育苗箱中应用剂量为400g（a.i.）/hm²，茎叶处理剂量为75～150g（a.i.）/hm²。

合成路线 以丁酸乙酯为起始原料制得中间体取代的环丙酰氯与以对氯苯乙酮为起始原料制备的取代苄胺反应，即得目的物。

常用剂型 环丙酰菌胺目前在我国未见相关产品登记。常用剂型主要有种衣剂、湿拌种剂、颗粒剂、悬浮剂、种子处理剂、育苗箱处理剂。

环丙唑醇（cyproconazole）

C$_{15}$H$_{18}$ClN$_3$O，291.78，94361-06-5(未指明构型)或113096-99-4(未指明构型)，94361-07-6(2RS,3RS型)

其他名称 环唑醇，Alto，Shandon。

化学名称 （2RS,3RS；2RS,3SR)-2-(4-氯苯基)-3-环丙基-1-(1H-1,2,4-三唑-1-基）丁-2-醇；(2RS,3RS；2RS,3SR)-2-(4-chlorophenyl)-3-cyclopropyl-1-(1H-1,2,4-triazol-1-yl) butan-2-ol。

理化性质 环丙唑醇为外消旋混合物，纯品无色结晶，熔点 106～109℃，沸点＞250℃。蒸气压 3.46×10^{-2} mPa（20℃）。分配系数 K_{ow} lg$P$ = 2.91（pH7）。相对密度1.259。水中溶解度（25℃）为140mg/L。有机溶剂中溶解度（25℃，g/kg）：丙酮230，乙醇230，二甲亚砜180，二甲苯120。贮存2年分解率低于5%，在pH1～9、52℃水溶液中放置35d或在pH1～9、80℃水溶液中放置14d稳定。在1mol/L盐酸或氢氧化钠溶液中慢慢水解。直接加热到360℃稳定。

毒性 环丙唑醇原药急性经口 LD$_{50}$（mg/kg）：大鼠 1020（雄）、1333（雌），小鼠 200（雄）、218（雌）。大鼠急性经皮 LD$_{50}$＞2000mg/kg。大鼠急性吸入 LC$_{50}$（4h）＞5.65mg/L。对兔眼睛和皮肤无刺激作用，无致突变作用，对豚鼠皮肤无过敏现象。饲喂无作用剂量[mg/(kg·d)]：大鼠 1（2年），狗 1（1年）。对鸟类低毒，日本鹌鹑急性经口 LD$_{50}$150mg/kg。野鸭饲喂 8d 试验的 LC$_{50}$ 为 1197mg/kg（饲料），日本鹌鹑为 816mg/kg（饲料）。鱼毒 LC$_{50}$（96h，mg/L）：鲤鱼 18.9，虹鳟鱼 19，蓝鳃太阳鱼 21。水蚤 LC$_{50}$（48h）26mg/L。蜜蜂 LD$_{50}$＞0.19μg/只（口服），1μg/只（接触）。在禾谷类中的残留量为0.03mg/kg，在土壤中较稳定。

应用 环丙唑醇高效、内吸，具有预防和治疗作用，适宜小麦、大麦、燕麦、黑麦、玉米、高粱、甜菜、苹果、梨、咖啡、草坪等防治白粉菌属、柄锈菌属、喙孢属、核腔菌属和壳针孢属菌引起的病害，如小麦白粉病、小麦散黑穗病、小麦纹枯病、小麦雪腐病、小麦全蚀病、小麦腥黑穗病、大麦云纹病、大麦散黑穗病、大麦纹枯病、玉米丝黑穗病、高粱丝黑穗病、甜菜菌核病、咖啡锈病、苹果斑点落叶病、梨黑星病等。使用剂量 60～100g

合成路线 环丙唑醇有多种合成路线。如下路线 1→2→3→4→5→6→7→8 和路线 9→10→11→12→13→14→15→16→7→8 较长，工业化生产总收率偏低。

环丙唑醇合成另 3 种路线，即路线 17→18→19→20→21→22、路线 23→24→20→21→22 和路线 25→26→20→21→22，如下所示。

环丙唑醇的第 4 种合成路线，即路线 27→28→29→30→31→32，如下所示。

常用剂型 环丙唑醇目前在我国登记的是 95％原药。常用剂型有悬浮剂、可溶性液剂、水分散粒剂等。

环啶菌胺 （ ICl -A0858 ）

C$_{10}$H$_{12}$N$_2$O$_2$，192.21；112860-04-5

其他名称　Famoxate，Charisma，Equation contact，Equation Pro，Horizon，Tanos。

化学名称　*N*-(2-甲氧基吡啶-5-基) 环丙酰胺；*N*-(2-methoxypyridin-5-yl) cyclopropane-carboxamide；CA：*N*-(2-methoxypyridin-5-yl) cyclopro-panecarboxamide。

应用　环啶菌胺是捷利康公司研制的酰胺类、广谱内吸性杀菌剂。对锈病、白粉病、稻瘟病、灰霉病、霜霉病等有很好的活性。适宜的作物有禾谷类作物、蔬菜、果树等。使用浓度为 20mg（a.i.）/hm^2。

合成路线

常用剂型　环啶菌胺目前在我国未见相关产品登记。常用制剂主要有 50％悬浮剂和 0.5％可湿性粉剂。

环氟菌胺 （ cyflufenamid ）

C$_{20}$H$_{17}$F$_5$N$_2$O$_2$，412.35；180409-60-3

化学名称　（*Z*)-*N*-[α-(环丙基甲氧基亚氨基)-2,3-二氟-6-(三氟甲基)苄基]-2-苯基-乙酰胺；（*Z*)-*N*-[α-(cyclopropylmethoxyimino)-2,3-difluoro-6-(trifluoromethyl) benzyl]-2-phenylacetamide。

理化性质　具芳香气味的白色固体，熔点 61.5～62.5℃，沸点 256.8℃。相对密度 1.347（20℃）。蒸气压 3.54×10^{-5}Pa（20℃）。分配系数 K_{ow}lg$P$=4.7（20℃，pH6.75）。溶解度（g/L，20℃）：水 5.20×10^{-4}（pH6.5），二氯甲烷 902，丙酮 920，二甲苯 658，乙腈 943，甲醇 653，乙醇 500，乙酸乙酯 808，正己烷 18.6。pH5～7 水溶液稳定，pH 9 水溶液半衰期为 288d，水溶液光解半衰期为 594d。pK_a为 12.08。

毒性　大（小）鼠急性经口 LD$_{50}$>5000mg/kg，大鼠急性经皮 LD$_{50}$>2000mg/kg，大鼠急性吸入 LD$_{50}$（4h）>4.76mg/L。对兔皮肤无刺激，对兔眼睛有轻微刺激性，对豚鼠皮肤无过敏现象。ADI 值 0.041mg/kg。山齿鹑饲喂 LD_{50}（5d）＞2000mg/kg。虹鳟鱼 LD_{50}（96h）＞320mg/L。蜜蜂急性经口 LD_{50}＞1000μg/只。蚯蚓 LD_{50}（14d）＞1000mg/kg（干土）。

应用 室内保护活性试验结果表明，环氟菌胺对众多的白粉病不仅具优异的保护和治疗活性，而且具有很好的持效活性和耐雨水冲刷活性。尽管其具有很好的蒸气活性和叶面扩散活性，但在植物体内的移动活性则比较差，即内吸活性差。环氟菌胺对作物安全。

大田药效结果表明环氟菌胺推荐使用剂量为 25g（a.i.）/hm²，在此剂量下，环氟菌胺对小麦白粉病的保护和治疗防效大于 90%，优于苯氧喹啉 150g（a.i.）/hm²、丁苯吗啉750g（a.i.）/hm² 的防效，且增产效果明显。实验结果还表明环氟菌胺与目前使用的众多杀菌剂无交互抗性。实验结果还表明 18.5%WDG（环氟菌胺＋氟菌唑）的活性明显优于单剂。

合成路线

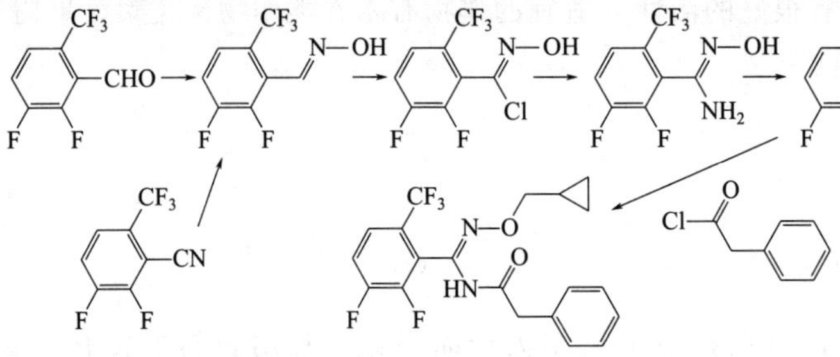

常用剂型 环氟菌胺目前在我国未见相关产品登记。常用剂型主要有 50g/L 水乳剂和18.5% 环氟菌胺·氟菌唑水分散粒剂。

环菌胺（cyclafuramid）

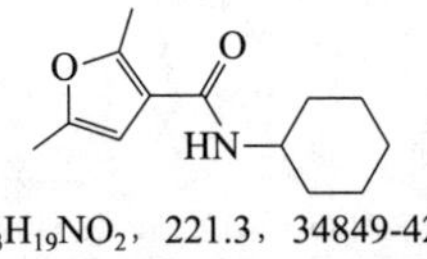

$C_{13}H_{19}NO_2$，221.3，34849-42-8

其他名称 二甲呋酰环己胺。

化学名称 N-环己基-2,5-二甲基-3-糠酰胺；N-cyclohexyl-2,5-dimethyl-3-furamide。

理化性质 熔点 104～105℃，不溶于水，溶于有机溶剂。

毒性 大鼠急性经口 LD_{50}＞6400mg/kg，兔子急性经口 LD_{50}＞8000mg/kg。

应用 本品为内吸性杀菌剂，用于种子处理可有效地防治立枯丝核菌、小麦散黑粉菌、裸黑粉菌、雪腐链孢、禾长蠕孢引起的病害及葱黑粉病。

合成路线

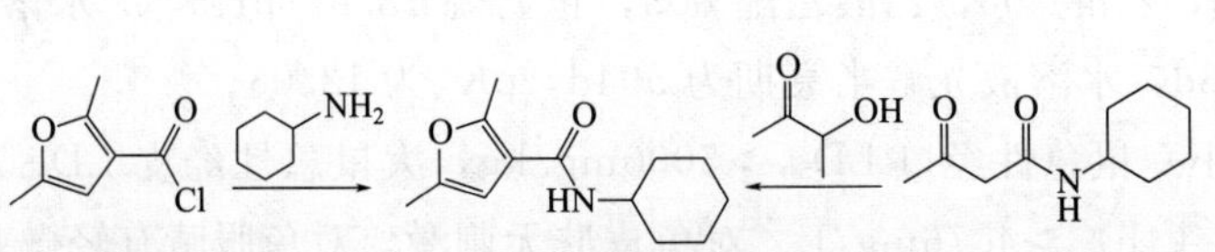

常用剂型 环菌胺目前在我国未见相关产品登记。

环酰菌胺（fenhexamid）

$C_{14}H_{17}Cl_2NO_2$，302.20，126833-17-8

其他名称 Decree，Elevate，Password，Telder。

化学名称 N-(2,3-二氯-4-羟基苯基)-1-甲基环己基甲酰胺；N-(2,3-dichloro-4-hydrox-ypheuyl)-1-methylcyclohexanecarboxamide。

理化性质 纯品为白色粉状固体，熔点153℃，沸点320℃（推算值）。相对密度1.34（20℃）。蒸气压$1.1×10^{-4}$mPa（20℃，推算值）。分配系数$K_{ow}lgP=3.51$（pH7，20℃）。Henry常数$5×10^{-6}$Pa·m³/mol（pH7，20℃）。水中溶解度20mg/L（pH5～7，20℃）。在25℃，pH5、pH7、pH9水溶液中放置30d稳定。

毒性 大鼠急性经口$LD_{50}>5000$mg/kg。大鼠急性经皮$LD_{50}>5000$mg/kg。大鼠急性吸入LC_{50}（4h）>5057mg/L。对兔眼睛和皮肤无刺激性。NOEL数据：大鼠（2年）500mg/kg，小鼠（2年）800mg/kg，狗（1年）500mg/kg。ADI值0.183mg/kg。无致畸、致癌、致突变作用。山齿鹑急性经口$LD_{50}>2000$mg/kg。鱼毒LC_{50}（96h，mg/L）：虹鳟鱼1.34，大翻车鱼3.42。蜜蜂LD_{50}（48h）$>100\mu$g/只（经口和接触）。蚯蚓LC_{50}（14d）>1000mg/kg（土壤）。

应用 适宜葡萄、苹果、草莓、蔬菜、柑橘、观赏植物等。对作物、人类、环境安全。用于防治各种灰霉病以及相关的菌核病、黑斑病等。

合成路线

常用剂型 环酰菌胺在我国未见相关产品登记。常用制剂有50%水分散粒剂、50%悬浮剂、50%可湿性粉剂，可做种子处理剂和育苗处理剂等。

黄芩苷（baicalin）

$C_{21}H_{18}O_{11}$，446.35，21967-41-9；100647-26-5

其他名称　黄芩甙，黄芩素，农丰灵。

化学名称　5,6,7-四羟基黄酮；5,6,7-三羟基-2-苯基-4H-苯并吡喃-4-酮。

来源　黄芩苷是从双子叶植物唇形科中药植物黄芩的干燥根提取而得的一种天然杀菌剂。

理化性质　本品为淡黄色结晶粉末。制剂外观为灰棕色液体，相对密度为 1.08，pH 值为 5～7。黄芩苷溶于乙醇、甲醇、乙醚、丙酮、乙酸乙酯、热冰醋酸；微溶于氯仿和硝基苯；溶于稀氢氧化钠呈绿棕色，但不稳定，易氧化成绿色；几乎不溶于水。熔点 202～205℃。

毒性　对人、畜安全。大鼠急性经口 LD$_{50}$＞5000mg/kg，大鼠急性经皮 LD$_{50}$＞5000mg/kg。对水生生物、蜜蜂、环境友好。

应用　黄芩苷具有较广的抗菌谱，对辣椒病毒病、辣椒炭疽病、辣椒疫病有较好的防治效果，对苹果腐烂病具有一定的防治效果，还可以防治草莓白粉病。喷雾或涂抹防治苹果腐烂和干腐病，喷雾防治草莓白粉病和辣椒病害等。

常用剂型　黄芩苷在我国未见相关产品登记。

黄曲霉菌 NRRL 21882 菌株

拉丁文名称　*Aspergillus flavus* NRRL 21882。

其他名称　黄曲霉菌颗粒剂。

理化性质　黄曲霉菌是一种常见真菌。某些菌株可产生黄曲霉毒素，它具有很强的肝脏致癌效果。黄曲霉菌 NRRL 21882 不产生黄曲霉毒素，是美国农业部的国家花生实验室于 1991 年在美国格鲁吉亚的花生田里分离得来。

毒性　不会对使用者或者其他人造成毒害。没有环境毒性，不会引起哺乳动物、鸟类、蜜蜂以及其他目标昆虫或者植物副作用。

应用　防治产生黄曲霉毒素的黄曲霉菌。于花生种植 40～80d 后，采取土壤使用。

常用剂型　黄曲霉菌 NRRL 21882 菌株在我国未见相关产品登记。

磺菌胺（flusulfamide）

$$C_{13}H_7Cl_2F_3N_2O_4S，415.17，106917-52-6$$

其他名称　Nebijin。

化学名称　2′,4-二氯-α,α,α-三氯-4′-硝基间甲苯基磺酰苯胺，2′,4-dichloro-α,α,α-trifluoro-4′-nitro-m-toluenesulfonanilide。

理化性质　纯品为浅黄色结晶固体。熔点 169.7～171.0℃，蒸气压 9.9×10^{-7} mPa（40℃），分配系数 K_{ow}lg$P$＝2.80。相对密度 1.739。水中溶解度 2.9mg/kg（25℃）。有机

溶剂中溶解度（g/kg，25℃）：甲醇 24，丙酮 314，四氢呋喃 592。在黑暗环境中于 35～80℃能稳定存在 90d。在酸碱介质中稳定存在。

毒性 急性经口 LD_{50}：雄性大鼠 180mg/kg，雌性大鼠 132mg/kg。雄、雌大鼠急性经皮 LD_{50}＞2000mg/kg。对兔眼睛有轻微刺激，无皮肤刺激，无皮肤过敏现象。雄、雌大鼠急性吸入 LD_{50}（4h）0.47mg/L。鹌鹑急性经口 LD_{50} 66mg/kg。蜜蜂 LD_{50}＞200μg/只（经口与接触）。

应用 适宜作物有萝卜、甘蓝、花椰菜、甜菜、大麦、小麦、黑麦、番茄、茄子、黄瓜、菠菜、水稻、大豆等。多数作物对推荐剂量的磺菌胺有很好的耐药性。磺菌胺能有效防治土传病害，包括腐霉病菌、螺壳状丝囊霉、疮痂病菌及环腐病菌等引起的病害。对根肿病如白菜根肿病具有显著的效果。主要作为土壤处理剂使用，在种植前以 600～900g（a.i.）/hm^2 的剂量与土壤混合或与移栽土混合。不同类型的土壤中（如沙壤土、壤土、黏壤土和黏土）磺菌胺均能对根肿病呈现出显著的效果。

合成路线

常用剂型 磺菌胺目前在我国未见相关产品登记。常用制剂主要有 0.3％粉剂。

磺菌威（methasulfocarb）

$C_9H_{11}NO_4S_2$，261.3，66952-49-6

其他名称 kayabest。

化学名称 甲基硫代氨基甲酸-S-(4-甲基磺酰氧苯基)酯；S-4-methylsulfonyloxyphenyl methylthiocarbamate。

理化性质 纯品为无色晶体，熔点 137.5～138.5℃；水中溶解度 480mg/L，易溶于苯、乙醇和丙酮。对日光稳定。

毒性 大鼠急性经口 LD_{50}（mg/kg）：雄 119，雌 112。小鼠急性经口 LD_{50}（mg/kg）：雄 342，雌 262。大、小鼠急性经皮 LD_{50}＞5000mg/kg。大鼠急性吸入 LC_{50}（4h）＞0.44mg/L。鲤鱼 LC_{50}（48h）1.95mg/L，水蚤 LC_{50}（3h）24mg/L。Ames 试验、染色体畸变和微核试验均为阴性。对小鼠无诱变性，对大鼠无致畸作用。

应用 磺菌威属磺酸酯类杀菌剂和植物生长调节剂，该杀菌剂用于土壤，尤其用于水稻的育苗箱，对于防治由根腐属、镰孢（霉）属、腐霉属、木霉属、伏革菌属、毛霉属、丝核菌属和极毛杆菌属等病原菌引起的水稻枯萎病很有效。将 10％粉剂混入土内，剂量为每 5L 育苗土 6～10g，在播种前 7d 之内或临近播种时使用。它不仅是杀菌剂，而且还可以提高水稻根系的生理活性。

合成路线

常用剂型　磺菌威目前在我国未见相关产品登记。常用制剂主要有 100g/kg 无漂移粉剂。

灰绿链霉菌 K61 菌株

拉丁文名称　*Streptomyces griseovirifis* strain K61。

其他名称　Mycostop。

理化性质　灰绿链霉菌 K61 菌株是一种土壤细菌，最初分离自芬兰的泥炭藓。对普通细菌抗生素青霉素、卡那霉素、氨苄西林、四环素、链霉素、利福平敏感。

毒性　对动植物无致病性，对人类健康无影响。兔急性经皮 $LD_{50} > 2000mg/kg$。

应用　灰绿链霉菌 K61 菌株防治由种传和土传病原真菌，尤其是镰刀菌引起的各种粮食作物、观赏植物、苗木等的种子腐烂病、根及茎腐病、枯萎病及立枯病。

常用剂型　灰绿链霉菌 K61 菌株在我国未见相关产品登记。

混合脂肪酸（mixed aliphatic acid）

其他名称　83 增抗剂，耐病毒诱导剂，NS-83 增抗剂，抑病灵。

化学名称　混合脂肪酸为 $C_{13} \sim C_{15}$ 脂肪酸混合物。

理化性质　外观为乳黄色液体。

毒性　纯植物制剂，无毒无公害，大白鼠急性经口 $LD_{50} > 9580mg/kg$（制剂）。对鱼、贝类毒性小，对作物药害轻。在蔬菜上使用后无残留，符合绿色食品标准要求。对人、畜安全，无人体中毒报道。使用中药液溅到皮肤或眼睛上，应立即用清水反复清洗。如有误服，携此产品标签到医院对症治疗。

应用　混合脂肪酸是由菜籽油中提炼出的第一例植物耐病毒诱导剂，利用植物诱导抗性的原理，采用人工免疫方法开发的以提高植物抗病力为主，兼有促进植物生长、抑制介体传导的一种多功能防治病毒病制剂。混合脂肪酸对作物病毒病具有明显的防治效果，可有效防治果树、经济作物、蔬菜、花卉、烟草的病毒病，对造成植物花叶退绿、卷曲皱缩、畸形矮化、丛生丛簇等症状的病毒病有特殊效果，尤其是对烟草花叶病毒、黄瓜花叶病毒、马铃薯 X 病毒、马铃薯 Y 病毒、芜菁花叶病毒、玉米粗缩病有显著作用。同时还具有植物激素活性，可刺激作物根系生长。

常用剂型　混合脂肪酸在我国登记的主要制剂有 8%、10% 和 24% 水乳剂。

活化酯（acibenzolar-S-methyl）

C$_8$H$_6$N$_2$OS$_2$，210.3，135158-54-2；126448-41-7(酸)

其他名称　Actigard，Boost，Bion，Unix Bion。

化学名称　苯并［1,2,3］噻二唑-7-硫代羧酸-S-甲酯；S-methyl benzo［1,2,3］thia-diazole-7-carbothioate。

理化性质　原药含量≥98.6%（美国环保署的标准要求）；外观为白色至米色细小粉末，具有烧焦似的气味；熔点132.9℃；沸点约为267℃；蒸气压4.6×10^{-1}mPa（25℃）；分配系数K_{ow}lg$P$=3.1（25℃）；亨利常数1.3×10^{-2}Pa·m^3/mol（计算值）；相对密度1.54（22℃）。水中溶解度溶解度（25℃）为7.7mg/L（pH7.5～7.9）。有机溶剂中的溶解度（g/L，25℃）：甲醇4.2，乙酸乙酯25，正己烷1.3，甲苯36，正辛醇5.4，丙酮28，二氯甲烷160。水解半衰期DT$_{50}$（20℃）为3.8年（pH 5）、23周（pH 7）、19.4h（pH 9）。

毒性　大鼠急性经口LD$_{50}$＞5000mg/kg；大鼠急性经皮LD$_{50}$＞2000mg/kg。对兔皮肤和眼睛无刺激，对豚鼠皮肤有致敏作用。大鼠吸入LC$_{50}$（4h）＞5000mg/m^3（空气）。NOEL［mg/(kg·d)］：大鼠（2年）8.5，小鼠（1.5年）11，狗（1年）5。ADI 0.05mg/kg体重。无致癌、致突变作用，对人类没有致畸作用。野鸭、鹌鹑LD$_{50}$（14d）＞2000mg/kg，野鸭、鹌鹑LC$_{50}$（8d）＞5200mg/kg。鱼类LC$_{50}$（96h）：虹鳟0.4mg/L，蓝鳃太阳鱼2.8mg/L，羊头原鲷1.7mg/L。水蚤LC$_{50}$（48h）2.4mg/L。栅藻E$_b$C$_{50}$（72h）1.7mg/L。糠虾LC$_{50}$（96h）0.88mg/L。蜜蜂：经口LD$_{50}$（48h）128.3μg/只蜂，接触LD$_{50}$100μg/只蜂。蚯蚓LC$_{50}$（14d）＞1000mg/kg（土壤）。对捕食性螨和螨类、步甲以及寄生蜂（IOBC）无害。对土壤呼吸无作用剂量为300g/hm^2。活化酯在土壤中通过水解消失，其半衰期DT$_{50}$为0.3d（pH 9）。其产物进一步降解，DT$_{50}$为20d，代谢物完全降解和矿化（pH 9）。活化酯可以被土壤强烈吸附，流动性低，K_{oc}为1394mL/g。活化酯在水中的DT$_{50}$＜1d；其水解产物的DT$_{50}$为8d。

应用　活化酯为系统获得抗性的天然信号分子水杨酸的功能类似物。该产品通过激活寄生植物的天然防御机制（系统获得抗性，SAR）来对植物产生保护作用，它本身没有杀菌活性。

合成路线

常用剂型　活化酯目前在我国未见相关产品登记。常用制剂主要有 50％、63％可湿性粉剂。

己唑醇（hexaconazole）

$$C_{14}H_{17}Cl_2N_3O,\ 314.21,\ 79983\text{-}71\text{-}4$$

其他名称　洋生，翠丽，翠禾，Anvil，Planete Aster。

化学名称　(RS)-2-(2,4-二氯苯基)-1-(1H-1,2,4-三唑-1-基) 己-2-醇；(RS)-2-(2,4-dichlorophenyl)-1-(1H-1,2,4-troazol-1-yl) hexan-2-ol。

理化性质　原药纯度＞85％。纯品己唑醇为无色晶体，熔点 111℃，蒸气压 0.01mPa (20℃)。分配系数 $K_{ow}\lg P=3.9$（20℃），Henry 常数 3.33×10^{-4}Pa·m³/mol（计算值）。相对密度 1.29。水中溶解度为 17mg/L（20℃）。其他溶剂中溶解度（20℃，g/L）：二氯甲烷 336，甲醇 246，丙酮 164，乙酸乙酯 120，甲苯 59，己烷 0.8。稳定性：室温放置 6 年稳定；水溶液对光稳定，且不分解；制剂在 50℃以下至少 6 个月内不分解，室温 2 年不分解。在土壤中快速降解。

毒性　己唑醇原药急性经口 LD_{50}（mg/kg）：大鼠 2189（雄）、6071（雌）。大鼠急性经皮 LD_{50}＞2000mg/kg。对兔眼睛有中度刺激作用，对兔皮肤无刺激作用。大鼠急性吸入 LC_{50}（4h）＞5.9mg/L。NOEL 数据 [2 年，mg/(kg·d)]：大鼠 10，小鼠 40。ADI 值为 0.005mg/kg。山齿鹑急性经口 LD_{50}＞4000mg/kg。鱼毒 LC_{50}（96h，mg/L）：虹鳟鱼 3.4。水蚤 LC_{50}（48h）2.9mg/L。蜜蜂 LD_{50}（48h）＞100μg/只（经口和接触）。蚯蚓 LC_{50}（14d）414mg/kg（土壤）。

应用　己唑醇为高效、内吸，具有保护、治疗和铲除作用的广谱三唑类杀菌剂，由先正达公司开发，1980 年申请专利；适用于果树、蔬菜、禾谷类等作物、花生、咖啡以及观赏植物等，防治子囊菌、担子菌和半知菌等所致病害，如防治白粉病、锈病、黑星病、褐斑病、炭疽病等多种病害都有很好的效果；使用剂量 15～250g（a.i.）/hm²。

合成路线　以间二氯苯为起始原料，经过酰基化反应制得 2,4-二氯苯基丁基酮，再与 $(CH_3)_3SO^+I^-$ 反应生成 2-丁基-2-(2,4-二氯苯基) 环氧乙烷，最后在碱存在下与三唑反应即可制得己唑醇。

常用剂型　己唑醇目前在我国原药登记规格为 95％；制剂登记（包括复配登记）中剂型主要有悬浮剂、可湿性粉剂、水分散粒剂、乳油、微乳剂等；主要制剂有 10％乳油、10％悬浮剂、5％微乳剂等；复配对象主要有咪酰胺、井冈霉素、甲基硫菌灵、多菌灵、稻瘟灵、腐霉利等。

甲苯磺菌胺 （ tolylfluanid ）

$$C_{10}H_{13}Cl_2FN_2O_2S_2，347.23，731-27-1$$

其他名称　Elvaron M，Euparen M，Euparen Multi，Talat。

化学名称　N-二氯氟甲硫基-N'，N'-二甲基-N-对甲苯基硫酰胺；N-dichlorofluorom-ethylthio-N'，N'-dimethyl-N-p-tolylsulfamide；CA：1, 1-dichloro-N-[（dimethylamino）sulfonyl]-1-fluoro-N-（4-methylphenyl）methanesulfenamide。

理化性质　纯品为无色无臭结晶状固体，熔点93℃。蒸气压0.2mPa（20℃）。相对密度1.52。分配系数$K_{ow}\lg P=3.9$（20℃）。Henry常数$7.7×10^{-2}$Pa·m³/mol（计算值）。水中溶解度0.9mg/L（20℃）。有机溶剂中溶解度（g/L，20℃）：二氯甲烷＞250，二甲苯190，异丙醇22。对碱不稳定。

毒性　大鼠急性经口$LD_{50}＞5000$mg/kg。大鼠急性经皮$LD_{50}＞5000$mg/kg。大鼠急性吸入LC_{50}（4h）383mg/L。对兔眼睛有中度刺激，对兔皮肤有严重刺激。大鼠喂养试验无作用剂量（2年）300mg/（kg·d）。日本鹌鹑急性经口$LD_{50}＞5000$mg/kg，山齿鹑饲喂$LC_{50}＞5000$mg/kg（饲料）。虹鳟鱼LC_{50}（96h）0.045mg/L。水蚤LC_{50}（48h）1.8mg/L。蜜蜂LD_{50}（48h）＞197μg/只（经口），＞196μg/只（接触）。蚯蚓LC_{50}（14d）＞1000mg/kg（土壤）。

应用　保护性杀菌剂，抑制呼吸作用。主要用于防治葡萄、苹果、草莓、棉花、蔬菜、豆类作物及观赏植物等各种白粉病、锈病、软腐病、褐斑病、灰霉病、黑星病等病害。防治果树病害，使用剂量为2500g（a.i.）/hm²；防治蔬菜病害，使用剂量为600~1500g（a.i.）/hm²。对某些螨类也有一定的活性，对益螨安全。

常用剂型　甲苯磺菌胺目前在我国未见相关产品登记。常用剂型主要有可湿性粉剂、水分散粒剂、湿拌种剂。

甲呋酰胺 （ fenfuram ）

$$C_{12}H_{11}NO_2，201.22，24691-80-3$$

其他名称　Pano-ram，甲呋酰苯胺。

化学名称　2-甲基-呋喃-3-甲酰替苯胺；2-methyl-3-furanilide。

理化性质　原药为乳白色固体，纯度98%，熔点109~110℃。纯品为无色结晶状固体，蒸气压0.020mPa（20℃），Henry常数$4.02×10^{-5}$Pa·m³/mol。水中溶解度0.1g/L（20℃）。有机溶剂中溶解度（g/L，20℃）：丙酮300，环己酮340，甲醇145，二甲苯20。对热和光稳定，中性介质中稳定，但在强酸强碱中易分解。土壤中半衰期为42d。

毒性 大鼠急性经口 $LD_{50}>12900mg/kg$，小鼠急性经口 LD_{50} $2450mg/kg$。大鼠急性吸入 LD_{50}（4h）$>10.3mg/L$ 空气。对兔皮肤有轻度刺激作用，对兔眼睛有严重刺激作用。两年喂养试验无作用剂量大鼠为 $10mg/(kg \cdot d)$；90d 喂养试验狗为 $300mg/(kg \cdot d)$。推荐剂量下对蜜蜂无毒害作用。大鼠经口药剂 16h 内 83%经尿排出。

应用 适宜作物为小麦、大麦、高粱和谷子等作物，防治小麦和大麦散黑穗病、小麦光腥黑穗病和网腥黑穗病、高粱丝黑穗病和谷子粒黑穗病。主要用作种子处理，具体方法如下。

（1）防治小麦和大麦散黑穗病 每 100kg 种子用 25%乳油 200～300mL 拌种。

（2）防治小麦光腥黑穗病和网腥黑穗病 每 100kg 种子用 25%乳油 300mL 拌种。

（3）防治高粱丝黑穗病 每 100kg 种子用 25%乳油 200～300mL 拌种。还可兼治散黑穗病及坚黑穗病。

（4）防治谷子粒黑穗病 每 100kg 种子用 25%乳油 300mL 拌种。

合成路线

常用剂型 甲呋酰胺目前在我国未见相关登记。常用剂型有乳油、可湿性粉剂、悬浮剂等，混剂主要与灭菌丹、代森锰锌、代森联、霜脲氰等复配。

甲磺菌胺（TF-991）

$C_{15}H_{15}ClN_2O_4S$，354.81

应用 主要作为土壤杀菌剂使用。

合成路线 以对甲苯磺酰氯和邻硝基对氯苯胺为原料，通过如下反应即可制得甲磺菌胺。

常用剂型 甲磺菌胺目前在我国未见相关产品登记。可作为土壤处理剂和种子处理剂使用。

甲基立枯磷（tolclofos-methyl）

$C_9H_{11}Cl_2O_3PS$，301.12，57018-04-9

其他名称 灭菌磷，利克菌，Rizolex。

化学名称 O-2,6-二氯对甲苯基-O,O-二甲基硫代磷酸酯；O-2,6-dichloro-p-tolyl-O,O-dimethyl phosphorothioate。

理化性质 纯品为白色晶体，原药为无色至浅棕色固体。熔点78℃，蒸气压为56.9mPa（20℃）、90.5mPa（25℃）。分配系数 K_{ow} lg$P$ = 4.65（25℃）。水中溶解度1.10mg/L（25℃）。有机溶剂中溶解度：环己烷3.8%，二甲苯36%，丙酮、甲醇5.9%。对光、热和潮湿都较稳定，在酸性介质中分解。贮藏稳定性好，5℃下贮存10个月无分解现象，40~60℃下贮存10个月含量几乎无变化。

毒性 大白鼠急性经口 LD_{50} 5000mg/kg，小白鼠急性经口 LD_{50} 3600mg/kg。大鼠急性经皮 LD_{50} ＞5000mg/kg。对兔眼睛、皮肤无刺激作用。大白鼠急性吸入 LC_{50}（4h）＞3320mg/L。大鼠6个月喂养试验未表现出致病反应。野鸭和山齿鹑急性经口 LD_{50} ＞5000mg/kg。蓝鳃太阳鱼 LC_{50}（96h）＞720mg/L。

应用 防治土传病害的新型广谱内吸杀菌剂，主要起保护作用，其吸附作用强，不易流失，持效期较长。对半知菌类、担子菌纲等各种病菌均有很强的杀菌活性。用于水稻、棉花、瓜果、蔬菜、花生等作物，对苗立枯病菌、菌核病菌、雪腐病菌等有卓越的杀菌作用，在土壤中有一定持效期。对五氯硝基苯产生抗性的苗立枯病也有效。用于防治丝核菌和白绢菌等土传病害，有较好的防治效果。

合成路线

常用剂型 甲基立枯磷目前在我国原药登记规格有95%；制剂登记主要剂型是乳油、悬浮种衣剂、可湿性粉剂等；主要制剂有20%乳油、50%可湿性粉剂等；复配对象有福美双、多菌灵等。

甲基硫菌灵（thiophanate-methyl）

$C_{12}H_{14}N_4O_4S_2$，342.39，23564-05-8

其他名称 甲基托布津，桑菲纳（制剂），Topsin-M，Midothane，Cercobin-M。

化学名称 1,2-双（3-甲氧羰基-2-硫脲基）苯；1,2-di（3-methoxycarbonyl-2-thioureido）benzene。

理化性质 纯品为无色结晶固体，原粉（含量约93%）为微黄色结晶。熔点172℃（分解），蒸气压0.0095mPa（25℃）。分配系数 K_{ow} lg$P$ = 1.50。不溶于水（23℃）。有机溶剂中的溶解度（g/kg，23℃）：丙酮58.1，环己酮43，甲醇29.2，氯仿26.2，乙腈24.4，乙酸乙酯11.9，微溶于正己烷。稳定性：室温下，在中性溶液中稳定，在酸性溶液中相当稳定，在碱性溶液中不稳定，DT_{50} 24.5h（pH9，22℃）。

毒性　急性经口 LD_{50}（mg/kg）：雄大鼠 7500，雌大鼠 6640，雄小鼠 3510，雄兔 2270。雄、雌大鼠急性经皮 $LD_{50} > 10000$mg/kg。对大鼠皮肤和眼睛中等刺激性。大鼠急性吸入 LC_{50}（4h）1.7mg/L。NOEL 数据（2 年）：大鼠和小鼠 160mg/kg（饲料），狗 50mg/kg（饲料）。ADI 为 0.08mg/kg。日本鹌鹑急性经口和经皮 $LD_{50} > 5000$mg/kg。鱼毒 LC_{50}（48h，mg/L）：虹鳟鱼 7.8，鲤鱼 11。水蚤 LC_{50}（48h）20.2mg/L。海藻 EC_{50}（96h）0.8mg/L。对蜜蜂无害，LD_{50}（局部）$> 100\mu$g/只。允许残留量：米 2.0mg/kg，麦、甘薯、豆类、甜菜为 1.0mg/kg，果实、蔬菜为 5.0mg/kg，茶 20mg/kg。

应用　甲基硫菌灵是高效、广谱、内吸杀菌剂，具有保护和治疗作用，持效期长，适用范围和多菌灵相似，但药效高于多菌灵，用于防治花生、稻、麦、甘薯、果树、蔬菜及棉花等各种经济作物的白粉病、菌核病、灰霉病、炭疽病等多种病害。

合成路线

常用剂型　甲基硫菌灵目前在我国原药登记有 85％、87％、92％、95％、97％等规格；制剂登记剂型涵盖可湿性粉剂、悬浮剂、水分散粒剂、糊剂、涂抹剂、悬浮种衣剂等剂型；主要制剂有 50％悬浮剂、36％悬浮剂、70％可湿性粉剂、70％水分散粒剂等；复配制剂登记中主要与苯醚甲环唑、代森锰锌、硫黄、福美双、戊唑醇、氟环唑、己唑醇、乙霉威、腈菌唑、三唑酮、百菌清、萘乙酸、噁霉灵、三环唑等进行复配。

甲菌定（dimethirimol）

$C_{11}H_{19}N_3O$，209.29，5221-53-4

其他名称　甲嘧醇，灭霉灵，二甲嘧酚，嘧啶 2 号，Milcurb，Midinol，Methyrimol。

化学名称　5-丁基-2-二甲氨基-4-羟基-6-甲基吡啶；5-butyl-2-dimethylamino-4-hydroxy-6-methyl pyrimidline。

理化性质　纯品为无色针状结晶固体，无臭，熔点 102℃，相对密度 1.2。蒸气压 1.46×10^{-3} Pa（25℃）。分配系数 K_{ow} lg$P = 1.9$。Henry 常数 $< 2.55 \times 10^{-4}$ Pa·m^3/mol（25℃，计算值）。水中溶解度（20℃）为 1200mg/L。有机溶剂中溶解度（25℃，g/L）：氯仿 1200，二甲苯 360，乙醇 65，丙酮 45。对酸、碱、热较稳定，对金属无腐蚀性。土壤降解 DT_{50} 120d。

毒性　急性经口 LD_{50}：大鼠 2350～4000mg/kg，小鼠 800～1600mg/kg。对兔皮肤和眼睛无刺激性。NOEL 数据 [2 年，mg/(kg·d)]：大鼠 300，狗 25。母鸡急性经口 LD_{50} 4000mg/kg。虹鳟鱼 LC_{50}（96h）28mg/L。对天敌无害。

应用　嘧啶类内吸性杀菌剂，兼有治疗作用，对各种作物白粉病有特效。主要作用于瓜类、蔬菜、甜菜及麦类、橡胶树、柞树等。对木本科植物效果显著，可用 0.25％浓度土壤施药，药效 6 周以上；对禾本科植物效果次之，喷雾浓度为 0.001％～0.1％，每年 6～8 月施药，防治效果达 90％以上。

合成路线

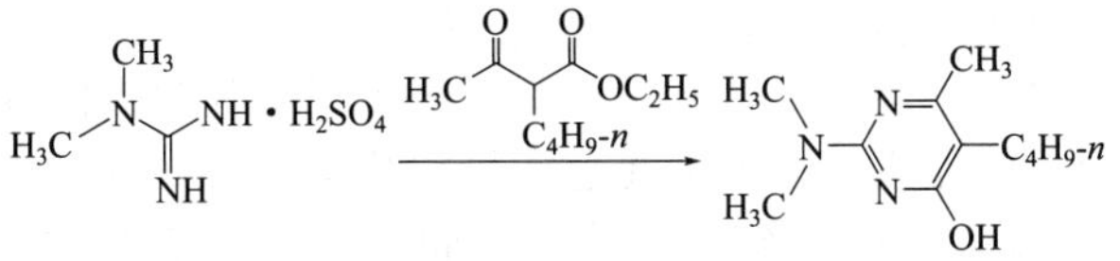

常用剂型　甲菌定目前在我国未见相关产品登记。常用制剂有 10％乳油、124.7g/L 甲菌定盐酸盐水剂等。

甲菌利（myclozolin）

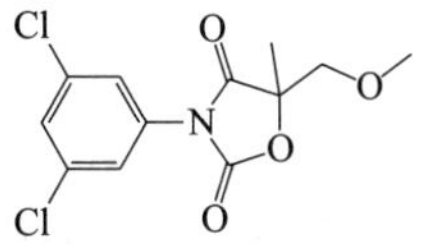

$C_{12}H_{11}Cl_2NO_4$，304.1，54864-61-8

其他名称　Basfag（BASF AG），BAS 436F。

化学名称　(RS)-3-(3,5-二氯苯基)-5-甲氧基甲基-5-甲基-1,3-噁唑烷-2,4-二酮，(RS)-3-(3,5-dichlorphenyl)-5-methoxymethyl-5-methy-1,3-oxazolidine-2,4-dione。

理化性质　纯品为白色结晶，熔点 111℃，20℃ 蒸气压 59μPa。20℃ 溶解度：水 6.7mg/kg，氯仿 400g/kg，乙醇 20g/kg。碱性条件下水解。

毒性　大鼠急性经口 LD_{50}＞5000mg/kg，大鼠急性经皮 LD_{50}＞2500mg/kg。雄、雌小白鼠亚急性经口无作用剂量分别为 22.0mg/kg、835mg/kg，雄、雌大白鼠慢性经口无作用剂量分别为 1000mg/kg、300mg/kg。鱼毒 TLm（mg/L）：蓝鳃鱼 10.25（96h），虹鳟 7.22（96h），鲤鱼 110（48h），水虱 40（48h）以上。允许残留（mg/kg）：果实 3，蔬菜 2，薯类 0.2，豆类 2。

应用　本品为触杀性杀菌剂，防治大豆、黄瓜、葡萄、莴苣、油菜、观赏植物、石榴、草莓、向日葵和番茄上的灰葡萄孢菌、丛梗孢属、核盘菌属引起的病害。

合成路线

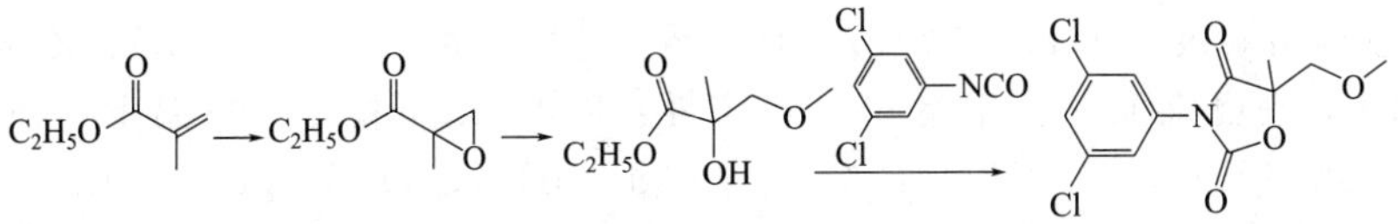

常用剂型　甲菌利目前在我国未见相关产品登记，常用制剂主要有 50％可湿性粉剂、30％颗粒剂。

甲羟鎓

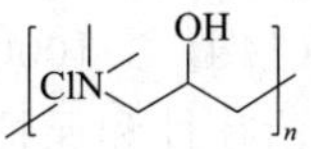

$(C_5H_{12}ClON)_n$，137.5n，52722-38-0

化学名称 聚-2-羟丙基-*N*,*N*-二甲胺氯化铵；聚 *N*,*N*-二甲基-2-羟基丙基镓氯化物，ammonia dimethylamine-epichlorohydrin polymer。

理化性质 纯品为白色固体，无味，无固定熔点与沸点。纯度98%，吸水性强，常因吸湿呈胶状物。易溶于水、乙醇等极性有机溶剂，难溶于苯等非极性溶剂。其水溶液呈弱碱性，化学性质稳定。无水解作用。原药为无色或微黄色黏稠液，有异味，相对密度1.96。

毒性 大鼠急性经口 LD_{50} 为 2050mg/kg（制剂）。大鼠急性经皮 LD_{50}＞2000mg/kg（制剂）。

应用 季铵盐类杀菌剂，杀菌谱广、低毒，具有内吸作用，浸种、喷施防治棉花立枯病和棉花炭疽病。

合成路线

常用剂型 主要有50%水剂。

甲霜灵（metalaxyl）

$C_{15}H_{21}NO_4$，279.35，57837-19-1

其他名称 瑞毒霉，立达霉，甲霜安，灭达乐，雷多米尔，灭霜灵，阿普隆，氨丙灵，瑞毒霜，Apron，Acylon，Fubol，Bleu，Ridomil。

化学名称 *N*-(2,6-二甲苯基)-*N*-(2-甲氧基乙酰基)-DL-α-氨基丙酸甲酯；methyl-*N*-(2'-meth oxyacetyl)-*N*-(2,6-dimethyl phenyl)-DL-α-alaninate。

理化性质 纯品为白色粉末，熔点71~72℃，沸点295.9℃。相对密度1.20（20℃），蒸气压0.75mPa（25℃）。分配系数 $K_{ow}lgP=1.75$。Henry 常数 1.6×10^{-5} Pa·m³/mol（计算值）。水中溶解度8.4g/L（22℃）。有机溶剂中溶解度（25℃，g/L）：乙醇400，丙酮450，甲苯340，正己烷11，正辛烷68。稳定性：300℃以下稳定，室温下，在酸性及中性介质中稳定，水解 DT_{50}（计算值)(20℃)＞200d（pH7）、115d（pH9）、12d（pH10）。

毒性 急性经口 LD_{50}（mg/kg）：大鼠633，小鼠788，兔697。大鼠急性经皮 LD_{50}＞3100mg/kg。对兔皮肤无刺激，对兔眼睛有轻微刺激作用，对豚鼠皮肤无致敏性。大鼠急性吸入 LC_{50}（4h）＞3600mg/L。NOEL 数据［mg/(kg·d)］：大鼠2.5，小鼠35.7，狗8.0。ADI值0.03mg/kg。无致畸、致突变、致癌作用。急性经口 LD_{50}（7d）：日本鹌鹑923mg/kg，野鸭（8d）1466mg/kg。日本鹌鹑、山齿鹑和野鸭饲喂 LD_{50}（8d）＞10000mg/kg（饲料）。虹鳟鱼、鲤鱼、蓝鳃太阳鱼（96h）LC_{50}＞100mg/L。水蚤（48h）LC_{50}＞28mg/L。海藻 IC_{50}（5d）33mg/L。对蜜蜂无毒，LD_{50}（48h）：＞200μg/只（接触），269.3μg/只（经口）。蚯蚓 LC_{50}（14d）＞1000mg/L（土壤）。

应用 甲霜灵是高效、低毒，具有治疗性和保护作用的双向传导内吸性杀菌剂，由汽巴嘉基（现先正达）公司1977年开发。甲霜灵和高效甲霜灵对藻菌纲真菌，尤其对卵菌具有优异的生物活性，可有效防治如马铃薯晚疫病，烟草黑茎病、霜霉病，番茄疫病、各种猝倒病等，对大豆、棉花等二十多种植物病害具有良好的防治效果。

合成路线

常用剂型 甲霜灵在我国原药登记规格为95％、96％、98％等规格。制剂登记剂型主要有可湿性粉剂、悬浮种衣剂、微乳剂、拌种剂、水剂、粉剂、微粒剂、水分散粒剂等。复配制剂主要与丙森锌、烯酰吗啉、戊唑醇、霜霉威、代森锰锌、种菌唑、福美双、噁霉灵、代森锌、百菌清、乙膦铝、咪酰胺、杀虫单、敌磺钠、波尔多液、王铜、琥胶肥酸铜、咪酰胺锰盐等进行复配。

假丝酵母Ⅰ-182菌株

拉丁文名称 *Candida oleophila* strain I-182。

其他名称 Asprie。

理化性质 是一种用于收获后抑制真菌生长的生物杀菌剂。

毒性 假丝酵母I-182菌株属低毒杀菌剂。对人无毒，对作物没有药害，对非靶标作物安全，对环境安全，由于在室内施用，其活性成分对动物并没有显现出毒性。

应用 假丝酵母I-182菌株可分泌β-1,3-外切葡聚糖酶和几丁质酶，对病原真菌的细胞壁有降解作用。用于水果、蔬菜，以及其他粮食作物、温室植物和观赏植物，防治梨、桃等水果收获后由葡萄孢菌引起的灰霉病和青霉菌引起的腐烂病。

常用剂型 假丝酵母I-182菌株在我国未见相关产品登记。

假丝酵母Ｏ菌株

拉丁文名称 *Candida oleophila* strain O。

其他名称 NEXY。

理化性质 假丝酵母O菌株是一种用来控制真菌病原体的拮抗剂，是用于收获后贮藏前的微生物杀菌剂。属于子囊菌纲酵母菌科单细胞酵母，自然存在于植物组织（如水果、花卉和木材）和水中，最初是从金冠苹果中分离出来的。

毒性 属于低毒杀菌剂，对人、畜、鸟类、蜜蜂及野生哺乳动物无毒，对非靶标作物和非靶标昆虫安全。对细菌及哺乳动物细胞没有致突变的潜在危害。

应用 假丝酵母 O 菌株用于苹果和梨收获后防治葡萄孢菌引起的灰霉病和青霉菌引起的腐烂病。

常用剂型 假丝酵母 O 菌株在我国未见相关产品登记。

间硝酞异丙酯（ nitrotal -isopropyl ）

$C_{14}H_{17}NO_6$, 289.23，10552-74-6

其他名称 BAS 30000F，BAS 38501F，异丙消。

化学名称 5-硝基间苯二甲酸二异丙酯，di-isopropyl-5-nitroisophthalate。

理化性质 本品为黄色结晶；熔点 65℃。蒸气压＜0.01mPa（20℃）。溶解度（20℃）：水 0.39mg/L，丙酮、苯、氯仿、乙酸乙酯＞1kg/kg。分配系数（辛醇/水，pH7）110:1。

毒性 本品对大鼠急性经口 LD_{50}＞6400mg/kg。90d 饲喂试验无作用剂量：大鼠为 500mg/L，狗为 20000mg/L。

应用 非内吸性杀菌剂，对白粉病有效。每间隔 14d 以 50g（a.i.）/100L 浓度喷洒，可防治苹果霉心病。但对红蜘蛛无效。与多菌灵混用还能防治苹果黑星病。

合成路线

常用剂型 间硝酞异丙酯目前在我国未见相关产品登记，可与硫黄、代森锰锌等复配加工成粉剂。

碱式硫酸铜（ copper sulfate tribasic ）

$Cu_4(OH)_6 \cdot SO_4$，452.3，1344-73-6

其他名称 铜高尚，绿信，得宝，杀菌特，绿得宝，保果灵。

理化性质 浅蓝色粉末，熔点＞360℃。相对密度 3.89（20℃）。水中溶解度 1.06mg/L（20℃），可溶于稀酸类。

毒性 大鼠急性经口 LD_{50} 为 100mg/kg，兔急性经皮 LD_{50}＞8000mg/kg，大鼠吸入毒性 LC_{50} 为 2.56mg/kg。禽类急性经口 LD_{50}：山齿鹑 1150mg/kg。鱼类 LC_{50}（96h）：虹鳟鱼 0.18mg/L，鲤鱼＞6.79mg/L。水蚤 LC_{50}（48h）17.4μg/L。藻类 EC_{50}（72h）0.29mg/L。对蜜蜂有毒。

应用 碱式硫酸铜为保护性、广谱性杀菌剂，因其粒度细小，分散性好，耐雨水冲刷，悬浮剂还加有黏着剂，因此能牢固地黏附在植物表面形成一层保护膜，可用于防治蔬菜、果树、粮食等作物病害。

常用剂型 碱式硫酸铜在我国登记的主要制剂产品有 27.12%、30%悬浮剂和 70%水分散粒剂。

金核霉素（aureonucleomycin）

$C_{16}H_{19}N_5O_9$, 425.4

其他名称 SPRI-371。

化学名称 2-(6-氨基-9-H-嘌呤基)-3,4a,5,6-四羟基十氢呋喃［3,2-6］并吡喃［2,3-e］并吡喃-7-甲酸。

理化性质 原药为白色或灰白色结晶，熔点 146℃分解变褐色。溶于二甲基甲酰胺、四氢呋喃，微溶于水。在酸性条件下稳定，在碱性条件下易分解。

毒性 大鼠急性经口 LD_{50}＞5000mg/kg（制剂），大鼠急性经皮 LD_{50}＞2000mg/kg（制剂）。对家兔、豚鼠的眼睛和皮肤无刺激和致敏作用。大鼠（1 年）无作用剂量 14mg/(kg·d)。鹌鹑（7d）LD_{50} 240mg/kg（制剂）。斑马鱼 LC_{50}（48h）为 5.06mg/L。蜜蜂 LC_{50}（48h）为 72.7mg/L。

应用 金核霉素由上海市农药研究所发现并开发的微生物源杀菌剂，它由金色链霉菌苏州变种经培养发酵而得。农用抗生素，预防和治疗柑橘溃疡病、水稻白叶枯病和细菌性条斑病等细菌性病害。

常用剂型 金核霉素常用制剂主要有 30%可湿性粉剂。

腈苯唑（fenbuconazole）

$C_{19}H_{17}ClN_4$, 336.8, 114369-43-6

其他名称 应得，唑菌腈，Indar，Enable，Govern，Impala。

化学名称 4-(4-氯苯基)-2-苯基-2-(1H-1,2,4-三唑-1-基甲基)丁腈；4-(4-chlorophenyl)-2-phenyl-2-(1H-1, 2,4-triazol-1-ylmethyl) butyroniteile。

理化性质 纯品腈苯唑为无色结晶，熔点 124～126℃。蒸气压 0.005mPa（25℃）。分配系数 $K_{ow} lgP$＝3.23（25℃）。溶解度（25℃）：水 0.2mg/L，可溶于醇、芳烃、酯、酮等，不溶于脂肪烃。稳定性：300℃以下暗处稳定，水解 TD_{50}＞2210d（pH5）、3740d（pH7）、1370d（pH9）。

毒性　腈苯唑原药大鼠急性经口 LD_{50} ＞2000mg/kg，大鼠急性经皮 LD_{50} ＞5000mg/kg。原药对兔眼睛和皮肤无刺激性，乳油制剂对兔眼睛和皮肤有严重刺激作用。大鼠急性吸入 LC_{50}（4h）＞2.1mg（原药）/L。在标准试验中，本品无诱变。NOEL 数据（3 个月）：大鼠、小鼠20mg/(kg·d)、狗100mg/(kg·d)。山齿鹑饲喂 LC_{50}：4050mg/kg（饲料）(8d)、2150mg/kg 饲料（21d）。野鸭饲喂 LC_{50}（8d）为 2110mg/kg（饲料）。蓝鳃太阳鱼 LC_{50}（96h）0.68mg/L（原药）。蜜蜂 LD_{50}（96h，空气接触）＞0.29μg/只。

　　应用　腈苯唑属于甾醇脱甲基化抑制剂，高效、内吸，具有预防和治疗作用，美国罗门哈斯公司开发，1987 年申请专利；适用于禾谷类、作物、水稻、甜菜、葡萄、香蕉、果树等，防治禾谷类作物壳针孢属、柄锈菌属，甜菜上的生尾孢，苹果黑星病以及大田作物的许多病害；使用剂量 50～150g（a.i.）/hm²。

　　合成路线

　　常用剂型　腈苯唑在我国登记的主要为 24% 悬浮剂，常用剂型还有乳油、水乳剂、可湿性粉剂。

腈菌唑（myclobutanil）

$C_{15}H_{17}ClN_4$，288.77，88671-89-0

　　其他名称　仙生，Syseant，Systhane，Rally，Nove。

　　化学名称　2-(4-氯苯基)-2-(1*H*-1,2,4-三唑-1-甲基) 己腈；2-(4-chlorophenyl)-2-(1*H*-1,2,4-triazol-1-yl methyl) hexanenitrile。

　　理化性质　原药为淡黄色固体，纯品腈菌唑为无色结晶，熔点 68～69℃，沸点 202～208℃（133Pa）。蒸气压 0.213mPa（25℃）。分配系数 K_{ow} lg$P$ 2.94（pH7～8，25℃），Henry 常数 $4.33×10^{-4}$ Pa·m³/mol。水中溶解度（25℃）为 124mg/L。可溶于酮、酯、乙醇和苯类，均为 50～100g/L，不溶于脂肪烃如己烷等。在正常贮存条件下稳定，见光分解半衰期 222d（无菌水）、0.8d（感染的无菌水）、25d（池塘水）；28℃，pH5、pH7～pH9 时 28d 未水解。工业品为棕色或淡黄色固体，熔点 63～68℃。

　　毒性　腈菌唑原药大鼠急性经口 LD_{50}（mg/kg）：＞1600（雄），＞2290（雌）。兔急性经皮 LD_{50} ＞5000mg/kg。对鼠、兔皮肤无刺激，但对眼睛有严重刺激作用，对豚鼠无皮肤过敏现象。90d 饲喂试验无作用剂量：大鼠和母狗为 100mg/kg，公狗 10mg/kg。大鼠 200mg/kg 喂养未发现有副作用，但雄性大鼠 1000mg/kg 喂养时有一些副作用。对大鼠和兔无致畸作用，活体小鼠试验无诱变，Ames 试验为阴性。鹌鹑急性经口 LD$_{50}$ 510mg/kg，灰斑鸡急性经口 LD$_{50}$ 1635mg/kg。鱼毒 LC$_{50}$（96h）：蓝鳃 2.4mg/L，虹鳟 4.2mg/L，鲤鱼（48h）5.8mg/L。水蚤 LC$_{50}$（48h）11mg/L。对蜜蜂无毒。

应用 腈菌唑高效、内吸，具有治疗、保护特性。适用于果树、园艺、麦类、棉花和水稻等作物，用来控制谷类腥黑穗病、黑穗病及锈蚀病，新鲜梨果的白粉病和结疤，核果类植物的褐腐及白粉病，攀援植物的白粉病、黑腐病及灰霉病，甜菜的叶斑病，它也被用来控制广泛的田间作物病。同时该产品也可用作茎叶处理、种子处理和产品的提高上。持效期长，对作物安全，有一定的刺激生长作用。使用剂量 30～60g（a.i.）/hm^2。

合成路线 以对氯苯乙腈为起始原料，可以经过如下三条路线合成，工业生产常用第一种方法。

常用剂型 腈菌唑目前在我国的原药登记规格有 90%、94%、95%、96%；制剂登记主要剂型有悬浮剂、微乳剂、可湿性粉剂、乳油、悬浮种衣剂、热雾剂、水乳剂等；复配制剂主要与代森锰锌、福美双、咪鲜胺、三唑酮、戊唑醇、甲基硫菌灵等进行复配。

井冈霉素（validamycin）

C$_{20}$H$_{35}$NO$_{13}$，497.5，37248-47-8

其他名称 有效霉素，病毒光，纹闲，纹时林，jinggangmycin，Validacin，Valimon。

化学名称 葡萄井冈羟胺或 N-[(1S)-(1,4,6/5)-3-羟甲基-4,5,6-三羟基-2-环己烯][O-β-D-吡喃葡萄糖基-(1-3)-1S-(1,2,4/3v, 5)-2,3,4-三羟基-5-羟甲基环己基胺]。

理化性质 纯品为无色、无臭、易吸湿性固体，熔点 130～135℃（分解）。蒸气压：室温下可忽略不计。溶解度：易溶于水，溶于甲醇、二甲基甲酰胺和二甲亚砜，微溶于乙醇和丙酮，难溶于乙醚和乙酸乙酯。稳定性：室温下，在中性或碱性介质中稳定，而在酸性介质中稳定性较差。

毒性 属低毒杀菌剂。大鼠、小鼠急性经口 LD$_{50}$＞20000mg/kg。大鼠急性经皮 LD$_{50}$

＞5000mg/kg。对兔皮肤无刺激性，对豚鼠皮肤无致敏性。大、小鼠皮下注射 LD$_{50}$ ＞15000mg/kg，大鼠静脉注射 LD$_{50}$ 为 25000mg/kg，小鼠静脉注射 LD$_{50}$ 为 10000g/kg，用 5000g/kg 涂抹大鼠皮肤无中毒反应。大鼠 90d 喂养试验无作用剂量 10000g/kg 以上。鲤鱼 LC$_{50}$ ＞40mg/L。对人、畜低毒。

应用 内吸性杀菌剂，主要干扰和抑制菌体细胞正常生长，并导致死亡。是防治水稻纹枯病的特效药。可用于麦类、蔬菜、棉花和瓜类等的其他病害的防治。

常用剂型 井冈霉素目前在我国制剂登记主要剂型有水剂、水溶性粉剂、可湿性粉剂、悬浮剂等；主要制剂有 3％和 10％水剂、5％和 10％水溶性粉剂；可与蜡质芽孢杆菌、枯草芽孢杆菌、杀虫单、硫酸铜、杀虫双、嘧啶核苷类抗生素、三环唑、丙环唑、噻嗪酮、多菌灵、羟烯腺嘌呤、己唑醇、三唑酮、烯唑醇、吡虫啉等复配。

聚糖果乐

其他名称 一施壮。

理化性质 制剂为无色透明略带红色液体，在常温下性质稳定。

毒性 低毒杀菌剂。大鼠急性经口 LD$_{50}$ ＞10000mg/kg。对人、畜和天敌安全，无残留，不污染环境，适用于生产 AA 级绿色食品使用。

应用 本剂为甲壳素系列产品之一，具有诱导抗性、预防病害的发生和提高抗病性、促进生长、提高品质等作用。适用于草莓、葡萄、瓜类、番茄等作物，改善品质，预防病害发生。

常用剂型 聚糖果乐常用制剂主要有 1.5％水剂。

菌核净（dimetachlone）

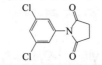

C$_{10}$H$_7$Cl$_2$NO$_2$，251.1，24096-53-5

其他名称 纹枯利，Ohric，dimethachlon。

化学名称 N-(3,5-二氯苯基)-丁二酰亚胺；N-(3,5-dichloropenyl) succinimide。

理化性质 纯品为白色鳞状结晶。熔点 137.5～139℃。易溶于丙酮、四氢呋喃、二甲亚砜、二氧六环、苯、氯仿，可溶于甲醇、乙醇，难溶于正己烷、石油醚，不溶于水。原粉为淡棕色固体，在常温和酸性条件下稳定；遇碱以及在阳光下容易分解，应贮存在遮光阴凉的地方。

毒性 急性经口 LD$_{50}$（mg/kg）：雄大鼠 1688～2552，雄小鼠 1061～1551，雌小鼠 800～1321。大鼠急性经皮 LD$_{50}$＞5000mg/kg。大鼠经口无作用剂量为 40mg/(kg·d)。鲤鱼 LC$_{50}$（48h）55mg/L。

应用 保护性杀菌剂，有一定的内吸治疗作用。可用于油菜、烟草、水稻、麦类等作物。主要防治水稻纹枯病和油菜的菌核病、烟草赤星病。

484

合成路线

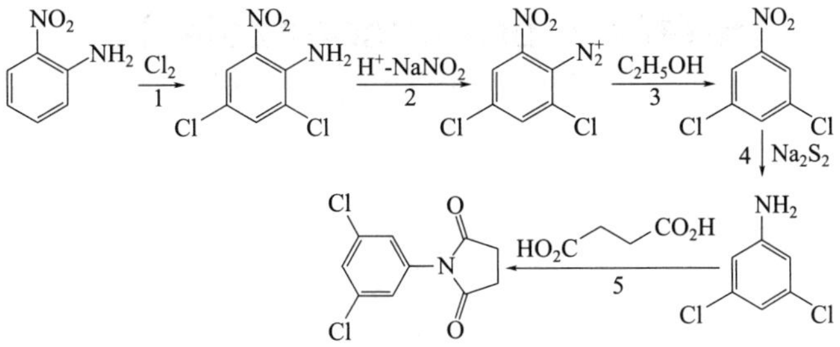

常用剂型　主要为40%可湿性粉剂。

菌核利（dichlozoline）

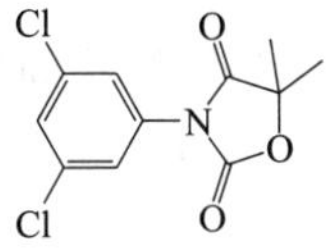

$C_{11}H_9Cl_2NO_3$，274，24201-58-9

其他名称　Sclex，Ortho 8890，DDOD。

化学名称　3-(3,5-二氯苯基)-5,5-二甲基-1,3-噁唑啉-2,4-二酮；3-(3,5-dichlorophenyl)-5,5-dimethyl-1,3-oxazoline-2,4-dione。

理化性质　白色结晶，熔点167～168℃，难溶于水，可溶于氯仿、丙酮、苯和甲醇。对酸、碱稳定。

毒性　小鼠急性经口 LD_{50} ＞9000mg/kg，大鼠急性经口 LD_{50} ＞3000mg/kg，小鼠急性经皮 LD_{50} ＞3700mg/kg，鲤鱼 LC_{50} （48h）＞40mg/L 原药。大鼠经口 [14]C 标记物 100～3000mg/kg 绝大部分在 24h 内经由粪便排出，两周内排尽。大鼠经口 20～2000mg/(kg·d)，90d 后看出：70mg/(kg·d) 以下的试验组无明显变化，而高剂量组明显出现肝脏病变、白内障和肾脏中毒。

应用　能防治由核盘菌和灰葡萄孢菌引起的菌核病和灰霉病，对已进入植株组织的菌丝体亦能阻止其发育。可湿剂的 600～800 倍液能防治菜豆菌核病，黄瓜、茄子和番茄的灰霉病。避免和碱性强的农药混用。桃树、黄瓜、茄子、番茄等作物收获前禁用期为1d。

合成路线

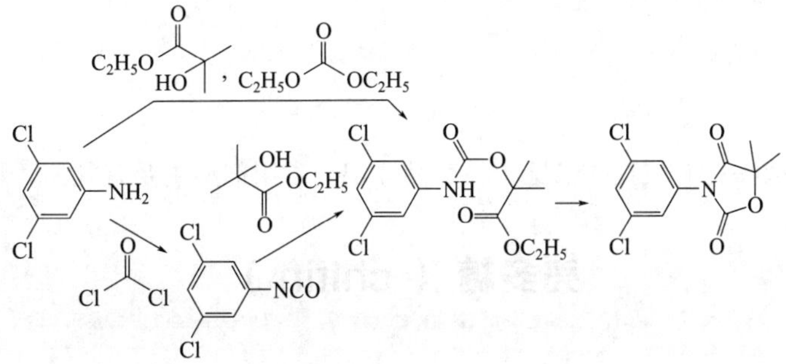

常用剂型　菌核利在我国未见相关产品登记。

糠菌唑（bromuconazole）

$C_{13}H_{12}BrCl_2N_3O$，277.03，116255-48-2

其他名称　Condor，Granit，Vectra。

化学名称　1-[（2RS,4RS；2RS,4SR)-4-溴-2-（2,4-二氯苯基）四氢呋喃-2-基甲基]-1H-1,2,4-三唑；1-[（2RS,4RS；2RS,4SR)-4-bromo-2-(2,4-dichlorophennyl) tetrydro-2-furanyl]-1H-1,2,4-triazole；CA：1-[［4-bromo-2-（2,4-dichlorophennyl）tetrydro-2-furanyl］methyl]-1H-1,2,4-triazole。

理化性质　原药纯度≥98%。纯品为无色粉状固体，熔点84℃，蒸气压$4.0×10^{-3}$mPa（20℃）。分配系数$K_{ow}lgP=3.24$（20℃）。Henry常数（0.83~0.97）$×10^{-5}$Pa·m^3/mol（计算值）。相对密度1.72。水中溶解度（20℃）50mg/L，在大多数有机溶剂中有较好的溶解性。在水中，或酸性、碱性、中性溶液中在暗处稳定；但光照情况下降解，降解与酸碱度有关。在酸性条件下降解半衰期：DT_{50}18d。

毒性　急性经口LD_{50}（mg/kg）：大鼠365，小鼠1151。大鼠急性经皮LD_{50}＞2000mg/kg。大鼠急性吸入LC_{50}（4h）＞5mg/L。对兔皮肤和眼睛无刺激作用。对豚鼠皮肤无过敏现象，无致突变作用。山齿鹑和野鸭急性经口LD_{50}＞2100mg/kg。山齿鹑和野鸭饲喂LC_{50}（8d）＞5000mg/kg（饲料）。鱼毒LC_{50}（96h，mg/L）：虹鳟鱼1.7，大翻车鱼3.1。水蚤LC_{50}（96h）2.1mg/L。在100μg/只（经口和接触）和500μg/只（接触）剂量下对蜜蜂安全。对蚯蚓无影响。

应用　是甾醇脱甲基化抑制剂，具有预防、治疗和内吸作用，可有效地防治禾谷类作物、葡萄、果树和蔬菜上的子囊菌纲、担子菌纲和半知菌类病原菌。另外，对链格孢属和镰孢属病原菌也有效。

合成路线

常用剂型　糠菌唑目前在我国未见相关产品登记。常用剂型主要有乳油、颗粒剂和悬浮剂。

壳多糖（chitin）

$(C_6H_{11}NO_4)_n$，1398-61-4

其他名称 几丁质，甲壳质，明角质，聚乙酰氨基葡糖，甲壳素，几丁聚糖。

化学名称 β-(1,4)-N-乙酰氨基-2-脱氧-D-葡聚糖。

理化性质 外观为类白色无定形物质，无臭、无味。溶解性：能溶于含8%氯化锂的二甲基乙酰胺或浓盐酸；用酸完全水解成甲壳胺（2-氨基葡萄糖）。不溶于水、稀酸、碱、乙醇或其他有机溶剂。

毒性 低毒，对大鼠急性经口 $LD_{50}>10000mg/kg$，对人、畜、天敌安全，对环境无残留，不污染环境，被 FDA 批准为食品添加剂。

应用 应用在大豆、马铃薯及多种作物、观赏性植物、草地等防治植物病原线虫病。

常用剂型 壳多糖目前在我国未见相关产品登记。

克菌丹（captan）

$C_9H_8Cl_3NO_2S$，300.57，133-06-2

其他名称 开普敦，盖普丹，Merpan，Orthocide，Vondcaptan，Imidene。

化学名称 N-三氯甲硫基-4-环己烯-1,2-二甲酰亚胺；N-trichol-romethylmercapto-4-cyclohexene-1,2-dicarboximide。

理化性质 工业品为无色到米色无定形固体，带有刺激性气味。纯品为白色结晶固体，熔点 178℃（原药 175～178℃）。相对密度 1.74（26℃），蒸气压 $<1.33\times10^{-3}Pa$（25℃）。分配系数 $K_{ow}lgP=2.8$（25℃）。Henry 常数 $<1.18\times10^{-1}Pa\cdot m^3/mol$（计算值）。水中溶解度 3.3mg/L（25℃）。有机溶剂中溶解度（25℃，g/L）：丙醇 21，二甲苯 20，氯仿 70，环己烷 23，异丙醇 1.7，二氧六环 47，苯 21，甲苯 6.9，乙醇 2.9，乙醚 2.5，不溶于石油醚。在中性介质中分解缓慢，在碱性介质中分解迅速。$DT_{50}>4$ 年（80℃）、14.2d（120℃）。

毒性 大鼠急性经口 $LD_{50}9000mg/kg$，兔急性经皮 $LD_{50}>4500mg/kg$。对兔皮肤中度刺激，对兔眼睛重度损伤。吸入毒性 LC_{50}（4h，mg/L）：雄大鼠 >0.72，雌大鼠 0.87（工业品）。粉尘能引起呼吸系统损伤。NOEL 数据 [2 年，mg/(kg·d)]：大鼠 2000，狗 4000。无致畸、致突变、致癌作用。ADI 值 0.1mg/kg。急性经口 LD_{50}（mg/kg）：家鸭和野鸭 >5000，北美鹌鹑 2000～4000。大翻车鱼 LC_{50}（96h）0.072mg/L。水蚤 LC_{50}（48h）7～10mg/L。对蜜蜂 LD_{50}（$\mu g/$只）：91（经口），788（接触）。

应用 三氯甲硫基类广谱的保护性杀菌剂，对大麦、小麦、燕麦、水稻、玉米、棉花、蔬菜、果树、瓜类、烟草等作物的许多病害均有良好的防治效果。对作物安全，无药害，而且还具有刺激作物生长的作用。对水稻纹枯病、稻瘟病，小麦秆锈病，烟叶赤星病，棉花苗期病，苹果腐烂病等也有良好的防治效果。

合成路线

常用剂型 克菌丹目前在我国原药登记规格主要是 92%、95%，制剂登记主要剂型是

487

悬浮剂、悬浮种衣剂、可湿性粉剂和水分散粒剂等。复配登记中主要是与戊唑醇进行复配的 400g/L 悬浮剂。

克菌壮（ NF-133 ）

$$C_4H_{14}NO_2PS_2,203.3$$

化学名称 O,O-二乙基二硫代磷酸铵盐。

理化性质 纯品白色固体，工业品灰白色至土黄色，熔点 180～182℃，易溶于水、乙醇、丙酮等有机溶剂，在弱碱性和中性中稳定。

毒性 大鼠急性经口 LD_{50} 为 7636mg/kg，大鼠急性经皮 $LD_{50}>10000$mg/kg。Ames 法试验为阴性。

应用 本品为保护性杀菌剂。主要用于防治水稻白叶枯病和柑橘溃疡病、苹果轮纹病，对水稻细菌性条斑病、纹枯病亦有很高的防效。并能作为植物生长调节剂，对水稻、小麦、蔬菜等有刺激生长的作用和增产效果。

合成路线

常用剂型 克菌壮常用制剂主要有 50% 可湿性粉剂。

枯草芽孢杆菌 GBO3 菌株

拉丁文名称 *Bacillus subtilis* strain GBO3。

其他名称 Kodiak，Companion。

理化性质 枯草芽孢杆菌 GBO3 菌株 2.75% 的粉剂外观是灰白色至浅褐色粉末，具有霉臭气味，pH4.8，密度 272.31～416.48kg/m³；1.37% 水悬浮剂 pH4.75～5.25，密度 1.12kg/L，与水能互相混溶，冰点 1.11℃，黏度 100～200mPa·s。

毒性 对人体健康和环境无任何毒害作用。$1×10^8$ cfu 急性经口和吸入，对大鼠无毒性、无致病作用。兔急性经皮 $LD_{50}>2000$mg/kg。有中等程度的皮肤和眼睛刺激作用。

应用 枯草芽孢杆菌 GBO3 菌株主要抑制由丝核菌、镰刀菌、交链孢、曲霉等引起的植物根部病害，还可抑制侵染花卉和观赏植物种子的真菌病害。可处理种子、浇灌或喷雾。

常用剂型 枯草芽孢杆菌 GBO3 菌株在我国未见相关产品登记。

枯草芽孢杆菌 MBI 600 菌株

拉丁文名称 *Bacillus subtilis* strain MBI600。

其他名称 Subtilex，HiStick N/T，Integral。

理化性质 枯草芽孢杆菌 MBI600 菌株是一种产孢细菌，能够形成芽孢，活性稳定，耐贮藏。其制剂为固体粉末状，米黄色或白色，具发霉气味。

毒性 对人类健康无风险，对非靶标生物及其环境无害。

应用 枯草芽孢杆菌 MBI600 菌株定殖于植物幼苗根系，该菌与镰刀菌、丝核菌、链格孢属以及曲霉菌等产生竞争，从而抑制致病微生物侵染植物根系。用于棉花、大豆、大麦、小麦、玉米、豌豆、花生等种子的处理，防治枯萎病、立枯病、根腐病等种传病害。

常用剂型 枯草芽孢杆菌 MBI 600 菌株在我国未见相关产品登记。

枯草芽孢杆菌 QST713 菌株

拉丁文名称 *Bacillus subtilis* strain QST713。

其他名称 Serenade® MAX，Serenade® SOIL，Serenade® ASO，QST 713 Technical，Rhapsody®，Rhapsody® ASO，Serenade® AS 等。

理化性质 枯草芽孢杆菌 QST713 菌株为杆状，革兰染色阳性、好氧性、能游动的细菌。其普遍存在于土壤、水、空气等自然环境中。该菌株能产生内生孢子以抵御热、干旱等极端的环境条件。

毒性 用工业品进行的急性肺吸试验表明无致死性和副作用。大鼠急性经口 $LD_{50}>$ 5000mg/kg，兔急性经皮 $LD_{50}>2000$mg/kg。

应用 该菌株广泛存在于自然界，对多种真菌性病害有拮抗作用，能阻止孢子萌发，中断芽管生长，阻止病原菌吸附到植物叶片上，触发植物产生系统性免疫（SAR）。枯草芽孢杆菌 QST713 菌株用于樱桃、瓜类蔬菜、葡萄、叶菜类、辣椒、马铃薯、番茄、胡桃等食用植物由真菌和细菌引起的疮痂病、白粉病、霜霉病、早疫病、晚疫病、细菌性斑点病等。

常用剂型 枯草芽孢杆菌 QST713 菌株在我国未见相关产品登记。

枯萎宁

$C_{10}H_{13}ClO_2$，200.66，5825-79-6

其他名称 Experimental Chemotherapeutant 1182。

化学名称 2-(4-氯-3,5-二甲苯基氧) 乙醇；2-(4-chloro-3,5-xylyloxy) ethanol。

理化性质 原药为乳白色晶体，熔点 39.5～41.5℃，蒸气压 2.9mPa（25℃），相对密度 1.133（25℃），水中溶解度 242mg/L（25℃），能溶于乙醇，丙酮等有机溶剂。

毒性 大鼠经口急性中毒 LD_{50} 为 3800～6500mg/kg，该药影响高等动物的新陈代谢过程。

应用 推荐用于土壤处理来治疗维管束系统的枯萎病，特别是荷兰石竹的枯萎病。

合成路线

常用剂型 目前在我国未见相关产品登记，可加工成 3.8% 枯萎宁的异丙醇溶液加扩散剂。

苦参碱（matrine）

应用 苦参碱是天然植物农药，杀菌谱广，对小麦、蔬菜、棉花等植物的一些病原细菌、真菌都有显著的抑菌、杀菌作用。对柑橘黑星病，荔枝霜霉病，梨黑星病，芒果疮痂病、叶斑病，香蕉煤烟病、枯萎病、褐斑病，豆类菌核病，大豆锈病，白菜软腐病，草莓烂果、炭疽、白粉病，番茄灰霉病、黄瓜霜霉病、蔓枯病等具有铲除和预防作用。果树上使用可有效防治黑点病、红点病、轮纹病、斑点落叶病、流胶病、腐烂病等病害。可种子消毒、叶面喷雾，还可灌根防治棉花及果树枯萎病。

其他详见杀虫剂"苦参碱"。

喹菌酮（oxolinic acid）

$C_{13}H_{11}NO_5$，261.2301，14698-29-4

其他名称 噁喹酸，奥索利酸，萘啶酸，Starner。
化学名称 5-乙基-5，8-二氢-8-氧代［1,3］-二氧戊环并［4,5-*g*］喹啉-7-羧酸；5-ethyl-5,8-dihydro-8-oxo-[1,3]-dioxolo［4,5-*g*］quinoline-7-carboxylic acid。
理化性质 工业品为浅棕色结晶固体。纯品为无色结晶固体，熔点＞250℃。相对密度 1.5～1.6（23℃）。蒸气压＜1.47×10^{-4} Pa（100℃）。溶解度：水 3.2mg/L（25℃），正己烷、二甲苯、甲醇＜10g/kg（20℃）。
毒性 急性经口 LD_{50}（mg/kg）：雄大鼠 630，雌大鼠 570。雄大鼠和雌大鼠急性经皮 LD_{50}＞2000mg/kg。对兔皮肤和眼睛无刺激。急性吸入 LC_{50}（4h，mg/L）：雄大鼠 2.45，雌大鼠 1.70。鲤鱼 LC_{50}（48h）＞10mg/L。
应用 适宜作物为水稻、白菜和苹果等。用于水稻种子处理，防治极毛杆菌和欧氏植病杆菌，如水稻颖枯细菌病菌、内颖褐变病菌、叶鞘褐条病菌、软腐病菌、苗立枯细菌病菌、马铃薯黑胫病、软腐病、火疫病，苹果和梨的火疫病、软腐病，白菜软腐病。
合成路线

常用剂型 喹菌酮目前在我国未见相关产品登记。常用制剂有 1% 超微粉剂、20% 可湿性粉剂。

喹啉铜 （ oxine -copper ）

C₁₈H₁₂CuN₂O₂, 351.9，10380-28-6

其他名称　必绿。

化学名称　8-羟基喹啉酮。

理化性质　原药外观为黄绿色疏松粉末。熔点 270℃时分解，蒸气压 $4.6×10^{-5}$ mPa（25℃），分配系数 $K_{ow}lgP=2.46$（蒸馏水，25℃），Henry 常数 $1.56×10^{-5}$ Pa·m³/mol（计算值），相对密度 1.687（20℃）。溶解度：水中为 1.04mg/L（20℃）；正己烷 0.17，甲苯 45.9，二氯甲烷 410，丙酮 27.6，乙酸乙酯 28.6，（mg/L，20℃）。在 pH5～9 范围内稳定，在紫外线下不分解。pKa2.49（25℃）。

毒性　急性经口 LD_{50}（mg/kg）：雄大鼠 585，雌大鼠 500，雄小鼠 1491，雌小鼠 2724。大鼠急性经皮 $LD_{50}>2000$mg/kg。不刺激皮肤，对眼睛有刺激性（兔）。大鼠吸入毒性 LC_{50}（4h）>0.94mg/L。无作用剂量 [mg/(kg·d)，2 年]：雄大鼠 0.85，雌大鼠 1.11；狗 1（1 年）；雄小鼠 8.13，雌小鼠 10.2（78 周）。无致癌、致畸、致突变。禽类 LD_{50}（mg/kg，8d）：山齿鹑 618，野鸭>2000。LC_{50}（mg/kg，8d）：山齿鹑 342，野鸭>2000。鱼类 LC_{50}（96h）：蓝鳃太阳鱼 21.6μg/L，虹鳟鱼 8.49μg/L。水蚤 LC_{50}（48h）177μg/L。藻类 EC_{50}（5d）2.20～15.4μg/L。对蜜蜂无毒。

应用　喹啉铜是一种广谱、高效、低残留的有机铜螯合物，对真菌、细菌性病害等具有良好预防和治疗作用。在作物表面形成一层严密的保护膜，抑制病菌萌发和侵入，从而达到防病、治病的目的。对作物安全。

合成路线

常用剂型　喹啉铜常用制剂主要有 33.5%悬浮剂。

喹啉盐 （ quinacetol sulfate ）

C₂₂H₂₀O₈SN, 458，57130-91-3；35970-45-7

其他名称　Fongoren，Risoter。

化学名称　双-(5-乙酰基-8-羟基喹啉) 硫酸盐；bis (5-acetyl-8-hydroxyquinoline) sulphate。

理化性质　黄色结晶固体，熔点 234～237℃，20℃时水中溶解度 1%，溶于有机溶剂，在中性或微酸性稳定。

毒性 大鼠急性经口 LD$_{50}$1600～2220mg/kg，大鼠急性经皮 LD$_{50}$4000mg/kg。

应用 用于防治糖用甜菜的凤梨病、马铃薯褐腐病；种子处理可防治冬小麦上颖枯病菌的侵染。

常用剂型 喹啉盐目前在我国未见相关产品登记。

醌肟腙 （ benquinox ）

C$_{13}$H$_{11}$N$_{3}$O$_{2}$，241.3，495-73-8

其他名称 敌菌腙，Ceredon，Ceredon special，Cereline，Bayer 15080，COBH，Benzoic acid。

化学名称 2′-(4-羟基亚胺亚环己-2,5-二烯基)苯酰肼；2′-(4-hydroxyiminocyclohexa-2,5-dienylidene)benzohydrazide；1,4-苯醌-1-苯甲酰腙-4-肟；1,4-benzoquinone-1-benzoyl-hydrazon-4-oxime。

理化性质 产品为黄棕色粉末，在 195℃分解；从乙醇中可得到黄色晶体，在 207℃分解。不挥发，在 25℃水中的溶解度为 5mg/kg；易溶于碱和有机溶剂，特别易溶于甲酰胺。

毒性 大鼠急性经口 LD$_{50}$ 为 100mg/kg。

应用 醌肟腙是适用于保护种子和幼苗、防治腐霉菌和其他土壤真菌的杀菌剂。用 10%拌种剂 300g/100kg 种子拌种防治稻苗绵腐病及其他苗期病害，但不适用于防治谷物种子病害。

合成路线

常用剂型 醌肟腙目前在我国未见相关产品登记，可加工成 10%可湿性粉剂。

利迪链霉菌 WYEC108 菌株

拉丁文名称 *Streptomyces lydicus* strain WYEC108。

其他名称 Actinovate。

理化性质 利迪链霉菌 WYEC108 菌株为螺旋链状，分生孢子表面光滑。营养菌丝体为细丝状，无孢子。菌落为白色，最初形成的气生菌丝为灰色。其制剂完全溶于水，pH 为 8.3，苍白色，淡淡的肥沃土壤味。

毒性 大鼠急性经皮 LD$_{50}$>5050mg/kg，对眼睛、皮肤无刺激作用。

应用 利迪链霉菌 WYEC108 菌株防治腐霉菌、立枯丝核菌、镰刀菌、褐腐菌、疫霉菌、菌核盘霉等引起的根腐病和猝倒病，以及白粉病菌、葡萄孢菌等引起的叶部病害。

常用剂型 利迪链霉菌 WYEC108 菌株在我国未见相关制剂产品登记。

联氨噁唑酮 （ drazoxolon ）

C$_{10}$H$_8$ClN$_3$O$_2$，237.6，5707-69-7

其他名称 卓索隆，敌菌酮。

化学名称 4-(2-氯苯基肼叉)-3-甲基-1,2-噁唑-5（4H）酮；4-(2-chlorophenylhydrazo-no)-3-methyl-1,2-oxazol-5（4H）one；4-(2-氯苯基肼叉)-3-甲基异噁唑-5（4H）酮；4-(2-chlorophenylhydrazono)-3-methylisoxazol-5（4H）one。

理化性质 原药为黄色结晶，有轻微臭味，熔点166.7℃，30℃下蒸汽压为0.53mPa。几乎不溶于水，酸和链烃，溶于碱后生成稳定的可溶性盐。可溶于三氯甲烷，芳烃，酮类和乙醇。对酸稳定。不腐蚀包装材料和喷雾器械，如长时期贮存时，贮罐要用聚乙烯衬里。水溶液不能贮在金属容器中。它不能与石硫合剂混配，也不能与多果定合用。

毒性 大鼠急性经口LD$_{50}$为126mg/kg；小鼠急性经口LD$_{50}$129mg/kg；鸡急性经口LD$_{50}$100mg/kg；兔急性经口LD$_{50}$为100~200mg/kg，雌大鼠腹腔注射LD$_{50}$26mg/kg。对眼和皮肤没有明显刺激，但有时会发生过敏反应，应避免长期接触，对肺部有刺激，因此操作环境中药剂蒸气浓度不得超过0.5mg/m^3。在90d饲喂试验无作用剂量：大鼠30mg/kg（饲料），狗2mg/kg（饲料）。

应用 是广谱保护性杀菌剂。它对禾本科作物的白粉病菌有铲除作用。能防治小麦、大麦、苹果、黄瓜的白粉病，咖啡锈病，马铃薯疮痂病，小麦苗期立枯病。

合成路线

常用剂型 联氨噁唑酮目前在我国未见相关制剂产品登记，可加工成400g/L胶悬剂、颗粒剂、10%膏状剂。

联苯 （ biphenyl ）

C$_{12}$H$_{10}$，154.2，92-52-4

其他名称 苯基苯，联二苯，Diphenyl Mixture。

化学名称 1,1′-biphenyl（9CI）；biphenyl（8CI）。

理化性质 本品为无色片状结晶，具有独特的香味。熔点70.5℃，沸点256.1℃。不溶于水、酸及碱，溶于醇、醚、苯等有机溶剂。是最稳定的有机化合物，性质像苯，但比苯稳定。

毒性 大鼠急性经口LD$_{50}$为3280mg/kg。人在联苯蒸气浓度高于0.005mg/L的场所长

493

时间接触有害。

应用 浸泡包装纸，防柑橘寄生霉菌孢子发芽和菌丝生长。联苯是杀鼠剂鼠得克和溴鼠灵的中间体，并为性能较好的有机载体。

常用剂型 联苯目前在我国未见相关产品登记。

链孢黏帚霉 J1446 菌株

拉丁文名称 *Gliocladium catenulatum* strain J1446。

其他名称 PRIMASTOP。

理化性质 链孢黏帚霉 J1446 菌株分离自芬兰的田间土壤，在温室和田间试验发现，其对腐霉、菌核菌引起的猝倒病、种腐病、根腐病、萎蔫病等有很好的抑制作用。最适生长温度 22～28℃，最适 pH5～6。

毒性 对人、畜无毒，对作物无药害，对环境高度安全。淡水鱼的 LD_{50} 为 $3.6×10^6$ cfu/L，蜜蜂 LD_{50} 为 $3.5×10^8$ cfu/L。

应用 链孢黏帚霉 J1446 菌株能有效地防止引起植物猝倒、根腐、茎腐及枯萎的病原真菌的危害，如丝核菌属及腐霉菌，对链格孢属引起的病害也有很好的防效。

常用剂型 链孢黏帚霉 J1446 菌株在我国未见相关产品登记。

链霉素 （streptomycin）

$C_{22}H_{41}N_7O_{11}$，579，57-92-1

其他名称 Afrimycin17，农用硫酸链霉素，细菌清，溃枯宁，细菌特克。

化学名称 *O*-2-脱氧-2-甲基氨基-α-L-吡喃葡萄糖基-(1→2)-*O*-5-脱氧-3-*C*-甲酰基-α-L-来苏呋喃糖基-(1→4)-N^3，N^3-双（氨基亚氨基甲基）-D-链霉胺或 1,1'-[1-L-(1,3,5/2,4,6)-4-[5-脱氧-2-*O*-(2-脱氧-2-甲基氨基-α-L-吡喃葡萄糖基)-3-*C*-甲酰基-α-L-来苏呋喃糖基氧基]-2,5,6-三羟基亚环己-1,3-基] 双胍，*O*-2-deoxy-2-methylamino-α-L-glucopyranosyl-(1→2)-*O*-5-deoxy-3-*C*-formyl-α-L-lyxofuranosyl-(1→4)-N^3，N^3-diamidino-D-streptamine or 1，1'-[1-L-(1,3,5/2,4,6)-4-[5-deoxy-2-*O*-(2-deoxy-2-methylamino-α-L-glucopyranosyl)-3-*C*-for-myl-α-L-lyxofuranosyloxy]-2,5,6-trihydroxycyclohex-1,3-ylene] diguanidine；CA：*O*-2-deoxy-2-(methylamino)-α-L-glucopyranosyl-(1→2)-*O*-5-deoxy-3-*C*-formyl-α-L-lyxofuranosyl-(1→4)-*N*,*N*-bis (aminoiminomethyl)-D-streptamine。

理化性质 工业品为三盐酸盐，白色无定形粉末，有吸湿性，易溶于水，不溶于大多数有机溶剂，在 pH 值 3.7 时稳定。醛基还原为醇，即得双氢链霉素，有抗菌活性。对强酸和

494

强碱不稳定。

毒性 小鼠急性经口 $LD_{50}>10000mg/kg$。急性经皮 LD_{50}（mg/kg）：雄小鼠 400，雌小鼠 325。可以起过敏性皮肤反应。对人、畜、低毒，对鱼类及水生生物毒性很小，属低毒农药。

应用 具有内吸作用，可防治多种植物细菌性和真菌性病害。主要用于喷雾，可作灌根和浸种消毒等。可防治大白菜软腐病、大白菜甘蓝黑腐病、黄瓜细菌性角斑病、甜椒疮痂病、菜豆细菌性疫病和火烧病等。

常用剂型 链霉素目前在我国相关产品登记为 72% 可溶性粉剂。

邻苯基苯酚（2-phenylphenol）

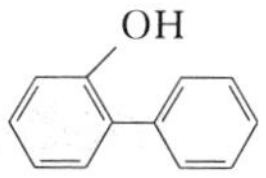

$C_{12}H_{10}O$，172.2，90-457

其他名称 Dowicide 1，Dowicide A，2-羟基联苯。

化学名称 biphenyl-2-ol，*o*-phenyl phenol。

理化性质 产品为白色（或稍带粉红色）针状结晶，熔点 $55.7 \sim 57.5℃$，沸点 275℃、$152 \sim 154℃$（2.0kPa）、145℃（1.87kPa），闪点 123℃。溶于醇及氢氧化钠溶液，水中溶解度 700mg/L，微有特殊气味。其碱金属盐类溶于水，其钠盐带四个结晶水。

毒性 大白鼠急性经口 LD_{50} 为 1470mg/kg，急性经皮 $LD_{50}>2000mg/kg$。2 年饲喂试验无作用剂量 2000mg/kg。对眼睛和皮肤有刺激性。

应用 用于处理柑橘等水果包装用纸，可防霉烂。在日本，2-羟基联苯及其钠盐用于柑橘的防霉。在蜡中混入 0.8% 的本品，采用喷雾法喷在收获后的柑橘上，也可与联苯并用，可使腐烂降至最低限度。英国、美国、加拿大允许使用的水果范围较大，还包括苹果、梨、菠萝等。该物质作为防腐剂还用于化妆品。

合成路线

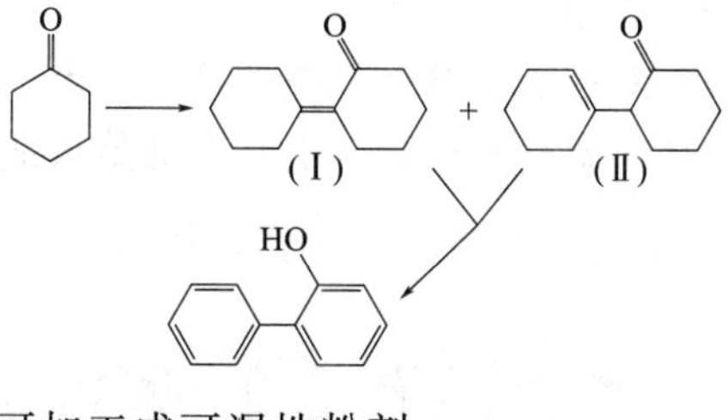

常用剂型 邻苯基苯酚可加工成可湿性粉剂。

邻碘酰苯胺（benodanil）

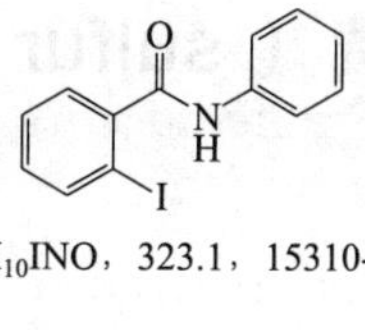

$C_{13}H_{10}INO$，323.1，15310-01-7

495

其他名称 麦锈灵，敌锈灵，碘锈灵，2-碘苯酰替苯胺，Calirus（BASF），BAS170F。

化学名称 2-碘苯酰替苯胺；2-iodobenzanilide。

理化性质 纯品为无色无味的结晶固体，熔点137℃，在20℃时的蒸气压忽略不计。20℃下，100g下列溶剂对2-碘苯酰替苯胺的溶解度为水中为0.002g，丙酮中为40.1g，氯仿中为7.7g，乙醇中为9.3g，乙酸乙酯中为12.0g。本药剂在50℃以下贮存是稳定的。在水、酸和碱中不水解。

毒性 大鼠和豚鼠急性经口 $LD_{50} > 6400mg/kg$，对兔的皮肤和眼睛具有刺激作用。用含100mg/kg药剂的饲料对动物进行91d的喂养试验，没发现不良影响。对蜜蜂无毒。

应用 是一种可防治小麦、大麦、豆类、咖啡、烟草、蔬菜和观赏植物锈病的内吸性杀菌剂。

常用剂型 主要有50%可湿性粉剂。

邻酰胺（mebenil）

$C_{14}H_{13}NO$，211.26，7055-03-0

其他名称 苯萎灵，灭萎灵，BAS 305F，BAS 3050F，BAS 3053F。

化学名称 邻甲基苯酰基苯胺，o-toluanilide。

理化性质 纯品为结晶固体，熔点130℃，20℃下蒸气压为0.027mmHg。溶于大多数有机溶剂中，如丙酮、二甲基甲酰胺、二甲亚砜、乙醇、甲醇。难溶于水。对酸、碱、热均较稳定。

毒性 大鼠急性经口 LD_{50} 为6000mg/kg，小鼠急性经口 LD_{50} 为8750mg/kg，对皮肤无明显刺激。在动物体内不累积，代谢快。

应用 广谱性内吸杀菌剂，对担子菌纲有较高的抑制效果，特别是对小麦锈病、谷物锈病、马铃薯立枯病、小麦菌核性根腐病及丝核菌引起的其他根部病害均有防治效果。还能用于防治水稻纹枯病。

合成路线

常用剂型 常用制剂主要有25%悬浮剂、50%可湿性粉剂（喷雾、浸种）和20%可湿性粉剂。

硫黄（sulfur）

$S, S_r, 32.1, 7704-34-9$

496

其他名称 Cosan，Kumulus，Lucaflow，Microthiol Special，Rasulf，Sulfex，Sulphotox，Thiovit。

化学名称 硫，sulfur。

理化性质 纯品为黄色粉末，有几种同素异形体。熔点 114℃（斜方晶体 112.8℃，单斜晶体 119℃）。沸点 444.6℃。蒸气压：0.527mPa（30.4℃）（斜方晶体），8.6mPa（56.4℃）。相对密度 2.07（斜方晶体）。难溶于水，结晶状物溶于二硫化碳中，无定形物则不溶于二硫化碳中，不溶于乙醚和石油醚中，溶于热苯和丙酮中。

毒性 大鼠急性经口 LD$_{50}$>5000mg/kg。对兔皮肤和眼睛有刺激性。对人和畜无毒。日本鹌鹑（8d）急性经口 LD$_{50}$>5000mg/kg。对鱼无毒。水蚤 LC$_{50}$（48h）>1000mg/L。海藻 LC$_{50}$>100mg/L。对蜜蜂无毒。蚯蚓 LC$_{50}$（14d）>2000mg/kg（土壤）。

应用 硫黄属多功能药剂，具有保护和治疗作用。除有杀菌作用外，还能杀螨和杀虫。用于防治各种作物的白粉病和叶螨等，持效期可达半个月左右。

常用剂型 硫黄目前在我国原药登记规格有 99%、99.5%；制剂登记主要剂型有悬浮剂、可湿性粉剂、水分散粒剂、粉剂、水剂、干悬浮剂等；可与三唑酮、多菌灵、福美双、甲基硫菌灵、三环唑、代森锰锌、百菌清、稻瘟灵、敌磺钠等复配。

硫菌灵（thiophanate）

C$_{14}$H$_{18}$N$_4$O$_4$S$_2$，370.4，23564-06-9

其他名称 Topsin，Cercobin，Nemafax，托布津，统扑净，乙基托布津。

化学名称 1,2-二（3-乙氧羰基-2-硫代脲基）苯；1,2-di-（3-ethoxycarbonyl-2-thioureido）benzene；diethyl 4,4'-(*o*-phenylene) bis (3-thioallophanate)。

理化性质 结晶固体，熔点 195℃（同时分解）。几乎不溶于水，微溶于有机溶剂。遇碱性水溶液形成不稳定的盐，与两价铜离子形成络合物。

毒性 大鼠急性经口 LD$_{50}$>15000mg/kg，大鼠急性经皮 LD$_{50}$>15000mg/kg。大鼠和小鼠二年饲喂试验未见有毒副作用。鱼毒性 LC$_{50}$（48h）：鲤鱼 20mg/L。

应用 硫菌灵是广谱性内吸杀菌剂。以 0.05%～0.4%（有效成分）剂量时，可有效地防治苹果和梨的黑星病、白粉病以及各种作物上的花腐病和菌核病。

合成路线

常用剂型 50%、70%可湿性粉剂。

硫氯苯亚胺 （ thiochlorfenphim ）

C$_{15}$H$_{10}$ClNO$_2$S，303.5，19738-58-6

化学名称　　*N*-（4-氯苯基硫代甲基）苯二甲酰亚胺；*N*-（4-chlorophenylthiomethyl）phthalimide。

理化性质　熔点 102℃。

毒性　对植物和哺乳动物毒性很低。

应用　本品可用于防治苹果、黄瓜和蔷薇白粉病。

合成路线

常用剂型　硫氯苯亚胺目前在我国未见相关产品登记。

硫氰苯胺 （ rhodan ）

C$_7$H$_6$N$_2$S，150.2，15191-25-0

其他名称　对硫氰基苯胺，*p*-thiocyanatoaniline。

化学名称　对硫氰苯胺；aniline rhodanate。

理化性质　纯品为白色针状结晶，熔点 57℃。原药熔点为 54～57.4℃。难溶于水，易溶于醚、苯、丙酮及三氯甲烷等有机溶剂。

毒性　本品蒸气有恶臭，对眼睛和上呼吸道有刺激性。急性中毒是由于其解离产生的氰化物所致，后者抑制呼吸酶，造成组织缺氧。其水溶液可致角膜暂时性混浊。对皮肤有致敏性，引起小丘疹，发痒。对人、畜能引起中毒。

应用　种子消毒剂。主要用于防治小麦散黑穗病。

常用剂型　可加工成 20％～25％乳剂使用。

硫氰散 （ nitrostyrene ）

C$_{10}$H$_8$N$_2$O$_2$S，220.2，950-00-5

其他名称 Styrocide。

化学名称 4-(2-硝基丙-1-烯基）苯基硫氰酸酯；4-(2-nitroprop-1-enyl) phenyl thiocy-anate。

理化性质 原药为黄色针状结晶。工业品含量95％以上，熔点79.5℃，在水中难溶，在丙酮等有机溶剂中可溶。

毒性 鼷鼠急性经口LD_{50}为250mg/kg。

应用 500～1000倍液防治黄瓜、甜瓜、草莓的白粉病。

合成路线

常用剂型 25％可湿性粉剂。

硫酸铜 （ copper sulphate ）

$CuSO_4 \cdot 5H_2O$，249.7，7758-99-8

其他名称 Blue Viking, Mastercop, Sulfacob, Super Bouillie, Triangle Brand, blue vitriol, blue stone, blue sopperas, supric sulphate, 蓝矾，胆矾，五水硫酸铜。

理化性质 蓝色结晶，熔点148℃（脱水），沸点653℃（分解）。相对密度（15.6℃）2.286。水中溶解度（g/kg）：140（0℃）、230.5（25℃）、335（50℃）、736（100℃）。有机溶剂中溶解度：甲醇156g/L（18℃），不溶于大多数有机溶剂，溶于甘油中成为翡翠绿颜色。稳定性：暴露在空气中缓慢风化，在30℃下失去2分子结晶水，250℃下成为无水硫酸铜，与碱性溶液作用能产生不同颜色的沉淀。

毒性 对人、畜毒性低，可作催吐剂，对皮肤刺激严重。大鼠急性吸入LC_{50}1.48mg/L。NOEL值：在饲养试验中，大鼠500mg/kg饲料体重减轻；1000mg/kg饲料对肝脏、肾及其他器官有伤害。对鸟比对其他动物毒性低。最低致死量：鸽子1000mg/kg，鸭子60mg/kg。对鱼毒性低。水蚤LC_{50}（14d）2.3mg/L。对蜜蜂无毒。

应用 无机保护性杀菌剂。用于马铃薯晚疫病，番茄晚疫病，水稻纹枯病，小麦雪腐病，柑橘黑点病、白粉病、疮痂病、溃疡病，瓜类霜霉病、炭疽病。

常用剂型 硫酸铜目前在我国原药登记规格有93％、96％、98％；制剂登记主要剂型有水乳剂、可湿性粉剂、水剂、乳油、可溶性液剂等；可与腐植酸、井冈霉素、三十烷醇、盐酸吗啉胍、速灭威、羟烯腺嘌呤、烯腺嘌呤、混合脂肪酸、硼酸等复配。

硫酸铜钙 （ copper calcium sulphate ）

$3Ca(OH)_2 \cdot 4CuSO_4 \cdot nH_2O(n=1\sim6)$

其他名称 Bordeaux Mixture。

理化性质 原药外观为浅绿色细粉状，密度0.75～0.95g/mL，熔点110～190℃（分解）。溶解度：水2.20×10^{-3} g/L（pH 6.8，20 ℃），甲苯<9.6mg/L，二氯甲烷<8.8mg/L，正

己烷<9.8mg/L，乙酸乙酯<8.4mg/L，甲醇<9.0mg/L，丙酮<8.8mg/L。

毒性　大鼠急性经口 LD_{50} 为 2302mg/kg，大鼠急性经皮 LD_{50}>2000mg/kg。

应用　本品为高效广谱、保护性杀菌剂，对苹果、梨、柑橘、马铃薯、番茄等多种作物的多种病害有良好的防治效果。

常用剂型　硫酸铜钙常用制剂主要有 77% 可湿性粉剂。

硫酰吗啉（carbamorph）

$C_8H_{16}N_2OS_2$，220.35，31848-11-0

其他名称　MC883，吗菌威。

化学名称　吗啉基甲基二甲基二硫代氨基甲酸酯；morpholinomethyl dimethyldithio-carbamate。

理化性质　外观为白色结晶，熔点 88~89℃。溶解度：煤油、二甲苯、卤代烃中<100g/L，二甲亚砜中为 150g/L，二甲基甲酰胺中为 200g/L。

毒性　大鼠急性经口 LD_{50} 为 1500mg/kg，大鼠急性经皮 LD_{50}>16000mg/kg。

应用　可用作内吸性杀菌剂。对霜霉目真菌有特效。防治马铃薯晚疫病、大豆霜霉病、苗期猝倒病、石榴炭疽病。叶面喷雾防治马铃薯晚疫病和大豆霜霉病；种子处理防治立枯丝核菌和腐霉菌引起的苗期猝倒病。

合成路线

常用剂型　硫酰吗啉目前在我国未见相关制剂产品登记。

六氯苯（hexachlorobenzene）

C_6Cl_6，285，118-74-1

其他名称　全氯代苯，HCB。

理化性质　纯六氯苯为无色细长针状结晶，略有香气味。熔点 226℃。20℃时的蒸气压 1.45mPa。它几乎不溶于水和冷乙醇，但溶于热苯。工业品为淡红色结晶，熔点不低于 220℃。化学性质较稳定，但在高温下，在碱性溶液中能水解生成五氯酚钠。

毒性　大鼠急性经口 LD_{50} 为 3500mg/kg，豚鼠耐药量高于 3000mg/kg。轻微刺激皮肤。

应用　采用拌种和土壤处理的方法，可以防治小麦腥黑穗病和秆黑穗病。

合成路线

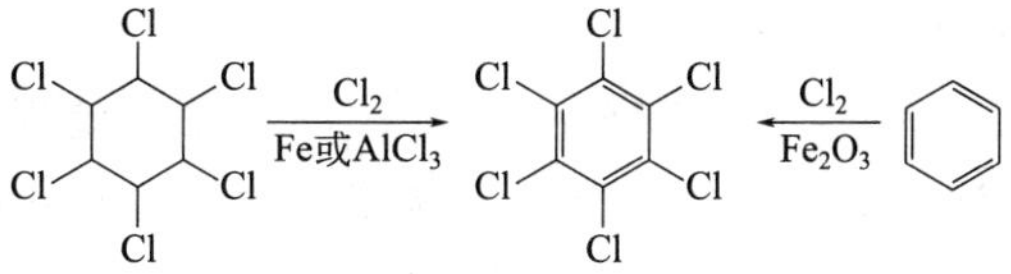

常用剂型 50%粉剂。

绿黏帚霉 GL-21 菌株

拉丁文名称 *Gliocladium virens* GL-21。

理化性质 绿黏帚霉广泛分布于世界各地，1980 年 USDA-ARS 的植物病害生物防治实验室从马里兰的土壤中分离得到。温度＜15℃时很难侵染菌核。

毒性 绿黏帚霉 GL-21 菌株属于低毒杀菌剂，对动物和鸟类安全。

应用 绿黏帚霉 GL-21 菌株能产生多种抗生素，对病原真菌和细菌有抑制作用。其主要防治观赏植物、蔬菜、棉花、西瓜等作物由腐霉菌和丝核菌引起的立枯病和根腐病。

常用剂型 绿黏帚霉 GL-21 菌株在我国未见相关制剂产品登记。

绿叶宁 （ J49 ）

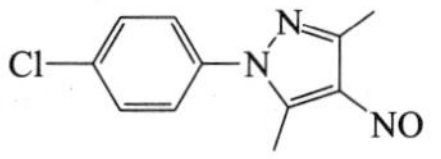

$C_{11}H_{10}ClN_3O$，235.7，5397-12-6

化学名称 1-(对氯苯基)-3,5-二甲基-4-亚硝基吡唑；1-(*p*-chlorophenyl)-3,5-dimethyl-4-nitroso-1*H*-pyrazole。

理化性质 工业品为绿色针状结晶，熔点 118℃；在水中溶解度为 5mg/L，高温或遇碱不稳定。

毒性 对眼、黏膜有刺激性。

应用 保护性杀菌剂，可抑制孢子发芽。作为叶面保护剂。

合成路线

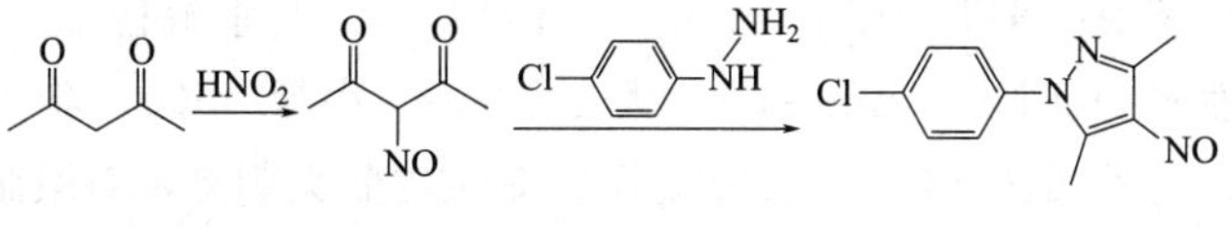

常用剂型 绿叶宁易引起皮炎，已被禁用。

氯苯咯菌胺 （ metomeclan ）

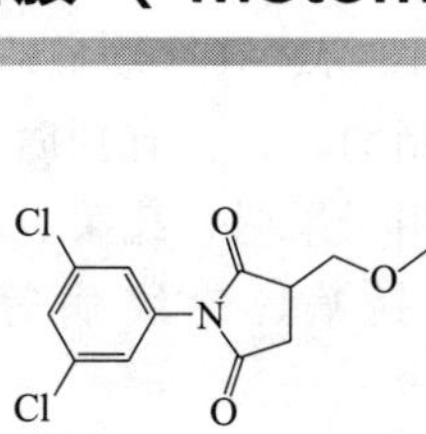

$C_{12}H_{10}Cl_2NO_3$，287.11，81949-88-4

化学名称 1-(3,5-二氯苯基)-3-(甲氧基甲基)-2,5-吡咯烷二酮；1-(3,5-dichlorophenyl)-3-(methoxymethyl)-2,5-pyrrolidinedione。

应用 本品为广谱性杀菌剂，用 $500\sim750g/hm^2$ 叶面喷雾处理，可以防治灰葡萄孢属、交链孢属、核盘霉属、丛梗孢属、链核盘菌属、球腔菌属、丝核菌属、拟油壶菌属、镰刀菌属的病害；种子处理可以防治腥黑粉菌属、壳针孢属和镰刀菌属病害；收获后浸果处理可以防治青霉属、交链孢属、毛盘孢属、葡萄孢属、色二孢属和镰刀菌属等造成的病害；防治葡萄和莴苣的灰葡萄孢属，油菜上的核盘菌，香蕉上的球腔菌属。

合成路线

常用剂型 氯苯咯菌胺目前在我国未见相关产品登记。

氯苯嘧啶醇（fenarimol）

$C_{17}H_{12}Cl_2N_2O$，331.2，60168-88-9

其他名称 乐必耕，芬瑞莫，Rubigan。

化学名称 (RS)-2,4-二氯-α-(嘧啶-5-基)苯基苄醇；(RS)-2,4-dichloro-α-(pyrimidin-5-yl)benzhydryl alcohol；(RS)-2-(2-chlorophenyl)-2-(4-chloro-phenyl)-5-pyrimidinemethanol。

理化性质 原药纯度为98%。纯品为白色晶体状固体，熔点117～119℃，蒸气压0.065mPa（25℃）。分配系数 $K_{ow} lgP=3.69$（pH7，25℃）。Henry常数 1.57×10^{-3} Pa·m^3/mol。相对密度1.40。水中溶解度13.7mg/L（pH7，25℃）。有机溶剂中溶解度（g/L，20℃）：丙酮151，甲醇98.0，二甲苯33.3。易溶于大多数有机溶剂中，但仅微溶于己烷。阳光下迅速分解，水溶液中 DT_{50} 12h。≤52℃（pH3～9）时水解稳定。

毒性 原药急性经口 LD_{50}（mg/kg）：大鼠2500，小鼠4500，狗＞200。兔急性经皮 LD_{50}＞2000mg/kg，急性吸入 LC_{50}＞429mg/L。对兔皮肤无刺激，对眼睛有严重刺激。对豚鼠皮肤无过敏现象。大鼠在2.04mg/L空气中呆1h无不利影响。大鼠和小鼠2年喂养无作用剂量分别为25mg/kg（饲料）和600mg/kg（饲料）。山齿鹑急性经口 LD_{50}＞2000mg/kg。鱼毒 LC_{50}（96h，mg/L）：蓝鳃太阳鱼5.7，虹鳟鱼4.1。水蚤 LC_{50}（48h）＞5.1mg/L。蜜蜂 LD_{50}（48h）：＞10μg/只（经口），＞100μg/只（接触）。对蚯蚓无毒。

应用 属于麦角甾醇生物合成抑制剂，是具有预防、治疗和铲除作用的广谱杀菌剂，由道农业科学公司开发。氯苯嘧啶醇适用于果树、蔬菜、花生、园艺作物等，防治白粉病、黑星病、炭疽病、黑斑病、褐斑病、锈病、轮纹病等多种病害，常用剂量 $600\sim1000$（a.i.）/hm^2。

合成路线

常用剂型 氯苯嘧啶醇目前在我国未见相关产品登记。常用制剂有 6% 可湿性粉剂、12% 乳油等。

氯吡呋醚（pyroxyfur）

$C_{11}H_7Cl_4NO_2$，327，70166-48-2

其他名称 Grandstand，Dowco444。

化学名称 6-氯-4-三氯甲基-2-吡啶基呋喃甲基醚；6-chloro-4-trchloromethyl-2-pyridyl furfuryl ether。

毒性 LD_{50} 2000mg/kg。

应用 用于大豆、豌豆和其他作物的种子处理，防治由丝囊霉、疫霉属、腐霉属菌引起的根腐病。使用剂量为 14～56g（a.i.）/50kg 种子。

常用剂型 7% 乳油。

氯甲基吡啶（nitrapyrin）

$C_6H_3Cl_4N$，230.9，1929-82-4

其他名称 Dowco 163，四氯草定，氯定。

化学名称 2-氯-6-三氯甲基吡啶；2-chloro-6-trichloromethylpyridine。

理化性质 纯品为无色结晶状固体，熔点 62～63℃，23℃时的蒸气压为 370mPa。溶解度（22℃）：水 40mg/kg，乙醇 300g/kg，丙酮 1.98kg/kg（20℃），二氯甲烷 1.85kg/kg，二甲苯 1.04kg/kg（26℃）。稳定性：在土壤中水解成 6-氯吡啶-2-羧酸（CAS 登录号为 4684-94-0），该化合物是主要代谢产物，可被植物吸收。

毒性 本品对大鼠急性经口 LD_{50} 为 1072～1231mg/kg。对兔急性经皮 LD_{50} 为 2830mg/kg。在 94d 饲喂试验中无作用剂量为：大鼠 300mg/kg（饲料），狗 600mg/kg（饲料）。对于代谢物 6-氯吡啶-2-羧酸 2 年饲喂无作用剂量为：大鼠 15mg/(kg·d)，狗 50mg/(kg·d)。LC_{50}（8d）：野鸭 1466mg/kg（饲料），鹌鹑 820mg/kg（饲料）。鱼毒性：对鲇鱼 LC_{50} 为

5.8mg/L。水蚤 LC$_{50}$＞10mg/L。

应用 由于对固氮菌的选择活性，可作为氮硝化抑制剂和土壤杀菌剂；当与尿素和氮肥一起施用时可以推迟土壤中铵离子的硝化作用。氯甲基吡啶在土壤中分解成能被植物吸收的氯吡啶甲酸。

合成路线

常用剂型 氯甲基吡啶目前在我国未见相关产品登记。

氯喹菌灵

C$_{18}$H$_{12}$Cl$_2$CuO$_3$N$_4$，466.5，41948-85-0

化学名称 N-(2-苯并咪唑基)-氨基甲酸甲酯-5,7-二氯-8-羟基喹啉铜（Ⅱ）。

理化性质 黄绿色晶体粉末，熔点318～320℃（分解）。

应用 氯喹菌灵对稻瘟病、大刀镰孢菌、葡萄孢病菌的抑菌活性较高，对稻穗瘟病防效显著，优于多菌灵。

合成路线 8-羟基喹啉氯化，制得的5,7-二氯-8-羟基喹啉与多菌灵混合后再与乙酸铜成盐络合制得氯喹菌灵。

常用剂型 氯喹菌灵目前在我国未见相关登记，其常用剂型有悬浮剂、可湿性粉剂等。

氯硝胺（dicloran）

C$_6$H$_4$Cl$_2$N$_2$O$_2$，207.02，99-30-9

其他名称 ditranil，Allisan，Botran，Dicloroc。

化学名称　2,6-二氯-4-硝基苯胺；2,6-dichloro-4-nitroaniline。

理化性质　纯品为黄色结晶体，熔点 195℃。蒸气压：0.16mPa（20℃）、0.26mPa（25℃）。分配系数 $K_{ow} \lg P = 2.8$（25℃）。Henry 常数 8.4×10^{-3} Pa·m^3/mol（计算值）。相对密度 0.28（堆积）。水中溶解度 6.3mg/L（20℃）。有机溶剂中溶解度（g/L，20℃）：丙酮 34，二噁烷 40，氯仿 12，乙酸乙酯 19，苯 4.6，二甲苯 3.6。稳定性：对水解稳定（pH5～9），对氧化稳定，至 300℃稳定，在水溶液（pH7.1）中半衰期 41h（$\lambda > 290nm$）。

毒性　急性经口 LD_{50}（mg/kg）：大鼠 4040，小鼠 1500～2500。急性经皮 LD_{50}（mg/kg）：小鼠 >5000，兔 >2000。大鼠急性吸入 LC_{50}（1h）>21.6mg/L。2 年喂养试验无作用剂量 [mg/(kg·d)]：大鼠 1000，小鼠 175，狗 100。急性经口 LD_{50}（mg/kg）：山齿鹑 900，鸭 >2000。饲喂 LC_{50}（5d，mg/kg 饲料）：山齿鹑 1435，野鸭 5960。鱼毒 LC_{50}（96h，mg/L）：虹鳟鱼 1.6，蓝鳃太阳鱼 37，金鱼 32。水蚤 LC_{50}（48h）2.07mg/L。蜜蜂 LC_{50}（48h）0.18mg/只（接触）。蚯蚓 LC_{50}（14d）885mg/kg（土壤）。

应用　保护性杀菌剂，能引起菌丝扭曲变形而致死。是防治菌核病的高效药剂，对灰霉病效果好，如防治甘薯、洋麻、黄瓜、棉花、烟草、草莓、马铃薯的灰霉病；防治油菜、葱、桑、大豆、番茄、甘薯菌核病；防治甘薯、棉花软腐病；防治马铃薯、番茄的晚疫病；防治桃、杏、苹果的枯萎病；防治小麦的黑穗病。

合成路线

常用剂型　氯硝胺目前在我国未见相关产品登记。主要剂型有 50%、5% 可湿性粉剂，6%、8%、40% 粉剂。

氯硝萘（CDN）

$C_{10}H_5ClN_2O_4$，252.5，2401-85-6

化学名称　1-氯-2,4-二硝基萘；1-chloro-2,4-dinitro naphthalene。

理化性质　原药为黄色针状结晶，熔点 142～144℃（纯品 146.5℃），可溶于醋酸及热丙酮，微溶于乙醇、醚和热石油类。在碱性介质中水解为 2,4-二硝基-1-苯酚。

应用　防治马铃薯疫病，番茄晚疫病、叶霉病，苹果黑星病等。

合成路线

常用剂型　氯硝萘目前在我国未见相关制剂产品登记。

氯硝散（chemagro）

$$C_6HCl_3N_2O_4，271.44，2678-21-9，6379-46-0$$

其他名称 Brassisan，Chemagro 2635。

化学名称 三氯二硝基苯；trichlorodinitrobenzene。

理化性质 工业品为两种异构体的混合物。其物理性质因其比例不同而有所差异。

注： 有时氯硝散专指1,2,4-三氯-3,5-二硝基苯。

毒性 LD_{50}值为500mg/kg。

应用 在温室实验，可使番茄晚疫病减少98%～100%。可作为土壤处理剂。

合成路线

常用剂型 氯硝散目前在我国未见相关制剂产品登记，可加工成50%粉剂，30%、50%乳油。

氯溴异氰尿酸（chloroisobromine cyanuric acid）

$$C_3HO_3N_3ClBr，244.4$$

其他名称 消菌灵，金消康，菌毒清，碧秀丹。

理化性质 原药外观为白色粉末，易溶于水。

毒性 原药大鼠急性经口 $LD_{50}>3160$mg/kg，大鼠急性经皮 $LD_{50}>2000$mg/kg。

应用 消毒。对作物的细菌、真菌、病毒具有强烈的杀灭、内吸和保护双重功能，该药喷施在作物表面能慢慢地释放 Cl^- 和 Br^-，形成次氯酸（HOCl）和溴酸（HOBr），因此具有强烈的杀菌作用。对柑橘溃疡病和疮痂病、苹果腐烂病、梨黑星病有显效，对桃穿孔病、葡萄黑痘病、马铃薯疫病有特效。

常用剂型 氯溴异氰尿酸在我国登记的制剂产品主要有50%可湿性粉剂、50%可溶粉剂等。

轮枝菌 WCS850 菌株

拉丁文名称 *Verticillium* Isolate strain WCS850。

理化性质 轮枝菌 WCS850 菌株是一种无色、无致毒性的突变体真菌，是由轮枝孢菌自然突变产生的。其最终产品可以用来防治荷兰榆树病。轮枝菌 WCS850 菌株能在 PDA 和麦芽琼脂培养基上迅速生长，菌丝呈透明状，菌落一般呈白色，也有呈现黑褐色。该菌在 pH7～8，温度 23℃ 时，适宜生长。

毒性 因为应用系统的封闭性和该活性成分的不易流动性，使用时不会暴露于非靶标生物，不会产生不利影响。训练有素的工人接触的剂量基本可以忽略。在室内动物实验中，没有证据表明该物质具有毒性和致病性。轮枝菌 WCS850 菌株不会对环境造成污染，对人类健康也没有不良影响。

应用 轮枝菌 WCS850 菌株是从荷兰马铃薯植株中分离出来的一种有杀菌活性的真菌，在 1992 年就已被用来防治荷兰榆病。进行树干注射，每年春季注射 1 次。

常用剂型 轮枝菌 WCS850 菌株在我国未见相关产品登记。

螺环菌胺（spiroxamine）

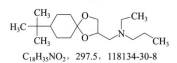

C$_{18}$H$_{35}$NO$_2$，297.5，118134-30-8

其他名称 螺恶茂胺，Impulse，Prosper，Pronto。

化学名称 8-叔丁基-1,4-二氧杂螺[4,5]癸烷-2-基甲基（乙基）（正丙基）胺；8-*tert*-butyl-1,4-dioxaspiro[4,5]decan-2-ylmethyl（ethyl）（propyl）amine。

理化性质 螺环菌胺是两个异构体 A（49%～56%）和 B（44%～51%）组成的混合物，纯品为淡黄色液体，熔点＜－170℃，沸点 120℃（分解）。蒸气压：A（20℃）9.7mPa，B（25℃）1.7mPa。分配系数 K_{ow} lg$P$ = 2.79（A），2.92（B）。Henry 常数（mPa·m^3/mol，20℃，计算值）：2.5（A），5.0（B）。相对密度 0.930（20℃）。水中溶解度（20℃，mg/L）：A 和 B 混合物＞2×10^5（pH3）；A 470（pH7），A 14（pH9）；B 340（pH7），B 10（pH9）。对光稳定性 DT$_{50}$ 50.5d（25℃）。pK_a 6.9。闪点 147℃。

毒性 螺环菌胺原药急性经口 LD$_{50}$（mg/kg）：大鼠 595（雄）、550～560（雌）。大鼠急性经皮 LD$_{50}$（mg/kg）：雄＞1600，雌大约 1068。对兔皮肤有严重刺激性，对兔眼睛无刺激性。大鼠急性吸入 LC$_{50}$（4h，mg/m^3）：雄大约 2772，雌大约 1982。NOEL 值（mg/kg 饲料）：大鼠（2 年）70，小鼠（2 年）160，狗（1 年）75。ADI 值 0.025mg/kg。无致畸作用，对遗传无影响。山齿鹑急性经口 LD$_{50}$ 565mg/kg。鱼毒 LC$_{50}$（96h，mg/L）：虹鳟鱼 18.5。对蜜蜂无害，LD$_{50}$（48h）＞100μg/只（经口），4.2μg/只（接触）。蚯蚓 LC$_{50}$（14d）＞1000mg/kg（干土）。

应用 螺环菌胺为拜耳公司开发的一种新型内吸性取代胺类杀菌剂，1987 年申请专利，适用于麦类防治白粉病、各种锈病、云纹病、条纹病等；使用剂量 375～750g (a.i.)/hm²。

合成路线 以对叔丁基苯酚为起始原料，加氢还原后与氯甲基乙二醇或丙三醇反应，再经氯化（或与甲磺酰氯反应），最后胺化制得目标物螺环菌胺。

常用剂型 常用剂型有乳油、水乳剂，可与戊唑醇等进行复配。

咯菌腈（fludioxonil）

C₁₂H₆F₂N₂O₂，248.2，131341-86-1

$C_{12}H_6F_2N_2O_2$，248.2，131341-86-1

其他名称 氟咯菌腈，适乐时，Maxim。

化学名称 4-(2,2-二氟-1,3-苯并二氧-4-基)吡咯-3-腈；4-(2,2-difluoro-1,3-benzodioxol-4-yl)pyrrole-3-carbonitrile。

理化性质 咯菌腈纯品为淡黄色结晶状固体。纯度 99.8％的咯菌腈熔点 199.8℃；密度 1.54g/cm³（20℃）；蒸气压 3.9×10^{-7} Pa（25℃）。分配系数 K_{ow} lg$P$ = 4.12（25℃）。Henry 常数 5.4×10^{-5} Pa·m³/mol（计算值）。水中溶解度 1.8mg/L（25℃）。其他溶剂中的溶解度（25℃，g/L）：丙酮190，乙醇44，正辛烷20，甲苯2.7，正己烷0.0078。70℃，pH5～9条件下不发生水解。离解常数：pK_{a1}<0，pK_{a2}大约为14.1。

毒性 大、小鼠急性经口 LD₅₀＞5000mg/kg。大鼠急性经皮 LD₅₀＞2000mg/kg。大鼠急性吸入 LC₅₀（4h）＞2.6mg/L。对家兔及皮肤无刺激。NOEL 值 [mg/(kg·d)]：大鼠 40（2年），小鼠 112（1.5年），狗 3.3（1年）。ADI 值 0.033mg/(kg·d)。山齿鹑和野鸭急性经口 LD₅₀＞2000mg/kg，山齿鹑和野鸭饲喂 LC₅₀＞5200mg/L（饲料）。鱼毒 LC₅₀（96h，mg/L）：虹鳟鱼0.5，鲤鱼1.5，大翻车鱼0.31。水蚤 LC₅₀（48h）1.1mg/L。蜜蜂 LD₅₀＞329μg/只（经口），＞101μg/只（接触）。蚯蚓 LC₅₀（14d）67mg/kg（干土）。

应用 咯菌腈既可以抑制孢子萌芽、细菌芽管伸长、灰霉病菌菌丝体生长，又可以有效抵抗链核盘菌属（*Monilinia* spp.）、核盘菌属（*Sclerotinia* spp.）、扩展青霉（*Penicillium expansum*）等真菌，对子囊菌、担子菌、半知菌等病原菌有良好的防效，已经广泛用于多种农作物种子处理（包衣或拌种），目前正逐渐用于防治果蔬贮藏中的腐烂病。对子囊菌、担子菌、半知菌等许多病原菌引起的种传和土传病害有非常好的防效。它通过抑制葡萄糖磷酰化有关的转运来抑制菌丝生长，最终导致病菌死亡。其独特的作用机制，与其他已知的杀菌剂没有交互抗性。在种子萌芽时，适乐时可被少量吸收，从而可以控制种子和颖果内部的病菌；同时适乐时在土壤中几乎不移动，因此能够一直保留在种子周围的区域，对作物根部提供长期的保护。另外适乐时优良的剂型使得种子包衣成膜快，不脱落。适乐时对作物种子安全，耐受性好，包衣种子可直接播种，在适当贮存条件下也可放至下一个播种季节播种。适乐时是全球为数不多获得美国环保局（EPA）"低风险"认证的产品之一。适乐时广泛应用于多种作物，如棉花、小麦、花生、大豆、水稻等。

合成路线 咯菌腈的合成，通常有如下 2 种路线，即路线 1→2→3→4→5→6→7 和路线 10→11→12→13→14。

常用剂型 咯菌腈目前在我国原药登记规格有 95%，制剂登记主要剂型是悬浮种衣剂、可湿性粉剂等，复配对象主要有苯醚甲环唑、精甲霜灵、嘧菌胺、嘧菌环胺等。

咯喹酮（pyroquilon）

$C_{11}H_{11}NO$，173.21，57369-32-1

其他名称 Coratop，Fongarene，乐喹酮，百快隆。

化学名称 1,2,5,6-四氢吡咯并［3,2,1-*ij*］喹啉-4-酮；1,2,5,6-tetrahydropyrrolo［3,2,1-*ij*］quinolin-4-one。CA：1,2,5,6-tetrahydro-4*H*-pyrrolo［3,2,1-*ij*］quinolin-4-one。

理化性质 纯品为白色结晶状固体。熔点 112℃，蒸气压 0.16mPa（20℃），分配系数 $K_{ow}lgP=1.57$，Henry 常数 $6.93×10^{-6}Pa·m^3/mol$。相对密度 1.29（20℃）。水中溶解度 4g/L（20℃）。有机溶剂中溶解度（g/L，20℃）：丙酮 125，苯 200，二氯甲烷 580，异丙醇 85，甲醇 240。对水解稳定，320℃高温也能稳定存在。在泥土中半衰期为 2 周，在沙地中半衰期为 18 周。流动性小，水中光解半衰期为 10d。

毒性 急性经口 LD_{50}：大鼠 321mg/kg，小鼠 581mg/kg。大鼠急性经皮 LD_{50}＞3100mg/kg。对兔皮肤无刺激作用，对兔眼睛有轻微刺激作用。对豚鼠皮肤无过敏现象。大

鼠急性吸入 LC_{50}（4h）＞5100mg/L。2年喂养试验无作用剂量：大鼠22.5mg/（kg·d），小鼠1.5mg/（kg·d）；狗1年喂养试验无作用剂量为60.5mg/（kg·d）。无致突变、致畸和致癌作用。急性经口 LD_{50}（8d）：日本鹌鹑794mg/kg，小鸡431mg/kg。日本鹌鹑饲喂 LC_{50}（8d）＞10000mg/L（饲料）。鱼毒 LC_{50}（96h，mg/L）：鲶鱼21，虹鳟鱼13，河鲈20，古比（一种金鱼）30。水蚤 LC_{50}（48h）60mg/L。对蜜蜂无毒害作用，LD_{50}：＞20μg/只（经口），＞1000μg/只（接触）。

应用 咯喹酮是由辉瑞制药公司发现并由汽巴-嘉基公司开发的内吸性杀菌剂，于1984年首次在日本获准登记并销售。是黑色素生物合成抑制剂，用于水稻稻瘟病的防治。

合成路线

常用剂型 常用制剂主要有2％、5％颗粒剂和50％可湿性粉剂。

络氨铜（cuammosulfate）

$H_{12}CuN_4O_4S$，227.8，10380-29-7

其他名称 抗枯宁，胶氨铜，瑞枯霉，Cupric tetrammosulfate。

化学名称 硫酸四氨络合铜。

理化性质 蓝色正交晶体。相对密度1.81，熔点150℃（分解）。溶于乙醇和其他低级醇中，不溶于乙醚、丙酮、三氯甲烷、四氯化碳等有机液溶。在热水中分解。制剂为深蓝色含少量微粒结晶溶液，密度1.05～1.25g/mL，pH8.0～9.5。

毒性 小鼠急性经口 LD_{50} 为39812mg/kg，大鼠急性经皮 LD_{50}＞21500mg/kg。

应用 络氨铜能防治真菌、细菌和霉菌引起的多种病害，并能促进植物根深叶茂，增加叶绿素含量，增强光合作用及抗旱能力，有明显的增产作用。

常用剂型 络氨铜在我国登记的主要剂型有水剂和可溶粉剂，主要制剂有14％水剂、14.5％水溶性粉剂；可与霜霉威、噁霉灵、柠檬酸铜等复配。

麦穗宁（fuberidazole）

$C_{11}H_8N_2O$，184.19，3878-19-1

其他名称 furidazol，furidazole。

化学名称 2-(2-呋喃基)苯并咪唑；2-(2-furyl) benzimidazolee。

理化性质 纯品为淡棕色无臭结晶状固体。原药为结晶粉末，熔点292℃（分解）。蒸气压 $9×10^{-4}$ mPa（20℃）、$2×10^{-3}$ mPa（25℃）。分配系数 $K_{ow} lgP = 2.67$（22℃）。Henry常数 $2×10^{-6}$ Pa·m³/mol（20℃）。水中溶解度（20℃，g/L）：0.22（pH4）、0.07

（pH7）。有机溶剂中溶解度（20℃，g/L）：1,2-二氯乙烷6.6，甲苯0.35，异丙醇31。土壤中可快速降解，DT_{50} 5.8～14.7d。

毒性 急性经口 LD_{50}（mg/kg）：大鼠约336，小鼠约650。大鼠急性经皮 LD_{50} >2000mg/kg。对兔眼睛和皮肤无刺激，对豚鼠皮肤无刺激。大鼠急性吸入 LC_{50}（4h）>0.3mg/L。2年饲喂试验无作用剂量 [mg/(kg·d)]：雄大鼠80，雌大鼠400，狗20，小鼠100。ADI值0.005mg/kg。日本鹌鹑急性经口 LD_{50} >2250mg/kg，日本鹌鹑饲喂 LC_{50}（5d）>5620mg/kg（饲料）。鱼毒（96h，mg/L）：蓝鳃太阳鱼4.3，虹鳟鱼0.91。水蚤 LC_{50}（48h）12.1mg/L。蜜蜂 LD_{50} >187.2μg/只（经口），>200μg/只（经皮）。蚯蚓 LC_{50}（14d）>1000mg/kg（土壤）。

应用 用于抑制镰刀属病害的种子处理剂。也可用作塑料、橡胶制品的杀菌剂，胶片乳液防霉剂及牛、羊驱虫剂。可防治小麦黑穗病、大麦条纹病和白霉病、瓜类蒌萎病。

合成路线 以邻苯二胺和呋喃甲酰氯为起始原料经过反应制得。

常用剂型 常用作种衣剂，常用制剂有粉剂、悬浮种衣剂、种子处理可分散粒剂、种子处理液剂等。

茂叶宁（J55）

$C_{11}H_{11}N_3O$，201.2，175-99-1

化学名称 1-苯基-3,5-二甲基-4-亚硝基-吡唑；1-phenyl-3,5-dimethyl-4-nitrosopyrazole。

理化性质 工业品为蓝色结晶，熔点95.5～96.5℃，在水中溶解度37mg/L，在碱性条件下加温时分解。

应用 它能防止植物体中真菌孢子发芽。对黑曲霉、绳状青霉的效果与克菌丹效果相同。浓度大于0.3%时能引起药害。

合成路线

常用剂型 茂叶宁目前在我国未见相关产品登记。

咪菌腈（fenapanil）

$C_{16}H_{19}N_3$，253.34，61019-78-1

其他名称 Sisthane，phenaproni。

化学名称 2-正丁基-2-苯基-3-(1H-咪唑基-1-基) 丙腈；2-butyl-2-phenyl-3-(1H-imidazo-1-yl) propionitrile。

理化性质 黏稠和深褐色液体。沸点 200℃（93Pa），蒸气压（25℃）为 0.133Pa。溶解度：水中 1%，乙二醇中 25%，丙酮和二甲苯中均为 50%。在酸性或碱性介质中稳定。其盐酸盐的熔点 160～162℃。

毒性 大鼠急性经口 LD_{50} 1590mg/kg，家兔急性经皮 LD_{50} 5000mg/kg。

应用 咪菌腈是一种新的广谱内吸性杀菌剂，系麦角甾醇生物合成抑制剂。还可用作拌种剂。对子囊菌、担子菌、半知菌等许多真菌有良好的生物活性。对一些重要的禾谷类和园艺作物的多种真菌病害具有内吸杀菌活性，对小麦叶锈病和锈秆病、蚕豆灰霉病、花生褐斑病、棉花枯萎病和立枯病等均有较好的防效。

合成路线 咪菌腈有 2 种合成路线，其中 1→5→6 较常用。

常用剂型 咪菌腈目前在我国未见相关产品登记。常用制剂有 25% 乳油。

咪菌酮（climbazole）

$C_{15}H_{17}ClN_2O_2$，292.5，38083-17-9

其他名称 Baysan，BAY MEB 6401，甘宝素，二唑酮，氯咪巴唑，同菌唑。

化学名称 1-(4-氯代苯氧基)-1-(咪唑-1-基)-3,3-二甲基丁酮；1-(4-chlorophenoxy)-1-(imidazol-1-yl)-3,3-dimethylbutanone。

理化性质 无色结晶固体，熔点 95.5℃，50℃下蒸气压为 7.5×10^{-6} mmHg（外推法）。20℃时的溶解度：水 5.5mg/L，丙二醇 100～200g/L，环己酮 400～600g/L。

毒性 对雄大鼠急性经口 LD_{50} 为 400mg/kg。

应用 对曲霉、青霉、假丝酵母、拟青霉是有效的杀菌剂。也可用于家用建筑材料、器皿和书籍杀菌。以 0.0025% 的咪菌酮喷施于接种病菌 6d 后的大麦苗可完全防治禾谷白粉病菌的侵染。

合成路线

常用剂型 咪菌酮目前在我国未见相关产品登记，可将 5g/L 气溶胶与杀藻胺配成制剂。

咪鲜胺（prochloraz）

$$C_{15}H_{16}Cl_3N_3O_2，376.7，67747-09-5$$

其他名称 Sportak，Mirage，Eyetak，施保克，施保功，扑霉灵，丙灭菌，丙氯灵。

化学名称 N-丙基-N-[2-(2,4,6-三氯苯氧基）乙基]-咪唑-1-甲酰胺或1-｛N-丙基-N-[2-(2，4，6-三氯苯氧基）乙基]｝氨基甲酰基咪唑；N-propyl-N-[2-(2，4，6-trichlorophenoxy）ethyl]imidazole-1-carboxamide 或 1-｛N-propyl-N-[2-(2，4，6-trichloro-phenoxy）ethyl]｝carbamoylimidazole。

理化性质 纯品为无色、无臭结晶固体，熔点 46.5～49.3℃（纯度＞99%），沸点 208～210℃/26.7Pa（分解）。蒸气压 0.15mPa（25℃）、0.09mPa（20℃）。$K_{ow} \lg P = 4.12$，Henry 常数 $1.64 \times 10^{-3} Pa \cdot m^3/mol$（计算值）。相对密度 1.42。溶解度（25℃）：水 34.3mg/L，丙酮＞600g/L，正己烷 7.5 g/L，二甲苯＞600g/L。稳定性：在日光下降解，在正常贮存条件下稳定，在强酸、强碱或长期处于高温（200℃）条件下不稳定。闪点 160℃。本品为碱性，$pK_a 3.8$。

毒性 大鼠急性经口 LD_{50} 为 1600mg/kg，小鼠急性经口 LD_{50} 为 2400mg/kg。大鼠急性经皮 $LD_{50}＞2100mg/kg$，兔急性经皮 $LD_{50}＞3000mg/kg$。大鼠急性吸入 LC_{50}（4h）＞2.16mg/L。对大鼠皮肤及眼睛均无刺激，但对兔皮肤和眼睛有中度刺激。NOEL 数据（2年）：狗 30mg/kg（饲料）。ADI 值 0.01mg/kg。山齿鹑急性经口 LD_{50} 6626mg/kg。野鸭急性经口 LD_{50} 为 3132mg/kg，鹌鹑和野鸭饲喂 LC_{50}（5d）＞5200mg/kg（饲料）。鲤鱼和蓝鳃翻车鱼 LC_{50}（96h）分别为 1.0mg/L 和 2.2mg/L。水蚤 LC_{50}（48h）4.3mg/L。蜜蜂接触毒性 LD_{50} 5μg/只，经口 LD_{50} 为 61μg/只。蚯蚓 LC_{50}（14d）207mg/kg（土壤）。

应用 咪鲜胺属于甾醇生物合成抑制剂，为 Boots Co. Ltd 公司研制、艾格福（现为拜耳）公司开发的广谱咪唑类杀菌剂，1974 年申请专利。咪鲜胺及咪鲜胺锰络合物可用于水稻、麦类、油菜、大豆、向日葵、柑橘、芒果、香蕉、葡萄和多种蔬菜、花卉等。防治对象为水稻恶苗病、稻瘟病、叶斑病，小麦赤霉病，大豆炭疽病、褐斑病，向日葵炭疽病，甜菜褐斑病，柑橘炭疽病、青绿霉病，黄瓜炭疽病、灰霉病、白粉病，荔枝黑腐病、炭疽病等多种病害。

合成路线 通常有两种合成路线。

513

常用剂型 咪鲜胺目前在我国原药登记有 95％、97％、98％；制剂登记主要剂型有乳油、悬浮种衣剂、微乳剂、悬浮剂、可湿性粉剂、热雾剂、水乳种衣剂、水乳剂等；可与腈菌唑、多菌灵、福美双、甲霜灵、吡虫啉、异菌脲、三环唑、丙环唑、苯醚甲环唑、戊唑醇、稻瘟灵、几丁聚糖、杀螟丹、百菌清、抑霉唑等复配。

咪鲜胺锰络合物（prochloraz manganese chloride complex）

$C_{15}H_{16}Cl_5N_3O_2 Mn$，1631.8，67747-09-5

其他名称 Sporgon，prochoraz manganese chloride，咪鲜胺锰盐。

化学名称 N-丙基-N-[2-(2,4,6-三氯苯氧基) 乙基]-1H-咪唑-1-甲酰胺氯化锰；N-propyl-N-[2-(2,4,6-trichlorophenoxy) ethyl] imidazole-1-carboxamide manganese chloride。

毒性 对高等动物低毒。大白鼠急性经口 LD_{50} 1600～3200mg/kg。对鱼毒性中等，对蜜蜂和鸟低毒。

应用 咪唑类广谱杀菌剂，甾醇生物合成抑制剂，毒性低。可有效地防治子囊菌及半知菌引起的作物病害，如黄瓜炭疽病、灰霉病、白粉病，荔枝黑腐病等。

合成路线

常用剂型 咪鲜胺锰络合物目前在我国未见相关产品登记。常用制剂主要有 50％可湿性粉剂。

咪唑菌酮（fenamidone）

$C_{17}H_{17}N_3OS$，311.4，161326-34-7

其他名称 单剂：Censor，Fenomen，Reason；混剂：Sonata，Sagaie 或 Gemini。

化学名称 (S)-1-苯氨基-4-甲基-2-甲硫基-4-苯基咪唑啉-5-酮；(S)-1-anililno-4-methyl-2-methylthio-4-phenylimidazolin-5-one；CA：(S)-3，5-dihydro-5-methyl-2-(methylthio)-5-phenyl-3-(phenylamino)-4H-imidazol-4-one。

理化性质 纯品为白色羊毛状粉末，熔点137℃，蒸气压 3.4×10^{-4}mPa（25℃），分配系数 K_{ow}lg$P$＝2.8（20℃）。相对密度1.285。水中溶解度7.8mg/L（20℃）。

毒性 大鼠急性经口 LD_{50}：雄＞5000mg/kg，雌 2028mg/kg。大鼠急性经皮 LD_{50}＞2000mg/kg。对兔皮肤和眼睛无刺激，对豚鼠皮肤无刺激。Ames 和微核试验测试为阴性，对大鼠和兔无致畸性。山齿鹑急性经口 LD_{50}＞2000mg/kg，山齿鹑（饲料）LC_{50}（8d）＞5200mg/kg，野鸭（饲料）LC_{50}（8d）＞5200mg/kg。鱼 LC_{50}（96h）0.74mg/L。

应用 咪唑菌酮属于线粒体呼吸抑制剂，由安万特（现为拜耳）公司开发的广谱、高效咪唑类杀菌剂，1994 年申请专利。可用于小麦、棉花、烟草、葡萄、向日葵、马铃薯、番茄等，防治对象为各种霜霉病、晚疫病、疫霉病、黑斑病、斑腐病等病害。使用剂量 $75\sim150g$（a.i.）$/hm^2$。

合成路线 以苯乙酮为起始原料，与氰化钠反应、水解制得中间体氨基酸，再与二硫化碳反应后甲基化，然后与苯肼反应、环化制得目标物咪唑菌酮。

常用剂型 咪唑菌酮目前在我国未见相关产品登记。常用制剂主要有 50％悬浮剂，可与代森锰锌、百菌清等复配。

醚菌胺（dimoxystrobin）

$C_{19}H_{22}N_2O_3$，326.39，149961-52-4

其他名称 二甲苯氧菌胺。

化学名称 (E)-2-(甲氧亚氨基)-N-甲基-2-[α-(2,5-二甲基苯氧基）邻甲苯基] 乙酰胺；(E)-2-(methoxyimino)-N-methyl-2-[α-(2,5-xylyoxy)-o-toly] acetamide。

理化性质 纯品醚菌胺为白色结晶状固体，熔点 $138.1\sim139.7$℃，相对密度 1.235（25℃）。蒸气压 6×10^{-4} mPa（25℃）。分配系数 $K_{ow}lgP=3.59$。水中溶解度（20℃，mg/L）：4.3（pH5.7），3.5（pH8）。土壤半衰期 $DT_{50}2\sim39d$。

毒性 醚菌胺原药大鼠急性经口 LD_{50}＞5000mg/kg，兔急性经皮 LD_{50}＞2000mg/kg。对兔皮肤无刺激性，对兔眼睛有轻微刺激性。山齿鹑和野鸭饲喂 LC_{50}（5d）＞5000mg/L（饲料）。虹鳟鱼 LC_{50}（96h）＞0.04mg/L。蜜蜂 LD_{50}（48h，μg/只）＞79（经口），＞100（接触）。

应用 醚菌胺属于线粒体呼吸抑制剂，具有保护、治疗、铲除、渗透、内吸活性，高效、广谱，日本盐野义公司研制，与巴斯夫公司共同开发，1992 年申请专利；主要用于防治白粉病、霜霉病、稻瘟病、纹枯病等病害。

合成路线 有三种合成路线：以邻甲基苯甲酸为起始原料经过如下路线制得、以苯酐为起始原料经过如下反应制得和以邻二甲苯为起始原料经过如下反应制得。

常用剂型 醚菌胺目前在我国未见相关产品登记。常用剂型有可湿性粉剂、悬浮剂、颗粒剂等。

醚菌酯（kresoxim-methyl）

$C_{18}H_{19}NO_4$，313.35，143390-89-0

其他名称 Alllegro，Candit，Cygnus，Discus，Kenbyo，Mentor，Sovran，Stroby，翠贝，苯氧菌酯。

化学名称 （E)-2-甲氧基亚氨基-2-[2-(邻甲基苯氧基甲基) 苯基] 乙酸甲酯；methyl-(E)-2-methoxyimino-2-[2-(o-tolyloxymethyl) phenyl] acetate。

理化性质 原药含量≥94%（美国环保署的标准要求），纯品为略带芳香性气味的白色晶体；熔点 101.6~102.5℃；沸点 310℃分解；蒸气压 2.3×10⁻³ mPa（20℃）；分配系数 K_{ow} lgP=3.4（pH 7，25℃）；亨利常数 3.6×10⁻⁴ Pa·m³/mol；密度 1.258kg/L（20℃）。在水中溶解度为 2mg/L（20℃）。水解半衰期 DT₅₀为 34d（pH 7）、7h（pH 9）；pH 5 时相对稳定。

毒性 大鼠急性经口 LD₅₀>5000mg/kg。大鼠急性经皮 LD₅₀>2000mg/kg。对兔皮肤和眼睛无刺激性。大鼠吸入 LC₅₀（4h）>5.6mg/L。NOEL（3 个月）：雄性大鼠为

2000mg/kg［146mg/(kg·d)］，雌性大鼠为 500mg/kg［43mg/(kg·d)］。ADI 0.4mg/kg。Ames 试验呈阴性，无致畸作用。鹌鹑 LD$_{50}$（14d）＞2150mg/kg；鹌鹑和野鸭 LC$_{50}$（8d）＞5000mg/L。鱼类 LC$_{50}$（96h）：蓝鳃太阳鱼为 0.499mg/L，虹鳟鱼为 0.190mg/L。水蚤 LC$_{50}$（48h）为 0.186mg/L。藻类 EC$_{50}$（0～72h）为 63μg/L。蜜蜂 LD$_{50}$（48h，接触）＞20μg/只蜂。蚯蚓 LC$_{50}$＞937mg/kg（土壤）。

应用　醚菌酯为线粒体呼吸抑制剂，具有保护、铲除、治疗、渗透、内吸活性，具有很好的抑制孢子萌发的作用。广谱杀菌剂，且持效期长。对子囊菌纲、担子菌纲、半知菌类和卵菌纲等致病真菌引起的大多数病害具有保护、治疗和铲除的作用。适用水稻、马铃薯、苹果、梨、南瓜、黄瓜等。对苹果和梨黑星病、白粉病有很好的防效。对稻瘟病、甜菜白粉病、马铃薯早疫病和晚疫病、南瓜疫病也有防效。

合成路线　根据起始原料不同，有多种合成路线。

517

① 以邻甲基苯酚、邻溴苄溴为起始原料，经过缩合、酰化等反应制得，如路线 1→2→3→4；

② 以邻甲基苯甲酸为起始原料，经过氯酰化、取代、水解等反应制得，如路线 17→18→19→20→21→22；

③ 以邻甲基苯乙酸为起始原料，经过酯化、溴化等反应制得中间体苄溴，再与邻甲基苯酚反应制得，如路线 26→27→28→21→22；

④ 以邻甲基苯甲醛为起始原料，与氰化钠反应后经过水解、氧化、甲氧胺化、溴化、缩合等反应制得，如路线 23→24→25→20→21→22；

⑤ 以苯酐为起始原料，经过还原、氯化、酰氯化制得中间体酰氯后，再经取代、水解醚化，最后与邻甲基苯酚反应制得，如路线 29→30→31→32→33→34；

⑥ 以苯酐为起始原料，经过还原后，先与邻甲基苯酚反应，再经酰氯化等反应制得，如路线 5→6→7→8→9→10；

⑦ 以邻甲基苯腈为起始原料，经过溴化、缩合等反应制得，如路线 11→12→13→14→15→16→10。

也可将路线 1→2→3→4 改进为：

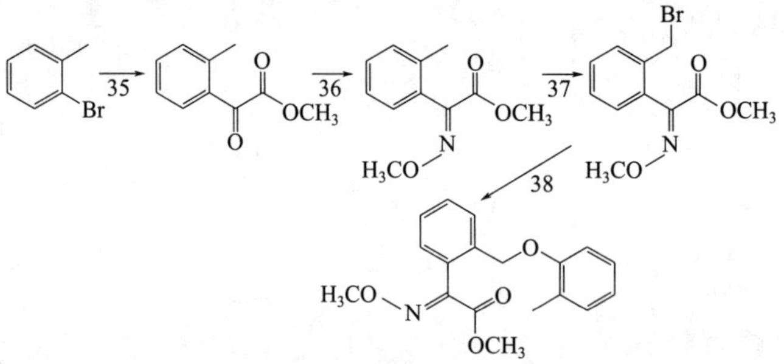

常用剂型 醚菌酯目前在我国原药登记规格 95%，制剂登记主要剂型有悬浮剂、可湿性粉剂、水分散粒剂等，复配对象主要有烯酰吗啉、苯醚甲环唑、啶酰菌胺等。

嘧菌胺 （ mepanipyrim ）

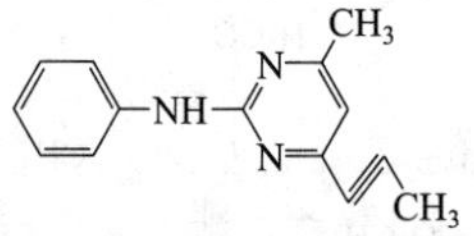

$C_{14}H_{13}N_3$，223.3，110235-47-7

其他名称 Frupica，KIF-3535，KUF6201。

化学名称 N-(4-甲基-6-丙炔基嘧啶-2-基) 苯胺；N-(4-methyl-6-propynypyrimidin-2-yl) aniline。

理化性质 原药纯度＞94%。纯品嘧菌胺为无色结晶状固体或粉状固体，熔点 132.8℃。相对密度 1.20 （20℃），蒸气压 $2.32×10^{-2}$ mPa （20℃）。分配系数 K_{ow} lg$P$ = 3.28 （20℃）。Henry 常数 $1.67×10^{-3}$ Pa·m^3/mol （计算值）。水中溶解度 （20℃） 为 3.1mg/L。有机溶剂中的溶解度 （20℃，g/L）：丙酮 139，正己烷 2.06，甲醇 15.4。在 pH4～9 范围内，水溶液 DT_{50}＞1 年。对热稳定，在水中对光稳定 （DT_{50}12.9d）。

毒性 嘧菌胺原药大、小鼠急性经口 LD_{50}＞5000mg/kg。大鼠急性经皮 LD_{50}＞2000mg/kg。对兔眼睛和皮肤无刺激作用，对豚鼠皮肤无过敏性。Ames 试验无诱变。大鼠急性吸入 LC_{50} （4h）＞0.59mg/L。NOEL 数据 ［1 年，mg/(kg·d)］：雄大鼠 2.45，雌大鼠 3.07，雄小鼠 56，雌小鼠 58。ADI 值 0.024mg/kg。野鸭和山齿鹑急性经口 LD$_{50}$ > 2250mg/kg，野鸭和山齿鹑饲喂 LC$_{50}$（5d）>5620mg/kg（饲料）。鱼毒 LC$_{50}$（96h，mg/L）：虹鳟鱼 3.1，蓝鳃太阳鱼 3.8。水蚤 LC$_{50}$（24h）5.0mg/L。蜜蜂饲喂 LC$_{50}$>100mg/L（经口），LD$_{50}$>100μg/只（接触）。蚯蚓 LC$_{50}$（14d）>1320mg/kg（土壤）。

应用 嘧菌胺属于病原菌蛋白质分泌抑制剂，是具有保护性和治疗性杀菌剂，没有内吸活性，由日本组合化学公司和埯原化学工业公司共同开发，1986 年申请专利；嘧菌胺适用于观赏植物、果树、蔬菜等；防治的病害有灰霉病、白粉病、黑星病等；使用剂量 140～750g（a.i.）/hm^2。

合成路线 嘧菌胺有多种合成路线。工业常用路线为（路线 5→6→7→8）：以苯胺与氰胺为起始原料，制取苯胍，随后与乙酐反应合成基本骨架 2-苯氨基-4-甲基-6-丙酮基嘧啶。为了制取甲基乙炔基的支链，用氯化剂制得氯丙烯基化合物后，再经脱氯化氢后制得其炔基结构的嘧菌胺。

另一合成路线（常用于实验室）：

常用剂型 嘧菌胺目前在我国未见相关产品登记。常用制剂有悬浮剂、可湿性粉剂等。

嘧菌环胺（cyprodinil）

C$_{14}$H$_{15}$N$_{3}$，225.29，121552-61-2

其他名称 环丙嘧菌胺，Chorus，Unix，Stereo，Switch。

化学名称 4-环丙基-6-甲基-N-苯基嘧啶-2-胺；4-cyclopropyl-6-methyl-N-phenylpyrimidin-2-amine。

理化性质 纯品嘧菌环胺为粉状固体，有轻微气味，熔点75.9℃。相对密度1.21。蒸气压（25℃）5.1×10^{-4}Pa（结晶状固体A），4.7×10^{-4}Pa（结晶状固体B）。分配系数（25℃）$K_{ow}lgP$：3.9（pH5）、4.0（pH7）、4.0（pH9）。水中溶解度（25℃，mg/L）：20（pH5）、13（pH7）、15（pH9）。有机溶剂中溶解度（25℃，g/L）：丙酮610，甲苯460，正己烷30，正辛醇160，乙醇160。pK_a4.44。稳定性：$DT_{50} \gg 1$年（pH4～9），水中光解DT_{50}0.4～13.5d。

毒性 嘧菌环胺原药大鼠急性经口$LD_{50} > 2000$mg/kg，大鼠急性经皮$LD_{50} > 2000$mg/kg，大鼠急性吸入LC_{50}（4h）> 1200mg/L。对兔眼睛和皮肤无刺激。NOEL数据：大鼠（2年）3mg/(kg·d)，小鼠（1.5年）196mg/(kg·d)，狗（2年）65mg/(kg·d)。ADI值0.03mg/kg。野鸭和山齿鹑急性经口$LD_{50} > 2000$mg/kg，野鸭和山齿鹑饲喂LC_{50}（8d）> 5200mg/L。鱼毒LC_{50}（mg/L）：虹鳟鱼0.98～2.41，鲤鱼1.17，大翻车鱼1.07～2.17。水蚤LC_{50}（48h）0.033～0.10mg/L。Ames试验呈阴性，微核及细胞体外试验呈阴性，无致畸、致突变、致癌作用。蜜蜂LD_{50}（48h，经口）> 101mg/L。蚯蚓LC_{50}（14d）> 192mg/kg（土壤）。

应用 嘧菌环胺为嘧啶胺类内吸性杀菌剂，主要使用于病原真菌的侵入期和菌丝生长期，通过抑制蛋氨酸的生物合成和水解酶的生物活性，导致病菌死亡。嘧菌环胺可迅速被植物叶面吸收，具有较好的保护性和治疗活性，可防治多种作物的灰霉病。主要用于防治灰霉病、白粉病、黑星病、颖枯病以及小麦眼纹病等。经田间药效试验结果表明，防治辣椒、草莓、葡萄灰霉病有较好的效果。

合成路线

常用剂型 嘧菌环胺目前在我国原药登记规格为95％、98％、99％，制剂登记为62％咯菌腈·嘧菌环胺水分散粒剂。

嘧菌酯（azoxystrobin）

$C_{22}H_{17}N_3O_5$，403.39，131860-33-8

其他名称 腈嘧菌酯，阿米西达，安灭达，Heritage，Abound，Amistar，Heritage，Quadris，Amistar Admire。

化学名称 (E)-2-{2-[6-(2-氰基苯氧基)嘧啶-4-基氧基]苯基}-3-甲氧基丙烯酸甲酯；(E)-2-{2-[6-(2-cyanophenoxy) pyrimidin-4-yloxy] phenyl}-3-meoxyacrylate。

理化性质 原药为棕色固体，熔点 114～116℃。纯品为白色结晶状固体，熔点 116℃，相对密度 1.34，蒸气压 1.1×10^{-7} mPa（20℃）。分配系数 $K_{ow} \lg P = 2.5$（20℃），Henry 常数 7.3×10^{-9} Pa·m³/mol（计算值）。水中溶解度 6mg/L（20℃），微溶于己烷、正辛醇，溶于二甲苯、苯、甲醇、丙酮等，易溶于乙酸乙酯、乙腈、二氯甲烷等。水溶液中光解半衰期为 2 周，对水解稳定。

毒性 嘧菌酯原药大鼠、小鼠急性经口 LD_{50}（雄、雌）>5000mg/kg，大鼠急性经皮 LD_{50} >2000mg/kg。对兔皮肤和眼睛有轻微刺激性。大鼠急性吸入 LC_{50}（mg/L）：雄 0.96，雌 0.69。NOEL 数据：大鼠 18mg/(kg·d)（2 年）。ADI 值 0.1mg/kg。无致畸、致突变、致癌作用。野鸭和山齿鹑经口 LD_{50} >2000mg/kg，山齿鹑和野鸭饲喂 LC_{50}（5d）>5200mg/L（饲料）。鱼毒 LC_{50}（96h，mg/L）：虹鳟鱼 0.47，鲤鱼 1.6，大翻车鱼 1.1。蜜蜂 LD_{50} >200μg/只（经口和接触）。蚯蚓 LC_{50}（14d）238mg/kg（土壤）。在推荐剂量下于田间施用对其他非靶标生物均无不良影响。

应用 嘧菌酯属于线粒体呼吸抑制剂，具有保护、治疗、铲除、渗透、内吸活性，高效、广谱，第一个登记注册的 strobilurins 类似物，由先正达公司开发，1990 年申请专利，适宜于禾谷类作物、蔬菜、果树、花生、草坪等作物，防治几乎所有真菌纲病害，如防治白粉病、锈病、黑星病、霜霉病、稻瘟病等数十种病害均有很好的活性。

合成路线

常用剂型 嘧菌酯目前在我国原药登记有 93%、95% 等规格；制剂登记主要剂型有悬浮剂、悬浮种衣剂、水分散粒剂等；常用制剂有 50% 水分散粒剂、250g/L 悬浮剂；复配制剂主要与精甲霜灵、咯菌腈、丙环唑、百菌清、苯醚甲环唑等得复配。

嘧菌腙（ferimzone）

$C_{15}H_{18}N_4$，254.3，89269-64-7

其他名称　Frupica，Blasin，布那生。

　　化学名称　*N*-(4-甲基-6-丙炔基嘧啶-2-基) 苯胺；*N*-(4-methyl-6-propynyl-pyrimidin-2-yl) aniline；CA：4-methyl-*N*-phenyl-6-(1-propynyl)-2 -pyrimidinamine。

　　理化性质　原药浓度＞94%。纯品为无色结晶状固体或粉状固体，熔点 175～176℃。相对密度 1.20 (20℃)。蒸气压 2.32×10^{-2} mPa (20℃)。$K_{ow}lgP=3.28$ (20℃)。Henry 常数 1.67×10^{-3} Pa·m^3/mol (计算值)。水中溶解度为 3.1mg/L (20℃)。有机溶剂中溶解度 (g/L，20℃)：丙酮 139，甲醇 15.4，正己烷 2.06。在 pH4～9 范围内，水溶液 DT_{50}＞1 年。

　　毒性　大鼠、小鼠急性经口 LD_{50}＞5000mg/kg，大鼠急性经皮 LD_{50}＞2000mg/kg。对兔皮肤和眼睛无刺激作用，对豚鼠皮肤无过敏性。Ames 试验呈无诱变。大鼠急性吸入 LC_{50} (4h)＞0.59mg/L。NOEL 数据 [1 年，mg/(kg·d)]：雄大鼠 2.45，雌大鼠 3.07，雄小鼠 56，雌小鼠 58。ADI 值 0.024mg/kg。山齿鹑和野鸭急性经口 LD_{50}＞2250mg/kg，山齿鹑和野鸭饲喂 LC_{50} (5d)＞5620mg/kg (饲料)。鱼毒 LC_{50} (96h，mg/L)：虹鳟鱼 3.1，蓝鳃太阳鱼 3.8。水蚤 LC_{50} (24h) 5.0mg/L。蜜蜂饲喂 LC_{50}＞1000mg/L (经口)，LD_{50}＞100μg/只 (接触)。蚯蚓 LC_{50} (14d)＞1320mg/kg (土壤)。

　　应用　主要用于防治水稻上的稻尾孢、稻长蠕孢和稻梨孢等病原菌引起的病害，如稻瘟病。使用剂量为 600～800g (a.i.) /hm^2 (DL) 或 125g (a.i.) /hm^2 (SC)，茎叶喷雾。

　　合成路线

　　常用剂型　嘧菌腙目前在我国未见相关产品登记。常用剂型主要有可湿性粉剂、粉粒剂、悬浮剂，可与四氯苯酞等复配。

嘧霉胺 (pyrimethanil)

$C_{12}H_{13}N_3$，199.25，53112-28-0

　　其他名称　施佳乐，甲基嘧菌胺，Mythos，Scala。

　　化学名称　*N*-(4,6-二甲基嘧啶-2-基) 苯胺；*N*-(4,6-dimethylpyrimidin-2-yl) aniline。

　　理化性质　纯品嘧霉胺为无色结晶状固体，熔点 96.3℃，相对密度 1.15 (20℃)，蒸气压 2.2×10^{-3} Pa (25℃)。分配系数 $K_{ow}lgP=2.84$ (pH6.1，25℃)。水中溶解度 (20℃) 为 121mg/L (pH6.1，25℃)。有机溶剂中溶解度 (20℃，g/L)：丙酮 389，正己烷 23.7，甲醇 176，乙酸乙酯 617，二氯甲烷 1000，甲苯 412。pK_a3.52，呈弱碱性 (20℃)。在一定 pH 范围内在水中稳定，54℃下 14d 不分解。

　　毒性　嘧霉胺原药大鼠急性经口 LD_{50} 4159～5971mg/kg，小鼠急性经口 LD_{50} 4665～

5359mg/kg。大鼠急性经皮 LD_{50} ＞5000mg/kg。大鼠急性吸入 LC_{50} （4h）＞1.98mg/L。对兔眼睛和皮肤无刺激性，对豚鼠皮肤无刺激性。Ames 试验呈阴性，微核及细胞体外试验呈阴性。NOEL 数据（2 年）：大鼠20mg/(kg・d)。ADI 值 0.17～0.2mg/kg。野鸭和山齿鹑急性经口 LD_{50} ＞2000mg/kg，野鸭和山齿鹑饲喂 LC_{50} ＞5200mg/kg（饲料）。鱼毒 LC_{50}（96h，mg/L）：虹鳟鱼 10.6，鲤鱼 35.4。水蚤 LC_{50}（48h）2.9mg/L。蜜蜂 LD_{50}（48h）＞100μg/只（经口和接触）。蚯蚓 LC_{50}（14d）625mg/kg（土壤）。

应用 为新型杀菌剂，属苯氨基嘧啶类，是广谱、高效、低毒、内吸性杀菌剂，为当前防治灰霉病活性高的杀菌剂。其作用机理独特，通过抑制病菌侵染酶的产生从而阻止病菌的侵染并杀死病菌，对常用的非苯氨基嘧啶类（苯并咪唑类及氨基甲酸酯类）杀菌剂已产生耐药性的灰霉病菌有效。同时具有内吸传导和熏蒸作用，施药后迅速达到植株的花、幼果等喷雾无法达到的部位杀死病菌，药效更快、更稳定。对温度不敏感，在相对较低的温度下施用不影响药效。用于防治黄瓜、番茄、葡萄、草莓、豌豆、韭菜、洋葱、菜豆、豌豆、茄子及观赏植物等作物的灰霉病，果树黑星病、斑点落叶病等。

合成路线 嘧霉胺有多种合成路线，如路线 1→2→3→4→5、路线 6→7→8、路线 11→12→8 和路线 9→10 等。

常用剂型 嘧霉胺目前在我国原药登记规格有 95%、96%、98%；制剂登记剂型主要有悬浮剂、可湿性粉剂、水分散粒剂、乳油等；复配制剂主要与福美双、乙霉威、百菌清、异菌脲、多菌灵等进行复配。

灭粉霉素（mildiomycin）

$C_{19}H_{30}N_8O_9$，514.49，67527-71-3

其他名称　米多霉素。

理化性质　是一种具有 5-羟甲基嘧啶的新型核苷类抗生素。为吸湿性白色粉末。熔点＞300℃（分解）。易溶于水，微溶于吡啶、二甲亚砜、N,N-二甲基乙酰胺、二噁烷、四氢呋喃。在中性介质中稳定，在 pH9 的碱性溶液和 pH2 的酸性溶液中不稳定。

毒性　对雌性小白鼠的静脉注射 LD_{50} 为 599mg/kg，经口 LD_{50} 为 5250mg/kg，对雌大鼠的静脉注射 LD_{50} 为 700mg/kg，经口 LD_{50} 为 4120mg/kg。30d 喂食试验中，小白鼠和大白鼠无明显异常剂量是 200mg/(kg·d)。对大白鼠进行 3 个月的亚急性毒性试验中，最大无作用剂量为 50mg/(kg·d)。灭粉霉素环境相容性好，对非靶标机体和环境无不利影响。

应用　灭粉霉素是土壤放线菌（*Streptoverticillium rimofaciens*，B-98891 菌株）产生的抗生素。用于果树、粮食、蔬菜和园艺等作物的白粉病的防治。具有内吸性，抑制白粉病菌蛋白质的合成。

常用剂型　灭粉霉素常用制剂主要有 5％可湿性粉剂。

灭菌丹 （ folpet ）

C$_9$H$_4$Cl$_3$NO$_2$S，296.580，133-07-3

其他名称　费尔顿，法尔顿，Folpan，Phaltan，Thiophal，法丹，福尔培，苯开普顿。

化学名称　N-三氯甲硫基邻苯二甲酰亚胺；N-trichloromethylthiophthalimide。

理化性质　纯品为白色结晶固体（工业品为黄色粉末）。熔点 177℃（分解）；相对密度 1.72（20℃）；蒸气压 2.1×10^{-5} Pa（25℃）。分配系数 $K_{ow} \lg P = 3.11$。Henry 常数＜7.88×10^{-3} Pa·m^3/mol（计算值）。水中溶解度 0.8mg/L（25℃）。有机溶剂中溶解度（25℃，g/L）：四氯化碳 6，甲苯 26，甲醇 3。在干燥贮存条件下稳定，在室温、潮湿条件下缓慢水解，在高温、浓碱条件下迅速分解。

毒性　大鼠急性经口 LD_{50} 10000mg/kg。兔急性经皮 LD_{50}＞4500mg/kg。对兔黏膜有刺激作用，其粉尘或雾滴接触到兔眼睛、皮肤，或吸入均能使局部受到刺激，对豚鼠皮肤有刺激。大鼠吸入 LC_{50}（4h）1.89mg/L。NOEL 数据［1 年，mg/(kg·d)］：大鼠 800，狗 325，小鼠 450。用 1000mg/L 药量喂养大鼠连续三代对繁殖无影响，对仓鼠、猴子或大鼠的试验中无致畸现象。ADI 值 0.1mg/kg。野鸭急性经口 LD_{50}＞2000mg/kg。对鱼、水蚤、海藻无伤害。对蜜蜂无伤害，LD_{50}（μg/只）：＞236（经口），＞200（接触）。鲤鱼 LC_{50}（48h）0.21mg/L。对蚯蚓无伤害。

应用　三氯甲烷基类保护性杀菌剂。主要喷雾防治粮油作物、蔬菜、果树等多种病害，且对植物有刺激生长的作用。防治稻瘟病用 50％可湿性粉剂 300～500 倍液喷雾，穗颈稻瘟在始穗期及齐穗期各喷一次。防治水稻纹枯病，用 40％可湿性粉剂 200 倍液喷雾。防治麦类锈病、赤霉病，用 40％可湿性粉剂 250 倍液喷雾。防治油菜霜霉病用 50％可湿性粉剂 500 倍液喷雾。防治花生叶斑病用 50％可湿性粉剂 200～250 倍液喷雾。此外，还可用于防治马铃薯疫病、番茄早疫病、白菜霜霉病、瓜类霜霉病和白粉病、烟草炭疽病、苹果炭疽病、葡萄霜霉病和白粉病等。

合成路线

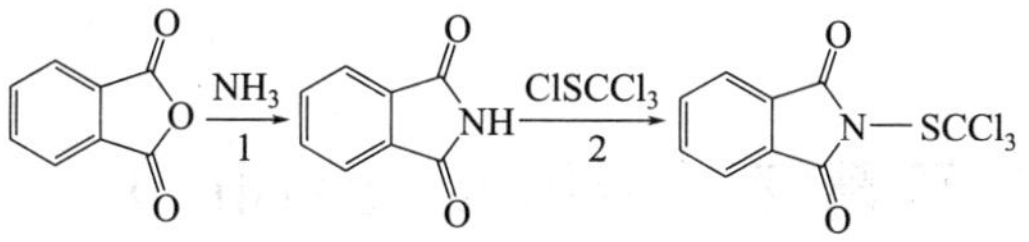

常用剂型　灭菌丹在我国登记的制剂有5％、10％灭菌丹粉剂，40％、50％灭菌丹可湿性粉剂。可与王铜、苯菌灵、霜脲氰、代森锰锌、甲霜灵、苯甲呋酸胺、敌菌丹、甲呋酸胺、噁酰胺、硫酸铜、酯菌胺、三乙膦酸铝、噁霜灵等复配。

灭菌方（mesulfan）

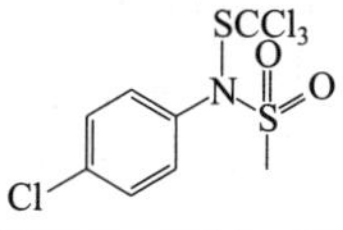

C₈H₇Cl₄NO₂S₂，355.1，3572-86-9

其他名称　Mesulfan，Mesulfone。

化学名称　N-三氯甲硫基-N-对氯苯基甲基磺酰胺；N-trichloromethylthio-N-p-chlo-rophenyl-methane sulfonamide。

理化性质　原药为黄色针状结晶。熔点114～115℃。不溶于水，溶于有机溶剂。对酸、碱稳定。

应用　防治水稻纹枯病，用50％可湿性粉剂18～35g，对水成500～1000倍液；防治瓜类炭疽病，用50％可湿性粉剂30～40g，对水成450～600倍液；防治梨黑星病用1000倍液。

合成路线

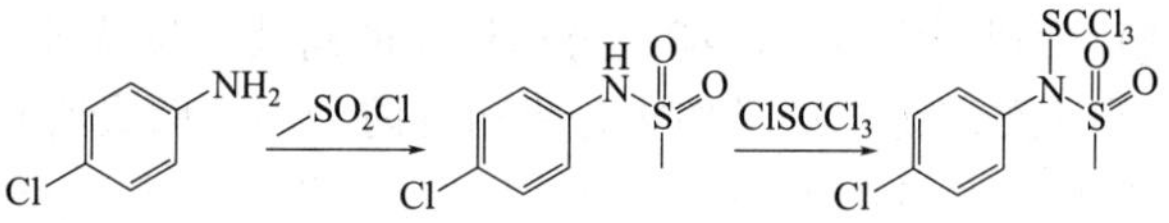

常用剂型　灭菌方目前在我国未见相关产品登记，可加工成50％可湿性粉剂。

灭菌宁

拉丁文名称　*Trichoderma viride*。

其他名称　绿色木霉菌。

理化性质　灭菌宁是从烟草根际和叶际微生物中筛选出的高效绿色木霉菌株，是采用先进发酵、浓缩工艺制成的杀菌剂。灭菌宁属于真菌性杀菌剂，一般在pH4～8.5、温度20～45℃、相对湿度60％～100％条件下，均可生长。

毒性　灭菌宁属于无公害农药，安全、无毒、无残留，不污染环境，对人、畜及环境高度安全。

应用　灭菌宁有广谱的抑菌谱，可用于疫霉菌、腐霉菌、镰刀菌及丝核菌、链格孢菌、毛盘孢菌等引起的多种真菌病害，防治烟草猝倒病、立枯病、黑胫病、赤星病、炭疽病等病害。可通过处理土壤、拌种或浸种、浸根和灌根、喷雾等方式使用。

常用剂型 灭菌宁常用制剂主要有有效活菌数大于 10^9 个/g 的高孢粉和大于 10^7 个/g 颗粒剂。

灭菌唑 （triticonazole）

$C_{17}H_{20}ClN_3O$，317.8，131983-72-7

其他名称 Alios，Charter，Flite，Legat，Premis，Real，扑力猛。

化学名称 （RS）-（E）-5-(4-氟亚苄基)-2,2-二甲基-1-(1H-1,2,4-三唑-1-基甲基) 环戊醇；（RS）-（E）-5-(4-chlorobenzylidene)-2,2-dimethyl-1-(1H-1,2,4-triazol-1-ylmethyl) cy-clop-eantanol。

理化性质 原药纯度为 95%。纯品（cis-和 trans-混合物）为无臭、白色粉状固体，熔点 139～140.5℃，当温度达到 180℃ 开始分解。相对密度 1.326～1.369，蒸气压 $<1×10^{-5}$ mPa（50℃）。分配系数 $K_{ow}lgP=3.29$（20℃）。Henry 常数 $<3.9×10^{-5}$ Pa·m³/mol（计算值）。水中溶解度 9.3mg/L（20℃）。

毒性 大鼠急性经口 $LD_{50}>2000$mg/kg。大鼠急性经皮 $LD_{50}>2000$mg/kg。大鼠急性吸入 LC_{50}（4h）>1.4mg/L。对兔眼睛和皮肤无刺激。慢性 NOEL：大鼠为 750mg/kg［雄性和雌性大鼠分别为 29.4mg/(kg·d) 和 38.3mg/(kg·d)］；狗为 2.5mg/kg 体重。ADI（法国）：0.0025mg/kg（临时）。山齿鹑急性经口 $LD_{50}>2000$mg/kg。虹鳟鱼 LC_{50}（96h）>10mg/L。水蚤 LC_{50}（48h）>9.3mg/L。藻类 EC_{50}（96h）>1.0mg/L。对蚯蚓无毒。

应用 灭菌唑为拜耳公司开发授权巴斯夫公司销售的高效、长持效期三唑类杀菌剂，1989 年申请专利；主要用于禾谷类作物、豆科作物、果树等防治多种菌属所致的白粉病、锈病、黑星病、网斑病等病害；使用剂量 60g（a.i.）/hm² 及 2.5～20g（a.i.）/100kg 种子。

合成路线

常用剂型 灭菌唑目前在我国相关产品登记有 95% 原药和 25g/L 悬浮种衣剂。

灭瘟素 （blasticidin -S）

$C_{17}H_{26}N_8O_5$，422.4，2079-00-7

其他名称 杀稻菌素，布拉叶斯，稻瘟散，Blasticidin S，Bla-S，Blaes。

526

化学名称 1-(4-氨基-1,2-二氢-2-氧代嘧啶-1-基)-4-[(*S*)-3-氨基-5-(1-甲基胍基) 戊酰胺基]-1,2,3,4-四脱氧-*β*-D-别呋喃糖醛酸；1-(4-amino-1,2-dihydro-2-oxopyrimidin-1-yl)-4-[(*S*)-3-amino-5-(1-methylguanidino) valeramido]-1, 2, 3, 4-tetradeoxy-*β*-D-erythro-hexenopyranuronic acid。

理化性质 纯品为无色、无定形粉末，熔点 235～236℃（分解）。溶解性（20℃，g/L）：水＞30。乙酸＞30。不溶于丙酮、苯、四氯化碳、氯仿、环己烷、二氧六环、乙醚、乙酸乙酯、甲醇、吡啶和二甲苯。

毒性 雌性和雄性大鼠急性经口 LD_{50} 分别为 55.9mg/kg 和 56.8mg/kg。鲤鱼 TLm（48h）为 40mg/L 以上，水虱 11mg/L。应避免与眼睛和皮肤接触，因能引起结膜炎，对皮肤有中等程度的刺激。稻米中最大允许残留量为 0.05mg/kg。

应用 灭瘟素是从灰色产色链霉菌（*Streptomyces griseochromogenes*）的代谢产物中分离出来的抗生素。是蛋白质合成抑制剂，具有保护、治疗和内吸活性。对细菌和真菌均有效，尤其对真菌的选择毒力特别强。主要用于水稻稻瘟病的防治，对水稻胡麻叶斑病、小粒菌核病及烟草花叶病有一定的防治效果。

常用剂型 灭瘟素目前在我国未见相关产品登记。常用制剂主要有 2％乳油和 1％可湿性粉剂。

灭瘟唑 （ chlobenthiazone ）

C_8H_6ClNOS，199.65，63755-05-5

其他名称 S-1901。

化学名称 4-氯-3-甲基苯并噻唑-2 (3*H*)-酮；4-chloro-3-methylbenzothiazol-2 (3*H*)-one。

理化性质 外观为无色结晶固体，熔点 131～132℃，在 20℃时蒸气压为 1.29×10^{-3} mmHg。溶于有机溶剂（21.5℃，质量比）：甲醇 33、丙酮 33、醋酸乙酯 20、氯仿 50、二甲苯 33、环己酮 50，几乎不溶于水（0.0046）。在酸、碱溶液中稳定。

毒性 急性经口 LD_{50}（mg/kg）：大鼠 1940（雄）、2170（雌），小鼠 1430（雄）、1250（雌）。急性经皮 LD_{50}（mg/kg）：大鼠 696（雄）、447（雌），小鼠 907（雄）、997（雌）。腹腔内注射 LD_{50}（mg/kg）：大鼠 564（雄）、532（雌），小鼠 611（雄）、625（雌）。皮下注射 LD_{50} 大于 2500mg/kg。对兔子皮肤无刺激，对眼睛略有刺激。鲤鱼 LC_{50}（48h）约 6mg/L。

应用 日本住友化学公司 1974 年开发。本品为内吸性杀菌剂，对防治由稻梨孢引起的水稻稻瘟病有效。用 2.4kg/hm² 和 3.2kg/hm² 可有效地防治叶瘟和穗颈瘟，用 2.5％粉剂叶面喷雾也有效。该药剂抑制附着孢上侵染丝的形成。

合成路线

常用剂型 灭瘟唑可加工成 10％可湿性粉剂、10％乳油、8％颗粒剂、2.5％粉剂。

灭锈胺（mepronil）

$C_{17}H_{19}NO_2$，269.34，55814-41-0

其他名称 丙邻胺，灭普宁，纹达克，担菌宁，Basitac。

化学名称 3'-异丙氧基-2-甲基苯甲酰苯胺；3'-iso-propoxy-2-toluanilide。

理化性质 纯品为无色结晶，熔点 $92\sim93℃$。蒸气压 $0.056mPa$（20℃）。分配系数 $K_{ow}\lg P=3.66$（20℃）。Henry 常数 $1.19\times10^{-3}Pa\cdot m^3/mol$（计算值）。水中溶解度 $12.7mg/L$（20℃）。有机溶剂中溶解度（g/L，20℃）：丙酮＞500，甲醇＞500，乙腈 314，苯 282，正己烷 1.1。闪点 225℃。稳定性：pH5～9 时对酸、碱、热和紫外线稳定。

毒性 大、小鼠急性经口 $LD_{50}＞10000mg/kg$。大鼠和兔急性经皮 $LD_{50}＞10000mg/kg$。对兔皮肤和眼睛无刺激作用。大鼠急性吸入 LC_{50}（6h）$＞1.32mg/L$。NOEL 数据［2 年，$mg/(kg\cdot d)$］：雄大鼠 5.9，雌大鼠 72.9，雄小鼠 13.7，雌小鼠 17.8。ADI 值 0.05mg/kg。对大鼠和兔无致突变、致畸作用。母鸡急性经口 $LD_{50}＞8000mg/kg$。鱼毒 LC_{50}（96h，mg/L）：虹鳟鱼 10，鲤鱼 8。水蚤 $LC_{50}＞10mg/L$。蜜蜂 $LD_{50}＞0.1mg/$只（经口），$＞1mg/$只（接触）。

应用 为高效内吸性杀菌剂，持效期长，无药害，可在水面、土壤中施用，也可用于种子处理。本品也是良好的木材防腐、防霉剂。对由担子菌引起的病害有特效。适宜作物水稻、黄瓜、马铃薯、小麦、梨和棉花等。用于防治由担子菌引起的病害，如水稻、黄瓜和马铃薯上的立枯丝核菌、小麦上的柄锈菌和肉孢核瑚菌等。

合成路线 灭锈胺主要有下述 2 种合成路线。

常用剂型 灭锈胺目前在我国未见相关产品登记。常用制剂主要有 3％粉剂，20％乳油，20％、25％、40％悬浮剂，75％可湿性粉剂等。可与福美双、代森锰锌、克菌丹、三环唑、四氯苯酞、井冈霉素复配。

粘氯酸酐（mucochloric anhydride）

$C_8H_2Cl_4O_5$，319.9，4412-09-3

其他名称 氟呋酮醚。

化学名称 2,2′,3,3′-四氯-4,4′-氧代丁-2-烯-4-交酯；5,5′-氧代双（3,4-二氯-5H-呋喃-2-酮）；2,2′,3,3′-terachloro-4,4′-oxydibut-2-en-4-olide；5,5′-oxybis（3,4-dichloro-5H-furan-2-one）。

理化性质 产品主要含 α-体和少量 β-体。α-体熔点为 141～143℃，β-体熔点为 180℃。它们不溶于水和链烃，溶于丙酮、乙醚和芳烃。

毒性 雄大鼠经口急性中毒 LD_{50} 值为 2000mg/kg。

应用 它是一种叶用保护性杀菌剂，同时也可作拌种剂。以 1.21g/L 的药液用于防治苹果黑星病。

合成路线

常用剂型 粘氯酸酐主要作为拌种剂使用。

宁南霉素（ningnanmycin）

$C_{18}H_{28}N_6O_7$，441.4

其他名称 翠美，植旺，菌克毒克。

化学名称 1-(4-肌氨酰胺-L-丝氨酰胺-4-脱氧-β-D-吡喃葡萄糖醛酰胺) 胞嘧啶。

理化性质 原药为白色粉末（游离碱），熔点 195℃，易溶于水，可溶于甲醇，难溶于丙酮、苯等溶剂。酸性条件下稳定，碱性条件下易分解失活。制剂为褐色或棕色液体，具酯香味，pH3～5，在常温下性质稳定。

毒性 属低毒抗生素类杀菌剂，对大、小鼠急性经口 LD_{50} 为 5492～6845mg/kg，小鼠急性经皮 LD_{50}＞1000mg/kg，对家兔眼睛及皮肤无刺激性，鱼类半数耐受浓度为 3323mg/kg。对人、畜低毒，对环境无污染，无致癌、致畸、致突变作用，无残留、无蓄积作用。是发展 A 级、AA 级绿色食品的优秀生物农药。

应用 宁南霉素是中国科学院成都生物研究所历经七五、八五、九五国家科技攻关并研制成功的专利技术产品，这种菌是在四川省宁南县土壤分离而得，故将其发酵产物命名为宁南霉素。应用于烟草花叶病毒病、番茄病毒病、辣椒病毒病、水稻立枯病、大豆根腐病、水稻条纹叶枯病、苹果斑点落叶病、黄瓜白粉病、油菜菌核病、荔枝霜疫霉病以及其他作物病毒病、茎腐病、蔓枯病、白粉病等多种病害上。本制剂是我国首例能防治植物病毒病的抗生素，并兼有防治真菌和细菌病害的作用。

常用剂型 宁南霉素在我国登记的主要制剂产品有 2%、8%水剂和 10%可溶粉剂。

柠檬醛（citral）

$C_{10}H_{16}O$，153.23，5392-40-5

其他名称 2,6-二甲基-2,6-辛二烯醛，3,7-二甲基-2,6-辛二烯-1-醛，3,7-二甲基-2,6-辛二烯醛，橙花醛，牻牛儿醛，香叶醛。

化学名称 3,7-二甲基-2,6-辛二烯-3-醛。

来源 柠檬醛天然存在于柠檬草油（80%）、山苍子油（约 80%）、丁香罗勒油（65%）、酸柠檬叶油（35%）和柠檬油、柑橘类叶油等中。工业上可以从天然精油中分离而得，也可由化学合成制备。

理化性质 原药为乳白色液体，制剂为无色或微黄色液体，呈浓郁柠檬香味。无旋光性。沸点 228℃，闪点 92℃，相对密度 0.91～0.95。有顺式和反式两种异构体，两种异构体都溶于乙醇和乙醚。用亚硫酸氢钠处理，顺式溶解性极微，而反式却很大，故可将两者分开。溶于乙醇等有机溶剂，不溶于水。光稳定性差，在空气中易被氧化，在碱性和强酸条件下均不稳定。

毒性 大鼠经口 LD_{50} 为 4960mg/kg，经皮 LD_{50}＞4000mg/kg。无致畸作用。柠檬醛对豚鼠皮肤有一定的刺激性，可致豚鼠皮肤表面色泽加深、变粗糙和产生痂皮现象。对眼睛有中度刺激，对皮肤有轻度刺激。无全身中毒报道。

应用 柠檬醛是生物杀菌剂，对果树、蔬菜、棉花、花卉等作物尤其是茶树、烟草的真菌、细菌及藻类病害防治效果显著。对棉花枯萎病、黄萎病、炭疽病，蔬菜菌核病、疮痂病、根腐病，果树枯萎病、腐烂病、白粉病、疮痂病、轮纹病、炭疽病等有很好的治疗作用，对茶树的红锈藻病、茶黄萎病、茶云纹叶病防治效果达 94%。

常用剂型 柠檬醛在我国未见相关产品登记。

农抗 120（agricultural antibiotic 120）

其他名称 抗霉菌素 120，TF-120。

化学名称 嘧啶核苷。

理化性质 外观为白色粉末，熔点 165～167℃（分解），易溶于水，不溶于有机溶剂，在酸性和中性介质中稳定，在碱性介质中不稳定，易分解失效。

毒性 低毒生物杀菌剂。120-A 和 120-B 小鼠急性静脉注射 LD_{50} 分别为 124.4mg/kg 和 112.7mg/kg，粉剂对小白鼠腹腔注射 LD_{50} 为 1080mg/kg，兔经口亚急性毒性试验无作用剂量为 500mg/(kg·d)。

应用 农抗 120 是我国自主研制的嘧啶核苷类抗生素，其产生菌为吸水刺孢链霉菌北京变种（*Streptomyces hygrospinosis var. beijingensis*）。这种抗生素抗菌谱广，用于防治粮食、豆类、瓜类、蔬菜、果树等多种作物的白粉病、炭疽病、枯萎病、纹枯病等。

常用剂型 农抗 120 常用制剂主要有 2%、4%水剂。

帕里醇（parinol）

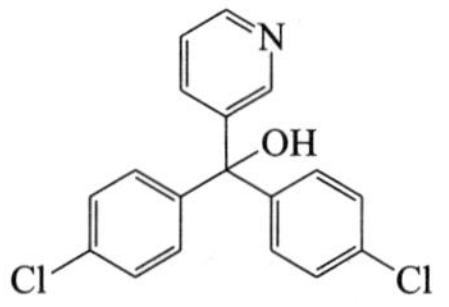

$C_{18}H_{13}Cl_2NO$，330.2，17781-31-6

其他名称　Parnon，双氯苯吡醇，苯吡醇

化学名称　α,α-双（4-氯苯基)-3-吡啶甲醇；α,α-bis(4-chlorophenyl)-3-pyridinemethanol。

理化性质　淡黄色结晶固体，熔点 169～170℃。

毒性　大鼠急性经口 LD_{50} 5000mg/kg。

应用　用于防治豆类、坐果前的苹果树和葡萄藤，以及玫瑰花和百日草上的白粉病。

合成路线

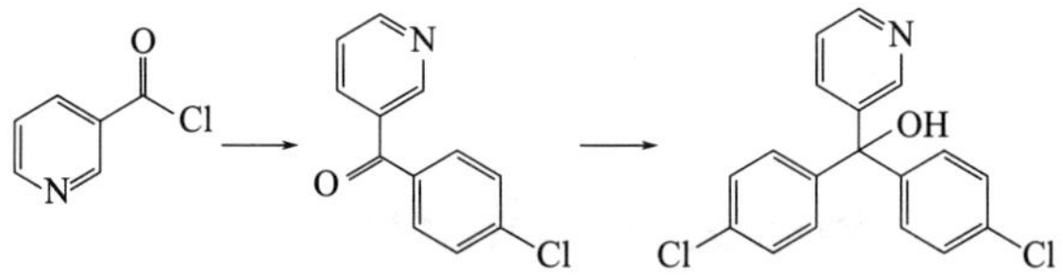

常用剂型　帕里醇目前在我国未见相关产品登记。

葡聚烯糖

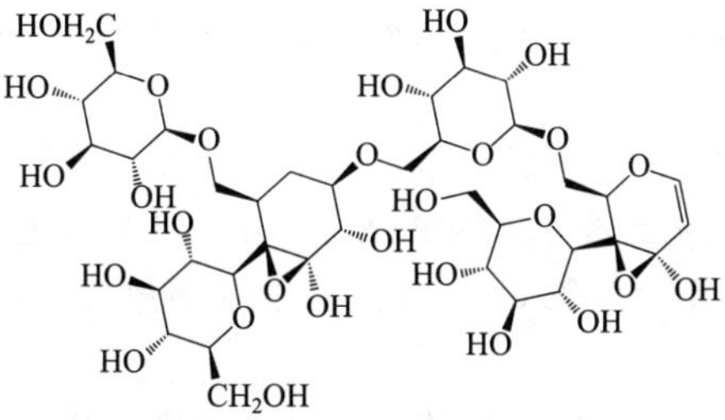

其他名称　引力素，小露珠。

理化性质　原药外观为白色粉末状固体，熔点 78～81℃，水中溶解度＞100g/L，4℃时可贮存 2 年以上，不可与强酸、碱类物质混合。

毒性　大鼠急性经口 LD_{50}＞4640mg/kg；大鼠急性经皮 LD_{50}＞4640mg/kg。

应用　植物诱导剂，可以诱导植物产生能杀灭病原菌的植保素，减少多种作物病害的发生；还可作为生长调节因子有效促进植物生长、分枝、开花、结果等各项代谢活动，提高作物产量；能有效钝化病毒，对多种病毒引起的病害有很好的防治效果。同时还能促进光合作用，增加糖分和维生素的积累，提高作物自身免疫力和防卫反应。

常用剂型　葡聚烯糖常用制剂主要有 0.5% 可溶粉剂。

8-羟基喹啉硫酸盐（8-hydroxyquinoline sulfate）

$$C_{18}H_{16}N_2O_6S，388.4，134-31-6$$

其他名称　Cryptonol。

化学名称　双（8-羟基喹啉鎓）硫酸盐；bis（8-hydroxyquinolinium）sulfate；CA：8-quinolinol sulfate（2：1）（salt）。

理化性质　纯品为淡黄色晶状固体，熔点 175～178℃，蒸气压几乎为 0。水中溶解度（20℃）300g/L，易溶于热的乙醇中，在乙醚中几乎不溶。

毒性　急性经口 LD$_{50}$（mg/kg）：大鼠 1250，小鼠 500。对鸟、鱼、蜜蜂等无毒。

应用　内吸性杀真菌和杀细菌剂。主要用于防治蔬菜和观赏植物的灰霉病、土传病害和细菌性病害。

常用剂型　目前我国未见相关产品登记。

嗪胺灵（triforine）

$$C_{10}H_{14}Cl_6N_4O_2，434.96，26644-46-2$$

其他名称　氯菌胺，哌嗪宁，三氯菌灵，Saprol，Denarin，Funginex，Cela W524。

化学名称　1,4-二（2,2,2-三氟-1-甲酰氨基乙基）哌嗪；1,4-di（2,2,2-trichloro-1-formamidoethyl）piperazine。

理化性质　纯品为白色至浅棕色结晶固体。熔点 155℃。分配系数 $K_{ow} \lg P = 2.2$（20℃），0.67（pH7）。Henry 常数 2.5Pa·m^3/mol。相对密度 1.55。水中溶解度（20℃）为 9mg/L。有机溶剂中溶解度（20℃，g/L）：二甲基甲酰胺 330、甲醇 10、丙酮 11、二氯甲烷 1。

毒性　急性经口 LD$_{50}$（mg/kg）：大鼠＞6000，小鼠＞6000，狗＞2000。兔和大鼠急性经皮 LD$_{50}$＞2000mg/kg。大鼠急性吸入 LC$_{50}$（4h）＞4.5mg/L。2 年喂养试验无作用剂量：大鼠 200mg/（kg·d），狗 100mg/（kg·d）。山齿鹑急性经口 LD$_{50}$＞5000mg/kg，野鸭饲喂 LC$_{50}$（5d）＞4640mg/kg（饲料）。虹鳟鱼、蓝鳃太阳鱼 LC$_{50}$（96h）＞1000mg/L。水蚤 LC$_{50}$（48h）117mg/L。对蜜蜂安全。

应用　哌唑类内吸性杀菌剂，主要用于防治蔬菜、果树、谷物的白粉病和锈病。当浓度为 0.02%～0.025% 时，可有效防治水果和浆果白粉病、疮痂病和其他病害；当浓度为 0.015% 时，能防治观赏植物白粉病、锈病和黑斑病；当浓度为 0.025% 时可防治蔬菜白粉病及其他病害。2～2.5g/100m^2 可防治谷物白粉病，3g/m^2 可防治谷物锈病及水果贮存病害。

合成路线

常用剂型 常用制剂有 20%、50% 乳油，15% 可湿性粉剂等。

青菌灵（ cypendazole ）

$C_{16}H_{19}N_5O_3$，329.35，28559-00-4

其他名称 氰茂苯咪，Folicidin（Bayer）。

化学名称 1-(5-氰基亚戊基氨基甲酰基)-苯并咪唑-2-基氨基甲酸甲酯；methyl 1-(5-cyanopentylcarbamoyl)-2-benzimidazol-2-yl-carbamate。

理化性质 纯品为无色结晶，熔点 133℃。工业品为黄色至灰色结晶，熔点 123.8～125.2℃。它在 20℃时的蒸气压低于 0.05mmHg。难溶于水，溶于甲苯、二氯甲烷、二甲基甲酰胺、环己烷等有机溶剂。遇强碱、强酸性水溶液则分解，遇潮湿也易分解。在 100g 溶剂中的溶解度：水中 3mg，甲苯中 0.8g，环己酮中 3～4g，二氯甲烷中 12g。

毒性 大鼠急性经口 LD_{50}>2500mg/kg；雄兔急性经口 LD_{50}>1000mg/kg；雌犬急性经口 LD_{50}>500mg/kg；鲤鱼接触原药 48h TLm 值为 1500mg/L。分别以含 800mg/L、200mg/L 药剂的饲料喂雄、雌大鼠三个月，没发现中毒现象。

应用 防治稻恶苗病，苹果白粉病、黑点病，梨白粉病、黑星病，柑橘疮痂病。用 1000 倍液浸种 24h 可防治水稻恶苗病。

合成路线

常用剂型 可加工成 45% 可湿性粉剂、30% 胶悬剂、10% 干粉拌种剂。

氢氧化铜（ copper hydroxide ）

Cu（OH)₂，H_2CuO_2，97.59，20427-59-2

其他名称 Cuproxyde，Rameazzurro，可杀得，丰护安，可乐得 2000，可杀得 101，冠菌铜。

理化性质　纯品为蓝绿色固体。水中溶解度为 2.9mg/L（pH7，25℃）。易溶于氨水溶液，不溶于有机溶剂。稳定性：50℃以上脱水，140℃分解。

　　毒性　大鼠急性经口 LD_{50} 498mg/kg（原药）。兔急性经皮 $LD_{50} > 3160$mg/kg。对兔眼睛刺激严重，对兔皮肤刺激中等。大鼠急性吸入 $LC_{50} > 2$mg/L 空气。急性经口 LD_{50}（mg/kg）：山齿鹑 3400，野鸭 > 5000。山齿鹑和野鸭饲喂 LC_{50}（8d）> 1000mg/L。鱼毒 LC_{50}（mg/L）：虹鳟鱼（24h）0.08，大翻车鱼（96h）> 180。水蚤 LC_{50} 6.5ng/L。对蜜蜂无毒。

　　应用　氢氧化铜是美国固信公司开发生产的以保护作用为主，兼有治疗活性的一种无机铜杀菌剂。能防治多种作物上的真菌和细菌病害，适用于瓜类的叶斑病、炭疽病、早（晚）疫病、立枯病、霜霉病等多种病害。

　　常用剂型　氢氧化铜目前在我国原药登记规格有 88%、89%；制剂登记主要剂型有可湿性粉剂、水分散粒剂；可与多菌灵、福美锌复配。

氰菌胺（zarilamid）

$C_{11}H_{11}ClN_2O_2$，238.67，84527-51-5

　　其他名称　氰酰胺。

　　化学名称　(RS)-4-氯-N-[氰基（乙氧基）甲基]苯甲酰胺；(RS)-4-chloro-N-[cyano (ethoxy) methyl] benzoyl amide。

　　理化性质　浅褐色结晶固体，熔点 111℃。20℃溶解度（g/L）：水 0.167（pH=5.3），甲醇 272，丙酮 > 500，二氯甲烷 271，二甲苯 26，乙酸乙酯 336，己烷 0.12。常温下贮存至少 9 个月内稳定。

　　毒性　大鼠急性经口 $LD_{50} > 526$mg/kg（雄）。775mg/kg（雌）。大鼠急性经皮 LD_{50}（雄和雌）> 2000mg/kg。对兔眼睛和皮肤无刺激性，无三致。

　　应用　新内吸性杀菌剂，具有杰出的治疗、渗透作用和抑制孢子形成等特性，并系统地分布在非原生质体，可单用也可与保护性杀菌剂混配。对苯酰胺类杀菌剂的抗性品系和敏感品系均有活性。对葡萄霜霉病、马铃薯和番茄晚疫病防效特别好。

　　合成路线　氰菌胺合成路线有很多，以下 2 条合成路线比较常用：路线 1→2→3 是以氨基乙氰、对氯苯甲酰氯为起始原料，经溴化、醚化而得；路线 4→5 是以乙醛酸甲酯、对氯苯甲酰胺为原料经氯化、醚化、胺化而得。

常用剂型　常用制剂有1%粉剂，5%、7%、9%颗粒剂，20%、24%悬浮剂等。

氰霜唑（cyazofamid）

$C_{13}H_{13}ClN_4O_2S$，324.78，120116-88-3

其他名称　氰唑磺菌胺，Docious，Ranmman，Mildicut，Milicut，Kejia，cyamidazos-ulfamid。

化学名称　4-氯-2-氰基-N，N-二甲基-5-对甲苯基咪唑-1-磺酰胺；4-chloro-2-cyano-N，N-dimethyl-5-(4-methylphenyl)-1-imidazol-1-sulfonamide。

理化性质　纯品氰霜唑为浅黄色无臭粉状固体，熔点152.7℃。蒸气压1.33×10^{-2}mPa（25℃）。分配系数$K_{ow}\lg P=3.2$（25℃）。Henry常数$>4.03\times10^{-2}$Pa·m³/mol（20℃，计算值）。水中溶解度（20℃，mg/L）：0.121（pH5）、0.107（pH7）、0.109（pH9）。水中稳定性DT_{50}：24.6d（pH4）、27.2d（pH5）、24.8d（pH7）。土壤中快速降解，DT_{50}3～5d。

毒性　氰霜唑原药大、小鼠急性经口$LD_{50}>5000$mg/kg。大鼠急性经皮$LD_{50}>2000$mg/kg。对兔眼睛和皮肤无刺激性。大鼠急性吸入LC_{50}（4h）>3.2mg/L。鹌鹑和鸭急性经口$LD_{50}>2000$mg/kg。鹌鹑和鸭急性吸入$LC_{50}>5$mg/L。鱼毒LC_{50}（96h，mg/L）：鲤鱼>0.14，虹鳟鱼>0.51。蜜蜂LD_{50}（48h）$>151.7\mu$g/只（经口），$>100\mu$g/只（接触）。蚯蚓LC_{50}（14d）>1000mg/kg（土壤）。

应用　氰霜唑属于线粒体呼吸抑制剂，日本石原公司研制、与巴斯夫共同开发的广谱、高效咪唑类杀菌剂，1988年申请专利。用于马铃薯、蔬菜、草坪等，防治霜霉病、疫病等。

合成路线　以对甲基苯乙基为起始原料，经氯化后再与羟胺缩合、与乙二醛环化制得中间体取代咪唑，然后经氯化脱水制得中间体取代的氰基咪唑，最后与二甲基氨基磺酰氯反应制得目标物氰霜唑。

常用剂型　目前在我国登记的产品有 93.5％原药、100g/L 悬浮剂，常用剂型还有 40％颗粒剂。

氰烯菌酯（phenamacril）

$C_{12}H_{12}N_2O_2$，216.2

化学名称　(2E,Z)-2-氰基-3-氨基-3-苯基丙烯酸乙酯。

理化性质　原药外观为白色固体粉末；熔点 123～124℃；蒸气压（25℃）$4.5×10^{-5}$ Pa。难溶于水、石油醚、甲苯，易溶于氯仿、丙酮、二甲亚砜、N,N-二甲基甲酰胺（DMF）。在酸性、碱性介质中稳定，对光稳定。

毒性　原药大鼠急性经口 LD_{50}＞5000mg/kg，急性经皮 LD_{50}＞5000mg/kg。对大耳白兔皮肤、眼睛均无刺激性，豚鼠皮肤反应（致敏）试验结果为弱致敏物（致敏率为 0）。原药大鼠 13 周亚慢性喂养试验最大无作用剂量：雄性 44mg/(kg·d)，雌性 47mg/(kg·d)。3 项致突变试验：Ames 试验、小鼠骨髓细胞微核试验、小鼠骨髓细胞染色体畸变试验结果均为阴性，未见致突变作用。斑马鱼 LC_{50}（96h）7.7mg/L；鹌鹑 LD_{50}（急性经口）321mg/kg；蜜蜂（经口）LC_{50}（48h）536mg/L；家蚕 LC_{50}＜436mg/kg 桑叶。该药对鱼、鸟为中毒，蜜蜂和家蚕低毒。在鸟保护区禁用本品，使用时注意对蜜蜂的保护。

应用　氰烯菌酯对镰刀菌类引起的病害有效，具有保护作用和治疗作用。通过根部被吸收，在叶片上有向上输导性，面向叶片下部及叶片间的输导性较差。氰烯菌酯对小麦赤霉病有较好的防治效果。

合成路线

常用剂型　氰烯菌酯在我国登记的主要制剂有 25％悬浮剂。

庆丰霉素（qingfengmycin）

理化性质　庆丰霉素是一种碱性水溶性的胞嘧啶核苷类抗生素。这种抗生素的游离碱为白色针状结晶。易溶于水及醋酸，不溶于醇类、丙酮、氯仿等一般有机液剂。它在 pH2～8 范围内很稳定。当 pH＞8 时稳定性较差。

毒性　庆丰霉素对小鼠急性经口 LD_{50} 为 71mg/kg；对鱼毒性低，在 100mg/kg 的溶液中观察 1 周后未见鱼苗死亡。它在生产和使用中，对人、畜均未发现有任何不良反应，对作物无药害。低毒、无致癌作用、无残留。

536

应用　庆丰霉素是由链霉菌（*Streptomyces qingfengmyceticus*）产生的碱性水溶性抗菌物质。用于水稻和麦类、瓜类、花卉等作物的稻瘟病、白粉病的防治。具有内吸性，抑制白粉病菌蛋白质的合成。

常用剂型　庆丰霉素常用制剂主要有94％水剂、97％大粒剂、100％微粒剂。

壬菌铜 （ cuppric nonyl phenolsulfonate ）

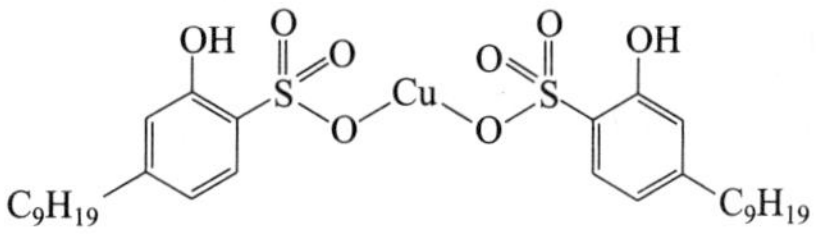

$C_{30}H_{46}CuO_8S_2$，662.4

其他名称　优能芬。

化学名称　对壬基苯酚磺酸铜。

应用　壬菌铜是广谱农用杀菌剂，该产品对蔬菜、果树、花卉等作物的霜霉病、炭疽病、白粉病、软腐病、细菌性角斑病、疫病等均具有防治效果。同时，该产品对植物病毒也有一定的抑制作用。

常用剂型　壬菌铜在我国登记的主要制剂为30％微乳剂。

弱毒疫苗 N_{14}

其他名称　弱病毒，弱株系。

理化性质　制剂为无色液体，含有一定量的活体弱病毒。

毒性　本剂为低毒生物杀病毒剂，对人、畜安全，对天敌无害，不污染环境。

应用　弱毒疫苗 N_{14} 防治番茄花叶病、烟草花叶病毒病等。接种方法同 S_{52}。

常用剂型　弱毒疫苗 N_{14} 常用制剂主要是提纯浓缩水剂。

噻吩酯 （ UHF 8227 ）

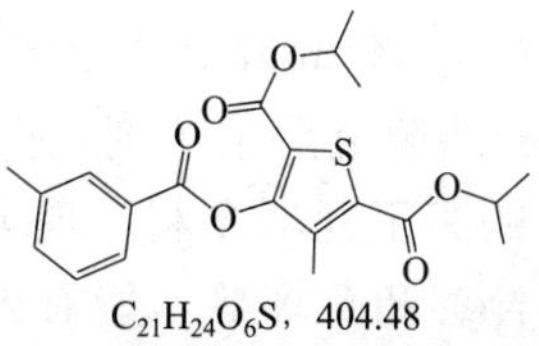

$C_{21}H_{24}O_6S$，404.48

化学名称　3-甲基-4-(间甲苯酰氧基) 噻吩-2,5-二羧酸二异丙酯；diisopropyl 3-methyl-4-(*m*-tluoyloxy) thiophene-2,5-dicarboxylate。

理化性质　白色结晶固体，熔点87℃，20℃时蒸气压为 1.6×10^{-8} mmHg。在20℃时，

在下列溶剂中的溶解度：丙酮 372g/L，氯仿 241.5g/L，甲醇 15g/L，甲苯 602g/L，二甲苯 18g/L，水 0.00117g/L。

毒性 小鼠和大鼠急性经口 LD_{50} ＞1000mg/kg。对白兔皮肤无刺激，对眼睛有轻微刺激。对鲤鱼 48h 的耐药中量 LC_{50} ＞10mg/L。在 Ames 试验中无致突变作用。

应用 噻吩酯是防治由子囊菌纲真菌引起的白粉病的一种新杀菌剂，在温室，以低剂量施用能卓越地防治黄瓜、谷类和苹果白粉病。在田间试验中，噻吩酯对黄瓜白粉病也很有防效。在大麦白粉病感染期，噻吩酯的高防效力等于三唑类杀菌剂，且无药害。在离体试验中，噻吩酯对主要植物病原真菌的活性是很弱的，但是，在体内试验中其杀菌活性很强，且对白粉病的防治效果特别显著。这些特性与对植物病害的杀菌谱广和高效杀菌活性的抑制麦角甾醇生物合成的杀菌剂相似。

常用剂型 噻吩酯在我国未见相关产品登记。

噻氟菌胺（thifluzamide）

$C_{13}H_6Br_2F_6N_2O_2S$，528.06，130000-40-7

其他名称 宝穗，满穗，噻呋酰胺，Greatam，Granual，Pulsor。

化学名称 $2',6'$-二溴-2-甲基-$4'$-三氟甲氧基-4-三氟甲基-1,3-噻二唑-5-羧酰苯胺；$2',6'$-dibromo-2-methyl-$4'$-trifluoromethoxy-4-trifluoromethyl-1,3-thiazole-5-carboxanilide。

理化性质 纯品噻氟菌胺为白色至浅棕色固体，熔点 177.9～178.6℃。水中溶解度（20℃）1.6 mg/L。蒸气压（25℃）$1.06×10^{-8}$Pa。分配系数 K_{ow} lg$P$＝4.1。在 pH5～9 时稳定。水、光解作用：在 pH7 的无菌缓冲液中半衰期 18～27d，稻田水中半衰期 4d。土壤中光解作用：苯基环标记半衰期 95d，噻唑环标记半衰期 155d。

毒性 噻氟菌胺原药大鼠急性经口 LD_{50}＞5000mg/kg，兔急性经皮 LD_{50}＞5000mg/kg。对兔眼睛有中度刺激，对兔皮肤有轻微刺激性。大鼠吸入毒性 LD_{50}（4h）＞5000mg/kg。Ames 试验呈阴性，小白鼠微核试验为阴性。无作用剂量：大鼠 1.4mg/(kg·d)，狗 10mg/(kg·d)。山齿鹑和野鸭急性经口 LD_{50}＞2250mg/kg。山齿鹑和野鸭饲喂 LC_{50}（5d）＞5620mg/L。鱼毒 LC_{50}（96h，mg/L）：蓝鳃太阳鱼 1.2，虹鳟鱼 1.3，鲤鱼 2.9。水蚤 LC_{50}（48h）1.4mg/L，绿藻 EC_{50} 1.3mg/L。蜜蜂：急性经口 LD_{50}＞1000mg/L，接触毒性 LD_{50}＞100μg/只。蚯蚓 LC_{50}（14d）＞1250mg/kg（土壤）。

应用 噻氟菌胺属于抑制琥珀酸酯脱氢酶杀菌剂，由美国孟山都公司开发，1993 年申请专利，1994 年美国罗门哈斯公司购买了此项专利，现为陶氏益农产品。用于水稻等禾谷类作物以及花生、棉花、甜菜、马铃薯和草坪等，能有效地防治丝核、柄锈、黑粉、腥黑粉、伏革和核腔等菌属担子纲致病真菌，对担子纲真菌引起的立枯病有特效；可与多种杀菌剂复配使用；使用剂量 125～250g（ai）/hm^2。

合成路线

常用剂型 噻氟菌胺常用制剂有 24％悬浮剂、25％可湿性粉剂、20％悬浮剂、50％悬浮剂、50％种子处理剂、85％粉剂、15％悬浮种衣剂等。可以与三唑酮、咯喹酮、百菌清、三唑醇、丁苯吗啉、多菌灵、氟硅唑、甲霜灵等杀菌剂混用。

噻菌胺（metsulfovax）

$C_{12}H_{12}N_2OS$，232.3，21452-18-6

其他名称 Provax，thiazolfam。

化学名称 2,3-二甲基-1,3-噻唑-5-羧基苯胺；2,4-dimethyl-1,3-thiazole-5-carboxani-lide。

理化性质 本品为晶体，熔点 140～142℃，蒸气压 0.0017mPa（25℃），密度 1.27g/cm³。溶解性：水 342mg/L，己烷 320mg/L，甲醇 171g/L，甲苯 12.9g/L。酸性，pK_a2.05。土壤中，DT_{50}约为 7d。

毒性 大鼠急性经口 LD_{50}3929mg/kg，兔急性经皮 LD_{50}＞2000mg/kg，大鼠急性吸入 LC_{50}（4h）＞5.7mg/L（空气）。2 年饲喂试验的无作用剂量：雌大鼠 50mg/kg（饲料），雄大鼠 400mg/kg（饲料）。野鸭 LC_{50}（8d）＞5620mg/kg（饲料），蓝鳃 LC_{50}（96h）34mg/L，水蚤 LC_{50}（48h）97mg/L。

应用 本品属酰胺类杀菌剂，是内吸性杀菌剂，用于防治禾谷类作物（种子或叶面处理）、棉花（种子或土壤处理）、观赏植物（叶面处理）和马铃薯（种子或叶面处理）上的担子菌纲病原菌（柄锈菌属、腥黑粉菌属、黑粉菌属以及立枯丝核菌属），用量 20～80g（a.i）/100kg 种子或者叶面处理 1kg/hm²。

合成路线

常用剂型 噻菌胺常用剂型主要有悬浮剂、种衣剂和可湿性粉剂。

噻菌腈 （ thicyofen ）

$C_8H_5ClN_2OS_2$, 244.7, 116170-30-0

化学名称 （±)-3-氯-5-乙基亚磺酰噻吩-2,4-二腈；（±)-3-chloro-5-ethylsulfinylthiophene-2,4-dicar bonitrile。

理化性质 本品为固体，熔点130℃，蒸气压<1mPa（20℃）。溶解性（25℃）：水中240mg/L。土壤中 DT_{50}<30d。

毒性 急性经口 LD_{50}：雄大鼠395mg/kg，雌大鼠368mg/kg。大鼠急性经皮 LD_{50}＞2000mg/kg。鹌鹑急性经口 LD_{50} 216mg/kg，鹌鹑和野鸭 LC_{50}＞5620mg/kg（饲料）。在离体实验中无诱变性。

应用 本品属噻吩类非内吸性杀菌剂，是多部位抑制剂。用作种子处理，对禾谷类作物、棉花和玉米上的镰孢菌和腐霉菌，麦类核腔菌和小麦网腥黑粉菌有效。也可用作土壤处理，防治花球茎上腐霉菌的侵染。

合成路线

常用剂型 噻菌腈目前在我国未见相关产品登记，可加工成悬浮剂。

噻菌灵 （ thiabendazole ）

$C_{10}H_7N_3S$, 210.19, 148-79-8

其他名称 特克多，噻苯灵，涕必灵，腐绝，硫苯唑，Bioguard，Tecto，Mertect，Thibenzole，Eguizole。

化学名称 2-（噻唑-4-基）苯并咪唑；2-(thiazol-4-y1) benzzmidazole。

理化性质 纯品噻菌灵为无色粉状固体，溶点297～298℃，蒸气压 $4.6×10^{-4}$ mPa（25℃）。分配系数 $K_{ow} lgP=2.39$（pH7）。Henry 常数 $2.7×10^{-8}$ Pa·m^3/mol。相对密度1.3989。水中溶解度（g/L，20℃）：0.16（pH4）、0.03（pH7）、0.03（pH10）。有机溶剂中的溶解度（20℃，g/L）：丙酮2.43，甲醇8.28，二甲苯0.13，乙酸乙酯1.49，正辛醇3.91。稳定性：在酸、碱、水溶液中稳定。DT_{50} 29h（pH5）。pK_{a1} 4.73，pK_{a2} 12.00。

毒性 噻菌灵原药急性经口 LD_{50}（mg/kg）：大鼠 3100，小鼠 3600，兔 3800。兔急性经皮 LD_{50} >2000mg/kg。对兔眼睛和皮肤无刺激，对豚鼠皮肤无过敏。大鼠急性吸入 LC_{50}（4h）>0.5mg/L。大鼠 2 年饲喂试验无作用剂量为 40mg/(kg·d)。ADI 值 0.1mg/kg。山齿鹑和野鸭饲喂 LC_{50}（5d）>5620mg/kg（饲料）。鱼毒（96h，mg/L）：大翻车鱼 19，虹鳟鱼 0.55。水蚤 LC_{50}（48h）0.81mg/L。对蜜蜂无毒。蚯蚓 LC_{50}（14d）>500mg/kg（土壤）。

应用 噻菌灵属于真菌线粒体呼吸作用和细胞繁殖抑制剂，广谱、内吸苯并咪唑类杀菌剂，可用于柑橘、香蕉、葡萄、各种蔬菜、马铃薯、花生、芦笋等，防治柑橘青霉病、绿霉病、花腐病等，草莓白粉病、灰霉病，甘蓝灰霉病，苹果青霉病、炭疽病、灰霉病、黑星病、白粉病等多种病害。

合成路线 噻菌灵有如下多种合成路线，其中第一种路线即路线 1→2→3→4→5 为工业常用。

常用剂型 噻菌灵目前在我国原药登记规格有 98%、98.5%、99%；制剂登记主要有悬浮剂、可湿性粉剂。可与喹啉酮复配。

噻菌茂（saijunmao）

$C_{10}H_{10}N_2OS_2$，238.2

其他名称 青枯灵。

化学名称 2-苯甲酰肼-1,3-二噻茂烷。

理化性质 熔点 145～146℃，易溶于二甲亚砜，溶于三氯甲烷、丙酮、二氯甲烷、甲醇，难溶于石油醚、正己烷、水等。

应用　该药是一种具有广谱、内吸性的有机硫类杀菌剂，兼有预防和治疗作用，药效高、持效期长、低残留、耐雨水冲刷，药效较稳定，不易产生药害，可用于防治烟草青枯病、野火病、角斑病等细菌性病害。

合成路线

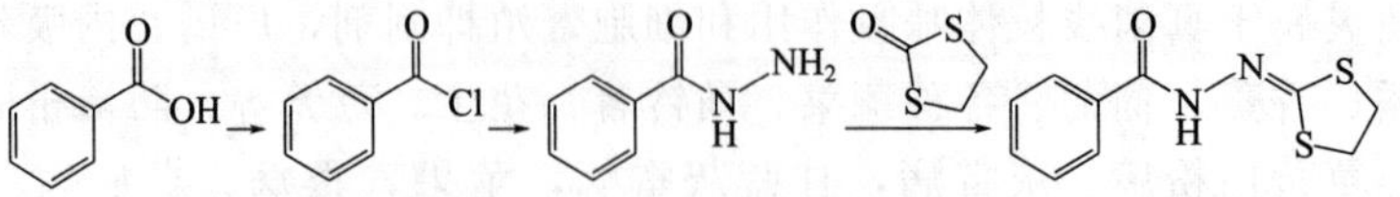

常用剂型　噻菌茂常用制剂主要有 20%可湿性粉剂。

噻菌铜 （thiodiazole copper）

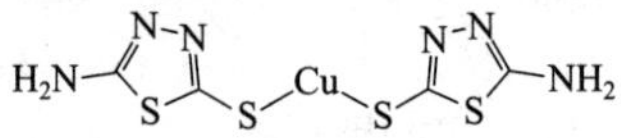

$C_4H_4CuN_6S_4$，327.9，3234-61-5

其他名称　龙克菌，噻唑铜。

化学名称　2-氨基-5-巯基-1,3,4-噻二唑铜。

理化性质　原药为黄绿色粉末结晶，相对密度 1.94，熔点 300℃，微溶于二甲基甲酰胺，不溶于水和各种有机溶剂。制剂产品为黄绿色黏稠液体，相对密度 1.16~1.25，细度为 4~8μm，pH 值为 5.5~8.5，悬浮率 90%以上，(54±2)℃热贮及 0℃以下贮存稳定，遇强碱分解，在酸性条件下稳定。

毒性　低毒。原药雄性大鼠急性经口 LD_{50}>2150mg/kg；原药雌、雄大鼠急性经皮 LD_{50}>2000mg/kg。原药在各实验剂量下，无致生殖细胞突变作用；Ames 实验，原药的致突变作用为阴性；原药在实验所使用剂量下，无致微核作用；亚慢性经口毒性的最大无作用剂量为 20.16mg/(kg·d)；原药对皮肤无刺激性，对眼睛有轻度刺激。对人、畜、鱼、鸟、蜜蜂、青蛙、有益生物、天敌和农作物安全。

应用　主要防治植物细菌性病害，已经试验示范推广登记的作物病害包括水稻白叶枯病、细菌性条斑病、柑橘溃疡病、柑橘疮痂病、白菜软腐病、黄瓜细菌性角斑病、西瓜枯萎病、香蕉叶斑病、茄科青枯病。

合成路线

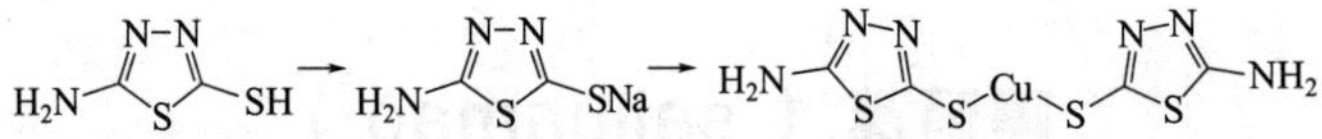

常用剂型　噻菌铜在我国登记的主要制剂为 20%悬浮剂。

噻霉酮 （benziothiazolinone）

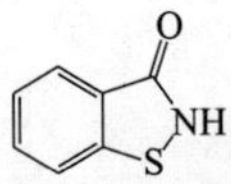

C_7H_5NOS，151.2，2634-33-5

其他名称 菌立灭，BIT。

化学名称 1，2-苯并异噻唑-3-酮。

理化性质 原药外观为微黄色粉末，相对密度 0.8，熔点 158℃＋1℃，水中溶解度（20℃）4g/L。制剂外观为微黄色稳定的均相液体，相对密度 1.02，pH6～8。

毒性 大鼠急性经口 LD_{50} 为 1100mg/kg，大鼠急性经皮 LD_{50} 为 1000mg/kg。

应用 该药是一种新型、广谱杀菌剂，对真菌性病害具有预防和治疗作用。主要用于防治黄瓜霜霉病、梨黑星病、苹果疮痂病、柑橘炭疽病、葡萄黑痘病等多种细菌、真菌性病害。

常用剂型 噻霉酮常用制剂主要有 1.5％水剂。

噻酰菌胺（tiadinil）

$C_{11}H_{10}ClN_3OS$，267.51，223580-51-6

化学名称 3'-氯-4'，4'-二甲基-1，2，3-噻二唑-5-甲酰苯胺；3'-chloro-4',4'-dimethyl-1,2,3-thiadazole-5-carboanilide。

理化性质 纯品外观为米黄色固体，密度 1.47g/cm³（20℃），熔点 112.2℃，蒸气压 1.03×10^{-6} Pa（GLC 法，25℃），水中溶解度 13.2mg/kg（20℃），分配系数 K_{ow} lg$P$＝3.68（25℃）。

毒性 噻酰菌胺原药大鼠急性经口 $LD_{50} > 6147$mg/kg，大鼠急性经皮 $LD_{50} > 2000$mg/kg。大鼠急性吸入 LC_{50}（4h）＞7mg/L。对兔眼睛无刺激，对兔、大鼠无致畸性，对大鼠无繁殖毒性，对小鼠无变异性。对家蚕（幼虫）$LC_{50} > 400$mg/L，对蜜蜂（成虫）$LC_{50} > 1000$mg/L。

应用 由日本农药公司开发的内吸性杀菌剂，1996 年 12 月申请专利；主要用于防治水稻稻瘟病，对褐斑病、白叶枯病、纹枯病等也有很好的防治效果；使用剂量 10g（a.i.）/hm²。

合成路线 噻酰菌胺合成有乙酰乙酸乙酯路线即路线 1→2→3→4→5 和双乙烯酮路线即路线 7→8→9，如下所示。

常用剂型 噻酰菌胺目前在我未见相关产品登记。主要剂型有颗粒剂，可与氟虫腈、吡虫啉复配。

噻唑菌胺（ethaboxam）

$C_{14}H_{16}N_4OS_2$，320.42，162650-77-3

其他名称 韩乐宁，Guardian。

化学名称 (*RS*)-*N*-(α-氰基-2-噻吩甲基)-4-乙基-2-乙氨基噻唑-5-甲酰胺；(*RS*)-*N*-(α-cyano-2-thenyl)-4-ethyl-2-ethylamino thiazole-5-carboxamide。

理化性质 纯品噻唑菌胺为白色粉末，没有固定熔点，在185℃熔化过程分解。蒸气压 8.1×10^{-5} Pa（25℃）。分配系数 K_{ow} lg$P = 2.89$（pH7）。水中溶解度 4.8mg/L（20℃），12.4mg/L（25℃）。有机溶剂中溶解度（g/L，20℃）：二甲苯 0.14，正辛醇 0.37，1,2-二氯乙烷 2.9，乙酸乙酯 11，甲醇 18，丙酮 40。在室温、pH7 条件下的水溶液稳定，pH4 和 pH9 时半衰期分别为 89d 和 46d。

毒性 噻唑菌胺原药大、小鼠（雄/雌）急性经口 $LD_{50} > 5000$mg/kg。大鼠（雄/雌）急性经皮 $LD_{50} > 5000$mg/kg。大鼠（雄/雌）急性吸入 LC_{50}（4h）> 4.89mg/L。对兔眼睛和皮肤无刺激性，对豚鼠皮肤无致过敏性。无潜在诱变性，对兔、大鼠无潜在致畸性。山齿鹑急性经口 $LD_{50} > 5000$mg/kg。鱼毒 LC_{50}（96h，mg/L）：蓝鳃太阳鱼 > 2.9，黑头带鱼 > 4.6，虹鳟鱼 2.0。水蚤 LC_{50}（48h）0.33mg/L。蜜蜂 $LD_{50} > 100\mu$g/只。蚯蚓 LC_{50}（14d）> 1000mg/kg（干土）。

应用 噻唑菌胺属于高效、内吸，具有预防和治疗作用的噻唑类杀菌剂，适宜于葡萄、马铃薯以及瓜类等作物，防治卵菌纲引起的病害，如葡萄霜霉病和马铃薯晚疫病等；使用剂量 $100 \sim 250$g（a.i.）/hm^2。

合成路线

常用剂型 噻唑菌胺目前在我国未见相关产品登记。常用制剂有 12.5% 可湿性粉剂、25% 可湿性粉剂等，可与代森锰锌等进行复配。

噻唑锌 （ zinc thiozole ）

$$H_2N \text{—} \underset{S}{\overset{N-N}{\text{◇}}} \text{—S—Zn—S—} \underset{S}{\overset{N-N}{\text{◇}}} \text{—} NH_2$$

$C_4H_4N_6S_4Zn$，329.8

其他名称 碧生。

化学名称 双（2-氨基-1,3,4-噻二唑-5-硫基）锌。

理化性质 灰白色粉末，熔点＞300℃，不溶于水和有机溶剂，在中性、弱碱性条件下稳定。

毒性 大鼠急性经口 LD_{50}＞5000mg/kg（制剂）；大鼠急性经皮 LD_{50}＞5000mg/kg（制剂）。

应用 噻唑锌的结构由两个基团组成。一是噻唑基团，在植物体外对细菌无抑制力，但在植物体内却是高效的治疗剂，药剂在植株的孔纹导管中，细菌受到严重损害，其细胞壁变薄继而瓦解，导致细菌死亡。二是锌离子，具有既杀真菌又杀细菌的作用。药剂中的锌离子与病原菌细胞膜表面上的阳离子（H^+、K^+ 等）交换，导致病菌细胞膜上的蛋白质凝固而杀死病菌；部分锌离子渗透进入病原菌细胞内，与某些酶结合，影响其活性，导致机能失调，病菌因而衰竭死亡。在两个基团的共同作用下，杀病菌更彻底，防治效果更好，防治对象更广泛。防治白菜软腐细菌性病害、黑斑病、炭疽病、锈病、白粉病、缺锌老化叶。防治花生青枯病、死棵烂根病、花生叶斑病。防治水稻僵苗、黄秧烂秧、细菌性条斑病、白叶枯病、纹枯病、稻瘟病、缺锌火烧苗。防治黄瓜细菌性角斑病、溃疡病、霜霉病、靶标病、黄点病、缺锌黄化叶，可钝化病毒。防治番茄细菌性溃疡病、晚疫病、褐斑病、炭疽病、缺锌小叶病，钝化病毒。

合成路线

$$H_2NNH_2 \cdot H_2O \xrightarrow[\text{成盐}]{H_2SO_4} H_2NNH_2 \cdot H_2SO_4 \xrightarrow[\text{加成、中和、重排}]{NH_4SCN} H_2N \text{—} \underset{S}{\overset{||}{C}} \text{—NH—NH—} \underset{S}{\overset{||}{C}} NH_2$$

$$\xrightarrow[\text{环合}]{HCl} H_2N\text{—}C\underset{S}{\overset{N-N}{\text{◇}}}C\text{—SH} \xrightarrow[\text{中和}]{NaOH} H_2N\text{—}C\underset{S}{\overset{N-N}{\text{◇}}}C\text{—SNa}$$

$$\xrightarrow[\text{缩合}]{ZnSO_4} H_2N\text{—}C\underset{S}{\overset{N-N}{\text{◇}}}C\text{—S—Zn—S—}C\underset{S}{\overset{N-N}{\text{◇}}}C\text{—}NH_2 \quad \text{（噻唑锌）}$$

常用剂型 噻唑锌在我国登记的主要制剂有20％、40％、50％悬浮剂。

三苯基醋酸锡 （ fentin acetate ）

$$\underset{\underset{O}{\overset{||}{\underset{|}{C}}\text{—CH}_3}}{\overset{\phi}{\underset{|}{Sn}}\overset{\phi}{\phi}}$$

$C_{20}H_{18}O_2Sn$，409，900-95-3

其他名称 薯瘟锡，Brestan，Super-Tin，Suzu-H，Brestanid，Farmatin，Agri Tin，Anticercospora，Duter，Keytin。

化学名称 三苯基乙酸锡；triphenyltin acetate。

理化性质　白色无味结晶，熔点 $118\sim122℃$，蒸气压 1.9mPa（60℃）。分配系数 K_{ow} $\lg P=3.54$。Henry 常数 2.96×10^{-4} Pa·m³/mol（20℃）。相对密度 1.5（20℃）。水中溶解度 9mg/L（20℃）。有机溶剂中溶解度（g/L，20℃）：乙醇 22，乙酸乙酯 82，正己烷 5，二氯甲烷 460，甲苯 89。工业品纯度为 92%～95%，含锡＞28%，熔点 $120\sim125℃$，在干燥条件下稳定，遇空气和光较易分解。

毒性　急性经口 LD_{50}（mg/kg）：大白鼠 125，小白鼠 93.3。急性经皮 LD_{50}（mg/kg）：大白鼠 450，小白鼠 350。刺激黏膜。狗和豚鼠各喂 10mg/kg 两年，均无病变。鹌鹑 LD_{50} 为 77.4mg/kg。鱼毒性 LC_{50}（48h）：黑头呆鱼 0.071mg/L。水蚤 LC_{50}（48h）10μg/L。藻类 LC_{50}（72h）32μg/L。对蜜蜂没有毒性。蚯蚓 LD_{50}（14d）128mg/kg。

应用　保护性内吸杀菌剂、杀藻剂和杀软体动物剂。防治马铃薯疫病、甜菜褐斑病、芹菜斑点病、豆类炭疽病和角斑病、葡萄白粉病、柑橘病等。其中对芹菜褐斑病有特效。亦可防治稻田的藻类，对鳞翅目幼虫有拒食作用。对蛇麻草、果树、观赏植物和温室内植物有药害，而对马铃薯、甜菜、芹菜、可可和水稻则安全。对家蝇有绝育的功效。

合成路线

常用剂型　常用制剂为 45% 三苯基醋酸锡可湿性粉剂，45% 苯乙锡锰锌可湿性粉剂，18%、20%、35% 苯乙锡酮可湿性粉剂，20% 三苯基醋酸锡可湿性粉剂，15% 井冈霉素三苯基醋酸锡可湿性粉剂等。

三苯基氢氧化锡（fentin hydroxide）

$C_{18}H_{16}OSn$，367.01，76-87-9

化学名称　苯基氢氧化锡；triphenyltinhydroxide。

理化性质　白色结晶，熔点 $118\sim120℃$，溶解性：水 1mg/L（20℃，pH＝7），乙醇 10g/L，二氯甲烷 171g/L，乙醚 28g/L，丙酮 50g/L，苯 41g/L。稳定性：室温下黑暗中稳定，加热到 45℃ 以上脱水，日光下缓慢分解，在紫外线下加速分解。

毒性　急性经口 LD_{50}（mg/kg）：大白鼠 171（雄）、110（雌），小白鼠 93.3（雄）、209（雌）。急性经皮 LD_{50}（mg/kg）：大白鼠 1600。狗和豚鼠各喂 10mg/kg 两年，均无病变。

应用　内吸杀菌剂，并且具有杀藻及对害虫具有拒食、忌避作用。用于甜菜、大豆、蔬菜、水稻等作物防治多种病害。

合成路线

常用剂型 目前在我国有相关登记产品为 95％原药和 50％悬浮剂。

三氮唑核苷（ribavirin）

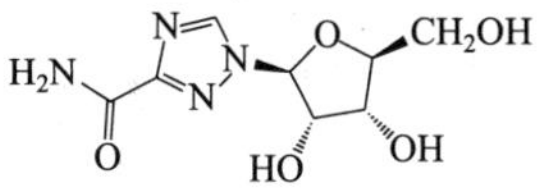

$C_8H_{12}N_4O_5$，244.2，36791-04-5

其他名称 病毒必克，病毒唑，利巴韦林。

化学名称 1-β-D-呋喃核糖基-1H-1，2，4-三氮唑-3-羧酰胺。

理化性质 原药为白色结晶粉末，无臭味，易溶于水，微溶于乙醇，熔点 205℃，对水、光、空气、弱酸弱碱均稳定。

毒性 大鼠急性经口 LD_{50}＞10000mg/kg（制剂）。大鼠急性经皮 LD_{50}＞10000mg/kg（制剂）。

应用 季铵盐类杀菌剂，杀菌谱广、低毒，具有内吸作用，浸种、喷施防治棉花立枯病和棉花炭疽病。

合成路线

（1）卤代糖法

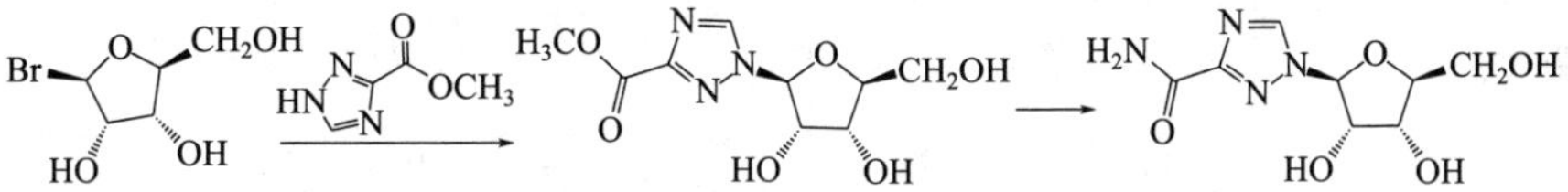

（2）核苷酸法

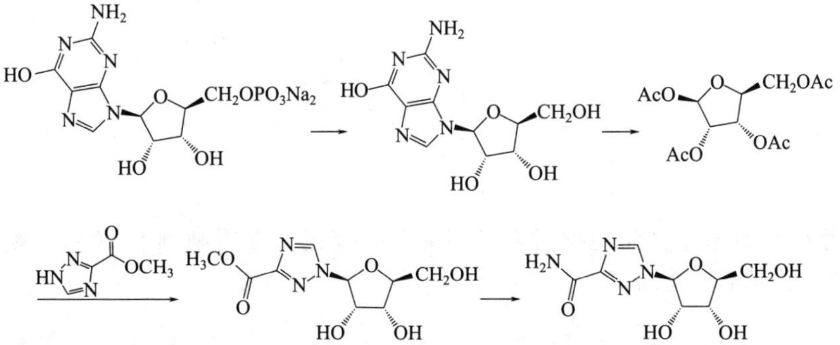

（3）肌苷法

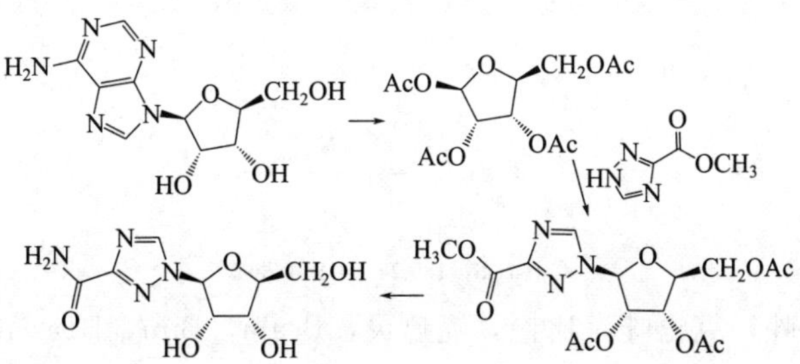

常用剂型 三氮唑核苷在我国未见相关产品登记。

三氟苯唑 （ fluotrimazole ）

$C_{22}H_{16}F_3N_3$，379.38，31251-03-3

其他名称　菌唑灵，氟三唑，Persulon，BUE0620。

化学名称　1-(3-三氯甲基三苯甲基) -1,2,4-三唑；1-(3-trifluoromethyl) trityl-1,2,4-triazole。

理化性质　无色结晶固体。熔点132℃。20℃时的溶解度：水中为1.5mg/L，二氯甲烷中为40％，环己酮中为20％，甲苯中为10％，丙二醇中为50g/L。在0.1mol/L氢氧化钠溶液中稳定，在0.2mol/L硫酸中分解率为40％。

毒性　三氟苯唑的毒性很低。大鼠急性经口LD_{50}为5000mg/kg，急性经皮LD_{50}＞1000mg/kg。大鼠90d饲喂试验无作用剂量为800mg/kg，狗为5000mg/kg。对蜜蜂安全。

应用　因含有氟原子，生物活性高，毒性降低，为高效、广谱杀菌剂。对黄瓜、桃、葡萄、大麦、甜菜等多种作物白粉病有特效。

合成路线

常用剂型　三氟苯唑目前在我国未见相关产品登记。常用制剂有50％三氟苯唑可湿性粉剂、125g/L三氟苯唑乳油。

三环唑 （ tricyclazole ）

$C_9H_7N_3S$，189.24，41814-78-2

其他名称　稻瘟唑，克瘟唑，比艳，克瘟灵，Beam，Bim，Blascide，EL 291。

化学名称　5-甲基-1,2,4-三唑基 ［3,4-*b*］ 苯并噻唑；5-methyl-1,2,4-triazolo ［3,4-*b*］

benzothiazole。

理化性质 纯品三环唑为无色针状结晶，熔点 $187 \sim 188^{\circ}C$，沸点 $275^{\circ}C$。蒸气压 $0.027mPa$（$25^{\circ}C$）。分配系数 $K_{ow}lgP = 1.4$，Henry 常数 $3.19 \times 10^{-6}Pa \cdot m^3/mol$。水中溶解度（$25^{\circ}C$）为 $1.6g/L$。有机溶剂中溶解度（$25^{\circ}C$）：氯仿 $>500g/L$，二氯甲烷 33%，乙醇 25%，甲醇 25%，丙酮 10.4%，环己酮 10.0%，二甲苯 2.1%。$52^{\circ}C$（试验最高贮存温度）稳定存在。对紫外线照射相对稳定。

毒性 三环唑原药急性经口 LD_{50}（mg/kg）：大鼠 358（雄）、305（雌），小鼠 250，狗 >50。兔急性经皮 $LD_{50} > 2000mg/kg$。对眼睛有轻微刺激作用，对兔皮肤无刺激现象。2 年喂养无作用剂量大鼠 $9.6mg/kg$，小鼠 $6.7mg/kg$。狗 1 年喂养无作用剂量为 $5mg/kg$。ADI 值为 0.03 mg/kg。野鸭和山齿鹑急性经口 $LD_{50} > 100mg/kg$。鱼毒 LC_{50}（mg/L，96h）：蓝鳃太阳鱼 16.0，虹鳟鱼 7.3。水蚤 LC_{50}（48h）$>20mg/L$。

应用 三环唑高效、内吸、持效期长（$30 \sim 60d$），具有预防和治疗作用。是防治水稻稻瘟病特效杀菌剂，美国 Eli Lilly 公司 1975 年开发，先后在英国、德国、美国、日本申请专利，1979 年上市。

合成路线 根据起始原料不同可以经过邻甲基苯胺路线（$1 \to 2 \to 3 \to 4 \to 5$）和取代苯基异硫氰酸酯路线（$6 \to 7 \to 8$）两条路线合成，工业生产常用第一种方法。

常用剂型 三环唑目前在我国的原药登记有 94%、95%、96% 等规格；制剂登记主要剂型有可湿性粉剂、悬浮剂、水分散粒剂等；复配制剂主要与井冈霉素、多菌灵、硫黄、甲基硫菌灵、咪鲜胺、异稻瘟净、春雷霉素、烯唑醇、咪鲜胺锰盐、三唑酮等进行复配。

三唑醇（triadimenol）

$C_{14}H_{18}ClN_3O_2$，295.76，55219-65-3(未指明立体构型)、89482-17-7(1*RS*,2*SR*)、82200-72-4(1*RS*,2*RS*)

其他名称 羟锈宁，三泰隆，百坦，Baytan，Bayfidan，Summit，Bay K WG 0519。

化学名称 1-(4-氯代苯氧基)-3,3-二甲基-1-(1*H*-1,2,4-三唑基-1)-2-丁醇；1-(4-chloro-phenoxy)-3,3-dimethyl-1-(1*H*-1,2,4-triazol-1-yl)-2-butanol。

理化性质　三唑醇是非对映异构体 A、B 的混合物，A 代表 (1RS，2SR)、B 代表 (1RS，2RS)。A:B=7:3。纯品三唑醇为无色结晶固体，具有轻微特殊气味。熔点：A 138.2℃、B 133.5℃、A+B 110℃（原药 103~120℃）。蒸气压：A 6×10^{-4} mPa，B 4×10^{-4} mPa（20℃）。相对密度：A1 237，B1 299。分配系数 $K_{ow} \lg PA$：3.08，B 3.28（25℃）。Henry 常数（Pa・m³/mol，20℃）：A 3×10^{-6}，B 4×10^{-6}。水中溶解度（20℃，mg/L）：A 62，B 33。有机溶剂中溶解度（20℃，g/L）：二氯甲烷 200~500，异丙基乙醇 50~100，正己烷 0.1~1.0，甲苯 20~50。两个非对映体对水解稳定；半衰期 DT_{50}（20℃）>1 年（pH4、pH7 和 pH9）。

毒性　三唑醇原药急性经口 LD_{50}（mg/kg）：大鼠 700，小鼠 1300。大鼠急性经皮 LD_{50}>5000mg/kg。对兔眼睛和皮肤无刺激作用。大鼠急性吸入 LC_{50}（4h）>0.9mg/L。2 年喂养无作用剂量（mg/kg）：大鼠和小鼠 125，狗 600。山齿鹑急性经口 LD_{50}>2000mg/kg。鱼毒 LC_{50}（96h，mg/L）：虹鳟鱼 14~23.5，蓝鳃太阳鱼 15。水蚤 LC_{50}（48h）51mg/L。对蜜蜂无毒。蚯蚓 LC_{50}772mg/kg（干土）。

应用　三唑醇属于高效、内吸，具有治疗、保护和铲除特性的三唑类杀菌剂，德国拜耳公司 1978 年开发推出；适用于禾谷类作物如玉米、麦类、高粱、水稻等，瓜类、烟草、花卉、豆类等，观赏园艺作物以及咖啡、烟草、甘蔗、果树等，特别适用于处理秋、春播谷类作物。防治白粉病、叶锈病、条锈病、全蚀病、纹枯病、叶锈病、根腐病、黑穗病等多种病害。使用剂量 100~150g（a.i.）/hm²。

合成路线　三唑醇是由三唑酮经还原得到。由于所用的还原剂不同，所以有多种还原方法，常用的还原剂是硼氢化钠或硼氢化钾、异丙醇铝、甲酸-甲酸钠、保险粉（$Na_2S_2O_4$）等。工业生产常用异丙醇铝在异丙醇中于回流条件下加热还原，然后用稀硫酸水解还原，如下所示。

常用剂型　三唑醇目前在我国的原药登记规格有 95%、97%；制剂登记主要剂型有悬浮种衣剂、可湿性粉剂、干拌种剂、乳油等；复配登记主要与克菌丹、福美双、多菌灵、甲拌磷、甲基异柳磷等进行复配。

三唑酮（triadimefon）

$C_{14}H_{16}ClN_3O_2$，293.75，43121-43-3

其他名称　粉锈宁，三唑二甲酮，百菌酮，百理通，Bayleton，Bay MEB 6447，Amiral，Bayer 6588。

化学名称　3,3-二甲基-1-(4-氯苯氧基)-1-(1,2,4-三唑-1-基)-1-丁酮；3,3-dimethyl-1-(4-chloro phenoxy)-1-(1,2,4-triazol-1-yl)-1-butanone。

理化性质　纯品三唑酮为无色结晶固体，微臭。熔点：（异构体1）78℃，（异构体2）82℃。蒸气压 0.02mPa（20℃）、0.06 mPa（25℃）。分配系数 $K_{ow}\lg P = 3.11$。Henry 常数 $9 \times 10^{-5} Pa \cdot m^3/mol$（20℃）。相对密度 1.283。水中溶解度（20℃）为 64mg/L。有机溶剂中溶解度（20℃，g/L）：除脂肪族外，中等程度溶于大多数有机溶剂，二氯甲烷、甲苯>200，异丙醇 99，正己烷 6.3。稳定性：对水解稳定，DT_{50}（22℃）>1 年（pH3、pH6 和 pH9）。

毒性　三唑酮原药急性经口 LD_{50}（mg/kg）：大、小鼠 1000，兔 250～500，狗>500。大鼠急性经皮 LD_{50}>5000mg/kg。对兔眼睛和皮肤有中等刺激性。大鼠急性吸入 LC_{50}（4h）：3.27mg/L（粉尘），>0.5mg/L（空气）。NOEL 数据（2 年，mg/kg 饲料）：大鼠 300，小鼠 50，狗 330。ADI 值 0.03mg/kg。野鸭急性经口 LD_{50}>4000mg/kg。饲喂毒性 LC_{50}（5d，mg/kg 饲料）：野鸭>10000，山齿鹑>1640。鱼毒 LC_{50}（96h，mg/L）：大翻车鱼 11，金鱼 13.8，虹鳟鱼 17.4。水蚤 LC_{50}（48h）11.3mg/L。藻类 EC_{50}（48h）2.01mg/L。蜜蜂 LD_{50}（接触）>100μg/只。

应用　三唑酮是一种高效、低毒、低残留、持效期长、内吸性强的三唑类杀菌剂，具有双向传导功能，并且具有预防、铲除、治疗和熏蒸作用，持效期较长。三唑酮的杀菌机制原理极为复杂，主要是抑制菌体麦角甾醇的生物合成，因而抑制或干扰菌体附着孢及吸器的发育、菌丝的生长和孢子的形成。三唑酮对某些病菌在活体中活性很强，但离体效果很差。对菌丝的活性比对孢子强。三唑酮可以与许多杀菌剂、杀虫剂、除草剂等现混现用。

合成路线　通常有一步法、四步法和四步逆流法三种合成路线。如下所示。

常用剂型　三唑酮目前在我国的原药登记规格为 95%、96%；制剂登记主要剂型有乳油、悬浮种衣剂、可湿性粉剂、种衣剂、热雾剂、水乳剂、烟雾剂、拌种剂等；复配制剂主要与乙蒜素、多菌灵、硫黄、吡虫啉、甲拌磷、氧乐果、甲基异柳磷、福美双、代森锰锌、杀虫单、腈菌唑、噻虫胺、井冈霉素、三环唑、氰戊菊酯、咪鲜胺、丁硫克百威、马拉硫磷、烯唑醇、辛硫磷、抗蚜威、百菌清等进行复配。

申嗪霉素（phenazino-1-carboxylic acid）

$$C_{13}H_8N_2O_2, 224.2$$

其他名称　农乐霉素，绿群，广清，交融。

化学名称　吩嗪-1-羧酸。

理化性质　制剂外观为可流动、易测量体积的悬浮液体，存放过程中可能出现沉淀，但经手摇动应恢复原状，不应有结块。熔点241～242℃。溶于醇、醚、氯仿、苯，微溶于水。在偏酸性及中性条件下稳定。

毒性　大鼠急性经口 $LD_{50} > 5000mg/kg$，大鼠急性经皮 $LD_{50} > 5000mg/kg$。

应用　广谱抑制各种农作物病原真菌，对黄瓜和西瓜的枯萎病、甜瓜的蔓枯病、辣椒的根腐病等有预防和治疗作用。

常用剂型　申嗪霉素在我国登记的主要制剂为1％悬浮剂。

十二环吗啉（dodemorph）

$$C_{18}H_{35}NO, 281.5, 1593-77-7$$

其他名称　Meltatox，Meltaumittel，Milban。

化学名称　4-环十二烷基-2,6-二甲基吗啉；4-cyclododecyl-2,6-dimethyl-morpholine；CA：4-cyclododecyl-2,6-dimethylmorpholine。

理化性质　含有顺式-2,6-二甲基吗啉的异构体约60％，反式-2,6-二甲基吗啉的异构体约40％。反应异构体为无色油状物，以顺式为主的产品为带有特殊气味的无色固体。熔点71℃，沸点190℃/133Pa。蒸气压：顺式0.48mPa（20℃）。K_{ow} lg$P$ = 4.14（pH7）。顺式溶解度（20℃）：水<100mg/kg，氯仿>1000g/L，乙醇50g/L，丙酮57g/L，乙酸乙酯185g/L。稳定性：对热、光、水稳定。

毒性　大鼠急性经口 LD_{50}：雄3944mg/kg，雌2465mg/kg。大鼠急性经皮 $LD_{50} >$ 4000mg/kg（42.6％乳油）。对兔皮肤和眼睛有很强的刺激性。大鼠急性吸入 LC_{50}（4h）5mg/L空气（乳油）。水蚤 LC_{50}（48h）3.34mg/L。对蜜蜂无害。

应用　十二环吗啉是BASF公司开发的吗啉类杀菌剂。属于麦角甾醇生物合成抑制剂。十二环吗啉乙酸盐为具有保护和治疗活性的内吸性杀菌剂。主要用于玫瑰及其他观赏植物、黄瓜以及其他作物等的白粉病的防治。

合成路线

常用剂型 十二环吗啉目前在我国未见相关产品登记。常用制剂主要有 40％乳油，可与多果定复配。

十二环吗啉乙酸盐

$C_{18}H_{35}NO \cdot C_2H_4O_2$，31717-87-0

化学名称 4-环十二烷基-2,6-二甲基吗啉乙酸盐；n-cyclododecyl-2,6-dimethyl-morpholin acetate；4-cyclododecyl-2,6-dimethyl-morpholine acetate；4-cyclododecyl-2,6 - dimethyl -morpholinium acetate。

理化性质 无色固体，熔点 63～64℃，沸点 315℃/101.3kPa。蒸气压 2.5mPa（20℃）。$K_{ow}lgP = 2.52$（pH5）、4.23（pH9）。Henry 常数 0.77Pa·m^3/mol。相对密度 0.93。溶解度：水 1.1mg/kg（20℃），苯、氯仿＞1000g/kg，环己烷 846g/kg，乙酸乙酯 205g/kg，乙醇 66g/kg，丙酮 22g/kg。稳定性：在密闭容器中稳定期 1 年以上，在 50℃稳定 2 年以上，在中性、中等强度碱性或酸性介质中稳定。

毒性 急性经口 LD$_{50}$：雄大鼠 3944mg/kg，雌大鼠 2465mg/kg。大鼠急性经皮 LD$_{50}$＞4g/kg（42.6％EC 制剂）。对兔皮肤和眼睛刺激严重。大鼠急性吸入 LC$_{50}$（4h）5mg/L 空气（EC制剂）。豚鼠急性经口 LD$_{50}$（96h）约 40mg/L。对蜜蜂无毒。水蚤 LC$_{50}$（48h）3.34mg/L。

应用 十二环吗啉乙酸盐属于麦角甾醇生物合成抑制剂，广谱内吸性，具有保护和治疗作用。

合成路线

常用剂型 十二环吗啉乙酸盐目前在我国未见相关产品登记。

十三吗啉（tridemorph）

R=$C_{11}H_{23}$，$C_{12}H_{25}$，$C_{13}H_{27}$

$C_{19}H_{39}NO$，297.52，24602-86-6

其他名称 十三烷吗啉，克力星，环吗啉，克啉菌，Calixin。

化学名称 2,6-二甲基-N-十三烷基吗啉；2,6-dimethyl-N-tridecyl morpholine。

理化性质 十三吗啉为 4-C_{11}～C_{13} 烷基-2,6-二甲基吗啉同系物组成的混合物，其中 4-十三烷基异构体含量为 60%～70%，C_9 和 C_{15} 同系物含量为 0.2%，2,5-二甲基异构体含量 5%。纯品为黄色油状液体，具有轻微氨气味，沸点 134℃/66.7Pa（原药）。蒸气压 12mPa（20℃）。分配系数 $K_{ow} \lg P = 4.20$（pH7，22℃）。Henry 常数 3.2Pa·m^3/mol（计算值）。相对密度 0.86。水中溶解度（20℃，pH7）为 1.1mg/L，能与丙酮、氯仿、乙酸乙酯、环己烷、甲苯、乙醇、乙醚、橄榄油、苯等互溶。稳定性：50℃ 以下稳定，紫外线照射 20mg/kg 的水溶液，16.5h 水解 50%。呈碱性，pK_a 6.50（20℃）。闪点 142℃。

毒性 十三吗啉原药大鼠急性经口 LD_{50} 480mg/kg，大鼠急性经皮 LD_{50} 4000 mg/kg。对兔眼睛和皮肤无刺激性。大鼠急性吸入 LC_{50}（4h）4.5mg/L。大鼠无作用剂量（2 年）30mg/kg（每天 1.8mg/kg），狗无作用剂量 50mg/kg。急性经口 LD_{50}：山齿鹑 1388mg/kg，野鸭＞2000mg/kg。虹鳟鱼 LC_{50}（96h）3.4mg/L。水蚤 LC_{50}（48h）1.3mg/L。蜜蜂 LD_{50}（24h）＞200μg/只。蚯蚓 LC_{50}（14d）880mg/kg（土壤）。

应用 十三吗啉属于麦角甾醇生物合成抑制剂，广谱内吸性，具有保护和治疗作用，由巴斯夫公司 1969 年开发；适用于麦类、黄瓜、马铃薯、豌豆、香蕉、橡胶等，防治白粉病、叶锈病、条锈病等多种病害。

合成路线

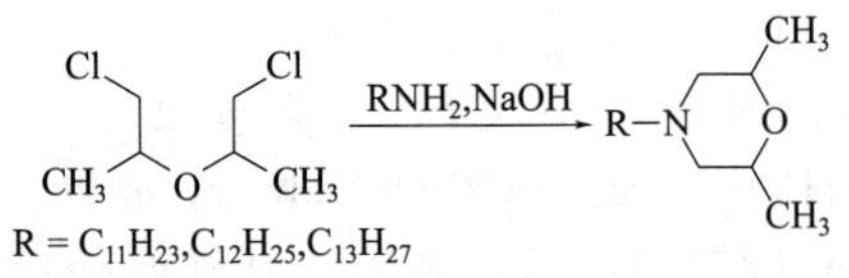

R = $C_{11}H_{23}$，$C_{12}H_{25}$，$C_{13}H_{27}$

或者：

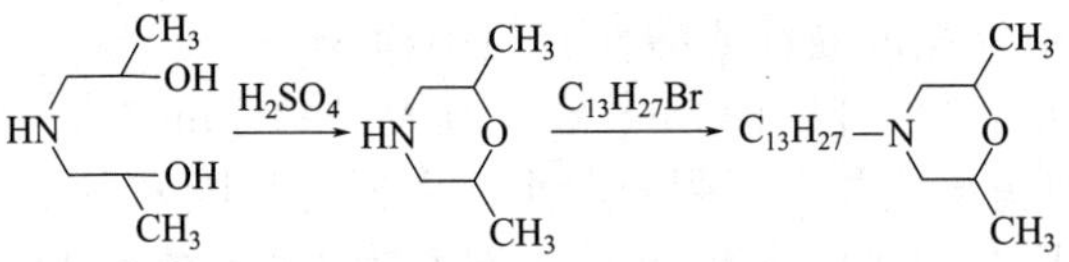

常用剂型 十三吗啉目前在我国登记包括原药和单剂，原药规格为 95% 和 99%，登记剂型主要有 86%、95% 油剂和 750g/L 乳油。可与多菌灵、代森锰、三唑醇、丙环唑等进行复配。

石硫合剂（lime sulphur）

CaS_x，1344-81-6

化学名称 多硫化钙。

其他名称 基得，达克快宁，速战，可隆，calium polysulfide。

理化性质 石硫合剂是一种褐色液体，具有较强的臭鸡蛋味。呈碱性反应，相对密度＞1.28，溶于水，遇酸和二氧化碳易分解，在空气中易氧化，贮存时应避光密闭。

毒性 石硫合剂按我国农药毒性分级标准属低毒农药，对人的皮肤具有强烈的腐蚀性，并对人的眼睛和鼻子具有刺激性。45% 的固体对雄性大鼠急性经口 LD_{50} 为 619mg/kg，雌大鼠的急性经口 LD_{50} 为 501mg/kg，家兔急性经皮 LD_{50}＞5000mg/kg。

应用 石硫合剂可作为保护性杀菌剂，喷洒在植物表面后，其中的多硫化钙在空气中经氧气、水和二氧化碳的影响发生化学变化，形成微小的硫黄颗粒而起到杀菌作用。石硫合剂呈碱性，能够侵蚀昆虫蜡质皮层，可杀介壳虫等具有较厚蜡质层的害虫和一些螨类。

常用剂型　石硫合剂在我国登记主要制剂有 2%、29% 水剂，45% 结晶粉，30% 微乳剂，可与矿物油复配使用。

双苯三唑醇（bitertanol）

$C_{20}H_{23}N_3O_2$，337.42，55179-31-2(未指明构型)、70585-36-3[A：(1R,2S) + (1S，2R)]、70585-38-5[B：(1R，2R) + (1S，2S)]

其他名称　双苯唑菌醇，灭菌醇，百科灵，克菌特，联苯三唑醇，九O五，Baycor，Biloxazol。

化学名称　1-[(1,1′-联苯)-4-氧基]-3,3-二甲基-1-(1H-1,2,4-三唑基-1-基)-2-丁醇；1-[(1,1′-biphenyl)-4-yloxy]-3,3-dimethyl-1-(1H-1,2,4-triazol-l-y1)-2-butanol。

理化性质　由两种非对映异构体组成的混合物。原药为带有气味的白色至棕褐色结晶，纯品外观为白色粉末。熔点：A 138.6℃，B 147.1℃，A、B 共晶 118℃。蒸气压：A 2.2×10^{-7} mPa，B 2.5×10^{-6} mPa（均在20℃）。水中溶解度（mg/L，20℃，不受 pH 值的影响）：2.7（A）1.1（B），3.8（混晶）。有机溶剂中溶解度（g/L，20℃）：二氯甲烷＞250，异丙醇67，二甲苯18，正辛醇52（取决于 A 和 B 的相对数量）。稳定性：在中性、酸性及碱性介质中稳定。25℃时半衰期＞1 年（pH=4，pH=7 和 pH=9）。

毒性　急性经口 LD_{50}（mg/kg）：大鼠＞5000，狗＞5000。大鼠急性经皮 LD_{50}＞5000mg/kg。对兔皮肤和眼睛有轻微刺激作用，无皮肤过敏现象。大鼠急性吸入 LC_{50}（4h）：＞0.55mg/L 空气（浮质）、＞1.2mg/L 空气（尘埃）。大、小鼠 2 年喂养无作用剂量为 100mg/kg。急性经口 LD_{50}：日本鹌鹑＞10000mg/kg，野鸭＞2000mg/kg。虹鳟鱼 LC_{50}（96h）2.2～2.7mg/L。水蚤 LC_{50}（48h）1.8～7mg/L。蜜蜂 LD_{50}＞104.4μg/只（经口），＞200μg/只（接触）。

应用　防治水果的黑斑病，用药量 156～938g（ai）/hm²。防治观赏植物锈病和白粉病，用药量 125～500g（ai）/hm²。防治玫瑰叶斑病，用药量 125～750g（ai）/hm²。防治香蕉病害，用药量 105～195g（ai）/hm²。作为种子处理剂用于控制小麦和黑麦的黑穗病等病害。还可以与其他杀菌剂混合防治种子白粉病。

合成路线　与三唑醇类似。

常用剂型 97％原药，25％可湿性粉剂。

双胍盐（双胍辛乙酸盐）（iminoctadine）

$$\left[H_2N \overset{NH}{\underset{H}{\overset{\|}{N}}} (CH_2)_8 \overset{H}{N} (CH_2)_8 \overset{H}{N} \overset{NH}{\overset{\|}{C}} NH_2 \right] \cdot 3CH_3CO_2H$$

$C_{24}H_{53}N_7O_6$，535.7，39202-40-9

其他名称 派克定，培福朗，别腐烂，百可得，谷种定，Panoctine，guanoctine，Befran，guazatine。

化学名称 1,1'-亚氨基二（辛基亚甲基）双胍；1,1'-iminodi（octamethylene）diguanidine；双-(8-胍基辛基) 胺；bis-(8-guanidinooctyl) amine。

理化性质 白色结晶，熔点143～144℃。易溶于水（754g/L）；稍溶于大多数有机溶剂（乙醇117g/L）。对光及酸性、碱性介质稳定，在强酸中易分解。

毒性 急性经口 LD_{50}（mg/kg）：大白鼠300～326，小白鼠400。急性经皮 LD_{50}（mg/kg）：大白鼠1500，兔1100。对皮肤和眼睛有轻微刺激，对皮肤无过敏性。狗和豚鼠各喂10mg/kg两年，均无病变。

应用 适宜小麦、大麦、黑麦、玉米、水稻、花生、大豆、菠萝、甘蔗、马铃薯等。主要用于种子处理，使用剂量为600～800g（a.i.）/100kg。防治小麦颖枯病、小麦叶枯病、小麦网腥黑穗病、黑麦网斑病、稻苗立枯病、稻瘟病、花生和大豆圆斑病。也可用于防治收获后马铃薯、水果常发病害，还可做鸟类趋避剂，木材防腐剂等。

合成路线

$$HO_2C(CH_2)_8CO_2H \xrightarrow[1]{NaN_3+H_2SO_4} H_2NC(CH_2)_8NH_2 \cdot H_2SO_4 \xrightarrow[2]{NaOH} H_2NC(CH_2)_8NH_2$$

$$\downarrow 3$$

$$H_2NC(CH_2)_8NH(CH_2)_8NH_2$$

$$\overset{O}{\underset{H_2N}{\|}}NH_2 \xrightarrow[5]{(CH_3)_2SO_4} \overset{OCH_3}{\underset{H_2N}{\overset{|}{C}}}\overset{\|}{N}H \cdot CH_3SO_4H \xrightarrow[6]{CH_3CO_2H} \overset{OCH_3}{\underset{H_2N}{\overset{|}{C}}}\overset{\|}{N}H \cdot CH_3CO_2H \Big| 4$$

$$\left[H_2N \overset{NH}{\overset{\|}{C}} \overset{H}{N} (CH_2)_8 \overset{H}{N} (CH_2)_8 \overset{H}{N} \overset{NH}{\overset{\|}{C}} NH_2 \right] 3CH_3CO_2H$$

常用剂型 双胍盐常用制剂有25％双胍盐液剂、3％双胍盐涂抹剂、60％醋酸盐液剂、40％粉剂、40％浆状液。

双氯酚（dichlorophen）

$C_{13}H_{10}Cl_2O_2$，269.12，97-23-4

其他名称 Super Mosstox。

化学名称 4,4′-二氯-2,2′-亚甲基二苯酚；双（5-氯-2-羟基苯基）甲烷；5,5′-二氯-2,2′-二羟基二苯基甲烷；bis（5-chloro-2-hydroxyphenyl）methane；5,5′-dichloro-2,2′-dihydroxy diphenylmethane。

理化性质 产品为白色无味结晶，熔点 177～178℃，室温下蒸气压忽略不计。在 25℃ 水中溶解度为 30mg/L，易溶于丙酮与乙醇。工业品是浅褐色粉末，具有轻微的苯酚味，熔点不低于 164℃。它溶于碱性水溶液中并生成双氯酚盐。

毒性 急性经口 LD_{50}：豚鼠为 1250mg/kg，狗为 2000mg/kg。用含 2000mg/kg 剂量的饲料喂大鼠 90d 未出现中毒症状。

应用 双氯酚是杀真菌剂和杀细菌剂。可用于纺织品及其原料的防霉，还可用于防除草皮上的苔藓。

合成路线

常用剂型 双氯酚目前在我国未见相关产品登记，可加工成其钠盐水溶液使用。

双氯氰菌胺（diclocymet）

$C_{15}H_{18}Cl_2N_2O$，313.22，139920-32-4

其他名称 Delaus。

化学名称 （RS）-2-氰基-N-[（R）-1-(2,4-二氯苯基) 乙基]-3,3-二甲基丁酰胺；（RS）-2-cyano-N-[（R）-1-(2,4-dichlorophenyl) ethyl] -3,3-dimethylbutyramide。

理化性质 纯品为淡黄色晶体，熔点 154.4～156.6℃。相对密度 1.24。蒸气压 0.26mPa（25℃）。水中溶解度（25℃）6.38μg/mL。

毒性 大鼠（雄、雌）急性经口 LD_{50}＞5000mg/kg，大鼠（雄、雌）急性经皮 LD_{50}＞2000mg/kg。虹鳟鱼（48h）LD_{50} 8.8mg/L。水蚤 LD_{50}（48h）＞100 mg/L。蜜蜂 LD_{50}＞25μg/只（接触）。

应用 双氯氰菌胺是内吸性杀菌剂，其作用机理为黑色素生物合成抑制，主要用于防治稻瘟病。使用剂量通常为 90～120g（a.i.）/hm²。

合成路线

常用剂型 双氯氰菌胺目前在我国未见相关产品登记。常用制剂主要有 3％颗粒剂、0.3％粉剂、7.5％悬浮剂。

双炔酰菌胺（mandipropamid）

$C_{23}H_{22}ClNO_4$，411.88，374726-62-2

其他名称 瑞凡。

化学名称 (RS)-2-(4-氯苯基)-N-[3-甲氧基-4-(丙-2-炔氧基)苯乙基]-2-(丙-2-炔氧基)乙酰胺；(RS)-2-(4-chlorophenyl)-N-[3-methoxy-4-(prop-2-ynyloxy)phenethyl]-2-(prop-2-ynyloxy)acetamide。

理化性质 纯品外观为浅褐色无味粉末，熔点为96.4～97.3℃，蒸气压（25℃）$<9.4\times10^{-7}$Pa。在水中的溶解度为4.2mg/L（25℃）。分配系数K_{ow} lg$P$=3.2（25℃）。在有机溶剂中溶解度（25℃，g/L）：丙酮300，二氯甲烷400，乙酸乙酯120，甲醇66，辛醇4.8，甲苯29，正己烷0.042。常温下稳定。

毒性 双炔酰菌胺原药和250g/L悬浮剂对大鼠急性经口、经皮$LD_{50}>5000$mg/kg，急性吸入LC_{50}为5190～4890mg/m³。对白兔眼睛和皮肤有轻度刺激性；豚鼠皮肤变态反应（致敏性）试验结果为无致敏性。原药大鼠90d亚慢性喂养毒性试验最大无作用剂量：雄性大鼠41mg/(kg·d)。毒性试验最大无作用剂量：雄性大鼠41mg/(kg·d)，雌性大鼠44.7mg/(kg·d)。4项致突变试验：Ames试验，小鼠骨髓细胞微核试验，小鼠淋巴瘤细胞基因突变试验，活体大鼠肝细胞程序外DNA修复合成试验结果均为阴性，未见致突变作用。双炔酰菌胺250g/L悬浮剂对鲤鱼和蚤急性毒性LC_{50}（96h）>100mg/L；蜜蜂急性经口和接触LD_{50}（48h）均$>858\mu$g/只蜂；家蚕（食下毒叶法，96h）$LC_{50}>5000$mg/kg（桑叶）。原药对绿头鸭急性经口$LD_{50}>1000$mg（a.i.）/kg。该产品对鱼、鸟、蜜蜂、家蚕均为低毒。

应用 双炔酰菌胺为酰胺类杀菌剂。其作用机理为抑制磷脂的生物合成，对绝大多数由卵菌引起的叶部和果实病害均有很好的防效。对处于萌发阶段的孢子具有较高的活性，并可抑制菌丝生长和孢子形成。可以通过叶片被迅速吸收，并停留在叶表蜡质层中，对叶片起保护作用。可防治荔枝霜疫霉病，剂量为125～250mg（a.i.）/kg。

合成路线

常用剂型 双炔酰菌胺目前在我国相关产品登记有93%原药，23.4%、440g/L悬浮剂。

霜霉威 （ propamocarb ）

C$_9$H$_{20}$N$_2$O$_2$，188.3，24579-73-5；C$_9$H$_{21}$ClN$_2$O$_2$，224.73，25606-41-1(盐酸盐)

其他名称　普立克，普力克，丙酰胺，Previcur N，Prevex，Tuco，Banol Turf Fungicide。

化学名称　*N*-［3-（二甲基氨基）丙基］氨基甲酸正丙酯及其盐酸盐；propyl-3-(dimethylamino) propylcar bamate。

理化性质　纯品霜霉威盐酸盐为无色带有淡淡芳香气味的吸湿性晶体，熔点 45～55℃，蒸气压 $3.85×10^{-2}$ mPa （20℃），分配系数 K_{ow} lg$P$＝－2.6，Henry 常数 $8.65×10^{-9}$ Pa·m^3/mol （20℃）。相对密度 1.085。水中溶解度 1005g/kg （20℃）。有机溶剂中溶解度 （20℃，g/L）：正己烷＜0.01，甲醇 656，二氯甲烷＞626，甲苯 0.41，丙酮 560，乙酸乙酯 4.34。不易水解和光解，且能耐 400℃高温。

毒性　霜霉威 （盐酸盐）原药急性经口 LD$_{50}$ （mg/kg）：大鼠 2000～2900，小鼠2650～2800，狗 1450。大鼠和小鼠急性经皮 LD$_{50}$＞3000mg/kg。对兔皮肤和眼睛无刺激作用，无皮肤过敏现象。大鼠急性吸入 LC$_{50}$ （4h）＞0.0057mg/L （空气）。2 年喂养试验无作用剂量：大鼠 1000mg/kg，狗 3000mg/kg。无致突变作用。急性经口 LD$_{50}$：野鸡 3050mg/kg，野鸭＞6290mg/kg。饲喂 LC$_{50}$ （5d）：野鸡＞52000mg/L （饲料），日本鹌鹑＞25000mg/L （饲料），野鸭 12915 mg/L （饲料）。鱼毒 LC$_{50}$ （96h，mg/L）：鲤鱼 155，蓝鳃太阳鱼 275，虹鳟鱼 275。水蚤 LC$_{50}$ （48h） 280mg/L。蜜蜂 LD$_{50}$＞0.1mg/只。蚯蚓 LC$_{50}$ （14d）＞1000mg/kg （土壤）。

应用　霜霉威高效、低毒、广谱，对黄瓜、番茄、甜椒、马铃薯、烟草、草莓、草坪、花卉等防治卵菌纲引起的病害如霜霉病、猝倒病、疫病、晚疫病等均有良好的效果。

合成路线

常用剂型　霜霉威目前在我国原药登记均为 98% 规格，制剂登记主要剂型有水剂、可湿性粉剂。复配制剂主要与甲霜灵、络氨铜等进行复配。

霜脲氰 （ cymoxanil ）

C$_7$H$_{10}$N$_4$O$_3$，198.42，57966-95-7

559

其他名称 菌疫清，霜疫清，清菌脲，Curzate。

化学名称 2-氰基-N-[（乙氨基）羰基]-2-（甲氧基亚氨基）乙酰胺；2-cyano-N-[（ethylamino）carbonyl]-2（methoxyimino）acetamide。

理化性质 纯品为无色无臭结晶固体，熔点160～161℃。蒸气压0.15mPa（20℃）。分配系数$K_{ow} \lg P = 0.59$（pH5）、0.67（pH7）。Henry常数3.8×10^{-5}Pa·m³/mol（pH5）、3.3×10^{-5}Pa·m³/mol（pH7）。相对密度1.31。水中溶解度890mg/L（pH5，20℃）。有机溶剂中溶解度（20℃，g/L）：己烷1.85，甲苯5.29，乙腈57，乙酸乙酯28，正丁醇1.43，甲醇22.9，丙酮62.4，二氯乙烷133。水解半衰期DT_{50}148d（pH5）、34h（pH7）、31min（pH9），光解DT_{50}1.8d（pH5），对水敏感，$pK_a = 9.7$（分解）。

毒性 雌、雄大鼠急性经口LD_{50}960mg/kg。兔急性经皮LD_{50}＞2000mg/kg。对兔眼睛无刺激作用，对兔皮肤有轻度刺激作用。对豚鼠无皮肤过敏现象。雌、雄大鼠急性吸入LC_{50}（4h）＞5.06mg/L。2年喂养试验无作用剂量［mg/(kg·d)］：雄大鼠4.1，雌大鼠5.4，雄小鼠4.2，雌小鼠5.8，雄狗3.0，雌狗1.6。ADI值为0.016mg/kg。山齿鹑和野鸭急性经口LD_{50}＞2250mg/kg，山齿鹑和野鸭饲喂LC_{50}（8d）＞5620mg/kg（饲料）。鱼毒LC_{50}（96h）：虹鳟鱼61mg/L，蓝鳃太阳鱼29mg/L，普通鲤鱼91mg/L。水蚤LC_{50}（48h）为27mg/L。东方牡蛎LC_{50}（96h）＞46.9mg/L。对蜜蜂无毒，LD_{50}（48h，接触）＞25μg/只，LC_{50}（48h，经口）1g/kg。蚯蚓LC_{50}（14d）＞2208mg/kg（土壤）。

应用 具有接触和局部内吸作用。可抑制孢子萌发，对葡萄霜霉病、疫病等有效，与保护性杀菌剂混用，能提高残留活性。防治霜霉科疫霉属、单轴霉属和霜霉属，对多种蔬菜和果树的霜霉病、晚疫病有特效，其效果和甲霜灵相当，且无药害，和代森锰锌混用效果更佳。

合成路线

常用剂型 霜脲氰目前在我国原药登记规格有94%、96%、97%、98%，制剂登记主要剂型有可湿性粉剂、水分散粒剂、悬浮剂、烟剂等，复配制剂主要与代森锰锌、甲霜灵、吗啉噁酮、百菌清、王铜、琥胶肥酸铜、烯肟菌酯、波尔多液、丙森锌、噁酮菌酮等进行复配。

水合霉素（oxytetracyclini hydrochloridum）

其他名称 枯必治，七霉素，盐酸土霉素。

理化性质 黄色粉状物，是由放线菌经发酵培养制成的抗生素类杀菌剂，在常温下性质稳定。

毒性 属低毒杀菌剂。大白鼠急性经口 $LD_{50} > 68100mg/kg$，急性经皮 $LD_{50} > 10000mg/kg$。对家兔皮肤无刺激，100mg/kg 水合霉素对兔眼及黏膜有轻度刺激性。无残毒，不污染环境。

应用 该制剂对蔬菜、果类的真菌、细菌性病害有良好的防效。主要用于防治番茄溃疡病、番茄青枯病、茄子褐纹病、豇豆枯萎病、大葱软腐病、大蒜紫斑病、白菜软腐病、大白菜细菌性角斑病、大白菜细菌性叶斑病、甘蓝类细菌性黑斑病等。

常用剂型 水合霉素常用制剂主要有 88% 可溶粉剂。

四氯苯酞（phthalide）

$C_8H_2Cl_4O_2$，271.9，27355-22-2

其他名称 Bayer96610，Rabcide，Blasin，Hinorabcid，热必斯，稻瘟酞，氯百杀。

化学名称 4,5,6,7-四氯苯酞；4,5,6,7-tetrachlorophthalide；CA：4,5,6,7-tetrachloro-1(3H)-isobenzofuranone。

理化性质 纯品为无色结晶固体，熔点 209～210℃。蒸气压 3×10^{-3} mPa（25℃）。分配系数 $K_{ow} lgP = 3.01$。水中溶解度 2.5mg/L（25℃）。有机溶剂中溶解度（25℃，g/L）：四氢呋喃 19.3，苯 16.8，二氧六环 14.1，丙酮 8.3，乙醇 1.1。稳定性：在 pH2（2.5mg/L 溶液）稳定 12h，弱碱中 DT_{50} 约 10d（pH6.8，5～10℃，2.0mg/L 溶液），碱性条件下 12h 有 15% 开环（pH10，25℃，2.5mg/L 溶液），对热和光稳定。

毒性 大鼠和小鼠急性经口 $LD_{50} > 10000mg/kg$。大鼠和小鼠急性经皮 $LD_{50} > 10000mg/kg$。对兔眼及皮肤无刺激性。大鼠急性吸入 LC_{50}（4h）$> 4.1mg/L$。两年饲喂试验无作用剂量：大鼠 2000mg/kg（饲料），小鼠 100mg/kg（饲料）。对蜜蜂无害，LD_{50}（接触）$> 0.4mg/只$。蚯蚓 LC_{50}（14d）$> 2000mg/kg$（干土）。

应用 保护性杀菌剂，在稻株表面能有效地抑制附着孢形成，阻止菌丝入侵，具有良好的预防作用；在稻株体内，对菌丝的生长没有抑制作用，但能抑制病菌的再侵染。主要用于防治水稻白叶枯病和稻瘟病。使用剂量为 200～400g（a.i.）/hm²。

合成路线

常用剂型 四氯苯酞目前在我国未见相关产品登记。常用制剂有 50% 可湿性粉剂和 25% 粉剂。

四氯对醌（chloranil）

C$_6$Cl$_4$O$_2$，245.9，118-75-2

其他名称　Spergon，四氯代苯对醌，四氯对苯醌，四氯-1,4-苯醌，对四氯苯醌。

化学名称　四氯对苯醌；tetrachloro-*p*-benzoquinone；2,3,5,6-四氯-1,4-苯醌；2,3,5,6-tetrachloro-1,4-benzoquinone。

理化性质　黄色叶状或棱形结晶，熔点（在密闭管内）290℃（升华）。室温下在水中的溶解度为 250mg/L，微溶于热乙醇，溶于乙醚。它在一般条件下稳定，但能与碱反应生成四氯对苯醌酸盐。它可与许多种子保护剂混用。无腐蚀性。

毒性　大鼠急性经口 LD$_{50}$ 为 4000mg/kg。用含 0.5％四氯对苯醌的饲料喂大鼠，未见不良反应。

应用　本品是非内吸性杀菌剂。主要用于蔬菜种子处理。

合成路线

常用剂型　四氯对醌 95％～96％产品可以直接应用，还可做拌种剂使用。

四氯喹喔啉（chlorquinox）

C$_8$H$_2$Cl$_4$N$_2$，268，3495-42-9

其他名称　Lucel，Quinoxaline。

化学名称　5,6,7,8-四氯喹喔啉；5,6,7,8-tetrachloroquinoxaline。

理化性质　纯品为结晶固体，熔点 190℃。25℃下在水中溶解度为 1mg/L，在苯中溶解度为 4％～5％，在氯仿中为 5％～10％，在二噁烷中为 4％～5％，在环己烷中低于 0.1％。置本品溶于浓硫酸中，得黄色溶液，用水稀释后颜色不消失。它对酸性和中性介质稳定，但对热碱不稳定。对热稳定，抗氧化。

毒性　急性经口 LD$_{50}$：大鼠＞6400mg/kg，大白兔为 3000mg/kg，鹌鹑为 400mg/kg。累积作用很小，以 100mg/kg 剂量饲喂大鼠 3 个月，未产生可觉察的影响。

应用　四氯喹喔啉是内吸性杀菌剂，它对春大麦白粉病有较好的保护和治疗作用。以 0.84kg（a.i.）/hm² 施于春大麦能防治白粉病。

合成路线

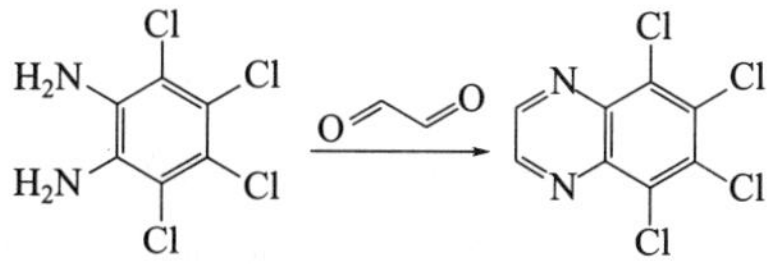

常用剂型　常用制剂主要有 25％可湿性粉剂。

四氯硝基苯 （ tecnazene ）

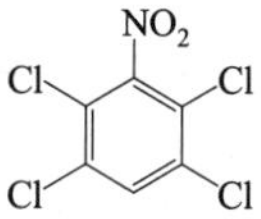

$C_6HCl_4NO_2$，260.9，117-18-0

其他名称　Folosan，Fusarex，TCNB

化学名称　1,2,4,5-四氯-3-硝基苯；1,2,4,5-tetrachloro-3-nitrobenzene。

理化性质　原药为无色无味的结晶，熔点 99℃，相对密度 d^{25}1.744，不溶于水，25℃时在乙醇中的溶解度为 4％，易溶于苯、二硫化碳、氯仿等。

毒性　急性经口 LD_{50}：雄大鼠 2047mg/kg，雌大鼠 1256mg/kg。在饲喂实验中大鼠以 150mg/kg（饲料）(2 年)，小鼠以 1500mg/kg（饲料）(560d) 无致癌作用。人每日允许摄入量为 0.01mg/kg 体重。

应用　四氯硝基苯是选择性杀菌剂，能有效地防治马铃薯块茎干腐病，并能抑制马铃薯块茎出芽。

合成路线

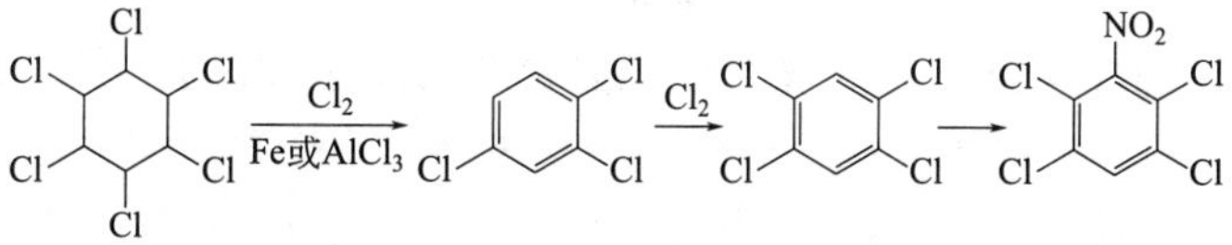

常用剂型　四氯硝基苯可加工成 5％和 3％粉剂、颗粒剂、烟雾剂和胶悬剂。

松脂酸铜 （ copper abietate ）

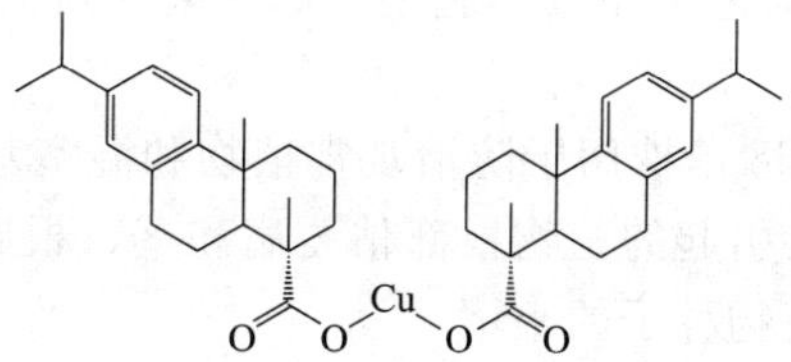

$C_{40}H_{54}CuO_4$，662.4，10248-55-2

其他名称 去氢枞酸铜，绿乳铜。

化学名称 1,2,3,4,4a,9,10,10a-八氢-1,4a-二甲基-7-(1-甲基乙基)-1-菲羧酸铜。

理化性质 原药外观为浅绿色状物，相对密度 0.207，熔点 173～175℃，水中溶解度<1g/L。

毒性 大鼠急性经口 LD_{50} 为 5946.3mg/kg，大鼠急性经皮 LD_{50} 为>2100mg/kg。

应用 本品为保护性杀菌剂，对真菌、细菌蛋白质的合成起抑制作用，致使菌体死亡。对农作物多种真菌病害有较好的防效，不宜与强酸或强碱农药和化肥混用，用于对铜离子敏感的作物需先进行试验。

常用剂型 松脂酸铜在我国登记的主要制剂有 20%水乳剂和 12%、18%、23%乳油。

田安（MAFA）

$$(CH_3AsO_3)_2FeNH_4$$

$C_2H_{10}As_2FeNO_6$，274.8，35745-11-0

其他名称 Arsonate，HeoAsozin，NeoSosinGin，肿铁铵。

化学名称 甲基肿酸铁胺。

理化性质 纯品为棕色粉末。工业品为棕红色水溶液。有氨臭味，对酸碱均不稳定，遇强碱分解逸出氨气，沉淀出褐色的甲基肿酸铁及氢氧化铁；遇酸则先有沉淀析出，而后缓慢溶解并离解。pH8～9 时对光和热稳定。

毒性 大鼠急性经口 LD_{50} 为 1000mg/kg；大鼠急性经皮 LD_{50} 为 707mg/kg。对皮肤和黏膜有刺激。

应用 主要用于防治水稻纹枯病、葡萄炭疽病和白粉病、西瓜炭疽病、人参斑点病和苹果病害等。

常用剂型 田安在我国登记的主要制剂为 5%水剂。

铜绿假单胞菌 63-28 菌株
（Pseudomonas chlororaphis strain 63-28）

其他名称 Cedomon。

理化性质 该菌株是广泛存在于土壤、水中的细菌，1984 年分离自加拿大西部的健康加拿大油菜。铜绿假单胞菌 63-28 菌株发酵产品为浓度 10^9 cfu/mL，含活细胞液体悬浮液。

毒性 大鼠急性经口 LD_{50}>5000mg/kg，急性经皮 LD_{50}>2000mg/kg。以新西兰白兔为试验对象，无明显眼睛刺激作用；以 $4.3×10^6$ cfu/只动物进行急性静脉注射试验，结果表明无毒性和致病作用。EPA 认为铜绿假单胞菌 63-28 菌株对人类、野生动物及其环境无毒性和致病性。

应用 铜绿假单胞菌 63-28 菌株用于防治观赏植物和温室栽培植物由真菌（腐霉菌、立枯丝核菌、尖孢镰刀菌）侵染引起的植物根部枯萎病和茎、根腐烂病。用作土壤处理剂。播种之后立即淋浇或滴灌含有植物种子的土壤。

常用剂型 铜绿假单胞菌 63-28 菌株在我国未见相关产品登记。

土菌灵（ etridiazole ）

$$H_3CH_2CO \quad \underset{N \longrightarrow N}{\overset{S}{\diagup}} \quad CCl_3$$

C₅H₅Cl₃N₂OS，247.5，2593-15-9

其他名称　氯唑灵，Terrazole，echlomezol，ethazol，ethazole。

化学名称　5-乙氧基-3-三氯甲基-1，2，4-噻二唑；ethyl-3-trichloro-methyl-1，2，4-thiadi-azol-5-yl ether；CA：5-ethoxy-3-(trichloro-methyl)-1，2，4-thiadiazole。

理化性质　原药为暗红色液体。纯品呈淡黄色液体，具有微弱的持续性臭味。熔点 19.9℃，沸点95℃/133Pa，蒸气压1430mPa（25℃）。相对密度1.503。$K_{ow} \lg P = 3.37$，Henry常数$3.03 \times 10^{-4} Pa \cdot m^3/mol$（计算值）。溶解度：水117mg/L（25℃），溶于乙醇、甲醇、芳烃、乙腈、正己烷。稳定性：在55℃下稳定14d，在日光、20℃下，连续暴露7d，分解5.5%～7.5%。水解DT_{50}12d（pH6，45℃）、103d（pH6，25℃）。pK_a2.77，呈弱碱性。闪点66℃。

毒性　大鼠急性经口LD_{50}1100mg/kg。兔急性经口LD_{50}799mg/kg。兔急性经皮LD_{50}＞5000mg/kg。对兔皮肤无刺激，对兔眼有轻微刺激。大鼠急性吸入（4h）LC_{50}＞200mg/L。饲喂无作用剂量NOEL：大鼠（2年）4 mg/（kg · d），狗2.5 mg/（kg · d）。ADI值 0.025mg/kg。山齿鹑急性经口LD_{50}560mg/kg。饲喂LC_{50}（8d）：山齿鹑＞5000mg/L（饲料），野鸭1650mg/kg（饲料）。鱼毒LC_{50}（216h）：虹鳟鱼1.21mg/L，青鳃翻车鱼3.27 mg/L。水蚤LC_{50}（48h）4.9mg/L。羊角月牙藻EC_{50}（5d）0.072 mg/L。蚯蚓LC_{50}（14d）247mg/kg（干土）。对有益节肢动物无害。

应用　土菌灵是具有保护和治疗作用的触杀性杀菌剂。适宜棉花、果树、花生、观赏植物，主要防治镰孢菌、疫霉属、腐霉属和丝核菌属真菌引起的病害。主要用作种子处理，使用剂量18～36g（a.i.）/100kg种子；也可作土壤处理，使用剂量168～445g（a.i.）/hm²。

合成路线

$$Cl_3C \overset{NH}{\underset{NH_2}{\diagup}} \quad \xrightarrow{CCl_3SCl} \quad H_3CH_2CO \quad \underset{N \longrightarrow N}{\overset{S}{\diagup}} \quad CCl_3$$

常用剂型　土菌灵常用制剂主要有30%可湿性粉剂，25%、40%、44%乳油，4%粉剂，可与甲基硫菌灵、涕灭威、五氯硝基苯等复配。

土霉素（ oxytetracycline ）

C₂₂H₂₄N₂O₉，460.4，79-57-2

其他名称　盐酸地霉素，氧四环素，Terramycin，BiosTAT，Cliimycin，Geomycin，

Oxydyn，Oxycycline，Oxymycin，Ryomycin，Stevacin，TeTRAbon，Tetran。

化学名称 4-(二甲基氨基)-1,4,4a,5,5a,6,11,12a-八氢-3,5,6,10,12,12a-六羟基-6-甲基-1,11-二羰基-[4S-(4α,4aα,5α,5aα,6β,12aα)]-2-萘甲酰胺；[4S-(4α,4aα,5α,5aα,6β,12aα)]-4-(dimethylamino)-1,4,4a,5,5a,6,11,12a-octahydro-3,5,6,10,12,12a-hexahydroxy-6-methyl-1,11-dioxo-2-naphthacenecarboxamide。

理化性质 制剂外观黄色粉末。密度 0.38g/L，pH1.5～3.5，易溶于水呈微酸性，在中性和酸性水溶液中稳定，在碱性水溶液中易失效。

毒性 急性经口 LD_{50}>10000mg/kg，急性经皮 LD_{50}>10000mg/kg。

应用 土霉素是一种细菌蛋白质合成抑制剂。主要用于果树、蔬菜和园艺等作物的细菌病害的防治，如对梨树火疫病、黄瓜细菌性角斑病均具有较好防效。

常用剂型 土霉素在我国未见相关产品登记。

万亩定（omadine）

C_5H_5NOS，127，1121-30-8；1121-31-9；32255-90-6(二价锰盐)；13463-41-7(锌盐)

其他名称 Omadine OM1565（铁盐），Omadine OM1564（锰盐），Omadine OM1563（锌盐），吡噻旺锌，奥麦丁锌。

化学名称 1-羟基-1H-吡啶-2-硫酮与吡啶-2-硫醇-1-氧化物的互变异构体，1-hydroxy-1H-pyridine-2-thione，tautomeric with pyridine-2-thiol 1-oxide。

理化性质 白色粉末，熔点68℃，是一种螯合物，不溶于水，可分散于乳液中。

应用 铁盐防治苹果黑星病、锈病，桃子疮痂病、褐斑病。对病菌有适度的铲除作用，残效期长，可使植株增绿增产。50％可湿性粉剂为棉花、蔬菜、花生种子等高效保护剂，亦能防治麦类黑粉病、萎蔫病和猝倒病。铜盐对某些病害的防治比锌盐、锰盐残效更长。对细菌性病害如番茄斑点病效果良好。

合成路线

常用剂型 主要制剂为铜盐、铁盐、锌盐、锰盐、二硫化物。

萎锈灵（carboxin）

$C_{12}H_{13}NO_2S$，235.31，5234-68-4

其他名称　卫福，Vitavax，Kemikar，Kisrax，Oxatin，Fol ProV。

化学名称　5,6-二氢-2-甲基-1,4-氧硫环己烯-3-甲酰苯胺；5,6-dihydro-2-methyl-1,4-oxathiin-3-carboxar-ilide。

理化性质　原药纯度为97%。纯品为白色结晶，两种异构体熔点分别为91.5～92.5℃、98～100℃。蒸气压$2.5×10^{-2}$mPa（25℃）。分配系数K_{ow}lg$P=2.2$（25℃）。Henery常数$2.96×10^{-5}$Pa·m^3/mol。相对密度1.36。水中溶解度199mg/L（25℃）。有机溶剂中溶解度（mg/L，25℃）：丙酮177，二氯甲烷353，甲醇88，乙酸乙酯93。25℃，pH5、pH7和pH9时不水解。水溶液（pH7）光照下半衰期$DT_{50}<3$h。$pK_a<0.5$。

毒性　萎锈灵原药大鼠急性经口LD_{50}3820mg/kg，兔急性经皮$LD_{50}>4000$mg/kg。对兔眼睛有刺激作用。大鼠急性吸入LC_{50}（1h）>20mg/L。大鼠两年饲喂试验无作用剂量为600mg/kg。ADI值0.01mg/kg。野鸭饲喂LC_{50}（8d）>4640mg/kg，山齿鹑饲喂LC_{50}（8d）>10000mg/kg。鱼毒LC_{50}（96h，mg/L）：虹鳟鱼2，蓝鳃太阳鱼1.2。水蚤LC_{50}（48h）84.4mg/L。推荐剂量下对蜜蜂无害，$LD_{50}>181μg$/只。蚯蚓LC_{50}（14d）500～1000mg/kg（土壤）。土壤中半衰期24h。

应用　萎锈灵属于选择性内吸杀菌剂，由加拿大Uniroyal公司开发，适用于麦类、水稻、棉花、花生、大豆、蔬菜、玉米、高粱等作物由锈菌和黑粉菌引起的锈病和黑粉病等病害；主要用于拌种，使用剂量50～200（a.i.）/100kg种子。

合成路线　萎锈灵有如下4种合成路线，即路线1→2→3→4、路线5→6→7、路线5→8和路线9→10→11→12。

常用剂型　萎锈灵目前在我国登记的主要剂型有可湿性粉剂、悬浮剂、悬浮种衣剂、水分散粒剂、干粉种衣剂、种子处理剂等，复配登记中主要与福美双、吡虫啉、多菌灵、克菌丹等进行复配。

卫星核酸生防制剂 S₅₂

其他名称　弱病毒S_{52}。

理化性质　本剂为无色液体，含有一定量的活体弱病毒S_{52}。

毒性　属低毒杀病毒剂，对人、畜安全，对天敌昆虫无害，不污染环境。

应用　卫星核酸生防制剂 S_{52} 防治黄瓜花叶病、番茄花叶病等。通过浸根法、喷枪和摩擦接种方法进行病毒病的防治。

常用剂型　卫星核酸生防制剂 S_{52} 主要制剂为提纯的浓缩水剂。

肟菌酯（trifloxystrobin）

$C_{20}H_{19}F_3N_2O_4$，408.37，141517-21-7

其他名称　Aprix，Compass，Consist，Dexter，Éclair，Flint，Natcher，Swift，Tega 等。

化学名称　(E)-甲氧亚胺-｛(E)-α-[1-(α,α,α-三氟间甲苯基) 乙亚胺氧] 邻甲苯基｝乙酸甲酯；methyl(E)-methoxyimino-｛(E)-α-[1-(α,α,α-trifluoro-m-tolyl) ethylidencaminooxy]-o-tolyl｝ acetate。

理化性质　纯品肟菌酯为白色无臭固体，熔点 72.9℃，沸点 312℃（285℃ 开始分解）。蒸气压 $3.4×10^{-6}$Pa（25℃），分配系数 $K_{ow}\lg P=4.5$（25℃）。Henry 常数 $2.3×10^{-3}$Pa·m^3/mol（25℃）。水中溶解度 $610\mu g/L$（25℃）。在 pH5 水溶液中稳定，在 pH7 水溶液中 DT_{50} 11.4 周。光解 DT_{50} 31.5h（pH7，25℃）。

毒性　大鼠急性经口 $LD_{50}>5000mg/kg$，大鼠急性经皮 $LD_{50}>2000mg/kg$，大鼠急性吸入 LC_{50}（4h）$>4646mg/m^3$。对兔眼睛和皮肤无刺激。无致畸、致癌、致突变作用，对遗传亦无不良影响。ADI 值 0.05mg/kg。山齿鹑急性经口 $LD_{50}>2000mg/kg$。虹鳟鱼 LC_{50}（96h）0.015mg/L。试验室对测定水生生物有毒，但推荐剂量低、生物降解快，且不用于水田，故认为较安全。蜜蜂 $LD_{50}>200\mu g/$只（经口）。蚯蚓 LC_{50}（40d）$>1000mg/kg$（土壤）。

应用　肟菌酯高效、低毒、广谱、渗透、能快速分布，先正达公司研制、德国巴斯夫公司开发，1991 年申请专利；具有向上传导、耐雨水冲刷、性能好等优点，被认为是第二代甲氧基丙烯酸酯类杀菌剂；主要用于麦类、蔬菜、果树、烟草等作物，对白粉病、叶斑病有特效，对锈病、霜霉病、立枯病、苹果黑星病等病害也有很好的活性；使用剂量 3～200g（a.i.）$/hm^2$。

合成路线　根据起始原料差别，主要有如下五种方法。

① 以邻甲基苯甲酸为起始原料，经过酰氯化、溴化等反应，制得的中间体苄溴与间三氟甲基苯乙酮肟反应，如路线 1→2→3→4→5→6；

② 以苯酐为起始原料，经过还原、氯化以及酰氯化等反应，制得中间体酰氯，进一步反应制得苄氯后与间三氟甲基苯乙酮肟反应，如路线 11→12→13→14→15→16；

③ 以 N，N-二甲基苄胺和草酸二甲酯为起始原料，制得中间体酰氯后与间三氟甲基苯乙酮肟反应，如路线 17→18→19→20；

④ 以邻甲基苯乙酮为起始原料，经过氧化、肟化、溴化、醚化等反应，如路线 21→22→23→24→25；

⑤ 应用已有的类似产品做原料，经过氧化、肟醚化等反应，如路线 9→10，7→8。

568

常用剂型 肟菌酯目前在我国制剂登记主要是75％水分散粒剂，可与戊唑醇等复配。

肟醚菌胺（orysastrobin）

C$_{18}$H$_{25}$N$_5$O$_5$，391.42，248593-16-0

其他名称 Arash。

化学名称 （2E）-2-（甲氧亚氨基）-2-｛2-[（3E,5E,6E）-5-（甲氧亚氨基）-4,6-二甲基-2,8-二氧杂-3,7-二氮杂壬-3,6-二烯-1-基] 苯基｝-N-乙酰胺；（2E）-2-（methoxyimino）-2-｛2-[（3E,5E,6E）-5-（methoxyimino）-4,6-dimethyl-2,8-dioxa-3,7-diazanona-3,6-dien-1-yl] phenyl｝-N-methylacetamide，CA：（α,E）-α-（methoxyimino）-2-[（3E,5E,6E）-5-（methoxyimi-no）-4,6-dimethyl-2,8-dioxa-3,7-diaza-3,6-nonadienyl] -N-methylberzeneacetamide。

569

理化性质 纯品为白色结晶固体，熔点 $98.4\sim99.0℃$。蒸气压 $7\times10^{-7}Pa$（$20℃$）。分配系数 $K_{ow}\lg P=2.36$（$20℃$）。水中溶解度 $80.6mg/L$（$20℃$）。有机溶剂中溶解度（g/L，$20℃$）：乙酸乙酯 206，正庚烷 0.59，正辛醇 12.1，橄榄油 2.04，异丙醇 33.9，甲苯 125。

毒性 肟醚菌胺对大鼠（雄、雌）急性经口 LD_{50} 为 $356mg/kg$；大鼠（雄、雌）急性经皮 $LD_{50}>2000mg/kg$；大鼠（雄、雌）急性吸入（粉尘）$LC_{50}2.02mg/L$。经兔试验对眼睛和皮肤无刺激，对豚鼠皮肤无致敏性。鲤鱼 LC_{50}（$96h$）为 $1.7mg/L$。水蚤 LC_{50}（$48h$）$1.2mg/L$。对蜜蜂（成虫）的急性经口 $LD_{50}>142.8\mu g/$只，急性接触 $LD_{50}>95.2\mu g/$只。蜻蜓 $LD_{50}>100\mu g/$只。

应用 肟醚菌胺是德国巴斯夫公司于 1995 年研发的甲氧基丙烯酸酯类杀菌剂。具有保护、治疗、铲除和渗透作用等特点。主要用于水稻稻瘟病、纹枯病的防治。

合成路线

常用剂型 肟醚菌胺常用制剂有 7%水稻育苗箱用颗粒剂、3.3%颗粒剂。

梧宁霉素（tetramycin）

其他名称 四霉素，11371 抗生素。

理化性质 含 A1、A2、B 和 C 四个组分，前两个为大环内酯类四烯抗生素，B 组分为肽嘧啶核苷酸抗生素，C 组分属含氮杂环芳香族衍生物抗生素，与茴香霉素相同。梧宁霉素发酵液为深棕色碱性水溶液，在 pH7～9 条件下于室温放置 45d 仍能保持良好活性。梧宁霉素 A1、A2 易溶于碱性水溶液、醋酸与吡啶，不溶于苯、氯仿，其结晶粉末在 140～150℃ 开始变红，在 250℃分解。梧宁霉素 B 为白色长方形结晶，可溶于含水吡啶等碱性溶液，微溶于一般有机溶剂，对光、热、酸、碱均较稳定。梧宁霉素 C 为白色长针状结晶，熔点 140～141℃，可溶于甲醇、乙醇、丙酮、乙酸乙酯、氯仿等有机溶剂。

毒性 本品低毒，小鼠急性经口 LD_{50} 为 $2600\sim3000mg/kg$，大鼠（雌、雄）急性经口 LD_{50} 为 $4000mg/kg$。无致癌、致畸、致突变作用，对人、畜和环境十分安全，是生产绿色有机食品的优良杀菌剂。

应用 本品杀菌谱广，对鞭毛菌、子囊菌和半知菌亚门真菌等三大门类二十六种已知病原真菌均有极强的杀灭作用。适用各种农作物多种真菌病害的防治。尤其对果树腐烂病、斑点落叶病、棉花黄（枯）萎病、大豆根腐病，水稻纹枯病、苗期立枯病，人参和三七黑斑病，茶叶茶饼病，葡萄白腐病、西瓜蔓枯病、根腐病、茎基腐有特效。同时能明显促进愈伤组织愈合，促进弱苗根系发达、老化根系复苏，提高作物抗病能力和优化作物品质。

常用剂型 梧宁霉素常用制剂主要有 0.15%水剂。

五氯硝基苯 （ quintozene ）

C₆Cl₅NO₂, 295.3, 82-68-8

其他名称　Brassicol，Folosan，Terraclor。

理化性质　纯品为无色针状结晶（原药为灰黄色结晶状固体，纯度99%）。熔点143~144℃（原药142~145℃），沸点328℃（少量分解）。蒸气压12.7mPa（25℃）。分配系数$K_{ow}\lg P=5.1$。相对密度1.907。水中溶解度（20℃）0.1 mg/L。有机溶剂中溶解度（g/L，20℃）：甲苯1140，甲醇20，庚烷30。稳定性：对热、光和酸性介质稳定，在碱性介质中分解。暴露空气中10h以后，表面颜色发生变化。

毒性　大鼠急性经口$LD_{50}>5000mg/kg$。兔急性经皮$LD_{50}>5000mg/kg$。对兔皮肤无刺激性，对兔眼睛有轻微刺激性。大鼠急性吸入LC_{50}（4h）$>1.7mg/L$（空气）。NOEL数据［mg/(kg·d)］：大鼠（2年）1，狗（1年）3.75。ADI值0.01mg/kg（含有<0.1%六氯硝基苯的五氯硝基苯）。野鸭急性经口LD_{50}（8d）2000mg/kg，野鸭和山齿鹑饲喂LC_{50}（8d）$>5000mg/L$（饲料）。鱼毒LC_{50}（96h，mg/L）：大翻车鱼0.1，虹鳟鱼0.55。水蚤LC_{50}（48h）0.77mg/L。蜜蜂LD_{50}（接触）$>100\mu g$/只。

应用　是由拜耳公司开发的保护性杀菌剂，适宜棉花、小麦、高粱、马铃薯、甘蓝、莴苣、胡萝卜、黄瓜、菜豆、大蒜、葡萄、桃、梨、水稻等，用于防治小麦腥黑穗病、秆黑粉病，高粱腥黑穗病，马铃薯疮痂病、菌核病，棉花立枯病、猝倒病、炭疽病、红腐病，甘蓝根肿病，莴苣灰霉病、菌核病、基腐病、褐腐病以及胡萝卜、黄瓜立枯病，菜豆猝倒病、丝核病，大蒜白腐病，番茄疫病，辣椒疫病，葡萄黑痘病，桃、梨褐腐病等。如喷雾对水稻纹枯病也有较好的防治效果。

合成路线

常用剂型　五氯硝基苯目前在我国制剂登记主要剂型有粉剂、悬浮种衣剂、可湿性粉剂、种子处理干粉剂，可与多菌灵、克百威、福美双、辛硫磷、溴菌腈复配。

武夷菌素 （ wuyiencin ）

C₉H₁₂N₃O₅, 242.2，249621-14-5

其他名称 格润，绿神九八，阿司霉素，福提霉素，福提米星，强壮霉素，阿司米星，硫酸阿司米星，Astromicin。

理化性质 常用其硫酸盐，为白色或微黄白色结晶性粉末或块状物，在水中易溶，在许多有机溶剂中均不溶。

毒性 低毒、低残留、无"三致"和蓄积问题，不污染环境。

应用 武夷菌素是从不吸水链霉菌武夷变种（*Streptomyces ahygroscopicus* var. *wuyiensis*）发酵液中获得的。用于防治瓜类白粉病、灰霉病、黑星病、炭疽病、番茄早疫病、叶霉病，果树腐烂病、流胶病、疮痂病及花卉白粉病等。

常用剂型 常用制剂主要有 0.1％、1％水剂。

戊环唑（azaconazole）

$C_{12}H_{11}Cl_2N_3O_2$，300.14，60207-31-0

其他名称 氧环唑，防霉唑，Rodewod，Safetray

化学名称 1-[[2-(2,4-二氯苯基)-1,3-二氧五环-2-基]甲基]-1*H*-1,2,4-三唑；1-[[2-(2,4-dichloro phenyl)-1,3-dioxolan-2-yl] methyl]-1*H*-1,2,4-triazole。

理化性质 固体，熔点 112.6℃，蒸气压 0.0086mPa（20℃）。溶解度（20℃，g/L）：甲醇 150，己烷 0.8，甲苯 79，丙酮 160，水 0.3。呈碱性，pK_a<3。≤220℃稳定；在通常贮存条件下，对光稳定，但其酮溶液不稳定；在 pH4～9 无明显水解。闪点 180℃。

毒性 急性经口 LD$_{50}$（mg/kg）：308（大鼠），1123（小鼠），114～136（狗）。对兔皮肤和眼睛及黏膜有轻度刺激作用。对豚鼠皮肤无致敏作用。大鼠急性吸入 LC$_{50}$（4h）＞0.64mg/L（空气）(5％和 1％制剂)。大鼠饲喂试验无作用剂量为 2.5mg/(kg·d)。虹鳟鱼 LC$_{50}$（96h）86mg/L，水蚤 LC$_{50}$（96h）86mg/L。

应用 用于木材防腐。用作蘑菇栽培中的消毒剂及用于水果和蔬菜的贮存箱。也可与抑霉唑混合用于树木作为伤口治愈剂。

合成路线 戊环唑的合成有氯化路线即路线 1→2→3 和溴化路线即路线 4→5→6→7，如下所示。

常用剂型 戊环唑常用剂型有乳油、油悬剂、可溶性液剂等。

戊菌隆（pencycuron）

C$_{19}$H$_{21}$ClN$_2$O，328.84，66063-05-6

其他名称　戊环隆，万菌灵，禾穗宁，Monceren，Bay NTN 19701。

化学名称　1-(4-氯苄基)-1-环戊基-3-苯基脲，1-(4-chlorobenzyl)-1-cyclopentyl-3-phenylurea。

理化性质　纯品戊菌隆为无色无臭结晶状固体，熔点：128℃（异构体 A），132℃（异构体 B）。蒸气压 5×10^{-10} Pa（20℃，推算值）。分配系数 K_{ow} lg$P$＝4.68（20℃）。Henery 常数 5×10^{-7} Pa·m^3/mol（20℃）。相对密度 1.22。水中溶解度 0.3mg/L（20℃）。有机溶剂中溶解度（20℃，g/L）：二氯甲烷 270，正己烷 0.12，甲苯 20。25℃水解半衰期 280d（pH4）、22 年（pH7）、17 年（pH9）。

毒性　戊菌隆原药大鼠急性经口 LD$_{50}$＞5000mg/kg。大鼠和小鼠急性经皮 LD$_{50}$（24h）＞2000mg/kg。大鼠急性吸入 LC$_{50}$（4h）＞268mg/L 空气（大气），＞5130mg/L 空气（灰尘）。对兔皮肤和眼睛无刺激性。2 年喂养试验无作用剂量（mg/kg）：雌大鼠 50，雄大鼠 500，狗 100，雌、雄小鼠 500。ADI 值 0.02mg/kg。无致畸、致突变、致癌作用。山齿鹑急性经口 LD$_{50}$＞2000mg/kg。鱼毒 LC$_{50}$（96h，mg/L）：虹鳟鱼＞690（11℃），蓝鳃太阳鱼 127（19℃）。水蚤 LC$_{50}$（48h）＞0.27mg/L。藻类 LC$_{50}$（96h）0.56mg/L，对蜜蜂安全，LD$_{50}$＞100μg/只（经口和接触）。蚯蚓 LC$_{50}$（14d）＞1000mg/kg（干土）。

应用　戊菌隆为日本农药公司研制并与拜耳公司合作于 1976 年开发的一种高效、低毒、持效期长、非内吸性的脲类杀菌剂，适用于水稻、马铃薯、甜菜、棉花、甘蔗、蔬菜和观赏植物及花卉等，主要用于防治立枯丝核菌引起的病害，对水稻纹枯病有特效。使用剂量 150～250g（a.i.）/hm^2。

合成路线

常用剂型　戊菌隆常用制剂有 25％可湿性粉剂、25％悬浮剂、47％福·戊隆湿拌种剂（福美双、戊菌隆）、58.5％（福美双·戊菌隆·吡虫啉）悬浮剂。

戊菌唑（penconazole）

C_{13}H_{15}Cl_2N_3，284.19，66246-88-6

其他名称　托扑死，配那唑，果壮，笔霉唑，Topas，Award，Topaz，Toraze。

化学名称　1-[2-(2,4-二氯苯基)戊基]-1H-1,2,4-三唑；1-[2-(2,4-dichlorophenyl) pentyl]-1H-1,2,4-triazole。

理化性质　纯品为白色粉状固体。熔点60～61℃。沸点99.2℃/1.9Pa。蒸气压0.17mPa（20℃）、0.37mPa（25℃）。相对密度1.30。分配系数K_{ow}lg$P$=3.72（pH5.7，20℃）。Henry常数$6.6×10^{-4}$Pa·m^3/mol（计算值）。水中溶解度为73mg/L（25℃）。有机溶剂中溶解度（25℃，g/L）：乙醇730，丙醇770，正辛醇400，甲苯610，正己烷24。pH1～13水解稳定；对温度（加热350℃）稳定。戊菌唑在干燥土壤中半衰期DT$_{50}$ 133～343d，自然光照下光解半衰期DT$_{50}$为4 d。

毒性　大鼠急性经口LD$_{50}$（mg/kg）：2125（雄），2444（雌）。大鼠急性经皮LD$_{50}$>3000 mg/kg。对兔眼睛和皮肤无刺激作用。大鼠急性吸入LC$_{50}$（4h）>5.9mg/L。NOEL数据（2a），mg/(kg·d)：大鼠3.8，小鼠0.71。ADI值0.03 mg/kg。日本鹌鹑急性经口LD$_{50}$（8d）2424mg/kg，北京鸭急性经口LD$_{50}$（8d）>3000mg/kg，野鸭急性经口LD$_{50}$（8d）>1590mg/kg。山齿鹑和野鸭饲喂LC$_{50}$（8d）>5620mg/kg（饲料）。鱼毒LC$_{50}$（96h，mg/L）：虹鳟鱼1.7～4.3，鲤鱼3.8～4.6，大翻车鱼2.1～2.8。水蚤LC$_{50}$（48h）7～11mg/L。对蜜蜂无毒，LD$_{50}$（48h）5μg/只（经口和接触）。蚯蚓LC$_{50}$（14d）>1000mg/kg（土壤）。

应用　三唑类杀菌剂，具有保护、铲除、治疗和内吸作用，甾醇脱甲基化抑制剂。用于防治葡萄、南瓜、蔬菜、苹果等作物的多种病毒，如葡萄白粉病、黑腐病、苹果白粉病、黑星病等。

合成路线　戊菌唑通常有3种合成路线，即路线1→2→3→4→5、路线1→6→7→8和路线9→10→11，其中路线1→2→3→4→5较常用。

常用剂型 95％原药，10％乳油。

戊唑醇（tebuconazole）

$C_{16}H_{22}ClN_3O$，307.82，107534-96-3

其他名称 立克秀，Folicur，Horizon，Silvacur，Raxil，Elite，terbuconazole，ethyltrianol，fenetrazole，HGWb 1608。

化学名称 (RS)-1-(4-氯苯基)-4,4-二甲基-3-(1H-1,2,4-三唑-1-基甲基) 戊-3-醇；(RS)-1-(4-chlorophenyl)-4,4-dimethyl-3-(1H-1,2,4-triazol-1-ylmethyl) pentan-3-ol。

理化性质 原药为淡褐色粉末，纯品无色晶体，熔点105℃。蒸气压 $1.7×10^{-3}$ mPa（20℃）。分配系数 K_{ow}lg$P$＝3.7（20℃），Henry 常数 $1×10^{-5}$ Pa·m^3/mol（20℃）。相对密度 1.25。水中溶解度为 36mg/L（pH5～9，20℃）。有机溶剂中溶解度（20℃，g/L）：二氯甲烷＞200，异丙醇、甲苯 50～100。水解半衰期 DT_{50}＞1 年（pH4～9，22℃）。

毒性 戊唑醇原药急性经口 LD_{50}（mg/kg）：大鼠 4000（雄）、1700（雌），小鼠 3000。大鼠急性经皮 LD_{50}＞5000mg/kg。对兔眼睛有严重刺激性，对兔皮肤无刺激性。大鼠急性吸入 LC_{50}（4h）：0.37mg/L（空气），＞5.1mg/L（灰尘）。2 年喂养无作用剂量（mg/kg）：大鼠 300，狗 100，小鼠 20。急性经口 LD_{50}（mg/kg）：雄日本鹌鹑 4438，雌日本鹌鹑 2912，山齿鹑 1988。饲喂 LC_{50}（mg/kg 饲料，5d）：野鸭＞4816，山齿鹑＞5000。鱼毒 LC_{50}（96h，mg/L）：虹鳟鱼 4.4，蓝鳃太阳鱼 5.7。水蚤 LC_{50}（48h）4.2mg/L。蜜蜂 LD_{50}（48h）：175.8μg/只（经口），0.6μg/只（接触）。蚯蚓 LC_{50}（14d）1381mg/kg（干土）。在高达 375g/hm^2 剂量下施用时对其他有益昆虫均无不利影响。

应用 戊唑醇为高效、内吸的广谱三唑类杀菌剂，除具有杀菌活性外，还可促进作物生长，使之根系发达、叶色浓绿、植株健壮、有效分蘖增加，从而提高产量。德国拜耳公司开发，1980 年申请专利。适用于麦类、玉米、高粱、花生、香蕉、葡萄、茶等。防治白粉菌属、柄锈菌属、核腔菌属和壳针孢菌属引起的白粉病、黑穗病、纹枯病、全蚀病、云纹病、锈病、菌核病、叶斑病、斑点落叶病、灰霉病等病害都有很好的效果。

合成路线

常用剂型 戊唑醇在我国制剂登记（包括复配制剂）剂型主要有悬浮剂、悬浮种衣剂、水乳剂、水分散粒剂、微乳剂、可湿性粉剂、拌种剂、湿拌种剂、干粉拌种剂、乳油。复配对象主要有丁硫克百威、克菌丹、肟菌酯、福美双、甲霜灵、井冈霉素、多菌灵、异菌脲、丙森锌、几丁聚糖、腈菌唑、三唑酮、甲基异柳磷、克百威、咪鲜胺、吡虫啉、氯氰菊酯、烯肟菌胺等。

烯丙苯噻唑 （ probenazole ）

C₁₀H₉NO₃S，223.2，27605-76-1

其他名称　烯丙异噻唑，Oryzemate。

化学名称　3-烯丙氧基-1,2-苯并异噻唑-1,1-二氧化物；3-allyloxy-1,2-benz [d] isothiazole-1,1-dioxide。

理化性质　纯品为无色结晶固体，熔点 138～139℃。难溶于正己烷和石油醚，微溶于水（150mg/L）、甲醇、乙醇、乙醚和苯，易溶于丙酮、DMF、氯仿等。

毒性　急性经口 LD_{50}（mg/kg）：大鼠 2030，小鼠 2750～3000。大鼠急性经皮 LD_{50} ＞5000mg/kg。大鼠慢性毒性试验，无作用剂量 110 mg/kg。无致突变作用。600mg/kg（饲料）喂养大鼠，无致畸作用。鲤鱼 LC_{50}（48h）为 6.3mg/L。

应用　日本明治公司开发的异噻唑类杀菌剂，属于水杨酸免疫系统促进剂。在离体试验中，稍有抗微生物活性。处理水稻，促进根系的吸收，保护作物不受稻瘟病病菌和稻白叶枯病病菌的侵染。可用于防治水稻稻瘟病和白叶枯病。

合成路线

常用剂型　烯丙苯噻唑目前在我国制剂登记有 8％颗粒剂；可与抗倒胺等进行复配。

烯霜苄唑 （ viniconazole ）

C₁₈H₁₅ClN₂O，310.79，77175-51-0

其他名称　氯康唑。

化学名称　1-[1-[2-(3-氯苄氧基)苯基]乙烯基]-1H-咪唑；1-[1-[2-(3-chlorobenzyloxy) phenyl] vinyl] -1H-imidazole。

理化性质　熔点 72～73℃。溶于乙酸乙酯。

毒性　大鼠急性经口 LD_{50}2500mg/kg，经皮 LD_{50}7000mg/kg。

应用　用于蔬菜、果树防治白粉病和霜霉病。

合成路线

常用剂型 烯霜苄唑目前在我国未见相关产品登记。

烯肟菌胺（SYP-1620）

$C_{21}H_{21}Cl_2N_3O_3$，434.32，366815-39-6

其他名称 fenaminstrobin。

化学名称 （E,E,E）-N-甲基-2-[（（（（1-甲基-3-(2,6-二氯苯基)-2-丙烯基）亚氨基）氧基）甲基）苯基]-2-甲氧基亚氨基乙酰胺；（2E)-2-[2-[（E)-[(2E)-3-(2,6-dichlorophenyl)-1-methylprop-2-enylidene] aminooxymethyl] phenyl]-2-(methoxyimino)-N-methylacetamide；（αE)-2-[[[(E)-[(2E)-3-(2,6-dichlorophenyl)-1-methyl-2-propen-1-ylidene] amino] oxy] methyl]-α-(methoxyimino)-N-methylbenzeneacetamide。

理化性质 纯品为白色固体粉末或结晶，熔点为 131～132℃。易溶于乙腈、丙酮、乙酸乙酯及二氯乙烷，在 DMF 和甲苯中有一定溶解度，在甲醇中溶解度约为 2%，不溶于石油醚、正己烷等非极性有机溶剂及水，在强酸、强碱条件下不稳定。

毒性 原药急性经口 LD$_{50}$＞4640mg/kg（雌、雄），急性经皮 LD$_{50}$＞2150mg/kg（雌、雄）。兔眼刺激为中毒刺激性，无皮肤刺激性。细菌回复突变试验（Ames）、小鼠嗜多染红细胞微核试验、小鼠睾丸精母细胞染色体畸变试验均为阴性。Wistar 大鼠 13 周喂饲给药最大无作用剂量：雄性（106.01±9.31)mg/(kg•d)，雌性（112.99±9.12)mg/(kg•d)。

应用 烯肟菌胺是由沈阳化工研究院 1999 年研发成功的，属于甲氧基丙烯酸酯类杀菌剂。其杀菌谱广、活性高，具有预防及治疗作用，与环境生物有良好的相容性，对由鞭毛菌、接合菌、子囊菌、担子菌及半知菌引起的多种植物病害有良好的防治效果，对白粉病、锈病防治效果卓越。可用于防治小麦锈病、小麦白粉病、水稻纹枯病和稻瘟病、黄瓜白粉病、黄瓜霜霉病、葡萄霜霉病、苹果斑点落叶病、苹果白粉病、香蕉叶斑病、番茄早疫病、梨黑星病、草莓白粉病、向日葵锈病等多种植物病害。同时，对作物生长性状和品质有明显的改善作用，并能提高产量。

合成路线

常用剂型 烯肟菌胺目前在我国相关登记产品有98%原药、5%乳油和20%悬浮剂。

烯肟菌酯（enestroburin）

$C_{22}H_{22}ClNO_4$，399.87，238410-11-2

其他名称 佳斯奇。

化学名称 (E)-2-[2-[[[[3-(4-氯苯基)-1-甲基丙烯-2-基]亚氨基]氧基]甲基]苯基]-3-甲氧基丙烯酸甲酯；methyl (E)-2-[2-[[[[3-(4-chlorophenyl)-1-methyl-2-propenylidene]am-ino]oxy]methyl]phenyl]-3-methoxyacrylate；CA：methyl (αE)-α-(methoxyimino)-2-[2-[[[3-(4-chlorophenyl)-1-methyl-2-propenylidene]amino]oxy]methyl]benze-necetate。

理化性质 结构中存在顺、反异构体（Z体，E体），原药为Z体和E体的混合体。原药（含量≥90%）外观为棕褐色黏稠状物。熔点99℃（E体）。易溶于丙酮、三氯甲烷、乙酸乙酯、乙醚，微溶于石油醚，不溶于水。对光、热比较稳定。

毒性 原药雄性大鼠急性经口 LD_{50} 为1470mg/kg、雌性为1080mg/kg，急性经皮 LD_{50}＞2000mg/kg；对眼睛轻度刺激，对皮肤无刺激性，皮肤致敏性为轻度。致突变试验：Ames试验、小鼠骨髓细胞染色体试验、小鼠睾丸细胞染色体畸变试验均为阴性。雄、雌大鼠（13周）亚慢性喂饲试验无作用剂量分别为 47.73mg/(kg·d) 和 20.72mg/(kg·d)。25%乳油雄性大鼠急性经口 LD_{50} 为926mg/kg、雌性为750mg/kg，急性经皮 LD_{50}＞2150mg/kg；对眼睛中度刺激性，对皮肤无刺激性，皮肤致敏性为轻度。25%乳油对斑马鱼 LC_{50}（96h）为 0.29mg/L；雄性、雌性鹌鹑 LD_{50}（7d）分别为 837.5mg/kg 和 995.3mg/kg；蜜蜂 LD_{50}＞200μg/只蜂；桑蚕 LC_{50}＞5000mg/L。该制剂对鱼高毒，使用时应远离鱼塘、河流、湖泊等地方。对鸟、蜜蜂、蚕均为低毒。

应用 烯肟菌酯是国内开发的第一个甲氧基丙烯酸酯类杀菌剂，由沈阳化工研究院1997年开发，已申请了中国、美国、日本及欧洲专利，2002年完成农药临时登记。该品种具有杀菌谱广、活性高、毒性低、与环境相容性好等特点。具有预防及治疗作用，对由鞭毛菌、结合菌、子囊菌、担子菌及半知菌引起的多种植物病害有良好的防治效果。该药为真菌线粒体的呼吸抑制剂，其作用机理是通过与细胞色素 bc1 复合体的结合，抑制线粒体的电子传递，从而破坏病菌能量合成，起到杀菌作用。对黄瓜、葡萄霜霉病，小麦白粉病等有良好的防治效果。

合成路线

常用剂型　烯肟菌酯目前在我国登记的制剂主要有 25％乳油，25％、28％可湿性粉剂，18％悬浮剂，可与多菌灵、氟环唑、霜脲氰复配。

烯酰吗啉（dimethomorph）

(Z)-　　　　　　　(E)-
$C_{21}H_{22}ClNO_4$，387.9，110488-70-5

其他名称　霜安，专克，安克 Acrobat，Forum，Festival，Forum R，Raraat，Solide。

化学名称　(E,Z)-4-[3-(4-氯苯基)-3-(3,4-二甲氧基苯基) 丙烯酰] 吗啉；(E,Z)-4-[3-(4-chlorophenyl)-3-(3,4-dimethoxyphenyl) acryloyl] morpholine。

理化性质　原药含量≥955g/kg（澳大利亚的标准要求）。成分：E 体和 Z 体比例约为 1∶1。外观：无色至灰白色粉末至晶体。熔点：125.2～149.2℃；E 体 136.8～138.3℃；Z 体 166.3～168.5℃。蒸气压（25℃）：E 体 9.7×10^{-4} mPa；Z 体 1.0×10^{-3} mPa。分配系数（20℃）：$K_{ow}lgP$=2.63（E 体）；2.73（Z 体）。亨利常数：E 体 5.4×10^{-6} Pa·m^3/mol；Z 体 2.5×10^{-5} Pa·m^3/mol。堆积密度 1318kg/m^3（20℃）。在水中溶解度（20℃）为 81.1mg/L（pH 5）、49.2mg/L（pH 7）、41.8mg/L（pH 9）。有机溶剂中溶解度：正庚烷中 E 体 0.12mg/L，Z 体 0.053mg/L；二甲苯中 E 体 22.2mg/L，Z 体 6.4mg/L；1,2-二氯乙烷中 E 体 182.5mg/L，Z 体 92.5mg/L；乙酸乙酯中 E 体 46.6mg/L，Z 体 9.5mg/L；丙酮中 E 体 105.6mg/L，Z 体 18mg/L；甲醇中 E 体 33.5mg/L，Z 体 7.5mg/L。(E,Z) 混体溶解度：正己烷中 0.11mg/L，甲醇中 39mg/L，乙酸乙酯中 48.3mg/L，甲苯中 49.5mg/L，丙酮中 100mg/L，二氯甲烷中 461mg/L。在正常条件下对水解、对热稳定。在黑暗中贮存 5 年以上稳定。在阳光下，E 体和 Z 体会发生相互转化。pK_a1.305（计算值）。闪点：不易燃。

毒性　急性经口 LD_{50}：雄性大鼠为 4300mg/kg，雌性大鼠为 3500mg/kg，雄性小鼠＞5000mg/kg，雌性小鼠为 3700mg/kg。大鼠急性经皮 LD_{50}＞5000mg/kg。对兔眼睛和皮肤无刺激性，对豚鼠皮肤无致敏作用。大鼠吸入 LC_{50}（4h）＞4.2mg/L（空气）（最大可得到浓度）。NOEL：大鼠（2 年）为 200mg/kg（饲料）（每日 9mg/kg 体重）；狗（1 年）为 450mg/kg（饲料）（每日 15mg/kg 体重）。对大鼠和小鼠 2 年研究无致癌作用。ADI0.09mg/kg 体重。腹腔注射急性毒性 LD_{50}：雄性大鼠为 327mg/kg 体重，雌性大鼠为 297mg/kg 体重。野鸭和鹌鹑急性经口 LD_{50}＞2000mg/kg，饲喂 LC_{50}＞5200mg/kg。鱼类 LC_{50}（96h）：蓝鳃太阳鱼＞25mg/L，鲤鱼为 14mg/L，虹鳟鱼为 6.2mg/L。水蚤 EC_{50}（48h）＞10.6mg/L。藻类 EC_{50}（96h）为 29.2mg/L。蜜蜂：在＞100μg/只蜂（接触）和＞32.4μg/只蜂（经口）剂量（最高试验剂量）下对蜜蜂无毒。蚯蚓 EC_{50}＞1000mg/kg（土壤）。

应用　烯酰吗啉属于抑制孢子萌发活性的内吸性杀菌剂，由巴斯夫公司开发，1986 年在多个国家申请了专利。烯酰吗啉有 Z 和 E 两种异构体，光照下两种异构体迅速互相转变，但只有 Z 异构体有生物活性；用于防治黄瓜霜霉病、葡萄霜霉病、荔枝霜疫病、辣椒疫病、十字花科蔬菜霜霉病、烟草黑胫病等，使用剂量 $150\sim450g$（ai）$/hm^2$。

合成路线

常用剂型　烯酰吗啉目前在我国登记主要剂型有水分散粒剂、可湿性粉剂、水乳剂、微乳剂、悬浮剂、烟剂等。复配登记主要与福美双、甲霜灵、霜脲氰、代森锰锌、丙森锌、乙膦铝、嘧菌酯、百菌清、吡唑醚菌酯、膦酸铝等进行复配。

烯唑醇（diniconazole）

$C_{15}H_{17}Cl_2N_3O$，326.22，83657-24-3

其他名称　速保利，壮麦灵，特普唑，特灭唑，达克利，灭黑灵，Spotless，Sumi eight，Diniconazole-M。

化学名称　(E)-(RS)-1-(2,4-二氯苯基)-4,4-二甲基-2-(1H-1,2,4-三唑-1-基)-1-戊烯-3-醇；$(E)(RS)$-1-(2,4-dichlorophenyl)-4,4-dimethyl-2-(1H-1,2,4-triazol-1-y1) pent-1-en-3-ol。

理化性质　纯品烯唑醇为白色结晶固体，熔点 $134\sim136$。蒸气压：$2.93mPa$（20℃），$4.9mPa$（25℃）。分配系数 $K_{ow} lgP = 4.3$（25℃），相对密度 1.32。水中溶解度（25℃）$4mg/L$。有机溶剂中溶解度（25℃，g/kg）：丙酮 95，甲醇 95，二甲苯 14，己烷 0.7。对光、热和潮湿稳定。

毒性　烯唑醇原药急性经口 LD_{50}：雄大鼠 $639mg/kg$，雌大鼠 $474mg/kg$。大鼠急性经皮 $LD_{50}>5000mg/kg$。对兔眼睛有严重刺激性，无皮肤刺激。对豚鼠皮肤无过敏现象。大鼠急性吸入 LC_{50}（4h）$>2770mg/L$。急性经口 LD_{50}：鹌鹑 $1490mg/kg$，野鸭 $>2000mg/kg$。野鸭 8d 喂养试验无作用剂量为 $5075mg/kg$。虹鳟鱼 LC_{50}（96h）$>1.58mg/L$，鲤鱼 LC_{50}（96h）$4.0mg/L$。蜜蜂急性接触 $LD_{50}>20\mu g$/只。

应用　烯唑醇是一种具有保护、治疗及铲除作用的内吸向顶传导广谱性杀菌剂。它能抑制真菌麦角甾醇生物合成中的脱甲基作用，从而导致真菌的死亡。可广泛用于玉米、小麦、高粱、花生、梨、苹果、花卉、蔬菜等相应病害的防治，是当前杀菌效果较理想的品种之一。特别对子囊菌和担子菌高效，例如白粉菌、锈菌、黑粉病菌和黑星病菌等；另外对尾孢霉、球腔菌、核盘菌、禾生喙孢菌、青霉菌、丝核菌、黑腐菌等均有效。

合成路线 主要有 3 种合成路线，其中工业生产常用路线为一氯（溴）片呐酮路线，如下所示。

苯烯酮路线即路线 5→6→7→8→9 和双唑酮路线即路线 10→11→12→13→9，如下所示。

常用剂型 烯唑醇目前在我国制剂登记主要剂型有可湿性粉剂、悬浮种衣剂、悬浮剂、微乳剂、乳油等；复配制剂主要与代森锰锌、吡虫啉、福美双、三唑酮、井冈霉素、多菌灵、三环唑等进行复配。

小檗碱（berberine）

$C_{20}H_{18}NO_4$，336.37，2086-83-1

其他名称 黄连素，小檗碱，Berberine Hydrochloride，Berberine Sulphate。

来源 小檗碱为中草药毛茛科黄连和芸香科黄柏等植物中提取的一种生物碱杀菌剂，又名黄连素。它存在于小檗科等四科十属的许多植物中。

理化性质 小檗碱是一种常见的黄色异喹啉生物碱，从乙醚中可析出黄色针状晶体。熔点145℃。微溶于水和乙醇，较易溶于热水和热乙醇中，几乎不溶于乙醚，难溶于苯、氯仿。

毒性 属于低毒杀菌剂，对人、畜和环境安全。大鼠急性经口 LD_{50} ＞5000mg/kg，大鼠急性经皮 LD_{50} ＞2000mg/kg。对家兔眼睛、皮肤无刺激性。豚鼠皮肤致敏反应试验表明有弱致敏性。

应用 小檗碱是由中草药植物提取的生物碱杀菌剂，对番茄灰霉病、叶霉病抑菌活性较高，对黄瓜白粉、霜霉病，辣椒疫霉病有较好的防治效果。于发病初期开始喷雾，视病情间隔 7d 左右喷雾 1 次，连续使用 2～3 次。

常用剂型 小檗碱常用制剂主要有 0.5% 水剂。

缬霉威 （ iprovalicarb ）

C$_{18}$H$_{28}$N$_2$O$_3$，320.43，140923-17-7；140923-25-7[(*SR*)-非对映异构体]

其他名称 异丙菌胺，Melody（拜耳作物科学公司）。

化学名称 2-甲基-1-[(1-对甲基苯基乙基) 氨基甲酰基]-(*S*)-丙基氨基甲酸异丙酯；isopropyl-2-methyl-1-[(1-*p*-tolylethyl) carbamoyl]-(*S*)-propylcarbamate。

理化性质 (*SS*)-和 (*SR*)-非对映异构体的混合物。原药含量≥950g/kg（欧盟的标准要求）。外观：白色至黄色粉末。熔点：183℃ (*SR*)；199℃ (*SS*)；163～165℃ （混合物）。蒸气压：$4.4×10^{-5}$ mPa (*SR*)；$3.5×10^{-5}$ mPa (*SS*)；$7.7×10^{-5}$ mPa （混合物）（均为20℃）。分配系数：$K_{ow}lgP=3.2$[(*SR*)-和 (*SS*)-非对映异构体]。Henry 常数：$1.3×10^{-6}$ Pa・m^3/mol (*SR*)；$1.6×10^{-6}$ Pa・m^3/mol (*SS*)（20℃，计算值）。相对密度 1.11 (20℃)。水中溶解度（20℃，mg/L）：11.0 (*SR*)，6.8 (*SS*)。有机溶剂中溶解度（20℃，g/L）：二氯甲烷 97g/L (*SR*)，35g/L (*SS*)；甲苯 2.9g/L (*SR*)，2.4g/L (*SS*)；丙酮 22g/L (*SR*)，19g/L (*SS*)；正己烷 0.06g/L (*SR*)，0.04g/L (*SS*)；异丙醇 15g/L (*SR*)，13g/L (*SS*)。

毒性 大鼠急性经口 LD_{50} ＞5000mg/kg。大鼠急性经皮 LD_{50} ＞5000mg/kg。对兔皮肤和眼睛无刺激性，对豚鼠皮肤无致敏作用。大鼠吸入 LC_{50} ＞4977mg/m^3 （空气）（粉尘）。NOEL：（2 年）雌性大鼠为 500mg/kg （饲料），雄性大鼠为 500mg/kg （饲料），雄性小鼠为 1400mg/kg （饲料），雌性小鼠为 7000mg/kg （饲料）；（1 年）狗＜80mg/kg （饲料）。ADI0.015mg/kg 体重（欧盟建议）。鹌鹑急性经口 LD_{50} ＞2000mg/kg。鹌鹑和野鸭饲喂 LC_{50} （5d）均＞5000mg/kg （饲料）。鱼类 LC_{50} （96h）：虹鳟鱼＞22.7mg/L，蓝鳃太阳鱼 20.7mg/L。水蚤 EC_{50} （48h）＞19.8mg/L。羊角月牙藻 (*Selenastrum capricornutum*) $E_{b/r}C_{50}$ （72h）＞10.0mg/L。蜜蜂 LD_{50}：（48h，经口）＞199μg/只蜂；（接触）＞200μg/只蜂。蚯蚓 LC_{50} （14d）＞1000mg/kg （干土）。对梨盲走螨 (*Typhlodromus pyri*) 和缢管

蚜茧蜂（*Aphidius rhopalosiphi*）的无作用剂量分别为 $460g/hm^2$ 和 $450g/hm^2$。

应用 属于氨基酸酰胺类杀菌剂，用于各种作物防治霜霉病、疫病。与甲霜灵、霜脲氰等无交互抗性。它是通过抑制孢子囊胚芽管的生长、菌丝的生长和芽孢形成而发挥对作物的保护和治疗作用。可防治葡萄、马铃薯、番茄、黄瓜、烟草等作物上的霜霉病、疫病。它可用于茎叶和土壤处理。

合成路线

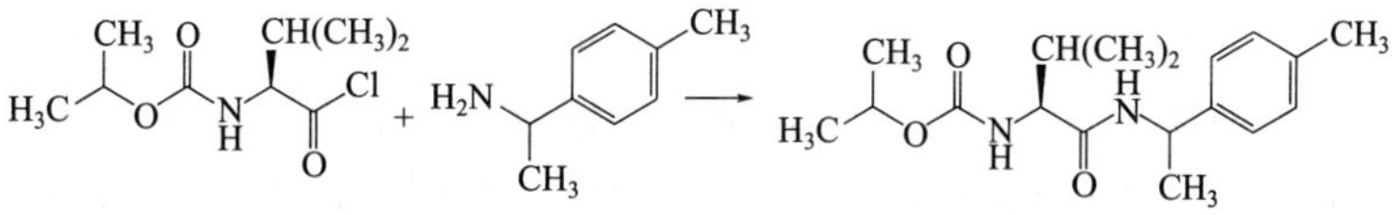

常用剂型 缬霉威目前在我国相关登记产品有 95％原药，制剂有 66.8％可湿性粉剂，可与丙森锌复配。

辛菌胺

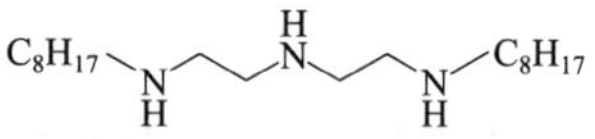

$C_{20}H_{45}N_3$，327.25，57413-95-3

化学名称 二正辛基二乙烯三胺；dioctyldiethylenetriamine；N,N''-dioctyldiethylene-triamine。

理化性质 主要成分是二正辛基二乙烯三胺，具有 3 个同分异构体，基中以 N,N-二正辛基二乙烯三胺为主。

应用 本品可用于果树、蔬菜、瓜类、棉花、水稻、小麦、玉米、大豆、油菜、药材、生姜等多种作物由细菌、病毒、真菌引起的多种病害的防治。

合成路线

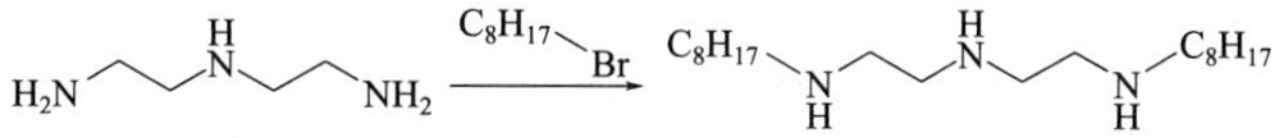

常用剂型 辛菌胺在我国登记的主要剂型有水剂、可湿性粉剂，可与盐酸吗啉胍、三十烷醇等复配。

辛噻酮（octhilinone）

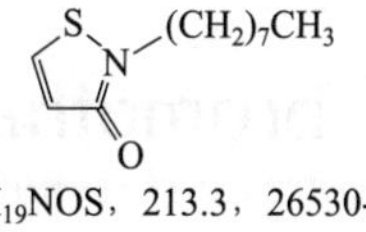

$C_{11}H_{19}NOS$，213.3，26530-20-1

其他名称 Pancil-T。

化学名称 2-正辛基异噻唑-3（2H）-酮；2-octylisothiazol-3（2H）-one；CA：2-ctyl-3（2H）-isothiazolone。

理化性质 纯品为淡金黄色透明液体，具有微弱的刺激气味。熔点 120℃/1.33Pa。蒸气压 4.9mPa（25℃）。$K_{ow}lgP=2.45$（24℃），Henry 常数 $2.09×10^{-3}Pa \cdot m^3/mol$（计算

值）。溶解度：蒸馏水 0.05％（25℃），甲醇和甲苯中＞800g/L，乙酸乙酯＞900g/L，已烷 64g/L。稳定性：对光稳定。

毒性 大鼠急性经口 LD_{50} 1470mg/kg，兔急性经皮 LD_{50} 4.22mg/kg。对大鼠、兔皮肤和眼睛无刺激性。大鼠急性吸入（4h）LC_{50} 0.58mg/L（空气）。急性经口 LD_{50}：山齿鹑 346mg/kg，野鸭＞887mg/kg。山齿鹑和野鸭饲喂 LC_{50}（8d）＞5620mg/L（饲料）。鱼毒 LC_{50}（96h）：蓝鳃翻车鱼 0.196 mg/L，虹鳟鱼 0.065mg/L。

应用 主要用作杀真菌剂、杀细菌剂和伤口保护剂。如用于苹果、梨及柑橘类树木作伤口涂擦剂，可防治各种疫霉、黑斑等真菌及细菌的侵染。目前主要用于木材、涂料防腐。

常用剂型 辛噻酮目前在我国未见相关产品登记。常用制剂主要有1％糊剂。

辛唑酮（PP 969）

$C_{14}H_{25}N_3O_2$，267.4，69141-50-0

化学名称 （5RS，6RS）-6-羟基-2,2,7,7-四甲基-5-(1,2,4-三唑-1-基) 辛酮-3；（5RS，6RS）-6-hydroxy-2，2，7，7-tetramethyl-5-(1，2，4-triazole-1-yl) octan-3-one。

理化性质 纯品为白色结晶，熔点 97～98℃，在水中的溶解度为 3.6g/L。

应用 该药内吸性高，施入土壤和茎上，能被植物迅速吸收和传导，防治叶部病害。温室浸根试验中，＜1.0mg/L 浓度能完全防治大麦、小麦、苹果和葡萄的白粉病，小麦锈病，苹果黑星病，花生叶斑病。茎基以 0.2g/100mL 垄处理，可 100％防治由白腐小核菌引起的圆葱白腐病。

合成路线

常用剂型 辛唑酮目前在我国未见相关产品登记。

溴菌腈（bromothalonil）

$C_6H_6Br_2N_2$，265.9，35691-65-7

其他名称 休菌清，托牌 DM-01，DBDCB。

化学名称 1,2′-二溴-2,4-二氰基丁烷。

理化性质 白色或淡黄色晶体粉末，略有刺激气味。熔点 52.5～54.5℃。难溶于水，易溶于丙酮、苯、氯仿、乙醇等有机溶剂。

毒性 大鼠急性经口 LD_{50} 为 681mg/kg，大鼠急性经皮 LD_{50} ＞10000mg/kg。将 DBDCB 稀释到 0.3％，对家兔皮肤和黏膜没有任何刺激。在试验剂量内对动物无致畸、致突变、致癌作用。水生生物 LC_{50}：蓝鳃太阳鱼 4.09 mg/L，虹鳟鱼 1.75mg/L。

应用 一种广谱、高效、低毒的杀菌剂，能抑制和铲除真菌、细菌、藻类的生长，对农作物病害有较好的防治效果，对炭疽病有特效。广泛适用于果树、葡萄、蔬菜、棉花、花生、西瓜、烟草、茶树、花卉等多种作物，防治炭疽病、黑星病、疮痂病、白粉病、锈病、立枯病、猝倒病、根茎腐病、溃疡病、青枯病、角斑病等多种真菌性、细菌性病害。

合成路线

常用剂型 溴菌腈在我国登记的主要制剂有 25％可湿性粉剂、45％粉剂、25％乳油等，可与多菌灵、福美双、五氯硝基苯、咪鲜胺等复配。

溴硝醇（bronopol）

$C_3H_6BrNO_4$，200，52-51-7

其他名称 溴硝丙二醇，拌棉醇，Bronotak，Bronocot。

化学名称 2-溴-2-硝基-1,3-丙二醇；2-bromo-2-nitro-1,3-propanediol。

理化性质 纯品为无色至浅黄棕色固体，熔点 130℃。蒸气压 1.68mPa（20℃）。水中溶解度（22℃）250g/L。有机溶剂中溶解度（23～24℃，g/L）：乙醇 500，异丙醇 250，与丙酮、乙酸乙酯互溶，微溶于二氯甲烷、苯、乙醚中，不溶于正己烷和石油醚。工业品纯度高于 90％，具有轻微的吸湿性，在一般条件下贮存稳定。对铝容器有腐蚀性。

毒性 急性经口 LD_{50}（mg/kg）：大鼠 180～400，小鼠 250～500，狗 250。大鼠急性经皮 LD_{50}＞1600mg/kg。大鼠急性吸入 LC_{50}（6h）＞5mg/L。对兔眼睛和皮肤有中度刺激。野鸭急性经口 LD_{50} 510mg/kg。虹鳟鱼 LC_{50}（96h）20mg/L。水蚤 LC_{50}（48h）1.4mg/L。

应用 作种子处理，防止病害发生。可以用于防治水稻、棉花上的某些病害。用于防治多种植物病原细菌引起的病害，可用于防治水稻恶苗病、棉花黑臂病和细菌性凋枯病。

合成路线

常用剂型 溴硝醇目前在我国的制剂登记主要有 20％可湿性粉剂、12％溴硝醇拌种剂、20％多·溴硝醇悬浮剂。

蕈状芽孢杆菌 J 菌株

拉丁文名称 *Bacillus mycoides* isolate strain J。

理化性质 蕈状芽孢杆菌 J 菌株是革兰氏阳性、棒状细菌。同其他芽孢杆菌一样，蕈状芽孢杆菌 J 菌株也形成内生孢子。

毒性 无毒。

应用 蕈状芽孢杆菌是自然界普遍存在的土壤微生物。蕈状芽孢杆菌 J 菌株起到植物疫苗的作用，诱导植物产生防御物质，以控制多种病害。蕈状芽孢杆菌 J 菌株主要用于甜菜尾孢叶斑病防治，发病前 4～6d 施药，喷洒到甜菜上，间隔 10～14 d 再施药一次。

常用剂型 蕈状芽孢杆菌 J 菌株目前在我国未见相关制剂产品登记。

亚胺唑（imibenconazole）

$C_{17}H_{13}Cl_3N_4S$，411.7，86598-92-7

其他名称 酰胺唑，霉能灵，Manage。

化学名称 4-氯苄基-*N*-2,4-二氯苯基-2-(1*H*-1,2,4-三唑-1-基) 硫代乙酰胺酯；4-chlorobenzyl-*N*-2,4-dichlorophenyl-2-(1*H*-1,2,4-triazol-1-yl) thioacetamidate。

理化性质 纯品亚胺唑为浅黄色晶体，熔点 89.5～90℃。蒸气压 8.5×10^{-5} mPa (25℃)。分配系数 $K_{ow} \lg P = 4.94$。水中溶解度为 1.7mg/L（20℃）。有机溶剂中溶解度 (20℃，g/L)：甲醇 120，丙酮 1063，苯 580，二甲苯 250。在弱碱性介质中稳定，在酸性和强碱性介质中不稳定。25℃时，$DT_{50} < 1d$（pH1）、6d（pH5）、88d（pH7）、92d（pH9）、$< 1d$（pH13）。

毒性 亚胺唑原药大鼠急性经口 LD_{50}（mg/kg）：>2800（雄）、>3000（雌）。雌、雄大鼠急性经皮 $LD_{50} > 2000$mg/kg。对兔眼睛有轻微刺激作用，对兔皮肤无刺激作用。对豚鼠皮肤有轻微过敏现象。大鼠急性吸入 LC_{50}（4h）>1020mg/L。大鼠 2 年喂养无作用剂量 100mg/kg。无致突变作用。山齿鹑和野鸭急性经口 $LD_{50} > 2250$mg/kg。鱼毒 LC_{50}（96h，mg/L）：虹鳟鱼 0.67，蓝鳃太阳鱼 1.0，鲤鱼 0.84。水蚤 LC_{50}（96h）>100mg/L。蜜蜂 LD_{50}：>125μg/只（经口），>200μg/只（接触）。蚯蚓 LC_{50}（14d）1000mg/kg(土壤)。

应用 亚胺唑属于高效、内吸、具有保护和治疗作用的新型广谱三唑类杀菌剂，日本北兴化学工业公司开发，1981 年申请专利；适用于果树、蔬菜、禾谷类等作物，防治黑星病、锈病、白粉病、轮斑病、褐斑病、炭疽病等多种病害都有很好的效果。对藻菌无效。使用剂量 60～150g（a.i.）/hm²。

合成路线

常用剂型 亚胺唑目前在我国的登记主要有5％和15％可湿性粉剂。

盐酸吗啉胍（moroxydine hydrochloride）

$C_6H_{13}N_5O \cdot HCl$，207.7，3160-91-6

其他名称 病毒灵，吗啉胍，吗啉咪胍，盐酸吗啉双胍，ABOB。

化学名称 N-(2-胍基-乙亚氨基)-吗啉盐酸盐；4-(amidinoamidino) morpholinehydrochloride。

理化性质 本品为白色结晶性粉末，无臭。在水中易溶，在乙醚中微溶，在氯仿中几乎不溶。

毒性 大鼠急性经口 $LD_{50} > 5000mg/kg$；大鼠急性经皮 $LD_{50} > 10000mg/kg$。对人体未见毒性反应。

应用 一种广谱、低毒的病毒防治剂。稀释后的药液喷施到植物叶面后，药剂可通过气孔进入植物体内，抑制或破坏核酸和脂蛋白的形成，阻止病毒的复制过程，起到防治病毒的作用。

合成路线

常用剂型 盐酸吗啉胍在我国登记的主要剂型有可湿性粉剂、可溶粉剂、水分散粒剂、可溶片剂、水剂、悬浮剂等，可与乙酸铜、嘧肽霉素、羟烯腺嘌呤、琥珀肥酸铜等复配。

杨菌胺（trichlamide）

$C_{13}H_{16}Cl_3NO_3$，340.6，70193-21-4

其他名称 Hataclean，水杨菌胺，NK-483，真菌灵。

化学名称 (R,S)-N-(1-正丁氧基-2,2,2-三氯乙基)水杨酰胺；(R,S)-N-(1-butoxy-2,2,2-trichloroethyl) salicyl amide。

理化性质 纯品为无色晶体，熔点73～74℃，相对密度1.42，蒸气压＜10mPa（20℃）。溶解性（25℃）：水6.5mg/L，丙酮、甲醇、氯仿＞2000g/L，已烷55g/L，苯803g/L。稳定性：≤70℃稳定，对光、酸、碱均稳定。

毒性　大鼠急性经口 $LD_{50} > 7000$ mg/kg，急性经皮 $LD_{50} > 5000$ mg/kg；小鼠急性经口 $LD_{50} > 5000$ mg/kg，急性经皮 $LD_{50} > 5000$ mg/kg。对兔眼睛无刺激，对皮肤有刺激性。突变性、致畸性试验为阴性。鸡急性经口 $LD_{50} > 1000$ mg/kg。鱼毒一般，对蚕、蜜蜂低毒。NOEL 数据 [2 年，mg/(kg·d)]：雄大鼠 0.36，雌大鼠 0.431，雄性狗 10，雌性狗 2。在作物中无残留，田间处理后对后茬作物无影响。

应用　本品属酰胺类杀菌剂，10% 粉剂以 20～40kg/1000m² 剂量混入土壤，可防治白菜、甘蓝、芜菁等的根肿病，青豌豆根腐病，马铃薯疮痂病和粉痂病。以 1000mg/L 防治由立枯病菌引起的黄瓜苗猝倒病有 100% 效果。

合成路线

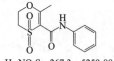

常用剂型　10% 粉剂。

洋葱伯克霍尔德菌

拉丁文名称　*Burkholderia*（*Pseudomonas*）*cepacia* type Wisconsin strains M54 or J8。
其他名称　Blue Circle，Deny，Intercept。
理化性质　深褐色粉末，密度 0.50g/cm³，温度高于 50℃ 不稳定。
毒性　低毒。急性经口 $LD_{50} > 4600$ mg/kg，急性经皮 $LD_{50} > 4600$ mg/kg。
应用　洋葱伯克霍尔德菌用于防治丝核菌、镰刀菌等引起的玉米、蔬菜、棉花等作物的根腐、茎腐、猝倒和纹枯等病害及线虫病。使用时直接用于土壤、根系或种子。
常用剂型　洋葱伯克霍尔德菌在我国未见相关产品登记。

氧化萎锈灵（oxycarboxin）

$C_{12}H_{13}NO_4S$，267.3，5259-88-1

其他名称　Plantvax，F461。
化学名称　5,6-二氢-2-甲基-1,4-氧硫杂芑-3-酰替苯胺-4,4-二氧化物；2,3-二氢-6-甲基-5-苯基-氨基甲酰-1,4-氧硫杂芑-4,4-二氧化物；5,6-dihydro-2-methyl-1,4-oxathi-ine-3-car-boxanilide-4,4-dioxide，2,3-dihydro-6-methyl-5-phenylcarbamoyl-1,4-oxathin-4,4-dioxid。

理化性质　本品为无色晶体，熔点 127.5～130℃，蒸气压 < 133Pa（20℃）。溶解度（25℃）：水中 1000mg/L，丙酮中 36%，苯中 3.4%，二甲亚砜中 223%，乙醇中 3%，甲醇中 7%。除强酸或强碱性农药外可与其他农药混用。

毒性　大鼠急性经口 LD_{50} 2000mg/kg，兔急性经皮 LD_{50} ＞16000mg/kg。急性吸入 LC_{50}（1h）：大鼠＞20mg/L（空气）。在 2 年饲喂试验中无作用剂量为 3000mg/kg（饲料）（大鼠和狗）。LC_{50}（8d）：鹌鹑＞10000mg/kg（饲料），野鸭＞4640mg/kg（饲料）。鱼毒 LC_{50}（96h）：蓝鳃鱼 28.1mg/L，虹鳟鱼 19.9mg/L。

应用　氧化萎锈灵为内吸性杀菌剂，以 200～400g(ai)/hm^2 剂量防治谷物、观赏植物和蔬菜锈病。

合成路线

常用剂型　氧化萎锈灵常用制剂主要有 50％、75％可湿性粉剂。

氧化亚铜（cuprous oxide）

Cu_2O，143.09，1317-39-1

其他名称　铜大师，大帮助。

理化性状　深红色或深棕色结晶性粉末。在潮湿空气中易氧化，溶于酸和浓氨水，不溶于水。在常温条件下稳定。

毒性　按中国农药毒性分级标准，氧化亚铜属低毒杀菌剂。大鼠急性经口 LD_{50} 1400mg/kg，急性经皮 LD_{50} ＞4000 mg/kg。对兔皮肤和眼睛有轻微刺激。大鼠急性吸入 LD_{50} 5.0 mg/L（空气）。ADI 2 mg/(kg·d)。对鸟类无伤害。鱼毒 LC_{50}（48h，mg/L）：小金鱼 60，中金鱼 150。水蚤 LC_{50}（48h）18.9 mg/L。蜜蜂 LD_{50} ＞25μg/只。

应用　是一种无机保护性杀菌剂。用于防治菠菜、甜菜、辣椒、豌豆、南瓜、菜豆和甜瓜等的白粉病、叶斑病、枯萎病、疫病、疮痂病及腐烂病，黄瓜、葡萄霜霉病，番茄早疫病等。

常用剂型　氧化亚铜目前在我国相关产品登记有 86.2％水分散粒剂和 86.2％可湿性粉剂。

氧氯化铜（copper oxychloride）

$3Cu(OH)_2 \cdot CuCl_2$
$Cl_2Cu_4H_6O_6$，427.1，1332-40-7
$3Cu(OH)_2 \cdot CuCl_2$，$H_6Cl_2Cu_4O_6$，427.1，1332-40-7

其他名称　王铜，Biltox，Cekucobre，Cobox，Ciprantol，Copratex，Coptox，Curravit，Cuprokylt，Deutsh Bordeaux A，Dhanucop，Funguran，Hilcopper，Kappper，Ossirame，Oxicob，Oxicop，Pasta Caffaro，Recop，Styrocuibvre。

化学名称　氧氯化铜；dicopper chloride trihydroxide；CA：copper chloride oxide hydrate。

理化性质　蓝绿色粉末。含 Cu^{2+} 57％。熔点 300℃（分解）。蒸气压（20℃）可忽略不计。水中溶解度（pH7，20℃）＜ 10^{-5} mg/L。不溶于有机溶剂；溶于稀酸，形成 Cu^{2+} 盐；溶于氨水，形成络合离子。稳定性：在中性介质中稳定，在碱性介质中受热分解形成氧化铜，放出氯化氢。

毒性　大鼠急性经口 LD_{50} 1700～1800mg/kg。大鼠急性经皮 LD_{50} ＞2000mg/kg。大鼠急

性吸入 LC_{50}（4h）＞30mg/L。鲤鱼 LC_{50}（48h）2.2mg/kg。水蚤 LC_{50}（24h）3.5mg/L。对蜜蜂无毒。

应用　是一种保护性杀菌剂，用于防治马铃薯晚疫病，番茄晚疫病，水稻纹枯病、白叶枯病，小麦褐色雪腐病，柑橘黑点病、白腐病、疮痂病、溃疡病，瓜类霜霉病、炭疽病等。

常用剂型　氧氯化铜常用制剂主要有30％悬浮剂、60％可湿性粉剂。

叶菌唑（metconazole）

$C_{17}H_{22}ClN_3O$，319.8，125116-23-6（未指明立体化学结构）

其他名称　Caramba，羟菌唑。

化学名称　（1RS，5RS；1RS，5SR）-5-（4-氯苄基）-2，2-二甲基-1-（1H-1，2，4-三唑-1-基甲基）环戊醇；（1RS，5RS；1RS，5SR）-5-（4-chlorobenzyl）-2，2-dimethyl-1-（1H-1，2，4-triazol-1-ylmethyl）cyclopentanol。

理化性质　（1RS，5RS；1RS，5SR）-异构体。原药为顺反异构体的混合物，其中，以顺式（1RS，5SR）（羟基和苄基在环戊基环的同侧）为主；两种异构体均具杀菌活性，顺式活性高于反式。原药含量≥940g/kg（顺反异构体含量之和）。灰白色、无臭粉末；熔点100.0～108.4℃；蒸气压 2.1×10^{-5} mPa（20℃）；分配系数 $K_{ow} \lg P = 3.85$（20℃）；亨利常数 2.21×10^{-7} Pa·m³/mol；相对密度1.14。水中溶解度为30.4mg/L（20℃）。有机溶剂中溶解度（mg/mL，20℃）：甲醇403，丙酮363。具有良好的热稳定性和水解稳定性。

毒性　大鼠急性经口 LD_{50} 为660mg/kg。大鼠急性经皮 LD_{50} ＞2000mg/kg。对兔皮肤无刺激性，对兔眼睛有轻微刺激性。对皮肤无致敏作用。大鼠吸入 LC_{50}（4h）＞5.6mg/L。NOEL［mg/(kg·d)］：（104周）大鼠4.8；（52周）狗11.1；（90d）小鼠5.5，大鼠6.8，狗2.5。ADI 0.048mg/kg体重。Ames试验呈阴性。鹌鹑急性经口 LD_{50} 为787mg/kg；野鸭急性饲喂 LC_{50} ＞5200mg/kg。鱼类 LC_{50}（96h）：虹鳟鱼为2.2mg/L，黑头呆鱼为3.9mg/L，鲤鱼为3.99mg/L。水蚤 LC_{50}（48h）为4.2mg/L。羊角月牙藻 EC_{50}（72h）为1.7mg/L。对蜜蜂几乎无毒；经口 LD_{50}（24h）为90μg/只蜂。对蚯蚓几乎无毒。

应用　叶菌唑是一种新的、广谱内吸性杀菌剂。主要用于防治小麦壳针孢、穗镰刀菌、叶锈病、条锈病、白粉病、颖枯病，大麦矮形锈病、白粉病、喙孢属，黑麦喙孢属、叶锈病，燕麦冠锈病，一小黑麦（小麦与黑麦杂交）叶锈病、壳针孢。对壳针孢属和锈病活性优异。兼具优良的保护及治疗作用。对小麦的颖枯病特别有效，预防、治疗效果更佳。

合成路线　根据不同的起始原料，可经过如下两种反应路线制得。

（1）以异丁腈为起始原料。

（2）以二甲基环戊酮为起始原料，与碳酸二甲酯反应，经烷基化、脱羧，再与碘代三甲基亚砜（由碘甲烷与二甲亚砜制得）生成取代的环氧丙烷，最后与三唑反应制得叶菌唑。

常用剂型　叶菌唑常用制剂主要有 60g/L 水乳剂。

叶枯净（phenazine）

$C_{12}H_8N_2O$，196.2，304-81-4

其他名称　phenazine oxide，杀枯净。

化学名称　5-氧吩嗪；phenazine-5-oxide。

理化性质　原药熔点 221～223℃，系黄金色针状结晶体。难溶于水，微溶于乙醇、乙醚，溶于苯。在碱性溶液中稳定，在浓度大于 15% 的盐酸溶液中形成盐酸盐，但在稀酸或水中又水解成 5-氧吩嗪。化学性质稳定。

毒性　原药对大鼠急性经口 LD_{50} 3310mg/kg。经口无作用剂量雄性大鼠为 125mg/kg，雌性小鼠为 1250mg/kg。鲤鱼 LC_{50} 为 16mg/L，鲤鱼 TLm＞10mg/L，对鱼类低毒。10% 叶枯净可湿性粉剂小鼠急性经口 LD_{50} 为 12000mg/kg。

应用　本品专用于稻白叶枯病的防治，其使用浓度为 500～1000 倍稀释液，本品常与防治稻瘟病的药剂混用。

合成路线

常用剂型　叶枯净常用制剂主要有 10% 可湿性粉剂，1.5%、2% 粉剂。

叶枯酞（tecloftalam）

$C_{14}H_5Cl_6NO_3$，447.91，76280-91-6

化学名称 3,4,5,6-四氯-N-(2,3-二氯苯基) 酞氨酸或 2′,3,3′,4,5,6-六氯酞氨酸；3,4,5,6-tetrachloro-N-(2,3-dichlorophenyl) phthalamic acid or 2′,3,3′,4,5,6-hexchlorophthalanilic acid。

理化性质 纯品为白色粉末，熔点 198～199℃。蒸气压 8.16×10^{-3} mPa（20℃）。分配系数 $K_{ow}\lg P = 2.17$。水中溶解度 14mg/L（26℃）。有机溶剂中溶解度 （g/L）：丙酮 25.6，苯 0.95，二甲基甲酰胺 162，二氧六环 64.8，乙醇 19.2，乙酸乙酯 8.7，甲醇 5.4，二甲苯 0.16。见光或紫外线分解，强酸性介质中水解，碱性或中性环境中稳定。

毒性 急性经口 LD_{50}（mg/kg）：雄大鼠 2340，雌大鼠 2400，雄小鼠 2010，雌小鼠 2220。急性经皮 LD_{50}（mg/kg）：大鼠＞1500，小鼠＞1000。无"三致"。大鼠急性吸入 LC_{50}（4h）＞1.53mg/L。鲤鱼 LC_{50}（48h）30mg/L。

应用 叶枯酞的预防和治疗活性甚为独特。它不能灭杀水稻白叶枯病的病原菌，但能抑制病原菌在植株中繁殖，阻碍这些细菌在导管内转移，并减弱细菌的致病力。经叶枯酞处理过的水稻较未处理的，细菌造成的损害要小得多。细菌接触药剂的时间越长，损害越小，表明叶枯酞能减慢病菌的繁殖速度，延长其生活周期，甚至在细菌从植株上分离后叶枯酞亦能有一定时间的残效。在田间即使是水稻白叶枯病严重发生的田块，叶枯酞亦有很高的药效和稳定的控制作用。适宜作物水稻，推荐剂量下对作物安全。是高效、低毒、低残留的防治水稻白叶枯病的杀菌剂。它可抑制细菌在稻体上的繁殖，能有效地控制大面积严重发生的病害。

合成路线 叶枯酞可以四氯苯酐和 2,3-二氯苯胺为起始原料制得。于惰性溶剂中加入四氯苯酐和 2,3-二氯苯胺，在室温或稍加热下搅拌，再将反应物从溶剂中析出，即可得目的物。

常用剂型 叶枯酞常用制剂有 5％、10％可湿性粉剂和 1％粉剂。

叶枯唑（bismerthiazol）

$C_5H_6N_6S_4$，278.38

其他名称 叶青双，叶枯宁，噻枯唑，叶枯双，川化 018。

化学名称 N,N'-亚甲基-双（2-氨基-5-巯基-1,3,4-噻二唑）；N,N'-methylenebis（2-amino-5-mercapto-1,3,4-thiadiazole）。

理化性质 纯品叶枯唑为白色长方柱状结晶或浅黄色疏松粉末，原药为浅褐色粉末。熔点 189～191℃。难溶于水，稍溶于丙酮、甲醇、乙醇，溶于二甲基甲酰胺、二甲亚砜、吡啶。化学性质稳定。

毒性 叶枯唑原药急性经口 LD_{50}（mg/kg）：大鼠 3160～8250，小鼠 3480～6200。无致畸、致突变、致癌作用。对人、畜未发现过敏、皮炎等现象。大鼠 1 年饲喂无作用剂量为 0.25mg/(kg·d)。

应用 叶枯唑是我国开发的防治水稻白叶枯病的内吸性、具有预防和治疗作用的杀菌剂，1974 年四川省化工研究院合成，1982 年温州农药研究所开发合成路线，并商品化生产；药效稳定、持效期长，主要用于防治作物细菌性病害，对水稻白叶枯病、条斑病以及柑橘溃疡病等均有良好的防治效果。

合成路线 有双硫脲和氨基硫脲两条工艺路线。

① 双硫脲路线 在催化剂存在下硫酸肼溶液与硫氰酸铵回流反应 3.5h 制得双硫脲，双硫脲在催化剂存在下与盐酸回流反应生成 2-氨基-5-巯基-1,3,4-噻二唑，最后在稀碱存在下与甲醛反应生成目标物叶枯唑。此路线为目前工业生产采用。

② 氨基硫脲路线 该路线优点是收率高，缺点是二硫化碳、吡啶有毒，中间体氨基硫脲为高毒杀鼠剂；操作中有难闻异味，容易发生安全问题和环境污染。

常用剂型 叶枯唑在我国制剂的登记为 15％、20％、25％可湿性粉剂。

叶锈特（butrizol）

$C_6H_{11}N_3$，125，16227-10-4

其他名称 丁三唑，唑锈灵，Dithane R 24，Indar，RH 124，Triazbutyl。

化学名称 4-正丁基-1,2,4-三唑；4-*n*-butyl-1,2,4-triazole。

理化性质 叶锈特纯品近于无色液体，稍显黏稠，无味，沸点 141～142℃/0.2mmHg。粗品淡黄至琥珀色，稍有氨的气味。易溶于水、乙醇、丙酮等多种有机溶剂，较稳定。

毒性 叶锈特对大白鼠急性经口 LD_{50} 为 90mg/kg，兔子经皮毒性 LD_{50} 为 315mg/kg。小白鼠急性经口 LD_{50} 为 200mg/kg，经皮 LD_{50}＞5000mg/kg。对皮肤有刺激性。突变性、致畸性试验为阴性。鸡急性经口 LD_{50} 为 270mg/kg。

应用 叶锈特主要用于防治小麦叶锈病。温室土壤处理，含量在 1mg/L，防效达 100％。

合成路线

常用剂型 叶锈特常用制剂有 25％可湿性粉剂、1％颗粒剂。

乙环唑 （etaconazole）

C₁₄H₁₅Cl₂N₃O₂，328.20，60207-93-4

$C_{14}H_{15}Cl_2N_3O_2$，328.20，60207-93-4

其他名称 Vangard，Sonax，Benit。

化学名称 1-[2-(2,4-二氯苯基)-4-乙基-1,3-二氧戊环-2-甲基]-1H-1,2,4-三唑，1-[2-(2,4-dichlorophenyl)-4-ethyl-1,3-dioxolan-2-methyl]-1H-1,2,4-triazole。

理化性质 其硝酸盐熔点 122℃。难溶于水，易溶于有机溶剂。纯品为淡黄色或白色固体。

毒性 对温血动物低毒。大鼠急性 LD_{50} （mg/kg）：1343（经口），3100（经皮）。对鸟无毒性，对鱼中等毒性。

应用 广谱内吸性杀菌剂，具有保护和治疗作用。除对藻菌病害无效外，对子囊菌属、担子菌属、半知菌属真菌在粮食作物、蔬菜、水果以及观赏植物上引起的多种病害都有很好的防治效果，持效期长达 3～5 周。

合成路线

常用剂型 乙环唑常用制剂有 10％可湿性粉剂。

乙菌利 （chlozolinate）

C₁₃H₁₁Cl₂NO₅，332.1，84332-86-5

$C_{13}H_{11}Cl_2NO_5$，332.1，84332-86-5

其他名称 Manderol，Serinal。

化学名称 (RS)-3-(3,5-二氯苯基)-5-甲基-2,4-二氧代-噁唑烷-5-羧酸乙酯。

理化性质 纯品为无色结晶固体，熔点 112.6℃，相对密度 1.42，25℃蒸气压 0.013mPa。25℃水中溶解度 32mg/L，丙酮、氯仿、二氯甲烷中溶解度大于 300g/kg，乙烷中溶解度 3g/kg。氮氯保护下，250℃下也稳定；对光稳定；水溶液在 pH＞5、pH＞9 时水解。

毒性 大鼠急性经口 LD_{50}＞4500mg/kg，小鼠急性经口 LD_{50}10000mg/kg，大鼠急性经

594

皮 LD_{50} ＞5000mg/kg。对皮肤无刺激作用，无过敏性。大鼠急性吸入 LC_{50} 大于 10mg/L（空气）。饲喂试验的无作用剂量：大鼠（90d）200mg/kg（饲料），狗（0.5年）27.5mg/L。鹌鹑和野鸭急性经口 LD_{50} ＞4500mg/kg。鳟鱼 LC_{50}（96h）27.5mg/L。蜜蜂 LD_{50}（经口）＞100μg/只蜜蜂。水蚤 LC_{50}（48h）1.18mg/L。

应用 防治灰葡萄孢和核盘菌属菌及观赏植物的某些病害，如桃褐腐病、蔬菜菌核病；还可防治禾谷类叶部病害及种传病害，如小麦腥黑穗病，大麦、燕麦的散黑穗病；对苹果黑星病和玫瑰白粉病也有较好的防治效果。

合成路线

常用剂型 乙菌利常用制剂有可湿性粉剂、悬浮剂，可与代森锰锌、福美双和硫黄复配。

乙膦铝（fosetyl-aluminium）

$C_6H_{18}AlO_9P_3$, 354.1, 39148-24-8

其他名称 三乙膦酸铝，疫霉灵，疫霜灵，膦酸乙酯铝，霉疫净，霉菌灵，双向灵，藻菌磷，aluminium，phosthyl-Al，Aliette，Fosetyl，Chipco。

化学名称 三乙基膦酸铝；三（氢代膦酸乙酯）铝；triethylphosphonate。

理化性质 原药纯度＞95%。纯品为无色粉末。熔点＞200℃。蒸气压＜0.013mPa（25℃）。分配系数 $K_{ow}lgP=-2.7$（pH4）。Henry 常数＜ $3.39×10^{-8}$ Pa·m^3/mol（计算值）。水中溶解度120g/L（20℃）。有机溶剂中溶解度（g/L，20℃）：甲醇920，丙酮13，甘油80，乙酸乙酯5，乙腈5，正己烷5。原药及工业品常温下稳定，遇强酸强碱易分解，pK_a4.7（20℃）。DT_{50}5d（pH3）、13.4d（pH13）。200℃以上分解。

毒性 大鼠急性经口 LD_{50}5800mg/kg，小鼠急性经口 LD_{50}3700mg/kg，小鼠急性经皮 LD_{50}＞3200mg/kg。对兔皮肤无刺激性。大鼠急性吸入 LC_{50}（4h）＞1.73mg/L。NOEL 数据（90d，mg/kg 饲料）：大鼠5000，狗5000。无致畸、致突变作用。ADI 值0～3.0mg/kg。日本鹌鹑急性经口 LD_{50}＞8000mg/kg。虹鳟鱼 LC_{50}（96h）94.3～428mg/L。水蚤 LC_{50}（96h）189mg/L。海藻 EC_{50}（96h）21.9mg/L。蜜蜂 LD_{50}（接触）0.2mg/只。对蚯蚓安全。

应用 内吸性杀菌剂，具有上下双向传导作用。对藻菌纲霜霉属、疫霉属的许多病害均有效，而且持效期较长。主要用于防治黄瓜、莴苣等作物的病害，也可用于防治番茄、马铃薯、茄子等的病害。

合成路线

常用剂型 乙膦铝目前在我国的制剂登记主要剂型有可湿性粉剂、可溶性粉剂、烟剂等；主要制剂有90%可溶性粉剂、80%可湿性粉剂；可与代森锰锌、琥珀肥酸铜、甲霜灵、烯酰吗啉、多菌灵、百菌清、福美双、氟吗啉、丙森锌等复配。

乙霉威（diethofencarb）

$C_{14}H_{21}NO_4$，267.3，87130-20-9

其他名称 保灭灵，硫菌霉威，抑菌灵，抑菌威，万霉灵，Sumico，Powmyl。

化学名称 N-(3,4-二乙氧基苯基) 氨基甲酸异丙酯；iso-propyl-3,4-diethoxyphenyl carbamate。

理化性质 原药为无色至浅褐色固体。纯品乙霉威为白色结晶，熔点100.3℃。蒸气压8.4mPa（20℃）。分配系数 $K_{ow}\lg P=3.02$（25℃）。Henry 常数 8.44×10^{-2} Pa·m³/mol（计算值）。相对密度1.19。溶解度（20℃，g/L）：水0.0266，己烷1.3，甲醇103，二甲苯30。闪点140℃。

毒性 大鼠急性经口 $LD_{50}>5000mg/kg$，大鼠急性经皮 $LD_{50}>5000$ mg/kg，大鼠急性吸入 LC_{50}（4h）$>1.05mg/L$。Ames 试验无诱变作用。山齿鹑和野鸭急性经口 $LD_{50}>2250mg/kg$。鲤鱼 LC_{50}（96h）$>18mg/L$。水蚤 LC_{50}（3h）$>10mg/L$。蜜蜂（接触）$LD_{50}20\mu g/$只。对动物无致畸、致突变、致癌作用。

应用 乙霉威属于高效、低毒、广谱氨基甲酸酯类细胞分裂抑制杀菌剂，1982年由日本住友公司开发，对各种作物的灰霉病均有良好的防治效果。通常使用剂量250~500g（ai）/hm²。

合成路线 其中路线3可用硫化钠还原，也可以用催化加氢（1MPa，70℃）还原（工业常用）。

常用剂型 乙霉威目前在我国制剂登记主要剂型有可湿性粉剂、水分散粒剂等；可与多菌灵、嘧霉胺、百菌清、甲基硫菌灵、福美双等进行复配。

乙嘧酚（ethirimol）

$C_{11}H_{19}N_3O$，209.29，23947-60-6

其他名称 乙嘧醇，不霉定，乙菌定，胺嘧啶，Milgo。

化学名称 5-正丁基-2-乙氨基-6-甲基嘧啶-4-醇；5-butyl-2-ethylamino-6-methylpyrimidin-4-ol；CA：5-butyl-2-(ethylamino)-6-methyl-4(1H)-pyrimidinone。

理化性质 原药纯度97％。纯品为无色晶体状固体，熔点150～160℃（大约140℃软化）。相对密度1.21。蒸气压0.267mPa（25℃）。分配系数$K_{ow} \lg P = 2.3$（pH7，20℃）。Henry常数$\leqslant 2 \times 10^{-4}$Pa·m³/mol（pH5.2，计算值）。水中溶解度（20℃，mg/L）：253（pH5.2）、150（pH7.3）、153（pH9.3）。有机溶剂中溶解度（g/kg，20℃）：氯仿150，乙醇24，丙酮5。土壤降解DT_{50}14～140d。

毒性 急性经口LD_{50}（mg/kg）：雌大鼠6340，小鼠4000，雄兔1000～2000。大鼠急性经皮$LD_{50}>2000$mg/kg。对兔皮肤无刺激性，对兔眼睛有中度刺激性，对豚鼠皮肤无致敏性。大鼠急性吸入LC_{50}（4h）>4.92mg/L。NOEL数据〔2年，mg/(kg·d)〕：大鼠200，狗30。母鸡急性经口LD_{50}4000mg/kg。虹鳟鱼LC_{50}（96h）66mg/L。水蚤LC_{50}（48h）>7.3mg/L。蜜蜂LD_{50}（48h）>1.6mg/只（经口）。

应用 是由先正达公司开发的嘧啶类、内吸性杀菌剂。具有保护和治疗作用，可被植物根、茎、叶迅速吸收，并在植物体内运转到各部位。主要用于防治禾谷类作物、瓜类、蔬菜等白粉病。茎叶处理，使用剂量为250～350g（a.i.）/hm²。

合成路线

常用剂型 乙嘧酚目前常用制剂主要有250g/L、500g/L悬浮剂，80％可湿性粉剂。

乙嘧酚磺酸酯（bupirimate）

$C_{13}H_{24}N_4O_3S$，316.42，57837-19-1

其他名称 Nimrod。

化学名称 5-正丁基-2-乙氨基-6-甲基嘧啶-4-基二甲氨基磺酸酯；5-butyl-2-ethylamino-6-methylpyrimidin-4-yl dimethylsulfamate。

理化性质 原药纯度为90％，熔点40～45℃。纯品为棕色蜡状固体，熔点50～51℃。相对密度1.2。蒸气压0.1mPa（25℃）。分配系数$K_{ow} \lg P = 3.9$（25℃）。Henry常数1.4×10^{-3}Pa·m³/mol（计算值）。水中溶解度22mg/L（pH5.2，22℃），可快速溶解于大多数有机溶剂中。土壤降解DT_{50}35～90d。

毒性 大鼠、小鼠、兔急性经口$LD_{50}>4000$mg/kg。大鼠急性经皮LD_{50}4800mg/kg。对兔皮肤和眼睛无刺激性，对豚鼠皮肤有中度致敏性。大鼠急性吸入LC_{50}（4h）>0.035mg/L。NOEL数据〔mg/(kg·d)〕：大鼠100（2年），大鼠1000（90d），狗15（90d）。急性经口LD_{50}：鹌鹑>5200mg/kg，野鸭（8d）1466mg/kg。山齿鹑和野鸭饲喂LC_{50}（5d）>10000mg/kg（饲料）。虹鳟鱼LC_{50}（96h）1.4mg/L。水蚤LC_{50}（48h）>7.3mg/L。蜜蜂

LD_{50}（48h）：0.05mg/只（接触），$0.2\mu g$/只（经口）。

应用 是由先正达公司开发的嘧啶类、内吸性杀菌剂。具有保护和治疗作用，可被植物根、茎、叶迅速吸收，并在植物体内运转到各部位。主要用于防治苹果、葡萄、黄瓜、草莓、玫瑰、甜菜等作物的白粉病。茎叶处理，使用剂量为150～375g（ai）/hm²。

合成路线

常用剂型 乙嘧酚磺酸酯目前在我国未见相关产品登记。常用制剂有250g/L乳油和200g/kg粉剂。

乙酸铜（ copper acetate ）

$(CH_3COO)_2Cu$，181.6，6046-93-1

其他名称 Cupric acetate，醋酸铜。

理化性质 暗蓝色结晶或结晶性粉末。相对密度1.882，熔点115℃，加热到240℃分解。溶于水及乙醇，微溶于乙醚及甘油。

毒性 低毒，大鼠急性经口LD_{50}为710 mg/kg。

应用 本品为保护性杀菌剂。

常用剂型 乙酸铜在我国登记的主要制剂有60％水分散粒剂、20％可湿性粉剂、15％水剂等；可与盐酸吗啉胍、三乙膦酸铝等复配。

乙蒜素（ ethylicin ）

$C_4H_{10}O_2S_2$，154.2，682-91-7

其他名称 抗菌剂401，抗菌剂402，四零二，净刹，亿为克，一支灵。

化学名称 乙基硫代磺酸乙酯；ethyl ethylsulfonothiolate。

理化性质 纯品为无色液体，工业品为微黄色油状液体，具有类似大蒜臭味，可溶于多种有机溶剂，水中溶解度1％～2％。加热至130～140℃易分解。

毒性 大鼠急性经口LD_{50}为140mg/kg（制剂），大鼠急性经皮$LD_{50}>80$ mg/kg（制剂）。乙蒜素属于中等毒性，成品有腐蚀性，能强烈刺激皮肤和黏膜。

应用 乙蒜素具有一定的内吸性，能抑制多种真菌和细菌生长，可防治棉苗、甘薯等的多种病害及蚕白僵病，还广泛用于水稻、麦子等作物上，而且有刺激生长的作用。

合成路线

常用剂型 乙蒜素目前在我国制剂登记主要剂型有可湿性粉剂、乳油等；主要制剂有

30％、80％乳油；复配对象有三唑酮、杀螟硫磷等。

乙烯菌核利（vinclozolin）

$C_{12}H_9Cl_2NO_3$，286.11，50471-44-8

其他名称　农利灵，烯菌酮，免克宁，Ronilan，Rodalin，Ornalin。

化学名称　3-(3,5-二氯苯基)-5-甲基-5-乙烯基-1,3-噁唑烷-2,4-二酮；3-(3,5-dichloro-phenyl)-5-methyl-5-vinyl-1,3-oxazolidine-2,4-dione。

理化性质　纯品乙烯菌核利为无色结晶，略带芳香气味，熔点108℃，沸点131℃/6.7Pa。蒸气压0.13mPa（20℃）。分配系数$K_{ow}lgP=3$（pH7）。相对密度1.51。水中溶解度2.6mg/L（20℃）。有机溶剂中溶解度（20℃，g/100mL）：甲醇1.54，丙酮33.4，乙酸乙酯23.3，正庚烷0.45，甲苯10.9，二氯甲烷47.5。温度达50℃时稳定存在。在酸性介质中24h稳定存在。在0.1mol/L氢氧化钠溶液中，3.8h水解50％。

毒性　乙烯菌核利原药大鼠和小鼠急性经口$LD_{50}>15000$mg/kg，豚鼠急性经口LD_{50}8000mg/kg。大鼠急性经皮$LD_{50}>5000$mg/kg。大鼠急性吸入LC_{50}（4h）>29.1mg/L。对兔眼睛和皮肤无刺激作用。大鼠2年喂养试验无作用剂量1.4mg/kg，狗1年喂养试验无作用剂量2.4mg/kg。鹌鹑急性经口$LD_{50}>2510$mg/kg。鹌鹑饲喂LC_{50}（5d）>5620mg/kg（饲料）。鱼毒LC_{50}（96h，mg/L）：虹鳟鱼22～32，蓝鳃太阳鱼50。水蚤LC_{50}（48h）4.0mg/L。对蜜蜂无毒，$LD_{50}>200\mu g$/只（经口和接触）。对蚯蚓无毒。

应用　乙烯菌核利属于触杀性杀菌剂，德国巴斯夫公司开发。可有效地防治大豆、油菜菌核病，白菜黑斑病，茄子、黄瓜、番茄灰霉病等。

合成路线　以3,5-二氯苯胺和乙醛、2-溴丙酸乙酯为起始原料，制得中间体3,5-二氯苯基异氰酸酯和2-羟基-2-甲基-3-丁烯酸乙酯，二者在苯和三乙胺中回流反应6h即可。

常用剂型　96％原药，50％水分散粒剂。

乙氧喹啉（ethoxyquin）

$C_{14}H_{19}NO$，217.31，91-53-2

599

其他名称　Escalfred，échoxyquine，polyethoxyquinoline。

　　化学名称　1,2-二氢-2,2,4-三甲基喹啉-6-基乙醚；1,2-dihydro-2,2,4-trimethylquinoliin-6-ylethyl ether；CA：6-ethoxy-1,2-dihydro-2,2,4-trimethylquinoline。

　　理化性质　纯品为黏稠状黄色液体，沸点 123～125℃/267Pa。相对密度 1.029～1.031。在空气中颜色变深变黑，但不影响生物活性。

　　毒性　急性经口 LD$_{50}$（mg/kg）：雄大鼠 1920，雌大鼠 1730。NOEL 数据［mg/(kg・d)］：大鼠 6.25（2 年），狗 7.5（1 年）。ADI 值 0.005mg/kg。对鸟、鱼、蜜蜂等无毒。

　　应用　是由孟山都公司开发的杀菌剂，现由 Indukern 公司生产。植物抗氧化生长调节剂，延长水果保存时间。抑制 α-法尼烯的氧化，其氧化产物可导致细胞组织的坏死，主要用于防治贮藏病害，如苹果和梨的灼伤病。某些苹果品种会有药害。

　　合成路线

　　常用剂型　乙氧喹啉在我国未见相关产品登记。

异稻瘟净（iprobenfos）

C$_{13}$H$_{21}$O$_3$PS，288.3，26087-47-8

　　其他名称　丙基喜乐松，Kitazin P，probenfos，IBP。

　　化学名称　*O,O*-二异丙基-*S*-苄基硫代磷酸酯；*O,O*-diisopropyl-*S*-benzylthio phosphate。

　　理化性质　原药为淡黄色油状液体，纯度为 94%。纯品为无色透明液体，熔点 22.5～23.8℃，沸点 126℃/5.3Pa。蒸气压 0.247mPa（20℃）。分配系数 $K_{ow}\lg P=3.21$，Henry 常数 $1.66×10^{-4}$Pa・m^3/mol（计算值）。相对密度 1.103。水中溶解度 430mg/L（20℃）。其他溶剂中的溶解度（20℃，g/L）：丙酮、乙腈、乙醇、甲醇、二甲苯＞1000。在水中 DT$_{50}$ 7230～7793h（pH4～9）。

　　毒性　异稻瘟净原药急性经口 LD$_{50}$（mg/kg）：大鼠 490（雄）、680（雌），小鼠 1830（雄）、1760（雌）。小鼠急性经皮 LD$_{50}$ 为 4000mg/kg。急性吸入 LC$_{50}$（4h）：雄大鼠 1.12mg/L，雌大鼠 0.34mg/L。2 年喂养试验无作用剂量：雄大鼠 0.036mg/(kg・d)，雌大鼠 0.45mg/(kg・d)。公鸡急性经口 LD$_{50}$ 705mg/kg。鲤鱼 LC$_{50}$（96h）18.2mg/L。水蚤 EC$_{50}$（48h）0.86mg/L。羊角月牙藻 EC$_{50}$（72h）6.05mg/L。蜜蜂 LD$_{50}$（48h）37.34μg/只。

　　应用　异稻瘟净属于磷酸酯合成抑制剂，具有内吸传导作用，日本组合化学公司开发；适宜于水稻、玉米、棉花等作物防治稻瘟病、水稻纹枯病、玉米小斑病等病害，同时能兼治稻叶蝉、稻飞虱等害虫。

　　合成路线　以三氯化磷、异丙醇等为起始原料，可以经过两条路线合成目标物。以异丙醇为起始原料，经酯化、加硫、苄化三步反应制得目标物，为日本组合化学庵原化学富士工厂生产方法。

$$(CH_3)_2CHOH \xrightarrow{PCl_3} \begin{array}{c}(H_3C)_2CHO\\(H_3C)_2CHO\end{array}P-OH \xrightarrow{S,Na_2CO_3} \begin{array}{c}(H_3C)_2CHO\\(H_3C)_2CHO\end{array}\overset{O}{\underset{}{P}}-SNa$$

$$\begin{array}{c}(H_3C)_2CHO\\(H_3C)_2CHO\end{array}\overset{O}{\underset{}{P}}-Cl \xrightarrow{HSCH_2Ph} \begin{array}{c}(H_3C)_2CHO\\(H_3C)_2CHO\end{array}\overset{O}{\underset{}{P}}-SCH_2Ph$$

（ClCH₂Ph）

常用剂型　异稻瘟净目前在我国制剂登记主要剂型有可湿性粉剂、乳油、悬浮剂等；主要制剂有 40％、50％乳油；复配对象有三环唑、稻瘟灵等。

异菌脲（iprodione）

$C_{13}H_{13}Cl_2N_3O_3$，330.16，36734-19-7

其他名称　扑海因，依扑同，咪唑霉，异丙定，异菌咪，Kidan，Rovral，Glycophene。

化学名称　3-(3,5-二氯苯基)-N-异丙基-2,4-氧代咪唑啉-1-羧酰胺；3-(3,5-dichlorophenyl)-N-iso-propyl-2,4-dioxo-1-imidazoline carboxamide；3-(3,5-dichlorophenyl)-1-iso-propylcarbamoylhydan tion。

理化性质　原药纯度为 96％，工业品熔点 126～130℃。纯品异菌脲为无色无臭不吸潮结晶状固体或粉末，熔点 134℃，蒸气压 5×10^{-4} mPa（25℃），分配系数 $K_{ow} lgP = 3.0$（pH3 和 pH5），相对密度 1.00（原药 1.434～1.435）。水中溶解度 13mg/L（20℃）。有机溶剂中溶解度（20℃，g/L）：正辛醇 10，乙腈 168，甲苯 150，乙酸乙酯 225，丙酮 342，二氯甲烷 450。在酸性及中性介质中稳定，但在碱性介质中分解。半衰期 1～7d（pH7）、<1h（pH9）。水溶液中被紫外线降解，但在强太阳光下相对稳定。在土壤中以二氧化碳形式代谢较快，半衰期 20～28d（室温）、20～60d（田间）。

毒性　异菌脲原药急性经口 LD_{50}（mg/kg）：大白鼠 3500，小白鼠 4000。大鼠、兔急性经皮 LD_{50}>2000mg/kg。对兔眼睛和皮肤无刺激作用。大鼠急性吸入 LC_{50}（4h）>5.16mg/L。NOEL 数据：大鼠（2 年）150mg/kg，狗（1 年）18mg/kg。ADI 值 0.06 mg/kg。山齿鹑急性经口 LD_{50}>2000mg/kg，野鸭急性经口 LD_{50}>10400mg/kg。鱼毒 LC_{50}（96h，mg/L）：虹鳟鱼>4.1，蓝鳃太阳鱼>3.7。水蚤 LC_{50}（48h）>0.25mg/L。蜜蜂接触毒性 LD_{50}>0.4μg/只。蚯蚓 LC_{50}（14d）>1000mg/kg（土壤）。对其他有益生物无毒害。

应用　异菌脲属于蛋白激酶抑制剂，广谱、具有保护作用的杀菌剂，安万特公司开发。可有效地防治苹果斑点落叶病、油菜菌核病、玉米大小斑病、番茄早疫病、黄瓜灰霉病、大豆灰斑病、香蕉炭疽病、花生冠腐病等。

合成路线

常用剂型 异菌脲目前在我国登记主要剂型有悬浮剂、可湿性粉剂、烟剂、乳油等，复配登记主要与咪鲜胺、福美双、百菌清、多菌灵、丙森锌、戊唑醇、戊菌唑、嘧霉胺、代森锰锌等进行复配。

异喹丹（isothan）

$C_{21}H_{32}BrN$，378，93-23-2

其他名称 isothan Q-15，isothan Q-75，溴烷异喹灵。

化学名称 月桂基异喹啉镓盐溴化物；2-dodecyl isoquinolinium bromide。

理化性质 本品为结晶固体。

毒性 大鼠急性经口 LD_{50} 230mg/kg，豚鼠急性经口 LD_{50} 200mg/kg。

应用 用作杀菌剂。可用于防治杏、桃的褐腐病，桃腐烂病，苹果黑星病。

常用剂型 异喹丹常用制剂主要有 20%、75% 液剂。

抑霉唑（imazalil）

$C_{14}H_{14}Cl_2N_2O$，297.2，35554-44-0，60534-80-7(硫酸氢盐)，33586-66-2(硝酸盐)

其他名称 万利得，戴唑霉，仙亮，烯菌灵，伊迈唑，Fungaflor，Fecundal，Fungazil，Magnate，Deccozil，Freshgard，Nuzone 10ME，Double K，Bromazil。

化学名称 (RS)-1-(β-烯丙氧基-2,4-二氯苯乙基) 咪唑 或 (RS)-烯丙基-1-(2,4-二氯苯基)-2-咪唑-1-基乙基醚；(RS)-1-(β-allyloxy-2,4-dichlorophenylethyl) imidazole 或 (RS)-allyl-1-(2,4-dichlorophenyl)-2-imidazol-1-ylethl ether。

理化性质 纯品抑霉唑为浅黄色结晶固体，熔点 52.7℃，沸点 >340℃。蒸气压 0.158mPa（20℃）。分配系数 $K_{ow}lgP=3.82$（pH9.2 的缓冲液）。Henry 常数 $2.61×10^{-4}$ Pa·m³/mol（计算值）。相对密度 1.384。水中溶解度（20℃，pH7.6）为 0.18g/L。有机溶剂中溶解度（20℃，g/L）：丙酮、二氯甲烷、甲醇、乙醇、异丙醇、苯、二甲苯、甲苯＞500，己烷19。在285℃以下稳定。在室温及避光条件下，对稀酸及碱非常稳定，在正常贮存条件下对光稳定。呈弱碱性，pK$_a$6.53。闪点192℃。

毒性　大鼠急性经口 LD$_{50}$227～243mg/kg，狗急性经口 LD$_{50}$＞640mg/kg，大鼠急性经皮 LD$_{50}$4200～4880mg/kg，兔急性经皮 LD$_{50}$4200mg/kg，大鼠急性吸入 LC$_{50}$（4h）16mg/L（空气）（20％乳油）。大鼠和狗2年饲喂试验无作用剂量为2.5mg/（kg·d）。鹌鹑饲喂LC$_{50}$510mg/kg（饲料），野鸭饲喂 LC$_{50}$（8d）＞2510mg/kg（饲料）。鱼毒 LC$_{50}$（96h，mg/L）：虹鳟鱼1.5，大翻车鱼4.04。水蚤 LC$_{50}$3.2mg/L（48h）。正常使用下对蜜蜂无毒，LD$_{50}$（经口）40μg/只。蚯蚓 LC$_{50}$541mg/kg。

应用　抑霉唑属于影响细胞膜渗透性、生理功能和脂类合成代谢抑制剂，日本 Janssen Pharmaceutica 公司开发的广谱、内吸、苯并咪唑类杀菌剂。高效抑霉唑是单一异构体，除了具有抑霉唑的特点外，还对锈病、灰霉病、稻瘟病具有很好的防治效果，1999年申请专利。抑霉唑、高效抑霉唑可用于柑橘、香蕉、葡萄、麦类等，防治柑橘青霉病、绿霉病等，草莓白粉病，苹果青霉病、炭疽病、灰霉病、黑星病、白粉病等多种病害。

合成路线

常用剂型　抑霉唑目前在我国登记主要剂型有乳油、涂抹剂、烟剂等，复配对象主要是咪鲜胺等。

银果（2-allylphenol）

C$_9$H$_{10}$O，134.18，1745-81-9

其他名称　绿帝。

化学名称　2-(2-丙烯基）苯酚；2-(2-propenyl)-pheno。

理化性质　液体，溶于乙醇和乙醚。相对密度1.0255。熔点－6℃。沸点220℃、93～94℃（1.06kPa）。折射率1.5455。闪点88℃。对眼睛、呼吸系统和皮肤有刺激性。

毒性　原药大鼠急性经口 LD$_{50}$（mg/kg）：501（雌），681（雄）；大鼠急性经皮 LD$_{50}$：＞2150mg/kg。对家兔眼睛有轻度刺激作用，对兔皮肤无刺激作用。剂型大鼠急性经口 LD$_{50}$（mg/kg）：1470（雌），2330（雄）；大鼠急性经皮 LD$_{50}$2150mg/kg。大鼠急性吸入 LC$_{50}$（2h）＞2000mg/m³。Ames 试验无致突变作用，对小鼠无致畸作用。对豚鼠皮肤有弱过敏现象。鹌鹑经口 LD$_{50}$（7d）为234.4mg/kg。家蚕 LC$_{50}$（2d）＞500mg/kg（桑叶）。鱼毒 LC$_{50}$（96h，mg/L）：斑马鱼5.87。蜜蜂 LD$_{50}$（48h）6023.9mg/L 药液。

应用　银果为青岛农业大学研制的内吸性杀菌剂，用于防治枣、苹果等果树的轮纹病、落叶病、腐烂病、锈病，梨黑星病等病害；蔬菜、草莓等作物的灰霉病、白粉病。

合成路线

常用剂型 银果常用制剂主要有 10%乳油和 20%可湿性粉剂。

荧光假单胞菌 PF-A22UL 菌株

拉丁文名称 *Pseudomonas fluorescens* strain PF-A22 UL。

其他名称 SPORODEXL。

理化性质 最初分离自加拿大安大略湖被白粉病侵染的红三叶草叶子。在美国、加拿大及欧洲广泛存在。工业级活性成分其荧光假单胞菌 PF-A22 UL 菌株含量为 9%，最小浓度为 2×10^9 cfu/mL。其终产品 SPORODEXL 在 25℃下为液体，米色，淡淡的蘑菇味，在蒸馏水中的 pH 为 6.4～6.8，密度 1.05g/mL。

毒性 荧光假单胞菌 PF-A22 UL 菌株低毒，无致病性；对哺乳动物无传染性，无经皮和经口毒性，对肺及眼睛有刺激作用。对非靶标生物无不良反应。

应用 荧光假单胞菌 PF-A22 UL 菌株用于温室黄瓜、玫瑰防治白粉病，对其他真菌性病害也有防治效果。荧光假单胞菌 PF-A22 UL 菌株为死体营养型真菌寄生物，其分泌的活性成分为脂肪酸类物质，破坏白粉菌的细胞膜，使白粉病菌细胞很快崩解、死亡。

常用剂型 荧光假单胞菌 PF-A22UL 菌株目前在我国未见相关制剂产品登记。

有效霉素（validamycin）

$C_{20}H_{35}NO_{13}$，497.5，37248-47-8

其他名称 Validacin，Mycin，Rhizocin，Solacol，validamycinA。

化学名称 1L-(1,3,4/2,6)-2,3-二羟基-6-羟甲基-4-[(1S，4R，5S，6S)-4,5,6-三羟基-3-羟甲基环己-2-烯基氨基]环己基-β-D-吡喃葡糖苷；1L-(1,3,4/2,6)-2,3-dihydroxy-6-hydroxymethyl-4-[(1S，4R，5S，6S)-4,5,6-trihydroxy-3-hydroxymethylcyclohex-2-enyl-amino] cycxlohexyl-β-D-glucopyranoside；CA：[1S-(1α,4α,5β,6α)]-1,5,6-trideoxy-4-O-β-D-glucopyranosyl-5-(hydroxymethyl)-1-[[4,5,6-trihydroxy-3 (hydroxymethyl)-2-cyclo-hexen-1-yl] amino] -D-chiro-inositol。

理化性质 纯品为无色、无臭、易吸湿性固体，熔点 125.9℃，蒸气压＜2.6×10^{-3} mPa（25℃）。分配系数 $K_{ow} \lg P = -4.21$（计算值），相对密度 1.402（20℃）。水中溶解度＞6.1×10^5 mg/L（20℃）。有机溶剂中溶解度（g/L，20℃）：二氯甲烷、乙酸乙酯＜0.01，丙酮＞0.0266，甲醇 62.3。在 pH5、pH7、pH9 下，对水解稳定。

毒性 大鼠、小鼠急性经口 $LD_{50}>20000mg/kg$。大鼠急性经皮 $LD_{50}>5000mg/kg$。对兔皮肤无刺激性，对豚鼠皮肤无致敏性。大鼠急性吸入 LC_{50}（4h）$>5mg/L$。90d 饲养无作用剂量：大鼠 $1000mg/kg$（饲料），小鼠 $2000mg/kg$（饲料）。2 年大鼠饲养无作用剂量 $40.4\ mg/(kg \cdot d)$。鲤鱼 LC_{50}（72h）$>40mg/L$。水蚤 LC_{50}（24h）$>40mg/L$。

应用 具有很强的内吸杀菌作用，主要干扰和抑制菌体细胞正常生长，并导致死亡。是防治水稻纹枯病的特效药。适宜作物有水稻、麦类、蔬菜、玉米、豆类、棉花和人参等。用于防治水稻纹枯病和稻曲病，麦类纹枯病，棉花、人参、豆类和瓜类立枯病，玉米大斑病、小斑病。可作茎叶处理，也可作种子处理，还可作土壤处理。根据剂型和防治病害的不同，使用剂量也有差别，通常为 $1.0\sim12g$（a.i.）$/hm^2$。

常用剂型 有效霉素常用主要有粉剂、泡腾粒剂、拌种剂、可溶性液剂、水剂。

植物病毒疫苗

英文通用名称 Fungouz-proreoglycan。

理化性质 纯白至浅黄色粉末。不溶于乙醇等有机剂溶剂，溶于水。制剂为深棕色液体，相对密度 1.02。

毒性 本剂为低毒生物杀病毒剂。对小白鼠急性经口 $LD_{50}>5000mg/kg$。

应用 防治番茄、黄瓜、辣椒、茄子、白菜、萝卜、西葫芦、油菜、菜豆、甘蓝、大葱、圆葱、韭菜、芥菜、茼蒿、菠菜、芹菜、生菜、冬瓜、西瓜、香瓜、哈密瓜、草莓等作物的花叶、蕨叶、小叶、黄叶、卷叶、条纹等症状的病毒病。

常用剂型 植物病毒疫苗主要剂型为水剂。

酯菌胺（cyprofuram）

$C_{14}H_{14}ClNO_3$，279.7，69581-33-5

其他名称 Vinicur。

化学名称 2-[N-(3-氯苯基) 环丙基酰胺]-γ-丁内酯；2-[N-(3-chlorophenyl) cyclopropanecar-boxamide]-γ-butyrolactone。

理化性质 无色晶体，熔点 95～96℃，蒸气压 $66\mu Pa$（25℃）。溶碱度（25℃）：水 $574mg/L$，丙酮 $550g/kg$，环己铜 $330g/kg$。

毒性 大鼠急性经口 LD_{50} 为 $174mg/kg$，兔经皮 $LD_{50}>1000mg/kg$。

应用 本品作种子处理时，可防治土壤中的腐霉菌。对致病疫霉和霜霉菌也有效。

合成路线

常用剂型 酯菌胺目前在我国未见相关产品登记。

致黄假单胞菌 Tx-1 菌株

拉丁文名称 *Pseudomonas aureofaciens* strain Tx-1。

其他名称 Spot-Less。

理化性质 广泛存在于土壤中，并在植物根系附近被发现。施用的终产品为致黄假单胞菌 Tx-1 菌株发酵 12～14h 后的发酵物。终浓度大约为 10^8 cfu/mL，培养 pH 为 7.5。在某些固体培养基如 BHIA、TSA 上产生圆形、橘色菌落。菌落光滑、凸形、边缘完整、半透明。在琼脂培养基上，菌落为奶油色。在金氏培养基上，产生绿色荧光色素。

毒性 目前的报道认为，致黄假单胞菌 Tx-1 菌株不会对人类健康产生不利影响，对研究者、使用者及生产者无过敏反应及其他毒副作用。也认为对靶标生物及其环境无任何不良影响。

应用 致黄假单胞菌 Tx-1 菌株用于防治草坪币斑病、炭疽病、红色雪腐病等真菌病害。其分泌具有抗真菌作用的次生代谢产物为吩嗪-1-羧酸（PCA）及其 PCA 的羟化衍生物。随灌水施用。

常用剂型 致黄假单胞菌 Tx-1 菌株在我国未见相关产品登记。

中生霉素（zhongshengmycin）

$C_{19}H_{34}N_6O_7$, 458.5

其他名称 克菌康，佳爽。

化学名称 1-N-苷基链里定基-2-氨基-L-赖氨酸-2-脱氧古罗糖胺。

理化性质 纯品为白色粉末，原药为浅黄色粉末，易溶于水，微溶于乙醇。在酸性介质中，低温条件下稳定，熔点 173～190℃，100％溶于水。制剂为褐色液体，pH 值为 4。

毒性 本品为低毒杀菌剂。雌大鼠急性经口 LD_{50} 316mg/kg，雄大鼠急性经口 LD_{50} 2376mg/kg。大鼠急性经皮 LD_{50} ＞2000mg/kg。

应用 本品是中国农科院生防所研制成功的一种新型农用抗生素，是由淡紫灰链霉菌海南变种（*Streptomyces lavendulae* var. *hainanensis* n. var）产生的抗生素，属 N-糖苷类碱性水溶性物质。用于防治苹果轮纹病、炭疽病、霉心病和斑点落叶病，桃细菌性穿孔病，大白菜软腐病，茄科蔬菜青枯病，黄瓜细菌性角斑病，菜豆细菌性疫病，芦笋茎枯病，辣椒疮痂病，水稻白叶枯病，柑橘溃疡病，姜瘟病。

常用剂型 中生霉素常用制剂主要有 1％中生霉素水剂，1％、3％中生霉素可湿性粉剂。

606

种菌唑（ipconazole）

$$C_{18}H_{24}ClN_3O, \quad 333.86, \quad 116255-48-2$$

其他名称　Techlead（单剂），Befran-Seed（种菌唑＋双胍辛胺醋酸盐），Techlead-C（种菌唑＋氢氧化铜），环戊菌唑。

化学名称　（1RS，2SR，5RS；1RS，2SR，5SR)-2-(4-氯苄基)-5-异丙基-1-(1H-1,2,4-三唑-1-基甲基) 环戊醇；（1RS，2SR，5RS；1RS，2SR，5SR)-2-(4-chlorobenzyl)-5-isopropyl-1-(1H-1,2,4-triazol-1-ylmethyl) cyclopentanol；CA：2-[(4-chlorobenzyl) methyl]-5-(1-methylethyl)-1-(1H-1,2,4-triazol-1-ylmethyl) cyclopentanol。

理化性质　种菌唑由异构体Ⅰ（1RS，2SR，5RS）和异构体Ⅱ（1RS，2SR，5SR）组成。纯品为无色晶体，熔点88～90℃。蒸气压（mPa，25℃）：3.58×10^{-3}（异构体Ⅰ），6.99×10^{-3}（异构体Ⅱ）。分配系数 $K_{ow}lgP=4.21$（25℃）。水中溶解度 6.93mg/L（20℃）。

毒性　大鼠急性经口 LD_{50} 1338mg/kg，大鼠急性经皮 $LD_{50} > 2000$mg/kg。对兔皮肤无刺激性，对眼睛有轻微刺激性，无皮肤过敏现象。鲤鱼 LC_{50}（48h）2.5mg/L。对鸟类、蜜蜂、蚯蚓基本无毒害。

应用　是由日本吴羽化学公司开发研制，并与美国氰胺（现为 BASF）公司共同开发的新颖广谱的三唑类杀菌剂，具有内吸性。主要用于防治小麦壳针孢、穗镰刀菌、叶锈病、条锈病、白粉病、颖枯病，大麦矮形锈病、白粉病，黑麦叶锈病、燕麦冠锈病等。兼具优良的保护作用及治疗作用。

合成路线

常用剂型　种菌唑目前在我国相关登记有 97％原药和 4.23％微乳剂。

种衣酯（fenitropan）

$$C_{13}H_{15}NO_6, \quad 281.26, \quad 65934-94-3(1RS, 2RS), \quad 65934-95-4(未指明立体化学)$$

其他名称 Volparox，Hungary（EGYT）。

化学名称 （1*RS*，2*RS*)-2-硝基-1-苯基三亚甲基双醋酸酯；（1*RS*，2*RS*)-2-nitro-1-phenyltrimethylenedi（acetates）。

理化性质 本品为无色晶体，熔点70～72℃，略具酸味。溶解性（25℃）：水0.03g/kg，氯仿1250g/kg，二甲苯350g/L，异丙醇10g/L，氯苯450g/kg。

毒性 急性经口LD_{50}：雌大鼠3237mg/kg，雄大鼠3852mg/kg。腹腔注射LD_{50}：雄大鼠21.3mg/kg，雌大鼠29.1mg/kg。无致癌、致畸作用。大鼠90d饲喂试验无作用剂量为2000mg/kg（饲料）。

应用 本品属硝基芳烃杀菌剂，为触杀性杀菌剂，用于禾谷类作物、玉米、甜菜等的种子处理。本品主要抑制病菌RNA的合成。如叶面喷雾也可防治苹果和葡萄白粉病。

合成路线

常用剂型 种衣酯常用制剂主要有20%乳油、15%可湿性粉剂、20%干（湿）种衣剂。

生物种衣剂

拉丁文名称 *Brevibacterium* sp. 。

其他名称 ZS型种衣剂，生物剂（ZS）种衣剂，ZS生物种衣剂。

理化性质 原菌液为无色透明水溶液，pH5～8，加入成膜剂和着色剂后，变成黏稠有色（橘红色、紫色、蓝色等）悬浮剂，相对密度1.15～1.18。在常温下较稳定，当温度超过45℃时部分杆菌开始死亡，温度愈高，死亡率愈高。无可燃性，无爆炸性。

毒性 对高等动物低毒。大鼠急性经口$LD_{50}>10000$mg/kg，急性经皮$LD_{50}>4640$mg/kg。对水生生物、蜜蜂、家蚕安全。

应用 是一种短孢杆菌生物活性剂，从植物和土壤中分离得到，属于生长调节剂类农药，具有使植物苗期生长旺盛、成苗率高、后期增产改善品种的作用。对水稻恶苗病、细菌性条斑病，小麦纹枯病，西瓜枯萎病、炭疽病，红麻立枯病等病害有一定的抑制作用。

常用剂型 主要是10000活芽孢/mL悬浮液。

唑菌胺酯（pyraclostrobin）

$C_{19}H_{18}ClN_3O_4$，387.82，175013-18-0

其他名称 百克敏，吡唑醚菌酯，凯润，F500，Headline，Insignia，Cabrio，Attitude。

化学名称 *N*-{2-[1-(4-氯苯基)-1*H*-吡唑-3-基氧甲基]苯基}-*N*-甲氧基氨基甲酸甲酯；methyl-*N*-{2-[1-(4-chlorophenyl)-1*H*-pyrazol-3-yloxymethyl]phenyl}-*N*-methoxy carbamate。

理化性质 纯品外观为白色至浅米色无味结晶体。熔点 $63.7\sim65.2$℃，蒸气压（$20\sim25$℃）2.6×10^{-8} Pa。正辛醇/水分配系数 $K_{ow}\lg P=4.18$（pH6.5）。Henry 常数 5.3×10^{-6} Pa·m³/mol（20℃）。水中溶解度 1.9mg/L（20℃）。其他溶剂中的溶解度（20℃，g/L）：正庚烷 3.7，甲醇 100，乙腈 $\geqslant500$，甲苯、二氯甲烷 $\geqslant570$，丙酮、乙酸乙酯 $\geqslant650$。正辛醇 24，DMF>43。原药外观为暗黄色，有萘味液体。稳定性：水中水解半衰期 $DT_{50}>30$d，在 pH5$\sim$7（25℃）时稳定。水中光解半衰期 $DT_{50}<2$h。大田土壤半衰期 DT_{50} 2$\sim$37d。制剂常温贮存：20℃时稳定 2 年。

毒性 唑菌胺酯原药大鼠急性经口 $LD_{50}>5000$mg/kg，急性经皮 $LD_{50}>2000$mg/kg，急性吸入 LC_{50}（4h）>0.31mg/L。对兔皮肤有刺激性，对兔眼睛无刺激性。无潜在诱变性，对兔、大鼠无潜在致畸性，对鼠无潜在致癌性。NOEL 数据 [2 年，mg/(kg·d)]：雄大鼠 3.4，雌大鼠 4.6。山齿鹑急性经口 $LD_{50}>2000$mg/kg。虹鳟鱼 LC_{50}（96h）>0.006mg/L。水蚤 EC_{50}（48h）0.016mg/L。藻类 EC_{50}（96h）>0.843mg/L。对蜜蜂无害，$LD_{50}>310\mu$g/只（经口）。蚯蚓 LC_{50}（14d）566mg/kg（土壤）。

应用 唑菌胺酯为巴斯夫开发的广谱 Strobin 类杀菌剂，专利申请日：1994-07-06。唑菌胺酯主要用于茎叶喷雾，可有效地防治由子囊菌纲、担子菌纲、半知菌类和卵菌纲真菌引起的作物病害。该化合物不仅毒性低，对非靶标生物安全，而且对使用者和环境均安全友好。具有保护、治疗、叶片渗透传导作用。吡唑醚菌酯乳油经田间药效试验结果表明对黄瓜白粉病、霜霉病和香蕉黑星病、叶斑病有较好的防治效果。对黄瓜、香蕉安全，未见药害发生。

合成路线 通常以邻硝基甲苯为起始原料，经过溴化路线或还原路线两种路线合成。

609

常用剂型　唑菌胺酯常用制剂主要有 20％粒剂、200g/L 浓乳剂、20％水分散性粒剂。唑菌胺酯还可制成液剂、水悬剂、油悬剂、可湿性粉剂、粉剂、膏剂等剂型，亦可与克菌丹、咯菌腈、拌种咯、有机铜类杀菌剂、有机锡类杀菌剂等多种杀菌剂混用，均具扩大杀菌谱和增效的作用。

唑菌嗪 （triazoxide）

C₁₀H₆ClN₅O，247.6，72459-58-6

其他名称　BAY SAS 9244，benztrimidazole，咪唑嗪。

化学名称　7-氯-3-咪唑-1-基-1,2,4-苯并三嗪-1-氧化物；7-chloro-3-imidazol-1-yl-1,2,4-benzotriazine-1-oxide。

理化性质　本品为亮黄色固体，熔点 182℃，蒸气压 0.15mPa（外推至 20℃）。溶解性（20℃，g/L）：水 0.03、二氯甲烷 32、甲苯 6.9、异丙醇 1.8。在水和酸性介质中稳定，在碱性介质中水解。

应用　本品属苯并三嗪类杀菌剂，是触杀性杀菌剂，对长蠕孢属 （*Helminthosporium* spp.）有效，也可与其他杀菌剂混用，主要用于种子处理。

合成路线

常用剂型　唑菌嗪常用制剂主要有湿拌种剂。

唑菌酯 （pyraoxystrobin）

C₂₂H₂₁ClN₂O₄，412.9

其他名称　SYP-3343。

化学名称　(*E*)-2-[2-[［3-(4-氯苯基)-1-甲基-1*H*-吡唑-5-基氧基］甲基］苯基]-3-甲氧基丙烯酸甲酯。

理化性质　纯品为白色固体，熔点为 124～126℃。

毒性　大鼠急性经口 LD₅₀（mg/kg）：1022（雌），1000（雄）。小鼠急性经口 LD₅₀（mg/kg）：2599（雌），2170（雄）。大鼠急性经皮 LD₅₀（mg/kg）：＞2150（雄、雌）。对兔眼、兔皮肤单次刺激强度均为轻度刺激性。对豚鼠致敏性试验为弱致敏。Ames、微核、

610

染色体试验结果均为阴性。

应用 为沈阳化工研究院有限公司自主研制的新型甲氧基丙烯酸酯类化合物，对霜霉病、白粉病、稻瘟病、炭疽病等多种病害有很好的防治效果。

合成路线

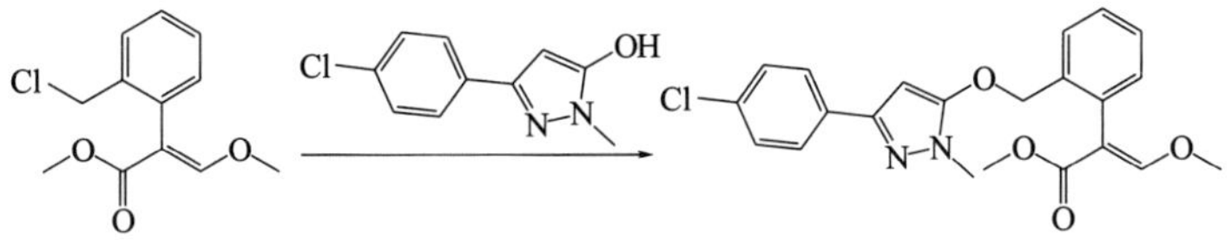

常用剂型 唑菌酯在我国登记的主要制剂有 25% 悬浮剂。

唑瘟酮

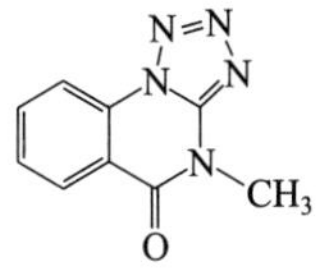

$C_9H_7N_5O$，301.19，59342-33-5

其他名称 PP389。

化学名称 4,5-二氢-4-甲基四唑（1,5-a）喹唑啉-5-酮；4,5-dihydro-4-methyltetrazolo（1,5-a）quinazolin-5-on；5-methyl-1,2,3,4-tetrazolo［4,5-a］-4H，6H-quinazolin-6-one。

应用 保护性杀菌剂，用于防治稻瘟病。本品为黑色素合成阻碍剂，能保护未受伤的植物组织免受侵染，但对受侵染的组织无治疗活性。在≥0.1～1.0μmol 时能抑制菌丝体黑化作用。

合成路线

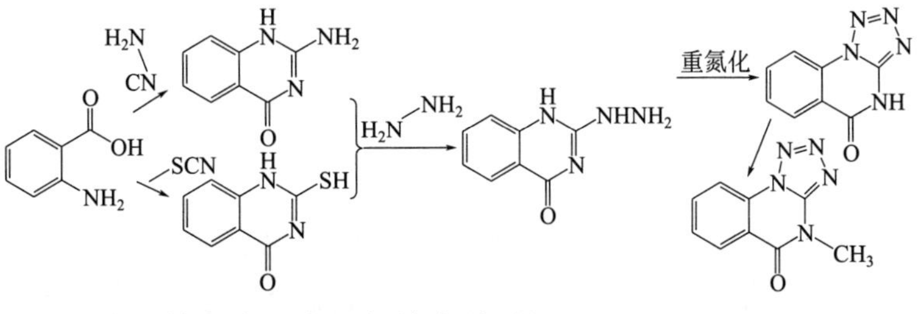

常用剂型 唑瘟酮目前在我国未见相关产品登记。

除草剂

CGA15'005

C$_{15}$H$_{16}$N$_5$O$_4$F$_3$S，452.4，125401-92-5

化学名称 1-(4-甲氧基-6-甲三嗪-2-基)-3-[2-(3,3,3-三氟苯基)苯磺酰基]脲；1-(4-me-thoxy-6-methyltroazin-2-yl)-3-[2-(3,3,3-trifluoropropyl)phenylsulfonyl]urea。

理化性质 纯品 CGA15'005 为无色、无味结晶，熔点105℃（分解）。25℃时水中溶解度4g/L。蒸气压<3.5μPa（25℃）。辛醇-水分配系数−0.21（pH6.9）。

毒性 CGA15'005原药急性 LD$_{50}$（mg/kg）：大鼠经口986，兔经皮>2000。对兔皮肤和眼睛无刺激作用，豚鼠皮肤对该药剂无过敏反应。

应用 CGA15'005属于磺酰脲类除草剂，汽巴-嘉基公司开发。CGA15'005的防草谱宽，以10~30g/hm^{2}的剂量，对玉米田重要害草如苋属、苘麻属、藜属、蓼属、酸模属和繁缕属杂草均有良好防效，与其他除草剂混合应用，还可以进一步扩大杀草谱。在已知的玉米田的同类除草剂中，CGA15'005的选择性最好，它可在玉米实生苗中迅速代谢，在被试验玉米实生苗的叶片中半衰期只有2h。与一些磺酰脲类除草剂相近似，CGA15'005在玉米植株内可迅速代谢解毒。经检测，^{14}C标记CGA15'005在玉米实生苗体内的半衰期为1~2.5h，明显短于其他商品化磺酰脲类除草剂在玉米植株内的代谢时间。

合成路线

常用剂型 可湿性粉剂、悬浮剂等。

安磺灵（oryzalin）

C$_{12}$H$_{18}$N$_4$O$_6$S，346.4，19044-88-3

其他名称 黄草消，磺胺乐灵，氨磺乐灵，EL-119，EH-119。

化学名称 4-(二丙胺)-3,5-二硝基苯基磺胺；4-(dipropylamino)-3,5-dinitrobenzenesul-fonamide。

理化性质 纯品安磺灵熔点 141～142℃，265℃分解。25℃时溶解度：水 2.6mg/L，丙酮＞500g/L，苯 4g/L，二甲苯 2g/L，二氯甲烷＞30g/L，甲醇 50g/L，甲氧基乙醇 500g/L，乙腈＞150g/L。在正常贮存条件下稳定，水溶液在 pH5、pH7、pH9 时不水解，遇紫外线分解；在自然光照条件下，光解 DT_{50} 1.4h。pK_a 9.4，微酸性。

毒性 安磺灵原药急性 LD_{50}（mg/kg）：经口大鼠、沙鼠＞10000，猫 1000，狗＞1000；兔急性经皮＞2000。对兔皮肤有轻微刺激，对兔眼睛无刺激。吸入 LC_{50}（4h）：大鼠＞3.1mg/L。NOEL（2 年）：大鼠 0.3g/kg，小鼠 1.35g/kg。ADI 0.12mg/kg。

急性经口 LD_{50}（mg/kg）：鸡＞1000，鹌鹑、野鸭＞500。鱼毒 LC_{50}：蓝鳃 2.88mg/L，虹鳟鱼 3.26mg/L。小金鱼 LC_{50}（96h）＞1.4mg/L。蜜蜂 LD_{50}：（经口）25μg/只蜜蜂，（接触）11μg/只蜜蜂。蚯蚓 NOEC（14d）＞102.6mg/kg 土。水蚤 LC_{50}（48h）1.4mg/L。

应用 安磺灵属于选择性苗前土壤处理除草剂，由 Eli Lilly & Co.（现为 Dow Elanco Co.）开发；主要防治稗草、马唐、马齿苋、藜、苋等杂草；主要用于棉花、大豆、油菜、甘薯、葡萄园、观赏植物果园、烟草、马铃薯等田中除草。

合成路线

常用剂型 75％可湿性粉剂。

氨基磺酸铵（ammonium sulfamate）

$H_6N_2O_3S$，114，7773-06-0

其他名称 氨磺铵。

化学名称 ammonium amidosul-phate。

理化性质 纯品氨基磺酸铵是无色无臭结晶，熔点 130～132℃。25℃时水中溶解度 684g/L。可溶于甲酰胺和甘油。工业品纯度不低于 97％。遇热分解成不可燃的气体，因此具有阻燃性；可与醛形成加成产物，易被溴和氯氧化，5％水溶液的 pH 值为 5.2，对软钢有些腐蚀作用。

毒性 氨基磺酸铵原药急性 LD_{50}（mg/kg）：大鼠经口 3900。静脉注射 100mg/kg 对大鼠循环和呼吸没有影响。经皮可忽略不计。50％水溶液重复施于大鼠剃毛皮肤上无刺激或内吸毒性。NOEL：大鼠（105d）10000mg/kg 体重。20mg/kg 饲料抑制大鼠生长。鹌鹑急性经口 LD_{50} 3000mg/kg。鲤鱼（48h）LC_{50} 1000～2000mg/L。

应用 氨基磺酸铵属于无机除草剂，由 Albright and Wilson Ltd 开发。氨基磺酸铵是非选择性除草剂，用于非耕地作灭生性除草。

合成路线

$$NH_4HCO_3 + NH_2SO_3H \longrightarrow H_2N-\overset{\overset{O}{\|}}{\underset{\|}{S}}-ONH_4 + CO_2 + H_2O$$

常用剂型　主要有 5％、85％水溶液制剂。

氨基乙氟灵（dinitramine）

$C_{11}H_{13}F_3N_4O_4$，322.2，29091-05-2

　　其他名称　敌乐胺，USB 3584，Cobex，Cobeko，BSI，ISO。

　　化学名称　N'，N'-二乙基-2,6-二硝基-4-三氟甲基-间苯二胺；N'，N'-diethyl-2,6-dinitro-4-trifluoromethyl-m-phenylenediamine。

　　理化性质　纯品氨基乙氟灵为黄色结晶固体，熔点 98～99℃。20℃时溶解度：水 1mg/L，丙酮 1040g/L，乙醇 107g/L，氯仿 670g/L，苯 473g/L，二甲苯 227g/L，正己烷 6.7g/L。蒸气压 0.479mPa（25℃）。本品 200℃以上分解，原药纯度＞83％，纯品和原药在常温下贮存两年均无明显的分解，但易于光分解。

　　毒性　氨基乙氟灵原药急性 LD_{50}（g/kg）：大鼠经口 3，兔经皮＞6.8。对兔皮肤和眼睛无刺激。吸入 LC_{50}（4h）：大鼠＞0.16mg/L。NOEL（90d）：大鼠 2g/kg 体重，狗 2g/kg 体重。两年 100mg/kg、300mg/kg 剂量的饲料试验，未发现有致癌作用。急性经口 LD_{50}（g/kg）：白喉鹑＞5（饲料）（25％EC 制剂），野鸭＞10（饲料）（25％EC 制剂）。鱼毒 LC_{50}（96h）：虹鳟 6.6mg/L，蓝鳃 11mg/L，鲶鱼 3.7mg/L。

　　应用　氨基乙氟灵属于苯胺类除草剂，美国 Borax 化学公司开发，Wacker GmbH 公司生产；氨基乙氟灵为土壤芽前除草剂，可防除菜豆、花生、大豆、向日葵、胡萝卜、棉花、萝卜，以及移栽后的辣椒、番茄地中的多种一年生禾本科和阔叶杂草。

　　合成路线

常用剂型　主要有 25％浓乳剂。

氨氯吡啶酸（picloram）

$C_6H_3Cl_3N_2O_2$，241.5，1918-02-1

616

其他名称 毒莠定，Atladox，Borlin，Borolin，K-Pin，Amdon，Grazon。

化学名称 4-氨基-3,5,6-三氯吡啶羧酸；4-amino-3,5,6-trichloropicolinic acid。

理化性质 纯品氨氯吡啶酸为白色粉末，带有氯的气味。25℃时溶解度：水 430mg/L，丙酮 19.8g/L，异丙醇 5.5g/L，二氯甲烷 0.6g/L，钾盐在水中溶解度 400g/L，大多数有机溶剂中溶解度低。在 215℃时分解。蒸气压 0.082mPa（35℃）。酸性，离解常数 $pK_a=2.3$（22℃）。对酸、碱稳定，但在热碱中分解；可形成水溶性碱金属盐和铵盐；其水溶液在紫外线下 DT_{50} 2.6d（25℃）。

毒性 氨氯吡啶酸原药急性 LD_{50}（mg/kg）：经口雄大鼠 5000、小鼠 2000～4000、家兔约 2000、豚鼠约 3000、羊＞1000、牛＞750、小鸡约 6000；经皮家兔＞2000。对兔皮肤有轻微刺激，对兔眼睛有中等刺激作用，对皮肤有致敏作用。NOEL：大鼠（2 年）20mg/kg（bw）。ADI（日本）0.2mg/kg。鹌鹑和野鸭 LC_{50}＞10g/kg 饲料。对蜜蜂无毒。

应用 氨氯吡啶酸属于有机杂环类除草剂，由 Dow Chemical Co.（现为 Dow Elanco）开发。氨氯吡啶酸对小麦田阔叶杂草，尤其是荞麦蔓等有很强的抑制作用，毒莠定对山芝麻也有良好的防治效果。氨氯吡啶酸对小麦株高有一定抑制作用，但一般不影响产量。氨氯吡啶酸用于防除玉米、高粱地中的曼陀罗等杂草，按 50D 水剂 1350mL/hm²（含有效成分 337.6g/hm²），对水 225～300kg，在玉米和高粱 7～23cm 时，进行叶面喷雾处理，同时能防除苋、酸浆和唇形花科等阔叶杂草。林业上防除多年生深根杂草和多数灌木及非目的树种，使用氨氯吡啶酸有效成分的剂量为 1200～3750g/hm²，少数抗性强的木本植物则需要有效成分 7.5kg/hm² 以上的药量，对水 900kg 左右喷雾处理。

合成路线

常用剂型 常用制剂主要有钾盐、铵盐 25% 水溶液和颗粒剂。

氨唑草酮（amicarbazone）

$C_{10}H_{19}N_5O_2$，241.3，129909-90-6

其他名称 胺唑草酮，Dinamic，Battalion。

化学名称 4-氨基-N-叔丁基-4,5-二氢-3-异丙基-5-氧-1,2,4（1H）-三唑-1-甲酰胺（IUPAC）；4-氨基-N-(1,1-二甲基乙基)-4,5-二氢-3-(1-甲基乙基)-5-氧-1H-1,2,4-三唑-1-甲酰胺（CA）；4-amino-N-tert-butyl-4,5-dihydro-3-isopropyl-5-oxo-1,2,4-1H-triazole-1-carboxamide；4-amino-N-(1,1-dimethylethyl)-4,5-dihydro-3-(1-methylethyl)-5-oxo-1H-1,2,4-triazole-1-carboxamide。

理化性质 纯品氨唑草酮为无色晶体，熔点 37.5℃。20℃时水中溶解度 4.6g/L（pH=4～9）。相对密度 1.12。蒸气压 $1.3×10^{-3}$ mPa（20℃），$3.0×10^{-3}$ mPa（25℃）。分配系数（20℃）$K_{ow}lgP=1.18$（pH=4），1.23（pH=7），1.23（pH=9）。亨利常数 $6.8×10^{-8}$

Pa·m^3/mol（20℃）。水解半衰期 DT$_{50}$ 为 64d（pH=9，25℃）。pH=5、7 时稳定。土壤中需氧降解 DT$_{50}$ 为 50d。土壤中光解 DT$_{50}$ 为 54d。K_{oc} 为 23～37。田间消散 DT$_{50}$ 为 18～24d。

毒性 氨唑草酮原药急性 LD$_{50}$（mg/kg）：大鼠经口 1015（雌），大鼠经皮>2000。鹌鹑经口 LD$_{50}$>2000mg/kg，饲喂 LC$_{50}$>5000mg/kg。蓝鳃太阳鱼（96h）LC$_{50}$>129mg/L。虹鳟鱼（96h）LC$_{50}$>120mg/L。水蚤（48h）LC$_{50}$>119mg/L。浮萍 EC$_{50}$ 226μg/L。蜜蜂：经口 LD$_{50}$ 24.8μg/只蜂，接触 LD$_{50}$>200μg/只蜂。对兔眼睛有轻微刺激性，对豚鼠皮肤无致敏作用。吸入 LC$_{50}$（4h）：大鼠 2.242mg/L（空气）。无致突变、致畸和致癌作用，没有遗传毒性。

应用 氨唑草酮为三唑啉酮类除草剂，拜耳作物科学公司开发，2002 年授权给爱利思达生命科学公司。氨唑草酮是光合作用抑制剂，受药植株通过根部吸收药剂，芽期杂草也通过叶面吸收，从而导致药剂对植株的触杀效果。氨唑草酮具有触杀和土壤活性，可提供对杂草的击倒和持效双重作用。氨唑草酮主要用于防除玉米田和甘蔗田多种杂草，该产品被推荐种植前、芽前或芽后防除玉米田一年生阔叶杂草，也可以芽前或芽后用于甘蔗田防除一年生阔叶杂草和禾本科杂草。还可以用于苜蓿、棉花和小麦等作物。

合成路线

常用剂型 70%水分散粒剂。

胺苯磺隆（ethametsulfuron-methyl）

C$_{15}$H$_{18}$N$_6$O$_6$S，410.3，97780-06-8

其他名称 金星，菜王星，油磺隆，Muster。

化学名称 N-(4-甲氨基-6-乙氧基-1,3,5-三嗪-2-基)-N'-(2-甲酯基苯磺酰基)脲或 2-[(4-甲氨基-6-乙氧基-1,3,5-三嗪-2-基)氨基甲酰基氨基磺酰基]苯甲酸甲酯；2-[(4-ethoxy-6-methyl amino-1,3,5-triazin-2-yl) carbamoyl sulfamoyl] methyl benzoate。

理化性质 纯品胺苯磺隆为无色晶体，熔点 194℃。25℃时溶解度：水 50mg/L，二氯甲烷 3900mg/L，丙酮 1600mg/L，甲醇 350mg/L，乙酸乙酯 680mg/L，乙腈 800mg/L。相对密度 1.6。pH7～9 稳定，pH5 时在水中迅速水解；半衰期 45d。

毒性 胺苯磺隆原药急性 LD$_{50}$（mg/kg）：大鼠经口>11000（雄）、经皮>2150。鹌鹑和野鸭急性经口 LD$_{50}$>2250mg/kg，蜜蜂急性接触 LD$_{50}$>0.012mg/只，兔经皮 LD$_{50}$>2000mg/kg。大鼠急性吸入 LC$_{50}$（4h）>5.7mg/L。蓝鳃太阳鱼、虹鳟鱼 LC$_{50}$（96h）>

600mg/L。蚯蚓接触 LC_{50} ＞1000mg/kg 土。对兔眼睛无刺激性，对皮肤刺激性很小。NOEL：大、小鼠（90d）5000mg/kg 体重。对动物无致畸、致突变、致癌作用。

应用 胺苯磺隆为磺酰脲类除草剂，为侧链氨基酸合成的抑制剂，抑制乙酰乳酸合成酶，1985 年由美国杜邦公司开发；主要用于油菜田多种杂草防除，对看麦娘、碎米荠、猪殃殃、遏兰菜、繁缕等有优异的防除效果，对稻茬菜效果差；主要用于甘蓝型油菜田，不得用于芥菜型、白菜型油菜。

合成路线

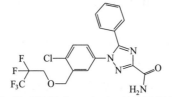

常用剂型 主要有 14.5%、20%可湿性粉剂，14%、21.2%、26%悬浮剂，95%、96%原药等。

胺草唑（flupoxam）

$C_{19}H_{14}ClF_5N_4O_2$，460.8，119126-15-7

其他名称 氟胺草唑，KNW 739，MON-18500。

化学名称 1-[4-氯-α-(2,2,3,3,3-五氟丙氧基) 间甲苯基]-3-氨基甲酰基-5-苯基-1H-1,2,4-三唑；1-[4-chloro-α-(2,2,3,3,3-pentafluoropropoxy)-m-tolyl]-3-carbamoyl-5-phenyl-1H-1,2,4-triazole。

理化性质 纯品胺草唑为浅米色无臭晶体，熔点 144～148℃。溶解度：水（1.0±0.1）mg/L（pH＝7.4），己烷 $3.1×10^{-3}$ g/L，甲苯（5.6±0.1）g/L，甲醇（133±16）g/L，丙酮（267±18）g/L，乙酸乙酯（102±5）g/L。相对密度 1.433（20.5℃）。蒸气压（2.9±0.3）Pa（25℃）。在自然土壤中半衰期为 69d，此药剂的降解系由微生物进行，在生物活性高的土壤中，或在土壤温度、湿度适于微生物活动时其降解速度加快。

毒性 胺草唑原药急性 LD_{50}（mg/kg）：经口大鼠＞5000；经皮兔＞2000。对兔眼睛有轻微刺激，对皮肤无刺激。动物试验无致畸、致突变作用。

应用 胺草唑属于触杀性除草剂，日本吴羽化学公司与 Monsanto Co. 开发。胺草唑是一种有丝分裂抑制剂，它可十分有效地作用于靶标植株迅速生长的分生组织区，对植株的根系和叶面分生组织均有活性。芽前使用可使阔叶杂草不发芽，这是由于根系生长受抑、子叶组织受损所致。芽后使用可使植株逐渐停止生成，直至枯死。在植株中不移行，主要通过触杀分生组织而起作用。可防除越冬谷物田中的一年生阔叶杂草及禾本科杂草，在秋冬两季芽前、芽后施用，推荐用量150g/hm²，对大麦、小麦均安全。除草效果与土壤类型有关，通常在轻质土壤中效果优于黏重土或有机质土。

合成路线

常用剂型 100g/L乳油，50g/L、125g/L胶悬剂。

百草枯（paraquat）

$$\left[H_3C-\overset{+}{N}\bigcirc\!\!\!-\!\!\!\bigcirc\overset{+}{N}-CH_3\right]\cdot 2CH_3SO_4^-$$

C$_{14}$H$_{20}$N$_2$O$_8$S$_2$，408.3，2074-50-2

$$\left[H_3C-\overset{+}{N}\bigcirc\!\!\!-\!\!\!\bigcirc\overset{+}{N}-CH_3\right]\cdot 2Cl^-$$

C$_{12}$H$_{14}$Cl$_2$N$_2$，257.0，1910-42-5

其他名称 克芜踪，对草快，离子对草快，泊拉夸特，百朵，Gramoxone，Preeglone，Weedol，Dextronex，Pectone，Pillarzone。

化学名称 1,1'-二甲基-4,4'-双吡啶二硫酸单甲酯盐；1,1'-二甲基-4,4'-双吡啶二氯化物盐；1,1'-二甲基-4,4'-联吡啶阳离子（二氯化物盐或二甲基硫酸盐）；1,1'-dimethyl-4,4'-bipyridylium ion。

理化性质 百草枯为无色或淡黄色固体，无臭；极易溶于水，几乎不溶于有机溶剂；相对密度1.24（20℃/20℃）；对金属有腐蚀性；在酸性和中性条件下稳定；可被碱水解，遇紫外线分解；惰性黏土和阴离子表面活性剂能使其钝化；水剂非可燃性；分解产物有氯化氢、氮氧化物、一氧化碳；不能与强氧化剂、烷基芳烃磺酸盐共存。

毒性 LD$_{50}$（mg/kg）：大鼠经口205，小鼠经口143，大鼠经皮500。NOEL：大鼠（2年）170mg/kg体重，狗34mg/kg体重。动物实验未见致畸、致癌、致突变作用。鲤鱼（48h）LD$_{50}$40mg/L，鳟鱼（48h）LD$_{50}$68mg/L。对兔眼睛和皮肤有中度刺激作用。吸入可能引起鼻出血。

应用 百草枯是一种触杀性灭生性季铵盐类除草剂，由ICI Plant Protection Division（现为Zeneca Agrochemica-ls）公司开发。百草枯兼有一定的内吸作用，不损害非绿色树茎部分，在土壤中失去杀草活性。进入土壤便与土壤结合而钝化，无残留，不会损害植物根部。只能杀灭一年生杂草，对多年生杂草的地上部分有控制作用，但不能杀灭多年生杂草的地下部分。可用于茶园、桑园、休闲园、免耕田、油菜等作物播前除草，玉米、甘蔗、大豆、蔬菜、棉花等作物行间除草。

合成路线 百草枯有多种合成路线，以下是常用的三种方法。

常用剂型 主要有 200g/L 水剂，250g/L 水剂，50％可溶粒剂，30.5％原药。

稗草胺（clomeprop）

$C_{16}H_{15}Cl_2NO_2$，324.1，84496-56-0

其他名称 Yukaltope。

化学名称 (*RS*)-2-(2,4-二氯-3-甲苯氧基)丙酰苯胺；(*RS*)-2-(2,4-dichloro-*m*-tolyoxy)propionanilide or （±）2-(2,4-dichloro-3-methylphenoxy)-*N*-phenylpropanamide。

理化性质 纯品为无色结晶体。25℃时水中溶解度 32mg/L。20℃时其他溶剂中溶解度（g/L）：丙酮 33，环己烷 9，二甲基甲酰胺 20，二甲苯 17。

毒性 原药急性 LD_{50}（mg/kg）：经口大鼠＞5000（雄）、3250（雌），小鼠＞5000；经皮大、小鼠＞5000。吸入 LC_{50}（40h）：大鼠＞1.5mg/L。NOEL：大鼠（2年）0.62mg/（kg·d）。鲤鱼、泥鳅、虹鳟 LC_{50}（45h）10mg/L。

应用 本品属 2-芳氧基链烷酸类植物生长激素型除草剂，由日本三菱油化公司（Mitsubishi Petrochemical Co. Ltd）开发；与丙草胺联用，可防除稻田中的阔叶杂草和莎草属杂草如节节草、牛毛毡、异形莎草、陌上草、鸭舌草、慈姑等；主要适用于水稻田除草。

合成路线 以 2,4-二氯-3-甲基苯酚和 2-氯丙酸乙酯为起始原料，在乙醇中回流 4h，生成 2-(2,4-二氯-3-甲基苯氧基)丙酸乙酯，该酯水解后生成相应的酸，然后转变成酰氯，最后与苯胺在缚酸剂存在下反应，即制得产品。

常用剂型 主要有颗粒剂。

621

稗草畏 (pyributicarb)

$C_{17}H_{22}N_2O_2S$，318.3，88678-67-5

其他名称　Eigen，Seezet，Oryzaguard。

化学名称　O-3-叔丁基苯基-6-甲氧基-2-吡啶（甲基）硫代氨基甲酸酯；O-3-tert-butyl-phenyl-6-methoxy-2-pyridyl（methyl）thiocarbamate。

理化性质　纯品为白色结晶，熔点 85.7～86.2℃。20℃时溶解度：水 0.32mg/L，丙酮 780g/L，甲醇 28g/L，乙醇 33g/L，氯仿 390g/L，二甲苯 580g/L，乙酸乙酯 560g/L。

毒性　雄、雌大鼠急性经口、经皮 LD_{50} ＞5000mg/kg，雄、雌小鼠急性经口、经皮 LD_{50} ＞5000mg/kg。对兔眼睛无刺激作用，对兔皮肤有轻微刺激作用，对豚鼠皮肤无过敏性。雄、雌大鼠急性吸入 LC_{50} （4h）＞6.52g/m³。NOEL：大鼠（2 年）0.753mg/kg 体重。鲤鱼 LC_{50} （48h）11mg/L，水蚤 LC_{50} （3h）＞15mg/L。

应用　为硫代氨基甲酸酯类除草剂。在水田条件下，本品对稗属 *E.oryzicola*、异形莎草和鸭舌草的活性高于多年生杂草活性；在旱田条件下，对稗草、马唐属 *D.ciliaris* 和狗尾草等禾本科杂草有较高活性。在芽前至芽后早期施药，对一年生禾本科杂草有很高的除草活性，对稗草的防效更为优异。

合成路线　由 3-叔丁基苯酚与 $CSCl_2$ 反应，生成氯代硫代甲酸-3-叔丁基苯酯，其与碳酸钠以及由 2,6-二氯吡啶制得的 2-甲氧基-6-甲氨基吡啶溶于乙醇中，回流反应制得。或者以 2,6-二氯吡啶为原料制得 N-(6-甲氧基-2-吡啶基)-N-甲基硫代氨基甲酰氯，再与 3-叔丁基苯酚反应，制得产品。

常用剂型　剂型主要有可湿性粉剂、悬浮剂和颗粒剂。

稗草烯 (tavron)

$C_{10}H_9Cl_3$，235.5，20057-31-2

其他名称　百草烯，TCE-styene，M-3429，Dowlo-221。

化学名称　1-(2,2,2-三氯乙基) 苯乙烯；1-(2,2,2-trichloroethyl) styrene。

理化性质　纯品为无色透明黏稠状液体，熔点 2.2℃，沸点 83℃ （133.3Pa）。原药为棕褐色黏稠状液体，相对密度 1.21（20℃）。20℃时水中溶解度 12mg/L，易溶于丙酮、氯仿、苯等有机溶剂。蒸气压 1.73Pa。遇碱在较高温度下能被水解，常温贮存稳定。

毒性　纯品雌性大鼠经口 LD$_{50}$ 8500mg/kg，原药大鼠经口 LD$_{50}$ 5000mg/kg；吸入 LC$_{50}$（4h）：大鼠 7500mg/L。NOEL：小鼠（2 年）164mg/(kg·d)。对眼睛和黏膜有刺激性。

应用　选择性内吸传导型除草剂，主要通过作物的茎叶和根部吸收，再传导到体内各部位，从而起杀草作用；稗草烯双子叶杂草吸收少，传导慢，防除效果差；稗草烯对种草有特效；主要用于水稻田间防除 3 叶期以前的稗草，也可用于谷类、大豆、马铃薯、油菜等旱田作物防除稗草、马唐、狗尾草、早熟禾、看麦娘等一年生禾本科杂草。对阔叶杂草和莎草几乎无效。

合成路线　稗草烯合成通常采用 α-甲基苯乙烯与溴代三氯甲烷，在有机过氧化物催化下，或在光照条件下，进行自由基加成反应，然后脱去一分子溴化氢而制得。或以金属铜或各种铜盐与有机仲胺的络合物作催化剂，α-甲基苯乙烯与四氯化碳加成反应，然后脱一分子氯化氢而制得。

常用剂型　主要有乳剂和颗粒剂。

稗蓼灵（chlorbufam）

C$_{11}$H$_{10}$ClNO$_2$，223.5，1967-16-4

其他名称　氯炔灵，炔草灵。

化学名称　1-甲基丙炔-2-基-3-氯苯氨基甲酸酯；1-methyl-2-propynyl-3-chlorophenyl-carbamate。

理化性质　纯品稗蓼灵为无色结晶，略带特殊臭味，熔点 46～47℃。20℃时溶解度（g/kg）：水 0.54，丙酮 280，乙醇 95，甲醇 286。蒸气压 2.1mPa（20℃）。在酸、碱介质中不稳定，可与醇发生酯交换反应。

毒性　稗蓼灵原药急性毒性 LD$_{50}$（mg/kg）：大鼠经口 2500。对家兔皮肤有刺激性，可引起红斑。

应用　稗蓼灵属于氨基甲酸酯类除草剂，德国 BASF 作为除草剂 Alpur 的一个组分推广；稗蓼灵用作芽前除草，主要防治稗草、蓼等禾本科杂草；适用于甜菜、洋葱、韭菜等防除一年生禾本科杂草和某些阔叶杂草。

合成路线

常用剂型　主要有可湿性粉剂、浓乳剂等。

苯胺灵（propham）

$$C_{10}H_{13}NO_2，179.2，122-42-9$$

其他名称　Chem-Hoe，Hebon Gold，IFC，IPCC，Premalox。

化学名称　苯基氨基甲酸异丙基酯；isopropyl phenylcarbamate。

理化性质　纯品苯胺灵为白色结晶，熔点 87.0～87.60℃。20℃时水中溶解度 250mg/L。可溶解于大多数有机溶剂。在 100℃以下稳定，无腐蚀性。

毒性　苯胺灵原药急性经口 LD_{50}（mg/kg）：大鼠 5000，小鼠 3000。NOEL：大鼠（1 个月）10000mg/kg 体重。野鸭急性经口 LD_{50}＞2000g/kg。鱼毒 LC_{50}（48h）：蓝鳃 32mg/L，虹鳟 35mg/L。

应用　苯胺灵属于氨基甲酸酯类除草剂，由 ICI Plant Protection Division（现为 Zeneca Agrochemicals）作为除草剂开发；苯胺灵适用于大豆、棉花、烟草、豌豆、甜菜及蔬菜等；可防治一年生禾本科杂草，以及若干阔叶杂草如看麦娘、繁缕、早熟禾等。

合成路线

常用剂型　20％乳剂，10％、15％颗粒剂和 50％可湿性粉剂。

苯草多克死（benzadox）

$$C_9H_9NO_4，195，5251-93-4$$

其他名称　S6173，MC0035。

化学名称　苯甲酰氨基氧乙酸；benzamido-oxya-ceticacid。

理化性质　纯品苯草多克死为无色结晶，熔点 140℃。20℃时水中溶解度 1.6％。易溶于丙酮、甲醇、醋酸乙酯和其他极性溶剂，但仅微溶于烃类。在干燥状态下稳定，可被水慢慢水解，在热酸或碱液中迅速水解为苯甲酸和氨基氧代乙酸；该药可被日光分解，对铸铁有腐蚀性。

毒性　苯草多克死急性 LD_{50}（mg/kg）：原药经口大鼠 5600，其铵盐经口大鼠 2600。其铵盐对兔的急性经皮 LD_{50}＞450mg/kg。NOEL（90d）：大鼠 10mg/kg 体重，犬 5mg/kg 体重。

应用　苯草多克死是触杀性选择性茎叶处理除草剂，Gulf Oil Corporation 推广。苯草多克死防治甜菜田中各种杂草。

合成路线

常用剂型　主要有可湿性粉剂、钠盐水剂。

苯草醚（aclonifen）

$C_{12}H_9ClN_2O_3$，264.7，74070-46-5

其他名称　Bandren，Bandr，CME-127，KUB-3359，MK-140。

化学名称　2-氯-6-硝基-3-苯氧基苯胺；2-chloro-6-nitro-3-phoxyaniline。

理化性质　纯品苯草醚为黄色晶体，熔点 81～82℃。20℃时溶解度：水 2.5mg/L，己烷 4.5g/kg，甲醇 50g/kg，甲苯 390g/kg。相对密度 1.46。蒸气压 $<1.6 \times 10^{-2}$ mPa（20℃）。植物体内 DT_{50} 约为 2 周，土壤中 DT_{50} 为 7～12 周。

毒性　苯草醚原药急性 LD_{50}（mg/kg）：大小鼠经口>5000，经皮>5000。对兔皮肤有中等刺激（是可逆的）作用，但对兔眼睛无刺激作用。吸入 LC_{50}（4h）：大鼠>5.06mg/L 空气。NOEL：大鼠（90d）28mg/(kg·d)。Ames 试验阴性。

应用　苯草醚属二苯醚类除草剂，是原卟啉氧化酶抑制剂，由 Celamerck GmbH & Co.（现为 Shell Agrar）开发；苯草醚芽前施用，可防除马铃薯、向日葵和冬小麦田禾本科杂草和阔叶杂草。在豌豆、胡萝卜及蚕豆田的试验表明，以 2400g（a.i.)/hm² 施用时，对鼠尾看麦娘的防效为 90％，对风草的防效为 97％，与对照药剂绿麦隆相当，而对猪殃殃、野芝麻、田野勿忘草、繁缕、常青藤、外婆婆纳和波斯水苦荬以及田堇菜等防效超过对照药剂，对母菊、荞麦蔓的防效低于对照药剂。对作物安全，土壤翻耕后，在施药后 4～6 周即可种植。

合成路线　2,3,4-三氯硝基苯在高压釜中于 50℃下与氨反应，得到 96.5％的 2,3-二氯-6-硝基苯胺，后者与酚钠在乙酯中回流反应，得到 74％苯草醚。

常用剂型　目前我国未见相关产品登记，可加工成悬浮剂使用。

苯草灭（bentranil）

$C_{14}H_9NO_2$，223，1022-46-4

其他名称　H170（BASF），BAS-1700H，草噁嗪，噁草嗪酮。

化学名称　2-苯基-3,1-苯并噁嗪酮；2-phenyl-3,1-benzoxazin-4-one。

理化性质　纯品苯草灭为白色固体，无臭，熔点 123～124℃。20℃时溶解度：水 5～6mg/L，乙醇 0.74g/L，苯 13.2g/L，乙醚 3.0g/L，石油醚 0.41g/L。化学性质比较稳定，无腐蚀性。

毒性　苯草灭原药大鼠急性经口 LD_{50} 为 1600mg/kg。

应用　苯草灭属选择性芽后除草剂，由 Badische Anilin & Soda Fabrik AG 推广。苯草灭适用于大麦、小麦、水稻、马铃薯、玉米、高粱、谷子等，防治阔叶杂草。

合成路线

常用剂型　我国未见相关制剂产品登记。

苯草酮（tralkoxydim）

$C_{20}H_{26}NO_3$，328.2，87820-88-0

其他名称　三甲苯草酮，肟草酮，Grasp，Grasp 604，PP 604，Splendor，Achiveve。

化学名称　2-[1-（乙氧基亚氨基）丙基]-3-羟基-5-（2,4,6-三甲基）环己-2-烯酮；2-[1-(ethoxyimino) propyl]-3-hydroxy-5-mestiylcyclohexen-2-one。

理化性质　纯品苯草酮为无色固体，熔点 106℃，工业品熔点 99～104℃。溶解度（水中 20℃，其他溶剂 24℃）：水 6.7mg/L（pH6.5）、5mg/L（pH5.0）、9.8g/L（pH 9），正己烷 18g/L，甲苯 213g/L，二氯甲烷＞500g/L，甲醇 25g/L，丙酮 89g/L，乙酸乙酯 100g/L。蒸气压 0.37μPa（20℃）。pK_a 4.3（25℃）。在 15～25℃下稳定≥1.5 年。DT_{50}（25℃）6d（pH5），114d（pH7）。在土壤中 DT_{50} 约 3d，灌水土壤中 DT_{50} 约 25d。

毒性　苯草酮原药急性经口 LD_{50}（mg/kg）：雄大鼠 1324，雌大鼠 934，雄小鼠 1231，雌小鼠1100，兔＞519。吸入 LC_{50}（4h）：大鼠＞30.5mg/L 空气。对兔皮肤施药4h后有轻微刺激，对兔眼睛有极其轻微的刺激，对豚鼠皮肤无过敏性。NOEL：大鼠（90d）12.5mg/kg 体重，狗5mg/kg 体重。在一系列毒理学试验中，本品无致突变、致畸作用。鹌鹑经口 LD_{50} 为4430mg/kg。鱼毒 LC_{50}（96h）：镜鲤＞8.2mg/L，虹鳟＞7.2mg/L，蓝鳃太阳鱼＞6.1mg/L。蜜蜂 LD_{50} 为0.1mg/只（接触）、0.054mg/只（经口）。

应用 苯草酮属于 ACCase 抑制剂，广谱环己烯酮类除草剂，捷利康公司开发，1981年申请专利；主要用于麦类作物防除看麦娘、风草、野燕麦、狗尾草等。

合成路线 用2,4,6-三甲基甲苯经过硝化、还原、重氮化、取代反应即可制得2,4,6-三甲基甲醛，该物质与丙酮缩合，得到的不饱和酮与丙二酸二乙酯反应，生成物水解、环化、脱羧得到3-羟基-5-(2,4,6-三甲基苯基)-环己-2-烯-1-酮，该化合物在甲醇钠存在下与丙酸酐反应，得到3-羟基-5-(2,4,6-三甲基苯基)-2-丙酰基-环己-2-烯-1-酮，最后再与乙氧胺盐酸盐反应，制得苯草酮。

常用剂型 95％、97％原药，40％水分散粒剂等。

苯磺隆（tribenuron-methyl）

$C_{15}H_{17}N_5O_6S$，395.2，101200-48-0

其他名称 阔叶净，巨星，麦磺隆，Express，Express TM，DPX-L 5300。

化学名称 2-[4-甲氧基-6-甲基-1,3,5-三嗪-2-基（甲基）氨基甲酰氨基磺酰基]苯酸甲酯；2-methyl-[4-methoxy-6-methyl-1,3,5-triazin-2-yl（methyl）carbamoylsulfamoyl] benzoate。

理化性质 纯品苯磺隆浅棕色固体，熔点 141℃。25℃时溶解度：水 2040mg/L，乙酸乙酯 2.6mg/L，丙酮 43.8mg/L，乙腈 54.2mg/L，甲醇 3.39mg/L，乙酸乙酯 17.5mg/L。亚氨基呈酸性，pK_a 5.0，45℃条件下稳定；在田间条件下没有明显的光分解；土壤中半衰期 1～12d 取决于不同类型的土壤；在 pH5、pH7 和 pH9 的水中半衰期分别为 1d、3～16d、30d。

毒性 苯磺隆原药急性 LD_{50}（mg/kg）：大鼠经口＞5000；兔经皮＞2000。蜜蜂 LD_{50}＞100μg/只。蚯蚓 LD_{50} 1299mg/kg（14d）。鹌鹑和野鸭 LD_{50} 5620mg/kg 饲料。对兔皮肤无刺激性，对兔眼睛有轻度刺激性，1d 后可恢复。以 20mg/（kg·d）剂量饲喂大鼠两年，未发现异常现象。对动物无致畸、致突变、致癌作用。

应用 苯磺隆属于超高效、内吸传导、芽后选择性除草剂，美国杜邦公司开发，1985 年申请专利；苯磺隆为麦田除草剂，可有效地防除一年生与多年生阔叶杂草如荠菜、芥菜、马齿苋、鸭舌草、繁缕、猪殃殃、婆婆纳、播娘蒿、遏兰菜等 30 多种杂草，对田旋花、刺儿菜稍差。

合成路线 以糖精为起始原料，在浓硫酸存在下醇解，然后在异氰酸正丁酯和二甲苯混合溶液中与光气或双光气反应，制得相应磺酰基异氰酸酯与 2-甲氨基-4-甲氧基-6-甲基均三嗪缩合即可制得苯磺隆。

常用剂型 主要有干悬浮剂、可湿性粉剂、水分散粒剂、可分散油悬浮剂等；制剂主要有 10%、75% 可湿性粉剂，75% 水分散粒剂，25% 可溶粉剂，75% 干悬浮剂等。

苯嗪草酮（metamitron）

$C_{10}H_{10}N_4O$，202.2，41394-05-2

其他名称 苯嗪草，苯甲嗪，Goltix，Bietomix，Homer，Martell，Tornado。
化学名称 4-氨基-4,5-二氢-3-甲基-6-苯基-1,2,4-三嗪-5-酮；4-amino-4,5-dihydro-3-

628

methyl-6-phenyl-1,2,4-triazin-5-one。

理化性质　纯品苯嗪草酮外观为淡黄色至白色晶状固体，熔点166℃。20℃时溶解度：水1.7g/L，环己酮10~50g/kg，二氯甲烷20~50g/L，己烷<100mg/L，异丙醇5~10g/L，甲苯2~5g/L。蒸气压86mPa（20℃）。在酸性介质中稳定，pH>10时不稳定。

毒性　苯嗪草酮原药急性LD_{50}（mg/kg）：经口大鼠3830（雄）、>2610（雌），经皮大鼠>2000。对大耳白兔皮肤无刺激性，眼睛轻度至中度刺激性；豚鼠皮肤变态反应（致敏）试验结果为弱致敏物（致敏率为0）。亚慢性喂养毒性试验NOEL：大鼠（90d）雄性11.06mg/(kg·d)，雌性16.98mg/(kg·d)。3项致突变试验：Ames试验、小鼠骨髓细胞微核试验、小鼠睾丸细胞染色体畸变试验均为阴性，未见致突变作用。

应用　苯嗪草酮属于三氮苯类选择性芽前除草剂，拜耳作物科学公司推广。主要通过植物根部吸收，再输送到叶子内，通过抑制光合作用的希尔反应而起到杀草的作用。主要用于防除甜菜田一年生杂草。经田间药效试验结果表明苯嗪草酮70%水分散粒剂对甜菜一年生阔叶杂草有较好的防效，可有效防除黎、反枝苋、香薷、苦荞麦、蓼等杂草。可用于旱地作物，如玉米、甜菜等作物的田间除草，用以防治黎龙葵、繁缕、野芝麻、早熟禾等多种杂草。

合成路线　苯嗪草酮有多种合成路线，其中路线3→4→7→8较适合工业生产。

常用剂型　主要有98%原药，58%悬浮剂，70%水分散粒剂。

苯噻酰草胺（mefenacet）

$C_{16}H_{14}N_2O_2S$，298.4，73250-68-7

其他名称　Hinochloa，Rancho，FOE 1976，Bay FOE 1976，NTN 801。

化学名称　2-苯并噻唑-2-基氧基-N-甲基乙酰（替）苯胺或2-(1,3-苯并噻唑-2-基氧基)-N-甲基乙酰苯胺；2-(1,3-benzolthiazol-2-yloxy)-N-methylacetanilide。

理化性质　纯品苯噻酰草胺为无色结晶，熔点 134.8℃。20℃时溶解度：水 4mg/L，乙酸乙酯 20～50mg/L，丙酮 60～100mg/L，乙腈 30～60mg/L，甲苯 20～50mg/L，二氯甲烷＞200mg/L，二甲亚砜 110～220mg/L。蒸气压 11mPa（100℃）。对热、酸、碱、光稳定。

毒性　苯噻酰草胺原药急性 LD_{50}（mg/kg）：大、小鼠、狗经口＞5000；大、小鼠经皮＞5000。对兔皮肤和眼睛无刺激性。大鼠急性吸入 LC_{50}（4h）0.02mg/L（粉剂）。NOEL：大鼠（2 年）100mg/kg 体重。鱼毒 LC_{50}（96h）：鲤鱼 8.0mg/L，虹鳟鱼 6.8mg/L。蚯蚓 LC_{50}（28d）＞1000mg/kg 土。

应用　苯噻酰草胺为选择性苗前、苗后除草剂，是乙酰苯胺类除草剂；1987 年由德国拜耳公司开发；适用于水稻田防除一年生禾本科杂草如稗草、牛毛毡、瓜皮草、泽泻、眼子菜等，对稗草有特效。

合成路线

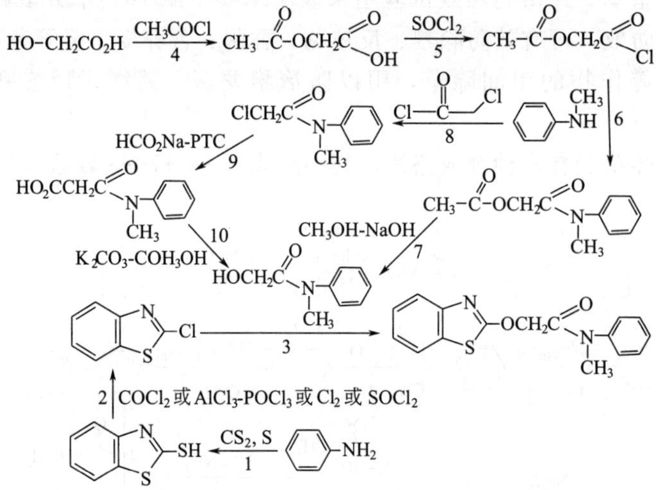

常用剂型　主要有泡腾片剂、颗粒剂、可湿性粉剂等，制剂有 50％可湿性粉剂。

苯噻隆（benzthiazuron）

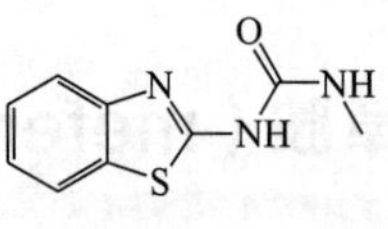

$C_9H_9N_3OS$，207，1929-88-0

其他名称　噻草隆，Bay60618，S22012。

化学名称　1-(苯并噻唑-2-基)-3-甲基脲；1-(benzothiazol-2-yl)-3-methylurea。

理化性质　苯噻隆外观呈白色无臭粉末状，在 287℃分解并伴随升华。20℃时溶解度：水 12mg/L，丙酮、氯苯、二甲苯 5％～10％。蒸气压 1.33mPa（90℃）。无腐蚀性。

毒性　苯噻隆原药急性 LD_{50}（g/kg）：经口大鼠 1.3。

应用　苯噻隆属于脲类除草剂，由 Bayer Leverkusen 公司开发；苯噻隆主要适用作物是甜菜，用作防治种子繁殖的杂草。

合成路线

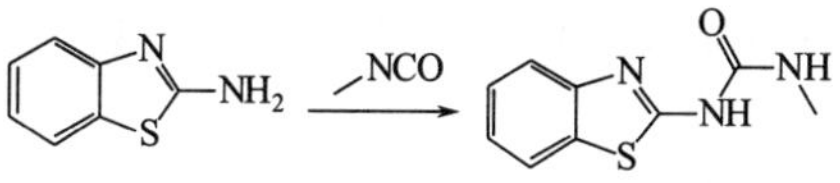

常用剂型　80％可湿性粉剂。

苯酰敌草隆（phenobenzuron）

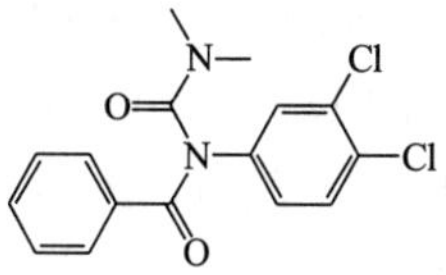

$C_{16}H_{14}Cl_2N_2O_2$，337，3134-12-1

其他名称　PP65-25。

化学名称　1-苯甲酰-1-（3,4-二氯苯基）-3,3-二甲基脲；1-benzoyl-1-（3,4-dichlorophenyl）-3,3-dimethylurea。

理化性质　纯品苯酰敌草隆其外观呈白色固体状，熔点119℃。20℃时溶解度：丙酮315g/L，苯0.105g/L，乙醇28g/L，水0.016g/L（22℃）。在正常状态下贮存时对氧和水分稳定。

毒性　苯酰敌草隆原药急性LD_{50}（g/kg）：大鼠经口5，豚鼠经皮＞4。

应用　苯酰敌草隆属于脲类除草剂，由汽巴-嘉基公司开发；主要适用于水稻、大豆、豌豆、棉花、甘蔗、亚麻及果园中，可防治一年生杂草。

合成路线

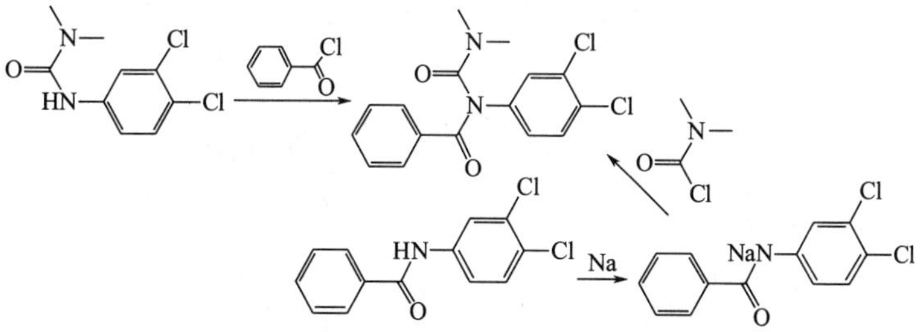

常用剂型　目前我国未见制剂产品登记，常用制剂主要有50％可湿性粉剂。

吡草胺（metazachlor）

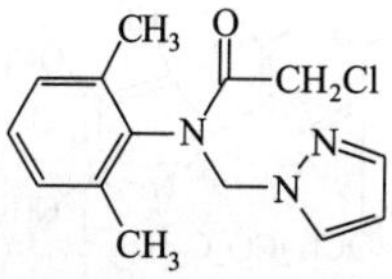

$C_{14}H_{16}ClN_3O$，277.8，67129-08-2

其他名称 吡唑草胺，Butisan S，BAS 47900 H。

化学名称 2-氯-N-(吡唑-1-基甲基) 乙酰-$2'$,$6'$-二甲基苯胺；2-chloro-N-(pyrazol-1-yl-methyl) acet-$2'$,$6'$-xylidide。

理化性质 纯品为黄色结晶体，熔点85℃。20℃时水中溶解度430mg/L。20℃时其他溶剂中溶解度：丙酮、氯仿＞1000g/kg，乙醇200g/kg，乙酸乙酯590g/kg。相对密度1.31（20℃）。蒸气压0.093mPa（20℃）。分配系数$K_{ow}\lg P=2.13$（pH=7，22℃）。在40℃放置2年稳定。

毒性 原药急性LD_{50}（mg/kg）：经口大鼠2150、经皮大鼠＞6810。吸入LC_{50}（4h）：大鼠＞34.5mg/L。对兔皮肤和眼睛无刺激性。NOEL：大鼠（2年）3.6mg/kg体重，狗（2年）8mg/kg体重。山齿鹑急性经口LD_{50}＞2000mg/kg，山齿鹑和野鸭喂饲LC_{50}（5d）＞5620mg/kg。鱼毒LC_{50}（mg/L，96h）：虹鳟4，鲤鱼15。ADI值0.036mg/kg。对蜜蜂和蚯蚓安全。蚯蚓LC_{50}（14d）＞440mg/kg土壤。

应用 吡草胺属3-氯乙酰苯胺类除草剂，德国巴斯夫公司开发；主要用于防除一年生禾本科杂草和部分阔叶杂草。禾本科杂草如看麦娘、风剪股颖、野燕麦、马唐、稗草、早熟禾、狗尾草等，阔叶杂草如苋属杂草、春黄菊、母菊、刺甘菊、香甘菊、蓼属杂草、龙葵、繁缕、荨麻、婆婆纳等。适宜作物为油菜、大豆、马铃薯、烟草、花生、果树、蔬菜（白菜、大蒜）等。

合成路线 以2,6-二甲基苯胺为原料依次与多聚甲醛、氯乙酰氯和吡唑反应即制得目的物。先酰化路线，即2,6-二甲基苯胺与氯乙酰氯生成2,6-二甲基氯代乙酰替苯胺，接着与多聚甲醛和氯化剂作用生成N-氯甲基-N-2,6-二甲苯基氯乙酰胺，然后同吡唑反应即得到吡草胺。

常用剂型 目前我国未见制剂产品登记。

吡草醚（pyraflufen-ethyl）

$C_{15}H_{13}Cl_2F_3N_2O_4$，413.2，129630-17-7

其他名称 速草灵，霸草灵，吡氟苯草酯，Ecopart。

化学名称 2-氯-5-(4-氯-5-二氟甲氧基-1-甲基吡唑-3-基) 4-氟苯氧乙酸乙酯；ethyl-2-chloro-5 (4-chloro-5-difluorometoxy-1-methylpyrazol-3-yl) 4-fluorophenoxyacetate。

理化性质 纯品吡草醚为奶油色粉状固体，熔点 126～127℃。20℃时溶解度：二甲苯 41.7～43.5g/L，丙酮 167～182g/L，甲醇 7.39g/L，乙酸乙酯 105～111g/L，难溶于水。

毒性 吡草醚原药急性 LD_{50}（mg/kg）：大鼠经口＞5000、经皮＞5000。对兔皮肤无刺激性，对兔眼睛有轻微刺激性。对动物无致畸、致突变、致癌作用。

应用 吡草醚属于原卟啉原氧化酶抑制剂，日本农药公司开发的高效选择性吡唑类除草剂。主要用于麦田防除阔叶杂草如猪殃殃、虞美人、繁缕、婆婆纳、荠菜等；对猪殃殃有特效。

合成路线 以对氟苯酚为起始原料，经氯化、醚化、酯化制得中间体取代苯乙酮。再与氰化钠反应、酸解酯化，并与甲肼缩合制得取代吡唑。最后经氯化、醚化制得吡草醚。

常用剂型 95%原药，2%、30.2%悬浮剂，2%微乳剂，可与草甘膦复配。

吡草酮（benzofenap）

$C_{22}H_{20}Cl_2N_2O_3$，431.3，82692-44-2

其他名称 MY-71，MY-98。

化学名称 2-[4-(2,4-二氯-间-甲苯酰基)-1,3-二甲基吡唑-5-基氧]-4-甲基苯乙酮；2-[[4-(2,4-dichloro-3-methylbenzoyl)-1,3-dimethyl-1H-pyrazol-5-yl] oxy]-4′-methylacetophenon。

理化性质 纯品吡草酮为无色固体，熔点 133.1～133.5℃。25℃时溶解度：水

0.13mg/L，丙酮 73g/L，正己烷 0.46g/L，乙醇 5.6g/L，二甲苯 69g/L。相对密度 1.3。蒸气压 13.33μPa（30℃）。对光、热稳定，遇酸稳定，在碱性介质中水解。

毒性　吡草酮原药急性 LD$_{50}$（mg/kg）：大鼠、小鼠经口＞15000，大鼠、小鼠皮下注射＞5000，雄大鼠腹腔内注射 1775，雌大鼠腹腔内注射 1094，小鼠腹腔内注射＞5000。吸入 LC$_{50}$（4h）：大鼠＞1930mg/m^3。鲤鱼、虹鳟（48h）LC$_{50}$＞10mg/L。水蚤（3h）LC$_{50}$＞10mg/L。对皮肤和眼睛有极其轻微的刺激作用，无致畸、致癌作用。NOEL：大鼠（2 年）0.15mg/kg 体重。ADI（人）0.0015mg/kg。

应用　吡草酮属于吡唑类除草剂，日本三菱油化公司（Mitsubishi Petrochemical Co.，Ltd）推广。吡草酮主要用于水稻田除草，对水稻安全性高，杀草谱广，尤其对一年生及多年生阔叶杂草有卓效，如稗草、萤蔺、牛毛毡、水莎草、瓜皮草、窄叶泽泻等。本品是非激素型内吸性除草剂，由杂草的根和基部吸收后，引起白化现象，使其逐渐枯死。

合成路线

常用剂型　目前我国未见相关制剂产品登记。

吡氟草胺（diflufenican）

C$_{19}$H$_{11}$F$_5$N$_2$O$_2$，394.3，83164-33-4

其他名称　M&B-38544（May-Baker），DFF，吡氟酰草胺。

化学名称　2′,4′-二氟-2-（α,α,α-三氟-间-甲苯氧基）-3-吡啶酰苯胺；2′,4′-difluoro-2-（α,α,α-trifluoro-m-tolyloxy）nicotinanilide。

理化性质　纯品吡氟草胺为无色晶体，熔点 159～161℃。25℃时水中溶解度＜0.05mg/L（25℃）。20℃有机溶剂中溶解度（g/kg）：丙酮、二甲基甲酰胺 100，苯乙酮和环己酮中 50，异佛尔酮 35，二甲苯 20，环己烷、2-乙氧基乙醇和煤油＜10g/kg。蒸气压 4.25×10^{-3}mPa（25℃，气体饱和度测定法）。分配系数 K_{ow}lg$P$＝4.9（25℃）。亨利常数 0.033Pa·m^3/mol（计算值）。在空气中，熔点温度以下稳定。在 22℃，pH 值为 5、7 和 9 的水溶液中非常稳定，对光解相当稳定。在谷物中，通过烟酰胺和烟酸迅速代谢为二氧化碳。在土壤中，通过 2-(3-三氟甲基苯氧基) 烟酰胺和 2-(3-三氟甲基苯氧基) 烟酸两个代谢产物降解为键合的残留物和二氧化碳。半衰期为 15~30 周，随土壤类型和含水量而变化。

毒性 吡氟草胺原药急性 LD_{50}（mg/kg）：经口大鼠＞2000，小鼠＞1000，兔＞5000，鹌鹑、野鸭＞4000；经皮大鼠＞2000。虹鳟（96h）LC_{50} 56~100mg/L。鲤鱼（96h）LC_{50} 105mg/L。对蜜蜂吸入和接触均无毒。水蚤（48h）LC_{50} 10mg/L。对兔皮肤和眼睛无刺激。NOEL：狗（90d）1000mg/(kg·d)，大鼠（90d）500mg/kg。吸入 LC_{50}（4h）：大鼠＞2.34mg/L（空气）。NOEL：大鼠（14d）亚急性试验 1600mg/kg。Ames 试验阴性。对蚯蚓无毒。

应用 吡氟草胺属于烟酰苯胺类除草剂，拜耳作物科学公司研发。吡氟草胺通过抑制八氢番茄红素脱氢酶，阻止类胡萝卜素的生物合成。吡氟草胺为选择性触杀性芽前除草剂，持效期长，通过种子幼芽吸收，并具有一定的传输特性。吡氟草胺于秋播小麦和大麦芽前或芽后早期施用，125~250g/hm² 剂量即可控制田间禾本科杂草和阔叶杂草，尤其是猪殃殃、婆婆纳和三色堇。通常与异丙隆或者其他谷物田除草剂复配。主要适用作物为谷物、某些豆科植物如白羽扁豆及春播豌豆、胡萝卜和向日葵等。

合成路线

常用剂型 97％、98％原药，500g/L、55％悬浮剂，50％、60％可湿性粉剂、50％水分散粒剂等。

吡氟禾草灵（fluazifop-butyl）

$C_{19}H_{20}F_3NO_4$，383.4，69806-50-4

其他名称 稳杀得，氟草灵，氟吡醚，氟草除，伏寄普，Fusilade，Super，Onecide，Onecide-P，Ppooq。

化学名称 2-[4-(5-三氟甲基-2-吡啶氧基) 苯氧基] 丙酸丁酯；butyl-2-[4-(5-trifluoromethyl-2-pyridyloxy) phenoxy] propionate。

理化性质 吡氟禾草灵原药为无色或淡黄色液体，熔点 -5℃，沸点 170℃/66.6Pa。20℃时水中溶解度 1mg/L。易溶于二氯甲烷、异丙醇、甲苯、丙酮、乙酸乙酯、己烷、甲醇、二甲苯等有机溶剂。相对密度 1.22（20℃）。蒸气压 133.3×10⁻⁹ Pa（30℃）。对紫外线稳定，在潮湿的土壤中迅速分解，水解半衰期大于 30d（pH=5）、78d（pH=7）、

29h（pH＝9）。吡氟禾草灵有 R 体和 S 体结构型两种光学异构体，其中 S 体没有除草活性。

毒性　吡氟禾草灵原药急性 LD_{50}（mg/kg）：大鼠经口 3680（雄）、2451（雌），小鼠经口 1490（雄）、1770（雌），兔经皮 2000。急性吸入 LC_{50}：大鼠 5.24mg/L。虹鳟鱼 LC_{50} 1.5mg/L。对蚯蚓、土壤微生物未见任何影响。对皮肤有轻微刺激作用，对眼睛有中等刺激作用。以 10mg/kg 以下剂量饲喂大鼠 90d，未发现异常现象。对动物无致畸、致突变、致癌作用。

应用　吡氟禾草灵商品名稳杀得，内吸传导性茎叶处理剂，是脂肪酸合成抑制剂，日本石原产业公司开发；可以迅速通过叶表面吸收，水解为 fluazifop，通过韧皮部和木质部转移，积累在多年生禾本科杂草的根茎和生殖根部位以及一年生和多年生禾本科杂草的分生组织部位；该药药效发挥较慢。对禾本科杂草具有很强的杀伤作用，对阔叶作物安全；可用于防除大豆、棉花、马铃薯、烟草、亚麻、蔬菜、花生等作物田禾本科杂草。

合成路线　有先醚化法、后醚化法、后氟化法三条合成路线。

① 先醚化法　由 2-氯-5-三氟甲基吡啶和对苯二酚在碱性介质中反应，制得相应的醚，然后再与 α-氯（或溴）代丙酸丁酯缩合。

② 后醚化法　对苯二酚与 α-氯（或溴）代丙酸丁酯缩合，再与 2-氯-5-三氟甲基吡啶反应。

③ 后氟化法　2-氯-5-甲基吡啶和对苯二酚在碱性介质中反应，制得的醚用 SF_4 氟化后，再与 α-氯（或溴）代丙酸丁酯缩合。

常用剂型　我国登记的制剂产品主要是 35% 乳油。

吡氯草胺（nipyraclofen）

$C_{19}H_5Cl_2F_3N_4O_2$，341.1，99662-11-0

其他名称　BSI，ISO-E draft，SLA 3992。

化学名称　1-(2,6-二氯-α,α,α-三氟-对-甲苯基)-4-硝基吡唑-5-基胺；1-(2,6-dichloro-α,α,α-trifluoro-p-tolyl)-4-nitropyrazol-5-ylamine。

理化性质　纯品吡氯草胺沸点 430.3℃（760mmHg）；密度 1.82g/cm³。

合成路线

常用剂型　目前我国未见相关制剂产品登记。

吡嘧磺隆（pyrazosulfuron）

$C_{14}H_{18}N_6O_7S$，414.3，93697-74-6

其他名称　草克星，水星，韩乐星，Agreen，Sirius。

化学名称　N-(4,6-二甲氧基嘧啶-2-基)-N'-(1-甲基-4-甲酸乙酯基吡唑-5-磺酰基）脲或 5-(4,6-二甲氧基嘧啶-2-基氨基羰基氨基磺酰基)-1-甲基吡唑-4-羧酸乙酯；ethyl-5-(4,6-dimethoxy pyrimidin-2-yl carbamoylsulfamoyl)-1-methylpyrazole-4-arboxylate。

理化性质　纯品吡嘧磺隆为白色结晶体，熔点 177.8～179.5℃。20℃时溶解度：水 9.96mg/L，甲醇 4.32g/L，氯仿 200g/L，苯 15.6g/L，丙酮 33.7g/L。蒸气压 $146.7×10^{-7}$Pa（20℃），$333.3×10^{-7}$Pa（25℃）。在酸、碱性介质中不稳定。

毒性　吡嘧磺隆原药急性 LD_{50}（mg/kg）：大、小鼠经口＞5000，大鼠经皮＞2000。对兔皮肤和眼睛无刺激性。大鼠急性吸入 LC_{50}＞3.9mg/L。NOEL（90d）：大鼠 400mg/kg，大鼠繁殖（二代）1600mg/L。对动物无致畸、致突变、致癌作用。

应用　吡嘧磺隆属于新型、高效、广谱、低毒、安全的选择性 ALS 内吸传导型磺酰脲类水田除草剂，由日本日产化学公司开发，1982 年申请专利。适用于水稻田、直播田、移栽田、抛秧田，防除一年生及多年生阔叶杂草、莎草科和部分禾本科杂草，如稗草、水芹、鸭舌草、节节菜、水苋菜、四叶萍、异形莎草等 30 多种杂草。

合成路线　吡嘧磺隆的全合成路线比较长，并且有数种，可概括为氨酯（非光气）法和异氰酸酯（光气）法，具体情况如下所示。较实用路线为 1→2→3→4→5→6→7。

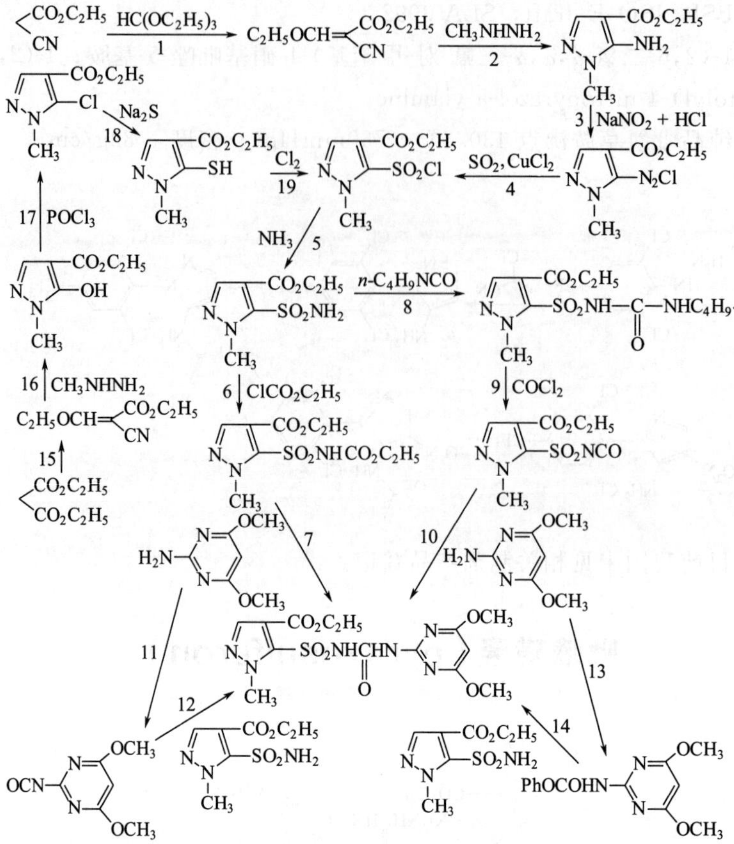

简化路线：

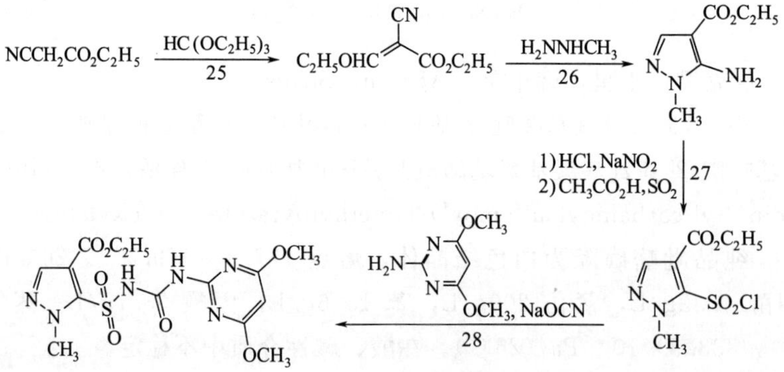

常用剂型 泡腾片剂、可分散片剂、可湿性粉剂、颗粒剂、水分散粒剂等，主要制剂有2.5％泡腾片剂、10％可分散片剂、20％可湿性粉剂等。

吡喃隆（metobenzuron）

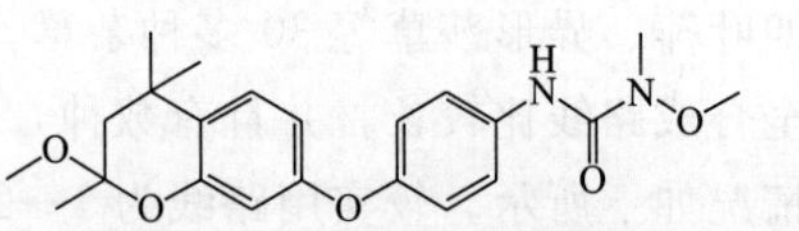

$C_{22}H_{28}N_2O_5$，400.5，111578-32-6

其他名称 UMP-488。

化学名称 （＋／－)-1-甲氧基-3-[4-(2-甲氧基-2,4,4-三甲基色满-7-基氧）苯基]-1-甲基脲；(＋／－)-1-methoxy-3-[4-(2-methoxy-2,4,4-trimethy chroman-7-yloxy) phenyl]-1-methylurea。

理化性质 纯品吡喃隆为白色粉末，熔点 101.0～102.5℃。25℃时水中溶解度 0.4mg/L。蒸气压 2.5mPa（22.3℃）。

毒性 吡喃隆原药急性 LD_{50}（mg/kg)：大鼠经口＞10000，小鼠经口＞10000，兔经皮＞2000。对兔眼睛有轻度刺激性，对兔皮肤无刺激性。Ames 试验阴性。

应用 吡喃隆是三井石油化学工业公司开发的除草剂。吡喃隆抑制光合作用，用类囊体进行的试验表明，其抑制活性显著，防治苋属、藜、曼陀罗、澳洲茄等阔叶杂草。在土壤中稳定性差，半衰期短（4～8h）。在玉米植株中易于代谢，应用后即测浓度为 254mg/L，收获时茎秆中含量为 0.012mg/kg，籽粒中＜6μg/kg。

合成路线

常用剂型 目前我国未见相关制剂产品登记。

吡氰草胺（EL-177）

$C_{10}H_{14}N_4O$，206.2

其他名称 EL-177。

化学名称 2-叔丁基-5-氰基-N-甲基吡唑-4-甲酰胺；2-tert-bytyl-5-cyano-N-methylpyrazole-4-carbo-xamide。

理化性质 纯品吡氰草胺为无色结晶固体，熔点 164～166℃。易溶于丙酮和二甲亚砜等有机溶剂。正辛醇/水分配系数 1.29。EL-177 在粗、中等、细结构的土壤中的土壤/水的分配系数分别为 0.31、0.4 和 0.45。在 pH＝3～7 时稳定，但在 pH＝11 时则缓慢水解，对光稳定。

毒性 吡氰草胺原药急性 LD_{50}（mg/kg)：经口 ICK 小鼠＞500，344Fisher 大鼠＞500（雄）、50～500（雌）。对新西兰白兔全身或皮肤无刺激，当结晶原药在 7d 之内逐渐灌输到兔子眼中，有明显的轻微刺激；无诱变性和生理毒性；EL-177 原药对胎鼠的生存性、胎鼠体重没有影响。

应用 吡氰草胺为酰胺类除草剂，由美国 Eli Lilly 公司的 Lilly 研究实验室开发；EL-177 为主要用于玉米田的新除草剂，它对一年生杂草的除草谱广，并能有效地防除对莠去津以及对阿特拉津具有抗性的阔叶草，对某些一年生禾本科杂草也有效，可防除的一年生阔叶杂草包括繁缕、欧洲千里光、马齿苋、美洲豚草、麦家公、团头粘草、田野独行菜、扭曲山蚂蝗、大果田菁、宝盖草、曼陀罗、马唐、野生小麦属、野燕麦等；主要适用作物为玉米、甘蔗、小麦。

常用剂型　目前我国未见相关制剂产品登记。

吡唑解草酯（mefenpyr-diethyl）

C$_{16}$H$_{18}$Cl$_2$N$_2$O$_4$（二元酸 C$_{12}$H$_{10}$Cl$_2$N$_2$O$_4$），373.2（二元酸317.1），
135590-91-9，135591-00-3（二元酸）

化学名称　(RS)-1-(2,4-二氯苯基)-5-甲基-2-吡唑啉-3,5-二羧酸二乙酯（IUPAC）；1-(2,4-二氯苯基)-4,5-二氢-5-甲基-1H-吡啶-3,5-二羧酸二乙酯（CA）；diethyl (RS)-1-(2,4-dichlorophenyl)-5-methyl-2-pyrazoline-3,5-dicarboxylate。

理化性质　纯品吡唑解草酯为白色至浅棕色晶体，熔点50～52℃。20℃时溶解度（g/L）：水0.2（pH=6.2），甲醇400，丙酮>500，乙酸乙酯>400，甲苯400。相对密度约1.31。蒸气压6.3×10^{-3}mPa（20℃）。分配系数$K_{ow}\lg P$=3.83（pH 6.3）。亨利常数2.55×10^{-4}Pa·m^3/mol（pH=7）。在酸、碱条件下水解。在土壤/环境中非生物水解半衰期DT$_{50}$>365d（pH=5）。光解半衰期DT$_{50}$为2.9d。在土壤中通过水解、微生物降解和光解等过程完全矿化；半衰期DT$_{50}$<10d。

毒性　吡唑解草酯原药急性LD$_{50}$（mg/kg）：大鼠和小鼠经口>5000，大鼠经皮>4000。蜜蜂：经口（48h）LD$_{50}$>900μg/只蜂，接触LD$_{50}$>700μg/只蜂。对兔皮肤和眼睛无刺激性，对豚鼠无致敏作用。吸入LC$_{50}$（4h）：大鼠>1.32mg/L。NOEL：大鼠（2年）48mg/(kg·d)，小鼠（2年）71mg/(kg·d)。离体和活体试验均无致突变作用。

应用　吡唑解草酯为郝司特公司发现的除草剂安全剂，该产品开发用于替代解草唑，以确保谷物用除草剂精噁唑禾草灵的使用安全。吡唑解草酯通过促使精噁唑禾草灵在植物中快速解毒以及在杂草中快速水解成具有除草活性的相应的酸而发挥作用。

合成路线

常用剂型　目前我国未见相关制剂产品登记，可加工成悬浮剂、悬乳剂、水分散粒剂等。

吡唑特（pyrazolate）

$C_{19}H_{16}Cl_2N_2O_4S$，439.3，58011-68-0

其他名称　Sanbird，pyrazolynate，A 544，H 468T，SW 751。

化学名称　4-(2,4-二氯苯甲酰基)-1,3-二甲基-5-吡唑基对甲苯磺酸酯；4-(2,4-dichloro benzoyl)-1,3-dimethyl-5-phrazoly-p-toluenesulfonate。

理化性质　纯品吡唑特为白色晶体。熔点 117.5～118.5℃。25℃ 时溶解度：水 0.056mg/L，1,4-二噁烷 256g/L，乙醇 14g/L。蒸气压＜$1.3×10^{-9}$ Pa（20℃）。220℃ 30min 分解。在氯甲烷和苯中稳定，在甲醇和 1,4-二氧六环中不稳定；在水溶液中迅速水解；土壤中半衰期 10～20d。

毒性　吡唑特原药急性 LD_{50}（mg/kg）：经口大鼠 9950（雄）、10233（雌），经口小鼠 10070～11092，经皮大鼠＞5000。对兔皮肤和眼睛无刺激作用。NOEL：大鼠（13 周）150mg/kg 体重。无致突变作用。鲤鱼 LC_{50} 92mg/L。

应用　吡唑特属吡唑类除草剂，由日本三共化学公司（Sankyo chemical Co.）开发。吡唑特通过抑制叶绿素生物合成使杂草致死；防除稻田中一年生和多年生杂草；对稻、稗具有选择性，能在野稗、鸭舌草、节节菜及牛毛毡、萤蔺等幼苗通过其根部的吸收而抑制它们的生长，起到防除杂草的作用；本品能与多种除草剂混用，并具有增效作用，能起到单独使用所起不到的效果，如与杀草隆、抑草磷及丁草胺等混用。

合成路线

常用剂型　目前我国未见相关制剂产品登记，生产中常用制剂主要有 10％颗粒剂。

苄草胺（benzipram）

$C_{19}H_{23}NO$，281.4，35256-86-1

其他名称 S 18510，甲草苯苄胺。

化学名称 N-苄基-N-异丙基-3,5-二甲基苯甲酰胺；N-benzyl-N-isopropol-3,5-dimethyl benzamide。

理化性质 纯品苄草胺沸点 447.7℃（760mmHg）；密度 1.036g/cm³。

应用 苄草胺属于酰胺类除草剂，由 Gulf Research and Development Co. 推广；苄草胺为选择性芽前土壤处理除草剂，主要用来防治大豆、棉花和谷物田中的一年生阔叶杂草及禾本科杂草；适用作物为大豆、棉花和谷物等。

合成路线

常用剂型 目前我国未见相关制剂登记。

苄草丹（prosulfocarb）

$C_{14}H_{21}NOS$, 251.4, 52888-80-9

其他名称 ICI A 0574，SC-0574。

化学名称 S-苄基二丙基硫代氨基甲酯；S-benzyldipropylthiocarbamate。

理化性质 纯品苄草丹为无色透明液体，原药为黄色透明液体，凝固点低于−10℃，沸点 129℃（33Pa）。20℃时水中溶解度 13.2mg/L。可溶于丙酮、氯苯、乙醇、煤油、二甲苯。密度 1.042g/cm³。蒸气压 0.069mPa（25℃）。$K_{ow}=44500$（25℃）。52℃下 60d 不降解。pH7、25℃下 DT_{50} 为 25d，土壤中 DT_{50} 为 10～35d。

毒性 苄草丹原药急性 LD_{50}（g/kg）：经口大鼠 1.82（雄）、1.958（雌），豚鼠>2.5；兔急性经皮>2。对皮肤和眼睛有轻微刺激作用，但不会引起皮肤过敏。吸入 LC_{50}（4h）：大鼠>4.7mg/L。NOEL：大鼠（2 年）0.5mg/(kg·d)，小鼠（18 个月）>65mg/(kg·d)，野鸭（5d）3.2g/kg，鹌鹑（5d）1.5g/kg；Ames 试验阴性。虹鳟（96h）LC_{50} 1.7mg/L；蓝鳃太阳鱼（96h）LC_{50} 4.2mg/L；水蚤（48h）LC_{50} 1.3mg/L。

应用 属于氨基甲酸酯类除草剂，是硫代氨基甲酸酯类化合物，由 Stauffer Chemical Co.（现为 Zeneca Agrochemicals）在比利时投产；芽前或芽后早期施于冬小麦、冬大麦和黑麦田，可有效地防除禾本科杂草和阔叶杂草，尤其是猪殃殃、鼠尾看麦娘、多花黑麦草、早熟禾、白芥、繁缕、婆婆纳属等。

合成路线

常用剂型 目前我国未见相关制剂产品登记，主要有 720g/L、800g/L 乳油。

苄草唑（pyrazoxyfen）

$C_{20}H_{16}Cl_2N_2O_3$，403.3，71561-11-0

其他名称　SL-49，AC-49。

化学名称　4-(2,4-二氯苯甲酰基)-1,3-二甲基-5-苯酰甲氧乙基吡唑；4-(2,4-dichloro-benzpyl)-1,3-dimethyl pyrazol-5-phenacyloxy-1*H*-pyrazole。

理化性质　纯品苄草唑为白色晶体，熔点111～112℃。20℃时溶解度：水0.9g/L，甲苯200g/L，丙酮223g/L，二甲苯116g/L，乙醇14g/L，正己烷900g/L，苯325g/L，氯仿1068g/L。密度1.37g/cm³（20℃）。蒸气压48μPa（25℃）。对酸、碱、光、热稳定。

毒性　苄草唑原药急性LD_{50}（mg/kg）：经口雄鼠1690、雌鼠1644，小鼠8450；经皮大鼠＞5000。吸入LC_{50}：大鼠＞0.28mg/kg。对鲤鱼的TLm（48h）2.5mg/L。虹鳟0.79mg/L。水蚤LC_{50}（3h）127mg/L。

应用　苄草唑属吡唑类除草剂，日本石原产业化学公司开发。苄草唑为广谱稻田除草剂，水稻移栽后1～7d杂草萌芽前或杂草萌芽后施用3kg（a.i.）/hm²，可防除一年生和多年生杂草。用于旱田除草效果不好。可用于直播稻田，但是温度高于35℃，会发生暂时性作物药害。不得在稗草长到4～5叶期后施药。而本品的杀草谱随处理时间而异，在灌溉条件下，处理后3～5周，对稗草和慈姑属有着持久的抑制作用，其活性取决于处理时的温度，当低于15℃，活性下降，尤其对萤蔺，低温下防效更差。漫灌条件下对水稻很安全。半衰期4～15d。适用于插秧田和水稻直播田。防治稻田的稗草、慈姑、萤蔺等一年生和多年生杂草。不能有效地用于旱田作物，因为此时杂草的根和叶对药剂的摄取大大减少，除非杂草浸在水中。

合成路线

常用剂型　目前我国未见相关制剂产品登记，常用制剂主要有120g/L苄草唑·溴丁酰草胺颗粒剂。

苄嘧磺隆（bensulfuron-methyl）

$C_{16}H_{18}N_4O_7S$，410.4，83055-99-6

其他名称 农得时，稻无草，苄磺隆，便磺隆，超农，威农，免速隆，Londax。

化学名称 N-(4,6-二甲氧基嘧啶-2-基)-N'-(邻甲酯基苄基磺酰基)脲或2-[[[[[(4,6-二甲氧基嘧啶-2-基)氨基]羰基]氨基]磺酰基]甲基]苯甲酸甲酯或α-(4,6-二甲氧基嘧啶-2-基氨基甲酰基氨基磺酰基)-邻甲苯甲酸甲酯；methyl-α-(4,6-dimethoxypyrimidin-2-yl-carbamoyl sulfamoyl)-o-benzoate。

理化性质 纯品苄嘧磺隆为白色固体，熔点185～188℃。20℃时溶解度：二氯甲烷11.7g/L，乙酸乙酯1.66g/L，乙腈5.38g/L，二甲苯0.28g/L，丙酮1.38g/L，水（25℃）120mg/L。25℃在含有磷酸钠缓冲水溶液中的溶解度（mg/L）随pH变化而有所不同：pH5为2.9，pH6为12.0，pH7为120，pH8为1200。相对密度1.41。蒸气压173.3×10^{-5}Pa（20℃）。在微碱性介质中稳定，在酸性介质中缓慢分解。在醋酸乙酯、二氯甲烷、乙腈和丙酮中稳定，在甲醇中可能分解。

毒性 苄嘧磺隆原药急性LD_{50}（mg/kg）：大鼠经口>5000，兔经皮>2000。对兔皮肤和眼睛无刺激性。NOEL：大鼠750mg/(kg·d)，小鼠（90d）（雄）300mg/kg，小鼠（90d）（雌）3000mg/kg，狗（90d）1000mg/kg。对动物无致畸、致突变、致癌作用。

应用 苄嘧磺隆属于新型、高效、广谱、低毒、安全的选择性内吸传导型磺酰脲类水田除草剂，美国杜邦公司开发，1980年申请专利；适用于水稻田、直播田、移栽田，防除一年生及多年生阔叶杂草和莎草科杂草，如鸭舌草、节节菜、水苋菜、四叶萍、异形莎草等。

合成路线 以邻甲基苯甲酸为起始原料，经过酯化、氯化，再与硫脲反应，经氯磺化制得磺酰氯；在丁基异氰酸酯和二甲苯混合溶剂中与光气反应得到异氰酸酯，最后与二甲氧嘧啶胺缩合得到苄嘧磺隆。或者在氮气保护下于乙腈中，邻甲酯基苄磺酰基异氰酸酯与2-氨基-4,6-二甲氧基嘧啶在室温条件下反应3h即可得到苄嘧磺隆。

常用剂型 可湿性粉剂、颗粒剂、粉剂、细粒剂、水分散粒剂、泡腾片剂（粒剂）等，主要制剂有10%及30%可湿性粉剂、1.1%水面扩散剂、60%水分散粒剂等。

苄酞醚

$C_{21}H_{18}ClNO_3$，367.8

其他名称　MK-129，醚酞亚胺，酞苄醚。

化学名称　N-[4-(4-氯苄氧基）苯基]-3,4,5,6-四氢酞酰亚胺；N-[4-(4-chlorobenzyloxy) phenyl]-3,4,5,6-tetrahydrophthalimide。

理化性质　纯品苄酞醚为淡黄色结晶，熔点 162～164℃。20℃时水中溶解度 3mg/L。易溶于氯仿、二甲基甲酰胺、丙酮，可溶于醋酸、甲醇，难溶于环己烷。

毒性　苄酞醚原药急性 LD_{50}（mg/kg）：经口小白鼠 6500。对鲤鱼的 LC_{50} 为 40mg/L。

应用　苄酞醚属于选择性传导型土壤处理除草剂；防治稗草、节节草、母草、繁缕、窄叶泽泻、萤蔺（初期）、鸭舌草、虻眼等杂草；对瓜皮草、水莎草、牛毛毡、荸荠、眼子菜等杂草防效差；水稻移栽后 5～8d 用药，每公顷有效成分 1.5～2kg，药土法撒施。

合成路线

常用剂型　目前我国未见相关制剂产品登记，常用制剂主要有 5%粉剂。

丙苯磺隆（propoxycarbazone）

$C_{15}H_{17}N_4NaO_7S$，420.4，181274-15-7（钠盐）；145026-81-9（N-酸）

其他名称　Attribut，Olympus，Attribute。

化学名称　(4,5-二氢-4-甲基-5-氧-3-丙氧基-1H-1,2,4-三唑-1-基羰基)（2-甲氧基羰基苯基磺酰基）胺钠盐；2-[［[（4,5-二氢-4-甲基-5-氧-3-丙氧基-1H-1,2,4-三唑-1-基）羰基] 氨基] 磺酰基] 苯甲酸甲酯钠盐（CA）；2-(4,5-二氢-4-甲基-5-氧-3-丙氧基-1H-1,2,4-三唑-1-基) 甲酰氨基磺酰基苯甲酸甲酯（N-酸）（IUPAC）；methyl 2-[［[（4,5-dihydro-4-methyl-5-oxo-3-propoxy-1H-1,2,4-triazol-1-yl) carbonyl] amino] sulfonyl] benzoate, sodium salt。

理化性质 纯品丙苯磺隆为无色、无臭、晶状粉末，熔点 230～240℃。20℃时溶解度：水 2.9g/L（pH=4），二氯甲烷 1.5g/L，正庚烷、二甲苯和异丙醇<0.1g/L。相对密度 1.42。蒸气压<1×10^{-5} mPa。分配系数 K_{ow} lg$P$=－0.30（pH=4）、－1.55（pH=7）、－1.59（pH=9）。离解常数 pK_a=2.1。在 pH 值 4～9 时，对水稳定。土壤中的半衰期 DT_{50} 为 36d；水中的光解半衰期 DT_{50} 为 30d；大田消散 DT_{50} 为 9d。

毒性 丙苯磺隆原药急性 LD_{50}（mg/kg）：大鼠经口>5000，大鼠经皮>5000。对兔皮肤和眼睛无刺激性，对豚鼠皮肤无致敏作用。吸入 LC_{50}（4h）：大鼠>5030mg/L。NOEL：大鼠 49mg/（kg·d）（雌）、43mg/（kg·d）（雄）。ADI 0.43mg/kg。遗传毒性试验均呈阴性。没有神经毒性，无致癌作用，没有发育和生殖毒性。

应用 丙苯磺隆为乙酰乳酸合成酶（ALS）抑制剂，拜耳作物科学公司研发。丙苯磺隆通过抑制植物体所必需的氨基酸缬氨酸和异亮氨酸的生物合成，来阻止细胞分裂和植物生长。丙苯磺隆具有内吸性，主要通过叶和根部吸收，并在木质部和韧皮部向顶、向基传输，敏感杂草受药后停止生长、退绿，并坏死。丙苯磺隆钠盐为芽后除草剂，可防除小麦、黑麦和黑小麦上的一年生和一些多年生禾本科杂草，如雀麦、大穗看麦娘、阿披拉草、偃麦草以及一些阔叶杂草等。

合成路线

常用剂型 目前我国未见相关制剂产品登记，常用制剂主要有 70％水分散粒剂。

丙草胺（pretilachlor）

$C_{17}H_{26}ClNO_2$，311.7，51218-49-6

其他名称 扫弗特，Sofit，Rifit，CG 113，CGA 26423。

化学名称 2-氯-2′,6′-二乙基-N-(2-丙氧基乙基)乙酰替苯胺；2-chloro-2′,6′-diethyl-N-(2-propoxyethyl) aceta nilide。

理化性质 纯品外观为无色液体，沸点 135℃/0.001mmHg。20℃时水中溶解度 50mg/L。易溶于大多数有机溶剂如苯、乙烷、甲醇、二氯乙烷等。相对密度 1.076（20℃）。蒸气压

0.133mPa（20℃）。分配系数 $K_{ow}\lg P=4.08$。闪点＞35℃（闭式）。20℃水溶液中稳定性：$DT_{50}>200d$（pH=1～9），14d（pH=13）。

毒性 原药急性 LD_{50}（mg/kg）：经口大鼠6099，小鼠8537；经皮大鼠＞6099。对兔眼睛有中度刺激性。吸入 LC_{50}（4h）：大鼠＞2.8mg/L。NOEL：大鼠（2年）30mg/L，小鼠（2年）300mg/L，狗（2年）300mg/L。在试验条件下，对动物未见致畸、致突变、致癌作用。

应用 丙草胺是选择性水稻专用除草剂，由汽巴-嘉基（Ciba-Geigy）公司（现为 Novartis Crop Protection AG）开发；主要用于防除稗草、马唐、千金子等一年生禾本科杂草，兼治部分一年生阔叶杂草和莎草，如鳢肠、陌上菜、丁香蓼、鸭舌草、节节菜、莹蔺、碎米莎草、异形莎草、四叶蘋、牛毛毡、尖瓣花等，适用于移栽稻田和抛秧田。

合成路线

常用剂型 颗粒剂、泡腾片剂、微乳剂、可湿性粉剂、展膜油剂、乳油等，主要制剂有30％乳油、50％乳油。

丙炔毒草胺（prynachlor）

$C_{12}H_{12}ClNO$，221.7，21267-72-1

其他名称 BA52900，BAS-2903，广草胺，BAS-2903-H，丙炔草胺。

化学名称 2-氯-N-(1-甲基-2-丙炔基)-N-苯基乙酰胺；2-chloro-N-(1-methyl-2-propy-nyl)-N-phenyl-acetamide。

理化性质 纯品丙炔毒草胺沸点311.3℃（760mmHg）。20℃时水中溶解度0.5g/L。密度 $1.191g/cm^3$。

毒性 丙炔毒草胺原药急性 LD_{50}（mg/kg）：经口大鼠117、小鼠150。

应用 丙炔毒草胺属于酰胺类除草剂，是选择性芽前土壤处理除草剂。幼芽吸收，在杂草体内抑制蛋白质合成，抑制赤霉酸所诱导的 α-淀粉酶的形成，使幼芽、幼根生长受到严重抑制，肿胀、畸形而死亡。适用于大豆、高粱、玉米、马铃薯、白菜、十字花科植物，防除稗草、马唐、狗尾草、鼬瓣花属、野芝麻属、苋属、大戟属、母菊、马齿苋、繁缕和婆婆纳属等杂草。

合成路线

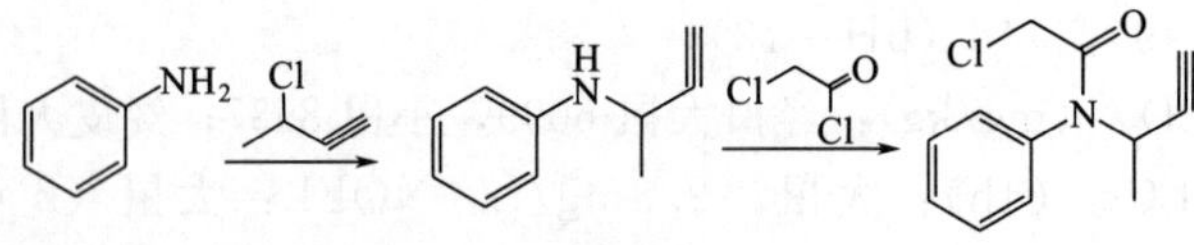

常用剂型　目前我国未见相关制剂产品登记。

丙炔恶草酮（oxadiargyl）

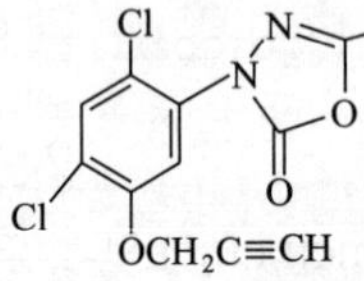

$C_{15}H_{14}Cl_2N_2O_3$，341.1，39807-15-3

其他名称　稻思达，快恶草酮，Raft，Topstar。

化学名称　5-叔丁基-3-[2,4-二氯-5-(丙-2-炔基氧基)苯基]-1,3,4-恶二唑-2（3H)-酮；5-ter-butyl-3-[2,4-dichloro-5-(prop-2-ynyloxyl)phenyl]-1,3,4-oxadiazol-2（3H)-one。

理化性质　纯品丙炔恶草酮为白色固体，熔点131℃。20℃时溶解度：水0.37mg/L，甲醇14.7g/L，乙腈94.6g/L，二氯甲烷500g/L，乙酸乙酯121.6g/L，丙酮250g/L。

毒性　丙炔恶草酮原药急性LD_{50}（mg/kg）：大鼠经口＞5000，兔经皮＞2000。NOEL：大鼠（2年）10mg/(kg·d)。对蚯蚓无毒。对动物无致畸、致突变、致癌作用。

应用　丙炔恶草酮属于原卟啉原氧化酶抑制剂，罗纳普朗克公司1971年开发的高效、广谱恶二唑类除草剂；主要用于水稻及旱稻、马铃薯、向日葵、蔬菜、果树等，防除多种一年生杂草及少数多年生杂草，如稗草、马唐、千金子、异形莎草、龙葵、苍耳、田旋花、牛筋草、鸭舌草、狗尾草、看麦娘、牛毛毡、荠菜、藜、蓼、泽泻、铁苋菜、马齿苋、节节菜、婆婆纳等。

合成路线　合成丙炔恶草酮通常以2,4-二氯苯酚为起始原料，经醚化、硝化、还原制得中间体取代苯胺，再经酰化后与光气环合制得目标物，见路线1→2→3→4→5→6。也可以恶草酮为原料制得，见路线7→8。

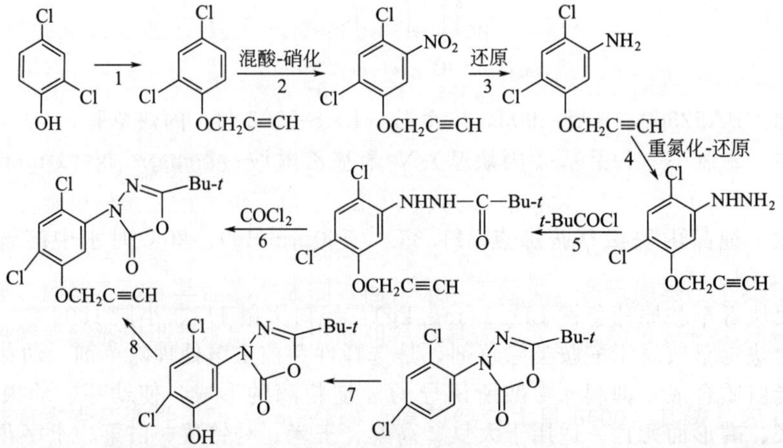

常用剂型　80%可湿性粉剂，35%水乳剂，10%、24%、25%可分散油悬剂，可与吡嘧磺隆、丁草胺复配。

648

丙炔氟草胺（flumioxazin）

$C_{19}H_{15}FN_2O_4$，354.3，103361-09-7

其他名称　速收，司米梢芽，Sumisoya。

化学名称　*N*-[7-氟-3,4-二氢-3-氧-4-丙炔-2-基-2*H*-1,4-苯并噁嗪-6-基]环己-1-烯-1,2-二甲酰亚胺乙酸戊酯；*N*-[7-fluoro-3,4-dihydro-3-oxo-4-prop-2-yl-2*H*-1,4-benzoxazin-6-yl]cyclohex-1-ene-1,2-dicarboxamide。

理化性质　纯品丙炔氟草胺为浅棕色粉状固体，含量≥93.5%，熔点201.0～204.0℃。25℃时溶解度：水17.8mg/L，乙烷、甲醇、丙酮＞50%。相对密度1.51（20℃）。蒸气压0.321mPa（22℃）。

毒性　速收原药急性LD_{50}（mg/kg）：经口小鼠＞5000，经口大鼠＞5000，经皮兔＞2000。对兔眼睛有中等刺激，对兔皮肤有轻微刺激，无致敏性。吸入LC_{50}：大鼠＞3.93mg/L。NOEL（90d）：大鼠30mg/kg，狗10mg/kg。Ames试验阴性。鱼毒LC_{50}（mg/L）：蓝鳃＞21（96h），Daphnia Magna 17（48h），虹鳟＞2.3（96h）。鹌鹑经口LD_{50}＞2250mg/kg。野鸭LD_{50}＞5620mg/kg饲料。蜜蜂LD_{50}＞105μg/只。50%制剂（50%WP）大鼠急性经皮LD_{50}＞2000mg/kg，急性吸入LC_{50}0.19mg/L。

应用　丙炔氟草胺属于原卟啉原氧化酶抑制剂，日本住友公司开发的高效、广谱、触杀型酰亚胺类除草剂，1984年申请专利；主要用于大豆、花生等作物田防除一年生阔叶杂草和部分禾本科杂草如苍耳、马齿苋、马唐、牛筋草、蓼等。

合成路线　以间二氯苯为起始原料，经硝化、氯化、醚化，加氢还原环合，再与氯丙炔反应制得中间体取代苯胺。最后与酸酐反应即得丙炔氟草胺。

常用剂型　99.2%原药、50%可湿性粉剂。

播土隆（buturon）

$C_{12}H_{13}ClN_2O$，236.70，3766-60-7

其他名称　布特隆，炔草隆，H95，Eptapur，Arisan，Butyron，CMBU。

化学名称　3-(4-氯苯基)-1-甲基-1-(1-甲基丙炔-2-基) 脲；3-(4-chlorophenyl)-1-methyl-1-(1-methylprop-2-ynyl) urea。

理化性质　纯品播土隆为白色固体，略带胺味，熔点 145～146℃。20℃时溶解度：水 30mg/L，丙酮 27.9%（质量分数），苯 0.98%（质量分数），甲醇 12.8%（质量分数）。工业品熔点为 132～142℃。在正常状态下稳定，在沸水中缓慢分解，无腐蚀性。

毒性　播土隆原药急性 LD_{50}（g/kg）：经口大鼠 3。家兔背部接触 20h，产生轻微红斑，但对耳部无作用。NOEL：大鼠（120d）500mg/kg。

应用　播土隆为脲类除草剂，由 BASF 公司开发；播土隆是内吸传导型除草剂，可防除一年生禾本科杂草和阔叶杂草，适应作物为谷物、玉米、亚麻、大豆、甘蔗、棉花、马铃薯等。

合成路线

常用剂型　目前我国未见相关制剂登记，常用制剂主要有 50% 可湿性粉剂。

草铵膦（glufosinate）

$C_5H_{10}NO_4P$（酸），179.0，53369-07-6（酸，外消旋）；$C_5H_{14}PO_4N_2$（铵盐），
198.2，77182-82-2（铵盐，外消旋）

其他名称　草胺膦，草丁膦，Finale，Basta，Buster，Ignite，Hoe 39866。

化学名称　4-[羟基（甲基）膦酰基]-DL-高丙氨酸；4-[羟基（甲基）膦酰基]-DL-高丙氨酸铵；ammonium-4-[hydroxy (methyl) phosphinoyl]-DL-homoalaninate。

理化性质　纯品草铵膦为结晶固体，熔点 215℃。25℃时溶解度（g/L）：水 1370，丙酮 0.16，乙醇 0.65，甲苯 0.14，乙酸乙酯 0.14。草铵膦及其盐不挥发、不降解，空气中稳定。

毒性　草铵膦原药急性 LD_{50}（mg/kg）：经口大鼠 2000（雄）、1620（雌），小鼠 431（雄）、416（雌）；经皮大鼠 ≥4000。对兔皮肤、眼睛无刺激性。NOEL：大鼠（2 年）

410mg/(kg·d)。对动物无致畸、致突变、致癌作用。

应用　有机磷类除草剂，谷氨酰胺合成抑制剂，非选择性触杀除草剂；有一定内吸作用，可用于果园、非耕地除草；可用于马铃薯地防除一年生和多年生双子叶植物及禾本科杂草和莎草等，如鼠尾看麦娘、马唐、狗尾草、野大麦、野小麦、野玉米、野茅、绒毛草、黑麦草、芦苇、早熟禾、野燕麦、雀麦、猪殃殃、宝盖草、小野芝麻、龙葵、匍匐冰草、拂子草、田野勿忘草、狗牙根等。

合成路线　草铵膦有多种合成路线，常见的有如下几种，如路线 1→2→3→4→5→6、路线 1→2→3→7→8→9→10→11、路线 12→13、路线 14→15 等。

常用剂型　水剂、可溶液剂等，主要制剂有 20％水剂。

草不隆（neburon）

$C_{12}H_{16}Cl_2N_2O$，275.17，555-37-3

其他名称　丁敌隆，Karmex N，Kloben，Neburex。

化学名称　N-3,4-二氯苯基-N'-甲基-N'-正丁基脲；1-N-butyl-3-(3,4-dichlorophenyl)-1-methylurea。

理化性质　纯品草不隆呈白色无臭结晶状，熔点 102～103℃。25℃时水中溶解度 5mg/L。普通的烃类溶剂中的溶解度很低。在正常贮藏情况下，对氧化作用和水分稳定，其在酸、碱介质中水解。

毒性 草不隆原药急性毒性 LD_{50}：大鼠经口＞11g/kg。15％邻苯二甲酸二甲酯悬浮液对豚鼠剃过毛的背部皮肤仅有轻微的刺激，无过敏性。对蜜蜂低毒。

应用 草不隆属于脲类除草剂，由 du Pont 公司开发（现不再生产和销售），用于苗前防除一年生禾本科杂草，可在小麦、苜蓿、花生、草莓及某些观赏植物苗圃中使用。

合成路线

常用剂型 目前我国未见制剂产品登记，常用制剂主要有 60％可湿性粉剂、颗粒剂等。

草除灵（benazolin）

$C_9H_6ClNO_3S$, 243.7, 3813-05-6

其他名称 Ben-30，RD7693。

化学名称 4-氯-2-氧代苯并硫氮茂-3-基乙酸；4-chloro-2-oxobenzothiazol-3-yl acetic acid。

理化性质 纯品草除灵为白色结晶固体，熔点 193℃。20℃ 时溶解度：水 0.5g/L（pH2.94），丙酮 100～120g/L，乙醇 30～38g/L，乙酸乙酯 21～25g/L，异丙醇 25～30g/L，二氯甲烷 3.7g/L，甲苯 0.58g/L，二甲苯 0.49g/L，己烷＜0.002g/L。工业品纯度约90％，熔点 189℃。除强碱外，性质稳定。其碱金属盐易溶于水；其乙酯的熔点 79℃，蒸气压 3.7×10^{-4} Pa（25℃）。

毒性 草除灵原药急性 LD_{50}（mg/kg）：经口大鼠＞5000（酸）、＞6000（酯），经口小鼠＞4000（酸）、＞4000（酯），经口狗＞5000，经皮大鼠＞5000（酸）、＞2100（酯）。酸对兔皮肤和眼睛有轻微的刺激，酯对兔皮肤和眼睛无刺激，酸和酯对皮肤无致敏作用。吸入 LC_{50}（4h）：大鼠 1430mg/m³ 空气。NOEL：大鼠（90d）300～1000mg/(kg·d)（酸），狗 300mg/(kg·d)（酸），大鼠（2 年）12.5mg/kg [0.61mg/(kg·d)]，狗（一年）500mg/kg [18.6mg/(kg·d)]。ADI（酯）：0.006mg/kg（狗）；0.36mg（60kg 的人）。

应用 草除灵属选择性芽后除草剂，由 Boots Company Ltd. 推广。草除灵主要用于油菜及谷物、豆类等作物，防除繁缕、猪殃殃、雀舌草、田芥菜、苋属及豚属、苍耳等阔叶杂草。适用于敏感作物油菜田间的除草。

合成路线

常用剂型 主要有 14%、17.5% 乳油，21.2%、30%、50% 悬浮剂，20% 可湿性粉剂，16% 可分散油悬剂等。

草达津（trietazine）

$C_9H_{16}ClN_5$，229.7，11912-26-1

其他名称 G 27901，Gesafloc，NC 1667。

化学名称 2-氯 4-(二乙氨基)-6-乙氨基-1,3,5-三嗪；2-chloro-4-(diethylamino)-6-(ethylamino)-1,3,5-triazine。

理化性质 纯品草达津为结晶固体，熔点 102～103℃。25℃ 时水中溶解度 20mg/L。可溶于丙酮、苯、氯仿、二噁烷、乙醇等有机溶剂。对空气和水稳定，无腐蚀性。

毒性 草达津原药急性 LD_{50}（mg/kg）：大鼠经口 494～841，大鼠经皮>600。对兔皮肤无刺激。用含 16mg/kg 的饲料喂养大鼠 3 个月，无中毒现象。鹌鹑经口 LD_{50} 0.8g/kg。虹鳟鱼（24h）LC_{50} 5.5mg/L。对蜜蜂无毒。

应用 草达津属三氮苯类除草剂，J. R. Geigy S. A.（现为 Novartis Crop Protection AG）研制。草达津与利谷隆的混剂（Bronox）用于马铃薯田中，与西玛津的混剂（Remtal）用于豌豆田中，亦可用于大豆、洋葱、花生、烟草、胡萝卜、菜豆田中，可防除多种田间主要杂草如马唐、蟋蟀草、马齿苋、繁缕、狗尾草、看麦娘等。

合成路线

常用剂型 常用制剂主要有与利谷隆或西玛津复配的混剂，50% 可湿性粉剂。

草甘膦（glyphosate）

$C_3H_8NO_5P$，169.0，1071-83-6

其他名称 农达，草克灵，春多多，嘉磷赛，可灵达，镇草宁，奔达，农民乐，时拔克，罗达普，甘氨膦，膦甘酸，膦酸甘氨酸，Round up，Burndown，Kleenup Spark，Rocket。

化学名称 N-(磷酰基甲基)甘氨酸；N-(phosphonomethyl) glycine。

理化性质 纯品草甘膦为无色结晶固体，熔点 189～190℃。25℃时水中溶解度 11.6g/L。不溶于丙酮、乙醇、二甲苯等常用有机溶剂，溶于氨水。草甘膦及其所有盐不挥发、不降解，在空气中稳定。

毒性 草甘膦原药急性 LD_{50}（mg/kg）：大鼠经口＞5000，兔经皮＞2000。对兔皮肤无刺激性，对兔眼睛有轻微刺激性。以 410mg/(kg·d) 剂量饲喂大鼠两年，未发现异常现象。对动物无致畸、致突变、致癌作用。

应用 内吸传导型广谱灭生性除草剂。主要抑制植物体内的烯醇丙酮基莽草素磷酸合成酶，从而抑制莽草素向苯丙氨酸、酪氨酸及色氨酸的转变，使蛋白质合成受到干扰，导致植物死亡。最初应用于橡胶园防除茅草及其他杂草，可使橡胶树提前一年割胶，老橡胶树增产。现逐步推广到林业、果园、桑园、茶园、麦、水稻和油菜轮作地等。各种杂草对草甘膦的敏感程度不同，因而用药量也不同。如稗、狗尾草、看麦草、牛筋草、马唐、猪狭狭等一年生杂草，用药量以有效成分计为 6～10.5g/100m^2。对车前子、小飞蓬、鸭跖草等用药量以有效成分计为 11.4～15g/100m^2。对白茅、硬骨草、芦苇等则需 18～30g/100m^2，一般对水 3～4.5kg，对杂草茎叶均匀定向喷雾。草甘膦可杀灭一年生、二年生和多年生草害，诸如禾本科、莎草科、阔叶草、藻类、灌木。特别是对于长期用人工和化学方法难以对付的多年生根茎恶草如白茅、香附子、狗牙根和芦苇等有特效；对一年生杂草如禾本科的马唐、画眉、蟋蟀草、狗尾草、雀稗等和双子叶阔叶草，如野苋菜、鸭舌草，以及其他小草有高效，但对蓼科杂草作用较差。

合成路线

常用剂型 水剂、可溶粉剂等，主要制剂有 10％、20％、30％水剂，30％、50％可溶粉剂等。

草克死（sulfallate）

$C_8H_{14}ClNS_2$，223.8，95-06-7

其他名称　CP4742，V27，硫烯草丹。

化学名称　2-氯丙烯基-N，N-二乙基二硫代氨基甲酸酯；2-chloroallyl diethyl dithio carbamate。

理化性质　纯品草克死为琥珀色油状液体，熔点 128℃/133.3Pa；25℃时水中溶解度 92mg/L。可溶于大多数有机溶剂中。相对密度 1.088。蒸气压 0.293Pa/20℃。遇碱水解。在 pH 5 时的半衰期为 47d，pH 8 时为 30d。

毒性　草克死原药急性 LD_{50}（mg/kg）：大鼠经口 850。以 85μg/(kg·d) 剂量饲喂大鼠 1 个月以上，无死亡发生。对皮肤和眼睛有一定刺激性。

应用　草克死属于氨基甲酸酯类除草剂，由 Monsanto 公司推广；草克死适用于多种蔬菜作物，如芹菜、莴苣、番茄、萝卜、黄瓜、西瓜、甘蓝、菠菜等及玉米、大豆；对刚萌发的一年生杂草如看麦娘、繁缕、早熟禾、蟋蟀草等有效，对野燕麦、猪殃殃、苦苣菜防效差，对已定植或无性繁殖的杂草无效。

合成路线

常用剂型　目前我国未见相关制剂产品登记，常用制剂主要有 20％颗粒剂。

草枯醚（chlorinitrofen）

$C_{12}H_6Cl_3NO_3$，318.5，1836-77-7

化学名称　4-硝基苯基-2,4,6-三氯苯基醚；4-nitrophenyl-2,4,6-trichlorophenyl ether。

理化性质　纯品草枯醚为淡黄色晶体，熔点 107～107.1℃。25℃时水中溶解度 0.25mg/L。可溶于苯、二甲苯。蒸气压 46.7Pa（109℃），213Pa（170℃）。

毒性　草枯醚原药急性 LD_{50}（mg/kg）：经口大白鼠 10800、小鼠 11800；经皮大白鼠 >10000。吸入 LC_{50}（4h）：大鼠 >0.52mg/L。NOEL：大鼠（2 年）0.61mg/kg 体重，小鼠 9.5mg/kg 体重。鲤鱼（48h）LC_{50} 290mg/L。

应用　草枯醚属于二苯醚类除草剂，由日本三井东压株式会社推广；草枯醚适用于防除水稻初期一年生杂草，如稗草、瓜皮草、鸭舌草等，也可用于旱地作物田防除马唐、狗尾草等；草枯醚具有适应性强、药效稳定、残效期长的特点。

合成路线

常用剂型 目前我国未见相关产品登记，生产中常用制剂主要有 10％颗粒剂、20％乳油。

草硫膦（glyphosate-trimesium）

$C_6H_{16}NO_5PS$，245.2，81591-81-3

其他名称 Sulphosate，SC-0224，ICI A-0224。

化学名称 三甲基锍羧甲基氨基甲基膦酸酯；trimethylsuphonium carboxymethylaminomethylphos phonate；N-phosphonomethylglycine trimethylsulfonium salt。

理化性质 纯品草硫膦为淡黄色清澈液体。溶解性：非常易溶于水，丙酮、氯苯、乙醇、煤油、二甲苯＜5g（工业品）/L。相对密度 1.23（20℃）。蒸气压 0.04mPa（25℃）。Trimesium 阳离子 DT_{50} 6.7d（100℃），Trimesium 阳离子 DT_{50}＞30d（pH9，25℃）。

毒性 草硫膦原药急性 LD_{50}（mg/kg）：经口雄大鼠748、雌大鼠755，鹌鹑＞2050（工业品）；经皮兔＞2000。吸入 LC_{50}（4h）：大鼠＞0.81mg/L 空气。NOEL：100mg/(kg·d)。无致畸作用。鱼毒 LC_{50}（96h）：鳟鱼 1.8g/L，蓝鳃＞3.5g/L。蜜蜂 LD_{50}（接触）0.39mg/只蜜蜂，（经口）＞0.4mg/只蜜蜂。

应用 草硫膦属于非选择性芽后除草剂，Stauffer 公司开发。草硫膦适用于禾谷类作物，播前免耕田除草。防治一年生、多年生禾本科杂草及阔叶杂草和某些木本植物。杀草、杀灌谱广。

合成路线

常用剂型 目前我国未见相关制剂产品登记，常用制剂主要有 38％水剂。

草灭平（chloramben）

$C_7H_5Cl_2NO_2$，206.1，133-90-4，1026-46-6（铵盐）

其他名称 豆科威，Amiben，Amoben，Naptol。

化学名称 3-氨基-2,5-二氯苯甲酸；3-amino-2,5-dichlorobenzoic acid 。

理化性质 纯品草灭平为白色无臭结晶固体，熔点 200～201℃。25℃时溶解度：水 700mg/L，乙醇 173g/kg，二甲亚砜 1206g/kg，丙酮、甲醇 223g/kg，异丙醇 113g/kg，乙醚 70g/kg，氯仿 0.9g/kg，苯 0.2g/kg。

毒性 草灭平原药急性 LD_{50}（mg/kg）：大白鼠经口 5000，大白鼠经皮＞3160。1 次施药 3mg，对皮肤引起轻微刺激，并在 24h 之内消失，对眼睛刺激强烈。NOEL：大鼠（2 年）10000mg/kg 饲料。野鸭 LD_{50} 4640mg/kg。对鱼、蜜蜂无毒。

应用 草灭平是苯甲酸类除草剂，由 Amchem Products Incorporated 推广。草灭平是选择性苗前除草剂，一般作土壤处理。适用于大豆、甘蓝、菜豆、玉米、花生、辣椒、向日葵、甜菜、番茄等作物，防除稗草、马唐、狗尾草、牛筋草、石茅高粱、粟米草、猪毛菜、地肤、藜、苋、蓼、龙葵、马齿苋、豚草、繁缕等一年生单、双子叶杂草。对阔叶杂草的防效高于禾本科杂草。

合成路线

常用剂型 草灭平目前在我国未见相关制剂产品登记。

草完隆（noruron）

$C_{13}H_{22}N_2O$，222.3，18530-56-8

其他名称 NP-10，Norea，Hercules7531。

化学名称 3-(六氢-4,7-亚甲基茚-5-基)-1,1-二甲基脲；3-(hexahydro-4,7-methanoindan-5-yl)-1,1-dimethylurea；(3aRS,4SR,5RS,7SR,7aRS)-1,1-dimethyl-3-(perhydro-4,7-methanoinden-5-yl) urea；(3aRS,4SR,5RS,7SR,7aRS)-3-(hexahydro-4,7-methanoindan-5-yl)-1,1-dimethylurea。

理化性质 纯品草完隆为白色结晶，熔点 171～172℃。25℃时水中溶解度 150mg/L。易溶于丙酮、乙醇、环己烷，微溶于苯。

毒性 草完隆原药急性 LD_{50}（mg/kg）：经口大鼠 1470～2000，经皮兔 23000。鱼毒（48h）LC_{50} 为 18mg/L。

应用 草完隆属于脲类除草剂，由美国 Hercules 公司推广。草完隆用于棉花、高粱、甘蔗、大豆、菠菜和马铃薯中防除一年生禾本科和阔叶杂草。

合成路线

常用剂型 目前我国未见制剂产品登记，常用制剂主要有 50％可湿性粉剂。

草芽平（2，3，6-TBA）

C$_7$H$_3$Cl$_3$O$_2$，225.45，50-31-7

其他名称 HC-1281，TCB，Benzabar，Benzac-1281，Cambilene，Fen-all，Tribac，Tryben200。

化学名称 2,3,6-三氯苯甲酸；2,3,6-trichloro-benzoic acid。

理化性质 纯品草芽平为白色结晶固体，熔点 125～126℃。22℃时水中溶解度 7.7g/L。易溶于乙醇、丙酮、苯、氯仿、甲醇、二甲苯、二甲基甲酰胺等有机溶剂，可形成水溶性的碱金属盐和铵盐。蒸气压 3.2Pa（100℃）。其中钠盐在 25℃时溶解度 44%。2，3，6-TBA 对光稳定，并可与其他激素型除草剂混用。

毒性 草芽平原药急性LD$_{50}$（mg/kg）：经口大鼠1500、小鼠1000、豚鼠＞1500、兔600、母鸡＞1500；经皮大鼠＞1000。用含 10g/kg 的饲料喂大鼠，64d 后大鼠的水代谢受到轻微影响，但用 1000mg/kg 的饲料喂养 69d 未发现上述情况，药物未经变化基本由尿排出体外。

应用 草芽平属于苯甲酸类除草剂，Heyden Chemical Croporation 和 E. I. Du Pont de Nemours & Co.（Inc.）推广。草芽平为非选择性除草剂，用于防除某些深根多年生阔叶杂草，例如旋花、田蓟、大戟属、矢车菊属、宝盖草和某些灌木。时常与 2 甲 4 氯等激素型除草剂混用，防除禾谷类田中的一年生双子叶杂叶。

合成路线

常用剂型 24%二甲基铵盐水剂。

除草丹（orbencarb）

C$_{12}$H$_{16}$ClNOS，257.8，34622-58-7

其他名称 甲基杀草丹，旱草丹，坪草丹，拦草净，931，B-3356。

化学名称 S-(2-氯苄基)-N，N-二乙基硫代氨基甲酸酯；S-(2-chlorobenzyl)-N，N-diethylthiocarbamate。

理化性质 纯品除草丹为无色液体，熔点 9.0℃，沸点 158℃/mmHg。20～27℃时水中溶解度 24mg/L。能溶于有机溶剂，室温条件下在丙酮、二甲苯、己烷、乙醇和苯中的溶解度＞1kg/L。相对密度 1.176（20℃）。蒸气压 12.4mPa（20℃）。pH＝5～9（20℃）时，水解稳定性为 60d，水溶液在日光下轻微分解。

毒性 除草丹原药急性 LD_{50}（mg/kg）：经口大鼠 800（雄）、820（雌），小鼠 935（雄）、1010（雌）；经皮大鼠＞10。对兔眼睛和皮肤无刺激作用。吸入 LC_{50}（4h）：大鼠 4.32mg/L（雄）、2.94mg/L（雌）。NOEL：大鼠（90d）1.7mg/(kg·d)（雄）、1.8mg/(kg·d)（雌）。

应用 除草丹属于氨基甲酸酯类除草剂，由日本组合化学工业株式会社开发；除草丹可用于防治玉米、麦类、大豆、棉花及蔬菜地；对稗草、马唐等一年生杂草有效，对莎草科、石竹科、十字花科和马齿苋等杂草有较高活性。

合成路线

常用剂型 主要有 50％乳油、60％乳剂，可与利谷隆、扑草净等复配。

除草灵乙酯（benazolin-ethyl）

$C_{11}H_{10}ClNO_3S$，271.6，25059-80-7

其他名称 高特克，Galtak，Chamilox，Cresopur，Weedkiller，Herbazolin，Keropur，Tillox，Be-nazolin，Llquid，Catt Herbitox，LeyCornox，Beucornox，Benopan，Bensecal，Benzan，Benzar，Cornox，CWK Legumex，Extrai Tricornox，Legumex Extra。

化学名称 4-氯-2-氧代苯并噻唑啉-3-基乙酸乙酯；ethyl-4-chloro-2-oxobenzothiazolin-3-yl-acetate。

理化性质 纯品为浅黄色结晶粉，带有典型的硫黄味，纯度＞99％，熔点 79.2℃。溶解度：水 47mg/L，甲醇 28.5g/L，丙醇 229g/L，甲苯 198g/L。密度 1.45g/L（20℃）。蒸气压 $3.7×10^{-4}$Pa（25℃）。在酸性介质中极稳定，不易分解。pH＝9 时半衰期为 9d。在自然光下，在水中对光稳定。原药为浅色结晶粉，熔点 77.4℃，密度约为 1.45g/L，酸碱度基本为中性，水分＜0.5％。

毒性 大鼠急性 LD_{50}（mg/kg）：经口＞6000，经皮＞2100。对兔皮肤无刺激，对眼睛有轻度刺激。在试验剂量内对动物致癌、致畸、致突变三项试验结果均为阴性，只有在脊髓细胞染色体畸变试验中剂量高时（1200～6000mg/kg），大鼠结果为阳性，小鼠结果为阴性。对蚯蚓低毒。日本鹌鹑 LD_{50}＞9000mg/kg，野鸭 LD_{50}＞3000mg/kg。

应用 适用于油菜、麦类等防除一年生杂草，如雀舌草、猪殃殃，棉花、大豆田等的阔叶杂草。药效随剂量的增加而提高。施药后油菜有不同的药害症状，叶片皱卷，20d 后可以恢复。

合成路线

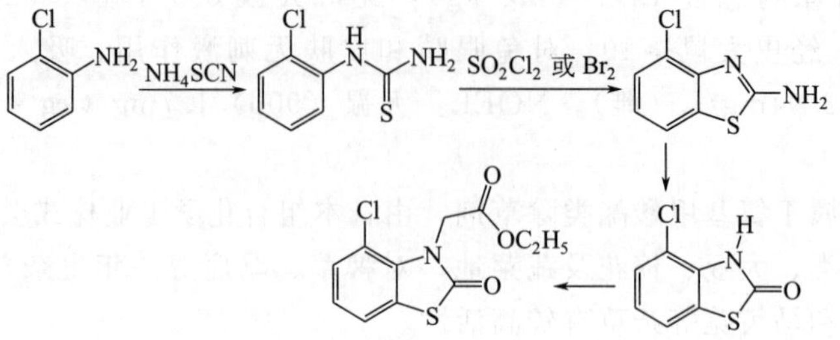

常用剂型 我国未见相关制剂产品登记。

除草醚（nitrofen）

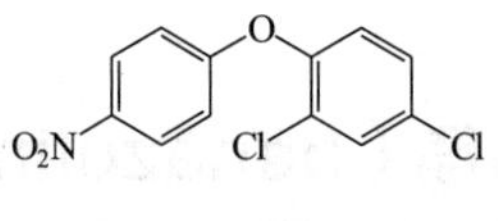

$C_{12}H_7NO_3Cl_2$，284.11，1836-75-5

其他名称 NIP，TOK E-25，WP-50，NPE，NIP，FW-925，Ritn phen。

化学名称 2,4-二氯苯基-4′-硝基苯基醚；2,4-dichlorophenyl-4′-nitrophenylether。

理化性质 纯品除草醚为淡黄色针状结晶，工业品为黄棕色固体，有特殊气味，熔点 70～71℃，沸点 370℃。22℃时水中溶解度 0.7～1.2mg/L。易溶于乙醇、异丁醇、丙酮、醋酸、苯、甲苯、四氯化碳等有机溶剂。相对密度（水＝1.0）1.406。蒸气压 1.06×10^{-6} mPa（40℃）。

毒性 除草醚原药急性经口 LD_{50}（mg/kg）：大鼠 3050±500、小鼠 2630±134、兔 1620±420。长期接触可出现神经衰弱综合征。0.7～12mg/m³，人吸入 1 年，可引起咽喉和黏膜刺激症状，嗅觉减退；10～100mg/m³，大鼠吸入 6 个月，营养失调和血管紧张度失调。可引起小鼠肿瘤，引起致癌反应的最低剂量是 312mg/kg。使胎儿发育异常（因除草醚水解后生成 2,4-二氯酚，该化合物具有明显的致癌、致畸性，某些氨基衍生物亦有三致性）。

应用 于 1991 年被 FAO/UNEP 列入不再生产的农药，加拿大、日本、美国等至少 12 个国家和组织禁止使用或限制使用。

合成路线

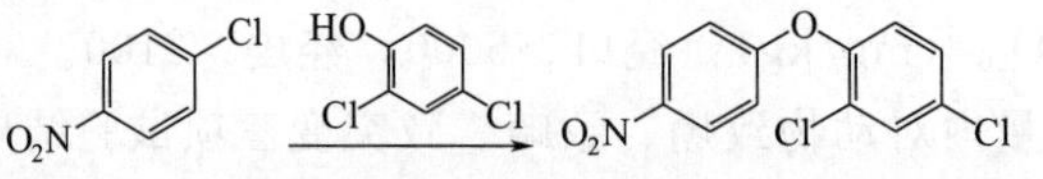

常用剂型 主要有 25％、50％可湿性粉剂，25％乳油，45％乳剂，20％微粒剂。

哒草特（carbonothioic acid）

$C_{19}H_{23}ClN_2O_2S$，378.9，55512-33-9

其他名称　CL 11344，Pyridate，达草止。

化学名称　O-(6-氯-3-苯基哒嗪-4-基)-S-辛基硫代碳酸酯；O-(6-chloro-3-phenyl-4-pyridazinyl)-S-octylthiocarbonate。

理化性质　纯品哒草特为无色结晶，熔点 27℃；沸点 220℃（$1.34×10^{-4}$Pa）。20℃时水中溶解度 1.49mg/L。易溶于各种有机溶剂。相对密度 1.16（20℃）。蒸气压 $1.338×10^{-7}$Pa（20℃）。

毒性　哒草特原药急性 LD_{50}（mg/kg）：经口雌、雄大鼠＞2000，雄小鼠约 10000，雌小鼠＞10000；经皮兔≥2000。鹌鹑急性经口 LD_{50} 1502mg/kg。对兔皮肤有中等刺激，对兔眼睛无刺激；对豚鼠有致敏性，但对人（施药人员、技术人员、工人）则没有观察到致敏症状。吸入 LC_{50}（4h）：大鼠＞4.37mg/L 空气。NOEL：大鼠（28 个月）18mg/(kg·d)，狗（12 个月）30mg/(kg·d)。ADI（人）：0.18mg/kg（欧盟）、0.35mg/kg（WHO，1992）。多次试验无致畸、诱变、致癌作用。

应用　哒草特属选择性苗后除草剂，林兹化学公司（Chemie Linz AG）开发。茎叶处理后迅速被叶吸收，阻碍光合作用的希尔反应，使杂草叶片变黄并停止生长，枯萎致死。适用于小麦、水稻、玉米等禾谷类作物防除阔叶杂草，特别对猪殃殃、反枝苋及某些禾本科杂草有良好防除效果。如防治玉米地杂草，在玉米 3～5 叶期，杂草 2～4 叶期，用 45% 可湿性粉剂 25～35g/100m^2，对水 4.5～7.5kg 茎叶喷雾。如用于麦田除草，在小麦分叶初期或盛期，杂草 2～4 叶期施药，用 45% 可湿性粉剂 20～30g/100m^2，对水 4.5～6.8kg 茎叶处理，对中度敏感性杂草其用量可适当提高至 25～35g/100m^2。或用 45% 乳油 20～30mL/100m^2 对水 6～7.5kg 茎叶喷雾。

合成路线

常用剂型　制剂主要有 40%、50% 可湿性粉剂，70% 乳油。

代垅磷（folcisteine）

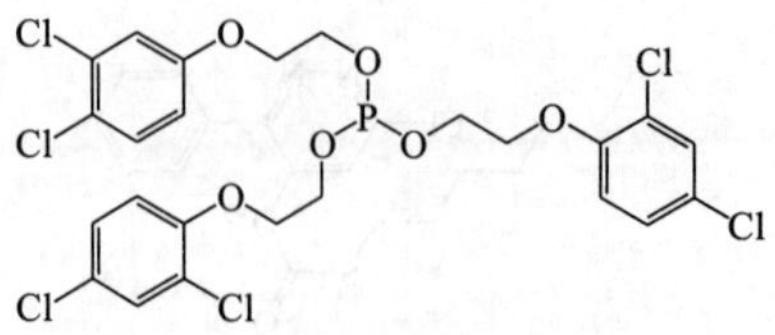

$C_{24}H_{21}O_6PCl_6$，649.39，94-84-8

其他名称 3Y9，EH3Y9，伐草磷。

化学名称 三（2,4-二氯苯氧乙基）亚磷酸酯；tris（2,4-dichlorophenoxyethyl）phosphite。

理化性质 纯品代垅磷为蜡状固体，原药为棕色黏稠油状物。沸点大于 200℃（13.3Pa）。在煤油中的溶解度 10mg/L。溶于芳烃石脑油，微溶于水。

毒性 代垅磷原药急性 LD_{50}（mg/kg）：经口大鼠 850。NOEL：大鼠（90d）85mg/kg 体重。

应用 代垅磷属于芽前除草剂，美国橡胶公司 Naugatuck 化学分公司推广。主要用于玉米、花生、草莓地中防除一年生禾本科杂草和阔叶杂草，用量 4~7kg/hm²。

合成路线

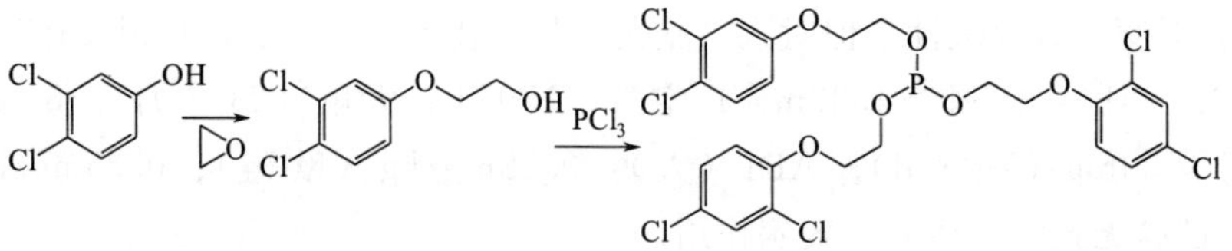

常用剂型 目前我国未见相关制剂产品登记。

2，4-滴（2，4-D）

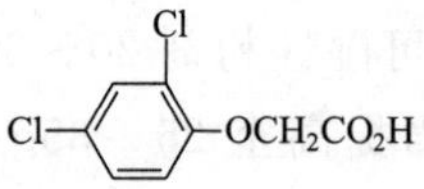

$C_8H_6Cl_2O_3$，221.0，94-75-7

其他名称 杀草快，大豆欢。

化学名称 2,4-二氯氧乙酸；2,4-dichlorophenoxyacetate。

理化性质 纯品 2,4-滴为无色菱形结晶或粉末，略带酚的气味，熔点 140.5℃。25℃时水中溶解度 620mg/L。可溶于碱、乙醇、丙酮、乙酸乙酯和热苯，不溶于石油醚。不吸湿，有腐蚀性。其钠盐熔点 215~216℃，室温水中溶解度为 4.5%。

毒性 原药大白鼠急性 LD_{50}（mg/kg）：2,4-滴 375，2,4-滴钠盐 660~805。

应用 2,4-滴是最早使用的除草剂之一，1942 年由美国 Amchem 公司合成；主要用于苗后茎叶处理，防除小麦、大麦、玉米、谷子、高粱等禾本科作物田杂草，如播娘蒿、藜、芥菜、繁缕、刺儿菜、苍耳、马齿苋等阔叶杂草，对禾本科杂草无效。

合成路线 先氯化后缩合和先缩合后氯化两种路线。

① 先氯化后缩合 以苯酚为原料，用氯气于 50～60℃下进行氯化，氯化产物在氢氧化钠存在下于 100～110℃与氯乙酸钠缩合。该路线氯化终点不易控制，产品中有一氯苯酚或三氯苯酚。缩合时 2,4-二氯苯酚反应不完全，产品中酚含量较高，需要用溶剂萃取，同时 2,4-二氯苯酚容易树脂化，产品纯度偏低。

② 先缩合后氯化 苯酚与氯乙酸和氢氧化钠的混合溶液于 100～110℃反应后酸化生成苯氧乙酸，然后用氯气于 50～60℃下氯化，即可制得 2,4-滴。氯化时可用少量碘粉作催化剂。

常用剂型 24%、31%、32%、35.6%、40.9%水剂，80%、82.2%可溶性粉剂，可与草甘膦、麦甲畏等复配使用。

2,4-滴丁酸（2,4-DB）

$C_{10}H_{10}Cl_2O_3$，249.1，94-82-6；10433-59-7（钠盐）；2758-42-1（甲铵盐）

其他名称 MB2878，Bexone，Embutox。

化学名称 4-(2,4-二氯苯氧)丁酸；4-(2,4-dichlorophenoxy) butyric acid。

理化性质 纯品 2,4-滴丁酸为无色结晶，熔点 117～119℃。25℃时水中溶解度 46mg/L。溶于丙酮、苯、乙醇和乙醚中，碱金属盐及铵盐可溶于水，但在硬水中将沉淀出钙盐和镁盐。其酸、盐和酯都是稳定的。

毒性 2,4-滴丁酸原药急性 LD_{50}（mg/kg）：大鼠经口 370～700；其钠盐大鼠经口 1500，小白鼠经口约 400。对眼睛、皮肤和黏膜有刺激作用。

应用 2,4-滴丁酸属于苯氧类除草剂，是激素型除草剂，May & Baker Ltd（现为 Rhne-Poulenc Agrochimie）推广为除草剂。除草活性为 2,4-滴的 1/2。但其活性取决于其在植物体内经 β-位氧化成 2,4-滴而起除草作用，因而具有较大的选择性。用于播种后的谷物和草地防除阔叶草。能安全用于防除青豆、大豆、花生和苜蓿中某些阔叶杂草。

合成路线

常用剂型 目前我国未见相关制剂产品登记。

2，4-滴丁酯（2，4-D-butylate）

$C_{12}H_{14}Cl_2O_3$，277.1，94-80-4

其他名称　Eateron, Siarkol, Fernesta。

化学名称　2,4-二氯苯氧乙酸丁酯；buthyl-2,4-dichlorophenoxyacetate。

理化性质　2,4-滴丁酯纯品为无色油状液体，沸点 169℃/266.7Pa。工业原药为棕褐色液体，沸点 146～147℃/133.3Pa，凝固点 9℃。难溶于水，易溶于多种有机溶剂，挥发性强，遇碱分解。相对密度（d_4^{20}）1.24～1.26。

毒性　2,4-滴丁酯原药急性经口 LD$_{50}$（mg/kg）：大鼠 500～1500，雌小鼠 375，家兔 1400。NOEL：大鼠（2年）625mg/kg 体重。鲤鱼 LC$_{50}$（48h）40mg/L。

应用　2,4-滴丁酯属于苯氧乙酸类激素型选择性除草剂，具有较强的内吸传导性，能抑制植物的生长发育，出现畸形直至死亡。主要用于苗后茎叶处理，如小麦、大麦、青稞、玉米、谷子、高粱等禾本科作物田及禾本科牧草地。防除播娘蒿、藜、芥菜、离子草、繁缕、反枝苋、葎草、问荆、苦荬菜、刺儿菜、苍耳、田旋花、马齿苋等阔叶杂草，对禾本科杂草无效，通常用量为每亩 72% 2,4-滴丁酯乳油 40～60mL。棉花、大豆等作物对该药剂敏感，使用时要保持一定的隔离带。

合成路线　2,4-滴与丁醇在回流条件下，即可发生酯化反应制得 2,4-滴丁酯。反应中必须充分脱水。

常用剂型　在我国登记的主要剂型有悬浮剂、乳油、悬乳剂、微乳剂、可分散油悬浮剂等，主要制剂有 57% 乳油、80% 乳油等。

敌稗（propanil）

$C_9H_9Cl_2NO$，218.0，709-98-8

其他名称　斯达姆，Surlopur, Rogne, DCPA, Supernox, Stam F34, FW 734, DP-35。

化学名称　3,4-二氯苯基丙酰胺；N-(3,4-dicholrophenyl) propanamide。

理化性质　纯品敌稗为白色无臭的针状结晶，熔点 92～93℃。20℃时溶解度：水 225mg/L，异丙醇、二氯甲烷＞200g/L，甲苯 50～100g/L，己烷＜1。相对密度 1.41

（20℃）。蒸气压 0.026mPa（20℃）。对酸、碱、热及紫外线较稳定，遇强酸易水解，在土壤中较易分解。乳油稳定，但在酸和碱性介质中水解为3，4-二氯苯胺和丙酸。敌稗及其降解物3，4-二氯苯胺在水中光照下迅速降解为酚的化合物，该化合物会聚合。在土壤中半衰期<5d，产生的丙酸盐迅速代谢为CO_2和3，4-二氯苯胺。光解半衰期12～13h。

毒性 敌稗原药急性LD_{50}（mg/kg）：经口大鼠1384、小鼠4000；经皮兔7080。吸入LC_{50}（4h）：大鼠＞1.25mg/L空气。对皮肤和眼睛无刺激，对豚鼠皮肤无致敏作用。NOEL：大鼠（2年）400mg/kg饲料，狗（2年）600mg/kg饲料。ADI 0.005mg/kg。无致癌和诱变作用。本品对蜜蜂无毒。

应用 敌稗是具有属间选择性触杀性酰胺类稻田除草剂。在稻体内被芳基羧基酰胺酶水解成3，4-二氯苯胺和丙酸而解毒，稗草由于缺少此种解毒机能，细胞膜最先遭到破坏，导致水分代谢失调，很快失水枯死。敌稗对稗草有特效，以2叶期稗草最为敏感，对水稻安全，敌稗遇土壤后分解失效，仅宜作茎叶处理。适用于防除水稻秧田、插秧田及直播田的稗草、水马齿苋、鸭舌草和旱稻田的马唐、狗尾草、野苋等。也可用于番茄和甘薯田防除多种单子叶及阔叶杂草。常用剂量3～4kg（a.i.）/hm²。

合成路线

常用剂型 我国登记的制剂产品主要有16％、34％、360g/L、480g/L、550g/L乳油。

敌草胺（napropamide）

$C_{17}H_{21}NO_2$，271.2，21725-46-2；15299-99-7；41643-35-0；41643-36-1

其他名称 萘丙酰草胺，大惠利，草萘胺，萘氧丙草胺，Propronamide，Waylay。

化学名称 N，N-二乙基-2-（1-萘基氧）丙酰胺；N，N-diethyl-2-（1-naphthalenyloxy）propanamide。

理化性质 纯品敌草胺为白色结晶，熔点74.8～75.5℃。工业原药为棕色固体，熔点68～70℃。20℃时溶解度：水73mg/L，二甲苯505g/L，煤油62g/L，丙酮＞1g/L，乙醇＞1g/L，己烷15g/L。相对密度0.584。蒸气压0.53Pa（25℃）。在pH4～10条件下，贮存9周未见分解现象。对热稳定，90℃半衰期为71d，110℃为14d，日光下半衰期25.7min。

毒性 敌草胺原药急性LD_{50}（mg/kg）：经口大鼠＞5000（雄）、4680（雌），经皮兔＞4640，经皮豚鼠＞2000。对眼睛和皮肤无刺激。大白鼠、小白鼠（雄、雌）皮下注射LD_{50}＞7000mg/kg。吸入LD_{50}（4h）：大鼠＞5mg/L。NOEL：大鼠（2年）30mg/(kg·d)，

狗（90d）40mg/（kg·d），北美鹌鹑（7d）5600mg/kg 体重。在大鼠 30mg/（kg·d）多代繁殖试验中，未见异常。ADI 0.1mg/kg。

应用 敌草胺为酰胺类除草剂。Stauffer Chemical Company 推广。敌草胺是一种选择性内吸传导型土壤处理剂，防除对象与杀草胺基本相同，主要通过杂草芽鞘和根吸收，抑制酶类的形成，使杂草根芽不能生长而死亡。杀草谱较广，能杀死由种子繁殖的许多单、双子叶杂草如马唐、狗尾草、稗草、看麦娘、早熟禾、棒头草、马齿苋、凹头苋、繁缕、藜、三棱草等。可用于油菜、萝卜、大豆、卷心菜、番茄等蔬菜，西瓜、花生、芝麻、棉花等作物田，一般在作物移栽前半天或一天施药，直播作物于播后苗前施药，均喷于土表。当气温高、杂草密度不太高时，宜用低剂量。主要用于防除一年生和多年生禾本科杂草及主要阔叶杂草，也可防除禾谷类作物、树木、葡萄和草坪中的阔叶杂草。要防除早熟禾则需与其他除草剂混用。敌草胺混入土层后，其残效期可达 2 个月左右。本品对已出土的杂草无效。

合成路线 敌草胺合成有以 α-萘酚为起始原料（路线 1→2）和 α-氯丙酸为起始原料（路线 3）。

常用剂型 在我国登记的制剂产品主要有 50％可湿性粉剂、50％水分散粒剂、20％乳油。

敌草腈（dichlorobenil）

$C_7H_3Cl_2N$，172，1194-65-6

其他名称 H133，NIA5996，DBN Code 133，Casoran。

化学名称 2,6-二氯苯腈；2,6-dichlorobenzonitrile。

理化性质 纯品敌草腈为白色或灰白色结晶固体，熔点 145～146℃。溶解度：水 14.6mg/L（20℃），二氯甲烷 100g/L，丙酮、二甲苯 50g/L（8℃），二甲苯 53g/L（25℃），乙醇 15g/L（25℃），环己烷 3.7g/L（25℃），在非极性溶剂中<10g/L。蒸气压 66.7mPa（25℃）。工业品纯度大约 98％，熔点 143.8～144.3℃。对热和酸稳定，可被碱水解为苯甲酰胺。无腐蚀性，可与其他除草剂混配。

666

毒性 敌草腈原药急性 LD_{50}（mg/kg）：经口大鼠 4460，小鼠 1014（雄）、1621（雌）；经皮白兔 2000。对兔皮肤和眼睛无刺激。吸入 LC_{50}（4h）：大鼠 $>250mg/m^3$。NOEL：大鼠（2 年）50mg/kg 饲料，大鼠（两代）60mg/kg 饲料。ADI（人）0.025mg/kg。

应用 敌草腈属于腈类除草剂，B. V. Philips-Duphar 推广；敌草腈是内吸传导型土壤处理剂，主要通过根吸收并传导，叶面可吸收但传导差。敌草腈适用于水稻、小麦、棉花、已成长的果树等。水田可防除稗、莎草、鸭舌草、水马齿苋、牛毛草等，旱地可防除看麦娘、狗芽根、野燕麦、藜、蓟、田旋花等。

合成路线

常用剂型 主要有 45% 可湿性粉剂。

敌草净（desmetryn）

$C_8H_{15}N_5S$，213.3，1014-69-3

其他名称 G34360，Semeron，Samuron，Topusyn。

化学名称 2-异丙氨基-4-甲氨基-6-甲硫基-1,3,5-三嗪；2-isopropylamino-4-mthylamino-6-methyl-thio-1,3,5-triazine。

理化性质 纯品敌草净为白色结晶固体，熔点 84～86℃。25℃时水中溶解度 580mg/L。可溶于甲醇、丙酮、甲苯、己烷，易溶于其他有机溶剂。相对密度 1.172（20℃）。蒸气压 0.133mPa（20℃）。在中性、弱酸及弱碱性介质中稳定。无腐蚀性。

毒性 敌草净原药急性 LD_{50}（mg/kg）：经口大白鼠 1390，小鼠 1750；经皮大白鼠 2000。对兔皮肤和眼睛无刺激性。吸入 LC_{50}（14h）：大鼠 $>1563mg/L$。NOEL：大鼠（90d）20mg/kg 饲料，狗（90d）200mg/kg 饲料。ADI 0.0075mg/kg。

应用 敌草净属于三氮苯类除草剂，J. R. Geigy S. A.（现为 Novartis Crop Protection AG）推广；敌草净是内吸传导、芽后选择性除草剂，可经根和叶吸收并传导。对刚萌发的杂草防效最好，杀草谱广。敌草净适用于油料等十字花科作物及玉米、水稻、大豆等防除一年生杂草，对阔叶杂草特别是藜属、滨藜属的防效优于禾本科杂草。

合成路线

常用剂型 制剂主要有 25% 可湿性粉剂。

敌草快（diquat）

$$[\text{联吡啶结构}]\, 2Br^-$$

$C_{12}H_{10}Br_2N_2$，344.05，220-433-0

其他名称　利农，利收谷，Reglone，Aquacide，Dextrone。

化学名称　1,1'-亚乙基-2,2'-联吡啶二鎓盐；1,1'-ethylene-2,2'-bipyridylium；9,10-dihydro-8a，10a-diaphenanetrene。

理化性质　敌草快其二溴盐以单水化合物形式存在，白色至黄色结晶，熔点325℃（分解）。20℃时水中溶解度700g/L。微溶于乙醇和其他带羟基的溶剂，不溶于非极性的有机溶剂。蒸气压13.3×10^{-6}Pa（25℃）。在酸性和中性溶液中稳定，碱性条件下不稳定。

毒性　原药急性LD_{50}（mg/kg）：经口大鼠231，小鼠125；经皮大鼠50～100，经皮兔＞400。对皮肤和眼睛有中等刺激作用。NOEL：狗（2年）1.7mg/kg体重，大鼠（三代）25mg/(kg·d)。在实验剂量内动物实验未见致畸、致癌、致突变作用。鲤鱼LD_{50} 40mg/kg。对蜜蜂无毒。

应用　敌草快是一种非选择性触杀性除草剂，也是一种接触性干燥剂，由ICI Ltd. 推广。敌草快稍有传导性，被绿色植物吸收后抑制光合作用的电子传递，还原状态的联吡啶化合物在光诱导下，有氧存在时很快被氧化，形成活泼的过氧化氢，这种物质的积累使植物的细胞膜被破坏。受药部位枯黄，适用于阔叶杂草占优势的地块除草及防治水生杂草；还可作为种子植物的干燥剂；也可用于马铃薯、棉花、大豆、玉米、高粱、亚麻、向日葵等作物的催枯剂；当处理成熟作物时，残余的绿色部分和杂草迅速干枯，可提早收割，种子损失较少；还可作为甘蔗花序的抑制剂。由于不能穿透成熟的树皮，对地下的根茎基本无破坏作用。用于植物催枯，用量为3～6g（a.i.）/100m²。用于农田除草、夏玉米免耕除用量为4.5～6g（a.i.）/100m²，果园为6～9g（a.i.）/100m²。切忌对作物幼苗进行直接喷洒，因接触作物绿色部分会产生药害。

合成路线

$$[\text{吡啶}] \xrightarrow{1} [\text{2,2'-联吡啶}] \xrightarrow[2]{Br\frown Br} [\text{敌草快结构}]\, 2Br^-$$

常用剂型　150g/L、200g/L、20％、25％水剂。

敌草隆（diuron）

$$[\text{3,4-二氯苯基脲结构}]$$

$C_9H_{10}Cl_2N_2O$，233.1，330-54-1

其他名称　DCMU，Dichlorfenidim，Karmex，DPX14740。

化学名称　N-(3,4-二氯苯基)-N'，N'-二甲基脲；N-(3,4-dichlorophenyl)-N'，N'-dimethylurea。

理化性质　纯品敌草隆为白色无臭结晶固体，熔点158～159℃。工业品熔点＞

135℃。溶解度：水 36.4mg/L（25℃），丙酮 53g/L（27℃），苯 1.2g/L（27℃），稍溶于醋酸乙酯、乙醇及热苯。相对密度 1.48。蒸气压 $1.1×10^{-3}$ mPa（25℃）。在空气中稳定，不易氧化和水解，在升温及碱性条件下水解速度增大，在 180～190℃时分解，无腐蚀性，不易燃。

毒性 敌草隆原药急性 LD_{50}（g/kg）：经口大鼠 3.4，经皮兔＞2（80%DF）。浓度高时刺激眼及黏膜。吸入 LC_{50}（4h）：大鼠＞5mg/L。NOEL：大鼠（2 年）250mg/L，狗（2 年）125mg/kg 体重。ADI 0.002mg/kg。

应用 敌草隆属于脲类除草剂，由 E. I. du Pont de Nemours and Co. 推广；敌草隆为内吸传导型除草剂，杀草谱广，主要用于棉花、大豆、花生、高粱、玉米、甘蔗、果园、茶园、桑园、橡胶园防除马唐、牛筋草、狗尾草、旱稗、藜、苋、蓼、莎草等，也可用于水稻田防除眼子菜、四叶萍、牛毛草等，还可用于直播黄瓜田杂草的防除，并能用于非耕地作灭生性除草。

合成路线

常用剂型 可湿性粉剂、悬浮剂、水分散粒剂等，可与 2 甲 4 氯钠、噻苯隆等复配。

敌草死（glenbar）

$C_{10}H_6O_3SCl_4$，347.93，3765-57-9

其他名称 OCS-21944，格草酞。

化学名称 2,3,5,6-四氯-硫赶对苯二甲酸二甲酯；O,S-dimethyl-2,3,5,6-tetrachloromonothioter-ephthalate。

理化性质 纯品敌草死为白色结晶，熔点 161～162℃。22℃时溶解度：水 5mg/L，丙酮 11.8%，乙醇 1.6%。在碱性溶液中不稳定，在稀酸性溶液中稳定。

毒性 敌草死原药急性 LD_{50}（mg/kg）：大鼠经口 3300。对人、畜、鱼低毒。

应用 敌草死属苯甲酸类除草剂。敌草死为芽前除草剂，可杀死萌芽期杂草。用于水稻、花生、棉花、豌豆、大豆、洋葱、油菜、马铃薯田中防除一年生禾本科杂草和某些阔叶杂草，用量为 2～8kg/hm²，轻沙壤 2～4kg/hm²，黏壤土 6～8kg/hm²。

合成路线

常用剂型 目前我国未见相关制剂产品登记，可加工成可湿性粉剂。

敌克草（phenisopham）

$C_{19}H_{22}N_2O_4$，372.4，57375-63-0

其他名称　SN58132，棉胺宁。

化学名称　3-（*N*-乙基-*N*-苯基氨基甲酰氧基）苯基氨基甲酸异丙酯；isopropyl-*N*-3-（*N*-ethyl-*N*-phenylcarbamoyloxyphenyl）carbamate。

理化性质　纯品敌克草为无色固体，熔点 109～110℃。溶解性：不溶于水，易溶于丙酮和其他极性有机溶剂。在碱性条件下不稳定。

毒性　敌克草原药急性 LD_{50}（mg/kg）：经口大鼠＞4000，小鼠＞1000；经皮兔＞1000。

应用　敌克草属于苯氧类除草剂，1978 年由先灵公司开发。主要通过触杀起作用，通过土壤也有一定活性。为选择性除草剂，用于棉花地防除阔叶杂草。大多数杂草发芽后就应该立即施药，不得迟于 2～4 片真叶期。推荐用量每公顷 1～2kg（a. i.），加 300～400L 水。

合成路线

常用剂型　目前我国未见相关制剂产品登记，常用制剂主要有 150g/L 乳油。

敌灭生（dimexan）

$C_4H_6O_2S_4$，214，1468-37-7

其他名称　草灭散，甲草黄。

化学名称　二（甲氧硫代羰基）二硫化物或二甲基黄原酰化二硫；di［methoxy（thiocarbonyl）］disulphid。

理化性质　纯品敌灭生为黄色油状物，工业品纯度约 96%，熔点 22.5～23℃。可与丙酮、苯、乙醇和己烷混溶。蒸气压 4.0×10^5 Pa（21℃）。

毒性　敌灭生工业品急性 LD_{50}（mg/kg）：经口大鼠 340。有一种难闻的气味。

应用　敌灭生由 Vondelingenplaat N. V.（Atochem Agri BV）推广。敌灭生具有触杀作用。推荐在芽前用于条播作物，施用剂量为 9kg/hm²，防除双子叶杂草。也可用作洋葱、豌豆及其他作物收获前用，使之干化，最高用量 28kg/hm²。也可用来控制胡萝卜的生长和破裂。在土壤中无残留。

合成路线

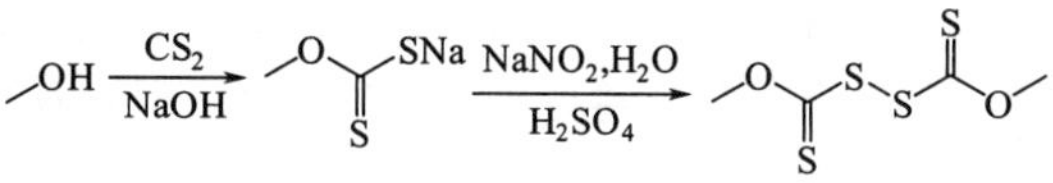

常用剂型 目前我国未见相关制剂产品登记，制剂主要有 67％浓乳剂、与稗蓼灵或环莠隆的混剂。

地快尔（chloranocryl）

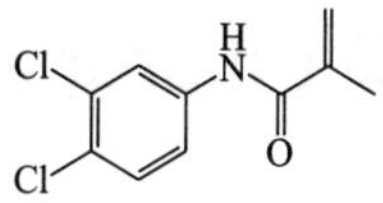

$C_{10}H_9OCl_2N$，230.09，2164-09-2

其他名称 DCMA，NIA4556，Niagara4356，甲叉敌稗。

化学名称 3′,4′-二氯-2-甲基丙烯酰替苯胺；3′,4′-dichloro-2-methacrylanilide。

理化性质 纯品地快尔为白色粉末，熔点127～128℃。溶解性：不溶于水，溶于丙酮、吡啶、二甲基甲酰胺、二甲苯等有机溶剂。

毒性 地快尔原药急性 LD_{50}（mg/kg）：大鼠经口3160、腹腔注射1780。

应用 地快尔是酰胺类除草剂，Niagara 公司推广。地快尔是一种芽后除草剂，主要是抑制植物光合作用的希尔（Hill）反应。适用于棉花、草皮除草，剂量1～3kg/hm²。

合成路线

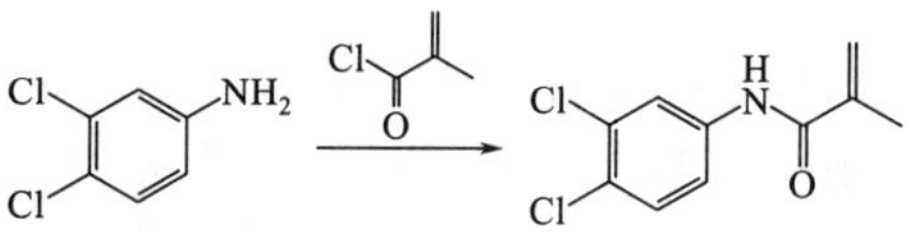

常用剂型 可加工成乳剂、可湿性粉剂等。

地乐酚（dinoseb）

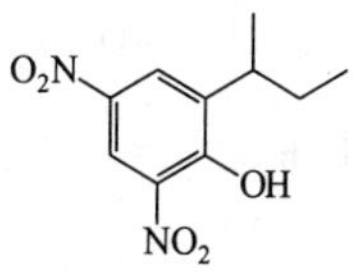

$C_{10}H_{12}N_2O_5$，240，88-85-7

其他名称 DN289，Elgetol318，DNBP，Dinitro，Chemox。

化学名称 2-异丁基-4，6-二硝基酚；2-sec-butyl-4，6-dinitrophenol。

理化性质 纯品地乐酚为橙棕色液体，熔点38～42℃。25℃时水中溶解度约为100mg/L。可溶于石油和大多数有机溶剂。能与无机碱或有机碱成盐，一些盐是水溶性。有水时对软钢有腐蚀性。

毒性 地乐酚原药急性 LD_{50}（mg/kg）：经口大白鼠58，经皮兔80～200。以含100mg/kg的饲料喂养大鼠6个月，无不良作用。鲤鱼（48h）LC_{50}0.1～0.3mg/L。

应用　地乐酚属于酚类触杀性除草剂，Dow Chemical Company 推广。适用于果园、禾谷类作物、大豆、菜豆、花生、玉米、豌豆、棉花、马铃薯、西葫芦、南瓜、草莓以及一些饲料作物田间防除繁缕、婆婆纳、藜、蓼、田芹菜、卷耳等一年生杂草，但对苍耳、本氏蓼等无效。

合成路线

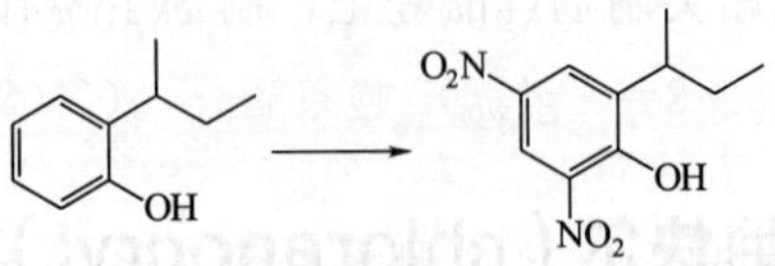

常用剂型　常用制剂主要有浓水剂或乳油。

地乐灵（dipropalin）

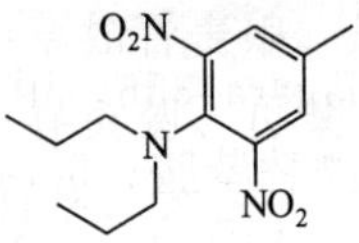

$C_{13}H_{29}O_4N_3$，281.3，1918-08-7

其他名称　胺乐灵，L35455。

化学名称　2,6-二硝基-N，N-二正丙基对甲苯胺；2,6-dinitro-N，N-di-n-propyl-p-toluidine。

理化性质　纯品地乐灵为黄色固体，熔点 42℃，沸点 118℃/13.3Pa。27℃时溶解度：水 304mg/L。

毒性　地乐灵原药急性 LD_{50}（g/kg）：经口小白鼠 3.6。

应用　地乐灵属于苯胺类除草剂，由 Eli Lilly 公司开发；地乐灵为杂草芽前土壤处理除草剂，主要防治马唐、稗、繁缕等一年生禾本科杂草和阔叶杂草；适用作物为甘蔗、甜菜、花生、玉米、棉花、大豆、甘蓝等。

合成路线

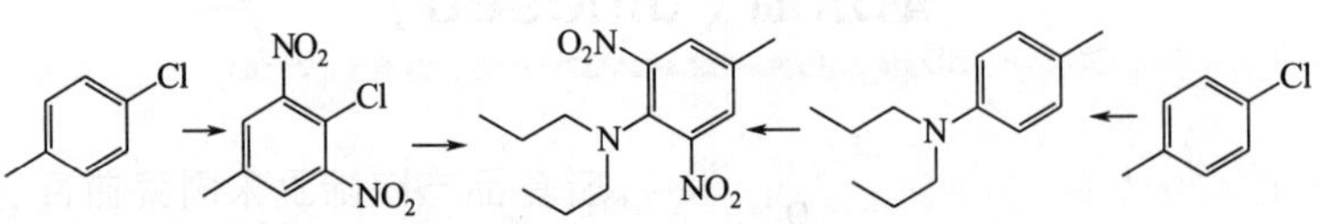

常用剂型　常用制剂主要有 48％乳油。

地乐施（medinoterb）

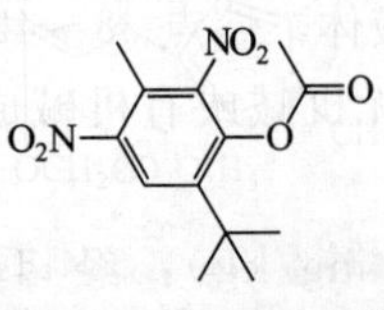

$C_{13}H_{16}O_6N_2$，296.07，2487-01-6

其他名称 P1488，MC1488。

化学名称 2,4-二硝基-3-甲基-6-叔丁基苯基乙酸酯；2,4-dinitro-3-methyl-6-tert-butyl-phenyl acetate。

理化性质 纯品地乐施为淡黄色固体，熔点 86～87℃。25℃时溶解度：水＜10mg/L，易溶于丙酮、二甲苯等有机溶剂。蒸气压 53.2mPa（40℃）。遇碱水解。

毒性 地乐施原药急性 LD_{50}（mg/kg）：经口大白鼠 42、兔 80、母鸡 560；经皮大白鼠 1300、豚鼠＞2000。NOEL：雄大鼠（3 个月）1mg/(kg·d)，雌大鼠（3 个月）1.2mg/(kg·d)。在土壤中残留期 4 个月。

应用 地乐施属于酚类除草剂，可用于甜菜、棉花和豆科作物田中除草。

合成路线

常用剂型 常用制剂主要有 25％可湿性粉剂、15％地乐施＋30％苯胺灵可湿性粉剂等。

地乐酯（dinoseb acetate）

$C_{12}H_{14}O_6N_2$，282.25，2813-95-8

其他名称 HOE2904，Aretit，Ivosit，Phenotan。

化学名称 2-(1-甲基丙基)-4,6-二硝基苯基醋酸酯；2-(1-methylpropyl)-4,6-dinitro-phenyl-acetate。

理化性质 纯品地乐酯为棕色油状液体，具有酯香味，m. p. 26～27℃。20℃时水中溶解度 2.2g/L。能溶解在芳香族的溶剂中。蒸气压 0.08Pa（20℃）。遇水则缓慢水解，对碱、酸不稳定。工业品为棕色油状液体，含量为 94％。工业品有轻微的腐蚀性。

毒性 地乐酯原药急性 LD_{50}（mg/kg）：经口大鼠 60～65。用 40％可湿粉 200mg/kg 施于兔皮 5 次没引起刺激。NOEL：狗（90d）10mg/(kg·d)，大鼠（90d）50mg/kg（bw）。

应用 地乐酯属于酚类除草剂，由 Farbwerke Hoechst AGrwyy 开发；地乐酯是芽后除草剂，触杀传导性差，适用于禾本科作物，如玉米、豌豆、菜豆、马铃薯和苜蓿地中防除一年生阔叶杂草，也有用它与绿谷隆的混合制剂作矮生菜豆和马铃薯的芽前除草剂。

合成路线

常用剂型 常用制剂主要有 40％可湿性粉剂、50％乳剂、与绿谷隆混配的可湿性粉剂等。

地散磷（bensulide）

C₁₄H₂₄O₄S₃PN，397.5，741-58-2

其他名称　Pre-san，GBH，R-4461，砜草磷。

化学名称　O,O-二异丙基-S-2-苯磺酰氨基乙基二硫代磷酸酯；O,O-di-isopropyl-S-2-phenylsulfonylaminoeth-ylphosphorodithioate。

理化性质　纯品地散磷为琥珀色液体，m. p. 34.4℃。25℃时溶解度：水 25mg/L，煤油 300g/L，微溶于汽油，在二甲苯中溶解度中等，易溶于丙酮和甲醇。相对密度1.25。蒸气压＜0.133mPa（20℃）。在80℃下50h是稳定的，但在200℃下18～40h就可分解。无腐蚀性。闪点＞104℃。

毒性　地散磷原药急性 LD₅₀（mg/kg）：经口雄大鼠为 360、雌大鼠为 270；经皮大鼠＞2000。鹌鹑经口 LD₅₀ 为 1386mg/kg。对兔皮肤和眼睛有轻微刺激；对豚鼠皮肤无致敏作用。大鼠急性吸入 LC₅₀（4h）＞1.75mg/L。NOEL：大鼠（90d）25mg/kg（bw），狗2.5mg/(kg·d)，小鼠30mg/(kg·d)。无致畸、致癌作用。

应用　地散磷由 Stauffer Chemical Company 开发。地散磷适用于莴苣、葫芦科植物、棉花、十字花科植物、草坪等；防治多种一年生禾本科杂草和阔叶杂草，如马唐、水包禾、看麦娘、早熟禾、藜、苋、稗草、马齿苋、芥菜、蟋蟀草、野苘麻等。用量为 2.3～7.0kg/hm²。适用于葫芦科、十字花科和棉花等作物植前使用。

合成路线

常用剂型　目前我国未见相关制剂产品登记，常用制剂主要有 50％乳油、48％浓乳剂、10％颗粒剂。

碘苯腈（ioxynil）

C₇H₃I₂NO，370.91，1689-83-4；2961-62-8（钠盐）

其他名称　ACP63-303，MB-8873，SSH-20，Bentrol。

化学名称　4-羟基-3,5-二碘苯腈；4-hydroxy-3,5-di-iodobenzonitrile。

理化性质　纯品碘苯腈为无色固体，m. p. 212～213℃（在140℃/0.1mmHg下升华）。

25℃时溶解度：水 50mg/L（20℃），丙酮 70g/L，甲醇、乙醇 20g/L，环己酮 140g/L，四氢呋喃 340g/L，氯仿 10g/L，二甲基甲酰胺 740g/L，四氯化碳＜1g/L。蒸气压＜1mPa（20℃）。贮存稳定，但在碱性介质中迅速水解；在紫外线下分解。碘苯腈为酸性，离解常数 $pK_a = 3.96$，形成盐类（熔点约 360℃）；其钾盐 20～25℃时溶解度：水 107g/L，丙酮 60g/L，20%丙酮水溶液 560g/L，四羟基糠醇 750g/L，甲氧基醇 770g/L；20～25℃时其钠盐溶解度：水中 140g/L，丙酮 120g/L，20%丙酮水溶液 670g/L，2-甲氧基醇 640g/L，四羟基糠醇 650g/L。

毒性　碘苯腈原药急性 LD_{50}（mg/kg）：经口大鼠 110、120（含盐制剂），小鼠 230、190（含盐制剂）；经皮大鼠＞2000。吸入 LC_{50}：大鼠（6h）＞3mg/L 空气。NOEL：大鼠（2年）5.5mg 钠盐/(kg·d)。碘苯腈钠盐对蜜蜂无毒。

应用　碘苯腈属于腈类除草剂，Amchem Products Inc. 推广；以触杀作用为主，具有一定的传导活性，能被叶片吸收，抑制光合作用、呼吸作用和蛋白质合成。碘苯腈适用于水稻、玉米、小麦、大麦等田地防除繁缕、婆婆纳、田旋花、田芥等阔叶杂草。杀草谱比 2,4-滴宽。

合成路线

常用剂型　常用制剂主要有碘苯腈的碱金属盐浓水剂、胺类和辛酸酯的浓乳剂。

碘甲磺隆钠盐（iodosulfuron-methyl-sodium）

$C_{14}H_{13}IN_5NaO_6S$，529.1，144550-36-7

其他名称　Husar。

化学名称　4-碘-2-[3-(4-甲氧基-6-甲基-1,3,5-三嗪-2-基)脲基磺酰基]苯甲酸甲酯钠盐；methyl 4-iodo-2-[3-(4-methoxy-6-methyl-1,3,5-triazin-2-yl) ureidosulfonyl] benzoate, sodium salt。

理化性质　纯品为无臭白色固体，m. p. 152℃。25℃时溶解度：水 160mg/L（pH=5），25g/L（pH=7），65g/L（pH=9）。蒸气压 $6.7×10^{-9}$Pa（25℃）。生物水解半衰期（20℃）31d（pH=5）、＞365d（pH=7）、362d（pH=9）；光解半衰期约 50d（北纬 50°）。

毒性　大鼠急性 LD_{50}（mg/kg）：经口 2678，经皮＞5000。无致突变性。对兔眼睛和皮肤无刺激性。对鱼类、鸟、蜜蜂、蚯蚓等无毒。

应用　适宜作物为禾谷类作物如小麦、硬质小麦、冬黑麦；不仅对禾谷类作物安全，对后茬作物无影响，而且对环境、生态的相容性和安全性极高；主要用于防除阔叶杂草如猪殃殃和母菊等以及部分禾本科杂草如风草、野燕麦和旱熟禾等。

碘甲磺隆钠盐有三种合成路线，即路线 1→2→3→4→5→6→7→8、路线 9→10→11→12→13→14→8 和路线 15→16→11→12→13→14→8。

常用剂型 我国未见相关产品登记，常用制剂主要有 20％水分散粒剂。

叠氮净（aziprotryne）

$C_7H_{11}N_7S$，225，4658-28-0

其他名称 叠氮津，C7019，Mesoranil，Brosoran。

化学名称 2-叠氮基-4-异丙氨基-6-甲硫基-1，3，5-三嗪；2-azido-4-isopropylamino-6-methylthio-1，3，5-triazine。

理化性质 纯品叠氮净为无色无臭结晶粉末，熔点 95℃。20℃时溶解度：水 0.075g/L。蒸气压 0.267mPa（20℃）。

毒性 叠氮净原药急性 LD_{50}（mg/kg）：经口大白鼠 3600～5833（雌），家兔 1800。0.5g 工业品对家兔皮肤不引起刺激作用。NOEL：大鼠和犬（90d）＞50mg/kg（bw）。野鸭和北美鹑（5d）饲喂 LD_{50}＞10000g/kg。对鱼有毒。

应用 叠氮净属于三氮苯类除草剂，Ciba AG 推广。叠氮净是选择性内吸传导，不但对于根部，对叶面也有活性。在土壤中持效期 30～35d。叠氮净适用于玉米、大豆、豌豆、向日葵、花生、菜豆、洋葱，尤其适用于十字花科如油菜、芜菁、花椰菜等田地防除种子繁殖的一年生阔叶杂草和禾本科杂草。

合成路线

常用剂型 目前我国未见相关制剂产品登记，常用制剂主要有 50％可湿性粉剂。

丁草胺（butachlor）

$C_{17}H_{26}ClNO_2$，311.85，23184-66-9

其他名称 丁基拉草，灭草特，丁草锁，去草胺，马歇特，新马歇特，去草特，Machete Plus，Butanex。

化学名称 N-丁氧甲基-a-氯-2′,6′-二乙基乙酰替苯胺；N-butoxymethyl-a-chloro-2′, 6′-diethyl acetamide。

理化性质 纯品丁草胺为浅黄色具有微芳香味油状液体，m.p.0.5～1.5℃，b.p.156℃（66.66Pa）。20℃时水中溶解度20mg/L。在室温下易溶于乙醚、丙酮、苯、乙醇、乙酸乙酯和己烷等多种有机溶剂。相对密度1.059～1.07（25℃）。蒸气压0.58mPa（25℃）。对紫外线稳定，抗光解性能好，在165℃下分解。在土壤中滞留时间42～70d，损失主要是微生物分解所致。对钢和铁有腐蚀性。

毒性 丁草胺原药急性 LD_{50}（mg/kg）：大鼠经口 2000，小鼠经口 4747，兔经口＞5010，大鼠经皮＞3000，兔经皮＞13000。吸入 LC_{50}（4h）：大鼠＞3.34mg/L 空气。对兔皮肤和眼睛有轻度刺激作用，对豚鼠有接触过敏反应。蓄积性弱，在试验剂量内，对动物未见致突变和致畸作用。NOEL：大鼠（2 年）＜100mg/kg 饲料，狗（1 年）5mg/(kg·d)。高剂量时，试验动物有肝、肾损伤。

应用 丁草胺是一种酰胺类内吸传导型选择性芽前除草剂，美国孟山都公司开发。主要通过杂草幼芽吸收，其次是通过根部吸收。植物吸收丁草胺后，在体内抑制和破坏蛋白酶，影响蛋白质的形成，抑制杂草幼芽和幼根正常生长发育，从而使杂草死亡。对萌动及 2 叶期以前杂草有效。丁草胺主要用于水稻秧田、直播田、移栽本田以及小麦、大麦、甜菜、棉花、花生、白菜等田地，防除一年生禾本科杂草和莎草科杂草及某些阔叶杂草，如稗草、马唐、看麦娘、千金子、异形莎草、碎米莎草、牛毛毡、鸭舌草、节节草、尖瓣花和萤蔺等，但对水三棱、扁秆藨草、野慈姑等多年生杂草无明显防效。在黏壤土及有机质含量较高的土壤上使用，药剂可被土壤胶体吸收，不易被淋溶，持效期可达 1～2 个月。只有少量丁草胺能被稻苗吸收，而且在体内迅速完全分解代谢，因而稻田有较大的耐药力。丁草胺在土壤中稳定性小，对光稳定，能被土壤微生物分解。持效期为 30～40d，对下茬作物安全。

合成路线

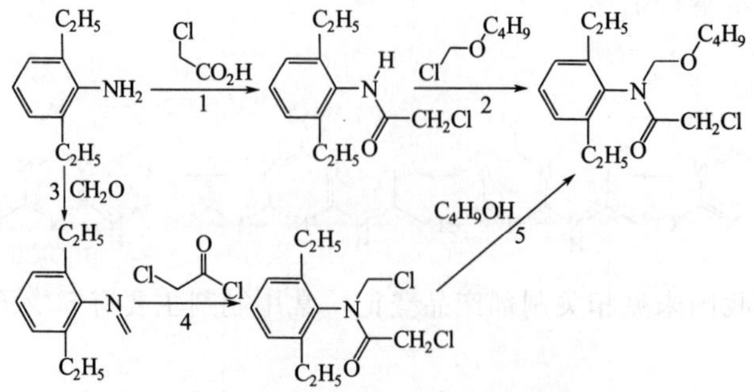

常用剂型 粉剂、微乳剂、乳油、水乳剂、可湿性粉剂、颗粒剂等，主要制剂有 50% 乳油、80% 乳油、600g/L 水乳剂、5% 颗粒剂。

丁草特（butylate）

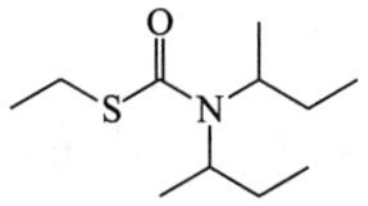

$C_{11}H_{23}NOS$，217，2008-41-5

其他名称 R1910，菌灭丹，莠丹，苏达灭。

化学名称 S-乙基-N,N-二异丁基硫代氨基甲酸酯；S-ethyl-N,N-diisobulycarbamothioate。

理化性质 纯品丁草特为清亮的琥珀色或黄色液体，带有芳香气味，含量为 96%～98%，m. p. 71℃/133.3Pa。20℃时溶解度：水 46mg/L，可与丙酮、乙醇、煤油、甲基异戊-2-酮、二甲苯等混溶。无腐蚀性。相对密度 0.939～0.9402（25℃）。蒸气压 0.173Pa（25℃）。

毒性 丁草特原药急性 LD_{50}（mg/kg）：经口大鼠 4560（雄）、5431（雌），经皮兔＞4640。对家兔皮肤有轻微刺激作用。吸入 LC_{50}：大鼠（6h）＞17.6mg/L。NOEL：大鼠（90d）＞32mg/(kg·d)，狗（90d）＞48mg/(kg·d)，小鼠（2 年）＞320mg/(kg·d)。鹌鹑 LD_{50}＞5600mg/kg。动物试验未见致畸、致癌、致突变作用。虹鳟鱼（96h）LC_{50} 4.2mg/L。翻车鱼（96h）LC_{50} 6.9mg/L。对蜜蜂低毒。

应用 丁草特属于氨基甲酸酯类除草剂，Stauffer Chemical Co. 推广；选择性苗前土壤处理剂，适用于玉米、甜玉米、青刈饲料用玉米以及菠菜、莴苣等作物防除一年生禾本科杂草，如稗草、马唐、狗尾草、野黍等；对由种子萌发的多年生杂草，如狗牙根、宿根高粱、莎草科、香附子、油莎草等也有防除效果。

合成路线

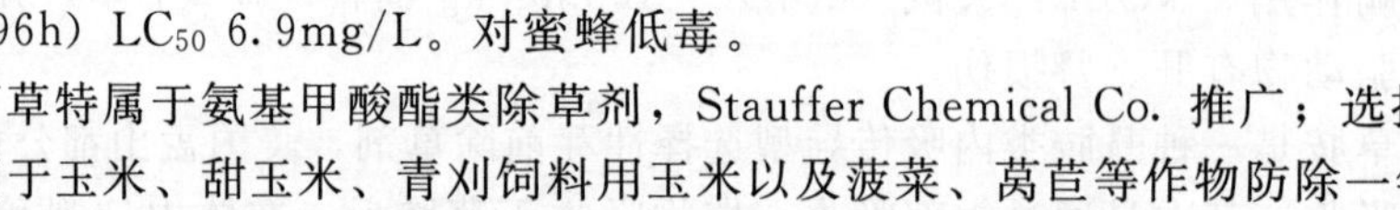

常用剂型 目前我国未见相关制剂产品登记，常用制剂主要有 72%、80%、85.1% 乳油，90% 颗粒剂。

丁噻隆（buthiuron）

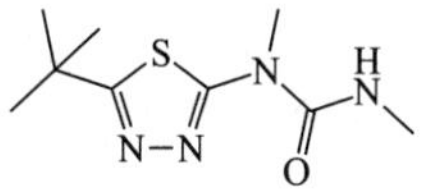

C₉H₁₆N₄OS，228.3，34014-18-1

其他名称　MET1489。

化学名称　1-(5-丁基磺酰-1,3,4-噻二唑-2-基)-1,3-二甲基脲；1-(5-butylsulfonyl-1,3,4-thiadiazol-2-yl)-1,3-dimethylurea。

应用　丁噻隆属于脲类除草剂，是一种选择性除草剂，在大麦、小麦、棉花、甘蔗、胡萝卜田中防除藜、猪殃殃、鼠尾看麦娘、莴苣和稗草等。

合成路线

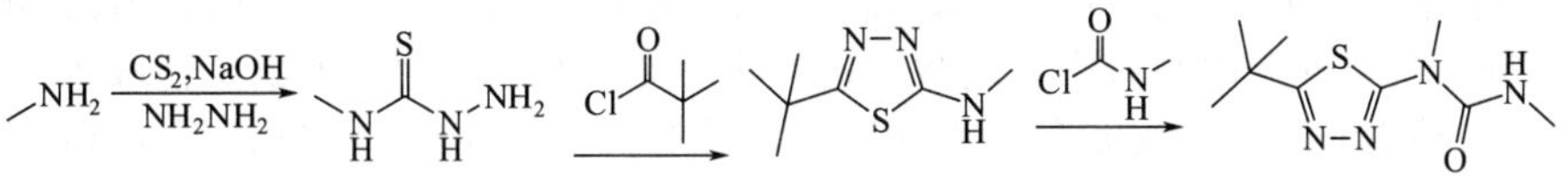

常用剂型　目前我国未见制剂产品登记，常用制剂主要有80％可湿性粉剂。

丁烯草胺（butenachlor acetanilide）

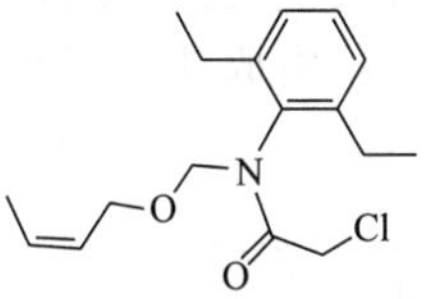

C₁₇H₂₄ClNO₂，309.8，87310-56-3

化学名称　(Z)-N-丁-2-烯基氧甲基-2-氯-2′,6′-二乙基乙酰替苯胺；(Z)-N-but-2-enyloxymethyl-2-chloro-2′,6′-diethyl acetanilide。

理化性质　纯品丁烯草胺75％为固体，m.p.12.90℃，b.p.167℃/0.4kPa。27℃时溶解度：水29mg/L，与丙酮、乙醇、乙酸乙酯、己烷互溶。密度1.0998g/cm³。蒸气压0.93mPa（25℃）。K_{ow} 3236（HPLC法）。n_D^{25}1.5256。

毒性　丁烯草胺原药急性LD₅₀（mg/kg）：经口大鼠1630（雄）、1875（雌），小鼠6417（雄）、6220（雌）；经皮大鼠＞2000。吸入LC₅₀（4h）：大鼠3.34mg/L。鲤鱼（96h）LC₅₀0.43mg/L。

应用　丁烯草胺属于2-氯乙酰苯胺类除草剂，是细胞分裂抑制剂，由Agro-Kanesho Co.Ltd.开发；适用作物为水稻，用于防除稻田杂草。

合成路线

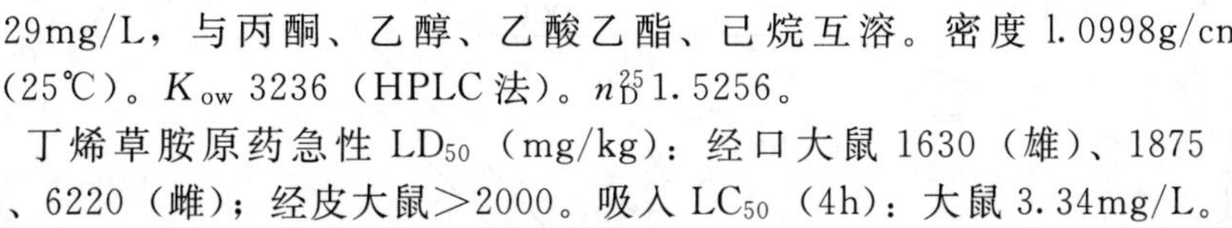

常用剂型　目前我国未见相关制剂产品登记，常用制剂主要有2.5％颗粒剂。

啶嘧磺隆（flazasulfuron）

$C_{13}H_{12}F_3N_5O_5S$，407.2，104040-78-0

其他名称　秀百宫，SL-160，OK-1166。

化学名称　1-(4,6-二甲氧基嘧啶-2-基)-3-(3-三氟甲基-2-吡啶磺酰基）脲；1-(4,6-dimethoxy pyrimidin-2-yl)-3-(3-trifluoromethyl-2-pyridylsulfonyl) urea。

理化性质　纯品啶嘧磺隆为白色结晶粉末，无味，m. p. 166～170℃。25℃时溶解度（g/L）：水 2.1，甲醇 4.2，乙腈 8.7，丙酮 22.7，甲苯 0.56。蒸气压＜0.013mPa。水中半衰期11d（25℃）。

毒性　啶嘧磺隆原药急性 LD_{50}（mg/kg）：雌、雄大、小鼠经口＞5000；经皮大鼠＞2000。对兔皮肤无刺激性，对兔眼睛有中等刺激性；对豚鼠皮肤无过敏性。大鼠急性吸入 LD_{50}（4h）5.99mg/L。对动物无致畸、致突变、致癌作用。日本鹌鹑急性经口 LD_{50}＞2000mg/kg，蜜蜂急性经口 LD_{50}＞100μg/只，鲤鱼 LC_{50}（48h）＞20mg/L，蚯蚓 LC_{50}（14d）＞160mg/kg 土。

应用　啶嘧磺隆属于超高效、内吸传导除草剂，日本石原产业化学公司开发，1984 年申请专利。可有效地防除草坪内一年生和多年生阔叶杂草、莎草科杂草如稗草、马唐、牛筋草、早熟禾、看麦娘、狗尾草、香附子、异形莎草、空心莲子草、荠菜、繁缕等，对短叶水蜈蚣、马唐、香附子防除效果极佳。

合成路线　2-氯-3-三氟甲基吡啶与硫氢化钠反应，生成物用氯气进行氯化反应，转变为3-三氟甲基吡啶-2-磺酰氯，再与氨反应，生成 3-三氟甲基吡啶-2-磺酰胺，最后与 4，6-二甲氧基嘧啶胺反应制得啶嘧磺隆。

680

常用剂型 我国未见相关制剂产品登记，可加工成 25％水溶性粒剂。

冬播隆（methabenzthiazuron）

$C_{10}H_{11}N_3OS$，221.3，18691-97-9

其他名称 甲苯噻隆，科播宁，噻唑隆。

化学名称 N-2-苯并噻唑基-N,N'-二甲基脲；N-2-benzothiazolyl-N,N'-dimethylurea。

理化性质 冬播隆外观呈白色无臭结晶固体状，m. p. 119～120℃。20℃时溶解度：水 59mg/L，甲醇 65.9g/L，丙酮 115.9g/L，二甲基甲酰胺 100g/L，二氯甲烷＞200g/L，异丙醇 20～50g/L，甲苯 50～100g/L，己烷 1～2g/L。蒸气压 5.9μPa（20℃）。在强酸和强碱中不稳定。DT_{50}（22℃）＞1 年（pH＝4～9）。

毒性 冬播隆原药急性 LD_{50}（g/kg）：经口大鼠＞5，小鼠＞2.5，豚鼠＞2.5，家兔、猫和狗＞5；经皮大鼠＞5。对兔皮肤和眼睛无刺激。吸入 LC_{50}（4h）：大鼠＞5.12mg/L。NOEL：大、小鼠（2 年）0.15g/kg（bw），狗（2 年）0.2g/kg（bw）。ADI 0.05mg/kg。对蜜蜂无毒。

应用 冬播隆属于脲类除草剂，由 Bayer Leverkusen 推广；冬播隆为一种用于芽前、芽后防除麦类、豆类中杂草的广谱除草剂，对许多单子叶、双子叶杂草均有良好的防除作用，主要用于小麦等冬谷作物，豌豆等豆科作物及洋葱、蔬菜等作物。

合成路线

常用剂型 目前我国未见制剂产品登记，常用制剂主要有 70％可湿性粉剂。

毒草胺（propachlor）

$C_{11}H_{14}ClNO$，211.7，1918-16-7

其他名称 扑草胺，Ramrod，Bexton，Albrass，CP 31393。

化学名称 α-氯代-N-异丙基乙酰替苯胺；α-chloro-N-iso-propylacetanilide。

理化性质 纯品毒草胺为淡黄褐色固体，m. p. 67～76℃。25℃时溶解度：水 700mg/L，丙酮 448g/kg，苯 737g/kg，甲苯 342g/kg，乙醇 408g/kg，二甲苯 239g/kg，氯仿 602g/kg，四氯化碳 174g/kg，乙醚 219g/kg。相对密度 1.134（25℃）。蒸气压 10.5mPa（25℃）。常温

下稳定，在酸、碱条件下受热分解。170℃分解，对紫外线稳定。

毒性　毒草胺原药急性 LD_{50}（mg/kg）：大鼠经口 550～1700，兔经皮＞20000。对兔皮肤有轻微刺激，对兔眼睛有中等刺激。吸入 LD_{50}（4h）：大鼠＞1.2mg/L。无致癌、诱变和致畸作用。

应用　毒草胺属酰胺类选择性芽前除草剂，Monsanto Company 推广。毒草胺是一种广谱、低毒、选择性、触杀性的旱地和水田除草剂，是一种苗前及苗后早期施用的除草剂。通过抑制蛋白质的合成，使根部受抑制变畸形，心叶卷曲而死。可安全地用于水稻、大豆、玉米、花生、甘蔗、棉花、高粱、十字花科蔬菜、洋葱、菜豆、豌豆、番茄、菠菜等作物，防除一年生禾本科杂草和某些阔叶杂草，如稗草、马唐、狗尾草、野燕麦、苋、藜、马齿苋、牛毛草等。对多年生杂草无效，对稻田稗草效果显著，使用安全，不易发生药害。应用剂量 35～50g/100m²，在此剂量下，药剂在土壤中持效期 4～6 周。毒草胺与一般土壤处理剂一样，其药效受土壤湿度影响较大，因此旱地施用时，最好能赶上降雨或配合浇灌。对毒草胺施药期要求要严，需在杂草出土前施用，才能达到理想效果。

合成路线

常用剂型　50％可湿性粉剂。

多硼酸钠（disodium octaborate tetrahydrate）

$$Na_2B_8O_{13} \cdot 4H_2O$$

化学名称　硼酸钠，disodium octaborate tetrahydrate。

理化性质　纯品多硼酸钠为白色无臭无定形粉末，m. p. 195℃。20℃时溶解度：水 9.5％。该药系为含一定比例硼砂与硼酸的溶液经喷雾干燥而制得，它不是一个真正的化合物，而是为了增大水溶解度而将硼砂与硼酸混合成均匀的形式；该药稳定，不燃，无腐蚀性。

毒性　多硼酸钠原药急性 LD_{50}（mg/kg）：豚鼠经口 5300。

应用　多硼酸钠属于无机除草剂，为非选择性灭生性除草剂，用于非耕作区除草。

常用剂型　目前我国未见相关制剂产品登记，常用制剂主要有 10％水溶液。

噁草酮（oxadiazon）

$C_{15}H_{18}Cl_2N_2O_3$，345.1，19666-30-9

其他名称　农思它，噁草灵，Ronstar。

化学名称　5-叔丁基-3-(2,4-二氯-5-异丙氧基)-1,3,4-噁二唑-2-(3H)-酮；5-tert-butyl-3-(2,4-dichloro-5-iso-propoxyphenyl)-1,3,4-oxadiazol-2-one。

理化性质 纯品噁草酮为无色固体，m.p.87℃。20℃时溶解度：水 1mg/L，甲醇 100g/L，乙醇 100g/L，环己烷 200g/L，丙酮 600g/L，四氯化碳 600g/L，甲苯、氯仿、二甲苯 1000g/L。碱性介质中不稳定。

毒性 噁草酮原药急性 LD_{50}（mg/kg）：大鼠经口＞5000，大鼠和兔经皮＞2000。对兔皮肤无刺激性，对兔眼睛有轻微刺激性。对动物无致畸、致突变、致癌作用。

应用 噁草酮属于原卟啉原氧化酶抑制剂，安万特公司1969年开发的高效、广谱噁二唑类除草剂；主要用于水稻及旱稻、大豆、棉花、花生、甘蔗、马铃薯、向日葵、葱、韭菜、芹菜、葡萄、花卉及草坪等防除多种一年生杂草及少数多年生杂草，如稗草、马唐、千金子、异形莎草、龙葵、苍耳、田旋花、牛筋草、鸭舌草、狗尾草、看麦娘、牛毛毡、荠菜、藜、蓼、泽泻、铁苋菜、马齿苋、节节菜、婆婆纳等；使用剂量 200～4000g（a.i.）/hm^2。

合成路线 合成噁草酮通常以2,4-二氯苯酚为起始原料，根据对酚羟基保护反应路线的差异，有醚化法、亚磷酸酯法和酯化法。

① 醚化法：2,4-二氯苯酚经醚化、硝化、重氮还原、酰化缩合成环即可制得噁草酮。见路线 1→2→3→4→5→6。

② 亚磷酸酯法：经过2,4-二氯苯酚与三氯化磷形成的中间体亚磷酸酯硝化后，再经与醚化法类似路线合成噁草酮。见路线 7→8→9。

③ 酯化法：将酚羟基经酯化保护再进行硝化反应。见路线 10→11→12→13→9。

常用剂型 乳油、微乳剂、展膜油剂等，主要制剂有25％乳油、380g/L悬浮剂。

噁唑禾草灵（fenoxaprop）

$C_{18}H_{16}ClNO_5$，361.6，66441-23-4

其他名称 豆草灵，豆田清，麦田清，噁唑灵，Supet，Furore，Puma，Exel，Whip，fenoxapropethyl。

化学名称 2-[4-（6-氯-2-苯并噁唑氧基）苯氧基] 丙酸乙酯；ethyl-2-[4-(6-chloro-2-

benzoxazolyl oxy) phenoxy] propionate。

理化性质 纯品噁唑禾草灵为白色固体，m. p. 84～85℃。25℃时溶解度：水 0.9mg/kg，丙酮＞500g/kg，环己烷、乙醇＞10g/kg，乙酸乙酯＞200g/kg，甲苯＞300g/kg，环己烷、乙醇、正辛醇＞10g/kg。相对密度 1.3（20℃）。蒸气压 19nPa（20℃）。50℃条件下可存放 6 个月，对光不敏感，遇酸、碱分解。pH5 时半衰期大于 1000d，pH9 时 2.4d。

毒性 噁唑禾草灵原药急性 LD_{50}（mg/kg）：大鼠经口 2357（雄）、2500（雌），小鼠经口 4670（雄）、5490（雌）；大鼠经皮＞2000。急性吸入 LC_{50}（4h）：大鼠＞0.604g/m³。对鼠、兔皮肤和眼睛有轻微刺激性。NOEL：大鼠（90d）16mg/kg，小鼠（90d）10mg/kg，狗（90d）400mg/kg，大鼠（2 年）30mg/kg，小鼠（2 年）40mg/kg，狗（2 年）15mg/kg。原药未见致突变、致癌作用。ADI 0.01mg/kg。鹌鹑急性经口 LD_{50}＞2510mg/kg。蓝鳃太阳鱼 LC_{50}（96h）0.31mg/L。对鱼有毒，对鸟低毒，对蜜蜂高毒。

应用 噁唑禾草灵属于脂肪酸合成抑制剂，是内吸性芽后除草剂，德国赫斯特（Hoechest AG）公司开发；可有效地防除大豆、棉花、马铃薯、烟草、亚麻、蔬菜、花生等阔叶作物田一年生和多年生禾本科杂草。噁唑禾草灵是一外消旋体混合物，其中 S 旋光异构体没有除草活性。噁唑禾草灵相应的酸（±）-2-[4-(6-氯-1，3-苯并噁唑-2-基氧）苯氧基] 丙酸又名（±）-2-[4-(6-氯苯并噁唑-2-基氧）苯氧基] 丙酸具有相似的除草活性。

合成路线 有先醚化法和后醚化法两条合成路线。

① 后醚化法 2-(4′-羟基苯氧基）丙酸乙酯与碳酸钾在乙腈中回流，然后向该混合物中滴加 2,6-二苯并噁唑，即可制得噁唑禾草灵。

② 先醚化法 4-(6′-氯苯并噁唑-2-氧基）苯酚与 α-溴（或氯）代丙酸乙酯反应，如下所示。

常用剂型 我国未见相关制剂产品登记。

噁嗪草酮（oxaziclomefone）

$C_{20}H_{19}Cl_2NO_2$，376.1，153197-14-9

684

其他名称 去稗安，Samoural，Homerun，Thoroughbred，Tredy。

化学名称 3-[1-(3,5-二氯苯基)-1-甲基乙基]-2,3-二氢-6-甲基-5-苯基-4H-1,3-噁嗪-4-酮；3-[1-(3,5-dichlorophenyl)-1-methylethyl]-2,3-dihydro-6-methyl-5-phenyl-4H-1,3-oxazin-4-one。

理化性质 纯品为白色晶体，m.p.149.5~150.5℃。25℃时溶解度：水 0.18mg/L。蒸气压≤$1.33×10^{-5}$Pa（50℃）。

毒性 大（小）鼠急性经口 LD_{50}＞5000mg/kg。对兔皮肤无刺激性，对兔眼睛有轻微刺激性。无致突变、致畸性。

应用 主要用于防除水稻田重要的阔叶杂草、莎草科杂草及稗属杂草等。

合成路线

常用剂型 我国登记的主要制剂产品有1%悬浮剂。

噁唑酰草胺（metamifop）

$C_{23}H_{18}ClFN_2O_4$，440.7，256412-89-2

化学名称 （R)-2-［(4-氯-1,3-苯并噁唑-2-基氧）苯氧基］-2′-氟-N-甲基丙酰替苯胺；(2R)-2-[4-[(6-chloro-2-benzoxazolyl) oxy] phenoxy]-N-(2-fluorophenyl)-N-methylpropanamide。

理化性质 外观为淡棕色粉末，m.p.77.0~78.5℃。20℃下分配系数（辛醇/水）lg$P$＝5.45（pH=7）。蒸气压 $1.51×10^{-4}$Pa（25℃）。20℃时溶解度：水 0.69mg/L（pH=7）。

毒性 大鼠急性 LD_{50}(mg/kg)：经口＞2000，经皮＞2000。急性吸入毒性 LC_{50}＞2.61mg/L。对皮肤和眼无刺激，皮肤接触无致敏反应。Ames 试验、染色体畸变试验、细胞突变试验、微核细胞试验均为阴性。

应用 噁唑酰草胺乳油对稻田主要杂草看麦娘、臂形草、狗牙根、马唐、止血马唐、稗草、芒稗、牛筋草、千金子属、秋稗、早熟禾、狗尾草等防效在 90%以上。

685

合成路线

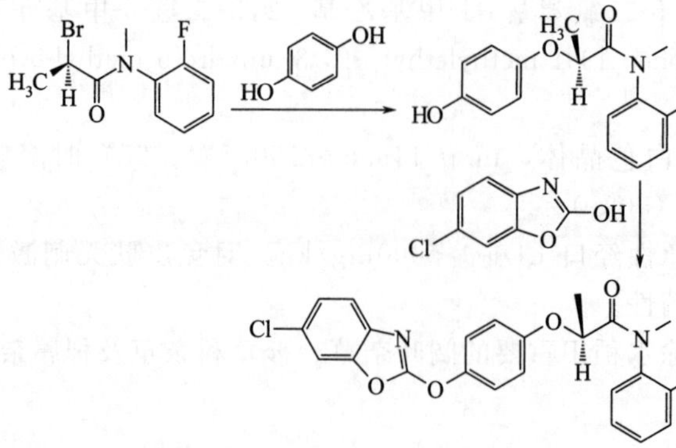

常用剂型 常用制剂主要有 10％乳油。

二苯乙腈（diphenylacetonitrile）

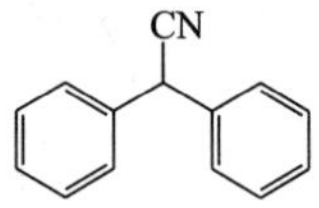

$C_{14}H_{11}N$，193.25，86-29-3

其他名称 Dipan BL。

化学名称 二苯基乙腈；diphenylacetonitrile。

理化性质 纯品二苯乙腈为黄色结晶固体，m.p. 73～73.5℃，b.p. 181℃（12mmHg）。20℃时溶解度：水 270mg/L。

毒性 二苯乙腈原药急性 LD_{50}（mg/kg）：大鼠经口 3500。

应用 二苯乙腈属于腈类除草剂，由 Eli Lilly 开发。二苯乙腈用作有机合成中间体；在医药方面用来生产胃胺、苯乙哌啶、类散痛等药物；可作除草剂，芽前用于草皮防除禾本科幼草。

合成路线

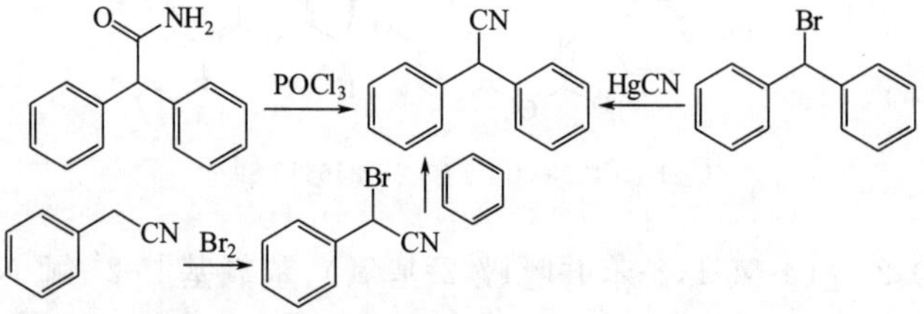

常用剂型 目前我国未见相关制剂产品登记。

二丙烯草胺（allidochlor）

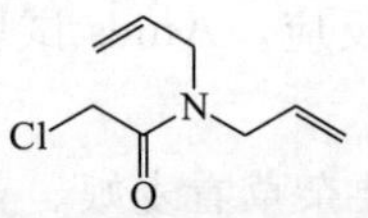

$C_8H_{12}ClNO$，173.64，93-71-0

其他名称　CP6343，草毒死。

化学名称　N，N-二丙烯基-α-氯代乙酰胺；N，N-diallyl-2-chloroacetamide。

理化性质　纯品二丙烯草胺为琥珀色液体，b. p. 92℃（266.7Pa）。25℃时溶解度：微溶于水（1.97％），易溶于乙醇、己烷和二甲苯，在石油烃中溶解度中等。相对密度1.088（20℃）。蒸气压1.25Pa（20℃）。

毒性　二丙烯草胺原药急性 LD_{50}（mg/kg）：大鼠经口750、经皮360。对皮肤和眼睛有刺激性。以70mg/(kg•d)剂量饲喂大鼠30d对大鼠生长无明显影响。

应用　二丙烯草胺属于酰胺类除草剂，美国 Monsanto 公司推广。二丙烯草胺是一种选择性苗前土壤处理剂，用于玉米、高粱、大豆、番茄、甜菜、甘蓝、甘薯、洋葱、芹菜、果园等田地防除一年生禾本科杂草和部分阔叶杂草，如早熟禾、粟米草、马唐、马齿苋、看麦娘、稗草、雀麦、野燕麦、大豆眉草等。作物播前、播后苗前，杂草芽前或芽后早期作土壤处理。4～5kg有效成分/hm^2。

合成路线

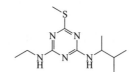

常用剂型　目前我国未见相关制剂产品登记，常用制剂主要有4lb/US gal❶乳油、20％颗粒剂。

二甲丙乙净（dimethametryn）

C$_{11}$H$_{21}$N$_5$S，255.4，22936-75-0

其他名称　戊草净，C18898。

化学名称　2-(1,2-二甲基丙氨基)-4-乙氨基-6-甲硫基-1,3,5-三嗪；2-(1,2-dimethylpropyl)-N'-ethyl-6-(methlth-io)-1,3,5-triazine-2,4-diamine。

理化性质　纯品二甲丙乙净为油状液体，m. p. 65℃，b. p. 151～153℃（6.67Pa）。20℃时溶解度：水50mg/L，丙酮650g/L，二氯甲烷800g/L，己烷60g/L，甲醇700g/L，辛醇350g/L，甲苯600g/L。相对密度1.098（20℃）。蒸气压0.186mPa（20℃）。碱性，离解常数 pK_a＝4.1。

毒性　二甲丙乙净原药急性 LD_{50}（mg/kg）：大白鼠经口3000，大白鼠经皮＞2150。对兔皮肤无刺激性，对兔眼睛有轻微刺激性。吸入 LC_{50}（4h）：大鼠＞5400mg/m^3。NOEL：大鼠（2年）25mg/kg（bw），小鼠（23个月）30mg/kg（bw）。ADI 0.01mg/kg。日本鹌鹑（8d）LC_{50}＞1000mg/kg。虹鳟（96h）LC_{50} 5mg/L。欧洲鲫鱼（96h）LC_{50} 8mg/L。水蚤 LC_{50} 0.92mg/L。蜜蜂接触和吸入（48h）LC_{50}＞100μg/只。

---

❶　1lb＝0.45359237kg，1US gal＝3.78541dm^3。

应用　二甲丙乙净属于三氮苯类除草剂，汽巴-嘉基公司开发。二甲丙乙净是用于稻田中的选择性除草剂，可防除禾本科杂草和阔叶杂草，对于稻田中的单子叶和双子叶杂草都可防除。

合成路线

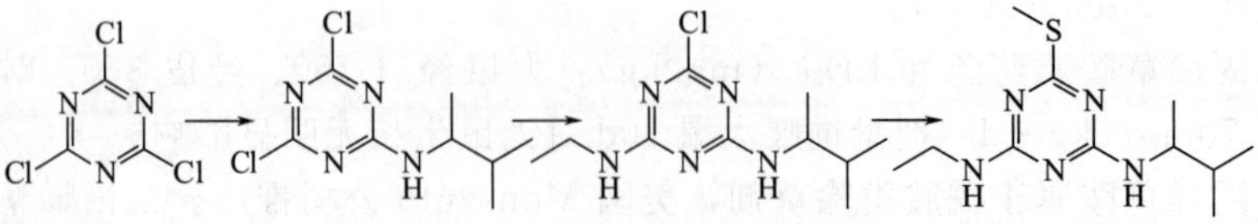

常用剂型　常用制剂主要有50％哌草磷·戊草净（40％＋10％）乳油。

二甲草醚（DMNP）

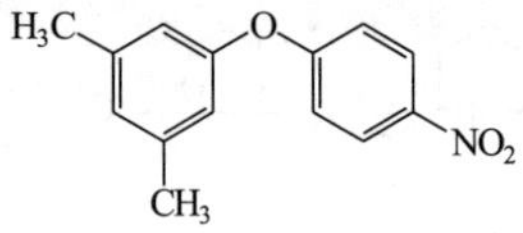

$C_{14}H_{13}NO_3$，243.26，1630-17-7

其他名称　二甲硝醚，草完醚，HW-40187，HW-1037，HE-306，DNNP。

化学名称　对硝基苯基-3,5-二甲基苯基醚；p-nitrophenyl-3,5-xylyl ether。

理化性质　纯品二甲草醚为结晶固体，m.p. 81～82℃。20℃时溶解度：易溶于乙基丙酮。对热、酸、碱比较稳定，在紫外线照射下缓慢分解。

毒性　二甲草醚原药急性 LD_{50}（mg/kg）：经口大鼠 3400、小鼠 2700。鲤鱼（48h）LC_{50} 14mg/L。

应用　二甲草醚适用于防治水稻、小麦田的一年生杂草。目前已禁用。

合成路线

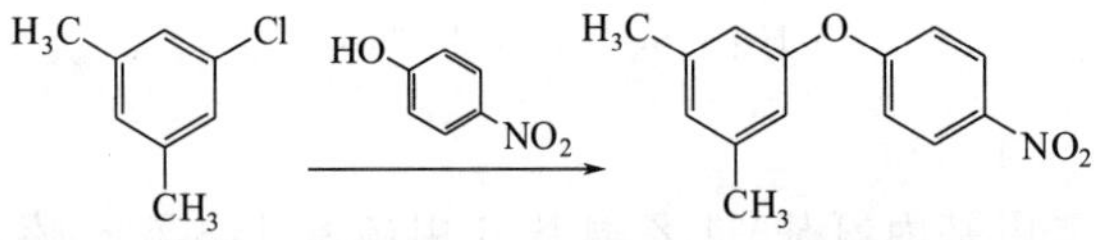

常用剂型　常用制剂主要有 25％乳剂，以及与 2 甲 4 氯的混剂。

二甲戊乐灵（pendimethalin）

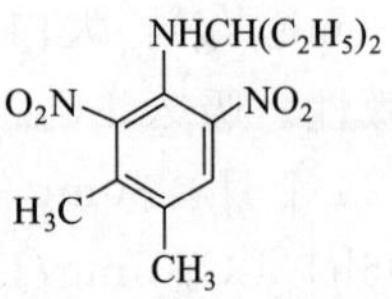

$C_{13}H_{19}N_3O_4$，281.3，40487-42-1

其他名称　除草通，二甲戊灵，除芽通，杀草通，施田补，胺硝草，Accotab，Stomp，Sovereign，Penoxalin，Horbaox，AC 92553，ANK 553，Stomp 330 E。

化学名称 *N*-(1-乙基丙基)-2,6-二硝基-3,4-二甲基苯胺；*N*-(1-ethylpropyl)-2,6-dinitro-3,4-xylidine。

理化性质 纯品二甲戊乐灵为橘黄色晶体，m. p. 54～58℃，蒸馏时分解。20℃时溶解度：丙酮700g/L，异丙醇77g/L，二甲苯628g/L，辛烷138g/L，易溶于苯、氯仿、二氯甲烷等。

毒性 二甲戊乐灵原药急性LD_{50}（mg/kg）：大鼠经口1250（雄）、1050（雌），小鼠经口1620（雄）、1340（雌），兔经皮>5000。以100mg/kg剂量饲喂大鼠两年，未发现异常现象。对动物无致畸、致突变、致癌作用。对鱼类低毒。

应用 二甲戊乐灵属于分生组织细胞分裂抑制剂，广谱苯胺类除草剂，美国巴斯夫公司开发，1971年申请专利。主要用于大豆、玉米、棉花、烟草、花生、蔬菜、果园等作物，防除一年生禾本科杂草和某些阔叶杂草。可有效地防除如马唐、牛筋草、稗草、早熟禾、藜、马齿苋、车前草、看麦娘、猪殃殃、狗尾草、稷、蓼、繁缕、地肤、莎草、异形莎草、宝盖草等。可与多种除草剂混用，使用剂量400～2000g（a.i.）/hm²。

合成路线

① 先硝化法：3,4-二甲基氯苯与混酸反应制得3,4-二甲基-2,6-二硝基氯苯，再与1-乙基丙胺反应。见路线1→2。

② 后硝化法：3,4-二甲基氯苯经烷基化、硝化制得二甲戊乐灵。见路线3→4。

③ 高压法：3,4-二甲基苯胺与3-戊酮在压力釜中Pd-C催化加成生成*N*-(1-乙基丙基)-3,4-二甲基苯胺，再经硝化制得二甲戊乐灵。见路线5→4。

④ 3,4-二甲基苯酚经硝化、甲基化，再经氨解制得二甲戊乐灵。见路线6→7→8。

常用剂型 30%、33%乳油，20%、30%悬浮剂，45%微胶囊剂。

二氯喹啉酸（quinclorac）

$C_{10}H_5Cl_2NO_2$，242.0，84087-01-4

其他名称 快杀稗，杀稗灵，稗草净，杀稗特，杀稗王，杀稗净，稗草王，克稗灵，神锄，Facet。

化学名称 3,7-二氯喹啉-8-羧酸；3,7-dichloroquinoline-8-carboxylic acid。

理化性质 纯品二氯喹啉酸为无色晶体，m.p.274℃。20℃时溶解度：丙酮2g/L，几乎不溶于其他溶剂。

毒性 二氯喹啉酸原药急性LD_{50}（mg/kg）：大鼠经口2680、经皮＞2000。对兔眼睛和皮肤无刺激性。对动物无致畸、致突变、致癌作用。

应用 二氯喹啉酸属于喹啉酸类激素型除草剂，德国巴斯夫公司开发的喹啉羧酸类选择性除草剂，1981年申请专利；主要用于水稻作物防除稗草。使用剂量250～750g（a.i.）/hm²。

合成路线 通常以间氯邻甲苯胺、甘油为起始原料，制得中间体7-氯-8-甲基喹啉在二氯苯中与氯气反应生成3,7-二氯-8-甲基喹啉，然后用浓硝酸在浓硫酸中氧化制得目标物。

常用剂型 常用剂型包括可湿性粉剂、可溶性粉剂、颗粒剂、水分散粒剂、悬浮剂、泡腾片剂等，主要制剂有25%、50%可湿性粉剂，25%悬浮剂，50%水分散粒剂，45%可溶性粉剂。

二硝酚（DNOC）

$C_7H_6N_2O_5$，198.1，534-52-1

应用 二硝酚除可作为一种非内吸性杀虫、杀螨剂外，还是一种酚类除草剂。二硝酚为触杀性茎叶处理剂，在谷物田中主要防除繁缕、猪殃殃、婆婆纳、蓼、珍珠菊等一年生阔叶杂草，对多年生杂草只能杀死地上部分。另外在马铃薯和豆科种子作物收获前做植物催枯剂，还是一个具有胃毒和触杀作用的杀虫剂。

参见杀虫剂"二硝酚"。

伐草克（chlorfenac）

$C_8H_5Cl_3O_2$，239.5，85-34-7，2439-00-1（钠盐）

其他名称 Tri-Fen。

化学名称 2,3,6-三氯苯基乙酸；2,3,6-trichlorophenylacetic acid。

理化性质 纯品伐草克为白色固体，m. p. 156℃。28℃时溶解度：水 200mg/L，溶于大多数有机溶剂。蒸气压 1.1Pa（100℃）。性质稳定。

毒性 伐草克原药急性 LD_{50}（mg/kg）：大鼠经口 1780，兔经皮 3160。NOEL：大鼠（2 年）2000mg/kg（bw）。

应用 伐草克属非选择性激素型除草剂，Rhone-Poulence 开发。芽前或芽后施用的非选择性激素型除草剂，在土壤中极为稳定，持效期 1～2 年；适用于玉米、甘蔗等；防除一年生和多年生杂草及水生杂草，如偃麦草、田旋花、阿拉伯高粱、茅草等。

合成路线

常用剂型 主要有水剂和钠盐的水溶性粉剂。

非草隆（fenuron）

$C_9H_{12}N_2O$，164.2，101-42-8

其他名称 BSI，ISO，ANSI，WSSA，fenidim，fenuron-TCA（WSSA）。

化学名称 1,1-二甲基-3-苯基脲；1,1-dimethyl-3-phenylurea。

理化性质 纯品非草隆为白色无臭结晶固体，m. p. 133～134℃。20～25℃时溶解度（g/kg）：水 3.85，乙醇 108.8，乙醚 5.5，丙酮 80.2，苯 3.1，氯仿 125，己烷 0.2，花生油 1.0g/kg。蒸气压 21mPa（60℃）。在自然条件下稳定，在强酸、强碱中水解；对氧化稳定，但可被微生物分解。

毒性 非草隆原药急性 LD_{50}（g/kg）：经口大鼠 6.4。33% 的水浆液对豚鼠的皮肤无刺激作用。NOEL（90d）：大鼠 0.5g/kg（bw）。鱼毒 LC_{50}（48h）：虹鳟 610mg/L。其醋酸盐急性经口大鼠 LD_{50} 为 4.0～5.7g/kg，急性经皮 LD_{50} 不可测得；对皮肤、眼睛和呼吸有刺激。

应用 非草隆属于脲类除草剂，由 E. I. Du Pont 公司开发，其醋酸盐由 Allied Chemical Crop. Agricultural Division（现为 HACCO InC. 公司）开发；非草隆为非耕地灭生性除草剂，小剂量并利用位差选择可谨慎地用于棉花、甘蔗、橡胶园、果园、玉米、小麦、大豆、蚕豆、胡萝卜、甜菜等作物田中防除一年生杂草如马唐、莎草、野西瓜苗、看麦娘、苋藜等，对多年生杂草如三棱草、小蓟等具有很好的抑制作用。

合成路线

常用剂型 目前我国未见相关制剂登记，常用制剂主要有 25%、50% 可湿性粉剂，5%、10% 粉剂。

酚硫杀（phenothiol）

C₁₁H₁₃ClO₂S, 244.7, 25319-90-8

其他名称 禾必特，JMAF，Zero-one，HoK-7501，2甲4氯乙硫酯，芳米大。

化学名称 S-乙基-(2-甲基-4-氯苯氧基)硫代乙酸乙酯；S-ethyl (4-chloro-2-methyl-phenoxy) thioacetate。

理化性质 纯品酚硫杀为白色针状结晶，原药为黄色至浅棕色固体，m. p. 41～42℃，b. p. 165℃/7mmHg。25℃时溶解度：水 2.3mg/L，易溶于丙酮、甲醇、氯仿、乙烷、二甲苯、苯等有机溶剂。相对密度 1.20。蒸气压 2.3mPa (20℃)。在弱酸介质中稳定，在碱性介质中不稳定，遇热易分解。在水中 DT₅₀ (25℃) 22d (pH=7)、2d (pH=9)。200℃以下稳定。商品制剂 20%芳米大乳油外观为浅褐色油状物，20℃时相对密度为 0.95，沸点135℃，在水中可以很好地乳化，易燃，对弱酸稳定，常规条件下可以贮存2年。

毒性 酚硫杀原药急性 LD₅₀ (mg/kg)：经口小白鼠 811 (雄)、749 (雌)，大白鼠 790 (雄)、877 (雌)；经皮小白鼠 1500；皮下注射小白鼠 1000、大白鼠 1200；腹腔注射小白鼠 601 (雄)、大白鼠 527 (雄)。吸入 LC₅₀ (4h)：大鼠＞44mg/m³。NOEL：大鼠和小鼠 (90d) 300mg/kg 饲料，小鼠 (2年) 20mg/kg 饲料。对大鼠无繁殖影响和致畸作用，无致瘤作用。日本鹌鹑经口 LD₅₀＞3000mg/kg。鲤鱼 (48h) LC₅₀ 2.5mg/L。蜜蜂 (接触) LD₅₀＞40μg/只蜜蜂。水蚤 (6h) LC₅₀ 4.5mg/L。酚硫杀人体每日允许最大摄入量为 2.5μg/kg，日本推荐水稻的最大允许残留量为 10μg/kg，安全间隔期为30d。

应用 酚硫杀为内激素型选择性苗后茎叶处理剂，被茎叶和根吸收后进入植物体内，干扰植物的内源激素的平衡，从而使正常生理机能紊乱，使细胞分裂加快，呼吸作用加速，导致生理机能失去平衡，杂草药后症状与 2,4-D 近似，茎叶扭曲、畸形和根变形。在小麦、水稻等禾谷类作物田主要用于防治播娘蒿、荠菜、离子草、繁缕、藜、本氏蓼、野油菜、问荆、泽漆、刺儿菜等有良好效果。但对猪殃殃、婆婆纳、王不留行、米瓦罐、麦家公等抗性杂草效果差。

合成路线

常用剂型 目前我国未见相关制剂产品登记，制剂主要有 20%乳油。

砜嘧磺隆（rimsulfuron）

C₁₄H₁₇N₅O₇S₂, 431.3, 122931-48-0

其他名称 宝成，玉嘧磺隆，Titus。

化学名称 1-(4,6-二甲氧嘧啶-2-基)-3-(3-乙基磺酰基-2-吡啶磺酰基）脲；1-(4,6-dim-ethoxy pyrimidin-2-yl)-3-(3-ethylsulfonyl-2-pyridylsulfonyl) urea。

理化性质 纯品砜嘧磺隆为晶体，m. p. 176～178℃。25℃时溶解度：蒸馏水＜10mg/L，缓冲水 7.3g/L（pH=7）。相对密度 0.784（25℃）。蒸气压 1.5×10^{-3} mPa（25℃）。正辛醇/水分配系数（K_{ow}）0.034（pH7，25℃）。离解常数 pK_a 4.1。25℃时水解 DT_{50} 4.6d（pH=5）、7.2d（pH=7）、0.3d（pH=9）。在土壤中降解迅速，DT_{50} 1.7～4.3d，其降解速率受 pH 值的影响较大，在中性土壤中化合物最稳定，在碱性和酸性土壤中降解较快。常温下贮存稳定，保质期 3 年。

毒性 砜嘧磺隆原药急性 LD_{50}（g/kg）：大鼠经口＞5，兔经皮＞2。对兔的眼睛稍有刺激性，但对皮肤无刺激作用，对豚鼠皮肤无致敏作用。吸入 LC_{50}（4h）：大鼠＞5.4mg/L。NOEL：大鼠（2 年）（雄）300mg/kg，大鼠（2 年）（雌）3g/kg，小鼠（18 个月）2.5g/kg，狗（1 年）50mg/kg，大鼠二代 3g/kg。Ames 试验，无诱变作用。

鹌鹑经口 LD_{50}＞2250mg/kg；野鸭经口 LD_{50}＞2g/kg；鹌鹑和野鸭 LC_{50}＞5620mg/kg；蓝鳃和虹鳟（96h）LC_{50}＞390mg/L；鲤鱼（96h）LC_{50}＞900mg/L；蜜蜂 LD_{50}（接触）＞100μg/只；蚯蚓 LC_{50}（14d）＞1g/kg；水蚤 LC_{50}（48h）＞360mg/L。

对动物无致畸、致突变、致癌作用。制剂大鼠急性经口 LD_{50}＞5000mg/kg，兔急性经皮 LD_{50}＞2000mg/kg；对兔的眼睛稍有刺激作用，但对皮肤无刺激作用，对豚鼠皮肤无过敏性反应；大鼠急性吸入 LC_{50}（4h）＞5.2mg/L；无致畸性。

应用 砜嘧磺隆属于超高效、内吸传导除草剂，美国杜邦公司开发，1986 年申请专利。砜嘧磺隆为玉米田除草剂，可有效地防除一年生与多年生禾本科杂草和多年生阔叶杂草，如香附子、莎草、龙葵、野燕麦、苍耳、狗尾草、马唐、牛筋草、铁苋菜、遏兰菜、刺儿菜、芦苇等多种杂草。

合成路线

常用剂型 在我国登记的产品主要有23%、23.2%可分散油悬浮剂，25%水分散粒剂，50%可湿性粉剂等，可与莠去津、嗪草酮、精喹禾灵等复配。

呋草黄（benfuresate）

$C_{12}H_{16}O_4S$，256.3，68505-69-1

其他名称 NC-20484，NS112，噁草黄。

化学名称 2,3-二氢-3,3-二甲苯并呋喃-5-基乙烷磺酸酯；2,3-dihydro-3,3-dimethyl-benzofuran-5-yl ethane sulphonate。

理化性质 原药呋草黄（纯度≥92%）为固体，m.p. 32～35℃。25℃时溶解度：水261mg/L，易溶于丙酮、苯、氯仿、乙醇，环己烷51g/L。蒸气压2.78mPa（25℃）。

毒性 呋草黄原药急性LD_{50}（mg/kg）：经口大白鼠2031～3536，经口小鼠1986～2809，经口狗＞1600，经皮大鼠＞5000。

鹌鹑急性经口LC_{50}＞32g/kg，野鸭急性经口LD_{50}＞10g/kg。鱼毒LC_{50}（96h）：蓝鳃22.3mg/L，虹鳟13.5mg/L。

应用 呋草黄属于苯并呋喃烷基磺酸酯类除草剂，Schering公司开发。呋草黄适用于水稻、棉花及甘蔗、烟草等，对多年生莎草科杂草有很强的防除效果，对一年生禾本科杂草和阔叶杂草也有很好的防除效果，种植前混土及苗前处理效果极佳，苗后处理活性较差；以2～2.8kg（a.i.）/hm²种植前拌土用于棉花，芽后处理以450～600g（a.i.）/hm²。用于水稻，可有效防除许多禾本科杂草，包括莎草和木贼状荸荠以及阔叶杂草。日本田间试验表明，持效期可达100d。

合成路线

常用剂型 目前我国未见相关制剂产品登记，常用制剂主要有20%乳剂。

呋草酮（flurtamone）

$C_{18}H_{14}F_3NO_2$，333.3，96525-23-4

其他名称　Benchmark。

化学名称　（*RS*）-5-甲氨基-2-苯基-4-（α，α，α-三氟间甲苯基）呋喃-3（2*H*）-酮；（*RS*）-5-methyl amino-2-phenyl-4-（α，α，α-trifluoro-*m*-tolyl）furan-3（2*H*）-one。

理化性质　纯品呋草酮为乳白色粉状固体，m. p. 152～155℃。25℃时溶解度：水35mg/L，溶于丙酮、甲醇、二氯甲烷等有机溶剂，微溶于异丙醇。

毒性　呋草酮原药急性 LD_{50}（mg/kg）：大鼠经口 500，兔经皮 500。

应用　呋草酮属于类胡萝卜素合成抑制剂，Chevron Chemical Co. 研制、安万特公司开发，1985 年申请专利。用于棉花、花生、高粱和向日葵等作物，防除多种禾本科杂草和阔叶杂草，如马唐、牛筋草、龙葵、苍耳、狗尾草藜、马齿苋、鬼针草等。

合成路线

常用剂型　我国未见相关制剂产品登记，可加工成悬浮剂、水分散粒剂、可湿性粉剂等。

氟胺磺隆（triflusulfuron-methyl）

$C_{17}H_{19}F_3N_6O_6S$，492. 4（酯），126535-15-7（酯）；$C_{16}H_{17}F_3N_6O_6S$，478. 4（酸），135990-24-3（酸）

其他名称　Debut，Safari，Upbeet，TFS50。

化学名称　2-[4-二甲基氨基-6-(2,2,2-三氟乙氧基)-1,3,5-三嗪-2-氨基甲酰基氨基磺酰基] 间甲基苯甲酸甲酯（IUPAC）；2-[［［［4-二甲基氨基-6-(2,2,2-三氟乙氧基)-1,3,5-三嗪-2-基］氨基］羰基］氨基］磺酰基]-3-甲基苯甲酸甲酯（CA）；methyl-2-[［4-dimethylami-no-6-(2,2,2-trifluoroethoxy)-1,3,5-triazin-2-yl］carbamoylsulfamoyl]-*m*-methylbenzoate。

理化性质　纯品氟胺磺隆为白色晶状固体，m. p. 160～163℃。20℃时溶解度：水 1mg/L（pH=3），丙酮 120g/L，甲醇 7g/L，乙腈 80g/L，二氯甲烷 580g/L，甲苯 2g/L。相对密度 1. 45。蒸气压<$1×10^{-2}$mPa（25℃）。分配系数 $K_{ow}lgP=0.96$（pH=7，25℃）。亨利常数<$5.9×10^{-5}$Pa・m³/mol（pH=7）。离解常数 pK_a=4. 4。在 25℃水中，半衰期 DT_{50} 为 3. 7d（pH=5）、32d（pH=7）、36d（pH=9）。在土壤中，通过化学和微生物机制迅速降解。在碱性条件下，微生物降解为重要的代谢途径；但在中性和酸性条件下，微生物降解所起的作用较少，因为化学水解速率很快。土壤中的半衰期 DT_{50} 为 3d。

毒性　氟胺磺隆原药急性 LD_{50}（mg/kg）：大鼠经口>5000，兔经皮>2000。对兔皮肤和眼睛无刺激性，对豚鼠皮肤无致敏作用。吸入 LC_{50}（4h）：大鼠＞5.1mg/L。NOEL：雄性大鼠（2 年）100mg/kg，雌性大鼠（2 年）750mg/kg，狗（1 年）875mg/kg，小鼠（18 个月）150mg/kg。ADI（英国）0.05mg/kg。Ames 试验阴性。鹌鹑：经口 LD_{50} 2250mg/kg，饲喂 LC_{50}＞5620mg/kg。野鸭：经口 LD_{50} 2250mg/kg，饲喂 LC_{50}＞5620mg/kg。蜜蜂（经口，48h）LD_{50}＞1000mg/kg。

应用　氟胺磺隆属磺酰脲类除草剂，杜邦公司开发上市。氟胺磺隆为支链氨基酸合成［乙酰乳酸合成酶（ALS）或乙酰羟酸合成酶（AHAS）］抑制剂，它通过抑制植株中所必需的氨基酸——缬氨酸和异亮氨酸生物合成来阻止细胞分裂和植物生长。其选择性源于氟胺磺隆能在甜菜中迅速代谢。氟胺磺隆为芽后选择性除草剂，受药植株的症状首先发生在分生组织。芽后用药，可防除甜菜田许多一年生和多年生阔叶杂草，用药量为 $10\sim30g/hm^2$。

合成路线

常用剂型　50％水分散粒剂使用。

氟吡草胺（picolinafen）

$C_{19}H_{12}F_4N_2O_2$，376.2，13764-05-5

其他名称　氟吡酰草胺。

化学名称　4′-氟-6-（α,α,α-三氟间甲基苯氧基）吡啶-2-酰苯胺；4′-fluoro-6-α,α,α-trifluoro-m-tolyoxy) pyridine-2-carboxaznilide。

理化性质　纯品氟吡草胺为白色细晶状固体，m. p. 107.2～107.6℃，b. p.＞230℃时分解，闪点＞180℃。20℃时溶解度：水 3.9×10^{-5} g/L（蒸馏水）、4.7×10^{-5} g/L（pH＝7），丙酮 557g/L，二氯甲烷 764g/L，乙酸乙酯 464g/L，甲醇 30.4g/L。相对密度 1.45。蒸气压 1.66×10^{-7} mPa。分配系数 $K_{ow}\lg P=5.37$。亨利常数 1.6×10^{-3} Pa·m³/mol（计算值）。在 pH 值 4、7 和 9 的条件下贮存 5d 以上，不发生水解。

毒性　氟吡草胺原药急性 LD_{50}（mg/kg）：大鼠经口＞5000（雄、雌），大鼠经皮＞4000（雄、雌）。对兔皮肤和眼睛无刺激性，对豚鼠皮肤无致敏作用。吸入 LC_{50}（4h）：大鼠＞5.9mg/L（雄、雌）。NOEL：狗（1 年）1.5mg/(kg·d)，大鼠（1 年）2.7mg/(kg·d)。ADI 0.015mg/kg（bw）。Ames 试验、HGPRT/CHO 试验和离体细胞遗传学测试呈阴性。

鹌鹑和野鸭经口 $LD_{50}>2250mg/kg$，饲喂 $LC_{50}>5314mg/kg$。蓝鳃太阳鱼（96h）$LC_{50}>0.57mg/L$。虹鳟（96h）LC_{50} $0.281mg/L$。水蚤（48h）EC_{50} $0.612mg/L$。羊角月牙藻（120h）EC_{50} $0.18\mu g/L$。鱼腥藻（120h）EC_{50} $0.12mg/L$。浮萍 EC_{50} $0.057mg/L$。蜜蜂（经口和经皮）$LD_{50}>200\mu g/$只蜂。蚯蚓（14d）$LC_{50}>1000mg/kg$。对盲走螨、蜷、蚜茧蜂和豹蛛等有益生物无害。

氟吡草胺在动植物中通过酰胺键水解断裂进行代谢。对水解稳定，但可通过光化学降解，其半衰期 DT_{50} 为 23～31d。在大田里的平均半衰期 DT_{50} 为 1 个月，$DT_{90}<4$ 个月。与土壤的键合作用强。

应用　氟吡草胺为壳牌国际研究公司发现并介绍的除草剂，1990 年申请专利。该除草剂为八氢番茄红素去饱和酶抑制剂，可以阻止类胡萝卜素的生物合成。其选择性来源于该活性成分在作物和杂草中吸收和传输的不同所致。氟吡草胺为芽后除草剂，敏感植物受药后通过叶面快速吸收，植物根部几乎没有或没有吸收作用。施药后，可引起敏感杂草的叶部白化。氟吡草胺适用于芽后防除大麦、羽扁豆、紫花豌豆、黑麦、黑小麦、春小麦、硬质小麦和冬小麦等作物上猪殃殃、堇菜、宝盖草和婆婆纳等一年生阔叶杂草。与二甲戊乐灵混用效果更佳。

合成路线　以 2-氯-6-甲基吡啶为起始原料，氧化、水解、酰胺化、醚化即得目的物。

常用剂型　可加工成悬浮剂、水分散粒剂、乳油使用。

氟吡甲禾灵（haloxyfop-methyl）

$C_{16}H_{13}ClF_3NO_4$，375.7，69806-40-2

其他名称　盖草能，Gallant，Verdict，Zellek，Dowco 453-ME。

化学名称　(RS)-2-[4-(3-氯-5-三氟甲基-2-吡啶氧基）苯氧基] 丙酸甲酯；methyl-[4-(3-chloro-5-trifluoromethyl-2-pyridyloxy) phenoxy] propionate。

理化性质　纯品氟吡甲禾灵为无色或白色晶体，m. p. 55～57℃。25℃时溶解度：水 9.3mg/L，易溶于丙酮、二氯甲烷、二甲苯、甲醇、乙酸乙酯等有机溶剂。

毒性　原药大鼠急性 LD_{50}（mg/kg）：经口>500，经皮>2000。对皮肤无刺激作用，对兔眼睛有轻微刺激作用。对动物无致畸、致突变、致癌作用。

应用　氟吡甲禾灵属于脂肪酸抑制剂除草剂，具有内吸传导作用，美国陶氏益农（Dow

Elanco）公司开发；可高效地防除大豆、棉花、马铃薯、烟草、亚麻、蔬菜、花生等阔叶作物田一年生和多年生禾本科杂草，对阔叶杂草和莎草无防治效果。氟吡甲禾灵是一外消旋体混合物，其中 S 旋光异构体没有除草活性。

合成路线

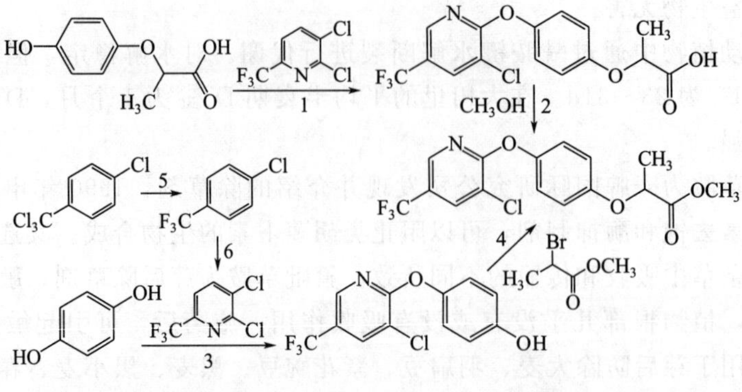

常用剂型　目前我国登记的制剂产品主要有 108g/L 乳油。

氟草净（SSH-108）

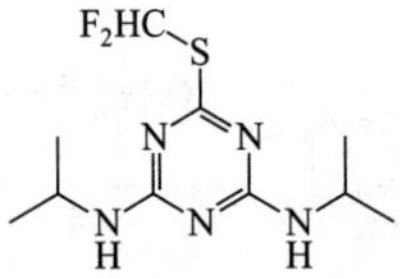

$C_{10}H_{17}F_2N_5S$，277.16，103427-73-2

其他名称　SSH-108。

化学名称　2-二氟甲硫基-4,6-双（异丙基氨基）-1,3,5-三嗪；2-difluoromethylthil-4,6-bis（isopropylamino）-1,3,5-triazine。

理化性质　纯品氟草净为白色结晶固体，m.p.56～57℃。溶解性：易溶于有机溶剂，难溶于水。

毒性　氟草净原药急性 LD_{50}（mg/kg）：大白鼠经口 3160，雌大白鼠经皮＞4646。

应用　氟草净属于三氮苯类除草剂，日本盐野义制药公司最先研发；氟草净是选择性内吸传导型除草剂。杂草根、茎、叶吸收后于体内传导，抑制光合作用。氟草净主要用于大豆、玉米、小麦、棉花等作物防除稗、马唐、绿苋、大马蓼等一年生禾本科杂草。

合成路线

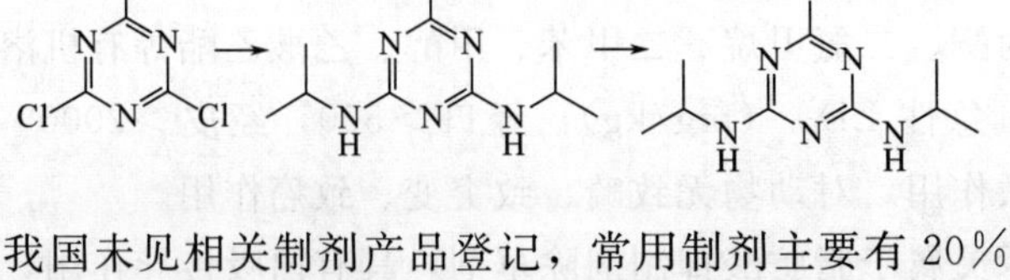

常用剂型　目前我国未见相关制剂产品登记，常用制剂主要有 20％乳油。

氟草隆（fluometuron）

$C_{10}H_{11}F_3N_2O$，234.1，2164-17-2

其他名称　伏草隆，棉草伏（Cotoran），高度蓝，棉土安，福士隆，棉草完，Lanex。

化学名称　1,1-二甲基-3-（α,α,α-三氟间甲苯基）脲；1,1-dimethyl-3-(α,α,α-trifluoro-m-tolyl) urea。

理化性质　纯品氟草隆为白色结晶，m. p. 163～64.5℃。20℃时溶解度：水 110mg/L，甲醇 110g/L，丙酮 105g/L，二氯甲烷 23g/L，已烷 0.17g/L，正辛醇 22g/L。相对密度 1.39。蒸气压 0.125mPa（25℃）。20℃ 在酸性、碱性、中性介质中稳定，紫外线条件下分解。

毒性　大鼠急性 LD_{50}（mg/kg）：经口 6400，经皮＞2000。对眼睛和皮肤有轻微刺激作用。NOEL：大鼠（180d）100mg/kg，大鼠（2 年）30mg/kg，小鼠（2 年）10mg/kg，狗（1 年）10mg/(kg·d)。ADI 0.013mg/kg。动物试验无致畸、致癌、致突变作用，繁殖试验也未见异常。虹鳟鱼 LC_{50} 47mg/L（96h），鲤鱼 LC_{50} 170mg/L。蜜蜂 LD_{50} 193μg/只。对鸟低毒。

应用　氟草隆属于脲类除草剂，由 CIBA AG（现为 Novartis Crop Protection AG）推广；氟草隆是一种选择性除草剂，可用于棉花、玉米、马铃薯、葱、甘蔗等作物田防治稗草、马唐、狗尾巴草、千金子、蟋蟀草、看麦娘、早熟禾、繁缕、龙葵、小旋花、马齿苋、铁苋菜、藜、碎米荠等杂草，也可用于果园、石刁柏、林木等及非耕地。

合成路线

常用剂型　主要为 80% 可湿性粉剂。

氟草醚酯

$C_{19}H_{16}ClF_3N_2O_7$，476.8，104459-82-7

其他名称　AKH-7088。

化学名称　（E,Z)-1-[5-(2-氯-α,α,α-三氟-对-甲苯氧基)-2-硝基苯基]-2-甲氧基亚乙基

氨基氧乙酸甲酯；（*E*,*Z*)-1-[5-(2-chloro-*α*,*α*,*α*-trifluoro-*p*-tolyloxy)-2-nitrophenyl]-2-me-thoxyethylidene-amino-oxyacetate。

理化性质　纯品氟草醚酯为无色结晶固体，m. p. 57.7～58.1℃。20℃时溶解度：水 1mg/L，二氯甲烷>50％，甲苯 15％。挥发性极低。

毒性　氟草醚酯原药急性 LD_{50}（mg/kg）：大白鼠经口 5000（雄）、5000（雌），雄、雌 大白鼠经皮 2000。对雄兔皮肤有轻微刺激，对眼睛刺激极微。Ames 试验阴性。

应用　氟草醚酯属于二苯醚类除草剂，日本旭日化学工业公司开发；速效、触杀性除草 剂。氟草醚酯对大多数阔叶杂草具有茎叶活性，特别是对大豆田难防除杂草有优异防效，如 大马蓼、曼陀罗、刺黄花、反枝苋、苍耳等。

合成路线

常用剂型　目前我国未见相关制剂产品登记。

氟草烟（fluroxypyr）

$C_7H_5Cl_2FN_2O_3$，255.0，69377-81-7

其他名称　氟草定，氟氯比，氟氧吡啶，氟氯吡氧乙酸，治莠灵，Starance，Advance，Dowco 433。

化学名称　4-氨基-3,5-二氯-6-氟-2-吡啶氧乙酸；4-amino-3,5-dichloro-6-fluoro-2-pyridyl oxyacetic acid。

理化性质　纯品氟草烟为白色晶体，m. p. 232～233℃。20℃时溶解度：丙酮 51.0g/L，甲醇 34.6g/L，乙酸乙酯 10.6g/L，甲苯 0.8g/L，水 91mg/L。

毒性　氟草烟原药急性 LD_{50}（mg/kg）：大鼠经口 2405，兔经皮>5000。对兔皮肤无刺 激性，对兔眼睛有轻微刺激性。NOEL：大鼠（2 年）80mg/(kg·d)。对动物无致畸、致 突变、致癌作用。

应用　氟草烟是由美国道化学公司开发的吡啶氧羧酸类除草剂，1979 年申请专利；主 要用于麦类、玉米、果园、牧场、林地、草坪等防除阔叶杂草如猪殃殃、马齿苋、龙葵、繁 缕、田旋花、蓼、播娘蒿等。

合成路线　以吡啶为原料，制得中间体 4-氨基-3,5-二氯-2,6-二氟吡啶，然后经硫醇化、氯氧化、取代反应即可制得目标物。根据官能团的引入方式有三种合成路线。

常用剂型 主要有 20%乳油。

氟丁酰草胺（beflubutamid）

$C_{18}H_{17}F_4NO_2$，355.2，113614-08-7

化学名称 N-苄基-2-(α,α,α,4-四氟间甲基苯氧基）丁酰胺；N-benzyl-2-(α,α,α,4-tetrafluoro-m-tolyloxy）butyramide。

理化性质 纯品氟丁酰草胺为绒毛状白色粉状固体，m. p. 75℃。20℃时溶解度：水3.29mg/L，乙酸乙酯＞571g/L，丙酮＞600g/L、二氯甲烷＞544g/L，二甲苯106g/L。

毒性 氟丁酰草胺原药急性 LD_{50}（mg/kg）：大鼠经口＞5000、经皮＞2000。对兔皮肤和眼睛无刺激性。NOEL：大鼠（90d）29mg/(kg·d)。对动物无致畸、致突变、致癌作用。

应用 氟丁酰草胺属于胡萝卜素生物合成抑制剂，日本宇部产业公司开发，1986年申请专利。适用于麦田苗前、苗后早期防除阔叶杂草如婆婆纳、宝盖草、藜、荠菜、大爪菜、田堇菜等。

合成路线 以 α-氯丁酰氯为起始原料，经胺路线和酯路线两种方法制得。

701

常用剂型 可加工成悬浮剂使用。

氟啶嘧磺隆（flupyrsulfuron-methyl-sodium）

$C_{15}H_{13}F_3N_5O_7S$, 487.2, 144740-54-5

化学名称 2-(4,6-二甲氧嘧啶-2-基氨基羰基氨基磺酰基)-6-三氟甲基烟酸甲酯单钠盐；methyl-2-(4,6-dimethoxyprrimidin-2-ylcarbamylsulfamoyl)-6-trifluoromethylnicotinate monosodium sault。

理化性质 纯品氟啶嘧磺隆白色粉末状固体，m. p. 165～170℃。20℃时溶解度：水（25℃，pH5）63mg/L，乙酸乙酯490mg/L，乙腈4332mg/L，丙酮3049mg/L，二氯甲烷600mg/L。在水中稳定。

毒性 氟啶嘧磺隆原药急性 LD_{50}（mg/kg）：大、小鼠经口＞5000；兔经皮＞2000。对兔皮肤和眼睛无刺激性。对动物无致畸、致突变、致癌作用。

应用 氟啶嘧磺隆广谱、超高效、内吸传导，美国杜邦公司开发，1991年申请专利。谷类作物苗后除草剂，适用于小麦、大麦等，可有效地防除重要的禾本科杂草和大多数阔叶杂草如看麦娘等。

合成路线 以4-丁氧基-1,1,1-三氟-3-丁烯-2-酮和丙二酸甲酯单酰胺为起始原料，经合环、氯化、巯基化、氯磺化、胺化制得中间体磺酰胺，然后与二甲氧基嘧啶氨基甲酸苯酯反应即得氟啶嘧磺隆。

702

常用剂型 目前我国未见相关制剂产品登记，可加工成水分散粒剂使用。

氟呋草醚（furyloxyfen）

$C_{17}H_{13}ClF_3NO_5$，403.7，80020-41-3

其他名称 MT-124。

化学名称 （±）-5-2-氯-α,α,α-三氟-对-甲苯氧基-α-2-硝基苯基甲氢-3-呋喃醚；（±）-5-(2-chloro-α,α,α-trifluoro-p-tolyloxy)-2-nitrophenyl tetrahydro-3-furyl ether。

理化性质 纯品氟呋草醚为黄色晶体，m. p. 73～75℃。20℃时溶解度：水 0.4mg/L。

应用 氟呋草醚属于二苯醚类除草剂，日本三井东压化学公司开发。氟呋草醚适用于水稻芽前、芽后早期防除稗草等一年杂草及某些多年生杂草，用450～750g（有效成分）/hm² 处理。旱田花生、大豆芽前、芽后早期 600～900g/hm² 处理。

合成路线

常用剂型 目前我国未见相关制剂产品登记。

氟化除草醚（fluoronitrofen）

$C_{12}H_6Cl_2FNO_3$，302，13738-63-1

其他名称 CFNP，MO-500。

化学名称 2,4-二氯-6-氟苯基-4-硝基苯基醚；2,4-dichloro-6-fluorophenyl-4-nitrophenyl ether。

理化性质 纯品氟化除草醚 m. p. 67.1～67.9℃。23℃时溶解度：水 0.66mg/L。

毒性 氟化除草醚原药急性 LD_{50}（mg/kg）：经口小鼠 2500。鲤鱼（48h）LC_{50} 0.5mg/L。

应用 氟化除草醚属于二苯醚类除草剂，日本三井化学株式会社推广。氟化除草醚可抑制萌发杂草的胚轴和幼芽的生长。氟化除草醚适用于水稻、大豆、花生、棉花、向日葵、森林苗木及作为脲类除草剂的增效剂，可以防除大多数一年生杂草、大豆菟丝子及海水浮游生物。

合成路线

常用剂型 目前我国未见相关制剂产品登记。

氟磺胺草醚（fomesafen）

$C_{15}H_{10}ClF_3N_2O_6S$，438.8，72178-02-0

其他名称 虎威，除豆莠，豆草畏，福草醚，磺氟草醚，氟黄胺草醚，氟磺醚，氟磺草，北极星，Flexstar，Flex，Acifluorfen，Reflex，PP021。

化学名称 N-甲磺酰基-5-[2'-氯-4'-（三氟甲基）苯氧基]-2-硝基苯甲酰胺或5-(2-氯-α，α,α-三氟对甲苯氧基)-N-甲磺酰基-2-硝基苯甲酰胺；5-[2-chloro-4-(trifluoromethyl) phenoxyl]-N-(methylsulphonyl)-2-nitrobenzamide。

理化性质 纯品氟磺胺草醚为白色结晶体，m. p. 220～221℃。20℃时溶解度：水50mg/L，丙酮300g/L，能溶于多种有机溶剂。蒸气压<0.1mPa（50℃）。氟磺胺草醚呈酸性，能生成水溶性盐。

毒性 氟磺胺草醚原药急性 LD_{50}（mg/kg）：大鼠经口 1250～2000，兔经皮>1000。雄性大鼠急性吸入 LD_{50}（4h）4.97mg/L。对大鼠皮肤和眼睛有中等刺激作用，对兔皮肤和眼睛有轻微刺激性。NOEL：狗（180d）30～40mg/kg饲料，大鼠（2年）100mg/kg。对动物无致畸、致突变、致癌作用。野鸭经口 LD_{50}>5000mg/kg。虹鳟鱼（96h）LC_{50} 170mg/L（钠盐）。硬头鳟（24h）LC_{50} 1700mg/L（15℃）。青鳃翻车鱼 LC_{50}：8840mg/L（24h，22℃）、6030mg/L（96h，22℃）。蜜蜂：经口 LD_{50} 50μg/只，接触 LD_{50} 100μg/只。蚯蚓 LD_{50}（14d）>1000mg/kg 土。

应用 氟磺胺草醚属于二苯醚类除草剂，是英国捷利康公司开发的芽后选择性除草剂，1978年申请专利；是防除大豆田杂草的优良除草剂品种之一，能有效地防除多种一年生和多年生阔叶杂草如苍耳、猪殃殃、铁苋菜、龙葵、马齿苋、田旋花、荠菜、刺儿菜、藜、蓼、曼陀罗、野芥、鬼针草等，防除三叶鬼针草有特效。

合成路线

常用剂型 主要剂型有微乳剂、水剂、可分散油悬浮剂、乳油、水分散粒剂等，主要制剂有10%乳油、20%微乳剂、25%水剂等。

氟磺隆（prosulfuron）

$C_{15}H_{16}F_3N_5O_4S$，419.3，94125-34-5

其他名称 顶峰，必克，三氟丙磺隆，Excecd，Peak。

化学名称 1-(4-甲氧基-6-甲基-1,3,5-三嗪-2-基)-3-[2-(3,3,3-三氟丙基)苯基磺酰]脲；1-(4-methoxy-6-methyl-1,3,5-triazin-2-yl)-3-[2-(3,3,3-trifluoropropyl) phenylsulfoyl] urea。

理化性质 无色晶体，m. p. 155℃。25℃时溶解度：水 4.0g/L，乙醇 8.4g/L，丙酮 160g/L，乙酸乙酯 56g/L，二氯甲烷 180g/L。pH=5 介质中迅速水解。

毒性 原药急性 LD_{50}（mg/kg）：大鼠经口 986，小鼠经口 1247，兔经皮＞2000。对兔皮肤和眼睛无刺激性。对动物无致畸、致突变、致癌作用。

应用 超高效、内吸传导，瑞士诺华公司开发，1983 年申请专利。玉米、高粱、禾谷作物、草坪、牧场除草剂，可有效地防除阔叶杂草。

合成路线

常用剂型 我国未见相关制剂产品登记，可加工成水分散粒剂。

氟磺酰草胺（mefluidide）

$C_{11}H_{13}F_3N_2O_3S$，310.3，53780-34-0

其他名称 伏草胺，MBR-12325，Embark。

化学名称 N-{2,4-二甲基-5-[(三氟甲基)磺酰氨基]苯基}乙酰胺。

理化性质 纯品氟磺酰草胺为非挥发性白色无味结晶固体。23℃时溶解度：水 180mg/L，二氯甲烷 2.1g/L，乙醇 17g/L，甲醇 310g/L，丙酮 350g/L，乙腈 64g/L，乙酸乙酯 50g/L，苯 0.31g/L，二甲苯 0.12g/L，正辛烷 17g/L。蒸气压＜10mPa（25℃）。

对热稳定，但在酸性或碱性溶液中回流，乙酰氨基部分可被水解，其水溶液和悬浮剂与金属长期接触有轻度腐蚀，在水溶液中可被紫外线降解。pK_a 4.6，与有机碱或无机碱易成盐。

毒性 氟磺酰草胺原药急性 LD_{50}（mg/kg）：经口大白鼠 4000，小白鼠 1920；经皮兔＞4000。对兔眼睛有轻微刺激，对兔皮肤无刺激。NOEL：狗（90d）1g/kg，大鼠（90d）6g/kg。无诱变和致畸作用。

鹌鹑、野鸭经口 LD_{50}＞4620mg/kg，LC_{50}（5d）＞10mg/kg 饲料。虹鳟和蓝鳃（96h）LC_{50}＞100mg/L。对蜜蜂有毒。急性、亚急性毒性及代谢、残留研究表明，对人、畜和环境无危害。

应用 氟磺酰草胺属于酰胺类除草剂，由 3M Co.（明尼苏达矿业和制造公司）推广。伏草胺为选择性芽后除草剂，主要用于大豆、花生、棉花田防除苍耳、宿根高粱、大果田菁等禾本科与阔叶杂草。

合成路线

常用剂型 常用制剂主要有 0.48kg/L、0.24kg/L 二乙胺盐水剂。

氟乐灵（trifluralin）

$C_{13}H_{16}F_3N_3O_4$，335.1，1582-09-8

其他名称 氟特力，特氟力，氟利克，特福力，茄科宁，Flutrix，Treflan，Triflurex，Trim，Treficon，Basalim，Elancolan，L 36352。

化学名称 2,6-二硝基-N,N-二丙基-4-三氟甲基苯胺；2,6-dinitro-N,N-dipropyl-4-triouoromethyl aniline。

理化性质 纯品为橙黄色结晶固体，m.p. 48.5～49℃（工业品为 42℃），b.p. 96～97℃/23.99Pa。溶解性：能溶于多数有机溶剂，二甲苯 58%，丙酮 40%，乙醇 7%，不溶于水。蒸气压 $2.65×10^{-2}$Pa（29.5℃）、$1.373×10^{-2}$Pa（25℃）。易挥发、易光解，能被土壤胶体吸附而固定，化学性质较稳定。

毒性 原药急性 LD_{50}（mg/kg）：大鼠＞10000，小鼠 5000，狗＞2000。家兔急性经皮 LD_{50}＞2000mg/kg。NOEL：大鼠（2 年）2000mg/kg。鱼毒 LC_{50}（48h）：鲤鱼 4.2mg/L，金鱼 0.59mg/L，蓝鳃鱼 0.058mg/L。蜜蜂致死量为 24mg/只。

应用 氟乐灵为选择性触杀除草剂，美国礼来公司（Eli Lilly Co.）首先开发。氟乐灵对大多数一年生单子叶禾本科杂草有防效，如稗草、狗尾草、牛筋草、马唐、大画眉草、看麦娘、野燕麦、千金子、早雀麦、早熟禾、蟋蟀草等；对某些小粒种子一年生阔叶、双子叶杂草也有较强的抑制作用，如繁缕、粟米草、地肤、灰菜、野苋、小藜、蒺藜、马齿苋、猪毛菜、野麻、苘麻、苣荬菜、刺儿菜、荠菜、白藜等防除效果达 80% 左右。氟乐灵主要用于棉花、大豆、花生、油菜、甘蔗、小麦、大麦、蓖麻、向日葵、苜蓿 、菜豆、豌豆、胡萝卜、甜瓜、胡椒、茴香、洋葱、花椰菜、大蒜、芹菜、葡萄、柑橘、胡桃、杏、桃、番茄和马铃薯等作物田；高粱、燕麦、甜菜、韭菜、菠菜和小葱等作物对氟乐灵敏感，不能使用。

合成路线

常用剂型 在我国登记的主要制剂产品为 45.5％、48％ 480g/L 乳油。

氟硫草定（dithiopyr）

$C_{15}H_{16}F_5NO_2S_2$，371.3，97886-45-8

其他名称 Dimension，Dictran。

化学名称 S,S'-二甲基-2-二氟甲基-4-异丁基-6-三氟甲基吡啶-3,5-二硫代甲酸酯；S,S'-dimethyl-2-difluoromethyl-4-isobutyl-6-trifluoromethylpyridine-3,5-dicarbothioate。

理化性质 纯品氟硫草定为无色晶体，m. p. 65℃。25℃时溶解度：水 1.45mg/L。

毒性 氟硫草定原药急性 LD_{50} （mg/kg）：大、小鼠经口＞5000，大鼠、兔经皮＞5000。NOEL：大鼠（2 年）10mg/kg （bw）。

应用 氟硫草定属吡啶类除草剂，由美国孟山都公司研制、罗门哈斯公司开发。氟硫草定主要用于稻田和草坪防除稗草、鸭舌草、异形莎草、节节菜等一年生杂草。该除草剂活性不受环境等因素变化影响，对水稻安全，持效期达 80d。

合成路线 以三氟乙酰乙酸乙酯为原料，经加成、成环，制得二羟基四氢吡喃二羧酸酯，后者在氨水或氨气的作用下转变成的二羟哌啶二羧酸酯与三氟乙酸酐在 30℃下脱水，生成 3,4-和 1,4-二氢吡啶二羧酸酯的混合物，该混合物在氮气保护下用亚硝酸钠氧化得对应吡啶羧酸酯，然后氢氧化钾皂化、酸化，氯化亚砜酰氯化得对应吡啶酰氯，所得酰氯与甲硫醇钠或硫醇钠的氢氧化钾溶液反应得氟硫草定。

常用剂型 在我国未见相关制剂产品登记，制剂主要有 32％乳油。

氟硫隆（flurothiuron）

$C_{10}H_{10}Cl_2F_2N_2OS$，315.2，33439-45-1

其他名称 氟苯隆，KUE-2079A。

化学名称 N-(3-氯-4-二氟一氯甲硫基苯基)-N′,N′-二甲基脲；N-(3-chloro-4-difluo-rochloromethyl-thiophen-yl)-N′,N′-dimethylurea。

理化性质 纯品氟硫隆为无色结晶固体，m. p. 113～114℃。20℃时溶解度：水 7.3％，环己酮 37.7％，二氯甲烷 31.6％。蒸气压＜0.0l7Pa（20℃）。

毒性 氟硫隆原药急性 LD_{50}（mg/kg）：经口大鼠 770、小鼠 600；经皮大鼠 3000。亚急性 3 个月试验未发现问题。NOEL：大鼠（3 个月）40mg/kg，小鼠（3 个月）20mg/kg。圆腹雅罗鱼 TLm 为 2～4mg/L，鲤鱼 TLm 1～2mg/L。

应用 氟硫隆为脲类除草剂，由拜耳公司推广。可用于水田防除稗草、一年生杂草和牛毛草。

合成路线

常用剂型 目前我国未见制剂产品登记。

氟咯草酮（fluorochloridone）

$C_{12}H_{10}Cl_2F_3NO$，312.08，61213-25-0

其他名称 Racer，R 40244。

化学名称 （3RS，4RS；3RS，4SR）-3-氯-4-氯甲基-1-（α，α，α-三氟间甲苯基）-2-吡咯烷酮（3：1）；（3RS，4RS；3RS，4SR）-3-chloro-4-chloromethyl-1-（α，α，α-trifluoro-m-tolyl）-2-pyrrolidone（3：1）。

理化性质 氟咯草酮原药为棕色固体，m. p. 42～73℃。20℃时溶解度：水 28mg/L，煤油＜5g/L，易溶于丙酮、氯苯、乙醇、二甲苯等有机溶剂，溶解度 100～150g/L。蒸气压 8×10^2 Pa（25℃）。60℃、pH＝4 时半衰期为 7d，60℃、pH＝7 时为 18d，土壤中半衰期 11～100d。

毒性 氟咯草酮原药急性 LD_{50}（mg/kg）：经口雄大鼠 4000，经皮兔＞5000。对兔皮肤和眼睛稍有刺激作用。吸入 LC_{50}（4h）：大鼠 10.3mg/L。NOEL：雄大鼠（2年）100mg/kg，雌大鼠（2年）400mg/kg 饲料（每天 19.3mg/kg）。Ames 试验阴性。虹鳟鱼 LC_{50} 4mg/L（96h）。蓝鳃鱼 LC_{50} 5mg/L（96h）。鹌鹑 LD_{50}＞2150mg/kg。蜜蜂 LD_{50}＜0.1mg/只。

应用 氟咯草酮属吡咯烷酮类除草剂，美国施多福化学公司（Stauffer Chemical Co.）开发。胡萝卜素合成抑制剂。氟咯草酮防除冬小麦和冬黑麦田繁缕、常春藤叶、婆婆纳和堇菜，棉花田反枝苋、马齿苋和龙葵，马铃薯田的猪殃殃、龙葵和波斯水苦荬，用 500～700g（a. i.）/hm² 施药。防治马铃薯、胡萝卜田难防除的各种阔叶杂草，以 750g（a. i.）/hm² 施药。在轻质土中生长的胡萝卜，用 500g（a. i.）/hm² 施药，并可增产。

合成路线

常用剂型 在我登记的主要产品为 95％原药，可加工成 250g/L 乳油、250g/L 干胶悬剂，可与草不隆等复配。

氟嘧磺隆（primisulfuron-methyl）

$C_{15}H_{12}F_4N_4O_7S$，468.2，86209-51-0

其他名称 Beacon，Tell，Bifle。

化学名称 2-[4,6-双（二氟甲氧基）嘧啶-2-基-氨基甲酰氨基磺酰基]苯甲酸甲酯；methyl-2-[4,6-bis（difluoromethoxy）pyrimidin-2-yl-carbanmoylsulfamoyl] benzoate。

理化性质 纯品为白色固体，m. p. 203.1℃。微溶于多种有机溶剂。水解反应半衰期：pH 3~5 时约 10h，pH 7~9 时大于 300h。土壤中半衰期为 10~60h。≤100℃稳定。

毒性 原药急性 LD_{50}（mg/kg）：经口大鼠＞5050，经皮大鼠＞2010。对豚鼠皮肤无致敏性，对兔皮肤和眼睛无刺激作用。吸入 LC_{50}（4h）：大鼠＞4.8mg/L。NOEL：大鼠（2 年）24.5mg/(kg·d)。鹌鹑急性经口 LD_{50}＞2150mg/kg。对蜜蜂安全。

应用 氟嘧磺隆由瑞士汽巴-嘉基公司（Ciba-Geigy）开发。能有效地防除禾本科杂草和阔叶杂草，包括苋属、豚草属、曼陀罗属、蜀黍属、苍耳属及野麦属的匍匐野麦，且可以防除对三嗪类除草剂有抗性的杂草。还可以与多种除草剂复配，对玉米安全。

合成路线

常用剂型 主要有 75% 可湿性粉剂、5% 水分散粒剂。

氟萘草酯（SN 106279）

$C_{22}H_{16}ClF_3O_4$，424.8，103055-25-0

其他名称 SN106279。

化学名称 (R)-2-[7-(2-氯-α,α,α-三氟-对-甲苯氧基)-萘-2-基氧] 丙酸甲酯；(R)-2-[7-(2-chloro-α,α,α-trifluoro-p-tolyloxy)-2-naphthyloxy] procpionate。

理化性质 纯品氟萘草酯为黄色液体。20℃时溶解度：水 0.7mg/L，乙醇 870g/L，甲醇 850g/L，丙酮 870g/L。蒸气压 2.39μPa（25℃）。

毒性 氟萘草酯原药急性 LD_{50}（mg/kg）：经口大白鼠＞400。

应用 氟萘草酯属于二苯醚类除草剂，德国 Schring AG 开发。氟萘草酯适用于小麦田、大麦田、玉米田和水稻田防除直立婆婆纳、波斯水苦荬、母菊、田堇菜、宝盖菜、小野芝麻、荞麦蔓、大马蓼、白芥、马齿苋和蓼属。高剂量对猪殃殃效果亦好。

合成路线

710

氟噻草胺（flufenacet）

$C_{12}H_{13}F_4N_3O_2S$，339.2，142459-58-3

其他名称 fluthiamide，thiadiazlamide。

化学名称 4′-氟-N-异丙基-N-2-(5-三氟甲基-1,3,4-噻二唑-2-基氧基) 乙酰苯胺；N-(4-fluorophenyl)-N-(1-methylethyl)-2-[[5-(trifluoromethyl)-1,3,4-thiadiazol-2-yl] oxy] acetamide。

理化性质 纯品氟噻草胺为白色或棕色固体，m.p.75～77℃。25℃时溶解度：水0.056g/L，丙酮、DMF、二氯甲烷、甲苯、二甲亚砜＞200g/L。

毒性 氟噻草胺原药急性 LD$_{50}$（mg/kg）：大鼠经口 1617（雄）、589（雌）；大鼠经皮＞2000。NOEL：大鼠（2 年）25mg/kg。对兔皮肤和眼睛无刺激性。对动物无致畸、致突变、致癌作用。

应用 氟噻草胺属于细胞分裂与生长抑制剂，德国拜耳公司开发，1982 年申请专利。适用于玉米、小麦、大麦、大豆田防除一年生禾本科杂草和某些阔叶杂草。

合成路线

常用剂型 可加工成乳油、颗粒剂、悬浮剂、水分散粒剂、可湿性粉剂等剂型使用。

氟噻乙草酯（fluthiacet-methyl）

$C_{15}H_{15}ClFN_3O_3S_2$，403.88，117337-19-6

其他名称 嗪草酸，Action。

化学名称 ［2-氯-4-氟-5-（5，6，7，8-四氢-3-氧-1H，3H-［1，3，4］噻二唑并［3，4-a］哒嗪-1-亚氨基）苯硫基］乙酸甲酯；methyl［2-chloro-4-fluoro-5-（5，6，7，8-tetrahydro-3-oxo-1H,3H-［1，3，4］thiadiazolo［3，4-a］pyridazin-1-ylideneamino）phenylthio］acetate。

理化性质 纯品氟噻乙草酯为白色粉状固体，m. p. 105.0～106.5℃。20℃时溶解度：水 0.78mg/L，甲醇 4.41g/L，丙酮 10g/L，甲苯 84g/L，乙酸乙酯 73.5g/L，乙腈 68.7g/L，二氯甲烷 9g/L，正辛醇 1.86g/L。

毒性 氟噻乙草酯原药急性 LD_{50}（mg/kg）：大鼠经口＞5000，兔经皮＞2000。对兔皮肤无刺激性，对兔眼睛有轻微刺激性。对动物无致畸、致突变、致癌作用。

应用 氟噻乙草酯属于原卟啉原氧化酶抑制剂，日本组合化学公司研制并与诺华公司共同开发的高效、广谱噻二唑类除草剂，1986 年申请专利。主要用于大豆、玉米田等防除阔叶杂草，如西风古、藜、蓼、马齿苋、繁缕、曼陀罗、龙葵等。

合成路线 以邻氟苯胺为起始原料，经酰化、氯化制得中间体 4-氯-2-氟乙酰苯胺。与氯磺酸反应后经还原、水解制得中间体取代硫酚。再经醚化制成硫代异硫氰酸酯，最后与腈缩合、与光气环合制得氟噻乙草酯，见路线 1→2→3→4→5→6→7→8。或者经过路线 9→10→11→12 制得氟噻乙草酯。

712

非光气路线：

常用剂型 我国未见相关制剂产品登记，制剂主要有20%可湿性粉剂。

氟酮磺隆（flucarbazone-sodium）

$C_{12}H_{10}F_3N_4NaO_6S$，418.2，181274-17-9

其他名称 Everest，彪虎。

化学名称 N-(2-三氟甲氧基苯基磺酰基)-4,5-二氢-3-甲氧基-4-甲基-5-氧-1H-1,2,4-三唑甲酰胺钠盐；N-(2-trifluoromethoxyphenylsulfonyl)-4,5-dihydro-3-methoxy-4-methyl-5-oxo-1H-1,2,4-triazolcarboxamide sodium salt。

理化性质 纯品为无色无臭结晶体，m. p. 200℃（分解）。20℃时溶解度：水 44g/L（pH 4～9）。相对密度1.59（20℃）。蒸气压$<1\times10^{-9}$Pa（20℃）。分配系数 K_{ow} lg$P=-0.89$（pH4）、-1.85（pH7）、-1.89（pH9）、-2.85（非缓冲液）。

毒性 大鼠急性经口 $LD_{50}>5000$mg/kg。大鼠急性经皮 $LD_{50}>5000$mg/kg。对兔皮肤无刺激，对眼睛有轻微至中等刺激，对豚鼠皮肤无致敏性。大鼠急性吸入 $LC_{50}>5.13$mg/L。NOEL值：大鼠（2年）125mg/kg饲料，小鼠（2年）1000mg/kg饲料，雌狗（1年）200mg/kg饲料，雄狗（1年）1000mg/kg饲料。ADI/RfD（EPA）aRfD3.0mg/kg，cRfD0.36mg/kg，0.04mg/kg（Baye建议）。无数据显示有神经毒性、遗传毒性、致畸性和致癌可能性。

山齿鹑急性经口 $LD_{50}>2000$mg/kg。山齿鹑亚急性饲喂 $LC_{50}>5000$mg/kg。蓝鳃翻车鱼 LC_{50}（96h）>99.3mg/L，虹鳟>96.7mg/L。水蚤 EC_{50}（48h）>109mg/L。羊角月牙藻 EC_{50}6.4mg/L。浮萍 EC_{50}0.0126mg/L。对蜜蜂无毒（$LD_{50}>200\mu g$/只）。蚯蚓 $LC_{50}>1000$mg/kg。

大鼠口服后48h内几乎完全通过粪便和尿液排出，且主要为母体化合物。在小麦上充分代谢，残留物为母体化合物和 N-去甲基代谢物。土壤中平均 DT_{50} 17d。土壤和水中光解

$DT_{50} > 500d$。在土壤中不迁移；消解研究中，在 30cm 深度以下没有检测到残留物。

应用 氟酮磺隆是一种含有三唑啉酮基的磺酰脲类除草剂，由拜耳公司发现并开发，于 1998 年开始推广应用。作为一种支链氨基酸合成（ALS 或 AHAS）抑制剂，通过抑制必需氨基酸缬氨酸和异亮氨酸的生物合成，从而停止细胞分裂、杂草停止生长，对 ACC 酶抑制剂（芳氧苯氧丙酸类、环己酮烯类）、氨基甲酸酯类（如燕麦畏）、二硝基苯胺类等产生抗性的野燕麦和狗尾草等杂草有很好的防效。

主要通过叶和根吸收，分别向顶、向基传导。用于小麦苗后防除禾本科杂草，尤其是野燕麦、狗尾草和一些阔叶杂草，对下茬作物安全，与 2,4-滴丁酯具有良好的配伍性能，混用后增效明显，灭草后增产 20% 以上。小麦田使用剂量为每公顷 21g。

氟酮磺隆还可作为土壤处理剂，能有效抑制看麦娘、野燕麦、雀麦，对节节草也有一定的抑制作用。

合成路线 氟酮磺隆有多种合成路线，如路线 1→2→3→4→5→6、路线 7→8→4→9→10、路线 1→2→3→4→9→10 等。

常用剂型 可加工成 70% 水分散粒剂。

氟烯草酸（flumiclorac-pentyl）

$C_{21}H_{23}ClFNO_5$，423.7，87546-18-7

其他名称 氟胺草酯，利收，Resource，S 23031，V 23031。

化学名称 ［2-氯-5-(环己-1-烯-1,2 二甲酰亚氨基)-4-氟苯氧基］乙酸戊酯；penyl-［2-

chloro-5-(cyclohex-1-ene-1,2-dicarboxamino)-4-fluorophenoxy]acetate。

理化性质 纯品氟胺草酯为白色粉状固体，m. p. 88.9～90.1℃。25℃时溶解度：丙酮590g/L、甲醇47.8g/L，正辛醇16.0g/L、己烷3.28g/L。

毒性 氟胺草酯原药急性LD_{50}（mg/kg）：大鼠经口＞3600，兔经皮＞2000。对兔眼睛和皮肤有中度刺激性。对动物无致畸、致突变、致癌作用。

应用 氟胺草酯属于原卟啉原氧化酶抑制剂，日本住友公司开发的高效、选择性酰亚胺类除草剂，1981年申请专利；主要用于玉米、大豆等作物苗后防除阔叶杂草如藜、繁缕、猪殃殃、曼陀罗、野胡萝卜、蓼、龙葵、地肤、婆婆纳、苍耳等。

合成路线 主要原料为对氟苯酚，根据乙酸戊酯氧基的引入顺序，有两种合成路线。

① 以对氟苯酚为起始原料，经氯化、酯化、硝化制得中间体取代硝基苯。经水解中间体的取代苯酚，再经醚化、还原制得取代苯胺，最后与四氢苯酐缩合即得氟胺草酯。

② 与上述路线类似，只是最后引入乙酸戊酯氧基。

常用剂型 10％乳油。

氟酯肟草醚（PPG1013）

$C_{18}H_{15}F_3N_2O_6$，412.2，87714-68-9

其他名称 PPG1013。

化学名称 methyl-2-[1-[5-[2-chloro-4-(trifluoromethyl) phenoxy]-2-nitrophenyl] ethylide-neamino] oxyacetate。

应用 氟酯肟草醚属于二苯醚类除草剂，美国PPG公司开发。氟酯肟草醚适用于大豆、花生、水稻、小麦、大麦田除草，以及玉米、高粱地除草，也可作棉花脱叶剂。氟酯肟草醚可防除阔叶杂草、苋属、茄属、大果田菁、田芥菜、美洲豚草、曼陀罗、马齿苋、轮生粟米草等。

合成路线

常用剂型　目前我国未见相关制剂产品登记。

高 2 甲 4 氯丙酸（mecoprop-P）

$C_{10}H_{11}ClO_3$，214.6，94596-45-9

其他名称　BAS03729H（BASF），Duplosan KV，Optical。

化学名称　(R)-2-(4-氯-邻-甲苯氧基) 丙酸；(R)-2-(4-chloro-2-methylphenoxy) propionic acid。

理化性质　纯品高 2 甲 4 氯丙酸为无色晶体，m. p. 94.6～96.2℃。20℃时溶解度：水860mg/L（pH＝7），丙酮、乙醚、乙醇大于 1g/L，二氯甲烷 730g/L，己烷 9g/L，甲苯330g/L。相对密度约 1.31（20℃）。蒸气压 0.4mPa（20℃）。分配系数 $K_{ow} lgP＝1.43$（pH＝5，20℃）。亨利常数 $1.0×10^{-4} Pa·m^3/mol$。呈酸性，离解常数 $pK_a＝3.78$（20℃）。对日光稳定，在 pH 3～9 条件下稳定。制剂无腐蚀性。

毒性　高 2 甲 4 氯丙酸原药急性 LD_{50}（mg/kg）：经口大鼠 825～1470，经皮大鼠＞4000。吸入 LC_{50}（4h）：大鼠＞5.6mg/L。NOEL：大鼠（2 年）1.1mg/kg（bw）。无致癌作用。鹌鹑急性经口 LD_{50} 约 500mg/kg。对蜜蜂无毒。

应用　高 2 甲 4 氯丙酸属激素型芳氧基链烷酸类除草剂，巴斯夫公司开发。防除对象和适用作物与 2 甲 4 氯丙酸盐相同。以 1.2～1.5kg/hm² 施用于禾谷类作物田，可有效地防除藜、猪殃殃、繁缕、野慈姑、鸭舌草、三棱草等。可与其他除草剂混用，以扩大杀草谱。

合成路线

常用剂型　目前在我国未见相关制剂产品登记。

高效 2，4-滴丙酸（dichlorprop-P）

$C_9H_8Cl_2O_3$，235.0，15165-67-0

其他名称　高 2,4-滴丙酸，Duplosan。

化学名称　(R)-2-(2,4-二氯苯氧基)丙酸；(R)-2-(2,4-dichlorophenoxy) propionic acid。

理化性质　纯品高效 2,4-滴丙酸为晶体，m. p. 121～123℃，工业品熔点 116～120℃。20℃时溶解度：水 0.59g/L（pH＝7），丙酮、乙醇＞1000g/kg，乙酸乙酯 560g/kg，甲苯 46g/kg。蒸气压 0.062mPa（20℃）。分配系数 K_{ow} lg$P$＝89（pH＝4.6）。酸性，离解常数 pK_a＝3.0。对日光稳定，在 pH 3～9 条件下稳定。制剂无腐蚀性。

毒性　高效 2,4-滴丙酸原药急性 LD_{50}（mg/kg）：经口大鼠 825～1470，经皮大鼠＞4000。吸入 LC_{50}（4h）：大鼠＞7.4mg/L。NOEL：大鼠（2 年）3.6mg/kg。鹌鹑经口 LD_{50} 250～500mg/kg。鳟鱼（96h）LC_{50}100～220mg/L。对蜜蜂无毒。

应用　属于芳氧基烷基酸类除草剂，是激素型内吸性除草剂，BASF AG 在德国开发。对春蓼、大马蓼特别有效，也可防除猪殃殃和繁缕，但对蒿蓄的防除效果较差。在禾谷类作物上单用时，用量为 1.2～1.5kg（a.i.）/hm²，可与其他除草剂混用。也可在很低剂量下使用，防止苹果落果。

合成路线

常用剂型　在我国未见相关制剂产品登记。

高效二甲噻草胺（dimethenamid-P）

$C_{12}H_{18}ClNO_2S$，372.8，163515-14-8

化学名称　(S)-2-氯-N-(2,4-二甲基-3-噻吩)-N-(2-甲氧基-1-甲基乙基)乙酰胺；(S)-2-chloro-N-(2,4-dimethyl-3-thienyl)-N-(2-methoxy-1-methylethyl) acetamide。

理化性质　纯品高效二甲噻草胺为黄色黏稠液体，b. p. 127℃/26.7Pa。25℃时溶解度：水 1.2g/kg，正庚烷 282g/kg，异辛醇 220g/kg，乙醚、乙醇＞50%。

毒性　高效二甲噻草胺原药急性 LD_{50}（mg/kg）：经口大鼠 1570；经皮大鼠和兔＞2000。对兔皮肤无刺激性，对兔眼睛有中度刺激性。对动物无致畸、致突变、致癌作用。

应用　高效二甲噻草胺属于细胞分裂与生长抑制剂，瑞士先正达公司研制，德国巴斯夫公司开发，为单一光学异构体，2000 年商品化。适用于玉米、花生、大豆田防除众多一年生禾本科杂草如稗草、狗尾草、马唐、牛筋草等和多数阔叶杂草如反枝苋、荠菜、鬼针草、油莎草等，用量是二甲噻草胺的一半。

合成路线　以 2,4-二甲基-3-氨基噻吩或以 2,4-二甲基-3-羟基噻吩为起始原料，经过数步反应，皆可制得高效二甲噻草胺。

常用剂型　我国未见相关制剂产品登记。

高效氟吡甲禾灵（haloxyfop-P-methyl）

$C_{16}H_{13}ClF_3NO_4$，374.6，72619-32-0

其他名称　精氟吡甲禾灵，高效盖草能，精盖草能，Gallant Super。

化学名称　(R)-2-[4-(3-氯-5-三氯甲基-2-吡啶氧基）苯氧基] 丙酸甲酯；(R)-methyl-[4-(3-chloro-5-trifluoromethyl-2-pyridyloxy) phenoxy] propionate。

理化性质　纯品高效氟吡甲禾灵为无色或白色晶体，m. p. （酸）107～108℃、（甲酯）

55～57℃、（乙酯）56～58℃。25℃时溶解度：水（酸）43.3mg/L、（甲酯）9.3mg/L、（乙酯）0.58mg/L，易溶于丙酮、二氯甲烷、二甲苯、甲醇、乙酸乙酯等有机溶剂。

毒性 原药大鼠急性 LD_{50}（mg/kg）：经口＞500，经皮＞2000。大鼠亚急性经口无作用剂量为 0.02mg/kg，狗亚急性经口无作用剂量为 0.05mg/kg，大鼠慢性经口无作用剂量为 0.065mg/kg。ADI 0.2mg/kg。野鸭和鹌鹑（8d）LD_{50}＞5620mg/kg。对皮肤无刺激作用，对兔眼睛有轻微刺激作用。对动物无致畸、致突变、致癌作用。

应用 美国陶氏益农（Dow Elanco）公司开发。除草活性比吡氟氯禾灵提高了一倍，已经成为日本、美国的除草剂骨干品种。用于防除一年生禾本科杂草如稗草、狗尾草、马唐、野燕麦、牛筋草、野黍、千金子、早熟禾、旱雀麦、大麦属、看麦娘、黑麦草等，以及多年生禾本科杂草如匍匐冰草、堰麦草、假高粱、芦苇、狗牙草等。对苗后到分蘖、抽穗初期的一年生和多年生禾本科杂草有很好的防除效果，对阔叶草和莎草无效。主要适用作物为大豆、棉花、花生、油菜、甜菜、亚麻、烟草、向日葵、豌豆、茄子、辣椒、甘蓝、胡萝卜、萝卜、白菜、马铃薯、芹菜、南瓜、西瓜、胡椒、黄瓜、莴苣、菠菜、番茄以及果园、茶园、桑园等。

合成路线 有先醚化法和后醚化法两条路线。

① 先醚化法 在二甲亚砜中，在缚酸剂碳酸钾存在下，4-（3-氯-2-三氟甲基吡啶氧基）苯酚与（S）-2-氯代丙酸甲酯于室温反应5～6h，之后用 CCl_4 萃取，即可得到光学纯度的高效氟吡甲禾灵。

② 后醚化法 在二甲亚砜中，在缚酸剂碳酸钾存在下，2,3-二氯-5-三氟甲基吡啶和（R）-2-（4-对羟基苯酚）丙酸于95℃反应6h即得到光学纯度的高效氟吡甲禾灵。

常用剂型 微乳剂、可分散油悬剂、乳油等，主要制剂有 10.8%乳油、158g/L 乳油。

高效异丙甲草胺（S-metolachlor）

$C_{15}H_{22}ClNO_2$，283.6，87392-12-9

其他名称 金都尔。

化学名称 （αRS，1S)-2-氯-6'-乙基-N-(2-甲氧基-1-甲基乙基）乙酰邻甲苯胺（80%～100%)，[(αRS,1S)-isomers]；（αRS，1R)-2-氯-6'-乙基-N-(2-甲氧基-1-甲基乙基）乙酰邻甲苯胺（0～20%)，[(αRS，1R)-isomers]；(αRS,1S)-2-chloro-6'-ethyl-N-(2-methoxy-1-methylethyl) acet-o-toluide or (αRS，1R)-2-chloro-6'-ethyl-N-(2-methoxy-1-methylethyl) acet-o-toluide。

理化性质 纯品高效异丙甲草胺为无色液体，原药则为棕色油状液体，m.p. −62.1℃。20℃时溶解度：水 488mg/L，与苯、甲苯、甲醇、乙醇、辛醇、丙酮、二甲苯、二氯甲烷、DMF、环己酮、己烷等有机溶剂互溶。

毒性 高效异丙甲草胺原药急性 LD_{50}（mg/kg)：大鼠经口 2672，兔、鼠经皮＞2000。对兔皮肤和眼睛无刺激性。

应用 高效异丙甲草胺是诺华（现先正达）公司开发的酰胺类广谱、低毒除草剂，专利申请年 1981 年；作用机制及用途与异丙甲草胺相同。可单剂使用，也可复配使用。高效异丙甲草胺比异丙甲草胺药效增加 1.67 倍。

合成路线 通常有三种方法，①拆分法即路线 1→2→3→4→5→6，②乳酸酯法即路线 7→8→9→6，③定向合成法即路线 10→11→9→12，其中第三种方法（定向合成）较常用。

常用剂型 我国未见相关制剂产品登记，可加工成 96% 乳油。

庚草利（monalide）

C$_{13}$H$_{18}$ClNO，239.74，7287-36-7

其他名称 Schering35830，D90A，庚草胺，草庚安，庚酰草胺，杀草利。

化学名称 4'-氯-α,α-二甲基戊酰苯胺或 N-(4-氯苯基)-2,2-二甲基戊酰胺；4'-chloro-α,α-dimethyl-valeranilide 或 N-(4-chlorophenyl)-α,α-dimethylvaleramide。

理化性质 纯品庚草利为无色无臭结晶固体，m. p. 87~88℃。23℃时溶解度：水22.8mg/L，在石油醚中小于1%，在二甲苯中约为10%，在环己酮中约为50%。该药对水解和高温稳定。

毒性 庚草利原药急性 LD$_{50}$（mg/kg）：大鼠经口＞4000，大鼠和兔经皮＞4000。大鼠以150mg/kg剂量每周饲喂5次，共4周没有明显中毒症状；若以900mg/kg饲喂则出现少量脱毛，同时雌性大鼠表现出肾上腺和肝的肿胀，而雄鼠无此症状。

应用 庚草利属于酰胺类除草剂，Schering AG 推广。庚草利是由根和叶吸收的芽后除草剂，适用于玉米、大豆、马铃薯、伞形花科蔬菜等具伞形花序作物的除草，可有效防除一年生杂草。每公顷用量4kg有效成分，对水350~750kg于作物播后苗前或苗后喷雾。该药残效短，最好不用于热带作物。

合成路线

常用剂型 制剂主要有20%浓乳剂及与利谷隆复配的25%浓乳剂。

禾草丹（thiobencarb）

C$_{12}$H$_{16}$ClNOS，257.7，28249-77-6

其他名称 杀草丹，杀丹，高杀草丹，灭草丹，稻草完，除田莠，benthiocarb，Benziocarb，Bolero，Saturno，B 3015，IMC 3950。

化学名称 N,N-二乙基硫代氨基对氯苄酯；S-[(4-chlorophenyl) methyl] dimethyl-carbamothioate。

理化性质 纯品禾草丹外观为淡黄色油状液体，m. p. 3.3℃，b. p. 126~129℃/1.07Pa，

闪点 172℃。20℃时溶解度：水 27.5mg/L（pH＝6.7），易溶于苯、甲苯、二甲苯、醇类、乙腈、正己烷、丙酮等有机溶剂。相对密度 1.145～1.18（20℃）。蒸气压 2.93mPa（23℃）。在酸、碱性介质中稳定，对热稳定，对光较稳定。在 pH＝5～9 的水溶液中，21℃下 30d 内稳定。

毒性 禾草丹原药急性 LD_{50}（mg/kg）：大白鼠经口＞1000（雄），大白鼠经皮＞1000。对家兔的皮肤和眼膜有一定的刺激作用，但短时间内即可消失。吸入 LC_{50}（1h）：大鼠 7.7mg/L。NOEL：大鼠（2 年）1mg/(kg·d)。在动物体内能快速排出，无贮积作用。在试验条件下，对动物未见致突变、致畸形、致癌作用。大鼠三代繁殖试验未见异常。经口 LD_{50}（mg/kg）：母鸡 2629、山齿鹑＞7000、野鸭＞10000。鹌鹑和野鸭（8d）LC_{50}＞5000mg/kg（饲料）。鲤鱼（48h）LC_{50} 3.6mg/L。蓝鳃（48h）LC_{50} 2.4mg/L。白虾（96h）LC_{50} 0.264mg/L。水蚤（48h）LC_{50} 0.1mg/L。蜜蜂经口 LD_{50}＞100μg/只。

应用 禾草丹属于氨基甲酸酯类除草剂，Kumiai Chemical Industry Co. Ltd 和 Chevron Chemical Co. 开发。禾草丹是选择性内吸传导型除草剂，在禾本科作物与杂草之间有很高的选择性。禾草丹可被杂草的根部和幼芽吸收，阻碍 α-淀粉酶和蛋白质生物合成，为类脂合成抑制剂，使已发芽的杂草种子中的淀粉不能水解为易被吸收的糖类，刚发芽的幼芽得不到养料而生长受到抑制，生长停止而枯死。由于具有内吸传导作用，使用时，大多采用土壤处理或茎叶处理的方法。禾草丹主要用于水稻秧田、移栽稻田及直播稻田中防除牛毛毡、三棱草、鸭舌草、稗草、千金子、异形莎草等。也用于棉花、大豆、花生、马铃薯、甜菜、青豆等旱地作物中防除马唐、蓼、藜、苋、繁缕等杂草。

合成路线 禾草丹通常有 3 种合成路线，即路线 1→2、路线 5→6 和路线 7→8。

常用剂型 我国登记的主要制剂产品有 35.5％、50％可湿性粉剂，50％、90％乳油等。

禾草敌（molinate）

$C_9H_{17}NOS$，187.3，2212-67-1

其他名称 禾草特，稻得壮，田禾净，草达灭，禾大壮，杀克尔，环草丹，雅兰，Ordram，Oxonate，Sakkimol，Hydram，Morinate。

化学名称 S-乙基-N,N-六亚甲基硫赶氨基甲酸乙酯；S-ethyl-N,N-hexamethylene-thiocarbamate。

理化性质 纯品禾草敌为黄褐色透明油状液体，有芳香气味，b.p.202℃（1.33kPa）。20℃时溶解度：水 0.88g/L，可溶于丙酮、甲醇、异丙醇、苯、二甲苯等有机溶剂。相对密度 1.063（20℃）。蒸气压 746.6mPa（25℃）。对热稳定，无腐蚀性，但用药时不宜使用聚氯乙烯管道或容器。120℃至少可稳定 1 个月，室温下至少稳定 2 年，对光不稳定，40℃时在酸、碱（pH＝5～9）介质中相对稳定。水田中半衰期为 21～25d，受土壤微生物作用，分解出氨及二氧化碳。

毒性 禾草敌原药急性 LD$_{50}$（mg/kg）：大白鼠经口 369（雄）、450（雌），小鼠经口 795，大白鼠经皮＞1200，家兔经皮＞4600mg/kg。对皮肤和眼睛有刺激作用。在试验剂量内对动物无致畸、致癌、致突变作用。NOEL：大鼠（90d）8mg/(kg·d)，狗（90d）20mg/(kg·d)，大鼠（2 年）0.63mg/(kg·d)，小鼠（2 年）1.2mg/(kg·d)。野鸭（5d）LC$_{50}$＞13000mg/kg 饲料。虹鳟（48h）LC$_{50}$ 1.3mg/L。鲶鱼（48h）LC$_{50}$ 29mg/L。金鱼（48h）LC$_{50}$ 30mg/L。山齿鹑饲喂（11d）LD$_{50}$为 5000mg/kg。蚯蚓（14d）LD$_{50}$为 289mg/kg 土。对鸟类、天敌、蜜蜂无害。

应用 禾草敌属于氨基甲酸酯类除草剂，Stauffer Chemical Company（现为 Zeneca Agrochemicals）推广。禾草敌是内吸传导型稻田专用除稗剂，土壤处理、茎叶处理均可。禾草敌能被杂草芽鞘和初生根吸收，阻止蛋白质的转化，使增殖的细胞得不到原生质，而只有细胞壁的空细胞使新叶不能生长，从而使杂草死亡。禾草敌适用于各种栽培型稻田，对水稻田稗草有特效，不但能防除低龄稗，而且对 3 叶以上的夹株稗也有抑制效果。另外，对莎草科杂草也有一定的抑制作用，对阔叶杂草无效。

合成路线

常用剂型 我国登记的主要制剂产品有 90.9％乳油和 45％细粒剂，可与苄嘧磺隆复配。

禾草灵（diclofop-methyl）

C$_{16}$H$_{14}$Cl$_2$O$_4$，341.19，51338-27-3，71283-65-3，75021-72-6

其他名称 氯甲草，Hoe 023408，2,4-滴苯丙酸甲酯，AE F 023408，伊洛克桑。

化学名称 2[4(-2′,4′-二氯苯氧基）苯氧基] 丙酸甲酯；2-[4-(2,4-dichlorophenoxy)phenoxy]-methyl propionate。

理化性质 纯品禾草灵为无色无臭固体，m.p.39～41℃，b.p.173～175℃（10Pa）。20℃时溶解度：水 0.8mg/L（pH＝5.7），丙酮 2490g/L，乙醇 110g/L，二甲苯 2530g/L，甲苯＞500g/L，聚乙二醇 148g/L，甲醇 120g/L，异丙醇 51g/L，正己烷 50g/L，易溶于二氯甲烷、二甲亚砜、乙酸乙酯等多种有机溶剂。相对密度 1.065（20℃）。蒸气压 0.25mPa（20℃）。pH＝6.8。

毒性 原药急性 LD$_{50}$（mg/kg）：经口大白鼠 481～693（在麻油中），经皮大白鼠＞5000。大鼠吸入 LC$_{50}$＞1.36mg/L 空气。NOEL：大鼠（2年）0.1mg/kg，狗（15个月）440mg/kg。ADI 0.001mg/kg。经口 LD$_{50}$（mg/kg）：日本鹌鹑＞10000、鹌鹑＞1600、野鸭（8d）＞1100。虹鳟（48h）LC$_{50}$ 0.23mg/L。

应用 禾草灵是选择性叶面处理剂，赫斯特（Hoechst AG）公司开发。该药剂可被植物的根、茎、叶吸收，主要作用于植物的分生组织。其原理是在植物体内以酸和碱的形式存在。酯类作用强烈，是植物激素拮抗剂，能抑制茎的生长。酸类为弱拮抗剂，能破坏细胞膜。受药的野燕麦，细胞膜和叶绿素受到破坏，光合作用及同化物向根部运输受到抑制，经5～10d 后即出现退绿的中毒现象。具有局部内吸作用，传导性能差。适用于小麦、大麦、大豆、油菜、花生、甜菜、马铃薯、亚麻等作物地防除稗草、马唐、毒麦、野燕麦、看麦娘、狗尾草、画眉草、千金子、蟋蟀草等一年生禾本科杂草，对阔叶杂草无效。也不能用于玉米、高粱、谷子、水稻、燕麦、甘蔗等作物地。

合成路线

常用剂型 主要有 28％、36％乳油。

禾草灭（alloxydim）

OH

C$_{17}$H$_{25}$NO$_5$，323.4，55634-91-8

钠盐：

C$_{17}$H$_{24}$O$_5$NNa，345.4，66003-55-2

其他名称 枯草多，丙烯草丁钠，Kusagard，Colut，Fervios。

化学名称 （E）-（RS）-3-[1-(烯丙氧亚氨基) 丁基]-4-羟基-6,6-二甲基-2-氧代环己-3-烯甲酸甲酯；（E）-（RS）-3-[1-(烯丙氧亚氨基) 丁基]-4-羟基-6,6-二甲基-2-氧代环己-3-烯甲酸甲酯钠盐；methyl （E）-（RS）-3-[1-(allyloxyimino) butyl]-4-hydroxy-6,6-dimethyl-2-oxo-cyclohex-3-enecar boxylate；sodium salt of methyl （E）-（RS）-3-[1-(allyloxyimino) butyl]-4-hydroxy-6,6-dimethyl-2-oxocyclohex-3-enecar boxylate。

理化性质 钠盐：白色无臭结晶固体，m. p. 185.5℃ 以上（分解）。30℃时溶解度：二甲基甲酰胺 1000g/kg、甲醇 619g/kg、乙醇 50g/kg、丙酮 14g/kg、二甲苯 0.02g/kg、水 2000g/kg。密度 1.23 g/kg。蒸气压＜1.333×10^{-4}Pa（25℃）。离解常数 pK_a 3.7。易潮解，干燥时于 50℃存放 30d 不分解。0.2％活性组分在 0.1mol/L NaOH 溶液中半衰期为 4d；在 0.1mol/L HCl 溶液中半衰期为 7d。对光不稳定。

毒性 钠盐急性经口 LD$_{50}$（mg/kg）：大鼠 2130（雄）、1960（雌），小鼠 3340（雄）、3550（雌）。急性经皮 LD$_{50}$（mg/kg）：大鼠＞1630，小鼠＞1380，兔＞2000。NOEL：大鼠（90d）300mg/kg（bw），犬（90d）40mg/kg（bw）。对鸟类和蜜蜂安全。

应用 非激素型、吸收传导型除草剂。防除旱田阔叶作物田中禾本科杂草，于苗后叶茎处理，对许多阔叶作物从幼苗期至发育期均可使用；主要用于大豆、甜菜、棉花、烟草、蔬菜、花生、胡萝卜、马铃薯等作物，不宜用于禾谷类作物。对药剂敏感禾草有看麦娘、马唐、雀麦、野燕麦、稗、狗尾草、牛筋草等，对早熟禾、莎草属及阔叶杂草无效。

合成路线

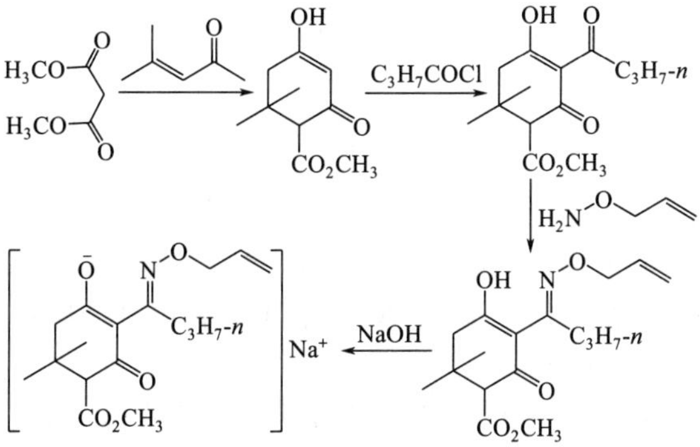

常用剂型 75%可溶粉剂。

禾草畏（esprocard）

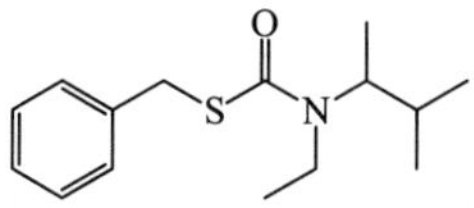

$C_{15}H_{23}NOS$，265.2，85785-20-2

化学名称 S-苄基-1,2-二甲基丙基（乙基）硫代氨基甲酸酯；S-phenylmethyl-1,2-dimethylpropyl ethyl carbamothioate。

理化性质 纯品禾草畏为液体，b.p.135℃/35mmHg。20℃时溶解度：水 4.8mg/L，丙酮、乙腈、氯苯、乙醇、二甲苯＞1.0g/kg。

毒性 禾草畏原药急性 LD_{50}（mg/kg）：大鼠经口 3700（雌）、经皮＞2000。对兔皮肤和眼睛有轻微刺激作用。NOEL：大鼠（2 年）1.1mg/(kg·d)。对动物无致畸、致突变、致癌作用。

应用 禾草畏属于类脂合成抑制剂型硫代氨基甲酸酯除草剂，Stauffer（现为先正达）公司开发。主要用于水稻田苗前、苗后防除 2～5 叶期稗草等；少用单剂，常与其他除草剂复配使用。

合成路线 有三种合成路线。

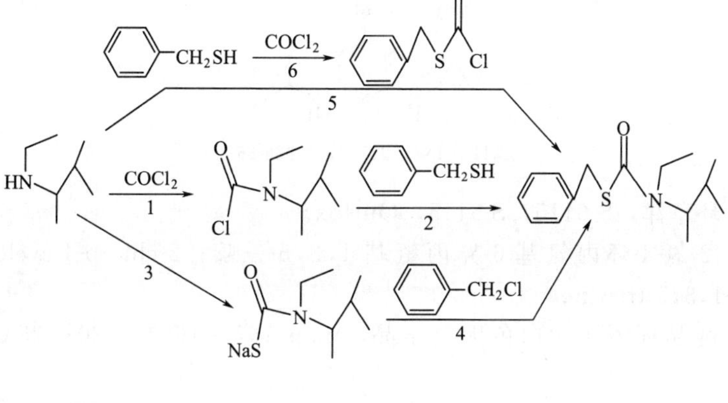

725

常用剂型 可与苄嘧磺隆复配加工成颗粒剂。

环丙氟灵（profluralin）

$C_{14}H_{16}F_3N_3O_4$，347，26399-36-0

其他名称 环丙氟，卡乐施，CGA10832，ER-5461，Tolban。

化学名称 *N*-(环丙甲基)-2,6-二硝基-*N*-丙基-4-三氟甲基苯胺；*N*-(cyclopropylmethyl)-2,6-dinitro-*N*-propyl-4-trifluoromethylaniline。

理化性质 纯品环丙氟灵为橙黄色固体结晶或深橘色液体，m. p. 32.1～32.5℃。20℃时溶解度：水 0.1mg/L，溶于有机溶剂丙酮、二甲苯、芳烃和脂肪烃等。相对密度 1.45（25℃）。蒸气压 9.2mPa（20℃）。分解温度约为 180℃。

毒性 环丙氟灵原药急性 LD_{50}（g/kg）：大白鼠经口 10，大白鼠经皮＞3.2。

应用 环丙氟灵属于苯胺类除草剂，汽巴嘉基公司（Ciba-Geigy）推广。防治对象为一年生和多年生禾本科杂草及阔叶杂草。主要适用作物为大豆、棉花及其他许多作物。麦类、高粱、番茄对本药敏感。

合成路线

常用剂型 目前我国未见相关制剂登记，常用制剂主要有 50％乳油。

环丙津（cyprazine）

$C_9H_{14}ClN_5$，227.5，22936-86-3

其他名称 环草津，S-6115，S-9115，Outfox。

化学名称 2-氯-4-环丙氨基-6-异丙氨基-1,3,5-三嗪；2-chloro-4-cyclopropylamino-6-isopropylamino-1,3,5-triazine。

理化性质 纯品环丙津为白色无臭结晶，m. p. 167～169℃。20～25℃时溶解度：水

6.9mg/L（有文献报道不溶于水）；不溶于乙烷，溶于乙酸、丙酮和二甲基甲酰胺，稍溶于氯仿、乙醇、甲醇、乙酸乙酯。

毒性　环丙津原药急性 LD_{50}（mg/kg）：经口大白鼠 1200，小鼠 1300（雄）、1000（雌）；经皮大白鼠＞3000，兔 7500。鲤鱼（48h）LC_{50} 10～20mg/L。虹鳟鱼（96h）LC_{50} 6.2mg/L。

应用　环丙津属于三氮苯类除草剂，Gulf Oil Cop. 公司推广。环丙津是选择性除草剂，主要适用于玉米、高粱、甘蔗田防除禾本科杂草和阔叶杂草，如玉米田藜、苘麻、紫花牵牛、野燕麦、稗草、宾州蓼等一年生杂草。不可用于其他作物。

合成路线

常用剂型　目前我国未见相关制剂产品登记，常用剂型主要有浓乳剂。

环丙嘧磺隆（cyclosulfamuron）

$C_{17}H_{19}N_5O_6S$, 469.3, 136849-15-5

其他名称　金秋，环胺磺隆，AC322140，Sultan。

化学名称　1-[2-(环丙基羰基) 苯基氨基磺酰基]-3-(4,6-二甲氧嘧啶-2-基) 脲；1-｛[2-(cyclopropylcarbonyl) phenyl] sulfamoyl｝-3-(4,6-dimethoxypyrimidin-2-yl) urea。

理化性质　纯品环丙嘧磺隆为灰色固体，m.p.160.9～162.9℃。相对密度 0.64（20℃）。蒸气压 $1.6×10^{-7}$ Pa（20℃）。20℃时溶解度：水 6.25mg/L，可溶于丙酮、二氯甲烷。水中半衰期 2.2d（pH3～5）。

毒性　据中国农药毒性分级标准，环丙嘧磺隆属低毒除草剂。由于该除草剂是乙酰羟基酸合成酶（AHAS）抑制剂，而该酶只在植物体内发现，因而对哺乳动物和非靶标动物很安全。环丙嘧磺隆原药急性 LD_{50}（mg/kg）：大、小鼠经口＞5000，兔经皮＞4000。大鼠急性经皮 LD_{50}＞2000mg/kg。大鼠急性吸入 LD_{50}（4h）＞5.2mg/L。对兔皮肤无刺激性，对兔眼睛有轻微刺激性。对蚯蚓安全。以 50mg/(kg·d) 剂量饲喂大鼠两年，未发现异常现象。虹鳟鱼 LC_{50}＞10mg/L。蜜蜂 LD_{50}＞90μg/只。水蚤 LC_{50}＞10mg/L。对动物无致畸、致突变、致癌作用。制剂雄、雌大鼠急性经口 LD_{50}＞5000mg/kg，兔急性经皮 LD_{50}＞2000mg/kg。

应用　环丙嘧磺隆属于超高效、内吸传导除草剂，美国氰胺（现 BASF）公司开发，1990 年申请专利。可被杂草根和叶吸收，在植物体内迅速传导，阻碍缬氨酸、异亮氨酸、亮氨酸合成，抑制细胞分裂和生长，敏感杂草吸收药剂后，幼芽和根迅速停止生长，幼嫩组织发黄，随后枯死。杂草吸收药剂到死亡有个过程，一般一年生杂草 5～15d，多年生杂草时间要长一些；有时施药后杂草仍呈绿色，多年生杂草不死，但已停止生长，失去与作物竞争能力。可有效地防除水稻、小麦、大麦、草坪内一年生和多年生阔叶杂草、莎草科杂草如异形莎草、紫水苋菜、眼子菜、荠菜、鸭舌草、繁缕、野荸荠、节节菜、猪殃殃等。对猪殃殃防除效果最佳。

合成路线 以邻氨基苯甲酸为起始原料，经磺酰化、酰氯化，再与 γ-丁内酯缩合，制得中间体取代苯胺，该取代苯胺与嘧啶胺和氯磺酰基异氰酸酯缩合的产物反应，即可制得环丙嘧磺隆。

常用剂型 主要制剂为10%可湿性粉剂。

环丙青津（procyazine）

$C_{10}H_{13}ClN_6$，252.5，32889-48-8

其他名称 环丙氰津，CGA-18762，Cycle。

化学名称 2-[（4-氯-6-环丙氨基-1,3,5-三嗪-2-基）氨基]2-甲基丙腈；2-[（4-chloro-6-cyclo-propyllamino-1,3,5-tria-zin-2-yl）amino]2-methyl-propanenitrile。

理化性质 纯品环丙青津为无臭白色结晶，m.p.168℃。20℃时溶解度：水300mg/L，己烷50mg/L，溶于苯、甲醇、二氯甲烷等有机溶剂。

毒性 环丙青津原药急性 LD$_{50}$（mg/kg）：大白鼠经口290，兔经皮＞3000。

应用 环丙青津属于三氮苯类除草剂，Ciba-Geigy研制。环丙青津具有内吸传导性，适用于玉米田防除大多数一年生禾本科杂草与阔叶杂草，如多花黑麦草、田菊、谷子、白芥、马唐、西风古等。

合成路线

常用剂型 目前我国未见相关制剂产品登记，制剂主要有80％可湿性粉剂。

环草隆（siduron）

$C_{14}H_{20}N_2O$，232.3，1982-49-6

其他名称 H1318，Du Pont 1318，Tupersan。

化学名称 1-(2-甲基环己基)-3-苯基脲；1-(2-methylcyclohexyl)-3-phenylurea。

理化性质 纯品环草隆其外观呈白色无臭结晶状，m. p. 133～138℃。25℃时溶解度：水 18mg/L，在二甲基乙酰胺、二甲基甲酰胺、二氯甲烷和异佛尔酮中能溶解10％以上。相对密度1.08。蒸气压 5.3×10^{-4} mPa（25℃）。在熔点温度以下和在水中均稳定，在酸和碱中能慢慢分解，无腐蚀性。

毒性 环草隆原药急性 LD_{50}（g/kg）：经口大鼠＞7.5。吸入 LC_{50}（4h）：大鼠＞5.8mg/L。NOEL：大鼠（2年）500mg/kg饲料，狗 2500mg/kg饲料。野鸭和鹌鹑 LC_{50}（8d）＞10g/kg饲料。鱼毒 LC_{50}（96h）：虹鳟 14mg/L，蓝鳃 16mg/L。水蚤 EC_{50}（48h）18mg/L。

应用 环草隆属于脲类除草剂，E. I. du Pont de Nemours Co. 开发，后由 Gowan 销售。环草隆是用在草皮上防除某些一年生禾本科杂草的专效除草剂，对马唐、止血马唐、金色狗尾草和稗特别有效，对一年生早熟禾、三叶草和大多数阔叶草无作用。

合成路线

常用剂型 目前我国未见制剂产品登记，常用制剂有50％可湿性粉剂。

环草特（cycloate）

$C_{11}H_{21}NOS$，215.4，113-423-2

其他名称 Ro-Neet，R-2063，环己丹，草灭特，环草灭，乐利。

化学名称 S-乙基环己基乙基硫代氨基甲酸酯；S-ethyl cyclohexylethylthiocarbamate。

理化性质　纯品环草特为芳香气味的清亮液体，b. p. 145～146℃/1.33kPa。20℃时溶解度：水 75mg/L，可溶于酮、苯、异丙醇、煤油、甲醇和二甲苯等有机溶剂。相对密度 1.024。蒸气压 2.13mPa（25℃）。性质稳定，无腐蚀性。

毒性　环草特原药急性 LD_{50}（mg/kg）：大白鼠经口 2000～3200（雄）、3160～4100（雌）；兔经皮＞5000。对兔眼睛和皮肤无刺激性。吸入 LC_{50}（4h）：大鼠 4.7mg/L。NOEL：大鼠（90d）55mg/(kg·d)，狗（90d）240mg/(kg·d)。日本鹌鹑 LD_{50}＞2000mg/kg。北美鹑（饲喂 7d）LC_{50}＞56g/kg（加工品）。虹鳟（96h，接触）LC_{50} 4.6mg/L。以 0.011mg/只剂量对蜜蜂无毒。

应用　环草特属于氨基甲酸酯类除草剂，Stauffer Chemical Company（现为 Zeneca Agrochemicals）推广。环草特为选择性芽前土壤处理剂，通过胚芽鞘或下胚轴吸收，抑制蛋白质合成，干扰核酸代谢和抑制 α-淀粉酶的合成而使杂草死亡。环草特适用于甜菜、菠菜等作物，可防除稗草、马唐、早熟禾、狗尾草、燕麦草、多花黑麦草、龙葵、佛座、藜、苋、马齿苋、荠菜、欧荨麻、油莎草、田旋花、鸭跖草、香附子等杂草。

合成路线

常用剂型　目前我国未见相关制剂产品登记，常用制剂主要有 73.9％乳油。

环庚草醚（cinmethylin）

$C_{18}H_{26}O_2$，274.4，87818-31-3

其他名称　艾割，恶庚草烷，仙治，Argold，Cinch，SKH 301，SD 95481，WL 95481。

化学名称　（1RS,2SR,4SR）-1,4-桥氧对蓋烷-2-基-2-甲基苄基醚；（1RS,2SR,4SR）-1,4-epoxy-p-menthane-2-yl-2-methyl benzyl ether。

理化性质　纯品环庚草醚为深琥珀色液体，b. p. 313℃。20℃时溶解度：水 63mg/L，能溶于大多数有机溶剂。相对密度 1.014（20℃）。蒸气压 $10.1×10^{-3}$（20℃）。pH＝3～11 时水解反应半衰期为 30d（25℃）。温度≤145℃时稳定，空气中光催化分解。

制剂由有效成分（100g/L）、乳化剂和溶剂组成。外观为透明浅黄色液体，相对密度 0.893（20℃），闪点 25℃，可燃，乳化性能良好。在正常条件下密封保存，贮存稳定期 2 年。不要装在塑料容器内保存。

毒性　据中国农药毒性分级标准，环庚草醚属低毒除草剂。环庚草醚原药急性 LD_{50}（mg/kg）：经口大鼠 3960，经皮大鼠＞2000，经皮兔＞2000。吸入 LD_{50}（4h）：大鼠 3.5mg/kg。对兔眼睛有轻度刺激作用，对皮肤有刺激作用；对豚鼠未见致敏作用。大鼠亚急性经口无作用剂量为 300mg/kg，在大鼠体内蓄积性能小。NOEL：大鼠（13 周）300mg/kg（bw），大鼠（2 年）100mg/kg（bw），小鼠 30mg/kg（bw）。未见致癌、致突变作用。虹鳟鱼 LC_{50} 为 6.6mg/L（96h），蓝鳃鱼 LC_{50} 为 6.4mg/L（96h），水蚤 LC_{50} 为 7.2mg/L（48h）。鹌鹑经口 LD_{50}＞2150mg/kg，野鸡经口 LD_{50}＞5620mg/kg。

应用 环庚草醚属桉树脑类除草剂，英国 Shell International Chemical Co. ltd Ltd. 和 E. I. Du Pont Nemours & Co. Inc 开发。环庚草醚属选择性内吸传导型土壤前处理剂，可被敏感植物根系吸收，经木质部传导到根及芽的生长点，抑制分生组织生长，使之死亡。药剂进入水稻、棉花等作物体内之后，易被代谢成羟基化合物，并与植物体内的糖苷结合成共轭化合物而失去毒性。另外水稻根插入泥土，生长点在土中还具有位差选择性。当水稻根露在土表或沙质土，漏水田可能受药害。本品施药期宽，用量少，对稗草防效尤优，如防除水稻田稗草、鸭舌草、早雀麦、野燕麦、牛毛草，在移栽秧苗 5～8d，稗草 1.5 叶期，用 10%乳油 2～3mL/100m²，采用毒土、喷雾均可。施药时保持水层 3～5cm，保水 5～7d。旱地除草用量应当加大，如花生田用 82%乳油 7.5～12.5mL/100m²，在播后苗前进行土壤处理。用于水稻、花生、棉花及大豆等防除稗草、马唐、牛筋草等单子叶杂草。

合成路线

常用剂型 我国未见相关制剂产品登记，生产中常用制剂有 10%乳油、82%乳油。

环嗪酮（trizazinones）

$C_{12}H_{20}N_4O_2$，252.3，51235-04-2

其他名称 威尔柏，Velpar，DPXA3674。

化学名称 3-环己基-6-二甲基氨基-1-甲基-1,3,5-三嗪-2,4-(1*H*，3*H*)-二酮；3-cyclo-hexyl-6-dimethylamino-1-methyl-1,3,5-triazine-2,4-(1*H*,3*H*)-dione。

理化性质 纯品环嗪酮为白色晶体，m. p. 115～117℃。25℃时溶解度（g/kg）：水 33，丙酮 792，甲醇 2650，氯仿 3880，苯 940，DMF 836，甲苯 386。相对密度 1.25。蒸气压 8.5mPa（86℃）。在≤37℃、pH5～9 的水溶液中稳定；土壤中半衰期 30～180d。

毒性 环嗪酮原药急性 LD_{50}（mg/kg）：经口大鼠 1690、豚鼠 860；经皮兔＞5278。吸入 LC_{50}：大鼠＞7.48mg/L。对兔眼睛有严重刺激性，但刺激是可逆的，对豚鼠皮肤无刺激。以 200mg/kg 剂量饲喂大鼠两年，未发现异常现象。对动物无致畸、致突变、致癌作用。鹌鹑经口 LD_{50} 2250mg/kg；鹌鹑和野鸭（8d）LC_{50}＞10000mg/kg 饲料；虹鳟鱼（96h）LC_{50} 320～420mg/L；蓝鳃太阳鱼（96h）LC_{50} 370～420mg/L；黑头软口鲦（96h）LC_{50} 274mg/L；牡蛎（48h）LC_{50} 320～560mg/L；草虾（48h）LC_{50} 94mg/L；水蚤（48h）

LC$_{50}$442mg/L；蜜蜂经口 LD$_{50}$＞60μg/只。

应用 环嗪酮属于三氮苯类除草剂，美国杜邦公司开发，1972 年申请专利。环嗪酮是选择性三嗪酮类除草剂，植物根系和叶面都能吸收环嗪酮，主要通过木质部运输。环嗪酮是光合作用抑制剂，使杂草代谢紊乱，导致死亡。进入土壤中能被土壤微生物分解，对松树根部没有伤害，是优良的林用除草剂，用于常绿针叶林如红松、云杉、樟子松、马尾松等幼林抚育、造林前除草灭灌、维护森林防火线及林地改造等。可防除狗尾草、蚊子草、芦苇、小叶樟、刺儿菜、野燕麦、稗、藜、蓼等。

合成路线 根据起始原料不同，环嗪酮的合成有氰胺法、异氰酸环己酯法、甲基环己基脲法和 S-甲基异硫脲法。

① 氰胺法 氰胺与氯甲酸甲酯反应生成的氰氨基甲酸甲酯与硫酸二甲酯反应进行甲基化后，与二甲胺加成生成 N-甲氧基羰基-N，N'，N'-三甲基胍，然后与异氰酸环己酯加成得 N-(N-环己基酰胺-N'，N'-二甲基胍)-N-甲基氨基甲酸甲酯，最后用甲醇钠环合制得环嗪酮。

② 异氰酸环己酯法 异氰酸环己酯与 N-甲基-S-甲基亚胺加成后，再与氯甲酸甲酯进行环合反应，生成的 3-环己基-6-甲硫基-1-甲基-1，3，5-三嗪-2，4-(1H，3H)-二酮与二甲胺发生取代反应，制得环嗪酮。

③ 甲基环己基脲法 甲基环己基脲与异硫氰酸乙酯、碘甲烷在碱性条件下缩合成环，生成的 3-环己基-6-巯甲基-1-甲基-1，3，5-三嗪-2，4-(1H，3H)-二酮与二甲胺发生取代反应，制得环嗪酮。

④ S-甲基异硫脲法 该路线以 S-甲基异硫脲为原料，先经过 N-酰化生成 N-(1-氨基-1-甲基硫亚甲基)-甲酸甲酯。在此基础上再进行 N-酰化、环合、S-甲基化，最后与二甲胺反应生成目标化合物。该路线起始原料易得，反应不复杂，工艺操作简单。

常用剂型 我国登记的产品主要有水分散粒剂、可溶液剂、可湿性粉剂、颗粒剂等。

732

环戊噁草酮（pentoxazone）

C$_{17}$H$_{17}$ClFNO$_4$，353.6，110956-75-7

其他名称　噁嗪酮，Wechser，Kusabue，Shokinel，Kusa Punch，The One，Starbo，Utopia。

化学名称　3-(4-氯-5-环戊氧基-2-氟苯基)-5-异亚丙基-1,3-噁唑啉-2,4-二酮；3-(4-chloro-5-cyclopentyloxyl-2-fluorophenyl)-5-isopropylidene-1,3-oxazolidine-2,4-dione。

理化性质　纯品环戊噁草酮为无色固体，m.p.104℃。20℃时溶解度：水0.216mg/L，甲醇24.8g/L。对碱不稳定。

毒性　环戊噁草酮原药急性LD$_{50}$（mg/kg）：大、小鼠经口＞5000，大鼠经皮＞2000。对动物无致畸、致突变、致癌作用。

应用　环戊噁草酮属于原卟啉原氧化酶抑制剂，罗纳普朗克公司开发的高效、广谱噁唑啉类除草剂，1985年申请专利。主要用于水稻插播前后，防除稗草以及部分一年生禾本科杂草、阔叶杂草和莎草等，持效期达50d。

合成路线　以对氟苯酚为起始原料，经氯化、酯化、硝化，制得中间体取代硝基苯。然后皂化水解得取代苯酚钾盐，与环戊基溴反应后再经还原、与氯甲酸乙酯反应得苯氨基甲酸乙酯，该中间体再与异戊烯酸酯缩合制得目标物。

常用剂型　我国未见相关制剂产品登记。

环氧嘧磺隆（oxasulfuron）

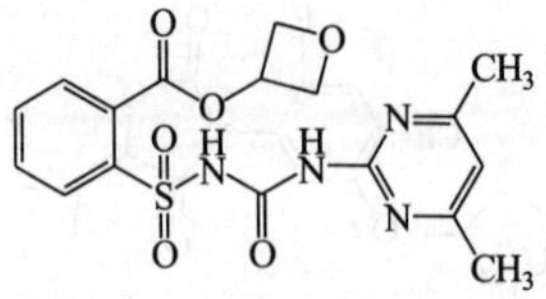

$C_{17}H_{18}N_4O_6S$，406.3，144651-06-9

其他名称　Dynam，Expert，大能。

化学名称　2-[(4,6-二甲基嘧啶-2-基)氨基羰基氨基磺酰基]苯甲酸-3-氧杂环丁酯；ox-etan-3-yl 2-[(4,6-dimethylpyrimidin-2-yl)carbamoylsulfamoy] benzoate。

理化性质　纯品为白色无臭结晶体，m. p. 158℃（分解）。25℃时溶解度：水 63mg/L（pH＝5）、1700mg/L（pH＝6.8）、19000mg/L（pH＝7.8），甲醇 1500mg/L，丙酮9300mg/L，甲苯 320mg/L，正己烷 2.2mg/L，乙酸乙酯 2300mg/L，二氯甲烷 6900mg/L。相对密度 1.14。蒸气压＜$2.0×10^{-5}$ Pa（25℃）。

毒性　大鼠急性 LD_{50}(mg/kg)：经口＞5000，经皮＞2000。大鼠急性吸入 LC_{50}(4h)＞5.08mg/L。对兔眼睛和皮肤无刺激。NOEL：大鼠（2年）8.3mg/(kg·d)，小鼠（1.5年）1.5mg/(kg·d)，狗（1年）1.3mg/(kg·d)。ADI 值 0.013mg/(kg·d)。鹌鹑与野鸭急性经口LD_{50}＞2250mg/kg。鱼毒 LC_{50}（96h）：鳟鱼＞116mg/L，大翻车鱼＞111mg/L。对蜜蜂LD_{50}＞25μg/只。蚯蚓 LD_{50}（14d）1000mg/kg 土壤。

应用　用于大豆田苗后除草，主要用于防除阔叶杂草。

合成路线

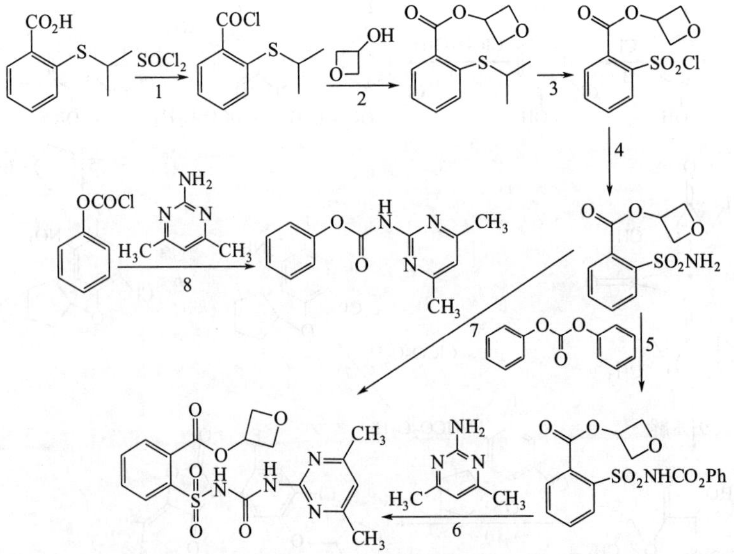

常用剂型　主要有 75%悬浮剂。

734

环莠隆（cycluron）

$C_{11}H_{22}N_2O$，198，2163-69-1

其他名称　OMU，环辛隆。

化学名称　3-环辛基-1,1-二甲基脲；3-cyclooctyl-1,1-dimethylurea。

理化性质　纯品环莠隆外观呈白色无臭结晶固体状，m.p.138℃。20℃时溶解度：水0.11%，丙酮6.7%，苯5.5%，甲醇50%。性质稳定，可与其他农药混配，无腐蚀性。

毒性　环莠隆原药急性LD_{50}（mg/kg）：经口大鼠2600。

应用　环莠隆属于脲类除草剂，由BASF公司开发；通常与稗蓼灵（3∶2）混用作芽前除草剂，防除甜菜及多种蔬菜地中的一年生杂草。

合成路线

常用剂型　制剂主要有15%环莠隆和10%氯草净复配的乳油。

黄草伏（perfluidone）

$C_{14}H_{12}F_3NO_4S_2$，379.4，37924-13-3

其他名称　MBR8251，苯氟磺安，氟草磺胺。

化学名称　1,1,1-三氯代-N-[2-甲基-4-(苯基磺酰)苯基]甲磺酰胺；1,1,1-trifluoro-N-[2-methyl-4-(phenylsulfonyl)phenyl]methanesulfonamide。

理化性质　纯品黄草伏为白色固体，m.p.142～144℃。22℃时溶解度：水60mg/L，丙酮750g/L，乙腈560g/L，苯11g/L，氯仿175g/L，乙醚9.3g/L，甲醇595g/L，二氯甲烷162g/L，己烷0.03g/L。100℃下对热降解、酸性和碱性水解均稳定，但在水环境中，紫外线照射下易降解；其水溶液和悬浮液长时间接触金属有轻微的腐蚀性。

毒性　黄草伏原药急性LD_{50}（mg/kg）：经口小鼠920，经口大鼠633，经皮家兔>4000。对兔皮肤有轻微刺激性，对眼睛有刺激性。NOEL：大鼠（28d）600mg/kg，（90d）600mg/kg，狗（90d）200mg/kg。

应用　黄草伏是选择性芽前除草剂，明尼苏达矿业和制造公司推广。黄草伏适用于棉花、大豆、花生、亚麻、烟草、甘蓝、黄瓜、油菜、果树等；防除一年生禾本科杂草和阔叶杂草，对香附子有特效。

合成路线

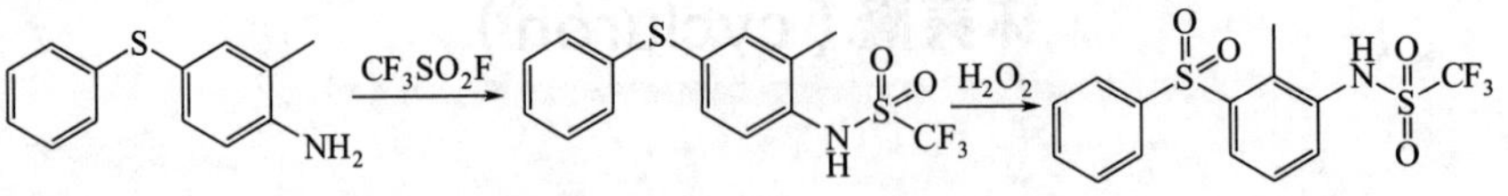

常用剂型 目前我国未见相关制剂产品登记，制剂主要有 50% 可湿性粉剂、二乙醇盐水剂、5% 颗粒剂。

磺草膦 (LS 830556)

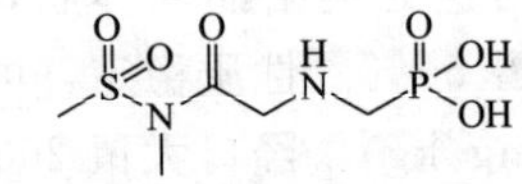

$C_5H_{12}N_2O_6PS$，260.2，98565-18-5

化学名称 甲磺酰基（甲基）氨基甲酰甲基氨基甲基膦酸；mesyl（methyl）caramoyl-methyla-minome-thyl phosphonic acid。

理化性质 纯品磺草膦为晶体，m. p. 213～215℃。20℃时溶解度：水 45g/L，乙酸 20g/L。蒸气压<0.267mPa。pH<4 稳定。

毒性 磺草膦原药急性 LD_{50}（mg/kg）：经口大鼠>5000，经皮兔>4000，经口鹌鹑>2000。虹鳟 LC_{50}（96h）为 320mg/L。

应用 磺草膦属于膦酸类除草剂，Rho-Poulence Agrochimie 开发。磺草膦可有效地防除禾谷类作物田的禾本科杂草和阔叶杂草。葡萄园和果园以 5.2kg/hm² 使用，可有效防除多年生杂草；以 1kg/hm² 使用，可有效防除一年生杂草。

合成路线

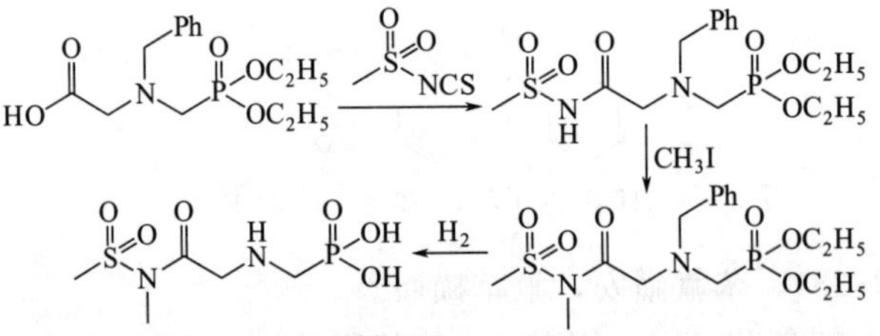

常用剂型 常用制剂主要有 200g/kg 水分散剂。

磺草灵 (asulam)

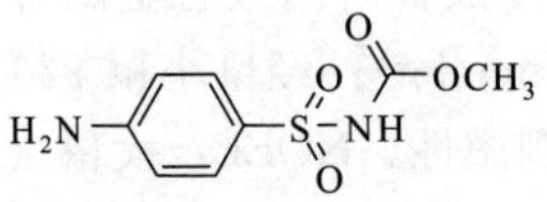

$C_8H_{10}N_2O_4S$，230.2，3337-71-1，2302-17-2（钠盐）

其他名称 黄草灵，Asilan，Asulox，Alolux。

化学名称 4-氨基苯磺基氨基甲酸甲酯；methyl-4-aminobenzensulphonyl carbamate。

736

理化性质　纯品磺草灵为白色无臭结晶，工业品为浅黄色粉末，m. p. 142~144℃。溶解度：水 0.5%（20~25℃），溶于丙酮 34%、甲醇 28%、烃和氯化烃<2%。磺草灵或其钠盐在通常情况下很稳定，贮存多年不发生变化，沸水中 6h 稳定。土壤 DT_{50} 约 10d。

毒性　磺草灵原药急性 LD_{50}（mg/kg）：大白鼠、小鼠、狗和兔经口>4000，大白鼠经皮>1200。吸入 LC_{50}（6h）：大鼠>1.8mg/L 空气。90d 饲喂试验，以 400mg/kg 饲料剂量大鼠无明显受害影响；以 800mg/kg 饲料母牛超过 8 周，以 50mg/kg 饲料绵羊超过 10d，无明显作用。无致癌、致畸作用。野鸭、野鸡和鸽子经口 LD_{50}>4000mg/kg。虹鳟、斑点叉尾鮰、金鱼（96h）LC_{50}>5000mg/L；蓝鳃（96h）LC_{50}>3000mg/L；花斑鱼（96h）LC_{50}>1700mg/L。对蜜蜂无毒。

应用　磺草灵属于氨基甲酸酯类除草剂，由 May and Baker Ltd（现为 Rhone-Poulenc Agriculture）公司推广。磺草灵为内吸传导型除草剂，除草谱广，可用作叶面处理和土壤处理。磺草灵可用于甘蔗、棉花、麻、马铃薯、牧场、果园和橡胶园中防除看麦娘、野燕麦、马唐、牛筋草、千金子、双穗雀麦、早熟禾、萹蓄、皱叶酸模、鸭舌草、鸡眼草、眼子草等一年生及多年生杂草，对剪股颖、狗尾草、田蓟、蒲公英、问荆也有一定的防除效果。

合成路线　通常磺草灵可以通过路线 1→2→3 和路线 4 合成。

常用剂型　我国登记的主要制剂产品有 36.2% 水剂。

磺草酮（sulcotrione）

$C_{14}H_{13}ClO_5S$，328.7，99105-77-8

其他名称　Galleon，Mikado。

化学名称　2-(2-氯-4-甲磺酰基苯甲酰基)环己烷-1,3-二酮；2-(2-chloro-4-mesylbe nzoyl) cyclohexane-1,3-dione。

理化性质　原药为褐灰色固体，m. p. 139℃，工业品 m. p. 131~139℃。25℃时溶解度：水 165mg/L，溶于丙酮和氯苯。蒸气压<5μPa（25℃）。在水中，日光或避光下稳定，耐热高达 80℃。在肥沃沙质土壤中 DT_{50} 15d，细沃土中 DT_{50} 7d。

毒性　磺草酮原药急性 LD_{50}（mg/kg）：经口大鼠 7500，经皮兔>4000。原药或制剂对哺乳动物的经口、经皮或吸入急性毒性均很低，对使用者很安全。该化合物对兔皮肤无刺激作用，对眼睛有轻微的刺激作用，对豚鼠皮肤有强过敏性，急性吸入 LC_{50}（4h）>1.6mg/kg。活体试验表明，本品对大鼠和兔不致畸。施药后 50~140d，在玉米和青饲料作物中未发现残留。对鸟类、野鸭、鹌鹑等野生动物的毒性很低。对鲤鱼毒性低，虹鳟鱼 LC_{50}（96h）为 227mg/L。对水蚤和蜜蜂安全。>100mg/L 高剂量下，对土壤微生物也无有害影响。

应用　磺草酮属于叶面除草剂。适用于玉米、甘蔗等，防除阔叶杂草及某些单子叶杂草，如藜、茄、龙葵、蓼、酸模叶蓼、马唐、血根草、锡兰稗和野黍等。

合成路线　磺草酮关键中间体合成路线很多，可以甲苯、对甲基苯磺酸、对甲基苯磺酰氯、对氯甲苯、对硝基甲苯等常见工业原料为起始原料，最终合成磺草酮原药。路线 8→9→10→12→13→14 较多用。

常用剂型　15%水剂，26%、30%、36%、38%、40%悬浮剂，可与乙草胺、莠去津等复配。

磺草唑胺（metosulam）

$C_{14}H_{13}Cl_2N_5O_4S$，418.3，139528-85-1

其他名称　甲氧磺草胺，Eclipse，Pronto，Sansac，Sinal，Uptake。

化学名称　2′,6′-二氯-5,7-二甲氧基-3′-甲基［1,2,4］三唑并［1,5-a］嘧啶-2-磺酰苯胺；2′,6′-dichloro-5,7-dimethoxy-3′-methyl［1,2,4］triazolo［1,5-a］pyrimidine-2-sulfonanilide。

理化性质　纯品磺草唑胺为灰白或棕色固体，m. p. 210～211.5℃。25℃时溶解度：水 200mg/L，丙酮、乙腈、二氯甲烷、正辛醇、己烷、甲苯>500mg/L。

毒性 磺草唑胺原药急性 LD_{50} （mg/kg）：大、小鼠经口＞5000，兔经皮＞2000。NOEL：大鼠（2年）5mg/(kg·d)。对动物无致畸、致突变、致癌作用。

应用 磺草唑胺是乙酰乳酸合成酶（ALS）抑制剂，由美国道农业公司开发的高效、广谱性三唑并嘧啶磺酰胺类除草剂，1986年申请专利。主要用于玉米、麦类等作物田防除阔叶杂草如藜、繁缕、猪殃殃、曼陀罗、野胡萝卜、蓼、龙葵、地肤、婆婆纳、苍耳等。

合成路线 主要原料为巯基三唑，主要有如下两条路线。巯基三唑为起始原料，经过中间体磺酰胺，见路线 1→2→3→4→5。巯基三唑为起始原料，经过中间体硫醚，见路线 6→7→8→9→10→11。

常用剂型 悬浮剂、悬乳剂、水分散粒剂。

磺乐灵（nitralin）

$C_{13}H_{19}N_3O_6S$，345.3672，4726-14-1

其他名称 甲砜乐灵，Planavin，SD11831，DSh1006H。

化学名称 4-甲基磺酰基-2,6-二硝基-*N*，*N*-二丙基苯胺；4-methylsulfonyl-2,6-dinitro-*N*，*N*-dipropylaniline。

理化性质 纯品磺乐灵为淡黄色至橙色晶体，m. p. 151～152℃，b. p. 225℃分解。22℃时溶解度：水 0.6mg/L，丙酮 37％。蒸气压 1.2mPa（20℃），4.4mPa（30℃）。

毒性 磺乐灵原药急性 LD_{50}（g/kg）：经口大白鼠＞2。对鱼类毒性较低。

应用 磺乐灵为苯胺类除草剂，由 Shell Research limited 推广。主要防治大多数一年生禾本科杂草如稗草、马唐、绿狗尾草以及繁缕、马齿苋等几种阔叶杂草；主要适应作物为棉花、大豆、花生、莴苣、豆类作物、葫芦科作物、红花、移植蔬菜地的辣椒和番茄以及定植苜蓿。

合成路线

常用剂型 目前我国未见相关制剂登记，制剂主要有 75％可湿性粉剂、42.5％液剂。

磺酰磺隆（sulfosulfuron）

$C_{16}H_{18}N_6O_7S_2$，470.5，141776-32-1

其他名称 Maverick，Monitor，Outrider，Imge（Heranba）。

化学名称 1-(4,6-二甲氧基嘧啶-2-基)-3-(2-乙基磺酰基咪唑并 [1,2-a] 吡啶-3-基) 磺酰脲（IPUAC）；N-[[(4,6-二甲氧基-2-嘧啶基) 氨基] 羰基]-2-(乙基磺酰基) 咪唑并 [1,2-a] 吡啶-3-磺酰胺（CA）。

理化性质 纯品磺酰磺隆为无色、无臭固体，m. p. 201.1～201.7℃。20℃时溶解度：水 17.6mg/L（pH＝5），甲醇 0.3g/L，乙酸乙酯 1.01g/L，二氯甲烷 4.35g/L，二甲苯 0.16g/L，庚烷＜0.01g/L。相对密度 1.5185。蒸气压 8.81×10⁻⁸mPa。分配系数 $K_{ow}\lg P<1$（pH＝5，9）。亨利常数 8.15×10⁻⁷Pa·m³/mol（pH 5）、8.83×10⁻⁹Pa·m³/mol（pH＝7）、2.97×10⁻⁸Pa·m³/mol（pH 9）。离解常数 $pK_a=3.51$（20℃）。水解半衰期 DT_{50} 为 7d。在＜54℃贮存 14d 稳定。土壤中的主要降解途径为磺酰脲链的水解断裂，生成相应的磺酰胺和二甲氧基嘧啶胺。DT_{50} 为 32d（粉沙壤土，pH＝7.6，有机物含量 0.8％），35d（沙壤土，pH＝6.8，有机物含量 1.6％），53d（壤质沙土，pH＝5.8，有机物含量 3.9％）；在其他一些土壤中的半衰期 DT_{50} 较长。光解也是一种环境消散的方式，其半衰期 DT_{50} 为 3d。

毒性 磺酰磺隆原药急性 LD_{50}（mg/kg）：大鼠经口＞5000，经皮＞5000。对兔皮肤无刺激性，对兔眼睛有中度刺激性，对豚鼠皮肤有致敏作用。几乎无吸入毒性。ADI 0.24mg/kg。

Ames 试验、CHO/HGPRT 突变试验、对中国仓鼠离体染色体畸变试验、人体淋巴细胞的离体培养试验以及小鼠微核试验：阴性。鹌鹑：经口 $LD_{50}>2250mg/kg$，饲喂 $LC_{50}>5620mg/kg$。野鸭：经口 $LD_{50}>2250mg/kg$，饲喂 $LC_{50}>5620mg/kg$。蓝鳃太阳鱼（96h）$LC_{50}>96mg/L$。虹鳟（96h）$LC_{50}>95mg/L$。鲤鱼（96h）$LC_{50}>91mg/L$。水蚤（48h）$EC_{50}>96mg/L$。羊角月牙藻（120h）EC_{50} 0.669mg/L。鱼腥藻（120h）EC_{50} 0.77mg/L。浮萍（120h）$EC_{50}>$1.0μg/L。蜜蜂：经口 $LD_{50}>30μg/$只蜂，经皮$>25μg/$只蜂。蠕虫 $LC_{50}>848mg/kg$。对盲走螨、步甲、狼蛛和缢管蚜茧蜂等有益生物无害。

大鼠体内的磺酰磺隆可迅速排出体外，只发生有限的代谢，在组织中的残留可忽略不计。O-脱甲基化作用（生成脱甲基磺酰磺隆）以及嘧啶环上的换羟基化作用构成了磺酰磺隆的两个主要代谢途径。牲畜体内的磺酰磺隆也迅速排出体外。在山羊和母鸡的奶、蛋、器官和组织中几乎没有磺酰磺隆残留物的转移和滞留。磺酰磺隆在小麦谷粒中几乎没有残留。芽后处理小麦后，其小麦饲料及秸秆中的主要成分为代谢的磺酰磺隆。磺酰脲桥断裂后生成的磺酰磺胺为主要的代谢物。次要代谢物包括：通过氧化脱甲基化作用生成的脱甲基磺酰磺隆，以及开环形成的胍的同系物。在轮作作物中有少量吸收，主要代谢物为自由和共轭的磺酰胺。

应用 磺酰磺隆由日本武田药品工业株式会社发现，孟山都公司开发。磺酰磺隆是支链氨基酸合成酶［乙酰乳酸合成酶（ALS）或乙酰羟基酸合成酶（AHAS）］抑制剂，通过阻碍必需的氨基酸——缬氨酸和异亮氨酸的生物合成，使细胞停止分裂、植物停止生长。其选择性源于磺酰磺隆可在植物体内迅速代谢。该产品为内吸性除草剂，通过植物的根系、叶面吸收，并传输到木质部和质外部。在 $10\sim35g/hm^2$ 剂量下，可防除谷类作物田一年生阔叶杂草和禾本科杂草，也可用于非作物领域。

合成路线

常用剂型 目前我国未见相关制剂产品登记，常用剂型主要有水分散粒剂。

甲草胺（alachlor）

$C_{14}H_{20}ClNO_2$，269.77，15972-60-8

其他名称 拉索，灭草胺，拉草，草不绿，澳特拉索，杂草锁，草甲胺，Lasso，Lazo，Alanex。

化学名称 2-氯-N-(2,6-二乙基苯基)-N-(甲氧甲基)乙酰胺；2-chloro-N-(2,6-diethylphenyl)-N-(methoxymethyl)-acetanilide。

理化性质 纯品甲草胺为奶油色结晶固体，不具挥发性，m.p40.5～41.5℃，b.p.100℃（0.02mmHg）。25℃时溶解度：水242mg/L，易溶于乙醚、丙酮、苯、氯仿、乙醇、乙酸乙酯等有机溶剂。相对密度1.125（25℃）。蒸气压293.3×10^{-5}Pa（24℃）。在强酸、强碱条件下可水解，紫外线下较为稳定。制剂由有效成分甲草胺和乳化剂、溶剂组成，外观为紫色液体，相对比重1.06（25℃），闪点39.4℃。在低于0℃条件下会出现结晶，已结晶的甲草胺在15～20℃下可重新溶解，对药效无影响。

毒性 甲草胺原药急性LD_{50}（mg/kg）：大鼠经口930，家兔经皮13300。吸入LC_{50}（4h）：大鼠＞1.04mg/L。对家兔皮肤和眼睛有中等刺激作用。NOEL：大鼠（2年）≤2.5mg/kg（bw），狗（1年）≤1mg/kg（bw）。大鼠亚慢性（90d）经口无作用剂量为17mg/kg，家兔亚慢性（21d）经皮无作用剂量为1mg/kg，小鼠慢性经口无作用剂量为260mg/(kg·d)。鹌鹑经口LD_{50} 1536mg/kg；野鸭和鹌鹑LC_{50}（5d）＞5620mg/kg饲料。虹鳟鱼（96h）LC_{50} 1.8mg/L，蓝鳃太阳鱼（96h）LC_{50} 2.8mg/L。蜜蜂LC_{50}（96h）＞32mg/只。蚯蚓LC_{50}（14d）387mg/kg土。

应用 甲草胺属酰胺类选择性芽前除草剂，美国孟山都公司推广。甲草胺可被植物幼芽吸收（单子叶植物为胚芽鞘，双子叶植物为下胚轴），吸收后向上传导；种子和根也吸收传导，但吸收量较少，传导速度慢。出苗后主要靠根吸收向上传导。甲草胺进入植物体内抑制蛋白质活性，使蛋白质无法合成，造成芽和根停止生长，使不定根无法形成。如果土壤水分适宜，杂草幼芽期不出土即被杀死。症状为芽鞘紧包生长点，稍变粗，胚根细而弯曲，无须根，生长点逐渐变褐色至黑色烂掉。如土壤水分少，杂草出土后随着雨、土壤湿度增加，杂草吸收药剂后，禾本科杂草心叶卷曲至整株枯死，阔叶杂草叶皱缩变黄，整株逐渐枯死。甲草胺可用于棉花、大豆、玉米、花生、甘蔗、油菜、烟草、马铃薯、辣椒、向日葵、洋葱和萝卜等地除草，可以防除稗草、马唐、蟋蟀草、狗尾草、早熟禾、看麦娘、千金子、野黍、画眉草、牛筋草等一年生禾本科杂草及苋、马齿苋、轮生粟米草等阔叶杂草，对藜、蓼、大豆菟丝子也有一定的防除效果。对田旋花、蓟、匍匐冰草、狗牙根等多年生杂草无效。

合成路线 甲草胺有三种合成路线，即路线1→2→3、路线1→4→5和路线1→6→7→8。

常用剂型 乳油、悬浮剂、悬乳剂、泡腾粒剂，主要制剂有480g/L乳油、480g/L微胶囊悬浮剂。

甲草醚（TOPE）

$C_{13}H_{11}NO_3$，228，2303-25-5

其他名称 HE314，Attackweed。

化学名称 对硝基苯基间甲苯基醚；p-nitrophenyl-m-tolyl ether。

理化性质 纯品甲草醚为褐色固体。25℃时溶解度：水 5mg/L，烃类溶剂的溶解度约在 25%。

毒性 甲草醚原药急性 LD_{50}（mg/kg）：经口大白鼠 1700。鲤鱼（48h）LC_{50} 1.2mg/L。正常使用不会对鱼造成危害。

应用 甲草醚属于二苯醚类除草剂。甲草醚可用于水稻田防除稗草等一年生杂草。从杂草发芽到 2 叶期均有效。可叶面处理，也可土壤处理，对水稻比较安全，有良好的选择性。在水稻生育期使用不易产生药斑，但对根的发育有较强的抑制作用。

合成路线

常用剂型 10%颗粒剂，25%乳剂。

甲磺草胺（sulfentrazone）

$C_{11}H_{10}Cl_2F_2N_4O_3S$，387.2，122836-35-5

其他名称 磺酰唑草酮，Authority，Boral，Capaz，Ismiss，Turf，Spartan（富美实），Cover（杜邦）。

化学名称 2′,4′-二氯-5′-（4-二氟甲基-4,5-二氢-3-甲基-5-氧-1H-1,2,4-三唑-1-基）甲基磺酰苯胺（IPUAC）；N-[2,4-二氯-5-（4-二氟甲基-4,5-二氢-3-甲基-5-氧-1H-1,2,4-三唑-1-基）苯基]甲基磺酰胺（CA）。

理化性质 纯品甲磺草胺为棕黄色固体，m.p.121～123℃。20℃时溶解度：水 110mg/L（pH=6），可溶于丙酮和其他极性有机溶剂。相对密度 1.21。蒸气压 $1.3×10^{-4}$ mPa。分配系数 $K_{ow}\lg P=-1.48$。在土壤中稳定，半衰期 DT_{50} 为 18 个月。在 pH 5～9 的水中，对水解稳定，但容易发生光解作用（DT_{50} 为<0.5d）。

毒性 甲磺草胺原药急性 LD_{50}（mg/kg）：大鼠经口 2855，兔经皮>2000。对兔皮肤无刺激性，对兔眼睛有轻微的刺激性，对豚鼠皮肤有致敏作用。吸入 LC_{50}（4h）：大鼠＞4.14mg/L。NOEL：大鼠 10mg/(kg·d)。Ames 试验、小鼠淋巴瘤细胞试验和小鼠活体微核试验：阴性。鹌鹑饲喂 LC_{50}＞5620mg/kg。野鸭：经口 LD_{50}＞2250mg/kg、饲喂 LC_{50}＞5620mg/kg。蓝鳃太阳鱼（96h）LC_{50} 93.8mg/L。虹鳟（96h）LC_{50}＞130mg/L。水蚤（48h）LC_{50} 60.4mg/L。

应用 甲磺草胺为富美实公司发现，是原卟啉原氧化酶抑制剂，即通过抑制叶绿素生物合成过程中原卟啉原氧化酶而引起细胞膜破坏，使叶片迅速干枯、死亡。通过根部和叶片吸收，主要在质外体传输，韧皮部移动较少。甲磺草胺主要用于防除大豆、鹰嘴豆、豇豆、干豆、山葵、利马豆、菠萝、草莓、向日葵、甘蔗、烟草和草坪上的一年生阔叶杂草、一些禾本科杂草及莎草。芽前或播前施药。

合成路线

常用剂型 75％水分散粒剂、40％、500g/L 悬浮剂等。

甲磺隆（metsulfuron-methyl）

$C_{14}H_{15}N_5O_6S$，381.36，74223-64-6

其他名称 甲黄隆，Escort，Gropper，Allie，合力，Ally Brush-Off，DPX-T6376。

化学名称 2-[(4-甲氧基-6-甲基-1,3,5-三嗪基-2-基)脲基磺酰基]苯甲酸甲酯；methyl 2-(4-methoxy-6-methyl-1,3,5-triazin-2-yl carbamoylsul-famoyl) benzoate。

理化性质 纯品甲磺隆为无色晶体（工业品为灰白色固体，并带有淡淡的酯香味），m.p. 158℃。25℃时溶解度：水 2.79g/L（pH＝7）。20℃时在其他溶剂中的溶解度：二甲苯 0.58g/L，乙醇 2.3g/L，甲醇 7.3g/L，丙酮 36g/L，二氯甲烷 121g/L。相对密度 1.47（水＝1.0）。蒸气压 $3.3×10^{-7}$ mPa（25℃）。K_{ow} lgP＝1.74（pH＝7）。离解常数 pK_a＝3.3。140℃以下在空气中稳定，25℃时中性和碱性介质中稳定。在水中的溶解度很大，可被土壤吸附，在土壤中的降解速率很慢，特别在碱性土壤中，降解更慢，方式是水解和微生物降解，DT_{50} 约 1～5 周，土壤 pH 值越小，温度越高，湿度越大，降解速率越快。

毒性　甲磺隆原药急性 LD_{50}（mg/kg）：大鼠经口＞5000，家兔经皮＞2000。对豚鼠皮肤稍有刺激。无致畸、致突变作用。毒性等级为三级。对眼、鼻、咽喉、皮肤有轻微的刺激作用。虹鳟鱼和太阳鱼（96h）LC_{50}＞150mg/L。蜜蜂 LD_{50}＞25μg/只蜂。蚯蚓 LC_{50}＞1000mg/kg。

应用　甲磺隆为磺酰脲类除草剂，杜邦公司研发。该药剂是内吸、广谱、高效除草剂，具有向顶和向基输导性。甲磺隆可防除小麦、大麦、燕麦等地里的看麦娘、大巢菜、碎米荠、牛繁缕、稻槎草、毛茛、水芹、婆婆纳、田蓟、地肤、大马蓼等多种杂草。对猪殃殃、田旋花、巢菜效果较差。甲磺隆残留期长，中性土壤小麦田用药 120d 后播种油菜、棉花、大豆、黄瓜等后茬作物依然会产生药害，碱性土壤药害更加严重。

合成路线

常用剂型　可湿性粉剂、水分散粒剂等，主要制剂有 10％可湿性粉剂、60％可湿性粉剂、20％水分散粒剂、60％水分散粒剂。

甲基胺草磷（amiprophos-methyl）

$C_{11}H_{17}N_2O_4PS$，304.04，36001-88-4

其他名称　NTN-80，Tokunol-M。

化学名称　*O*-(2-硝基-4-甲基苯基)-*O*-甲基-*N*-异丙基硫代膦酰胺；*O*-(2-nitro-4-methylphenyl)-*O*-methyl-*N*-iso-propylphosphoramidothioate。

理化性质　纯品甲基胺草磷为淡黄色固体，m.p.64～65℃。20℃时溶解度：水 10mg/L。在通常条件下稳定。

毒性　甲基胺草磷原药急性 LD_{50}（mg/kg）：经口小白鼠 570、大白鼠 1200。

应用　甲基胺草磷属于有机磷除草剂，日本特殊农药公司推广。甲基胺草磷可防除水田及旱地多种一年生杂草，如稗草、苋、藜、蟋蟀草、看麦娘、牛毛毡、鸭舌草、节节草等，适用于水稻、番茄、莴苣、甘蓝、花生、甘蔗、洋葱、胡萝卜、黄瓜等作物。施药量 1.25～5.0kg/hm²。

合成路线

常用剂型　主要有 60％可湿性粉剂。

甲基磺草酮（mesotrione）

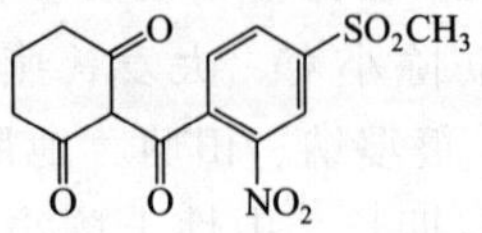

$C_{14}H_{12}NO_7S$，339.32，104206-82-8

其他名称　硝磺草酮，米斯通，Callisto。

化学名称　2-(4-甲磺酰基-2-硝基苯酰基）环己烷-1,3-二酮；2-(4-mesyl-2-nitrobenzoyl) cyclohexane-1,3-dione。

理化性质　纯品甲基磺草酮为固体，m.p.165℃。20℃时溶解度：水 15g/L。

毒性　甲基磺草酮原药急性 LD_{50}（mg/kg）：大鼠经口＞5000、经皮＞2000。对动物无致畸、致突变、致癌作用。对鱼类低毒。

应用　甲基磺草酮属于 HPPD 抑制剂，广谱苯胺类除草剂，捷利康公司开发，1984 年申请专利。主要用于玉米田防除苍耳、藜、荠菜、稗草、龙葵、繁缕、马唐等杂草，对磺酰脲类除草剂产生抗性的杂草有效。

合成路线

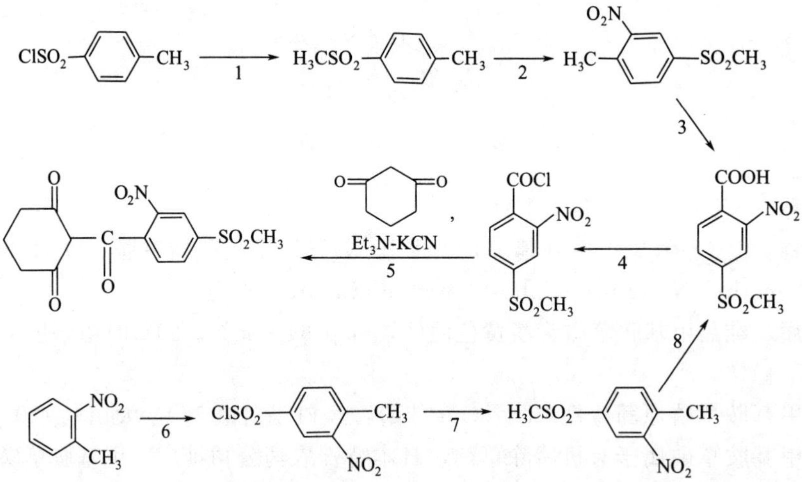

或者

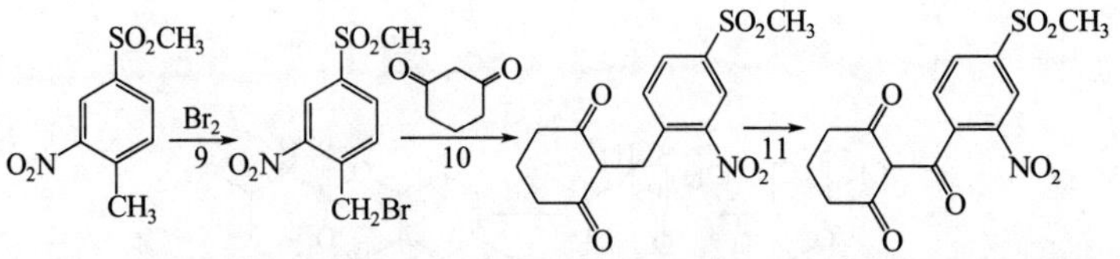

常用剂型　15％、24％可分散油悬浮剂，可与烟嘧磺隆、莠去津等复配。

甲基咪草烟（imazapic）

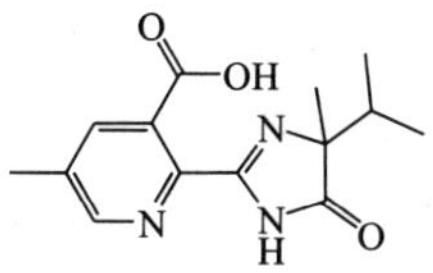

$C_{14}H_{17}N_3O_3$，275.2，104098-49-9

其他名称　百垄通，高原，Cadre，Plateau。

化学名称　(RS)-2-(4-异丙基-4-甲基-5-氧-2-咪唑啉-2-基)-5-甲基尼古丁酸；(RS)-2-(4-isopropyl-4-methyl-5-oxo-2-imidazolin-2-yl)-5-methylnicotinic acid。

理化性质　纯品为无臭灰白色或粉色固体，m. p. 204～206℃。25℃时溶解度：去离子水 2.15g/L，丙酮 18.9g/L。

毒性　原药急性 LD_{50}（g/kg）：经口大鼠＞5，经皮兔＞2。吸入 LC_{50}（4h）4.83mg/L。对兔眼睛有中度刺激性，对兔皮肤无刺激性。无致畸、致突变作用。

应用　甲基咪草烟主要用于花生田早期苗后除草，对莎草科杂草、草决明、播娘蒿等具有很好的活性。

合成路线

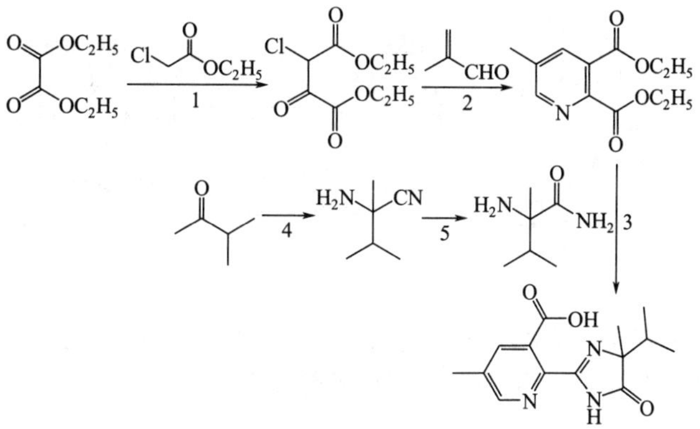

常用剂型　主要有 4%、24% 水剂。

2 甲 4 氯（MCPA）

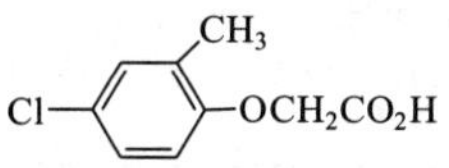

$C_9H_9ClO_3$，200.6，94-74-6

其他名称　兴丰宝，苏米大，MCP，Cornox，Metaxone，Agritox，Rhomenc，Trasan，Agroxone。

化学名称　2-甲基-4-氯苯氧乙酸；2-methyl-4-chlorophenoxyacetic acid。

理化性质　纯品 2 甲 4 氯为无色、无臭或具有芳香气味结晶固体，熔点 119～120.5℃；工业品熔点 99～107℃；原药纯度 85%～99%，熔点 115～117℃。25℃时溶解度：水 395mg/L（pH＝1），乙醚 770g/L，甲醇 775.6g/L，甲苯 26.5g/L，二甲苯 49g/L，二氯甲烷 69.2g/L，正辛醇 218.3g/L。相对密度 1.41。蒸气压 $2.3×10^{-2}$ mPa（20℃）。亨利常数 $5.5×10^{-5}$ Pa·m³/mol（计算值）。对酸很稳定，可形成水溶性碱金属盐和铵盐，遇硬水析出钙盐和镁盐。

毒性　2 甲 4 氯原药急性 LD_{50}（mg/kg）：经口大鼠 700～1160、小鼠 550，大鼠经皮 >4000。大鼠吸入 LC_{50}（4h）6.36mg/L。NOEL：大鼠（2 年）200mg/kg［约 1.8mg/(kg·d)］，小鼠（2 年）100mg/kg［约 1.33mg/(kg·d)］。鹌鹑急性经口 LD_{50} 377mg/kg 饲料。虹鳟鱼（96h）LC_{50} 232mg/L。蜜蜂 LD_{50} 0.104mg/只。蚯蚓（14d）LC_{50} >325mg/kg 土壤。水蚤 LC_{50} >100mg/L。光解 DT_{50} 为 25.4d（25℃）。

应用　2 甲 4 氯是一种苯氧乙酸类选择性激素型除草剂。2 甲 4 氯易被根部和叶部吸收，作用方式、选择性等与 2,4-滴丁酯相同，但其挥发性、作用速度较 2,4-滴丁酯低且慢，因而在寒地稻区使用比 2,4-滴丁酯安全。属于芽后激素型选择性除草剂，主要用于防除水稻、麦类、玉米、豌豆、草坪和非耕作区中苗后一年生或多年生的三棱草、鸭舌草、泽泻、野慈姑及其他阔叶杂草。选择性优于 2,4-滴，也比其安全。因其水溶性差，一般以其钠盐、铵盐或酯的形式使用。禾本科植物幼苗期很敏感，3～4 叶期后抗性逐渐增强，分蘖末期最强，到幼穗分化期敏感性又上升，因此，宜在分蘖末期施药。

合成路线　与 2,4-滴合成方法相似，也有先氯化后缩合和先缩合后氯化两种路线。工业生产多用先缩合后氯化路线：将 2-甲基苯酚与氢氧化钠于 70℃ 以下进行反应制得 2-甲基苯酚钠，然后与氯乙酸钠于 100～105℃ 下进行缩合反应，生成的 2-甲基苯氧乙酸钠用盐酸酸化，得到的 2-甲基苯氧乙酸用氯气在 60℃ 进行氯化即可制得 2 甲 4 氯。

常用剂型　可湿性粉剂、可溶液剂、水剂、水分散粒剂等，登记的原药有 95%、96%、97% 等，可与草甘膦、敌草隆、莠灭净、灭草松等复配。

2 甲 4 氯丁酸（MCPB）

$C_{11}H_{13}ClO_3$，228.7，94-81-5

其他名称　MB-3046，MCP，2,4-MCPB，2M-4Kh-M，MB 3046，Tropotox。

化学名称　4-(4-氯-2-甲基苯氧基) 丁酸；4-(4-chloro-2-methylphenoxy) butanoic acid。

理化性质　纯品 2 甲 4 氯丁酸为无色晶体，熔点 99～100℃，沸点 >280℃。25℃ 时溶解度（g/L）：水 0.044，丙酮 313，二氯甲烷 160，乙醇 150，己烷 65，甲苯 8。相对密度 1.254（22℃）。蒸气压 $5.77×10^{-2}$ mPa（20℃）。形成可溶于水的铵盐和碱金属盐，能被硬水沉淀。工业品熔点为 95～100℃。

毒性　2 甲 4 氯丁酸原药急性 LD_{50}（mg/kg）：大鼠经口 4700，大鼠经皮 >2000。对眼

睛有刺激，对皮肤无刺激，对皮肤无致敏作用。大鼠吸入 LC_{50}（4h）$>1.14mg/L$ 空气。NOEL：大鼠（90d）100mg/kg 饲料。鸟 $LC_{50}>20000mg/kg$。虹鳟鱼（48h）LC_{50} 75mg/L。fathead minnows LC_{50} 11g/L。对蜜蜂低毒。

应用 2 甲 4 氯丁酸属于苯氧类除草剂，May & Baker Ltd（现为 Rhne-Poulenc Agrochimie）推广。2 甲 4 氯丁酸能在敏感植物中传导，在植物体内转变为 2 甲 4 氯而起除草作用。可用于禾本科作物、豌豆、蚕豆、亚麻、胡萝卜、马铃薯和定植的草地中防除阔叶杂草如藜、蓼、马齿苋、豚草和蓟等。

合成路线

常用剂型 40%钠盐水溶液。

甲硫嘧磺隆（methiopyrsulfuron）

$$C_{13}H_{16}N_4O_6S_2，388.3，13508-73-1$$

化学名称 2-(4-甲氧基-6-甲硫基-2-嘧啶基氨基甲酰氨基磺酰基）苯甲酸甲酯；2-[[[[(4-methoxy-6-methylthio-2-pyrimidinyl)amino]carbonyl]amino]sulfonyl]benzoic acid methylester。

理化性质 甲硫嘧磺隆原药（含量≥95%）外观为白色至浅黄色粉状结晶，纯品 m. p. 187.8～188.6℃。20℃时溶解度：水 0.129g/L（pH=3）、0.187g/L（pH=8）、2.536g/L（pH=12），乙醇 1.198g/L，甲苯 1.719g/L，甲醇 2.228g/L，丙酮 17.84g/L，二氯乙烷 31.064g/L。蒸气压 0.82kPa（25℃）。

毒性 甲硫嘧磺隆原药对 SD 大鼠亚慢性（90d）经口毒性的最大无作用剂量为 151.25mg/(kg·d)，原药及制剂均属低毒，无致突变作用。另外，原药及其制剂对环境安全，10%可湿性粉剂对非靶标生物鱼和蚕为低毒、蜂和鸟为中毒，原药对蛋白核小球藻低毒。

应用 甲硫嘧磺隆是湖南化工研究院对磺酰脲类化合物进行结构修饰而得到的新型除草剂，具有杀草谱广、用药量低等特点，可以有效地防除麦类作物田各种阔叶杂草和一些禾本科杂草，且对作物安全，在小麦田除草具有一定的市场前景。

合成路线

常用剂型 主要有 10%可湿性粉剂。

甲羧除草醚（bifenox）

$C_{14}H_9Cl_2NO_5$，342.1，42576-02-3

其他名称 甲羰除草醚，治草醚，茅丹，茅毒，Modown，Plodown，bifenox，MC 4379，MC 79。

化学名称 5-(2,4-二氯苯氧基)-2-硝基苯甲酸甲酯；methyl-5-(2,4-dichlorophenoxy)-2-nitro benzoate。

理化性质 纯品为黄色晶体，原药是淡黄色或棕黄色结晶体，m. p. 84～86℃。溶解度：水中 0.00035g/L，丙酮、氯苯中 400g/L，乙醇中＜50g/L，芳香烃中＜10g/L，二甲苯中 300g/L。在 290～400nm 紫外线下，48h 分解＜5%。

毒性 原药 LD_{50}（mg/kg）：大鼠经口 6400，家兔急性经皮＞20000。大鼠急性吸入 LC_{50}＞1.04mg/L。该产品对人、畜和鱼均较为安全，没有致畸、致癌及其他慢性中毒作用，对哺乳动物低毒；在实验条件下未见致畸、致突变作用。

应用 甲羧除草醚是一种高效、广谱、选择性二苯醚类除草剂。甲羧除草醚具有杀草谱广、施药量少、土壤适应性强、不受气温影响等特点，可以防治阔叶杂草和某些禾本科杂草，如鸭跖草、龙葵、马齿苋、苘麻、地肤、苍耳、泽泻等。

合成路线 甲羧除草醚及其中间体有多种合成方法，其中路线 1→2→3→4→5 较常用。

常用剂型 主要有 80% 可湿性粉剂、48% 悬浮剂。

甲氧苯酮（methoxyphenone）

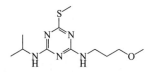

$C_{16}H_{16}O_2$，240，41295-28-7

其他名称　去草酮，NK049。

化学名称　3,3′-二甲基-4-甲氧基二苯酮；3,3′-dimethyl-4-methoxybenzophenone。

理化性质　纯品甲氧苯酮为白色结晶，m. p. 62℃。难溶于水（约 1.5mg/L）。易被阳光和微生物分解成二氧化碳和水，而不造成残留。

毒性　甲氧苯酮原药急性 LD_{50}（mg/kg）：鼠经口 4000，大鼠经皮＞4000。鲤鱼 LC_{50}（48h）2.1～3.2mg/L。

应用　适用于水稻、大豆、棉花、甘蔗等田防治一年生阔叶杂草和禾本科杂草；选择性传导，从叶面吸收，对发芽无抑制作用，中毒症状为植物退绿变黄；在土壤中易分解，持效期很短。

合成路线

常用剂型　目前我国未见相关制剂产品登记，制剂主要有 8%甲氧苯酮＋3%地散磷颗粒剂。

甲氧丙净（methoprotryne）

$C_{11}H_{21}N_5OS$，271.38，841-06-5

其他名称　G36393，盖草津，Lumeton，Gesaran。

化学名称　2-异丙氨基-4-(3-甲氧丙基氨基)-6-甲硫基-1,3,5-三嗪；2-isopropylamino-4-(3-methoxypropylamino)-6-methylthio-1,3,5-triazine。

理化性质　纯品甲氧丙净为结晶固体，m. p. 68～70℃。25℃时溶解度：水 0.32g/L，溶于大多数有机溶剂。蒸气压 0.038mPa（20℃）。在通常状态下稳定，可与大多数其他农药混配，无腐蚀性。

毒性　甲氧丙净原药急性 LD_{50}（mg/kg）：经口大白鼠＞5000，小鼠 2400。大鼠连续 5d 皮肤涂敷 150mg/kg 该药，无刺激与中毒症状。以 60mg/(kg·d) 对大鼠饲喂 13 周无毒害作用，而 300mg/(kg·d) 为临界值。对鱼低毒。

应用　甲氧丙净属于三氮苯类除草剂，J. R. Geigy S. A.（现为 Novartis Crop Protection AG）推广。甲氧丙净用于小麦、大麦、玉米、亚麻、苜蓿等田地防除旱熟禾、藨蓄、卷茎、繁缕、婆婆纳等一年生杂草。

合成路线

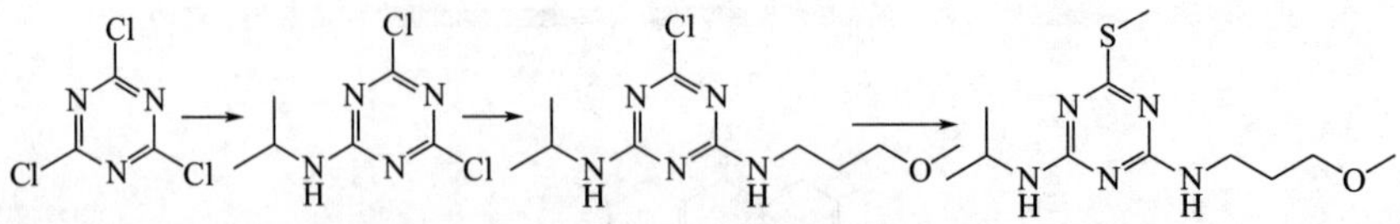

常用剂型 目前我国未见相关制剂产品登记，制剂主要有 5％可湿性粉剂、1.5％颗粒剂。

甲氧除草醚（chlomethoxyfen）

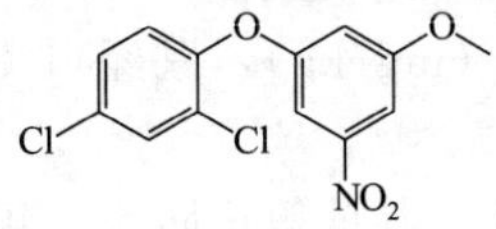

$C_{13}H_9Cl_2NO_4$，314.12，32861-85-1

其他名称 X-52，甲氧醚，氯硝醚。

化学名称 2,4-二氯苯基-3′-甲氧基-4′-硝基苯基醚；2,4-dichlorophenyl-3′-methoxy-4′-nitrophenylether。

理化性质 纯品甲氧除草醚为黄色结晶，m.p.113～114℃，b.p.260℃。溶解度：水0.3mg/L（15℃）、0.39mg/L（20℃），可溶于丙酮、乙醇、苯等有机溶剂。相对密度1.37。

毒性 甲氧除草醚原药急性 LD_{50}（mg/kg）：大、小鼠经口10000，大白鼠经皮2000。鲤鱼（48h）LC_{50} 1.9mg/L。

应用 甲氧除草醚属于二苯醚类除草剂，日本三井东压化学公司开发。甲氧除草醚是接触性土壤处理剂，适用于水稻田，也可用于麦、花生、甘蔗、菜豆、马铃薯和萝卜、白菜等田地防除鸭舌草、母草、繁缕、稗、节节菜、马唐、看麦娘、具芒碎米莎草、异形莎草、瓜皮草、紫萍、泽泻、藜、牛毛毡等杂草。

合成路线

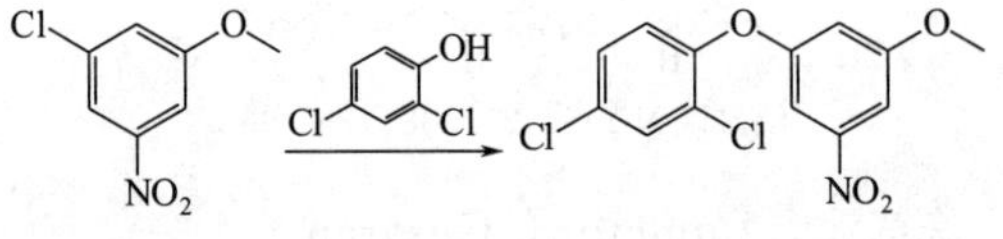

常用剂型 目前我国未见相关制剂产品登记，制剂主要有 7％颗粒剂、70％可湿性粉剂、20％乳油。

甲氧隆（metoxuron）

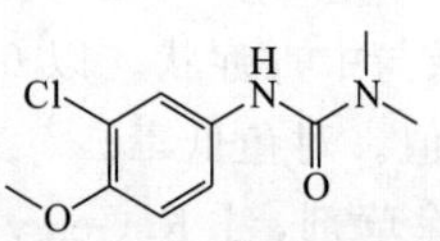

$C_{10}H_{13}ClN_2O_2$，228.68，19937-59-8

其他名称 绿不隆，San6602，Herbicide 6602，SAN6915H。

化学名称 N'-(3-氯-4-甲氧基苯基)-N,N-二甲基脲；N'-(3-chloro-4-methoxyphenyl)-N,N-dimethyl-urea。

理化性质 纯品甲氧隆其外观呈白色无臭结晶粉末状，m. p. 126～127℃。23～24℃时溶解度：水 678mg/L，可溶于丙酮、环己酮及热乙醇，在苯和冷乙醇中溶解度中等，不溶于石油醚中。蒸气压为 4.3mPa（20℃）。在正常条件下贮存稳定，54℃稳定 4 周，在强酸和强碱条件下水解；DT_{50}（50℃）18d（pH3）、21d（pH5）、24d（pH7）、>30d（pH9）、26d（pH11）；在紫外线下分解。

毒性 甲氧隆原药急性 LD_{50}（g/kg）：大鼠经口 3.2，大鼠急性经皮>2。NOEL：大鼠（90d）1.25g/kg（bw），小鼠（90d）2.5g/kg（bw），狗（90d）2.5g/kg（bw），鸡（6 周）1.25g/kg（bw）。鱼毒 LC_{50}（96h）：虹鳟 18.9mg/L。蜜蜂 LD_{50}（经口）850mg/kg。蚯蚓 LC_{50}（14d）>1g/kg（土）。水蚤 LC_{50}（24h）215.6mg/L。

应用 甲氧隆是选择性芽前及芽后除草剂，由 Sandoz 公司（现为 Novartis Crop Protection AG）推广。其主要适用于冬小麦、春小麦、冬大麦、亚麻、番茄、马铃薯和胡萝卜等，可用于防治小糠草、飞蓬、看麦娘属、大车前、西风古、荠菜、藜、稗、早熟禾、皱叶酸模、繁缕、芥菜、黑麦草、蓼、野萝卜、鼬瓣花、野燕麦等一年生禾本科和阔叶杂草。

合成路线

常用剂型 目前我国未见制剂产品登记，制剂主要有 80％可湿性粉剂。

甲氧咪草烟（imazamox）

$C_{15}H_{19}N_3O_4$，305.3，114311-32-9

其他名称 金豆，Raptor，Sweeper，Odyseey，AC 299263，CL 299263。

化学名称 (RS)-2-(4-异丙基-4-甲基-5-氧-2-咪唑啉-2-基)-5-甲氧基甲基尼古丁酸；(RS)-2-(4-iso-propyl-4-methyl-5-oxo-2-imidazolin-2-yl)-5-methoxymethylnicotinic acid。

理化性质 纯品甲氧咪草烟为灰白色固体，m. p. 166.0～166.7℃。20℃时溶解度：水 4.16g/L，丙酮 2.93g/L。

毒性 甲氧咪草烟原药急性 LD_{50}（mg/kg）：大鼠经口>5000，兔经皮>2000。对兔皮肤无刺激性，对兔眼睛有轻微刺激性。NOEL：大鼠（1 年）1165mg/(kg·d)。对动物无致畸、致突变、致癌作用。

应用 甲氧咪草烟属于乙酰乳酸合成酶（ALS）和乙酰羟基酸合成酶（AHAS）抑制剂，防除的杂草有铁苋菜、田芥、藜、猪殃殃、宝盖草、牵牛花、蓼、龙葵、婆婆纳、野燕麦、早熟禾、千金子、樱、看麦娘、灯心草、铁荸荠等。

合成路线 合成方法较多，常用的有两条合成路线。

① 以甲氧丙醛、草酸乙酯、甲基异丙基酮为起始原料，见路线（11→12）7→8。

② 以吡啶二羧酸酯为起始原料，经过闭环、水解制得酸酐，再经氯化、甲氧基化等过程制得甲氧咪草烟，见路线 1→2→3→4→5。

常用剂型 甲氧咪草烟在我国登记的制剂主要有 4% 水剂。

胶孢炭疽菌

其他名称 鲁保 1 号。

拉丁文名称 *Colletotrichum gloeosporiodes* Penz。

理化性质 一种真菌除草剂。孢子为单胞，无色，长椭圆形。在低温、避光的条件下保存。

毒性 低毒生物除草剂。因其专化性强，只杀菟丝子，对人、畜、天敌昆虫、鱼类均无害，不污染环境，无残留。

应用 鲁保 1 号是寄生在菟丝子上的一种毛盘菌属炭菌，是防治菟丝子的微生物除草剂，施用本剂引起菟丝子发生真菌病害而导致枯死。将这种病原真菌制剂配成悬浮液喷洒到菟丝子上，真菌孢子吸水萌发，从菟丝子表皮侵入，使菟丝子感病，逐渐死亡。因农作物不感染此病，故对作物安全。本剂使用于菟丝子萌芽后在田间喷洒防治，土壤处理无效。鲁保 1 号属于微生物除草剂，宁夏平罗县农业技术推广站研制。适用于蔬菜、大豆、亚麻、瓜类等作物，专门用于防治菟丝子，包括大豆菟丝子、田野菟丝子等。在田间菟丝子出现初期施药。将鲁保 1 号粉剂对水稀释 100～200 倍液，充分搅拌，并用纱布过滤一次，利用滤液（含孢子量 2000 万～3000 万个/mL）挑治喷雾，即只对有菟丝子的地方喷药。喷药应在早、晚或阴天进行。喷药时两人操作，1 人在前边用树条将菟丝子发生处抽打几次，造成伤口，另 1 人随后喷药，因有了伤口利于真菌孢子从伤口处侵入，提高防效。需避开中午高温和干旱条件下施药。一般施药 1 次即可。

常用剂型　胶孢炭疽菌主要制剂有 10 亿～60 亿活孢子/g 吸附粉剂。

解草安（flurazole）

$C_{12}H_7ClF_3NO_2S$，321.7，72850-64-7

其他名称　Mon-4606。

化学名称　苄基-2-氯-4-三氟甲基-1,3-噻唑-5-羧酸苄酯；benzyl-2-chloro-4-trifluorom-ethyl-1,3-thiaxole-5-carboxlate；phenylmethyl-2-chloro-4-(trifluoromethyl)-5-thiazolecarboxylate。

理化性质　纯品解草安为具淡香味的无色结晶，工业品纯度为 95%，黄色至棕黄色固体，m. p. 51～53℃。25℃时溶解度：水 0.5mg/L，能溶于很多有机溶剂。相对密度 0.96（工业品）。蒸气压 3.9×10^{-2} mPa（25℃）。93℃ 以下稳定。闪点 392℃（工业品，Tag 闭杯）。

毒性　解草安原药急性 LD_{50}（mg/kg）：经口大鼠＞5000，经皮兔＞2000。NOEL：狗（90d）＜300mg/(kg·d)。虹鳟（96h）LC_{50} 8.5mg/L。蓝鳃（96h）LC_{50} 8.5mg/L。水蚤（96h）LC_{50} 6.3mg/L。

应用　解草安是除草安全剂，美国孟山都公司开发。本品属噻唑羧酸类除草剂的安全剂，以 2.5g/kg 种子剂量处理。可保护高粱免遭甲草胺、异丙甲草胺的损坏。

合成路线

常用剂型　我国未见相关制剂产品登记。

解草胺腈（cyometrinil）

$C_{10}H_7N_3O$，185.2，78370-21-5

其他名称　CGA 43089。

　　化学名称　(Z)-氰基甲氧基亚氨基（苯基）乙腈；(Z)-cyanomethoxyimino (phenyl) acetonitrile。

　　理化性质　纯品解草胺腈为无色晶体，m.p. 55～56℃。20℃时溶解度：水 0.095g/L，苯 550g/kg，二氯甲烷 700g/kg，甲醇 230g/kg，异丙醇 74g/kg。相对密度 1.260（20℃）。蒸气压 46.5mPa（20℃）。在 300℃以上放热分解。

　　毒性　解草胺腈原药急性 LD_{50}（mg/kg）：经口大鼠 2277，经皮大鼠＞3100。对兔皮肤和眼睛无刺激。NOEL：狗（90d）100mg/kg（bw）。LD_{50}（96h，mg/L）：虹鳟鱼 5.6，鲤鱼 1.7，蓝鳃鱼 10.9。对鸟有轻微毒性。

　　应用　解草胺腈是除草安全剂，汽巴-嘉基公司开发。解草胺腈用于提高作物对乙酰替氯苯胺类除草剂的耐药力。将甲氧毒草胺与解草胺腈一同施用，浓度比 21：3，可避免因甲氧毒草胺而使生长减缓。当解毒剂较除草剂晚 1～2 天施用，解毒作用减少。本品不干扰植株吸收除草剂，但当解毒剂在适当的时间呈现于作用部位时，可以降低除草剂的活性，提高选择性。

　　合成路线

　　常用剂型　我国未见相关制剂产品登记。

解草啶（femclorim）

$C_{10}H_6Cl_2N_2$，225.1，3740-92-9

　　其他名称　CGA-123407。

　　化学名称　4,6-二氯-2-苯基嘧啶；4,6-dichloro-2-phenylpyrimidine。

　　理化性质　纯品解草啶为无色结晶，m.p. 96.9℃。20℃时溶解度：水 2.5g/L，可溶于丙酮、异丙醇。相对密度 1.5（20℃）。蒸气压 12mPa（25℃）。K_{ow} 14800。400℃以下稳定，土壤中半衰期 DT_{50} 17～35d。

　　毒性　解草啶原药急性 LD_{50}（mg/kg）：大鼠经口＞5000，经皮＞2000。吸入 LC_{50}（4h）：大鼠＞2.9mg/L 空气。对兔皮肤有轻微刺激作用，对眼睛无刺激作用，对海豚皮肤无过敏性。NOEL：大鼠（2 年）10.4mg/(kg·d)，大鼠（90d）100mg/kg 饲料，小鼠（2 年）113mg/(kg·d)，狗（1 年）10.0mg/(kg·d)。鹌鹑经口 LD_{50}＞500mg/kg。日本鹌鹑 LC_{50}＞10000mg/kg。虹鳟（90h）LC_{50} 0.6mg/L。鲶鱼（90h）LC_{50} 1.5mg/L。蜜蜂：LD_{50}（吸入）＞29g/只，LD_{50}（接触）＞1g/kg。水蚤 LC_{50}（48h）2.2mg/kg。

　　应用　解草啶属于嘧啶类除草剂安全剂，由 J. Rufener & M. Quadranti 报道，汽巴-嘉基公司推广，用来保护湿播水稻不受丙草胺的侵害。热带和亚热带一般以 $100\sim200g$（a.i.）/ hm^2 与丙草胺（比例为 $1:3$）混合使用，在温带的比例为 $1:2$。对水稻的生长率无影响。当将丙草胺施到根茎上、施到枝叶上时，除草作用有些延迟；施除草剂前将本品施在水稻上也有效。田间试验表明，安全剂吸收后两天，施除草剂效果最好，而丙草胺施用 $1\sim4$ 天再施本品，则很大程度上影响作物恢复。

合成路线

常用剂型　我国未见相关制剂产品登记，可与丙草胺、草达灭、醚磺隆等复配。

解草腈（oxabetrinil）

$C_{12}H_{12}N_2O_3$，232.2，74782-23-3

其他名称　CGA92194。

化学名称　α-[（1,3-二氧戊环-2-基-甲氧基）亚氨基]苯乙腈；α-[（1,3-dioxolan-2-yl) methoxyimino] benzeneacetonitrile。

理化性质　纯品解草腈为无色结晶体，m.p.77.7℃。20℃时溶解度：水 $0.02g/L$，丙酮 $250g/kg$，环己酮 $300g/kg$，二氯甲烷 $450g/kg$，甲醇 $30g/kg$，己烷 $5.6g/kg$，正辛醇 $12g/kg$，甲苯 $220g/kg$，二甲苯 $150g/kg$。相对密度 1.33（20℃）。蒸气压 0.53mPa（20℃）。在≤240℃下稳定。pH5～9 时 30d 内不水解。

毒性　解草腈原药急性 LD_{50}（mg/kg）：经口大鼠＞5000。经皮大鼠＞5000。大鼠吸入 LC_{50}（4h）约 1.45mg/L 空气。对鸟有微毒。对兔皮肤和眼睛有很小的刺激，对皮肤无致敏作用。NOEL：大鼠（90d）118mg/kg，狗（90d）9.4mg/kg。日本鹌鹑 LD_{50}＞2500mg/kg，鹌鹑 LD_{50}（8d）＞5000mg/kg，北京鸭 LD_{50}＞1000mg/kg。虹鳟（96h）LC_{50} 7.1mg/L；蓝鳃（96h）LC_{50} 12mg/L。蜜蜂：经口（24h）LD_{50}＞20μg/只蜜蜂，接触 LD_{50}＞1mg/kg。水蚤 LC_{50}（48h）为 8.5mg/L。

应用　解草腈是除草剂解毒剂，由 T.R.Dill 等报道该除草剂作用，瑞士汽巴-嘉基公司开发。使高粱免受甲草胺、异丙甲草胺和毒草胺的毒害。低温下对杂交高粱的保护作用有所降低。用量 $1\sim2g$（a.i.）/kg 种子。

合成路线

常用剂型　我国未见相关制剂产品登记，常用制剂主要有 70%乳油。

解草酮（benocacor）

$C_{11}H_{11}Cl_2NO_2$，260.1，98730-04-2

其他名称　CGA 154281。

化学名称　（±）-2,2-二氯-2-(3,4-二氢-3-甲基-2H-1,4-苯并噁嗪-4-基）乙酮；（±）-2,2-dichloro-1-(3,4-dichloro-3-methyl-2H-1,4-bensoxazin-4-yl) ethanone。

理化性质　纯品解草酮为固体，m.p.107.6℃。20℃时溶解度：水 0.02g/L，丙酮 230g/kg，环己酮300g/kg，二氯甲烷400g/kg，甲醇30g/kg，正辛醇11g/kg，甲苯90g/kg，二甲苯60g/kg。相对密度1.52（20℃）。蒸气压0.59mPa（25℃）。正辛醇/水分配系数501（反相TLC）。土壤中半衰期DT_{50}约50d。

毒性　解草酮原药急性LD_{50}（mg/kg）：大鼠经口＞5000，兔经皮＞2010。吸入LC_{50}（4h）：大鼠大于2.0mg/L。对兔皮肤和眼睛无刺激，可能会引起豚鼠皮肤致敏作用。NOEL：大鼠（2年）0.5mg/(kg·d)。ADI值0.005mg/kg。鹌鹑经口LD_{50}2000mg/kg；野鸭经口LC_{50}＞2150mg/kg；虹鳟鱼（96h）LC_{50}2.4mg/L；鲤鱼（96h）LC_{50}10mg/L；蓝鳃（96h）LC_{50}6.5mg/L；蜜蜂LD_{50}（48h）＞100μg/只蜜蜂；蚯蚓LD_{50}（14d）＞1000mg/kg；水蚤LC_{50}（48h）4.8mg/L。

应用　解草酮是J.W.Peek et al.首先报道，Ciba-Geigy AG推广。解草酮属氯代酰胺类除草剂安全剂，本身不具有除草活性，在正常和不利环境条件下，能增加玉米对异丙甲草胺的耐药性。以1份本品对30份异丙甲草胺在种植前或芽后使用，不影响异丙甲草胺对敏感品系的活性。

合成路线

常用剂型　我国未见相关制剂产品登记。

解草烷（MG 191）

$C_5H_8Cl_2O_2$，171，96420-72-3

化学名称　2-二氯甲基-2-甲基-1,3-二噁茂烷；2-dichloromethyl-2-methyl-1,3-dioxolane。

理化性质　纯品解草烷为无色液体，b.p.91～94℃（4kPa）。20℃时溶解度：水9.75g/L，溶于极性和非极性有机溶剂中。对光稳定。在54℃贮存24h后分解率＜1％；在25℃、10klx强光下，4周后分解率＜1％；在pH4、6、8时，4周后分解率＜20％。

毒性 解草烷原药急性 LD_{50}（mg/kg）：大鼠急性经口 465（雄）、492（雌），急性经皮 652（雄）、654（雌）。对鱼类低毒。

应用 解草烷是除草安全剂，匈牙利科学院化学中心研究院和 Nitrokemia 制药厂发现并开发。解草烷是玉米用高效硫代氨基甲酸酯类除草剂的安全剂。解毒活性取决于浓度，在浓度高于 $0.1\mu mol/L$ 时发现有明显的活性。当 MG-191 单独使用时，对玉米无毒害，直到浓度超过正常用量的 100 倍为止。

合成路线

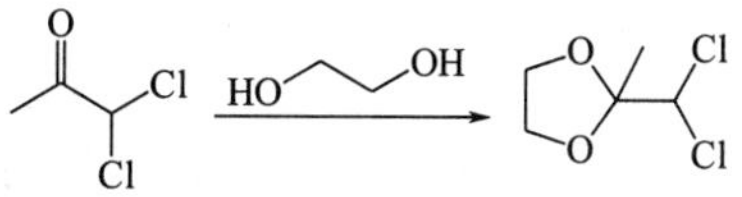

常用剂型 我国未见相关制剂产品登记。

解草烯

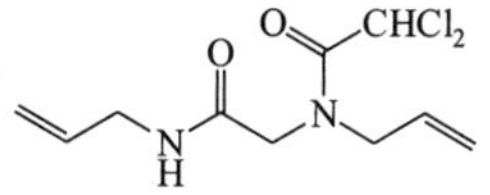

$C_{10}H_{14}Cl_2N_2O_2$，265.1，97454-00-7

其他名称 DKA 24。

化学名称 N^1,N^2-二烯丙基-N^2-二氯乙酰基甘氨酰胺；N^1,N^2-dially-N^2-kichloro-acetylglycinamide。

理化性质 纯品解草烯为浅黄色液体。20℃时溶解度：水 224.2g/L，丙酮、氯仿、二甲基甲酰胺＞200g/L。正辛醇/水分配系数 10。温度≤140℃和 pH 4.5～8.3 时稳定。

毒性 解草烯原药急性 LD_{50}（mg/kg）：经口大鼠 2500～2520，雌小鼠 1600；经皮大鼠＞5000。对皮肤和眼睛无刺激作用。

应用 解草烯是除草剂安全剂，由 J. Nagy & K. Balogh 首先报道，Eszakmagyarorszagi Vegyimuvek 开发。2,2-二氯乙酰胺类除草剂的安全剂。以 200～1000g/hm²（对硫代氨基甲酸酯或 2-氯代乙酰苯胺类除草剂）用于玉米地。

合成路线

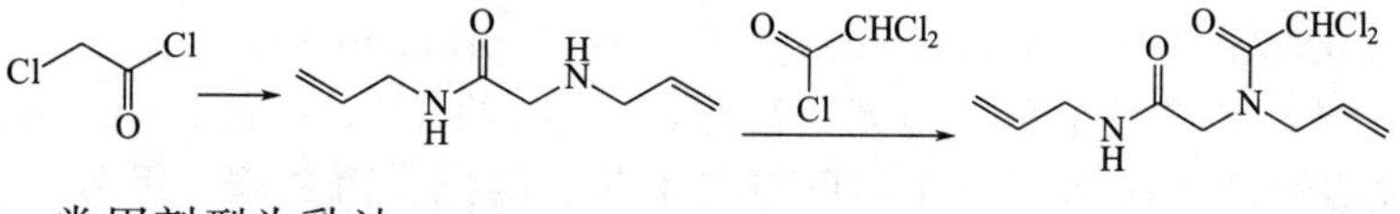

常用剂型 常用剂型为乳油。

解草唑（fenchlorazole）

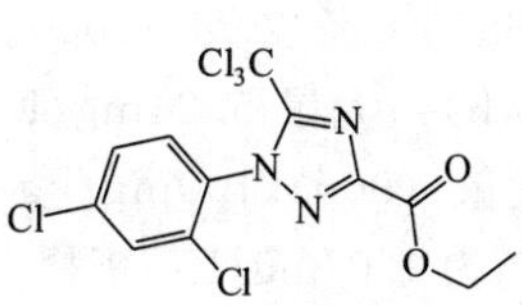

$C_{12}H_8Cl_5N_3O_2$，403.48，103112-35-3；103112-35-2

其他名称 Hoe 070542。

化学名称 1-(2,4-二氯苯基)-5-(三氯甲基)-1H-1,2,4-三唑-3-羧酸。

理化性质 解草唑为白色结晶，m.p.108～112℃。20℃时溶解度：水 0.0009g/L，丙酮 360g/kg，二氯甲烷＞500g/L，正己烷 2.5g/L，甲醇 27g/L，甲苯 270g/L。蒸气压 0.09mPa（20℃）。

毒性 解草唑原药急性 LD_{50}：经口大鼠＞500mg/kg，小鼠＞2000mg/kg；经皮大、小鼠＞2000mg/kg。对兔皮肤和眼睛无刺激作用。NOEL：大鼠（90d）1280mg/kg 饲料，雄小鼠（90d）80mg/kg 饲料，雌小鼠（90d）320mg/kg 饲料，狗（1年）80mg/kg 饲料。无致突变、致畸性。

应用 本品单独使用，无论是芽前还是芽后均不显示任何除草活性，它是三唑类除草剂安全剂，与噁唑禾草灵混用能加速其在作物植株中的解毒作用，因此能够在小麦、硬粒小麦和黑麦上选择性防除禾本科杂草。

合成路线

常用剂型 常用制剂有与噁唑禾草灵混配的水乳剂。

精吡氟禾草灵（fluazifop-P-butyl）

$C_{19}H_{20}F_3NO_4$，383.36，79241-46-6

其他名称 精稳杀得。

化学名称 (R)-2-{4-[(5-三氟甲基吡啶-2-基）氧基] 苯氧基} 丙酸丁酯；butyl (R)-2-[4-[(5-(trifluoromethyl)-2-pyridinyl) oxy] phenoxy] propanoate。

理化性质 纯品精吡氟禾草灵为无色液体，m.p.约5℃，b.p.170℃/66.6Pa、202℃/400Pa。20℃时溶解度：水 1.1mg/L，可与二甲苯、丙酮、丙二酮、甲苯、二氯甲烷、甲醇、丙二醇、醋酸乙酯等有机溶剂混溶。相对密度 1.22（20℃）。蒸气压 133.3nPa（30℃）。分配系数 $K_{ow}lgP=3160$（25℃）。对光稳定，在潮湿土壤中半衰期为 7d，其本身半衰期 21d，常温 1 年或 50℃时 2 周稳定。

毒性 精吡氟禾草灵原药急性 LD_{50}（mg/kg）：经口大鼠 3680（雄）、2451（雌），小鼠 1490（雄）、1770（雌）；经皮大鼠 6050，经皮兔＞2000。对兔皮肤和眼睛有中等刺激，但对豚鼠皮肤无过敏性。吸入 LC_{50}（4h）：大鼠 5.24mg/L。NOEL：大鼠（2年）100mg/kg 饲料，狗（1年）5mg/(kg·d)，大鼠（90d）100mg/kg 饲料。ADI 0.01mg/kg。野鸭经口 LD_{50}＞3528mg/kg；虹鳟（96h）LC_{50} 为 1.07mg/L；蜜蜂（经口和接触）LD_{50}＞0.2mg/只。

应用 精吡氟禾草灵属于芳氧苯氧基丙酸盐类除草剂，ICI Plant Protection Division

（现为 Zeneca Agrochemicals）开发。精吡氟禾草灵为内吸传导型茎叶处理除草剂，是脂肪酸合成抑制剂。对禾本科杂草具有很强的杀伤作用，对阔叶作物安全。可用于防除大豆、棉花、马铃薯、烟草、亚麻、蔬菜、花生等作物田一年生、多年生禾本科杂草，如野燕麦、狗尾草、旱稻、狗牙根、牛筋草、看麦娘、雀麦、千金子、画眉草、大麦属、黑麦属、稷属、早熟禾、芦苇、白茅、匍匐冰草等杂草。杂草吸收药剂的主要部位是茎和叶，施入土壤后药剂也可通过根系吸收，48h 后杂草出现中毒症状，首先停止生长，随之芽和节的分生组织出现枯斑，心叶和其他叶片部位逐渐变紫色或黄色，枯萎死亡。在禾本科杂草 3～5 叶期，用 15％精稳杀得乳油 750～975mL/hm^2，对水 150～220kg 搅匀进行叶面喷雾。

合成路线

常用剂型 主要有 15％乳油、66％可溶粉剂，可与氟磺草醚复配。

精噁唑禾草灵（fenoxaprop-P-ethyl）

$C_{18}H_{16}ClNO_5$，361.78，71283-80-2；13158-40-0（酸）

其他名称 高噁唑禾草灵，Hoe-33171，Hoe046360，AEF046360，骠马。

化学名称 (R)-2-[4-(6-氯-1,3-苯并噁唑-2-基氧）苯氧基] 丙酸乙酯；ethyl (R)-2-[4-(6-chloro-1,3-benzoxazol-2-yl oxy) phenoxy] propianoate。

理化性质 纯品精噁唑禾草灵为白色无味固体，m. p. 89～91℃。20℃时溶解度：水 0.7mg/L，丙酮 200g/L，甲苯 200g/L，乙酸乙酯＞200g/L，乙醇约 24g/L。相对密度 1.3 (20℃)。蒸气压 5.3×10^{-4}mPa (20℃)。50℃时能保存 90d，对光不敏感，遇酸、碱分解。20℃时的 DT_{50}＞100d (pH=5)，10d (pH=7)，2.4d (pH=9)。

毒性 精噁唑禾草灵原药急性 LD_{50} （mg/kg）：经口大鼠 3150～4000，小鼠＞5000；经皮

大鼠＞2000。大鼠吸入 LC$_{50}$（4h）＞1.224mg/L 空气。NOEL：大鼠（90d）0.75mg/(kg·d)，小鼠（90d）1.4mg/(kg·d)，狗（90d）15.9mg/(kg·d)。对非哺乳动物的毒性与外消旋体相似。鹌鹑急性经口 LD$_{50}$＞2000mg/kg。蓝鳃鱼（96h）LC$_{50}$0.58mg/L；虹鳟（96h）LC$_{50}$0.46mg/L。蜜蜂 LC$_{50}$（接触）＞300μg/只蜜蜂，（饲喂）＞1000μg/只蜜蜂。水蚤（48h）LC$_{50}$0.56mg/L（pH=8.0～8.4）。

应用　精噁唑禾草灵属于 2-(4-芳氧基苯氧基) 丙酸类除草剂，Hoechst AG 开发。精噁唑禾草灵是脂肪酸合成抑制剂，是内吸性苗后广谱禾本科杂草除草剂。通过植物的叶片吸收后输导到叶基、茎、根部，在禾本科植物体内抑制脂肪酸的生物合成，使植物生长点的生长受到阻碍，叶片内叶绿素含量降低，茎、叶组织中游离氨基酸及可溶性糖增加，植物正常的新陈代谢受到破坏，最终导致敏感植物死亡。在阔叶作物或阔叶杂草体内，可被很快代谢。本品在土壤中很快被分解，对后茬作物无影响。精噁唑禾草灵用作芽后除草剂，防除甜菜、棉花、亚麻、花生、油菜、马铃薯、大豆和蔬菜田的一年生和多年生禾本科杂草。骠马中加有安全剂解草唑（Hoe 070542），在小麦或黑麦内可被很快代谢为无活性的降解产物，而对禾本科杂草的敏感性无明显影响。适用于小麦、黑麦田使用。骠马防除小麦田的日本看麦娘、看麦娘及野燕麦等，杂草 2 叶期及拔节期均可使用，但以冬前杂草 3～4 叶期使用最好。威霸防除大豆、花生田一年生禾本科杂草，在杂草 3 叶期至分蘖期施药，用 6.9％浓乳剂 900～1050mL/hm²。威霸防除稻田稗草、千金子等一年生禾本科杂草，用 6.9％浓乳剂 300～375mL/hm²。

合成路线

常用剂型　10％乳油，6.9％、7.5％水乳剂。

精喹禾灵（quizalofop-P-ethyl）

C$_{19}$H$_{17}$ClN$_2$O$_4$，372.8，94051-08-8

其他名称　精禾草克，AssureII，Piot Super，Targa Super。
化学名称　(R)-2-[4-(6-氯-2-喹喔啉氧基) 苯氧基] 丙酸乙酯；ethyl-(R)-2-[4-(6-

chloro-2-quinoxalinyloxy) phenoxy〕propanoate。

理化性质 精喹禾灵原药为浅黄色粉状结晶，m. p. 76～77℃，b. p. 220℃/26.7Pa。20℃时溶解度：丙酮 650g/L，乙醇 22g/L，二甲苯 360g/L，己烷 5g/L，水 0.4g/L。蒸气压 0.011mPa（20℃）。

精喹禾灵在蒸馏水中的半衰期 1～3d，在缓冲溶液中光解半衰期 3～6d。制剂外观为棕色油状液体，相对密度 0.96±0.1（20℃时）。

毒性 精喹禾灵原药急性 LD_{50}（mg/kg）：经口大鼠 1210（雄）、1182（雌），小鼠 1753（雄）、1805（雌）；经皮大鼠＞2000。在实验剂量内，对皮肤无刺激作用对实验动物无致畸、致突变、致癌作用。NOEL：大鼠 128mg/kg（90d），大鼠 25mg/kg（两年）。虹鳟鱼 TLm（96h）（10.772±1.601）mg/L，蓝鳃翻车鱼 TLm（96h）（2.822±0.129）mg/L。蜜蜂急性经口 LD_{50}＞50μg/只。在 0.1～10μg 剂量下观察，对家蚕无影响。野鸭急性经口 LD_{50}＞2000mg/kg。

应用 精喹禾灵是一种高度选择性的旱田茎叶处理剂，日本日产化学工业株式会社开发。在禾本科杂草和双子叶作物间有高度的选择性，对阔叶作物田的禾本科杂草有很好的防效。主要适用于大豆、棉花、油菜、花生、甜菜、亚麻、番茄、甘蓝等多种阔叶作物防治单子叶杂草，如牛筋草、马唐、狗尾草、看麦娘、画眉草、狗牙根、芦苇等一年生和部分多年生禾本科杂草。

合成路线 精喹禾灵有 3 条合成路线。

① 以 L（−）-乳酸酯为起始原料，经过磺酰化、醚化和缩合反应，三步制得精喹禾灵，即路线 1→2→3。

② 由 2,6-二氯喹噁啉与对苯二酚反应，得到中间体 6-氯-2-(4-羟基苯氧基) 喹啉，然后将 S（−）-对甲苯磺酰基乳酸乙酯和 6-氯-2-(4-羟基苯氧基) 喹啉反应，合成精喹禾灵，即路线 4→5。

③ 用 D（−）-2-氯乳酸钠代替 S（−）-对甲苯磺酰基乳酸乙酯制得（R）-2-〔4-(6-氯-2-喹喔啉氧基) 苯氧基〕丙酸钠，然后酯化制得精喹禾灵，即路线 8→9→6→7。

常用剂型 主要剂型有微乳剂、水乳剂、悬浮剂、乳油、可分散油悬浮剂，主要制剂有 10%乳油、6.9%水乳剂、7.5%水乳剂。

菌达灭（eradicane）

C$_9$H$_{19}$NOS，189.3，759-94-4

其他名称 R-1608，丙草丹，扑草灭，Eptam。

化学名称 S-乙基二正丙基硫代氨基甲酸酯；S-ethyl dipropylthiocarbamate。

理化性质 纯品菌达灭为透明有香味液体，b. p. 127℃/2.67kPa，闪点110℃。25℃时溶解度：水370mg/L，可溶于苯、异丙醇、甲醇、甲苯和二甲苯等有机溶剂。相对密度0.9546。蒸气压＜0.01mPa（25℃）。性质稳定，200℃以下稳定，无腐蚀性。

毒性 菌达灭原药急性 LD$_{50}$（mg/kg）：大白鼠经口＞2000，大白鼠经皮＞2000，兔经皮约10000。对兔眼睛有轻微刺激性，对豚鼠无刺激。吸入 LC$_{50}$（4h）：大鼠 4.3mg/L（雄）、3.8mg/L（雌）。NOEL：大鼠（90d）16mg/(kg·d)，小鼠（2年）20mg/(kg·d)，狗（90d）20mg/(kg·d)。

应用 菌达灭属于氨基甲酸酯类除草剂，Stauffer Chemical Company（现为 Zeneca Agrochemicals）开发。菌达灭为选择性芽前土壤处理剂，经根及幼茎特别是芽鞘吸收并传导，主要在幼嫩组织中累积。其作用机理主要为抑制核酸代谢和蛋白质合成。菌达灭主要用于玉米、棉花、苜蓿、菜豆、豌豆、亚麻、马铃薯、甜菜、向日葵、柑橘、菠萝、草莓、葡萄及观赏植物，防除阿拉伯高粱、匍匐冰草、稗、野燕麦、莎草、狗尾草等一年生杂草及马齿苋、藜、繁缕等部分阔叶杂草，推荐用药量1～3kg（a.i.）/hm^2。为防药剂挥发损失，可利用机械将药拌入土内，并进行灌溉。

合成路线

常用剂型 制剂主要有 2％～3％、10％颗粒剂，72％浓乳油。

卡草胺（carbetamide）

C$_{12}$H$_{16}$N$_2$O$_3$，236.27，16118-49-3

其他名称 长杀草，RP11561，雷克拉，草长灭，草威胺。

化学名称 D(－)-N-乙基-2-(苯基氨基甲酰氧)丙酰胺；D(－)-N-ethyl-2-[(phenylaminocarbonyl)oxy]-propanamide。

764

理化性质 纯品卡草胺为无色晶体，m.p.119℃。20℃时溶解度：水 3.5g/L，环己烷 0.3g/L，丙酮 900g/L，甲醇 1400g/L。密度 1.174g/cm³。蒸气压可忽略。常温下稳定。其 70%可湿性粉剂为细粉末，假密度为 0.25，湿润时间＜2min，pH 为 9～10.5，常温贮存期 2 年。

毒性 卡草胺原药急性 LD_{50}（mg/kg）：经口大鼠 2000、小鼠 1720、狗 900；经皮兔 500。吸入 LC_{50}（4h）：大鼠＞0.13mg/L 空气。原药大鼠急性经口无作用剂量为 8mg/kg，大鼠致畸试验无作用剂量为 150mg/d，未发现对动物有致突变作用。NOEL：大鼠（3 个月）3.2g/kg 饲料，狗（3 个月）12.89g/kg 饲料。鹌鹑经口 LD_{50}＞2000mg/kg；鸽和野鸡 LD_{50} 均为 2000mg/kg。鳟鱼 LD_{50} 6.5mg/kg；蓝鳃鱼 LD_{50} 20mg/kg；大头鱼 LD_{50} 17mg/kg；虹鳟和鲤鱼（96h）LC_{50}＞100mg/L；水蚤（48h）LC_{50} 36.5mg/L。对蜜蜂低毒。

应用 卡草胺属于酰胺类除草剂，Rhone-Poulenc 推广。卡草胺是一种选择性苗后处理剂，也可作芽前土壤处理，一般情况下土壤残效期 60d 左右；主要通过根部吸收，阻碍根部幼嫩组织及幼芽（分生组织）的增殖，植物的正常代谢受到干扰而死亡，施药后杂草首先变为深绿色，继而变黄死亡，药剂也可通过叶片渗入发挥作用。适用于油菜、苜蓿、十字花科作物防除一年生禾本科杂草（如马唐、看麦娘、早熟禾等）和一些阔叶杂草（如猪殃殃、繁缕等），对狗牙根、野高粱无效。油菜田每公顷用卡草胺有效成分 2.1～2.8kg，对水后于开春油菜转青初期至开盘前均匀喷雾，1 次用药可保油菜全生育期无草害，对油菜安全。

合成路线

常用剂型 我国未见相关制剂产品登记，制剂主要有 30%乳油、70%可湿性粉剂。

糠草酯（quizalofop-tefuryl）

$C_{22}H_{21}ClN_2O_5$，428.7，119738-06-6

其他名称 喷特，喹禾糠酯。

化学名称 2-[4-(6-氯喹喔啉-2-基氧基）苯氧基] 丙酸-四氢呋喃-2-甲酯；tetrehydro-2-furanyl methyl 2-[4-(6-chloroquinoxalin-2-yloxy) phenoxy] propionate。

理化性质 纯品糠草酯为深黄色黏稠液体，室温下即可结晶，m.p.59～68℃。25℃时溶解度（g/L）：水 0.004，甲苯 652，已烷 12，甲醇 64。蒸气压 7.9×10⁻³ mPa（25℃）。在 55℃放置 14d 稳定，25℃贮存稳定期超过一年。水中半衰期（22℃）为 82d。

毒性 糠草酯原药大鼠经口 LD_{50}＞1012mg/kg，家兔急性经皮 LD_{50}＞2000mg/kg。对兔眼睛有中度刺激性，对兔皮肤无刺激性。该产品对人、畜和鱼均较为安全，没有致畸、致癌及其他慢性中毒作用，对哺乳动物低毒。在实验条件下未见致畸、致突变作用。大鼠无作用剂量

1.25mg/(kg・d)，狗无作用剂量 19mg/(kg・d)。每日允许摄入量 0.01mg/kg。蜜蜂 $LD_{50} >$ 100μg/只。鱼毒 LC_{50} （96h）：鲑鱼 0.51mg/L，翻车鱼 0.23mg/L。水蚤（48h）LC_{50} 0.29mg/L。经口鹌鹑、野鸭 $LD_{50} > 2150$mg/kg，鹌鹑、野鸭（8d）$LC_{50} > 5000$mg/L。

应用　糠草酯为乙酰辅酶 A 羧化酶抑制剂。茎叶处理后能很快被禾本科杂草茎叶吸收，传导至整个植株分生组织，抑制脂肪酸合成，阻止发芽和根茎生长而杀死杂草。适宜作物为大豆、花生、马铃薯、棉花、油菜、甜菜、亚麻、豌豆、蚕豆、向日葵、西瓜、苜蓿、阔叶蔬菜及果树、林业苗圃、幼林抚育等。在土壤中的半衰期为 6h，在动物体内吸收、代谢较快，对环境无不良影响。主要用于防除阔叶作物田中的一年生和多年生禾本科杂草如稗草、狗尾草、野燕麦、马唐、看麦娘、千金子、牛筋草、芦苇等。在杂草体内持效期长，喷药后杂草很快停止生长，3～5d 心叶基部变褐，5～10d 杂草出现明显变黄坏死，14～21d 内整株死亡。

合成路线

常用剂型　我国未见相关制剂产品登记。

克草胺（ethachlor）

$C_{13}H_{18}ClNO_2$，255.73

化学名称　N-(2-乙基)苯基-N-(乙氧基甲基)-2-氯乙酰胺。

理化性质　纯品克草胺原药为红棕色油状液体，b. p. 200℃（2.67kPa）。溶解度：不溶于水，可溶于丙酮、二氯丙烷、乙酸、乙醇、苯、二甲苯等有机溶剂。相对密度 1.058（25℃）。折射率 1.538。在强酸或强碱条件下加热均可水解。

毒性　克草胺原药急性 LD_{50}（mg/kg）：经口小鼠 774（雄）、464（雌）。对眼睛、黏膜及皮肤有刺激作用。Ames 试验：阴性。染色体畸变分析试验：阴性。对鱼类有毒。

应用　克草胺属于酰胺类除草剂，沈阳化工研究院开发。克草胺为选择性芽前土壤处理除草剂，效果与杂草出土前后的土壤湿度有关。用于水稻插秧田防除稗草、鸭舌草、牛毛草等，对某些莎草有一定抑制作用；也可用于覆膜或有灌溉条件的花生、棉花、芝麻、玉米、大豆、油菜、马铃薯及十字花科、茄科、豆科、菊科、伞形花科多种蔬菜田，防除稗草、马唐、狗尾草、普通苋、马齿苋、灰菜等一年生单子叶杂草和部分阔叶杂草。该药有效期 30d 左右，不影响下茬作物。

合成路线

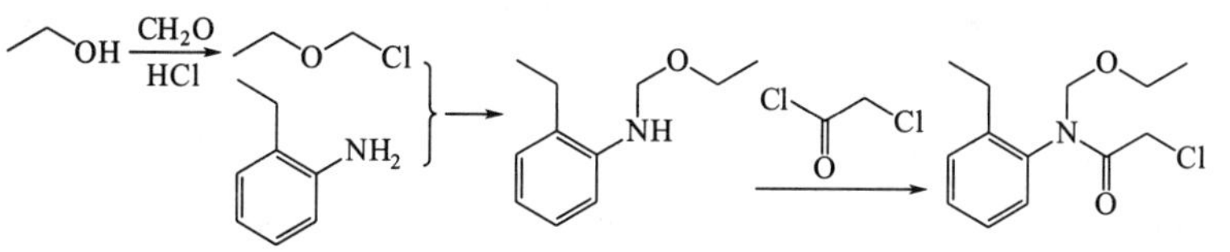

常用剂型 主要有 47%、56%乳油，40%悬浮剂。

克草猛（pebulate）

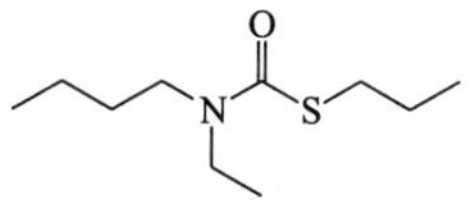

$C_{10}H_{21}NOS$，203.3，1114-71-2

其他名称 PEBC，R-2061。

化学名称 S-丙基丁基乙基硫代氨基甲酸酯；S-propyl butylethyl thiocarbamate。

理化性质 纯品克草猛为透明芳香气味液体，m. p. 142℃/2666.4Pa。20℃时溶解度：水60mg/L，可溶于丙酮、苯、煤油、异丙醇、甲醇和甲苯。相对密度 0.956。蒸气压 9Pa/30℃。

性质稳定，无腐蚀性；温度小于 200℃时稳定，在 40℃水中 DT_{50}分别为 11d（pH＝4 和 pH＝10）、12d（pH＝7）。

毒性 克草猛急性 LD_{50}（mg/kg）：经口大鼠 1120，经口小鼠 1652，经皮兔 4640。对兔皮肤、眼睛和黏膜有轻微刺激，对豚鼠皮肤无致敏作用。吸入 LC50（4h）：雌大鼠＞3.5mg/L。NOEL：大鼠（90d）16mg/(kg·d)，狗（90d）20mg/(kg·d)，狗（1年）5mg/(kg·d)。无致癌和致畸作用。

应用 克草猛属于氨基甲酸酯类除草剂，由 Stauffer Chemical Co.（现为 Zeneca Agrochemicals）推广。作物播前或移栽前施药，适用甜菜、番茄、移植烟草、大豆、玉米、马铃薯、花生、菠菜、草莓、辣椒等作物防除一年生禾本科杂草、莎草科和阔叶杂草，如马唐、狗尾草、稗草、野燕麦、宝盖草、毛叶茄、藜、马齿苋、苋、看麦娘等。

合成路线

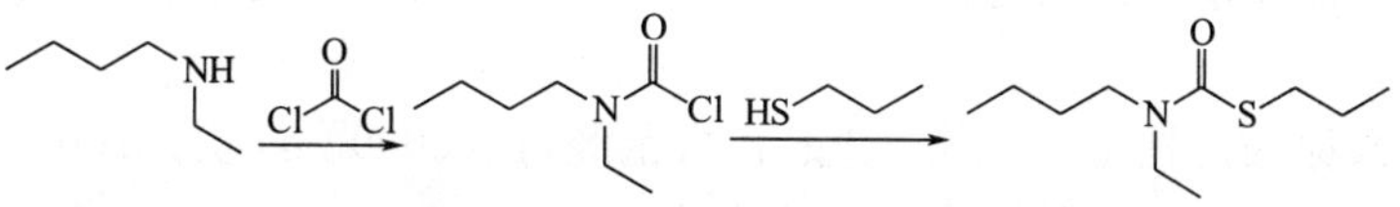

常用剂型 我国未见相关制剂产品登记，制剂主要有 70%乳油。

枯草隆（choloroxuron）

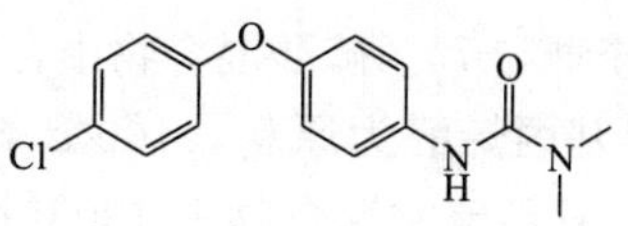

$C_{15}H_{15}ClN_2O_2$，290.74，1982-47-4

其他名称　氯醚隆，特路灵，C1983。

化学名称　3-[4(4-氯苯氧)苯基]-1,1-二甲基脲；3-[4-(4-chlorophenoxy) phenyl]-1, 1-dimethylurea。

理化性质　纯品枯草隆外观呈白色结晶状，m.p.151～152℃。20℃时溶解度：水 3.7mg/L（pH7）；微溶于苯和乙醇，溶于丙酮、氯仿。性质稳定、无腐蚀性，可与其他农药混配。

毒性　枯草隆原药急性 LD_{50}（mg/kg）：经口大鼠＞3000。NOEL：大鼠（4个月）10mg/(kg·d)，狗（90d）15mg/(kg·d)。北美鹌鹑 LD_{50}（8d）＞1.5g/kg，北京鸭 LD_{50}（8d）5.6g/kg。对蜜蜂无毒。对鱼低毒。

应用　枯草隆属于脲类选择性除草剂，Ciba-Geigy AG 推广。可用于圆葱苗、韭菜、芹菜（移植前或移植后）、大豆、胡萝卜等，还可用于观赏植物。

合成路线

常用剂型　目前我国未见相关制剂产品登记，常用制剂主要有70%乳油。

喹草酸（quinmerac）

$C_{11}H_8ClNO_2$，221.6，90717-03-6

其他名称　氯甲喹啉酸，Gavelan。

化学名称　7-氯-3-甲基喹啉-8-羧酸；7-chloro-3-methylquinoline-8-carboxylic acid。

理化性质　纯品喹草酸为无色晶体，m.p.244℃。20℃时溶解度：丙酮2g/L，乙醇1g/L，二氯甲烷2g/L。

毒性　喹草酸原药急性 LD_{50}（mg/kg）：大鼠经口＞5000、经皮＞2000。对兔眼睛和皮肤无刺激性；对动物无致畸、致突变、致癌作用。

应用　喹草酸属于喹啉酸类激素型除草剂，德国巴斯夫公司开发的喹啉羧酸类选择性除草剂。喹草酸主要用于禾谷类作物、油菜和甜菜作物防除猪殃殃、婆婆纳等杂草。

合成路线　通常有三种合成路线。

① 以 3-氯-2-甲基苯胺、甲基丙烯醛为原料，经路线 1→2 制得。

② 以 7-氯-3,8-二甲基喹啉为原料，制得 8-溴甲基-7-氯-3-甲基喹啉。于100℃条件下将浓硝酸滴加到8-溴甲基-7-氯-3-甲基喹啉与75%硫酸混合物中，室温反应4h。见路线3→4。

③ 以 6-氯-2-氨基苯甲酸、甲基丙烯醛为原料，100℃条件下将甲基丙烯醛滴加到6-氯-2-氨基苯甲酸和间硝基苯磺酸钠、57%硫酸混合物中130℃搅拌4h。见路线5。

常用剂型 我国未见相关制剂产品登记，制剂主要有50％可湿性粉剂，可与杀草敏、吡草胺、绿麦隆等复配使用。

喹禾灵（quizalofop-ethyl）

$C_{19}H_{17}ClN_2O_4$，372.8，76578-14-8

其他名称 盖草灵，快伏草，禾草克，Pilot Super，Pilot，Targa Dt，Targa Saper。

化学名称 (RS)-2-[4-(6-氯-2-喹喔啉氧基) 苯氧基] 丙酸乙酯；ethyl-(RS)-2-[4-(6-chloro-2-quinoxalinyloxy) phenoxy] propanoate。

理化性质 纯品喹禾灵为白色粉末状结晶，m. p. 90.5～91.6℃，b. p. 220℃/26.7Pa。20℃时溶解度：丙酮111g/L，二甲苯121g/L，乙醇9g/L，苯290g/L，己烷2.6g/L，不易溶于水。蒸气压0.886nPa (20℃)。对光不稳定；在酸及碱性介质中易分解。工业品为浅黄色粉末或固体，m. p. 89～90℃。

毒性 喹禾灵原药急性LD_{50}（mg/kg）：大鼠经口3024.5（雄）、2791.3（雌）；大鼠经皮>2000。对皮肤无刺激作用，对眼睛有轻度刺激性。NOEL：大鼠25mg/(kg·d)。鲤鱼LC_{50} (48h) 0.6mg/L；虹鳟鱼LC_{50} (96h) 10.7mg/L；水蚤LC_{50} (96h) 2.1g/L；马哈鱼LD_{50} (96h) 10.7mg/kg；野鸭LD_{50} 2g/kg。对动物无致畸、致突变、致癌作用。

应用 喹禾灵高效、低毒、内吸传导，是选择性芽后旱田除草剂，1979年日本日产（Nissan）化学公司开发，是R、S两种光学异构体的混合物。喹禾灵能有效地防除阔叶作物田中禾本科杂草，如大豆、棉花、蔬菜、苹果、柑橘、橡胶等作物田中的稗草、野燕麦、马唐、看麦娘、狗尾草、牛筋草、芦苇等一年生和多年生禾本科杂草。喹禾灵属于杂环氧基苯氧基丙酸类内吸性传导型茎叶处理除草剂。除草活性高，对一年生及多年生的禾本科杂草，在任何生育期间均有防效。药液被杂草叶片吸收后，向植株上下移动，一年生杂草在药后24h内传导到整个植株，有效地积累在分生组织中，破坏分生组织的生长，2～3d内新叶退绿变黄，植株停止生长，4～7d新叶以外的茎叶也开始呈坏死状，10～14d后整株死亡。多年生杂草受到破坏，失去再生能力。具有较好的耐雨性，处理后1～2h即使遇雨，也不影响效果。它对60多种阔叶作物、多种阔叶蔬菜和苹果、葡萄等都很安全，对莎草科杂草及阔叶杂草无效。

合成路线 有如下2种路线，即路线1→2→3→4→5→6→7 和路线8→9→10→11。

769

常用剂型 主要有 7.5%、8.8%、10%、10.8%乳油和 21.2%悬浮剂等，可与三氟羧草醚等复配。

利谷隆（linuron）

$C_9H_{10}Cl_2N_2O_2$，249.2，330-55-2

其他名称 Lorox，Afalon，Garnitran，Prefalon，Sarclex，Premalin，Linurex，Du Pont Herbicide 326，Hoe 02810，AEF 002810，DPX-Z326。

化学名称 3-(3,4-二氯苯基)-1-甲氧基-1-甲基脲；3-(3,4-dichlorophenyl)-1-methoxy-1-methyl-urea。

理化性质 纯品为白色结晶，m. p. 93～94℃。25℃时溶解度：水 75mg/L，可以溶于丙酮、乙醇等，芳香烃中溶解度中等，脂肪烃中溶解度低。相对密度 1.49（20℃）。蒸气压 0.051mPa（20℃）。

化学性质稳定，在酸、碱及潮湿土壤中慢慢分解，无腐蚀性。

毒性 原药急性 LD_{50}（g/kg）：大鼠经口 4，兔经皮 5（50%的可湿性粉剂）。NOEL：狗（90d）1000～2500mg/(kg·d)。LC_{50}（8d）：日本鹌鹑＞5000mg/kg（饲料），野鸭＞5000mg/kg（饲料）。鱼毒 LC_{50}（96h）：虹鳟 16mg/L，蓝鳃 16mg/L。

应用 为内吸传导型的光合作用抑制剂，杀草谱广，由美国杜邦公司和 Hoechst AG

770

（现为 AgrEvo GmbH）推广。利谷隆可以用于玉米、小麦、棉花、大豆、高粱、花生、豌豆、马铃薯、陆稻、向日葵、甘蔗、亚麻以及多种蔬菜和果树、森林苗圃等作物田中防治各种单、双子叶杂草以及某些多年生杂草。我国广东、云南、东北、西北等地试验及应用表明，利谷隆在大豆、玉米、小麦、水稻等作物田中可有效防治稗、马唐、狗尾草、看麦娘、野燕麦、鸭跖草、铁苋菜、野苋、藜等一年生杂草，一般防效可达 90％以上，对多年生杂草如眼子菜和香附子等也有相当良好的防效。

合成路线

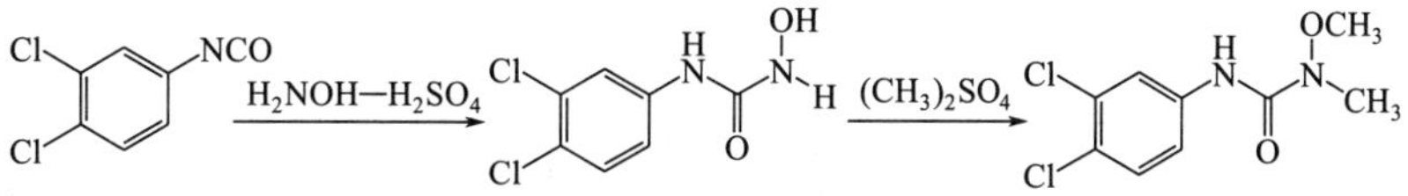

常用剂型 主要有 25％、50％可湿性粉剂。

另丁津（sebuthylazine）

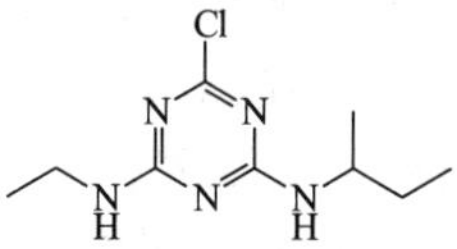

$C_9H_{16}ClN_5$，229.75，7286-69-3

其他名称 GS-13528。

化学名称 2-氯-4-乙氨基-6-仲丁氨基-1,3,5-三嗪；2-chloro-4-ethylamino-6-s-butylamino-1,3,5-triazine。

毒性 另丁津原药大鼠急性 LD_{50} 2900mg/kg。

应用 另丁津属于三氮苯类除草剂，Ciba-Geigy 公司研制；主要用作玉米、棉花、大豆的芽前和芽后除草剂，防除一年生阔叶和禾本科杂草。

合成路线

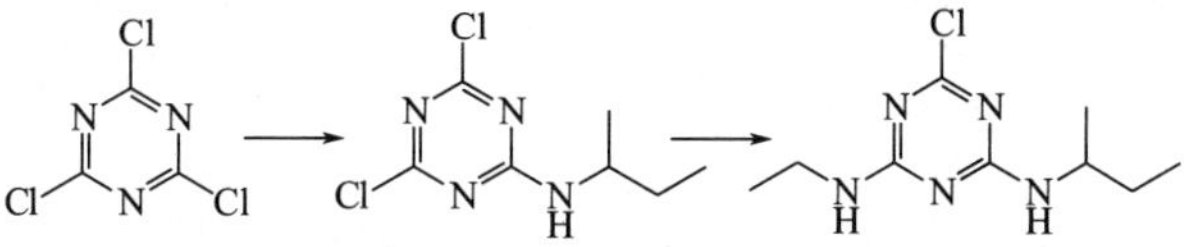

常用剂型 我国未见相关制剂产品登记。

六氟砷酸钾（potassium）

$KAsF_6$，228，17029-22-0

其他名称 TD480。

化学名称 六氟代砷酸钾；potassium hexafluoroarsenate。

理化性质 纯品六氟砷酸钾为白色无臭结晶。m. p. 436℃（分解）。不挥发。25℃时溶解度：水 21％。性质稳定，不可燃，有中等腐蚀性，耐紫外线照射。在土壤中被缓慢淋溶，并有抗微生物分解之能力。

毒性 六氟砷酸钾原药急性 LD_{50}（mg/kg）：大鼠经口 0.012，家兔经皮＞10000。对家兔眼睛有中等刺激，对皮肤无刺激性。NOEL（90d）：1000mg/kg（bw）。

应用　六氟砷酸钾是 Pennwalt 公司研究开发。六氟砷酸钾为选择性除草剂，易溶于水，无须配成特别的制剂；有希望用于防除草原上的仙人掌和其他仙人掌种的选择除草剂。

常用剂型　我国未见相关制剂产品登记。

隆草特（karbutilate）

$C_{14}H_{21}N_3O_3$，279.4，4849-32-5

其他名称　FMC 11092，NIA 11092，特威隆，卡草灵。

化学名称　叔丁基氨基甲酸-3-(3,3-二甲基脲基) 苯基酯；3-(3,3-dimethylureido) phenyl tertbutylcar-bamate。

理化性质　纯品隆草特为白色结晶固体，m. p. 176～176.5℃。25℃时溶解度：水325mg/L，在异丙醇、异佛尔酮或二甲苯中的溶解度＞3%，在二甲基甲酰胺或二甲亚砜中为 20%～25%。常温下不挥发，性质稳定，无腐蚀性。

毒性　隆草特原药急性 LD_{50}（mg/kg）：大鼠经口 3000（工业品在丙二醇中的悬浮液）。50%水浆液以 15.4g/kg 剂量涂于家兔皮肤无不良影响；以 1130mg/(kg·d) 剂量饲喂鹌鹑8d 无死亡发生；青鳃翻车鱼 LC_{50}＞75mg/L，鳟鱼 LC_{50}＞135mg/L。

应用　隆草特属于氨基甲酸酯类除草剂，由 Hiagara chmical Division of the FMC Coporation 推广。隆草特适用玉米、甘蔗和非耕作区灭生性除草；可防治非耕作区一年生和多年生阔叶杂草和禾本科杂草、灌丛和蔓藤植物。

合成路线

常用剂型　主要有 80%可湿性粉剂，4%和 10%颗粒剂。

绿谷隆（monolinuron）

$C_9H_{11}ClN_2O_2$，214.67，1746-81-2

其他名称　HOE 002747，AEF 002747，Afesin，Apresin，Gramonol。

化学名称　3-(4-氯苯基)-1-甲氧基-1-甲基脲；3-(4-chlorophenyl)-1-methoxy-1-methylurea。

理化性质　纯品绿谷隆为白色无味结晶，m. p. 80～83℃。25℃时溶解度：水 0.735g/L，可溶于丙酮、二噁烷、乙醇和二甲苯。密度 1.304g/cm³；蒸气压 1.3mPa（20℃）。在熔点温度下，以及在水溶液中均稳定；但在酸和碱中，以及在潮湿的土壤中会慢慢分解。无腐蚀性。

毒性 绿谷隆原药急性 LD_{50}（g/kg）：大鼠经口 $1.43 \sim 2.49$，大鼠经皮 >2。吸入 LC_{50}（4h）：大鼠 3.39mg/L。NOEL（2 年）：大鼠 10mg/kg。ADI 0.005mg/kg。急性经口 LD_{50}（mg/kg）：鹌鹑 1260，日本鹌鹑 >1690，野鸭 >500。鱼毒 LC_{50}（96h）：鲤鱼 74mg/L，虹鳟 $56 \sim 75$mg/L。蜜蜂 LD_{50}（经口）$>296.31\mu g/g$。*Eisenia foetida* LC_{50}（14d）$>1g/kg$。水蚤 LC_{50}（48h）32.5mg/L。

应用 绿谷隆属于脲类除草剂，Hoechst 公司（现为 AgrEvo GmbH）创制品种。绿谷隆为芽前除草剂，可有效防除一年生禾本科杂草和宽叶杂草，用于防除禾谷类、玉米、菜豆、马铃薯、芦笋田中杂草。

合成路线

常用剂型 常用制剂主要有 50% 可湿性粉剂。

绿麦隆（chlorotoluron）

$C_9H_{13}ClN_2O$，220.6，15545-48-9

其他名称 迪柯兰，Dicurance，Tolurex。

化学名称 N'-(3-氯-4-甲基苯基)-N,N-二甲基脲；N'-(3-chloro-4-tolyl)-N,N-dimethyl urea。

理化性质 纯品绿麦隆为白色结晶，m. p. $147 \sim 148$℃。20℃ 时溶解度（g/kg）：水 10mg/L，丙酮 53，苯 $20 \sim 40$，氯仿 43。相对密度 1.39；蒸气压 0.017mPa（20℃）。稳定性（30℃）：半衰期 $1.48 \sim 3.81$ 年（pH1 $\sim$ 13），土壤中降解半衰期 $30 \sim 40d$，对光稳定，在强酸、强碱中分解。

毒性 绿麦隆原药急性 LD_{50}（mg/kg）：大白鼠经口 >1000、经皮 >2000。对兔皮肤和眼睛无刺激性。NOEL：大鼠（90d）600mg/kg。野鸭 LD_{50}（8d）>6800mg/kg。鱼毒 LC_{50}（96h）：虹鳟鱼 $20 \sim 35$mg/L，蓝鳃太阳鱼 $40 \sim 50$mg/L，鲫鱼 >100mg/L。对蜜蜂无毒。蚯蚓 $LC_{50} > 1000$mg/kg 土。

应用 绿麦隆是瑞士汽巴嘉基（Ciba-Geigy）公司 1969 年研制的广谱性麦田除草剂。用于苗前、苗后处理，能有效地防除麦田常见禾本科、莎草科和阔叶类一年生杂草，如马唐、早熟禾、看麦娘、小藜、春蓼、田芥菜、大爪菜、苍耳、繁缕、苋属等。

合成路线

常用剂型 主要有25％、35％、50％可湿性粉剂和40％悬浮剂，可与2甲4氯、异丙隆、乙草胺、莠去津等复配。

绿秀隆（chlorbromuron）

$C_9H_{10}BrClN_2O_2$，293.54，13360-45-7

其他名称 氯溴隆，C6313。

化学名称 3-(4-溴-3-氯苯基)-1-甲氧基-1-甲基脲；3-(4-bromo-3-chlorophenyl)-1-methoxy-1-methylurea。

理化性质 纯品绿秀隆为无色晶体，m.p.95~97℃。25℃时溶解度：水35mg/kg，丙酮460g/kg，苯72g/kg，二氯甲烷170g/kg，己烷89g/kg，丙醇729g/kg，可溶于丁酮、异佛尔酮、氯仿、二甲基甲酰胺、二甲亚砜，在二甲苯中溶解度中等。相对密度1.69（20℃）；蒸气压0.053mPa（20℃）。在中性、弱酸和弱碱介质中分解缓慢；在室温下稳定，无腐蚀性，可与其他可湿性粉剂混配。

毒性 绿秀隆原药急性LD_{50}（g/kg）：大鼠经口＞6，兔经皮＞2。吸入LC_{50}（6h）：大鼠＞1.05mg/L。NOEL：大鼠（雄）（2年）＞316mg/kg，狗（2年）＞316mg/kg。LC_{50}（10d）：野鸭、野鸡＞10.25g/kg（饲料）。虹鳟鱼、太阳鱼（96h）LC_{50}5mg/L。*Cmcian carp*（96h）LC_{50}8mg/L。对鸟类和蜜蜂低毒。

应用 绿秀隆属于脲类除草剂，Ciba AG公司推广。绿秀隆主要为芽前和芽后施用的除草剂，芽前适用于胡萝卜、大豆、马铃薯，芽后可用于胡萝卜、葱、芹菜和冬小麦。

合成路线

常用剂型 制剂主要有50％可湿性粉剂。

氯苯胺灵（chlorpropham）

$C_{10}H_{12}ClNO_2$，213.7，101-21-3

其他名称 戴科，氯普芬，土豆抑芽粉，马铃薯抑芽剂。

化学名称 3-氯苯基氨基甲酸异丙酯；isopropyl-3-chlorophenyl carbamate。

理化性质 纯品氯苯胺灵为无色结晶，m.p.41.4℃，b.p.247℃。25℃时溶解度：水89mg/L，可与醇、芳烃等大多数有机溶剂混溶。相对密度 1.180（30℃）；蒸气压 1.3×10^{-8} Pa（25℃）。在土壤中半衰期 65d（15℃）、30d（29℃）。

毒性 氯苯胺灵原药急性 LD_{50}（mg/kg）：经口大鼠 5000～7500，经口兔 5000。NOEL：大鼠、狗（2 年）2000mg/kg（bw）。野鸭急性经口 $LD_{50} > 2$g/kg；金鱼、鲤鱼 TLm（48h）10～40mg/L。

应用 氯苯胺灵属于氨基甲酸酯类除草剂，由 Columbia Southtern Chemical 公司开发。氯苯胺灵既是植物生长调节剂又是除草剂，同时氯苯胺灵是一种高度选择性苗前或苗后早期除草剂，能有效防除小麦、玉米、苜蓿、向日葵、马铃薯、甜菜、大豆、水稻、菜豆、胡萝卜、菠菜、莴苣、洋葱、辣椒等作物地中一年生禾本科杂草和部分阔叶草；用于防除的杂草主要有稗草、野燕麦、早熟禾、荠菜、苋、燕麦草、多花黑麦草、繁缕、粟米草、萹蓄、马齿苋、田野菟丝子等。

合成路线

常用剂型 常用制剂主要有 0.7%、2.5% 粉剂，49.65% 气雾剂。

绿草定（triclopyr）

$C_7H_4Cl_3NO_3$，256.5，55335-06-3

其他名称 氯草定，盖灌能，盖灌林，定草酯，三氯吡氧乙酸，Garlon，Grandstand，Grazon，Pathfinder，Redeen，Remedy，Turflon，Dowco233，M-3724，M4021。

化学名称 3,5,6-三氯-2-吡啶基氧乙酸；(3,5,6-trichloro-2-pyridinyloxy) acetic acid。

理化性质 纯品绿草定为白色结晶固体，m. p. 148～150℃，b. p. 290℃。25℃时溶解度：水 0.43～0.44g/L，丙酮 989g/kg，氯仿 27.3g/kg，己烷 410mg/kg，辛醇 307g/kg，能溶于乙醇等有机溶剂。蒸气压 0.2mPa（25℃）。贮存条件：0～6℃。正常条件下稳定并水解，光照下光解 $DT_{50} < 12$h，在非浸提条件下 DT_{50} 约 46d；在土壤中半衰期为 46d。

毒性 绿草定原药急性 LD_{50}（mg/kg）：大鼠经口 692（雄）、577（雌），家兔经皮 350。对兔眼睛有轻度刺激，对皮肤无刺激作用。吸入 LC_{50}（4h）：大鼠 > 256mg/L。NOEL：大鼠（2 年）3.0mg/(kg·d)，小鼠（2 年）35.7mg/(kg·d)。ADI（日本）：0.005mg/kg。山齿鹑（8d）LC_{50} 2935mg/kg。野鸭经口 LD_{50} 1698mg/kg、（8d）$LC_{50} >$ 5000mg/kg。虹鳟（96h）LC_{50} 117mg/L；蓝鳃（96h）LC_{50} 148mg/L；水蚤（48h）LC_{50} 133mg/L；蜜蜂（接触）$LD_{50} > 100 \mu$g/只。

应用 绿草定属于有机杂环类除草剂，由年道化学公司推广。绿草定可用于禾本科作物田中的阔叶杂草，此外可用于非耕地和森林防除阔叶杂草、灌木和木本植物，特别是防除木苓属、栎属及其他根萌芽的木本植物有特效；还用于造林前除草灭灌，维护防火线，培育松树及林分改造；可防除胡枝子、蒙古柞、黑桦、椴、山杨、山刺玫、榆、蒿、柴胡、桔梗、地榆、铁线莲、婆婆纳、草木樨、唐松草、蕨、槭、柳、珍珠梅、蚊子草、走马芹、玉竹、柳叶绣菊、红丁香、金丝桃、山梅花、山顶子、稠李、山梨、香蒿。

合成路线

常用剂型　主要有 48％乳油、24.3％氨氯吡·三氯吡乳油（氨氯吡啶酸、三氯吡氧乙酸）。

氯氟草醚（ethoxyfen-ethyl）

$C_{19}H_{15}Cl_2F_3O_5$，451.2，131086-42-5

其他名称　氯氟草醚乙酯，Buvirex。

化学名称　O-[2-氯-5-(2-氯-α,α,α-三氟对甲氧基）苯甲酰基]-L-乳酸乙酯；ethyl-(S)-[2-chloro-5-(2-chloro-α,α,α-trifluoro-p-toyloxy) benzoyl]-L-lactate。

理化性质　纯品氯氟草醚为黏稠状液体，易溶于丙酮、甲醇和甲苯等有机溶剂。

毒性　氯氟草醚原药急性 LD_{50}（mg/kg）：大鼠经口 843（雄）、963（雌），小鼠经口 1269（雄）、1113（雌）；兔经皮＞2000。对兔皮肤无刺激性，对兔眼睛有中度刺激性。对动物无致畸、致突变、致癌作用。

应用　氯氟草醚为原卟啉原氧化酶抑制剂，超高效、广谱、触杀性除草剂，匈牙利 Budapest 化学公司开发，1988 年申请专利。主要用于苗后防除大豆、小麦、大麦、花生、豌豆等田中阔叶杂草，如猪殃殃、西风古、苍耳等十多种杂草。

合成路线　以 3,4-二氯三氟甲苯为起始原料，根据水杨酸衍生物部分氯原子的引入顺序和方法，氯氟草醚的合成有三条路线。

① 经醚化、碱解、酰氯化，再酯化即得氯氟草醚，即路线 1→2→3→4。

② 经醚化、硝化、酯化、还原制得对应苯胺，再经重氮化制得对应的氯化物，最后经水解、酰氯化、酯化合成氯氟草醚，即路线 5→6→7→8→9→10。

③ 经醚化、氯化、酰氯化，再酯化即可制备氯氟草醚，即路线 5→11→12→13。

常用剂型　主要有 24% 乳油。

氯磺隆（chlorsulfuron）

$C_{12}H_{12}ClN_5O_4S$，357.77，64902-72-3

其他名称　绿黄隆，Glean，Telar，Dpx-4189，DPX-w-489，W4189。

化学名称　1-(2-氯苯基磺酰基)-3-(4-甲氧基-6-甲基-1,3,5-三嗪-2-基) 脲；1-(2-chloro-phenylsulfonyl)-3-(4-methoxyl-6-methyl-1,3,5-triazin-2-yl)urea。

理化性质　纯品氯磺隆为白色结晶状固体，m. p. $174\sim178$℃。25℃ 时溶解度：水 587mg/L（pH=5）、31.8g/L（pH=7），其钠盐水溶液可达 10%。在有机溶剂中溶解度 （g/L，20℃）：二氯甲烷 1.4，丙酮 4，甲醇 15，甲苯 3，正己烷 <0.05。相对密度 1.48 （水=1.0）。蒸气压 3×10^{-6} mPa（25℃）。$K_{ow}\lg P=0.99$（pH=7）。

在干燥时对光稳定，在 192℃ 时分解，在水溶液中的 DT_{50} 为 $4\sim8$ 周（pH=$5.7\sim7.0$，20℃）。pH<5 时，$24\sim48$h 内很容易降解。在极性有机溶剂如甲醇和丙酮中，也会发生水解。

毒性　氯磺隆原药急性 LD_{50}（mg/kg）：大鼠经口 5545（雄）、6293（雌），兔经皮 >3400。对眼睛有轻微的刺激作用，对皮肤无刺激作用。野鸭 LD_{50}>5000mg/kg。太阳鱼 （96h）LC_{50}>300mg/L；虹鳟鱼（96h）LC_{50}>250mg/L。蜜蜂 LD_{50}>25μg/kg。

土壤中缓慢水解，经土壤微生物降解代谢为小分子量化合物，水解速度随环境 pH 的降低而加快。生长季节半衰期为 $4\sim6$ 周。

应用　氯磺隆是磺酰脲类除草剂，杜邦公司研发；是内吸性除草剂，具有向顶和向基输导性，抑制侧链氨基酸的合成。芽前、苗后早期、种植前或种植后早期拌土处理，可防除禾谷类作物田的藜、蓼、苋、田旋花、田蓟、珍珠菊、猪殃殃等阔叶杂草以及狗尾草、黑麦草、早熟禾等禾本科杂草。对大多数阔叶作物尤其是甜菜、白菜等有药害。

氯磺隆属低毒除草剂，该药活性高，残留期长，对豆、棉花、油菜、菜豆、辣椒、胡萝卜等后茬作物有药害，碱性土壤药害更加严重。我国于 2006 年开始严格限制氯磺隆的使用，并要求标签上注明使用注意事项。

合成路线

常用剂型 主要以可湿性粉剂和水分散粒剂为主，主要品种有 10% 可湿性粉剂、20% 可湿性粉剂、25% 水分散粒剂、75% 水分散粒剂，可与甲磺隆复配。

氯嘧磺隆（chlorimuron-methyl）

$C_{15}H_{15}ClN_4O_6S$，414.7，90982-32-4

化学名称 N-(4-甲氧基-6-氯嘧啶-2-基)-N'-邻甲酸乙酯基苯磺酰脲或 2-［(4-氯-6-甲氧基嘧啶-2-基) 氨基甲酰基氨基磺酰基］苯甲酸乙酯；2-(4-chloro-6-methoxylri midin-2-yl carbamoyl sulfamoyl) ethyl benzoate。

理化性质 纯品氯嘧磺隆为无色固体，m. p. 181℃。25℃ 时溶解度：水 1200mg/L。在水中稳定，在酸性介质中缓慢分解。

毒性 氯嘧磺隆原药急性 LD_{50}（mg/kg）：大鼠经口 4102（雄）、4236（雌）；兔经皮＞2000。对兔皮肤稍有刺激性。NOEL（2 年）：大鼠 250mg/kg。对动物无致畸、致突变、致癌作用。

应用 氯嘧磺隆是 20 世纪 80 年代出现的超高效磺酰脲类除草剂，美国杜邦公司开发，1978 年申请专利。主要用于防除大豆田中的阔叶杂草、莎草科杂草和禾本科杂草幼苗，如苍耳、曼陀罗、西风古、龙葵、田旋花等。

合成路线 胍盐与丙二酸二甲酯进行环缩合反应，生成 2-氨基-4,6-二羟基嘧啶，然后与三氯氧磷、甲醇反应生成 2-氨基-4-甲氧基-6-氯嘧啶，再与 2-乙氧羰基苯磺酰异氰酸酯在乙腈中回流反应。

常用剂型 主要产品有 25%、50% 可湿性粉剂，25%、75% 水分散粒剂等。

氯酸钠（sodium chlorate）

NaClO$_3$，106.5，7775-09-3

理化性质　纯品氯酸钠为白色粉末，m. p. 248℃（溶解），约在300℃左右放出氧气。0℃时溶解度：水790g/L，可溶于乙醇和乙二醇。是强氧化剂，接触有机物时易爆炸和燃烧；对锌和碳钢有腐蚀性。

毒性　氯酸钠原药急性LD$_{50}$（mg/kg）：大鼠经口1200，人口服15000～25000。对皮肤和黏膜有局部刺激作用。

应用　氯酸钠属于无机除草剂；氯酸钠为灭生性除草剂，多种植物均可被杀死，对菊科、禾本科植物有根绝的效果，对深根多年生禾本科杂草非常有效；广泛用于非耕地（村区、运动场、仓库、铁路和公路等）和开垦荒地时的灭生性除草。

常用剂型　目前我国未见相关制剂产品登记。

氯硝酚（chloronitrophen）

C$_6$H$_3$Cl$_2$NO$_3$，208，609-89-2

其他名称　DNCP。

化学名称　2,4-二氯-6-硝基酚；2,4-dichloro-6-nitrophenol。

理化性质　纯品氯硝酚 m. p. 124.5℃。20℃时溶解度：水 3.1%。

毒性　氯硝酚原药急性LD$_{50}$（mg/kg）：经口小鼠71。鲤鱼（48h）LC$_{50}$0.39mg/L。

应用　氯硝酚属于酚类除草剂，为触杀性除草剂。氯硝酚适用于小麦和大麦田防除一年生阔叶杂草及禾本科杂草。

常用剂型　目前我国未见相关制剂产品登记。

氯乙地乐灵（chlornidine）

C$_{11}$H$_{13}$Cl$_2$N$_3$O$_4$，322.1，26389-78-6

其他名称　AN56477，HOK-717。

化学名称　N,N-二（2-氯乙基）-4-甲基-2,6-二硝基苯胺；N,N-di（2-cholroethyl）-4-

methyl-2,6-dinitroanioine。

理化性质 纯品氯乙地乐灵为黄色固体，m.p. 42～43℃。20℃时溶解度：水 70mg/kg，丙酮、苯、氯仿、乙醚 1000mg/kg，乙醇 177mg/kg，环己烷 251mg/kg。蒸气压 4.8mPa（20℃）。对光敏感。

毒性 氯乙地乐灵原药急性 LD_{50}（g/kg）：大鼠经口>2.2，大鼠经皮>1.6。

应用 氯乙地乐灵属于苯胺类除草剂，播前土壤处理剂，可用于棉花、大豆、玉米、高粱和花生田中防除禾本科杂草，对阔叶杂草效果较差。

合成路线

常用剂型 目前我国未见相关制剂登记。

氯乙氟灵（fluchloralin）

$C_{12}H_{13}ClF_3N_3O_4$，355.7，33245-39-5

其他名称 氟消草，氟硝草，BAS-3920H，BAS-3921H，BAS392H，BAS3920。

化学名称 N-(2-氯乙基)-2,6-二硝基-N-丙基-4-(三氟甲基) 苯胺；N-(2-chloroethyl)-2,6-dinitro-N-propyl-4-(trifluoromethyl) aniline。

理化性质 纯品氯乙氟灵为橘黄色固体。20℃时溶解度：水<1mg/kg，丙酮、苯、氯仿、乙醚>100 g/kg，环己烷 251g/kg，乙醇 177g/kg。蒸气压 4mPa（20℃）。紫外线下不稳定。

毒性 氯乙氟灵原药急性 LD_{50}（g/kg）：经口大鼠 1.55、兔 8、小鼠 0.73、狗 6.4、野鸭 13、白鹌鹑 7；经皮兔>10。对皮肤和眼睛有中等刺激。吸入 LC_{50}（4h）：大鼠 8.4mg/L。NOEL（90d）：大鼠 250mg/kg，狗<750mg/kg。蓝鳃（24h）LC_{50} 0.031mg/L，虹鳟（24h）LC_{50} 0.027mg/L；蓝鳃 LC_{50}（96h）0.016mg/L，虹鳟 LC_{50}（96h）0.012mg/L。对蜜蜂无毒。

应用 氯乙氟灵为苯胺类除草剂，德国 BASF 公司开发。氯乙氟灵为植前、芽前除草剂，可有效防除禾本科和阔叶杂草；适用作物为棉花、花生、黄麻、马铃薯、水稻、大豆和向日葵等。

合成路线

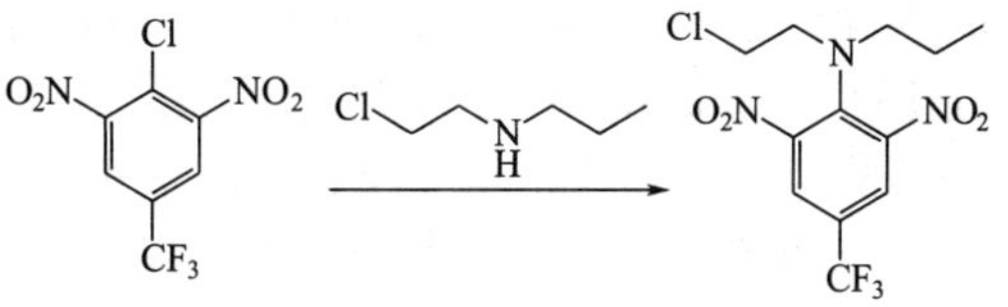

常用剂型 目前我国未见相关制剂登记。

氯藻胺（quinonamid）

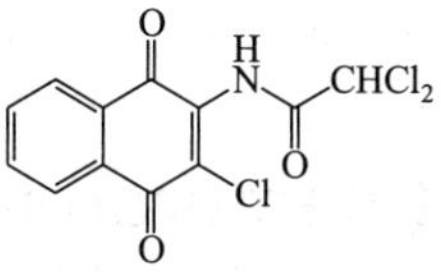

$C_{12}H_6Cl_3NO_3$，318.5，27541-88-4

其他名称 醌萍胺，Hoe2997。

化学名称 2,2-二氯-N-(3-氯萘醌-2-基)乙酰胺；2,2-dichloro-N-(3-chloronaphoquinon-2-yl)acetamide。

理化性质 纯品氯藻胺为黄色无味针状结晶，m. p. 212～213℃。20℃时溶解度：水3mg/L（pH4.6）、60mg/L（pH7），溶于苯、丙醇、氯仿、二氯甲烷和热二甲苯等有机溶剂。蒸气压：0.011mPa（20℃），0.037mPa（30℃）。在酸或碱中分解。

毒性 氯藻胺原药急性 LD_{50}（mg/kg）：经口雄大鼠＞15000，雌大鼠11700。NOEL：大鼠（90d）2000mg/kg。虹鳟20℃、24h致死中浓度为5mg/L。

应用 氯藻胺由赫特公司开发。氯藻胺防治室外的藻类和温室内的藻类与苔藓；可用于苗床浸渍、栽培盆的处理等；对一般杂草防效差，防除紫萍时药剂在水中的浓度应为2～5mg/L。

合成路线

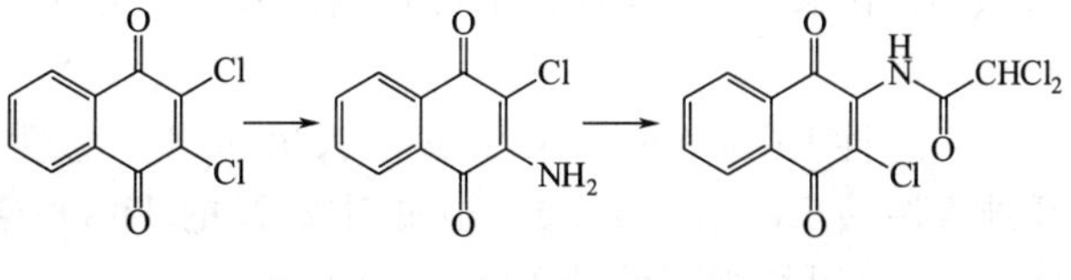

常用剂型 制剂主要有50%可湿性粉剂、10%颗粒剂。

落草胺（cisanilide）

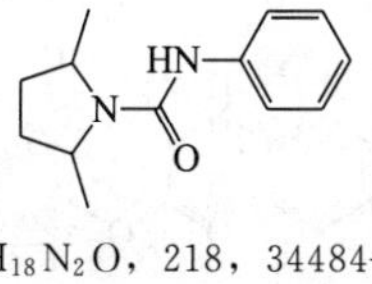

$C_{13}H_{18}N_2O$，218，34484-77-0

其他名称 苯草咯，咯草胺。

化学名称 顺-2,5-二甲基-1-吡咯烷羧酰替苯胺；cis-2,5-dimethyl-N-phenyl-1-pyrrolidine-carboxanilide。

理化性质 落草胺纯品为固体结晶，m. p. 119～120℃。20℃时溶解度：水 600mg/L。

毒性 落草胺原药急性 LD_{50}（mg/kg）：经口大鼠 4100。

应用 落草胺属于酰胺类除草剂，由 Diamond-Shamrock 开发。落草胺为选择性芽前土壤处理除草剂，主要应用于玉米和苜蓿田中防除阔叶杂草和某些禾本科杂草。

合成路线

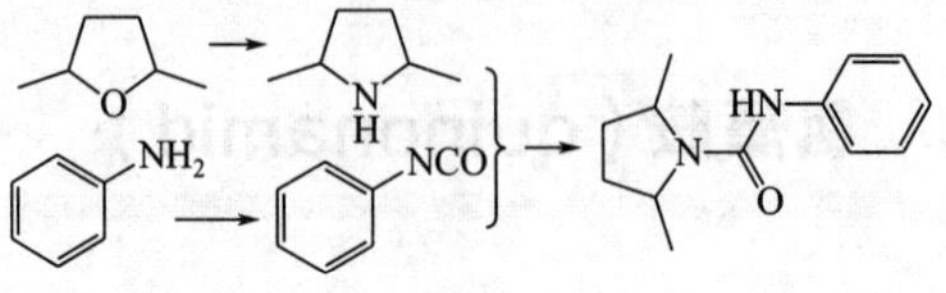

常用剂型 目前我国未见相关制剂产品登记。

麦草氟甲酯（flamprop-M-methyl）

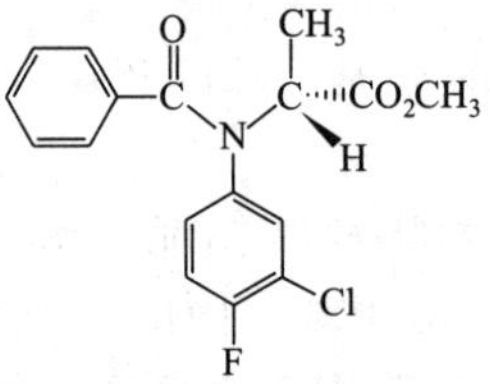

$C_{17}H_{15}ClFNO_3$，335.8，63729-98-6（D 型）

其他名称 WL29761，麦草伏。

化学名称 （±）-2-（N-苯甲酰-3-氯-4-氟苯氨基）丙酸甲酯；methyl（±）-2-(N-benzoyl-3-chloro-4-fluoro-ilino）propionate。

理化性质 纯品麦草氟甲酯为灰白色结晶粉末，m. p. 81～82℃。20℃时溶解度（g/L）：水 0.035，丙酮＞500，邻二甲苯 250，环己酮 414。在 pH4～5 时对水解稳定，光化学稳定。

毒性 麦草氟甲酯原药急性 LD_{50}（mg/kg）：经口大鼠 5000。急性经口毒性较低，大鼠对 25% 的 H_2O-羟甲纤维素溶液 LD_{50}＞5g/kg；小鼠对 20% 的 H_2O-羟甲纤维素溶液 LD_{50}＞5g/kg；鸡对 20% 的 H_2O-羟甲纤维素溶液 LD_{50}＞1g/kg。

应用 麦草氟甲酯是芳基丙氨酸类除草剂，壳牌公司推广。麦草氟甲酯适用于小麦、大麦等，能很好地防除野燕麦，并且对看麦娘和冰草也有效。茎叶处理剂，土壤处理无效，在小麦分蘖末期至拔节初期、野燕麦 3 叶期至孕穗早期进行。

合成路线

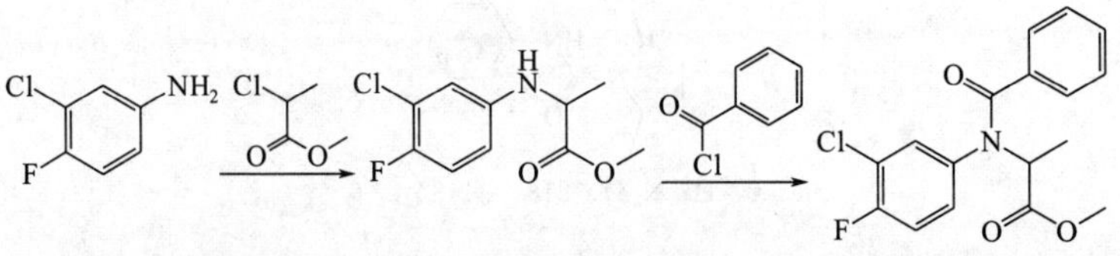

常用剂型 目前我国未见相关制剂产品登记。

麦草氟异丙酯（flamprop-M-isopropyl）

$C_{19}H_{19}ClFNO_3$，363.8，63782-90-1（D型），57973-67-8（L型）

其他名称　WL-29762，Flufenprop-isopropyl，氟燕灵，异丙草氟安，保农，乙丙甲氟胺。

化学名称　（±）-2-(N-苯甲酰-3-氯-4-氟苯氨基）丙酸异丙酯，isopropyl（±）-2-(N-benzoyl-3-chloro-4-fluoro-anilino) propionate。

理化性质　纯品麦草氟异丙酯为灰白色结晶粉末，m. p. 56～57℃。20℃时溶解度：水0.018g/L，可溶于丙酮、二甲苯、环己酮等有机溶剂。在正常贮存条件下稳定。

毒性　麦草氟异丙酯原药急性LD_{50}（mg/kg）：经口大白鼠＞3000，小白鼠＞2500，鸡＞1000。大鼠20％浓乳剂急性经皮LD_{50}＞3000mg/kg。对鱼毒性中等到低毒。500mg/L对大鼠进行13周饲喂，未见中毒症状。

应用　麦草氟异丙酯为触杀性选择性芽后除草剂，英国壳牌公司（Shell Research Limited）推广。用于麦田防除一年生禾本科杂草和某些阔叶杂草。

合成路线

常用剂型　目前我国未见相关制剂产品登记。

麦草畏（dicamba）

$C_8H_6Cl_2O_3$，221.0，1918-00-9

其他名称　麦草威，百草敌，Banvel，MDBA，Velsicol，Banfel，Mediben，Banex。

化学名称　3,6-二氯-2-甲氧基苯甲酸；3,6-dichloro-2-methoxybenzoic acid。

理化性质　纯品麦草畏为白色晶体，m. p. 114～116℃，闪点150℃。25℃时溶解度：水6.5g/L，丙酮810g/L，二氯甲烷261g/L，乙醇922g/L，甲苯130g/L，二甲苯78g/L。相混性好，贮存稳定。相对密度1.57（25℃）。

毒性 麦草畏原药急性 LD_{50}（mg/kg）：大鼠经口 1879～2740，家兔经皮＞2000。大鼠吸入 LC_{50}＞200mg/kg。对家兔眼睛有刺激和腐蚀作用，对家兔皮肤中等刺激作用。大鼠原药亚急性经口无作用剂量为 23500mg/kg，家兔亚急性经皮无作用剂量为 500mg/kg。大鼠慢性经口无作用剂量为 25mg/kg，狗慢性经口无作用剂量为 1.25mg/kg。在试验室条件下，未见致畸、致突变和致癌作用。虹鳟（96h）LC_{50} 28mg/L，青鳃翻车鱼（96h）LC_{50} 23mg/L。

应用 麦草畏属安息香酸系苯甲酸类除草剂，Velsical Chemica 公司开发。麦草畏具有内吸传导作用，主要用于防除小麦、玉米、谷子、水稻等禾本科植物田中的猪殃殃、大巢菜、荞麦蔓、藜、牛繁缕、播娘蒿、苍耳、薄塑草、田旋花、刺儿菜、问荆、鳢肠、萹蓄、香薷、蓼、荠菜、繁缕等 200 多种一年生和多年生阔叶杂草。用于苗后喷雾，能很快被杂草的叶、茎、根吸收，通过韧皮部及木质部向上下传导，多集中在分生组织及代谢活动旺盛的部位，阻碍植物激素的正常活动，使其死亡。禾本科植物吸收后能很快进行代谢分解使之失效，表现出较强的耐药性，故对小麦、玉米、谷子、水稻等禾本科作物比较安全。在土壤中经微生物较快地分解失效。用药后，一般 24h 阔叶杂草即出现畸形卷曲症状，15～20d 死亡。

合成路线 麦草畏有多种合成路线，下列路线较常使用。

常用剂型 主要有 35％、48％、480g/L 水剂，70％可溶粉剂，20％、40％可湿性粉剂，70％水分散粒剂等。

蔓草磷（fosamine）

$C_3H_8NO_4P$，153.1，59682-52-9

其他名称 DPX1108，DPXR1108。

化学名称 氨基甲酰基膦酸乙酯铵盐；ammonium ethyl carbamoylphosphonate。

理化性质 纯品蔓草磷为白色结晶固体，m.p. 173～175℃。25℃时溶解度：水＞2500g/L，微溶于许多普通有机溶剂，甲醇 15.8g/100g，乙醇 1.2g/100g，二甲基甲酰胺 1.4g/100g，苯 40mg/100g，氯仿 40mg/kg，丙酮 1mg/kg，己烷＜1mg/kg。相对密度 1.24。蒸气压 0.53mPa（25℃）。水剂和喷雾溶液稳定，但稀溶液（50g/L）在酸性条件下会分解，在土壤中迅速分解。

毒性 蔓草磷原药急性 LD_{50}（mg/kg）：经口大鼠＞5000（铵盐），经皮兔＞1683。含有或不含有表面活性剂的乳油对兔眼睛和皮肤无刺激，对豚鼠皮肤无过敏现象。雄大鼠急性吸入 LC_{50}（1h）＞56mg/L 空气（制剂）。大鼠 90d 饲喂无作用剂量为 1g/kg 饲料。鹌鹑和野鸭急性经口 LD_{50}＞10g/kg；鹌鹑和野鸭 LC_{50} 为 5620mg/kg。鱼毒 LC_{50}（96h）：蓝鳃 590mg/L，虹鳟 300mg/L，黑头软口鲦＞1g/L。对蜜蜂无毒，（急性局部）LD_{50}＞200μg/只蜜蜂。水蚤 LC_{50}（48h）1524mg/kg。

应用 蔓草磷属于植物生长调节剂，Du Pont 公司开发。防除灌木的叶面处理剂，可用于非耕地域，如铁路、管道、公用设施、公路用地、排水沟、贮放场地、工厂所在地，以及其他类似的地方，包括供给生活用水水库周围占地、供水站、湖泊、池塘。防治藤蔓和蕨类及田旋花等。

合成路线

常用剂型 主要有 40%、41.5% 水剂。

茅草枯（dalapon）

$C_3H_4Cl_2O_2$，143，75-99-0

其他名称 X28，DPA，Ke-napon，Proprop。

化学名称 2,2-二氯丙酸；2,2-dichloropropanoic acid。

理化性质 纯品茅草枯为无臭、无色液体，b.p. 185～190℃，蒸气压 0.01mPa（20℃），25℃稍有水解，温度≥50℃，迅速水解。

毒性 茅草枯钠盐急性 LD_{50}（mg/kg）：经口雄大鼠 9330，雌大鼠 7570，雌小鼠＞4600，雌豚鼠 3860，雌兔 3860，牛＞4000；经皮兔＞2。固体和浓溶液对眼睛不产生永久性刺激。吸入毒性 LC_{50}（8h）＞20mg/L（25% 制剂）。NOEL：大鼠（2 年）15mg/(kg·d)。以 50mg/(kg·d) 剂量喂大鼠，肾脏重量略有增加。小鸡急性经口 LD_{50} 为 5660mg（钠盐）/kg；野鸭、日本鹌鹑、野鸡 LC_{50}＞5g/kg 饲料。钠盐鱼毒 LC_{50}（96h）：虹鳟、金鱼、斑点叉尾鮰＞100mg/L，鲤鱼＞500mg/L，豚鼠＞1000mg/L。对蜜蜂无毒。

应用 茅草枯属于选择性内吸传导型除草剂，由 Dow Chemical Company 推广。植物根、茎、叶均可吸收，但以叶面吸收为主；可在植物体内上下传导。防除禾本科多年生杂草。施药后 1 周杂草开始变黄，3～4 周后完全死亡。适用于橡胶园、茶园、果园等作物，亦可用于棉花、黄麻等作物防除茅草、芦苇、狗芽根、马唐、狗尾草、蟋蟀草等一年生及多年生禾本科杂草。

合成路线

常用剂型 主要有 60％、65％茅草枯钠盐。

咪草酯（imazamethabenz）

AC-252767 AC-239589

$C_{15}H_{18}N_2O_3$，274，100728-84-5（酸）；$C_{16}H_{20}N_2O_3$，288.3，81405-85-8（酯）

其他名称 AC-222293（甲酸），AC-263840（酸），AC-239589（对-取代化合物），AC-252767（间-取代化合物），CL263840，CL222293。

化学名称 酸含（±）-6-(4-异丙基-4-甲基-5-氧代-2-咪唑啉-2-基）间甲苯甲酸（i）和（±）-6-(4-异丙基-4-甲基-5-氧代-2-咪唑啉-2-基）对甲苯甲酸（ii）；酯含（±）-6-(4-异丙基-4-甲基-5-氧代-2-咪唑啉-2-基）间甲苯甲酸甲酯（Ⅰ，50％）和（±）-6-(4-异丙基-4-甲基-5-氧代-2-咪唑啉-2-基）对甲苯甲酸甲酯（Ⅱ，50％）；酸含（±）-6-(4-isopropyl-4-methyl-5-oxo-2-imidazolin-2-yl)-*m*-toluic acid（i）和（±）-6-(4-isopropyl-4-methyl-5-oxo-2-imidazolin-2-yl)-*p*-toluic acid（ii）；酯含（±）-6-(4-isopropyl-4-methyl-5-oxo-2-imidazolin-2-yl)-*m*-toluate（Ⅰ）和（±）-6-(4-isopropyl-4-methyl-5-oxo-2-imidazolin-2-yl)-*p*-toluate（Ⅱ）。

理化性质 纯品咪草酯为无色结晶，m. p. 113～153℃。20℃时异构体溶解度：水1.37g/L（*m*-异构体）、0.857g/L（*p*-异构体）。20℃时混合物溶解度：水 2.2g/L，丙酮230g/L，异丙醇183g/L，甲醇309g/L，甲苯45g/L，正己烷0.6g/L，二甲亚砜216g/L，正庚烷0.4g/L。相对密度0.3（20℃）。蒸气压 $1.5×10^{-3}$ mPa（25℃）。酯在25℃稳定贮存2年，37℃稳定贮存1年，45℃稳定贮存3个月；在pH9时迅速水解，但在pH5和pH7水解缓慢；两个异构体在水中或土壤表面发生光化学降解；在土壤中 DT_{50} 30～60d。

毒性 咪草酯原药急性 LD_{50}（mg/kg）：经口大鼠＞5000，经皮家兔＞2000。对皮肤无刺激性，对鼠、兔眼睛有中等的刺激作用，对豚鼠皮肤无过敏性。吸入 LC_{50}：大鼠＞5.8mg/L。NOEL：大鼠（2年）250mg/kg饲料，狗（1年）250mg/kg饲料。对大鼠2年和小鼠1年的试验结果表明，无致癌作用。Ames试验：无诱变性。鹌鹑和野鸭：经口 LD_{50}＞2150mg/kg，LC_{50}（8d）＞5000mg/kg饲料。蓝鳃和虹鳟 LC_{50}＞100mg/L。水蚤 LC_{50}（48h）＞100mg/L。蜜蜂接触 LD_{50}＞0.1mg/只蜜蜂。

应用 咪草酯属于咪唑啉酮类除草剂，美国氰胺公司（American Cyanamid Co.）开发。咪草酯适用于大麦、小麦、黑麦和向日葵等作物，防治野燕麦、鼠尾看麦娘、凌风草以及卷茎蓼等单、双子叶杂草。

合成路线

常用剂型 主要有分别与二甲戊灵、野燕枯、异丙隆、2 甲 4 氯丙酸的混剂。

咪唑磺隆（imazosulfuron）

$C_{14}H_{13}ClN_6O_5S$，412.83，122548-33-8

其他名称 TH-913，Takeoff。

化学名称 1-(2-氯咪唑［1,2-a］吡啶-3-基酰基)-3-(4,6-二甲氧基嘧啶-2-基) 脲；2-chloro-N-[[(4,6-dimethoxy-2-pyrimidinyl) amino] carbonyl]-imidazo［1,2-a］pyridine-3-sulfonamide。

理化性质 纯品咪唑磺隆为白色结晶，m. p. 183～184℃（分解）。25℃时溶解度：水 308mg/L（pH=7）、5mg/L（pH=5.1），二氯甲烷 12.8g/L，丙酮 7.6g/L，乙腈 2.5g/L，乙酸乙酯 2.2g/L，二甲苯 0.4g/L。相对密度 1.574（25℃）。蒸气压 4.52×10^{-2} Pa（25℃）。分配系数 0.05（正辛醇/水）。离解常数 pK_a=4。

毒性 咪唑磺隆原药急性 LD_{50}（g/kg）：经口大、小鼠>5，经皮大鼠>2。对兔皮肤和眼睛无刺激作用，对豚鼠皮肤无致敏作用。吸入 LC_{50}（4h）：大鼠>2.4mg/L。NOEL：大鼠（2 年）（雄）106.1mg/(kg·d)，大鼠（2 年）（雌）132.46mg/(kg·d)，狗（1 年）75mg/(kg·d)。对大鼠、小鼠无致癌作用，对大鼠和兔无致畸作用。Ames 试验：无诱变作用。鹌鹑和野鸭经口 LD_{50}>2250mg/kg；鹌鹑和野鸭 LC_{50}（5d）>5620mg/kg。鲤鱼（48h）LC_{50}>10mg/L。蜜蜂急性 LC_{50}（48h）（经口）48.2μg/只蜜蜂、（接触）66.5μg/只蜜蜂。水蚤 LC_{50}>40mg/L。

应用 咪唑磺隆为磺酰脲类除草剂，日本武田化学工业株式会社开发（1985）。主要用于稻田防除包括稗草在内的大多数一年生杂草和牛毛毡、萤蔺、水莎草、水芹、矮慈姑等多年生杂草。

合成路线

常用剂型 目前我国未见相关制剂登记。

咪唑喹啉酸（imazaquin）

$C_{17}H_{17}N_3O_3$，311.2，81335-37-7

其他名称 灭草喹，Scepter，Image，AC 252214，CL 252214。

化学名称 2-(5-异丙基-5-甲基-4-氧代-2-咪唑啉-2-基)喹啉-3-羧酸；(*RS*)-2-(4-*iso*-propyl-4-methyl-5-oxo-2-imidazolin-2-yl) quinoline-3-carboxylic acid。

理化性质 纯品咪唑喹啉酸为浅黄色结晶，m. p. 218～225℃（分解）。20℃时溶解度：水 60mg/L，二氯甲烷 14g/L，DMF 68g/L，DMSO 159g/L，甲苯 0.4g/L。相对密度 1.383（20℃）。蒸气压 0.013mPa（60℃）。在 45℃稳定 3 个月，室温下稳定 2 年，在暗处 pH5～9 条件下稳定＞30d。其溶液在模拟日光下（18～19℃）DT_{50}21h（pH=7），在土壤中 DT_{50}30～90d。

毒性 咪唑喹啉酸原药急性 LD_{50}（mg/kg）：大鼠经口＞5000，雌小鼠经口＞2000。兔经皮＞2000；对鼠、兔皮肤有轻微刺激性，对兔眼睛无刺激性。NOEL：大鼠（90d）10000mg/kg（bw）。对动物无致畸、致突变、致癌作用。Ames 试验：阴性。鹌鹑和野鸭急性经口 LD_{50}＞2150mg/kg。鱼毒 LC_{50}（96h）：鲇鱼 320mg/L，蓝鳃鱼 410mg/L，虹鳟鱼 280mg/L。水蚤 LC_{50}（96h）280mg/L。蜜蜂（接触）LD_{50}＞0.1mg/只蜜蜂。ADI（人）：0.25mg/kg。鹌鹑和野鸭 LC_{50}（8d）＞5000mg/kg 饲料。

应用 灭草喹属咪唑啉酮类除草剂，美国 American Cyanamid Co. 开发。灭草喹适用于大豆、豇豆、烟草、豌豆和苜蓿。防治大田中的阔叶杂草，如苘麻、刺苞菊、苋菜、藜、猩猩草、春蓼、马齿苋、黄花稔、苍耳等；禾本科杂草，如臂形草、马唐、野黍、狗尾草、止血马唐、西米稗、蟋蟀草等，以及其他杂草如鸭跖草、铁荸荠。主要用于豆田、花生田除草，可有效防除蓼、藜、反枝苋、鬼针草、苍耳、苘麻等阔叶杂草，对臂形草、马唐、野黍、狗尾草属等禾本科杂草也有一定的防治效果。使用剂量 70～250g（a. i.）/hm²。

合成路线 2,3-喹啉二羧酸酐与 2-氨基-2,3-二甲基丁酰胺在乙腈中 50～60℃加热 2h，所得中间体于氢氧化钠溶液中 85～100℃加热 2h 后用浓盐酸酸化即可制得咪唑喹啉酸。根据经历不同的中间体，还有两条类似的合成路线，见路线 8→9 和路线 10。

常用剂型　我国登记的主要是 5％、7.5％水剂，可与咪唑乙烟酸等复配。

咪唑乙烟酸（imazethapyr）

$C_{15}H_{19}N_3O_3$，289.2，81385-77-5

其他名称　咪草烟，普杀特，豆草唑，普施特，醚草烟，Pivot，Pursuit。

化学名称　(RS)-5-乙基-2-(4-异丙基-4-甲基-5-氧-2-咪唑啉-2-基)烟酸；(RS)-5-ethyl-2-(4-iso-propyl-4-methyl-5-oxo-2-imidazolin-2-yl) nicotinic acid。

理化性质　纯品咪草烟为无色晶体，无臭，m.p.169～174℃。25℃时溶解度：水 1.4g/L，庚烷 900mg/L，甲醇 105g/L，异丙醇 17g/L，丙酮 48.2g/L，二氯甲烷 185g/L，二氯亚甲砜、甲苯 5g/L。蒸气压<$0.013×10^{-3}$ Pa (60℃)。180℃分解。K_{ow}11 (pH5)、31 (pH7)、16 (pH9)，均在 25℃。酸性 pK_1=2.1，pK_2=3.9。遇日光迅速降解。在土壤中 DT_{50}30～90d。有腐蚀性。

毒性　咪草烟原药急性 LD_{50}（mg/kg）：经口大鼠>5000，经口雌小鼠>5000，经皮兔>2000。对皮肤有轻度刺激性，对兔眼睛有刺激作用，但属可逆。吸入 LC_{50}：大鼠 3.27mg/L 空气。NOEL：大鼠（2 年）10000mg/kg 饲料，狗（1 年）10000mg/kg 饲料。Ames 试验呈阴性。鹌鹑和野鸭经口 LD_{50}>2150mg/kg。鱼毒 LD_{50}（96h）：蓝鳃 420mg/L，鲇

鱼240mg/L，虹鳟鱼340mg/L。蜜蜂 $LD_{50}>0.1mg$/只蜜蜂。水蚤 $LC_{50}<1000mg/L$（48h）。

应用 本品属于咪唑啉酮类除草剂，是侧链氨基酸合成抑制剂，芽前或芽后使用，对大豆田和其他豆科植物田的禾本科杂草和某些阔叶杂草有优异的防效，能有效防除双色高粱、西风古、小苋、曼陀罗、稗草、黍、金狗尾、苘麻、反枝苋、藜等杂草。经试验，对野油菜、小藜、刺苋、凹头苋、蓼、通泉草等阔叶杂草及狗尾草、碎米莎草等单子叶杂草具有很高的除草活性，其效果稳定在90%以上；对稗草、马唐、千金子、双穗雀稗以及自生麦等单子叶杂草及马齿苋、鳢肠等杂草也具有较高的除草活性，防效均在80%左右；但对成苗后的牛筋草、紫苑、空心莲子草等只有短期抑制作用，没有明显的防效；对田旋花、斑地锦、乌敛莓等杂草也具有明显的抑制作用，喷药后上述杂草停止生长，并逐渐干枯死亡；而对狗牙根、婆婆纳、大巢菜、蒲公英等没有抑制作用。

合成路线 咪唑乙烟酸有三种合成路线，即路线 1→2→3→4→5→6、路线 7→8 和路线 9→10。

常用剂型 主要制剂有5%、10%、15%、16%、20%水剂，70%可湿性粉剂，16%颗粒剂，5%、16.8%微乳剂，20%乳油等，可与异噁草松、氟磺胺草醚等复配。

醚苯磺隆（triasulfuron）

$C_{14}H_{16}N_5O_5ClS$，401.83，82097-50-5

其他名称 CGA 131036（Ciba-Geigy），Amber，Lograb。

化学名称 1-[2-(2-氯乙氧基) 苯基磺酰基]-3-(4-甲氧基-6-甲基-1,3,5-三嗪-2-基) 脲；1-[2-(2-chloroethoxy) phenylsulfony]-3-(4-methoxy-6-methyl-1,3,5-triazin-2-yl) urea。

理化性质 纯品醚苯磺隆为无色晶体，m.p.178.1℃。25℃时溶解度：水 32mg/L（pH=5）、815mg/L（pH=7），丙酮 14g/L，二氯甲烷 36g/L，乙酸乙酯 4.3g/L，乙醇 420mg/L，辛醇 130mg/L，己烷 0.04mg/L，甲苯 300mg/L。密度 1.5g/cm^3。蒸气压<2×10^{-3} mPa（25℃）。在正常贮存条件下至少稳定两年以上；低于熔点时部分分解。水解 DT_{50}8.2h（pH=1）、3.1 年（pH=7）、4.7h（pH=10）。pK_a 4.64（20℃）。

毒性 醚苯磺隆原药急性 LD_{50}（mg/kg）：经口大、小鼠>5000。对兔皮肤稍有刺激作用，但对其眼睛无刺激作用，对豚鼠皮肤无致敏作用。吸入 LC_{50}（4h）：大鼠 5.18mg/L。NOEL：大鼠（2 年）32.1mg/(kg·d)，小鼠（2 年）1.2mg/(kg·d)，狗（1 年）33mg/(kg·d)。ADI：0.012mg/kg。

急性经口 LD_{50}（g/kg）：鹌鹑、野鸭>2.15。鱼毒 LC_{50}（96h）：虹鳟、鲤鱼、鲶鱼、蓝鳃>100mg/L。对蜜蜂无毒，蜜蜂 LD_{50}（经口和接触）>100μg/只。蚯蚓 LC_{50}（14d）>1g/kg。水蚤（96h）LC_{50}>100mg/L。

应用 醚苯磺隆属磺酰脲类除草剂，汽巴-嘉基公司（Ciba-Geigy）开发。用于小粒禾谷类作物如小麦、大麦等，可防除一年生阔叶杂草和某些禾本科杂草。

合成路线

常用剂型 主要有 75% 水分散粒剂、10% 可湿性粉剂。

醚磺隆（cinosulfuron）

C$_{15}$H$_{19}$N$_5$O$_7$S，413.4，94593-91-6

其他名称 醚黄隆，甲醚磺隆，莎多伏，Setoff。

化学名称 1-(4,6-二甲氧基-1,3,5-三嗪-2-基)-3-[2-(2-甲氧基乙氧基) 苯基磺酰] 脲；1-(4,6-dimethoxy-1,3,5-triazin-2-yl-3-[2-(2-methoxyethoxy) phenylsulfonyl] urea。

理化性质 纯品醚磺隆为无色结晶固体，m.p.144.6℃。20℃时溶解度：水 18mg/L（pH=2.5）、82mg/L（pH=5）、3700mg/L（pH=7），二甲亚砜 32%，二氯甲烷 9.5%，

丙酮 2.3%，甲醇 0.3%，异丙醇 0.025%。蒸气压 1×10^{-10} Pa（20℃）。在土壤中半衰期 20d，稻田水中半衰期 3～7d，光解半衰期 80min。

毒性　醚磺隆原药急性 LD_{50}（g/kg）：大鼠经口＞5，大鼠经皮＞5。对兔眼睛和皮肤无刺激作用。吸入 LC_{50}（4h）：大鼠＞5mg/L。对鱼、鸟、蜜蜂低毒。

应用　醚磺隆为磺酰脲类除草剂，由汽巴-嘉基公司开发。可用于可可、橡胶、棕榈园中防除一般杂草和蕨类杂草。

合成路线

常用剂型　目前我国登记的制剂产品主要有 10%、25%可湿性粉剂。

嘧草硫醚（pyrithiobac-sodium）

$C_{13}H_{10}ClN_2NaO_4S$，348.6，123343-16-8

其他名称　硫醚草醚，Staple。

化学名称　2-氯-6-（4,6-二甲氧基嘧啶-2-基硫基）苯甲酸钠盐；2-chloro-6-（4,6-dime-thoxy pyimidin-2-ylthio）benzoic acid sodium。

理化性质　纯品为白色固体，m. p. 233.8～234.2℃（分解）。20℃时溶解度：水 705g/L，丙酮 812mg/L，甲醇 270g/L。

毒性　嘧草硫醚原药急性 LD_{50}（mg/kg）：大鼠经口 3300（雄）、3200（雌）；兔经皮＞2000。对兔皮肤无刺激，对兔眼睛有刺激性。NOEL：大鼠（2 年）58.7～278mg/kg（bw）。对动物无致畸、致突变、致癌作用。

应用　嘧草硫醚属于乙酰乳酸合成酶（ALS）抑制剂，选择性高效嘧啶水杨酸类除草剂，日本组合公司和埯原公司共同研制，埯原公司和杜邦公司共同开发，1987 年申请专利。主要用于防除棉花田一年生和多年生禾本科杂草和大多数阔叶杂草，对棉花具有优越的选择性。

合成路线　以 3-氯-2-甲基硝基苯为起始原料，可以分为重氮化路线和巯基化路线。

① 重氮化路线：3-氯-2-甲基硝基苯经还原等反应制得重氮化合物，与 4,6-二甲氧基-2-巯基嘧啶缩合。

② 巯基化路线：3-氯-2-甲基硝基苯经还原等反应制得巯基苯酸，与 2-甲基磺酰基-4,6-二甲氧基嘧啶缩合。

常用剂型 主要有 5% 水分散粒剂、10% 水剂。

嘧草醚（pyriminobac-methyl）

$C_{17}H_{19}N_3O_6$，361.1，136191-64-5

其他名称 Prosper。

化学名称 2-(4,6-二甲氧基-2-嘧啶氧基)-6-(1-甲氧基亚氨乙基) 苯甲酸甲酯；methyl-2-(4,6-dimethoxy-2-pyrimidinyloxy)-6-(1-methoxyiminoethyl) benzoate。

理化性质 纯品嘧草醚为白色粉状固体（原药为浅黄色颗粒状固体），为顺式和反式混合物，m. p. 105℃（纯顺式 70℃，纯反式 107～109℃）。20℃时溶解度：甲醇 14.0～14.6g/L，难溶于水。相对密度（20℃）：顺式为 1.3868，反式为 1.2734。蒸气压（25℃）：顺式为 2.681×10^{-5} Pa，反式为 3.5×10^{-5} Pa。工业品原药纯度>93%，其中顺式 75%～78%，反式 21%～11%。

毒性 嘧草醚原药急性 LD_{50}（mg/kg）：大鼠经口>5000；兔经皮>5000。大鼠急性吸入 LC_{50}（4h）5.5mg/L 空气。对兔皮肤和眼睛有轻微刺激性。对动物无致畸、致突变、致癌作用。鹌鹑急性经口 LD_{50}>2000mg/kg。鱼毒 LC_{50}（96h）：虹鳟鱼 21.2mg/L，鲤鱼 30.9mg/L。水蚤 LC_{50}（24h）>20mg/L。蜜蜂 LD_{50}（24h，接触和经口）>200μg/只。蚯蚓 LD_{50}（14d）>1000mg/kg 土。

应用 嘧草醚属于乙酰乳酸合成酶（ALS）抑制剂，是选择性高效嘧啶水杨酸类除草剂，日本组合公司和埯原公司共同开发，1989 年申请专利。主要用于防除水稻田稗草，对所有水稻品种都有优越的选择性，并可使用于水稻生长的各个时期，对莎草和阔叶杂草也有很好的防效。

合成路线 以 2-羟基-6-乙酰基苯甲酸甲酯为起始原料,与甲氧胺反应,产物再与 4,6-二甲氧基磺酰基嘧啶进行醚化反应。

常用剂型 主要是 10% 可湿性粉剂。

嘧啶肟草醚(pyribenzoxim)

$$C_{32}H_{27}N_5O_8,\ 609.59,\ 168088-61-7$$

其他名称 韩乐天,Pyanchor。

化学名称 O-[2,6-双(4,6-二甲氧-2-嘧啶基)苯甲酰基]二苯酮肟;benzophenone-O-[2,6-bis[(4,6-dimethoxy-2-pyrimidinyl) oxyl] benzoyl] oxime。

理化性质 纯品嘧啶肟草醚为白色固体,m. p. 128~130℃。25℃时溶解度:水 3.5mg/L,丙酮 1.63g/L,己烷 0.4g/L,甲苯 110.8g/L。辛醇/水分配系数 lg$P$=3.044。

毒性 嘧啶肟草醚原药急性 LD$_{50}$(mg/kg):大鼠经口>5000(雌);小鼠经皮>2000。对兔皮肤和眼睛无刺激性。对动物无致畸、致突变、致癌作用。

应用 嘧啶肟草醚属于乙酰乳酸合成酶(ALS)抑制剂,选择性高效嘧啶醚类除草剂,韩国 LG 公司开发,1993 年申请专利。主要用于防除水稻、小麦等作物田众多禾本科和阔叶杂草,可用于防除看麦娘、狗尾草、马唐、田旋花、早熟禾、千金子、马齿苋、龙葵、牛毛毡、猪殃殃、苍耳、繁缕、稗草、异形莎草、碎米莎草、紫水苋、大马唐、瓜皮草等。

合成路线 以 2,6-二羟基苯甲酸为起始原料，根据羟基与羧基的反应顺序，可以通过保护羟基法和保护羧基法两条路线合成。

常用剂型 主要有 5%、30.6% 乳油和 9% 微乳剂。

嘧磺隆（benzoicacid）

$C_{15}H_{16}N_4O_5S$, 364.4, 74222-97-2

其他名称 甲嘧磺隆甲酯，DPX-5648，森草净，傲杀。

化学名称 2-(4,6-二甲基嘧啶-2-基氨基甲酰氨基磺酰基) 苯甲酸甲酯；methyl-2-(4,6-dimethyl-pyrimidin-2-ylcarbamoyl sulfonyl) benzoate。

理化性质 嘧磺隆原药为无色固体，m. p. 203～205℃。25℃时溶解度：水 8mg/L

（pH＝5）、244mg/L（pH＝7），丙酮 3.3g/kg，乙酸乙酯 650mg/kg，乙醚 60mg/kg，己烷＜1mg/kg，甲醇 550mg/kg，乙腈 1.8g/kg，甲苯 240mg/kg，二氯甲烷 15g/kg，辛醇 140mg/kg。相对密度 1.48。蒸气压 73fPa。$K_{ow}＝15$（pH＝5）、0.31（pH＝7）。嘧磺隆水悬浮液对水解（pH＝7～9）稳定，半衰期 DT_{50} 约 18d（pH5）；亚氨基呈弱酸性，pK_a 5.2；土壤中的半衰期 DT_{50} 约 28d。

毒性 嘧磺隆原药急性 LD_{50}（g/kg）：大鼠经口＞5（雄），兔经皮＞2。对豚鼠、兔皮肤有轻微刺激作用，对豚鼠皮肤无过敏性，对兔眼睛有轻微刺激，两天后恢复正常。吸入 LC_{50}（4h）：大鼠＞11mg/L。NOEL（2 年）：大鼠 50mg/kg（bw），大鼠繁殖（二代）500mg/kg（bw），兔 300mg/kg（bw）。虹鳟和翻车鱼（96h）$LC_{50}＞12.5mg/L$。

应用 嘧磺隆属于磺酰脲类选择性内吸传导型除草剂，一般作为林业除草剂，美国杜邦公司开发。用于针叶树林区，如短叶松、长叶松、多脂松、沙生松、湿地松等防除一年生和多年生禾本科杂草和阔叶杂草。

合成路线

常用剂型 目前我国未见相关制剂登记，制剂主要有 10％可溶性粉剂、10％胶悬剂、75％水分散粒剂。

灭草环（tridiphane）

$C_{10}H_7Cl_5O$，320.4，58138-08-2

其他名称 Nelpon，Tandem。

化学名称 （RS)-2-(3,5-二氯苯基)-2-(2,2,2-三氯乙基）环氧乙烷；（RS)-2-(3,5-dichlorophenyl)-2-(2,2,2-trichloroethyl) oxirane。

理化性质 纯品灭草环为无色晶体，m.p. 42.8℃。20℃时溶解度：水 1.8mg/L，丙酮 9.1g/L，二氯甲烷 718g/L，甲醇 980g/L，二甲苯 4.6g/L。蒸气压 29mPa（25℃）。

毒性 灭草环原药急性 LD_{50}（mg/kg）：大（小）鼠经口 1743～1918，兔经皮 3536。NOEL：大鼠（2 年）3mg/(kg·d)。鱼毒 LD_{50}（96h）：虹鳟 0.53mg/L。

应用 灭草环为内吸性除草剂，Dow Elanco 开发。灭草环主要用于防除玉米、水稻、草坪禾本科杂草及部分阔叶杂草。施药适期为作物苗期，使用剂量为 500～800g（a.i.)/hm²。通常与二嗪类除草剂混用（桶混）。

合成路线

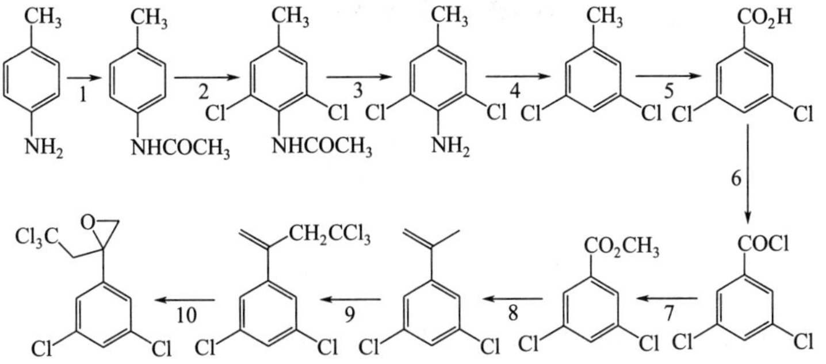

常用剂型　主要有 48%、50%乳油。

灭草荒（chlothizol）

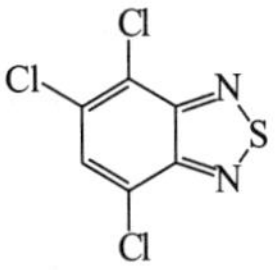

$C_6HCl_3N_2S$，239.5，1982-55-4

其他名称　PH40-21，TH0052-H。

化学名称　4,5,7-三氯苯并硫二氮茂-2,1,3；4,5,7-trichlorobenzothiadiazole-2,1,3。

理化性质　纯品灭草荒 m. p. 131～132℃。20℃时溶解度：水 2.5mg/L，甲醇 3%，丙酮 3%，苯 10%，氯仿 20%。蒸气压<0.066 Pa（25℃）。

毒性　灭草荒原药急性 LD_{50}（mg/kg）：经口大鼠 1620，小鼠 1500。

应用　灭草荒由 N. V. Philips-Duphar 开发。灭草荒用于直播或移栽水稻、玉米、花生、棉花、大豆、十字花科作物，以及球根作物等。防治一年生杂草，如野燕麦、看麦娘、早熟禾、繁缕、藜等。药效可持续约 6 周，此后它在土壤中向下移动的趋势可忽略。

合成路线

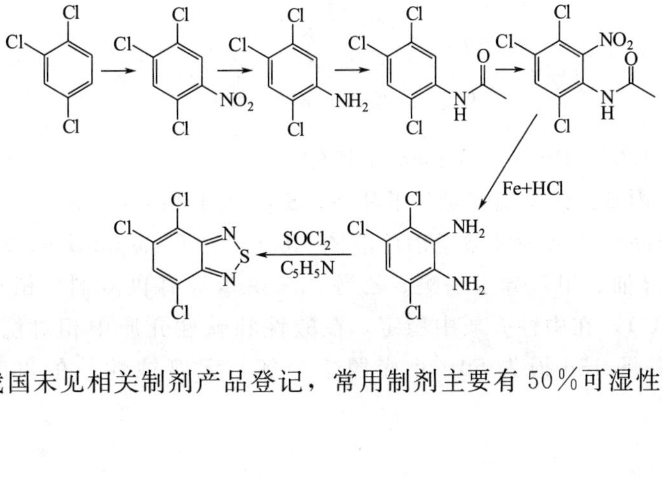

常用剂型　我国未见相关制剂产品登记，常用制剂主要有 50%可湿性粉剂。

灭草灵（swep）

C$_8$H$_7$Cl$_2$NO$_2$，220，1918-18-9

其他名称　NIA 2995，FMC2995，NFM 2995，MCC。

化学名称　*N*-3,4-二氯苯基氨基甲酸甲酯；methyl-*N*-3,4-dichlorophenylcarbamate。

理化性质　纯品灭草灵为白色结晶体，m. p. 112～114℃。原粉为褐色结晶体，不溶于水、煤油、氯仿，溶于丙酮、苯、甲苯、二甲基甲酰胺。在一般情况下对酸、碱、热稳定，在土壤中易分解。灭草灵原粉含量≥90％（二级品）、92％（一级品），熔点95～102℃，游离胺＜1.5％。

毒性　灭草灵原药急性LD$_{50}$（mg/kg）：大鼠经口550，兔经皮2500。未见对眼睛及皮肤有刺激作用。对人、畜、鱼类低毒。属低毒除草剂。

应用　灭草灵属于氨基甲酸酯类除草剂，由FMC Corpration推广。灭草灵为选择性内吸兼触杀性除草剂，适于在水稻、玉米、小麦、大豆、甜菜、花生、棉花等作物田中防治一年生禾本科杂草和某些阔叶杂草，如稗草、马唐、看麦娘、狗尾草、三棱草及藜、车前草等。

合成路线

常用剂型　主要有25％可湿性粉剂。

灭草猛（vernolate）

C$_{10}$H$_{21}$NOS，203.34，1929-77-7

其他名称　R-1607；PPTC，Stabam，卫农。

化学名称　*S*-丙基二丙基硫代氨基甲酰酯；*S*-propyl dipropylthiocarbamate。

理化性质　纯品灭草猛为清澈琥珀色液体，b. p. 150℃/30mmHg。20℃时溶解度：水90mg/L，可溶于煤油、甲基异丁基酮、乙醇、二甲苯等有机溶剂。相对密度0.952。蒸气压1.39Pa（25℃）。在中性介质中稳定，在酸性和碱性介质中相对稳定；在pH＝7的缓冲溶液中，40℃下13d损失50％；光照下分解，无腐蚀性。在200℃以下稳定。闪点121℃。

毒性 灭草猛原药急性 LD_{50}（mg/kg）：大白鼠经口 1500，小白鼠经皮 4640，家兔经皮＞5000。小鼠 3 代慢性饲喂试验无作用剂量为每天 100mg/kg，在试验剂量内对动物无致畸、致癌、致突变作用，3 代繁殖试验和迟发性神经毒性试验未见异常。鹌鹑经口 LD_{50} 2000mg/kg。虹鳟鱼 LC_{50}：13mg/L（24h）、11mg/L（48h）。翻车鱼（24h）LC_{50} 10mg/L。正常剂量下，对蜜蜂与天敌安全。

应用 灭草猛属于硫代氨基甲酸酯类除草剂，Stauffer Chemical Company（现为 Zeneca Agrochemicals）推广。灭草猛为选择性土壤处理剂，在杂草发芽出土过程中，通过幼芽及根系吸收药剂，并在植物体内传导，抑制和破坏敏感植物细胞的核酸代谢和蛋白质合成。灭草猛适用于大豆、花生、甘薯、马铃薯、甘蔗和其他豆科作物田，防除野燕麦、稗草、马唐、狗尾草、香附子、油莎草、牛筋草等一年生禾本科杂草及猪毛菜、马齿苋、藜、田旋花、苘麻等部分阔叶杂草。

合成路线

常用剂型 主要有 88.5％乳油。

灭草松（bentazone）

$C_{10}H_{12}N_2O_3S$，240.3，22057-89-0

其他名称 苯达松，百草克，排草丹，噻草平，苯并硫二嗪酮，Basagran，Bendioxide，bentazon，BASF 3510H，BAS 351 H。

化学名称 3-异丙基-(1H)-苯并-2,1,3-噻二嗪-4-酮-2,2-二氧化物；3-iso-propyl-(1H)-benzo-2,1,3-thiadiazin-4-one-2,2-dioxide。

理化性质 纯品为无色晶体，m. p. 137～139℃。20℃时溶解度：水 570mg/L（pH＝7），丙酮 1507g/kg，乙醇 861g/kg，乙酸乙酯 650g/kg，二乙基醚 616g/kg，氯仿 180g/kg，苯 33g/kg，环乙烷 0.2g/kg。在酸性和碱性介质中均不易水解，但在紫外线照射下分解。

毒性 大白鼠急性 LD_{50}（mg/kg）：经口＞1000，经皮＞2500。对兔皮肤和眼睛有中等刺激作用。NOEL：狗（1 年）13.1mg/kg（bw）。鲤鱼 LC_{50}（48h）为 48mg/L。蜜蜂急性经口毒性 LD_{50}＞100μg/只。

应用 灭草松为防除恶性难除杂草的选择性芽后除草剂，对麦类、水稻、大豆、花生、甘薯、茶园、牧场的三棱草、水莎草、碎米莎草、异形莎草、牛毛毡、泽泻、水葱、鸭舌草、节节草、水马齿、萤蔺、车前草、古皮草、猪殃殃、刺蓼、灰菜、苍耳、香附子及其他阔叶杂草有较好的防除效果。

合成路线 灭草松有多种合成路线，常用的有如下几种。

常用剂型 主要有水剂、微乳剂、可分散油悬浮剂、水分散粒剂、可溶液剂等，如25％水剂、48％水剂、560g/L液剂。

灭草烟（imazapyr）

$C_{13}H_{15}N_3O_3$，261.3，81334-34-1

其他名称 AC252925，CL252925。

化学名称 2-(4-异丙基-4-甲基-5-氧代-2-咪唑啉-2-基)菸酸；2-(4-isopropyl-4-methyl-5-oxo-2-imidazolin-2-yl) nicotinic acid。

理化性质 本品的异丙胺盐为白色固体，m.p.128～130℃。15℃时溶解度：水9.74g/L、11.3g/L（25℃），二甲基甲酰胺473g/L，二甲亚砜665g/L，甲醇230g/L，乙醇72g/L，二氯甲烷72g/L，丙酮6g/L，甲苯3g/L。蒸气压$0.013×10^{-3}$Pa（60℃）。酸性，$pK_{a1}=1.9$，$pK_{a2}=3.6$。45℃可稳定3个月。在pH 5～9、暗处、水介质中稳定。在日光下水解$DT_{50}6d$（pH 5～9），土壤中$DT_{50}3～4$个月。有腐蚀性，不能在无衬里的容器中混合和贮存。与酸、碱和强氧化剂发生反应。

毒性 灭草烟原药急性LD_{50}（mg/kg）：经口大鼠＞5000，经口小鼠＞2000，经皮兔＞2000。对兔皮肤有中等刺激作用，对眼睛有刺激性，但能恢复。鹌鹑和野鸭急性经口LD_{50}＞2000mg/kg，LC_{50}（8d）＞5000mg/kg饲料。鱼毒LC_{50}（96h）：虹鳟、蓝鳃、鲇鱼＞100mg/kg。水蚤LC_{50}（48h）＞1000mg/L。蜜蜂接触LD_{50}＞0.1mg/kg。

应用　灭草烟属咪唑啉类新型光谱除草剂，美国氰胺公司（American Cyanamid Co.）开发。灭草烟适用于非耕地以及橡胶园、油棕、森林和茶园；对所有杂草，对莎草科杂草、一年生和多年生单子叶杂草、阔叶杂草和杂木有很好的除草活性。

　　合成路线

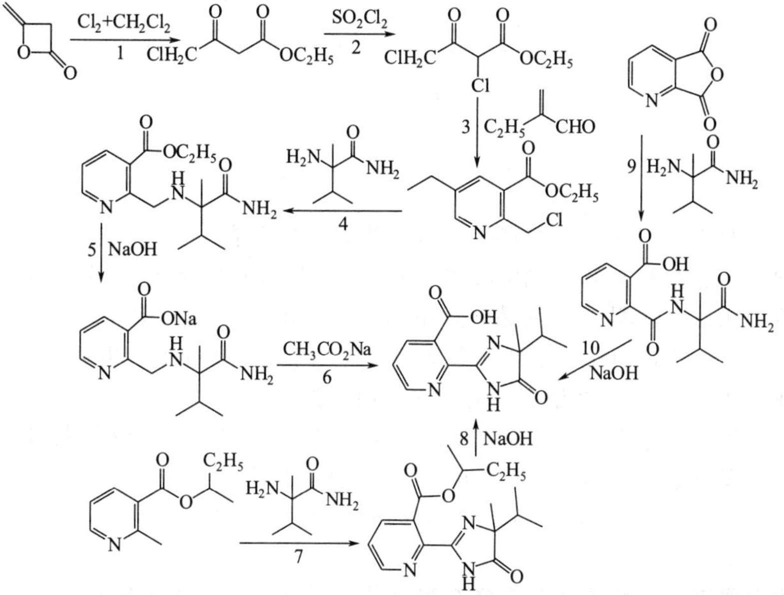

　　常用剂型　主要有 200～250g/L 灭草烟水溶性浓剂（异丙胺盐按母体酸计）、2% 颗粒剂。

灭莠津（mesoprazine）

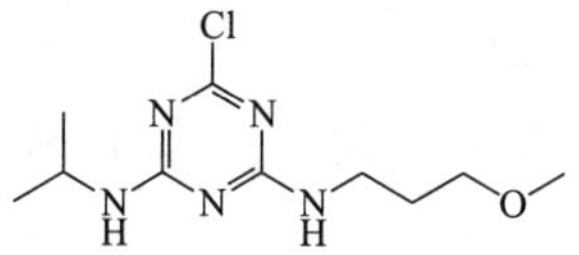

$C_{10}H_{18}ClN_5O$，259.5，1824-09-5

　　其他名称　CGA4999。

　　化学名称　2-氯-4-异丙氨基-6-(3-甲氧基丙氨基)-1,3,5-三氮苯；2-chloro-4-isopropyl-amino-6-(3-methoxypro-pylamino)-1,3,5-triazine。

　　理化性质　纯品灭莠津为结晶固体，m. p. 112～114℃。

　　应用　灭莠津属于三氮苯类除草剂，是一种选择性除草剂，也可作棉花脱叶剂，通过脱水加速成熟，具有改善马铃薯的贮存性能和延长收获期等用途。

　　合成路线

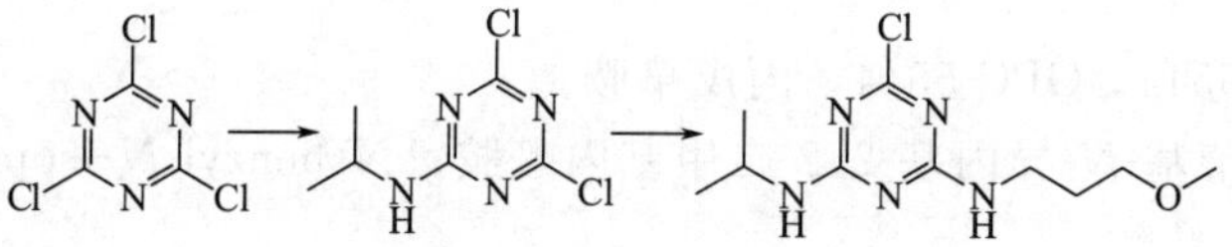

　　常用剂型　灭莠津目前在我国未见相关制剂产品登记。

灭藻醌（quinoclamine）

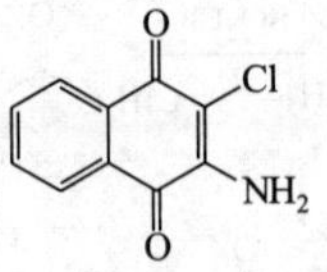

C₁₀H₆ClNO₂，207.6，2797-51-5

其他名称 ACNQ，06K，TH1568，氨氯苯醌，萘醌杀。

化学名称 2-氨基-3-氯-1,4-萘醌；2-amino-3-chloro-1,4-naphthalenedione。

理化性质 纯品灭藻醌为黄色晶体，m.p.198～200℃。蒸气压 0.06Pa（25℃）。20℃时溶解度：乙酸 16g/L，丙酮 13g/L，氯苯 5g/L，硝基苯 37g/L。相对密度 1.6（20℃）。其水溶解性在≤155℃下、暗处稳定。对金属无腐蚀性。

毒性 灭藻醌原药急性 LD₅₀（mg/kg）：经口雄大鼠 1360，经口雌大鼠 1600，经口雄小鼠 1350，经口雌小鼠 1260，经皮大鼠＞500。急性吸入 LC₅₀（4h）：大鼠 0.79mg/L 空气。NOEL：大鼠（2 年）5.7mg/kg（bw）。鲤鱼 LC₅₀（48h）为 0.79mg/L。水蚤 LC₅₀（32h）＞100mg/L。

应用 灭藻醌属苯醌类触杀性杀藻剂和除草剂，Umiroyal Inc 开发。适用于水稻、莲、工业输水管、贮水池等；防除萍、藻及水生杂草；对萌发出土后的杂草有效，通过抑制植物光合作用使杂草枯死；药剂须施于水中才能发挥除草作用，土壤处理无效。

合成路线

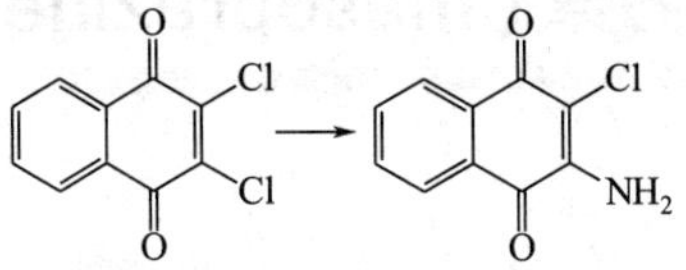

常用剂型 制剂主要有 25％可湿性粉剂、9％颗粒剂，以及 8.3％颗粒剂（60g 本品＋8g 2 甲 4 氯丁酸＋15g 西草净）。

牧草胺（tebutam）

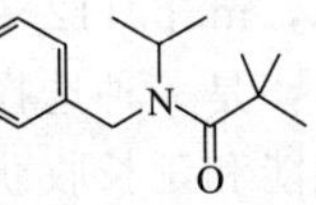

C₁₅H₂₃NO，233.4，35256-85-0

其他名称 S-15544，GPC-5544，丙戊草胺。

化学名称 N-苄基-N-异丙基-2,2-二甲基丙酰胺；N-benzyl-N-isopropyl-2,2-dimethyl-propionamide。

理化性质 纯品牧草胺是无色油状液体，m.p.25℃，b.p.275℃。25℃时溶解度：水

1.1g/L，可与丙酮、乙腈、氯仿、环己酮、二氯甲烷、甲醇、甲苯等相混。相对密度 1.129（20℃）。蒸气压 19.2mPa（25℃）。常温下贮存至少 2 年，50℃可保存 3 个月。

毒性　牧草胺原药急性 LD_{50}（mg/kg）：大鼠经口 6200，豚鼠经口 2000，白兔经皮＞2000。乳油对白兔皮肤无刺激作用，而对兔眼睛有刺激作用。

应用　牧草胺属于酰胺类除草剂，由海湾石油化学公司（Gulf Oil Chemicals Co.）创制并推广。牧草胺为选择性芽前除草剂，用于鸭茅、苜蓿、牧草中的杂草防除，对禾本科及阔叶杂草有效；适用作物为大豆、花生、棉花、油菜、豌豆、菜豆和马铃薯等。

合成路线

常用剂型　我国未见相关制剂登记。

萘丙胺（naproanilide）

$C_{19}H_{17}NO_2$，291.2，52570-16-8

其他名称　拿草胺，Uribest，MT 101。

化学名称　2-(2-萘氧基) 丙酰替苯胺；2-(2-napthyloxy) propionanilide。

理化性质　纯品为白色晶体，无气味，m.p.128℃。27℃时溶解度：丙酮 117g/L，苯36g/L，甲苯 42g/L，乙醇 17g/L，水 0.74mg/L。相对密度 1.256（25℃）。蒸气压66.66Pa（110℃）。

在中性及弱酸性溶液中稳定，在碱性或热强碱性溶液中不稳定。原药对光稳定，但对水后药液不稳定。土壤中半衰期为 2～7d，1 个月内消失。

毒性　雄、雌大鼠急性经口 LD_{50}＞1500mg/kg，雌、雄小鼠急性经口 LD_{50}＞2000mg/kg。雄、雌大鼠急性经皮 LD_{50}＞3000mg/kg，雌、雄小鼠急性经皮 LD_{50}＞5000mg/kg。腹腔注射 LD_{50}：雄大鼠＞2170mg/kg，雌大鼠＞2800mg/kg，雄小鼠＞1710mg/Kg，雌小鼠＞1451mg/kg。对大鼠和狗的慢性毒性和致畸性试验均证明十分安全，对鱼类无毒性，糙米中残留量低于 0.004mg/kg。

应用　对植物细胞具有很强的生理活性，植物激素类除草剂。防除一年生和多年生杂草如瓜皮草、萤蔺、牛毛毡、水莎草、欧菱、泽泻、小火葱、节节菜、牛繁缕等。

合成路线

常用剂型　10％颗粒剂。

萘草胺（naptalam）

$$C_{18}H_{13}NO_3，291.30，132-66-1$$

其他名称 NPA，抑草生，ACP322，6Q8，Pench Thin 322。

化学名称 *N*-1-萘基酞氨酸；*N*-1-naphthyl-phthalamic acid。

理化性质 纯品萘草胺为白色结晶固体，m. p. 185℃。25℃时溶解度：水 200mg/L，丙酮 5g/kg，二甲基甲酰胺 39g/kg，二甲亚砜 43g/kg，丁酮 4g/kg，四氯化碳 0.1g/kg，异丙醇 2g/kg，几乎不溶于苯、己烷、二甲苯。蒸气压＜133Pa（20℃）。在 pH＞9.5 的溶液中水解，升温时不稳定，易形成亚胺。无腐蚀性和爆炸性。其钠盐的溶解度：水 300g/kg，丙酮 17g/kg，二甲基甲酰胺 50g/kg，丁酮 6g/kg，异丙醇 21g/kg，苯 0.5g/kg，二甲苯 0.4g/kg。

毒性 萘草胺原药急性 LD_{50}（mg/kg）：大鼠经口 1770，兔经皮＞5000。对兔皮肤有轻微刺激，对眼睛刺激严重。吸入（4h）LC_{50}：大鼠＞2.07mg/L 空气。NOEL：大鼠（长期）30mg/(kg·d)，狗（长期）5mg/(kg·d)。ADI：0.05mg/kg。对蜜蜂无毒。

应用 萘草胺属于酰胺类除草剂，Uniroyal Inc. 推广。萘草胺为选择性芽前土壤处理除草剂，主要通过幼芽吸收（单子叶为胚芽鞘，双子叶为下胚轴），抑制蛋白质合成和核酸代谢而发挥除草作用，对杂草幼芽的效果最好，对已出土的杂草一般无效。在沙性土壤中易被淋溶到土壤下层。处理后短时间内遇大雨，作物可能受害，在土壤中持效期为 3～8 周。萘草胺还具有生长调节剂的作用，可促进桃树疏花，还可使植物丧失向地性生长。萘草胺适用于大豆、花生、黄瓜、甜瓜、西瓜、马铃薯等田地防除一年生杂草。

合成路线

常用剂型 我国未见相关制剂产品登记。

哌草丹（dimepiperate）

$$C_{15}H_{21}NOS，263.2，61432-55-1$$

其他名称 优克稗，哌啶酯，Yukamate，MY-93，MUW-1193。

化学名称 S-(α,α-二甲基苄基) 哌啶-1-硫代甲酸酯；S-1-甲基-1-苯基乙基哌啶-1-硫代甲酸酯；S-1-methyl-1-phenylethylpiperidine-1-carbothioate。

理化性质 纯品为蜡状固体，m. p. 38.8～39.3℃，b. p. 164～168℃/0.75mmHg。25℃时水中溶解度 20mg/L。25℃时其他溶剂中溶解度：丙酮 6.2 kg/L、氯仿 5.8 kg/L、环己酮 4.9 kg/L、乙醇 4.1 kg/L、己烷 2.0 kg/L。蒸气压 0.53mPa（30℃）。稳定性：30℃下稳定 1 年以上，当干燥时日光下稳定，其水溶液在 pH＝1 和 pH＝14 稳定。

毒性 急性经口 LD_{50}（mg/kg）：大鼠 946（雄）、959（雌），小鼠 4677（雄）、4519（雌）。急性经皮大鼠 LD_{50}＞5000mg/kg。对兔皮肤和眼睛无刺激作用，对豚鼠皮肤无过敏性。大鼠和兔未测出致畸活性，大鼠两代繁殖试验未见异常。大鼠吸入 LC_{50}（4h）＞1.66mg/L。NOEL：大鼠（2 年）0.104mg/L。雄日本鹌鹑急性经皮 LD_{50}＞2000mg/kg。母鸡急性经皮 LD_{50}＞5000mg/kg。鱼毒 LC_{50}（48h）：鲤鱼 5.8mg/L，虹鳟鱼 5.7mg/L。

应用 哌草丹为稻田内吸传导型选择性除草剂，由日本三菱油化公司开发；适宜于水稻秧田、插秧田、直播田、旱直播田防除稗草及牛毛草，对水田其他杂草无效。对防除 2 叶期的稗草效果突出，应注意不要错过施药适期。当稻田草相复杂时，应与其他除草剂如 2 甲 4 氯、灭草松、苄嘧磺隆等混合使用。

合成路线 通常，哌草丹有如下所示的三种合成路线，即路线 1→2、路线 3→4 和路线 3→5→6。

常用剂型 主要有与苄嘧磺隆复配的 17.2% 可湿性粉剂。

哌草磷（piperophos）

$C_{14}H_{28}NO_3PS_2$，353.5，24151-93-7

其他名称 C19490。

化学名称 S-2-甲基-哌啶子基羰基甲基-O,O-二丙基二硫代磷酸酯；S-2-methyl-1-piperidin-ocarbonylmethyl-O,O-di-propyl phosphorodithioate。

理化性质 纯品哌草磷室温下为黄棕色油状液体。20℃时溶解度：水 25mg/L，可与大多数有机溶剂相混溶。相对密度 1.13。蒸气压 0.032mPa。在达到沸点前即分解。在正常贮存条件下稳定，在 pH9 时缓慢水解。DT_{50}（20℃）（估计值）＞200d（5≤pH≤7），178d（pH9）。

毒性 哌草磷原药急性 LD_{50}（mg/kg）：经口大鼠 324，经皮大鼠＞2150。对兔眼睛稍有刺激，对皮肤无刺激性。大鼠急性吸入 LC_{50}（1h）＞1.96mg/L 空气。NOEL：大鼠（90d）10mg/kg 饲料 [0.8mg/(kg·d)]，狗 5mg/kg 饲料 [0.15mg/(kg·d)]。日本鹌鹑 LC_{50}（8d）为 11.63mg/kg。鱼毒 LC_{50}（96h）：虹鳟 6mg/L，欧洲鲫鱼 5mg/L。蜜蜂 LD_{50}（经口）＞22μg/只蜜蜂，（接触）30μg/只蜜蜂。蚯蚓 LC_{50}（14d）为 180mg/kg 土。水蚤 LC_{50}（48h）为 0.0033mg/L。

应用 哌草磷属于选择性有机磷除草剂，汽巴-嘉基公司推广。适用于水稻、玉米、棉花、大豆等，防除一年生和多年生杂草，如稗、牛毛毡、眼子菜、日照飘拂草、萤蔺、莎草、鸭舌草、节节草、矮慈姑、辣蓼、小苋菜、水马齿等。对双子叶杂草防效差。

合成路线

常用剂型 主要有 50% 哌草磷乳油。

硼砂（borax）

$Na_2B_4O_7 \cdot 10H_2O$，381.4，1303-96-4

其他名称 四硼酸钠；sodium biborate；sodium pyroborate。

化学名称 十水合四硼酸钠。

理化性质 纯品硼砂为无色结晶，m.p.75℃（快速加热）。20℃时溶解度：51.5g/L 溶于甘油、乙二醇，不溶于乙醇。其水溶液是碱性，并在碱性条件下水解。硼砂在干燥空气中可以风化。在 100℃时要失去 5 个分子的结晶水，到 160℃还将失去 4 个分子的结晶水，到 320℃时将完全失去结晶水。

应用 硼砂属于无机除草剂，US Borax & chemical Corp 开发。硼砂是灭生性除草剂，用于非耕地及工业区灭生性除草。除单用外，也同氯酸钠混用，以降低氯酸钠的易燃性。同某些有机除草剂如除草定混用可用于工业区除草。

常用剂型 我国未见相关制剂产品登记。

扑草净（prometryn）

$C_{10}H_{19}N_5S$，241.4，7287-19-6

其他名称 扑蔓尽，割杀佳，捕草净，割草佳，Gesagard，Merkazin，Caparol，G-34161，Selektin。

化学名称 4,6-双（异丙氨基)-2-甲硫基-1,3,5-三嗪；4,6-bis-*iso*-propylamino-2-

methythio-1,3,5-triazine。

理化性质　纯品扑草净为白色晶体，m. p. 118～120℃。20℃时溶解度：水 33mg/L，丙酮 300g/L，乙醇 140g/L，己烷 6.3g/L，甲苯 200g/L，辛醇 110g/L。相对密度 1.15（20℃）。蒸气压 $1.33×10^{-4}$ Pa（25℃）。离解常数 pK_a=4.1。易溶于有机溶剂，在中性、微酸性或弱碱性介质中稳定，遇强酸或强碱则水解为无除草活性的羟基衍生物。紫外线下光解。原药为灰白色或米黄色粉末，m. p. 113～115℃，有臭鸡蛋味。

毒性　扑草净原药急性 LD_{50}（mg/kg）：大白鼠经口 5233，大白鼠经皮＞3100，兔经皮＞2020。对兔皮肤无刺激性，对兔眼睛有轻微刺激性，对豚鼠皮肤无致敏作用。吸入 LC_{50}（4h）：大鼠＞5170mg/L。NOEL：大鼠（2年）750mg/kg，小鼠（21个月）10mg/kg，狗（2年）150mg/kg（bw）。ADI（日本）：0.01mg/kg。鹌鹑（8d）LC_{50}＞5000mg/kg；野鸭（8d）LC_{50}＞500mg/kg。虹鳟（96h）LC_{50} 5.5mg/L；蓝鳃（96h）LC_{50} 7.9mg/L；水蚤（48h）LC_{50} 12.66mg/L。对蜜蜂无毒。

应用　扑草净属于三氮苯类除草剂，J. R. Geigy S. A.（现为 Novartis Crop Protection AG）推广。扑草净具有选择性内吸传导作用，可从根部吸收，也可从茎叶渗入植株，运输至绿色叶片内抑制光合作用，杂草失绿干枯死亡。持续期长达 20～79d，适用于水稻、小麦、大豆、薯类、棉花、甘蔗、果树、花生、蔬菜等作物。防除一年生阔叶杂草、禾草、莎草及某些多年生杂草，如马唐、狗尾草、稗草、鸭舌草、蟋蟀草、看麦娘、马齿苋、藜、牛毛毡、四叶萍、野慈姑、节节草等及多年生眼子菜、牛毛草等。对猪殃殃、伞形花科和一些豆科杂草防效较差。

合成路线　扑草净可以扑灭津为中间体，再经甲硫化反应合成。

常用剂型　主要有乳油、可湿性粉剂、悬乳剂、粉剂等，制剂有 25％可湿性粉剂、50％可湿性粉剂、50％悬乳剂。

扑灭津（propazine）

$C_9H_{16}ClN_5$，229.7，139-40-2

其他名称　G-30028，Gesamil，Milo-Pro，Proziex。

化学名称　2-氯-4,6-二（异丙氨基）-1,3,5-三嗪；2-chloro-4,6-di（isopropylamino）-1,3,5-triazine。

理化性质　纯品扑灭津为无色结晶，m. p. 212～214℃。20℃时溶解度：水 5mg/L，苯、甲苯 6.2g/kg，乙醚 5g/kg，难溶于其他有机溶剂。相对密度 1.162（20℃）。蒸气压 0.0039mPa（20℃）。在中性、弱酸或弱碱介质中稳定，但在较强的酸或碱中能水解成无除草性能的羟基衍生物。无腐蚀性。

毒性　扑灭津原药急性 LD_{50}（mg/kg）：大白鼠经口＞7000，大白鼠经皮＞3100，兔经皮＞10200。对兔皮肤和眼睛有轻微刺激作用。吸入 LC_{50}（4h）：兔＞2.04mg/L 空气。在 130d 饲喂试验中，以 250mg/kg 饲料对雌、雄大鼠无影响。NOEL：大鼠（90d）200mg/kg 饲料，狗（90d）200mg/kg 饲料。鹌鹑和野鸭（8d）LC_{50}＞10000mg/kg。虹鳟（96h）LC_{50} 17.5mg/L；蓝鳃（96h）LC_{50}＞100mg/L；金鱼（96h）LC_{50}＞32mg/L。对蜜蜂无毒。

应用　扑灭津属于三氮苯类除草剂，J. R. Geigy S. A. 推广。扑灭津是选择性内吸传导型土壤处理除草剂，适用于谷子、玉米、高粱、甘蔗、胡萝卜、芹菜、豌豆等田地防除一年生禾本科杂草和阔叶杂草，对双子叶杂草的杀伤力大于单子叶杂草。对一些多年生杂草也有一定的杀伤力。扑灭津对刚萌发的杂草防除效果显著。

合成路线

常用剂型　主要有 50％可湿性粉剂、40％悬浮剂。

扑灭通（prometon）

$C_{10}H_{19}N_5O$, 225.3, 1610-18-0

其他名称　GA-31435，Ontrack-WE-2。

化学名称　2-甲氧基-4,6-双异丙氨基-1,3,5-三嗪；2-methoxy-4,6-bis（isopropylamino)-1,3,5-triazine。

理化性质　纯品扑灭通为白色结晶，m. p. 91～92℃。20℃时溶解度：水 0.75g/L，苯＞250g/L，甲醇、丙酮＞500g/L，二氯甲烷 350g/L，甲苯 250g/L。相对密度 1.088（20℃）。蒸气压 0.306mPa（20℃）。离解常数 $pK_a＝4.3$（21℃）。200℃下，在中性、碱性和弱酸性介质中对水解稳定。在热酸、碱中水解。在紫外线下分解。弱碱性，不可燃，不爆炸。可蒸馏，无腐蚀性。

毒性　扑灭通原药急性 LD_{50}（mg/kg）：大白鼠经口 2980，小鼠经口 2160，兔经皮＞2000。对兔皮肤有轻微刺激，对兔眼睛有刺激。吸入 LC_{50}（4h）：大鼠＞3.26mg/L 空气。NOEL：大鼠（90d）5.4mg/(kg·d)。对鸟微毒，对蜜蜂无毒。虹鳟（96h）LC_{50} 12mg/L；欧洲鲫鱼（96h）LC_{50} 70mg/L；蓝鳃（96h）LC_{50} 40mg/L。

应用　扑灭通属于三氮苯类除草剂，J. R. Geigy S. A.（现为 Novartis Crop Protection

AG）开发。扑灭通为内吸传导型除草剂，植物根、茎、叶均可吸收。扑灭通作用机理同西玛津，但在对呼吸作用的影响中，对氧吸收的抑制作用大于西玛津。该药水溶度大，易于在土壤中移动。在土壤中稳定，持效期较长，每公顷用药量 2.25kg 时半衰期 6~7 个月。本品是非选择性除草剂，主要用于非耕地、工厂、铁路、公路等作灭生性除草用，降低用药量也可用于某些农田。防除大多数一年生和多年生单、双子叶杂草。

合成路线

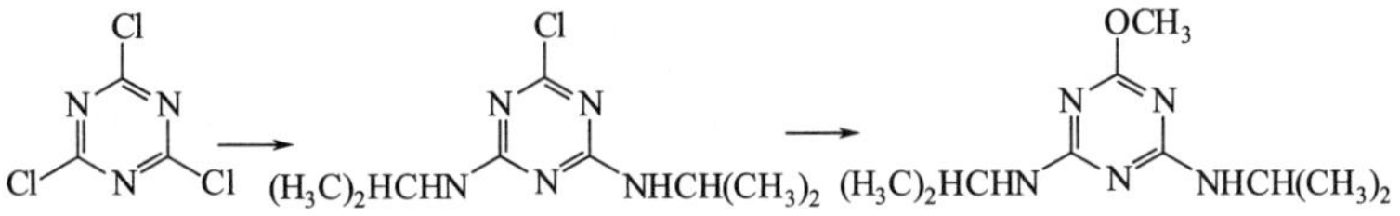

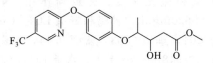

常用剂型　目前我国未见相关制剂产品登记，制剂主要有 25％、50％、80％可湿性粉剂。

羟草酮（busoxinone）

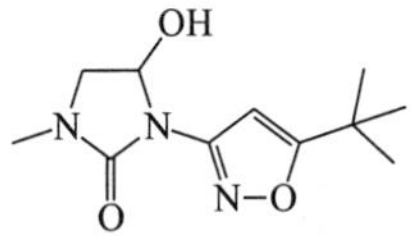

C$_{11}$H$_{17}$N$_3$O$_3$，239.3，78327-32-9

其他名称　PPG-1259。

化学名称　3-[5-(1,1-二甲基乙基)-3-异噁唑基]-4-羟基-1-甲基-2-咪唑啉二酮；3-[5-(1,1-dimethylethyl)-3-isozazolyl]-4-hydroxy-1-methyl-2-imidazolidinone。

应用　PPG 公司开发。羟草酮适用于蔬菜，防治波斯水苦荬、藜、千里光属、荠、虞美人、大爪草、克蓄和早熟禾。

常用剂型　主要有 60％乳油。

羟戊禾灵（poppenate-methyl）

C$_{18}$H$_{13}$F$_3$NO$_5$，385.18，89468-96-2

其他名称　SC-1084。

化学名称　2-羟基-3-[4-(4-三氟甲基-2-吡啶）氧基］苯氧基丁酸甲酯。

理化性质　纯品羟戊禾灵 b.p.530.4℃（760mmHg）；密度 1.376g/cm^3。

应用　羟戊禾灵属于苯氧类除草剂，Stauffer 公司开发。羟戊禾灵为芽后除草剂，可与稀禾定等混用。适用于大豆田防除一年生杂草。

809

合成路线

常用剂型 目前我国未见相关制剂产品登记。

嗪草酸甲酯（fluthiacet-methylstandard）

$C_{15}H_{15}ClFN_3O_3S_2$，403.88，117337-16-6；149253-64-6（酸）

其他名称 KIH-9201，CGA248，757。

化学名称 [[2-氯-4-氟-5-[(四氢-3-氧代-$1H$,$3H$-(1,3,4)噻二唑[3,4-a]亚哒嗪-1-基)氨基]苯基]硫]乙酸甲酯；methyl [[2-chloro-4-fluoro-5-[(tetrahydro-3-oxo-$1H$，$3H$-[1,3,4] thiadiazolo [3,4-a] pyridazin-1-ylidene)amino]phenyl]thio]acetate。

理化性质 纯品嗪草酸甲酯为白色粉末，m. p. 105.5～106.5℃。25℃时溶解度：水 0.85μg/L。蒸气压 3.31×10^{-6} mPa（25℃）。在酸性、碱性介质中稳定，对光、热稳定。

毒性 嗪草酸甲酯原药急性 LD_{50}（mg/kg）：大鼠经口＞5000，兔经皮＞2000。对兔皮肤无刺激性，对眼睛有轻微刺激。吸入 LC_{50}（4h）：大鼠＞5.048mg/L 空气。NOEL：雄大鼠 2.1mg/(kg·d)，雌大鼠 2.5mg/(kg·d)，雄、雌小鼠（18 个月）0.1mg/(kg·d)。ADI：人 0.001mg/kg。对大鼠和兔无诱变、无致畸作用。鹌鹑和野兔急性经口 LD_{50} 2250mg/kg，蓝色鹌鹑 LC_{50}＞5620mg/L，鹌鹑和野兔 LC_{50}（5d）＞5620mg/kg 饲料。鱼毒 LC_{50}（90h，mg/L）：鳟鱼 0.004，鲤鱼 0.63，蓝鳃 0.14，羊头原鲷 0.16。蜜蜂 LD_{50}（接触）100μg/只蜜蜂。蚯蚓 LC_{50}＞948mg/kg 干土。水蚤 LC_{50}＞2.3mg/L。

应用 嗪草酸甲酯是日本组合化学公司发现并与汽巴-嘉基公司联合开发。嗪草酸甲酯为触杀性苗后茎叶处理除草剂，以 20g（a.i.）/hm² 防除玉米田苘麻、藜、红蓼等阔叶杂草的效果可达到 90%，对鸭跖草等阔叶杂草的防效只有 50%，对禾本科杂草没有防除作用。嗪草酸甲酯与烟嘧磺隆（玉农乐）、莠去津三者的混剂 80%嗪·玉·莠 WP 560～800g（a.i.）/hm²，在玉米 2～6 叶期、杂草 2～5 叶期施用，可有效防除田间杂草，对各种杂草的防效都在 90% 左右，而且对作物安全性好，是个比较理想的混剂配方。

合成路线

常用剂型 主要有 5%乳油、20%嗪草酸甲酯·烟嘧磺隆·莠去津油悬浮剂。

嗪草酮（mtribuzin）

$C_8H_{14}N_4OS$, 214.3, 21087-64-9

其他名称 赛克津，特丁嗪，塞克，立克除，赛克嗪，甲草嗪，Sencor，Lexone，Sencoral，Sencorex，Bayer 94337，Bayer 6159H，Bayer 6443H，DIC 1468，DPX-G2504。

化学名称 4-氨基-6-叔丁基-4,5-二氢-3-甲硫基-1,2,4-三嗪-5-酮；4-amino-6-tert-butyl-4,5-dihydro-3-methylthio-1,2,4-triazin-5-one。

理化性质 纯品嗪草酮为白色有轻微气味晶体，m. p. 126.2℃，b. p. 132℃/2Pa。20℃时溶解度：水 1.05g/L，丙酮 820g/L，氯仿 850g/L，苯 220g/L，DMF 1780g/L，甲苯 87g/L，二氯甲烷 340g/L，环己酮 1000g/L，乙醇 190g/L。相对密度 1.28（20℃）。蒸气压 0.058mPa（20℃）。原药有效成分含量 90%，略带有硫黄味，外观为白色粉末。对紫外线相对稳定。20℃时在稀酸、稀碱条件下稳定。制剂由有效成分、润湿剂及填料组成，外观为浅黄色粉末，不溶于水，但易在水中扩散，其悬浮性符合 WHO 标准。在正常贮存条件下稳定 3 年以上。

毒性 嗪草酮原药急性 LD_{50}（mg/kg）：大鼠经口 2000，小鼠经口 700，大鼠经皮＞2000。对兔眼睛和皮肤无刺激性，未见致敏作用。以 100mg/kg 剂量饲喂大鼠两年，未发现异常现象。在三代繁殖实验和迟发性神经性试验中未见异常。对鱼类低毒。对动物无致畸、致突变、致癌作用。制剂大鼠经口 LD_{50} 2500mg/kg，小鼠经口 LD_{50} 749mg/kg。吸入 4h LC_{50}：大鼠＞450mg/m³，小鼠＞240mg/m³。

应用 嗪草酮属于三氮苯类除草剂，美国杜邦公司开发，1970 年申请专利。主要用于甘蔗、大豆、马铃薯、番茄、苜蓿、芦笋、咖啡等作物田，防除一年生阔叶杂草和部分禾本科杂草，如藜、蓼、苋、荠菜、马齿苋、野胡萝卜、繁缕以及狗尾草、马唐、稗草、野燕麦等。可以与氟乐灵、灭草猛、乙草胺等多种除草剂复配。

合成路线 根据起始原料不同，嗪草酮的合成有两条路线。

① 以 3,3-二甲基丁酮为原料，制得的中间体 3,3-二甲基丁酸-2-丁酮与硫代卡巴肼成环，然后制得嗪草酮。4-氨基-6-叔丁基-3-巯基-1,2,4-三嗪-5-(4H)-酮的酮式与烯醇式在一定条件下存在动态平衡，在碱性介质中酮式转化为烯醇式，与溴甲烷或碘甲烷反应即可制得嗪草酮。

② 在二甲亚砜中，硫代羰基肼盐酸盐与 2-叔丁基氨基-3,3-二甲基丁腈（室温）反应，生成的 3-硫基-4-氨基-5-亚氨基-6-叔丁基-1,2,4-三嗪与乙醇、硫酸在 100℃反应 2h，得 3-硫基-4-氨基-5-亚氨基-6-叔丁基-1,2,4-三嗪-5-酮，再于氢氧化钠与甲醇的混合液中与碘甲烷于 20℃反应 4h 即制得嗪草酮。

常用剂型　主要有微乳剂、可分散油悬剂、可湿性粉剂、悬浮剂等。

氰草津（cyanazine）

$C_9H_{13}ClN_6$，240.7，21725-46-2

其他名称　百得斯，草净津，丙腈津，Bladex，Fortrol，SD 15418，WL 19805，DW 3418，Radikill，Shell 19805，Payze，Gramex。

化学名称　2-氯-4-(1-氰基-1-甲基乙氨基)-6-乙氨基-1,3,5-三嗪；2-chloro-4-(1-cyano-1-methyl ethylamino)-6-ethylamino-1,3,5-triazine。

理化性质　纯品氰草津为白色晶状固体，m.p.167.5～169℃。25℃时溶解度：水 0.171g/L，乙醇 45g/L，甲基环己酮和氯仿 210g/L，丙醇 195g/L，苯、己烷 15g/L，四氯化碳＜10g/L。密度 1.29kg/L（20℃）。蒸气压 200nPa（20℃）。对光和热稳定，在 pH5～9 稳定，强酸、强碱介质中水解。

毒性　氰草津原药急性 LD_{50}（mg/kg）：经口大鼠 182～288，经皮大鼠＞1200。吸入 LC_{50}：大鼠 2.46mg/L。对兔眼睛和皮肤有轻度刺激。NOEL：大鼠（2 年）12mg/kg 饲料，狗 25mg/kg 饲料。该药可被哺乳动物迅速代谢和排除，在大鼠和狗体内约 4d。经口 LD_{50}：鹌鹑 400mg/kg、野鸭＞2000mg/kg。斑马鱼（48h）LC_{50}10mg/L。对人、畜毒性中等，对鸟类、鱼类毒性较低。

应用 氰草津属于三氮苯类除草剂，Shell 公司商业化。氰草津为高效、广谱、内吸传导型除草剂，用于防除玉米、豌豆、蚕豆、马铃薯和甘蔗田中的禾本科和阔叶杂草，以及小麦、大麦和燕麦田中"难除"的阔叶杂草；可防除的杂草有 89 种之多，其中对氰草津敏感的杂草有 52 种，如看麦娘、藜、荠、蒿属、曼陀罗、马唐、天蓝苜蓿、早熟禾、蓼、马齿苋、狗尾草、苦苣菜、繁缕等。

合成路线

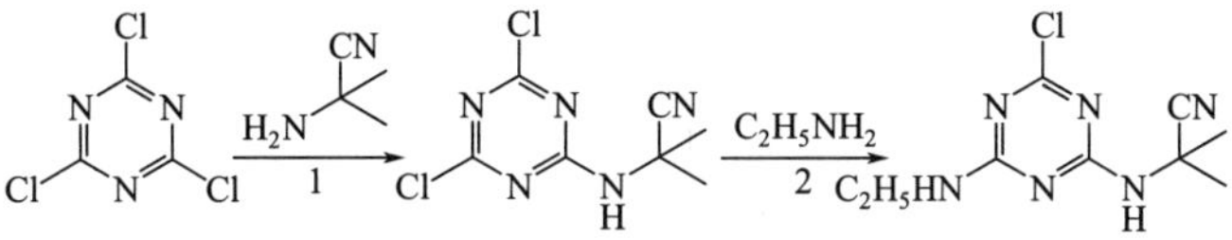

常用剂型 主要产品有 30%、40%、70%悬浮剂，可与莠去津、乙草胺等复配。

氰草净（cyanatryn）

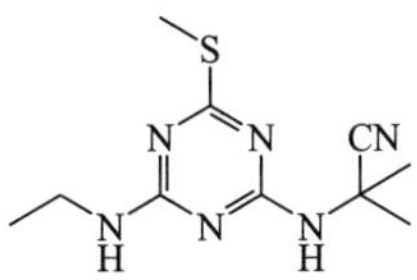

$C_{10}H_{16}N_6S$，252，21689-84-9

其他名称 WL63611，Aqualin，Aquafix。

化学名称 2-甲硫基-4-(1-氰基-1-甲基乙氨基)-6-乙氨基-1,3,5-三嗪；4-(1-cyano-1-methyl-ethylamino)-6-ethylamino-2-methlthio-1,3,5-triazine。

应用 以 0.025～0.5mg/L 浓度杀藻和各种水生杂草。

合成路线

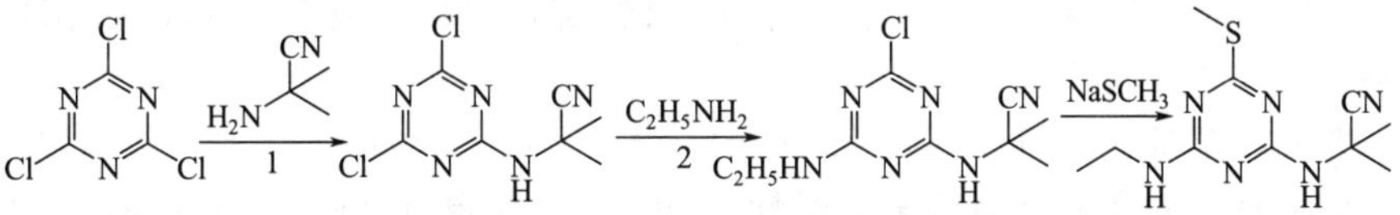

常用剂型 主要有悬浮剂等。

氰草嗪（K-503）

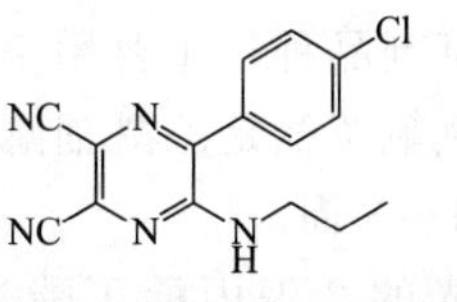

$C_{15}H_{12}ClN_5$，297.6，72113-45-2

化学名称 2,3-二氰基-5-丙氨基-6-(3-氯苯基) 吡嗪；2,3-dicyano-5-propiamino-6-(3-chlorophenyl) pyrazine。

应用　氰草嗪适用于棉花、向日葵、大豆、萝卜、西红柿、甜菜、玉米、小麦、黄瓜，防治马唐、狗尾草、马齿苋、绿苋、大马蓼和具芒碎米莎草。

合成路线

常用剂型　我国未见相关制剂产品登记。

氰氟草酯（cyhalofop-butyl）

$C_{20}H_{20}FNO_4$，357.4，22008-85-9

其他名称　千金，氰氟禾草灵，Clincher，Cleaner。

化学名称　(R)-2-[4-(4-氰基-2-氟苯氧基)苯氧基]丙酸丁酯；butty-(R)-2-[4-(4-cyano-2-fluoro phenoxy)phenoxy]propionate。

理化性质　纯品氰氟草酯为白色晶体，m.p.50℃，b.p.＞270℃（分解）。20℃时溶解度：水 0.44mg/L，乙腈、丙酮、乙酸乙酯、二氯甲烷、甲醇、甲苯＞250g/L。相对密度1.172。蒸气压 $1.2×10^{-6}$Pa（20℃）。在 pH4 时稳定，pH7 时缓慢分解，在 pH 1.2、9.0时迅速分解。

毒性　氰氟草酯原药急性 LD_{50}（mg/kg）：大（小）鼠经口＞5000，大鼠经皮＞2000。对兔皮肤无刺激性，对兔眼睛有轻微刺激性。NOEL：大鼠 0.8～2.5mg/(kg·d)。对动物无致畸、致突变、致癌作用。对野生动物、无脊椎动物及昆虫低毒，其中鹌鹑和野鸭急性经口 LD_{50} 为 2250mg/kg，蜜蜂 LC_{50}＞6000mg/L，蚕 LC_{50}＞1000mg/L，蚯蚓 LC_{50}＞1000mg/L，鲫鱼 LC_{50} 1.65mg/L。由于氰氟草酯在水和土壤中降解迅速，且氰氟草酯用量很低，在实际应用时一般不会对鱼产生毒害。

应用　氰氟草酯属于内吸传导型除草剂，美国陶氏农业科学公司开发。苯氧羧酸类除草剂中唯一对水稻具有高度安全的除草剂品种，主要用于水稻田防除禾本科杂草如稗草、千金子等，对莎草科和阔叶杂草无效。氰氟草酯是乙酰辅酶 A 羧化酶（ACC ase）抑制剂，从氰氟草酯被吸收到杂草死亡一般需要 1～3 周。

合成路线　以对氯苯甲酸和旋光的 2-溴丙酸丁酯为关键原料，经先醚化法或后醚化法路线制得。

① 对苯二酚先与（S）-2-(4-甲基苯磺酰氧基)丙酸丁酯进行取代反应，得到构型翻转的中间体，再与 3,4-二氟苯腈醚化得（R）-构型的氰氟草酯。

② 对苯二酚与3,4-二氟苯腈先进行醚化反应，得到的单醚化中间体再与（S）-2-(4-甲基苯磺酰氧基）丙酸丁酯进行取代反应，构型翻转得（R）-构型的氰氟草酯。

路线②与路线①相比，路线②的单醚化中间体空间结构相对较大，作为亲核试剂有利于产物构型翻转，从而获得具有较高光学纯度的（R）-构型氰氟草酯。但在制备单醚化中间体4-(4-氰基-2-氟苯氧基）苯酚过程中容易发生双醚化反应，收率偏低。

合成路线

常用剂型　主要有乳油、可湿性粉剂、水乳剂、可分散油悬浮剂、微乳剂等，常见制剂为100g/L乳油，可与二氯喹啉酸、双草醚等复配。

炔草胺（S-23121）

$C_{18}H_{15}ClFNO_3$，347.5，114775-08

其他名称　S-23121。

化学名称　（1RS）-（＋）-N-[4-氯-2-氟-5-(1-甲基丙炔-2-基氧）苯基]-3,4,5,6-四氢苯邻二甲酰亚胺；（1RS）-（＋）-N-[4-chloro-2-fluorc-5-(1-methyl propyn-2-yloxygen) phenyl]-3,4,5,6-tetrahydrogen phthaloylimide。

理化性质　纯品炔草胺为白色或浅棕色结晶固体，m.p. 115~116.5℃。20℃时溶解度：水<1000g/kg，正己烷<10g/kg，丙酮>50g/kg，二甲苯200~300g/kg，甲醇50~100g/kg，

乙酸乙酯 330～500g/kg。密度 1.39g/cm³。蒸气压 0.28mPa（20℃）。

毒性 炔草胺原药急性 LD_{50}（g/kg）：大鼠经口＞5，大鼠经皮＞2。对兔皮肤无刺激作用，对兔眼睛有轻微刺激作用。Ames 试验证明无致突变性。鳟鱼（48h）LC_{50}＞0.1mg/L，鲤鱼（48h）LC_{50}＞0.1mg/L。

应用 炔草胺为酰胺类除草剂，日本住友化学公司开发。炔草胺是触杀性除草剂，对苘麻、番薯属、龙葵、芥、母菊、田野勿忘草、野生萝卜、繁缕、阿拉伯婆婆纳和田堇菜有防治效果，对猪殃殃也有一定的防效；适用作物为小麦、玉米和大麦。

合成路线

常用剂型 制剂主要有 10％悬浮剂、10％乳油，可与异丙隆、2 甲 4 氯丙酸或甲磺隆混配。

炔草酯（clodinafop-propargyl）

$C_{17}H_{13}ClFNO_4$，339.7，105512-06-9

其他名称 炔草酸，Topic，Celio。

化学名称 （R）-2-[4-(5-氯-3-氟-2-吡啶氧基)]丙酸炔丙酯；2-propynyl-(R)-2-[4-(5-chloro-3-fluoro-2-pyridyloxy) phenoxyl]-prpionate。

理化性质 纯品炔草酯为白色晶体，m. p. 59.5℃。20℃时溶解度：水 0.004g/L，甲苯 690g/L，丙酮 880g/L，乙醇 97g/L，正己烷 8.96mg/L。相对密度 1.37（20℃）。蒸气压 $3.19×10^{-3}$ mPa（25℃）。分解温度：285℃。分配系数 K_{ow} lg$P$＝3.9（25℃）。Henry 常数 $2.79×10^{-4}$ Pa·m³/mol。在水中半衰期 DT_{50}＜1d。光照下容易分解，在酸性介质中相对稳定，碱性介质中水解，DT_{50}（25℃）：64h（pH＝7），2.2h（pH＝9）。原药外观为浅褐色粉末，15％的炔草酯可湿性粉剂外观为白色至浅褐色粉末，该制剂中加入安全性解草酯。

毒性 炔草酯原药急性 LD_{50}（mg/kg）：经口大鼠 1829、小鼠＞2000，经皮大鼠＞2000。对兔眼和皮肤无刺激性。吸入 LC_{50}：大鼠 3.325mg/L 空气。豚鼠皮肤变态反应（致敏）实验结果为强制敏物。NOEL：大鼠（2 年）0.35mg/(kg·d)，小鼠（18 个月）1.2mg/(kg·d)，狗（1 年）3.3mg/(kg·d)。大鼠胎儿和母体最大无作用剂量 25mg/(kg·d)，繁殖最大无作用剂量 4.2mg/(kg·d)。无致畸、无致突变性、无繁殖毒性。大鼠 2 年慢性和致癌实验，最大无作用剂量雄性 0.32mg/(kg·d)，雌性 0.37mg/(kg·d)，未见致癌作用。鱼毒 LC_{50}（96h，mg/L）：鲤鱼 0.46，虹鳟鱼 0.39。对野生动物、无脊椎动物及昆虫低毒。LD_{50}（8d，mg/L）：山齿鹑＞2000。蚯蚓 LD_{50}＞210mg/kg 土壤。蜜蜂 LD_{50}（48h，经口和接触）＞100μg/只。

应用 炔草酯属于苗后处理除草剂，Ciba-Geigy 公司开发。炔草酯抑制植物体内乙酰辅酶 A 羧化酶的活性，从而影响脂肪酸合成，而脂肪酸是细胞膜形成的必要物质。和解草唑以 1:4 比例混用于禾谷类作物中防除禾本科杂草如鼠尾看麦娘、燕麦、黑麦草、狗尾草等。炔草酯为小麦田禾本科杂草高效、稳定的苗后处理除草剂。禾本科杂草在施药后 2d 内停止生长，先是新叶枯萎变黄，整株在 3～5 周后死亡。主要通过杂草叶部组织吸收，而根部几乎不吸收。叶部吸收后通过木质部由上向下传导，并在分生组织中积累，高温高湿条件下可加快传导速度。在土壤中迅速降解，在土壤中基本无活性，对后茬作物无影响。

合成路线 通常炔草酯有 2 种合成方法，其中路线 1→2→3 较常用。

常用剂型 主要有微乳剂、悬浮剂、乳油、水乳剂、可湿性粉剂等，可与 2 甲 4 氯钠等复配。

炔禾灵（chloroazifop-propynyl）

$C_{17}H_{13}Cl_2NO_4$，366.03，72880-52-5

其他名称 CGA-82725，Topik。

化学名称 2-丙炔基-2-[4-((3,5-二氯-2-吡啶基）氧基）苯氧基]丙酸酯；2-propynyl-2-[4-((3,5-dichloro-2-pyridinyl) oxy) phenoxy] propanoate。

应用 炔禾灵属于苯氧类除草剂，汽巴-嘉基公司推广。炔禾灵是芽后选择性除草剂，主要用于双子叶作物中防除狗尾草、鼠尾和看麦娘等杂草，用量 0.25～0.5kg/hm²。

合成路线

常用剂型 目前我国未见相关制剂产品登记。

乳氟禾草灵（lactofen）

$C_{19}H_{15}ClF_3O_7N$，461.7，77501-63-4

其他名称 眼镜蛇，克阔乐，Cobra，PPG 844。

化学名称 O-[5-(2-氯-α,α,α-三氟对甲苯氧基)-2-硝基苯甲酰基]-DL-乳酸乙酯；ethyl-O-[5-(2-chloro-α,α,α-trifluoro-p-tolyoxy)-2-nitrobenzoyl]-DL-lactate。

理化性质 纯品乳氟禾草灵为深红色液体，b. p. 135～145℃，m. p. 在 0℃以下，闪点 33℃（闭式）。蒸气压 666.6～800.0Pa（20℃）。20℃时溶解度：水<0.001g/L，易溶于二甲苯、异丙醇、氯仿、煤油、二甲苯、正己烷。为易燃性液体。相对密度 1.222（20℃）。本品施入土壤易被微生物分解。

毒性 乳氟禾草灵原药急性 LD_{50}（mg/kg）：大鼠经口>5000，兔经皮>2000。大鼠急性吸入 LC_{50}>6.3mg/L。对兔皮肤刺激性很小，对兔眼睛有中度刺激性。蓝鳃翻车鱼 LC_{50} 为 0.1mg/L。鹌鹑经口 LD_{50}>2510mg/kg。对蜜蜂低毒。对动物无致畸、致突变、致癌作用。在三代繁殖试验中未见异常。NOEL：大鼠（2 年）2～5mg/(kg·d)，狗（2 年）5mg/(kg·d)。制剂大鼠急性经口 LD_{50} 为 2533mg/kg；对眼睛有严重刺激性，但对皮肤无刺激。

应用 乳氟禾草灵属于原卟啉原氧化酶抑制剂，属于广谱除草剂，美国罗门哈斯（Rohm & Hass Co.）公司开发，1979 年申请专利。乳氟禾草灵是选择性苗后茎叶处理除草剂，施药后通过植物茎叶吸收，在体内进行有效传导，通过破坏细胞膜的完整性而导致细胞内含物的流失，最后使杂草干枯死亡。在充足光照条件下，施药后 2～3d，敏感的阔叶杂草叶片出现灼伤斑，并逐渐扩大，整个叶片变枯，最后全株死亡。本品施入土壤后易被微生物降解。大豆对乳氟禾草灵有耐药性，但在不利于大豆生长发育的环境条件下，如高温、低洼地排水不良、低温、高湿、病虫危害等，药害症状为叶片皱缩，有灼伤斑点，一般1周后大都恢复正常生长，对产量影响不大。主要用于防除大豆、花生田中一年生阔叶杂草，如苍耳、龙葵、鬼针草、铁苋菜、马齿苋、荠菜、曼陀罗、藜等二十多种杂草，防除最佳期为1～2叶期，光照有利于提高除草活性。

合成路线　有醚化法、酚路线和最后硝化三条路线，即路线 1→2→3、路线 1→4→5 和路线 6→7→8→9→10。

常用剂型　主要有 10.8%、11.8%、240g/L 乳油。

噻草酮（cycloxydim）

$C_{17}H_{27}NO_3S$，325.5，101205-02-1

其他名称　BAS-517-H。

化学名称　（±）-2-[1-（乙氧基亚氨基）丁基]-3-羟基-5-噻唑-3-环己基-2-烯酮；2-[1-(ethoxyimino)]-3-hydroxy-5-thian-3-ylcyclohex-2-enone。

理化性质　纯品噻草酮为黄色固体（熔点以上深褐色），m. p. 37～39℃。20℃时溶解度：水 0.04g/L，易溶于大多数有机溶剂。相对密度 1.12（20℃）。蒸气压 0.01mPa（20℃）。K_{ow}229。在 300℃以上不稳定，在 10klx 氙光下稳定 5d。

毒性　噻草酮原药急性 LD_{50}（mg/kg）：经口大鼠 5000，经皮大鼠＞2000。对兔皮肤和眼睛无刺激。吸入 LC_{50}（4h）：大鼠 5.28mg/L。NOEL：大鼠（18 个月）7mg/(kg·d)，小鼠（2 年）32mg/(kg·d)。ADI（人）：0.07mg/kg。鹌鹑急性经口 LD_{50} 为 2g/kg。鱼毒：鳟鱼 LC_{50}（96h）为 220mg/L，蓝鳃 LC_{50}（96h）＞100mg/L。对蜜蜂无毒，LD_{50}＞100μg/只蜜蜂。水蚤 LC_{50}（48h）为 132mg/L。

应用 噻草酮属烷基-2-羟基-6-氧代环己烯基酮肟类除草剂，选择性芽后除草剂，由 BASF AG 开发。噻草酮适用于棉花、亚麻、油菜、马铃薯、大豆、甜菜、向日葵和蔬菜等阔叶作物，可防除一年生和多年生禾本科杂草，如野燕麦、鼠尾看麦娘、黑麦草、自生禾谷类、大剪股颖、野麦属的匍匐野麦。

合成路线

常用剂型 常用制剂主要有 200g/L 乳油。

噻二唑草胺（thidiazimin）

$C_{18}H_{17}O_2FN_4S$，372.4，123249-43-4

其他名称 SN124085。

化学名称 6-[(3Z)-6,7-二氢-6,6-二甲基-3H,5H-吡咯并 [2,1-c] [1,2,4]-噻二唑-3-基亚胺]-7-氟-4-(2-乙腈基)-2H-1,4-苯并噁嗪-3（4H）-酮；6-[(3Z)-6,7-dihydro-6,6-dimethyl-3H,5H-pyrrolo [2,1-c] [1,2,4]-thiadiazol-3-ylideneamino]-7-fluoro-4-(2-propynyl)-2H-1,4-benzoxazin-3（4H）-one。

理化性质 纯品为无色结晶体，熔点 158℃，蒸气压为 $5.0×10^{-11}$ Pa（25℃）。分配系数 lgP3.0（pH7）。25℃溶解度：水（6.6±0.5）mg/L（pH7）。

毒性 大鼠急性经口 LD_{50}＞4000mg/kg，急性经皮 LD_{50}＞5000mg/kg。本品对兔皮肤和眼睛无刺激。大鼠急性吸入 LC_{50}（4h）＞4.89mg/L。对兔进行皮肤和眼睛刺激试验，以及豚鼠上 Buehler 皮肤过敏试验均为阴性。该药剂无致畸性，且对鸟类低毒。迄今的毒理学研究结果表明对人、畜和鸟类均安全。本品吸附系数（K_{oc}）700～1200mL/g。土壤分散 DT_{50} 为 30～70d（实验室，根据土壤类型）。所有研究表明，噻二唑草胺对环境无影响。

应用 1987 年德国先灵公司开发。噻二唑草胺是用于冬季谷物田防除阔叶杂草的触杀性除草剂，并可考虑与其他谷物用除草剂混用。仅个别试验中，特别是冬大麦，药剂在最新生叶片上产生坏死斑点，但很快即消失。在推荐剂量下，根部吸收噻二唑草胺的作物，无任何药害发生。所以供试谷物均对噻二唑草胺具耐药性，只有少数试验在最新叶片上产生暂时坏死，但不影响产量。同时，所有供试剂量对后茬作物均无影响。

常用剂型 我国未见相关制剂产品登记。

噻氟隆（thiazfluron）

$C_6H_7F_3N_4OS$，240，25366-23-8

其他名称 GS29696，A-4003，赛唑隆。

化学名称 1,3-二甲基-1-(5-三氟甲基-1,3,4-噻二唑-2-基）脲；N,N'-dimethyl-N-[5-(trifluoromethyl)-1,3,4-thiadiazol-2-yl] urea。

理化性质 纯品噻氟隆外观呈结晶固体状，m. p. 132～134℃。25℃时溶解度：水（2.5±0.76）g/L，二甲苯5%，二甲基甲酰胺60%，甲醇30%。

毒性 噻氟隆原药急性LD_{50}（g/kg）：大鼠经口0.278，小鼠经口0.63，大鼠经皮>2.15。

应用 噻氟隆属于脲类除草剂，由汽巴-嘉基公司（Ciba-Geigy）推广。噻氟隆是芽前及芽后早期施用的除草剂，可用于工业区的杂草防除，它可有效防除大多数一年生和多年生单子叶和双子叶杂草，适用于果园、非耕地等。

合成路线

常用剂型 制剂主要有80%可湿性粉剂、5%颗粒剂。

噻磺隆（thifensulfuron-methyl）

$C_{12}H_{13}N_5O_6S_2$，387.3，79277-27-3

其他名称 阔叶散，噻吩磺隆，宝收，Harmony，thiameturonmethyl，DPX-M 6316。

化学名称 3-(4-甲氧基-6-甲基-1,3,5-三嗪-2-基氨基羰基氨基磺酰基）噻吩-2-羧酸甲酯；methyl-3-(4-methoxy-6-methyl-1,3,5-triazin-2-ylcarbamoylsulfamoyl) thiophen-2-carboxylate。

理化性质 纯品噻吩磺隆为无色晶体，m. p. 176℃。25℃时溶解度：水6270mg/L，乙酸乙酯2.6mg/L，丙酮11.9mg/L，乙腈7.3mg/L，甲醇2.6mg/L，乙醇0.9mg/L。相对密度1.49。蒸气压$1.7×10^{-5}$ mPa（25℃）。在45℃下水解半衰期4.7h（pH3）、38h（pH5）、250h（pH7）、11h（pH9）。土壤中半衰期1～4d。

毒性 噻吩磺隆原药急性LD_{50}（mg/kg）：大鼠经口>5000；兔经皮>2000。兔急性吸

入 LC_{50}（4h）$>7.9mg/L$。对兔皮肤无刺激性，对兔眼睛有中度刺激性。NOEL（2 年）：大鼠 $25mg/kg$（bw）。野鸭急性经口 $LD_{50}>2510mg/kg$，LC_{50}（8d）$>5620mg/L$。鹌鹑 LC_{50}（8d）$>5620mg/L$。蓝鳃翻车鱼和虹鳟鱼 LC_{50}（96h）$>100mg/L$。蜜蜂 $LD_{50}>125\mu g$/只。蚯蚓 $LC_{50}>2000mg/kg$ 土。对动物无致畸、致突变、致癌作用。

应用 噻吩磺隆是乙酰乳酸合成酶抑制剂，美国杜邦公司开发。噻吩磺隆为麦田、大豆田除草剂，可有效地防除一年生与多年生阔叶杂草，如荠菜、芥菜、马齿苋、鸭舌草、繁缕、猪殃殃、婆婆纳、播娘蒿、遏兰菜等，对田旋花、狗尾草、刺儿菜等禾本科杂草无效。

合成路线 以丙烯腈为起始原料，经氯化得一氯代丙烯腈或1,2-二氯丙烯腈，再与巯基乙酸甲酯在甲酸钠存在下缩合、环合制得氨基噻吩，经重氮化、氯磺化及胺化，生成3-氨基磺酰基噻吩-2-甲酸甲酯。由磺酰胺制得异氰酸酯与三嗪缩合即可制得噻吩磺隆。

常用剂型 主要有 75% 干悬浮剂。

噻唑禾草灵（fenthiaprop）

$C_{18}H_{16}ClNO_4S$，377.8，93921-16-5

其他名称 Joker，Taifum，Tornado，Hoe 35609。

化学名称 （±）-2-[4-（6-氯-1,3-苯并噻唑-2-基氧）苯氧基] 丙酸；（±）-2-[4-(6-chloro-1,3-benzothiazol-2-yloxy) phenoxy] propionic acid。

理化性质 白色结晶固体，m.p.56.5～57.5℃，易溶于丙酮、乙酸乙酯等有机溶剂，难溶于水。

毒性 噻唑禾草灵原药急性经口 LD_{50}（mg/kg）：大鼠 970（雄）、919（雌），小鼠 1030（雄）、1170（雌）。急性经皮 LD_{50}（mg/kg）：雌大鼠 2000，兔 628。大鼠腹腔注射 LD_{50} 为 598～690mg/kg。对鼠、兔皮肤和眼睛有轻微刺激作用。NOEL：大鼠（90d）50mg/kg 饲料。狗喂 125mg/kg、250mg/kg 饲料时引起呕吐。Ames 试验表明无诱变性。

日本鹌鹑急性经口 LD_{50} 为 5000mg/kg。硬头鳟在 0.16mg/L 的水中（96h）未发现死亡，金鱼在上述水中未发现死亡。

应用 噻唑禾草灵属于苯氧类除草剂，德国赫斯特公司开发。噻唑禾草灵为芽后除草剂，具有触杀和内吸作用，它主要通过叶部吸收后进入植物体内，由导管和筛管输导至根茎，使分生组织的生长点枯死，继而使嫩叶节间分生组织和叶片坏死。一般施药后 2～3d，杂草停止生长，植株出现退绿，导致叶片和嫩枝枯死。适用于防治马铃薯、甜菜和蓖麻等双子叶作物田的一年生和多年生禾本科杂草。从作物 2 叶期至分裂后期均可使用，杂草生长旺盛期施药防效特高，防除匍匐冰草宜在株高 10～25cm、每个分蘖有 3～4 片叶时施药。以 180～240g（a.i.）/hm^2 剂量可防除鼠尾看麦娘、野燕麦、稗草、中筋草、千金子、黑麦草以及需防除的自生作物（小麦、燕麦、大麦和玉米等）。以 480～720g/L 剂量防除蓖麻、马铃薯和甜菜田的匍匐冰草。对马唐、臂形草、高粱和狗尾草的防效较差，对双子叶杂草和莎草科杂草无效。

合成路线

常用剂型 常用制剂主要有 24% 乳油。

噻唑烟酸（thiazopyr）

$C_{16}H_{17}F_5N_2O_2S$，396.4，117718-60-2

其他名称 Mandate，Visor，噻草啶。

化学名称 2-二氟甲基-5-（4,5-二氢-1,3-噻唑-2-基）-4-异丁基-6-三氟甲基烟酸甲酯（IUPAC）；methyl-2-difluoromethyl-5-（4,5-dihydro-1,3-thiazol-2-yl）-4-isobutyl-6-trifluoromethylnicotinate；2-二氟甲基-5-（4,5-二氢-2-噻唑基）-4-（2-甲基丙基）-6-三氟甲基-3-吡啶羧酸甲酯（CA）；methyl-2-difluoromethyl-5-（4,5-dihydro-2-thiazol）-4-（2-methylpropyl）-6-（trifluoromethyl）-3-pyridinecarboxylate。

理化性质 纯品噻唑烟酸为浅棕色晶状固体，m.p.77.3～79.1℃，相对密度1.373。20℃时溶解度：水 2.5mg/L（pH=5），甲醇287g/L，正己烷30.6g/L。蒸气压0.27mPa。分配系数 $K_{ow}lgP$=3.89（21℃）。在水中的光解半衰期 DT_{50} 为 15d。

毒性 噻唑烟酸原药急性毒性 LD_{50}（mg/kg）：大鼠经口>1913，兔经皮>5000。对兔皮肤无刺激性，对兔眼睛有轻微的刺激性，对豚鼠皮肤无致敏作用。吸入 LC_{50}（4h）：大鼠 $>1.2mg/L$。NOEL：大鼠 $0.36mg/(kg \cdot d)$，狗 $0.5mg/(kg \cdot d)$。无致突变作用，无遗传毒性，无致畸作用。

鹌鹑：经口 LD_{50} 1913mg/kg，饲喂 $LC_{50} > 5620mg/kg$。野鸭饲喂 $LC_{50} > 5620mg/kg$。蓝鳃太阳鱼（96h） LC_{50} 3.4mg/L。虹鳟（96h） LC_{50} 3.2mg/L。羊头原鲷（96h） LC_{50} 2.9mg/L。水蚤（48h） LC_{50} 6.1mg/L。羊角月牙藻 EC_{50} 0.04mg/L。鱼腥藻 EC_{50} 2.6mg/L。骨条藻 EC_{50} 0.094mg/L。东部牡蛎 EC_{50} 0.82mg/L。糠虾 EC_{50} 2.0mg/L。浮萍 EC_{50} 0.057mg/L。蜜蜂 LD_{50} $>100\mu g/$只。对蜘蛛无害，对捕食螨和甲虫微毒，对寄生蜂有中等危害。

噻唑烟酸能迅速、广泛地被动物代谢并排出体外。大鼠肝脏微粒体通过硫和碳的氧化作用以及通过氧化脱脂作用将给服药剂氧化。蓝鳃太阳鱼的生物富集因子为 220，14d 内 98% 的药剂排出体外。在植物体内，噻唑烟酸分子中的二氢噻唑环首先发生代谢作用，在植物加氧酶的作用下，母体化合物被代谢生成亚砜、砜、羟基衍生物和噻唑等；另外，噻唑烟酸也会发生脱脂化作用，产生相应的羧酸。

噻唑烟酸在土壤中通过土壤微生物和水解作用发生降解。在美国多点进行的土壤消散研究表明，平均半衰期 DT_{50} 为 64d。垂直移动性极小，46cm 以下几乎检验不到数据。在正常使用条件下，单酸代谢物的垂直移动性也较小。在土壤中，没有明显的光解作用，但在水溶液中的半衰期 DT_{50} 为 15d，从而表明，噻唑烟酸对地表水污染的可能性非常有限。

应用 噻唑烟酸是孟山都公司于 1992 年推出的除草剂，1994 年噻唑烟酸的全球权利卖给了罗姆哈斯（现道农业科学公司）。噻唑烟酸通过干扰纺锤体微管的形成来抑制细胞分裂。主要症状为：根部生长受抑，分生组织膨大，很可能表现为子叶下轴或者节间膨大，但对种子发芽没有影响。芽前处理，防除葡萄、柑橘、甘蔗、凤梨、苜蓿和林地里的一年生禾本科杂草和一些阔叶杂草，通常施药量为 $0.1 \sim 0.56kg/hm^2$。

常用剂型 乳油、悬浮剂、可湿性粉剂等。

三氟甲磺隆（tritosulfuron）

$C_{13}H_9F_6N_5O_4S$，445.3，142469-14-5

其他名称 Corto，Biathlon，Biathion。

化学名称 1-(4-甲氧基-6-三氟甲基-1,3,5-三嗪-2-基)-3-(2-三氟甲基苯磺酰基) 脲（IUPAC）；N-[[(4-甲氧基-6-三氟甲基-1,3,5-三嗪-2-基) 氨基] 羰基]-2-(三氟甲基) 苯磺酰胺（CA）；N-[(4-methoxy-6-trifluoromethyl-1,3,5-triazin-2-yl) aminocarbonyl]-2-(trifluoromethyl) benzenesulfonamide。

应用 三氟甲磺隆为磺酰脲类除草剂，由巴斯夫研发。三氟甲磺隆是乙酰乳酸合成酶抑制剂，它通过抑制植株中必需氨基酸——缬氨酸和异亮氨酸生物合成来阻止细胞分裂和植物生长。三氟甲磺隆主要适用于冬、春小麦和玉米上防除阔叶杂草，具有广泛的杂草防治谱，并对猪殃殃具有一定的防效。

合成路线

常用剂型 我国未见相关制剂产品登记。

三氟羧草醚（acifluorfen）

$C_{14}H_6ClF_3NNaO_5$（钠盐），371.6，62476-59-9（钠盐）；$C_{14}H_7ClF_3NO_5$（酸），361.7，50594-66-6（酸）

其他名称 杂草净，杂草焚，豆阔净，氟羧草醚，木星，克达果，克莠灵，达克尔，布雷则，Tackle，Blazer。

化学名称 5-(2-氯-α,α,α-三氟对甲氧基)-2-硝基苯甲酸（钠）；5-(2-chloro-α,α,α-trifluoro-*p*-tolyoxy)-2-nitrobenzoic acid。

理化性质 纯品三氟羧草醚为棕色固体，m. p. 142~146℃，235℃分解。25℃时溶解度：丙酮 600g/kg，二氯甲烷 50g/kg，乙醇 500g/kg，水 120mg/kg。相对密度 1.546。蒸气压 0.01mPa（20℃）。在 pH3~9、40℃下不水解。在土壤中半衰期＜60d。无腐蚀性。

纯品三氟羧草醚钠盐为白色固体，m. p. 274~278℃（分解）。溶解性（25℃，g/L）：水 608.1，辛醇 53.7，甲醇 641.5。相对密度 0.4~0.5。蒸气压＜0.01mPa（25℃）。水溶液在 20~25℃放置 2 年稳定。

毒性 三氟羧草醚原药急性 LD_{50}（mg/kg）：大鼠经口 2025（雄）、1370（雌），小鼠经口 2050（雄）、1370（雌），兔经皮 3680。对兔皮肤有中等刺激，对兔眼睛有强刺激性。大鼠急性吸入 LC_{50}（4h）＞6.9mg/L 空气。NOEL：大鼠（2 年）180mg/kg（bw）。鹌鹑急性经口 LD_{50} 325mg/kg，野鸭急性经口 LD_{50} 2821mg/kg。对动物无致畸、致突变、致癌作用。

三氟羧草醚钠盐急性经口 LD_{50}：大鼠 1540mg/kg、兔 1590mg/kg。兔急性经皮 LD_{50}＞2000mg/kg。对兔皮肤有中等刺激，对眼睛有强烈刺激。大鼠急性吸入 LC_{50}（4h）＞6.91mg/L 空气。野鸭和山齿鹑饲喂 LC_{50}（5d）＞5620mg/L 饲料。鱼毒 LC_{50}（96h）：虹鳟鱼 17mg/L，蓝鳃太阳鱼 62mg/L。

应用 三氟羧草醚属于二苯醚类除草剂，由美孚（Mobil Chemical Co.）和罗门哈斯（Rohm & Hass Co.）公司开发，1972 年申请专利。三氟羧草醚是防除大豆田杂草的优良除草剂品种之一，能有效地防除多种一年生和多年生阔叶杂草如苍耳、猪殃殃、铁苋菜、龙葵、马齿苋、田旋花、荠菜、刺儿菜、藜、蓼、曼陀罗、野芥、鬼针草等，防除三叶鬼针草有特效。

825

合成路线　以间羟基苯甲酸或间甲酚为起始原料，合成的 3-(2′-氯-4′-三氟甲基苯氧基)苯甲酸经硝化反应后合成三氟羧草醚。

常用剂型　主要有微乳剂、水剂、乳油等，可与灭草松、喹禾灵等复配。

三氟硝草醚（fluorodifen）

$C_{13}H_7F_3N_2O_5$，328，15457-05-3

其他名称　C6989，氟甲消草醚，消草醚，Soyex。

化学名称　4-硝基苯基-2-硝基-4-三氟甲基苯基醚；4-nitrophenyl-2-nitro-4-trifluoro-methyl-phenyl ether。

理化性质　纯品三氟硝草醚为棕黄色晶体，m.p. 93~94℃。20℃时溶解度：水 2mg/L，可溶于丙酮、苯、己烷、异丙醇、二氯甲烷等有机溶剂。

毒性　三氟硝草醚原药急性 LD_{50}（mg/kg）：大白鼠经口 9000，经皮>3000。可引起皮肤轻度刺激。高剂量饲料喂养大鼠、狗和鸟类没有引起组织病理学和其他的中毒反应；对鱼有毒。

应用　三氟硝草醚属于二苯醚类除草剂，CIBA AG 推广。三氟硝草醚为触杀性芽前、芽后除草剂；适用于大豆、苜蓿、棉花、花生和豆科作物田间防除一年生阔叶杂草和禾本科杂草如马唐、蟋蟀草等。

合成路线　对甲基氯苯氯化后用氟化氢氟代，制得的对三氟甲基氯苯用混酸硝化，最后在碱性条件下与对硝基苯酚醚化缩合制得目标物。

常用剂型　三氟硝草醚常用制剂主要有 30％水乳剂、与 2 甲 4 氯复配的 7.5％颗粒剂。

三环赛草胺（cyprazole）

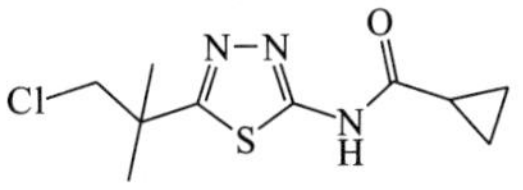

C$_{10}$H$_{14}$ClN$_3$OS，259.76，42089-03-2

其他名称　S-19073，环茂胺。

化学名称　N-[5-(2-氯-1,1-二甲基乙基)-1,3,4-噻二唑-2-基]环丙烷羧酰胺；N-[5-(2-chloro-1,1-dimethylethyl)-1,3,4-thia-diazol-2-yl] cyclopropan ecarboxamide。

理化性质　密度 1.397g/cm^3，折射率 1.621。

应用　防除稗草、马唐、西风古、马齿苋属、藜等。

合成路线

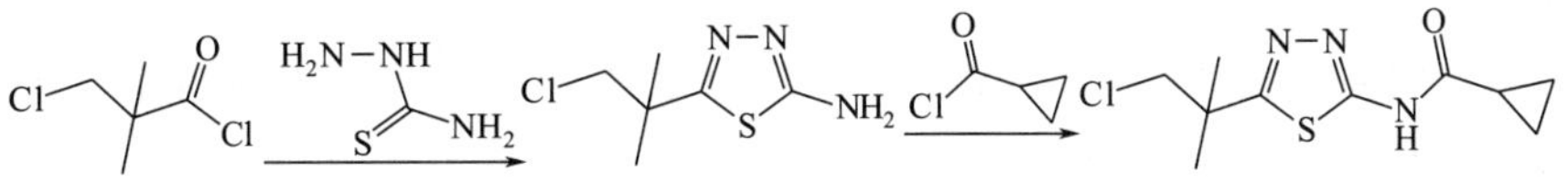

常用剂型　我国未见相关制剂产品登记。

三甲环草胺（trimexachlor）

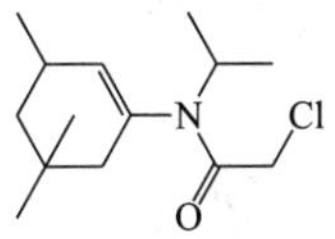

C$_{14}$H$_{23}$NOCl，257.5

其他名称　RST20024。

化学名称　N-(3,5,5-三甲基环已烯-1-基)-N-异丙基-2-氯代乙酰胺。

理化性质　纯品三甲环草胺为淡黄色固状物，m.p.37℃。溶于多数有机溶剂。常温干燥条件下贮存稳定。在碱和无机酸高温条件下可使之水解失去杀草活性。

毒性　三甲环草胺原药急性 LD$_{50}$（mg/kg）：大白鼠经口 990。对人、畜、鱼较低毒。

应用　三甲环草胺属酰胺类除草剂，为内吸传导型选择性除草剂。三甲环草胺对玉米的选择性最明显，是玉米新的选择性除草剂，用作土壤处理时，被土壤表层吸附形成药土层。杂草幼苗根系吸收药剂后向上传导。药剂在杂草体内主要是抑制光合作用中的希尔反应，使叶片失绿变黄，最后"饥饿"死亡。而玉米、高粱、甘蔗等作物体内含有一种叫谷胱甘肽-S-转移酶的物质，可将三甲环草胺轭合成无毒物质，故形成明显的选择性。三甲环草胺对稗草、马唐、止血马唐、狗尾草等禾本科杂草具有高的活性。对野芝麻、母菊属和反枝苋等阔叶杂草也有相当活性。但对多数阔叶杂草效果不佳。于玉米播种后芽前作土壤处理最好，但也可以芽后施用，一般量为三甲环草胺 33%乳油 4.5～6L/hm^2。

合成路线

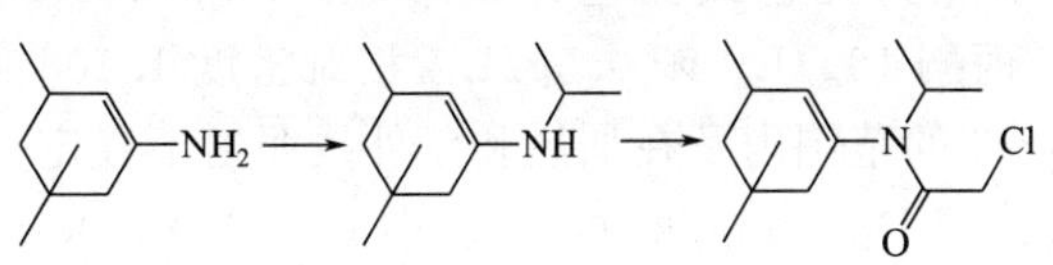

常用剂型 制剂主要有 33% 三甲环草胺与 12.5% 阿特拉津桶混制剂。

杀草胺（shacaoan）

$C_{13}H_{18}ClNO$，239.6，13508-73-1

化学名称 N-异丙基-α-氯代乙酰替邻乙基苯胺；N-α-chloroacetyl-N-isopropyl-o-ethy-laniline。

理化性质 纯品杀草胺为白色晶体，m. p. 38～40℃，b. p. 159～161℃/6×133.3Pa，工业品为红棕色油状液体。难溶于水，易溶于乙醇、丙酮、苯、甲苯、二氯乙烷。对稀酸稳定，碱性条件下水解。

毒性 杀草胺原药急性 LD_{50}（mg/kg）：小白鼠经口 432。对皮肤有刺激，接触高浓度药液有灼疼感，对鱼有毒。

应用 杀草胺属酰胺类除草剂，是选择性芽前土壤除草剂。药剂主要通过杂草幼芽吸收，其次是根吸收。作用原理是抑制蛋白质的合成，使根部受到强烈抑制而产生瘤状畸形，最后枯死。杀草胺不易挥发，不易光解，在土壤中主要被微生物降解，持效期 20d 左右。主要用于水稻田、大豆等旱田作物防除 1 年生单子叶和部分双子叶杂草，如水稻田稗草、鸭舌草、水马齿苋、球三棱、牛毛草及旱田的狗尾草、马唐、灰菜、马齿苋等。

合成路线

常用剂型 主要有 50% 乳油。

杀草隆（daimuron）

$C_{17}H_{20}N_2O$，268.2，42609-52-9

其他名称 莎捕隆，莎草隆，莎扑隆，香草隆，Dymrone，Shouron。

化学名称 1-(1-甲基-1-苯基乙基)-3-对甲苯基脲或 1-(α,α-二甲基苄基)-3-(对甲苯基)脲或 N'-(α,α-二甲基苄基)-N-(对甲苯基) 脲；N'-(α,α-dimethhlbenzyl)-N-(p-toly) urea。

理化性质 纯品杀草隆为无色或白色针状结晶，m. p. 203.2℃。20℃ 时溶解度：水 1.2mg/L，甲醇 10g/L，丙酮 16g/L，苯 0.5g/L。相对密度 1.108（20℃）。蒸气压 4.53×10^{-4}mPa（25℃）。pH4～9 的范围内及在加热和紫外线照射下稳定。

毒性 杀草隆原药急性 LD_{50}（mg/kg）：大、小鼠经口＞5000，大鼠经皮＞2000。大鼠

吸入 LC_{50}（4h）$>3250mg/m^3$。NOEL：雄狗（1年）30.6mg/kg（bw）。对动物无致畸、致突变、致癌作用。ADI：0.3mg/kg。

山齿鹑急性经口 $LD_{50}>2000mg/kg$，山齿鹑饲喂 LC_{50}（5d）$>5000mg/L$，鲤鱼 LC_{50}（48h）$>40mg/L$。

应用　杀草隆属于内吸传导型细胞分裂抑制剂，日本昭和电工公司开发，1972 年申请专利。对莎草科杂草有特效，主要用于水稻田防除莎草科杂草；亦可用于棉花、玉米、小麦、大豆、胡萝卜、甘薯、向日葵、果树等防除扁秆藨草、异形莎草、牛毛草、香附子等莎草科杂草。对其他禾本科杂草和阔叶杂草无效。

合成路线　有对甲苯脲法、异氰酸酯法、酰氯法、尿素法四种合成路线。

① 对甲苯脲法　对甲苯脲与氯代异丙苯在乙腈中进行反应。

② 异氰酸酯法　有 α,α-二甲基苄基异氰酸酯法与对甲基苯基异氰酸酯法。α,α-二甲基苄基异氰酸酯法：α,α-二甲基苄氯与甲苯胺在乙酸乙酯中反应，以吡啶和金属氯化物催化，生成的 α,α-二甲基苄基异氰酸在甲苯或氯苯中与对甲苯胺反应，几乎定量地生成杀草隆。此法条件缓和、原料易得、三废少，工业生产意义大。对甲基苯基异氰酸酯法：对甲基苯基异氰酸酯与 α,α-二甲基苄基胺反应。

③ 酰氯法　此法以 α,α-二甲基苄基胺为原料。

④ 尿素法　此法起始原料之一为尿素。

常用剂型　杀草隆常用制剂主要有 40%、50%、80% 可湿性粉剂。

杀草强（amitrole）

$C_2H_4N_4$，84，61-82-5

其他名称 ENT 25445，3-AT，ATA，Nu-Trol，V4，Weedar-AT。

化学名称 3-氨基-1,2,4-三唑；3-amino-1,2,4-triazole。

理化性质 纯品杀草强为白色结晶粉末，m. p. 157~159℃。23℃时溶解度：水 280g/L，乙醇 260g/kg（75℃），不溶于非极性溶剂、乙醚和丙酮。能和大多数酸和碱反应成盐；可氧化为偶氮三唑，是一个强螯合剂；对铁、铝和铜有一定腐蚀性。

毒性 杀草强原药急性 LD_{50}（mg/kg）：大鼠经口 1100~24600，经皮＞2500；兔经皮＞10000。对兔皮肤无刺激，对兔眼睛有轻微刺激；对皮肤无致敏作用。NOEL：大鼠（2 年）10mg/kg（bw），小鼠（18 个月）10mg/kg（bw）。68 周饲养试验表明，以 50mg/kg 饲料饲养大鼠，生长和摄食无不良影响，但雄大鼠饲养 90d 后甲状腺肿大。ADI（人）：0.0005mg/kg 体重。鹌鹑 LD_{50}＞2150mg/kg。鹌鹑和野鸭 LC_{50}＞5g/kg 饲料。鱼毒 LC_{50}（96h）：虹鳟和蓝鳃＞1g/L。对蜜蜂无毒，LD_{50}＞10μg/只蜜蜂。水蚤 LC_{50}（48h）＞10mg/L。

应用 杀草强属灭生性内吸传导型茎叶处理除草剂，由 Amchem Products Inc. 推广。杀草强适用于非耕地、休耕地、果园、桑园除草，牧场更新，以及沼泽地和排水沟除草，防治一年生阔叶杂草和禾本科杂草、某些多年生杂草，对阔叶杂草防效高于禾本科杂草。沼泽地和排水沟防除香蒲属及某些水生杂草，防除常春藤和橡树等木本植物。

合成路线

常用剂型 制剂主要有 50％水溶性粉剂。

杀草畏（tricamba）

$C_8H_5Cl_3O_3$，255.48，2307-49-5

其他名称 氯敌草平，甲氧三氯苯酸，Velsicol-58-CS-25，Metriben，MTBV。

化学名称 3,5,6-三氯-邻甲氧基苯甲酸；3,5,6-trichloro-*o*-anisic acid。

理化性质 纯品杀草畏为白色无臭结晶，m. p. 137~139℃。溶解性：微溶于水，略溶于二甲苯，可溶于乙醇；钠盐和二甲胺都易溶于水。

毒性 杀草畏原药急性 LD_{50}（mg/kg）：大鼠经口 970。

应用 杀草畏属苯甲酸类除草剂。适用于小麦、大麦田中防除一年生阔叶和禾本科杂草，应用剂量为 0.5~3kg/hm²。

合成路线

常用剂型 目前我国未见相关制剂产品登记。

莎稗磷（anilofos）

$C_{13}H_{19}ClNO_3S_2P$，367.8，64249-01-0

其他名称　阿罗津，Rico，Arozin，Hoe 30374。

化学名称　*S*-4-氯-*N*-异丙基苯氨基甲酰基甲基-*O*,*O*-二甲基二硫代磷酸酯；*O*,*O*-dimethyl-*S*-[*N*-(4-chlorophenyl)-*N*-*iso*-propyl carbamoyl methyl] dithiophosphate

理化性质　纯品莎稗磷为白色结晶固体，m. p. 50.5～52.5℃。25℃时溶解度：水13.6mg/L，丙酮、氯仿、甲苯＞1000g/L，苯、乙醇、乙酸乙酯、二氯甲烷＞200g/L。

毒性　莎稗磷原药急性 LD_{50}（mg/kg）：大鼠经口 830（雄）、472（雌），大鼠经皮＞2000。对兔皮肤有轻微刺激性。

应用　莎稗磷属于细胞分裂抑制剂，内吸传导选择性触杀有机磷类除草剂，安万特公司开发。用于水稻、棉花、油菜、玉米、麦类、大豆、花生、黄瓜等作物，防除一年生禾本科杂草和莎草科杂草，如马唐、狗尾草、蟋蟀草、野燕麦、苋、稗草、千金子、鸭舌草、水莎草、节节菜、牛毛毡等。使用剂量 300～400g（a. i.）/hm²。

合成路线

常用剂型　主要有可湿性粉剂、微乳剂、乳油等，常见制剂有 10％、40％乳油。

使它隆（fluroxypyr-meptyl）

$C_{15}H_{21}Cl_2FN_2O_3$，367.2，81406-37-3

其他名称　Dowco 433，fluroxypyr-meptyl。

化学名称　4-氨基-3,5-二氯-6-氟吡啶-2-氧乙酸（1-甲基）庚酯；1-methylheptyl [(4-amino-3,5-dichloro-6-fluoro-2-pyridinyl) oxy] acete。

理化性质　纯品使它隆（酸）为白色结晶固体，m. p. 232～233℃。20℃时溶解度：水91mg/L、0.9mg/L（27.7℃），丙酮867g/L，乙酸乙酯792g/L，己烷45g/L，甲醇469g/L，甲苯735g/L，二甲苯642g/L，二氯甲烷896g/L。蒸气压1.26mPa（25℃）。辛醇与水分配系数为6141∶1。常温下贮存稳定性2年。高于熔点分解。水解半衰期 DT_{50} 为9.8d（pH5），pH7时17.5d，pH9时10.2d。半衰期 DT_{50} 为2～3d（pH6～7，22～24℃）。原药有效成分含

量为 95%，是具有肥皂气味的白色晶体。

毒性 使它隆原药急性 LD_{50}（mg/kg）：大鼠经口 2405，兔经皮＞5000。吸入 LC_{50}（4h）：大鼠＞296mg/kg。对皮肤无刺激作用，无过敏性（豚鼠），对眼睛有中等程度刺激作用。NOEL：大鼠（90d）20mg/(kg·d)，320mg（酸）/(kg·d)，大鼠和兔（2 年）80mg（酸）/(kg·d)。在试验剂量下对动物无三致作用。对鱼类毒性较低，鱼毒 LC_{50}（96h）：虹鳟和金鱼＞100mg（酸）/L，0.7mg（甲酯）/L。水蚤 LC_{50}（48h）：＞100mg（酸）/L 和＞0.1mg（甲酯）/L。蜜蜂 LC_{50}（48h）＞0.1mg（甲酯）/L。对鸟类毒性较低，鹌鹑和野鸭急性经口 LD_{50}＞2g（甲酯）/L。使它隆 20% 乳油大鼠急性经口 LD_{50} 为 5g/kg，急性经皮 LD_{50} 为 2g/kg。对兔皮肤无刺激作用，对眼睛有轻度刺激作用。虹鳟鱼（96h）TLm 为 13.42mg/kg。

应用 使它隆属于吡啶类内吸传导型苗后除草剂，日本曹达株式会社研究开发。使它隆适用于小麦、大麦、玉米、果园、牧场、林地、草坪防治阔叶杂草，如猪殃殃、繁缕、牛繁缕、鼬瓣花、田旋花、米瓦罐（麦瓶草）、卷茎蓼（荞麦蔓）、马齿苋、婆婆纳、荠菜、离心芥等，对禾本科杂草无效。

合成路线 见氟草烟。

常用剂型 常用制剂主要有 20% 乳油。

双苯酰草胺（diphenamid）

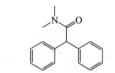

$C_{16}H_{17}NO$，239.31，957-51-7

其他名称 L-34314，Lilly-34314，U-4513，80-W，双苯胺，草乃敌，益乃得。

化学名称 N,N-二甲基二苯基乙酰胺；N,N-dimethyl-diphenylacetamide。

理化性质 纯品双苯酰草胺为白色晶体，m.p.134.5～135.5℃。25℃时溶解度：水 260mg/L，丙酮 189g/L，二甲苯 50g/L，二甲基甲酰胺 165g/L。相对密度 1.17（23.3℃）。蒸气压＜$1.0×10^{-3}$mPa（25℃）。常温下贮存稳定期 5 年，对热和紫外线较稳定，无腐蚀。可与多数农药混用。

毒性 双苯酰草胺原药急性 LD_{50}（mg/kg）：大白鼠经口 1050，小白鼠经口 600000，兔经口 1500，狗和猴经口 1000，大白鼠经皮＞225，小白鼠腹腔注射 500，兔皮下注射 800。2g/kg 剂量处理兔皮肤，可引起轻微的刺激。NOEL：大鼠和犬（2 年）2000mg/kg。鲤鱼（48h）LC_{50}＞40mg/kg；蓝鳃鱼（48h）LC_{50} 32mg/L；金鱼（48h）LC_{50} 34mg/L；水蚤（3h）LC_{50}＞40mg/L；蜜蜂经口 LD_{50}＞241.72μg/只。

应用 双苯酰草胺属于酰胺类除草剂，Eil Lilly Company and the Upjohn Co. 推广。双苯酰草胺为内吸性的选择性芽前土壤处理除草剂，主要通过根系吸收，抑制杂草分生组织的细胞分裂，阻止幼芽和次生根形成，使杂草死亡。可用于花生、马铃薯、甘薯、草莓、番茄、烟草、大豆、棉花、苹果、桃、柑橘以及观赏植物防除马唐、牛筋草、稗草、看麦娘、早熟禾、狗尾草、蓼、马齿苋、繁缕、雀舌草、藜、萹蓄、大豆眉草和雀麦属杂草。杂草萌发前、作物播后苗前或移植后施药。用双苯酰草胺有效成分 4～6kg/hm² ，对水 750～900kg 喷雾作土壤处理。

合成路线

常用剂型 90%可湿性粉剂。

双丙氨酰膦（L-alanine）

$C_{11}H_{22}N_3O_6P$，323.3，35597-43-4

其他名称 双丙胺膦，Bialaphos，SF-1293，MW-801。

化学名称 4-[羟基（甲基）膦酰基]-L-高丙氨酰-L-丙氨酰-L-丙氨酸；4-[hydroxyl (methyl) phosphinyl]-L-homoalanyl-L-alanyl-L-alanine。

理化性质 其钠盐为无色粉末，m. p. 约160℃（分解），易溶于水，不溶于丙酮、苯、正丁醇、氯仿、乙醚、乙醇、己烷，溶于甲醇。在土壤中失去活性。

毒性 双丙氨酰膦原药急性LD_{50}（mg/kg）：经口雄大鼠为268（原药，钠盐），雌大鼠404（原药，钠盐）。32%浓可溶剂对雄大鼠的急性经口LD_{50}为2500mg/kg，雌大鼠为3150mg/kg；大鼠急性经皮$LD_{50}>5g/kg$。原药对兔眼睛和皮肤无刺激作用；对大鼠无致畸作用。大鼠2年、9d饲喂试验结果表明，无致癌作用。小鸡急性经口$LD_{50}>5g/kg$。鲤鱼LC_{50}（48h）：1g/L（原药）、6.8mg/L（32%浓可溶剂）。水蚤LC_{50}（48h）：1g/L（原药），1g/L（32%SL）。Ames试验和Rec试验结果表明，无诱变作用。

应用 双丙氨酰膦属于谷酰胺合成抑制剂，日本明治制果公司开发。适用于果园、菜园、免耕地及非耕地，防治一年生和多年生禾本科杂草及阔叶杂草，如荠菜、猪殃殃、雀舌草、繁缕、波波纳、冰草、看麦娘、野燕麦、藜、莎草、稗草、早熟禾、马齿苋、狗尾草、车前草、蒿、田旋花、问荆等。对阔叶杂草防效高于禾本科杂草。

常用剂型 主要有水剂等。

双丙胺膦钠（bialaphos-sodium）

$C_{11}H_{21}N_3NaO_6P$，345.3，71048-99-2

其他名称 双丙氨膦钠，园草净，好比思。

理化性质 原药（钠盐）为浅棕色无味粉末，m. p. 160℃（分解），蒸气压8.8×10^{-5}

Pa（20℃）。溶解度：水 1.0kg/L（pH＝7），甲醇 0.5 kg/L，乙醇 2.5 kg/L，不溶于丙酮、苯、正丁醇、氯仿、乙醚、己烷。在土壤中易失去活性。不易燃，无爆炸性，在强碱和强酸中不稳定，对光和热较稳定。

毒性　双丙胺膦钠原药急性 LD_{50}（mg/kg）：小鼠经口 268～404，小鼠经皮 3000。属于中等毒性。本剂无致癌作用。对鱼毒 TLm（48h）：鲤鱼 1000mg/kg，水蚤 1000mg/kg。

双丙胺膦钠急性经口 LD_{50} 雄大鼠为 68mg/kg，雌大鼠为 404mg/kg；大鼠急性经皮 LD_{50}＞5000mg/kg。对兔眼睛和皮肤无刺激作用。试验结果表明，对大鼠无致畸作用，无致突变作用，无致癌作用。小鸡急性经口 LD_{50}＞5000mg/kg。鲤鱼 LC_{50}（48h）为 1000mg/L，水蚤 LC_{50}（48h）为 1000mg/L。

应用　双丙胺膦钠是非选择性内吸传导型茎叶处理除草剂。喷施后由茎叶吸收，具有内吸传导作用，杀草作用是和植物体内谷氨酰胺合成酶争夺氮的同化作用，导致游离氨的积累，同时还阻碍谷氨酰胺和其他氨基酸的生成，氨积累过量对植物有毒，氨的浓度与除草活性相关。此外，还抑制光合作用中的光和磷酸化作用。双丙胺膦钠在土壤中易失去活性，只宜作茎叶处理。除草作用比草甘膦快。双丙胺膦钠容易代谢和可生物降解，因此使用十分安全。半衰期为 20～30d。对阔叶杂草的防效高于禾本科杂草，对某些生长快、个体大的多年生杂草作用弱。

常用剂型　目前我国未见相关制剂产品登记。可加工成 20％双丙胺膦钠盐可溶性粉剂、32％液剂。

双草醚（bispyribac-sodium）

$C_{19}H_{17}N_4NaO_8$，452.2，125401-92-5

其他名称　安美利，农美利，双嘧草醚，Nominee，Grass-short，Short-keep。

化学名称　2,6-双-(4,6-二甲氧嘧啶-2-氧基) 苯甲酸钠；sodium-2,6-bis-(4,6-dimethoxy pyrimidin-2-yloxy) benzoate。

理化性质　纯品双草醚为白色粉状固体，m. p. 223～224℃。25℃时溶解度：水 73.3g/L，甲醇 26.3g/L，丙酮 43mg/L。相对密度 0.0737（20℃）。蒸气压＜5.05×10^{-9}Pa（25℃）。在水中（pH7～9）半衰期为 1 年，55℃贮存 14d 未分解；对光亦稳定，14d 不分解（55℃）。

毒性　急性 LD_{50}（mg/kg）：大鼠经口 4111（雄）、＞2635（雌），鹌鹑经口 2250；大鼠经皮＞2000。大鼠吸入 LC_{50}（4h）4.48mg/L 空气。对兔皮肤无刺激性，对兔眼睛有轻度刺激性。NOEL：大鼠（2 年）1.1～1.4mg/(kg·d)。对蜜蜂低毒。对动物无致畸、致突变、致癌作用。

应用　双草醚属于乙酰乳酸合成酶抑制剂，选择性高效嘧啶水杨酸类除草剂，日本组合化学公司开发，1987 年申请专利。主要用于防除水稻等作物田一年生和多年生杂草，对水稻具有优异的选择性，对稗草等有非常高的生物活性，可用于防除稗草、异形莎草、鸭舌草、节节草、陌上菜、母草、碎米莎草、紫水苋、大马唐、瓜皮草等。

合成路线　以 2,6-二羟基苯甲酸为起始原料，经酯化、与 4,6-二甲氧基磺酰基嘧啶醚化、与氢氧化钠皂化等反应制得。根据羧基的保护方式，其合成可以设计甲基法和苄基法两条路线。

① 甲基法：对 2,6-二羟基苯甲酸中羧基用甲基保护后，与 4,6-二甲氧基磺酰基嘧啶进行醚化反应。

② 苄基法：对 2,6-二羟基苯甲酸中羧基用苄基保护后，与 4,6-二甲氧基磺酰基嘧啶进行醚化反应。

常用剂型 主要有悬浮剂、可分散油悬浮剂、可湿性粉剂等，可与二氯喹啉酸、氰氟草酯、苄嘧磺隆等复配。

双氟磺草胺（florasulam）

$C_{12}H_8F_3N_5O_3S$, 359.3, 145701-23-1

其他名称 Boxer, Nikos, Primus, Broadsmash, EF-1343。

化学名称 $2',6',8$-三氟-5-甲氧基 [1,2,4] 三唑并 [1,5-c] 嘧啶-2-磺酰苯胺（IUPAC）；N-(2,6-二氟苯基)-8-氟-5-甲氧基 [1,2,4] 三唑并 [1,5-c] 嘧啶-2-磺酰胺（CA）；$2',6',8$-trifluoro-5-methoxy [1,2,4] triazolo [1,5-c] pyrimidine-2-sulfonanilide；N-(2,6-difluorophenyl)-8-fluoro-5-methoxy [1,2,4] triazolo [1,5-c] pyrimidine-2-sulfonanilide。

理化性质 纯品双氟磺草胺为白色结晶，m. p. 193.5~203.5℃（分解）。20℃时溶解度：水 6.36g/L（pH=7）。蒸气压 1×10^{-2}mPa（25℃）。分配系数 $K_{ow}\lg P = -1.22$（pH=7）。离解常数 $pK_a = 4.54$。

毒性 双氟磺草胺原药急性 LD_{50}（mg/kg）：大鼠经口＞6000，兔经皮＞2000。对皮肤和眼睛无刺激性。吸入 LC_{50}（4h）：大鼠＞5.3mg/L。NOEL：大鼠（90d）和小鼠（90d）均为 1000mg/(kg·d)。遗传毒性试验和 Ames 试验：阴性。

鹌鹑：经口 LD_{50} 1046mg/kg，饲喂 LC_{50}＞5000mg/kg（饲料）。野鸭饲喂 LC_{50}＞5000mg/kg（饲料）。蓝鳃太阳鱼（96h）LC_{50}＞98mg/L；虹鳟（96h）LC_{50}＞96mg/L；水蚤（48h）LC_{50}＞292mg/L；藻类（72h）EC_{50} 8.94μg/L；蜜蜂（48h，经口和接触）LD_{50}＞100μg/只；蚯蚓（14d）LC_{50}＞1320mg/kg。

在实验室土壤研究中，需氧和厌氧降解都很快，降解包括 4 步。首先，双氟磺草胺脱甲基化生成 5-羟基产物，DT_{50}＜5d，DT_{90}＜16d；然后，嘧啶开环，DT_{50} 为 7~13d，DT_{90} 为

33～102d；接着，转化为三唑-3-磺酰胺；最后，生成 CO_2 和土壤结合残留物。田间研究表明，DT_{50} 为 2～18d。降解物对 ALS 试验和指示生物无活性。厌氧水溶液中的 DT_{50} 为 13d，需氧水溶液中的 DT_{50} 为 3d。K_d 为 0.13mL/g（英国沙质黏壤土），0.33mL/g（美国沙壤土）。渗漏计测定表明：双氟磺草胺及其降解产物不会以超过欧盟临界值的水平淋溶到地下水中。

应用 双氟磺草胺为三唑并嘧啶磺酰苯胺类除草剂，道农业科学公司研发。双氟磺草胺为支链氨基酸合成抑制剂，在土壤中的半衰期短，通过根和嫩枝吸收，并在木质部和韧皮部传导。双氟磺草胺为芽后除草剂，主要用于冬小麦、春小麦、燕麦和小麦等防除阔叶杂草，对猪殃殃、繁缕、卷茎蓼、甘菊和许多十字花科植物防效尤佳。

合成路线

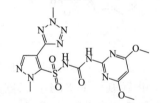

常用剂型 主要有悬乳剂、悬浮剂，可与2,4-滴丁酯、唑嘧磺草胺等复配。

四唑嘧磺隆（azimsulfuron）

$C_{13}H_{16}N_{10}O_5S$，424.4，120162-55-2

其他名称 康宁，Dynam，Expert，JS 458，DPX-A 8947，IN-A 8947，A 8947。

化学名称 1-(4,6-二甲氧基嘧啶-2-基)-3-[1-甲基-4-(2-甲基-2H-四唑-5-基)吡唑-5-基磺酰基]脲；1-(4,6-dimethoxypyrimidin-2-yl)-3-[1-methyl-4-(2-methyl-2H-tetrazol-5-yl) pyrazole-5-yl sulfonyl] urea。

理化性质 纯品四唑嘧磺隆为白色固体，m.p.170℃。20℃时溶解度：水 1050mg/L，乙腈 13.9mg/L，二氯甲烷 65.9mg/L，甲醇 2.1mg/L，丙酮 26.4mg/L。

毒性 四唑嘧磺隆原药急性 LD_{50}（mg/kg）：大鼠经口＞5000；兔经皮＞2000。对兔皮肤和眼睛无刺激性。对动物无致畸、致突变、致癌作用。

应用 四唑嘧磺隆超高效、内吸传导，美国杜邦公司开发，1985 年申请专利。可有效地防除水稻田阔叶杂草、稗草、莎草科杂草如稗草、异形莎草、紫水苋菜、眼子菜等。

合成路线 以丙二腈为起始原料，与原甲酸三酯反应后与甲肼缩合制得中间体吡唑胺，再与叠氮化钠反应，经甲基化、重氮化、磺酰化、胺化，然后与碳酸二苯酯反应，最后与二甲基氧基嘧啶胺缩合；或磺酰胺与二甲氧基嘧啶氨基甲酸苯酯缩合即可制得目标物。

常用剂型 主要有75%悬浮剂、70%水分散粒剂。

四唑酰草胺（fentrazamide）

$C_{16}H_{20}ClN_5O_2$，349.6，158237-07-1

其他名称 拜田净，四唑草胺。

化学名称 4-[2-氯苯基]-5-氧-4,5-二氢-四唑-1-羧酸环己基-乙基-酰胺；4-[2-chlorophe-nyl]-5-oxo-4,5-dihydro-tetrazole-1-carboxylic acid cyclohexyl-ethyl-amide。

理化性质 纯品四唑酰草胺为无色晶体，m.p.79℃。20℃时溶解度：异丙醇32g/L，二氯甲烷、二甲苯＞250g/L，难溶于水。

毒性 四唑酰草胺原药急性LD_{50}（mg/kg）：大鼠经口＞5000，大鼠经皮＞5000。对兔皮肤和眼睛无刺激性。对动物无致畸、致突变、致癌作用。

应用 四唑酰草胺属于细胞分裂抑制剂，日本拜耳公司开发的高效、广谱四唑啉酮类除草剂，1993年申请专利。主要用于水稻田防除阔叶杂草、莎草科杂草和禾本科杂草，如稗草、千金子、异形莎草、牛毛毡、鸭舌草等。

合成路线 以邻氯苯胺为起始原料，首先制成异氰酸酯与叠氮化物反应制得中间体四唑啉酮，最后与氨基甲酰氯缩合即得目标物。

常用剂型 可湿性粉剂、悬浮剂、乳油等。

糖草酯（quizalofop-P-tefuryl）

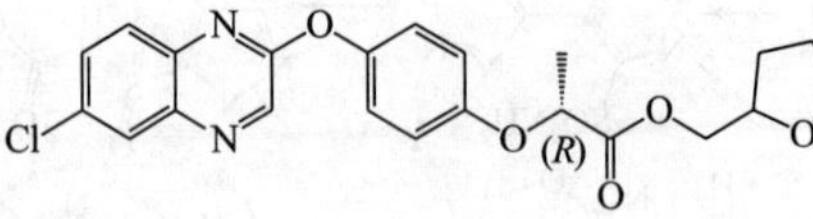

C_{22}H_{21}ClN_2O_5，428.9，119738-06-6

其他名称　喹禾糖酯，UBI-C4874。

化学名称　（±）-甲氢糖基（R）-2-[4-（6-氯喹喔啉-2-氧基）苯氧基]丙酸酯；（±）tet-rahydro furanyl（R）-2-[4-[(6-chloroquinoxalinyl-2-oxy)-phenoxy] propanoate。

理化性质　纯品糖草酯为琥珀色黏稠液体。25℃时溶解度：甲苯 652g/L，己烷 12g/L，甲醇 64g/L，水 0.04mg/L。密度（1340±40）kg/m³（24℃）。略有气味。

毒性　糖草酯急性 LD_{50}（mg/kg）：大鼠经口 1140，兔经皮＞2000。鹌鹑经口 LD_{50}（8d）＞5g/L。对蜜蜂的接触 LD_{50}（48h）＞0.1mg/只蜜蜂。对皮肤无刺激作用，对兔眼睛有中等刺激作用；对豚鼠皮肤无过敏性。

应用　糖草酯由美国尤尼罗伊尔化学公司开发。适用于马铃薯、亚麻、甜菜、碗豆、大豆和棉花等双子叶作物；防治鼠尾看麦娘、野燕麦、扁叶臂形草、毛雀麦、旱雀麦、藜藜草属、毛地黄属、稗、蟋蟀草、秋稷、得克萨斯稷、黍、罗氏草、二色高粱、龙瓜茅、芒稷、千金子属等，高剂量下还能抑制匍匐野麦、狗牙根、阿拉伯高粱等多年生单子叶杂草的生长。

合成路线

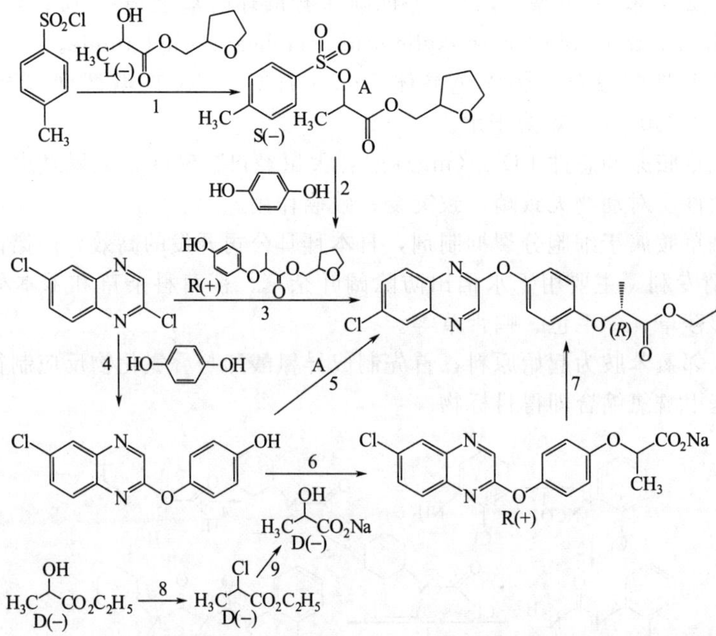

常用剂型　制剂主要有 4% 乳油。

838

特草定（terbacil）

C9H13ClN2O2，216.7，5902-51-2

其他名称　Du Pont 732，DuPontHerbicide732，特氯定。

化学名称　3-叔丁基-5-氯-6-甲基尿嘧啶；3-*tert*-butyl-5-chloro-6-methyluracil。

理化性质　纯品特草定为白色结晶固体，m. p. 175～177℃。25℃时溶解度：水 0.71g/L，在甲基异丁基甲酮、乙酸丁酯和二甲苯中溶解度中等，在环己酮、二甲基甲酰胺中易于溶解。蒸气压 0.0625mPa（29.5℃）。直到熔点时，性质稳定；低于熔点时，该化合物缓慢升华。无腐蚀性。燃烧产生有毒氯化物和氮氧化物气体。

毒性　特草定原药急性 LD_{50}（mg/kg）：大鼠经口 934，兔经皮＞2000。对兔皮肤和眼睛有轻微刺激，对豚鼠皮肤无致敏作用。吸入 LC_{50}（4h）：大鼠＞4.4mg/L。NOEL：大鼠和狗（2 年）2mg/kg（bw）。北京鸭 LC_{50}（8d）＞56g/kg 饲料，野雉鸡 LC_{50}（8d）＞31.45g/kg 饲料。虹鳟 LC_{50}（96h）为 46.2mg/L。对蜜蜂无毒。水蚤 LC_{50}（48h）为 68mg/kg。

应用　特草定属选择性芽前土壤处理除草剂，E. I. Du Pont de Nemours & Co. 推广。特草定适用于甘蔗、苹果、桃、柑橘和薄荷及苜蓿等，防除多种一年生禾本科杂草、阔叶杂草以及狗牙根、阿拉伯高粱等多年生杂草，对莎草有特效。

合成路线

常用剂型　可湿性粉剂、悬浮剂等。

特草克（terbucarb）

C17H27NO2，277，1918-11-2

其他名称　芽根灵，MBPMC，Azar，Hercules 9573。

化学名称　2,6-二叔丁基-对甲苯基甲基氨基甲酸酯；2,6-di-*tert*-butyl-*p*-tolyl methyl-carbamate。

理化性质　纯品特草克为白色结晶固体，m. p. 200～201℃。25℃时溶解度：水 6～7mg/L，溶于正己烷和煤油，微溶于苯和甲苯，溶于丙酮和乙醇。工业品纯度 95%，m. p. 185～190℃。

该药稳定，遇水在 130℃ 下 5h 不发生变化；可与其他农药混配，无腐蚀性；挥发性小，从土壤中流失的量很低，耐雨水冲刷淋溶，在潮湿的温室土壤中 2 个月后仍保有活性。

毒性 特草克原药急性 LD_{50}（mg/kg）：大鼠经口＞34600，兔经皮＞10000。

应用 特草克属于氨基甲酸酯类除草剂，由 Hercules Incorporated 开发。特草克主要适用于草坪、番茄、棉花、玉米、粟等，可防治一年生禾本科杂草如马唐等。

合成路线

常用剂型 制剂主要有 80% 可湿性粉剂、5% 颗粒剂。

特丁津（terbuthyllazine）

$C_9H_{16}ClN_5$，229.71，5915-41-3

其他名称 GS-13529，A-1862，Topogard。

化学名称 2-叔丁氨基-4-氯-6-乙氨基-1,3,5-三嗪；2-*tert*-butylamino-4-chloro-6-ethyl-amino-1,3,5-triazine。

理化性质 纯品特丁津为白色固体，m. p. 177～179℃。20℃ 时溶解度：水 8.5mg/L，丙酮 14g/L，乙醇 14g/L，辛醇 12g/L，己烷 0.36g/L。相对密度 1.188（20℃）。蒸气压 0.15mPa（25℃）。在中性、弱酸和弱碱性介质中稳定，在强酸和强碱性介质中易水解失效。DT_{50}（计算值，20℃）8d（pH=1），12d（pH=13）。在自然光下 DT_{50}＞40d。离解常数 pK_a=2.0，碱性。闪点＞1500℃。

毒性 特丁津原药急性 LD_{50}（mg/kg）：大鼠经口 1590～2000，大鼠经皮＞2000。对皮肤和眼睛无刺激，对皮肤无致敏作用。吸入 LC_{50}（4h）：大鼠＞5.3mg/L 空气。NOEL：大鼠（1年）0.22mg/kg（bw），小鼠（2 年）15.4mg/kg（bw），狗（1 年）0.4mg/kg（bw）。ADI：0.0022mg/kg。

应用 特丁津属三氮苯类除草剂，CIBA Geigy AG 开发。特丁津是广谱性除草剂，具有内吸传导性，主要通过根部吸收。特丁津主要用于玉米、仁果类、葡萄园、荒山造林等防除多种杂草。

合成路线

常用剂型 制剂主要 50%、80% 可湿性粉剂，25% 特丁津＋25% 去草净可湿性粉剂，25% 特丁津＋25% 甲氧去草净可湿性粉剂。

特丁净（terbutryn）

C$_{10}$H$_{19}$N$_5$S，241.36，886-50-0

其他名称　GS14260，去草净，Igrane，Clarosan。

化学名称　2-叔丁氨基-4-乙氨基-6-甲硫基-1,3,5-三嗪；2-*tert*-butylamino-4-ethylamino-6-methyl-thio-1,3,5-triazine-2,4-diamine。

理化性质　纯品特丁净为白色粉末，m.p.104～105℃，b.p.274℃（101kPa）。溶解度（g/L）：水0.022（22℃），20℃时，丙酮220，己烷9，辛醇130，甲醇220，甲苯45，在二噁烷、乙醚、二甲苯、氯仿、四氯化碳、二甲基甲酰胺中迅速溶解，微溶于石油醚。相对密度1.12（20℃）。蒸气压0.225mPa（25℃）。离解常数pK$_a$=4.3，碱性。在正常条件下稳定，无腐蚀性。70℃下，pH=5、pH=7、pH=9条件下无明显水解，土地中DT$_{50}$14～28d。

毒性　特丁净原药急性LD$_{50}$（mg/kg）：大白鼠经口2500，小鼠经口500000，大白鼠经皮＞2000，兔经皮＞20000。对兔皮肤和眼睛无刺激性；对豚鼠皮肤无致敏作用。吸入LC$_{50}$（4h）：大鼠＞2200mg/m^{3}空气。NOEL：大鼠（2年）300mg/kg，小鼠（2年）3000mg/kg，狗（1年）100mg/kg。ADI：0.027mg/kg。对蜜蜂无毒。

应用　特丁净属于三氮苯类除草剂，J.R.Geigy S.A.（现为Novartis Crop Protection AG）推广。特丁净为选择性内吸传导型除草剂，用于芽前、芽后除草，土壤中持效期3～10周。主要用于冬小麦、大麦、高粱、向日葵、马铃薯、豌豆、大豆、花生等作物田，防除多年生裸麦草、黑麦草及秋季萌发的繁缕、母菊、罂粟、看麦娘、马唐、狗尾草等。

合成路线

常用剂型　可湿性粉剂等。

特丁赛草隆（tebuthiuron）

C$_9$H$_{16}$N$_4$OS，228.3，34014-88-1

其他名称　丁唑隆，EL103，Brulan，Perflan，Perfmid，Spike，Tebulan，Tiurolan，Prefmid。

化学名称　*N*-(5-叔丁基-1,3,4-噻二唑-2-基)-*N*，*N*′-二甲基脲；1-(5-*tert*-butyl-1,3,4-thiadiazol-2-yl)-1,3-dimethylurea。

理化性质 纯品特丁赛草隆外观呈无色固体状，m. p. 161.5～164℃。25℃时溶解度：水 2.5mg/L，丙酮 70g/L，苯 3.7g/L，氯仿 250g/L，乙腈 60g/L，己烷 621g/L，甲醇 170g/L，2-甲氧基乙醇 60g/L。蒸气压 0.27mPa。对光稳定，对金属、聚乙烯和喷雾器械无腐蚀性。在 52℃下稳定，pH＝5 和 pH＝9 时水溶液稳定，在 pH＝3.6 和 pH＝9（25℃）下水解 DT$_{50}$＞64d。

毒性 特丁赛草隆原药急性经口 LD$_{50}$（mg/kg）：大鼠 644，小鼠 579，兔 286，猫＞200，狗＞500，鹌鹑、野鸭和鸡＞500。NOEL：大鼠、狗（3 个月）1 g/kg（bw），大鼠（2 年）800mg/kg 饲料。ADI：0.07mg/(kg·d)。

应用 特丁赛草隆属于脲类除草剂，由礼来公司（Eli Lilly& Co.，现为 Dow Elanco Co.）推广。特丁赛草隆用作内吸传导型灭生性除草剂，在非种植地区防除各种植物的生长，甘蔗田中选择性防除杂草，牧场中防除灌木。

合成路线

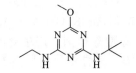

常用剂型 主要有 80％可湿性粉剂。

特丁通（terbumeton）

C$_{10}$H$_{19}$N$_5$O，225.3，33693-04-8

其他名称 GS14259，Caragard。

化学名称 2-叔丁基氨基-4-乙氨基-6-甲氧基-1,3,5-三嗪；2 *tert*-butylamino-4-ethyl-amino-6-methoxy-1,3,5-triazine。

理化性质 纯品特丁通为无色固体，m. p. 123～124℃。20℃时溶解度：水 0.13g/L，丙酮 130g/L，甲醇 110g/L，二氯甲烷 360g/L，辛醇 90g/L。相对密度 1.08（20℃）。蒸气压 0.27mPa（20℃）。在微酸或微碱性介质中稳定，在强酸或强碱性介质中水解为无除草活性的 2-叔丁氨基-4-乙氨基-6-羟基-1,3,5-三嗪。水解 DT$_{50}$（20℃）（计算值）29d（pH＝1），1.6 年（pH＝13）。

毒性 特丁通原药急性 LD$_{50}$（mg/kg）：大白鼠经口 651，小鼠经口 2343，大白鼠经皮 3170。对大鼠皮肤无刺激，对兔眼睛有轻微刺激。吸入 LC$_{50}$（4h）：大鼠＞10mg/L。NOEL：大鼠（2 年）7.5mg/(kg·d)，小鼠（18 个月）25mg/(kg·d)，狗（13 周）25mg/(kg·d)。ADI：0.075mg/kg。

虹鳟（96h）LC$_{50}$ 14mg/L；斑点叉尾鮰（96h）LC$_{50}$ 10mg/L；蓝鳃（96h）LC$_{50}$ 30mg/L；欧洲鲫鱼（96h）LC$_{50}$ 30mg/L；水蚤（48h）LC$_{50}$ 40mg/L；海藻类 LC$_{50}$ 0.009mg/L。

应用 特丁通属于三氮苯类除草剂，J. R. Geigy S. A.（现为 Novartis Crop Protection AG）研发。特丁通具有内吸传导性，通过根、叶吸收，随蒸腾流传导，抑制植物的光合作用。特丁通适用于果园、森林、非耕地等防除一年生和多年生杂草。

合成路线

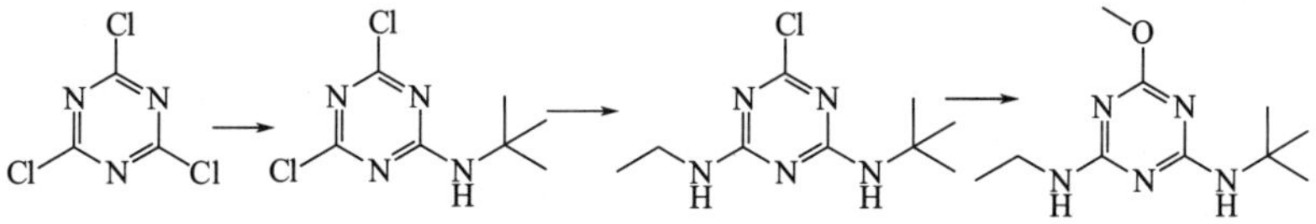

常用剂型 制剂主要有50％可湿性粉剂、25％特丁通加25％特丁津可湿性粉剂。

特乐酚（dinoterb）

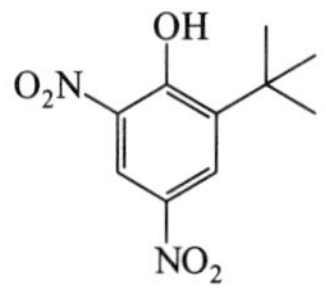

$C_{10}H_{12}N_2O_5$，240.21，1420-07-1

其他名称 异地乐酚，LS63133，P1108。

化学名称 2-叔丁基-4,6-二硝基苯酚；2-*tert*-butyl-4,6-dinitrophenol。

理化性质 纯品特乐酚为黄色固体，m. p. 125.5～126.5℃。20℃时溶解度：水 4.5mg/L（pH＝5），乙醇、乙二醇、脂肪烃约100g/kg，环己酮、二甲亚砜、乙酸乙酯约200g/kg。特乐酚为酸性，可形成水溶性盐。蒸气压＜20mPa（20℃）。低于熔点下稳定，超过220℃分解。pH＝5～9（20℃）时稳定期至少34d。

毒性 特乐酚原药急性 LD_{50}（mg/kg）：大白鼠经口约62，小鼠经口约25，兔经口28，豚鼠经皮150。NOEL：大鼠（2年）0.375mg/kg（bw）。虹鳟（96h）LC_{50} 0.0034mg/L。对蜜蜂有毒。

应用 特乐酚属于酚类除草剂，适用作物与地乐酚相同，但对禾谷类作物的选择性更强。防除对象与地乐酚相似，但温度等气象条件对除草活性的影响小。

合成路线

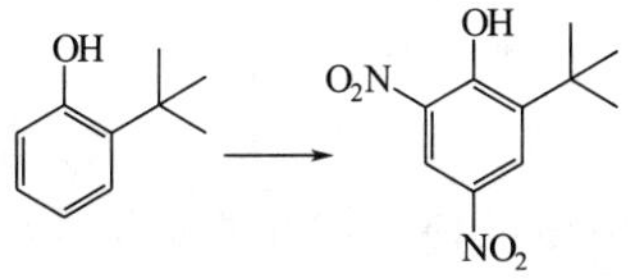

常用剂型 一般使用铵盐的糊状液体，或与2甲4氯丙酸的混剂。

特乐酯（dinoterb acetate）

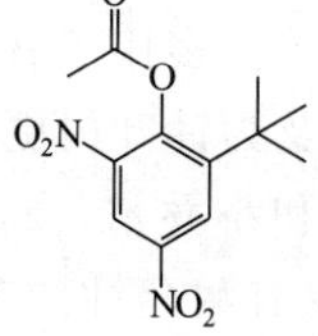

$C_{12}H_{14}N_2O_6$，282，3204-27-1

其他名称　P1108，地乐消。

化学名称　2-叔丁基-4,6-二硝基苯基醋酸酯；2-*tert*-butyl-4,6-dinitrophenol acetate。

理化性质　纯品特乐酯为淡黄色固体，m. p. 134～135℃。溶解度：难溶于水，微溶于乙醇或正己烷，易溶于丙酮或二甲苯。通常是稳定的，但遇碱易发生水解。

毒性　特乐酯原药急性 LD$_{50}$（mg/kg）：大白鼠经口 62，兔经口 100，母鸡经口＞4000，大鼠和豚鼠经皮＞2000。

应用　特乐酯属于酚类除草剂，Marphy 公司推广。特乐酯适用于谷子、棉花、甜菜、豆科作物苗期防除一年生阔叶杂草及禾本科杂草。

合成路线

常用剂型　可湿性粉剂、乳油、悬浮剂等。

2,4,5-涕（2,4,5-T）

C$_8$H$_5$Cl$_3$O$_3$，255.5，93-76-5

其他名称　2,4,5-T，TCP，2,4,5-TE，Tippon，Tormona，Tributon，Trinoxol。

化学名称　2,4,5-三氯苯氧乙酸；2,4,5-trichlorophenoxyaceteti acid。

理化性质　纯品 2,4,5-涕为白色结晶，熔点 156.6℃。25℃时水中溶解度 278mg/L。可溶于丙酮、乙醇和乙醚。与碱金属和胺类所成的盐可溶于水，但不溶于石油醚。其酯类不溶于水，但溶于油类。三乙醇胺盐熔点 113～115℃；异丙基酯熔点约 46℃；工业品丁酯在20℃固化；丁氧乙氧丙醇酯是琥珀色液体，固化点为－5～0℃，蒸气压＜13.3Pa（20℃）。2,4,5-涕工业品纯度为 99%，熔点 150～151℃，性质稳定，无腐蚀性。

毒性　2,4,5-涕原药急性经口 LD$_{50}$（mg/kg）：大鼠 500，犬 100。以 10mg/kg 剂量对犬每周 5d 给药的 90d 饲喂试验，犬可存活；但剂量为 20mg/(kg·d) 时不能存活。在 2,4,5-涕合成中温度升得过高时会生成 2,3,7,8-四氯二苯并对二噁英，它是一个强致癌和致畸毒物。

应用　2,4,5-涕为苯氧类除草剂，Amchem Products Incorporated 推广；具有与 2,4-D相似的除草性质，但对木本植物更为有效。多用于林业上，以除去不需要的阔叶树和灌木，减少与已生长起来的针叶树的竞争，以及为针叶树更新准备场所；用于牧场防除牲畜不吃的有毒的植物及使牧草降低产量的小灌木和小乔木。2,4,5-涕和 2,4,5-涕丙酸亦常用于水稻，防除皱叶槐兰和其他对 2,4-D、2 甲 4 氯有耐药性的杂草。也可以作为植物生长调节剂在果树果实收获前使用，防止落果。

844

合成路线

常用剂型 目前我国未见相关制剂产品登记，剂型主要有粉剂、乳剂、液剂等。

2,4,5-涕丙酸（fenoprop）

$C_9H_7Cl_3O_3$，269.5，93-72-1

其他名称 fenoprop（BSI，ISO），2,4,5-TP（USSR，France），silvex（WSSA），Aqua-vex，Ded-weed。

化学名称 2-(2,4,5-三氯苯氧）丙酸；2-(2,4,5-trichlorophenoxy) propanoic acid。

理化性质 纯品 2,4,5-涕丙酸为白色粉末，m. p. 179～181℃。25℃时溶解度：水 0.14g/L，丙酮180g/kg，甲醇134g/kg。其低烷基酯略有挥发性，但 2,4,5-涕丙酸和其丙二醇丁基醚酯是不挥发的。制剂和其稀释液对喷雾机具有腐蚀性。

毒性 2,4,5-涕丙酸原药急性 LD_{50}（mg/kg）：大鼠经口 650。其丁酯与丙二醇丁基醚酯混合物经口 LD_{50} 500～1000mg/kg。酸与未稀释的酯对眼有刺痛。

应用 2,4,5-涕丙酸为苯氧类除草剂，Dow Chemical Company 推广。2,4,5-涕丙酸是激素型除草剂，可被叶和茎吸收和传导。0.75～4.5kg（酸当量）/hm²，茎叶喷雾的方式，主要防治木本植物和阔叶杂草，如灌木、栎树，猪殃殃、蒿属杂草等。也可防除水生杂草，主要用于非耕地，在低剂量下与 2 甲 4 氯丙酸混用防除谷物田中的多种一年生杂草。其三乙酸铵盐用于减少苹果收获前的落果。

合成路线

常用剂型 目前我国未见相关制剂产品登记。

2,4,5-涕丁酸（2,4,5-TB）

$C_{10}H_9Cl_3O_3$，283.5，93-80-1

化学名称 4-(2,4,5-三氯苯氧基）丁酸；4-(2,4,5-trichlorophenoxy) butyric acid。

理化性质 纯品 2,4,5-涕丁酸为无色结晶，m. p. 114～115℃，b. p. 438.1℃（760mmHg）。

25℃时溶解度：2,4,5-TB 在丙酮中溶解度大于 10%，其钠盐在水中溶解度在 20% 以上。密度 1.465g/cm³。

降解代谢 2,4,5-TB 在植物体内或土壤中微生物作用下，均发生侧链 β-氧化，而转变为 2,4,5-三氯苯氧乙酸（2,4,5-T），生成的 2,4,5-T 继续在植物体内或土壤微生物作用下发生进一步降解，甚至降解为最简单的化合物（水、二氧化碳和氯离子）。在土壤中，2,4,5-TB 大约 100d 左右会完全被降解。在动物体内，2,4,5-TB 基本上不被降解，只发生极少量的 β-氧化作用，大部分在 1～2d 时间内排泄到体外。

应用 2,4,5-涕丁酸属于苯氧类除草剂，是一种具有内吸传导型选择性除草剂。在植物体内类似于天然植物激素吲哚乙酸（IAA）的作用，对某些杂草显示出很高的选择性。对多数杂草的防除能力比 2 甲 4 氯和 2,4-D 丁酸差，但选择性高。2,4,5-TB 亦可以作为植物生长调节剂。

合成路线

常用剂型 我国未见相关制剂产品登记。

甜菜安（desmedipham）

$C_{16}H_{16}N_2O_4$，326.2，13684-56-5

其他名称 异苯敌草，Betanal AM，Betamex，Schering 38107，SN38107，EP-475，Bethanol-475。

化学名称 3-苯基氨基甲酰氧基苯基氨基甲酸乙酯；ethyl-3-phenylcarbamoyloxyphenyl carbamate。

理化性质 纯品为无色结晶，m. p. 118～119℃。20℃时溶解度：水 7mg/L，丙酮 400g/L，苯 1.6g/L，氯仿 80g/L，二氯甲烷 17.8g/L，乙酸乙酯 149g/L，己烷 0.5g/L，甲醇 180g/L，甲苯 1.2g/L。蒸气压 4×10^{-5} mPa（25℃）。70℃贮存 2 年，在中性和碱性条件下水解。

毒性 急性经口 LD_{50}（mg/kg）：大鼠 10250，小鼠 ＞5000。兔急性经皮 LD_{50} ＞4000mg/kg。NOEL：大鼠（2 年）60mg/kg 饲料，小鼠（2 年）1250mg/kg。野鸭和山齿鹑饲喂 LC_{50}（8d）＞10000mg/kg 饲料。鱼毒 LC_{50}（96h）：虹鳟 1.7mg/L，太阳鱼 6.0mg/L。蜜蜂经口 LD_{50} ＞50μg/只。蚯蚓 LD_{50}（14d）＞466.5mg/kg 土壤。

应用 苗后用于甜菜作物，由 Schering AG（现为 AgrEvo GmbH）推广。主要用于防除大部分阔叶杂草如藜属、豚草属、牛舌草、鼬瓣花、野芝麻、野萝卜、繁缕、荞麦蔓等，但是苋等双子叶杂草耐药性强，对禾本科杂草和未萌发的杂草无效。主要通过叶面吸收，土壤施药作用小。

合成路线 甜菜安有多种合成方法，其中路线 1 原料易得，成本较低，比较常用。

常用剂型 13％水乳剂、160g/L、16％、21％乳油，可与甜菜宁、乙氧呋草黄复配。

甜菜宁（phenmedipham）

$C_{16}H_{16}N_2O_4$，300.3，13684-63-4

其他名称 甜安宁，凯米丰，甲二威灵，凯米双，苯敌草，Betanal，Bentanal，Kemifam，PMP，SN 38584，ZK 15320，SW 4072，M 75，Schering 4075，Schering 38584。

化学名称 3-[（甲氧羰基）氨基]苯基-N-(3-甲基苯基)氨基甲酸酯；3-[(methoxy-carbonyl) amino] phenyl-N-(3-methylphenyl) carbamate。

理化性质 纯品为无色结晶，m.p. 143～144℃。20℃时溶解度：水 6mg/L，丙酮、环己酮约200g/L，苯2.5g/L，氯仿20g/L，三氯甲烷16.7g/L，乙酸乙酯56.3g/L，乙烷约0.5g/L，甲醇约50g/L，甲苯0.97g/L。相对密度0.2～0.30（20℃）。蒸气压133mPa（25℃）。原药纯度>97％，m.p. 140～144℃，蒸气压1.3mPa（20℃）。在200℃以上稳定。在 pH=5，水解DT_{50}为50d，pH=7时14.5h，pH=9时10min。土壤中DT_{50}为2d。制剂外观为浅色透明液体，相对密度1.00（25℃），常温贮存稳定可达数年。

毒性 急性经口LD_{50}（mg/kg）：大鼠和小鼠>8000，狗和鹌鹑>4000，野鸭>2100。对皮肤和眼睛有轻度刺激性。NOEL：大鼠（2年）100mg/kg，狗（2年）1000mg/kg。野鸭和山齿鹑饲喂LC_{50}（8d）>10000mg/kg饲料。鱼毒LC_{50}（96h）：虹鳟鱼1.4～3.0mg/L，太阳鱼3.98mg/L。蚯蚓LD_{50}447.6mg/kg土壤。对鸟类低毒，对蜜蜂毒性较低。

应用 选择性苗后茎叶处理剂，由 Schering AG（现为 AgrEvo GmbH）推广。适用于甜菜作物特别是糖用甜菜、草莓。甜菜对进入体内的甜菜宁可进行水解代谢，使之转化为无害化合物，从而获得选择性。甜菜宁药效受土壤类型和湿度影响较小。主要用于防除大部分阔叶杂草如藜属、豚草属、牛舌草、鼬瓣花、野芝麻、野萝卜、繁缕、荞麦蔓

847

等，但是苋等双子叶杂草耐药性强，对禾本科杂草和未萌发的杂草无效。主要通过叶面吸收，土壤施药作用小。

合成路线 甜菜宁有多种合成方法，其中路线 1 原料易得，成本较低，比较常用。

常用剂型 主要有 160g/L、16%、21%乳油，可与甜菜安、乙氧呋草黄等复配。

喔草酯（propaquizafop）

$C_{22}H_{22}ClN_3O_5$，443.9，111479-05-1

其他名称 CGA 233380，Ro 17-3664/000。

化学名称 2-异亚丙基氨基氧乙基 (R)-2-[4-(6-氯喹喔啉-2-基氧) 苯氧基] 丙酸酯；2-isopropylideneaminooxyethyl (R)-2-[4-(6-chloroquinoxalin-2-yloxy) phenoxy] propionate。

理化性质 纯品喔草酯为无色晶体，m. p. 66.3℃。25℃时溶解度：水 0.63mg/L，乙醇 59g/L，丙酮 730g/L，甲苯 630g/L，己烷 37g/L，辛醇 16g/L。分配系数 $K_{ow}=4000$ (pH=7)。室温下，密闭容器中稳定≥2 年，25℃、pH=7 时对水解稳定，对紫外线稳定。

毒性 喔草酯原药急性 LD_{50} (mg/kg)：大鼠经口约 5000，小鼠经口 3009，大鼠经皮 2000。对兔皮肤无刺激，对眼睛有轻微刺激。无诱变性，无致畸和胚胎毒性。吸入 LC_{50} (4h)：大鼠 2500mg/m³ 空气。NOEL：大鼠和小鼠（2 年）1.5mg/(kg 体重 · d)。ADI：人 0.015mg/kg 体重。

应用 喔草酯属 2-(4-芳氧基苯氧基) 链烷酸类除草剂，P. E. Bocionet. al 报道，Dr. R. Maag Ltd. 开发。喔草酯是脂肪酸合成抑制剂。本品对许多主要的一年生和多年生禾本科杂草有较好的防除效果，防除一年生禾本科杂草，视杂草种类，施药量为 60～120g (a. i.)/hm²；防除多年生杂草时，施药量为 140～280g (a. i.)/hm²。在相对低温下，本品也具有良好的防除活性，对大豆、棉花、油菜、马铃薯和蔬菜等安全，在杂草幼苗期和生长期施药效果最好，且作用迅速。添加剂可提高防效 2～3 倍，施药后 1h 降雨对防效无影响。本品迅速被植株的叶和根吸收，并转移至整个植株。芽后施药 4d，敏感的禾本科杂草停止生长；施药后 8～12d，植株组织发黄或者红色，在 3～7d 后枯死。

合成路线

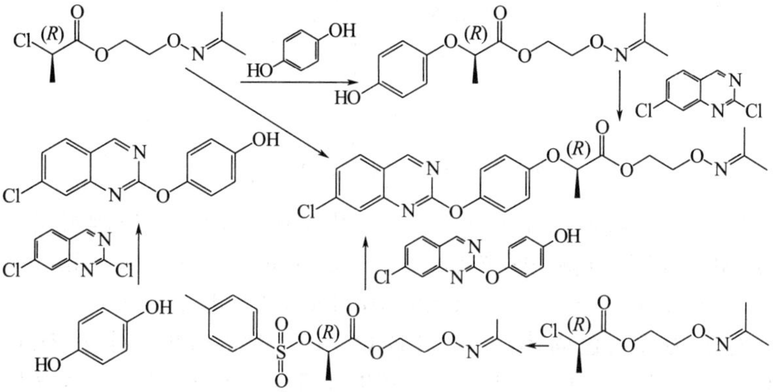

常用剂型　喔草酯常用制剂主要有 100g/L、240g/L 乳油。

肟草安（fluxofenim）

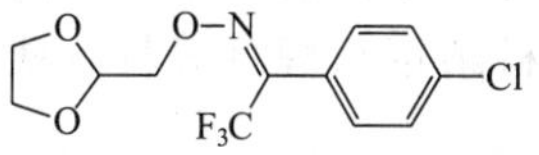

$C_{12}H_{11}ClF_3NO_3$，309.67，88485-37-4

其他名称　CGA133205。

化学名称　$4'$-氯-2,2,2,-三氟乙酰苯-O-1,3-二噁戊环-2-基甲基肟；$4'$-chloro-2,2,2-trifluoroacetophenone-O-1,3-dioxolan-2-ylmethyl-oxime。

理化性质　纯品肟草安为油状物，b. p. 94℃（13.3Pa）。20℃时溶解度：水 30mg/L，与一般有机溶剂互溶。密度 1.36g/cm³。蒸气压 38mPa（20℃）。正辛醇/水分配系数 7950（反相 TLC 法）。对热（≤200℃）稳定。

毒性　肟草安原药急性 LD_{50}（mg/kg）：大鼠经口 670，大鼠经皮＞1540。吸入 LC_{50}（4h）：大鼠＞1.2mg/L。NOEL：大鼠（90d）10mg/(kg·d)，狗（1 年）20.0mg/(kg·d)。鹌鹑经口 LD_{50}＞2000mg/kg，LC_{50}（8d）＞5000mg/L。鳟鱼 LC_{50} 0.86mg/L；蓝鳃 LC_{50} 2.5mg/L；水蚤（48h）0.22mg/L。

应用　肟草安是肟醚除草安全剂，汽巴-嘉基公司推广。肟草安用于保护高粱不受异丙甲草胺危害。以 0.3～0.4g/kg 作种子处理，可加速其代谢，保持高粱的耐药性。

合成路线

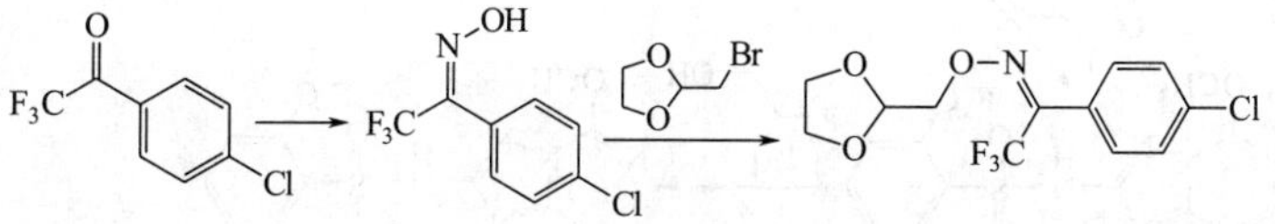

常用剂型　可加工成乳油。

五氟磺草胺（penoxsulam）

$C_{16}H_{14}F_5N_5O_5S$，483.37，219714-96-2

化学名称 3-(2,2-二氟乙氧基)-N-(5,8-二甲氧基-[1,2,4]三唑并 [1,5-c] 嘧啶-2-基)-α,α,α-三氟甲苯基-2-磺酰胺；3-(2,2-difluoroethoxy)-N-(5,8-dimethoxy-[1,2,4] triazolo [1,5-c] pyrimidin-2-yl)-α,α,α trifluorotoluene-2-sulfonamide.

理化性质 原药为浅褐色固体，m. p. 212℃。19℃时溶解度：水 5.7mg/L（pH＝5）、410mg/L（pH＝7）、1460mg/L（pH＝9）。密度 1.61g/mL（20℃）。蒸气压 2.49×10^{-14} Pa（20℃），9.55×10^{-14} Pa（25℃）。在 pH＝5～9 的水中稳定。

毒性 原药急性 LD_{50}（g/kg）：大鼠经口＞5，兔经皮＞5。大鼠急性吸入 LC_{50}（4h）＞3.5mg/L。对眼睛和皮肤有极轻微刺激性。

应用 五氟磺草胺为稻田用广谱除草剂，可有效防除稗草（包括对敌稗、二氯喹啉酸及抗乙酰辅酶 A 羧化酶具抗性的稗草）、千金子以及一年生莎草科杂草，并对众多阔叶杂草有效，如沼生异蕊花、醴肠、田菁、竹节草、鸭舌草等；同时，其亦可防除稻田中抗苄嘧磺隆的杂草，且对许多阔叶杂草及莎草科杂草与稗草等具有残留活性，为目前稻田用除草剂中杀草谱最广的品种之一。

合成路线 根据中间体的合成方法，五氟磺草胺有两种合成路线，即路线 1→2→3→4→5→6→7→8 和路线 9→10→11→12→13→7→8。

850

常用剂型 主要有22％悬浮剂，25g/L、60g/L可分散油悬浮剂等，可与氰氟草酯复配。

五氯酚钠（PCP-Na）

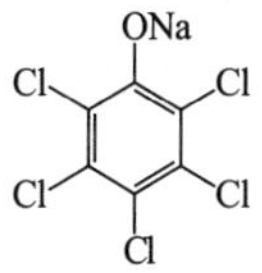

C₆Cl₅NaO，288.32，131-52-2

其他名称 Penta，Penchlorol。

化学名称 五氯酚钠；pentachlorophenol-sodium。

理化性质 纯品五氯酚钠为无色结晶，具有酚的气味，m. p. 191℃。30℃时溶解度：水20mg/L，溶于乙醇、甲醇、丙酮等多种有机溶剂，微溶于四氯化碳和石蜡烃。蒸气压16Pa（100℃）。水溶液呈弱碱性，加酸酸化至pH＝6.8～6.6时，全部析出为五氯酚。受日光照射易分解，干燥时性质稳定，有特殊气味。

毒性 五氯酚钠原药急性LD₅₀（mg/kg）：大白鼠经口126，小鼠经口216，家兔经皮＞250。对皮肤和眼睛有刺激作用，能发生接触性皮炎。吸入LC₅₀：大鼠＞131mg/L。用10mg/（kg·d）剂量混饲料喂大鼠和狗10～28周无死亡。致突变试验阴性。鲤鱼（48h）LC₅₀0.35mg/L。

应用 五氯酚钠属于酚类除草剂。五氯酚钠是触杀性除草剂，主要用于水稻田，其次用于棉花、玉米、花生、果园、桑园、茶园除草。作杀菌剂防木材被菌类侵害，具有强的植物毒性，作为收获前脱叶剂和一般除草剂。芽前突然处理主要是防除稗草和其他多种由种子萌发的幼芽，如鸭舌草、瓜皮草、水马齿、节节菜、碱草、三棱草、藻类、狗尾巴草、马唐、蓼等。对牛毛草有一定的抑制作用。还可以用于杀灭钉螺、蚂蟥、白蚁等有害生物。

合成路线

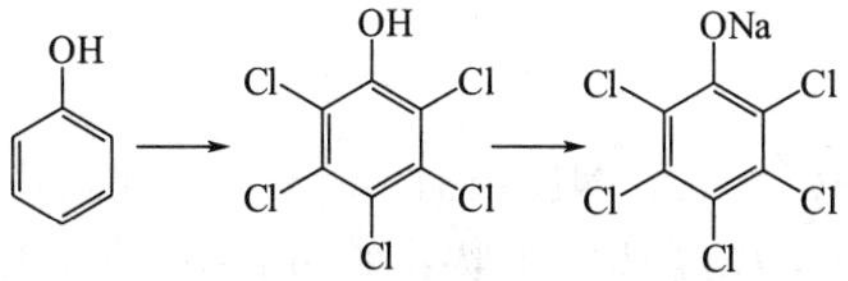

常用剂型 制剂主要有50％、65％、75％可湿性粉剂，80％原粉。

戊炔草胺（propyzamide）

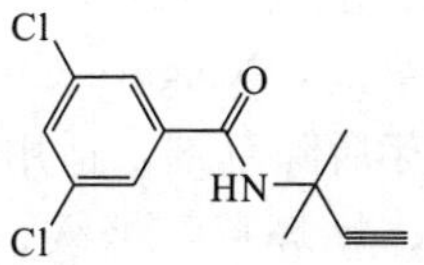

C₁₂H₁₁Cl₂NO，256.13，23950-58-5

其他名称 拿草特，Pronamide，Kerb，Poakil，快敌蜱，炔敌稗，炔苯酰草胺。

化学名称 3,5-二氯-N-(1,1-二甲基丙炔基)苯甲酰胺；3,5-dichloro-N-(1,1-dimethyl-propynyl) benzamide。

理化性质 戊炔草胺纯品为无色结晶固体，m. p. 155～156℃。25℃时溶解度：水 15mg/L，易溶于许多脂肪族和芳香族溶剂。蒸气压 11.3mPa (25℃)。室温下稳定。

毒性 戊炔草胺原药急性 LD$_{50}$（mg/kg）：大鼠经口 8350（雄）、5620（雌），兔经皮＞3160，狗经皮＞10000。对眼睛和皮肤有轻微刺激。吸入 LC$_{50}$：大鼠＞5.0mg/L。NOEL：大鼠（长期）200mg/kg 饲料，小鼠（长期）13mg/kg 饲料，狗（长期）300mg/kg 饲料。ADI：0.08mg/kg。对蜜蜂无毒。

应用 戊炔草胺属酰胺类除草剂，Rohm and Haas Company 推广。戊炔草胺是一种芽后处理的选择性除草剂，适用于小粒种子豆科作物、莴苣、花生、大豆、马铃薯、某些果园、草皮和一些观赏植物，用来防除一年生杂草和某些多年生杂草如野燕麦、宿根高粱、狗芽根、马唐、稗、早熟禾、莎草等。

合成路线

常用剂型 主要有 50% 可湿性粉剂。

戊酰苯草胺（pentanochlor）

C$_{13}$H$_{18}$ClNO，239.74，2307-68-8

其他名称 CMMP，FMC-4512，NIA-4512。

化学名称 3′-氯-2-甲基-p-戊酰替甲苯胺；3′-chloro-2-methyl-p-valerotoluidide。

理化性质 戊酰苯草胺纯品为无色结晶，m. p. 85～86℃。25℃时溶解度：水 8～9mg/L，二异丁基酮 460g/L，异佛尔酮 550g/L，甲基酮异丁基 520g/L，二甲苯 200～300g/L，松油 410g/L。相对密度 1.106 (25℃)。室温下稳定。无腐蚀性。

毒性 戊酰苯草胺原药急性 LD$_{50}$（mg/kg）：大白鼠经口＞10000，兔经皮＞10000。20g/kg 喂大白鼠 140d，对体重和存活率都无影响，但肝有组织变异；2g/kg 则没有发现这种现象。鲤鱼（48h）LC$_{50}$1.8mg/kg；水蚤（3h）LC$_{50}$3.2mg/kg。

应用 戊酰苯草胺属于酰胺类除草剂，Niagara Chemical Division of the FMC Corporation 推广。戊酰苯草胺是一种选择性芽后除草剂，适用于萝卜、番茄、草莓、芹菜等田地防除禾本科和一年生阔叶杂草，如马唐、蟋蟀草、繁缕、豚草、藜、萹蓄、小蓟等。用药量，有效成分 4kg/hm^2，加水 750～900kg 均匀喷雾。

合成路线

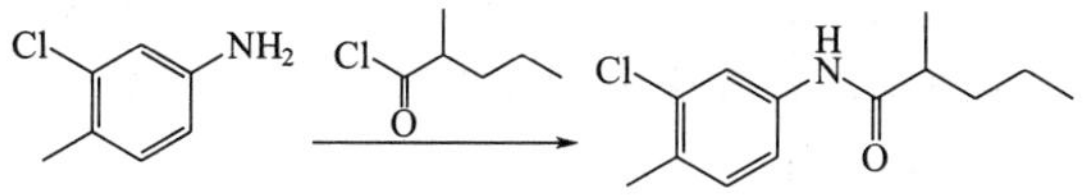

常用剂型　主要有可湿性粉剂、悬浮剂等。

戊硝酚（dinosam）

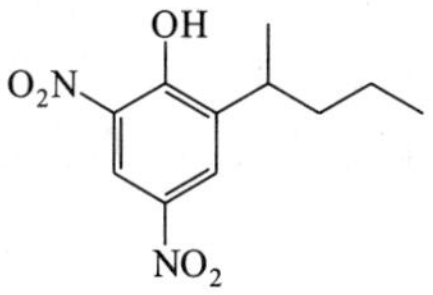

$C_{12}H_{14}N_2O_5$，254.2，4097-36-3

其他名称　DNAP，Chemox General，DNSAP，DNOSAP。

化学名称　2-(1-甲基丁基)-4,6-二硝基酚，2-(1-methylbutyl)-4,6-dinitrophenol。

理化性质　戊硝酚原药为乳白色晶体，m. p. 39.5-41.5℃，b. p. 100℃（0.02mmHg）；25℃时溶解度：水 242mg/L，能溶于乙醇、乙醚、丙酮、氯仿等有机溶剂；密度 1.133（25℃）；蒸气压 2.9mPa（25℃）；分解温度 105℃，在强酸强碱条件下分解。

应用　戊硝酚作为一般除草剂使用和在收获前喷施，可防除荠菜、藜、千里光属、繁缕、酸模等，并具有杀螨活性。

合成路线

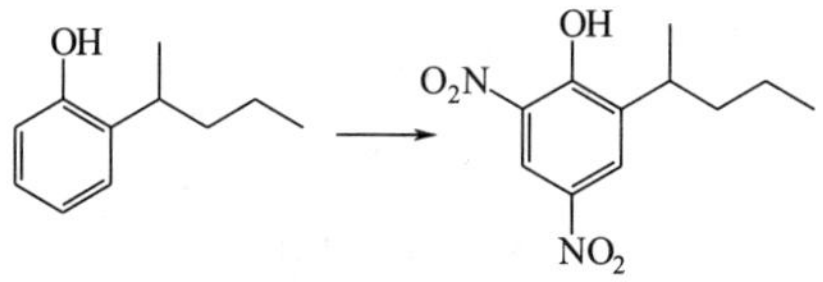

常用剂型　我国未见相关制剂产品登记。

西草净（simetryn）

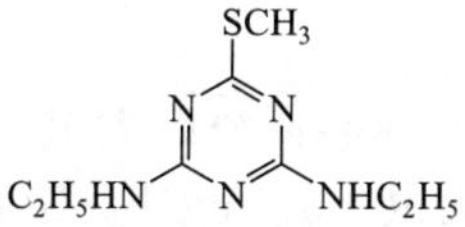

$C_8H_{15}N_5S$，213.3，1014-70-6

其他名称　G32911，Gy-Ben。

化学名称　2-甲硫基-4,6-二（乙氨基）-1,3,5-三嗪；2,4-bis（ethylamino）-6-methyl-mercapto-S-1,3,5-triazine。

理化性质　纯品西草净为白色结晶，m. p82～83℃。20℃时溶解度：水 400mg/L，丙酮 400g/L，甲醇 380g/L，甲苯 300g/L，己烷 4g/L，辛醇 160g/L。相对密度 1.02。蒸气压 9.47×10^{-5}Pa（20℃）。分配系数 $K_{ow}\lg P=0.80$（25℃）。亨利常数 $<5.3 \times 10^{-8}$Pa·m³/mol（计算值）。常温下贮存两年，有效成分含量基本不变，遇酸、碱或高温易分解。可燃，燃烧产生有毒硫氧化物和氯化物气体。

毒性 西草净原药急性 LD_{50}（mg/kg）：大白鼠经口 750~1195，小鼠经口 535，雄豚鼠经皮 >5000，大鼠经皮 >3200。对兔皮肤和眼睛无刺激性。NOEL：大鼠（2 年）2.5mg/kg（bw），小鼠（2 年）56mg/(kg·d)，狗（2 年）10.5mg/(kg·d)。ADI（日本）：0.025mg/kg。鳟鱼（96h）LC_{50} 70mg/kg；虹鳟（96h）LC_{50} 5.2mg/kg。对蜜蜂无毒。对海藻有毒。

应用 西草净属于三氮苯类除草剂，日本 Nibon Nohyaku Co Ltd 研发。西草净是选择性、内吸传导型除草剂，能通过杂草根、叶吸收，并传导到植株全身，抑制杂草光合作用，使叶片失绿变黄而死亡。西草净主要用于水稻，也可用于玉米、大豆、小麦、花生和棉花等作物，防除眼子菜、牛毛草、稗草、野慈姑、苦草、瓜皮草、水鳖、三棱草、苋菜、铁苋菜、藜、蓼等杂草。

合成路线

常用剂型 西草净制剂主要有 25% 可湿性粉剂，以及与 2 甲 4 氯钠、丁草胺复配的 60% 乳油。

西玛津（simazine）

$C_7H_{12}ClN_5$，201.7，122-34-9

其他名称 西玛嗪，田保净，Gesatop，Princep，Simanex，Aquzine，Weedex。

化学名称 2-氯-4,6-二乙氨基-1,3,5-三嗪；2-chloro-4,6-diethyl amino-1,3,5-triazine。

理化性质 纯品西玛津为白色粉末，m.p. 226~227℃。溶解度：水 6.2mg/L（20℃，pH=7），25℃ 时，乙醇 0.57g/L，丙酮 1.5g/L，甲苯 0.13g/L，辛醇 0.39g/L，正己烷 3.1g/L。化学性质稳定，但在较强的酸碱条件下和较高温度下易水解，生成无活性的羟基衍生物。无腐蚀性。

毒性 西玛津原药急性 LD_{50}（mg/kg）：经口大鼠、小鼠、兔 >5000，经皮大鼠 >2000。对兔皮肤无刺激。吸入 LC_{50}（4h）：大鼠 >5.5mg/L。NOEL：雌大鼠（2 年）0.5mg/(kg·d)，雌狗（1 年）0.8mg/(kg·d)，小鼠（95 周）5.7mg/(kg·d)。ADI：0.005mg/kg。野鸭急性经口 $LD_{50}>2000$mg/kg。蜜蜂经口和局部接触（48h）$LD_{50}>99\mu g$/只。

应用 西玛津属于三氮苯类除草剂，是选择性内吸传导型土壤处理除草剂，主要适用于玉米、甘蔗、高粱、茶树、橡胶及果园、苗圃等防除由种子繁殖的一年生或越年生阔叶杂草和多数单子叶杂草；对由根茎或根芽繁殖的多年生杂草有明显的抑制作用；适当增大剂量也作森林防火道、铁路路基沿线、庭院、仓库存区、油罐区、贮木厂等的灭火性除草剂。

合成路线

常用剂型 主要有 90%水分散粒剂、50%悬浮剂、50%可湿性粉剂等。

烯草胺（pethoxamid）

$C_{16}H_{22}ClNO_2$，295.8，106700-29-2

其他名称 Koban（Tokuyama），Successor600（Stahler，Tokuyama）。

化学名称 2-氯-N-(2-乙氧基乙基)-N-(2-甲基-1-苯基丙烯-1-基) 乙酰胺 （IUPAC）；2-氯-N-(2-乙氧基乙基)-N-(2-甲基-1-苯基-1-丙烯基) 乙酰胺 （CA）。

理化性质 纯品烯草胺为红棕色晶状固体，m. p. 37～38℃，b. p. 141℃/20Pa，闪点 299℃（$1.015×10^5$Pa）时自燃。20℃时溶解度：水 401mg/L，丙酮 3566g/kg，1,2-二氯乙烷 6463g/kg，乙酸乙酯 4291g/kg，甲醇 3292g/kg，正庚烷 117g/kg，二甲苯 2650g/kg。相对密度 1.19。蒸气压 $3.4×10^{-1}$mPa。分配系数 $K_{ow}\lg P=2.86$。在 pH=5、7 和 9 时，对水相对稳定。

毒性 烯草胺原药急性 LD_{50}（mg/kg）：大鼠经口 196，大鼠经皮＞2000。对兔皮肤和眼睛无刺激性，对豚鼠皮肤有致敏作用。吸入 LC_{50}（4h）：大鼠＞4.16mg/L。NOEL：大鼠（90d）7.5mg/(kg·d)。无致突变和致癌作用。鹌鹑经口 LD_{50} 1800mg/kg，鹌鹑饲喂 LC_{50}＞5000mg/kg；蓝鳃太阳鱼（96h）LC_{50} 6.6mg/L；虹鳟（96h）LC_{50} 2.2mg/L；水蚤（48h）EC_{50} 23mg/L；羊角月牙藻（120h）EC_{50} 5.0μg/L；鱼腥藻（120h）EC_{50} 10mg/L；蜜蜂（48h，经口和接触）LD_{50}＞200μg/只；蚯蚓（14d）LC_{50} 435mg/kg。在水/沉积物中的 DT_{50} 为 5.1～10d；土壤中 DT_{50} 为 5.4～7.7d（20℃）。

应用 烯草胺由 ToKuyama 公司发现，与 Stahler Agrochemie GmbH 公司共同研发。烯草胺为细胞分裂抑制剂。烯草胺为内吸性除草剂，通过根部和嫩芽吸收。烯草胺在芽前和芽后早期用于防除玉米和大豆田的稗草、马唐和莠狗尾草等禾本科杂草，以及反枝苋、藜等阔叶杂草，施药量为 1.0～2.4kg/hm²。也可使用复配制剂，以提高对阔叶杂草的防除效果。

合成路线

常用剂型 制剂主要有 60%烯草胺乳油。

烯草酮（clethodim）

C$_{17}$H$_{26}$ClNO$_3$S，359.7，99129-21-2

其他名称　赛乐特，收乐通，Select，Selectone。

化学名称　（±）-2-[（E）-1-[（E）-3-氯烯丙氧基亚氨基]丙基]-5-[2-（乙硫基）丙基]-3-羟基环己-2-烯酮；（±）-2-[（E）-1-[（E）-3-chloroallyloxyimino]propyl]-5-[2-（ethylthio）propyl]-3-hydroxycyclohex-2-enone。

理化性质　纯品烯草酮为透明、琥珀色液体，沸点分解；原药为淡黄色油状液体。溶于大多数有机溶剂。紫外线、高温及强酸碱介质中分解。

毒性　烯草酮原药急性 LD$_{50}$（mg/kg）：大鼠经口 1630（雄）、1360（雌），兔经皮＞5000。对兔眼睛和皮肤有轻微刺激性。NOEL：大鼠（2 年）30mg/（kg·d）。对鱼类低毒。对动物无致畸、致突变、致癌作用。

应用　烯草酮属于 ACCase 抑制剂，高效、广谱环己烯酮类除草剂，Chevron 公司研制，住友化学公司开发，1980 年申请专利。主要用于大豆、油菜、棉花、甜菜、花生、亚麻、马铃薯、向日葵、苜蓿、果树、蔬菜等作物，防除一年生阔叶杂草和禾本科杂草，如稗草、马唐、早熟禾、野燕麦、狗尾草、千金子、看麦娘、蓼、牛筋草、稷、芦苇等。可与多种除草剂混用，使用剂量 50～100g（a.i.）/hm^2。

合成路线　由相应的烯酮与丙二酸二乙酯在氢氧化钠存在下缩合、环合，得到 5-烷基环己二酮-3-羧酸酯，该化合物经水解、脱羧，然后与丙酰氯反应，生成 3-丙酰氧基-5-烷基环己烯酮，后者于二氯甲烷中在三氯化铝存在下进行异构化反应，生成 2-丙酰基-3-羟基-5-烷基环己酮，该化合物与 H$_2$NOCH$_2$CH＝CHCl 反应，制得烯草酮。

常用剂型　主要有可分散油悬浮剂、乳油等，可与二氯吡啶酸、草除灵、氟磺胺草醚、异噁草松等复配。

856

稀禾定（sethoxydim）

$C_{17}H_{29}NO_3S$，361.3，74051-80-2（ⅰ）；71441-80-0（ⅱ）

其他名称　拿捕净，西草杀，稀禾啶，硫乙草丁，乙草丁，硫乙草灭，heckmate，Expand，Nabugram，Sertin，Super Monolox。

化学名称　（±）-（*EZ*）-2-[1-(乙氧基亚氨基) 丁基]-5-[2-(乙硫基) 丙基]-3-羟基环己-2-烯酮；（±）-（*EZ*）-2-[1-(etoxyimino) butyl]-5-[2-(ethylthio) propyl]-3-hydroxycyclohex-2-enone。

理化性质　纯品稀禾定为无臭液体，b. p. ＞90℃/3×10⁻⁵ mmHg。20℃时溶解度：水4.7g/L，与甲醇、己烷、乙酸乙酯、甲苯、辛醇、二甲苯等有机溶剂互溶。不能与无机或有机铜化合物相混配。

毒性　稀禾定原药急性 LD_{50}（mg/kg）：大鼠经口 3200（雄）、2676（雌），小鼠经口5600（雄）、6300（雌），小鼠经皮＞5000。对兔眼睛和皮肤无刺激性。NOEL：大鼠（2年）17.2mg/（kg·d）。对动物无致畸、致突变、致癌作用。对鱼类低毒。

应用　稀禾定属于 ACCase 抑制剂，广谱环己烯酮类除草剂，日本曹达公司开发，1977年申请专利。主要用于大豆、油菜、棉花、甜菜、花生、亚麻、马铃薯、向日葵、苜蓿、果树、蔬菜等作物，防除一年生阔叶杂草和禾本科杂草，几乎对所有的阔叶作物安全；可有效地防除稗草、马唐、早熟禾、野燕麦、狗尾草、千金子、看麦娘、蓼、牛筋草、稷、芦苇等。

合成路线　有乙氧胺法和羟肟酸法两种合成路线，并且两种路线的前部分相同：以丁烯-2-醛为原料，在叔胺催化下，与乙硫醇反应，生成 3-乙硫丁基丁醛，继而与乙酰乙酸钠盐反应，制得中间体 6-乙硫基-3-庚烯-2-酮，再与丙酸二甲酯加成、环化，继而水解、脱羧，得到 5-[2-(乙硫基) 丙基]-1,3-环己二酮，然后与丁酰氯反应，以后两种方法路线不同，即乙氧胺法和羟肟酸法。

常用剂型　制剂主要有 20% 乳油和 50% 可湿性粉剂。

辛酰碘苯腈（ioxynil-octanoate）

$C_{15}H_{17}I_2NO_2$，497，3861-47-0

其他名称　MB 11641，15830RP。

化学名称　3,5-二碘代-4-辛酰碘苯腈；3,5-di-iodo-4-octanoyloxybenzonitrile。

理化性质　纯品辛酰碘苯腈为蜡状固体，m. p. 59～60℃。20～25℃时溶解度（g/L）：不溶于水，丙酮中 100，苯、氯仿中 650，环己酮、二甲苯中 500，二氯甲烷中 700，乙醇中150。蒸气压 3.7mPa（105℃）。贮存稳定，但在碱性介质中迅速水解。

毒性 辛酰碘苯腈原药急性 LD_{50}（mg/kg）：经口大鼠 190、小鼠 240（制剂），经皮大鼠＞912、小鼠 1240。NOEL：大鼠（90d）$4mg/(kg \cdot d)$。野鸡经口 LD_{50} 1000mg/kg，野鸭经口 LD_{50} 1200mg/kg。花斑鱼（48h）LC_{50} 4mg/L。

应用 辛酰碘苯腈属于腈类除草剂，由 May & Baker 有限公司推广。辛酰碘苯腈以触杀作用为主，具有很低的传导性。辛酰碘苯腈适用于禾谷类作物、甜菜和洋葱地，用于芽后防除一年生阔叶杂草。

合成路线

常用剂型 30％水乳剂。

辛酰溴苯腈（bromoxynil octanoate）

$C_{15}H_{17}Br_2NO_2$，403，1689-99-2

其他名称 MB10731，OxytrilP，16272RP。

化学名称 3,5-二溴-4-辛酰氧基苄腈；3,5-dibromo-4-octanoyloxybenzonitrile。

理化性质 纯品辛酰溴苯腈为淡黄色、低挥发性蜡状固体，m.p. 45～46℃。25℃时溶解度：不溶于水，丙酮＞10％，甲醇 10％，二甲苯 70％。在 90℃/13.33Pa 下升华。工业品微有油脂气味，在 40～44℃以上熔融。在贮存中稳定，与大多数其他农药不反应，稍有腐蚀性，易被稀碱液水解。在土壤中通过微生物作用和化学过程被迅速分解，半衰期大约 10d。在动植物中水解成酚，腈基水解为酰胺和游离羧酸，并有一些脱卤作用。

毒性 辛酰溴苯腈原药急性经口 LD_{50}（mg/kg）：大鼠 250、小鼠 245、家兔 325、犬50。大鼠以含 312mg/kg 的饲料饲养 3 个月无不良影响，但含 781mg/kg 的饲料则抑制大鼠生长。犬每天饲喂 5mg/kg 3 个月无不良影响；以 25mg/kg 剂量饲喂，虽无厌食现象，但体重减轻。野鸡（8d）LC_{50} 4400mg/kg。虹鳟（96h）LC_{50} 0.05mg/L。

应用 辛酰溴苯腈属腈类除草剂，Mayer and Baker 公司推广。辛酰溴苯腈为触杀性除草剂，适用于禾谷类作物，防治一年生阔叶杂草。

合成路线

常用剂型 30％、38％、39％可分散油悬浮剂，25％乳油，可与 2,4-滴异辛酯、烟嘧磺隆、莠去津复配。

新燕灵（benzoylprop ethyl）

$C_{18}H_{17}Cl_2NO_3$，366，33878-50-1（L），22212-55-1（DL）

其他名称　莠非敌，SD-30053，WL-17731，WI273，Suffix。

化学名称　N-苯甲酰-N-(3,4-二氯苯基)-L-β-氨基丙酸乙酯；N-benzoyl-N-(3,4-dichlorophenyl)-L-alanine ethyl ester。

理化性质　纯品新燕灵为灰白色结晶粉末，m.p.70～71℃。25℃时水中溶解度20mg/L；20℃时，在丙酮中的溶解度为70％～75％。蒸气压4.66μPa（20℃）。对光和水解稳定，在中性溶液中十分稳定，在酸性和碱性溶液中缓慢分解。

毒性　新燕灵原药急性LD_{50}（mg/kg）：大鼠经口1500，小鼠经口716，大鼠和小鼠经皮＞1000，野鸭经口＞200，家畜经口＞1000。水中LC_{50}（100h）：丑角鱼5mg/L。NOEL：大鼠（13周）1000mg/L，狗（13周）300mg/L。

应用　新燕灵属于酰胺类除草剂，由Shell Research Limited推广。新燕灵是选择性内吸传导型茎叶处理除草剂，主要防除冬春麦田野燕麦，也可防除油菜、甜菜田的野燕麦杂草，对某些一年生阔叶杂草如藜、扁蓄等也有一定的防效。

合成路线

常用剂型　制剂主要有20％乳油。

秀谷隆（metobromuron）

$C_9H_{11}BrN_2O_2$，259.1，3060-89-7

其他名称　溴谷隆，C3126，CIBA3126，Patoran。

化学名称　3-(4-溴苯基)-1-甲氧基-1-甲基脲；3-(4-bromophenyl)-1-methoxy-1-methylurea。

理化性质　纯品秀谷隆为白色结晶，m.p.95.5～96℃。20℃时溶解度：水0.33g/L，丙酮 500g/L，二氯甲烷 550g/L，甲醇 240g/L，甲苯 100g/L，辛醇 70g/L，氯仿 62.5g/L，己烷 2.6g/L。相对密度 1.60。蒸气压 0.40mPa（20℃）。在中性、稀酸、稀碱介质中非常稳定；在强酸和强碱中水解。DT_{50}（20℃）150d（pH＝1）、＞200d（pH＝9）、83d（pH＝13）。

毒性　秀谷隆原药急性 LD_{50}（g/kg）：大鼠经口 2.603，大鼠经皮＞3，兔经皮＞10.2。对兔眼和皮肤有轻微刺激。吸入 LC_{50}（4h）：大鼠＞1.1mg/L。NOEL：大鼠（2 年）250mg/kg 饲料［17mg/（kg・d）］（bw），狗 100mg/kg 饲料［3mg/（kg・d）］。ADI：0.008mg/kg。

日本鹌鹑经口 LD_{50} 565mg/kg；北京鸭经口 LD_{50} 6643mg/kg；日本鹌鹑 LC_{50}（7d）＞10g/kg 饲料；野鸭 LC_{50}（7d）＞24.3g/kg 饲料；鹌鹑 LC_{50}（7d）18.1g/kg 饲料；虹鳟（96h）LC_{50} 36mg/L；蓝鳃（96h）LC_{50} 40mg/L；欧洲鲫鱼（96h）LC_{50} 40mg/L；蜜蜂：LC_{50}（经口）＞325μg/只蜜蜂，接触＞130μg/只蜜蜂；蚯蚓 LC_{50}（14d）＞467mg/kg；水蚤（48h）LC_{50} 44mg/L；海藻 EC_{50}（5d）0.26mg/L。

应用　秀谷隆属于脲类除草剂，CIBA AG（现为 Novartis Crop Protection AG）推广。秀谷隆是芽前除草剂，适应作物为马铃薯、菜豆和花生、向日葵、烟草等。

合成路线

常用剂型　制剂有 50％可湿性粉剂。

溴苯腈（bromoxynil）

$C_7H_3Br_2NO$，276.9，1689-84-5；$C_{15}H_{17}Br_2NO_2$，403.0，1689-99-2（酯）；2961-68-4（钾盐）

其他名称　伴地农，Brominil，Buctril，Brominal，Bronate，M&B 10064，Nu Lawn weeder，16272RP，ENT-20852，Butilchlorofos。

化学名称　3,5-二溴-4-羟基-1-氰基苯；3,5-dibromo-4-hydroxybenzonitrile。

理化性质　纯品溴苯腈为无色固体，m. p. 194～195℃。25℃时溶解度（g/L）：水 0.13（20℃），丙酮、环己酮170，甲醇90，乙醇70，石油＜20，苯10，四氢呋喃410，二甲基甲酰胺610。蒸气压 $6.3×10^{-3}$Pa（20℃）。在稀酸和稀碱中非常稳定，对紫外线稳定，低于熔点下稳定。

毒性　溴苯腈原药急性 LD_{50}（mg/kg）：经口大鼠190、小鼠110、兔260、狗约100；经皮大鼠＞2000、兔3660。对兔眼睛有刺激，对兔皮肤无刺激，对豚鼠皮肤无致敏作用。吸入 LC_{50}（4h）：大鼠0.41mg/L。NOEL：大鼠（2 年）100mg/kg。经口雉鸡 LD_{50} 50mg/kg，

母鸡 LD_{50} 240mg/kg，鹌鹑 LD_{50} 100～125mg/kg，野鸭 LD_{50} 200mg/kg；金鱼（48h）LC_{50} 0.46mg/L；鲶鱼（48h）LC_{50} 0.063mg/L；水蚤（48h）LC_{50} 12.5mg/L；蜜蜂经口（48h）LC_{50} 4μg/只。

溴苯腈辛酸酯急性 LD_{50}（mg/kg）：经口大鼠 250、小鼠 245；经皮大鼠 2000。大鼠以 312mg/kg 的饲料饲养 90d 无不良影响；狗每天饲喂 5mg/kg，90d 无不良影响。在试验剂量内无致畸、致突变、致癌作用，三代繁殖试验未见异常。虹鳟鱼 LC_{50} 0.05mg/L，野鸡经口 LD_{50} 50mg/kg。对蜜蜂和天敌安全。

应用　溴苯腈属于腈类除草剂，Amchem Products Inc. 推广。溴苯腈为选择性苗后茎叶处理触杀性除草剂。药剂通过叶片吸收，在植物体内进行极有限的传导，通过抑制光合作用的各个过程迅速使植物组织坏死。可在小麦 3～5 叶期，阔叶杂草基本出齐，处于 4 叶期前，用 22.5% 乳油 15～25.5mL/100m^2，对水 4.5kg 均匀喷雾，防效 90% 以上。溴苯腈除草剂还可大幅度提高作物产量，增产幅度为 10%～60%。建议使用剂量 15mL/100m^2。主要用于麦田、玉米、高粱、亚麻旱田防除藜、苋、麦瓶草、龙葵、苍耳、猪毛菜、麦家公、田旋花、荞麦蔓等阔叶杂草。

合成路线

常用剂型　主要有 400g/L 乳油、75% 水分散粒剂、80% 可溶粉剂、78% 可湿性粉剂。

溴丁酰草胺（bromobutide）

$C_{15}H_{21}BrNO$，311.1，74712-19-9

其他名称　Sumiberb。

化学名称　2-溴-N-(α,α-二甲基苄基)-3,3-二甲基丁酰胺；2-bromo-N-(α,α-dimethylbenzyl)-3,3-dimethylbutyramide。

理化性质　原药为无色至黄色晶体。25℃时溶解度：己烷 0.5g/L，甲醇 35g/L，二甲苯 4.7g/L，水 3.54mg/L（26℃）。

毒性　大、小鼠急性 LD_{50}（mg/kg）：经口＞5000，经皮＞5000。对兔皮肤无刺激作用，对兔眼睛有轻微的刺激作用，通过清洗可以消除。大、小鼠 2 年饲喂试验的结果表明，无明显的有害作用。Ames 试验表明，无致突变性。两代以上的繁殖研究结果表明：对繁殖无异常影响。

应用　溴丁酰草胺属酰苯胺类除草剂，日本住友化学公司开发。在水稻和杂草间有极好的选择性，在大田试验中，与某些除草剂混用对稗草、爪皮草的防除效果极佳；能有效防除一年生杂草，如稗、鸭舌草、母草、节节菜，以及多年生杂草，如细秆萤蔺、牛毛毡、铁荸荠、水莎草和瓜皮草。

合成路线

常用剂型 主要与其他药剂混用，可与苄草唑、吡唑特、苯噻酰草胺、萘丙胺等复配。

溴酚肟（bromofenoxim）

$C_{13}H_7Br_2N_3O_6$，461，13181-17-4

其他名称 C-9122，杀草全，二硝溴苯肟，溴苯肟醚，溴肟，CIB-9122，CIB-9122H。

化学名称 3,5-二溴-4-羟基-苯甲醛-O-(2,4-硝基苯基)肟；3,5-dibromo-4-hydroxy-benzaldehyde-O-(2,4-dinitrophenyl) oxime。

理化性质 纯品溴酚肟为乳白色无臭结晶粉末，m.p. 196～197℃。20℃时溶解度：水 0.6mg/L（pH3.8）、9mg/L（pH10），异丙醇 400mg/L，丙酮 1%，己烷和二氯甲烷 0.2%。相对密度 2.15（20℃）。蒸气压＜$1.0×10^{-5}$ mPa（20℃）。70℃时水解 50% 的时间：pH1 时 41.4h，pH5 时 9.6h，pH9 时 0.76h。

毒性 溴酚肟原药急性 LD_{50}（mg/kg）：经口（工业品）大鼠为 1217，犬＞1000，小鼠 940；经皮大鼠 3000。家兔以 0.5g 或 0.5mL 1% 水悬乳剂处理皮肤，对皮肤无刺激性。急性吸入 LC_{50}（6h）：大鼠＞0.242mg/L。以 1g/kg 剂量对家兔皮肤处理 21 次时，无中毒症状发生。NOEL（90d）：大鼠和狗 300mg/kg，较高剂量会使体重增加减低，食量减少。

应用 溴酚肟是苯氧基类除草剂，Ciba-Geigy 推广，除草活性由 D.H. Green 等报道。溴酚肟是一个叶面作用的除草剂，对一年生双子叶杂草具有强烈的触杀活性，适用作物有小麦、大麦、燕麦和谷物。对一年生杂草十分有效，包括对苯氧类除草剂产生抗性的杂草。为了增大除草谱和延长防治周期，可与特丁津混合使用。

合成路线

常用剂型 制剂主要有 50% 可湿性粉剂。

烟嘧磺隆（nicosulfuron）

$C_{15}H_{18}N_6O_6S$，410.4，111991-09-4

其他名称 烟磺隆，玉农乐，Accent，Nisshin，SL 950，DPX-V 9360，MU 495。

化学名称 1-(4,6-二甲氧嘧啶-2-基)-3-(3-二甲氨基甲酰吡啶-2-基磺酰）脲 或 2-(4,6-二甲氧嘧啶-2-基氨基羰基氨基磺酰基)-N,N-二甲基烟酰胺；1-(4,6-dimethoxypyrimidin-2-yl)-3-(3-dimethylcarbamoyl-2-pyridylsulfonyl) urea。

理化性质 纯品烟嘧磺隆为无色晶体，m.p.169～172℃。25℃时溶解度：水 12.2g/kg，乙醇 23g/kg，乙腈 23g/kg，丙酮 18g/kg，二氯甲烷 140g/kg，甲苯 70g/kg。相对密度 0.313（20℃）。蒸气压 $<8\times10^{-7}$ mPa。半衰期 15d（pH5）。在 pH7、9 时稳定。

毒性 烟嘧磺隆原药急性 LD_{50}（mg/kg）：大、小鼠经口 >5000，山齿鹑经口 >2250，野鸭经口 >2000，大鼠经皮 >2000。对兔皮肤无刺激性，对兔眼睛有中度刺激性，对豚鼠皮肤无过敏性。大鼠急性吸入 LC_{50}（4h）>5.47mg/L。NOEL（28d）：大、小鼠 30mg/kg 饲料。对动物无致畸、致突变、致癌作用。

应用 烟嘧磺隆超高效、内吸传导，日本石原公司开发，1986 年申请专利。烟嘧磺隆为玉米田除草剂，药剂进入玉米植株体内迅速被代谢为无活性物质，对大多数玉米品种安全，可有效地防除一年生杂草和多年生阔叶杂草如稗草、龙葵、野燕麦、苍耳、狗尾草、马唐、牛筋草、刺儿菜、芦苇等多种杂草。

合成路线 有异氰酸酯法和磺酰胺法两种路线。

常用剂型 主要有可分散油悬剂、可湿性粉剂、水分散粒剂等，如 40g/L 悬浮剂、80％可湿性粉剂，可与莠去津、硝磺草酮、乙草胺、2 甲 4 氯等复配。

燕麦敌（diallate）

$C_{10}H_{17}Cl_2NOS$，270.24，2303-16-4

其他名称　Avadex，CP 15336，DATC，DDTC，2,3-DCDT。

化学名称　N,N-二异丙基硫代氨基甲酸-S-2,3-二氯丙烯基酯；S-2,3-dichloroally-di isopropyl thiocarbamate。

理化性质　纯品为琥珀色液体，具有特殊臭味，b. p. 150℃/1.2kPa。25℃时溶解度：水 40mg/L，可溶于有机溶剂。在强酸及高温下分解。

毒性　急性毒性 LD_{50}：大鼠经口 395mg/kg，小鼠经口 790mg/kg。

应用　播前除草剂，由 Monsanto Company 推广。对小麦、青稞、豌豆、马铃薯、蚕豆等作物无不良影响。燕麦敌是防除野燕麦的高效低毒化学除草剂，防治野燕麦效果高达 95% 以上。另外，对菟丝子草的防除效果高达 98% 以上。

合成路线

常用剂型　主要有 10% 颗粒剂，也可加工成乳油。

燕麦灵（barban）

$C_{11}H_9Cl_2NO_2$，258.1，101-27-9

其他名称　CS-847，氯炔草灵。

化学名称　4-氯丁炔-2-基-3-氯苯氨基甲酸酯；4-chlorobut-2-ynyl-3-chlorophenylcarbamate。

理化性质　纯品燕麦灵为白色结晶，m. p. 75～76℃。20℃时溶解度：水 0.011g/L，正己烷 1.4g/L，苯 327g/L，二氯乙烷 546g/L。蒸气压 0.05mPa（25℃）。25℃时在 1mol/L 浓度的氢氧化钠中的半衰期为 0.97min。可被碱水解并放出盐酸气，在酸性条件下，水解生成 3-氯丙烯酸。

毒性　燕麦灵原药急性毒性 LD_{50}：大鼠经口 1141～1706mg/kg（另有报道，大鼠和小鼠急性经口 LD_{50} 为 600mg/kg），兔经皮＞20000mg/kg。大鼠 30d 喂养试验中仅发现在高剂量（5g/kg）时影响生长。

应用　燕麦灵属于氨基甲酸酯类除草剂，由 Spencer Chemical company 推广。燕麦灵是防除野燕麦的选择性芽后除草剂，适用于小麦、大麦、油菜、苜蓿、三叶草、俄国野生黑麦草和其他禾本科牧草、蚕豆、甜菜、青稞田；防治野燕麦，对看麦娘、早熟禾等少数禾本科杂草也有防除效果，对阔叶杂草无效。

合成路线

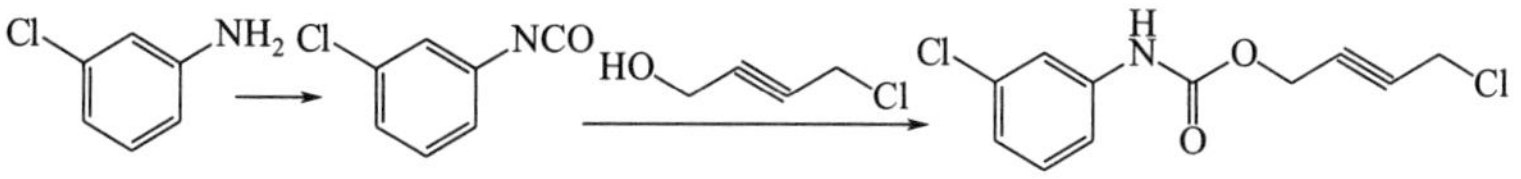

常用剂型　制剂主要有 15％乳油。

燕麦酯（chlorphenpropmethyl）

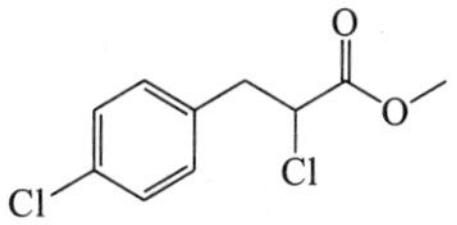

$C_{10}H_{10}Cl_2O_2$，233，14437-17-3

其他名称　Bayer 70533，W5769，BAY-5710-Hmethachlorphenprop，Chlo-rophenoprop，麦草散，麦敌散，拜的生，氯苯丙甲。

化学名称　2-氯-3-（4-氯苯基）丙酸甲酯；methy-12-chloro-3-（4-chlorophenyl）propi-onate。

理化性质　纯品燕麦酯为具茴香味道的无色液体，b. p. 110～113℃（13.3Pa）。20℃时溶解度：水 40mg/L，可溶于丙酮、芳烃、乙醚和脂肪油。相对密度 1.30（20℃）。蒸气压 0.93Pa（50℃）。

毒性　燕麦酯原药急性 LD_{50}（mg/kg）：经口大鼠 1200，豚鼠和家兔 500～1000，狗＞500，鸡约 1500；经皮大鼠＞2000。以该化合物对兔耳部处理 24h 会导致变红，但接触 8h 不引起症状。在三个月饲喂试验中，1g/kg 的饲料对雄性与雌性大鼠不产生有害作用。

应用　燕麦酯是触杀性选择性茎叶处理除草剂，Bayer Leverkusen 推广。燕麦酯是防除野燕麦的专效触杀性除草剂，适用于小麦、大麦、黑麦、玉米、甜菜、豌豆、大豆等，除燕麦外的谷类作物、饲料作物、甜菜和豌豆都有较强的耐药性；可有效防除野燕麦，但不能防除不孕野燕麦；施到生长点时药效最好。

合成路线

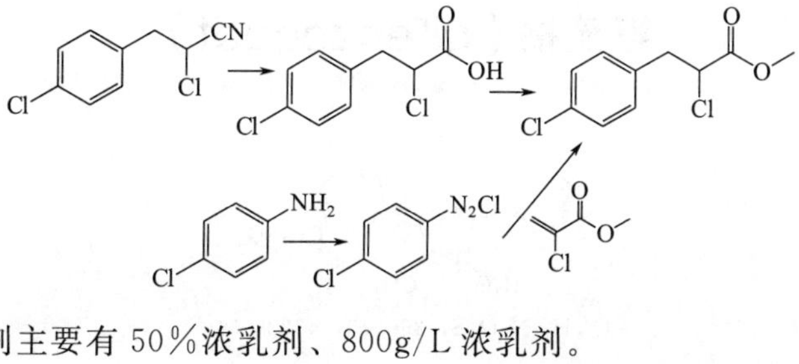

常用剂型　制剂主要有 50％浓乳剂、800g/L 浓乳剂。

野麦畏（triallate）

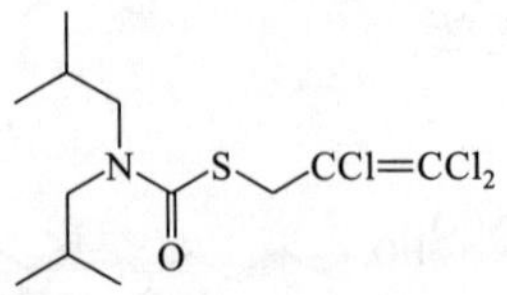

$C_{10}H_{16}Cl_3NOS$，304.66，2303-17-5

其他名称　阿畏达，燕麦畏，Fargo。

化学名称　S-（2,3,3-三氯丙烯基）-N,N-二异丙基硫赶氨基甲酸酯；S-（2,3,3-trichloro-2-propenyl）bis（1-methylethyl）carbamothioate。

理化性质　野麦畏工业品为琥珀色液体，略带特殊气味，纯品为无色或淡黄色固体，m. p. 29～30℃，b. p. 136℃/133.3Pa，117℃/40mPa。20℃时溶解度：水 40mg/kg，可溶于丙酮、三乙胺、苯、乙醚、乙醇、乙酸乙酯等大多数溶剂。相对密度 1.27（25℃）。蒸气压 16mPa（25℃）。

不易燃、不易爆，无腐蚀性；紫外线辐射不易分解，常温下稳定，超过 200℃分解。

毒性　原药毒性 LD_{50}（mg/kg）：大鼠经口 1675～2165，家兔急性经皮 2225～4050，鹌鹑经口 2251。对眼睛有轻度的刺激作用，对皮肤有中等的刺激性。在动物体内的积蓄作用属于中等。大鼠急性吸入 $LC_{50}>5.3$mg/L。NOEL：大鼠（2 年）20mg/kg，小鼠（2 年）50mg/kg，狗（1 年）2.5mg/kg。Ames 试验为阴性（对 TA1535，TA98，TA100）。有轻度诱变作用。对蜜蜂安全。

应用　该药为防除野燕麦类的选择性土壤处理剂，Monsanto Company 推广。适用于小麦、大麦、青稞、油菜、豌豆、蚕豆、亚麻、甜菜、大豆等防除野燕麦、看麦娘、野麦草等杂草。

合成路线

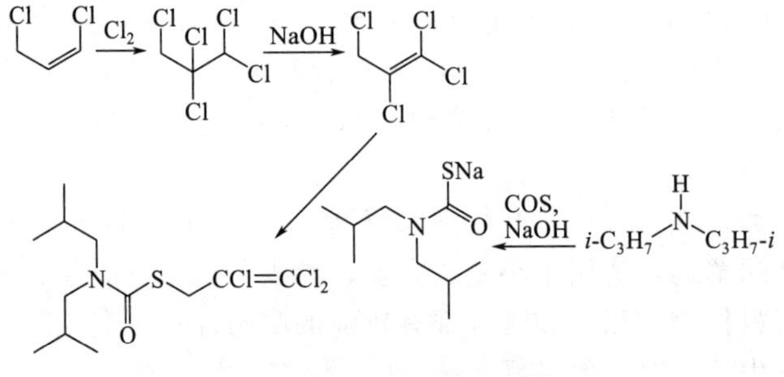

常用剂型　37％、40g/L 乳油，40％微胶囊悬浮剂等。

野燕枯（difenzoquat）

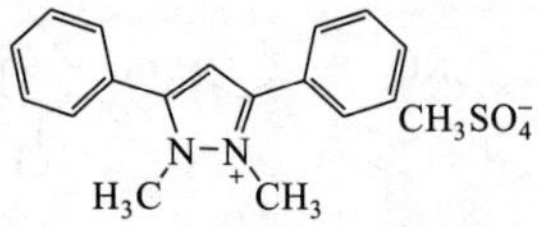

$C_{18}H_{20}N_2O_4S$，360.43，43222-48-6

866

其他名称 燕麦枯，双苯唑快，Avenge，Finaven。

化学名称 1,2-二甲基-3,5-二苯基吡唑阳离子或硫酸甲酯；1,2-dimethyl-3,5-diphenyl pyrazolium。

理化性质 原药纯度≥96%，纯品为无色固体，易吸潮，m.p.150～160℃。25℃时溶解度：水765g/L，二氯甲烷360g/L，氯仿500g/L，甲醇588g/L，1,2-二氯乙烷71g/L，异丙醇23g/L，丙酮9.8g/L，二甲苯<0.01g/L，微溶于石油醚、苯和二氧六环。相对密度1.48。蒸气压<1×10^{-2}mPa。水溶液对光稳定，热稳定，弱酸介质中稳定，但遇强酸和氧化剂分解。

毒性 急性经口 LD_{50}（mg/kg）：大鼠617（雄）、大鼠373（雌），小鼠31（雄）、小鼠44（雌）。雄兔急性经皮 LD_{50} 3540mg/kg。对兔皮肤中度刺激性，对眼睛严重刺激性。大鼠急性吸入 LC_{50}（4h）0.5mg/L 空气。NOEL：大鼠（2年）500mg/kg 饲料。ADI值：0.2mg/kg。饲喂 LC_{50}（8d）：山齿鹑>4640mg/L 饲料，野鸭>10388mg/L 饲料。鱼毒 LC_{50}（96h，mg/L）：虹鳟694，蓝鳃696。蜜蜂 LD_{50}（接触）36μg/只。

应用 由美国 ACC 公司生产。野燕枯主要用于防除小麦和大麦田中野燕麦等杂草。

合成路线

常用剂型 在我国登记的主要制剂有 40%水剂。

一氯醋酸（monochloroacetic acid）

$C_2H_3ClO_2$，94.5，79-11-8

其他名称 其钠盐称为 SMA 或 SMCA。

理化性质 纯品一氯醋酸为无色结晶固体，以 α、β、γ 三种异构体形式存在。m.p.：α-异构体63℃、β-异构体55～56℃、γ-异构体50℃、工业品61～63℃。b.p.189℃。溶解度：

易溶于水，溶于乙醇、乙醚、苯、二硫化碳和氯仿。相对密度 1.580。钠盐在 20℃水中溶解度为 850g/L。其钠盐为白色无味结晶固体，工业品纯度约 90%。

毒性 一氯醋酸原药（钠盐）急性经口 LD_{50}（mg/kg）：大鼠 650，小鼠 165。粉尘对皮肤和眼睛有刺激性。NOEL：大鼠 700mg/kg。虹鳟鱼 LC_{50}（18℃，24h）为 2g/L，LC_{50}（48h）为 900mg/L。

应用 一氯醋酸属于芽后除草剂和脱叶剂，A. E. Hitchcock 报道。钠盐是触杀性除草剂，用于十字花科蔬菜、洋葱、韭菜地除草，以 0.25～4 kg/hm² 水溶液用于芽前除草。

合成路线

常用剂型 我国未见相关制剂产品登记。

乙草胺（acetochlor）

$C_{14}H_{20}ClNO_2$，269.7，34256-82-1

其他名称 刈草胺，消草胺，禾耐斯，乙基乙草胺，Harness，Sacemid，Acenit，acetochlore。

化学名称 N-(2-甲基-6-乙基苯基)-N-(乙氧甲基) 氯乙酰胺；2'-ethyl-6'-methyl-N-(ethoxy methyl)-2-chloracetylanilide。

理化性质 纯品乙草胺为淡黄色液体，b. p. 176～180℃/76Pa。工业原药为红葡萄酒色或黄色至琥珀色。蒸气压＞133.3Pa。25℃时溶解度：水 223mg/L，溶于乙酸乙酯、丙酮、乙腈、乙醚、苯、氯仿、乙醇、甲苯等有机溶剂。不易光解或挥发。

毒性 乙草胺原药急性 LD_{50}（mg/kg）：大鼠经口 2148，兔经皮 4166。对兔皮肤和眼睛有轻微刺激性，对豚鼠有接触过敏反应。以 10mg/(kg·d) 剂量饲喂大鼠两年，未发现异常现象。大鼠急性吸入 LC_{50}（4h）＞3mg/L。鹌鹑急性经口 LD_{50} 为 1260mg/kg，鹌鹑和野鸭 LC_{50}（5d）均＞5620mg/kg 饲料。鱼毒 LC_{50}（96h）：虹鳟鱼 0.5mg/L，蓝鳃太阳鱼 1.3mg/L。水蚤 LC_{50}（48h）16mg/L。蜜蜂 LD_{50}＞100μg/只。蚯蚓 LC_{50}（14d）211mg/kg 土。

应用 乙草胺为选择性内吸传导型土壤处理除草剂，用于芽前除草，通过幼苗、幼根吸收，干扰和抑制杂草体内的核酸代谢及蛋白质合成，1969 年由美国孟山都（Monsanto）公司开发。属于蛋白质合成抑制剂，药剂施于杂草后，幼根和幼芽受到抑制，叶片不能从芽鞘抽出或抽出的叶片畸形，变短变厚而死亡。适用于玉米、棉花、花生、甘蔗、大豆、蔬菜田防除一年生禾本科杂草和某些一年生阔叶杂草，如稗草、狗尾草、马唐、牛筋草、早熟禾、看麦娘、碎米莎草、秋稷、藜、马齿苋、菟丝子、黄香附子、紫香附子、双色高粱、春蓼等。对多年生杂草无效果，对双子叶杂草效果差。在土壤中持效期可达 2 个月左右。

合成路线 主要有氯代醚法和亚甲基苯胺法。

① 氯代醚法：2,6-甲乙基苯胺与氯乙酸和三氯化磷反应，生成2,6-甲乙基氯代乙酰（替）苯胺，再与氯甲基乙基醚在碱性介质中反应。

② 亚甲基苯胺法：以2,6-甲乙基苯胺为原料，依次与多聚甲醛、氯乙酰氯、乙醇反应。

常用剂型 主要剂型有乳油、可分散油悬浮剂、悬浮剂、悬乳剂、微乳剂、可湿性粉剂等，可与异噁草松、二甲戊灵、乙氧氟草醚、烟嘧磺隆、莠去津、扑草净、2,4-滴异辛酯、2,4-滴丁酯、嗪草酮、噻吩磺隆等复配。

乙丁氟灵（benfluralin）

$C_{13}H_{16}F_3N_3O_4$，335.3，1861-40-1

其他名称 EL-110。

化学名称 N-丁基-N-乙基-2,6-二硝基-4-三氟甲基苯胺；N-butyl-N-ethyl-2,6-dinitro-4-trifluoromethylbenzenamine。

理化性质 纯品乙丁氟灵为橘黄色晶体，m.p. 65～66.5℃。25℃时溶解度：水<1g/L，丙酮650g/L，乙醇24g/L。蒸气压8.7mPa（25℃）。紫外线下易分解，在pH5～9时（26℃）稳定30d以上。

毒性 乙丁氟灵原药急性经口LD_{50}（g/kg）：大鼠>10，小鼠>5，鹌鹑、鸡、犬、野鸭、兔>2。浓度为200mg/kg的药剂对兔眼和皮肤无刺激作用。NOEL（3个月）：狗500mg/kg，大鼠1.25g/kg。

应用 乙丁氟灵为苯胺类除草剂，由Eli Lilly推广。乙丁氟灵为选择性芽前土壤处理除草剂，主要防治一年生禾本科杂草和阔叶杂草；适用作物为花生、烟草、莴苣、苜蓿、饲料作物、草坪等。

合成路线

常用剂型 常用制剂主要有 180g/L 浓乳剂、2.5％颗粒剂。

乙丁烯氟灵（ethalfluralin）

$$C_{13}H_{14}F_3N_3O_4，333.3，55283-68-6$$

其他名称 丁氟消草，EL-161，Somilan，Sonalan，Sonalen。

化学名称 *N*-乙基-*N*-(2-甲基烯丙基)-2,6-二硝基-4-三氟甲基苯胺；*N*-ethyl-*N*-(2-methylallyl)-2,6-dinitro-4-trifluoromethylaniline。

理化性质 纯品乙丁烯氟灵为橙黄色固体，m. p. 55～56℃。25℃时溶解度：水 0.3mg/L，丙酮、乙腈、苯、氯仿、二甲苯、二氯甲烷＞500g/L，甲醇 82～100g/L。蒸气压 11.7mPa（25℃）。52℃下稳定，pH＝3、6、9（51℃）时稳定期≥33d。

毒性 乙丁烯氟灵原药急性 LD_{50}（g/kg）：大鼠经口＞5，兔经皮＞5。对兔皮肤和眼睛有轻微刺激。吸入 LC_{50}（1h）：大鼠＞0.94mg/m³。NOEL（2 年）：大、小鼠 0.1g/kg。ADI：0.042mg/kg。

应用 乙丁烯氟灵为芽前或播前土壤混合除草剂，由礼来公司（Eli Lilly&Co. 现为 Dow Elanco Co.）推广。用于防除棉田的禾本科杂草及双子叶杂草，蓼属、荞麦蔓、毛茛属、龙葵、蒺藜有抗性。

合成路线

常用剂型 悬浮剂、可湿性粉剂等。

乙呋草磺（ethofumesate）

$$C_{13}H_{18}O_5S，286.2，26225-79-6$$

其他名称 乙氧呋草黄，甜菜呋，甜菜净，Nortron，Trama，Betanal，Tandem，Betanal Progress，Progress，Tranat，Ethosat，Ethosin，Keeper，Primassan。

化学名称 2-乙氧基-2,3-二氢-3,3-二甲基-5-苯并呋喃甲基磺酸酯；2,3-dihydro-3,3-

dimethyl benzofuran-5-yl ethanesulfonate。

理化性质　纯品乙呋草磺为无色结晶固体，m. p. 70～72℃（原药 69～71℃）。25℃时溶解度：水 50mg/L，丙酮、二氯甲烷、二甲亚砜、乙酸乙酯＞600g/L，甲苯、二甲苯 300～600g/L，甲醇 120～150g/L，乙醇 60～75g/L，异丙醇 25～30g/L，己烷 4.67g/L。相对密度 1.29。蒸气压 0.12～0.65mPa（25℃）。K_{ow}lg$P$＝2.7（pH＝6.5～7.6，25℃）。稳定性：在 pH＝7.0、9.0 的水溶液中稳定，在 pH＝5.0 DT_{50} 为 940d；溶液光解 DT_{50} 为 31d，空气中 DT_{50} 为 4.1d。

毒性　乙呋草磺原药急性 LD_{50}（mg/kg）：大鼠经口＞6400，小鼠经口＞5000，大鼠经皮＞2000。对兔眼睛、皮肤无刺激性。大鼠吸入 LC_{50}（4h）＞3.97mg/L 空气。NOEL：大鼠（2 年）＞1000mg/kg 饲料。非哺乳动物经口 LD_{50}：山齿鹑＞8743mg/kg，日本鹌鹑＞1600mg/kg，野鸭＞3552mg/kg。

应用　乙呋草磺为苗前和苗后均可使用的除草剂，可有效地防除许多重要的禾本科和阔叶杂草，土壤中持效期较长，防除甜菜、草皮、黑麦草和其他牧场中杂草；草莓、向日葵和烟草基于不同的施药时期对该药有较好的耐受性，洋葱的耐受性中等。

合成路线

常用剂型　悬浮剂、可湿性粉剂等。

乙硫草特（ethiolate）

$C_7H_{15}NOS$，161.3，2941-55-1

其他名称　乙草丹，抑草威。

化学名称　S-乙基-N,N-二乙基硫代氨基甲酸乙酯；S-ethyl-N,N-diethylthiocarbamate。

理化性质　纯品乙硫草特为浅黄色液体，带有胺味，凝固点＜－75℃，b. p. 206℃。25℃时溶解度：水 0.3%，可与大多数有机溶剂混溶。蒸气压 200Pa/57～59℃，11.6kPa/142～143℃。

毒性　乙硫草特原药急性 LD_{50}（mg/kg）：经口大白鼠 400。对家兔眼睛有刺激性。大鼠在每升空气含 15.9mg 气雾中接触 4h 出现痛苦症状，但能很快复原。大鼠和犬分别以 60mg/(kg·d) 和 15mg/(kg·d) 的剂量饲喂 90d，未发现明显中毒症状。

应用　乙硫草特为氨基甲酸酯类除草剂，海湾石油化学公司研发。乙硫草特为选择性芽前土壤处理除草剂。乙硫草特适用于玉米田中防除杂草，用药后杂草出芽后很快就发生弯曲畸形，然后出现黑斑。敏感的阔叶作物也有类似效应，并在芽后很快死亡。

合成路线

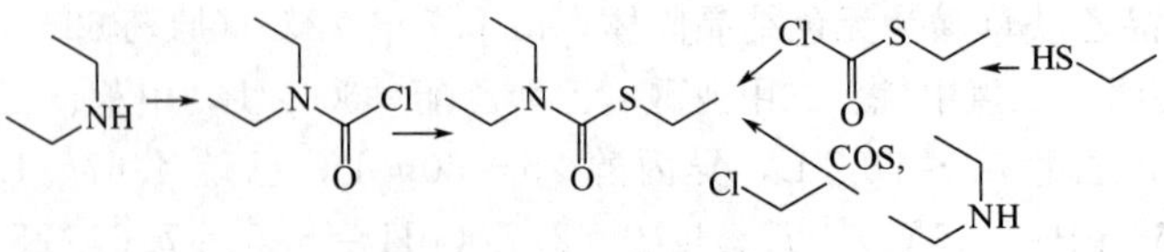

常用剂型　悬浮剂、可湿性粉剂等。

乙嗪草酮（tycor）

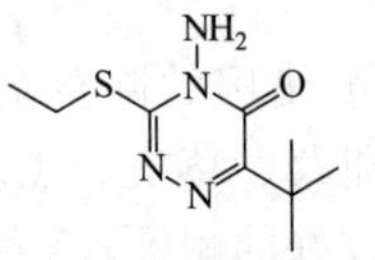

$C_9H_{16}N_4OS$，228.2，64529-56-2

其他名称　SMY 1500，BAY-SMY 1500。

化学名称　4-氨基-6-叔丁基-3-乙硫基-1,2,4-三嗪-5-(4*H*)-酮；4-amino-6-*tert*-butyl-3-(ethylthio)-1,2,4-triazin-5 (4*H*)-one。

理化性质　纯品乙嗪草酮为无色晶体，m. p. 95～96.4℃。20℃时溶解度：水 0.34mg/L，正己烷 2.5g/L，二氯甲烷＞200g/kg，异丙醇、甲苯 100～200g/kg。蒸气压 7.5μPa（20℃）。$K_{ow}=120$。

毒性　乙嗪草酮原药急性 LD_{50}（mg/kg）：经口雄、雌大鼠分别为 2740 和 1280，经口小鼠约 1000，经口狗＞5000；经皮大鼠＞5000。NOEL：大鼠（2 年）25mg/kg。

应用　乙嗪草酮属非均三嗪除草剂，德国拜耳公司（Bayer AG）开发。本品是光合作用抑制剂，主要防除禾谷类作物（如小麦）和番茄田的禾本科杂草（尤其是雀麦）以及某些阔叶杂草，用量 0.55～1.7kg（a. i.）/hm²，在芽前和秋季芽后施用，对鼠尾看麦娘防效优异；分蘖前施用，可防除野燕麦、繁缕等，施药量 0.75～1.5kg/hm²。该药可与嗪草酮混用，提高对雀麦的防效。

合成路线

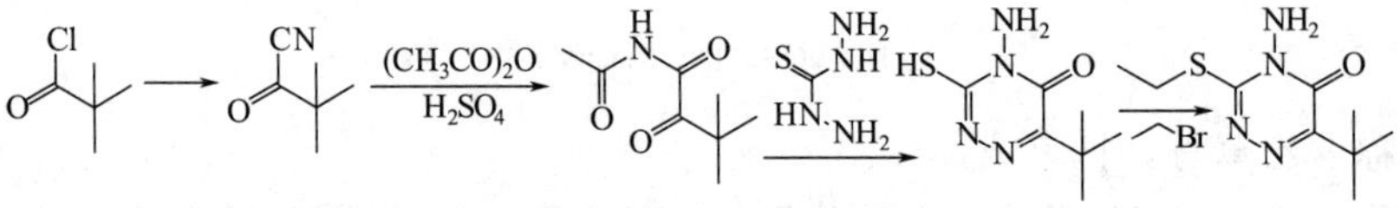

常用剂型　悬浮剂、可湿性粉剂等。

乙羧氟草醚（fluoroglyeofen-ethyl）

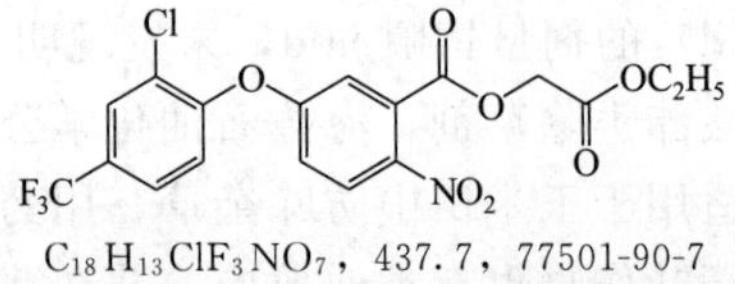

$C_{18}H_{13}ClF_3NO_7$，437.7，77501-90-7

其他名称 Compete，RH-0265。

化学名称 O-[5-(2-氯-α,α,α-三氟-对甲苯氧基)-2-硝基苯甲酰基] 氧乙酸乙酯；O-[5-(2-chloro-α,α,α-trifluoro-p-tolyloxy)-2-nitrobenzoyl] glyeolic acid。

理化性质 纯品乙羧氟草醚为深琥珀色固体，m. p. 65℃。25℃时溶解度：水 0.06mg/L，大多数有机溶剂＞100g/kg。相对密度 1.01（25℃）。蒸气压＜133Pa（25℃）。分配系数 K_{ow} lg$P$=3.65。0.25mg/L 水溶液在 22℃ 下的 DT_{50}：231d（pH=5）、15d（pH=7）、0.15d（pH=9）。其水悬浮液因紫外线而迅速分解；土壤中因微生物而迅速降解，DT_{50} 约 11h。

毒性 乙羧氟草醚原药急性 LD_{50}（mg/kg）：大鼠经口 1500，兔经皮＞5000。对兔皮肤和眼睛有轻微刺激性。吸入 LC_{50}（4h）：大鼠 7.5mg/L（EC）制剂。NOEL：狗（1 年）320mg/kg。Ames 试验：阴性。

应用 乙羧氟草醚属于二苯醚类除草剂，由罗姆-哈斯公司开发。乙羧氟草醚适用于小麦、大麦、花生、大豆和水稻等田地防除阔叶杂草和禾本科杂草，如猪殃殃、婆婆纳、堇菜、苍耳属和甘蓝属杂草等，该药剂对多年生杂草无效。

合成路线

常用剂型 悬浮剂、可分散油悬浮剂、乳油、水剂、可湿性粉剂等。

乙氧氟草醚（oxyfluorfen）

$C_{15}H_{11}ClF_3NO_4$，304.6，42874-03-3

其他名称 果尔，Goal，Galigan，RH2915，割草醚。

化学名称 2-氯-α,α,α-三氟对甲氧基-(3-乙氧基-4-硝基苯基）醚；2-chloro-α,α,α-trifluoro-p-tolyl-(3-ethoxy-4-nitro-phenyl) ether。

理化性质 纯品乙氧氟草醚为橘色固体，m. p. 85～90℃，b. p. 358.2℃（分解）。20℃时溶解度：水 0.116mg/L，丙酮 725g/kg，氯仿 500～550g/kg，环己酮、异佛尔酮 615g/kg，DMF＞500g/kg，异亚丙基丙酮 400～500g/kg。相对密度 1.35（73℃）。蒸气压 0.267mPa（25℃）。pH=5～9（25℃），28d 无明显水解；紫外线下迅速分解，DT_{50} 3d（室温）。

毒性 乙氧氟草醚原药急性 LD_{50}（mg/kg）：大鼠经口＞5000，兔经皮＞2000。吸入 LC_{50}（4h）：大鼠＞5.4mg/L 空气。对兔皮肤有轻度刺激性，对兔眼睛有中度刺激性。以 100mg/kg 剂量饲喂狗两年，未发现异常现象。NOEL：狗（2 年）100mg/kg，大鼠（90d）

1000mg/kg，狗（90d）40mg/kg。对动物无致畸、致突变、致癌作用。

应用　美国罗门哈斯（Rohm & Hass Co.）公司开发，1972 年申请专利。乙氧氟草醚为原卟啉原氧化酶抑制剂，广谱、选择性、触杀型二苯醚类除草剂，主要抑制杂草的光合作用而致效。该药主要通过胚芽鞘、中胚轴进入杂草体内，经根部吸收减少。该药在光合作用下才能发挥杀草作用。乙氧氟草醚主要用于苗后防除水稻、棉花、麦类、油菜、洋葱、大蒜、茶园、果园杂草，如稗草、异形莎草、碎米莎草、鸭舌草、陌上菜、节节菜、牛毛毡、泽泻、千金子、水芹、龙葵、苍耳、藜、马齿苋、曼陀罗、繁缕、看麦娘等。

合成路线　以 3,4-二氯三氟甲苯为起始原料，与 1,3-苯二酚或 3-乙氧基苯酚发生缩合反应，然后经过路线 1→2→3 或路线 4→5→6 而制得目标物。

常用剂型　主要有微乳剂、颗粒剂、悬浮剂、可湿性粉剂等。

乙氧磺隆（ethoxysulfuron）

$C_{15}H_{18}N_4O_7S$，398.4，126801-58-9

其他名称　Sunrice，Gladium，Grazie，Hero，Skol，Sunrise，Sunstar。

化学名称　2-乙氧苯基 [[(4,6-二甲氧基-2-嘧啶基) 氨基] 羰基] 氨基磺酸酯（CA）。

理化性质　纯品乙氧磺隆为白色至米色粉末，m.p.144~147℃。20℃时溶解度：水 26mg/L（pH=5）、1.353g/L（pH=7）、9.628g/L（pH=9）。蒸气压 6.6×10⁻²mPa。分配系数 $K_{ow}\lg P$=2.89（pH=3）、0.004（pH=7）、−1.2（pH=9）（均为20℃）。亨利常数 1.00×10⁻³Pa·m³/mol（pH=5）、1.94×10⁻⁵Pa·m³/mol（pH=7）、2.73×10⁻⁶Pa·m³/mol（pH=9）（均为20℃）。水解半衰期 DT_{50} 为 65d（pH=5）、259d（pH=7）、331d（pH=9）。在生物活性土壤中的半衰期 DT_{50} 为 18~20d，在水稻田中的 DT_{50} 为 10~60d。

毒性　乙氧磺隆原药急性 LD_{50}（mg/kg）：大鼠经口＞3270，大鼠经皮＜4000。对大鼠皮肤和眼睛无刺激性。Ames 试验：阴性。

应用　乙氧磺隆属于磺酰脲类除草剂，是赫司特公司研发。乙氧磺隆为支链氨基酸合成

[乙酰乳酸合成酶（ALS）或乙酰羟基酸合成酶（AHAS）]抑制剂，通过抑制植物所必需的氨基酸——缬氨酸和异亮氨酸的生物合成，阻止细胞分裂和植物生长。由于乙氧磺隆在作物和杂草中不同的代谢决定了它的选择性。乙氧磺隆为芽后除草剂，可用于防除谷物、水稻、甘蔗和草坪上的阔叶杂草以及一年生和一些多年生莎草，用药量为 $10\sim120g/hm^2$。

合成路线

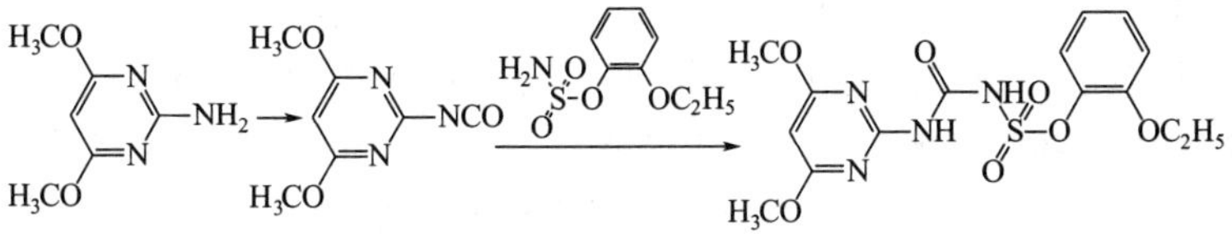

常用剂型 悬浮剂、可湿性粉剂、乳油等。

乙氧隆（S-3552）

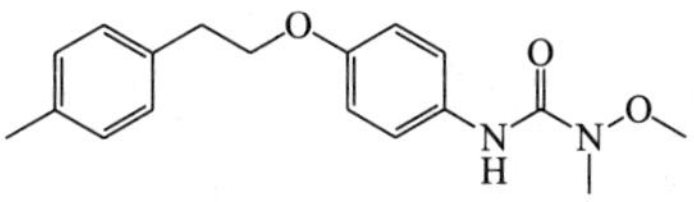

$C_{18}H_{22}N_2O_3$，314.3，68358-79-2

其他名称 苯谷隆。

化学名称 N'-[4-(4-甲基苯乙氧基）苯基]-N-甲氧基-N-甲基脲；N'-[4-(4-methyl phenethyloxy) phenyl]-N-methoxy-N-methylurea。

理化性质 纯品乙氧隆为白色针状结晶固体，m. p. 82~83℃。20℃时溶解度：水 2~3mg/L，丙酮 50%~55%，异佛尔酮 33%~40%，甲醇 20%~25%。蒸气压 10.27mPa。

应用 乙氧隆属于脲类除草剂，选择性芽后除草剂，主要用于防除大豆田阔叶杂草，也可用于花生、豌豆、玉米、高粱、大麦、小麦、水稻等作物，防治对象为铁苋菜、反枝苋、苍耳、牵牛、苘麻、曼陀罗、豚草、大果田菁及大戟科杂草等阔叶杂草，对禾本科杂草、莎草防效较差。

合成路线

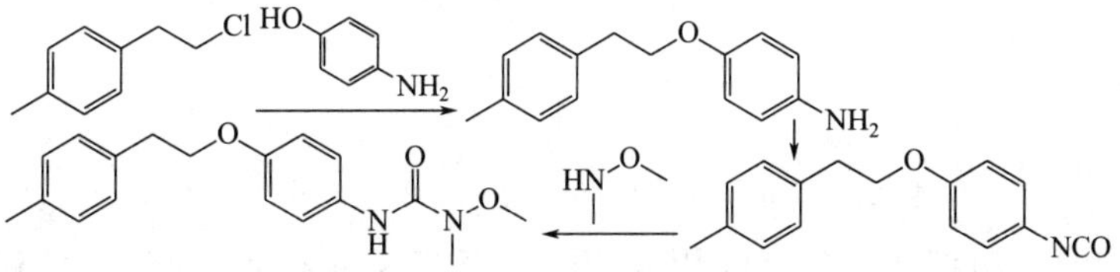

常用剂型 制剂主要有 50% 可湿性粉剂。

异丙吡草酯（fluazolate）

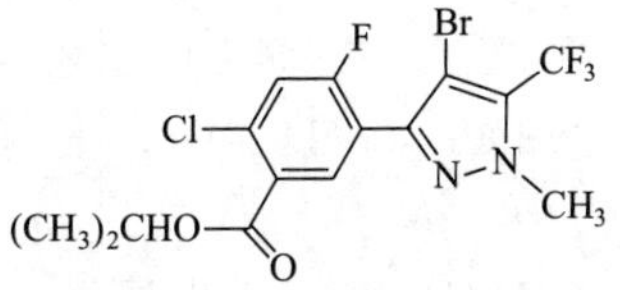

$C_{15}H_{12}BrClF_4N_2O_2$，443.5，174514-07-9

化学名称 5-[4-溴-1-甲基-5-三氟甲基吡唑-3-基]-2-氯-4-氟苯甲酸异丙酯，isopropyl-5-[4-bromo-1-methyl-5-(trifluormethyl) pyrazol-3-yl]-2-chloro-4-fluorobenzoate。

理化性质 纯品异丙吡草酯为绒毛状白色晶体，m. p. 79.5～80.5℃。难溶于水。

毒性 异丙吡草酯原药急性 LD_{50}（mg/kg）：大鼠经口＞5000、经皮＞5000。对兔皮肤无刺激性，对兔眼睛有轻微刺激性。对动物无致畸、致突变、致癌作用。

应用 异丙吡草酯属于原卟啉原氧化酶抑制剂，美国孟山都公司开发的高效、广谱吡唑类除草剂，1994 年申请专利。主要用于小麦田防除阔叶杂草和禾本科杂草，如猪殃殃、虞美人、繁缕、婆婆纳、荠菜、野胡萝卜、看麦娘、早熟禾等；对猪殃殃和看麦娘有特效。

合成路线 以邻氯对氟甲苯为起始原料，制得中间体吡唑经甲基化、氧化制得含吡唑环的苯甲酸，再经溴化、酰氯化即可制得异丙吡草酯。

常用剂型 主要有 50% 乳油。

异丙甲草胺（metolachlor）

$C_{15}H_{22}ClNO_2$，283.6，51218-45-2

其他名称 甲氧毒草胺，莫多草，屠莠胺，稻乐思，毒禾草，都阿，杜耳，都尔，Dual，metetilachlor，dimethachlor，dimethyl，Bicep，Milocep，CGA 24705，CG 119。

化学名称 2-乙基-6-甲基-N-(1-甲基-2-甲氧乙基) 氯代乙酰替苯胺；2-ethyl-6-methyl-N-(1-methyl-2-methoxethyl) chloroacetailide。

理化性质 纯品异丙甲草胺为棕色油状液体，b. p. 100℃/0.133Pa。25℃时溶解度：水 0.488g/L，溶于苯、甲苯、甲醇、乙醇、辛醇、丙酮、二甲苯、二氯甲烷、DMF、环己酮、己烷等有机溶剂。相对密度 1.12（20℃）。蒸气压 1.73×10^{-3} Pa（20℃）。300℃以下稳定，20℃以下不水解。DT_{50}（预测值）＞200d（pH1～9），土壤中降解半衰期 30d，常温稳定贮存期 2 年以上。不易光分解。

毒性 异丙甲草胺原药急性 LD_{50}（mg/kg）：大鼠经口 2780，小鼠经口 894，大鼠经皮

>3170。吸入（4h）LC_{50}：大鼠$>1750mg/L$空气。以$15mg/(kg \cdot d)$剂量饲喂大鼠90d，无异常现象。对兔皮肤和眼睛有轻微刺激性。NOEL：大鼠（90d）$15mg/(kg \cdot d)$，小鼠（90d）$100mg/kg$饲料，狗（90d）$9.7mg/(kg \cdot d)$。ADI：$0.65mg/kg$。在试验条件下对动物无致畸、致突变、致癌作用。

应用　异丙甲草胺属酰胺类除草剂，瑞士Ciba-Geigy公司开发。异丙甲草胺是一种广谱、低毒除草剂，主要通过植物的幼芽即单子叶植物的胚芽鞘、双子叶植物的下胚轴吸收向上传导，种子和根也吸收传导，但吸收量较少，传导速度慢。出苗后主要靠根吸收向上传导，抑制幼芽与根的生长。敏感杂草在发芽后出土前或刚刚出土即中毒死亡，表现为芽鞘紧包着生长点，稍变粗，胚根细而弯曲，无须根，生长点逐渐变褐色、黑色烂掉。如果土壤墒情好，杂草被杀死在幼苗期；如果土壤水分少，杂草出土后随着降雨土壤湿度增加，杂草吸收异丙甲草胺，禾本科杂草心叶扭曲、萎缩，其他叶皱缩后整株枯死，阔叶杂草叶皱缩变黄整株枯死。因此施药应在杂草发芽前进行。作用机制为通过阻碍蛋白质的合成而抑制细胞生长。异丙甲草胺适用于大豆、玉米、花生、马铃薯、棉花、甜菜、油菜、向日葵、甘蔗等作物，能有效地防除稗草、马唐、牛筋草、早熟禾、野稷、狗尾草、金狗尾草、画眉草、黑麦草、稷、油莎草、荠菜、菟丝子等杂草，对藜、看麦娘、宝盖草、马齿苋、繁缕、猪毛菜等也有较好的防除效果。

合成路线

常用剂型　悬浮剂、可湿性粉剂等。

异丙净（dipropetryn）

$C_{11}H_{21}N_5S$，255.38，4147-51-7

其他名称　杀草净。

化学名称　2-乙硫基-4,6-双异丙氨基-1,3,5-三嗪；2-(ethylthio)-4,6-bis(isopropyl-amino)-1,3,5-triazine。

理化性质　纯品异丙净为白色粉末，m.p. 104～106℃。20℃时溶解度：水16mg/L，能溶于有机溶剂。相对密度1.12。蒸气压0.098mPa（20℃）。

毒性 异丙净原药急性 LD_{50}（mg/kg）：大白鼠经口 4050，家兔经皮＞10000。NOEL：狗（19 周）400mg/kg。鹌鹑与鸡经口 LD_{50}＞1000mg/L。鳟鱼（96h）LC_{50} 2.3mg/L；翻车鱼（96h）LC_{50} 3.7mg/L。

应用 异丙净属于三氮苯类除草剂，Ciba-Geigy 公司推广。异丙净为选择性芽前土壤处理剂，因其在土壤中的淋渗性较差，施药后降雨或灌溉才能增加其淋渗能力，发挥其药效。异丙净适用于棉花、大豆田及花生地芽前防除一年生阔叶杂草（如野苋、马齿苋、龙葵、牵牛花、藜、苍耳、黄花稔）和禾本科杂草（如稗草、马唐、蟋蟀草、龙草、臂形草），持效期 30d 左右。

合成路线

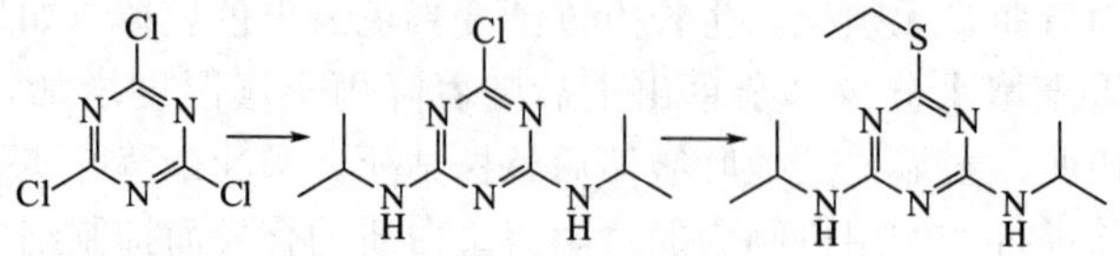

常用剂型 制剂主要有 80％可湿性粉剂。

异丙乐灵（isopropalin）

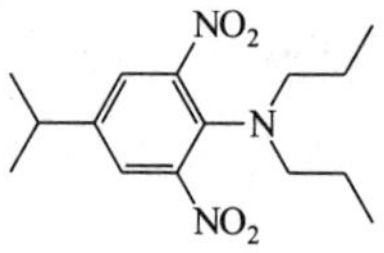

$C_{15}H_{23}N_3O_4$，309，33820-53-0

其他名称 异东灵，异乐灵，EL-179，Paarlan。

化学名称 4-异丙基-2,6-二硝基-N,N-二丙基苯胺；4-isopropyl-2,6-dinitro-N,N-dipropy-laniline。

理化性质 纯品异丙乐灵为橙红色液体。25℃时溶解度：水 0.1mg/L，易溶于有机溶剂。在紫外线照射下能够分解。

毒性 异丙乐灵原药急性经口 LC_{50}（g/kg）：大鼠＞5，小鼠＞5。对兔皮肤和眼睛有轻微刺激。NOEL：家兔、鸡、狗 2g/kg。

应用 异丙乐灵为苯胺类除草剂。试验用作植前拌土的选择除草剂，防治一年生禾本科杂草和某些阔叶杂草，适应作物为移栽烟草、番茄和辣椒等茄科作物。高粱、燕麦、甜菜、菠菜等对本剂敏感，不可使用。

合成路线

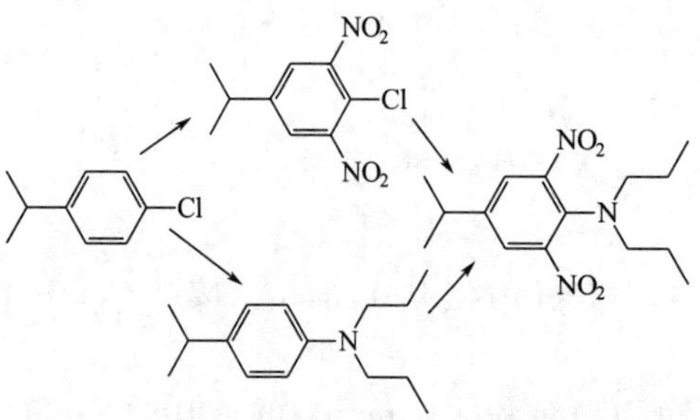

常用剂型 制剂主要有 720g/L 浓乳剂。

异丙隆（isoproturon）

$$C_{12}H_{18}N_2O，206.1，34123-59-6$$

其他名称　Alon，Arelon，Graminon，Tokan。

化学名称　N'-(4-异丙苯基)-N，N-二甲基脲或 3-(4-异丙苯基)-1,1-二甲基脲或 3-对枯烯基-1,1-二甲基脲；N'-(4-iso-propylphenyl)-N，N-dimethylurea。

理化性质　纯品异丙隆为无色晶体，m. p. 158℃。20℃时溶解度：水 65mg/L，二氯甲烷 63g/L，甲醇 75g/L，二甲苯 4g/L，丙酮 38g/L。相对密度 1.2（20℃）。蒸气压 0.0033mPa（20℃）。在强酸、强碱介质中水解为二甲胺和相应的芳香胺，230℃以上出现缓慢放热分解。原药纯度 97％。土壤中半衰期 12～29d。

毒性　异丙隆原药急性 LD_{50}（mg/kg）：大鼠经口 1826～2457，小白鼠经口 3350；大鼠经皮＞2000。急性吸入（4h）LC_{50}：大鼠＞1.95mg/L。对兔皮肤和眼睛无刺激性。NOEL：大鼠（90d）400mg/kg。

应用　异丙隆为光合作用电子传递抑制剂，Ciba-Geigy（现 Syngenta）公司研制，德国郝斯特（现安万特）公司开发，1970 年申请专利。通过植物的根部、叶片吸收在体内传导，抑制植物的光合作用及电子传递，干扰光合作用正常进行，使杂草叶片变软、退绿、叶缘卷曲而枯死。属于苗前、苗后取代脲类选择性除草剂，通常用于冬或春小麦、大麦田除草，也可用于玉米等作物田除草；可有效防除一年生禾本科杂草和许多一年生阔叶杂草，如马唐、早熟禾、看麦娘、小藜、春蓼、田芥菜、大爪菜、繁缕、苋属等杂草。

合成路线　有光气法和非光气法两种合成路线。

① 光气法　以异丙苯为起始原料，硝化制得对硝基异丙苯，再还原成对氨基异丙苯，然后与光气反应生成异丙苯基异氰酸酯，最后与二甲胺反应制得异丙隆。

② 非光气法　以尿素代替光气在水溶液中与对异丙基苯胺反应，生成中间体对异丙基苯脲，然后加二甲胺水溶液反应得到异丙隆，总收率 76％。或将对异丙基苯胺与三氯乙酰氯反应制得对异丙基三氯乙酰胺，在无机碱的催化作用下与二甲胺于 60～80℃反应 0.5h，得到异丙隆，收率 95％。

879

常用剂型　主要有悬浮剂、可湿性粉剂，如 25%、50%、70%、75%可湿性粉剂和 50%悬浮剂。可与苯磺隆、二甲戊灵等复配。

异草完隆（isonoruron）

$C_{13}H_{22}N_2O$，222，28346-65-8

其他名称　Basfitox（混剂）。

化学名称　3-(六氢-4,7-亚甲基茚满-1-基)-1,1-二甲基脲（Ⅰ）和 3-(六氢-4,7-亚甲基茚满-2-基)-1,1-二甲基脲（Ⅱ）的混合物；N,N-二甲基-N'-[1-或 2-(2,3,3a,4,5,6,7,7a-八氢-4,7-亚甲基-1H-茚基)]脲；N,N-dimethyl-N'-[1-or 2-(2,3,3a,4,5,6,7,7a-octahydro-4,7-methano-1H-indenyl)] urea。

理化性质　纯品异草完隆外观呈白色结晶粉末状，m. p. 150～180℃。20℃时溶解度：水 220mg/L，丙酮 1.1%，苯 0.78%，氯仿 13.8%，乙醇 17.5%。

毒性　异草完隆原药急性 LD_{50}（g/kg）：大鼠经口 0.5，大鼠经皮 2.5，兔经皮 4。NOEL：大鼠（4 个月）0.4g/kg，猎兔犬（4 个月）1.6g/kg。虹鳟 LC_{50}：18mg/L（24h）、12mg/L（48h）、8.0mg/L（4d）。

应用　异草完隆属于脲类除草剂，由德国 BASF 公司创制。异草完隆用在谷物田中防除鼠尾看麦娘、绢毛剪股颖和一年生阔叶杂草。

合成路线

常用剂型　悬浮剂等。

异丁草胺（delachlor）

$C_{15}H_{22}ClNO_2$，283.5，24353-58-0

其他名称 CP-52223。

化学名称 2′,6′-二甲基-N-(异丁氧甲基)-2-氯代乙酰替苯胺；2-chloro-N-(2,6-dime-thylphenyl)-N-[(2-methylpropoxy) methyl]-acetamide。

理化性质 纯品异丁草胺 b. p. 135～140℃。20℃时溶解度：水 59mg/L。

毒性 异丁草胺原药急性 LD_{50}（mg/kg）：大鼠经口 1750。

应用 异丁草胺属于酰胺类除草剂，美国孟山都公司开发。适用于玉米、马铃薯、甜菜、花生、大豆等田地防除一年生禾本科杂草和多种阔叶杂草，对稗草、马唐、狗尾草、稷属效果好。1～2kg（a. i.）/hm² 作芽前土壤处理。

合成路线

常用剂型 目前我国未见相关制剂产品登记。

异噁草胺（isoxaben）

$C_{18}H_{21}N_2O_4$，329.2，82558-50-7

其他名称 Brake，Flexidor，EL-107。

化学名称 N-[3-(1-乙基-1-甲基丙基)-1,2-噁唑-5-基]-2,6-二甲氧基苯甲酰胺；N-[3-(1-ethy-1-methyl-propyl)-1,2-oxazol-5-yl]-2,6-dimethoxybenzamide。

理化性质 纯品异噁草胺为无色晶体，m. p. 176～179℃。25℃时溶解度：水 1～2mg/L，甲醇、乙酸乙酯 50～100g/L，己烷 70～80mg/L。$K_{ow}=434$（pH7、25℃）。在 pH5～9 的水中稳定，但其水溶液易发生分解；不因紫外线分解。

毒性 异噁草胺原药急性 LD_{50}（g/kg）：大、小鼠经口>10，狗经口>5，兔经皮 0.2。对眼睛能引起轻微的结膜炎。吸入 LC_{50}（4h）：大鼠>2.68mg/L。NOEL：大鼠（2 年）57mg/(kg·d)。在田间条件下，对蜜蜂无明显的危害。

应用 异噁草胺属酰胺类除草剂，由礼来公司（Eli Lilly& Co.，现为 Dow Elanco Co.）开发。主要防除阔叶杂草，如母菊属、繁缕、蓼属、婆婆纳属和堇菜属；适用作物为禾谷类作物、蚕豆、豌豆、树木、葡萄和草坪。

合成路线

常用剂型　胶悬剂、可湿性粉剂。

异噁草醚（isoxapyrifop）

$C_{17}H_{16}Cl_2N_2O_4$，383.2，87757-18-4

其他名称　噁草醚，HOK-1566，HOK-868，RH-0898。

化学名称　(RS)-2-[2-[4-(3,5-二氯-2-吡啶基氧）苯氧基] 丙酰]-1,2-噁唑烷；(RS)-2-[2-[4-(3,5-dichloro-2-pyridyloxy) phenoxy] propionyl]-1,2-oxazolidine。

理化性质　纯品噁草醚为无色晶体，m.p.121～122℃。25℃时溶解度：水 9.8mg/L。分配系数 $K_{ow}\lg P=2300$。在土壤中降解 DT_{50} 为 1～4d；生成相应的酸（chlorazifop），其 DT_{50} 为 30～90d。

毒性　噁草醚原药急性 LD_{50}（mg/kg）：大鼠经口 500（雄）、1400（雌），大鼠经皮＞5000，家兔经皮＞2000。NOEL：小鼠（78 周）0.02mg/(kg·d)。对兔皮肤无刺激，对兔眼睛有轻微刺激性。在试验条件下无致突变、致畸、致癌作用。对鸟类低毒。日本鹌鹑急性经口 LD_{50}＞5000mg/kg。对鱼为中等毒性，虹鳟鱼（96h）LC_{50} 1.3mg/L，蓝鳃鱼（96h）LC_{50} 1.4mg/L；水蚤（6h）LC_{50}＞10mg/L。

应用　异噁草醚是选择性、内吸传导型芽后茎叶处理剂，是脂肪酸合成抑制剂，日本北兴化学工业公司发现，与 Rohm and Haas 公司联合开发。施药后药剂通过叶面吸收，当加入 0.5%～2%（体积比）植物油有助于药剂渗透，在敏感杂草体内传导到分生组织，抑制脂肪酸的生物合成，抑制分生组织使生长受抑制，除草活性与生长速度有关。每公顷用有效成分 60～120g，用于水稻、小麦田防除禾本科杂草。在 2～4 叶期用 60～75g (a.i.)/hm²，若 4～6 叶期则用 90～100g（a.i.）/hm²，对一年生禾本科杂草最有效，施药后 1～3 周内效果明显，在幼嫩组织上首先失绿和坏死，逐渐发展，施药后 3～6 周内杂草死亡。在水稻、小麦体内降解成无活性代谢产物，对作物安全。可用于直播水稻、春小麦、大豆、棉花、油菜、甜菜等阔叶作物防除禾本科杂草。

合成路线

常用剂型 悬浮剂、可湿性粉剂、乳油等。

异噁唑草酮（isoxaflutole）

C₁₅H₁₂F₃NO₄S，360.1，141112-29-0

$C_{15}H_{12}F_3NO_4S$，360.1，141112-29-0

其他名称 百农思，Balance，Merlin。

化学名称 5-环丙基-1,2-噁唑-4-基（α,α,α-三氟甲基-2-甲磺酰基对甲苯基）酮；5-cyclopropyl-1,2-oxzaol-4-yl（α,α,α-trifluoro-2-mesyl-p-tolyl）ketone。

理化性质 纯品异噁唑草酮为白色至黄色固体，m.p.140℃。20℃时溶解度：水 6.2mg/L。

毒性 异噁唑草酮原药急性 LD_{50}（mg/kg）：大鼠经口＞5000，兔经皮＞2000。对兔皮肤无刺激性，对兔眼睛有轻微刺激性。对水生动物、飞禽、害虫天敌安全。对动物无致畸、致突变、致癌作用。

应用 异噁唑草酮属于对羟基苯基丙酮酸酯双氧化酶抑制剂，美国罗纳·普朗克公司开发的高效异噁唑类除草剂，1990 年申请专利。主要用于玉米、甘蔗、甜菜等作物田防除多种一年生阔叶杂草，如苍耳、藜、繁缕、龙葵、曼陀罗、猪毛菜、蓼、马齿苋、铁苋菜等，对稗草、牛筋草、马唐、稷、千金子、狗尾草等禾本科杂草也有很好的防除效果。

合成路线

常用剂型　主要有水分散粒剂、混剂等。

异恶草酮（clomazone）

$C_{12}H_{14}ClNO_2$，239.6，81777-89-1

其他名称　广灭灵，豆草灵，异恶草松，Dimethazon，Comazone，Gamit，FMC 57020。

化学名称　2-(2-氯苄基)-4,4-二甲基异恶唑-3-酮；2-(2-chlorophenzyl)-4,4-dimethyli-soxazolidin-3-one。

理化性质　纯品异恶草酮为浅棕色黏性液体。20℃时水中溶解度 1.1g/L，易溶于有机溶剂。48％广灭灵乳油为浅黄色清澈黏性液体，乳化性良好，常温贮存稳定期一年以上，50℃时 3 个月质量无明显变化；广灭灵乳油在低于 0℃条件下会出现结晶，当移在 15～20℃下可重新溶解，使用对药效无影响。

毒性　异恶草酮属低毒除草剂。原药大鼠急性经口 LD$_{50}$（mg/kg）：2077（雄）、1369（雌）。兔急性经皮 LD$_{50}$＞2000mg/kg。大鼠急性吸入 LC$_{50}$ 4.85mg/L。对眼睛有刺激，对皮肤有轻微刺激。对鸟类低毒，对鱼毒性较低。

应用　异恶草酮是选择性芽前除草剂，美国 FMC 公司开发。异恶草酮可通过根、幼芽吸收，随蒸腾作用向上传导到植物的各个部位，敏感植物叶绿素的生物合成受抑制，虽然能萌芽出土，但无色素，白化，在短期内死亡。在大豆及耐药性植物上具特异代谢作用，使广灭灵变为无杀草作用的代谢物而具选择性。异恶草酮在水中的溶解度较大，但与土壤有中等积蓄的黏合性，影响其在土壤中的流动性，土壤黏性及有机质含量是影响异噁草酮药效的最主要土壤因素，在土壤中的生物活性可持续 6 个月以上，如因作业不标准重喷地段，第二年种小麦叶黄变白，随剂量加大药害加重。异噁草酮持续期长，在北方每公顷用有效成分量超过 800g 对大豆安全，除草效果好，但第二年需继续种大豆；对小麦、甜菜等作物有影响，应根据每一耕作区的具体条件，异噁草酮可取低量与其他除草剂混用，要先试验取得经验后再用。异噁草酮主要用于大豆，也可用于甘蔗、花生、马铃薯、烟草、水稻防除一年生禾本科杂草及部分双子叶杂草，如稗草、狗尾草、马唐、牛筋草、龙葵、香薷、水棘针、马齿苋、藜、蓼、苍耳、遏蓝菜、苘麻等。

合成路线 通常异噁草酮的合成有 2 种路线，即路线 1→2→3→4 和路线 5→6→7。

常用剂型 主要有悬浮剂、悬乳剂、可分散油悬浮剂、乳油等，制剂主要有 48％乳油。

异噁隆（isouron）

$C_{10}H_{17}N_3O_2$，211.3，55861-78-4

其他名称 爱速隆，EL-187，SSH-43。

化学名称 3-(5-叔丁基异噁唑-3-基)-1,1-二甲基脲；3-(5-*tert*-butylisoxazol-3-yl)-1,1-dimethylurea。

理化性质 纯品异噁隆为无色晶体，m. p. 119～120℃。25℃时溶解度：水 300mg/L，乙醇 357g/L，丙酮 270g/L，二甲苯 240g/L。密度 1.23g/cm³。蒸气压 0.051mPa（25℃）。日光下稳定，但在水溶液中缓慢分解；土壤中的 DT_{50} 约 22d。

毒性 异噁隆原药急性 LD_{50}（mg/kg）：大鼠经口 630（雄）、760（雌），小鼠经口 520（雄）、530（雌），大鼠经皮＞5000，鹌鹑经口＞2000。对兔皮肤和眼睛无刺激作用。吸入 LC_{50}（8h）：大鼠 0.415mg/L。NOEL：大鼠（2 年）（雄）7.26mg/(kg·d)，大鼠（2 年）（雌）8.77mg/(kg·d)，小鼠（2 年）(雄) 3.42mg/(kg·d)，小鼠（2 年)(雌) 16.6mg/(kg·d)。ADI：0.0342mg/kg。

应用 异噁隆属于脲类选择性除草剂，日本野盐义公司（Shionogi& Co. Ltd）开发。适用于非耕地、草坪、旱田、林地等，防除的主要杂草有马唐、狗尾草、雀稗、白茅、蓼、艾蒿等。

合成路线

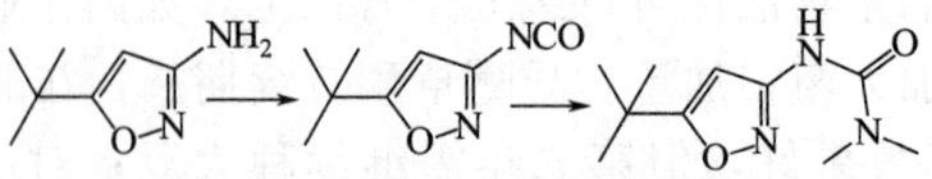

常用剂型 制剂主要有 50% 可湿性粉剂、1.4% 粒剂。

抑草磷（phosphoramidothioicacid）

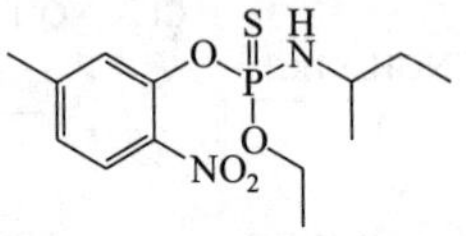

$C_{13}H_{21}N_2O_4PS$，332.4，36335-67-8

其他名称 S-28，克蔓磷。

化学名称 *O*-乙基-*O*-(5-甲基-2-硝基苯基)-*N*-仲丁基氨基硫代磷酸酯；*O*-ethyl-*O*-(5-methyl-2-nitrophenyl)-*N*-*sec*-butylphosphorothionoamidate。

理化性质 纯品抑草磷为棕色液体。20℃时溶解度：水 5.1mg/L，溶于有机溶剂，如二甲苯、甲醇、丙醇等可溶解 50% 以上。相对密度 1.88（25℃）。蒸气压 0.084Pa/27℃。对热稳定，对酸和中性溶液稳定。

毒性 抑草磷原药急性 LD_{50}（mg/kg）：小鼠经口 400～430，经皮＞2500；大鼠经口 630～790，经皮＞4000。以 300mg/kg 喂鼠 80 周对体重增加无影响，也不影响鼠的繁殖和胎鼠发育。急性中毒症状同一般有机磷相似。母鸡喂 750mg/kg（两次），或每天以 50mg/kg 剂量喂 4 周，均未引起迟发性神经毒性作用。在体内易代谢，代谢物很快从尿、粪中排出。

应用 抑草磷由日本佳友公司推广。抑草磷适用于水稻、小麦、大豆、棉花、豌豆、菜豆、马铃薯、玉米、胡萝卜和移栽莴苣、甘蓝、洋葱等；防治看麦娘、稗、马唐、蟋蟀草、早熟禾、狗尾草、雀舌草、藜、酸模、猪殃殃、一年蓬、苋、繁缕、马齿苋、小苋菜、车前草、莎草、菟丝子等一年生禾本科杂草和某些阔叶杂草。

合成路线

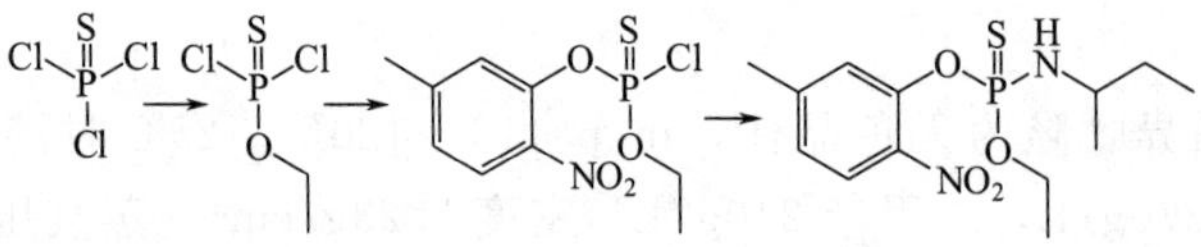

常用剂型 制剂主要有 50% 乳剂。

抑草蓬（erbon）

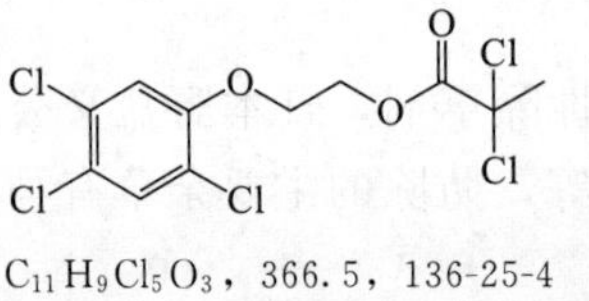

$C_{11}H_9Cl_5O_3$，366.5，136-25-4

其他名称 Erbon，Baron，Novege，Novon，Navon。

化学名称 2-(2,4,5-三氯苯氧基）乙基-2,2-二氯丙酸酯；2-(2,4,5-trichlorophenoxy) ethyl 2,2-dichloropropionate。

理化性质 纯品抑草蓬为无色晶体，m. p. 49～50℃，b. p. 161～164℃（0.5mmHg）。溶解度：不溶于水，溶于丙酮、乙醇、煤油、二甲苯等有机溶剂。对紫外线稳定，不易燃烧，无腐蚀性。工业品为暗褐色固体，纯度大于95%。

毒性 抑草蓬原药急性经口 LD_{50}（mg/kg）：大鼠1120、兔710、雏鸡3170。要注意产品有无被 TCDD 污染，TCDD 是原料2,4,5-三氯苯酚合成时的伴生物，它有极高的胎儿和胚胎致畸作用。

抑草蓬能被土壤微生物缓慢降解。首先被水解为2,4,5-D-氯苯氧乙醇和2,2-二氯丙酸，在微生物作用下被氧化为2,4,5-三氯苯氧乙酸（2,4,5-T），2,4,5-T 除传导到植物内发生降解外，在土壤中继续被微生物降解。2,2-二氯丙酸在土中可发生一般非微生物和微生物作用的降解至简单化合物：二氧化碳、水和氯离子。抑草蓬也可以在动物体内发生降解和代谢作用。

应用 抑草蓬属于苯氧类除草剂，是一种灭生性除草剂。抑草蓬具有内吸传导性，主要通过土壤由根部吸收。用于非作物的林间地、路林、灌渠等灭杀性除草。对早熟禾、野萝卜、车前草、狗牙根、蒺藜、藜、水包禾、田旋花、酢浆草、蓟等一年生杂草有效。在非农田，以本品135～180kg（a. i.）/hm² 的大剂量，彻底喷洒，对大多数杂草均有杀灭作用。

合成路线

常用剂型 主要为乳油。

吲哚酮草酯（cinidon-ethyl）

$C_{19}H_{17}Cl_2NO_4$，394.3，142891-20-1［（Z)-异构体］；132057-06-8（未指明立体化学结构）

其他名称 Lotus，Bingo，Orbit，Solar，Vega。

化学名称 （Z)-2-氯-3-[2-氯-5-(1,2-环己-1-烯二羰基亚氨基）苯基］丙烯酸己酯（IU-PAC）；（2Z)-氯-3-[2-氯-5-(1,3,4,5,6,7-六氯-1,3-二氧-2H-异吲哚-2-基）苯基]-2-丙烯酸乙酯（CA)。

理化性质 纯品吲哚酮草酯为白色、无臭晶状粉末，m. p. 112.2～112.7℃，b. p. ＞360℃。20℃时溶解度：水0.057mg/L，丙酮213g/L，甲醇8g/L，甲苯384g/L。相对密度1.398（20℃)。蒸气压＜1×10⁻²mPa（20℃)。分配系数 $K_{ow} \lg P = 4.51$（25℃)。能快速水解和光解，水解半衰期 DT_{50} 为2.3d（pH=5)。土壤中的半衰期为0.6～2d，迅速矿化。

在水中快速降解；碱性增强，降解增加。在水中会发生光解作用。

毒性 吲哚酮草酯原药急性 LD$_{50}$（mg/kg）：大鼠经口＞2200，大鼠经皮＞2000。对兔皮肤和眼睛无刺激，对豚鼠皮肤有致敏作用。吸入 LC$_{50}$（4h）：大鼠＞5.3mg/L。NOEL：狗（12个月）1mg/(kg·d)。ADI：0.01mg/kg。

鹌鹑经口 LD$_{50}$＞2000mg/kg；虹鳟（96h）LC$_{50}$＞24.8mg/L；水蚤 LC$_{50}$52.1mg/L；羊角月牙藻 E$_r$C$_{50}$ 0.02mg/L；浮萍 E$_r$C$_{50}$0.602mg/L；蜜蜂 LD$_{50}$（经口和接触）＞200μg/只。

应用 吲哚酮草酯为原卟啉原氧化酶抑制剂，巴斯夫公司研发。施药后植株中积聚的原卟啉原充当了光敏剂，激发细胞中氧自由基的产生，引起脂质过氧化作用，破坏细胞膜，并最终导致细胞快速死亡，组织脱水。该产品为触杀性除草剂，不具有向顶、向基传输特性。吲哚酮草酯为芽后触杀性除草剂，主要用于冬、春小谷粒谷物上防除一年生阔叶杂草，对猪殃殃、野芝麻和婆婆纳防效尤佳，用药量为 50g/hm^2。

合成路线

常用剂型 制剂主要有 80％乳油。

茚草酮（indanofan）

C$_{20}$H$_{17}$ClO$_3$，340.7，133220-30-1

其他名称 Trebiace, kirifuda, Regnet, Grassy, Granule。

化学名称 （RS）-2-[2-(3-氯苯基)-2,3-环氧丙基]-2-乙基茚满-1,3-二酮；（RS）-2-[2-(3-chloro phenyl)-2,3-epoxypropyl]-2-ethylindan-1,3-dione。

理化性质 纯品为灰白色晶体，m. p. 60.0～61.1℃。20℃时溶解度：水 17.1mg/L。蒸气压 2.8×10^{-6}Pa（25℃）。在酸性条件下水解。

毒性 大鼠急性经口 LD$_{50}$（mg/kg）：雌＞631，雄460。大鼠经皮 LD$_{50}$＞2000mg/kg。大鼠急性吸入 LC$_{50}$（4h）1.5mg/L 空气。对兔皮肤无刺激性，对兔眼睛有轻微刺激性，无致突变性。

应用 茚草酮通过抑制生长除草，适宜于水稻、小麦、大麦田除草。水稻用于苗前、苗后，大麦、小麦用于苗前。杀草谱广，对作物安全，能有效地防除旱地一年生杂草和阔叶杂草，如马唐、鸭舌草、早熟禾、异形莎草、稗草、牛毛毡等。

合成路线

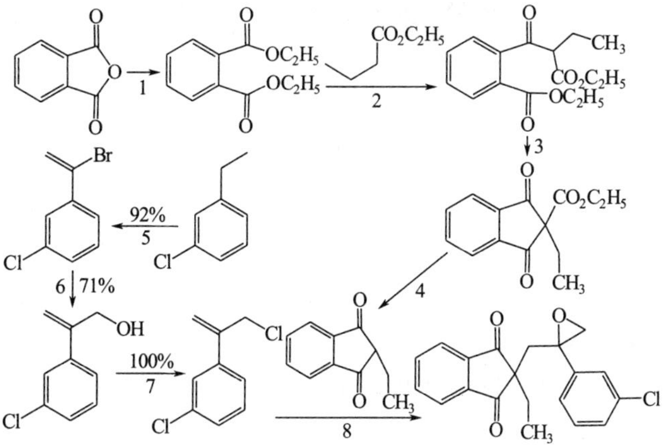

常用剂型 主要有50％可湿性粉剂、50％水分散粒剂、3％悬浮剂、40％乳油等，此外还可加工成微胶囊剂等，可与苄嘧磺隆、四唑嘧磺隆、吡嘧磺隆、稗草胺、灭藻醌、氯吡嘧磺隆等复配。

莠不生（herbisan）

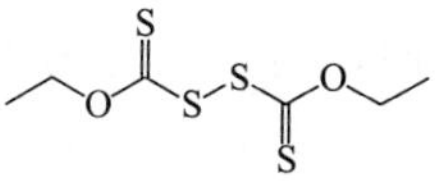

$$C_6H_{10}O_2S_4，242.4，502\text{-}55\text{-}6$$

其他名称 草必散，乙草黄，EXD。

化学名称 二［乙氧（硫代羰基）］二硫化物或二乙基黄原酰化二硫。

理化性质 纯品莠不生为黄色有强烈臭味的固体，m. p. 32℃。25℃时溶解度：水0.5mg/L，丙酮10％，苯25％，二甲苯14％。相对密度1.25（20℃）。有碱存在时迅速分解。工业品熔点不低于20℃。

毒性 莠不生原药急性经口 LD_{50}（mg/kg）：大鼠603，兔770，豚鼠500。

应用 由 Roberts Chemicals Incorporated 和 Monsanto Chemical Company 推广。莠不生是芽前使用的非持效性触杀性除草剂。防治洋葱、胡萝卜、甜菜、菜豆等的马齿苋、藜、匍匐冰草、野燕麦、马唐、繁缕等一年生阔叶杂草和禾本科杂草。每公顷用 5.6～11.1kg（a. i.）于杂草芽前喷雾作土壤处理。本药在土壤中持效短，亦可作收获前的干燥剂。

合成路线

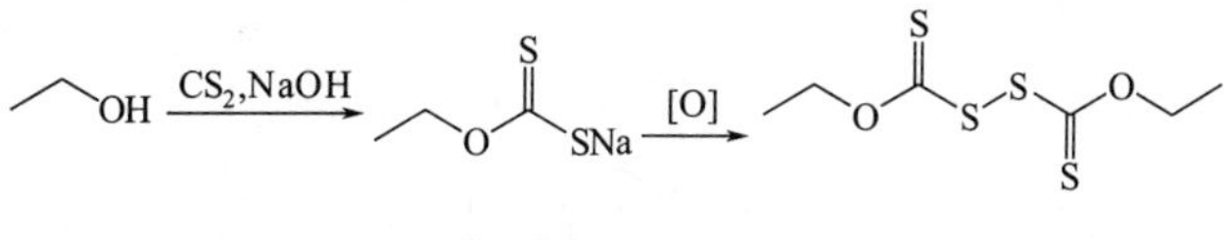

常用剂型 制剂主要有5lb/US gal❶乳油。

---

❶ 1lb＝0.45359237kg，1US gal＝3.78541L。

莠灭净（ametryn）

$C_9H_{17}N_5S$, 227.3, 834-12-8

其他名称　G34162，Ametrex。

化学名称　2-乙氨基-4-异丙氨基-6-甲硫基-1,3,5-三嗪；2-ethylamino-4-isopropylamino-6-methyl-thio-1,3,5-triazine。

理化性质　纯品莠灭净为无色结晶，m.p.84～86℃（石油醚中重结晶）。20℃时溶解度：水 200mg/L，易溶于有机溶剂。蒸气压 0.112mPa（20℃）。在微酸或微碱性介质中稳定，而在强酸或强碱性介质中则水解为无除草活性的 6-羟基衍生物。在正常剂量下使用时可与大多数其他农药和肥料混用。该药不燃，无腐蚀性。

毒性　莠灭净原药急性 LD_{50}（mg/kg）：大白鼠经口 1160，小鼠经口 965，大白鼠经皮＞3100,兔经皮＞2020。对兔皮肤和眼睛无刺激，对豚鼠皮肤无致敏作用。吸入 LC_{50}（4h）：大鼠＞5170mg/L 空气。NOEL：大鼠（2 年）50mg/kg，小鼠（2 年）10mg/kg，狗（1 年）200mg/kg。ADI：0.015mg/kg。对蜜蜂低毒，经口 LD_{50}＞100μg/只蜜蜂。

应用　莠灭净属于三氮苯类除草剂，瑞士汽巴-嘉基公司推广。莠灭净为选择性内吸传导型除草剂，属典型光合作用抑制剂，可用于马铃薯、豌豆、甘蔗、柑橘、玉米、大豆、胡萝卜田除防一年生杂草。其他作物可用作播后苗前土壤处理或苗后茎叶处理。莠灭净在低浓度时能促进植物生长，刺激幼芽和根的生长，茎加粗，促进叶面积增大等。但在高浓度时又会对植物产生强烈抑制作用。

合成路线

常用剂型　主要有80%可湿性粉剂、80%水分散粒剂、50%悬浮剂等。

莠去津（atriazine）

$C_8H_{14}ClN_5$，215.7，1912-24-9

其他名称　阿特拉津，盖萨普林，莠去尽，阿特拉嗪，园保净，Artrex，Atrasol，Atratol，Semparol，Atrazinegeigy，Gesaprim，Primatol-A。

化学名称 2-氯-4-乙氨基-6-异丙氨基-1,3,5-三嗪；2-chloro-4-ethylamino-6-*iso*-propyl-amino-1,3,5-triazine。

理化性质 纯品莠去津为无色结晶，m.p. 175～177℃。25℃时溶解度：水 33mg/L（pH=7）；乙酸乙酯 24g/L，丙酮 31g/L，二氯甲烷 28g/L，乙醇 15g/L，甲苯 4g/L，正辛醇 8.7g/L，正己烷 8.7g/L。相对密度 1.23（22℃）。蒸气压 $4.0×10^{-5}$ Pa（20℃）。在微酸性和微碱性介质中稳定，但在高温下，碱和无机酸可将其水解为无除草活性的羟基衍生物。无腐蚀性。

毒性 莠去津原药急性 LD_{50}（mg/kg）：大鼠经口 3080，小鼠经口 1750g，兔经皮 7500。NOEL：大鼠（2年）10mg/kg 饲料，狗（2年）150mg/kg 饲料，小鼠（2年）10mg/kg 饲料。ADI：0.005mg/kg。致畸、致癌试验呈阴性。经口 LD_{50}（mg/kg）：鹌鹑 940，野鸭>2000，日本鹌鹑 4327。虹鳟（96h）LC_{50} 4.5～11.0mg/L；蓝鳃（96h）LC_{50} 16mg/L；鲤鱼（96h）LC_{50} 76mg/L；鲶鱼（96h）LC_{50} 7.6mg/L；水蚤（24h）LC_{50} 87mg/L。蜜蜂：经口 LD_{50}>97μg/只，接触>100μg/只。

应用 莠去津属于三氮苯类除草剂，J. R. Geigy S. A.（现为 Novartis Crop Protection AG）推广。莠去津是选择性内吸传导型苗前、苗后除草剂，用于玉米、高粱、甘蔗、茶树及果园、林地防除一年生禾本科杂草和阔叶杂草。对由根茎或根芽繁殖的多年生杂草有抑制作用，如用于玉米地除草：东北地区 37.5～60g/100m²，河北、山东地区 15～30g/100m²；用于高粱地除草 30～53g/100m²；用于苹果、梨园除草 60～75g/100m²；用于茶园除草 23～37.5g/100m²。使用时药量根据土质有机质含量、杂草种类和密度而定。豆类对药剂敏感，易产生药害。

合成路线

常用剂型 主要有可分散油悬浮剂、可湿性粉剂、悬浮剂、水分散粒剂、悬乳剂等，如 48% 可湿性粉剂、90% 水分散粒剂、20% 悬浮剂等。

仲丁灵（butralin）

$C_{14}H_{21}N_3O_4$，295.3，33629-47-9

其他名称 硝苯胺灵，止芽素，比达宁，丁乐灵，地乐胺。

化学名称 N-仲丁基-4-叔丁基-2,6-二硝基苯胺，*N-sec*-butyl-4-*tert*-butyl-2,6-dinitro-aniline。

理化性质 纯品仲丁灵为橘黄色结晶体，m.p.55～60℃，b.p.134～136℃（66.6Pa）。溶解度：易溶于甲苯、二甲苯、丙酮等有机溶剂，溶于乙醇、异丙醇，难溶于水。相对密度1.063（25℃）。蒸气压44μPa（30℃）。分解温度为165℃。

毒性 仲丁灵原药急性LD$_{50}$（g/kg）：大鼠经口2.5，大鼠经皮4.6。对黏膜有轻度刺激作用，但对皮肤未见作用。吸入LC$_{50}$：大鼠50mg/L。Ames试验和染色体畸变分析试验：阴性。鳟鱼LC$_{50}$3.4mg/L；鲤鱼LC$_{50}$4.2mg/L。

应用 仲丁灵是硝基苯胺类除草剂，美国AmChem公司开发。双丁乐灵为芽前土壤处理剂，防除一年生禾本科杂草如马唐、狗尾草、牛筋草、旱稗等，对部分阔叶杂草如苋藜、马齿苋等也有较好的效果。在大豆田进行茎叶处理，可防除大豆菟丝子。适用作物为棉花、大豆、玉米、花生、蔬菜、向日葵、马铃薯等旱地作物。

合成路线

常用剂型 制剂主要有36%、48%乳油。

仲丁通（secbumeton）

C$_{10}$H$_{19}$N$_5$O，225.3，26259-45-0

其他名称 GS14254。

化学名称 2-仲丁基氨基-4-乙氨基-6-甲氧基-1,3,5-三嗪；2-*sec*-butylamino-4-ethylamino-6-methoxy-1,3,5-triazine。

理化性质 纯品仲丁通为白色粉末，m.p.86～88℃。25℃时溶解度：水620mg/L，易溶于有机溶剂。蒸气压0.097mPa（20℃）。在中性、弱酸及弱碱性介质中稳定，在强酸或强碱性介质中水解为无除草活性的6-羟基衍生物。

毒性 仲丁通原药急性经口LD$_{50}$（mg/kg）：大白鼠2680。对野鸭及北美鹌鹑低毒。

应用 仲丁通属于三氮苯类除草剂，瑞士汽巴-嘉基公司开发。仲丁通具有内吸传导，通过根、叶吸收，随蒸腾流传导，抑制植物的光合作用。仲丁通可以防除多数一年生和多年生杂草。

合成路线

常用剂型 制剂主要有 50％可湿性粉剂，以及与西玛津、莠灭津、特丁津等的复配可湿性粉剂。

棕榈疫霉

其他名称 Devine。

拉丁文名称 *Phytophthora palmivora*。

理化性质 Devine 是第一个被注册的真菌除草剂。是一种由棕榈疫霉（*Phytophthora palmivora* Butler）的厚垣孢子制成的液剂，用作柑橘园的 *Morrenia odorata*（H& A）Lindl. 防除。该菌最早于 1981 年分离自佛罗里达州的 Orange 郡柑橘林中感病垂死的 *Morrenia odorata*（H& A）Lindl. 植株，最高防效可达 95％，施药后的有效除草期可达 2 年以上。真菌的孢子、菌丝等直接穿透表皮，进入寄主组织，产生毒素，使杂草发病并影响杂草植株正常的生理状况，导致杂草死亡，从而控制杂草的种群数量。然而所有藤本植物对该制剂都具有敏感性，因此它的使用受到限制。

毒性 属低毒除草剂，对人、畜无害，对作物没有药害。

应用 棕榈疫霉属于真菌类除草剂。商品为含有 6.7×10^5 个/L 厚垣孢子的悬浮液，使用时稀释 400 倍，喷于潮湿土壤表面，每亩约需 3.3L 药液。

常用剂型 棕榈疫霉在我国未见相关制剂产品登记。

唑草胺（cafenstrole）

$C_{16}H_{22}N_4O_3S$，397.3，125306-83-4

其他名称 Grachitor，Himeadow。

化学名称 N,N-二乙基-3-均三甲基苯磺酰基-1H-1,2,4-三唑-1-甲酰胺；N,N-diethyl-3-mesitylsulfonyl-1H-1,2,4-triazole-1-carboxamide。

理化性质 纯品唑草胺为无色晶体，m. p. 114～116℃。难溶于水。

毒性 唑草胺原药急性 LD_{50}（mg/kg）：大、小鼠经口＞5000，大鼠经皮＞2000。对动物无致畸、致突变、致癌作用。

应用 唑草胺由日本中外制药公司研制，永光化成、日产化学、杜邦、武田化学等公司开发的选择性三唑酰胺类除草剂，1989 年申请专利。主要用于稻田防除禾本科杂草如稗草、异形莎草、瓜皮草等；对稗草有特效。

合成路线 以 2,4,6-三甲基苯胺为起始原料，经重氮化与巯基三唑反应，经氧化与氨基甲酰氯缩合制得目标物。

常用剂型 在我国未见相关制剂产品登记。

唑草酯（carfentrazone-ethyl）

$C_{15}H_{14}Cl_2F_3N_3O_3$，412.3，12863-02-1（乙酯）；$C_{13}H_{10}Cl_2F_3N_3O_3$（酸），128621-72-7（酸）

其他名称 F8426，福农，快灭灵，唑酮草酯，唑草酮酯，Aurora，Spotlight，Aim，Platform，Shark。

化学名称 （RS）-2-氯-3-[2-氯-5-（4-二氟甲基-4，5-二氢-3-甲基-5-氧-1H-1，2，4-三唑-1-基)-4-氟苯基] 丙酸乙酯（IUPAC）；α，2-二氯-5-（4-二氟甲基-4，5-二氢-3-甲基-5-氧-1H-1，2，4-三唑-1-基)-4-氟苯基丙酸乙酯（CA）。

理化性质 纯品唑草酯为黄色黏稠液体，b.p. 350～355℃/760mmHg。20℃时溶解度：水 12mg/L，甲苯 0.9mg/L，己烷 30g/L，易溶于丙酮、乙醇、乙酸乙酯和二氯甲烷等有机溶剂。相对密度 1.457（20℃）。蒸气压 1.6×10^{-2}mPa（25℃）。分配系数 $K_{ow}\lg P = 3.36$。水解 DT_{50} 为 3.6h（pH=9），8.6d（pH=7）。水中光解 DT_{50} 为 8d。在土壤中通过微生物作用发生降解。土壤施药后，药剂在土壤中不易光解和挥发。在无菌土壤中，被土壤强烈吸附，25℃时 K_{oc} 为 750±60；在未经消毒的土壤中，迅速转化为游离酸，该酸与土壤的键合作用较小，25℃、pH=5.5 时，K_{oc} 为 15～35。在实验室中，土壤 DT_{50} 为数小时，降解成游离酸，而游离酸的 DT_{50} 为 2.5～4.0d。

毒性 唑草酮原药急性 LD_{50}（mg/kg）：大鼠经口 5143（雌），大鼠经皮＞4000。对兔眼睛刺激性很小，对兔皮肤无刺激，对豚鼠皮肤无致敏作用。吸入 LC_{50}（4h）：大鼠＞5mg/L。NOEL：大鼠（2 年）3mg/(kg·d)（建议）。Ames 试验：阴性。

应用 唑草酮为原卟啉原氧化酶抑制剂，富美实公司开发。植株受药后可导致其细胞膜破坏。该产品通过叶面吸收，并具有一定的传输性。芽后用药，适用于大麦、水稻、高粱、大豆、黑小麦、小麦、葡萄、马铃薯、棉花、玉米、燕麦、金虎尾、杏树、鳄梨树、香蕉、琉璃苣芸苔、仙人掌、番荔枝、柑橘、椰子、咖啡、南美番荔枝、无花果、亚麻、葡萄柚、葡萄、番石榴、蛇麻、辣根、唐棣属植物、猕猴桃、越橘、荔枝、龙眼树、芒果、桑树、芥菜子、人参果树、金星果、草莓、甜菊、甘蔗、向阳花、茶树、坚果树、草坪、结球叶菜和香草等田地防除许多种阔叶杂草，尤其是猪殃殃（*Galiuma parine*）、苘麻（*Abutilon theophrasti*）和藜（*Cheonopodium album*）等，也可用于防除多年芥属植物，用药量 9～35g/hm²。唑草酮是一种触杀性选择性除草剂，杀草速度快，受低温影响小，用药机会广。由于唑草酮有良好的耐低温和耐雨水冲刷效应，可在冬前气温降到很低时用药，也可在降雨频繁的春季抢在雨天间隙及时用药，而且对后茬作物十分安全，是麦田春季的优良除草剂。唑草酮的药效发挥与光照条件有一定的关系，施药后光照条件好，有利于药效充分发挥，阴天不利于药效正常发挥。气温在 10℃以上时杀草速度快，2～3d 即见效，低温期施药杀草速度变慢。因其在土壤中的半衰期仅几小时，故对下茬作物亦安全。

合成路线 以邻氟苯胺为起始原料，经酰化、氯化、水解制得中间体 4-氯-2-氟苯胺。经重氮化还原的中间体取代苯肼，再与丙酮酸缩合、与二苯基磷酰叠氮化合物反应得中间体取代三唑啉酮。取代三唑啉酮与氯二氟甲烷反应后再硝化、还原得中间体取代苯胺。取代苯胺经重氮化与丙烯酸乙酯反应，处理即得唑酮草酯。

常用剂型 主要有 40%水分散粒剂。

唑啶草酮（azafenidin）

$C_{15}H_{13}Cl_2N_3O_2$，338.1，68049-83-2

其他名称 Evolus，Milestone，DPX-R 6447，IN-R 6447，R 6447。

化学名称 2-(2,4-二氯-5-丙炔-2-氧基苯基)-5,6,7,8-四氢-1,2,4-三唑并〔4,3-a〕吡啶-3-(2H)-酮；2-(2,4-dicjloro-5-prop-2-ynyloxypnenyl)-5,6,7,8-tetrahydro-1,2,4-triazolo〔4,3-a〕pyridin-3-(2H)-one。

理化性质 纯品唑啶草酮为铁锈色，具有强烈气味的固体，m.p. 168～168.5℃。20℃时溶解度：水 12mg/L。

毒性 唑啶草酮原药急性 LD_{50}（mg/kg）：大鼠经口＞5000，兔经皮＞2000。对兔皮肤和眼睛无刺激性。对动物无致畸、致突变、致癌作用。

应用 唑啶草酮属于原卟啉原氧化酶抑制剂，美国杜邦公司1977开发的广谱三唑啉酮类除草剂。主要用于橄榄、柑橘、森林防除多种杂草，如马齿苋、藜、荠菜、千里光、龙葵、狗尾草、马唐、早熟禾、稗草等。在杂草出土前施用。使用剂量为240g（a.i.）/hm²。

合成路线 唑啶草酮的合成通常有两种合成路线。

① 以 2,4-二氯苯酚和 5-氰戊酰胺为起始原料。2,4-二氯苯酚经醚化、硝化、还原制得中间体苯胺，后经重氮化还原制得中间体取代苯肼。由 5-氰戊酰胺制得氰戊氨基甲酸酯，再与乙酸酐制得中间体哌啶衍生物，然后与取代苯肼反应，经加热环合制得目标物。见路线 1→2→3→4→5→6。

② 以 2,4-二氯苯酚和己内酰胺为起始原料。由 2,4-二氯苯酚制得的取代苯肼与甲酸甲酯反应制得甲酰肼，与己内酰胺反应制得的 2-氯-N-氯甲酰基-1,4,5,6-四氢吡啶反应制得目标物。见路线 7→8→9→10→11→12→13。

常用剂型 主要有80%水分散粒剂。

唑嘧磺草胺（flumetsulam）

$C_{12}H_9F_2N_5O_2S$，325.2，98967-40-9

其他名称　阔草清，豆草能，Broedstrike，Preside，Scorpion。

化学名称　2′,6′-二氟-5-甲基[1,2,4]三唑并[1,5-a]嘧啶-2-磺酰苯胺；2′,6′-difluoro-5-methyl[1,2,4]triazolo[1,5-a]pyrimidine-2-sulfonanilide

理化性质　纯品阔草清为灰白色至灰褐色固体颗粒，m. p. 251～253℃。20℃时溶解度：水 4.9mg/L（pH=2.5）、5.65g/L（pH=7.0）。相对密度 1.77（21℃）。蒸气压 $3.7×10^{-7}$ mPa（25℃）。辛醇/水分配系数 K_{ow}=0.21。土壤吸附系数 K_{oc} 5～182。在 pH5、7 与 9 的水溶液中，2 个月不水解；在酸性溶液中 6 个月不水解。闪点>93℃。

毒性　阔草清原药急性 LD_{50}（mg/kg）：雄大鼠经口>5000，雌大鼠经口>5000，兔经皮>2000。皮肤敏感性（豚鼠）无；眼刺激性（兔）轻；致突变无。急性吸入 LC_{50}（4h）>1.2mg/L。NOEL：小鼠>1000mg/kg，雄大鼠 1000mg/kg，雌大鼠 500mg/kg，狗 1000mg/kg。Ames 试验：无诱变作用。鹌鹑：LD_{50}>2250mg/kg，LC_{50}（8d）>5620mg/L。虹鳟无毒。野鸭 LC_{50}（8d）>5620mg/L。银鲑鱼 LC_{50}>379mg/L。蓝鳃太阳鱼、黑头呆鱼无毒。虾 LC_{50}>349mg/L。牡蛎 EC_{50}>173mg/L。水蚤无毒。蜜蜂 LC_{50}>100μg/只蜜蜂。

应用　唑嘧磺草胺属三唑并嘧啶磺酰胺类，Dow Elanco 公司在美国加利福尼亚州的 Walnut Creek 研究所开发。阔草清是典型的乙酰乳酸合成酶抑制剂。通过抑制支链氨基酸的合成使蛋白质合成受阻，植物停止生长。残效期长、杀草谱广，土壤、茎叶处理均可。适于玉米、大豆、小麦、大麦、三叶草、苜蓿等田中防治 1 年生及多年生阔叶杂草，如问荆（节骨草）、荠菜、小花糖芥、独行菜、播娘蒿（麦蒿）、蓼、婆婆纳（被窝絮）、苍耳（老场子）、龙葵（野葡萄）、反枝苋（苋菜）、藜（灰菜）、苘麻（麻果）、猪殃殃（涩拉秧）、曼陀罗等。对幼龄禾本科杂草也有一定的抑制作用。唑嘧磺草胺有高水溶性，在土壤中极易溶于水而被杂草吸收，通过抑制蛋白质合成而杀死杂草。常用剂型为 80% 水分散粒剂。

合成路线　有三种合成路线。

① 以巯基三唑为起始原料，酰胺化、氯磺化，再与 2,6-二氟苯胺反应，在氢氧化钠水溶液中去保护，最后与 4,4-二甲氧基丁酮或 4-甲氧基-3-丁烯酮-2 环合即得目标物。见路线8→9→10→11→12。

② 以巯基三唑为起始原料，经氧化、与 4,4-二甲氧基丁酮或 4-甲氧基-3-丁烯酮-2 反应，再经氯磺化，最后与 2,6-二氟苯胺反应。见路线 1→5→6→7。

③ 以巯基三唑为起始原料，先经氧化、氯磺化，再与 2,6-二氟苯胺反应，最后与 4,4-二甲氧基丁酮或 4-甲氧基-3-丁烯酮-2 反应。见路线 1→2→3→4。

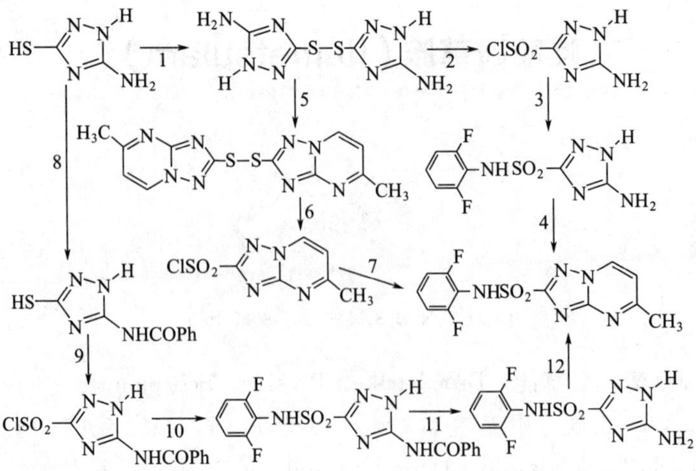

常用剂型　主要制剂有 58g/L 悬浮剂、80%水分散粒剂，可与双氟磺草胺复配。

唑嘧磺隆（NC330）

$C_{17}H_{17}N_7O_5S$，431.4，114874-05-4

其他名称　NC330。

化学名称　5-(4,6-二甲基嘧啶-2-基氨基甲酰氨基磺酰基)-1-(2-吡啶基) 吡唑-4-甲酸甲酯；methyl 5-(4,6-dimethylpyrimidin-2-ylcarbonylsulfamoyl)-1-(2-pyridinyl) pyrazole-1-carboxylate。

理化性质　纯品唑嘧磺隆为淡褐色固体，m. p. 159～160℃。25℃时溶解度：水 849mg/L。

毒性　唑嘧磺隆原药急性经口 LD_{50} （g/kg）：大、小鼠＞5。对兔皮肤无刺激作用，对兔眼睛有轻微刺激作用。Ames 试验：阴性。鲤鱼 LC_{50}（48h）＞5mg/L。

应用　唑嘧磺隆属磺酰脲类除草剂，日本组合化学公司开发。主要用于防治小麦田中禾本科杂草和恶性阔叶杂草，如看麦娘、猪殃殃、繁缕、香甘菊、野燕麦等。

合成路线

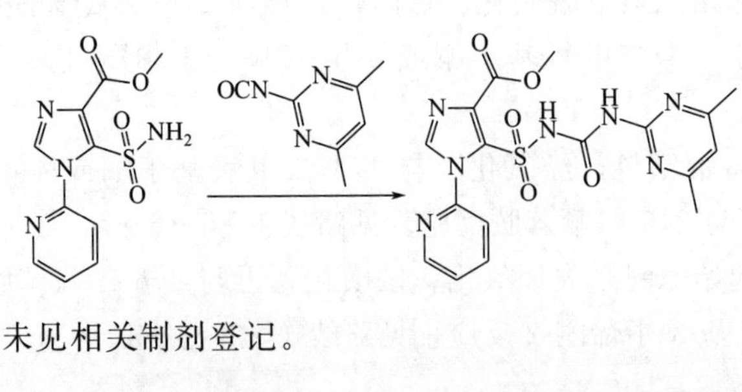

常用剂型　我国未见相关制剂登记。

植物生长调节剂

矮健素（CTC）

$C_6H_{13}Cl_2N$，170.1，2862-38-6

其他名称　7102。

化学名称　（2-氯烯丙基）三甲基氯化铵；2-propon-1-aminium，2-chioro-N，N，N-tri-methyl-chloride。

理化性质　矮健素原药为白色晶体，熔点168～170℃，近熔点温度时分解。相对密度1.10。粗品为米黄色粉状物，略带腥臭气味，吸湿性强，易溶于水，不溶于苯、甲苯、乙醚。遇碱时分解。

应用　矮健素是一种季铵类植物生长调节剂。1971年首先由南开大学开发。具有抑制植物生长作用，使作物茎秆短粗，叶面宽厚，根系发达，提高产量。具有抗旱、抗倒伏能力，适宜于棉花、小麦等作物。

合成路线

常用剂型　可加工成粉剂、水剂使用。

矮壮素（chlormequat）

$$ClCH_2CH_2\overset{+}{N}(CH_3)_3\overset{-}{Cl}$$

$C_5H_{13}Cl_2N$，158.1，999-81-5

其他名称　CCC，Chlorocholine，Chloride，Cycogan，Cycocel-Extra，Increcel，Lihocin，西西西，三西，氯化氯代胆碱，稻麦立，CeCeCe，EI 38555，AC 38555。

化学名称　2-氯乙基-三甲基氯化铵；2-chloroethyl ammonium chloride。

理化性质　原药为浅黄色结晶固体，有鱼腥味。纯品为无色且极具吸湿性的结晶，具有淡淡特征性气味，熔点235℃（分解），相对密度1.141（20℃），蒸气压＜0.001mPa（25℃）。分配系数 $K_{ow}\lg P=-1.59$（pH7），Henry常数 1.58×10^{-9} Pa·m³/mol（计算）。溶解度（20℃，g/kg）：水＞1000，甲醇＞25，二氯乙烷、乙酸乙酯、正庚烷和丙酮＜1，氯仿0.3。极具吸湿性，水溶液稳定，温度达到230℃开始分解。

毒性　急性经口 LD_{50}（mg/kg）：雄大鼠966，雌大鼠807。急性经皮 LD_{50}（mg/kg）：大鼠＞4000，兔＞2000。对眼睛、皮肤无刺激性，无皮肤致敏性。大鼠急性吸入 LC_{50}（4h）＞5.2mg/L（空气）。NOEL数据（2年）：大鼠50mg/kg，雄小鼠336mg/kg，雌小鼠

23mg/kg。ADI值：0.05mg/kg。鸟类急性经口 LD_{50}（mg/kg）：日本鹌鹑555，野鸡261，家鸡920。鱼毒 LC_{50}（96h，mg/L）：虹鳟鱼、镜鲤鱼＞100。水蚤 LC_{50}（48h）：31.7mg/L，海藻 EC_{50}（72h）＞100mg/L。对蜜蜂无毒。蚯蚓 LC_{50}（14d）：2111mg/kg 土壤。

应用 矮壮素是用途广泛的植物生长调节剂，1957 年美国氰胺公司开发。矮壮素能抑制细胞的伸长，但不能抑制细胞的分裂；使植株变矮、茎秆变粗、叶色变深、叶片加宽加厚，增强抗倒伏、抗旱、抗寒、抗盐碱能力，促进生殖生长；防止棉花徒长，桃大而重，可增产 10％～40％；对马铃薯、大豆、红萝卜、番茄、水稻、谷子等作物均有增产效果。

合成路线 三甲胺气体在一定压力下与二氯乙烷反应即可制得矮壮素。

$$(CH_3)_3N + ClCH_2CH_2Cl \xrightarrow[1]{压力} [(CH_3)_3NCH_2CH_2Cl]^+Cl^-$$

常用剂型 矮壮素目前在我国相关剂型登记主要有水剂、可溶性粉剂、悬浮剂等；可与多效唑、甲哌鎓等进行复配。常用制剂有 50％水剂、80％可溶性粉剂。

氨氯吡啶酸（picloram）

应用 氨氯吡啶酸是由 E. R. Laning 于 1963 年报道其除草活性，由道化学公司开发的化合物。其可通过植物根、茎和叶吸收，传导和积累在生长活跃的组织。高浓度下，抑制或杀死分生组织细胞，可作为除草剂；低浓度下，可防止落果，增加果实产量，可作为植物生长调节剂。用于柠檬、无花果和洋葱上，可防止落果，延长贮存时间，形成单性果实和诱导愈伤组织的形成。

其他参见除草剂"氨氯吡啶酸"。

胺鲜酯（diethyl aminoethylhexanoate）

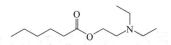

$C_{12}H_{25}NO_2$，215.3，10369-83-2

其他名称 得丰，DA-6。

化学名称 己酸二乙氨基乙醇酯；diethyl aminoethyl hexanoate。

理化性质 纯品为无色液体，工业品为淡黄色至棕色油状液体，沸点 87～88℃/113Pa，易溶于乙醇、丙酮、氯仿等大多数有机溶剂，微溶于水。

毒性 对人、畜毒性很低，大白鼠急性经口 LD_{50}＞6000mg/kg，急性经皮 LD_{50}＞6000mg/kg。对白鼠、兔的眼睛及皮肤无刺激作用。无致癌、致突变和致畸性。

应用 胺鲜酯能提高植物体内叶绿素、蛋白质、核酸的含量和光合速率，提高过氧化物酶及硝酸还原酶的活性，促进植株碳、氮代谢，增强植株对水肥的吸收和干物质的积累，调节体内水分平衡，增强作物、果树的抗病、抗旱、抗寒能力，延缓植株衰老，促进作物早熟、增产，从而达到增产、增质。

合成路线

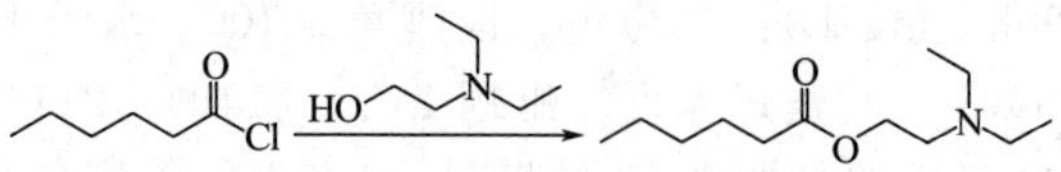

常用剂型 胺鲜酯在我国登记的制剂产品主要有 8%、80%可溶性粉剂，2%、8%、27.5%、30%水剂，可与甲哌鎓、乙烯利等复配使用。

百草枯（paraquat dichloride）

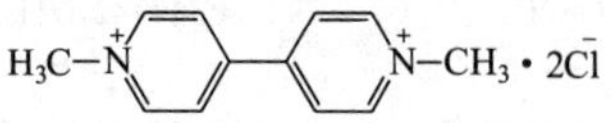

$C_{12}H_{14}Cl_2N_2$，257.2，1910-42-5

应用 百草枯是 1956 年英国 ICI 公司开发的产品，作为植物生长调节剂可使叶片失水干枯，在植物收获前期，叶面喷洒，加速叶片脱落，促进成熟。用于棉花、大豆、小麦和芦苇上，促进成熟。

百菌清（chlorothalonil）

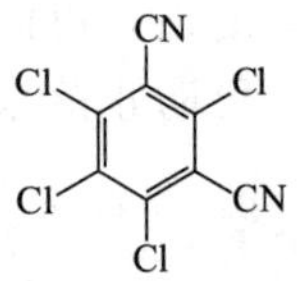

$C_8Cl_4N_2$，265.9，1897-45-6

应用 是美国 Diamond Alkali Co. 开发的广谱杀菌剂。和其他植物生长调节剂混用时有增效作用。百菌清和乙烯利混用时后者用量减少 40%～50%，且可加速苹果、樱桃和番茄成熟，还可提高番茄抵御病害的能力。

详见杀菌剂"百菌清"。

苯哒嗪丙酯（fenridazon-propyl）

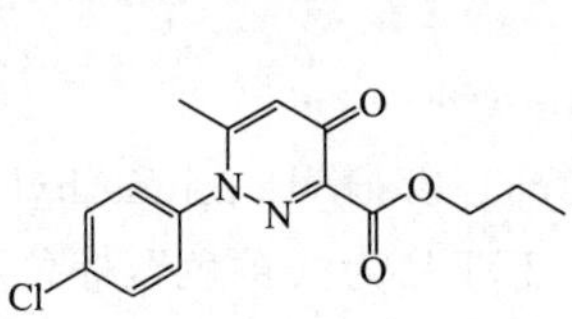

$C_{15}H_{15}ClN_2O_3$，306.7，78778-15-1

其他名称 哒优麦，BAU9403。

化学名称 1-(4-氯苯基)-1,4-二氢-4-氧-6-甲基哒嗪-3-羧酸丙酯

理化性质 原药为浅黄色粉末，熔点 101～102℃。溶解度（g/L，20℃）：水<1，乙醚 12，苯 280，甲醇 362，乙醇 121，丙酮 427。在一般贮存条件下和中性介质中稳定。

毒性 苯哒嗪丙酯原药对雄性和雌性大鼠急性经口 LD_{50} 分别为 3160mg/kg 和 3690mg/kg，急性经皮 LD_{50}＞2150mg/kg，对皮肤、眼睛无刺激性，为弱致敏性。致突变试验：Ames 试

验、小鼠骨髓细胞微核试验、小鼠睾丸细胞染色体畸变试验均为阴性。大鼠（90d）饲喂亚慢性试验无作用剂量：雄性为 31.6mg/(kg·d)，雌性为 39mg/(kg·d)。10%乳油对雄性和雌性大鼠急性经口 LD_{50} 分别为 5840mg/kg 和 2710mg/kg，急性经皮 LD_{50}＞2000mg/kg；对皮肤和眼睛无刺激性，为弱致敏性。该药为低毒植物生长调节剂。环境生物安全性评价：10%苯哒嗪丙酯乳油对斑马鱼 LC_{50}（48h）为 1.0～10mg/L，鸟 LD_{50} 为 183.7mg/kg，蜜蜂 LC_{50} 为 1959mg/L，家蚕 LC_{50} 2000mg/kg（桑叶）。该药对鸟、蜜蜂、家蚕均属低毒，对鱼类属中等毒。

应用　苯哒嗪丙酯是由中国农业大学研制的新型化学农药，为新型植物生长调节剂（小麦化学去雄剂），诱导自交作物雄性不育，培育杂交种子，主要用于小麦育种，具有优良的选择性小麦去雄效果。

合成路线

常用剂型　主要有 10%乳油。

苯哒嗪钾（clofencet-potassium）

$C_{13}H_{10}ClKN_2O_3$，316.8，82697-71-0

其他名称　金麦斯。

化学名称　2-(4-氯苯基)-3-乙基-2,5-二氢-5-氧哒嗪-4-羧酯钾盐；potassium 2-(4-chlorophenyl)-3-ethyl-2,5-dihydro-5-oxopyridazine-4-carboxylate。

理化性质　苯哒嗪钾原药（含量≥91%）外观为浅灰褐色固体粉末。熔点 269℃（分解）。蒸气压＜10^{-2}mPa（25℃）。$K_{ow}lgP=-2.2$（25℃）。相对密度 1.44（20℃）。水中溶解度（23℃，g/L）：＞655（pH5），＞696（pH7），＞658（pH9）。有机溶剂中溶解度（24℃，g/L）：甲醇 16，丙酮＜0.5，二氯甲烷＜0.4，甲苯＜0.4，乙酸乙酯＜0.5，正己烷＜0.6。稳定性：14d（54℃）稳定；在 pH5、pH7、pH9 缓冲溶液中稳定；水中光解稳定，DT_{50} 随着 pH 值增大而增大。pK_a 2.83（20℃）。

毒性　原药对大鼠急性经口 LD_{50} 为 3306mg/kg，急性经皮 LD_{50}＞5000mg/kg，急性吸入 LC_{50}（4h）＞3.8mg/L；对皮肤无刺激性，对眼睛轻度至中度刺激性；无致敏性。致突变试验：Ames 试验、人体淋巴 C 细胞遗传毒性（染色体）试验等均为阴性。大鼠两年慢性试验最大无作用剂量为 5.9mg/(kg·d)，未见致畸、致癌作用。22.4%水剂对大鼠急性经口、经皮 LD_{50} 均＞5000mg/kg，急性吸入 LC_{50}＞9.2mg/L；对皮肤、眼睛轻度刺激性；无致敏性。原药对虹鳟鱼 LC_{50}（96h）＞990mg/L，水蚤 EC_{50}＞5400mg/L，野鸭 LD_{50}＞2000mg/kg，北美鹌鹑 LD_{50} 为 1414mg/kg，蜜蜂（48h）（接触、经口）LD_{50}＞100μg/只蜂，土壤蚯蚓 LD_{50}（14d）＞1000mg/L（土）。

应用　苯哒嗪钾为新型植物生长调节剂（小麦化学杀雄剂），具有优良的选择性小麦杀雄效果，能有效抑制小麦花粉粒发育，诱导自交作物雄性不育，用于培育小麦杂交种子。苯哒嗪钾最早由罗姆-哈斯公司（Rohm & Haas）发现，1997 年由孟山都（Monsanto）公司开发用于小麦。

合成路线

常用剂型 生产中常用剂型主要有 22.4% 水剂。

苯哒嗪酸（clofencet）

$C_{13}H_{11}ClN_2O_3$，278.7，129025-54-3

其他名称 Genesis。

化学名称 2-(4-氯苯基)-3-乙基-2,5-二氢-5-氧代哒嗪-4-羧酸；2-(4-chlorophenyl)-3-ethyl-2,5-dihydro-5-oxopyridazine-4-carboxylic acid；2-(4-chlorophenyl)-3-ethyl-2,5-dihydro-5-oxo-4-pyridazinecarboxylic acid。

理化性质 见"苯哒嗪钾"。

毒性 其钾盐毒性见"苯哒嗪钾"。

环境行为 用 ^{14}C 跟踪，进入大鼠体内的本品，被迅速吸收，在 24h 内，78% 以上的代谢物通过尿排出体外，未被代谢的本品也主要残留在尿中，7d 后，本品在组织里的残留量小于 1%。本品在小麦中代谢很少，70% 以上在麦秆里。本品在土壤中代谢很慢，在沙壤土（pH6.0，4.5% 有机质）和粉沙壤土（pH7.7，2.4% 有机质）中，1 年后，约 70% 的本品还残留在土壤中。本品对光稳定，光照 30~32d 后，74%~81% 未分解，其水溶液（pH5、7、9）DT_{50} 20~28d。

应用 杀雄嗪酸属于苯并哒嗪类小麦杀雄剂。苯哒嗪酸是由罗姆-哈斯公司发现，美国孟山都公司开发，1989 年申请专利。主要用作小麦杀雄剂。其钾盐又称苯哒嗪钾。

合成路线 以对氯苯肼为起始原料，首先与乙醛酸缩合，再与氯化亚砜（室温）反应制得对应酰氯，该酰氯在碱性条件下经加热与丙酰乙酸乙酯发生环合反应制得目标物杀雄嗪酸。

常用剂型 苯哒嗪酸目前在我国未见相关产品登记。

苯菌灵（benomyl）

$$C_{14}H_{18}N_4O_3，290.3，17804-35-2$$

应用　苯菌灵是杜邦公司 1968 年开发的产品，可作为杀菌剂和植物生长调节剂。可作为保鲜剂应用于各种水果和蔬菜。苯菌灵由水果和蔬菜表面吸收，传导到病原菌入侵部位而起作用。可延缓叶绿素分解。可用于收获后苹果、香蕉、大白菜、胡萝卜、橘子、马铃薯和桃上，延长贮存时间，防止腐烂。

相关数据详见杀菌剂"苯菌灵"。

苯肽胺酸（N-phenylphthalamic acid）

$$C_{14}H_{11}NO_3，241.2，4727-29-1$$

其他名称　果多早，宝赢，苯酞氨酸。

化学名称　邻-(N-苯甲酰基) 苯甲酸，N-phenylphthalamic acid，2-(［phenylamino］carbonyl)-benzoic acid。

理化性质　本品原药为白色或淡黄色固体粉末。熔点 169℃（分解）。制剂外观淡黄色至棕红色透明均相液体，略带刺激气味，相对密度（20℃）1.080±0.010，pH7～9。

毒性　苯肽胺酸属于微毒植物生长调节剂。制剂大鼠急性经口、经皮均为 10000mg/kg。

应用　苯肽胺酸是一种具有生物活性的植物生长调节剂。有明显的保花、保果作用，对坐果率低的作物可提高其产量，通过叶面喷施，具有诱发花蕾成花结果的作用，防止生理落果及采前落果，自然成熟期可提前 5～7d。

合成路线

常用剂型　常用剂型主要有 20% 水剂。

苄氨基嘌呤（6-benzylaminopurine）

$$C_{12}H_{11}N_5，225.3，1214-39-7$$

其他名称 保美灵，6-苄基腺嘌呤，BAP，绿丹，6-苄氨基嘌呤，Vardan，苄胺嘌呤，苄基腺嘌呤，8-氮杂黄嘌呤，Accel，6-BA，BA，Beanin，Patury，Promelin。

化学名称 6-(N-苄基）氨基嘌呤或6-苄基腺嘌呤；6-(N-benzyl) aminopurine；6-benzyladenine。

理化性质 原药为白色或淡黄色粉末，纯度＞99%。纯品为无色无臭细针状结晶，熔点234～235℃，蒸气压 2.373×10^{-6} mPa（20℃），分配系数 K_{ow} lg$P$＝2.13，Henry 常数 8.91×10^{-9} Pa·m³/mol（计算）。水中溶解度（20℃）为60mg/L，不溶于大多数有机溶剂，溶于二甲基甲酰胺、二甲亚砜。稳定性：在酸、碱和中性水溶液中稳定，对光、热（8h，120℃）稳定。

毒性 急性经口 LD_{50}（mg/kg）：雄大鼠2125，雌大鼠2130，小鼠1300。大鼠急性经皮 LD_{50}＞5000mg/kg。对兔眼睛、皮肤无刺激性。NOEL 数据［mg/(kg·d)，2 年］：雄大鼠5.2，雌大鼠6.5，雄小鼠11.6，雌小鼠15.1。ADI 值：0.05mg/kg。Ames 试验，对大鼠和兔无诱变、致畸作用。鲤鱼 LC_{50}（48h）＞40mg/L，蓝鳃翻车鱼 LC_{50}（4h）37.9mg/L，虹鳟鱼 LC_{50}（4d）21.4mg/L。绿头鸭饲喂试验 LC_{50}（5d）＞8000mg/L（饲料）。水蚤 LC_{50}（24h）＞40mg/L，海藻 EC_{50}（96h）363.1mg/L（可溶液剂）。蜜蜂：LD_{50}（经口）400μg/只，LD_{50}（接触）57.8μg/只（均为1g/L可溶液剂）。本品在动物体内通过尿和粪便排出。在大豆、葡萄、玉米和苍耳中代谢物不少于9种，尿素是最终代谢物。在22℃条件下，本品施于土壤16h（22℃）后，降解到5.3%（沙壤土）、7.85%（黏壤土），DT_{50} 7～9 周。

应用 苄氨基嘌呤系一种嘌呤类人工合成的植物生长调节剂。1952 年由美国威尔康姆实验室合成，1971年国内首先由上海东风试剂厂和化工部沈阳化工研究院开发。属于高效植物细胞分裂素。具有良好的生化活性，促进植物细胞分裂、解除种子休眠，促进种子萌发、侧芽萌发和侧枝抽生，促进花芽分化、增加坐果、抑制蛋白质和叶绿素降解；可用于果形和品种改良，水果、蔬菜保鲜贮存和水稻增产等。

合成路线 目前苄氨基嘌呤的合成主要有如下 4 种路线。①以工业生产中病毒唑副产物为原料，经水解、缩合、苄胺化制得目标物。②通过次黄嘌呤氯代，然后与苄胺缩合制得目标物。③腺嘌呤与苯甲酸酐缩合之后再还原。④腺嘌呤与苯甲醇缩合制得目标物。

常用剂型 苄氨基嘌呤目前在我国未见相关产品登记。常用剂型主要有98%、95%BA 粉剂。

丙酰芸薹素内酯（propionyl brassinolide）

$C_{35}H_{56}O_7$，588.8，162922-31-8

其他名称　爱增美，金福来。

化学名称　（24S）-2α,3α-二丙酰氧基-（22R,23R）-环氧-7-氧-5α-豆甾-6-酮；ropionylbrassinolide。

理化性质　丙酰芸薹素内酯原药外观为白色结晶粉末状固体，溶于甲醇、乙醇、乙醚、氯仿等有机溶剂，难溶于水。正常贮存条件下，有良好的稳定性，弱酸、中性介质中稳定，在强碱介质中分解。

毒性　丙酰芸薹素内酯属低毒植物生长调节剂，对鱼、鸟、蜂、蚕比较安全。

应用　丙酰芸薹素内酯属高效芸薹素内酯，又称迟效型芸薹素内酯。调节植物各生长点生长激素水平，促进光电子的传递，使叶绿素增加，促进植物维生素、糖分的合成，促使果实膨大，使果实个大，光亮，果形正，口感好，改善品质，提高抗病、抗逆能力。

常用剂型　丙酰芸薹素内酯在我国登记的产品有95%原药和0.003%水剂。

草甘膦（glyphosate）

$C_3H_8NO_5P$，169.1，1071-83-6

应用　草甘膦是一种有机膦类化合物。1980年美国孟山都公司开发，是目前世界上产量和使用量最大的灭生性除草剂，也可以作为植物生长调节剂使用。通过植物的茎叶吸收，传导至分生组织，抑制细胞生长。促进乙烯形成，加速成熟。可增加甜菜和甘蔗中的含糖量。用于小麦、玉米、水稻和高粱，加速成熟；用于花生、大豆和甘薯上促进脱叶。

详见除草剂"草甘膦"。

超敏蛋白

其他名称　Harpin蛋白，Messager，康壮素。

结构与特点　HarpinEa、HarpinPss、HarpinEch、HarpinEcc分别由385、341、340和365个氨基酸残基组成，它们的氨基酸序列可从Gene Bank中获得。从现有分离到的Harpin蛋白来看，均富含甘氨酸，缺少半胱氨酸，热稳定。

应用　超敏蛋白是由美国伊甸生物技术公司（EDEN）开发的新型植物生长调节剂，深圳市武大万德福基因工程有限公司发明了一种通过基因工程手段构建的工程菌株，转化生产Harpin基因工程蛋白的专利技术。用该蛋白研制出安康肽植物抗菌抑菌剂，用于植物细菌、真菌、病毒、线虫等病虫害的防治，并可促进植物的生长发育。

作用机理 Harpin蛋白作用机理是可激活植物自身的防卫反应，即"系统获得性抗性"，从而使植物对多种真菌和细菌产生免疫或自身防御作用，是一种植物抗病活化剂。可以使植物根系发达，吸肥量特别是钾肥量明显增加；促进开花和果实早熟，改善果实品质与产量。

常用剂型 超敏蛋白在我国登记产品主要是3%微粒剂。

赤霉酸（gibberellic acid）

$C_{19}H_{22}O_6$，346.4，77-06-5

其他名称 GA_3，gibberellin A_3，赤霉素，"920"。

化学名称 $3\alpha,10\beta,13$-三羟基-20-失碳赤霉-1,16-二烯-7,19-双酸-19,10-内酯；（$3S$，$3aR$，$4S$，$4aS$，$7S$，$9aR$，$9bR$，$12S$）-7,12-dihydroxy-3-methyl-6-methylene-2-oxoperhydro-$4a$,7-methano-$9b$,3-propenozuleno [1,2-b] furan-4-carboxylic acid.

理化性质 纯品为结晶状固体，熔点223～225℃（分解）。溶解性：水中溶解度5g/L（室温），溶于甲醇、乙醇、丙酮、碱溶液，微溶于乙醚和乙酸乙酯，不溶于氯仿。其钾、钠、铵盐易溶于水（钾盐溶解度50g/L）。稳定性：干燥的赤霉酸在室温下稳定存在，但在水溶液或者水-乙醇溶液中会缓慢水解，半衰期（20℃）约14d（pH 3～4）。在碱中降解并重排成低生物活性的化合物。受热分解。pK_a 4.0。

毒性 大鼠和小鼠急性经口 LD_{50}＞15000mg/kg，大鼠急性经皮 LD_{50}＞2000mg/kg。对皮肤和眼睛没有刺激。大鼠每天2h吸入浓度为400mg/L的赤霉酸21d未见异常反应。大鼠和狗90d饲喂试验＞1000mg/kg（饲料）（6d/周）。山齿鹑急性经口 LD_{50}＞2250mg/kg，LC_{50}＞4640mg/kg（饲料）。虹鳟鱼 LC_{50}（96h）＞150mg/L。

应用 赤霉酸是一种植物体内普遍存在的内源激素，属贝壳杉烯类化合物。1926年，日本黑泽英一确认赤霉酸是赤霉菌的分泌物，1935年，日本东京大学薮田贞次郎进行分离提纯赤霉酸结晶。植物体内内源赤霉酸到目前已发现120多种。人工用赤霉菌生产的赤霉酸多是赤霉酸$_3$（GA_3），生产上用得较多的还有赤霉酸$_4$（GA_4）和赤霉酸$_7$（GA_7）。1958年前，人们认为 GA_3 在赤霉酸类中活性最高，把它作这一类的代表，以后的应用研究表明，在茎蔓伸长上，总的看 GA_3 作用最大，其次是 GA_4、GA_7、GA_1、GA_5 等；在促进开花、坐果上 GA_7 作用最大，其次是 GA_4、GA_3 等。然而在促进苹果坐果及五棱突起上则是 GA_7 和 GA_4 最好；在促进番茄单性结实上是 GA_5 最好，其次是 GA_3、GA_4、GA_7 等。这些说明 GA_3 在赤霉酸家族中是重要一员，而不是唯一代表。20世纪50年代美国艾博特（Abbott Laboratories）、英国帝国化学公司（ICI）和日本协和发酵、明治制药等先后投产。1958年中国科学院、北京农业大学组织生产。

常用剂型 赤霉酸目前在我国登记相关产品有90%原药和不同含量的结晶粉，登记主要剂型有乳油、可溶粉剂、可溶片剂、可湿性粉剂等，可与多效唑、芸苔素、吲哚乙酸等复配。常用制剂有：4%乳油、2.7%膏剂、20%可溶性粉剂、20%可溶片剂等。

促生酯

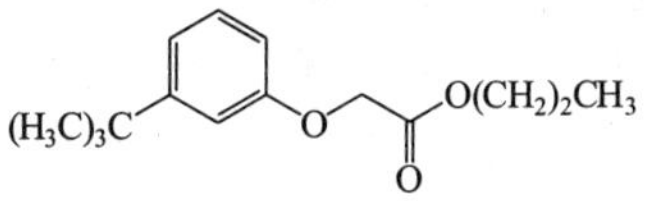

$C_{15}H_{22}O_3$，250.33，66227-09-6

其他名称　M&B 25 105。

化学名称　3-叔丁基苯氧乙酸丙酯；propyl-3-*tert*-butyphenoxyacetate；propyl [3-(1,1-dimethylethyl) phenoxy] acetate。

理化性质　本品为有特殊气味的无色液体，沸点 162℃/20mmHg，微溶于水。

毒性　大鼠急性经口 LD_{50} 1800mg/kg，日本鹌鹑急性经口 LD_{50} 2160mg/kg，大鼠急性经皮 LD_{50}＞2000mg/kg。对兔皮肤和眼睛有中等刺激。对蜜蜂和蚯蚓无毒。

应用　促生酯是一种由 C. J. Hibbit 和 J. A. Hardisty 报道，May&Baker Ltd 开发的植物生长调节剂。通过暂时抑制顶端分生组织生长，促进苹果和梨的未结果幼树和未修剪幼树侧枝分枝。

合成路线

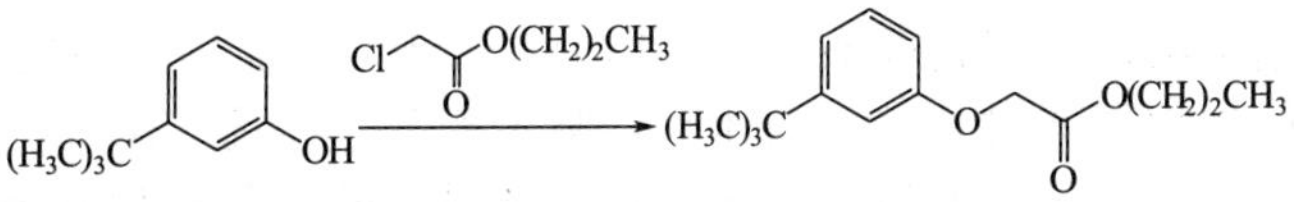

常用剂型　促生酯目前在我国未见相关产品登记。常用制剂主要有 75% 乳油。

促叶黄（sodium ethylxanthate）

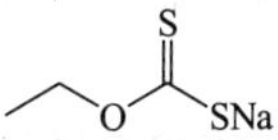

$C_3H_5NaOS_2$，144.0，140-90-9

其他名称　乙基黄药，黄原酸盐，Ethylxanthic acid sodium salt，Sdoium-*O*-Ethyl Dithiocarbonate。

化学名称　乙基黄原酸钠；sodium ethylxanthate。

理化性质　本品为淡黄色固体粉末，有特殊臭味，极易溶于水，加热极易分解。

毒性　大鼠急性经口 LD_{50} 660mg/kg。

应用　棉花、水稻、小麦、萝卜等作物的干燥剂。

合成路线

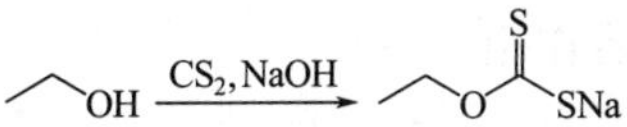

常用剂型　促叶黄常用剂型主要有粉剂和水剂，在我国未见相关产品登记。

单氰胺（cyanamide）

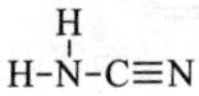

H_2CN_2，42.04，420-04-2

其他名称 amidocyanogen，hydrogen，cyanoamine，cyanogenamide。

化学名称 氰胺或氨腈。

理化性质 原药纯度≥97%。纯品为无色易吸湿晶体，熔点45～46℃，沸点83℃/0.5mmHg，蒸气压（20℃）500mPa。溶解度：水中4.59kg/L（20℃）；溶于醇类、苯酚类、醚类，微溶于苯、卤代烃类，几乎不溶于环己烷；甲乙酮505、乙酸乙酯424、正丁醇288、氯仿2.4（均为g/kg，20℃）。对光稳定，遇碱分解生成双氰胺和聚合物，遇酸分解生成尿素；加热至180℃分解。

毒性 单氰胺原药大鼠急性经口LD_{50}。雄性147mg/kg，雌性271mg/kg。大鼠急性经皮LD_{50}＞2000mg/kg。对家兔皮肤轻度刺激，眼睛重度刺激性，该原药对豚鼠皮肤变态反应试验属弱致敏类农药。大鼠90d亚慢性饲喂试验最大无作用剂量0.2mg/(kg·d)。致突变试验：Ames试验、小鼠骨髓细胞微核试验、小鼠睾丸细胞染色体畸变试验均为阴性。50%单氰胺水溶液对斑马鱼LC_{50}（48h）103.4mg/L；鹌鹑经口LD_{50}（7d）981.8mg/kg；蜜蜂（食下药蜜法）LC_{50}（48h）824.2mg/L；家蚕（食下毒叶法）LC_{50}（2龄）1190mg/kg（桑叶）。该药对鱼和鸟均为低毒。田间使用浓度为5000～25000mg/L，对蜜蜂具有较高的风险性，在蜜源作物花期应禁止使用。对家蚕主要是田间漂移影响，对邻近桑田漂移影响的浓度不足实际施用浓度的十分之一，其在桑叶上的浓度小于对家蚕的LC_{50}值，对桑蚕无实际影响，因此对蚕为低风险性。

应用 单氰胺是由Degussa AG开发的一种植物生长调节剂。可有效抑制植物体内过氧化氢酶的活性，加速植物体内氧化磷酸戊糖（PPP）循环，从而加速植物体内基础物质的生成，起到调节生长的作用。通过打破植物休眠，刺激葡萄、油桃、樱桃、毛桃、猕猴桃、苹果、梨、李、杏、石榴、枣树、桑树等提前发芽和结果，并可使作物萌动初期芽齐、芽壮，还可增加作物单产，改善品质，提前上市，增加经济收入。

合成路线

$$CaNCN + H_2O + CO_2 \longrightarrow NH_2CN + CaCO_3$$

常用剂型 单氰胺目前在我国登记的产品主要是50%水剂。

稻瘟灵（isoprothiolane）

$C_{12}H_{18}O_4S_2$，290.4，50512-35-1

应用 稻瘟灵是由F. Araki等人于1975年报道了该杀菌剂的性质，由日本农药公司开发。近年发现其抗逆诱导作用，可增强植物对病害与逆境的抵抗力。可通过植物茎叶吸收，然后传导到植物的基部和顶部。可阻止病菌通过植物的叶片和穗感染作物，对于水稻有壮苗作用。在日本主要用于稻田起壮苗作用。

详见杀菌剂"稻瘟灵"。

2,4-滴（2,4-D）

$C_8H_6Cl_2O_3$，221.0，94-75-7

应用　2,4-滴是一种苯氧乙酸类植物生长调节剂，1941 年由美国朴康合成，美国 Amchem Products 开发，1942 年梯曼肯定了它的生物活性。2,4-D 高浓度使用时是广谱的阔叶除草剂，低浓度使用时可作植物生长调节剂，具有促进生根、保绿、刺激细胞分化、提高坐果率等多种生理作用。可用来防除禾谷类作物田中的双子叶杂草，防止果实如番茄等早期落花、落果，并可以形成无籽果实，防止白菜在贮运期间脱叶，促进作物早熟增产，加速插条生根等。

详见除草剂"2,4-滴（2,4-D）"。

2,4-滴丙酸（dichlorprop）

$$C_9H_8Cl_2O_3，235.1，120-36-5$$

应用　2,4-滴丙酸是一种苯氧丙酸类植物生长调节剂，1983 年由日本日产化学公司开发，1984 年由化工部沈阳化工研究院开发，常州市禾东农药有限公司等生产。2,4-滴丙酸除用作谷类作物田双子叶杂草防除外，还可作为苹果、梨的采前防落果剂，同时具有着色作用，此外在葡萄、番茄上也有采前防落果作用。2,4-滴丙酸与醋酸钙混用可防止苹果采前落果、促进着色、增加硬度、改善果实品质，并可以减少贮藏中软腐病的发生、延长贮藏期。在梨上使用也有类似效果。

敌草快（diquat）

$$C_{12}H_{12}N_2，184.2，85-00-7$$

应用　敌草快 1957 年由英国 ICI 公司开发，现由英国先正达有限公司、南京第一农药集团有限公司、浙江永农化工有限公司等生产。敌草快可使叶片干枯，作用机制同百草枯。敌草快茎叶处理后，会产生氧自由基，破坏叶绿体膜，叶绿素降解，导致叶片干枯。主要用于马铃薯和棉花作脱叶剂，使叶片干枯，加速脱叶。

详见除草剂"敌草快"。

敌草隆（diuron）

$$C_9H_{10}Cl_2N_2O，233.1，330-54-1$$

应用 敌草隆是一种脲类植物生长调节剂，1954 年由美国杜邦公司生产。作为植物生长调节剂，它可提高苹果的色泽；为甘蔗的开花促进剂。敌草隆与噻唑隆混剂可作棉花脱叶剂，并抑制顶端生长，促进吐絮。

详见除草剂"敌草隆"。

地乐酚（dinoseb）

$C_{10}H_{12}N_2O_5$，240.2，88-85-7

应用 地乐酚是硝基苯类除草剂，1945 由 A. S. Craffts 报道其除草活性，1960 年由 H. Hartel 报道其乙酸盐的除草活性，曾被广泛用作除草剂。作为植物生长调节剂，在马铃薯和豆类收获前使用，加速失水；玉米叶面施药可刺激生长，提高产量。

详见除草剂"地乐酚"。

调呋酸（dikegulac）

$C_{12}H_{18}O_7$，274.3，18467-77-1（未指明立体化学）

其他名称 Atrinal，Ro07-6145/001，二凯古拉酸。

化学名称 2,3：4,6-二-O-异亚丙基-α-L-木-2-己酮呋喃糖酸；2,3：4,6-di-O-isopropylidene-α-L-xylo-2-hexulofuranosonic acid。

理化性质 调呋酸钠为无色结晶，熔点＞300℃，蒸气压＜1300mPa（25℃）。溶解度（25℃，g/L）：水 590，丙酮、环己酮、二甲基甲酰胺、己烷＜10，氯仿 63，乙醇 230。K_{ow}很低，在室温下密闭容器中 3 年内稳定；对光稳定，在 pH 7～9 介质中不水解。

毒性 调呋酸钠大鼠急性经口 LD_{50}（mg/kg）：雄性 31000、雌性 18000。大鼠急性经皮 LD_{50}＞2000mg/kg。其水溶液对豚鼠皮肤和兔眼睛无刺激性。在 90d 饲喂试验中，大鼠接受 2000mg/(kg·d) 及狗接受 3000mg/(kg·d) 未见不良影响。日本鹌鹑、绿头鸭和雏鸡饲喂试验 LC_{50}（5d）＞50000mg/kg（饲料）。鱼毒 LC_{50}（96h）：蓝鳃翻车鱼＞10000mg/L，虹鳟鱼＞5000mg/L。对蜜蜂无毒，LD_{50}（经口和局部处理）＞0.1mg/只。

应用 调呋酸是由 Dr. R. Maag Ltd. 开发的植物生长调节剂。能被植物吸收并运输至植物顶端，从而打破顶端优势，促进侧枝的生长。其主要作用是抑制生长素、赤霉酸和细胞分裂素的活性；诱导乙烯的生物合成。多用于促进观赏植物林木侧枝和花芽的形成和生长，用于常绿杜鹃和矮生杜鹃促进侧枝多发，株形紧凑。在海棠上使用起整形作用，不影响开花。

合成路线

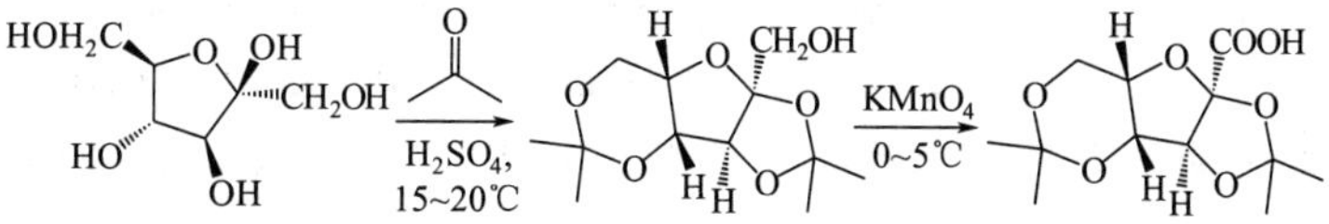

常用剂型　常用制剂主要为167g/L液剂。

调果酸（cloprop）

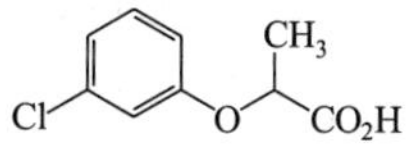

$C_9H_9ClO_3$，200.6，101-10-0

其他名称　Fruitone，3-CPA，Fruitone-CPA，Peachthim。

化学名称　（±）-2-(3-氯苯氧基)丙酸；（±）-2-(3-chlorophenoxy) propionic acid。

理化性质　原药略带酚气味，熔点114℃。纯品为无色无臭结晶粉末，熔点117.5～118.1℃。在室温下无挥发性。溶解度（g/L）：在22℃条件下，水中1.2，丙酮790.9，二甲亚砜2685，乙醇710.8，甲醇716.5，异辛醇247.3；在24℃条件下，苯24.2，甲苯17.6，氯苯17.1；在24.5℃条件下，二甘醇390.6，二甲基甲酰胺2354.5，二噁烷789.2。本品相对稳定。

毒性　大鼠急性经口 LD_{50}（mg/kg）：雄3360，雌2140。兔急性经皮 LD_{50} >2000mg/kg。对兔眼睛有刺激性，对皮肤无刺激性。大鼠1h内吸入200mg/L空气无中毒现象。NOEL数据：大鼠（2年）8000mg/kg（饲料），小鼠（1.88年）6000mg/kg（饲料），无致突变作用。绿头鸭和山齿鹑饲喂试验 LC_{50}（8d）>5620mg/kg（饲料）。鱼毒 LC_{50}（96h，mg/L）：虹鳟鱼约21，蓝鳃翻车鱼约118。

应用　调果酸是由 Amchem Chemical Co. 开发的芳氧基链烷酸类植物生长调节剂。通过植物叶片吸收且不易向其他部位传导。主要作用是抑制顶端生长，在菠萝上使用可增加果实的大小与重量，推迟果实成熟。还可用于某些李属的蔬果。

合成路线

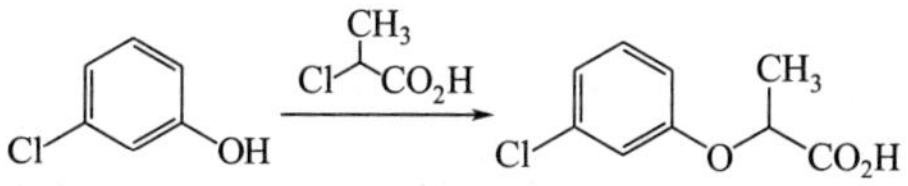

常用剂型　常用制剂主要有75g/L可溶性液剂。

调环酸（prohexadione-calcium）

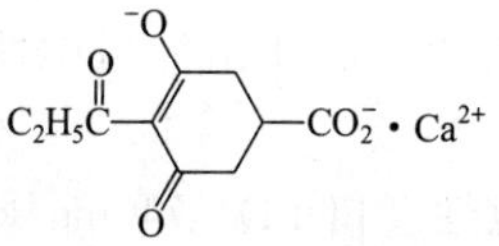

$C_{10}H_{10}CaO_5$，250.3，127277-53-6

其他名称 Viviful，BAS125W，BX-112，KIM-112，KUH833。

化学名称 3,5-二氧代-4-丙酰基环己烷羧酸钙；calcuim 3-oxido-5-oxo-4-propionylcy-clohexanecarboxylate；calcuim 3,5-dioxo-4-(l-oxopropyl) cyclohexanecarboxylate。

理化性质 其钙盐为无臭白色粉末，熔点＞360℃，蒸气压 1.33×10^{-2} mPa（20℃），分配系数 K_{ow} lg$P = -2.90$，Henry 常数 1.92×10^{-5} Pa·m³/mol（计算值）。相对密度 1.460。溶解度（20℃，mg/L）：水 174，甲醇 1.11，丙酮 0.038。稳定性：其在水溶液中稳定。DT_{50}（20℃）：5d（pH 5），83d（pH 9）。200℃以下稳定，水溶液光照 DT_{50} 4d。pK_a 5.15。土壤 DT_{50}＜1~4d。

毒性 大、小鼠急性经口 LD_{50}＞5000mg/kg。大鼠急性经皮 LD_{50}＞2000mg/kg。对兔皮肤无刺激性，对兔眼睛有轻微刺激性。大鼠急性吸入 LC_{50}（4h）＞4.21mg/L。NOEL 数据 [2 年，mg/(kg·d)]：雄大鼠 93.9，雌大鼠 114，雄小鼠 279，雌小鼠 351，雄或雌狗（1 年）80。对大鼠和兔无致突变和致畸作用。绿头鸭和山齿鹑急性经口 LD_{50}＞2000mg/kg，绿头鸭和山齿鹑饲养 LC_{50}（5d）＞5200mg/kg（饲料）。鱼毒 LC_{50}（96h，mg/L）：虹鳟和大翻车鱼＞100，鲤鱼＞150。水蚤 LC_{50}（48h）＞150mg/L。海藻 EC_{50}（120h）＞100mg/L。蜜蜂 LD_{50}（经口和接触）＞100μg/只。蚯蚓 LC_{50}（14d）＞1000mg/kg（土壤）。

应用 调环酸是 1994 年由日本组合化学工业公司开发的植物生长调节剂。赤霉酸生物合成抑制剂。降低赤霉酸的含量，控制作物旺长。用于禾谷类作物如小麦、大麦、水稻抗倒伏；用于花生、花卉、草坪等控制旺长。

合成路线

常用剂型 目前在我国未见相关产品登记。

调节安（DMC）

$C_6H_{14}NOCl$，151.6，23165-19-7

其他名称 DMC，田丰安，调节胺。

化学名称 N,N-二甲基吗啉鎓氯化物；4,4-dimethyl morpholinium，chloride。

理化性质 纯品为无色针状晶体，熔点 344℃（分解），易溶于水，微溶于乙醇，难溶于丙酮及非极性溶剂。有强烈的吸湿性，其水溶液呈中性，化学性质稳定。工业品为白色或淡黄色粉末状固体，纯度≥95%。

毒性 本品毒性极低，雄大鼠急性经口 LD_{50} 740mg/kg，雌大鼠急性经口 LD_{50} 840mg/kg，雄小鼠急性经口 LD_{50} 250mg/kg，雌小鼠急性经皮 LD_{50}＞2000mg/kg。28d 蓄积性试验表

明：雄大鼠和雌大鼠的蓄积系数均大于5，蓄积作用很低。经 Ames 试验、微核试验和精子畸变试验表明：没有导致基因突变而改变体细胞和生殖细胞中的遗传信息的作用。因而生产和应用均比较安全。由于调节安溶于水，极易在植物体内代谢，初步测定它在棉籽中的残留小于 0.1mg/kg。

应用　调节安是一种抑制生长作用的植物生长调节剂。20 世纪 60～70 年代由巴斯夫公司开发，1983 年北京农业大学应用化学系开发，1984 年长城化工厂中试，不久商品化。调节安作为一种生长延缓剂，调节棉花的生育，抑制营养生长，加强生殖器官的生长势，增强光合作用，增加叶绿素含量，增加结铃和铃重。在玉米、小麦等作物上也有应用。

合成路线

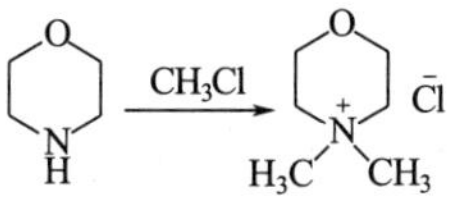

常用剂型　调节安目前在我国未见相关产品登记。

调节硅（silaid）

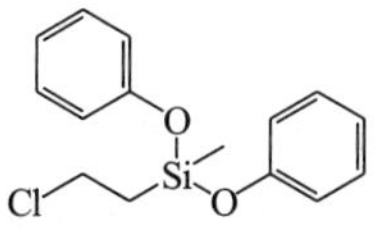

$C_{15}H_{17}ClO_2Si$，292.8，41289-08-1

化学名称　（2-氯乙基）甲基双（苯氧基）硅烷；（2-chloroethyl）methylbis（phenyloxy）silane。

应用　调节硅为有机硅类的一种乙烯释放剂，1978 年由 Ciba-Geigy 公司开发的产品。调节硅可经植物的绿色叶片、小枝条、果皮吸收，进入植物体内能很快形成乙烯。在橄榄收获前喷果，使果实易于脱落，利于收获。在橘子收获前喷叶，可增加果皮花青素含量，增加色泽。

合成路线

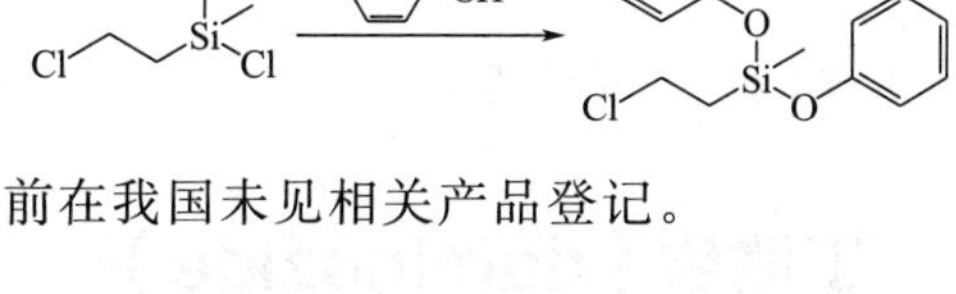

常用剂型　调节硅目前在我国未见相关产品登记。

调嘧醇（flurprimidol）

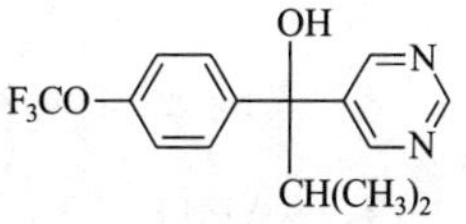

$C_{15}H_{15}F_3N_2O_2$，312.3，56425-91-3

其他名称 EL-500，Cutless。

化学名称 （RS）-2-甲基-1-嘧啶-5-基-1-(4-三氟甲氧基苯基）丙-1-醇；（RS）-2-methyl-1-pyrimidin-5-yl-1-(4-trifluoromethoxyphenyl) propan-1-ol。

理化性质 本品为无色结晶，熔点 93.5～97℃，沸点 264℃，蒸气压 4.85×10^{-2} mPa（25℃）。分配系数 K_{ow} lg$P = 3.34$ （pH7，20℃），相对密度 1.34 （24℃）。水中溶解度（20℃，mg/L）：114 （蒸馏水）、104 （pH 5）、114 （pH 7）、102 （pH 9）。有机溶剂溶解度（20℃，g/L）：正己烷 1.26，甲苯 144，二氯甲烷 1810，甲醇 1990，丙酮 1530，乙酸乙酯 1200。稳定性：在 pH 4、7 和 9 （50℃）时，5d 水解率＜10%。室温下至少能稳定存在 14 个月。在水中见光分解，DT_{50} 约 3h。在土壤中，在好氧环境下降解产生 30 多种代谢产物。沙壤土 K_d 1.7。

毒性 急性经口 LD_{50} （mg/kg）：雄大鼠 914，雌大鼠 709，雄小鼠 602，雌小鼠 702。兔急性经皮 $LD_{50} > 5000$ mg/kg。大鼠急性吸入 $LC_{50} > 5$ mg/L 空气。NOEL 数据：狗 （1 年）7mg/(kg·d)；大鼠 （2 年）4mg/(kg·d)，小鼠 （2 年）1.4mg/(kg·d)。ADI 值：未在食用作物上使用。以每天 200mg/kg 剂量饲养大鼠或者每天 45mg/kg 剂量饲养兔均无致畸作用。Ames 试验、DNA 修复、大鼠原初肝细胞和其他体外试验均为阴性。鹌鹑和绿头鸭急性经口 $LD_{50} > 2000$ mg/kg，饲喂试验鹌鹑 LC_{50} （5d）560mg/kg （饲料），绿头鸭 LC_{50} （5d）1800mg/kg （饲料）。蓝鳃翻车鱼 LC_{50} （96h）17.2mg/L，虹鳟 LC_{50} 18.3mg/L。水蚤 LC_{50} （48h）11.8mg/L，海藻 （*Selenastrum capricornutum*）EC_{50} 0.84mg/L。蜜蜂 LD_{50} （接触，48h）＞100μg/只。

应用 调嘧醇是一种嘧啶醇类植物生长调节剂，由 R. Cooper 等报道，由 Eli Lilly & . Co. （现为 DowElanco AG）开发，1989 年在美国投产。调嘧醇是赤霉素合成抑制剂。在冷季和暖季用于草坪，改善草坪的质量，也可注射树干，减缓生长和减少观赏植物的修剪次数。叶面喷洒或涂于树皮时，可使植株高度降低。水稻上使用可诱发分蘖，增进根生长，提高水稻抗倒伏能力。

合成路线

常用剂型 常用制剂主要有 50% 可湿性粉剂。

丁酰肼（daminozide）

$C_6H_{12}N_2O_3$，160.2，1596-84-5

其他名称 比久，Alar，B9，B-995，SADH。

化学名称 N,N-二甲氨基琥珀酰胺；N,N-dimethylaminosuccinamic acid。

理化性质 纯品为微带有类似胺气味的白色结晶，不易挥发，熔点 156～158℃，蒸气压 22.7mPa（23℃）。在 25℃时，蒸馏水中溶解度为 180g/L，丙酮中溶解度为 1.9g/kg，甲醇中溶解度为 50g/L。它在 pH 5～9 范围内较稳定，在酸、碱中加热分解。在好氧土壤中经过 17h 有一半已经消失，在厌氧土壤中需要 7.5h。田间研究表明 7d 后有 90％的药品已经消失。水解和光解是其主要降解途径。

毒性 丁酰肼工业品大鼠急性经口 LD_{50} 为 8400mg/kg。兔急性经皮 $LD_{50} > 5000$mg/kg。NOEL 数据 ［mg/(kg·d)，1 年］：狗 118，大鼠 5。ADI 值 0.5mg/kg。绿头鸭饲喂试验 LC_{50}（8d）> 10000mg/kg（饲料）。虹鳟鱼 LC_{50} 149mg/L（96h），蓝鳃翻车鱼 LC_{50} 423mg/L（96h）。水蚤 EC_{50}（96h）76mg/L，海藻 EC_{50}（96h）180mg/L。对蜜蜂无毒。

应用 丁酰肼是一种琥珀酸类植物生长调节剂，1962 年瑞德报道了它的生物活性，美国橡胶公司首先开发，1973 年化工部沈阳化工研究院进行合成。丁酰肼是一种生长抑制剂，可以抑制内源激素赤霉素的生物合成，从而抑制新枝徒长、缩短节间，增加叶片厚度及叶绿素含量，防止落花，促进坐果，诱导不定根形成，刺激根系生长，提高抗寒力。可用于果树、马铃薯、番茄等作为矮化剂、坐果剂、生根剂及保鲜剂等。丁酰肼可延迟叶用莴苣衰老，抑制蘑菇的腐烂和变色，而对绿菜花和石刁柏的作用较小。丁酰肼可保存植物中的叶绿素，延长一些易腐蔬菜的寿命。

合成路线

常用剂型 有 98％、99％原药，50％、92％可溶粉剂。

对氯苯氧乙酸钾（potassium 4-CPA）

$C_8H_6ClKO_3$，224.7，67433-96-9

化学名称 potassium *p*-chlorophenoxyacetate

理化性质 原药外观为白色粉状固体。熔点 356～358℃。溶解度（25℃）：水中大于 100g/L。常温下稳定。

毒性 急性经口 LD_{50} 为 2330mg/kg。急性经皮 LD_{50} 为 4640mg/kg。低毒。

应用 对氯苯氧乙酸钾是一种新型的植物生长调节剂，可弥补植物生长素的不足，促进植物体内生物合成，防止落花落果，促使果实早熟。

合成路线

常用剂型 对氯苯氧乙酸钾在我国未见相关制剂产品登记。

对氯苯氧乙酸钠（sodium 4-CPA）

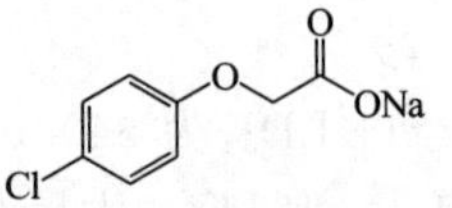

$C_8H_6ClNaO_3$，208.6，13730-98-8

化学名称　sodium parachlorophenoxy；p-chlorophenoxyacetic acid soduim salt。

理化性质　原药外观为白色结晶粉末，无特殊气味。熔点282～283℃。溶解度：水（25℃）122g/L，难溶于乙醇、丙酮等常用有机溶剂。性质稳定，长期贮存不易分解，遇强酸作用即生成难溶于水的对氯苯氧乙酸。对光、热稳定，制剂外观为透明液体，pH5.8～7.8。土壤半衰期20d。

毒性　急性经口 LD_{50} 1260mg/kg（雌），1710mg/kg（雄）。急性经皮 LD_{50}＞1000mg/kg。低毒。

应用　该产品为植物生长调节剂，适用于番茄作物。能起到防止落花、刺激幼果膨大生长、提早果实成熟、改善果实品质及形成无籽或少籽果实的作用。

合成路线

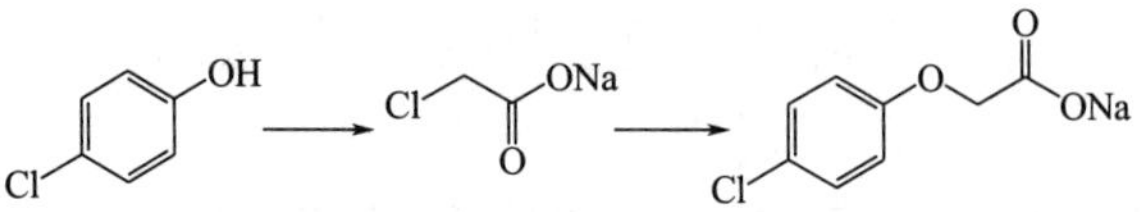

常用剂型　常用剂型主要有粉剂。

对硝基苯酚铵（ammonium 4-nitrophenolate）

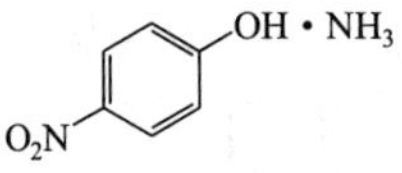

$C_6H_8N_2O_3$，156.1

其他名称　复硝铵（邻硝基苯酚铵＋对硝基苯酚铵）。

毒性　低毒。

应用　通过根部吸收，促进细胞原生质的流动。叶面处理能迅速被植物吸收进入体内，能加速植物发根、发芽、生长。具有保花、保果、增产作用。

常用剂型　对硝基苯酚铵目前在我国未见相关产品登记。可与邻硝基苯酚铵、2,4-二硝基苯酚铵混配使用。

对硝基苯酚钾（potassium 4-nitrophenate）

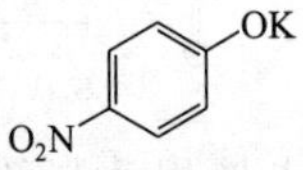

$C_6H_4KNO_3$，177.2，100-02-7

其他名称　复硝基苯酚钾盐。

化学名称　4-硝基苯酚钾。

理化性质　浅黄或略显红色晶体，易溶于水，可溶于乙醇、甲醇、丙酮等有机溶剂，常温下稳定，有酚芳香味。复硝基苯酚钾盐制剂为茶褐色液体，易溶于水，相对密度1.028～1.032，pH7.5～8，中性。

毒性　大鼠急性经口LD_{50}为14187mg/kg（复盐制剂）。

应用　叶面喷施能迅速地渗透于植物体内，促进根系吸收养分。对萌芽、发根生长及保花保果均有明显的功效。

常用剂型　对硝基苯酚钾目前在我国登记的产品主要有95％原药和2％水剂。

5-硝基愈创木酚钠（sodium 5-nitroguaiacolate）

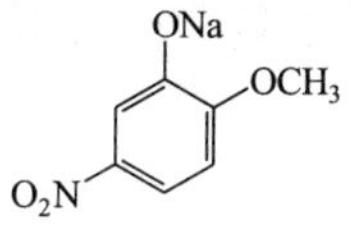

$C_7H_6NO_4Na$，191.1，67233-85-6

化学名称　5-对硝基邻甲氧基苯酚钠；2-methoxy-5-nitrophenol sodium salt。

理化性质　原药有效成分含量不低于98％，外观为无味的橘红色片状晶体，145℃以上分解，溶于水，易溶于丙酮、乙醇、乙醚、氯仿等有机溶剂。常规条件下贮存稳定。

毒性　按我国农药毒性分级标准，属低毒植物生长调节剂。5-硝基愈创木酚钠对雄、雌大鼠急性经口LD_{50}分别为3100mg/kg和1270mg/kg，对眼睛和皮肤无刺激作用，3个月喂养试验无作用剂量400mg/(kg·d)，在试验剂量内对动物无致突变作用。对鱼毒性低，对鲤鱼TLm（48h）＞10mg/kg。

应用　该产品是一种细胞赋活剂，可用于调节植物生长，具有较强的渗透作用，它能迅速进入植物体内，促进植物原生质流动，加快植物生根发芽，促进生长、生殖和结果，帮助授精结实。可用于浸种、浇灌、花蕾撒布和叶面喷施。

合成路线

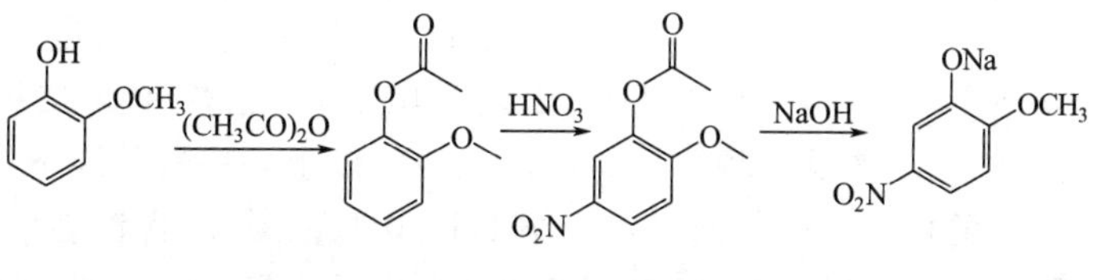

常用剂型　目前在我国未见相关产品登记。

对溴苯氧乙酸（PBPA）

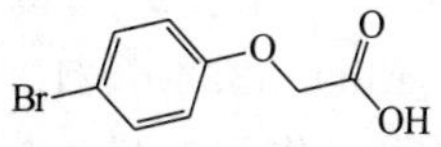

$C_8H_7BrO_3$，231.0，1878-91-7

其他名称　增产素。

化学名称　4-溴苯氧乙酸；*para*-bromophenoxyacetic；4-bromophenoxyacetic acid；2-(4-bromophenyl) oxy-acetic acid。

理化性质　亮白色的结晶粉末，熔点 160～161℃。微溶于水，溶于乙醇和丙酮。对溴苯氧乙酸盐溶于水。20 世纪 70～80 年代在中国应用广泛。

应用　对溴苯氧乙酸是苯氧羧酸类的一种植物生长调节剂。对植物有促进生长作用，增加产量。可用于水稻、玉米、小麦、甘薯和大麻等作物上，通过叶片喷雾，增加产量。

合成路线

常用剂型　可加工成 99％粉剂使用。

多效唑（paclobutrazol）

$C_{15}H_{20}ClN_3O$，293.8，76738-62-0

其他名称　PP333，Bonzi，Clipper，Cultar，Multerffect，Smarect，矮乐丰，多生果。

化学名称　(2*RS*，3*RS*)-1-(4-氯苯基)-4,4-二甲基-2-(1*H*-1,2,4-三唑-1-基) 戊-3-醇；(2*RS*，3*RS*)-1-(4-chlorophenyl)-4,4-dimethyl-2-(1*H*-1,2,4-triazol-1-yl) pentan-3-ol；(*R*,*R*)-(±) *β*-[(4-chlorophenyl) methyl]-*α*-(1,1-dimethyl-ethyl)-1*H*-1,2,4-triazole-1-ethanol。

理化性质　工业品纯度为 90％。纯品为无色结晶体，熔点 165～166℃，蒸气压 0.001mPa（20℃），分配系数 K_{ow} lg$P$＝3.2，Henry 常数 $1.13×10^{-5}$ Pa · m³/mol（计算值）。密度 1.22g/mL。水中溶解度（20℃）26mg/L。有机溶剂中溶解度（20℃，g/L）：甲醇 150，丙二醇 50，丙酮 110，环己酮 180，二氯甲烷 100，己烷 10，二甲苯 60。稳定性：在 50℃下至少稳定 6 个月，常温（20℃）贮存稳定两年以上。在紫外线下，pH7，10d 内不降解；在 pH4～9 对水解稳定。一般而言，土壤 DT_{50} 0.5～1 年；含钙黏壤土（pH 8.8，有机质含量 14％）DT_{50}＜42d；粗沙壤土（pH 6.8，有机质含量 4％）DT_{50}＞140d。

毒性　急性经口 LD_{50}（mg/kg）：雄大鼠 2000，雌大鼠 1300；雄小鼠 490，雌小鼠 1200；豚鼠 400～600；雄兔 840，雌兔 940。大鼠和兔急性经皮 LD_{50}＞1000mg/kg。对兔皮肤轻度刺激性，对兔眼睛中等刺激性，对豚鼠皮肤无致敏性。大鼠急性吸入 LC_{50}（4h，mg/L 空气）：雄 4.79，雌 3.13。NOEL 数据：大鼠（2 年）250mg/kg（饲料），狗（1 年）75mg/kg。ADI 值 0.1mg/kg。无致突变作用。绿头鸭急性经口 LD_{50}＞7900mg/kg。虹鳟 LC_{50}（96h）27.8mg/L。水蚤 LC_{50}（48h）33.2mg/L。海藻 EC_{50} 180μmol/L。蜜蜂急性经口无作用剂量＞0.002mg/只，急性经皮无作用剂量＞0.040mg/只。

应用　多效唑属于内源赤霉素合成抑制剂，1982 年由 Lever.B.G 报道其生物活性，英国卜内门化学有限公司开发。是一种高效、广谱、低毒的三唑类植物生长调节剂，兼具杀菌及抗逆作用。用于作物田，可控制秧苗生长、促进根系发育、增加分蘖、抑制杂草、减少败苗，增加抗寒、抗倒伏能力，达到增产效果。用于果树，可抑制营养枝的生长，促进生殖发育、促进花芽形成、增加坐果、改善果实品质。多效唑还可以防治锈病、白粉病等病害。

合成路线 目前多效唑的合成有三种路线。

① 在乙酸乙酯中以碳酸钾为缚酸剂，一氯频那酮与三唑回流反应 5h 制得唑酮，所得唑酮在缚酸剂存在下于 55～60℃条件下与对氯氯苄反应 2h 制得中间体氯唑酮。用硼氢化钠或保险粉（在碱性介质中）还原氯唑酮，制得多效唑。

② 以对氯苯甲醛和频那酮为原料，相互反应生成烯酮，经过加氢、溴化、与三唑反应，最后用硼氢化钠还原制得多效唑。该方法制备流程较长。

③ 将 1-对氯苯基-2-（1,2,4-三唑-1-基）丙酰氯与叔丁基溴化镁反应，再用硼氢化钠还原，制得多效唑。该制备方法需要在无水条件下操作。

常用剂型 多效唑目前在我国的原药登记规格有 94％、95％、96％；登记主要剂型有可湿性粉剂、悬浮剂、微乳剂、拌种剂等；可与甲哌鎓、多菌灵、矮壮素、赤霉素、丁草胺等进行复配。常用制剂有 10％可湿性粉剂、25％悬浮剂等。

噁霉灵（hymexazol）

$C_4H_5NO_2$，99.1，10004-44-1

应用 噁霉灵是 1970 年日本三共制药开发的产品。是土壤杀真菌剂和植物生长调节剂。在植株体内代谢产生两种糖苷，促进细胞生长，形成分枝、促进根的生长及增加根毛。主要用于水稻上促进根的形成与生长。与萘乙酸混合使用，对栀子插枝生根有明显促进作用。

详见杀菌剂"噁霉灵"。

二苯脲（DPU）

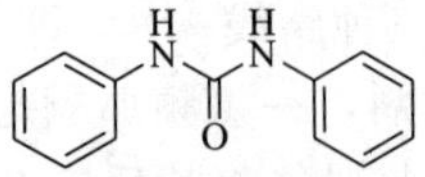

$C_{13}H_{12}N_2O$，212.2，102-07-8

其他名称　Carbanilide, Diphenyl carbamide。

化学名称　1,3-二苯基脲；1,3-diphenylurea。

理化性质　纯品无色，菱形结晶体。熔点 238～239℃，相对密度 1.239，沸点 260℃，200℃升华。二苯脲易溶于醚、冰醋酸，但不溶于水、丙酮、乙醇和氯仿。

毒性　二苯脲对人和动物低毒。不影响土壤微生物的生长，不污染环境。

应用　二苯脲是一种脲类植物生长调节剂。可延长果实在植株上停留的时间，可促进细胞、组织分化。可用于樱桃、李子、桃和苹果等植物花期，促进植物新叶的生长，延缓老叶片内叶绿素的分解。

合成路线

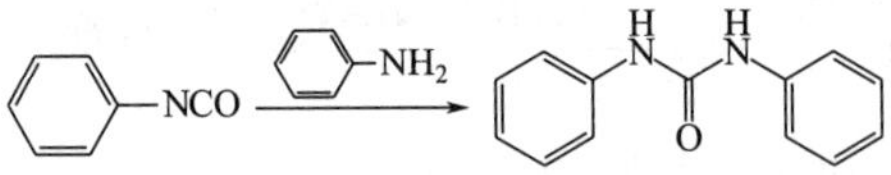

常用剂型　二苯脲目前在我国未见相关产品登记。

放线菌酮（cycloheximide）

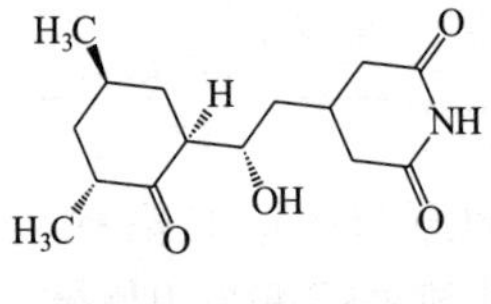

$C_{15}H_{23}NO_4$，281.3，66-81-9

应用　放线菌酮可作为杀菌剂，又是良好的植物生长调节剂。其作用机制是刺激乙烯的形成和加速落果和脱叶。放线菌酮主要用来促进成熟的橘子落果，其使用浓度为 20mg/L，均匀地喷洒在水果上，处理后在水果梗和茎间产生离层，因此，容易脱落。在橄榄树上应用也可产生同样的效果。

详见杀菌剂"放线菌酮"。

丰啶醇（pyridyl propanol）

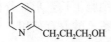

$C_8H_{11}NO$，137.2，2859-68-9

其他名称　大豆激素，增产醇，PGR-1，784-1，78401，吡啶醇。

化学名称　3-(2-吡啶基)丙醇；pyridyl propanol；2-pyridinepropanol。

理化性质　纯品吡啶醇为浅黄色液体，具有特殊臭味，b. p. 260℃/101.33MPa。溶解性（20℃）：溶于醇、氯仿等有机溶剂，不溶于石油醚，难溶于水。

毒性　吡啶醇原药急性 LD_{50}（mg/kg）：大白鼠（雄）经口 111.5，小白鼠（雄）经口 154.9，（雌）152.1。具弱蓄积性，蓄积系数 >5。大鼠致畸试验表明，高浓度对孕鼠胚胎有一定胚胎毒性，但未发现致畸、致突变、致癌作用。亚急性试验大鼠以每千克饲料含 223mg（a.i.）饲喂 2 个月，肾、肝功能未见异常。对鱼有毒，白鲢 LC_{50}（96h）为 0.027mg/L。

应用　吡啶醇属于新型植物生长调节剂，1974 年美国 Allied Chemical Corp 公司报道其对大豆的增产效果，1986 年南开大学开发。吡啶醇可提高花生出苗率，使茎变粗，增加饱果的双仁和单仁数；抑制大豆株高、株茎变粗、花数增加、叶面积指数加大、控制营养生长；对大豆、花生、芝麻、油菜、水稻以及小麦等农作物有明显的增产作用。

合成路线　无水甲苯在加热条件下与钠反应生成甲苯钠，室温条件下甲苯钠与氯苯反应生成苯钠；40～50℃条件下苯钠与 α-甲基吡啶反应生成中间体 α-甲基钠吡啶，该中间体于 0～5℃条件下与环氧乙烷反应 2h 后与盐酸反应制得目标物吡啶醇。

常用剂型　常用剂型有 80％乳油。

呋苯硫脲（fuphenthiourea）

$C_{19}H_{13}ClN_4O_5S$，444.8

其他名称　亨丰，CAU9901。

化学名称　N-(5-邻氯苯基-2-呋喃甲酰基)-N'-(邻硝基苯甲酰氨基)硫脲；furosemide phenylthiocarbamide。

理化性质　原药为浅棕色粉末固体，纯品为淡黄色结晶，熔点为 207～209℃，蒸气压（20℃）$<10^{-5}$Pa。不溶于水，微溶于醇、芳香烃，在乙腈、二甲基甲酰胺中有一定的溶解度。一般情况下对酸、碱、热均比较稳定。

毒性　原药对大鼠急性经口 $LD_{50}>5000$mg/kg，急性经皮 $LD_{50}>2000$mg/kg，均为低毒。对眼刺激为轻度刺激性级，皮肤刺激试验属无刺激性级，皮肤变态反应试验为致敏强度 Ⅰ 级，属弱致敏物。10％乳油对大鼠经口 LD_{50} 雌性为 3830mg/kg，雄性为 3160mg/kg；对大鼠经皮 $LD_{50}>2000$mg/kg，均属低毒；对皮肤和眼睛刺激强度均为无刺激性级。鹌鹑急性经口 $LD_{50}>5000$mg/kg，斑马鱼（96h）LD_{50} 为 148.18mg/L，蜜蜂（48h）（接触）$LD_{50}>200\mu$g/只蜂。

应用 呋苯硫脲能促进秧苗发根，促进分蘖，增加光合作用，增加成穗数和穗实粒数。

合成路线

常用剂型 生产中常用制剂主要有 10% 乳油。

氟磺酰草胺（mefluidide）

$C_{11}H_{13}F_3N_2O_3S$，310.3，53780-34-0

应用 氟磺酰草胺是一种酰胺类植物生长调节剂，1974 年美国 3M 公司开发。本品经由植株的茎叶吸收，抑制分生组织的生长和发育。在草坪、牧场、工业区等场所抑制多年生禾本科杂草的生长以及杂草种子的产生。作为生长调节剂可以抑制观赏植物和灌木的顶端生长和侧芽生长，起矮化作用，也可作为烟草腋芽抑制剂。另外，在甘蔗收获前 6~8 周使用，增加甘蔗含糖量。

详见除草剂"氟磺酰草胺"。

氟节胺（flumetralin）

$C_{16}H_{12}ClF_4N_3O_4$，421.7，62924-70-3

其他名称 抑芽敏，Prime Prime，Primier，CAG 41065。

化学名称 N-(2-氯-6-氟苄基)-N-乙基-α,α,α-三氟-2,6-二硝基对甲苯胺；N-(2-chloro-6-fluorobenzyl)-N-ethyl-α,α,α-trifluoro-2,6-dinitro-p-toluidine。

理化性质 纯品为黄色至橙色无臭晶体，熔点 101~103℃（工业品 92.4~103.8℃），分配系数 K_{ow} lg$P$ = 5.45（25℃），Henry 常数 0.19Pa·m³/mol（计算值）。相对密度 1.54，蒸气压 0.032mPa。溶解度（25℃，g/L）：水 0.00007，甲苯 400，丙酮 560，乙醇 18，正辛醇 6.8，正己烷 14。稳定性：在 pH 5~9 时对水解稳定，250℃以下稳定。在动物体内，本品的代谢包括：硝基还原、氨基乙酰化和苯环羟基化。本品在烟草中代谢很快。土壤对本品吸附性很大，遇光分解，在 pH 5、7 和 9 时稳定。

毒性 大鼠急性经口 $LD_{50} > 5000 mg/kg$，大鼠急性经皮 $LD_{50} > 2000 mg/kg$。制剂乳油（150g/L）对兔皮肤中等刺激性，对兔眼睛强烈刺激性。大鼠急性吸入 $LC_{50} > 2.13 g/m^3$ 空气。NOEL 数据（2 年）：大、小鼠 300mg/kg 饲料。在试验剂量内对动物无致畸和突变作用。ADI 值：0.17mg/kg。山齿鹑和绿头鸭急性经口 $LD_{50} > 2000 mg/kg$。山齿鹑和绿头鸭饲喂试验 $LC_{50} > 5000 mg/L$ 饲料。蓝鳃翻车鱼和鳟鱼 LC_{50} 分别为 $18\mu g/L$ 和 $25\mu g/L$。水蚤 LC_{50}（48h）$> 66\mu g/L$。海藻 $EC_{50} > 0.85 mg/L$。对蜜蜂无毒。蚯蚓 $LC_{50} > 1000 mg/kg$ 土壤。

应用 氟节胺是 M. Wilcox 等人 1977 年报道其生物活性，由 Ciba-Geigy AG 开发并于 1983 年商品化的植物生长调节剂。氟节胺是高效烟草侧芽抑制剂，具有接触兼局部内吸性，适用于烤烟、明火烤烟、马丽兰烟、晒烟、雪茄烟。在烟草上部花蕾伸长期至始花期，先进行人工打顶，24h 内施药，采用喷雾法、杯淋法或涂抹法均可。若用芽剪在剪除顶芽的同时，有药液顺主茎流下，打顶和施药一次完成，更为简易省工。施药一次在整个生长季节内不用抹芽，由于具有局部内吸活性，施药 2h 后降雨对药效无影响。每亩用 25% 氟节胺乳油 60～70mL，对水稀释 300～400 倍，每株用稀释液 15mL，药剂接触完全伸展的叶片不会产生药害，不含有害残留物。使用氟节胺可以节省大量抹芽工人，提高烟叶级别，增加产量，还可减轻田间花叶病的接触传染，对预防花叶病有一定作用。

合成路线 在甲醇中 2-氯-6-氟苯甲醛与乙胺于室温发生缩合反应生成亚胺，该中间体于室温用硼氢化钠还原制得 N-乙基-2-氯-6-氟苄胺。在甲苯中 N-乙基-2-氯-6-氟苄胺与 4-氯-3，5-二硝基三氟甲基甲苯反应生成氟节胺。

常用剂型 目前在我国登记产品有 95% 原药，制剂登记主要有乳油、可分散油悬浮剂等。常用制剂为 25% 乳油。

复硝酚钠（sodium nitrophenolate）

其他名称 爱多收，特多收。

化学名称 邻硝基苯酚钠（Ⅰ），对硝基苯酚钠（Ⅱ），5-硝基邻甲氧基苯酚钠（Ⅲ）；sodium nitrophenolate。

理化性质 5-硝基邻甲氧基苯酚钠为红色结晶性粉末，有霉味。145℃ 以上分解，蒸气压 $4.13 \times 10^3 mPa$（25℃），相对密度 1.55（22℃）。水中溶解度（g/L）：1.3（pH4）、1.8（pH7）、86.8（pH10）。有机溶剂中溶解度（mg/L）：正庚烷 2.8，邻二甲苯 29，1,2-二氯乙烷 39，丙酮 170，甲醇 53000，醋酸乙酯 59。在干燥条件下稳定。pK_a：8.21（22℃）。高度易燃，易爆。

邻硝基苯酚钠表面红色结晶性粉末，带有霉味，熔点 280℃，蒸气压 $7.74 \times 10^{-2} mPa$

（25℃含气饱和度方法），分配系数 K_{ow} $\lg P = 1.70$（pH 4）、1.12（pH7）、-1.03（pH10），相对密度 1.65（22℃）。水中溶解度（g/L）：0.78（pH4）、2.8（pH7）、181.6（pH＞10）。有机溶剂中溶解度（mg/L）：正庚烷＜0.2，邻二甲苯＜0.28，1,2-二氯乙烷＜0.5，丙酮 1200，甲醇 47000，醋酸乙酯 180。在干燥条件下稳定。pK_a：7.16（22℃）。高度易燃，易爆。

对硝基苯酚钠为明亮的黄色细颗粒。94℃时结晶失去水，175℃时分解。蒸气压＜1.33×10^{-2}mPa（25℃含气饱和度方法），分配系数 K_{ow} $\lg P = 1.82$（pH 4）、1.28（pH7）、-0.93（pH10），相对密度 1.41（22℃）。水中溶解度（g/L）：14.7（pH4）、13.9（pH7）、57.4（pH＞10）。有机溶剂中溶解度（mg/L）：正庚烷 0.094，邻二甲苯 1.0，1,2-二氯乙烷 2.5，丙酮 2400，甲醇 181000，醋酸乙酯 180。在干燥条件下稳定。pK_a：7.16（22℃）。高度易燃，易爆。

毒性 ① 复硝酚钠混合物　大鼠急性经口 LD_{50}＞5000mg/kg，大鼠急性经皮 LD_{50}＞2000mg/kg。刺激兔皮肤和眼睛，豚鼠皮肤致敏。大鼠急性吸入 LC_{50}＞6.7mg/mL 空气。鸡和鸽子急性经口 LD_{50}＞10000mg/kg。罗非鱼 LC_{50}（96h）＞100mg/L。藻类 EC_{50}＞100mg/L。蜜蜂 LD_{50}（接触和经口）＞100μg/只。蚯蚓 LC_{50} 为 310mg/kg（干土）。

② 5-硝基邻甲氧基苯酚钠　大鼠急性经口 LD_{50} 716mg/kg，大鼠急性经皮 LD_{50}＞2000mg/kg。对兔眼睛有刺激，轻微刺激皮肤，豚鼠无皮肤致敏。大鼠急性吸入 LC_{50}＞2.38mg/mL（灰尘）。山齿鹑急性经口 LD_{50} 2067mg/kg，急性吸入 LC_{50}＞5620mg/L。虹鳟鱼 LC_{50}（96h）37mg/L。水蚤 EC_{50}（48h）71.1mg/L。蜜蜂急性 LD_{50}＞100μg/只（接触）。

③ 邻硝基苯酚钠　大鼠急性经口 LD_{50} 960mg/kg，大鼠急性经皮 LD_{50}＞2000mg/kg。对兔眼睛有刺激，轻微刺激皮肤，豚鼠无皮肤致敏。大鼠急性吸入 LC_{50}＞1.24mg/mL（灰尘）。山齿鹑急性经口 LD_{50} 1046mg/kg，急性吸入 LC_{50}＞5620mg/L。虹鳟鱼 LC_{50}（96h）69mg/L。水蚤 EC_{50}（48h）88.8mg/L。蜜蜂急性 LD_{50}＞100μg/只（接触）。

④ 对硝基苯酚钠　大鼠急性经口 LD_{50} 345mg/kg，大鼠急性经皮 LD_{50}＞2000mg/kg。对兔眼睛有刺激，轻微刺激皮肤，豚鼠无皮肤致敏。大鼠急性吸入 LC_{50}＞1.20mg/mL（灰尘）。山齿鹑急性经口 LD_{50} 2000mg/kg，急性吸入 LC_{50}＞5620mg/L。虹鳟鱼 LC_{50}（96h）25mg/L。水蚤 EC_{50}（48h）27.7mg/L。蜜蜂急性 LD_{50}＞111μg/只（接触）。

应用　复硝酚钠是一种强力细胞赋活剂，能迅速渗透到植物体内，以促进细胞的原生质流动，加快植物发根速度，对植物发根、生长、生殖及结果等发育阶段均有程度不同的促进作用。尤其对于花粉管伸长的促进、帮助授精结实的作用尤为明显。可用于促进植物生长发育、提早开花、打破休眠、促进发芽、防止落花落果、改良植物产品的品质，提高产量，提高作物的抗病、抗虫、抗旱、抗涝、抗寒、抗盐碱、抗倒伏等抗逆能力。它广泛适用于粮食作物、经济作物、瓜果、蔬菜、果树、油料作物及花卉等。可在植物播种到收获期间的任何时期使用，可用于种子浸渍、苗床灌注、叶面喷洒和花蕾撒布等。

常用剂型　复硝酚钠常用制剂产品有 0.7%水剂、1.4%水剂和可溶性粉剂。

硅丰环（chloromethylsilatrane）

$C_7H_{14}ClNO_3Si$，223.7，42003-39-4

其他名称 妙福。

化学名称 1-氯甲基-2,8,9-三氧杂-5-氮杂-1-硅三环［3.3.3］十一碳烷；1-(chloromethyl)-2,8,9-trioxa-5-aza-1-silabicyclo［3.3.3］undecane。

理化性质 原药外观为均匀的白色粉末，熔点为 $211\sim213℃$，沸点 $263.1℃$，闪点 $112.9℃$，蒸气压 $1.40Pa$（25℃）。溶解度（20℃）：100g 水中溶解 1g。在 $52\sim56℃$ 温度条件下稳定。

毒性 原药大鼠急性经口 LD_{50}：雄性 926mg/kg，雌性 1260mg/kg。大鼠急性经皮 $LD_{50}>2150mg/kg$。对兔皮肤、眼睛无刺激性；豚鼠皮肤变态反应（致敏）试验结果致敏率为 0，无皮肤致敏作用。大鼠 12 周亚慢性喂养试验最大无作用剂量：雄性为 $28.4mg/(kg \cdot d)$，雌性为 $6.1mg/(kg \cdot d)$。致突变试验结果：Ames 试验、小鼠骨髓细胞微核试验、小鼠睾丸细胞染色体畸变试验、小鼠精子畸形试验均为阴性，无致突变作用。

制剂大鼠急性经口 $LD_{50}>5000mg/kg$，大鼠急性经皮 LD_{50} 2150mg/kg。对兔皮肤、眼睛均无刺激性；豚鼠皮肤变态反应（致敏）试验的致敏率为 0，无致敏作用。对斑马鱼 LC_{50}（96h）为 115mg/L。鹌鹑（急性经口染毒）LD_{50}：雄性为 2350.7mg/kg，雌性为 2770.7mg/kg。蜜蜂（接触染毒，24h）$LC_{50}>200pg/$只蜂。柞蚕（食下毒叶法）$LC_{50}>10000mg/L$。该产品对鱼、鸟、蜜蜂均属低毒。

应用 硅丰环是一种具有特殊分子结构及显著生物活性的有机硅化合物，分子中配位键具有电子诱导功能，其能量可以诱导作物种子细胞分裂，使生根细胞的有丝分裂及蛋白质的生物合成能力增强，在种子萌发过程中，生根点增加，因而植物发育幼期就可以充分吸收土壤中的水分和营养成分，为作物的后期生长奠定物质基础。当作物吸收该调节剂后，其分子进入植物的叶片，电子诱导功能逐步释放，其能量用于光合作用的催化作用，即光合作用增强，使叶绿素合成能力加强，通过叶片不断形成碳水化合物，作为作物生存的贮备养分，并最终供给植物的果实。

合成路线

常用剂型 硅丰环目前在我国登记的产品主要有 98% 原药和 50% 湿拌种剂。

果绿啶（glyodin）

$C_{22}H_{44}N_2O_2$，368.6，556-22-9

应用 果绿啶可由植物茎叶和果实吸收。曾作为杀菌剂被使用，广泛应用在水果和蔬菜上。作为植物生长调节剂，可促进水分吸收，增加吸附和渗透性。因此，它可增加叶面使用的植物生长调节剂的效果。

详情请参见杀菌剂"果绿啶"。

核苷酸（nucleotide）

其他名称 绿风95。

理化性质 内含鸟苷酸、腺苷酸、尿苷酸、胞苷酸。原药外观为浅黄色，相对密度1.25，沸点104℃，易溶于水。

毒性 大鼠急性经口 $LD_{50} > 5000mg/kg$（制剂），急性经皮 $LD_{50} > 4000mg/kg$（制剂）。

应用 核苷酸在细胞的新陈代谢、蛋白质的合成、能量传输方面有着重要作用，对一切生物的生长、发育、繁殖、遗传及变异等重大生命活动都起着关键作用。

常用剂型 生产中常用制剂产品 有 0.05% 水剂。

琥珀酸（succinic acid）

$C_4H_6O_4$ 118.1，110-15-6

化学名称 丁二酸；succinic acid；butanedioic acid。

理化性质 纯品为白色无臭菱形结晶体，有酸味，熔点 187～189℃，沸点 235℃，相对密度 1.572。溶于水、乙醇和甲醇，不溶于苯、二硫化碳、石油醚和四氯化碳。

毒性 大鼠急性经口 LD_{50} 2260mg/kg。给猫 1g/kg 剂量，未见不良影响。猫最小的致死注射剂量：2g/kg。

应用 琥珀酸可作为杀菌剂、表面活性剂、增味剂。作为植物生长激素，琥珀酸可通过植物根、茎、叶吸收，加速植物体内的代谢，可加快作物生长。在 20 世纪 80 年代，琥珀酸就广泛应用于农业。琥珀酸 10～100mg/L 浸种或拌种 12h，可促进根的生长，增加棉花、玉米、春大麦、大豆、甜菜的产量。

常用剂型 琥珀酸在我国未见相关产品登记。

环丙嘧啶醇（ancymidol）

$C_{15}H_{16}N_2O_2$，256.3，12771-68-5

其他名称 EL-531，嘧啶醇，三环嘧啶醇，A-Rest，Reducymol。

化学名称 α-环丙基-4-α-(嘧啶-5-基) 苯甲醇；α-cyclopropyl-4-methoxy-α-(pyrimidin-5-yl) benzyl alcohol；α-cyclopropyl-α-(p-methoxyphenyl)-5-pyrimidinemethanol。

理化性质 本品为无色晶体，熔点 110～111℃。原药蒸气压 0.133mPa（50℃）。分配

系数 $K_{ow} \lg P = 1.9$（pH7，25℃）。溶解度（25℃）：水中约 650mg/L，丙酮、甲醇＞250g/L，己烷 37g/L，易溶于乙醇、乙酸乙酯、氯仿和乙腈。52℃以下稳定，紫外线下稳定。水溶液在 pH7～11 稳定。

毒性 大鼠急性经口 LD_{50}＞5000mg/kg，狗和猴子急性经口 LD_{50}＞500mg/kg。在 200mg/kg 对兔皮肤有非常轻微的刺激，一次 56mg 对兔眼睛中等刺激。大鼠在 5.6mg/L 空气急性吸入（4h）无死亡。90d 饲喂实验中，大鼠和狗接受 8000mg/kg 饲料无不良影响。小鸡急性经口 LD_{50}＞500mg/kg。鱼毒 LC_{50}（mg/L）：蓝鳃翻车鱼苗 146，虹鳟鱼苗 55，金鱼苗＞100。对蜜蜂无毒。

应用 环丙嘧啶醇由 M. Snel 和 J. V. Gramlich 报道，1973 年由 Eli Lilly& Co. 开发，现由 SePRO 公司生产。环丙嘧啶醇可防止多种植物的节间伸长，促进开花。以 33～132mg/L 浓度进行叶面喷洒，对观赏植物如菊花、一品红、东方百合等表现出明显的矮化和促花作用。

合成路线

常用剂型 可加工成 0.0264% 液剂使用。

环丙酰草胺（cyclanilide）

$C_{11}H_9Cl_2NO_3$，274.1，113136-77-9

应用 环丙酰草胺是由罗纳普朗克公司（现为拜耳公司）开发的酰胺类植物生长调节剂。属于新型植物生长调节剂，1987 年安万特公司开发。主要抑制生长素的运输。用于棉花、禾谷类作物、草坪和橡胶等。与乙烯利混用，促进棉花吐絮、脱叶。使用剂量为 10～200g（a.i.）/hm²。

详见除草剂"环丙酰草胺"。

磺草灵（asulam）

$C_8H_{10}N_2O_4S$，230.2，3337-71-1

应用 磺草灵是 1968 年 May 和 Baker 公司开发的产品，现在拜耳公司生产。磺草灵可通过植物根、茎、叶吸收，传导至生长部位，抑制生长活跃组织的代谢，如在植物呼吸系统，可控制植物尖端的生长。磺草灵作为除草剂可防除菠菜、油菜、苜蓿、甜菜、香蕉、咖啡和茶等作物的多种一年生和多年生杂草。作为植物生长调节剂主要应用于甘蔗田，增加含糖量。在收获前 $8\sim10$ 周，以 $600\sim2000g/hm^2$ 整株喷洒施药。

详见除草剂"磺草灵"。

磺菌威（methasulfocarb）

$C_9H_{11}NO_4S_2$，261.3，66952-49-6

应用 磺菌威是一种磺酸酯类杀菌剂和植物生长调节剂，由日本化药公司发现并生产。作为杀菌剂用于土壤，尤其用于水稻的育苗箱，对于防治根腐属、镰孢属、木霉属、伏革菌属、毛霉属、丝核霉属和极毛杆菌属等病原菌引起的水稻枯萎病很有效。将 10% 粉剂混入土内，剂量为每 5L 育苗土 $6\sim10g$，在播种前 7d 之内或临近播种时使用，不仅杀菌，还可提高水稻根系的生理活性。

详见杀菌剂"磺菌威"。

几丁聚糖（chitosan）

$[C_6H_{11}NO_4]_n$　$(161.1)_n$，9012-76-4

应用 早在 1811 年法国科学家 Braconnot 就从霉菌中发现了甲壳素，1859 年 Rouget 将甲壳素与浓 KOH 共煮，得到了几丁聚糖。几丁聚糖广泛分布在自然界，但有关几丁聚糖的结构直到 $1960\sim1961$ 年才由 Dweftz 真正确定。近几十年才发现几丁聚糖生物学作用。几丁聚糖广泛用于处理种子，不仅可抑菌，还能增强作物对病原菌的抵抗力，而且还有生长调节剂作用，可使许多作物增加产量。由于几丁聚糖的氨基与细菌细胞壁结合，具有抑制细菌生长的作用。几丁聚糖加入土壤，可以改进土壤的团粒结构，减少土壤盐渍作用。梨树上用 50mL 几丁聚糖、300g 锯末混合施用，有改良土壤作用。此外几丁聚糖的 Fe^{2+}、Mn^{2+}、Zn^{2+}、Cu^{2+}、Mo^{2+} 液肥可作无土栽培用的液体肥料。用 N-乙酰几丁聚糖可对许多农药起缓释作用，一般时间延长 $50\sim100$ 倍。用 1% 几丁聚糖水剂处理苹果，在室温下贮存 5 个月后，苹果表面仍然保持亮绿色不起皱缩，含水量和维生素 C 含量明显高于对照。用 2% 几丁聚糖 $600\sim800$ 倍液（$25\sim33.3mg/L$）喷洒黄瓜，可增加产量，提高抗病能力。几丁聚糖水溶液也可在鸡蛋上应用，延长存放期。

详见杀菌剂"几丁聚糖（甲壳素）"。

2甲4氯丁酸（MCPB）

$$Cl \text{—} \bigcirc \text{—} O(CH_2)_3CO_2H$$
$$CH_3$$

$C_{11}H_{13}ClO_3$，228.7，94-81-5

应用 2甲4氯丁酸是苯氧羧酸类的一种植物生长调节剂。通过茎、叶吸收，传导到其他组织。高浓度下，可作为除草剂。低浓度下，作为植物生长调节剂，可防止收获前落果，且可延长苹果、梨和橘子的贮存时间。

详见除草剂"2甲4氯丁酸"。

甲苯酞氨酸（NMT）

$$CO_2HO$$
$$\bigcirc \text{—} C \text{—} N \text{—} \bigcirc \text{—} CH_3$$
$$\quad\quad\quad H$$

$C_{15}H_{13}NO_3$，255.3，85-72-3

其他名称 Duraset，Tmomaset。

化学名称 N-间甲苯基邻氨羰基苯甲酸；N-m-tolyphthalamic acid；2-[[（3-methyl-phenyl）amino] carbonyl] benzoic acid。

理化性质 本品为结晶固体，熔点152℃。在25℃水中溶解度为0.1g/L，在25℃丙酮中溶解度为130g/L。

毒性 雄性大鼠急性经口 LD$_{50}$ 5230mg/kg。

应用 甲苯酞氨酸由 U. S. Rubber 开发。有防止落花和增加坐果率的作用。为内吸性植物生长调节剂。在不利的气候条件下，可防止花和幼果的脱落。用于番茄、白扁豆、樱桃、梅树等。果树在开花80％时喷药，施药浓度为0.01％～0.02％。蔬菜则在开花最盛期喷药，例如在番茄花簇形成初期喷0.5％浓度药液，剂量为500～1000L/hm²。在高温气候条件下，喷药宜在清晨或傍晚进行。

合成路线

$$\bigcirc\!\!\!\bigcirc \underset{O}{\overset{O}{\text{（酐）}}} + H_2N \text{—} \bigcirc \text{—} CH_3 \longrightarrow \underset{H}{\overset{CO_2H}{\bigcirc} C\text{—}N} \text{—} \bigcirc \text{—} CH_3$$

常用剂型 甲苯酞氨酸目前在我国未见相关产品登记，可加工成20％可湿性粉剂使用。

甲草胺（alachlor）

$$\underset{CH_2CH_3}{\overset{CH_2CH_3}{\bigcirc}} N \underset{CH_2OCH_3}{\overset{COCH_2Cl}{<}}$$

$C_{14}H_{20}ClNO_2$，269.8，15972-60-8

应用 甲草胺是 1966 年美国孟山都公司开发的产品。主要用作除草剂，也可以作为抗旱剂。甲草胺可由植物的根、茎和叶吸收。叶片吸入可抑制 α-淀粉酶的活性，导致气孔关闭，减少水分蒸发。因此，可作为抗蒸腾剂。在玉米叶片萎蔫前以 20mg/L 剂量叶面施药，可减少叶片水分蒸发，提高玉米忍受干旱的能力，增加产量。

详见除草剂"甲草胺"。

甲基环丙烯（l-methylcyclopropene）

$$H_3C \triangleleft$$

C_4H_6，54.09，3100-04-7

其他名称 1-甲基环丙烯。

理化性质 纯品为无色气体，沸点 4.68℃，蒸气压（20～25℃）2×10^5 Pa。溶解度（mg/L，20～25℃）：水 137，庚烷＞2450，二甲苯 2250，丙酮 2400，甲醇＞11000。水解 DT_{50}（50℃）2.4h，光氧化降解 DT_{50} 4.4h。其结构为带 1 个甲基的环丙烯，常温下，为一种非常活跃的、易反应、十分不稳定的气体，当超过一定浓度或压力时会发生爆炸，因此，在制造过程中不能对甲基环丙烯以纯品或高浓度原药的形式进行分离和处理，其本身无法单独作为一种产品（纯品或原药）存在，也很难贮存。

毒性 大鼠急性经口 LD_{50}＞5000mg/kg，大鼠急性吸入 LC_{50}（4h）＞$165\mu L/L$ 空气。根据毒性分类，属于实际无毒的物质。

应用 甲基环丙烯是由美国罗门哈斯公司开发、1999 年首次在美国登记的一种用于水果保鲜的植物生长调节剂。是近年来人们研究发现的一种作用效果最为突出的保鲜剂。

20 世纪 90 年代美国生物学家发现了一种新型乙烯抑制剂——甲基环丙烯。实验结果表明：在果实内源乙烯大量合成之前使用甲基环丙烯，能抢先与这些乙烯受体结合，却不会引起成熟衰老的生理生化反应，从而延迟了果实的后熟与衰老而达到保鲜的效果。应用甲基环丙烯保鲜剂后的果实，检测不到残留物，因此对人体无害，也不会对环境产生污染。2002 年 7 月 17 日甲基环丙烯通过了美国环保局生物杀虫管理处的评估，在美国获得正式注册登记，允许在苹果商业贮运中应用，美国环保局免除了甲基环丙烯乙烯阻封剂的应用限制。这项技术的诞生，被认为是世界上果蔬贮运保鲜技术领域的一大突破。

合成路线

$$H_2C{=}\underset{CH_3}{\overset{|}{C}}{-}CH_2Cl \xrightarrow{PhLi} \triangleleft{-}CH_3$$

常用剂型 甲基环丙烯目前在我国登记相关产品有 0.14％、0.014％、3.3％微胶囊剂，1％可溶性液剂和 0.63％片剂。

甲基抑霉唑（PTTP）

$C_{16}H_{20}ClN_3O$，305.8，77666-25-2

其他名称　triazole 130827。

化学名称　1-(4-氯苯基)-2,4,4-三甲基-3-(1H-1,2,4-三唑-1-基)-1-戊酮；1-(4-chloro-phenyl)-2,4,4-trimethyl-3-(1H-1,2,4-triazol-1-yl)-1-pentanone。

应用　甲基抑霉唑是一种三唑类植物生长调节剂，1981 年由 BASF A. G. 开发。甲基抑霉唑可降低水稻、豌豆、玉米、大豆芽中类赤霉素的活性。在南瓜胚乳的无细胞制品中，$10^{-7} \sim 10^{-5}$ mol/L 浓度可抑制赤霉酸的生物合成。这些化合物的作用机制涉及抑制由贝壳杉烯至贝壳杉烯酸的氧化反应。

合成路线

常用剂型　甲基抑霉唑目前在我国未见相关产品登记。

甲萘威（carbaryl）

$C_{12}H_{11}NO_2$，201.2，63-25-2

应用　甲萘威是一种萘类植物生长调节剂。20 世纪 50 年代由美国联合碳化公司开发，现由江苏省常州市有机化工厂等生产。甲萘威可经茎、叶吸收，传导性差，是苹果上常用的蔬果剂。

详见杀虫剂“甲萘威”。

甲哌鎓（mepiquat chloride）

$C_7H_{16}ClN$，149.7，15302-91-7

其他名称　Pix，BAS-08300，甲哌啶，调节啶，缩甲胺，助壮素，棉壮素。

化学名称　1,1-二甲基哌啶鎓氯化物；1,1-dimethylpiperidinium chloride。

理化性质　纯品为无色无臭结晶，熔点>300℃，密度 1.187g/cm³（工业品，20℃）。蒸气压<0.01mPa（20℃）。分配系数 K_{ow} lgP=-2.82（pH 7）。溶解度（20℃，g/kg）：水>500，乙醇 162，氯仿 10.5，丙酮、苯、乙酸乙酯、环己烷<1.0。其水溶液性质稳定（7d，在 pH1~2 和 pH12~13，95℃）；在 285℃分解；在人工日光下稳定。在土壤中、18~22℃的条件下，DT$_{50}$ 为 10~97d。水中的最高含量为 40%。

毒性　大鼠急性经口 LD$_{50}$ 464mg/kg，大鼠急性经皮 LD$_{50}$>2000mg/kg。对兔眼和皮肤没有刺激，无皮肤过敏性。大鼠急性吸入 LC$_{50}$（7h）>3.2mg/L（空气）。NOEL 数据：

933

大鼠 3000mg/kg，小鼠 1000mg/kg（饲料）。ADI 值：1.5mg/kg。山齿鹑急性经口 $LD_{50}>$ 2000mg/kg。绿头鸭、山齿鹑饲喂试验 $LC_{50}>10000mg/kg$（饲料）。虹鳟鱼 LC_{50}（96h）4300mg/L。水蚤 LC_{50}（48h）68.5mg/L。海藻 EC_{50}（72h）$>1000mg/L$。对蜜蜂无毒。蚯蚓 LC_{50}（14d）440mg/kg（土壤）。大鼠经口服用，其中约 48% 的甲哌鎓以尿的形式排出，约 38% 以粪便的形式排出，组织中的残留物小于 1%。

应用　甲哌鎓是一种哌啶类植物生长调节剂，1972 年由德国巴斯夫公司首先开发，1979 年由化工部沈阳化工研究院和北京农业大学进行合成。甲哌鎓主要应用于棉花、小麦、玉米等作物。协调营养生长和生殖生长，药剂被植物根或叶吸收后迅速传导到作用部位，防止植株徒长，使株形生长紧凑、矮健，增强光合作用，减少脱落，从而促进早熟、增加产量。

合成路线

常用剂型　甲哌鎓目前在我国登记的原药规格有 96%、98%、99%；制剂登记主要有水剂、可溶性粉剂、微乳剂、可湿性粉剂等；可与矮壮素、多效唑、胺鲜酯、芸苔素内酯等进行复配。主要制剂有 10% 可溶性粉剂、25% 水剂等。

甲氧隆（metoxuron）

应用　甲氧隆是 1968 年 Sandoz 公司开发的产品。通过植物根、叶吸收，传导到其他组织，抑制光合作用，加速叶片枯萎和叶片脱落。用于马铃薯，在收获前几周以 $2\sim5kg/hm^2$ 剂量叶面施药，可加速成熟和增加产量。还可用于大麻、黄麻和柿子上作为脱叶剂。

其他参见除草剂"甲氧隆"。

糠氨基嘌呤（kinetin）

$C_{10}H_9N_5O$，215.2，525-79-1

其他名称　激动素，KT，KN，6KT。

化学名称　6-糠基氨基嘌呤；6-furfurylaminopurine；N-furfuryladenine；N-(2-fura-nylmethyl)-1H-purin-6-amine。

理化性质　纯品为白色片状固体，熔点 266~267℃。在密闭管中 220℃时升华。$pK_{a_1}=$ 2.7 和 $pK_{a_2}=9.9$。溶于强酸、碱和冰醋酸，微溶于乙醇、丁醇、丙酮、乙醚，不溶于水。

毒性　纯品毒理学数据未见报道，由于它是微生物、植物体内含有的，对人、畜安全。另外，含有糠氨基嘌呤的细胞激动素混液对大鼠急性经口 $LD_{50}>5000mg/kg$。

应用　糠氨基嘌呤是由 I. Shapiro 和 B. Kilin 于 1955 年对其化学结构做了确定，并进

934

行了合成。现由云南植物研究所生产。糠氨基嘌呤是一种细胞分裂素类植物生长调节剂。用于果树、蔬菜和组织培养，可促进细胞分裂、分化和生长；诱导愈伤组织长芽，解除顶端优势；打破侧芽休眠，促进种子发芽；延缓衰老、保鲜；调节营养物质的运输；促进结实等。

合成路线

常用剂型　可加工成 1mg/kg、40mg/kg 可溶性粉剂。

抗倒胺（inabenfide）

$C_{19}H_{15}ClN_2O_2$，338.8，82211-24-3（未指明立体构型）

其他名称　Seritard，依纳素，CGR-811。

化学名称　4′-氯-2′-(α-羟基苄基) 异烟酰替苯胺；4′-chloro-2′-(α-hydroxybenzyl) isonicotinanilide；N-[4-chloro-2-(hydroxyphenylmethyl) phenyl]-4-pyridinecarboxamide。

理化性质　纯品为淡黄色至棕色晶体，熔点 210～212℃，蒸气压 0.063mPa（20℃），分配系数 K_{ow} $\lg P=3.13$。溶解度（30℃，g/L）：水 0.001，丙酮 3.6，乙酸乙酯 1.43，乙腈和二甲苯 0.58，氯仿 0.59，二甲基甲酰胺 6.72，乙醇 1.61，甲醇 2.35，己烷 0.0008，四氢呋喃 1.61。稳定性：本品对光和热稳定，对碱稳定性较差。水解率（2 周，40℃）：16.2%（pH 2）、49.5%（pH 5）、83.9%（pH 7）、100%（pH 11）。

毒性　大鼠及小鼠急性经口 $LD_{50}>1500mg/kg$，大鼠及小鼠急性经皮 $LD_{50}>5000mg/kg$。对兔皮肤和眼睛无刺激性，对豚鼠皮肤无过敏反应。大鼠急性吸入 LC_{50}（4h）$>0.46mg/L$（空气）。NOEL 数据：兔和大鼠的 3 代繁殖毒性试验表明无致畸作用，狗和大鼠分别 6 个月和 2 年饲喂试验表明无毒副作用。Ames 试验表明无诱变性。鱼毒 LC_{50}（48h，mg/L）：鲤鱼 >30，鳉鱼 11。水蚤 LC_{50}（3h）$>30mg/L$。本品在大鼠体内的主要代谢物是 4-羟基抗倒胺，通过尿排出体外。在植物中代谢为抗倒胺的酮化合物。在日本稻田 DT_{50} 约 4 个月。大鼠体内的代谢物主要通过尿液以葡萄糖醛酸化偶合物形式排泄，给药后 48h 内几乎能排泄完全。在动物组织和器官中无累积趋势。在水稻植株、土壤和天然水中的代谢几乎与在大鼠体内所研究的结果一致。

应用　抗倒胺是 1987 年 K. Nakamura 报道其生物活性，1986 年由日本中外制药公司开发的植物生长调节剂。抗倒胺属于赤霉素合成抑制剂，日本中外制药公司开发，1980 年申请专利。对水稻有很强的选择性抗倒伏作用，而且无药害，主要通过根部吸收。应用后使得谷粒成熟率提高，千粒重和穗数增加，从而使得水稻增产。

合成路线　可以通过下述两种路线合成。

① 以二氯甲烷为溶剂，在三乙胺存在下，对氯苯胺与苯甲醛在室温搅拌反应 4h 制得 2-氨基-5-氯二苯甲醇。以 1,2-二氯乙烷和二甲基甲酰胺为溶剂，异烟酸与氯化亚砜回流反应 4h 制得相应酰氯，该酰氯与 2-氨基-5-氯二苯甲醇发生氨解反应制得抗倒胺。见路线 1→2。

② 以异烟酸为起始原料，经过 3→4→5 反应路线制得抗倒胺。

常用剂型 常用制剂有 6% 颗粒剂等。

抗倒酯（trinexapac-ethyl）

$C_{13}H_{16}O_5$，252.3，95266-40-3

其他名称 挺立，Modus，Omega，Primo，Vision，CGA163935。

化学名称 4-环丙基（羟基）亚甲基-3,5-二氧代环己烷羧酸乙酯；ethyl-4-cyclopropyl (hydroxy) methylene-3,5-dioxocyclohexanecarboxylate；4-(cyclopropylhydroxymethylene)-3,5-dioxocyclohexan ecarboxylate。

理化性质 原药纯度为 92% 或更高，黄棕色液体（30℃）或固液混合物（20℃）。纯品为白色无臭固体，熔点 36℃，沸点＞270℃。蒸气压 1.6mPa（20℃）、2.16mPa（25℃）。分配系数 K_{ow} lg$P$=1.60（pH5.3，25℃），Henry 常数 $5.4×10^{-4}$ Pa·m³/mol。密度 1.215g/cm³（20℃）。溶解度（25℃，g/L）：水中 2.8（pH 4.9）、10.2（pH5.5）、21.1（pH8.2），乙醇、丙酮、甲苯、正辛醇=100%，己烷为 5%。稳定性：沸点以下稳定，在正常贮存下稳定，遇碱分解。pK_a 4.57。闪点 133℃。土壤中 DT_{50}＜1d，最终代谢物为二氧化碳。

毒性 大鼠急性经口 LD_{50} 4460mg/kg。大鼠急性经皮 LD_{50}＞4000mg/kg。对兔皮肤和眼睛无刺激性，对豚鼠皮肤无致敏性。大鼠急性吸入 LC_{50}（48h）＞5.3mg/L。NOEL 数据：大鼠（2 年）115mg/(kg·d)，小鼠（1.5 年）451mg/(kg·d)，狗（1 年）31.6mg/(kg·d)。ADI 值：0.316mg/kg。鸭和鹌鹑急性经口 LD_{50}＞2000mg/kg，鸭和鹌鹑饲喂实验 LC_{50}（8d）＞5000mg/kg 饲料。鱼毒 LC_{50}（96h）：虹鳟、鲤鱼、大翻车鱼 35～180mg/L。水蚤 LC_{50}（96h）142mg/L。蜜蜂 LD_{50}＞293μg/只（经口），＞115μg/只（接触）。蚯蚓 LC_{50}＞93mg/kg 土壤。进入大鼠、山羊和母鸡等动物体内的本品在 24h 内排泄 90%，且均代谢为酸。在植物中本品也很快代谢为酸。

应用 抗倒酯是 1989 年 E. Kerber 等报道其生物活性，由 Ciba-Geigy AG（现在 Syngenta AG）公司开发并于 1992 年商品化的植物生长调节剂。属于赤霉素合成抑制剂，能有效地控制作物旺长、减少节间伸长。禾谷类作物、甘蔗、油菜、蓖麻、水稻、向日葵等苗后使用可防止倒伏、改善收获效率。用于草坪，可减少修剪次数。用于甘蔗，作为成熟促进剂。

合成路线

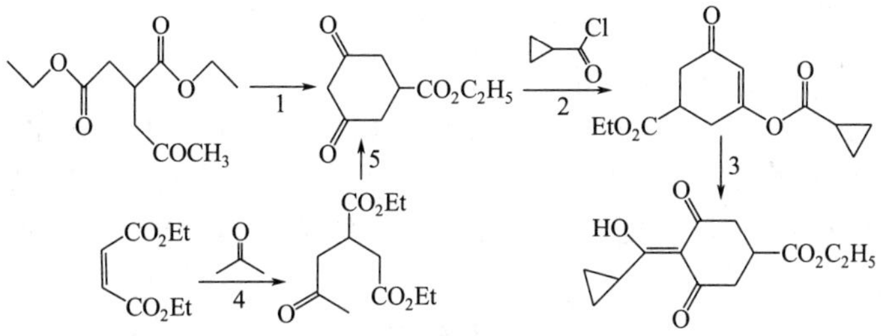

常用剂型 抗倒酯目前在我国登记的原药规格有 94％、96％、97％、98％；制剂登记主要有 250g/L 乳油和 11.3％可溶液剂。

抗坏血酸（Vc）

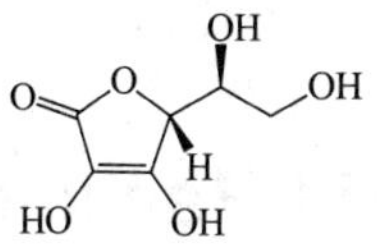

$C_6H_8O_6$，176.4，50-81-7

其他名称 vitamin C，Asocoribic acid，维他命 C。

化学名称 L-抗坏血酸（木糖型抗坏血酸）；L-asocoribic acid。

理化性质 纯品为白色结晶，熔点 190～192℃，易溶于水（100℃，溶解度为 80％；45℃，40％），稍溶于乙醇，不溶于乙醚、氯仿、苯、石油醚、油脂类。其水溶液呈酸性，溶液接触空气很快氧化成脱氢抗坏血酸。溶液无臭，是较强的还原剂。贮藏时间较长后变淡黄色。

毒性 抗坏血酸对人、畜安全，每日以 0.5～1.0g/kg 饲喂小鼠一段时间，未见有异常现象。

应用 抗坏血酸是一种广泛分布在植物果实以及茶叶里的维生素物质。1928 年从植物中分离出来，1933 年鉴定其结构，同年进行人工合成，是天然存在的维生素 C。抗坏血酸作为维生素型的生长物质，一方面作插枝生根剂，用于万寿菊、波斯菊等。另一方面，喷洒在番茄上，可提高抗灰霉病的能力；喷洒在烟草上，可增加烟叶的产量。

合成路线

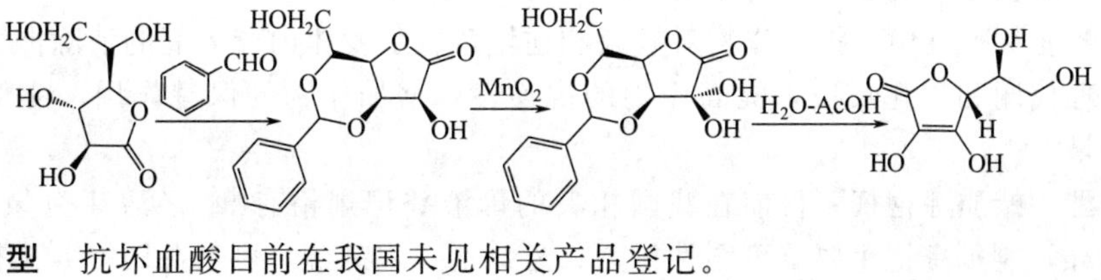

常用剂型 抗坏血酸目前在我国未见相关产品登记。

枯草芽孢杆菌（brevibacterium）

拉丁文名称 *Bacillus subtilis* (Ehrenberg) Cohn。

其他名称 百抗，麦丰宁，纹曲宁。

理化性质 枯草芽孢杆菌是芽孢杆菌属的一种。单个细胞（0.7～0.8）μm×（2～3）μm，着色均匀。无荚膜，周生鞭毛，能运动。革兰氏阳性菌，芽孢（0.6～0.9）μm×（1.0～1.5）μm，椭圆到柱状，位于菌体中央或稍偏，芽孢形成后菌体不膨大。菌落表面粗糙不透明，污白色或微黄色，在液体培养基中生长时，常形成皱醭，需氧菌。成品制剂外观为彩色（紫红、普蓝、金黄等），相对密度1.15～1.18，pH值为5～8，悬浮率75%，无可燃性与可爆炸性。

毒性 属于低毒植物生长调节剂，急性经口 LD_{50}＞10000mg/kg，急性经皮 LD_{50}＞4640mg/kg。对人体健康和环境无任何毒害作用。不污染环境，能产生多种抗生素和酶，具有广谱抗菌活性和极强的抗逆能力。

应用 用于包衣处理水稻种子时具有激活作物生长，减轻水稻细菌性条斑病、白叶枯病、恶苗病等病害的危害。还可用于防治棉花黄萎病、辣椒枯萎病、烟草黑胫病、三七根腐病、黄瓜白粉病、草莓灰霉病等。

常用剂型 枯草芽孢杆菌在我国登记的产品有10亿活芽孢/g、200亿活芽孢/g、1000亿活芽孢/g可湿性粉剂，可与井冈霉素复配使用。

蜡质芽孢杆菌（*Bacillus cereus*）

其他名称 广谱增产菌，益微，叶扶力，叶扶力2号，增多菌，BC752菌株。

理化性质 蜡质芽孢杆菌在光学显微镜下检验菌体为直杆状，单个菌体甚小，一般长3～5μm、宽1～1.5μm；单个菌体无色，透明，孢囊不膨大，原生质中有不着色的球状体，革兰氏反应阳性。琼脂培养基平板培养，菌落呈乳白至淡黄色，边缘不整齐，稍隆起，菌落蜡质；无光泽，为兼性厌氧生长。蜡质芽孢杆菌是活体，以5%的水分为最佳保存状态，且具有较强的耐盐性（能在7%NaCl条件下生长），在50℃条件下不能生长。

毒性 蜡质芽孢杆菌属低毒生物农药。原液大鼠急性经口 LD_{50}＞7000亿蜡质芽孢杆菌/kg。兔急性经皮和眼睛刺激试验用量100亿菌体无刺激性。豚鼠致敏实验用1000亿菌体/kg，连续7d均未发生致敏反应。大鼠90d亚慢性喂养试验，剂量为100亿菌体/(kg·d)，未见不良反应。雌大鼠用500亿菌体/(kg·d)喂养5d进行生殖毒性试验，对孕鼠、仔鼠均未见明显病变。从急性经口、经呼吸道、经皮三种感染试验和亚慢性感染试验，均表明无致病性的特异性，且一般不会影响试验动物生殖功能。

应用 蜡质芽孢杆菌可提高作物对病菌和逆境危害引发体内产生氧的清除能力，维持细胞正常的生理代谢和生化反应，提高作物的抗逆性，增加作物的保健作用，能促进作物生长，提高产量。

常用剂型 蜡质芽孢杆菌目前在我国相关的母液登记规格有90亿活芽孢/g、300亿蜡质芽孢杆菌/g，制剂登记主要有可湿性粉剂、悬浮剂、水剂等，可与井冈霉素进行复配。

邻硝基苯酚铵（ammonium ortho-nitrophenolate）

$$C_6H_8N_2O_3，156.1$$

其他名称 复硝铵（邻硝基苯酚铵＋对硝基苯酚铵）。

毒性 复硝铵为低毒。

应用 通过根部吸收，促进细胞原生质的流动。叶面处理能迅速被植物吸收进入体内，能加速植物发根、发芽、生长。具有保花、保果、增产作用。

常用剂型 邻硝基苯酚铵可作为 1.2% 复硝铵水剂的一个组分使用。

氯苯胺灵（chlorpropham）

应用 氯苯胺灵系一种氨基甲酸酯类植物生长调节剂，1951 年 E. D. Witman 和 W. F. Newton 报道其生物活性，由 Columbia-Southern Chemical Corp 开发。现美国仙农有限公司、四川国光有限公司、北京安福泰科有限公司生产。氯苯胺灵可由芽尖、根和茎吸收，向上传导到活跃的分生组织，抑制细胞分裂、蛋白质和 RNA 的生物合成，抑制 β-淀粉酶的活性，最终抑制发芽。主要在欧洲使用，抑制马铃薯发芽。使用剂量 1.75～2g（a.i.）/100kg 马铃薯，在马铃薯收获后 2～4 周浸渍或拌块茎。

其他详见除草剂"氯苯胺灵"。

氯苯氧乙酸（4-CPA）

$$C_8H_7ClO_3，186.6，122-88-3$$

其他名称 PCPA，防落素，番茄灵，坐果灵，促生灵，防落粉，4-CPA，Tomato Fix Concentrate，Marks 4-CPA，Tomatotone，Fruitone 等。

化学名称 对氯苯氧乙酸；4-chlorophenoxyacetic acid。

理化性质 纯品为无色结晶，熔点 157℃。能溶于热水、酒精、丙酮，其盐水溶性更好，商品多以钠盐形式加工成水剂使用。在酸性介质中稳定，耐贮藏。

毒性 属低毒植物生长调节剂。大鼠急性经口 LD_{50} 为 850mg/kg。鲤鱼 LC_{50} 为 3～6mg/L，泥鳅 LC_{50} 为 2.5mg/L（48h），水蚤 $EC_{50}>40mg/L$。ADI：0.022mg/kg。

应用 氯苯氧乙酸是一种苯氧乙酸类植物生长调节剂。1944 年合成之后由美国道化公司、阿姆瓦克公司、英国曼克公司、日本石原、日产公司开发。我国于 20 世纪 70 年代初合成，现由四川国光农化有限公司、重庆双丰化工有限公司、大连诺斯曼化工有限公司、浙江省台州市黄岩红旗日用化工厂等生产。对氯苯氧乙酸属于一种具生长素活性的植物生长调节剂，主要用于防止落花、落果，抑制豆类生根，促进坐果，诱导无核果，并有催熟增长作用。番茄、茄子在蕾期以 20～30mg/L 药液浸或喷蕾，可在低温下形成无籽果实；在花期

（授粉后）以 20～30mg/L 药液浸或喷花序，可促进在低温下坐果；在正常温度下以 15～25mg/L 药液浸或喷蕾或花，不仅可形成无籽果，促进坐果，还加速果实膨大、植株矮化，果实生长快，提早成熟。葡萄、柑橘、荔枝、苹果，在花期以 25～35mg/L 药液整株喷洒，可防止落花，促进坐果，增加产量。南瓜、西瓜、黄瓜等瓜类作物以 20～25mg/L 药液浸或喷花，防止落花，促进坐果。辣椒以 10～15mg/L 药液喷花，四季豆等以 1～5mg/L 药液喷洒全株，均可促进坐果结荚，明显提高产量。氯苯氧乙酸可抑制柑橘果蒂叶绿素的降解，从而有柑橘保鲜的作用。氯苯氧乙酸再与 0.1％磷酸二氢钾混用，以上效果更佳。用 30mg/L 药液盛花期末期喷洒可以提高梅、金丝小枣的坐果率。

合成路线

常用剂型 氯苯氧乙酸目前在我国未见相关产品登记，常用制剂主要有 95％粉剂和 1％乳油。

氯吡脲（forchlorfenuron）

$C_{12}H_{10}ClN_3O$，247.7，68157-60-8

其他名称 CN-11-3183，KT-30，4PU-30，吡效隆，调吡脲，施特优，Fulmet，Sitofex。

化学名称 1-(2-氯-4-吡啶基)-3-苯基脲，1-(2-chloro-4-pyridyl)-3-phenylurea；N-(2-chloro-4-pyridinyl)-N'-phenylurea。

理化性质 纯品为白色至灰白色结晶粉末，熔点 165～170℃，蒸气压 $4.6×10^{-5}$ mPa（25℃），分配系数 K_{ow} lg$P$=3.2（20℃）。相对密度 1.3839（25℃）。溶解度（g/L）：水 0.039（pH6.4，21℃），甲醇 119，乙醇 149，丙酮 127，氯仿 2.7。稳定性：对光、热和水稳定。

毒性 急性经口 LD_{50}（mg/kg）：雄大鼠 2787，雌大鼠 1568，雄小鼠 2218，雌小鼠 2783。兔急性经皮 LD_{50}＞2000mg/kg。大鼠吸入 LC_{50}（4h）：在饱和空气中无死亡。NOEL 数据：7.5mg/(kg·d)。山齿鹑急性经口 LD_{50}＞2250mg/kg。山齿鹑饲喂试验 LC_{50}（5d）＞5000mg/kg（饲料）。鱼毒 LC_{50}（mg/L）：虹鳟（96h）9.2，鲤鱼（48h）8.6，金鱼（48h）10～40。水蚤 LC_{50}（48h）8.0mg/L。海藻 EC_{50}（3h）11mg/L。

应用 氯吡脲是由美国 Sandoz Crop Protection Corp. 报道的取代脲类植物生长调节剂，由日本协和发酵工业株式会社开发。属于高效植物细胞分裂素。具有良好的生化活性，促进植物生长、早熟，延缓作物后期叶片的衰老，增加产量。浓度高时可作除草剂。

合成路线 有三种合成方法，即路线 1→2→3→4、路线 5 和路线 6→7。

常用剂型 氯吡脲目前在我国的原药登记规格为 97%；制剂登记主要是 0.1%、0.5% 可溶液剂。

氯化胆碱（choline chloride）

$$\left[\begin{array}{c} CH_3 \\ | \\ H_3C-N^+-CH_2CH_2OH \\ | \\ CH_3 \end{array} \right] Cl^-$$

$C_5H_{14}ClNO$，139.6，67-48-1

其他名称 高利达，好瑞，氯化胆脂，增蛋素。

化学名称 （2-羟乙基）三甲基氯化铵；2-hydroxy-N,N-trimethy ethanaminium chloride。

理化性质 纯品为白色结晶，熔点 240℃。易溶于水，有吸湿性。进入土壤易被微生物分解，无环境污染。

毒性 氯化胆碱为低毒植物生长调节剂。急性经口 LD_{50}：雄大鼠 2692mg/kg，雌大鼠 2884mg/kg，雄小鼠 4169mg/kg，雌小鼠 3548mg/kg。鲤鱼 LC_{50}（48h）＞5100mg/L。

应用 氯化胆碱是一种胆碱类植物生长调节剂，1964 年由日本农林水产省农业技术所开发，日本三菱瓦斯化学公司、北兴化学公司 1987 年注册作为植物生长调节剂。氯化胆碱还是一种植物光合作用促进剂，对增加产量有明显的效果。小麦、水稻在孕穗期喷施可促进小穗分化，多结穗粒；灌浆期喷施可加快灌浆速度，穗粒饱满，千粒重增加 2～5g。亦可用于玉米、甘蔗、甘薯、马铃薯、萝卜、洋葱、棉花、烟草、葡萄、芒果等增加产量，在不同气候、生态环境条件下效果稳定；块根等地下部分生长作物在膨大初期每亩用 60%水剂10～20mL（有效成份 6～12g），加水 30L 稀释（1500～3000 倍），喷施 2～3 次，膨大增产效果明显；观赏植物杜鹃花、一品红、天竺葵、木槿等调节生长；小麦、大麦、燕麦抗倒伏。

合成路线

$$Cl\diagdown\diagup OH \xrightarrow{\text{三乙胺}} \left[\begin{array}{c} CH_3 \\ | \\ H_3C-N^+-CH_2CH_2OH \\ | \\ CH_3 \end{array} \right] Cl^-$$

常用剂型 主要有 60%水剂和 18%可湿性粉剂。

氯酸镁（magnesium chlorate）

$$Mg(ClO_3)_2 \cdot 6H_2O$$
$Cl_2H_{12}MgO_{12}$，299.3，1032-62-13

化学名称 六水合氯酸镁；magnesium chlorate hexahydrate。

理化性质 纯品为无色针状或片状结晶，熔点 118℃，相对密度 1.80。易溶于水，微溶于丙酮。118℃以上分解，在 35℃析出水分而转化为四水合物。由于具有很强的吸湿性，不易引起爆炸和燃烧。对金属有腐蚀性。

毒性 大鼠急性经口 LD_{50} 5250mg/kg。

应用 本品为脱叶剂和除草剂，用于棉田，使棉株脱叶。

常用剂型 氯酸镁目前在我国未见相关产品登记，可加工成颗粒剂和水剂。

麦草畏甲酯（disugran）

C$_9$H$_8$Cl$_2$O$_3$，235.1，6597-78-0

其他名称　增糖酯，60-CS-16，Racuza。

化学名称　3,6-二氯-2-甲氧基苯甲酸甲酯；methyl-3,6-dichloro-o-anisate。

理化性质　分析纯的麦草畏甲酯纯品是白色结晶固体。熔点 31～32℃。在 25℃呈黏性液体。沸点 118～128℃（40～53Pa）。水中溶解度＜1％，溶于丙酮、二甲苯、甲苯、戊烷和异丙醇。

毒性　相对低毒，大鼠急性经口 LD$_{50}$ 3344mg/kg。兔急性经皮 LD$_{50}$＞2000mg/kg。对眼睛有刺激性，但对皮肤无刺激。

应用　麦草畏甲酯由美国 Velsicol 化学公司开发。麦草畏甲酯可通过茎、叶吸收，传导到活跃组织，加速成熟和增加糖量。甘蔗、甜菜、葡萄、柚收获前 4～8 周使用，可增加含糖量，提高产量；甜瓜在瓜直径 7～12cm 时使用，增加含糖量；苹果、桃在水果颜色出现时使用，均匀成熟；葡萄在开花期用，可增加含糖量，提高产量；大豆、绿豆开花后用，可增加产量；草坪在旺盛生长期用，增加草的分蘖。

合成路线　与麦草畏合成相对应，麦草畏甲酯有多种合成路线。

常用剂型　麦草畏甲酯目前在我国未见相关产品登记，常用产品为 42％油悬剂。

茉莉酸（jasmonic acid）

$C_{12}H_{18}O_3$，210.3，6894-38-8

化学名称 （＋)-茉莉酸；（－)-jasmonic acid。

理化性质 纯品是有芳香气味的黏性油状液体。沸点为 125℃。紫外吸收波长 234～235nm。可溶于丙酮。茉莉酸几种异构体以固定比例存在于植物体内（每种植物体内的比例不一）。

应用 茉莉酸是广泛存在于植物体内的一种生理活性物质。茉莉酸首先从菌中分离结晶出来。之后，研究者发现它广泛分布于植物界。茉莉酸是一种内源植物生长调节剂。应用茉莉酸可使作物抵御干旱。在 $1×10^{-8}～1×10^{-3}$ mol/L 浓度下，茉莉酸可抑制植物生长，使将萌芽种子转为休眠，加速叶片气孔关闭，推迟成熟。可诱导色素合成，提高水果品质。茉莉酸和脱落酸的结构有相似之处，其生理也有相似之处。可增加植物的抗寒力。

合成路线

常用剂型 茉莉酸目前在我国未见相关产品登记，常用制剂产品有 0.07％水剂。

萘氧乙酸（2-naphthyloxyacetic acid）

$C_{12}H_{10}O_3$，202.2，120-23-0

其他名称 Betapal，β-NOA，NOA。

化学名称 2-萘氧基乙酸；2-naphthyloxy acetic acid。

理化性质 亮白色的粉状固体，熔点 154～156℃。溶于乙醇、乙醚和醋酸。水中溶解度<5％（25℃）。其碱金属盐及铵盐溶于水。在土壤中分解为 2-萘酚，然后环水解，开环。

毒性 低毒。大鼠急性经口 LD_{50} 1000mg/kg。对蜜蜂无毒。

应用 萘氧乙酸是萘类的一种植物生长物质。1939 年 Bausor 报道了该物质有延长水果在植株上停留时间的作用。之后，Synchemicals Ltd. 和 Greenwood Chemical 公司开发了此产品。萘氧乙酸能调节菠萝和草莓的生长，提高坐果率；能防止番茄落果，提前成熟；还能防止苹果的采前落果，增加果重。能与某些杀菌剂混用，兼治植物病害。

合成路线

常用剂型　萘氧乙酸目前在我国未见相关产品登记，可加工成粉剂使用。

萘乙酸（1-naphthylacetic acid）

$C_{12}H_{10}O_2$，186.2，86-87-3

其他名称　Rootone，NAA-800，Pruiton-N，transplantone，NAA，Celmome，Phyomome，Planovix，Nafusaku，Fruitione-N，Plucker，Tre-Hold，Tip-off，Stik，Tekkam。

化学名称　1-萘基乙酸；1-naphthyl acetic acid。

理化性质　纯品为无色无臭结晶，熔点134～135℃，蒸气压＜0.01mPa（℃）。溶解度：水420mg/L（20℃），二甲苯55g/L（26℃），四氯化碳10.6g/L（26℃）。易溶于醇类、丙酮，溶于乙醚、氯仿，溶于热水，不溶于冷水，其盐水溶性好。结构稳定，耐贮性好。

毒性　萘乙酸属低毒植物生长调节剂，急性经口LD_{50}：大鼠1000～5900mg/kg（酸），小鼠约700mg/kg（钠盐）。兔急性经皮LD_{50}＞5000mg/kg。对皮肤、黏膜有刺激作用。绿头鸭和山齿鹑饲喂试验LC_{50}（8d）＞10000mg/L（饲料）。鲤鱼LC_{50}（48h）＞40mg/L，蓝鳃翻车鱼LC_{50}（96h）＞82mg/L，水蚤LC_{50}（48h）360mg/L。对蜜蜂无毒。

应用　萘乙酸是一种有机萘类植物生长调节剂，1934年合成，后由美国联合碳化学公司开发，1959年华北农学院开发。萘乙酸属于广谱性植物生长调节剂，具有促进细胞分裂与扩大、诱导形成不定根、增加坐果、防止落果、改变雌雄花比率等作用。通常用于小麦、水稻、棉花、茶叶、果树、瓜类、蔬菜、林木等，是一种优良的植物生长调节剂。

合成路线　目前萘乙酸的合成有三种方法。

①萘和乙酸酐在高锰酸钾存在下回流反应制得萘乙酸。此法为自由基反应历程，具有反应时间短、反应温度低的特点，收率约45%，未反应的萘乙酸可以回收套用。

②在催化剂Fe-KBr存在下，萘和氯乙酸于218℃发生缩合反应生成萘乙酸。此法工艺成熟，但反应温度高、不易控制、反应时间长。催化剂可为$FeBr_2$、Al-KBr等。

③在酸性条件下萘与甲醛发生氯甲基化反应，然后与氰化钠发生取代反应生成萘乙腈，再水解制得萘乙酸。

常用剂型　萘乙酸目前在我国的原药登记规格有 80％、81％、95％，制剂登记主要有水剂、涂抹剂、可溶性粉剂、可湿性粉剂、泡腾片剂、可溶性液剂；可与吲哚乙酸、复硝酚钠、甲基硫菌灵、氯化胆碱等复配。常用制剂有 1％水剂、5％水剂、40％可溶性粉剂等。

萘乙酸甲酯（MENA）

$$\text{CH}_2\text{COOCH}_3$$

C₁₃H₁₂O₂，200.2，2876-78-0

$C_{13}H_{12}O_2$，200.2，2876-78-0

　　化学名称　1-萘乙酸甲酯；1-naphthaleneaceticacid methyl ester。
　　理化性质　纯品为无色油状液体，沸点 168～170℃，相对密度 1.142，折射率 1.598。溶于甲醇和苯。
　　毒性　急性经口 LD₅₀：大鼠 1900mg/kg，小鼠 1000mg/kg。对人皮肤无刺激。
　　应用　萘乙酸甲酯是有机萘类的植物生长调节剂，1990 年在天津开发。广泛应用于马铃薯、小麦、薄荷等农作物的生长调节。萘乙酸甲酯可由植物根、茎、叶吸收。在低浓度下，可促进根生长和延长果实在植株上的停留时间。高浓度下，可诱导乙烯形成。主要用于花生贮存期，抑制长芽。薄荷叶面喷药，增加薄荷油含量。喷洒马铃薯块茎上，可有效抑制其在贮藏期间的发芽。
　　合成路线　萘乙酸与甲醇酯化反应。

　　常用剂型　3.2％、3.8％粉剂。

萘乙酸乙酯（ENA）

$$\text{CH}_2\text{CO}_2\text{C}_2\text{H}_5$$

C₁₄H₁₄O₂，214.3，2122-70-5

$C_{14}H_{14}O_2$，214.3，2122-70-5

　　其他名称　α-萘乙酸乙酯，Tre-Hold。
　　化学名称　1-萘乙酸乙酯；ethyl-1-naphthylacetate。
　　理化性质　无色液体，相对密度 1.106（25℃）。沸点 158～160℃（400Pa）。溶于丙酮、乙醇、二硫化碳，微溶于苯，不溶于水。
　　毒性　低毒。大鼠急性经口 LD₅₀ 3580mg/kg，兔急性经皮 LD₅₀＞5000mg/kg。
　　应用　萘乙酸乙酯是一种萘类植物生长调节剂。主要用来抑制侧芽生长，用作植物修整后的整形剂，已经用在枫树和榆树上。应用时间在春末夏初。植物修整后，萘乙酸乙酯直接用在切口处。

合成路线

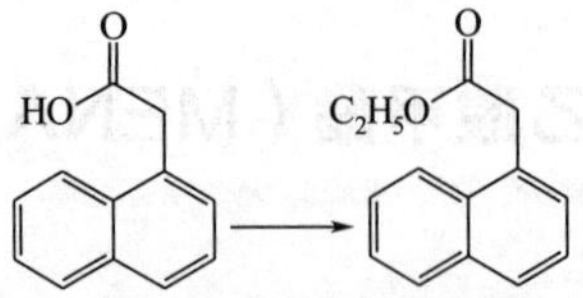

常用剂型　萘乙酸乙酯目前在我国未见相关产品登记。

萘乙酰胺（2-（1-naphthy） acetamide）

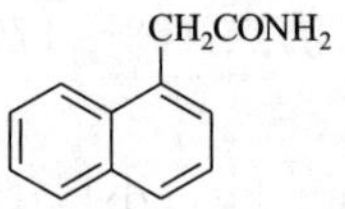

$C_{12}H_{11}NO$，185.2，86-86-2

其他名称　NAD，Amid-ThimW。

化学名称　2-(1-萘基) 乙酰胺；2-(1-naphthalene) acetamide。

理化性质　无色晶体，熔点 184℃，蒸气压<0.01mPa。水中溶解度 39mg/kg（40℃），溶于丙酮、乙醇和异丙醇，不溶于煤油。在通常贮存下稳定，不可燃。

毒性　大鼠急性经口 LD_{50} 1690mg/kg，兔急性经皮 LD_{50}>2000mg/kg。对皮肤无刺激作用，但可引起不可逆的眼损伤。

应用　萘乙酰胺是一种萘类植物生长调节剂。20 世纪 50 年代由美国联合碳化学公司等开发。萘乙酰胺是苹果、梨良好的疏果剂。使用浓度为 25～50mg/L，苹果在盛花后 2～2.5 周，梨在花瓣落花至花瓣落后 5～7d，进行全株喷洒。萘乙酰胺与有关生根物质混用是促进苹果、梨、葡萄及观赏作物生根的广谱生根剂。

合成路线

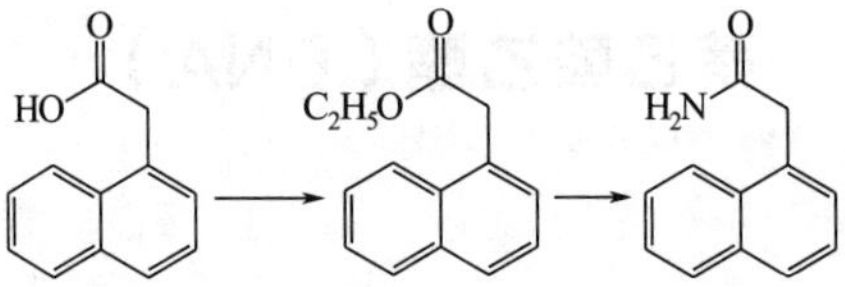

常用剂型　萘乙酰胺目前在我国未见相关产品登记，常用制剂主要有 8.4％、10％可湿性粉剂。

尿囊素（allantoin）

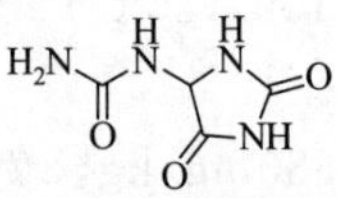

$C_4H_6N_4O_3$，158.1，97-59-6

946

其他名称　5-ureidohydantoin，glyoxyldiureide，5-garbumidohydantoin。

化学名称　*N*-2,5-二氧代-4-咪唑烷基脲；（2,5-dioxo-4-imidazolidinyl）urea。

理化性质　纯品为无色无臭结晶粉末，能溶于热水、热醇和稀氢氧化钠溶液，微溶于水和醇，几乎不溶于醚。饱和水溶液 pH5.5。纯品熔点 238～240℃，加热到熔点时开始分解。

毒性　由于人和动物体内都含有尿囊素，故对人、畜安全。

应用　广泛存在于哺乳动物的尿、胚胎及发芽的植物种子或子叶中。医学上主要用它治疗胃溃疡、十二指肠溃疡、慢性胃炎、胃窦炎等，也有治疗糖尿病、肝硬化、骨髓炎及癌症的作用；化妆品中使用有保护组织、湿润和防止水分散发的作用；它对多种作物有促进生长、增加产量的作用；它还是开发多种复合肥、微肥、缓效肥及稀土肥等必不可少的原料。

合成路线

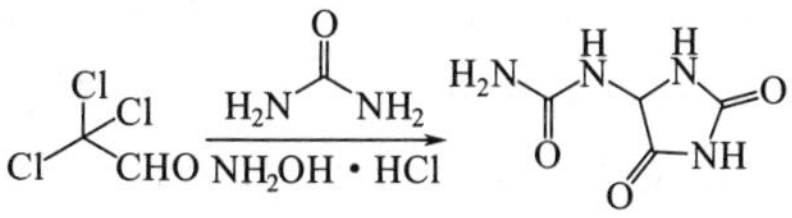

常用剂型　尿囊素目前在我国未见相关产品登记。

柠檬酸钛（citricacide-titanium chelate）

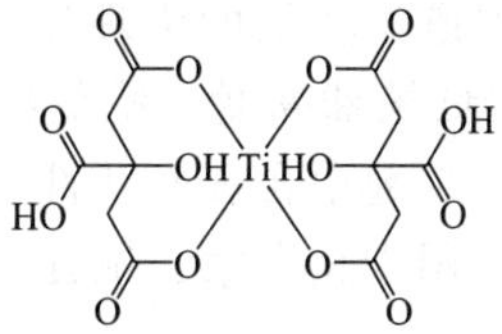

$C_{12}H_{12}O_{14}Ti$，427.87

理化性质　制剂外观为淡黄色透明均相液体，相对密度 1.05，pH 2～4。可与弱酸性或中性农药相混。

毒性　急性经口 $LD_{50} > 5000mg/kg$；急性经皮 $LD_{50} > 2000mg/kg$。

应用　本品为植物生长调节剂，用于黄瓜、油菜等上，植物吸收后，其体内叶绿素含量增加，光合作用加强，使过氧化氢酶、过氧化物酶、硝酸盐还原酶活性提高，可促进植物根系的生长加快，增强对土壤中的大量元素和微量元素的吸收，促进根系的生长，达到增产的效果，同时还具有改善作物果实品质，增加作物抗逆性的功能。

合成路线

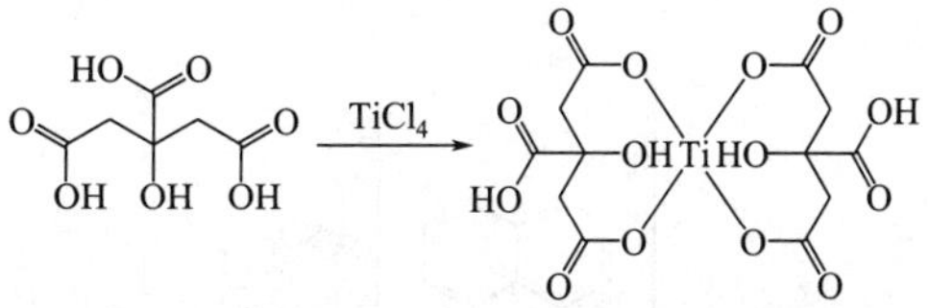

常用剂型　柠檬酸钛在我国未见相关产品登记，生产中常用制剂有 3.4% 水剂。

哌壮素（piproctanyl）

$C_{18}H_{36}N$，266.5，69309-47-3；$C_{18}H_{36}BrN$，346.4，56717-11-4

其他名称　Alden，Stemtrol，Ro 06-0761/000，ACR-1222，菊壮素。

化学名称　1-烯丙基-1-（3,7-二甲基辛基）哌啶鎓；1-allyl-1-（3,7-dimethyloctyl）piperidinium。

理化性质　为淡黄色蜡状固体，熔点 75℃，蒸气压＜50nPa（20℃）。溶解性：易溶于水，丙酮＞1.4kg/L，乙醇＞2.1kg/L，甲醇＞2.4kg/L，微溶于环己烷、己烷。在室温条件下密闭容器中稳定性＞3 年，对光稳定，在 50℃于 pH3 至 pH13 水解稳定。水溶液无腐蚀性。

毒性　大鼠急性经口 LD_{50} 820～990mg/kg，小鼠急性经口 LD_{50} 182mg/kg，大鼠急性经皮 LD_{50} 115～240mg/kg。对皮肤（豚鼠）和眼睛（兔）无刺激性。大鼠急性吸入 LC_{50} 1.5mg/L（空气）。在 90d 饲喂试验中，大鼠接受 150mg/（kg·d）或狗接受 25mg/（kg·d）无显著影响。白喉鹑和野鸭 LC_{50}（8d）＞10000mg/kg（饲料）。鱼毒 LC_{50}（96h）：虹鳟鱼 12.7mg/L，蓝鳃鱼 62mg/L。

应用　1976 年 G. A. Huppi 等报道哌壮素的生理作用，piproctanyl bromide 由 R. Maag Ltd 开发。哌壮素可缩短节间距，降低植株高度，使茎和花梗强壮，使叶子深绿。它可通过叶和根吸收，但在枝梢中不易传导。制剂中含表面活性剂。以 75～150mg（a.i.）/L 用于菊花，喷施浓度由观赏植物决定。也可用于秋海棠、倒挂金钟和矮牵牛属。

合成路线

常用剂型　哌壮素在我国未见相关产品登记，生产中常用制剂主要有 50g/L 水剂。

8-羟基喹啉（chinosol）

$C_{18}H_{16}N_2O_6S$，388.4，134-31-6

应用 8-羟基喹啉是喹啉类植物生长调节剂。对于多年生植物，它可加速其切口的愈合。此外，8-羟基喹啉还可作为防治各种细菌和真菌的杀菌剂。可作为雪松、日本金钟柏属植物、樱桃、桐树等多年生植物切口的愈合剂。

详见杀菌剂"8-羟基喹啉"。

8-羟基喹啉柠檬酸盐（oxine citrate）

$C_{15}H_{15}NO_8$，337.3，134-30-5

应用 8-羟基喹啉柠檬酸盐可被任何切花吸收，可作为切花的保存液，延长切花的寿命。其能抑制乙烯的生物合成，促进气孔关闭，从而减少花和叶片的水分蒸发。

详见杀菌剂"8-羟基喹啉柠檬酸盐"。

羟基乙肼（2-hydrazinoethanol）

$$HOCH_2CH_2NHNH_2$$
$C_2H_8N_2O$，76.1，4554-16-9

其他名称 BOH，Omaflora，Brombloom。

化学名称 β-羟基乙肼；2-hydrazinoethanol。

理化性质 本品为无色液体，熔点$-70℃$，沸点$110\sim130℃/2.33kPa$。可与水及低级醇混溶。在低温和暗处稳定，稀释溶液易于氧化。

应用 羟基乙肼是由 Olin Corp. 公司开发的植物生长调节剂。以 0.09mL/棵的用量能促使菠萝树提前开花。

合成路线

常用剂型 可加工成水剂使用。

噻苯隆（thidiazuron）

$C_9H_8N_4OS$，220.3，51707-55-2

应用 噻苯隆是 F. Arndt 等人 1976 年报道其生物活性，由 Schering A. G.（安万特公司）开发的取代脲类植物生长调节剂。属于细胞激动素类植物生长调节剂，具有极强的细胞分裂活性，能促进植物光合作用，提高作物产量、改善果实品质、增加果实耐贮性。在棉花上作脱落剂使用，可促使叶柄与茎之间的分离组织自然形成而落叶，使棉花的收获期提前10d 左右。噻苯隆浓度高时可作除草剂。

详见除草剂"噻苯隆"。

噻节因（dimethipin）

$C_6H_{10}O_4S_2$，210.3，55290-64-7

其他名称 Harvade，Oxydimethin，哈威达。

化学名称 2,3-二氢-5,6-二甲基-1,4-二噻因-1,1,4,4-四氧化物；2,3-dihydro-5,6-dimethyl-1,4-dithiine-1,1,4,4-tetraoxide。

理化性质 纯品为白色结晶固体，熔点 167～169℃，蒸气压 0.051mPa（25℃），分配系数 $K_{ow}\lg P = -0.17$（24℃），Henry 常数 2.33×10^{-6} Pa·m³/mol（计算值）。密度1.59g/cm³（23℃）。溶解度（25℃，g/L）：水 4.6，乙腈 180，甲苯 9，甲醇 10.7。稳定性：在 pH 3、6 和 9 条件下（25℃）稳定；在20℃稳定 1 年，14d（55℃），光照稳定性（25℃）≥7d。pK_a 10.88。土壤中 DT_{50} 104～149d。

毒性 大鼠急性经口 LD_{50} 500mg/kg，兔急性经皮 LD_{50}＞5000mg/kg。对兔眼睛刺激性严重，对兔皮肤无刺激性；对豚鼠致敏性较弱。大鼠吸入 LC_{50}（4h）1.2mg/L（空气）。NOEL 数据（2年）：大鼠 2mg/(kg·d)，狗 25mg/(kg·d)，对这些动物无致癌作用。ADI值：0.02mg/kg。绿头鸭和山齿鹑饲喂试验 LC_{50}（8d）＞5000mg/L（饲料）。鱼毒 LC_{50}（96h，mg/L）：虹鳟鱼 52.8，蓝鳃翻车鱼 20.9，羊头鲷 17.8。蜜蜂 LD_{50}＞100μg/只（25%制剂）。蚯蚓 LC_{50}（14d）＞39.4mg/kg（土壤）（25%制剂）。

应用 噻节因是由 R. B. Ames 等 1974 年报道其生物活性，Uniroyal Chemical Co. 开发的植物生长调节剂，美国科聚亚公司、康普顿公司生产。作为脱叶剂和干燥剂使用。可使棉花、苗木、苹果树、橡胶树和葡萄树脱叶。还能促进早熟，并能降低收获时亚麻、油菜、水稻和向日葵种子的含水量。

合成路线

常用剂型 噻节因目前在我国未见相关产品登记，生产中常用制剂主要有 22.4%悬浮剂。

噻菌灵（thiabendazole）

$C_{10}H_7N_3S$，201.3，148-79-8

应用 噻菌灵是 1968 年 Merch Sharp 公司开发的产品。现有瑞士先正达作物保护有限公司等生产。噻菌灵可作为保鲜剂应用于各种水果和蔬菜上。噻菌灵由水果和蔬菜表皮吸收，而后传导到病原菌的入侵部位起作用。噻菌灵可杀死或抑制水果和蔬菜表皮的微生物和病原菌，可防止由于外伤引起水果或蔬菜腐烂部位的扩展。噻菌灵还可延缓叶绿素分解和组织老化。主要用于甜橙、金橘和马铃薯上，延长贮藏时间，防止腐烂。

详见杀菌剂"噻菌灵"。

三碘苯甲酸（TIBA）

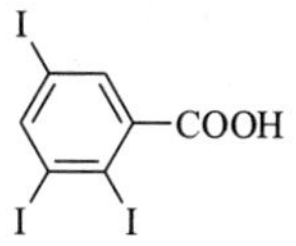

$C_7H_3I_3O_2$，499.7，88-82-4

其他名称 floraltone，regim-8。

化学名称 2,3,5-三碘苯甲酸；2,3,5-triiodobenzoic acid。

理化性质 纯品为浅褐色结晶粉末，熔点 345℃。水中溶解度 1.4%，甲醇溶解度 21%，溶于酒精、丙酮、乙醚、苯和甲醇。

毒性 三碘苯甲酸属低毒植物生长调节剂。急性经口 LD$_{50}$（mg/kg）：小鼠 700（纯品），大鼠 831（工业品）。大鼠急性经皮 LD$_{50}$＞10200mg/kg，小鼠腹腔注射最低致死量 1024mg/kg。鲤鱼 LC$_{50}$（48h）＞40mg/L，水蚤 LC$_{50}$（3h）＞40mg/L。

应用 三碘苯甲酸是一种苯甲酸类植物生长调节剂。1968 年由美国联合碳化公司开发。三碘苯甲酸可由叶、嫩枝吸收，然后进入到植物体内阻抑吲哚乙酸由上向基部的运输，故可控制植株的顶端生长、矮化植株，促进侧芽、分枝和花芽的形成。三碘苯甲酸喷洒于大豆叶片上，可减少落荚，促进早熟，增加产量。在苹果盛花期使用，有疏花疏果作用。甘薯生长期喷洒可增加块茎根的产量。桑树生长旺盛期喷洒，增加分枝、叶数和桑叶产量。黄瓜花期喷洒促进坐果。

合成路线

常用剂型 三碘苯甲酸目前在我国未见相关产品登记。可加工成液剂使用。

三丁氯苄鏻（chlorphonium）

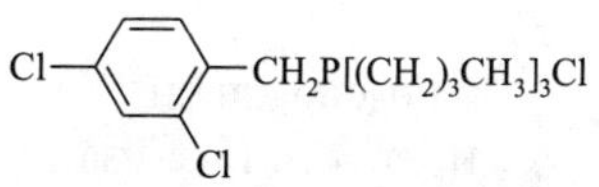

$C_{19}H_{32}Cl_3P$，397.8，115-78-6

其他名称 phosphon，phosphone，Phosfleur。

化学名称 三丁基（2,4-二氯苄基）磷；tributyl（2,4-dichlorobenzyl）phosphonium；tributyl[（2,4-dichloro benzyl）methyl] phosphonium chloride。

理化性质 无色结晶固体，有芳香气味，熔点114~120℃。可溶于水、丙酮、乙醇，不溶于乙醚和乙烷。

毒性 大鼠急性经口 LD_{50} 210mg/kg，兔急性经皮 LD_{50} 750mg/kg。原药对眼睛和皮肤均有刺激作用。虹鳟鱼 LC_{50}（96h）115mg/L。

应用 三丁氯苄磷由 Mobil Chemical Co. 开发（已不再生产和销售），现由 Perifleur Products Ltd. 销售。三丁氯苄磷是温室盆栽菊花和室外栽培的耐寒菊花的株高抑制剂。它还能抑制牵牛花、鼠尾草、薄荷科植物、杜鹃花、石楠属、冬青属的乔木或灌木和一些其他观赏植物的株高。抑制冬季油菜种子的发芽和葡萄藤的生长，抑制苹果树梢生长及花的形成。盆栽植物土壤施用效果最好。另外，用本品处理母株可提高扦插的均匀性。

合成路线

常用剂型 10%粉剂。

三氟吲哚丁酸酯（TFIBA）

$$CH(CF_3)CH_2COOCH(CH_3)_2$$

$C_{15}H_{16}F_3NO_2$，299.3，164353-12-2

化学名称 β-（三氟甲基）-1H-吲哚-3-丙酸-1-甲基乙基酯；1H-indole-3-propanoic acid-β-（trifluoromethyl）-1-methylethyl ester。

应用 三氟吲哚丁酸酯是由日本政府工业研究公司开发的植物生长调节剂。能促进作物根系发达，从而达到增产目的。主要用于水稻、豆类、马铃薯等。此外，还能提高水果甜度，降低水果中的含酸量，且对人安全。

合成路线

常用剂型 三氟吲哚丁酸酯目前在我国未见相关产品登记。

三十烷醇（triacontanol）

$$CH_3(CH_2)_{28}CH_2OH$$

$C_{30}H_{62}O$，438.4，593-50-0

其他名称 蜂花醇，melissyl alcohol，myrictl alcohol。

化学名称 正三十烷醇；*n*-triacontanol；1-triacontanol。

理化性质 纯品为白色鳞状结晶，熔点 86.5～87.5℃，用苯重结晶的产品熔点为 85～86℃，相对密度 0.777。不溶于水，难溶于冷甲醇、乙醇、丙酮，微溶于苯、丁醇、戊醇，可溶于热苯、热丙酮、热四氢呋喃，易溶于乙醚、氯仿、四氯化碳、二氯甲烷。C_{20}～C_{28} 醇可溶于热甲醇、乙醇及冷戊醇。它对光、空气、热、碱稳定。

毒性 三十烷醇是对人、畜十分安全的植物生长调节剂，急性经口 LD_{50}（mg/kg）：雌小鼠 1500，雄小鼠 8000。以 18.75mg/kg 剂量给 10 只体重 17～20g 小白鼠灌胃，7d 后正常存活。

应用 三十烷醇是一种天然的长碳链植物生长调节剂，1933 年卡巴尔等人首先从苜蓿中分离出来，1975 年里斯发现其生物活性，它广泛存在于蜂蜡及植物蜡质中。三十烷醇可被植物茎、叶吸收，然后促进植物生长，增加干物质的累积，增加产量。有效浓度为 0.01～0.1mg/L，是已知天然植物激素生理活性最强的一种。增产幅度：玉米 11%～24%，番茄 30%，胡萝卜 11%～21%，大豆 10%，黄瓜 6%，莴苣 34%～64%，小麦 8%。另外，还可提高花生产量，提高水稻的产量和蛋白质的含量。三十烷醇与赤霉酸在平菇上配合使用，可使生长期缩短，菇体抗温能力显著提高。

常用剂型 三十烷醇目前在我国的原药登记规格有 89%、90%、95%；制剂登记主要是微乳剂、可溶性液剂、可湿性粉剂、悬浮剂、水乳剂、乳油等；可与硫酸铜、辛菌胺复配。主要制剂有 0.1% 可溶性液剂、0.1% 微乳剂。

杀木膦（fosamine ammonium）

$C_3H_{11}N_2O_4P$, 170.1, 25954-13-6

其他名称 蔓草膦铵盐，调节膦，Krenite。

化学名称 氨基甲酰基膦酸乙酯铵盐；ammonium ethyl，carbamoylphosphonate。

理化性质 工业品纯度大于 95%。纯品为白色结晶，熔点 173～175℃，蒸气压 0.53mPa（25℃），Henry 常数 $9.5×10^{-9}$Pa·m^3/mol（25℃），相对密度 1.24。溶解度（g/kg，25℃）：水＞2500，甲醇 158，乙醇 12，二甲基甲酰胺 1.4，苯 0.4，氯仿 0.04，丙酮 0.001，正己烷＜0.001。稳定性：在中性和碱性介质中稳定，在稀酸中分解。pK_a9.25。

毒性 大鼠急性经口 LD_{50}＞5000mg/kg，兔急性经皮 LD_{50}＞1683mg/kg。对兔皮肤和眼睛没有刺激，对豚鼠皮肤无致敏现象。雄大鼠急性吸入 LC_{50}（1h）＞56mg/L（空气）（制剂产品）。1000mg/kg 饲料喂养大鼠 90d 未见异常。绿头鸭和山齿鹑急性经口 LD_{50}＞10000mg/kg。绿头鸭和山齿鹑饲喂试验 LD_{50} 5620mg/kg（饲料）。鱼毒 LC_{50}（96h）：蓝鳃翻车鱼 590mg/L，虹鳟鱼 300mg/L，黑头呆龟＞1000mg/L。水蚤 LC_{50}（48h）1524mg/L。蜜蜂 LD_{50}＞200mg/只（局部施药）。杀木膦可被土壤微生物迅速降解，半衰期 7～10d。

应用 杀木膦是一种有机膦类植物生长调节剂，1974 年由美国杜邦公司首先开发。杀木膦主要经茎、叶吸收，进入叶片后抑制光合作用和蛋白质的合成。进入植株的幼嫩部位抑制细胞的分裂和伸长。也抑制枝条和花芽分化。作为植物生长调节剂，具有整枝、矮化、增甜、保鲜作用，可控制柑橘夏梢，减少柑橘 6 月生理落果。能有效地控制花生后期无效花，减少养分消耗，使花生叶片增加厚度，促进荚果增大，饱果数多。在番茄、葡萄旺盛生长时期喷洒，可促进坐果，提高果实含糖量。

合成路线

常用剂型　杀木膦目前在我国未见相关产品登记。常用制剂主要有 40％水剂。

杀雄啉（sintofen）

$C_{18}H_{15}ClN_2O_5$，374.8，130561-48-7

其他名称　cintofen，津奥啉，Axhor，Croisor，SC2053。

化学名称　1-(4-氯苯基)-1,4-二氢-5-(2-甲氧基乙氧基)-4-氧代喹啉-3-羧酸；1-(4-chlorophenyl)-1,4-dihydro-5-(2-methoxyethoxy)-4-oxo-cinnoline-3-carboxylicacid。

理化性质　原药纯度为 99.7％。纯品为淡黄色粉末，熔点 261.03℃，蒸气压 0.0011mPa（25℃），分配系数 $K_{ow}\lg P=1.44\pm0.06$（25℃±1℃），Henry 常数 $7.49\times10^{-5}Pa\cdot m^3/mol$（计算值）。相对密度 1.461（20℃，原药）。溶解度（20℃，g/L）：水 <0.005，甲醇、丙酮和甲苯<0.005，1,2-二氯乙烷 0.01～0.1。稳定性：其水溶液稳定，$DT_{50}>365d$（50℃，pH 5、7 和 9）。pK_a 7.6。在土壤中降解很慢，DT_{50}（实验室）130～329d（20℃，40％～50％保水量）。在 pH 5、7、9 时稳定。

毒性　按我国农药毒性分级标准，杀雄啉属低毒植物生长调节剂。大鼠急性经口 $LD_{50}>5000mg/kg$，大鼠急性经皮 $LD_{50}>2000mg/kg$。对眼睛、皮肤无刺激作用，对皮肤无致敏作用。大鼠急性吸入 LC_{50}（4h）>7.34mg/L（空气）。NOEL 数据（2 年）：大鼠 12.6mg/(kg·d)。ADI 值：0.126mg/kg。绿头鸭和山齿鹑急性经口 $LD_{50}>2000mg/kg$。山齿鹑饲喂 LC_{50}（8d）>5000mg/kg（饲料）。鱼毒 LC_{50}（96h，mg/L）：虹鳟 793，大翻车鱼 1162。水蚤 EC_{50}（48h）331mg/L。海藻 EC_{50}（96h）11.4mg/L。蜜蜂 LD_{50}（经口和接触）>100μg/只。蚯蚓 LC_{50}（14d）>1000mg/kg（土壤）。

应用　杀雄啉是由 Hybrinova（part of Du Pont）开发的苯并哒嗪类小麦用杀雄剂，1988 年申请专利，已在我国和法国等国家登记。杀雄啉主要用作杀雄剂，能有效地阻滞禾谷类作物花粉发育，使之失去受精能力而自交不实，从而获取杂交种子。

合成路线

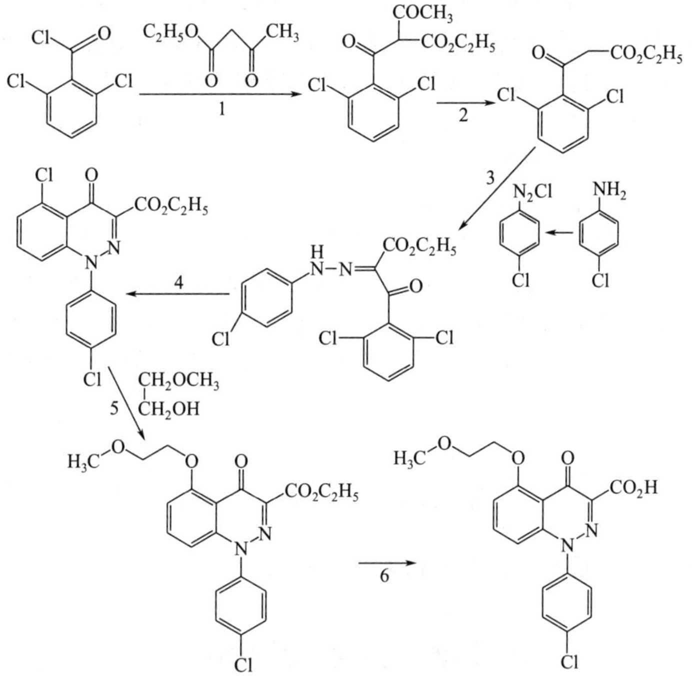

常用剂型　杀雄啉目前在我国产品登记只有 98% 原药，生产应用中常用制剂有 33% 水剂。

十一碳烯酸（10-undecylenic acid）

$$H_2C=CH(CH_2)_8COOH$$

$C_{11}H_{20}O_2$，184.3，112-38-9

化学名称　10-十一碳烯酸；10-undecenoic acid；hendecenoic acid。

理化性质　本品为油状液体，沸点 275℃（分解），相对密度 0.910～0.913，折射率（n_D^{24}）1.4486。不溶于水（其碱金属盐可溶），溶于乙醇、三氯甲烷和乙醚。

毒性　大鼠急性经口 LD_{50} 2500mg/kg。

应用　本品可作脱叶剂、除草剂和杀线虫剂，用 0.5%～32% 的十一碳烯酸可作脱叶剂。本品对蚊蝇有驱避作用，但超过 10% 时刺激皮肤。

常用剂型　十一碳烯酸目前在我国未见相关产品登记，可加工成水溶性盐溶液。

水杨酸（salicylic acid）

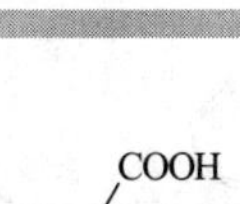

$C_7H_6O_3$，138.1，69-72-7

其他名称 柳酸，沙利西酸，撒酸，SA。

化学名称 2-羟基苯甲酸；salicylic acid；2-hydroxybenzoic acid。

理化性质 纯品为白色针状结晶或结晶状粉末，有辛辣味，易燃，见光变暗，空气中稳定。熔点 157～159℃，沸点 211℃/2666Pa，76℃升华，相对密度 1.443。它微溶于冷水（2.2g/L），易溶于热水（66.7g/L）、乙醇（370.4g/L）、丙酮（333.3g/L）。它的水溶液呈酸性。它与三氧化铁水溶液生成特殊紫色。

毒性 原药大鼠急性经口 LD_{50} 890mg/kg。

应用 水杨酸是一种植物体内含有的天然苯酚类植物生长调节剂。有提高作物的抗逆能力和有利于授粉。促进菊花插枝生根。在甘薯根膨大初期施用，叶绿素含量增加，减少水分蒸腾，增加产量。水稻幼苗期施用，促进生根，减少蒸腾，增加幼苗的抗寒能力。小麦上使用，促进生根，减少蒸腾，增加产量。在干旱季节使用，可抗旱保水、保花保果。

合成路线

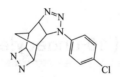

常用剂型 水杨酸目前在我国未见相关产品登记。

四环唑（tetcyclacis）

C$_{13}$H$_{12}$ClN$_5$，273.7，77788-21-7

其他名称 Ken byo，BAS 106W。

化学名称 （1R，2R，6S，7R，8R，11S）-5-（4-氯苯基）-3，4，5，9，10-五氮杂四环 [5.4.1.0^{2,6}.0^{8,1}] 十二-3,9-二烯；（1R，2R，6S，7R，8R，11S）-5-（4-chlorophenyl）-3,4,5,9,10-penta-azatetracyclo [5.4.1.0^{2,6}.0^{8,1}] dodeca-3,9-diene；（3aα，4β，4aα，6aα，7β，7aα）-1-（4-chlorophenyl）-3a,4,4a,6a,7,7a-hexahydro-4,7-methano-1H-[1,2] diazeto [3,4-f] benzotriazole。

理化性质 本品为无色结晶固体，熔点 190℃。溶解性（20℃）：水 3.7mg/kg，氯仿 42g/kg，乙醇 2g/kg。在阳光和浓酸下分解。

毒性 大鼠急性经口 LD_{50} 261mg/kg，大鼠急性经皮 LD_{50} ＞4640mg/kg。

应用 四环唑于 1980 年由 J. Jung 等报道具有植物生长调节作用，由 BAFAG 开发。本品抑制赤霉酸的合成。在水稻抽穗前 3～8d 起每周施一次，以出穗前 10d 使用效果最好。

合成路线

常用剂型 四环唑在我国未见相关产品登记。

松脂二烯（pinolene）

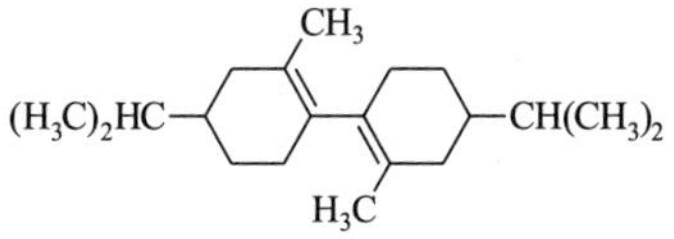

$C_{20}H_{34}$，274.5，34363-01-4

其他名称 Vapor-Gard，Miller Aide，NU FILM 17。

化学名称 2-甲基-4-(1-甲基乙基)-环己烯二聚物；dimer 2-methyl-4-(1-methylethyl)-cyclohexene。

理化性质 松脂二烯是存在于松脂内的一种物质，为环烯烃二聚物。沸点175～177℃。相对密度0.8246。溶于水和乙醇。

毒性 对人和动物安全。

应用 松脂二烯是存在于松脂内的一种化合物。喷施植物叶面，会很快形成一薄层黏性的展布分子，与除草剂或杀菌剂混用，叶面施用会提高作用效果。松脂二烯可作为抗蒸腾剂防止水分从叶片的气孔蒸发。在冬季来临前在常绿植物叶面喷洒松脂二烯可防止叶片枯萎变黄，也可防止受到空气污染。在橘子、葡萄收获时浸果或喷果，防止果皮变干，延长贮存时间。桃子收获前2周喷一次，增加色泽，提高味感。蔬菜或果树移栽前，叶面喷洒，防止移栽物干枯，提高存活率。

常用剂型 松脂二烯目前在我国未见相关产品登记。

缩水甘油酸（OCA）

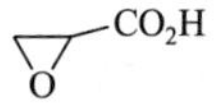

$C_3H_4O_3$，88.1，503-11-7

化学名称 环氧乙基甲酸；oxiranecarboxylic acid 。

理化性质 纯品是熔点36～38℃的结晶体。沸点55～60℃（66.7Pa）。缩水甘油酸有吸湿性。溶于水和乙醇。

应用 缩水甘油酸可由植物吸收，抑制羟乙酰氧化酶的活性，从而抑制植物呼吸系统。在烟草生长期100～200mg/L整株施药，可增加烟草产量。大豆结荚期100～200mg/L整株施药，可增加大豆产量。

合成路线

常用剂型 缩水甘油酸目前在我国未见相关产品登记。

缩株唑（BAS 11100W）

$C_{15}H_{17}N_3O_2$，271.15，80553-79-3

其他名称　BAS 11100W，BAS111W，BASF111。

化学名称　1-苯氧基-3-(1H-1,2,4-三唑-1-基)-4-羟基-5,5-二甲基己烷；1-phenoxy-3-(1H-1,2,4-triazol-1-yl)-4-hydroxy-5,5-dimethylhexane。

理化性质　密度为 $1.11g/cm^3$，沸点 469.9℃（760mmHg），闪点 238℃。

毒性　大鼠急性经口 LD_{50} 为 5000mg/kg。

应用　1987 年由德国 BASF 公司开发。属于三唑类抑制剂。通过植物的叶或根吸收，在植物体内阻碍赤霉素生物合成中从贝壳杉烯到异贝壳杉烯酸的氧化，从而抑制了赤霉素的合成。用本品处理油菜可使产量明显增加。在茎开始伸长及伸长过程中施药可增加产量，施于植冠的不同部位也可增产。本品通过降低处理植株的细胞伸长而使植株高度降低，从而减轻或防止倒伏，最佳施药时间在茎开始伸长期，使产量增加 10%～20%。秋季施用可增加油菜的耐寒性。

合成路线

常用剂型　缩株唑目前在我国未见相关产品登记，生产中常用制剂有 25%悬浮液剂。

托实康（TG-427）

$C_{13}H_{12}Cl_2N_2O_2$，299.2，13241-78-6

其他名称　Tomacon。

化学名称　1-(2,4-二氯苯氧乙酰基)-3,5-二甲基吡唑；1-(2,4-dichlorophenoxyacetyl)-3,5-dimethylpyrazole。

毒性　小鼠急性经口 LD_{50} 1130mg/kg。

应用 托实康于 1964 年由日本武田药品工业公司生产，现已停产。本品可提高果实坐果率，促进作物生根和防除杂草。

合成路线

常用剂型 托实康目前在我国未见相关产品登记。

脱叶磷（tribufos）

$C_{12}H_{27}OPS_3$，314.5，78-48-8

其他名称 Def，Defoliant，Chemagro butifos，tribufate，tribuphos，B1776，脱叶膦，1，2-脱叶膦，三丁膦，敌夫。

化学名称 S,S,S-三丁基-三硫赶磷酸酯；S,S,S-tributyl phosphorotrithioate。

理化性质 无色至淡黄色液体，有类似硫醇的气味，沸点 150℃/40Pa，熔点<-25℃，相对密度（d^{20}）1.06。溶解性（20℃）：水 2.3mg/L，溶于大多数有机溶剂，包括氯化烃。$K_{ow}lgP=3.23$。对热及酸比较稳定，但在碱性条件下缓慢水解。在土壤中脱叶磷被牢固吸附，不可能发生淋溶现象，田间的 DT_{50} 为 2～7 周，主要的降解产物为 1-丁基磺酸。

毒性 急性经口 LD_{50}：雄大鼠为 435mg/kg，雌大鼠为 234mg/kg。急性经皮 LD_{50}：大鼠 850mg/kg，兔约 1000mg/kg。NOEL 数据（mg/kg 饲料）：大鼠 4（2 年），狗 4（12 个月）。ADI 值：0.001mg/kg。山齿鹑急性经口 LD_{50} 为 142～163mg/kg，绿头鸭 LD_{50} 为 500～507mg/kg。山齿鹑 LC_{50}（5d）1643mg/kg（饲料），绿头鸭 LC_{50}（5h）>50000mg/kg（饲料）。大翻车鱼 LC_{50}（96h）0.72～0.84mg/L，虹鳟鱼 LC_{50}（96h）1.07～1.52mg/L。水蚤 LC_{50}（48h）0.12mg/L。对蜜蜂无毒。

应用 脱叶磷是由 Chemagro Corp. 开发的植物生长调节剂。本品对植物具有较高的活性，用于棉花脱叶。1.25～2.0kg/hm² 可使棉花全脱叶，1.0～1.5kg/hm² 可使植株底部脱叶。

合成路线

常用剂型 脱叶磷目前在我国未见相关产品登记。常用制剂主要有 45%、67%、70% 乳油和 7.5% 粉剂。

芴丁酸（flurenol）

$C_{14}H_{10}O_3$，226.2，467-69-6

其他名称　IT 3233。

　　化学名称　9-羟基芴-9-羧酸；9-hydroxyfluorene-9-carboxylic acid。

　　理化性质　熔点 71℃，蒸气压 $3.1×10^{-2}$ mPa（25℃），分配系数 $K_{ow}\lg P=3.7$，pK_a 1.09。水中溶解度 36.5mg/L（20℃）。有机溶剂中溶解度（g/L，20℃）：甲醇 1500，丙酮 1450，苯 950，乙醇 700，氯仿 550，环己酮 35。在酸碱介质中水解。在土壤和水中，可完全被微生物降解。土壤中半衰期 1.5d，水中半衰期 1～4d。

　　毒性　急性经口 LD_{50}：大鼠>6400mg/kg，小鼠>6315mg/kg。大鼠急性经皮 LD_{50}> 10000mg/kg。NOEL 数据：大鼠（117d）>10000mg/kg（饲料）；狗（119d）>10000mg/kg。鳟鱼 LC_{50}（96h）318mg/L。水蚤 LC_{50}（24h）86.7mg/L。本品大鼠经口，24h 内即可被清除掉 70%～90%，主要经尿排出。在植物体内可完全被降解。

　　应用　芴丁酸是由 E. Merk（现 Shell Agrar GmbH & Co. KG）开发的植物生长调节剂。其丁酯称芴丁酯。芴丁酸通过被植物根、叶吸收而产生对植物生长的抑制作用，但它主要与苯氧链烷酸除草剂一起使用，起增效作用，可防除谷物作物田中杂草。

　　合成路线

　　常用剂型　芴丁酸目前在我国未见相关产品登记。

芴丁酸胺（FDMA）

$$C_{16}H_{17}NO_3，271.3，10532-56-6$$

　　化学名称　9-羟基芴-9-羧酸二甲铵盐；9-hydroxyfluorene-9-carboxylic acid dimethylamine。

　　理化性质　芴丁酸胺（FDMA）是略带氨气味的无色结晶体。熔点 160～162℃。相对密度 1.18。溶解度（20℃，g/L）：水 33，丙酮 2.84，甲醇 250。

　　毒性　芴丁酸胺相对低毒。急性经口 LD_{50}（mg/kg）：大鼠 6400，小鼠 6315。大鼠急性经皮 LD_{50}10000mg/kg。对兔皮肤和眼无刺激作用。

　　应用　芴丁酸胺由植物茎、叶吸收，传导到顶部分生组织。抑制顶部生长，促进侧枝生长，矮化植株。还可与 2,4-D 混用作为小麦田和水稻田的除草剂。

　　合成路线

　　常用剂型　芴丁酸胺目前在我国未见相关产品登记。

烯效唑（uniconazole）

C$_{15}$H$_{18}$ClN$_3$O，291.8，83657-22-1，83657-17-4[（E）-（S）-（＋）异构体]，
76714-83-5[（E）异构体]，83657-16-3[（E）-（R）-（－）异构体]

其他名称　必壮，优康，高效唑，特效唑，Sumgaic，Prunit，Sumiseven Lomica，Sumiseven。

化学名称　（E）-（RS）-1-(4-氯苯基)-4,4-二甲基-2-(1H-1,2,4-三唑-1-基) 戊-1-烯-3-醇；
（E）-（RS）-1-(4-chlorophenyl)-4,4-dimethyl-2-(1H-1,2,4-triazol-1-yl) pentl-en-3-ol；（E）-
（±）-（β）-[(4-chlorophenyl) methylene]-α-(1,1-dimethyl ethyl)-1H-1,2,4-triazole-1-ethanol。

理化性质　烯效唑纯品为白色结晶，熔点 147～164℃，蒸气压 8.9mPa（20℃），分配
系数 K_{ow}lg$P$=3.67（25℃）。相对密度 1.28（21.5℃）。溶解度（25℃）：水 8.41mg/L，
己烷 300mg/kg，甲醇 88g/kg，二甲苯 7g/kg，易溶于丙酮、乙酸乙酯、氯仿和二甲基甲酰
胺等常用有机溶剂。在正常贮存条件下稳定。精烯效唑（S 体）纯品为白色结晶，熔点
152.1～155.0℃，蒸气压 5.3mPa（20℃），相对密度 1.28（25℃）。溶解度（25℃）：水
8.41mg/L，己烷 200mg/L，甲醇 72g/L。在正常贮存条件下稳定。

毒性　精烯效唑（S 体）大鼠急性经口 LD$_{50}$（mg/kg）：雄 2020，雌 1790。大鼠急性
经皮 LD$_{50}$＞2000mg/kg。对兔眼有轻微刺激，对皮肤无刺激性。大鼠吸入 LC$_{50}$（4h）＞
2750mg/m^3（空气）。Ames 试验，无致突变作用。鱼毒 LC$_{50}$（96h，mg/L）：虹鳟鱼 14.8，
鲤鱼 7.64。蜜蜂 LD$_{50}$（接触）＞20μg/只。

应用　烯效唑属于内源赤霉素合成抑制剂，1979 年日本住友化学公司开发。是一种高
效、广谱、低毒的三唑类植物生长调节剂，兼具杀菌作用。用于谷物、蔬菜、观赏植物、果
树和草坪等。可使作物植株矮化、降低高度、促进花芽形成、增加开花、培育水稻壮秧、增
加分蘖等。

合成路线

常用剂型 目前在我国的原药登记规格为90％；制剂登记主要是可湿性粉剂和乳油；可与芸苔素内酯、二甲戊灵等进行复配。常用制剂有5％可湿性粉剂。

烟酰胺（nicotinamide）

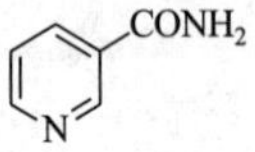

$C_6H_6N_2O$，122.1，98-92-0

其他名称 Vitamin B_3，维生素PP，尼克酰胺。

化学名称 3-吡啶甲酰胺；pyridine-3-carboxamide。

理化性质 白色粉状或针状结晶体，微有苦味，熔点129～131℃。室温下，水中溶解度100％，也溶于乙醇和甘油，不溶于醚。

毒性 烟酰胺对人和动物安全。急性经口LD_{50}：大鼠3500mg/kg，小鼠2900mg/kg。大鼠急性经皮LD_{50}1700mg/kg。

应用 烟酰胺广泛存在于酵母、稻麸和动物肝脏内。烟酰胺可通过植物根、茎、叶吸收。可提高植物体内辅酶Ⅰ活性，促进生长和根的形成。移栽前每5kg土混5～10g烟酰胺可促进根的形成，提高移栽苗的成活率。用0.001％～0.01％药液处理，可促进低温下棉花的生长。

常用剂型 烟酰胺目前在我国未见相关产品登记。

乙二膦酸（EDPA）

$$H_2PO_3CH_2CH_2PO_3H_2$$

$C_2H_8P_2O_6$，190.0，6145-31-9

化学名称 1,2-乙二膦酸；1,2-ethanediylbis-phosphonic acid。

理化性质 纯品白色晶体，熔点220～223℃，易潮解。工业级乙二膦酸呈光亮的微黄色透明液体。乙二膦酸是强酸，易溶于水和乙醇中，微溶于苯和甲苯，不溶于石油醚。乙二膦酸在酸介质中稳定，在碱性条件下水解。

毒性 未见报道。

应用 乙二膦酸可用于棉花、苹果、梨、桃上。在棉花荚张开时喷洒，荚早张开，避免霜冻后开花。在苹果、梨和桃收获前15～30d使用，增加甜度，提早成熟，增加色泽。

合成路线

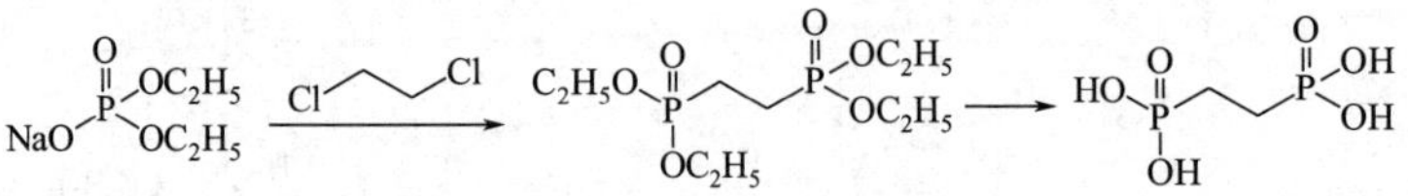

常用剂型 乙二膦酸目前在我国未见相关产品登记，常用制剂主要有40％水剂。

乙二肟（glyoxime）

$$NOH$$
$$HON=CHCH$$

$C_2H_4N_2O_2$，88.1，557-30-2

其他名称 CGA 22911，Pik-Off，glyoxal dioxime。

化学名称 乙二胶；ethanedial dioxime。

理化性质 白色片状结晶，易溶于水和有机溶剂，熔点178℃，升华。水溶剂呈弱酸性。

毒性 大鼠急性经口 LD_{50}180mg/kg。

应用 1974年由Ciba-Geigy开发。乙二肟是乙烯促进剂。在果实和叶片间有良好的选择性。乙二肟由果实吸收，积累在果实表皮，使果实表面形成凹陷，促进乙烯形成，使果实基部形成离层，加速果实脱落。用作柑橘和凤梨的脱落剂。用200～400mg/L药液在采收前5～7d施于橘树可使果实选择性脱落，易于采摘，而对未成熟的果实和树叶无伤害。

合成路线

常用剂型 乙二肟目前在我国未见相关产品登记。

乙烯硅（etacelasil）

$C_{11}H_{25}ClO_6Si$，316.9，37894-46-5

其他名称 Alsol，CGA 13586。

化学名称 2-氯乙基三(2-甲氧基乙氧基)硅烷；2-chloroethyl tris(2-methoxyethoxy)silane。

理化性质 纯品为无色液体，沸点85℃/1.33Pa，蒸气压27mPa（20℃），密度1.10g/cm³（20℃）。溶解性（20℃）：水25g/L，可与苯、二氯甲烷、乙烷、甲醇、正辛醇互溶。水解 DT_{50}（min，20℃）：50（pH 5），160（pH 6），43（pH 7），23（pH 8）。

毒性 大白鼠急性经口 LD_{50}2066mg/kg，大白鼠急性经皮 LD_{50}＞3100mg/kg。对兔皮肤有轻微刺激，对兔眼睛无刺激。大鼠急性吸入 LC_{50}（4h）＞3.7mg/L空气。90d饲喂试验的无作用剂量：大鼠20mg/(kg·d)，狗10mg/(kg·d)。鱼毒 LC_{50}（96h）：虹鳟鱼、鲫鱼、蓝鳃翻车鱼＞100mg/L。对鸟无毒。

应用 乙烯硅由Ciba-Geigy AG开发。本品通过释放乙烯而促使落果。用作油橄榄的脱落剂，根据油橄榄品种不同在收获前6～10d喷施。

合成路线

$$Cl_3SiCH_2CH_2Cl \xrightarrow{CH_3OCH_2CH_2OH} (CH_3OCH_2CH_2O)_3SiCH_2CH_2Cl$$

常用剂型 乙烯硅目前在我国未见相关产品登记。

乙烯利（ethephon）

$$ClCH_2CH_2\overset{\displaystyle O}{\overset{\|}{P}}(OH)_2$$

$C_2H_6ClPO_3$，144.5，16672-87-0

其他名称 Cedar，Griffin，Coolmore，Cerone，Ethrel，乙烯磷，收益生长素，玉米健壮素，艾斯勒尔，一试灵，乙烯灵，CEPHA，Florel，Ethrel 10。

化学名称 2-氯乙基膦酸；2-chloroethyl phosphonic acid。

理化性质 纯品为无色固体（工业品为透明的液体），熔点 74～75℃，沸点 265℃（分解），相对密度 1.409±0.02（20℃，原药），蒸气压＜0.01mPa（20℃）。分配系数 $K_{ow}lgP$＜−2.20（25℃），Henry 常数＜$1.55×10^{-9}$ Pa·m^3/mol（计算值）。水中溶解度约 1kg/L（23℃），易溶于甲醇、乙醇、异丙醇、丙酮、乙醚和其他极性溶剂，微溶于芳香族溶剂，不溶于煤油和柴油。在 pH＜4 水溶液中稳定，在此 pH 值以上分解释放出乙烯。DT_{50}：2.4d（pH 7，25℃）。对紫外线敏感。

毒性 大鼠急性经口 LD_{50} 3030mg/kg（原药）。兔急性经皮 LD_{50} 1560mg/kg（原药）。大鼠急性吸入 LC_{50}（4h）4.52mg/L（空气）。NOEL 数据（2 年）：大鼠 3000mg/kg（饲料）。ADI 值：0.05mg/kg。山齿鹑急性经口 LD_{50} 1072mg/kg（原药），山齿鹑饲喂试验 LC_{50}（8d）＞5000mg/L 饲料（原药）。鱼类 LC_{50}（96h，mg/L）：虹鳟鱼 720，鲤鱼＞140。水蚤 EC_{50}（48h）1000mg/L（原药）。海藻 EC_{50}（24～48h）32mg/L。对其他的水生物种低毒。对蜜蜂、蚕、蚯蚓无毒。

应用 乙烯利属于有机磷植物生长调节剂，1968 年前后由美国 Amchem Product Inc. 开发。能在植物的根、茎、花、叶和果实等组织放出乙烯调节植物的代谢、生长和发育。广泛应用于水果、蔬菜等催熟，黄瓜、小麦增加分蘖和抗倒伏，增加橡胶和漆树产量，促进棉花早熟等。使用剂量 0.125～0.56g（a.i.）/hm^2。

合成路线 主要有如下 4 种合成路线。

① 氯乙烯路线：在氮气保护和加热（90℃）以及少许过氧化物引发剂存在条件下，亚磷酸二乙酯与氯乙烯发生加成反应生成 2-氯乙基亚膦酸二乙酯，该中间体于浓盐酸中回流24h 水解，制得目标物乙烯利。该法原料易得、设备简单、投资少、三废少、操作简单，但反应控制在工业上实施较难。

② 乙烯路线：由乙烯、三氯化磷和空气（或氧气）在低温或高压下直接合成$ClCH_2CH_2P$（O）Cl_2，然后水解制得乙烯利。该法生产过程简单、成本低、产品纯度高，但设备要求高、操作严格。

③ 二氯乙烷路线：二氯乙烷和三氯化磷在无水 $AlCl_3$ 催化下形成络合物，然后水解制得乙烯利。该法生产过程简单、成本低、产品纯度高，但设备要求高、操作严格、收率较低。

④ 环氧乙烷路线：三氯化磷与环氧乙烷于室温加成，经分子重排、酸解合成乙烯利。该法产品纯度较低，但生产要求不高，适宜于大量生产，是目前国内的主要生产方法。

常用剂型　乙烯利目前在我国的原药登记规格有 80％、89％、85％、90％、91％等；制剂登记主要剂型有水剂、可溶性液剂、糊剂等；可与羟烯腺嘌呤、芸苔素内酯、胺鲜酯、萘乙酸等进行复配。主要制剂有 40％水剂。

异戊烯基氨基嘌呤（zip）

$C_{10}H_{13}N_5$，203，2365-40-4

其他名称　异戊烯腺嘌呤，田星，北方必多收，富滋，烯腺嘌呤，enadenine。

化学名称　6-(异戊烯基氨基) 嘌呤；6-dimethylallylaminopurine。

理化性质　白色粉状固体，m. p. 208～209℃。溶于甲醇、乙醇，不溶于水和丙酮。

毒性　低毒植物生长调节剂。原药小鼠急性经口 $LD_{50}>10000mg/kg$。大鼠喂养 90d 试验无作用剂量为 5000mg/kg。对人、畜和天敌动物安全。

应用　天然植物细胞激动素，可诱导植物愈伤组织中细胞分裂素氧化酶的活性，有效地促进愈伤组织的生长。作为植物生长调节剂，主要用于粮食作物、经济作物和名贵花卉的花药培养和单倍体育种。

合成路线　异戊二烯与溴化氢加成后经 Gabriel 反应制得伯胺 1-氨基-3-甲基-2-丁烯，然后与腺嘌呤缩合即可制得异戊烯基氨基嘌呤。

常用剂型　异戊烯基氨基嘌呤目前在我国未见相关产品登记。

抑芽丹（maleic hydrazide）

$$C_4H_4N_2O_2,\ 112.1,\ 10071-13-3$$

其他名称　马来酰肼，青鲜素，MH-30，芽敌，抑芽素，MH，Sucker-Stuff，Retard，Sprout Stop，Royal MH-30，S10-Gro。

化学名称　6-羟基-2H-哒嗪-3-酮；6-hydroxy-2H-pyrdazin-3-one；1,2-dihydro-3,6-pyridazinedione；6-hydroxy-3（2H）-pyridazinone。

理化性质　干燥的原药（纯度＞99％）为白色结晶固体。熔点 298～300℃，相对密度 1.61（25℃），蒸气压＜$1×10^{-2}$mPa（25℃），分配系数 K_{ow}lg$P$＝－1.96（pH7）。溶解度（25℃，g/L）：水 4.507，甲醇 4.179，正己烷、甲苯＜0.001。光照下降解，25℃下，pH5～7 时 DT_{50}58d，pH9 时 DT_{50}34d。在温度 45℃条件下，在 pH3、6 和 9 时均不易水解，但遇氧化剂和强酸发生分解，室温贮存 1 年不分解。在土壤中 DT_{50} 约 11h，在水中发生快速的光化学降解反应。

毒性　大鼠急性经口 LD_{50}＞5000mg/kg，兔急性经皮 LD_{50}＞5000mg/kg。对眼睛中度刺激，皮肤轻度刺激，对豚鼠皮肤没有过敏现象。大鼠急性吸入 LC_{50}（4 h）4.0mg/L（空气）。ADI 值：0.3mg。绿头鸭急性经口 LD_{50}＞4640mg/kg。饲喂试验 LC_{50}（8d）：绿头鸭和山齿鹑＞10000，家鸡 920mg/kg（饲料）。鱼毒 LC_{50}（96h）：虹鳟鱼＞1435mg/L，蓝鳃翻车鱼 1608mg/L。水蚤 LC_{50}（48h）108mg/L，海藻 LC_{50}（96h）＞100mg/L。

应用　抑芽丹是一种丁烯二酰肼类植物生长调节剂，1949 年美国橡胶公司首先开发。可用来防止贮藏期的马铃薯、圆葱、大蒜、萝卜等发芽。在收获前 2～3 周，以 2000～3000mg/L 药液喷洒一次，可有效控制发芽，延长贮藏期。甜菜、甘薯在收前 2～3 周以 2000mg/L 药液喷洒一次，可有效防止发芽或空心。烟草在摘心后，以 2500mg/L 药液喷洒上部 5～6 叶，每株 10～20mL，能控制腋芽生长。胡萝卜、萝卜在采收前 1～4 周，以 1000～2000mg/L 药液喷洒一次，可抑制抽薹。甘蓝、结球白菜用 2500mg/L 药液喷洒也有此效果。它还有杀雄作用，棉花第一次在现蕾后，第二次在接近开花初期，以 800～1000mg/L 药液喷洒，可以杀死棉花雄蕊。玉米在 6～7 叶，以 500mg/L 每周喷 1 次，共 3 次，可以杀死玉米的雄蕊。另外，西瓜在 2 叶 1 心，以 50mg/L 药液喷洒 2 次，间隔 7d，可增加雌花。苹果苗期，以 5000mg/L 药液全株喷洒一次，可诱发花芽形成，矮化，早结果。草莓在移栽后，以 5000mg/L 药液喷洒 2～3 次，可使草莓果明显增加。

合成路线

常用剂型　抑芽丹目前在我国登记的产品有 99.6％原药和 30.2％水剂。

抑芽醚（belvitan）

$$CH_2OCH_3$$

$$C_{12}H_{12}O,\ 172.2,\ 5903-23-1$$

966

其他名称　M-2。

化学名称　1-萘甲基甲醚；1-naphthyl methyl ether。

理化性质　本品为无色无臭液体，沸点 106～107℃/400Pa。性质较稳定。

应用　抑芽醚由 Bayer A. G. 公司开发。抑制马铃薯发芽，使用剂量为 6%粉剂 2g/kg 处理，在 15℃以下保存，处理过的种马铃薯仍可作种薯用。

合成路线

常用剂型　抑芽醚目前在我国未见相关产品登记。常用制剂主要有 6%粉剂。

抑芽唑（triapenthenol）

$C_{15}H_{25}N_3O$，263.4，76608-88-3

其他名称　抑高唑，Baronet。

化学名称　(E)-(RS)-1-环己基-4,4-二甲基-2-(1H-1,2,4-三唑-1-基) 戊-1-烯-3-醇；(E)-(RS)-1-cyclohexyl-4,4-dimethyl-2-(1H-1,2,4-triazol-1-yl) pent-1-en-3-ol。

理化性质　纯品为无色晶体，熔点 135.5℃，蒸气压 0.0044mPa（20℃）。溶解度 （20℃，g/L）：水 0.068，甲醇 433，丙酮 150，二氯甲烷＞200，己烷 5～10，异丙醇 100～200，二甲基甲酰胺 468，甲苯 20～50。

毒性　大鼠急性经口 LD_{50}＞5000mg/kg，小鼠急性经口 LD_{50} 约 4000mg/kg，狗急性经口 LD_{50} 约 5000mg/kg。大鼠急性经皮 LD_{50}＞5000mg/kg。大鼠 2 年饲喂试验的无作用剂量为 100mg/kg（饲料）。饲喂试验母鸡和日本鹌鹑 LC_{50}＞5000mg/kg（饲料）（14d），金丝雀 LC_{50}（7d）＞1000mg/L（饲料）。鱼毒 LC_{50}（96h，mg/L）：菫色圆腹雅罗鱼 34.4，虹鳟鱼 18.8，鲤鱼 18。对蜜蜂无毒。

应用　抑芽唑是由德国拜耳公司（Bayer AG）开发的植物生长调节剂。属于三唑类化合物，是赤霉素生物合成抑制剂，油菜、豆科作物、水稻、小麦抗倒伏；草坪、园艺植物控制茎秆生长，节间缩短，不抑制根部生长。无论是通过叶部或根部吸收都可以达到抑制双子叶作物生长的目的。当土壤施药时，大豆节间长度缩短，叶数和侧枝不受影响。茎叶处理，大豆节间长度缩短，叶数和侧枝不受影响。而单子叶作物水稻、小麦必须通过根部吸收才会产生明显抑制作用，叶面处理，不能产生抑制作用。此外，可使大麦的耗水量降低，单位叶面积的蒸腾量减少。

合成路线

常用剂型　抑芽唑目前在我国未见相关产品登记。常用制剂主要有 70％可湿性粉剂和 70％颗粒剂。

茵多酸（endothal）

$C_8H_{10}O_5$，186.2，145-73-3

其他名称　Ripenthol，Aquathol，Accelerate，Hydout。

化学名称　3,6-环氧-1,2-环己二酸；7-oxabicyclo [2.2.1] heptane-2,3-dicarboxylic acid。

理化性质　纯品是无色无臭结晶（一水合物），熔点 144℃。相对密度 1.431（20℃）。溶解性（20℃）：水 10％，丙酮 7％，甲醇 28％，异丙醇 1.7％。在酸和弱碱溶液中稳定，光照下稳定。不易燃，无腐蚀性。

毒性　对人和动物低毒。大鼠急性经口 LD_{50}：38～54mg/kg（酸），206mg/kg（66.7％铵盐剂型）。兔急性经皮 LD_{50}＞2000mg/L（酸）。NOEL 数据（2 年）：大鼠 1000mg/kg 饲料不致病。绿头鸭急性经口 LD_{50} 111mg/kg。山齿鹑和绿头鸭饲喂试验 LC_{50}（8d）＞5000mg/L（饲料）。蓝鳃翻车鱼 LC_{50} 为 77mg/L。水蚤 LC_{50}（48h）92mg/L。对蜜蜂无毒。

应用　可通过植物叶、根吸收，通过木质部向上传导。茵多酸作为植物生长调节剂，主要用作脱叶剂。1～12kg/hm² 剂量可加速棉花、马铃薯和苜蓿成熟，加速叶片脱落，还可增加甘蔗的含糖量。也可作为苹果的脱叶剂。

合成路线

常用剂型　目前在我国未见相关产品登记。

吲哚丙酸（3-indol-3-ylpropionic acid）

$C_{11}H_{11}NO_2$，189.2，830-96-6

化学名称　3-吲哚-3-基丙酸；3-indol-3-ylpropionic acid。

理化性质　白色或浅褐色针状结晶体，熔点 134℃。在水中微溶。溶于乙醇、丙酮、氯仿、二甲基甲酰胺和苯。在酸性溶液中稳定，紫外线下分解。吲哚丙酸盐溶于水。

应用　吲哚丙酸可由根、茎、叶和花吸收。可促进根的形成，延长果实在植株上的停留时间。同剂量下，吲哚丙酸促进根形成的能力低于吲哚丁酸，所以在作物上吲哚丙酸少有应用。主要作用是在 100～150mg/L 剂量下促进柿子和茄子无性花的形成。

合成路线　参见"吲哚丁酸"。

常用剂型　吲哚丙酸目前在我国未见相关产品登记。

吲哚丁酸（4-indol-3-ylbutyric acid）

$C_{12}H_{13}NO_2$，203.2，133-32-4

其他名称　Hormodin，Rootone IBA，Seradix，Tiffy Grow，Hormex Rooting Powder，Hormodin，Chryzopon，Rootone F。

化学名称　4-吲哚-3-基丁酸；4-indol-3-ylbutyric acid；$1H$-indole-3-butanoic acid。

理化性质　纯品为白色或浅黄色结晶，有吲哚臭味，熔点123～125℃，蒸气压（25℃）<0.01mPa。溶解度（20℃，g/L）：水250，苯>1000，丙酮、乙醇、乙醚30～100，氯仿0.01～0.1。稳定性：在酸性、碱性及中性介质中稳定。不易燃，无腐蚀性。

毒性　小鼠急性经口 LD_{50} 100mg/kg，小鼠急性腹腔注射 LD_{50} 100mg/kg。鲤鱼 LC_{50}（48h）180mg/L。

应用　吲哚丁酸是一种天然存在的吲哚类植物生长调节剂，属于生长素类型植物生长调节剂，1962 年美国默克（Merck & Co.）和墨西哥 Syntex 公司开发。是植物生根促进剂，常用于木本和草本植物浸根移栽、硬枝扦插，加速根的形成，提高植物生根百分率。也可用于各种植物种子浸种和拌种，提高发芽率和成活率。

合成路线　①在四氢萘中，在氢氧化钾存在下于 170℃ 条件下吲哚与 γ-丁内酯反应 3～4h，然后用盐酸酸化处理即得吲哚丁酸。②吲哚与格氏试剂及 α-氯代丙腈反应制得 3-丁腈吲哚，再由氢氧化钾水解并与盐酸反应制得。

常用剂型　吲哚丁酸目前在我国登记包括 97％ 原药、3.423％ 母液以及 0.11％ 水剂、0.136％ 可湿性粉剂、50％ 可溶性粉剂等，可与萘乙酸、芸苔素内酯、赤霉素等进行复配。

吲哚乙酸（indol-3-ylacetic acid）

$C_{10}H_9NO_2$，175.2，87-51-4

其他名称　IAA，苗长素，生长素（Auxin），异生长素（Heteroauxin），Rhizipon A（ACF Chemie Farma N. V.）。

化学名称　吲哚-3-基乙酸或 β-吲哚乙酸；indol-3-ylactic acid 或 β-indoleacetic acid；$1H$-indol-3-acetic acid。

理化性质　纯品为无色结晶，工业品为玫瑰色或黄色，有吲哚臭味，纯品熔点 165～169℃，蒸气压（60℃）<0.02mPa。溶解度（20℃，g/L）：水 1.5，丙酮 30～100，乙醚 30～100，乙醇 100～1000，氯仿 10～30。稳定性：在碱性、中性介质中稳定，对光不稳定，酸解离常数 pK_a 4.75。

毒性　吲哚乙酸是对人、畜安全的植物激素，小鼠急性腹腔注射 LD_{50} 1000mg/kg。鲤鱼 LC_{50}（48h）>40mg/L。对蜜蜂无毒。

应用　吲哚乙酸是一种植物体内普遍存在的天然内源生长素，属吲哚类化合物。1934年荷兰克格尔首先从酵母培养液中提纯，植物体内类似的物质还有 3-吲哚乙醛、3-吲哚乙腈等。吲哚乙酸用途广泛，但因它在植物体内外易降解而未成常用商品。早期用它诱导番茄单性结实和坐果，在盛花期以 3000mg/L 药液浸泡花，形成无籽番茄果，提高坐果率。促进插枝生根是它应用最早的一个方面。以 100～1000mg/L 药液浸泡插枝的基部，可促进茶树、橡胶树、柞树、水杉、胡椒等作物不定根的形成，加快营养繁殖速度。1～10mg/L 吲哚乙酸和 10mg/L 恶霉灵混用，促进水稻秧苗生根。25～400mg/L 药液喷洒一次菊花（9h 光周期），可抑制花芽的出现，延迟开花。生长在长日照下秋海棠以 1.75mg/L 浓度喷洒一次，可增加雌花。处理甜菜种子可促进发芽，增加块根产量和含糖量。

合成路线　参见"吲哚丁酸"。

常用剂型　吲哚乙酸目前在我国相关产品登记有 97％原药，制剂登记主要有 0.136％可湿性粉剂、0.11％水剂以及 50％可溶粉剂。

吲熟酯（ethychlozate）

$C_{11}H_{11}ClN_2O_2$，238.7，27512-72-7

其他名称　Figaron，J-455，IAZZ，富果乐。

化学名称　5-氯-$1H$-吲唑-3-基乙酸乙酯；ethyl 5-chloro-$1H$-indazol-3-yl-acetate；5-chloro-$1H$-indazole-3-acetic acid ethyl ester。

理化性质　黄色结晶，熔点 76.6～78.1℃，250℃以上分解，遇碱也分解。溶解度（g/100mL）：水 0.0255，丙酮 67.3，乙醇 51.2，异丙醇 38.1。

毒性　吲熟酯属低毒植物生长调节剂。急性经口 LD_{50}（mg/kg）：雄大鼠 4800，雌大鼠 5210。大鼠急性经皮 LD_{50}>10000mg/kg。对兔皮肤和眼无刺激作用。大鼠三代繁殖致畸研究无明显异常，均呈阴性。大鼠经口或静脉注射给药的代谢实验表明，药物可被消化道迅速吸收，15min 后在血液中测到最大浓度，24h 内几乎全部由尿排出，残留极少。鲤鱼 LC_{50}（48h）1.8mg/L。

应用　吲熟酯是一种吲唑类植物生长调节剂。1981 年由日本日产化学公司研制开发，

1986 年化工部沈阳化工研究院开发，名为富果乐。在蜜橘喷用吲熟酯后果实大小较均匀，并可提早着色，使糖分增加。西瓜上施用，增加糖度，提高产量。对葡萄等果实着色前处理，可增加甜度。对葡萄、柿子、梨等，在果实生长发育早期使用，也有改善果实品质的作用。厚皮甜瓜在受精后 20～25d，以 1% 吲熟酯稀释 1000～1300 倍喷洒着果以上部位的茎叶，可以促进果实生长速度，加快果实的膨大。

合成路线

常用剂型　常用制剂主要有 20% 乳油。

S-诱抗素　[（＋）-abscisic acid]

$C_{15}H_{20}O_4$，264.3，21293-29-8

其他名称　脱落酸，ABA，福施壮，创值。

化学名称　（＋）-2-顺-4-反-脱落酸；（＋）-2-*cis*-4-*trans*-abscisic acid；[*S*-(*Z*，*E*)]-5-(1-hydroxy-2,6,6-trimethyl-4-oxo-2-cy-clohexen-1-yl)-3-methyl-2,4-pentadienoic acid。

理化性质　纯品熔点 160～161℃，120℃升华。溶于氯仿、丙酮、乙酸乙酯，微溶于苯、水。紫外最大吸收波长（甲醇）252nm。

毒性　S-诱抗素为植物体内的天然物质，大鼠急性经口 $LD_{50} > 2500mg/kg$，对生物和环境安全。

应用　S-诱抗素是一种植物体内存在的具有倍半萜结构的植物内源激素，与生长素、赤霉素、乙烯、细胞分裂素并列为世界公认的五大类天然植物激素。1963 年由 Ohkuma、Addicott、Eagles、Waring 等人分别从棉花幼龄及槭树叶片中分离出来，尔后经鉴定命名为脱落酸。1978 年 F. Kienzl 等人首先人工合成 S-诱抗素，然而生物活性没有天然的 S-诱抗素高。主要生理效应有：促进侧芽、块茎、鳞茎等贮藏器官休眠；抑制种子萌发和植物生长；促进叶片、花及果实的脱落；促进气孔关闭；提高植物抗逆性（抗旱、抗寒、抗病、耐盐性等）。

合成路线

常用剂型　常用制剂主要有 0.006%、0.1% 水剂。

玉米素（zeatin）

$$NHCH_2CH=C(CH_3)CH_2OH$$

$C_{10}H_{13}N_5O$，219.3，1637-39-4

其他名称　boost，羟烯腺嘌呤，oxyenadenine。

化学名称　(E)-2-甲基-4-(1H-嘌呤-6-基氨基)-2-丁烯-1-醇；(E)-2-methyl-4-(1H-purin-6-ylamino)-2-buten-1-ol。

理化性质　顺式玉米素为灰白色或黄色粉末，反式玉米素为白色或灰白色粉末。商品玉米素系反式异构体或反式、顺式异构体的混合物，熔点207～208℃，pH值7时最大吸收波长212nm和270nm。

毒性　大鼠急性经口 LD_{50}>2000mg/kg，兔急性经皮 LD_{50}>2000mg/kg。对兔皮肤和眼睛有轻微刺激性。

应用　玉米素是一种腺嘌呤衍生物的细胞分裂素，属于天然源植物生长调节剂，最早从玉米中分离得到，现多从海藻中提取。玉米素可由植物的茎、叶和果实吸收，其活性高于激动素。通过喷施该制剂，能使植物矮化，茎秆增粗，根系发达，叶夹角变小，绿叶功能期延长，光合效率高，从而达到提高产量之目的。适宜作物：玉米、柑橘、黄瓜、胡椒、凤梨、马铃薯、番茄等。玉米素和乙烯合用，能使玉米增产，主要是适当增加相对密度来发挥群体优势而高产。番茄和棉花喷雾或浸根，可提高产量。蔬菜施用，可促进发芽和治愈组织；叶面喷洒，可延迟蔬菜叶片变黄。播种前浸种，可提高发芽率和壮苗。

合成路线

常用剂型　可加工成可溶粉剂、水剂使用，可与井冈霉素、盐酸吗啉胍、乙烯利等混用。

玉雄杀（chloretazate）

$C_{15}H_{14}ClNO_3$，291.7，81052-29-1、81051-65-2

其他名称　Detasselor，ICI-A0748，RH-0748。

化学名称　2-(4-氯苯基)-1-乙基-1,4-二氢-6-甲基-4-氧代烟酸；2-(4-chlorophenyl)-1-

ethyl-1，4-dihydro-6-methyl-4-oxonicotinic acid，2-(4-chlorophenyl)-1-ethyl-1，4-dihydro-6-methyl-4-oxo-3-pyridinecarboxylic acid。

理化性质　纯品为固体，熔点 235～237℃。

应用　玉雄杀是由 Rhom & Hass 公司研制、捷利康公司开发的玉米用杀雄剂。用于杂交玉米制种去雄。

合成路线

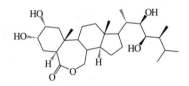

常用剂型　玉雄杀目前在我国未见相关产品登记。

芸蔓素内酯（brassinolide）

$C_{28}H_{48}O_6$，480.7，72962-43-7

其他名称　硕丰 481，云大 120，百禾源芸苔素，益丰素，油菜素内酯，天丰素，农乐利 BR，Brassins，Kayaminori。

化学名称　$2\alpha,3\alpha,22$（R），23（R）-四羟基-24（S）-甲基-β-高-7-氧杂-5α-胆甾烷-6-酮；$2\alpha,3\alpha,22$（R），23（R）-tetrahydroxy-24（S）-methyl-β-homo-7-oxa-5α-cholestan-6-one；$(2\alpha,3\alpha,5\alpha,22R,23R,24S)$-2,3,22,23-tetrahydroxy-$\beta$-homo-7-oxaergostan-6-one。

理化性质　纯品为白色结晶粉末，熔点 256～258℃（另有文献报道为 274～275℃）。水中溶解度为 5mg/L，溶于甲醇、乙醇、四氢呋喃和丙酮等多种有机溶剂。中性、酸性条件下稳定，碱性条件下易分解。

毒性　大鼠急性经口 $LD_{50}>2000mg/kg$，小鼠急性经口 $LD_{50}>1000mg/kg$。大鼠急性经皮 $LD_{50}>2000mg/kg$。Ames 试验表明无致突变作用。鲤鱼 LC_{50}（96h）$>10mg/L$。

应用　芸蔓素内酯是一种甾醇类新的植物内源生长物质。1970 年由米希尔等发现，油菜花粉中含有使菜豆第二节间发生异常生长反应的物质，如节间伸长、弯曲及开裂，从而被人们认为是一种新的植物生长物质，随后从油菜花粉中提取了这种物质，称为芸蔓素内酯。

20 世纪 80 年代日本、美国又人工合成出芸薹素内酯，日本科学家工作者称它是第六类植物激素。芸薹素内酯属于新型植物生长调节剂，1980 年日本化药株式会社完成化学合成，并申请专利。芸薹素内酯是一种高生理活性、可促进植物生长作用的甾体化合物，具有广谱促进生长作用和用量极低等特点。作物吸收后能促进根系发育，使植株对水、肥等营养成分的吸收利用率提高；可增加叶绿素含量、增强光合作用、协调植物体内对其他内源激素的相对水平，刺激多种酶系活力，促进作物均衡苗壮生长，增强作物对病害及其他自然条件的抗逆能力。对粮食作物、蔬菜、瓜果、棉花、烟草、茶叶等均有极好的作用。

合成路线　　由麦角甾醇通过甲磺酰化反应制得麦角甾醇甲磺化物，水解制得异麦角甾醇，氧化反应制得相应的烯酮，还原制得对应的酮，开环得到二烯酮，然后羟基化制得四羟基酮，经过过氧化物扩环反应得到芸薹素内酯。

常用剂型 芸薹素内酯目前在我国的原药登记规格有 90％、95％；制剂登记主要剂型有水剂、乳油、可溶粉剂、可溶液剂、可湿性粉剂；可与乙烯利、赤霉素、烯效唑、吲哚乙酸等复配。常用制剂有 0.004％～0.15％不同含量的水剂、0.01％乳油、0.1％可溶粉剂等。

增产胺（DCPTA）

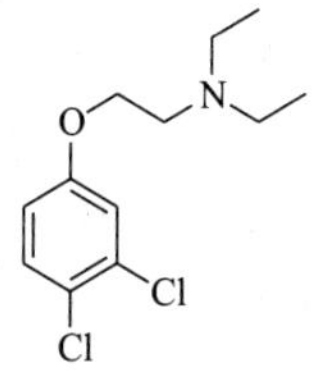

$C_{12}H_{17}Cl_2NO$，262.2，65202-07-5

其他名称 SC-0046。

化学名称 2-(3,4-二氯苯氧基) 三乙胺；2-(3,4-dichlorophenoxy) triethylamine。

理化性质 淡黄色粉状固体，易溶于水，可溶于甲醇、乙醇等有机溶剂，常规条件下贮存稳定。

应用 DCPTA 是通过植物的茎和叶吸收，在植物中直接作用于细胞核，增强几种酶的活性并导致植物浆液、油以及类脂肪的含量增加，使作物增产增收。DCPTA 能显著增强植物的光合作用，使用后叶片明显变绿、变厚、变大。增加对二氧化碳的吸收、利用率，增加蛋白质、脂类等物质的积累贮存，促进细胞分裂和生长。DCPTA 阻止叶绿素、蛋白质的降解，促进植物生长发育，延缓作物叶片衰老，增加产量，提高品质。DCPTA 可用于各种经济作物和粮食作物生长发育的整个生命周期，且使用浓度范围较宽，可以明显提高药效和肥效。DCPTA 能提高植株体内叶绿素、蛋白质、核酸的含量和光合速率，增强植株对水肥的吸收和干物质的积累，调节体内水分平衡，增强作物抗病、抗旱、抗寒能力，提高作物的产量和品质。

合成路线

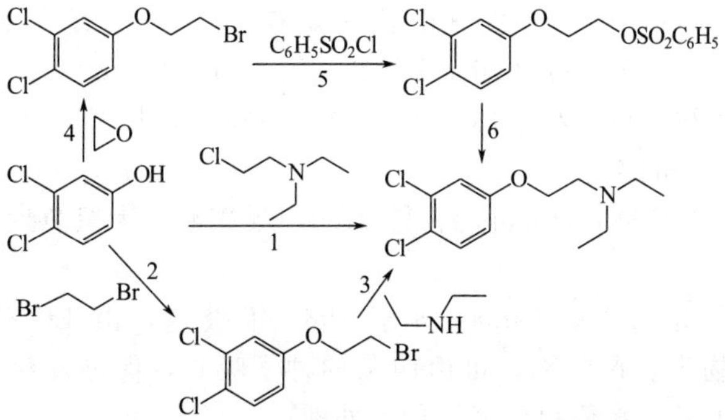

常用剂型 增产胺目前在我国未见相关产品登记，常用制剂主要有 98％原粉。

增产灵（4-IPA）

$C_8H_7IO_3$，278.0，1878-94-0

其他名称 增产灵Ⅰ号，肥猪灵。

化学名称 4-碘苯氧乙酸；acetic acid, 4-iodophenoxy。

理化性质 纯品为白色针状或鳞片结晶，熔点 154～156℃。工业品为淡黄色或粉红色粉末，纯度 95%，熔点 154℃，略带刺激性臭味。溶于热水、苯、氯仿、酒精，微溶于冷水，其盐水溶性好。

应用 增产灵是一种苯氧乙酸类植物生长调节剂，国外未商品化。类似化合物有增产素（对溴苯氧乙酸）。作为植物生长调节剂，可使养料良好输送，加速细胞分裂，促进作物生长，缩短发育周期。可以喷洒、浸种、浸根、点涂、灌注等方法使用。用于棉花、水稻、小麦、大麦、大豆、蚕豆、花生、芝麻、甘薯等，一般可增产 10%～20%。对蔬菜、果树、瓜果等也有明显的效果。能促进棉花生长发育，减少大豆落花、落荚，降低水稻秕谷率。也用于猪，可促进猪机体的新陈代谢，催猪增膘。

合成路线

常用剂型 常用制剂有 0.1%乳油、95%粉剂等。

增产肟（heptopargil）

$C_{13}H_{19}NO$，205.3，73886-28-9

其他名称 Limbolid，EGYT 2250。

化学名称 (E)-(1RS,4RS)-莰-2-酮-O-丙-2-炔基肟；(E)-(1RS,4RS) bornan-2-one-O-prop-2-ynyloxime；(±)-1,7,7-trimethylbicyclo [2.2.1] heptan-2-one-O-2-propynyloxime。

理化性质 本品为浅黄色油状液体，沸点 95℃/133Pa，相对密度 0.9867。水中溶解度 1g/L（20℃），易溶于有机溶剂。

毒性 大鼠急性经口 LD_{50}（mg/kg）：雄 2100，雌 2141。大鼠急性吸入 $LC_{50}>1.4mg/L$（空气）。

应用 增产肟是由 A. Kis-Tamas 等于 1980 年报道，由 EGYT Pharmacochemical Works 公司开发的植物生长调节剂。可由萌芽的种子吸收，促进发芽和幼苗生长。本品可提高作物产量，用于玉米、水稻和甜菜的种子处理。

合成路线

常用剂型 主要有用于种子包衣的 50%乳油。

增甘膦（glyphosine）

$$HO-C(=O)-CH_2-N(CH_2-P(=O)(OH)_2)_2$$

$C_4H_{11}NO_8P_2$，263.1，2439-99-8

其他名称 CP 41845，草双甘膦，催熟膦，Polaris。

化学名称 N,N-双（膦酰基甲基）甘氨酸；N,N-bis（phosphonomethyl）glycine。

理化性质 增甘膦纯品为白色固体，不挥发。在20℃时，水中溶解度为24.8%，微溶于乙醇，不溶于苯。贮藏在阴凉干燥条件下数年不分解。

毒性 增甘膦是低毒植物生长调节剂。大鼠急性经口LD_{50}为3925mg/kg，兔经皮LD_{50}为5010mg/kg。对人、畜皮肤、眼无刺激作用。兔、狗饲喂90d，无不良作用。甘蔗允许残留量为1.5mg/kg。

应用 增甘膦是一种有机膦酸类植物生长调节剂，1969年美国孟山都化学公司最早开发。可被植物的茎、叶吸收，传导到生长活跃部位，抑制生长，在叶、茎内抑制酸性转化酶活性，增加含糖量，同时促进α-淀粉酶的活性，而且还能促进甘蔗成熟。主要用于甘蔗、甜菜、西瓜的催熟和增糖，也可作棉花落叶剂。

合成路线 有亚磷酸路线和三氯化磷路线。

$$HO-C(=O)-CH_2NH_2 + HCHO + H_3PO_3 \longrightarrow$$
$$NH_2CH_2CO_2H + HCHO + PCl_3 \longrightarrow HO_2C-CH_2N(CH_2-P(=O)(OH)_2)_2$$

常用剂型 85%可湿性粉剂。

增色胺（CPTA）

$$Cl-C_6H_4-S-CH_2CH_2-N(C_2H_5)_2 \cdot HCl$$

$C_{12}H_{19}Cl_2NS$，280.3，13663-07-5

化学名称 2-对氯苯硫基三乙胺盐酸盐；2-[（p-chlorophenyl）thio]-triethylamine, hydrochloride。

理化性质 纯品熔点123～124.5℃。溶于水和有机溶剂。在酸性介质中稳定。

应用 1959年增色胺首次在加拿大合成，后来发现它有增加水果色泽的作用。通过叶片和果实表皮吸收，传导到其他组织。可增加类胡萝卜素的含量。增色胺可增加番茄和柑橘属植物果实的色泽。在橘子由绿转黄色时2500mg/L药液喷雾可加速转黄速度。番茄绿色接近成熟时喷增色胺可诱导红色素产生，加速由绿向红转变。

常用剂型 增色胺目前在我国未见相关产品登记。

增糖胺（fluoridamid）

$C_{10}H_{11}F_3N_2O_3S$, 296.3, 47000-92-0

其他名称 Sustar。

化学名称 3′-(1,1,1-三氟甲基磺酰氨基) 对甲乙酰替苯胺；3′-(1,1,1-trifluoromethanesulfonamido) acet-*p*-toluidide；*N*-[4-methyl-[[(trifluoromethyl) sulfony] amino] phenyl] acetamide。

理化性质 纯品是白色结晶固体，熔点 175～176℃。溶于甲醇和丙酮。水中溶解度 130mg/L。

毒性 低毒。急性经口 LD_{50}：大鼠 2576mg/kg，小鼠 1000mg/kg。对皮肤无刺激。

应用 增糖胺是 1974 年美国 3M 公司开发的产品。增糖胺作为植物生长调节剂，可作为矮化剂，抑制草坪草茎的生长及盆栽植物的生长。剂量 1～3kg（a.i.）/hm²。也可用于甘蔗上，收获前 6～8 周，以 0.75～1kg（a.i.）/hm² 剂量整株施药，可加速成熟和提高含糖量。增糖胺还可作除草剂。

合成路线

常用剂型 增糖胺目前在我国未见相关产品登记。

整形醇（chlorflurenol）

$C_{14}H_9ClO_3$, 260.7, 2464-37-1

其他名称 IT3456，正形素，chlorflurenol-methyl，CFM。

化学名称 2-氯-9-羟基芴-9-羧酸；2-chloro-9-hydroxyfluorene-9-carboxylic acid。

理化性质 整形醇的甲酯原药为浅黄色至棕色固体，熔点 136～142℃。纯品白色结晶，熔点 155℃。蒸气压 0.13mPa（25℃）。溶解度（20℃）：水 21.26mg/L（pH5），丙酮 260g/kg，苯 70g/kg，乙醇 80g/kg。在通常贮存条件下稳定，在日光下快速分解。在 1.8% 有机介质及 pH7.3 时土壤吸附系数 K 为 1.2。

毒性 大鼠急性经口 LD_{50} 12800mg/kg，大鼠急性经皮 LD_{50} >10000mg/kg。在 2 年饲喂试验中，大鼠接受 3000mg/kg（饲料）及狗接受 300mg/kg（饲料）未见不良影响。鹌鹑急性经口 LD_{50} >10000mg/kg。鱼毒 LC_{50}（96h，mg/L）：蓝鳃翻车鱼 7.2，鲤鱼 9，虹鳟鱼 3.2。

应用 整形醇由 G. Schneider 报道，chlorflurenol-methyl 由 E. Merck 开发。整形醇产品常以甲酯形式生产。整形醇的甲酯可通过植物种子、叶片幼茎和根吸收，向上向下传导，最后在植物生长旺盛部位停留。当种子吸收后，可诱导与种子萌发有关的酶，延迟萌发后抑制幼苗生长。当茎吸收后，抑制茎伸长生长和顶部生长，促进侧芽和侧枝生长，因此，可矮化植物。叶片吸收后，可减少叶面积，延缓叶绿素分解。根吸收后，抑制侧根生长，促进不定根生长。本品可防止椰子落果，促进水稻生长，促进黄瓜坐果和果实生长，并能增加菠萝果实中的营养物质。

合成路线

常用剂型 主要用乳油。

正癸醇（*n*-decanol）

$$CH_3(CH_2)_9OH$$
$$C_{10}H_{22}O, \quad 158.3, \quad 112-30-1$$

其他名称 Paranol，Off-shoot T（与正辛醇的混合物），癸醇，1-癸醇，十碳醇，壬基甲醇，正癸醇，Agent 148，Sucker Agent 504，Alfol-10，Fair-85，Royaltac M-2，Royaltac 85，Sellers 85。

化学名称 癸-1-醇；decan-1-ol；decyl alcohol。

理化性质 黄色透明黏性液体，6.4℃固化形成长方形片状体，沸点 233℃。微溶于水，极易溶于大多数有机溶剂。

毒性 大鼠急性经口 LD_{50} 为 18000mg/kg，小鼠急性经口 LD_{50} 为 6500mg/kg。对皮肤和眼睛有刺激性。

应用 正癸醇由 Procter & Gamble Co. 及 Panorama Chemicals（Pty）Ltd 开发。本品为接触性植物生长抑制剂，用以控制烟草腋芽。在烟草拔顶前 1 周或拔顶后进行施药。在第 1 次喷药后 7~10d，有时需再喷第 2 次。一般在施药后 30~60min 即可杀死腋芽。

常用剂型 79%乳油。

仲丁灵（butralin）

应用 仲丁灵，除作除草剂外，也系一种二硝基苯胺类植物生长调节剂。1969 年美国 Amchem（现安万特）公司开发。进入植物体后抑制分生组织的细胞分裂，从而抑制杂草幼芽以及幼根的生长。双子叶植物的地上部分抑制作用的典型症状为抑制茎伸长，子叶呈革质状。单子叶地上部分则产生倒伏、扭曲、生长停滞，幼苗逐渐变成紫色。主要用于烟草、西瓜、棉花、玉米、蔬菜、马铃薯、向日葵等作物。可抑制侧端生长，减少人工掰芽抹叉，促进顶端优势，提高产品的产量和质量。

其他参见除草剂"仲丁灵"。

坐果酸（cloxyfonac）

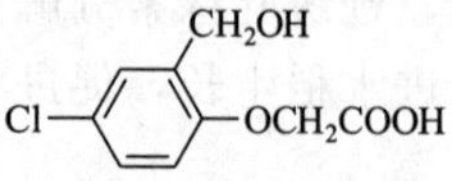

$$C_9H_9ClO_4，216.6，6386-63-6$$

其他名称 CAPA-Na，CHPA，PCHPA，座果酸，Tomatlane（cloxyfonac-sodium），RP-7194。

化学名称 4-氯-2-羟甲基苯氧基乙酸；4-chloro-α-hydroxy-o-tolyloxyacetic acid；[4-chloro-2-(hydroxymethyl) phenoxy] acetic acid。

理化性质 纯品为无色结晶，熔点 140.5～142.7℃，蒸气压 0.089mPa（25℃）。溶解度（g/L）：水 2，丙酮 100，二氧六环 125，乙醇 91，甲醇 125；不溶于苯和氯仿。稳定性：40℃以下稳定，在弱酸、弱碱性介质中稳定，对光稳定。土壤 DT_{50}<7d。

毒性 雄性和雌性大、小鼠急性经口 LD_{50}>5000mg/kg，雄性和雌性大鼠急性经皮 LD_{50}>5000mg/kg。对大鼠皮肤无刺激性。

应用 坐果酸是由日本盐野义制药公司（其农用化学品业务 2001 年被安万特公司收购，现为拜耳公司所有）开发的植物生长调节剂。具有类生长素的作用。在番茄和茄子花期施用，有利于坐果，并使果实大小均匀。

合成路线

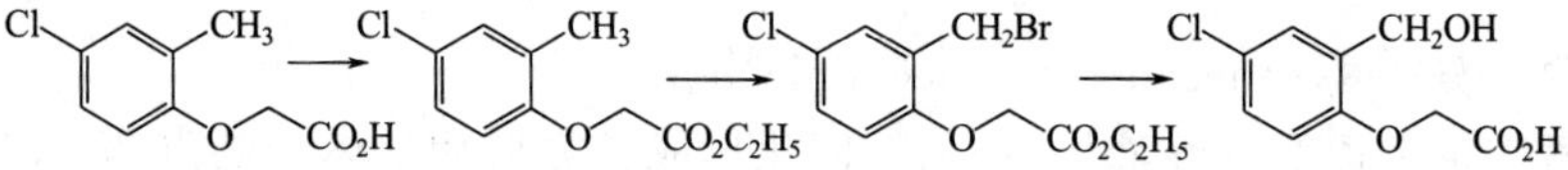

常用剂型 常用制剂主要有其钠盐的 9.8％可溶液剂，可与（4-氯-2-甲基苯氧基）乙酸复配。

980

杀鼠剂

安妥（antu）

$$C_{11}H_{10}N_2S,\ 202.28,\ 86\text{-}88\text{-}4$$

其他名称　Bantu，Anturact，Krysid（Du Pont），Rattract，Antural。

化学名称　α-萘硫脲；1-萘基硫脲；1-naphthalenylthiourea。

理化性质　一种杀鼠剂，纯品为白色固体，无臭、苦味，m. p. 198℃。原药为灰白色结晶粉，有效成分含量95％以上，溶于沸乙醇，碱性溶液，难溶于水（0.06g/100mL）、酸和一般有机溶剂。化学性质稳定，不易变质，受潮结块后研碎仍不失效。

毒性　挪威大鼠急性经口 LD_{50} 6～8mg/kg，狗经口 LD_{50} 380mg/kg，猴经口 LD_{50} 4250mg/kg，人最小致死量588mg/kg，猫 LD_{50} 100mg/kg。本药剂生产原料为致癌物质，可能会潜在产品中，故一些国家已经停止使用。

应用　硫脲类急性杀鼠剂，选择性强。该药剂有强胃毒作用，也可损害鼠类呼吸系统。一般使用后 6～72h 内死亡。安妥适口性好，以配制毒饵来防治鼠类，毒饵有效成分为0.5％～2％，配制方法同磷化锌杀鼠剂：0.5％安妥胡萝卜毒饵（或用水果、蔬菜代替），每房间放 2～3 堆，每堆毒饵量10～20g，3d 后回收剩余毒饵。主要用于防治褐家鼠和黄毛鼠，对其他鼠种毒力较低，鼠摄入亚致死剂量后会产生很强的耐药性。

合成路线　通常有如下 3 种路线：①由 α-萘胺和盐酸作用生成 α-萘胺盐酸盐，再与硫氰酸钠作用而制得。②先由 α-萘胺与二硫化碳（CS_2）和氨气反应，生成的产物再与碳酸铅（$PbCO_3$）反应即可制得安妥。③α-萘胺和 $CSCl_2$ 作用，生成的产物再进行脱去一分子 HCl 的反应，得到的产物和氨气（NH_3）作用即可生成安妥。

常用剂型　安妥目前在我国未见相关制剂产品登记。生产应用中主要剂型为80％粉剂，也可加工成毒饵使用。

捕灭鼠（promurit）

$C_7H_6Cl_2N_4S$，249.1，5836-73-7

其他名称 普罗米特，扑灭鼠，灭鼠丹，Promurit，Muritan。

化学名称 3,4-二氯苯偶氮硫代氨基甲酰胺；3,4-dichlorobenzene diazothiocarbamide；1-triazene-1-carbothioamide-3-(3,4-dichlorophenyl)。

理化性质 纯品为黄色结晶，熔点129℃。无臭，味很苦，难溶于水，稍溶于乙醇等有机溶剂。

毒性 急性经口 LD_{50}（mg/kg）：1.5（褐家鼠），1.3（小家鼠），0.8（黑线姬鼠），1.0~2.0（狗）。属剧毒品。

应用 中毒症状与产生耐药情况与安妥相似。使用时先配成0.2%的糊剂，然后加饵料10~15倍制成毒饵，放入鼠穴内及鼠类通常经过的地方。

合成路线

常用剂型 可加工成糊剂使用。

C 型肉毒素（botulin type C）

其他名称 肉毒杀鼠素，C 型肉毒杀鼠素，Lesh-poison mouse-killing reagent C，C-type botulin，clostridium。

理化性质 C 型肉毒梭菌毒素杀鼠剂，原毒素（高纯度液体）及水剂呈棕黄色透明液体；冻干剂为灰白色块状或粉末固体。易溶于水，无异味。怕光、怕热。在低温和无光照条件下可长时间保持毒力。在酸性（pH3.5~6.8）条件下稳定，在碱性（pH10~11）下很快失毒。在-15℃以下低温可保存1年以上。该毒素成固体状态时又比在液体状态时抗热性能强。

毒性 大鼠经口 LD_{50} 为 1.71mg/kg。

应用 本品为一种不带菌的 C 型肉毒梭菌外毒素，是一种大分子蛋白物质。杀鼠机理为该毒素中有一种蛋白神经毒素，该物质被害鼠肠道吸收后，作用于颅脑神经核外周神经与肌肉接头处及植物神经末梢，阻碍乙酰胆碱的释放，导致肌肉麻痹，引起运动神经末梢麻痹，产生软瘫现象，最后出现呼吸麻痹，导致死亡，是一种极毒的嗜神经性麻痹毒素。原药高原鼠兔急性经口 LD_{50} 0.05~0.0342mL/kg，绵羊无作用剂量为 30~60mg/(kg·d)，无致畸、致突变作用。对眼睛及皮肤无刺激性。对非靶动物毒性很低，对人、畜、禽较安全，尚未发现二次中毒。

常用剂型 目前在我国未见相关制剂产品登记。制剂主要以水剂毒素（湿毒）和冻干毒素（干毒）为主。

除鼠磷 206（dededeab-206）

$C_{15}H_{25}O_3Cl_3PS$，436.76

化学名称 O,O-二乙基-O-（2,4-二氯-6-二乙氨基亚甲基）苯基硫代磷酸酯盐酸盐；O,O-diethyl-O-（6-diethylaminomethy lene-2,4-dichloro）phenylphosphorathioate hydrochloric acid salt。

理化性质 纯品为白色结晶体，工业品为淡黄色，有臭味。熔点 130～131℃。溶于乙醇、苯、乙腈，易溶于氯仿、异丙醇等有机溶剂，稍溶于水（2.6g/100mL，20℃）。在酸性条件下稳定，遇碱易分解。工业品制成盐酸盐。在常温干燥下贮存稳定性好。

毒性 原药小白鼠经口 LD$_{50}$ 为 6.17mg/kg。除鼠磷盐酸盐可经皮肤内吸侵入体内，引起动物中毒死亡。是有机磷急性杀鼠剂，抑制胆碱酯酶活性，干扰神经传导，使害鼠死亡。

应用 作为杀鼠剂。毒性高已禁用。

合成路线

常用剂型 制剂主要有 0.8％颗粒剂。

敌害鼠（melitoxin）

$C_{19}H_{12}O_6$，336.3，66-76-2

其他名称 双杀鼠灵，双羟香豆素，双香豆素，Dicoumarol，Dicoumarin，Dicumol，Dufalone，Dicurman，Cumid。

化学名称 3,3′-亚甲基双（4-羟基）香豆素；3,3′-methylenebis（4-hydroxy）coumarin。

理化性质 本品为无色或淡黄色粉末，稍有臭味，熔点为 287～293℃。微溶于水，易溶于碱性溶液和大多数有机溶剂。

毒性　大鼠急性经口 LD_{50} 250mg/kg。小鼠急性经口 LD_{50} 233mg/kg。

应用　本品为抗凝血性杀鼠剂，杀大鼠和鼹鼠，不会引起鼠类忌食。

合成路线

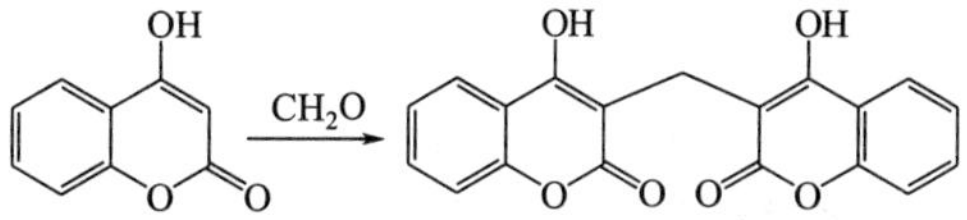

常用剂型　目前我国未见相关制剂产品登记，可加工成饵剂使用。

敌鼠（diphacinone）

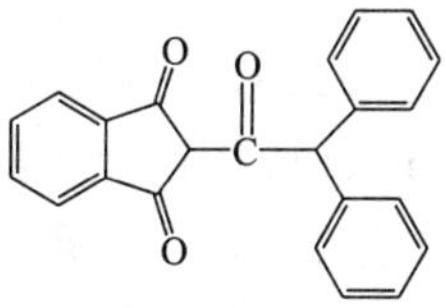

$C_{23}H_{16}O_3$，340.37，82-66-6

其他名称　双苯杀鼠酮，鼠敌，得伐鼠，敌鼠钠，野鼠净，Diphacin，Diphacin 10，Diphenadione，Ramik，Yasodion。

化学名称　2-(二苯基乙酰基)-1,3-茚满二酮；2-(diphenylacetyl)-1,3-indenedione。

理化性质　纯品敌鼠为黄白色粉末，无臭无味，m. p. 146~147℃。溶解性（20℃，g/L）：丙酮29，氯仿204，乙醇2.1，二甲苯50。在碱性条件下生成盐，水溶液在太阳光下迅速分解。

毒性　敌鼠原药急性经口 LD_{50}（mg/kg）：大鼠2，高原鼠8.7，狗3~7.5，猫14.7，猪150。鱼毒 LC_{50} 10mg/L，鸟毒 LD_{50} >270mg/kg。二次中毒：对猫极强。

应用　敌鼠属于茚满二酮类抗凝血型杀鼠剂，Velsicol 公司和 Upjohn 公司 1958 年开发，至今仍是我国主要杀鼠剂品种之一。可用于城镇、农田、林区、牧场、荒漠等地区灭鼠，对各种常见鼠种均有较高灭效。人、畜一旦误食中毒，应立即送医院救治，维生素 K_1 是中毒解药。

合成路线　丙酮与氯气在氯化塔中反应制得三氯丙酮，三氯丙酮催化还原生成三氯异丙醇，该中间体在无水三氯化铝催化下与苯反应，生成1,1-二苯基丙酮，1,1-二苯基丙酮在甲苯-甲醇钠中与邻苯二甲酸二甲酯在110℃发生缩合反应制得目标物。

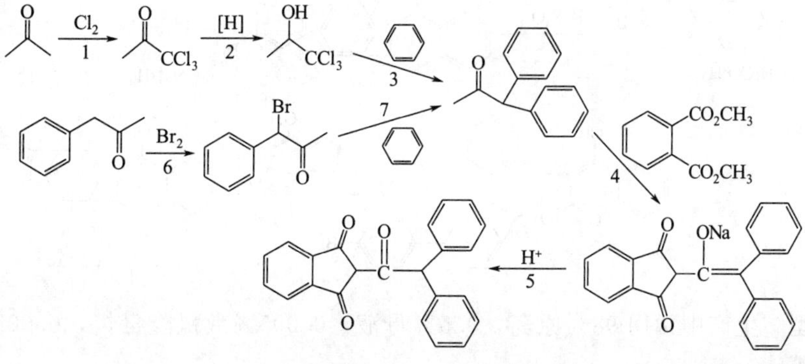

常用剂型　目前我国原药登记规格为80%；制剂登记剂型主要为毒饵或饵剂。

985

敌鼠隆（brodifacoum）

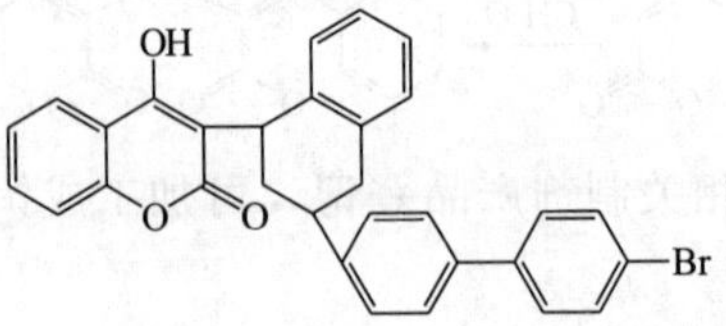

C₃₁H₂₃BrO₃，523.4，56073-10-0

其他名称　溴鼠灵，可灭鼠，杀鼠隆，大隆，溴鼠隆，Talon，Klerat，Volid，Matikus，Ratakplus。

化学名称　3-[3-(4′-溴联苯-4-基)-1,2,3,4-四氢-1-萘基]-4-羟基香豆素；3-[3-(4′-bromobiphen-4-yl)-1,2,3,4-tetrahydro-1-naphthalenyl]-4-hydroxycoumarin。

理化性质　纯品敌鼠隆为黄白色粉末，无臭，无味。m. p. 226～232℃。溶解性（20℃）：几乎不溶于水和石油醚，可溶于氯仿、丙酮，微溶于苯。有顺式和反式两种异构体。工业品为异构体混合物，含顺式50%～70%、反式30%～50%。

毒性　敌鼠隆原药急性经口 LD_{50}（mg/kg）：大鼠 0.47～0.53，小家鼠 2.4，大家鼠 0.22～0.26，褐家鼠 0.32，黄毛鼠 0.41。大鼠经皮 LD_{50} 5.0mg/kg。对蜜蜂、家蚕、鱼类、鸟类有毒。对猪、狗、鸡较敏感。对非靶标动物和二次毒性均较高。

应用　敌鼠隆属于第二代抗凝血型杀鼠剂，英国 Sorex 有限公司 1975 年开发，对抗性鼠的灭效为第一代抗凝血剂的 10～100 倍。

合成路线

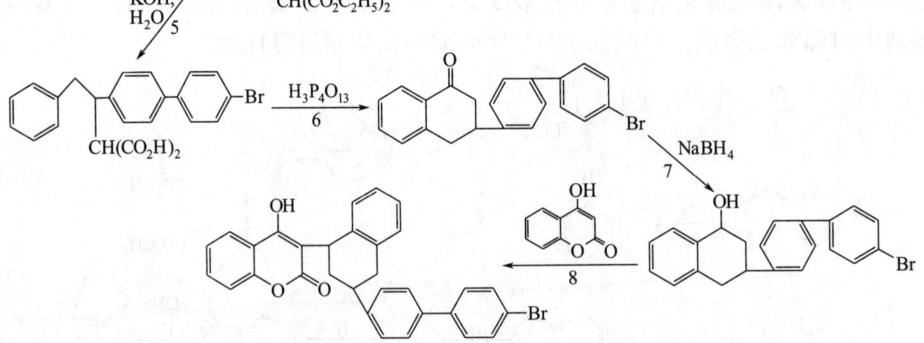

常用剂型　生产中常用 98% 原药，0.5% 母液，0.005% 敌鼠隆毒饵，0.005%、0.01% 敌鼠隆蜡块等。

毒鼠碱（strychnine）

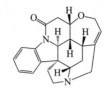

$C_{21}H_{22}N_2O_2$，334.4，57-24-9

其他名称　士的宁，马钱子碱，Certox。

化学名称　番木鳖碱；strychnidin-10-one。

理化性质　纯品为白色结晶粉末，味极苦。熔点270～280℃（分解）。不溶于乙醇、乙醚，微溶于苯、氯仿及水。在室温时水中的溶解度为143mg/L，苯5.6g/L，乙醇6.7g/L，氯仿200g/L。于强酸作用生成易溶于水的盐类，如鼠毒碱盐酸盐、鼠毒碱硫酸盐、鼠毒碱硝酸盐。

毒性　纯品急性经口LD_{50}：大白鼠5.8～14mg/kg，褐家鼠4.8～12mg/kg，小家鼠0.41～0.98mg/kg。作用于中枢神经系统，毒杀作用速度快，鼠在饥饿状态时，药剂进入胃中后很快被吸收，5～30min即表现出中毒症状，小家鼠在半小时内可死亡。中毒动物出现强直性惊厥，最后死于呼吸衰竭。在死亡前表现为兴奋不安，渐转为精神萎靡，而后出现四肢强直性痉挛。对肉食动物二次性中毒危险性小。

应用　鼠毒碱是植物碱，是从马钱子科植物的种子中提取的生物碱。毒饵使用浓度为0.5%～1.0%。鼠毒碱对人、畜及其他动物高毒。使用注意安全。

常用剂型　可加工成饵剂使用。

毒鼠磷（phosazetim）

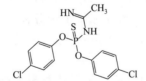

$C_{14}H_{13}Cl_2N_2O_2PS$，375.2，4104-14-7

其他名称　毒鼠灵，Gophacide，Bayer 38819。

化学名称　O,O-双（4-氯苯基）（1-亚氨基乙基）硫代膦酰胺；O,O-bis（4-chlorophenyl）（1-iminoethyl）phosphoramidothioate。

理化性质　毒鼠磷为白色粉末，m. p. 107～109℃。工业品≥90%，m. p. 103～109℃。不溶于水，微溶于乙醇、丙酮、二甲苯、苯和乙醚，易溶于氯甲烷、二氯甲烷等氯代烷。在强酸或强碱下加热逐渐分解，常态下稳定。

毒性　毒鼠磷的急性经口LD_{50}（mg/kg）：小家鼠8.7、长爪沙鼠11.6、黄鼠20.1、高原鼠兔7.8、黄毛鼠16.9、褐家鼠3.5、布氏田鼠12.1、黄胸鼠50.0、鸡1778、喜鹊5.0～75。对以下动物的LD_{100}：羊为3.16～5.60mg/kg，狗为26～45mg/kg，牛≤5.0mg/kg，猴为30～50mg/kg。毒鼠磷经皮毒性很强，对小白鼠急性经皮LD_{50}为62.8mg/kg，对雄大鼠为2.5mg/kg。

因此，在生产和使用时，必须避免人体直接接触。试验证明毒鼠磷不易引起二次中毒。

应用 毒鼠磷在动物体内的作用机制是抑制体内胆碱酯酶，导致动物生理机能严重失衡。鼠中毒后流口水、大量出汗、尿多、血压上升，抽搐而死亡。可用于城镇、农田、林区、牧场、荒漠草原灭鼠。由于毒力甚强，使用时需防人、畜中毒。万一误食，需尽快送医院按有机磷农药中毒救治。对常见鼠种，如小家鼠、褐家鼠、长爪沙土鼠、黄鼠、高原鼠兔、布氏田鼠、黑线姬鼠、黑线仓鼠以及棕背鼠等森林鼠均有高效的灭效。

合成路线

常用剂型 目前我国未见相关产品登记。生产应用中可制成 0.3%、0.5% 毒饵使用。

毒鼠强（tetramine）

$C_4H_8N_4O_4S_2$，240.6，80-12-6

其他名称 没鼠命，四二四，三步倒，TETS，DSTA，Tetramethylene，Disulfotetramine。

化学名称 2,6-二硫-1,3,5,7-四氮三环-[3.3.1.1.3.7] 癸烷-2,2,6,6-四氧化物；2,6-dithia-1,3,5,7-tetrazatricyclo-[3.3.1.1.3.7] decane-2,2,6,6-tetraoxide。

理化性质 无味、无臭、有剧毒的粉状有机化合物。熔点 250～254℃。沸点高于 270℃。在水中溶解度约为 0.25mg/mL；微溶于丙酮；不溶于甲醇和乙醇。在稀的酸和碱中稳定。在 255～260℃分解，但在持续沸水溶液中分解。

毒性 大鼠急性经口 LD_{50} 为 0.1～0.3mg/kg。小鼠急性经口 LD_{50} 为 0.2mg/kg，经皮 LD_{50} 为 0.1mg/kg。

应用 1949 年由德国拜耳公司合成。杀鼠比毒鼠碱强。0.5% 粉剂按 1：10 用米汤稀释，用作饵料。

常用剂型 可加工成 0.05%、0.1% 毒饵使用。在我国已经禁止生产、使用。

莪术醇（curcumol）

$C_{15}H_{24}O_2$，236.35，4871-97-0

其他名称 鼠育，姜黄醇，莪黄醇，姜黄环氧醇。

理化性质 母粉外观为浅黄色针状体，熔点 $142\sim144℃$，不溶于水。

毒性 该药剂是从植物中提取，属低毒杀鼠剂。属环保型无公害农药，对环境无污染，对天敌动物无毒害，对非靶标动物和人、畜安全。原药大鼠急性经口 LD_{50} 大于 $4640mg/kg$，急性经皮 LD_{50} 大于 $2150mg/kg$。小鼠急性毒性 LD_{50} 为 $250mg/kg$，亚急性毒性 LD_{50} 为 $163.4mg/kg$。

应用 该药剂通过抗生育作用机理，能够降低害鼠种群数量，达到防治害鼠危害的目的，而不是直接杀死害鼠。该药剂适口性强，起效快，投放方便。适用森林、草原、农田、馆所和民宅等场所。防治各类害鼠。

常用剂型 目前我国登记产品主要有 92％莪术醇母粉、0.2％莪术醇饵剂。

氟鼠啶（flupropadine）

$C_{20}H_{23}F_6N$，391.4，81613-59-4

其他名称 鼠扑定，氟鼠定，More& B 36892。

化学名称 4-叔丁基-1-[（3-$\alpha,\alpha,\alpha,\alpha',\alpha',\alpha'$-六氟-3,5-二甲苯基）丙-2-炔基] 哌啶；4-*tert*-butyl-1-[（3-$\alpha,\alpha,\alpha,\alpha',\alpha',\alpha'$-hex-afluro-3,5-xylyl）prop-2-ynyl] priperidine。

理化性质 原药为暗黄色油状物，溶于有机烃。其盐酸盐为白色结晶，熔点 $201\sim202℃$。5℃下在乙醚中溶解度 $>150g/L$。

毒性 急性经口 LD_{50}（mg/kg）：35（大鼠），65（小鼠），100（狗），$510\sim1000$（猪），$250\sim500$（兔）。对家兔眼睛有轻微刺激性，对皮肤有中度刺激性。

应用 A. P. Buckle 和 F. P. Rowe 等分别报道该杀鼠剂。由 May & Baker Ltd.（现为 Rhone Poulenc Agriculture）开发。氟鼠定属于炔丙胺类杀鼠剂，用于谷物贮存时防治褐家鼠，其中包括对抗凝血型杀鼠剂产生抗性的褐家鼠（*R. norvegicus*）。其特点是鼠摄食后慢性发作，$6\sim7d$ 死亡。毒饵使用浓度为 0.10％～0.20％。未发现二次中毒，至今没有特效解毒药。

合成路线

常用剂型 可加工成饵剂使用。

氟鼠酮（flocoumafen）

$C_{33}H_{25}F_3O_4$，542.6，90035-08-8

其他名称　伏灭鼠，杀它仗，氟鼠灵，氟羟香豆素，Stragerm，Storm，WL 108366。

化学名称　4-羟基-3-｛1,2,3,4-四氢-3-［4-(4-三氟甲基苄氧基）苯基］萘基｝香豆素；4-hydroxy-3-｛1,2,3,4-tetrahydro-3-［4-(4-trifluoromethylbenzyloxy）phenyl］naphthyl｝coumarin；4-hydroxy-3-［1,2,3,4-tetrahydro-3-［4-［［4-(trifluoromethyl）phenyl］methoxy］phenyl］-1-naphthalenyl]-2H-1-benzopyran-2-one。

理化性质　白色粉末，m. p. 161～162℃，相对密度 1.23，闪点 200℃，蒸气压 2.66× 10^{-6} Pa (25℃)。可溶于丙酮、乙醇、氯仿、二甲苯等有机溶剂，溶解度 10g/L 以上；在水中溶解度 1.1mg/L。正常条件下贮存稳定。

毒性　原药对大鼠急性经口 LD_{50} 0.25～0.40mg/kg，急性经皮 LD_{50} 0.54mg/kg。对皮肤和眼睛无刺激作用。繁殖试验无作用剂量为 0.01mg/kg。主要蓄积于动物肝脏。对鱼类、鸟类高毒，对狗敏感，虹鳟鱼 LC_{50} 0.0091mg/L，野鸭经口 LD_{50} 5.2mg/kg。

应用　用于防治家栖鼠和野栖鼠，主要为褐家鼠、小家鼠、黄毛鼠及长爪沙鼠等。

合成路线

常用剂型　生产应用中常用制剂产品有 0.005% 毒饵、0.1% 粉剂，可加工成散谷粒毒饵、蜡块、蜡粒、毒饵使用。

氟乙酸钠（sodium fluoroacetate）

$C_2H_2FNaO_2$，100.0，62-74-8

其他名称 氟醋酸钠，Sodium fluoroacetate，Fluoroacetic acid sodiumsalt，Gifblaar poison，Compound1080。

理化性质 本品为无色非挥发性粉末，约在200℃分解，具有吸湿性。易溶于水，微溶于丙酮、乙醇、石油。

毒性 大鼠急性经口 LD_{50}（mg/kg）：0.22（褐家鼠），8.0（小家鼠），0.65（长爪沙鼠），0.06（狗）。毒饵使用浓度0.1%～0.3%。

应用 用作杀鼠剂。杀啮齿动物药。由于其对人和动物毒性太强、药力发作快，又具有二次毒性，中国已明令禁产和禁用。

常用剂型 氟乙酸钠可配成毒饵使用，目前在我国已经禁止使用。

氟乙酰胺（fluoroacetamide）

C_2H_4FNO，77.06，640-19-7

其他名称 Compound 1081，2-氟乙酰胺，敌蚜胺，邱氏灭鼠药，灭鼠药，杀鼠药，Fluoroacetamide，2-fluoroacetamide，Compound 1081，Fussol。

化学名称 2-氟乙酰胺；2-fluoroacetamide。

理化性质 纯品为无臭、无味的无色针状结晶，熔点107～108℃。易溶于水，溶于丙酮，微溶于氯仿。易吸收空气中水分而潮解。加热升华。在水中不稳定，逐渐水解，在碱性溶液中水解更快，水解产物为氟乙酸。

毒性 大鼠经口 LD_{50} 13mg/kg，经皮 LD_{50} 80mg/kg。小鼠经口 LD_{50} 25mg/kg，吸入 LC_{50} 550mg/m^3，经皮 LD_{50} 34mg/kg。

应用 C. Chapman 和 M. A. Philips 介绍其杀鼠性能。本品是杀鼠剂和哺乳动物内服毒物（许多使用限制），通常以饵剂使用于下水道、水闸库房等。本品对哺乳动物剧毒，目前已不再应用。

常用剂型 主要有50%可湿性粉剂、15%水剂、2.5%粉剂和15%乳油，目前在我国已经禁止使用。

海葱素（scilliroside）

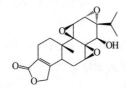

C_{32}H_{44}O_{12}，620.7，507-60-8

其他名称　dethdiet，red squill，红海葱。

化学名称　3β-(β-D-吡喃葡糖基氧)-17β-(2-氧代-2H-吡喃-5-基)-14β-雄甾-4-烯-6β,8,14-三醇-6-乙酸酯；3β-(β-D-glucopyranosyloxy)-17β-(2-oxo-2H-pyran-5-yl)-14β-androst-4-ene-6β,8,14-triol-6-acetate。

理化性质　海葱素为亮黄色结晶，168～170℃时分解。易溶于乙醇、甘醇、二噁烷和冰醋酸，略溶于丙酮，几乎不溶于水、烃类、乙醚和氯仿。200℃时分解。

毒性　大鼠急性经口 LD_{50} 0.7mg/kg（雄）、0.43mg/kg（雌）。猪和猫的存活剂量为16mg/kg，鸡为400mg/kg。对鸟类基本无毒。

应用　由 A. Stoll 和 J. Renz 分离和鉴定了海葱素的毒素，由 A. Stoll 论述了强心苷的化学和毒理学。红海葱和白海葱都含有苷，但只有红海葱可用于杀鼠。红海葱饵剂用于防治鼠类，引起呕吐，使其丧失活动能力，在其他动物也可引起反应。

常用剂型　目前我国未见相关制剂产品登记，制剂主要有 0.015% 毒饵和 1.0% 浓缩剂。

雷公藤内酯醇（triptolide）

C_{20}H_{24}O_6，360.4，38748-32-2

其他名称　雷公藤甲素，雷公藤多苷。

理化性质　纯品为白色固状物，m.p.226～227℃。难溶于水，溶于甲醇、乙酸乙酯、氯仿等。0.01% 雷公藤内酯醇母药（该产品中含 93% 雷公藤多苷）外观为棕黄色粉末，易溶于 5% 乙醇、氯仿溶液，几乎不溶于水。

毒性　0.01% 雷公藤内酯醇母药大鼠经口 LD_{50} 为 190mg/kg（雄）、185mg/kg（雌），急性经皮 LD_{50}＞5000mg/kg。对兔皮肤、眼睛无刺激性。

应用　本品为植物提取的雄性不育杀鼠剂。其作用机理主要是抑制鼠类睾丸的乳酸脱氢酶的活性，使副睾末部萎缩，精子减少，曲细精小管和睾丸体积明显萎缩，选择性地损伤睾丸生精细胞。防治黑线姬鼠、长爪沙鼠、褐家鼠等。

常用剂型 雷公藤内酯醇在我国暂无登记产品，可加工成 0.25mg/kg 饵粒剂。

磷化锌

Zn₃P₂，258.09，1314-84-7

其他名称 亚磷酸锌，耗鼠尽，blue-ox，caswellno922，delusal，epapesticidechemical-code088601，gopha-rid，mous-con，phosphuredezinc，phosvin。

化学名称 二磷化三锌，zinc phosphide。

理化性质 灰黑色粉末，有锌粉和红磷直接合成，具大蒜味。不溶于水及乙醇，微溶于碱及油，可溶于苯和二硫化碳。在干燥环境中性质稳定，但在酸作用下分解释放出剧毒易燃、具大蒜味的磷化氢气体。受潮和强光下也会加快分解，产生磷化氢气体，但在毒饵中产生较慢。

毒性 纯品大白鼠急性经口 LD_{50} 12mg/kg，小白鼠急性经口 LD_{50} 40mg/kg，吸入 LC_{50} 为 234mg/m³。对鸟禽类均毒性很大，急性经口 LD_{50}：鸡为 8.8mg/kg，鸭为 13.0mg/kg。初次使用对害鼠适口性较好，但中毒未死的个体再遇此药有明显的拒食现象。鼠中毒后，引起肺水肿，肝、肾、中枢神经系统和心肌严重损伤，并表现出抽搐、麻痹、昏迷等症状，最后窒息致死。

应用 使用时可在磷化锌毒饵中掺入一些吐酒食（一种催吐剂），家畜误食后引起呕吐，以免中毒，而鼠类食用后仍中毒死亡。有二次中毒现象。长期接触磷化锌会产生慢性中毒。

常用剂型 可加工成饵剂使用，在我国已经禁止使用。

氯敌鼠（chlorophacinone）

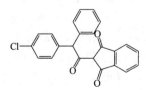

C₂₃H₁₅ClO₃，374.83，3961-35-8

其他名称 氯鼠酮，鼠可克，可伐鼠，鼠顿停，Afnor，Caid，Drat，Liphadione，Microzul，Ramucide，Topitox，Raviac，Rozol。

化学名称 2-[2-(4-氯苯基)-2-苯基乙酰基] 茚满-1,3-二酮；2-[2-(4-chlorophenyl)-2-phenylacetyl] indane-1,3-dione。

理化性质　氯鼠酮纯品为浅黄色结晶，工业品为浅黄色或土黄色无臭、无味粉末，m. p. 142～144℃。不溶于水，微溶于甲醇、乙醇、丙酮、植物油等，溶于甲苯。化学性质稳定。

毒性　氯鼠酮对鼠类急性经口 LD_{50}（mg/kg）：大白鼠20.5，小白鼠87.2，褐家鼠0.6，黄胸鼠3.0，黄泽鼠1.2，长爪沙土鼠0.05，黄毛鼠10.9，松田鼠14.2。亚急性经口 LD_{50}（mg/kg）：大白鼠0.6，小白鼠1.8，黄胸鼠0.2，长爪沙土鼠0.01，黄毛鼠0.08。氯鼠酮具有强的蓄积毒性，对皮肤无刺激作用。对小白鼠骨髓细胞染色体畸变实验、Ames试验均为阴性。维生素 K_1 对之有解毒作用。

应用　氯鼠酮属抗凝血杀鼠剂，鼠食后造成内出血而死亡。用黏附法、混合法配制毒饵，或同其他杀鼠剂配用，使用浓度50mg/kg。广泛用于杀灭各种家鼠、野鼠。

合成路线

常用剂型　目前我国未见相关产品登记。生产应用中常用制剂有0.25%油剂，0.005%、0.0075%、0.3%饵剂等。

氯灭鼠灵（coumachlor）

$C_{19}H_{15}ClO_4$，342.77，81-82-3

其他名称　氯华法林，氯杀鼠灵，氯华法令，比猫灵，氯法华灵，Tomorin，Ratilan。

化学名称　3-[1-(4-氯苯基)-3-氧丁基]-4-羟基香豆素；3-[1-(4-chlorophenyl)-3-oxobutyl]-4-hydroxy-2H-benzopyran-2-one（9Cl）；3-(α-acetonyl-4-chlorobenzyl)-4-hydroxycoumarin；3-[1-(4-chlorophenyl)-3-oxobutyl]-4-hydroxycoumarin。

理化性质　纯品为无色结晶，熔点168～170℃，蒸气压＜10mPa（20℃）。密度为1.40g/m³。溶解度（20℃）：水0.5mg/L（pH4.5），丙酮100g/kg，二甲基甲酰胺＞500g/kg，甲醇30g/kg，1-辛醇10g/kg。

毒性　大鼠急性经口 LD_{50} 187mg/kg，大鼠急性经皮 LD_{50} 33mg/kg；小鼠急性经口 LD_{50} 900mg/kg。对兔的皮肤和眼睛无刺激。

应用　由 M. Reiff 和 R. Wiesmann 报道其活性，由 J. R. Geigy S. A. 开发。本品为抗凝血型杀鼠剂，没有忌饵作用。对大鼠二次给药的 LC_{50} 为0.1～1.0mg/(kg·d)。

合成路线

常用剂型 目前我国未见相关制剂产品登记，常用制剂主要有 0.1％粉剂、饵剂等。

灭鼠安（pyridyl phenylcarbamates）

$C_{13}H_{11}N_3O_4$，273，51594-83-3

其他名称 RH-945，LH-104。

化学名称 N-（对硝基苯基）氨基甲酸吡啶-3-甲基酯；3-pyridinylmethyl-N-(p-nirto-phenyl)-carbamate。

理化性质 纯品灭鼠安为淡黄色粉末，m. p. 229～237℃。溶解性（20℃）：不溶于水，微溶于苯、氯仿、乙酸乙酯等，溶于丙酮、DMF 等。

毒性 灭鼠安原药急性经口 LD_{50}（mg/kg）：大白鼠 15～20，小白鼠 12～14，小家鼠 24，褐家鼠 17.8，黄毛鼠 22.8，黄胸鼠 35.6，长爪沙鼠 5.19，黑线姬鼠 9.4。对家禽、家畜的毒性较低，无二次中毒问题。对动物无致畸、致突变、致癌作用。

应用 灭鼠安是 20 世纪 70 年代美国罗门-哈斯公司开发的氨基甲酸酯类杀鼠剂，对各种鼠类均有效，对兽类、家禽危险性小；使用浓度为 1％，灭效达 90％。

合成路线 3-氰基吡啶常压常温下用氢气还原，制得 3-羟甲基吡啶。在乙酸乙酯中对硝基苯胺与光气反应制得异氰酸对硝基苯酯。在甲苯中 3-羟甲基吡啶与异氰酸对硝基苯酯回流反应 2h 即可制得目标物。

常用剂型 目前我国未见相关产品登记，可加工成毒饵使用。

灭鼠硅（silatrane）

$C_{12}H_{16}ClNO_3Si$，285.8，29025-67-0

其他名称 氯硅宁，硅灭鼠，毒鼠硅，RS-150。

化学名称 1-(对氯苯基)-2,8,9-三氧-5-氮-1-硅双环（3,3,3）十一烷；1-(p-chlorophe-nyl)-2,8,9-trioxa-5-nitrogen-1-silicon-dicyclo-(3,3,3) undecane。

理化性质 本品为白色粉末或结晶，熔点 230～235℃，味苦，难溶于水，易溶于苯、氯仿等有机溶剂。对热比较稳定。遇水能缓慢分解。

毒性 对几种鼠的急性经口 LD_{50}（mg/kg）：褐家鼠 1～4，小家鼠 0.9～2.0，达乌尔鼠 1.62，长爪沙鼠 40，黑线姬鼠 3.73，黄毛鼠 1.63。对几种动物的经口 LD_{50}（mg/kg）：

猴 140，猫 8.0，鸭 5～8。

应用　主要用于毒杀黄鼠、沙鼠。毒饵浓度为 0.5％～1％。含水毒饵 3d 失效，草原使用安全，但适口性较差。初步现场试验证明，毒鼠硅对长爪沙鼠、黑线姬鼠的灭杀效果尚好，施药每堆投放 0.5％～1.0％毒鼠硅谷粒毒饵 0.5～1.0g。对鼠类作用快，但鼠的接受性一般。再遇时，常出现拒食。且个体间的差异较大，故药效不够稳定，但可作为灭鼠的交替药物使用，主要用于鼠食源较缺乏的季节。据报道，本品不易发生二次中毒，但使用不当时，也可造成二次中毒，致使其他动物死亡。

合成路线

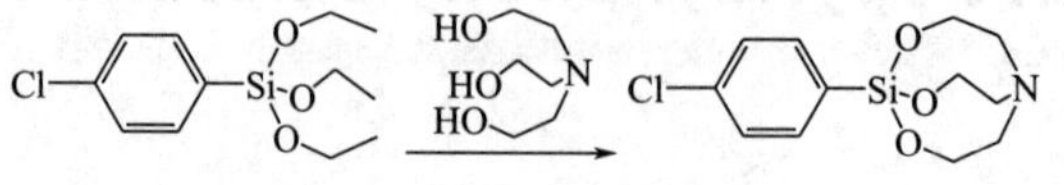

常用剂型　目前我国未见相关制剂产品登记，可加工成饵剂使用。

灭鼠腈（RH 908）

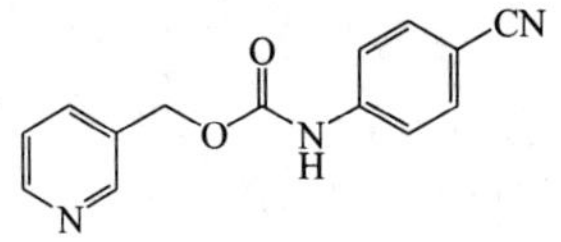

$C_{14}H_{11}N_3O_2$，253.1，51594-84-4

其他名称　LH106。

化学名称　3-甲基吡啶-N-(对氰基苯基)-氨基甲酸酯；3-methylpyridinyl-N-(4-cyano-phenyl) carbamate。

理化性质　纯品为白色结晶固体。熔点 205～207℃。不溶于水，能溶于乙醇、丙酮。常态下稳定。

毒性　急性经口 LD$_{50}$（mg/kg）：0.96～1.12（大鼠）；3.5～4.6（小鼠）；30～100（雄兔）。

应用　鼠类对灭鼠腈的接受性好。试验表明，含 0.25％灭鼠腈的玉米面毒饵对屋顶鼠的杀灭效果可达 92％，和氟乙酸钠的效果相近。但因对鼠类以外动物的毒性较强，故在使用上的安全性较差。

合成路线

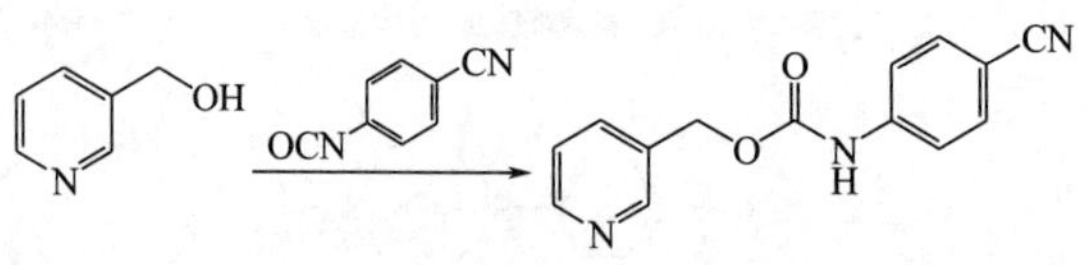

常用剂型　目前我国未见相关制剂产品登记，可加工成 0.25％～0.5％饵剂使用。

灭鼠特

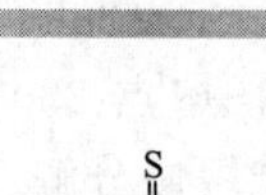

CH_5N_3S，91.13，79-19-6

其他名称 硫代氨基脲。

化学名称 氨基硫脲；thiosemicarbazide。

理化性质 本品为无色针状结晶。熔点181℃。能溶于热水，难溶于有机溶剂。

毒性 大鼠急性经口 LD_{50} 9.16mg/kg。小鼠急性经口 LD_{50} 14.5mg/kg。杀鼠、杀菌，且有促枯作用。鼠类服食后，血管的透过性增大，淋巴液浸入肺内，引起浮肿和痉挛，1～2h内死亡，尸体干缩。

应用 制成毒饵，其中加入糖类以增加鼠类的服食量，将毒饵放入鼠穴内及鼠类通常经过的地方。

合成路线

常用剂型 目前我国未见相关制剂产品登记，制剂主要有10％水剂和0.3％饵剂。

灭鼠优（vacor）

$C_{13}H_{12}N_4O_3$，272.3，53558-25-1

其他名称 鼠必灭，抗鼠灵，pyrinuron，pyrininil。

化学名称 N-(3-吡啶基甲基)-N'-(4-硝基苯基) 脲；N-(3-pyridinylmethyl)-N'-(4-nitrophenyl) urea；1-(4-nitrophenyl)-3-(3-pyridylmethyl) urea；N-(4-nitrophenyl)-N'-(3-pyridinylmethyl) urea。

理化性质 原药为淡黄色粉末，无臭无味。不溶于水，能溶于乙二醇、乙醇、丙酮等有机溶剂。纯品 m.p.223～225℃，性质稳定，在通常贮存条件下有良好贮藏寿命。

毒性 大鼠急性经口 LD_{50} 为18mg/kg，雌小鼠为84mg/kg，雄兔约300mg/kg。药剂选择毒性急性经口 LD_{50}：褐家鼠4.75mg/kg，黄胸鼠32mg/kg，黄毛鼠17.2mg/kg，小家鼠45mg/kg，狗、猫、猪大于500mg/kg，鸡＞10mg/kg。对家畜较安全，两次中毒危险性较小。

应用 高毒、速效杀鼠剂。不是抗凝血剂，而是干扰烟酰胺的代谢，使神经麻痹并肺部障碍而死。只要吞食一次即可杀死。本品在目标动物与非目标动物之间有较宽的毒性范围，对灭鼠灵产生抗性的鼠类亦能歼除。老鼠只要食取0.5g，就在4～8h死亡。主要用于防治褐家鼠、长爪沙鼠、黄毛鼠、黄胸鼠等。可用于灭家鼠，家、野混生鼠，效果好。对人、畜比较安全。

合成路线

常用剂型 我国未见相关产品登记。生产应用中主要有粉剂，可加工成 1%、2% 毒饵使用。

噻鼠酮（difethialone）

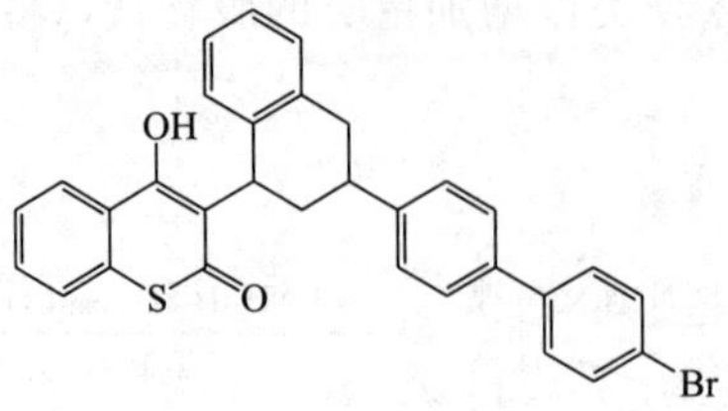

C$_{31}$H$_{23}$BrO$_2$S，539.5，104653-34-1（未指明立体化学）

其他名称 噻鼠灵，Frap，Lm2219。

化学名称 3-[(1*RS*,3*RS*；1*RS*,3*SR*)-3-(4′-溴-联苯基-4 基)-1,2,3,4-四氢-1-萘基]-4-羟基-1-苯并硫杂环己烯-2-酮；3-[(1*RS*,3*RS*；1*RS*,3*SR*)-3-(4′-bromobiphenyl-4-yl)-1,2,3,4-tetrahydro-1-naphthaleny-1]-4-hydroxy-1-benzothi-in-2-one；3-[3-(4′-bromo [1,1′-biphenyl]-4-yl)-1,2,3,4-tetrahydro-1-naphthalenyl]-4-hydroxy-2*H*-1-benzothiopyran-2-one。

理化性质 原药外观为白色粉末，熔点 233～266℃，密度 1.36mg/cm^3，蒸气压（25℃）5.6×10^{-7}Pa，溶解度 0.322mg/kg（水）。

毒性 急性经口 LD$_{50}$（mg/kg）：大鼠 0.56，小鼠 1.29，狗 4，猪 2～3。急性经皮 LD$_{50}$（mg/kg）：雄鼠 7.9，雌鼠 5.3。对家兔眼睛有轻微刺激性，对皮肤无刺激性。大鼠急性吸入 LC$_{50}$（4h）5～19.3mg/L。

应用 该杀鼠剂由 J. C. Lechevin 报道，1989 年法国由 Lipha 引进。噻鼠酮属于抗凝血杀鼠剂。

合成路线

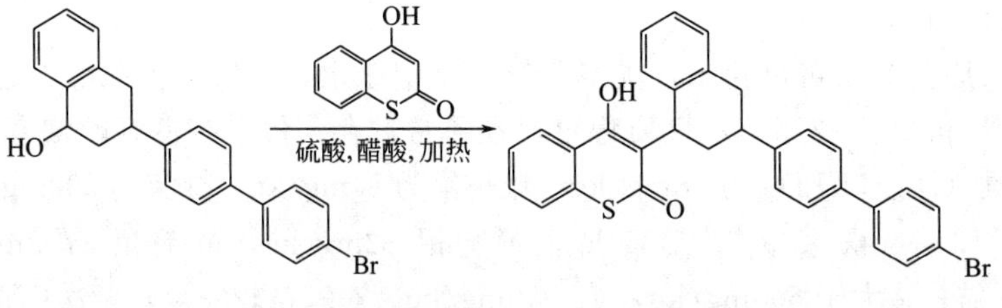

常用剂型 可加工成 25mg/kg 谷饵使用。

杀鼠灵（warfarin）

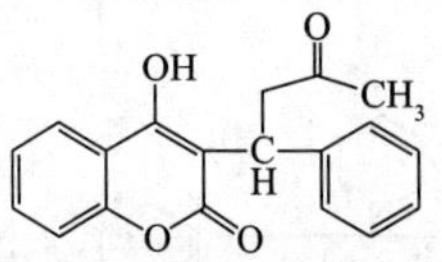

C$_{19}$H$_{16}$O$_4$，308.33，81-81-2

998

其他名称　灭鼠灵，华法令，Coamafene，Kypfarin，Mar-Frin，Ratemin，Rodan，Rodex。

化学名称　3-(1-丙酮基苄基)-4-羟基香豆素；3-(1-acetonylbenzyl)-4-hydroxy-coumarin。

理化性质　外消旋体杀鼠灵为无色、无味、无臭结晶，m. p. 159～161℃。溶解性（20℃）：易溶于丙酮，能溶于醇，不溶于苯和水。烯醇式呈酸性，与金属形成盐，其钠盐溶于水，不溶于有机溶剂。烯醇乙酸酯的 m. p. 117～118℃，酮式 m. p. 182～183℃。

毒性　杀鼠灵原药急性经口 LD_{50}（mg/kg）：家鼠 3。对鸡、牛、羊毒力较小，对猪、狗、猫较敏感，狗 LD_{50} 20～50mg/kg，猫 LD_{50} 5mg/kg。

应用　杀鼠灵属于抗凝血型杀鼠剂，主要用于居住区、粮库、家禽饲养场杀灭家鼠；投药 3d 后发现死鼠，1 周内出现高峰。

常用剂型　目前我国原药登记规格有 97％、98％；制剂登记主要有 0.025％、0.05％毒饵。

杀鼠迷（coumatetralyl）

$C_{19}H_{16}O_3$，292.33，5836-29-3

其他名称　立克命，杀鼠萘，Endrocide，Murisan A，Racumin，Racumin 57，Rodentin。

化学名称　4-羟基-3-(1，2，3，4-四氢-1-萘基) 香豆素；3-(1，2，3，4-tetrahydro-1-naphthyl)-4-hydroxy coumarin；3-(*a*-tetralinyl)-4-hydroxy coumarin；4-hydroxy-3-(1,2,3,4-tetrahydro-1-naphthyl) coumarin；4-hydroxy-3-(1,2,3,4-tetrahydro-1-naphthalenyl)-2*H*-1-benzopyran-2-one。

理化性质　纯品为无色粉末，原药为黄色结晶，无臭，无味。熔点 186～187℃。几乎不溶于水，可溶于乙醇、二氯甲烷、异丙醇和丙酮，微溶于苯和乙醚。

毒性　纯品大鼠经口 LD_{50} 5～25mg/kg，急性经皮 LD_{50} 25～50mg/kg。大鼠亚急性经口无作用剂量为 1.5mg/kg。对家兔眼、皮肤无刺激性。

应用　为最新型的抗凝血杀鼠剂，是目前国际上比较流行的杀鼠剂。该药能破坏凝血机能，损害微血管，引起内出血而使害鼠中毒死亡。老鼠取食后，一般在 3～6d 内慢性中毒，内出血衰竭而死。适口性好，无忌食现象，高效、慢性、广谱，一般无二次中毒现象。配制的毒饵有香蕉味，对鼠类有一定的引诱作用。可有效杀灭对杀鼠灵有抗性的老鼠。目前国内外尚未有耐药性报道。

合成路线

常用剂型　可加工成 0.75％追踪粉剂使用。

杀鼠新（bitolylacinone）

C$_{25}$H$_{20}$NO$_3$，382，172360-24-6

其他名称　双甲苯敌鼠。

化学名称　2-[2′,2′-双（对甲基苯基）乙酰基]-1,3-茚满二酮铵盐。

理化性质　杀鼠新纯品为黄色粉末，m.p.143～145℃。工业品为橘黄色粉末，m.p.130～136℃。无臭无味。可溶于乙醇、丙酮，微溶于苯和甲苯，不溶于水。无腐蚀性，化学性质稳定。

毒性　本剂为高毒除鼠剂。急性经口毒性 LD$_{50}$：雄大鼠 34.8mg/kg，雌大鼠 6.19mg/kg，雄小鼠大于 9.4mg/kg，雌小鼠 92.6mg/kg。在动物体内高度蓄积。Ames、微核和精子畸变试验结果均为阴性。一旦发生人、畜中毒，可用维生素 K$_1$ 解毒。本剂用途见敌鼠钠盐，可用于城乡灭鼠，也可用于农田、林区、草原灭杀野鼠。

应用　杀鼠新属抗凝血杀鼠剂，鼠类吞食毒饵后造成内出血而死，可杀灭各种家鼠、野鼠。

合成路线　由三氯异丙醇、甲苯制得偏二甲苯基丙酮，再将其与邻苯二甲酸二甲酯反应制得 2-双（对甲苯基乙酰基)-1,3-茚满二酮（乙酰茚满二酮），再将其与氨水反应即可制得杀鼠新。

常用剂型　可加工成不同含量的毒饵使用。

沙门氏菌（safmonella）

其他名称　生物猫（BIORAT），沙门菌，肠炎沙门氏菌（S.e.I-)，肠炎沙门氏菌阴性赖氨酸丹尼氏变体 6a 噬菌体。

理化性质　肠炎沙门氏菌（S.e.I-）为潮湿颗粒状，褐色，有发酵气味。这种生物制剂产品，是一种可生物降解的杀鼠剂，在室温低于 30℃ 露天存放，有效期可达 6 个月，在冷冻状态下可保存 1 年。

毒性　属低毒性杀鼠剂，对人、畜安全。S.e.I-生物制剂专性寄生，对人、家畜、家禽比较安全，不污染环境，使用方便。

应用 肠炎沙门氏菌体为鼠类的专性寄生菌，通过老鼠的胃进入小肠，在体内繁殖，引起小肠、肝、脾和肠道淋巴结膜的病理变化，造成器官坏死，从而导致老鼠死亡。防治黄胸鼠、大足鼠、布氏田鼠、高原鼠兔等。

常用剂型 目前我国未见相关产品登记，可加工成 1.25%沙门氏菌诱饵、颗粒制剂（S. e. I 的活菌数为 109cfu/g）、液体制剂（S. e. I 的活菌数不少于 10^8cfu/mL）。

鼠得克（difenacoum）

$C_{31}H_{24}O_3$，444.5，56073-07-5

其他名称 联苯杀鼠萘，敌拿鼠，Ratak，Ridak，Neosorexa，PP580，WBA8107。

化学名称 3-(3-联苯基-4-基-1,2,3,4-四氢-1-萘基)-4-羟基香豆素；3-(3-biphenyl-4-yl-1,2,3,4-tetrahydro-1-naphthyl)-4-hydroxycoumarin。

理化性质 本品为不标准白色粉末。熔点 215～219℃。蒸气压为 0.160mPa（45℃）。溶解度：水<100mg/L（pH7），丙酮或氯仿>50g/L，苯 600mg/L。稳定性：100℃以下稳定。可与碱金属离子生成盐，其钠盐和钾盐在水中有一定溶解度。

毒性 急性经口 LD_{50}（mg/kg）：雄大鼠 1.8，雄小鼠 0.8，雌豚鼠 50，猪>50，狗 50，猫 100。急性经皮 LD_{50}（mg/kg）：大鼠>50，兔 1000。雄大鼠的亚急性经口 LD_{50}（5d）0.16mg/(kg·d)。

应用 由 M. Hadler 报道该杀鼠剂，由 Sorex（London）Ltd 开发，后来由 ICI Agrochemicals 开发。本品为间接的抗凝血型杀鼠剂，药效非常好，并对其他抗凝血型杀鼠剂产生抗性的大鼠和大多数小鼠有杀灭效果，对大鼠每点放毒饵 180g，小鼠每点放 30 g。

合成路线

常用剂型 可加工成 0.005%、0.01%饵剂使用。

鼠甘伏（gliftor）

$C_3H_6F_2O/C_3H_6ClFO$，90.03/112.48，8065-71-2

其他名称　伏鼠醇，甘氟，氟鼠醇，鼠甘氟，Glyfluor。

化学名称　1,3-二氟-2-丙醇和1-氟-3-氯-2-丙醇的混合物。

理化性质　无色或微黄透明液体，略有酸味。b.p.120～130℃，相对密度1.25～1.27（20℃）。其中A化合物占70%，b.p.127～128℃，相对密度1.244（20℃）；B化合物占30%，b.p.146～148℃，相对密度1.300（20℃）。能溶于水、乙醇、乙醚等有机溶剂，在酸性溶液中化学性质稳定，在碱性溶液中能分解，高温时易挥发失去毒性。

毒性　褐家鼠急性经口 LD_{50} 为30.0mg/kg（LD_{100} 35.0mg/kg），雌达乌里鼠经口 LD_{50} 3.38mg/kg，草原黄鼠经口 LD_{50} 4.5mg/kg，长爪沙土鼠经口 LD_{50} 10.0mg/kg，中华鼢鼠经口 LD_{50} 2.8mg/kg，豚鼠经口 LD_{50} 4.0mg/kg。鲤鱼 LC_{50} 1.1mg/L（48h）。对家禽较安全，鸭经口 LD_{50} 2000mg/kg。对家畜毒性高。Ames试验、小鼠骨髓细胞微核试验、小鼠睾丸原细胞染色体畸变试验均为阳性，无明显蓄积性。

应用　高毒、速效氟醇类杀鼠剂。能经皮肤吸收，可经消化系统、呼吸系统或皮肤接触致鼠中毒死亡。主要用于野外灭鼠，尤其适用于草原牧区。使用含量0.6%。用于住宅、仓库、轮船等灭鼠时，将毒饵投放于鼠洞内（旁）或鼠经常活动的地方，每间房间投放四堆，每堆5～10g，投放24h后可见死鼠，2～4d现高峰，4d后可控制鼠患。

合成路线

常用剂型　可加工成不同含量的毒饵使用。

鼠立死（crimidine）

$C_7H_{10}ClN_3$，171.63，535-89-7

其他名称　杀鼠嘧啶，甲基鼠灭定，Castrix。

化学名称　2-氯-4-二甲氨基-6-甲基嘧啶；2-chloro-4-dimethylamino-6-methylpyrimidine。

理化性质　纯品为白色蜡状物，m.p.87℃，b.p.140～147℃（533Pa）。工业品为黄褐色蜡状物，m.p.84～89℃。能溶于乙醚、乙醇、丙酮、氯仿、苯类等大多数有机溶剂，不溶于水，可溶于稀酸。

毒性　急性经口 LD_{50}：大鼠1.25mg/kg，兔5mg/kg。无累积中毒。不引起非靶动物二次中毒。

应用　高效、剧毒、急性杀鼠剂。中毒症状为典型的神经性毒剂症状，首先表现兴奋不安，继之强直性痉挛，惊厥，其选择性毒力认为是进入机体后，被代谢产生维生素 B_6 的拮抗剂，作为一种酶抑制剂，破坏了谷氨酸脱羧代谢所致。本品灭鼠靶广，作用迅速，对家栖鼠和野栖鼠均有良好灭效。

合成路线

常用剂型 主要有 0.1% 饵粒剂、0.5% 饵剂等。

鼠特灵（norbormide）

$C_{33}H_{25}N_3O_3$，511.6，991-42-4

其他名称 Shoxin，Raticate，McN-1025，鼠克星，灭鼠宁。

化学名称 5-(α-羟基-α-2-吡啶基苄基)-7-(α-2-吡啶基苄叉)-8,9,10-三降冰片-5-烯-2,3-二羟酰亚胺；5-(α-羟基-α-2-吡啶苄基)-7-(α-2-吡啶基苄叉) 二环 [2.2.1] 庚-5-烯-2,3-二羧酰亚胺，5-(α-hydroxy-α-2-pyridylbenzyl)-7-(α-2-pyridylbenzylidene)-8,9,10-trinorborn-5-ene-2,3-dicarboximide；5-(α-hydroxy-α-2-pyridylbenzyl)-7-(α-2-pyridylbenzylidene) bicycle [2.2.1] hep-5-ene-2,3-dicarboximide。

理化性质 鼠特灵是一种白色至灰白色的结晶粉末，熔点高于 160℃。在室温，水中溶解度 60mg/L。30℃乙醇中溶解度 14mg/L，氯仿中溶解度大于 150mg/L，乙醚中溶解度 1mg/L，0.1mol/L HCl 中溶解度 29mg/L。

毒性 大鼠急性经口 LD_{50} 为 5.3mg/kg。吞食 5mg/kg 的鼠特灵 15min～4h 内致死。对猫、狗、猴子、鸡或火鸡一次经口 1000mg/kg 无影响，对其他四十种动物，包括鸟类、爬行类、鱼和昆虫的任何一种动物也不能致死。三个志愿服药的成年男人以 15mg/(kg·d) 剂量服药 3d，未引起有害影响。

应用 该杀鼠剂由 A. P. Roszkowski 等人报道，由 McNeil Laboratories Inc. 开发。本品为选择性杀鼠剂。能使被实验的所有种类大鼠致死。对黑家鼠（R. rattus）的急性经口 LD_{50} 为 52mg/kg，褐家鼠（R. norvegicus）11.5mg/kg，夏威夷鼠（R. hawaiiensis）10mg/kg。对其他鼠类相对来说是非致死性的，对腮鼠急性经口 LD_{50} 为 140mg/kg，山拔鼠大于 1000mg/kg，小鼠为 2250mg/kg。

合成路线

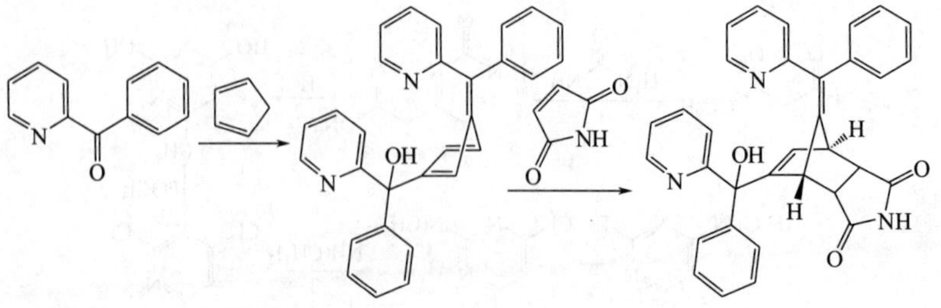

常用剂型　可加工成粉剂等剂型使用。

鼠完（pindone）

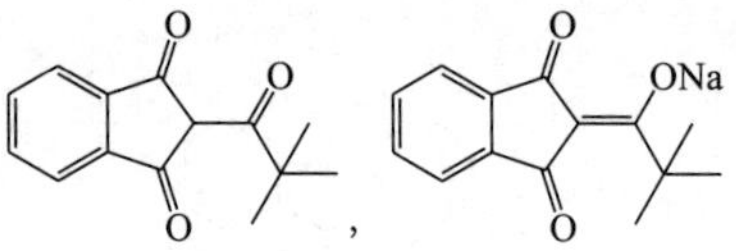

$C_{14}H_{14}O_3$，230.3；$C_{14}H_{14}NaO_3$，252.3，83-26-1

其他名称　pival，Pivalyl Valone，Pivalyn，杀鼠酮，品酮。

化学名称　2-新戊酰-1,3-茚满二酮；2-pivaloylindan-1,3-indandione。

理化性质　纯品为黄色结晶固体。熔点 108.5～110.5℃。25℃在水中溶解度为 18mg/L。可溶于大多数有机溶剂。在碱液和氨液中得到亮黄色结晶。

毒性　对大鼠的注射 LD_{50} 约为 50mg/kg，若每天以 15～35mg/kg 给药则毒性大增，每日以 2.5mg/kg 剂量喂狗则将狗毒死。

应用　由 L. B. Kilgore 等报道，由 KilgoreChemical Co. 开发。毒饵使用浓度为0.025％～0.05％。

合成路线

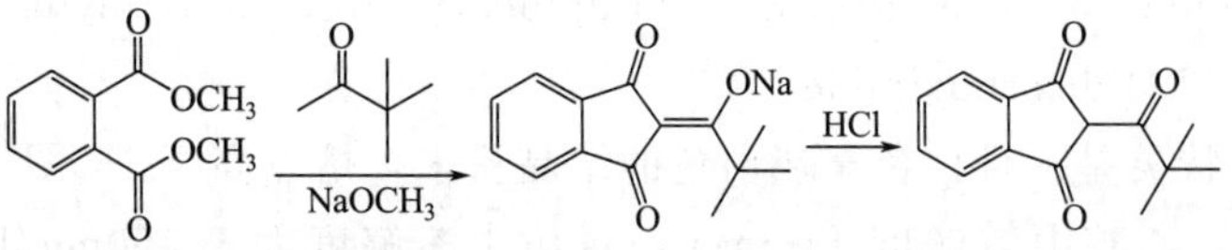

常用剂型　制剂主要有 0.5％粉剂。

溴代毒鼠磷（phosazetim-bromo）

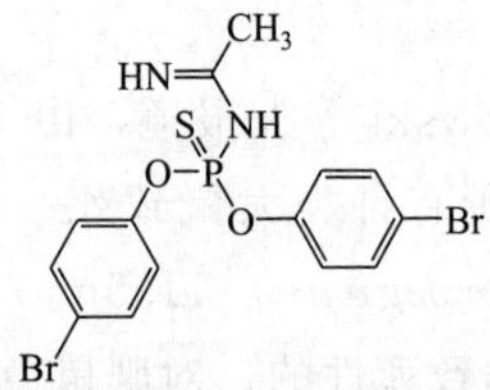

$C_{14}H_{13}Br_2N_2O_2PS$，463.99，4104-16-9

化学名称 O,O-双（对溴苯基）-N-亚氨基乙基硫代磷酰胺；phosphoramidothioic acid-N-(1-iminoethyl)-O,O-bis（4-bromophenyl）ester。

理化性质 白色固体粉末，纯品 m. p. 115～117℃，常温和低压、干燥状态下长期存放稳定，不分解、不吸潮，极易溶于二氯甲烷，少量溶于醇、苯、甲苯、醚以及植物油，难溶于水。

毒性 对各种鼠的经口 LD_{50}（mg/kg）：小白鼠 10，褐家鼠 6，黄胸鼠 25，沙土鼠 8，黑线姬鼠 8，黄毛鼠 11。

应用 主要用于田野、草原、森林灭鼠，对家鼠也有效。

合成路线

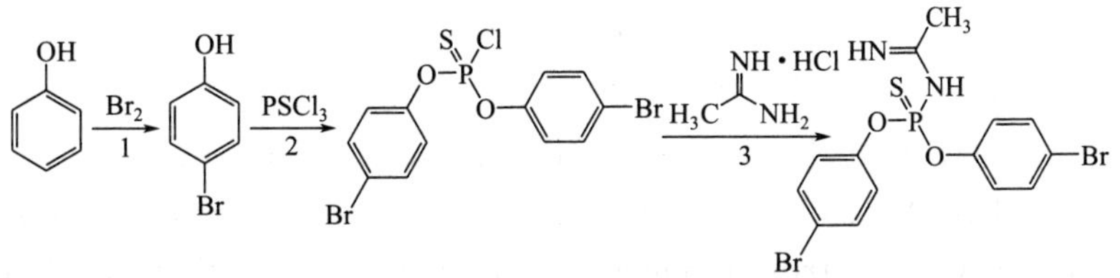

常用剂型 生产应用中主要有 80%原粉，可加工成不同含量的毒饵使用。

溴敌隆（bromadiolone）

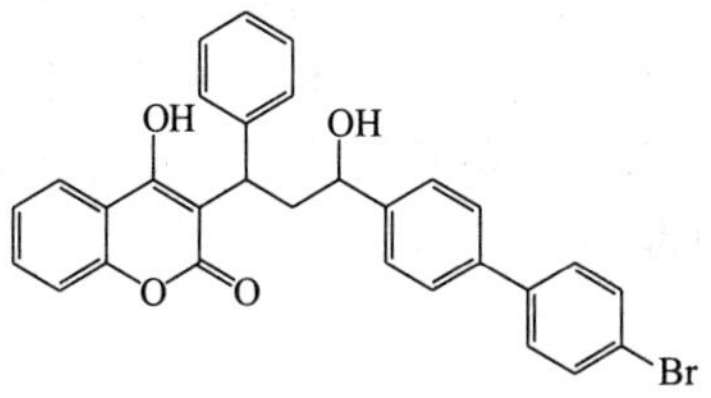

$C_{30}H_{23}BrO_4$，527.4，28772-56-7

其他名称 乐万通，musal，溴敌鼠。

化学名称 3-[3-(4-溴联苯-4-基)-3-羟基-1-丙苯基]-4-羟基香豆素；3-[3-(4′-bromobi-phenyl-4-yl)-3-hydroxy-1-phenylpropyl]-4-hydroxycoumarin。

理化性质 原药为白色至黄白色粉末，工业品呈黄色。可溶于丙酮、乙醇和二甲亚砜。在避光，温度 20～25℃时稳定，在高温和阳光下有降解的可能。

毒性 大鼠急性经口 LD_{50} 1.125mg/kg。大鼠吸入 LC_{50} 200mg/m³。对鸟类低毒。动物取食中毒死亡的老鼠后，会引起二次中毒。

应用 溴敌隆属 4-羟基香豆素类第二次抗凝血杀鼠剂。具有适口性好、毒力强、靶谱广的特点，它不但具有敌鼠钠盐、杀鼠灵等第一代抗凝血剂作用缓慢、不易引起鼠类警觉、急性毒力强、容易全歼害鼠等特点，而且单剂量 1 次投毒对各种害鼠都有效，包括对第一代抗凝血剂产生抗性的害鼠。

合成路线

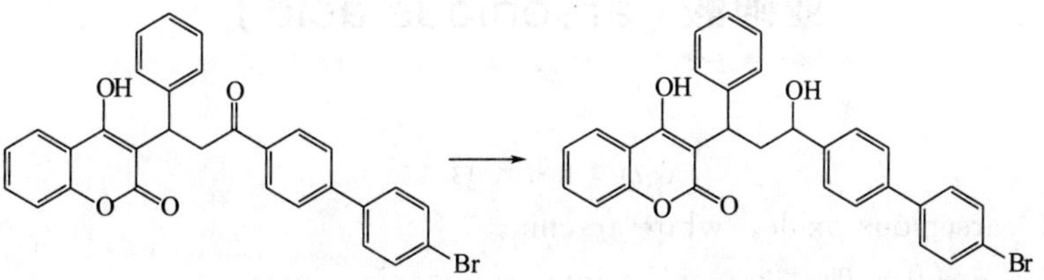

常用剂型 制剂主要有 0.5％母粉或母液，0.01％、0.02％、0.005％毒饵等。

溴鼠胺（bromethalin）

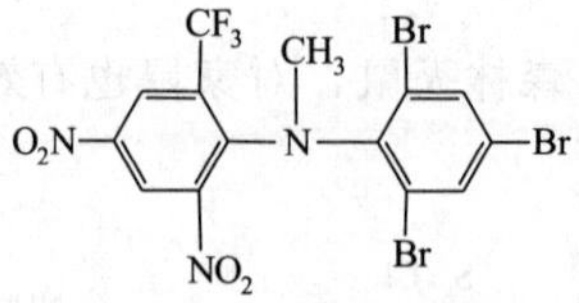

$C_{14}H_7Br_3F_3N_3O_4$，577.93，63333-35-7

其他名称 溴甲灵，溴杀灵，鼠灭杀灵，Bromethalin，Vengeance。

化学名称 N-甲基-N-(2,4-二硝基-6-三氟甲基)-2,4,6-三溴苯胺；α,α,α-trifluoro-N-methyl-4,6-dinitro-N-(2,4,6-tribromophenyl)-o-toluidine；N-methyl-2,4-dinitro-N-(2,4,6-tribromophenyl)-6-(trifluoromethyl) benzenamine。

理化性质 纯品溴鼠胺为淡黄色针状结晶，无臭无味，m.p.150～151℃。溶解性（20℃）：溶于氯仿、二氯甲烷、丙酮、乙醚及热的乙醇中，不溶于水。

毒性 溴鼠胺原药急性经口 LD_{50}（mg/kg）：小家鼠8.13（雌）、5.25（雄），褐家鼠2.01（雌）、2.46（雄），黑家鼠6.6，黄胸鼠3.292。对兔眼睛和皮肤有轻度刺激性；对动物无致畸、致突变、致癌作用。溴鼠胺属剧毒急性杀鼠剂，中毒会引起脑水肿，脑压增高。

应用 20世纪70年代美国 Lilly 公司开发的二苯胺类速效杀鼠剂，其优点是适口性好、灭效高，使用浓度低、无二次中毒。

合成路线

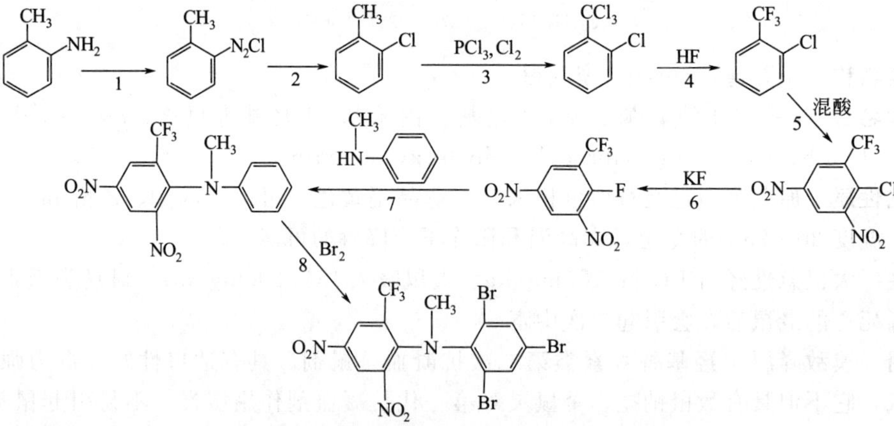

常用剂型 可加工成 0.1％可溶性制剂和 0.005％毒饵。

亚砷酸（arsenious acid）

As_2O_3，198.0，1327-53-3

其他名称 arsenious oxide，white arsenic。

化学名称 三氧化二砷；diarsenic trioxide；arsenic trioxide。

理化性质 本品为无色固体，以三种同分异构体存在，无定形固体不稳定，能恢复到八面体的形式。熔点272℃，在125～150℃时升华，正交晶形熔点为312℃，蒸气压为8.8kPa（312℃）。16℃水中溶解度为17g/L。不溶于氯仿、乙醚、乙醇，在碱中溶解生成亚砷酸盐。空气中稳定，但在酸性介质中慢慢地氧化。

毒性 急性经口 LD_{50}：大鼠180～200mg/kg（在糖和蛋白质中），300mg/kg（在腊肉脂肪中），20mg/kg（在水溶液中）；小鼠为34.4～63.5mg/kg。对人的最小致死量为2mg/kg。无蓄积性，7～42d内从动物体内排泄完。

应用 从16世纪以来用作杀鼠剂。用100g/kg浸渍的小麦或谷类副产品的饵剂，可防治褐鼠、玄鼠和台湾鼷鼠。也可用于浸渍羊，防治体外寄生虫。

常用剂型 目前我国未见相关制剂产品登记，可加工成饵剂使用。

附 录

1 农药原药毒性及中毒救护

农药名称	急性经口 LD$_{50}$/(mg/kg)	急性经皮 LD$_{50}$/(mg/kg)	中 毒 救 护
特丁硫磷	1.6	0.81（兔）	用阿托品或解磷定（P. A. M）进行急救，并立即送医院进行抢救
对硫磷	13	50	
甲基对硫磷	14	45	
磷胺	17.9～30	374～530	
久效磷	18	126	
水胺硫磷	25	197	
氧化乐果	25	200	
杀扑磷	25～54	1546	常规有机磷农药中毒救护：①用阿托品 1～5mg 皮下或静脉注射；②用解磷定 0.4～1.2g 静脉注射；③禁用吗啡、茶碱、吩噻嗪、利血平；④误服立 即引吐、洗胃、导泻（清醒时才能引吐） GB 7794—1987：职业性急性有机磷农药中毒诊断标准及处理原则 WS/T 85—1996：食源性急性有机磷农药中毒诊断标准及处理原则
甲基异柳磷	28	49.2	
敌敌畏	50	300	
三唑磷	57～68	＞2000	
丙线磷	62	26（兔）	
毒死蜱	135～163	＞2000	
倍硫磷	250	700	
乐果	290～325	＞800	
丙溴磷	358	3300	
杀螟硫磷	530	810	
敌百虫	560	＞5000（大鼠）	
乙酰甲胺磷	945	＞2000（兔）	
马拉硫磷	1375～2800	＞4100（兔）	
涕灭威	0.93	20（兔）	
克百威	8	＞3000	
灭多威	17～24	＞5000	
硫双威	66	＞2000	
丙硫克百威	138	＞2000	常规氨基甲酸酯农药中毒救护：用阿托品 0.5～2mg 口服或肌内注射，重者加用肾上腺素。禁用解磷定、氯磷定、双复磷、吗啡 GB 16372—1996：职业性急性氨基甲酸酯杀虫剂中毒诊断标准及处理原则
抗蚜威	147	＞500	
丁硫克百威	250	＞2000	
异丙威	450	500	
仲丁威	524	＞5000	
速灭威	580	＞2000	
甲萘威	850	＞4000	
联苯菊酯	54.5	＞2000	
氯氟氰菊酯	166	1000～2500	
氰戊菊酯	451	＞5000	常规拟除虫菊酯农药中毒救护：①无特殊解毒剂，可对症治疗；②大量吞服时可洗胃；③不能催吐 GB 11510—1989：职业性急性拟除虫菊酯中毒诊断标准及处理原则
溴氰菊酯	135～5000	＞2000	
氯氰菊酯	250～4150	＞4920	
氟氯氰菊酯	500	＞5000	
高效氯氰菊酯	649	＞1830	

农药名称	急性经口 LD$_{50}$/(mg/kg)	急性经皮 LD$_{50}$/(mg/kg)	中 毒 救 护
杀虫单	89.9(小鼠)	451	用碱性液体彻底洗胃或冲洗皮肤。草蕈碱样症状明显者可用阿托品类药物对抗,但注意防止过量。忌用胆碱酯酶复能剂
杀虫双	680	2060(小鼠)	
阿维菌素	10	>2000	经口:立即引吐并给患者服用吐根糖浆或麻黄素,但勿给昏迷患者催吐或灌任何东西。抢救时避免给患者使用增强 γ-氨基丁酸活性的药物,如巴比妥、丙戊酸等
硫丹	70	>4000	①无特殊解毒剂,如经口摄入要催吐。②尽可能保持病人安静,控制病人激动。清醒时,可给予常用剂量的巴比妥与其他镇静剂。③注意维持呼吸,如有衰竭进行人工呼吸。④禁忌用肾上腺素或阿托品
氟虫腈	100	>2000	皮肤和眼睛用大量的肥皂水和清水冲洗,如仍有刺激感去医院对症治疗。误服者立即送医院对症治疗
三唑锡	209	>5000	①误服者立即催吐、洗胃、导泻。②无特殊解毒剂,预防治疗,防止脑水肿发生。③严禁大量输液
啶虫脒	217	>2000	对症治疗,洗胃,保持安静
杀螟丹	345	>1000(小鼠)	①用阿托品 0.5～2mg 口服或肌内注射,重者加用肾上腺素。②禁用解磷定、氯磷定、双复磷、吗啡
抑食肼	258.3	>5000	对症治疗
吡虫啉	450	>2000	如发生中毒应及时送医院对症治疗
噻虫嗪	1563	>2000	无专用解毒剂,对症状治疗
双甲脒	600～800	>1600	中毒后无特效解毒药物,对症治疗
哒螨灵	1350	>2000(兔)	对症治疗
吡螨胺	595	>2000	对症治疗
虫螨腈	626(大鼠)	>2000(兔)	接触皮肤或眼睛,立即用肥皂和大量的清水冲洗,送医院诊治;不慎吞服,勿催吐,应立即请医生治疗
氟草净	681	>4640	无特效解毒剂,中毒后对症治疗
2,4-滴	375		对症治疗
甲草胺	930～1200	13300(兔)	若大量摄入,应使患者呕吐并用等渗浓度的盐溶液或 5% 碳酸氢钠溶液洗胃。无解毒剂,对症治疗
莠灭净	1110	>8160(兔)	对症治疗。眼、皮肤充分冲洗干净
莠去津	1869～3080	3100	误服时用吐根糖浆诱吐,呕吐停止后服用活性炭及山梨醇导泻。无解毒剂,对症治疗
灭草松	1000	>2500	如误服,需饮入食盐水冲洗肠胃,使之呕吐,避免给患者服用含脂肪的物质(如牛奶、蓖麻油等)或酒等,可使用活性炭。目前尚无特效解毒药
烯草酮	1630	>5000(兔)	有呼吸道感染特征可对症治疗。溅入皮肤和眼睛要用大量清水冲洗。对症治疗
禾草灵	481～693	>5000	尚无特效解毒剂。若摄入量大,病人十分清醒,可用吐根糖浆诱吐,还可在服用的活性炭泥中加入山梨醇
敌草快	231	>2000	无特殊解毒剂。催吐,活性炭调水让病人喝下
杀草胺	432		对症治疗

农药名称	急性经口 LD$_{50}$/(mg/kg)	急性经皮 LD$_{50}$/(mg/kg)	中 毒 救 护
2甲4氯丁酸乙酯	1780	>4000	要及早利尿,对病人采取催吐、洗胃,忌用温水洗胃。也可用活性炭与轻泻剂,对症治疗
威百亩	464	2150	在一般情况下中毒,心脏活动减弱时,可用浓茶、浓咖啡暖和身体;偶然进入人体内部,可使中毒者呕吐,用1%～3%单宁溶液或15%～20%的悬浮液洗胃
百草枯	157	230～500(兔)	催吐,活性炭调水让病人喝下,无特效解毒剂
二甲戊灵	1250	5000(兔)	无特效解毒药,若大量摄入清醒时可引吐。对症治疗
毒草胺	1260(小鼠)	2000	出现中毒症状送医院对症状治疗
喹禾灵	1670	>10000	若误服饮大量水催吐,保持安静,并送往医院对症治疗
精喹禾灵	1210		
禾草丹	1300	>2000	误服时可采取吐根糖浆催吐,避免饮酒。对症治疗
灭草敌	1500	>5000(兔)	尚无特效解毒剂。若摄入量大,病人十分清醒,可用吐根糖浆诱吐,还可在服用的活性炭泥中加入山梨醇
代森铵	450		误食立即催吐、洗胃、导泻;对症治疗;忌油类食物,禁酒
福美胂	335～370(小鼠)		误食者立即催吐、洗胃。解毒剂有二巯基苯磺酸钠、二巯基丙醇和二巯基丁二酸钠
溴菌腈	681	>10000	接触药物后应用肥皂和大量清水冲洗,误服催吐、洗胃。对症治疗
王铜	700～800	>2000	经口中毒,立即催吐、洗胃。解毒剂为依地酸二钠钙,并配合对症治疗
环丙唑醇	大鼠(雌/雄)1290	大鼠(雌/雄)2000	误服请勿引吐,可使用活性炭洗胃,注意防止胃容物进入呼吸道
苯醚甲环唑	1453	兔>2010	如接触皮肤,用肥皂和清水彻底清洗受污的皮肤,如溅及眼睛,用清水冲洗眼睛至少10min。送医就诊;如误服,反复用医用炭和大量水,并即携带标签,送医就诊。无专用解毒剂,对症状治疗
菌核净	1688～2552	>5000	对症治疗。误食立即催吐、洗胃
稻瘟净	237(小鼠)	570	①用阿托品1～5mg作皮下或静脉注射。②用解磷定0.4～1.2g静脉注射(按中毒轻重而定)。③禁用吗啡、茶碱、吩噻、利血平。④误服立即引吐、洗胃、导泻(清醒时才能引吐)
石硫合剂	400～500		用药后应彻底洗净被污染的衣服和身体。误服时,除给水外不要饮食任何食物,对症治疗
甲霜灵	633	>3100	可服活性炭催吐,尚无特效解毒剂,对症治疗
腈菌唑	1600	>5000(兔)	对症治疗。误食立即催吐、洗胃
咪鲜胺	1600	>3000	
丙环唑	1517	>4000	
福美双	560	>1000	误食者应迅速催吐、洗胃、导泻。对症治疗。忌油类食物,禁酒
福美锌	1400	>6000	
三唑酮	约1000	>5000	目前无解毒药,对症治疗。误食立即催吐、洗胃
三唑醇	约700	>5000	
三环唑	314	>2000(兔)	如接触要立刻用清水冲洗。误服要立即送医院对症治疗
氟菌唑	715	>5000	误食立即催吐、洗胃,对症治疗

2 农药及其敏感作物一览表

农药品种	敏感植物及易产生药害的使用方法
敌敌畏	核果类如梅花、樱桃、桃子、杏子、榆叶梅、猕猴桃、京白梨禁用;高粱、月季不宜使用;玉米、豆类及瓜类幼苗、柳树慎用
敌百虫	核果类、猕猴桃禁用;高粱、豆类不宜使用;瓜类幼苗、玉米、苹果(曙光、元帅等品种)早期慎用
辛硫磷	高粱不宜使用;玉米只可用颗粒剂防治玉米螟。瓜类、烟草、菜豆慎用喷雾。甜菜拌闷种注意剂量和闷种时间。高温时对叶菜敏感,易烧叶。
乐果	猕猴桃、人参果禁用;花生、啤酒花、菊科植物、高粱的有些品种、烟草、枣、桃、梨、柑橘、杏、梅、榆叶梅、贴梗海棠、樱花、橄榄、无花果等
乙酰甲胺磷	桑、茶树
三唑磷	甘蔗、菱白、玉米等
毒死蜱	烟草、莴苣禁用;瓜类幼苗、某些樱桃品种
倍硫磷	十字花科蔬菜的幼苗、梨、桃、樱桃、高粱、啤酒花
杀螟硫磷	高粱、玉米及白菜、油菜、萝卜、花椰菜、甘蓝、卷花菜等十字花科蔬菜
马拉硫磷	番茄幼苗、瓜类、豇豆、高粱、梨和苹果的一些品种
杀扑磷	避免在花期喷雾;以开花前为宜,使用浓度不应随意加大
丙溴磷	棉花、瓜豆类、苜蓿、高粱、核桃和十字花科蔬菜
丁醚脲	幼苗(高温高湿)
氟啶脲	白菜等十字花科蔬菜苗期
杀虫双	豆类、柑橘类果树,白菜、甘蓝等十字花科蔬菜幼苗,棉花
杀虫单	棉花、烟草、四季豆、马铃薯及某些豆类
仲丁威	瓜、豆、茄科作物
噻嗪酮	白菜、萝卜
吡虫啉	豆类、瓜类
克螨特	梨树禁用;瓜、豆、棉花苗期,柑橘慎用
三唑锡	柑橘春梢嫩叶
三氯杀螨醇	山楂及苹果的某些品种红玉、旭不宜使用;柑橘慎用
双甲脒	短果枝金冠苹果
噻螨酮	枣
代森锰锌	毛豆、荔枝、葡萄的幼果期、烟草、葫芦科作物不宜使用;某些梨树品种、梨小果时、枣树
五氯硝基苯	作物的幼芽
恶霉灵	100倍液对麦类可能有轻微药害
春雷霉素	大豆、藕慎用
春雷氧氯铜	苹果、葡萄、大豆、藕等慎用
嘧霉胺	茄子、樱桃慎用
石硫合剂	猕猴桃、葡萄、桃、李、梨、梅、杏等果树生长期不宜使用;豆类、马铃薯、番茄、葱、姜、甜瓜、黄瓜等慎用
硫黄	黄瓜、豆类、马铃薯、桃、李、梨、葡萄等
多硫胶悬剂	柑橘(高温)慎用
波尔多液	马铃薯、番茄、辣椒、瓜类、桃、李、白菜、大豆、小麦、莴苣等对铜敏感,不易使用;梨、苹果、柿、葡萄注意配比
氧化亚铜	果树发芽期、花期和幼果期

农药品种	敏感植物及易产生药害的使用方法
烯唑醇	西瓜、大豆、辣椒(高浓度时药害),慎用
氟硅唑	某些梨品种幼果期(5月份以前)很敏感,禁用
丙环唑	瓜类、葡萄、草莓、烟草等禁用;作物苗期慎用
嘧菌酯	苹果嘎拉、夏红及其他一些品种;实生苗
醚菌酯	樱桃
百菌清	梨、柿不宜使用;苹果落花后 20d 内禁用;高浓度对梨树、柿、桃、梅易产生药害
赤霉酸	柑橘保花保果期使用注意浓度
莠去津	桃树敏感,禁用;玉米套种豆类不宜使用;后茬作物为小麦、水稻慎用
丁草胺	水稻本田初期施用造成褐斑
乙草胺	葫芦科(黄瓜、西瓜、葫芦)菠菜、韭菜
异丙甲草胺	菠菜、高粱、水稻、麦类
恶唑禾草灵	大麦、燕麦、玉米、高粱
2,4-D 丁酯	棉花、豆类、蔬菜、油菜等双子叶植物禁用;大麦、小麦、水稻苗在 4 叶期前及拔节后不宜使用
2 甲 4 氯钠盐	阔叶作物、各种果树都忌用

3 农药法规(禁限用农药)

中华人民共和国农业部公告 第 194 号

为了促进无公害农产品生产和发展,保证农产品质量安全,增强我国农产品的国际市场竞争力,经全国农药登记评审委员会审议,我部决定,在 2000 年对甲胺磷等 5 种高毒有机磷农药加强登记管理的基础上,再停止受理一批高毒、剧毒农药登记申请,撤销一批高毒农药在一些作物上的登记。现将有关事项公告如下:

一、停止受理甲拌磷等 11 种高毒、剧毒农药新增登记

自公告之日起,停止受理甲拌磷(phorate)、氧乐果(omethoate)、水胺硫磷(isocarbophos)、特丁硫磷(terbufos)、甲基硫环磷(phosfolan-methyl)、治螟磷(sulfotep)、甲基异柳磷(isofenphos-methyl)、内吸磷(demeton)、涕灭威(aldicarb)、克百威(carbofuran)、灭多威(methomyl)等 11 种高毒、剧毒农药(包括混剂)产品的新增临时登记申请;已受理的产品,其申请者在 3 个月内,未补齐有关资料的,则停止批准登记。通过缓释技术等生产的低毒化剂型,或用于种衣剂、杀线虫剂的,经农业部农药临时登记评审委员会专题审查通过,可以受理其临时登记申请。对已经批准登记的农药(包括混剂)产品,我部将商有关部门,根据农业生产实际和可持续发展的要求,分批分阶段限制其使用作物。

二、停止批准高毒、剧毒农药分装登记

自公告之日起,停止批准含有高毒、剧毒农药产品的分装登记。对已批准分装登记的产品,其农药临时登记证到期不再办理续展登记。

三、撤销部分高毒农药在部分作物上的登记

自 2002 年 6 月 1 日起,撤销下列高毒农药(包括混剂)在部分作物上的登记:氧乐果在甘蓝上,甲基异柳磷在果树上,涕灭威在苹果树上,克百威在柑桔树上,甲拌磷在柑桔树上,特丁硫磷在甘蔗上。

所有涉及以上产品撤销登记产品的农药生产企业,须在本公告发布之日起 3 个月之内,将撤销登记产品的农药登记证(或农药临时登记证)交回农业部农药检定所;如果撤销登

产品还取得了在其它作物上的登记，应携带新设计的标签和农药登记证（或农药临时登记证），向农业部农药检定所更换新的农药登记证（或农药临时登记证）。

各省、自治区、直辖市农业行政主管部门和所属的农药检定机构要将农药登记管理的有关事项尽快通知到辖区内农药生产企业，并将执行过程中的情况和问题，及时报送我部种植业管理司和农药检定所。

二〇〇二年四月二十二日

中华人民共和国农业部公告　第 199 号

为从源头上解决农产品尤其是蔬菜、水果、茶叶的农药残留超标问题，我部在对甲胺磷等 5 种高毒有机磷农药加强登记管理的基础上，又停止受理一批高毒、剧毒农药的登记申请，撤销一批高毒农药在一些作物上的登记。现公布国家明令禁止使用的农药和不得在蔬菜、果树、茶叶、中草药材上使用的高毒农药品种清单。

一、国家明令禁止使用的农药

六六六（HCH），滴滴涕（DDT），毒杀芬（camphechlor），二溴氯丙烷（dibromochloropane），杀虫脒（chlordimeform），二溴乙烷（EDB），除草醚（nitrofen），艾氏剂（aldrin），狄氏剂（dieldrin），汞制剂（mercury compounds），砷（arsena）、铅（acetate）类，敌枯双，氟乙酰胺（fluoroacetamide），甘氟（gliftor），毒鼠强（tetramine），氟乙酸钠（sodium fluoroacetate），毒鼠硅（silatrane）。

二、在蔬菜、果树、茶叶、中草药材上不得使用和限制使用的农药

甲胺磷（methamidophos），甲基对硫磷（parathion-methyl），对硫磷（parathion），久效磷（monocrotophos），磷胺（phosphamidon），甲拌磷（phorate），甲基异柳磷（isofenphos-methyl），特丁硫磷（terbufos），甲基硫环磷（phosfolan-methyl），治螟磷（sulfotep），内吸磷（demeton），克百威（carbofuran），涕灭威（aldicarb），灭线磷（ethoprophos），硫环磷（phosfolan），蝇毒磷（coumaphos），地虫硫磷（fonofos），氯唑磷（isazofos），苯线磷（fenamiphos）19 种高毒农药不得用于蔬菜、果树、茶叶、中草药材上。三氯杀螨醇（dicofol），氰戊菊酯（fenvalerate）不得用于茶树上。任何农药产品都不得超出农药登记批准的使用范围使用。

各级农业部门要加大对高毒农药的监管力度，按照《农药管理条例》的有关规定，对违法生产、经营国家明令禁止使用的农药的行为，以及违法在果树、蔬菜、茶叶、中草药材上使用不得使用或限用农药的行为，予以严厉打击。各地要做好宣传教育工作，引导农药生产者、经营者和使用者生产、推广和使用安全、高效、经济的农药，促进农药品种结构调整步伐，促进无公害农产品生产发展。

二〇〇二年五月二十四日

中华人民共和国农业部公告　第 274 号

为加强农药管理，逐步削减高毒农药的使用，保护人民生命安全和健康，增强我国农产品的市场竞争力，经全国农药登记评审委员会审议，我部决定撤销甲胺磷等 5 种高毒农药混配制剂登记，撤销丁酰肼在花生上的登记，强化杀鼠剂管理。现将有关事项公告如下：

一、撤销甲胺磷等 5 种高毒有机磷农药混配制剂登记。自 2003 年 12 月 31 日起，撤销所有含甲胺磷、对硫磷、甲基对硫磷、久效磷和磷胺 5 种高毒有机磷农药的混配制剂的登记（具体名单由农业部农药检定所公布）。自公告之日起，不再批准含以上 5 种高毒有机磷农药的混配制剂和临时登记有效期超过 4 年的单剂的续展登记。自 2004 年 6 月 30 日起，不得在

市场上销售含以上 5 种高毒有机磷农药的混配制剂。

二、撤销丁酰肼在花生上的登记。自公告之日起，撤销丁酰肼（比久）在花生上的登记，不得在花生上使用含丁酰肼（比久）的农药产品。相关农药生产企业在 2003 年 6 月 1 日前到农业部农药检定所换取农药临时登记证。

三、自 2003 年 6 月 1 日起，停止批准杀鼠剂分装登记，以批准的杀鼠剂分装登记不再批准续展登记。

中华人民共和国农业部

二〇〇三年四月三十日

中华人民共和国农业部公告　第 322 号

为提高我国农药应用水平，保护人民生命安全和健康，保护环境，增强农产品的市场竞争力，促进农药工业结构调整和产业升级，经全国农药登记评审委员会审议，我部决定分三个阶段削减甲胺磷、对硫磷、甲基对硫磷、久效磷和磷胺 5 种高毒有机磷农药（以下简称甲胺磷等 5 种高毒有机磷农药）的使用，自 2007 年 1 月 1 日起，全面禁止甲胺磷等 5 种高毒有机磷农药在农业上使用。现将有关事项公告如下：

一、自 2004 年 1 月 1 日起，撤销所有含甲胺磷等 5 种高毒有机磷农药的复配产品的登记证（具体名单另行公布）。自 2004 年 6 月 30 日起，禁止在国内销售和使用含有甲胺磷等 5 种高毒有机磷农药的复配产品。

二、自 2005 年 1 月 1 日起，除原药生产企业外，撤销其他企业含有甲胺磷等 5 种高毒有机磷农药的制剂产品的登记证（具体名单另行公布）。同时将原药生产企业保留的甲胺磷等 5 种高毒有机磷农药的制剂产品的作用范围缩减为：棉花、水稻、玉米和小麦 4 种作物。

三、自 2007 年 1 月 1 日起，撤销含有甲胺磷等 5 种高毒有机磷农药的制剂产品的登记证（具体名单另行公布），全面禁止甲胺磷等 5 种高毒有机磷农药在农业上使用，只保留部分生产能力用于出口。

中华人民共和国农业部

二 OO 三年十二月三十日

中华人民共和国农业部公告　第 494 号

对含甲磺隆、氯磺隆和胺苯磺隆等除草剂产品实行管理

为从源头上解决甲磺隆等磺酰脲类长残效除草剂对后茬作物产生药害事故的问题，保障农业生产安全，保护广大农民利益，根据《农药管理条例》的有关规定，结合我国实际情况，经全国农药登记评审委员会审议，我部决定对含甲磺隆、氯磺隆和胺苯磺隆等除草剂产品实行以下管理措施。

一、自 2005 年 6 月 1 日起，停止受理和批准含甲磺隆、氯磺隆和胺苯磺隆等农药产品的田间药效试验申请。自 2006 年 6 月 1 日起，停止受理和批准新增含甲磺隆、氯磺隆和胺苯磺隆等农药产品（包括原药、单剂和复配制剂）的登记。

二、已登记的甲磺隆、氯磺隆和胺苯磺隆原药生产企业，要提高产品质量。对杂质含量超标的，要限期改进生产工艺。在规定期限内不能达标的，要撤销其农药登记证。

三、严格限定含有甲磺隆、氯磺隆产品的使用区域、作物和剂量。含甲磺隆、氯磺隆产品的农药登记证和产品标签应注明"仅限于长江流域及其以南地区的酸性土壤（pH＜7）稻麦轮作区小麦田使用"。产品的推荐用药量以甲磺隆、氯磺隆有效成分计不得超过 7.5 克/公顷（0.5 克/亩）。

四、规范含甲磺隆、氯磺隆和胺苯磺隆等农药产品的标签内容。其标签内容应符合《农药产品标签通则》和《磺酰脲类除草剂合理使用准则》等规定，要在显著位置醒目详细说明产品限定使用区域、后茬不能种植的作物等安全注意事项。自 2006 年 1 月 1 日起，市场上含甲磺隆、氯磺隆和胺苯磺隆等农药产品的标签应符合以上要求，否则按不合格标签查处。

各级农业行政主管部门要加强对玉米、油菜、大豆、棉花和水稻等作物除草剂产品使用的监督管理，防止发生重大药害事故。要加大对含甲磺隆、氯磺隆和胺苯磺隆等农药的监管力度，重点检查产品是否登记、产品标签是否符合要求，依法严厉打击将甲磺隆、氯磺隆掺入其它除草剂产品的非法行为。要做好技术指导、宣传和培训工作，引导农民合理使用除草剂。

特此公告

中华人民共和国农业部

二〇〇五年四月二

农业部、工业和信息化部、环境保护部、国家工商行政管理总局、国家质量监督检验检疫总局联合公告 第 1586 号

为保障农产品质量安全、人畜安全和环境安全，经国务院批准，决定对高毒农药采取进一步禁限用管理措施。现将有关事项公告如下：

一、自本公告发布之日起，停止受理苯线磷、地虫硫磷、甲基硫环磷、磷化钙、磷化镁、磷化锌、硫化磷、蝇毒磷、治螟磷、特丁硫磷、杀扑磷、甲拌磷、甲基异硫磷、克百威、灭多威、灭线磷、涕灭威、磷化铝、氧乐果、水胺硫磷、溴甲烷、硫丹等 22 种农药新增田间试验申请、登记申请及生产许可申请；停止批准含有上述农药的新增登记证和农药生产许可证（生产批准文件）。

二、自本公告发布之日起，撤销氧乐果、水胺硫磷在柑橘树、灭多威在柑橘树、苹果树、茶树、十字花科蔬菜，硫线磷在柑橘对、黄瓜，硫丹在苹果树、茶树，溴甲烷在草莓、黄瓜上的登记。本公告发布前已生产产品的标签可以不再更改，但不得继续在已撤销登记的作物上使用。

三、自 2011 年 10 月 31 日起，撤销（撤回）苯线磷、地虫硫磷甲基硫环磷、磷化钙、磷化镁、磷化锌、硫线磷、蝇毒磷、治螟磷、特丁硫磷等 10 种农药的登记证、生产许可证（生产批准文件），停止生产；自 2013 年 10 月 31 日起，停止销售和使用。

农业部

工业和信息化部

环境保护部

国家工商行政管理局

国家质量监督检验检疫总局

二〇一一年六月十五日

参 考 文 献

[1] http：//www. alanwood. net/pesticides.

[2] http：//db. foodmate. net/pesticide/.

[3] http：//www. lookchem. com/chemical-dictionary/cn/.

[4] http：//www. chemicalbook. com/Search. aspx.

[5] http：//www. hgspace. com.

[6] http：//www. cnak. net/pes/.

[7] 刘长令，李文明，张国生，等. 世界农药大全：杀虫剂卷. 北京：化学工业出版社，2012.

[8] 石得中. 中国农药大辞典. 北京：化学工业出版社，2008.

[9] 张敏恒. 新编农药商品手册. 北京：化学工业出版社，2006.

[10] 徐映明，朱文达. 农药问答. 第四版. 北京：化学工业出版社，2009.

[11] 徐汉虹，吴文君，沈晋良，等. 植物化学保护学. 第四版. 北京：中国农业出版社，2010.

[12] 周燚，王中康，喻子牛，等. 微生物农药研发与应用. 北京：化学工业出版社，2006.

[13] 张一宾，张怿，伍贤英. 世界农药新进展（二）. 北京：化学工业出版社，2010.

[14] 徐汉虹. 杀虫植物与植物性杀虫剂. 北京：中国农业出版社，2001.

[15] 纪明山，谷祖敏，李兴海，等. 生物农药问答. 北京：化学工业出版社，2009.

[16] 吴文君，高希武. 生物农药及其应用. 北京：化学工业出版社，2004.

[17] 孙家隆. 农药化学合成基础. 北京：化学工业出版社，2008.

[18] 孙家隆. 现代农药合成技术. 北京：化学工业出版社，2011.

[19] 王险峰主编. 进口农药应用手册. 北京：中国农业出版社，2000.

[20] 刘长令主编. 世界农药大全：除草剂卷. 北京：化学工业出版社，2002.

[21] 柏亚罗，张晓进，顾群，等. 专利农药新品种手册. 北京：化学工业出版社，2011.

[22] 农药大典. 北京：中国三峡出版社，2006.

[23] 王险峰，辛明远主编. 除草剂安全应用手册. 北京：中国农业出版社，2013.

[24] 王险峰主编. 除草剂使用手册，北京：中国农业出版社，2000.

[25] 徐彦军，刘帅刚主编. 我国禁用限用农药手册. 北京：化学工业出版社，2011.

[26] 唐韵主编. 除草剂使用技术. 北京：化学工业出版社，2010.

[27] 彭剑涛编. 植物生长调节剂和除草剂使用技术. 上海：上海科学普及出版社，1999.

[28] 赵桂芝主编. 百种新农药使用方法. 北京：农业出版社，2002.

[29] 冯维卓编. 常用农药30种——除草剂. 北京：中国农业出版社，1999.

[30] 邱德文主编. 蛋白质生物农药. 北京：科学出版社，2010.

[31] 洪华珠，喻子牛，李增智主编. 生物农药. 武汉：华中师范大学出版社，2010.

[32] 王运兵，崔朴周主编. 生物农药及其使用技术. 北京：化学工业出版社，2010.

[33] 刘长令主编. 世界农药大全：杀菌剂卷. 北京：化学工业出版社，2006.

[34] 张宗俭，李斌. 世界农药大全：植物生长调节剂卷. 北京：化学工业出版社，2011.

[35] 柏亚罗. 专利农药新品种手册. 北京：化学工业出版社，2011.

[36] 王险峰主编. 进口农药应用手册（2005修订版）. 北京：中国农业出版社，2005.

[37] 纪明山主编. 生物农药手册. 北京：化学工业出版社，2012.

[37] 徐汉虹主编. 植物化学保护学. 第四版. 北京：中国农业出版社，2007.

[39] 化工部农药科技中心. 国外农药品种手册. 北京：化学工业部农药情报中心站，1981.

[40] 张敏恒主编. 农药品种手册精编. 北京：化学工业出版社，2013.

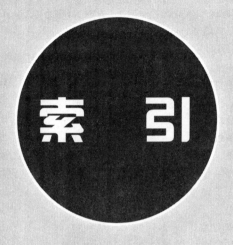

索引

1 农药中文名称索引

1032

2 农药英文通用名称索引

化工版农药、植保类科技图书

书号	书 名	定价
122-22028	农药手册	480.0
122-22115	新编农药品种手册	288.0
122-22393	FAO/WHO农药产品标准手册	180.0
122-20103	农药制剂加工实验(第二版)	48.0
122-21908	农药残留风险评估与毒理学应用基础	78.0
122-20582	农药国际贸易与质量管理	80.0
122-21445	专利过期重要农药品种手册	128.0
122-21298	农药合成与分析技术	168.0
122-21262	农民安全科学使用农药必读(第三版)	18.0
122-21548	蔬菜常用农药100种	28.0
122-19639	除草剂安全使用与药害鉴定技术	38.0
122-19573	药用植物九里香研究与利用	68.0
122-19029	国际农药管理与应用丛书——哥伦比亚农药手册	60.0
122-18414	世界重要农药品种与专利分析	198.0
122-18588	世界农药新进展(三)	118.0
122-17305	新农药创制与合成	128.0
122-18051	植物生长调节剂应用手册	128.0
122-15415	农药分析手册	298.0
122-16497	现代农药化学	198.0
122-15164	现代农药剂型加工技术	380.0
122-15528	农药品种手册精编	128.0
122-13248	世界农药大全——杀虫剂卷	380.0
122-11319	世界农药大全——植物生长调节剂卷	80.0
122-11206	现代农药合成技术	268.0
122-10705	农药残留分析原理与方法	88.0
122-17119	农药科学使用技术	19.8
122-17227	简明农药问答	39.0
122-19531	现代农药应用技术丛书——除草剂卷	29.0
122-18779	现代农药应用技术丛书——植物生长调节剂与杀鼠剂卷	28.0
122-18891	现代农药应用技术丛书——杀菌剂卷	29.0
122-19071	现代农药应用技术丛书——杀虫剂卷	28.0
122-11678	农药施用技术指南(第二版)	75.0
122-12698	生物农药手册	60.0

书号	书 名	定价
122-15797	稻田杂草原色图谱与全程防除技术	36.0
122-14661	南方果园农药应用技术	29.0
122-13875	冬季瓜菜安全用药技术	23.0
122-13695	城市绿化病虫害防治	35.0
122-09034	常用植物生长调节剂应用指南（第二版）	24.0
122-08873	植物生长调节剂在农作物上的应用（第二版）	29.0
122-08589	植物生长调节剂在蔬菜上的应用（第二版）	26.0
122-08496	植物生长调节剂在观赏植物上的应用（第二版）	29.0
122-08280	植物生长调节剂在植物组织培养中的应用（第二版）	29.0
122-12403	植物生长调节剂在果树上的应用（第二版）	29.0
122-09867	植物杀虫剂苦皮藤素研究与应用	80.0
122-09825	农药质量与残留实用检测技术	48.0
122-09521	螨类控制剂	68.0
122-10127	麻田杂草识别与防除技术	22.0
122-09494	农药出口登记实用指南	80.0
122-10134	农药问答（第五版）	68.0
122-10467	新杂环农药——除草剂	99.0
122-03824	新杂环农药——杀菌剂	88.0
122-06802	新杂环农药——杀虫剂	98.0
122-09568	生物农药及其使用技术	29.0
122-09348	除草剂使用技术	32.0
122-08195	世界农药新进展（二）	68.0
122-08497	热带果树常见病虫害防治	24.0
122-10636	南方水稻黑条矮缩病防控技术	60.0
122-07898	无公害果园农药使用指南	19.0
122-07615	卫生害虫防治技术	28.0
122-07217	农民安全科学使用农药必读（第二版）	14.5
122-09671	堤坝白蚁防治技术	28.0
122-06695	农药活性天然产物及其分离技术	49.0
122-05945	无公害农药使用问答	29.0
122-18387	杂草化学防除实用技术（第二版）	38.0
122-05509	农药学实验技术与指导	39.0
122-05506	农药施用技术问答	19.0
122-04825	农药水分散粒剂	38.0
122-04812	生物农药问答	28.0
122-04796	农药生产节能减排技术	42.0
122-04785	农药残留检测与质量控制手册	60.0

书号	书　名	定价
122-04413	农药专业英语	32.0
122-03737	农药制剂加工实验	28.0
122-03635	农药使用技术与残留危害风险评估	58.0
122-03474	城乡白蚁防治实用技术	42.0
122-03200	无公害农药手册	32.0
122-02585	常见作物病虫害防治	29.0
122-16780	农药化学合成基础（第二版）	58.0
122-02178	农药毒理学	88.0
122-06690	无公害蔬菜科学使用农药问答	26.0
122-01987	新编植物医生手册	128.0
122-02286	现代农资经营丛书——农药销售技巧与实战	32.0
122-00818	中国农药大辞典	198.0
5025-9756	农药问答精编	30.0
122-00989	腐植酸应用丛书——腐植酸类绿色环保农药	32.0
122-00034	新农药的研发——方法·进展	60.0
122-02135	农药残留快速检测技术	65.0
122-07487	农药残留分析与环境毒理	28.0
122-11849	新农药科学使用问答	19.0
122-11396	抗菌防霉技术手册	80.0

如需相关图书内容简介、详细目录以及更多的科技图书信息，请登录 www.cip.com.cn。

邮购地址：（100011）北京市东城区青年湖南街 13 号 化学工业出版社

服务电话：010-64518888，64518800（销售中心）

如有农药、植保、化学化工类著作出版，请与编辑联系。联系方式：010-64519457，286087775@qq.com